"十二五"普通高等教育本科国家级规划教材

化工过程模拟实训
——Aspen Plus教程

第二版

孙兰义 主编

化学工业出版社
·北京·

《化工过程模拟实训——Aspen Plus 教程》(第二版) 以 Aspen Plus V8.4 为模拟软件，结合过程实例系统介绍了 Aspen Plus 的操作步骤以及应用技巧。本书内容相较第一版更加完善。全书共分为 14 章，第 1 章介绍化工过程模拟的基础知识；第 2 章介绍流程建立的基本操作步骤；第 3 章介绍物性方法；第 4～8 章介绍 Aspen Plus 中各单元操作模块应用方法和技巧；第 9 章介绍 Aspen Plus 中基本的流程选项和模型分析工具；第 10 章介绍复杂精馏过程模拟；第 11 章介绍工艺流程模拟的步骤和经验；第 12 章介绍流程以及 RadFrac 模块的收敛技巧和策略；第 13 章介绍石油蒸馏过程模拟；第 14 章介绍简单动态模拟。附录部分介绍了 Activated Energy Analysis、Column Analysis 以及 CUP-Tower 的功能与应用。每章节中的例题均有具体的说明与详尽的解题步骤，读者按书中的说明与步骤进行学习即可逐步掌握 Aspen Plus 软件的使用方法和技巧。本书中的典型例题配有演示视频，可通过扫描二维码观看。

本书可作为高等学校化工相关专业本科生和研究生的教学参考书，也可为石油与化工等领域从事过程开发、设计与生产管理的工程技术人员提供参考。

图书在版编目 (CIP) 数据

化工过程模拟实训——Aspen Plus 教程/孙兰义主编.
2 版. —北京：化学工业出版社，2017.9 (2025.1重印)
"十二五"普通高等教育本科国家级规划教材
ISBN 978-7-122-30251-9

Ⅰ.①化…　Ⅱ.①孙…　Ⅲ.①化工过程-流程模拟-应用软件-高等学校-教材　Ⅳ.①TQ02-39

中国版本图书馆 CIP 数据核字 (2017) 第 173421 号

责任编辑：徐雅妮　　文字编辑：丁建华　任睿婷
责任校对：宋　玮　　装帧设计：关　飞

出版发行：化学工业出版社 (北京市东城区青年湖南街 13 号　邮政编码 100011)
印　　装：河北延风印务有限公司
787mm×1092mm　1/16　印张 36¼　字数 936 千字　2025 年 1 月北京第 2 版第 10 次印刷

购书咨询：010-64518888　　售后服务：010-64518899
网　　址：http://www.cip.com.cn
凡购买本书，如有缺损质量问题，本社销售中心负责调换。

定　　价：99.00 元

《化工过程模拟实训——Aspen Plus教程》
编写人员

主　　编　孙兰义

编写人员　（按姓氏笔画排序）

丁　雪　于　娜　于英民　王建新
朱　毅　朱敏燕　刘育良　李　伟
李　军　李　杰　李　源　李鲁闽
陈梦琪　林世强　柳士开　钟　旺
侯亚飞　侯影飞　赫佩军

前言

化工过程模拟是化学工程技术人员解决化工过程问题时普遍采用的技术手段，Aspen Plus 作为化工过程模拟的重要软件之一，经过 30 多年的不断发展和改进，得到了越来越广泛的应用。很多工程公司、设计院和高校都是 Aspen Plus 的用户，其已成为公认的标准化工过程模拟软件之一。Aspen Plus 具有庞大的数据库和完备的单元操作模块，能够处理多种复杂体系，并对模拟过程中的物料和能量衡算、各单元操作模块参数、物流性质等进行严格计算，为工业过程的模拟与优化提供相对可靠的参考。

《化工流程模拟实训——Aspen Plus 教程》(第一版)详细介绍了 Aspen Plus 软件的操作步骤以及应用技巧，注重应用与原理的结合。第一版自出版以来便受到广大化工科研与设计人员、高校师生的欢迎。第一版中的所有例题均以 Aspen Plus V7.2 为模拟软件，但是随着 Aspen Plus 软件的不断更新，其操作界面已经发生较大变化，给初学者的学习与应用带来不便，特对其进行改编。第二版书名由《化工流程模拟实训》改为《化工过程模拟实训》，所有例题均采用 Aspen Plus V8.4 进行模拟介绍。针对第一版的问题与不足，已在本书中进行修改，内容更加充实，能够满足广大读者的需求。

考虑到物性方法的重要性，本书对第 3 章内容进行了较大改动，重点介绍物性方法的应用、物性分析、估算与回归。第 10 章复杂精馏过程模拟新增变压精馏、热泵精馏以及内部热耦合精馏三节。第 11 章工艺流程模拟新增模拟实例——甲苯甲醇侧链烷基化制苯乙烯一节，进一步介绍了过程模拟中的经验和技巧。鉴于读者对动态控制模拟的学习需求，新增第 14 章动态模拟入门，介绍 Aspen Plus Dynamics 在过程控制中的应用，以便读者掌握动态控制的基本操作过程。本书中的典型例题配有演示视频，可通过扫描例题附近的二维码观看。此外，本书附录对 Activated Energy Analysis、Column Analysis 以及 CUP-Tower 进行了简单介绍，可增强读者对相关软件的了解并掌握使用方法。

读者可以发送邮件到 sunlanyi_cuptower@126.com 获取本书例题和习题模拟源文件。通过学习本书，初学者可以快速熟悉 Aspen Plus 的各项功能，具有一定软件应用基础的读者能够进一步提升对 Aspen Plus 和相关软件的认识。

由于编者水平有限，书中不妥之处，恳请读者批评指正。

编　者

2017 年 5 月

第一版前言

从20世纪50年代开始，人们就开始利用计算机解决化工过程的数学问题，目前化工过程模拟已成为化学工程技术人员普遍采用的技术手段。随着计算机计算能力的快速提高以及软件技术的迅速发展，模拟计算的准确性和可靠性大大增强，应用范围不断拓宽，在化工过程开发、设计、生产操作的控制与优化、操作培训和技术改造等方面均有应用。Aspen Plus是基于稳态化工模拟、优化、灵敏度分析和经济评价的大型化工流程模拟软件，由美国Aspen Tech公司研发，是唯一能处理带有固体、电解质、生物质和常规物料等复杂体系的流程模拟系统。

本书详细介绍了Aspen Plus软件的操作步骤以及应用技巧，注重其应用与原理的结合。内容共分14章，主要包括化工过程模拟的基本知识，流程建立的基本操作方法和步骤，Aspen Plus中各个模块的应用方法和技巧，流程模拟的步骤和经验，原油蒸馏过程的模拟，几种复杂精馏过程的模拟，流程以及RadFrac模块的收敛技巧和策略，Aspen Plus和其他Windows程序协同使用的方法。为了方便本书的学习以及扩展读者的学习内容，本书还配有书中例题与习题的Aspen Plus bkp文件、Aspen Energy Analyzer、化工过程经济分析与评价、Aspen Plus与外部换热器软件联用以及塔内件设计软件CUP-Tower等内容，可登录www.cipedu.com.cn下载。通过对本书的学习，可以提升读者对Aspen Plus的认识，并能用其进行化工系统的流程模拟及优化。

本书所有例题均以Aspen Plus V7.2版本为例，不同版本的Aspen Plus在界面和内容上可能有所差异，请各位读者朋友注意。同时，尽管化工过程有诸多相同的单元操作，但具体实现过程不尽相同，甚至相差甚远。在应用Aspen Plus进行模拟时，要充分考虑到每个过程的特殊性，具体问题具体分析，选用合理的模块组合，找出最佳的流程设计。

本书由孙兰义主编，第1、2、3、9章由毕欣欣编写，第4、8章由王俊编写，第5、10章由王丁丁编写，第6、11章由全本军编写，第7、13章由武佳编写，第12章由毕欣欣、王丁丁、王俊、武佳、沈琳共同编写，第14章由沈琳编写，丁雪、赫佩军、侯影飞、于英民参与修改工作，全书由孙兰义修改定稿。

由于作者水平有限，书中不妥之处在所难免，恳请读者批评指正。

编　者

2012年3月

目 录

第 12 章　收敛和故障诊断

第 13 章　石油蒸馏过程模拟

第 14 章　动态模拟入门

附录

参考文献　/ 571

例题演示视频

（扫二维码观看，建议在 WiFi 环境下使用）

第1章

绪　论

1.1　化工过程模拟

1.1.1　化工过程模拟简介

化工过程模拟可分为稳态模拟和动态模拟两类。通常所说的化工过程模拟多指稳态模拟，本书介绍如何运用 Aspen Plus 进行稳态模拟以及动态模拟入门。

过程模拟实际上就是使用计算机程序定量计算一个化学过程中的特性方程。其主要过程是根据化工过程的数据，采用适当的模拟软件，将由多个单元操作组成的化工流程用数学模型描述，模拟实际的生产过程，并在计算机上通过改变各种有效条件得到所需要的结果。模拟涉及的化工过程中的数据一般包括进料的温度、压力、流量、组成，有关的工艺操作条件、工艺规定、产品规格以及相关的设备参数。

化工过程模拟是在计算机上“再现”实际的生产过程。但是这一“再现”过程并不涉及实际装置的任何管线、设备以及能源的变动，因而给了化工过程模拟人员最大的自由度，使其可以在计算机上“为所欲为”地进行不同方案和工艺条件的探讨、分析。因此，过程模拟不仅可节省时间，也可节省大量资金和操作费用；同时过程模拟系统还可对经济效益、过程优化、环境评价进行全面的分析和精确评估；并可对化工过程的规划、研究与开发及技术可靠性做出分析。

化工过程模拟可以用来进行新工艺流程的开发研究、新装置设计、旧装置改造、生产调优以及故障诊断，同时过程模拟还可以为企业装置的生产管理提供可靠的理论依据，是企业生产管理从经验型走向科学型的有力工具。

1.1.2　化工过程模拟的功能

(1)科学研究、开发新工艺

20 世纪 60～70 年代以前，炼油、化工行业新流程的开发研究，需要依靠各种不同规模的小试、中试。随着过程模拟技术的不断发展，工艺开发已经逐渐转变为完全或部分利用模拟技术，仅在某些必要环节进行个别的试验研究和验证。

(2)设计

化工过程模拟的主要应用之一是进行新装置的设计。随着科学技术的进步，在石油化工和炼油领域，绝大多数过程模拟的结果可以直接运用于工业装置的设计，而无需小试或中试。国外从20世纪60年代末开始，已经在工程设计中应用过程模拟技术，而国内开始较晚，到80年代才开始广泛应用。进入21世纪以来，相关设计单位开始大量使用化工过程模拟软件，高等院校也纷纷引进化工过程模拟软件，用于科学研究和教学工作。

(3)改造

化工过程模拟也是旧装置改造必不可少的工具，旧装置的改造既涉及已有设备的利用，也可能需要增添新设备，其计算往往比设计还要复杂。改造过程中，由于产品分布和处理量发生了改变，所以现有的塔、换热器、泵、管线等旧设备能否适用是一个很大的问题，这些问题都必须在过程模拟的基础上才能得到解决。

(4)生产装置调优、故障诊断

在生产装置调优以及故障诊断的问题上，过程模拟起着不可替代的作用，通过过程模拟可以寻求最佳工艺条件，从而达到节能、降耗、增效的目的；通过全系统的总体调优，以经济效益为目标函数，可求得关键工艺参数的最佳匹配，革新了传统观念。

1.1.3 化工过程模拟系统构成

化工过程模拟系统主要包括输入系统、数据检查系统、调度系统以及数据库。

现代模拟系统既可以采用图形界面输入，也可采用数据文件的方式输入，并且这两种方式之间可以相互转换。图形输入简单直观，需要先作出所需计算的模拟流程图，然后再输入相关数据。由于图形界面输入无需记忆输入格式和关键字，比较方便，现已成为主要的输入方式。

数据输入完成后，由数据检查系统进行流程拓扑分析和数据检查，这一阶段的检查只分析数据的合理性、完整性，而不涉及正确性。若发现错误或是数据输入不完整，则返回输入系统，提示用户进行修改。

数据检查完之后进入调度系统，调度系统是程序中所有模块调用以及程序运行的指挥中心。调度系统的考虑是否完善，编制是否灵活，是否为用户提供最大的方便，对于模拟软件的性能至关重要。

任何一个通用的化工过程模拟系统都需要物性数据库、热力学方法库、化工单元模块库、功能模块库、收敛方法库、经济评价库等。其中最重要的是化工单元模块库和热力学方法库，化工单元模块库关系着能否进行计算，热力学方法库关系着计算结果的准确性。

1.2 Aspen Plus 软件

1.2.1 Aspen Plus 简介

Aspen Plus 是一款功能强大的集化工设计、动态模拟等计算于一体的大型通用过程模拟软件。它起源于20世纪70年代后期，当时美国能源部在麻省理工学院(MIT)组织会战，要求开发新型第三代过程模拟软件，这个项目称为“先进过程工程系统”(Advanced System for Process Engineering)，简称 ASPEN。这一大型项目于 1981 年底完成。1982 年 AspenTech 公司成立，将其商品化，称为 Aspen Plus。这一软件经过历次的不断改进、扩充和提高，成为全世界公认的标准大型化工过程模拟软件。

Aspen Plus 是基于稳态化工模拟、优化、灵敏度分析和经济评价的大型化工过程模拟软件，为用户提供了一套完整的单元操作模块，可用于各种操作过程的模拟及从单个操作单元到整个工艺流程的模拟。全世界各大化工、石化生产厂家及著名工程公司都是 Aspen Plus 的用户。它以严格的机理模型和先进的技术赢得广大用户的信赖。

Aspen Plus 主要由三部分组成，简述如下。

(1)物性数据库

Aspen Plus 具有工业上最适用且完备的物性系统，其中包含多种有机物、无机物、固体、水溶电解质的基本物性参数。Aspen Plus 计算时可自动从数据库中调用基础物性进行热力学性质和传递性质的计算。此外，Aspen Plus 还提供了几十种用于计算传递性质和热力学性质的模型方法，其含有的物性常数估算系统(PCES)能够通过输入分子结构和易测性质来估算缺少的物性参数。

(2)单元操作模块

Aspen Plus 拥有 50 多种单元操作模块，通过这些模块和模型的组合，可以模拟用户所需要的流程。除此之外，Aspen Plus 还提供了多种模型分析工具，如灵敏度分析模块。利用灵敏度分析模块，用户可以设置某一操纵变量作为灵敏度分析变量，通过改变此变量的值模拟操作结果的变化情况。

(3)系统实现策略

对于完整的模拟系统软件，除数据库和单元模块外，还应包括以下几部分。

① 数据输入　Aspen Plus 的数据输入是由命令方式进行的，即通过三级命令关键字书写的语段、语句及输入数据对各种流程数据进行输入。输入文件中还可包括注解和插入的 Fortran 语句，输入文件命令解释程序可转化成用于模拟计算的各种信息，这种输入方式使得用户使用软件特别方便。

② 解算策略　Aspen Plus 所用的解算方法为序贯模块法以及联立方程法，流程的计算顺序可由程序自动产生，也可由用户自己定义。对于有循环回路或设计规定的流程必须迭代收敛。

③ 结果输出　可把各种输入数据及模拟结果存放在报告文件中，可通过命令控制输出报告文件的形式及报告文件的内容，并可在某些情况下对输出结果作图。

1.2.2 Aspen Plus 主要功能

Aspen Plus 可用于多种化工过程的模拟，其主要的功能具体有以下几种：

① 对工艺过程进行严格的质量和能量平衡计算；

② 可以预测物流的流量、组成以及性质；

③ 可以预测操作条件、设备尺寸；

④ 可以减少装置的设计时间并进行装置各种设计方案的比较；

⑤ 帮助改进当前工艺，主要包括可以回答“如果……，那会怎么样”的问题，在给定的约束内优化工艺条件，辅助确定一个工艺的约束部位，即消除瓶颈。

第2章

Aspen Plus入门

2.1 图形界面

2.1.1 Aspen Plus界面主窗口

Aspen Plus V8.0及以上版本采用新的通用的“壳”用户界面，这种结构已被Aspen Tech公司的其他许多产品采用。“壳”组件提供了一个交互式的工作环境，方便用户控制显示界面。Aspen Plus的模拟环境界面如图2-1所示。

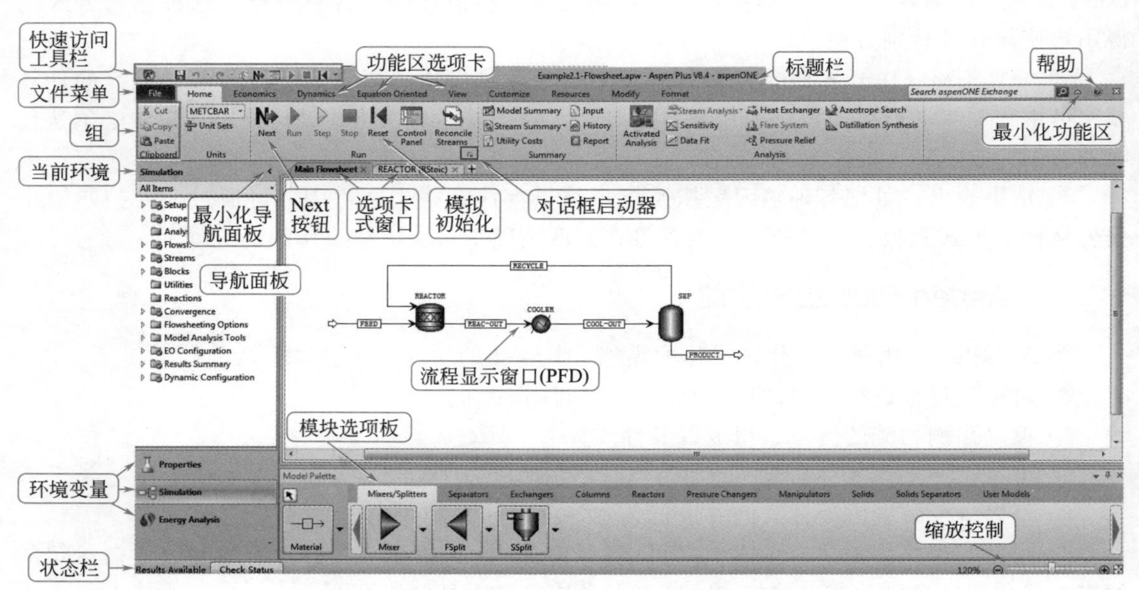

图2-1 **Aspen Plus模拟环境界面**

功能区(Ribbon)包括一些显示不同功能命令集合的选项卡，还包括文件菜单和快捷访问工具栏。文件菜单包括打开、保存、导入和导出文件等相关命令。快捷访问工具栏包括其他常用命令，如取消、恢复和下一步。无论激活哪一个功能区选项卡，文件菜单和快捷访问工具栏总是可以使用的。

导航面板(Navigation Pane)为一个层次树，可以查看流程的输入、结果和已被定义的对象。导航面板总是显示在主窗口的左侧。

Aspen Plus 包含三个环境：物性环境、模拟环境和能量分析环境。其中，物性环境包含所有模拟所需的化学系统窗体，用户可定义组分、物性方法、化学集、物性集，并可进行数据回归、物性估算和物性分析；模拟环境包含流程和流程模拟所需的窗体和特有功能；能量分析环境包含用于优化工艺流程以降低能耗的窗体。

2.1.2 主要图标功能

Aspen Plus 界面主窗口中主要图标功能介绍见表 2-1。

表 2-1 Aspen Plus 界面主窗口中主要图标功能介绍

图标	说 明	功 能
	下一步(专家系统)(Next)	指导用户进行下一步的输入
	开始运行(Run)	输入完成后，开始计算
	控制面板(Control Panel)	显示运行过程，并进行控制
	初始化(Reset)	不使用上次的计算结果，采用初值重新计算
	物流调谐(Reconcile Stream)	使输入变量与计算结果一致

2.1.3 状态指示符号

在整个流程模拟过程中，左侧的导航面板会出现不同的状态指示符号，其意义列于表 2-2。

表 2-2 状态指示符号及其意义

符号	意 义
	该表输入未完成
	该表输入完成
	该表中没有输入，是可选项
	对于该表有计算结果
	对于该表有计算结果，但有计算错误
	对于该表有计算结果，但有计算警告
	对于该表有计算结果，但生成结果后输入发生改变

2.1.4 Aspen Plus 专家系统(Next)

Aspen Plus 中 Next( )是一个非常有用的工具，其作用有：

① 通过显示信息，指导用户完成模拟所需的或可选的输入；

② 指导用户下一步需要做什么；

③ 确保用户参数输入的完整和一致。

表 2-3 所列为在不同情况下点击 Next 的结果。

表 2-3 点击 Next 的结果

如果	使用“Next”
所在工作表输入不完整	提示所在工作表下用户未完成的输入信息
所在工作表输入完整	进入当前对象下的下一个需要输入的工作表
选择一个已经完成的对象	进入下一个对象或者运行的下一步
选择一个未完成的对象	进入下一个必须完成的工作表

2.2 Aspen Plus 自带示例文件

Aspen Plus 提供了多种不同类型的示例文件，可以帮助用户开发流程或学习如何使用 Aspen Plus 的功能。

当打开或导入一个文件时，点击窗口左侧 Aspen PlusV8.4 收藏夹，如图 2-2 所示，将出现几种示例文件夹，如表 2-4 所示。

图 2-2 打开 Aspen PlusV8.4 收藏夹

表 2-4 示例文件夹

文件夹	描　述
原油评价数据库 (Assay Libraries)	原油评价数据库包含来自世界各地的典型原油的评价数据，这些数据可用于原油模拟
内置模板 (Built-in Templates)	当启动 Aspen Plus 并选择从模板中建立一个新的流程，以及使用 **File** ｜ **New** 命令时，模板都是可用的。模板已经设置了单位、流量基准、物流报告选项和其他全局设置，也可以包括组分、物性方法和其他规定
物性数据包 (Data Package)	将物性数据包导入到模拟中用于添加组分、物性方法、数据以及在某些工业过程中涉及的与化学组分相关的电解质化学或反应
电解质嵌入包 (Electrolyte Inserts)	电解质嵌入包与物性数据包相同，但强调电解质系统
案例 (Examples)	案例库包含了一些模拟文件，用于展示如何利用 Aspen Plus 解决过程工业中遇到的问题
测试文件 (Testprob. bkp)	该备份文件直接在收藏夹中生成，用于验证 Aspen Plus 已被正确安装
模型库 (Model Libraries)	应用该文件夹储存用户创建的模型库
我的模板 (My Templates)	应用该文件夹储存用户创建的模板文件

2.3 物性环境

下面以苯和丙烯反应合成异丙苯为例，介绍流程模拟的搭建步骤。

例 2.1

例 2.1
演示视频

含苯（BENZENE，C_6H_6）和丙烯（PROPENE，C_3H_6）的原料物流（FEED）进入反应器（REACTOR），经反应生成异丙苯（PRO-BEN，C_9H_{12}），反应后的混合物经冷凝器(COOLER)冷凝，再进入分离器(SEP)，分离器(SEP)顶部物流(RECYCLE)循环回反应器(REACTOR)，分离器(SEP)底部物流作为产品(PRODUCT)流出，如图 2-3 所示。求产品(PRODUCT)中异丙苯的摩尔流量。物性方法选择 RK-SOAVE。

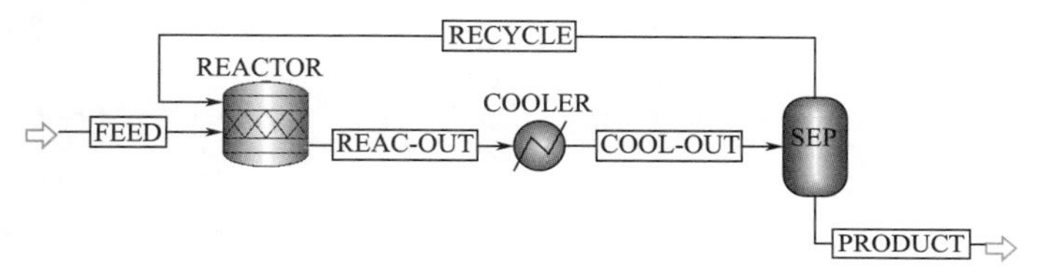

图 2-3 流程示意

原料物流 FEED 温度 105℃，压力 0.25MPa，苯和丙烯的摩尔流量均为 18kmol/h。反应器 REACTOR 绝热操作，压力 0.1MPa，反应方程式为 $C_6H_6+C_3H_6 \longrightarrow C_9H_{12}$，丙烯的转化率为 90%。

冷凝器 COOLER 的出口温度 54℃，压降 0.7kPa；分离器 SEP 绝热操作，压降为 0。

本例模拟步骤如下：

1. 启动 Aspen Plus

依次点击**开始→程序→所有程序→Aspen Tech→Process Modeling V8.4→Aspen Plus→Aspen Plus 8.4**，点击 **File** | **New** 或者使用快捷键 Ctrl+N 新建模拟，如图 2-4 所示。进入到模板选择对话框中，系统会提示用户建立空白模拟(Blank Simulation)、使用系统模板(Installed Templates)或者用户自定义模板(My Templates…)。

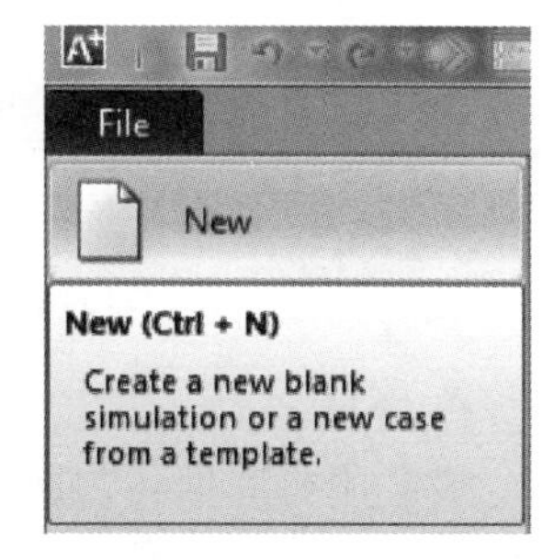

图 2-4 新建模拟

模板设定了工程计算通常使用的缺省项，这些缺省项一般包括测量单位、所要报告的物流组成信息和性质、物流报告格式、自由水选项默认设置、物性方法以及其他特定的应用。对于每个模板，用户可以选择使用公制或英制单位，也可以自行设定常用的单位。

表 2-5 列出了内置模板可供选择的单位集，其中，ENG 和 METCBAR 分别为英制单位模板和公制单位模板默认的单位集。

选择 **Chemical Processes** | **Chemicals with Metric Units** 或者选择 **Chemical Processes** | **Specialty Chemicals with Metric Units**，在右侧"Preview"窗口会显示两种模板的不同物流报告基准和不同压力、体积流量和能量单位，如图 2-5 所示。

表 2-5 可供选择的单位集

单位集	温度	压力	质量流量	摩尔流量	焓流	体积流量
ENG	F	psia	lb/hr	lbmol/hr	Btu/hr	Cuft/hr
MET	K	atm	kg/hr	kmol/hr	Cal/sec	l/min
METCBAR	C	bar	kg/hr	kmol/hr	MMkcal/hr	cum/hr
METCKGGM	C	kg/sqcm	kg/hr	kmol/hr	MMkcal/hr	cum/hr
SI	K	n/sqm	kg/sec	kmol/hr	watt	cum/sec
SI-CBAR	C	bar	kg/hr	kmol/hr	watt	cum/hr

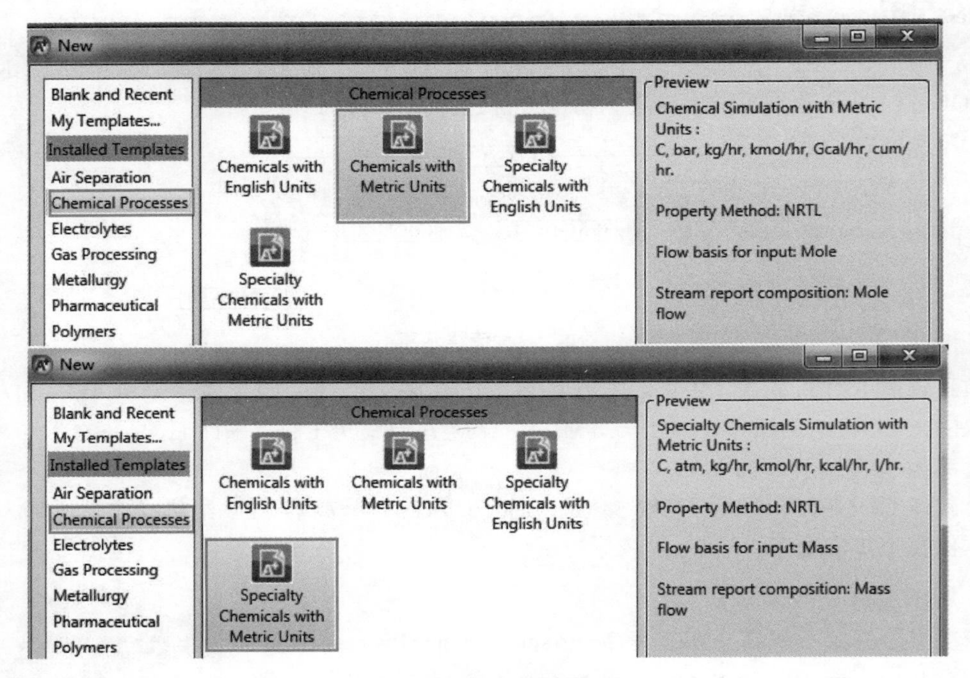

图 2-5 选择不同模板

本例选择通用公制单位(General with Metric Units)，然后点击 **Create** 按钮，如图 2-6 所示。

2. 保存文件

建立流程之前，为防止文件丢失，一般先将文件保存。点击 **File** | **Save As**，选择保存文件类型、存储位置，命名文件，点击**保存**即可，如本题文件保存为 Example2.1-Flowsheet.bkp。

系统设置了三种文件保存类型，其中 *.apw(Aspen Plus Document)格式是一种文档文件，系统采用二进制存储，包含所有输入规定、模拟结果和中间收敛信息；*.bkp(Aspen Plus Backup)格式是 Aspen Plus 运行过程的备份文件，采用 ASCⅡ存储，包含模拟的所有输入规定和结果信息，但不包含中间的收敛信息；*.apwz(Compound File)是综合文件，采用二进制存储，包含模拟过程中的所有信息。本题选择保存为 *.bkp 文件。

系统默认保存文件类型是 *.apwz，可在 **File** | **Options** | **Files** 页面进行修改，如图 2-7 所示。

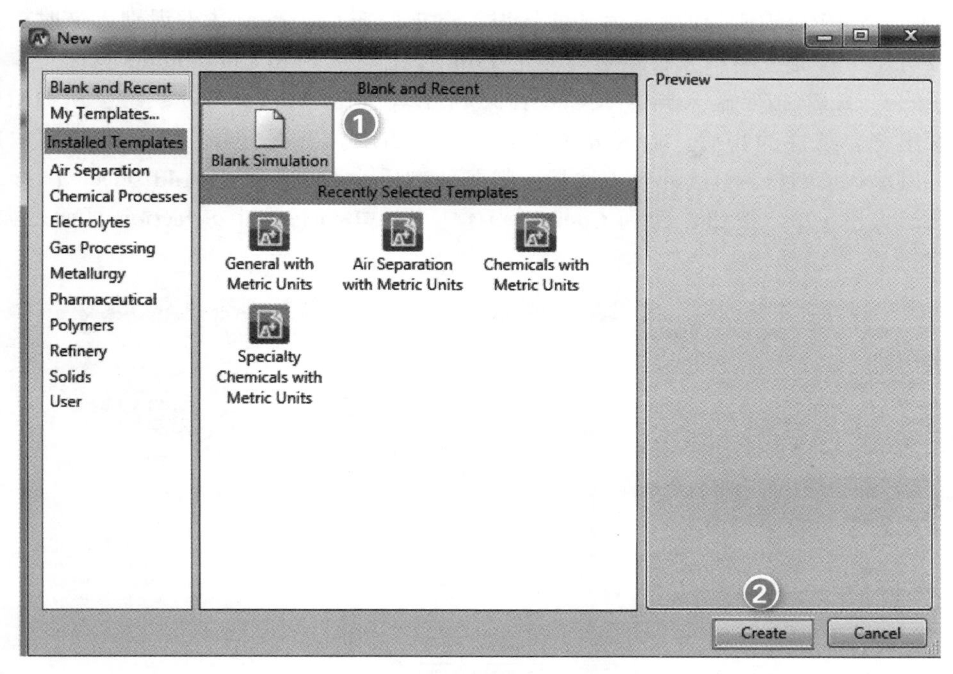

图 2-6　**新建空白模拟**

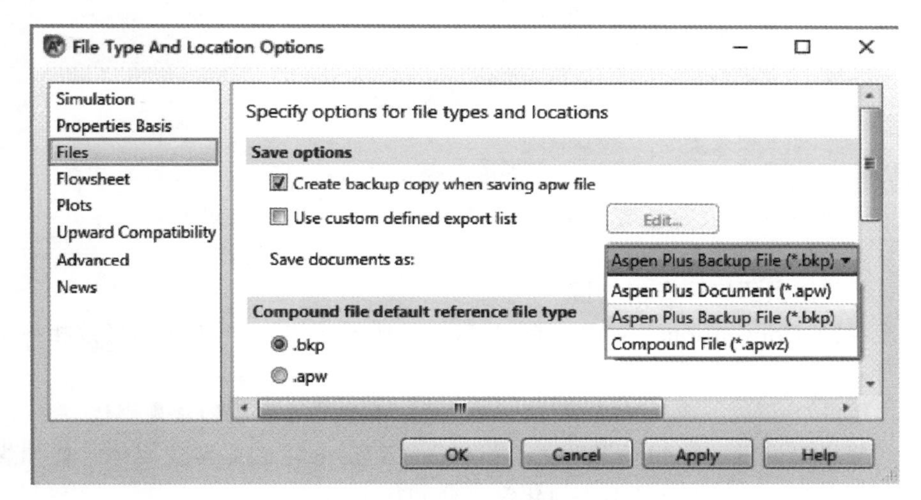

图 2-7　**设置文件保存类型与位置选项**

3. 输入组分

完成上述准备工作后，系统默认进入物性环境中 **Components** | **Specifications** | **Selection** 页面，用户需在此页面输入组分。用户也可以直接点击 Home 功能区选项卡中的 **Components** 按钮，进入组分输入页面。熟悉软件之后，用户可以直接在物性环境中左侧的导航面板点击 **Components**，进入组分输入页面。

在 Component ID 一栏输入丙烯的名称 PROPENE，点击回车键，由于这是系统可识别的组分 ID，所以系统会自动将类型(Type)、组分名称(Component Name)和分子式(Formula)栏输入。同样输入苯的名称 BENZENE，点击回车键，也可自动输入。在第三行 Component ID 中输入 PRO-BEN 作为异丙苯的标识，点击回车后，系统并不识别，这时需要用查找(Find)功能。首先选中第三行，然后点击 **Find** 按钮，在 **Find Compounds** 页面上输入异丙苯的分子式 C9H12(或者输入异丙苯 CAS：98-82-8)，点击 **Find now**，系统会从纯组分数据库中搜索出符合条件的物质。输入分子式时，若该物质含有同分异构体，如本题中的异丙苯，则可以输入 C9H12-。从列表中选择所需要的物质，点击下方的 **Add selected compounds** 按钮，然后点击 **Close** 按钮，回到 **Components** | **Specifications** | **Selection** 页面，如图 2-8 所示。

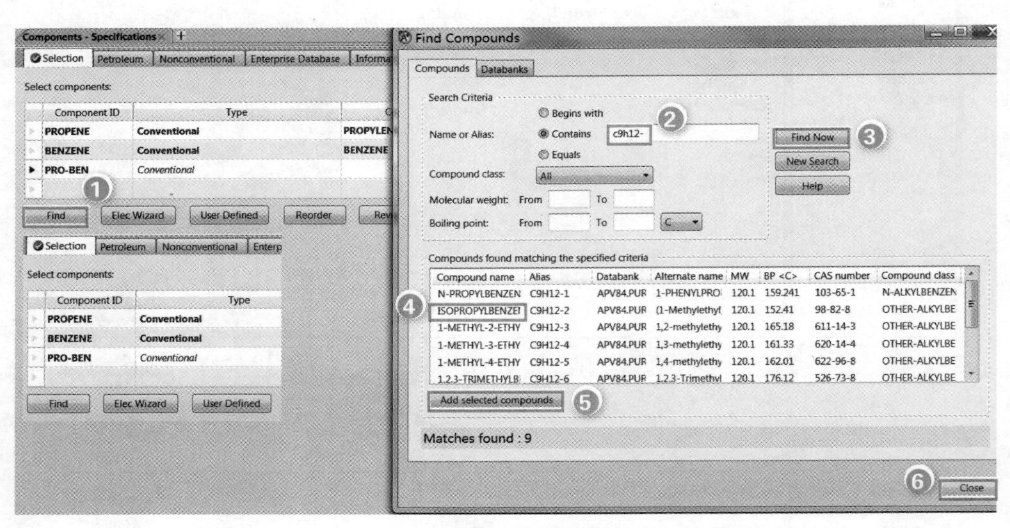

图 2-8　**输入组分**

> **注：** 在 Component ID 一栏中设置物质的标识时，最多可以输入八个字符。
> **注：** 在 **Databanks** 页面或者 **Enterprise Database** 页面选择纯组分数据库。

Aspen Plus 提供的组分类型包括：

① 常规组分(Conventional)：单一特定流体(气体或液体)，可能参与气液相平衡的典型组分。

② 固体组分(Solid)：单一特定固体，通过固体模型计算性质的常规固体。

③ 非常规组分(Nonconventional)：不能以分子组分表示的非常规固体，比如煤或者木纤维，而是用组分属性表征并且不参与化学平衡和相平衡。

④ 虚拟组分(Pseudocomponent)，油品评价数据(Assay)和石油馏分混合数据(Blend)：表示石油馏分的组分，根据沸点、分子量、密度和其他性质表征。

⑤ 熔融液体(Hypothetical Liquid)：性质需要根据固体性质推测的液体组分模型，主要应用于冶金，比如模拟钢水中的碳。

⑥ 聚合物(Polymer)、低聚物(Oligomer)和链段(Segment)：在聚合物模型中使用的组分。

4. 选择物性方法及查看二元交互作用参数

组分定义完成后，点击 N 或者快捷键 F4，进入 **Methods** | **Specifications** | **Global** 页面，选择物性方法。同样，由导航面板或点击 Home 功能区选项卡中的 **Methods** 按钮均

可直接进入物性方法选择页面。物性方法的选择是模拟的一个关键步骤，对于模拟结果的准确性至关重要，物性方法选择的原则将在第 3 章作详细介绍。本题选择 RK-SOAVE 方法，如图 2-9 所示。

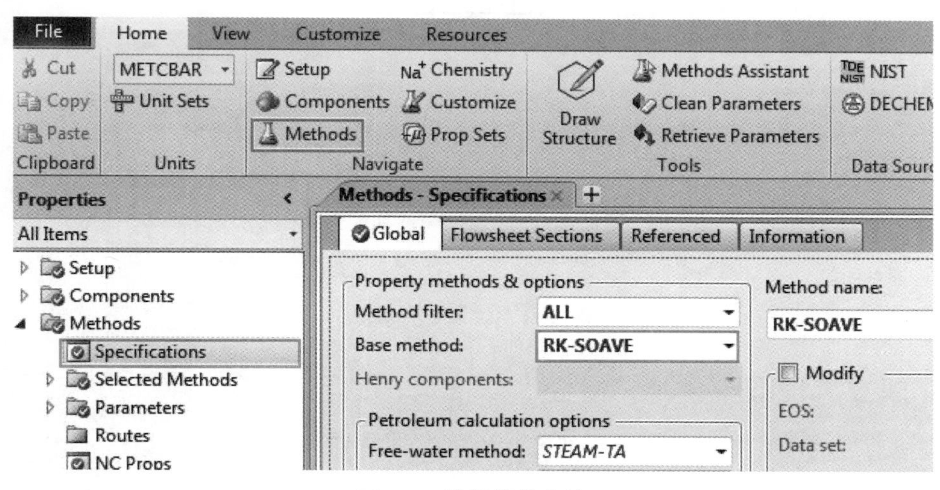

图 2-9　选择物性方法

注：Aspen 物性系统为活度系数模型(WILSON、NRTL 和 UNIQUAC)、部分状态方程模型以及亨利定律提供了内置的二元参数。在完成组分和物性方法的选择后，Aspen Plus 自动使用这些内置参数。本例选择的物性方法为 RK-SOAVE，系统没有提供内置的二元参数。

2.4　模拟环境

输入组分及选择物性方法后，即可开始建立流程图及输入模拟数据。

2.4.1　设置全局规定

物性方法选择完成后，点击快捷访问或 Home 功能区选项卡中的 N→，出现如图 2-10 所示的 **Properties Input Complete** 对话框，选择 Go to Simulation environment，点击 **OK**。

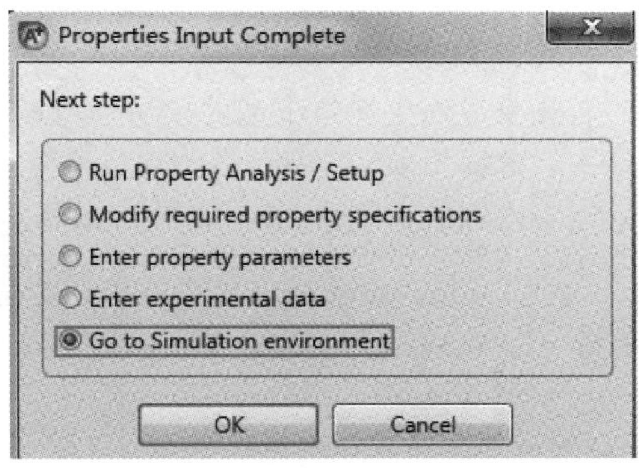

图 2-10　信息提示对话框

进入 **Setup** | **Specifications** | **Global** 页面，设置全局规定。用户可以在全局规定页面中的 Title(名称)框中为模拟命名，本题输入 PROBEN，用户还可以在此页面选择全局单位制、更改运行类型(稳态或动态)等，本例均采用默认设置，不作修改，如图 2-11 所示。

输入过程中，鼠标放置到输入框时，鼠标下方会有相应的说明和提示，用户也可以通过 F1 键打开帮助文件寻求帮助。

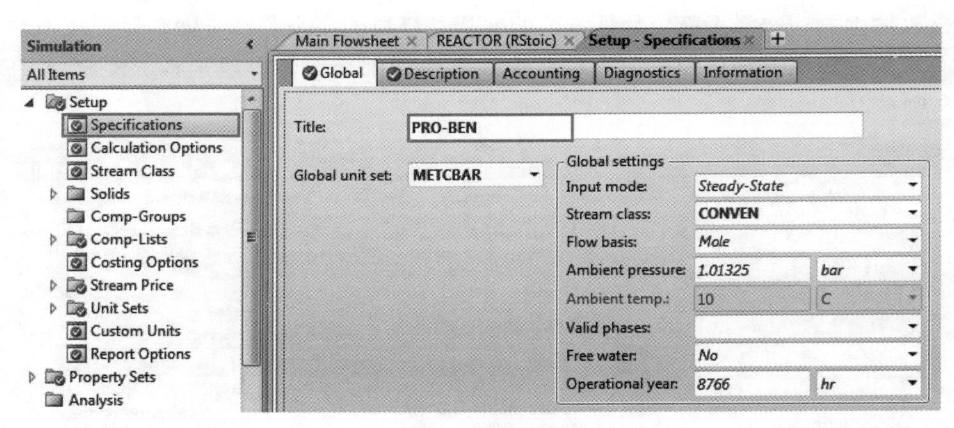

图 2-11　设置全局规定

2.4.2　建立流程图

在完成前述的准备工作后，用户即可开始建立流程图。

注：添加的物流或模块可以不采用自动命名，点击菜单栏 **File** | **Options**，在 **Flowsheet** 页面下的 **Stream and unit operation labels** 中，将复选框的第一项和第三项去掉，如图 2-12 所示，即对于物流和模块，用户自行定义标识名称，不采用系统生成的默认标识，点击 **OK**。本例采用默认标识。

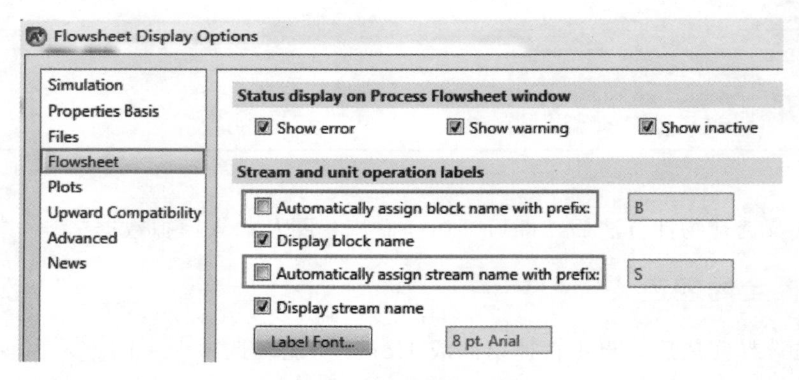

图 2-12　设置流程显示选项

（1）添加模块

首先从界面主窗口下端的模块选项板 **Model Palette** 中点击 **Reactors** | **RStoic** 右侧的下拉箭头，选择 **ICON1** 图标（各种反应器模块将在第 8 章中讲述），然后移动鼠标至窗口空白处，点击左键放置模块 B1，如图 2-13 所示。

注：如果模块选项板没有出现在界面主窗口上，可以使用快捷键 F10，或由功能区选项卡选择 **View** | **Model Palette**，显示模块选项板，点击 **OK**，回到主窗口。

（2）添加物流和连接模块

放置完模块后，需要给模块添加对应的输入输出物流，点击模块选项板左侧 **Material**

stream 的下拉箭头，选择物流 Material，将鼠标移至主窗口，模块上会出现亮显的端口，如图 2-14 所示，红色表示必选物流，用户必须添加，蓝色为可选物流，用户在需要时可以自行添加。

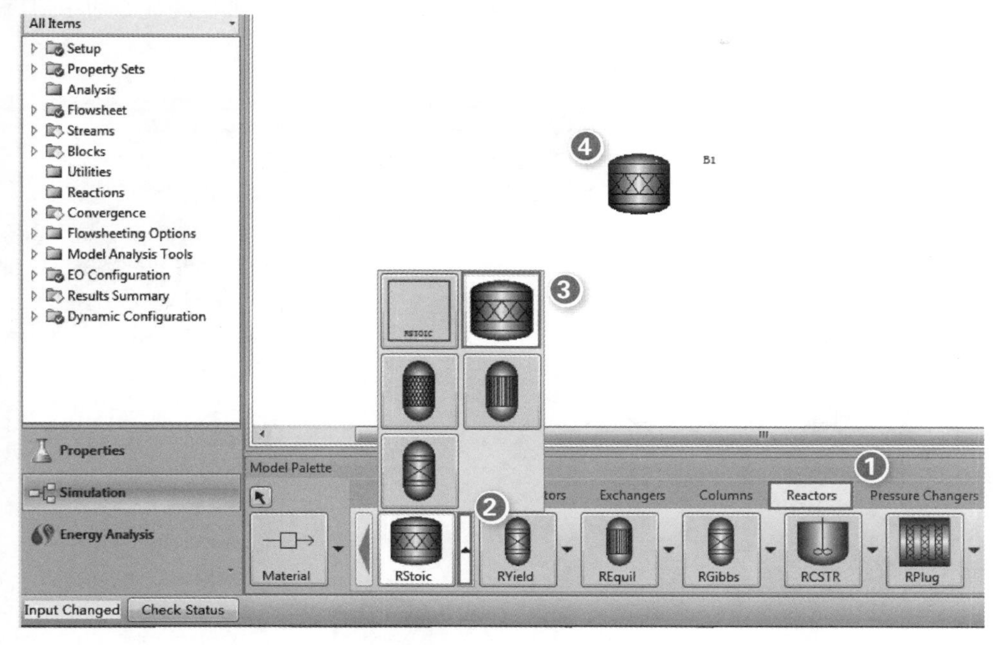

图 2-13　添加反应器模块

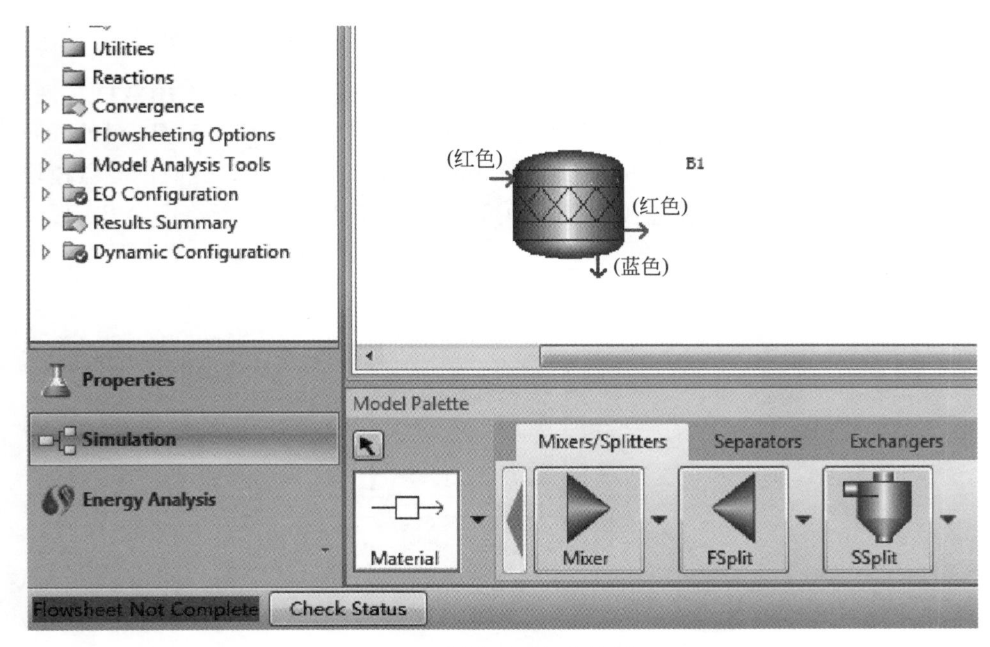

图 2-14　模块显示的物流端口

点击亮显的输入端口连接物流，然后点击流程窗口空白处放置物流，即可成功连接输入物流。同上述操作，点击亮显的输出物流端口，然后点击流程窗口的空白处，连接输出物流，如图 2-15 所示。连接完毕后，点击鼠标右键，可退出物流连接模式。

注：若需要对单元模块或物流进行更改名称、删除、更换图标、输入数据、输出结果等操作时，可以在模块或物流上点击左键，选中对象，然后点击右键，在弹出菜单中选择相应的项目，如图 2-16 所示。也可以选中模块或者物流，使用快捷键 Ctrl+M 进行修改。

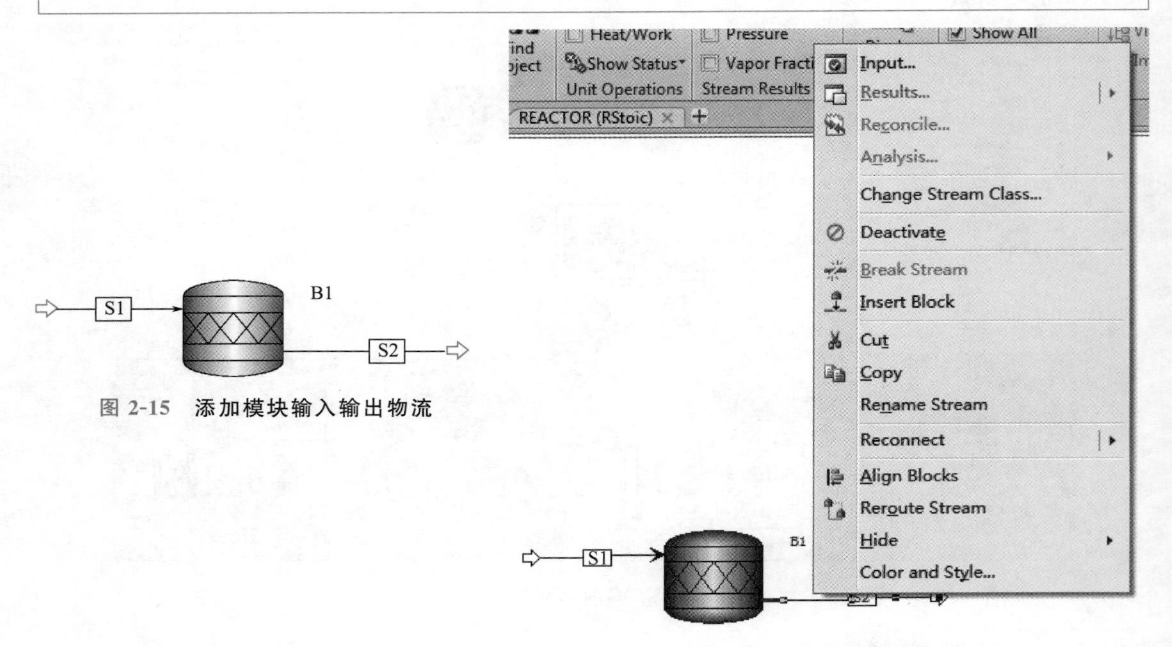

图 2-15　添加模块输入输出物流

图 2-16　物流右键菜单

添加冷凝器模块 B2，选择模块选项板中的 **Exchangers** | **Heater** | **HEATER** 图标，点击鼠标左键，放置冷凝器模块。物流 S2 既是反应器的输出物流，同时又是冷凝器的输入物流，选中物流 S2，右击选择 Reconnect Destination，如图 2-17 所示，此时冷凝器模块 B2 上出现亮显的端口，点击输入物流连接端口，即可将物流 S2 连接到冷凝器模块 B2 上。

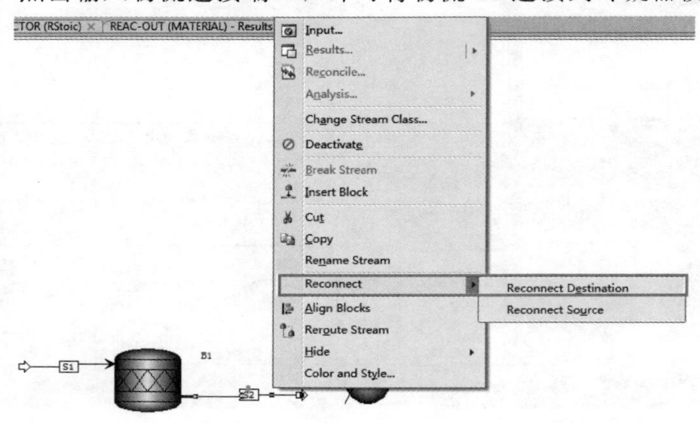

图 2-17　更改物流连接

添加分离器模块 B3，选择模块选项板中的 **Separators** | **Flash2** | **V-DRUM1** 图标，同时连接物流，如图 2-18 所示。注意分离器模块 B3 顶部的物流 S4 作为循环物流，即反应器的另一股进料。

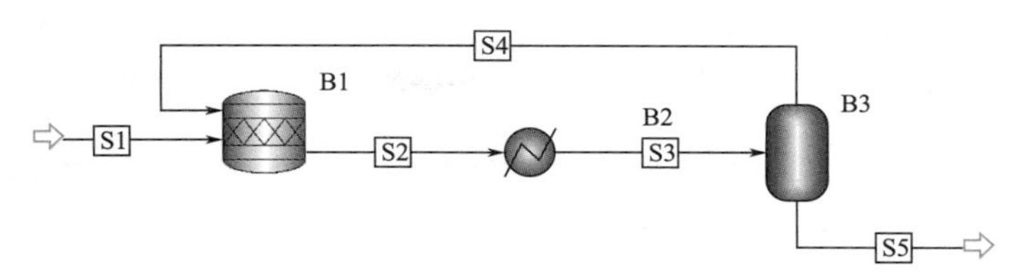

图 2-18 **添加分离器模块 B3**

对于流程中的物流和模块，通常取有实际意义的名称。分别点击物流和模块，右键选择 Rename Stream 及 Rename Block 修改名称，最终的流程如图 2-19 所示。

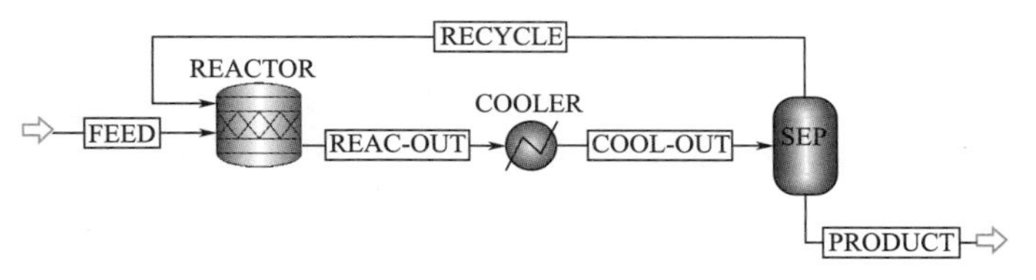

图 2-19 **最终流程**

至此，流程建立完毕。

每个模块、物流以及其他模拟对象都有一个特定的 ID，点击导航面板中的某一文件夹时，会出现一个对象管理器(Object Manager)，比如，点击本例导航面板中的 Streams 文件夹，弹出物流对象管理器，如图 2-20 所示。

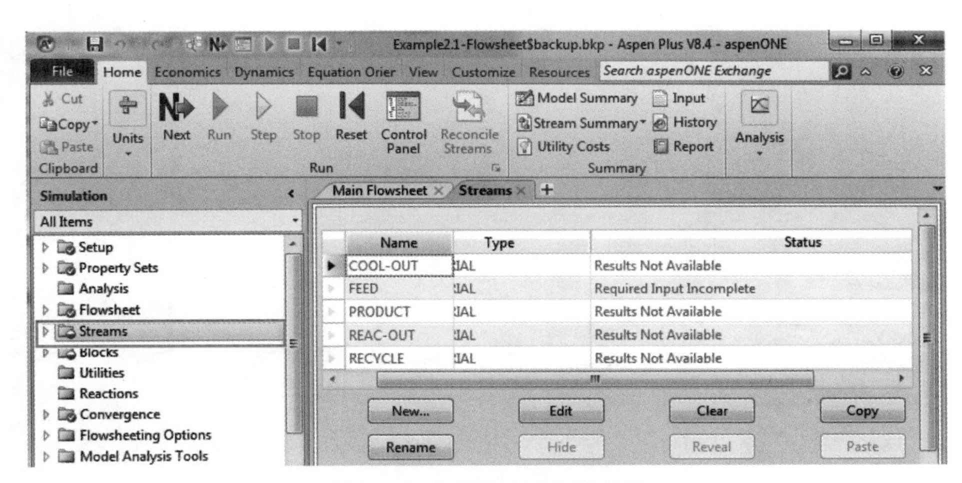

图 2-20 **查看物流对象管理器**

对象管理器可以执行如下功能：新建、重命名、编辑、隐藏、删除、清除、显示、复制和粘贴。但对某些对象，上述功能并不都是可用的。

2.4.3 输入物流数据

点击，进入 **Streams** | **FEED** | **Input** | **Mixed** 页面，需要输入物流的温度、压力或气相分数三者中的两个以及物流的流量或组成。Total flow 一栏用于输入物流的总流量，可以是质量流量、摩尔流量、标准液体体积流量或体积流量；输入总流量后，需要在 Composition 一栏中输入各组分流量或物流组成。用户也可以不输入物流总流量，在 Composition

一栏中选择输入类型为流量，即输入物流中各组分的流量。本例输入进料物流 FEED 温度 105℃，压力 0.25MPa，丙烯和苯的流量均为 18kmol/h，如图 2-21 所示。

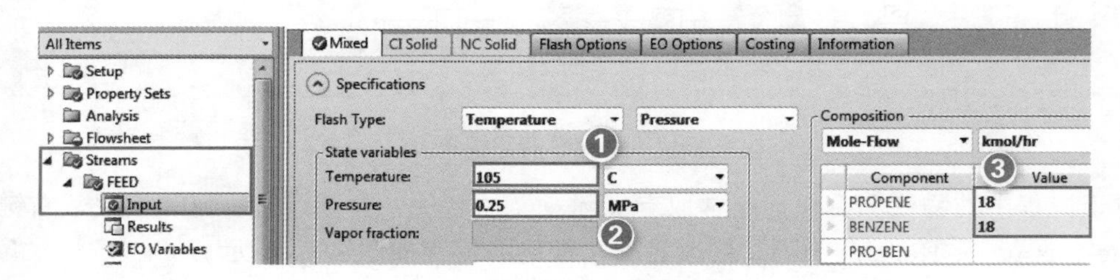

图 2-21 **输入进料物流 FEED 数据**

注：标准液体体积流量(stdvol)是液体在 15.6℃(60 ℉)和 1atm(101325Pa)下的体积流量。

2.4.4 输入模块数据

进料物流的数据输入完成后，需要输入模块的数据。模块不同，输入的数据有异，后续章节将会详细介绍如何输入各种模块的数据，本题只简要介绍输入步骤。

(1)模块 COOLER

点击 N▸，进入 **Blocks** | **COOLER** | **Input** | **Specifications** 页面，输入模块 COOLER 数据，其中 Temperature(冷凝器出口温度)为 54℃，Pressure(冷凝器压降)为−0.7kPa，即表示压降为 0.7kPa，如图 2-22 所示。

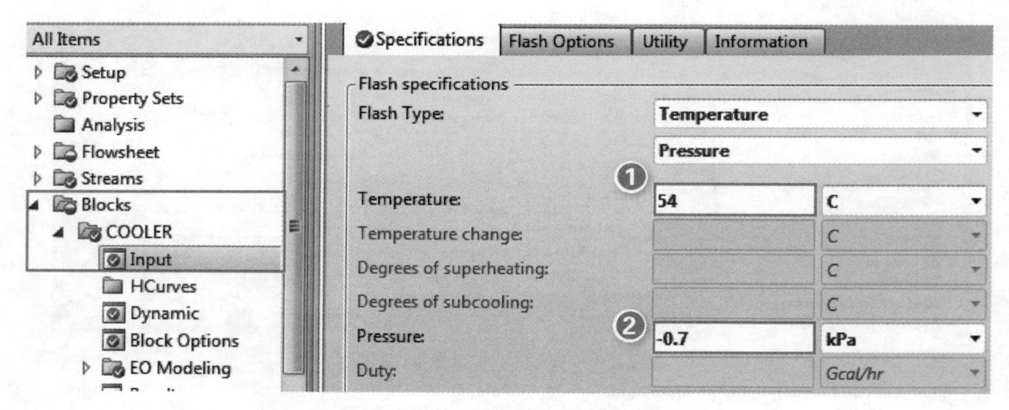

图 2-22 **输入模块 COOLER 数据**

注：若输入的压力>0，则表示模块的操作压力；若输入的压力≤0，则表示模块的压降。

(2)模块 REACTOR

点击 N▸，进入 **Blocks** | **REACTOR** | **Setup** | **Specifications** 页面，输入模块 REACTOR 数据，Pressure(压力)为 0.1MPa，热负荷(Duty)为 0(绝热)，如图 2-23 所示。

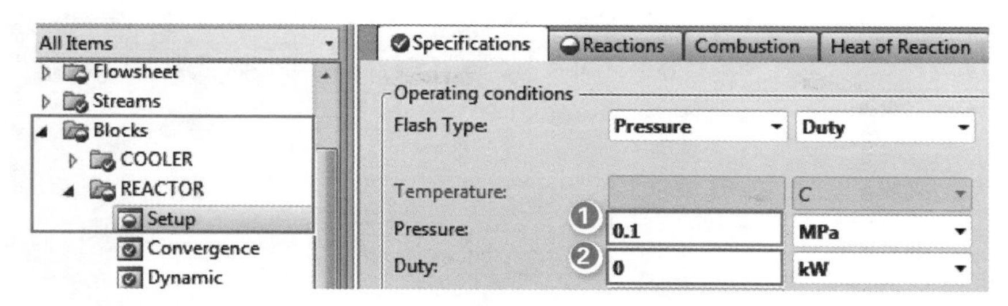

图 2-23 **输入模块 REACTOR 数据**

点击，进入 **Blocks** | **REACTOR** | **Setup** | **Reactions** 页面，定义化学反应，点击 **New…** 按钮，出现 **Edit Stoichiometry** 对话框，输入反应物(Reactants-Component)、产物(Products-Component)及化学反应式计量系数(Coefficient)，指定丙烯的转化率(Fractional conversion)为 0.9，如图 2-24 所示。点击对话框下方的 **Close** 或，回到 **Blocks** | **REACTOR** | **Setup** | **Reactions** 页面。

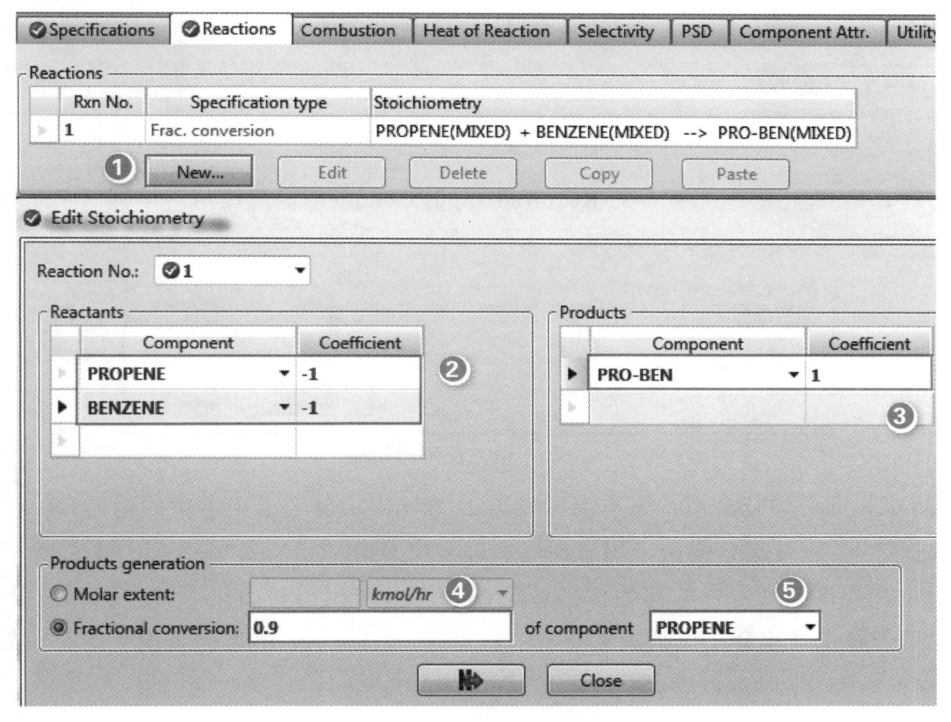

图 2-24 **定义化学反应**

(3)模块 SEP

点击，进入 **Blocks** | **SEP** | **Input** | **Specifications** 页面，输入模块 SEP 数据，Pressure(压降)和 Duty(热负荷)均为 0，如图 2-25 所示。

可以看到，图 2-25 左下角的状态栏显示 Required Input Complete，表示模拟所必需的数据输入完成，可以运行模拟。

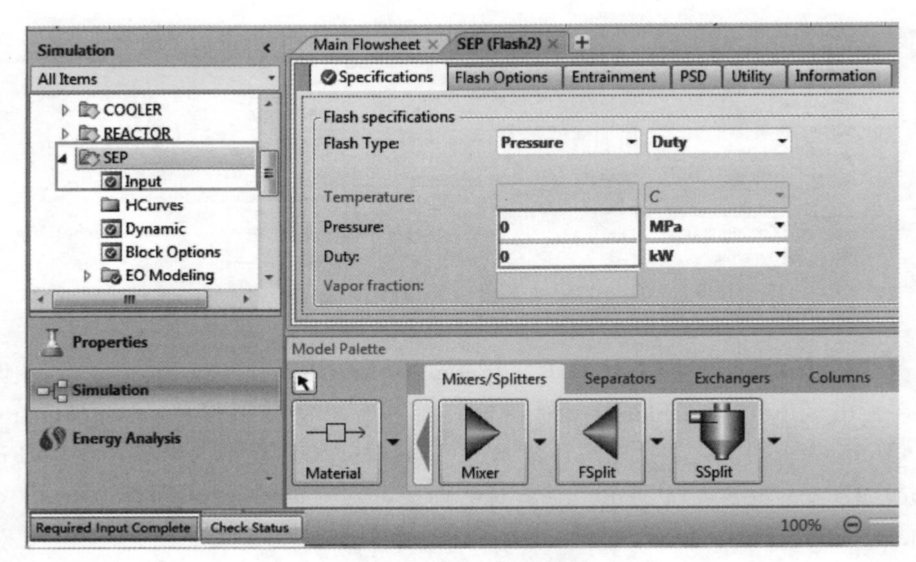

图 2-25　输入模块 SEP 数据

2.5　运行模拟

点击 N→，出现如图 2-26 所示的 **Required Input Complete** 信息提示对话框。

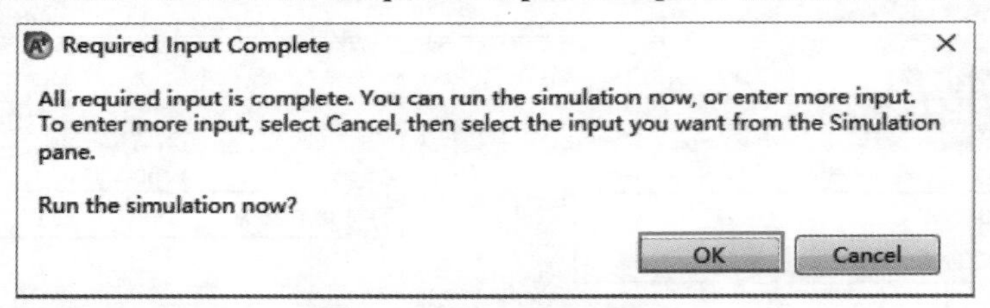

图 2-26　信息提示对话框

点击 **OK**，即可运行模拟。用户也可以点击 Home 功能区选项卡中的运行(**Run**)按钮▶或使用快捷键 F5 直接运行模拟。用户在输入过程中有改动，需要重新运行模拟时，可以先点击 Home 功能区选项卡中的初始化(**Reset**)|◀按钮，对模拟初始化后，再运行模拟。运行中出现的警告和错误均会在控制面板中显示，如图 2-27 所示，本题显示没有错误和警告。

```
   Block: COOLER    Model: HEATER
   Block: SEP       Model: FLASH2

> Loop $OLVER01 Method: WEGSTEIN      Iteration   18
  Converging tear streams: RECYCLE
# Converged                 Max Err/Tol   -0.78800E+00

->Generating block results ...

    Block: COOLER   Model: HEATER

->Simulation calculations completed ...


  ***  No Warnings were issued during Input Translation ***


  ***  No Errors or Warnings were issued during Simulation ***
```

图 2-27　控制面板信息

> 注：使用快捷键 F7 或 Home 功能区选项卡中的控制面板（**Control Panel**）按钮，打开控制面板。

2.6 查看结果

由导航面板选择对应选项，即可查看结果。例如，查看各物流的信息，进入 **Results Summary** | **Streams** | **Material** 页面，可以看到 PRODUCT 中异丙苯的摩尔流量为 17.118kmol/h。点击 **Material** 页面中 **Stream Table** 按钮，物流表出现在 Main Flowsheet 中，如图 2-28 所示。

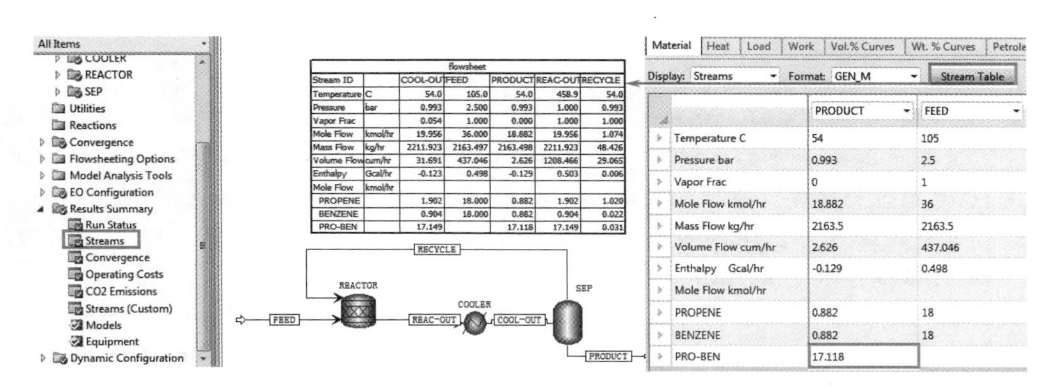

Stream ID		COOL-OUT	FEED	PRODUCT	REAC-OUT	RECYCLE
Temperature	C	54.0	105.0	54.0	458.9	54.0
Pressure	bar	0.993	2.500	0.993	1.000	0.993
Vapor Frac		0.054	1.000	0.000	1.000	1.000
Mole Flow	kmol/hr	19.956	36.000	18.882	19.956	1.074
Mass Flow	kg/hr	2211.923	2163.497	2163.498	2211.923	48.426
Volume Flow	cum/hr	31.691	437.046	2.626	1208.466	29.065
Enthalpy	Gcal/hr	-0.123	0.498	-0.129	0.503	0.006
Mole Flow	kmol/hr					
PROPENE		1.902	18.000	0.882	1.902	1.020
BENZENE		0.904	18.000	0.882	0.904	0.022
PRO-BEN		17.149		17.118	17.149	0.031

图 2-28 查看物流结果

点击功能区选项卡 Modify，在 Stream Results 组中可勾选温度、压力、汽化分率选项，在 Unite Operation 组中勾选 Heat/Work，使其在流程图中显示，流程显示选项可在对话框启动器中进行勾选，如图 2-29 所示，或者在 **File** | **Options** | **Flowsheet** 页面进行修改，如图 2-30 所示。

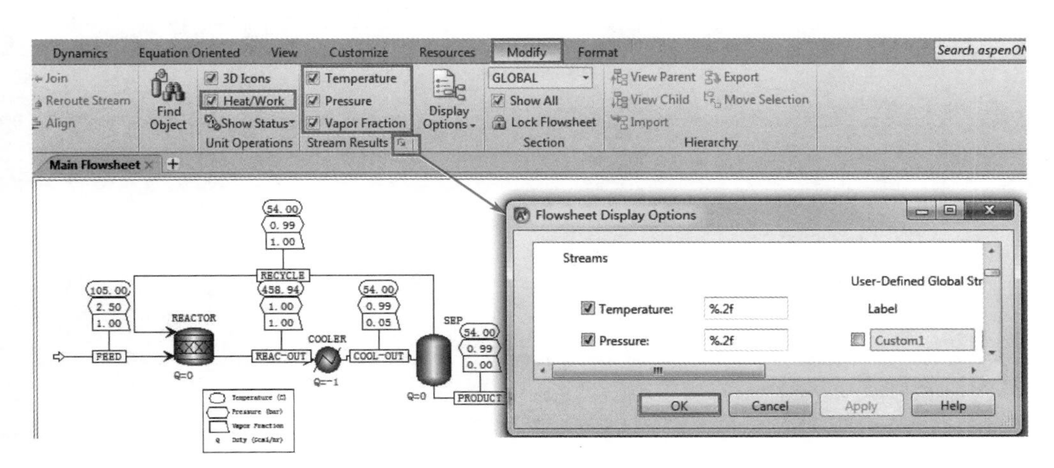

图 2-29 设置物流显示结果

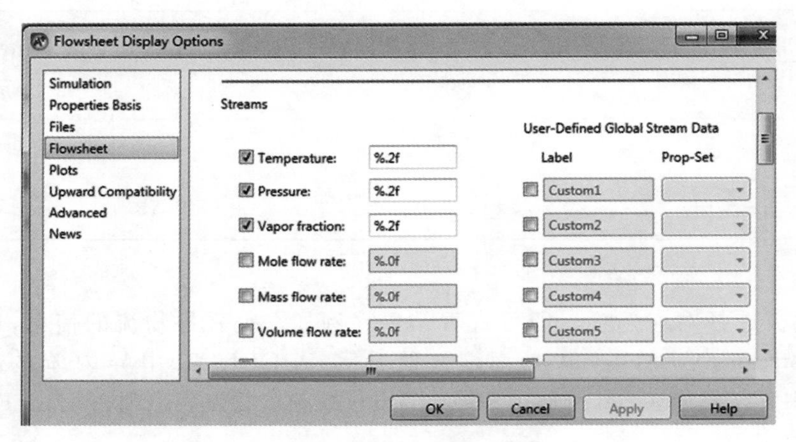

图 2-30 **设置流程显示选项**

习 题

2.1 某化工系统流程如附图所示，物流 FEED 经冷凝器 COOLER 进入两相闪蒸器 FLASH1，底部液相经节流阀 VALVE 减压至 0.6MPa 后再进入两相闪蒸器 FLASH2。进料温度－100℃，压力 1.2MPa，流量 100kmol/h，摩尔组成为氢气 0.01、甲烷 0.68、乙烷 0.31。物性方法选择 RK-SOAVE。

两相闪蒸器 FLASH1（选择 Flash1 模块）操作温度－110℃，压降为 0；两相闪蒸器 FLASH2（选择 Flash2 模块）操作温度－125℃，压降 0；冷凝器 COOLER（选择 Heater 模块）热负荷为－14kW，压降为 0.02MPa。

要求完成此流程模拟并查看各物流结果。

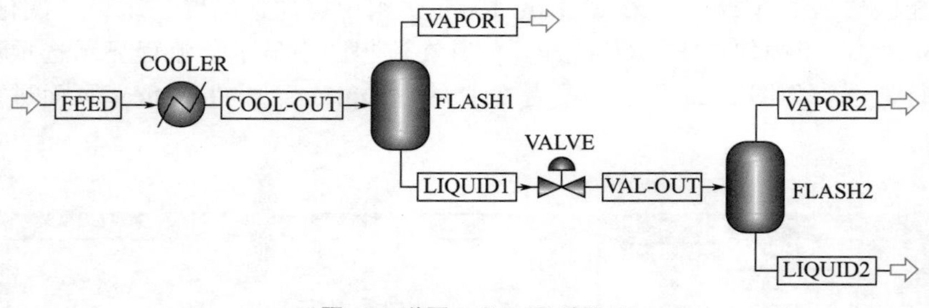

习题 2.1 附图 **化工系统流程**

第3章

物性方法

物性方法(Property Method)是指模拟计算中所需方法(Method)和模型(Model)的集合。物性方法的选择是决定模拟结果准确性的关键步骤。Aspen Plus 提供了多种方法和模型，可以计算热力学性质(逸度系数或 K 值、焓、熵、Gibbs 自由能、体积)和传递性质[黏度、热导率(导热系数)、扩散系数、表面张力]。物性方法选取不同，模拟结果可能大相径庭。因此，进行过程模拟必须选择合适的物性方法。

物性方法的应用贯穿于整个模拟过程，如分离过程中的相平衡计算，换热器设计中焓的计算，压缩机、膨胀机与 Gibbs 自由能最小化反应器设计中熵的计算，传热、压降计算和塔板/填料水力学设计所需密度(体积)的计算。表 3-1 列出了涉及物性的单元操作示例。

表 3-1　涉及物性的单元操作示例

物性	用途	单元操作示例
K 值	汽液、液液平衡	精馏、萃取
焓	能量平衡、热负荷	换热器、反应器
熵	功、效率	泵、压缩机
Gibbs 自由能	化学、液液平衡	反应器、分相器
摩尔体积(密度)	流量、反应停留时间	管线、反应器
黏度	压降	换热器

3.1 Aspen 数据库

物性模型需要参数来计算性质，在选定物性模型后，必须确定该模型计算所需的参数并确保参数可用。这些参数可以从数据库中检索，也可以直接在 **Methods** | **Parameters** 页面输入，或使用物性常数估算系统(Property Constant Estimation System，PCES)进行估算。

Aspen 物性系统有三种类型数据库：系统数据库(System databanks)、内置数据库(In-house databanks)以及用户数据库(User databanks)。

(1)系统数据库

系统数据库是 Aspen 物性系统的一部分，适用于每一个 Aspen 物性系统的计算。物性参数会自动由 PURE、SOLIDS、AQUEOUS、INORGANIC、BINARY 数据库中检索出来。PURE 数据库中的 PURE28 是 Aspen 物性系统数据库的主要组成部分，包含 2000 多种组分的参数，该数据库包含了大部分计算所需要的物性参数，主要类型有：

① 常数参数，如临界温度、临界压力；

② 相变的性质参数，如沸点、三相点；

③ 参考态的性质参数，如标准生成焓以及标准生成 Gibbs 自由能；

④ 随温度变化的热力学性质参数，如饱和蒸气压；

⑤ 随温度变化的传递性质参数，如黏度；

⑥ 安全性质参数，如闪点、着火点；

⑦ UNIFAC 模型中的官能团参数；

⑧ RKS 和 PR 状态方程中的参数；

⑨ 与石油性质相关的参数，如油品的 API 重度、辛烷值、芳烃含量、氢含量以及硫含量；

⑩ 其他模型相关参数，如 Rackett、UNIQUAC 参数。

其中纯组分数据库见表 3-2。

表 3-2 纯组分数据库

数据库	内容	用途
PURE28	DIPPR ®、ASPENPCD、API 和 Aspen Technology 等来源的数据	Aspen 物性系统中主要的纯组分数据库
NIST-TRC	来自美国国家标准与技术研究院(NIST)标准参考数据计划(SRDP)的数据	大量组分的数据，只能与 Aspen Properties Enterprise Database 一起使用
AQUEOUS	水溶液中离子和分子的纯组分参数	包含电解质的计算
ASPENPCD	Aspen Plus 8. 5-6 的数据库	向上兼容性
BIODIESEL	生物柴油生产过程中的典型纯组分参数	生物柴油生产过程
COMBUST	包含自由基的燃烧产物中典型纯组分参数	高温，气相计算
ELECPURE	胺工艺的纯组分参数	胺工艺
ETHYLENE	乙烯生产过程中的纯组分参数，用于 SRK 物性方法	乙烯生产过程
FACTPCD	FACT 类型	火法冶金过程
HYSYS	Aspen HYSYS 物性方法所需的纯组分和二元参数	使用 Aspen HYSYS 物性方法的模型
INITIATO	聚合物引发剂的物性参数和热分解反应速率参数	聚合物引发剂
INORGANIC	气、液和固态下无机组分的热化学性质	固体、电解质、冶金应用
NRTL-SAC	常见溶剂链段的纯组分参数 XYZE	使用 NRTL-SAC 物性方法的计算
PC-SAFT/POLYPCSF	基于 PC-SAFT 物性方法的纯组分和二元性质	低碳烃和常见小分子
POLYMER	聚合物的纯组分参数	聚合物

续表

数据库	内容	用途
PPDS	用户安装的 PPDS 数据库	纯组分数据
PURE11	Aspen Plus 11.1 版本的纯组分数据库	向上兼容性
PURE12	Aspen Plus 12.1 版本的纯组分数据库	向上兼容性
PURE13	Aspen Plus 2004.1 版本的纯组分数据库	向上兼容性
PURE20	Aspen Plus 2006.5 版本的纯组分数据库	向上兼容性
PURE22	Aspen Plus V7.1 版本的纯组分数据库	向上兼容性
PURE24	Aspen Plus V7.2 版本的纯组分数据库	向上兼容性
PURE25	Aspen Plus V7.3 版本的纯组分数据库	向上兼容性
PURE26	Aspen Plus V7.3.2 版本的纯组分数据库	向上兼容性
PURE27	Aspen Plus V8.0 版本的纯组分数据库	向上兼容性
SEGMENT	聚合物链段的物性参数	聚合物链段
SOLIDS	强电解质、盐和其他固体的纯组分参数	包含电解质和固体的计算
USERDATABANK1 USERDATABANK2	用户安装的数据库	用户定义

Aspen 物性系统为活度系数模型(WILSON、NRTL 和 UNIQUAC)、部分状态方程模型以及亨利定律提供了内置的二元参数。在完成组分和物性方法的选择后，Aspen Plus 自动使用这些内置参数。二元参数数据库见表 3-3，其中适用于汽液平衡的数据库有 VLE-IG、VLE-RK、VLE-HOC 和 VLE-LIT，液液平衡的数据库有 LLE-ASPEN 和 LLE-LIT，亨利定律常数的数据库有 BINARY 和 HENRY-AP。

表 3-3 二元参数数据库

数据库	包含的二元交互作用参数	在物性方法中的使用
BINARY	水中约 60 种溶质的亨利常数	亨利定律
ENRTL-IG	电解质 NRTL 模型的二元参数和电解质对参数	ELECNRTL
ENRTL-RK	电解质 NRTL 模型的二元参数和电解质对参数	ELECNRTL
EOS-LIT	标准的 RKS、标准的 PR(180 对)、Lee-Kesler-Plöcker(180 对)、BWR-Lee-Starling(100 对)、Benedict-Webb-Rubin-Starling(15 种组分)、RKS-BM(187 对)、PR-BM(187 对)和 Hayden-O'Connell(1700 对)状态方程模型，参数来源于文献，也包含一些可用的纯组分参数	RK-SOAVE、PENG-ROB、LK-PLOCK、BWR-LS、BWRS、RKS-BM、PR-BM、-HOC
HENRY-AP	约 1600 组溶质-溶剂的亨利常数，溶剂为水和其他有机物，由 AspenTech 开发，使用 Dortmund 数据库	亨利定律
LLE-ASPEN	NRTL 和 UNIQUAC 模型，由 AspenTech 开发，适用于使用 Dortmund 数据库的 LLE	所有基于 NRTL、UNIQUAC 的物性方法
LLE-LIT	UNIQUAC 模型，参数从文献中获得，包含 1000 个组分对，应用于 LLE	所有基于 UNIQUAC 的物性方法
PC-SAFT	基于 PC-SAFT 模型的纯组分和二元组分参数，适用于所有类型的流体，替代 POLYPCSF	PC-SAFT、POLYPCSF

数据库	包含的二元交互作用参数	在物性方法中的使用
PITZER	Pitzer 活度系数模型参数	PITZER、B-PITZER
POLYPCSF	PC-SAFT-based 模型的纯组分和二元组分参数，适用于正常流体	PC-SAFT、POLYPCSF
SRK-ASPEN	SRK 和修正的 SRK 状态方程	SRK、SRK-
VLE-HOC	气相计算使用 Hayden-O'Connell 状态方程的 WILSON、NRTL、UNIQUAC 模型，由 AspenTech 开发，适用于使用 Dortmund 数据库的 VLE，包含 3600 个组分对	WILS-HOC、NRTL-HOC、UNIQ-HOC
VLE-IG	气相计算使用理想气体状态方程的 WILSON、NRTL、UNIQUAC 模型，由 AspenTech 开发，适用于使用 Dortmund 数据库的 VLE，包含 3600 个组分对	WILSON、NRTL、UNIQUAC
VLE-LIT	气相计算使用理想气体状态方程的 WILSON、NRTL、UNIQUAC 模型，参数从文献中获得，包含 1000 多个组分对，适用于使用 Dortmund 数据库的 VLE	WILSON、NRTL、UNIQUAC
VLE-RK	气相计算使用 Redlich-Kwong 状态方程的 WILSON、NRTL、UNIQUAC 模型，由 AspenTech 开发，适用于使用 Dortmund 数据库的 VLE，包含 3600 个组分对	WILS-RK、NRTL-RK、UNIQ-RK

(2)内置数据库

当用户有大量的内置数据时，需要用内置数据库，这些数据库与系统数据库无关，系统管理员必须创建并激活内置数据库。

(3)用户数据库

当数据不是对所有用户开放或数据具有针对性时，需要使用用户数据库。使用内置数据库或用户数据库时，需要通过 Aspen 物性数据文件管理系统(DFMS)来创建数据库。

下面通过一例题介绍如何查询纯物质物性。

例 3.1

使用 Aspen Plus 查询纯组分氢气的物性。

本例模拟步骤如下：

启动 Aspen Plus，选择模板 General with Metric Units，将文件保存为 Example3.1-PropCheck.bkp。

进入 **Components** | **Specifications** | **Selection** 页面，输入组分 H2，如图 3-1 所示。

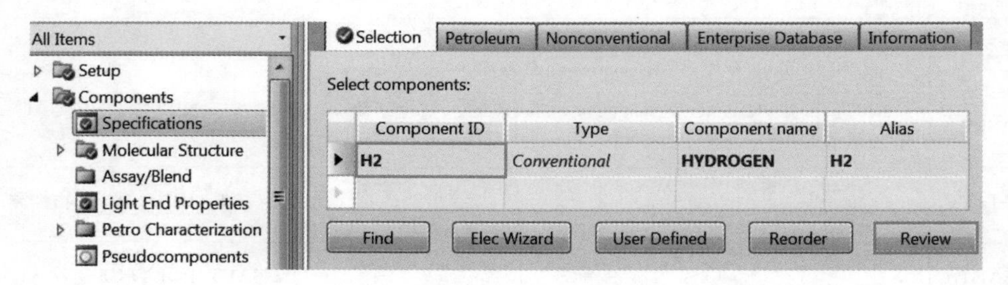

图 3-1 输入组分

选中组分 H2，点击 **Review**，查看物性结果，如图 3-2 所示。

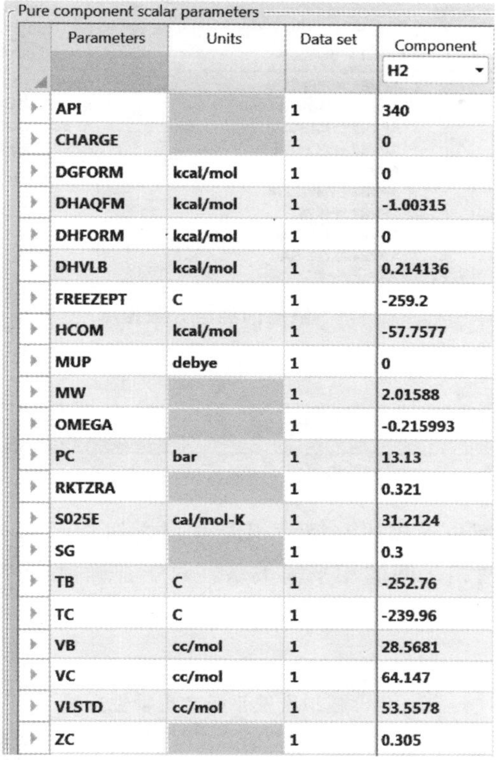

Pure component scalar parameters

Parameters	Units	Data set	Component H2
API		1	340
CHARGE		1	0
DGFORM	kcal/mol	1	0
DHAQFM	kcal/mol	1	-1.00315
DHFORM	kcal/mol	1	0
DHVLB	kcal/mol	1	0.214136
FREEZEPT	C	1	-259.2
HCOM	kcal/mol	1	-57.7577
MUP	debye	1	0
MW		1	2.01588
OMEGA		1	-0.215993
PC	bar	1	13.13
RKTZRA		1	0.321
S025E	cal/mol-K	1	31.2124
SG		1	0.3
TB	C	1	-252.76
TC	C	1	-239.96
VB	cc/mol	1	28.5681
VC	cc/mol	1	64.147
VLSTD	cc/mol	1	53.5578
ZC		1	0.305

图 3-2 **查看物性参数**

纯组分物性参数含义如表 3-4 所示。

表 3-4 **纯组分物性参数**

参数	描述	参数	描述
API	标准 API 重度	PC	临界压力
CHARGE	离子电荷数	RKTZRA	Rackett 液体摩尔体积模型参数
DGFORM	25℃时的标准生成 Gibbs 自由能	S025E	25℃时的元素熵的总和
DHAQFM	25℃时的无限稀释条件下液相生成热	SG	60℉时的标准相对密度
DHFORM	25℃时的标准生成热	TB	正常沸点
DHVLB	TB 时的汽化热	TC	临界温度
FREEZEPT	冰点	VB	在 TB 时的液体摩尔体积
HCOM	25℃时的标准燃烧焓	VC	临界体积
MUP	偶极矩	VLSTD	标准液体体积
MW	分子量	ZC	临界压缩因子
OMEGA	Pitzer 偏心因子		

注：$t/℃=\frac{5}{9}(t/℉-32)$。

进入 **Components** | **Specifications** | **Enterprise Database** 页面，用户可以根据需要添加纯组分数据库。缺省的纯组分数据库如图 3-3 所示。

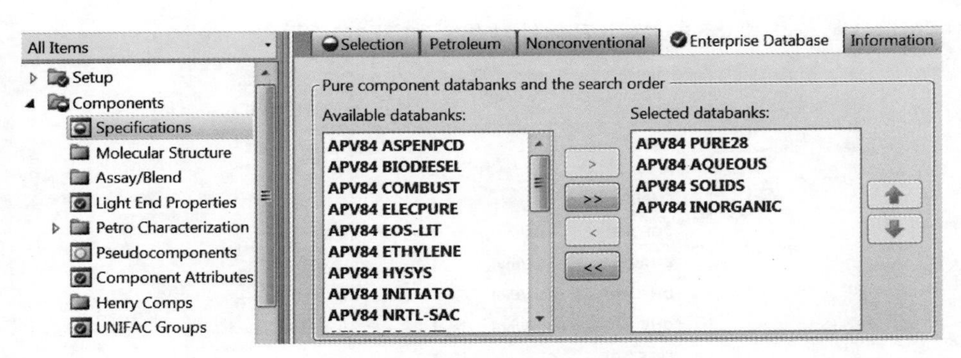

图 3-3 缺省的纯组分数据库

3.2 物性方法简介

很多化工单元模型中都包含描述汽液两相混合物之间相平衡关系的 E(平衡，Equilibrium)方程，准确计算汽液两相之间的相平衡关系，对于正确模拟化工过程意义重大，模拟汽液平衡常用物性方法见表 3-5。

表 3-5 模拟汽液平衡常用物性方法

方法	方程	说明
状态方程法	$\hat{f}_i^V=\hat{f}_i^L$	汽液处于平衡状态
	$\hat{\phi}_i^V y_i p=\hat{\phi}_i^L x_i p$	使用状态方程计算 $\hat{\phi}_i^V$ 和 $\hat{\phi}_i^L$ 以解出 y_i 或 x_i
活度系数模型	$\hat{\phi}_i^V y_i p=\gamma_i x_i \phi_i^s p_i^s (PF)_i$	使用活度系数模型计算 γ_i，使用状态方程计算 $\hat{\phi}_i^V$ 和 ϕ_i^s，使用蒸气压关联式计算纯组分蒸气压 p_i^s，Poynting 校正因子 $(PF)_i$ 根据液相密度数据计算得到
	$y_i p=\gamma_i x_i p_i^s$	改进的拉乌尔定律
亨利常数	$\hat{\phi}_i^V y_i p=H_i x_i$	亨利常数形式的平衡方程，适用于在液相中溶解度很低的气体，如 N_2、H_2 和 CH_4

注：$\hat{f}_i^V$—气相混合物中组分 i 的逸度；$\hat{f}_i^L$—液相混合物中组分 i 的逸度；$\hat{\phi}_i^V$—气相中组分 i 的逸度系数；y_i—气相中组分 i 的摩尔分数；p—总压；$\hat{\phi}_i^L$—液相中组分 i 的逸度系数；x_i—液相中组分 i 的摩尔分数；γ_i—液相中组分 i 的活度系数；ϕ_i^s—组分 i 作为纯气体时在相平衡温度 T 和饱和蒸气压 p_i^s 下的逸度系数；p_i^s—温度 T 下纯组分 i 的饱和蒸气压；H_i—温度 T 下组分 i 在溶剂中的亨利常数。

3.2.1 理想气体和理想液体

理想物性方法(IDEAL)包含了 Raoult 定律和 Henry 定律，推荐用于可视为理想状态的体系，例如减压体系、低压下的同分异构体系，IDEAL 物性方法不能处理非理想体系。通常，将低压(低于大气压或者压力低于 2bar)高温的气体视为理想气体，将相互作用很小(如，碳原子数相同的链烷烃)或者相互作用彼此抵消的液体(如，水和丙酮)视为理想液体。理想体系可以包含或者不包含不凝组分，若包含，使用 Henry 定律处理不凝组分。

3.2.2 REFPROP 和 GERG2008

REFPROP 和 GERG2008 是基于特定组分的专用关联式，不能用于其他组分。

REFPROP 物性方法基于 NIST Reference Fluid Thermodynamic and Transport Database 模型，由 NIST 开发并提供工业上重要流体及其混合物的热力学性质和传递性质，REFPROP 可以应用于制冷剂和烃类化合物，尤其是天然气体系。

GERG2008 物性方法基于 ISO-20765(2008 extension of GERG-2004 equation of state) 模型，用于计算天然气及含天然气组分混合物的热力学性质和相平衡，涉及到 21 种天然气组分及其混合物，包括甲烷、氮气、二氧化碳、乙烷、丙烷等。GERG2008 可以应用于天然气、富天然气、液化天然气、液化石油气、高度压缩的液化天然气、含氢气的烃类体系。

3.2.3 状态方程法

3.2.3.1 概述

在化工热力学中，状态方程(Equation of State，EOS)具有非常重要的价值，它不仅表示在较广的范围内 p、V、T 之间的函数关系，而且可用于计算不能直接从实验测得的其他热力学性质。状态方程用于相平衡计算时，气相和液相的参考状态均为理想气体，通过计算气液两相的逸度系数可以确定其对理想气体的偏差，立方型状态方程(Cubic Equation of State，CEOS)也称 van der Waals(vdW)型状态方程，其特征是方程可展开为体积(或密度)的三次方形式，可以准确预测临界和超临界状态，通过选用合适的温度函数 $\alpha(T)$ 和混合规则，立方型状态方程也可以准确预测非理想体系的汽液平衡。

状态方程分类及其主要特点如表 3-6 所示。立方型状态方程又可分为经典立方型状态方程如 SRK、PR 和采用高级混合规则的高级立方型状态方程如 SRKM、SRKS、TBC 等，其特点如表 3-7 所示。

表 3-6 状态方程分类及其主要特点

类型	代表方程	特点
立方型状态方程(vdW 型状态方程)	RK、SRK、PR	立方型状态方程因其简单性和可靠性在工程上被认为是最为实用的状态方程。它适用于只需准确计算部分物性的场合，在过程模拟中普遍采用。对立方型状态方程的修正主要集中在温度函数 $\alpha(T)$ 和方程函数形式 $p(V)$。前者旨在提高方程计算饱和蒸气压的精度(对相平衡计算具有重要影响)，后者旨在提高计算液相密度的精度
多参数状态方程	Virial 方程、BWR 方程、BWRS 方程	截断的 Virial 方程形式简单，文献中拥有大量第二维里系数的数据，而且混合规则理论上严格，但仅可用于气相；多参数的 BWR 和 BWRS 方程主要优点是可对纯组分性质(相平衡和体积性质)作准确计算
对应状态原理型状态方程	Lee-Kesler 方程	主要优点是可以利用高精度参考流体的状态方程。当所研究的流体的性质与参考流体相差不大时，计算的精度较高
具有严格统计力学基础的状态方程	微扰硬链理论(PHCT)、转子链(COR)方程	理论基础坚实；仅用几个(一般为三个)参数便可准确关联流体的饱和性质以及饱和区以外的 p-V-T 数据，但形式复杂，参数大多未普遍化。该类方程可望对大分子和缔合性流体的描述发挥越来越大的作用

表 3-7 经典立方型状态方程与高级立方型状态方程特点

状态方程	特点	组成部分
经典立方型状态方程	优点：①适用于气液两相；②方程相对较简单，计算快速，省时；③可以采用体积平移法计算液相密度；④覆盖温度和压力范围广；⑤可处理超临界组分；⑥可用于临界区的 K 值计算；⑦计算其他热力学性质时具有一致性。 不足：①仅适用于非极性或弱极性体系（新的高级CEOS可以更好地处理极性体系）；②液相密度预测准确性较差；③靠近临界区时液相焓值计算准确性较差	①临界点约束条件；②温度函数 $\alpha(T)$：拟合纯组分蒸气压数据以预测与温度有关的状态方程参数 a；③混合规则：对混合物进行拟合以确定混合物的状态方程常数
高级立方型状态方程	①能够准确预测极性和非极性纯组分的蒸气压；②能够准确预测高度非理想体系的汽液和液液平衡	①高级温度函数 $\alpha(T)$ 以准确预测纯组分蒸气压；②高级混合规则以准确预测汽液和液液平衡

3.2.3.2 立方型状态方程法

在 Aspen Plus 中基于 RK(-Soave) 和 PR 的立方型状态方程法如表 3-8 所示。

表 3-8 Aspen Plus 中基于 RK(-Soave) 和 PR 的立方型状态方程法

方法	状态方程	简述	说明
基于 RK(-Soave) 的状态方程法			
RK-SOAVE	Redlich-Kwong-Soave	使用 Redlich-Kwong-Soave(RKS) 立方型状态方程计算除液体摩尔体积之外的所有热力学性质，分别使用 API 方法和通用模型（如 Rackett 模型）计算虚拟组分和真实组分的液体摩尔体积	适用于非极性或弱极性混合物，如烃和轻气体（如 CO_2、H_2S 和 H_2）。推荐用于气体处理、炼油及石化应用，如气体厂、原油塔和乙烯厂。特别适用于高温、高压范围，如烃加工应用和超临界萃取
RK-ASPEN	Redlich-Kwong-Aspen	基于 Redlich-Kwong-Aspen 状态方程模型，是 Redlich-Kwong-Soave 状态方程的扩展。与 RKS-BM 相似，但也可以应用于极性组分，如醇和水	适用于含轻气体的非极性和弱极性组分的混合物，特别适合于小分子和大分子的组合（如氮和正癸烷）或富氢体系，可以应用至高温、高压
RKSMHV2	Redlich-Kwong-Soave with modified Huron-Vidal mixing rules	基于 Redlich-Kwong-Soave MHV2 状态方程模型，是 Redlich-Kwong-Soave 状态方程的扩展。使用 Lyngby 修正的 UNIFAC 模型计算 MHV2 混合规则的超额 Gibbs 能	适用于含轻气体的非极性和极性组分的混合物，可以应用至高温、高压，压力小于 150bar 时可准确预测（给定温度下预测的压力误差在 4%以内，预测的摩尔分数误差在 2%以内）
PSRK	Predictive Redlich-Kwong-Soave	基于 Predictive Redlich-Kwong-Soave 状态方程模型，是 Redlich-Kwong-Soave 状态方程的扩展。使用 Holderbaum-Gmehling 混合规则或 PSRK 方法预测二元交互作用参数	适用于含轻气体的非极性和极性组分的混合物，可以应用至高温、高压
RKSWS	Redlich-Kwong-Soave with Wong-Sandler mixing rules	基于 Redlich-Kwong-Soave-Wong-Sandler 状态方程模型，是 Redlich-Kwong-Soave 状态方程的扩展。使用 UNIFAC 模型计算 Wong-Sandler 混合规则的超额 Helmholtz 能	适用于含轻气体的非极性和极性组分的混合物，可以应用至高温、高压，压力小于 150bar 时可准确预测（给定温度下预测的压力误差在 3%以内，预测的摩尔分数误差在 2%以内）

续表

方法	状态方程	简述	说明
基于 PR 的状态方程法			
PENG-ROB	Peng-Robinson	使用标准的 Peng-Robinson 立方型状态方程计算除液体摩尔体积之外的所有热力学性质，分别使用 API 方法和 Rackett 模型计算虚拟组分和真实组分的液体摩尔体积	同 RK-SOAVE
PRMHV2	Peng-Robinson with modified Huron-Vidal mixing rules	基于 Peng-Robinson-MHV2 状态方程模型，是 Peng-Robinson 状态方程的扩展。缺省情况下使用 UNIFAC 模型计算 MHV2 混合规则中的超额 Gibbs 能，其他修正的 UNIFAC 和活度系数模型可用于计算超额 Gibbs 能	适用于非极性和极性组分的混合物，对于轻气体，UNIFAC 不提供任何二元交互作用参数，可以应用至高温、高压，压力小于 150bar 时可准确预测(给定温度下预测的压力误差在 4%以内，预测的摩尔分数误差在 2%以内)
PRWS	Peng-Robinson with Wong-Sandler mixing rules	基于 Peng-Robinson-Wong-Sandler 状态方程模型，是 Peng-Robinson 状态方程的扩展。使用 UNIFAC 模型计算 Wong-Sandler 混合规则的超额 Helmholtz 能	同 RKSWS

注：1bar=10^5Pa。

3.2.3.3 维里状态方程法

维里方程的主要特点是具有严格的理论基础，系数具有明确的物理意义且仅为温度的函数，无需任何假设即可直接推广至混合物。Aspen Plus 中代表性的维里状态方程法包括 Hayden-O'Connell、BWR-Lee-Starling、Lee-Kesler-Plöcker，具体介绍如表 3-9 所示。

表 3-9 **Aspen Plus 中代表性的维里状态方程法**

方法	状态方程	简述	说明
Hayden-O'Connell	Hayden-O'Connell	使用 Hayden-O'Connell 状态方程作为气相模型的物性方法有 NRTL-HOC、UNIF-HOC、UNIQ-HOC、VANL-HOC、WIS-HOC	能够可靠地预测气相中极性组分的溶剂化作用以及二聚现象(如含有羧酸的混合物)，压力超过 10～15atm 时不再适用
BWR-LS	BWR-Lee-Starling	基于 BWR-Lee-Starling 状态方程，是 Benedict-Webb-Rubin 维里状态方程的普遍化，使用状态方程计算所有的热力学性质	适用于非极性或弱极性混合物以及轻气体，能够很好地预测长短分子之间的非对称相互作用，可以应用至中压。相平衡计算与 PENG-ROB、RK-SOAVE 和 LK-PLOCK 相似，但计算液体摩尔体积和焓比 PENG-ROB 和 RK-SOAVE 更精确，可用于气体处理和炼油应用，适用于含氢气体系，在煤液化应用中效果较好
LK-PLOCK	Lee-Kesler-Plöcker	基于 Lee-Kesler-Plöcker 维里状态方程，使用状态方程计算除液体摩尔体积之外的所有热力学性质，分别使用 API 方法和通用模型(如 Rackett 模型)计算虚拟组分和真实组分的液体摩尔体积	适用于非极性或弱极性混合物，如烃和轻气体(如 CO_2、H_2S 和 H_2)，可应用于所有温度、压力范围。适用于气体处理和炼油应用，但更推荐使用 RK-SOAVE 或 PENG-ROB

注：1atm=101325Pa。

3.2.3.4 气相缔合法

在具有氢键的体系(如乙醇、乙醛和羧酸)中可能会发生气相缔合，对于二聚反应常用的热力学方法有两种，Nothagel 和 Hayden-O'Connell 状态方程，对于氢氟酸(Hydrofluoric acid，HF)六聚反应，Aspen Plus 中有专用的 HF 状态方程，具体介绍如表 3-10 所示。

表 3-10 气相缔合法

状态方程	简述	说明
Nothagel	使用 Nothagel 状态方程作为气相模型的物性方法有 NRTL-NTH、UNIQ-NTH、VANL-NTH、WIS-NTH	可以模拟气相中的二聚反应(如含有羧酸的混合物)，适用于低压(几个大气压)，中压时选择 Hayden-O'Connell 方程
Hayden-O'Connell	见表 3-9	见表 3-9
HF	使用 HF 状态方程作为气相模型的物性方法只有 WILS-HF 和 ENRTL-HF	能够可靠地预测 HF 在混合物中的强缔合影响，压力超过 3atm 时不再适用
VPA/IK-CAPE	与 HF 状态方程相似，但可以模拟二聚和四聚反应，默认的物性方法中没有使用该状态方程，存在二聚和四聚反应时推荐使用 VPA/IK-CAPE 代替 WILS-HF 和 ENRTL-HF 中的 HF 状态方程	模拟存在二聚物、四聚物、六聚物时的强缔合影响，压力超过 3atm 时不再适用

下面通过例 3.2 介绍气相缔合对汽液平衡的影响。

例 3.2

使用 Aspen Plus 做出 101.325kPa 下乙酸-水体系的汽液平衡相图，并比较不考虑与考虑乙酸气相缔合对结果的影响。物性方法选择 NRTL 与 NRTL-HOC。

本例模拟步骤如下：

启动 Aspen Plus，选择模板 General with Metric Units，将文件保存为 Example3.2-VaporAssociation.bkp。

进入 **Components** | **Specifications** | **Selection** 页面，输入组分 CH3COOH(乙酸)，H2O(水)，如图 3-4 所示。

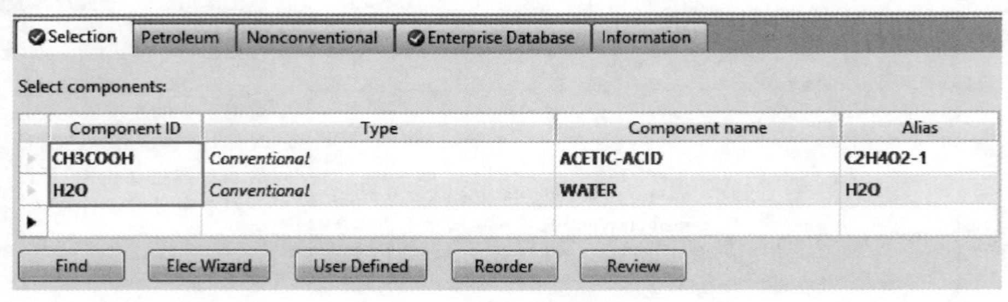

图 3-4 输入组分

不考虑乙酸缔合，点击 N▶，进入 **Methods** | **Specifications** | **Global** 页面，选择物性方法 NRTL，如图 3-5 所示。

进入 **Methods** | **Parameters** | **Binary Interaction** | **NRTL-1** | **Input** 页面，发现参数缺失，设置模型参数，如图 3-6 所示。

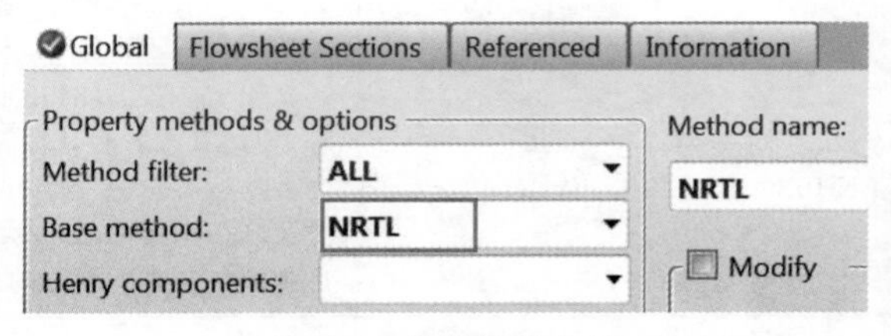

图 3-5 选择物性方法

点击 Home 功能区选项卡中的 **Binary**，进入 **Analysis** | **BINRY-1** | **Input** | **Binary Analysis** 页面，Valid phases 选择 Vapor-Liquid，在 Pressure 中输入 101.325kPa，在 Number of points 中输入 21，如图 3-7 所示。

点击图 3-7 中的 **Run Analysis**，得到乙酸-水体系的 *T-xy* 相图，如图 3-8 所示，乙酸-水体系存在共沸点，与实际情况不符。

考虑乙酸缔合时，进入 **Methods** | **Specifications** | **Global** 页面，将物性方法替换为 NRTL-HOC，如图 3-9 所示。

点击N⇒，进入 **Methods** | **Parameters** | **Binary Interaction** | **HOCETA-1** 页面，查看 HOCETA 二元交互作用参数，如图 3-10 所示。

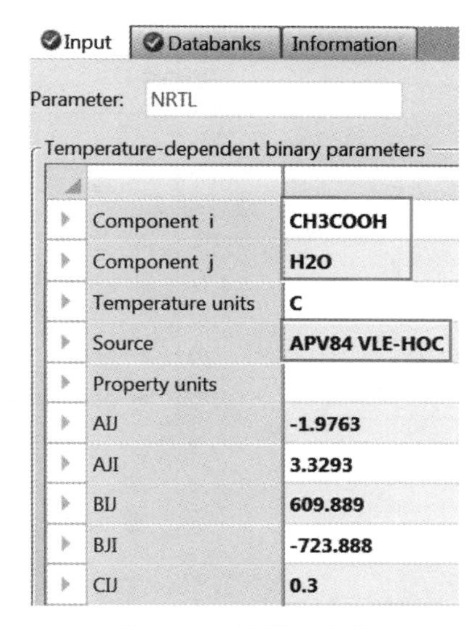

图 3-6 设置模型参数

点击 Home 功能区选项卡中的 **Binary**，进入 **Analysis** | **Binary-2** | **Input** | **Binary Analysis** 页面，Valid phases 选择 Vapor-Liquid，在 Pressure 中输入 101.325kPa，在 Number of points 中输入 21，如图 3-11 所示。

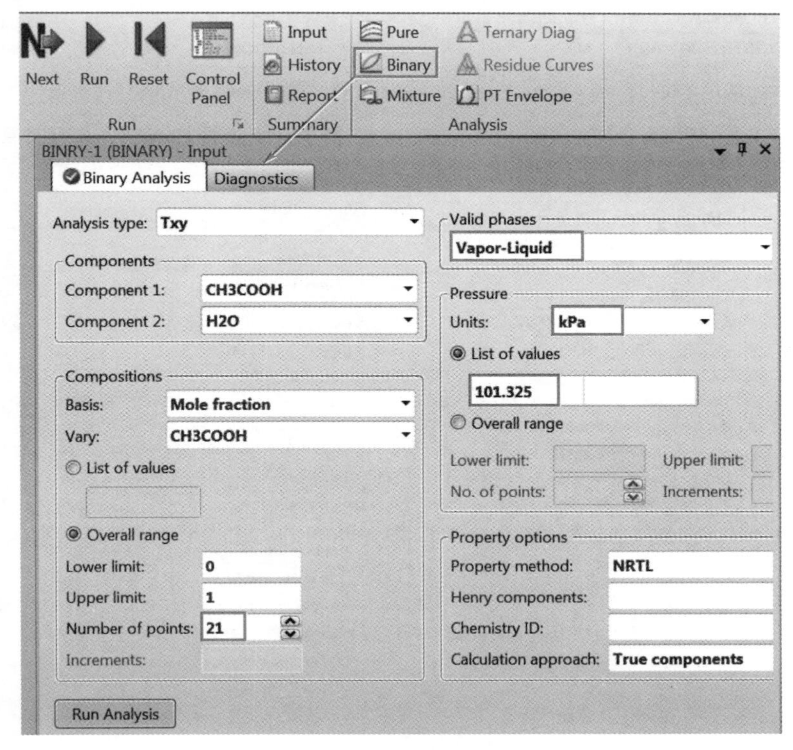

图 3-7 设置物性分析页面

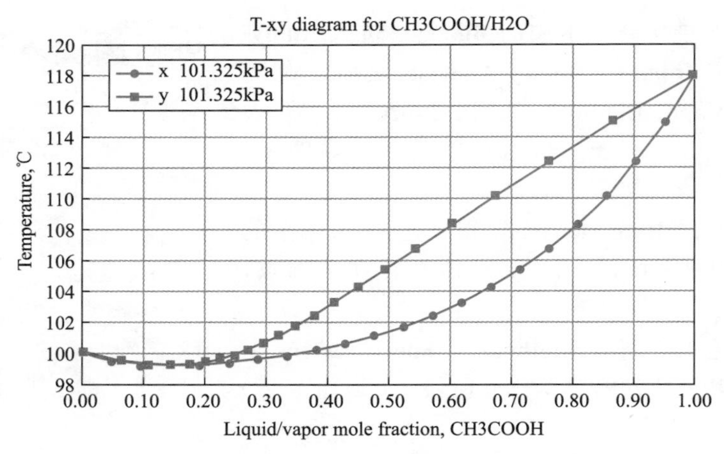

图 3-8 乙酸-水体系 T-xy 相图(不考虑乙酸缔合)

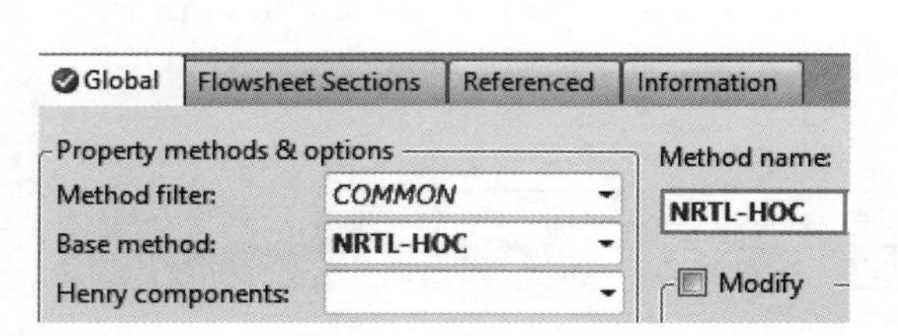

图 3-9 替换物性方法

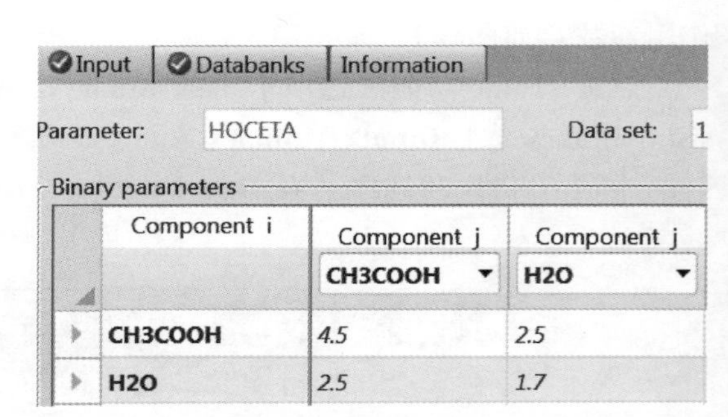

图 3-10 查看 HOCETA 二元交互作用参数

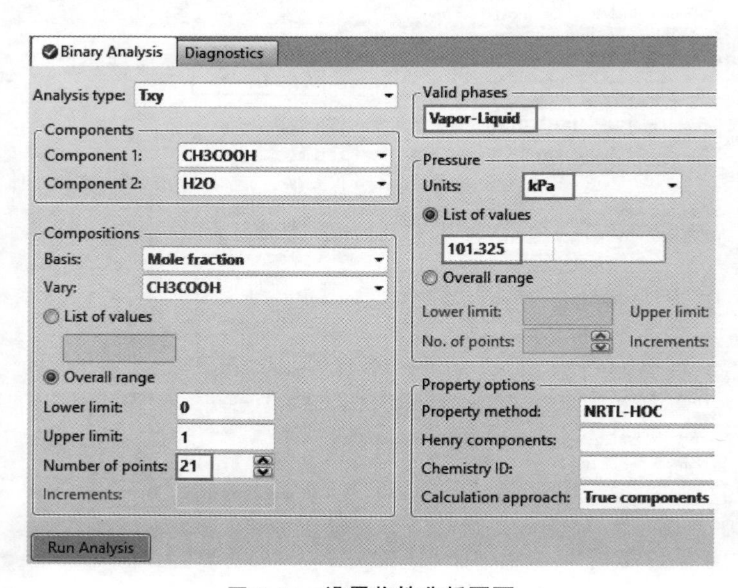

图 3-11 设置物性分析页面

点击 **Run Analysis**，得到考虑羧酸缔合时乙酸-水体系的 T-xy 相图，如图 3-12 所示，图中不存在共沸点，符合实际情况。

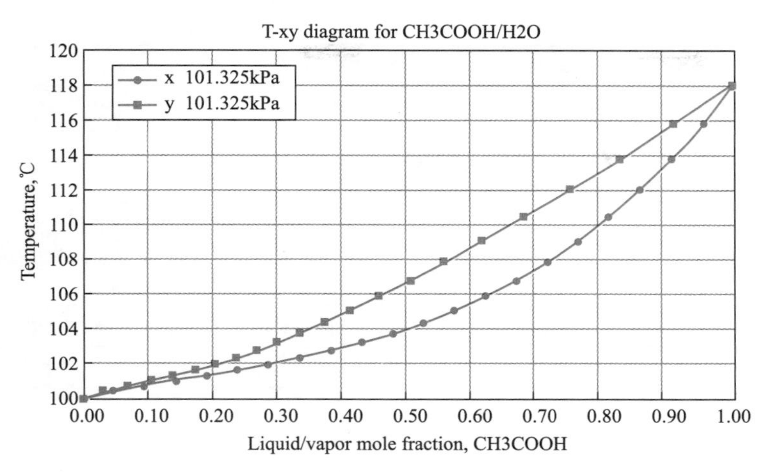

图 3-12 乙酸-水体系 *T-xy* 相图(考虑乙酸缔合)

3.2.3.5 石油物性方法

表 3-11 列出的物性方法适用于烃和轻气体的混合物，低压和中压体系使用 *K* 值模型和液体逸度关联式，高压体系使用针对石油调整的状态方程，使用 API 程序计算密度和传递性质。烃可以来源于天然气或原油，即当做虚拟组分处理的复杂混合物。

表 3-11 适用于石油混合物的物性方法

物性方法名称	模型	说明
液体逸度和 *K* 值模型(低压和中压体系)		
BK10	Braun K10 *K* 值模型	对于正常沸点在 177～427℃内的纯脂肪烃或纯芳香烃混合物预测效果最好，对于脂肪烃和芳香烃组分的混合物，或者脂环烃混合物准确性降低。适用于减压和低压(直至几个大气压)。对于含轻气体的混合物以及中压条件，推荐使用 CHAO-SEA 或 GRAYSON
CHAO-SEA	Chao-Seader 液体逸度、Scatchard-Hildebrand 活度系数	可用于原油塔、减压塔和部分乙烯工艺，不推荐用于含有氢气的体系
GRAYSON/GRAYSON2	Grayson-Streed 液体逸度、Scatchard-Hildebrand 活度系数	可用于原油塔、减压塔和部分乙烯工艺，推荐用于含有氢气的体系，可以应用至几十个大气压
MXBONNEL	Maxwell-Bonnell 液体逸度	与 BK10 相似，但对所有烃类虚拟组分使用 Maxwell-Bonnell 蒸气压方法
针对石油调整的状态方程(高压体系，约 50atm 以上)		
HYSPR	Aspen HYSYS Peng-Robinson	来自 Aspen HYSYS 的 Peng-Robinson(PR)物性包，计算烃类体系 VLE 和液体密度效果好，推荐用于石油、天然气或石化应用，包括 TEG 脱水、含芳香烃的 TEG 脱水、天然气深冷处理、空分、常压塔、减压塔、富氢系统、油藏系统、水合物抑制、原油系统模拟过程，使用时推荐将 HYSYS 数据库放置在其他数据库搜索顺序之前
HYSSRK	Aspen HYSYS Soave-Redlich-Kwong	来自 Aspen HYSYS 的 Soave-Redlich-Kwong(SRK)物性包，通常情况下结果与 HYSPR 一致，但应用范围较窄，使用时推荐将 HYSYS 数据库放置在其他数据库搜索顺序之前

续表

物性方法名称	模型	说明
针对石油调整的状态方程(高压体系,约 50atm 以上)		
PENG-ROB	Peng-Robinson	见表 3-8
RK-SOAVE	Redlich-Kwong-Soave	见表 3-8
SRK	Soave-Redlich-Kwong	与 RK-SOAVE 基于同样的状态方程,使用体积修正改善了液体摩尔体积,与立方型状态方程相似,适用范围同 PENG-ROB 和 RK-SOAVE
SRK-KD	SRK-Kabadi-Danner	使用 Kabadi-Danner 混合规则模拟烃-水体系的不溶性
SRK-ML	SRK-ML	与 SRK 形式相同,但使用另一套参数

3.2.3.6 用于高压烃的状态方程法

表 3-12 列出的物性方法可处理高温、高压以及接近临界点的烃和轻气体的混合物(如气体管线运输和超临界萃取),气体和液体所有热力学性质都由状态方程计算,用于计算黏度和热导率的 TRAPP 模型能够描述临界点以外气体和液体的连续性。

表 3-12 适用于高压烃的物性方法

物性方法名称	模型	简述	说明
BWR-LS	BWR-Lee-Starling	见表 3-9	见表 3-9
BWRS	Benedict-Webb-Rubin-Starling	具有 11 个参数并能同时适用于气相和液相的维里状态方程	适用于非极性或弱极性混合物以及轻气体(如 CO_2、H_2S 和 N_2),预测纯烃类与气体的性质具有很高的准确性,可应用于所有温度、压力范围。相平衡计算与 PENG-ROB、RK-SOAVE 和 LK-PLOCK 相似,但计算液体摩尔体积和焓比 PENG-ROB 和 RK-SOAVE 更精确
LK-PLOCK	Lee-Kesler-Plöcker	见表 3-9	见表 3-9
PR-BM	Peng-Robinson-Boston-Mathias	PR-BM 与 RKS-BM 相似,使用 Boston-Mathias 温度函数 $\alpha(T)$	适用于非极性或弱极性混合物,可应用于所有温度、压力范围,推荐用于气体处理、炼油、石化应用,如气体厂、原油塔、乙烯厂
RKS-BM	Redlich-Kwong-Soave-Boston-Mathias		

3.2.3.7 灵活的和预测性的状态方程法

表 3-13 列出的物性方法适用于极性和非极性组分的混合物以及轻气体,可处理高温、高压、接近临界点的混合物及高压下的液-液分离体系,如天然气乙二醇脱水、低温甲醇洗和超临界萃取。

使用 PR 或 RK-Soave 状态方程计算纯组分热力学性质,为准确预测蒸气压,使用含三个以下参数的温度函数 $\alpha(T)$ 对状态方程进行扩展,这对于分离沸点相近的体系和极性组分非常重要。在一些情况下,为了准确预测液体密度,需要使用体积转换项对状态方程进行扩展。

扩展的经典混合规则适用于富氢体系或大小、形状非常不对称的体系(RK-Aspen)。与组成和温度相关的混合规则适用于高压下的强非理想体系(SR-POLAR)。改进的 Huron-Vidal 混合规则可以根据低压(基团贡献)活度系数模型预测高压下的非理想体系(Wong-Sandler,MHV2,PSRK),其预测能力优于 SR-POLAR。改进的 Huron-Vidal 混合规则之间的预测能力差别很小。Wong-Sandler、MHV2 和 Holderbaum-Gmehling 混合规则使用活度系数模型计算混合规则的超额 Gibbs 能或 Helmholtz 能，带有这些混合规则的物性方法使用 UNIFAC 或 Lyngby 修正的 UNIFAC 基团贡献模型，因而具有预测性。用户可以在 Aspen 物性系统中使用带有这些混合规则的活度系数模型，包括用户模型。

与状态方程相似，用于计算黏度和热导率的 Chung-Lee-Starling 模型能够描述临界点以外气体和液体的连续性，可以预测极性和缔合组分的物性。

表 3-13 灵活的和预测性的物性方法

物性方法名称	状态方程	体积转换①	混合规则	预测性②	说明
HYSGLYCO	Twu-Sim-Tassone	—	—	X	来自 Aspen HYSYS 的 Glycol 物性包，适用于 TEG 脱水过程，使用时推荐将 HYSYS 数据库放置在其他数据库搜索顺序之前
PC-SAFT	Copolymer PC-SAFT	—	—	—	与 POLYPCSF 的不同在于 PC-SAFT 方法包含缔合项和极性项，不需要使用混合规则计算共聚物参数，适用于小分子到大分子的流体体系，包括常规流体、水、醇、酮、聚合物、共聚物和它们的混合物
PRMHV2	Peng-Robinson	—	MHV2	X	见表 3-8
PRWS	Peng-Robinson	—	Wong-Sandler	X	
PSRK	Redlich-Kwong-Soave	—	Holderbaum-Gmehling	X	
RK-ASPEN	Redlich-Kwong-Soave	—	Mathias	—	
RKSMHV2	Redlich-Kwong-Soave	—	MHV2	X	
RKSWS	Redlich-Kwong-Soave	—	Wong-Sandler	X	
SR-POLAR	Redlich-Kwong-Soave	X	Schwarzentruber-Renon	—	可以模拟化学非理想体系，准确性与活度系数法（如 WILSON）相同。推荐用于高温、高压下的强非理想体系，如甲醇合成和超临界萃取

① X 表示该性质方法中包含体积转换。

② X 表示该性质方法是具有预测性的。

3.2.4 活度系数法

虽然大多数状态方程对烃类溶液（属正规溶液，与理想溶液偏离较小）可同时应用于气、液相逸度计算，但对另一类生产中常见的极性溶液和电解质溶液，则由于其液相的非理想性较强，一般状态方程并不适用，该类溶液中各组分的逸度常通过活度系数模型来计算。

表 3-14 列出的活度系数法适用于中低压（低于 10atm）下非理想和强非理想性混合物，使用亨利定律处理超临界组分，不适用于电解质体系。

表 3-14 活度系数法

物性方法	液相活度系数计算方法	气相逸度系数计算方法	备注
基于 NRTL 的物性方法			
NRTL	NRTL	Ideal gas	NRTL 能处理任意极性和非极性组分的混合物，甚至强非理想性混合物
NRTL-2	NRTL(using dataset 2)	Ideal gas	
NRTL-RK	NRTL	Redlich-Kwong	
NRTL-HOC	NRTL	Hayden-O'Connell	
NRTL-NTH	NRTL	Nothnagel	
基于 UNIFAC 的物性方法			UNIFAC 和修正的 UNIFAC 能处理任意极性和非极性组分的混合物。UNIF-DMD 和 UNIF-LBY 包含更多温度相关的基团交互作用参数，通过一套参数同时预测 VLE 和 LLE，还可以更好预测混合热，并且 UNIF-DMD 改进了对无限稀释活度系数的预测
UNIFAC	UNIFAC	Redlich-Kwong	
UNIF-LL	UNIFAC for liquid-liquid systems	Redlich-Kwong	
UNIF-HOC	UNIFAC	Hayden-O'Connell	
UNIF-DMD	Dortmund-modified UNIFAC	Redlich-Kwong-Soave	
UNIF-LBY	Lyngby-modified UNIFAC	Ideal gas	
基于 UNIQUAC 的物性方法			
UNIQUAC	UNIQUAC	Ideal gas	同 NRTL
UNIQ-2	UNIQUAC(using dataset 2)	Ideal gas	
UNIQ-RK	UNIQUAC	Redlich-Kwong	
UNIQ-HOC	UNIQUAC	Hayden-O'Connell	
UNIQ-NTH	UNIQUAC	Nothnagel	
基于 VANLAAR 的物性方法			van Laar 能处理与 Raoult 定律有正偏差的任意极性和非极性组分的混合物，适用于化学性质相似的组分
VANLAAR	van Laar	Ideal gas	
VANL-2	van Laar(using dataset 2)	Ideal gas	
VANL-HOC	van Laar	Hayden-O'Connell	
VANL-RK	van Laar	Redlich-Kwong	
VANL-NTH	van Laar	Nothnagel	
基于 WILSON 的物性方法			
WILSON	Wilson	Ideal gas	Wilson 能处理任意极性和非极性组分的混合物，甚至强非理想性混合物，但不能处理两液相。当存在两液相时，使用 NRTL 或 UNIQUAC
WILS-2	Wilson(using dataset 2)	Ideal gas	
WILS-GLR	Wilson(ideal gas and liquid enthalpy reference state)	Ideal gas	
WILS-LR	Wilson(liquid enthalpy reference state)	Ideal gas	
WILS-RK	Wilson	Redlich-Kwong	
WILS-HOC	Wilson	Hayden-O'Connell	
WILS-NTH	Wilson	Nothnagel	
WILS-HF	Wilson	HF Hexamerization model	
WILS-VOL	Wilson with volume term	Redlich-Kwong	

一般而言，van Laar 模型对于较简单的系统能获得较理想的结果，在关联二元数据方面是有用的，但在预测多元汽液平衡方面显得不足。

Wilson 模型是基于局部组成概念提出来的，能用较少的特征参数关联和推算混合物的相平衡，特别是很好地关联非理想性较高系统的汽液平衡。Wilson 模型的精确度较 van Laar 模型高，在汽液平衡的研究领域中得到了广泛的研究和应用，对含烃、醇、酮、醚、氰、酯类以及含水、硫、卤类的互溶溶液均能获得良好结果，但不能用于部分互溶体系。

NRTL 模型具有与 Wilson 模型大致相同的拟合和预测精度，并且克服了 Wilson 模型的不足，能够用于描述部分互溶体系的液液平衡。

UNIQUAC模型相比Wilson、NRTL模型要复杂一点，但是精确度更高，通用性更好，适用于含非极性和极性组分(如烃类、醇、腈、酮、醛、有机酸等)以及各种非电解质溶液(包括部分互溶体系)。

UNIFAC模型是将基团贡献法应用于UNIQUAC模型而建立起来的，并且得到越来越广泛的应用。

活度系数法的优点与不足见表3-15。

表3-15　活度系数法的优点与不足

活度系数法	特　点
优点	①关联低压下的化学体系时效果好；②容易使用无限稀释活度系数数据；③可根据基团贡献进行预测；④许多体系的二元交互作用参数可在DECHEMA丛书中查到
不足	①仅适用于液相；②适用的温度和压力范围较窄；③对超临界组分需采用亨利常数；④无法计算接近或在临界点的 K 值；⑤计算其他热力学性质时无一致性

3.2.5　亨利定律

当使用液相活度系数法时，组分标准态逸度为纯液体的逸度，但对于溶解的气体，尤其是当温度超过溶质临界温度时，使用该标准态不方便。对于超临界气体和痕量溶质，如水中的有机污染物，使用在无限稀释条件下定义的标准态更方便，该标准态逸度即为亨利常数(H_{ij})。

亨利定律与理想模型、活度系数模型一起使用，用于确定液相中轻气体和超临界组分的组成。使用亨利定律时，任何超临界组分和轻气体(CO_2、N_2等)均需定义为亨利组分。进入**Properties** | **Components** | **Henry Comps** | **HC-1** | **Select Henry components**页面，选择所有的亨利组分，然后进入**Properties** | **Methods** | **Specifications** | **Global**页面，在Henry components中添加定义的亨利组分。Aspen Plus含有许多溶质在溶剂中的亨利常数，表3-16与表3-17分别为25℃时气体在水、有机溶剂中的亨利常数，从表中看出亨利常数相差较大，与气体的临界温度、临界压力以及溶剂的交互作用有很大关系。

表3-16　25℃时气体在水中的亨利常数

气体	He	Ar	H_2	N_2	O_2	H_2S	CO
H_{ij}/bar	144000	40000	71000	83500	44200	580	58000
气体	CO_2	CH_4	C_2H_2	C_2H_4	C_2H_6	SF_4	
H_{ij}/bar	1660	40200	1350	11700	30400	236000	

表3-17　25℃时气体在有机溶剂中的亨利常数

H_{ij}/bar　气体 / 有机溶剂	H_2	N_2	O_2	CO_2	CH_4	H_{ij}/bar　气体 / 有机溶剂	H_2	N_2	O_2	CO_2	CH_4
甲醇	6100	3900	2200	145	1180	苯	3850	2300	1260	105	490
丙酮	3400	1850	1200	50	545	庚烷	1450	760	500	78	210

下面通过例 3.3 介绍亨利定律的使用。

例 3.3

一股温度 25℃、压力 100kPa、流量 1kmol/h 的 CO_2，与温度 25℃、压力 100kPa、流量 1kmol/h 的水经混合器混合后进入闪蒸器，绝热闪蒸后分为 2 股物流，混合器和闪蒸器的压降均为 0，CO_2 微溶于水，需采用亨利定律，计算闪蒸后水中溶解 CO_2 的摩尔分数，比较使用亨利定律与不使用亨利定律的结果差异。物性方法选择 NRTL。

本例模拟步骤如下：

启动 Aspen Plus，选择模板 General with Metric Units，将文件保存为 Example3.3-HenryComps.bkp。

进入 **Components** | **Specifications** | **Selection** 页面，输入组分 CO2 和 H2O，如图 3-13 所示。

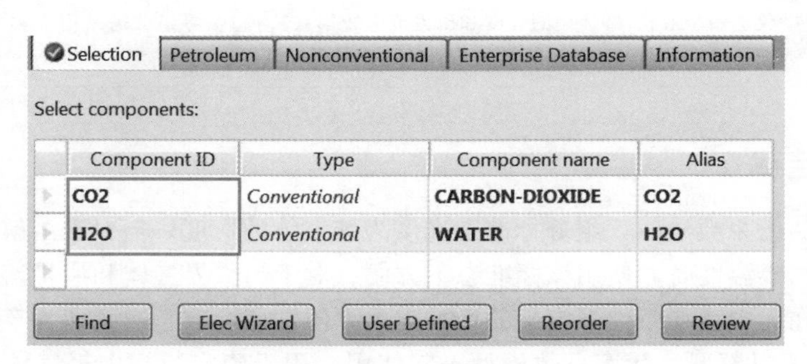

图 3-13 输入组分

进入 **Components** | **Henry Comps** 页面，点击 **New…** 按钮创建亨利组分，默认名称 HC-1，如图 3-14 所示。

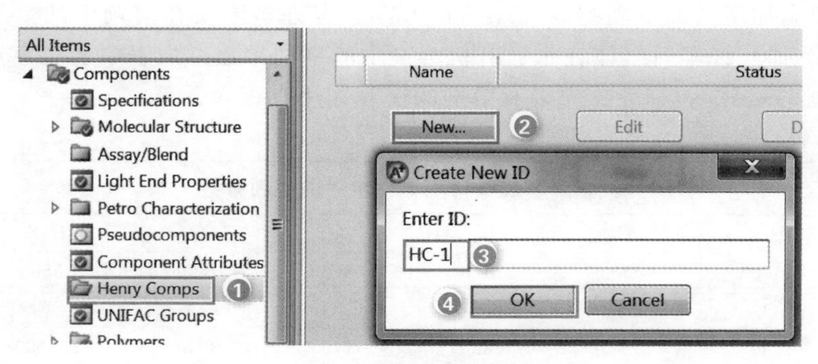

图 3-14 创建亨利组分

点击 **OK**，进入 **Components** | **Henry Comps** | **HC-1** | **Selection** 页面，将组分 CO2 从左侧栏 Available components 移至右侧栏 Selected components，如图 3-15 所示。

点击 **N→**，进入 **Methods** | **Specifications** | **Global** 页面，选择物性方法 NRTL，亨利组分 HC-1，如图 3-16 所示。

点击 **N→**，进入 **Methods** | **Parameters** | **Binary Interaction** | **HENRY-1** | **Input** 页面，查看方程的二元交互作用参数，如图 3-17 所示。

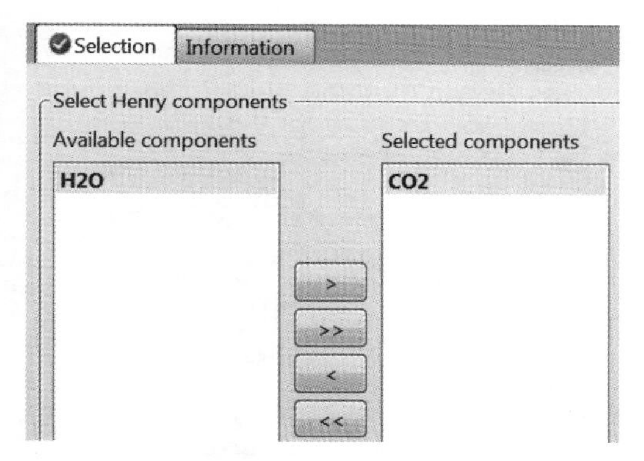

图 3-15 选择亨利组分

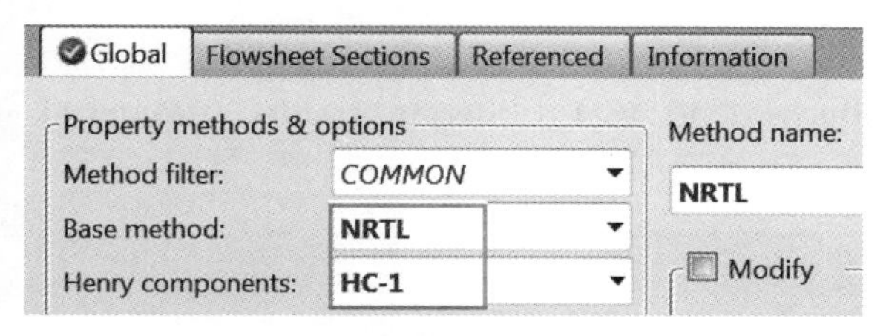

图 3-16 选择物性方法及亨利组分

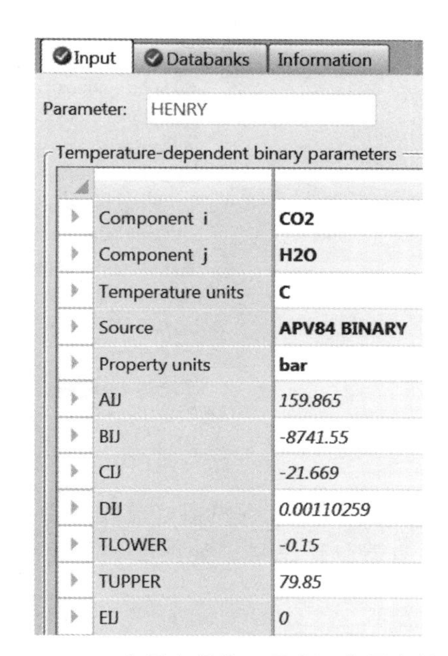

图 3-17 查看方程的二元交互作用参数

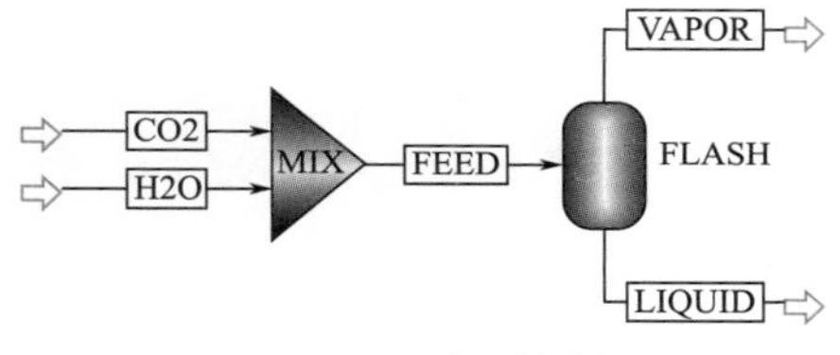

图 3-18 建立流程

进入 **Simulation** 环境，建立如图 3-18 所示流程，其中混合器 MIX 选用模块选项板中 **Mixers/Splitters** | **Mixer** | **TRIANGLE** 图标，闪蒸器 FLASH 选用模块选项板中 **Separators** | **Flash2** | **V-DRUM1** 图标。

输入物流 CO2 温度 25℃，压力 100kPa，流量 1kmol/h；输入物流 H2O 温度 25℃，压力 100kPa，流量 1kmol/h。

进入 **Blocks** | **FLASH** | **Input** | **Specifications** 页面，在 Flash Type 中选择 Duty 和 Pressure，在 Pressure 中输入 0，在 Duty 中输入 0，如图 3-19 所示。

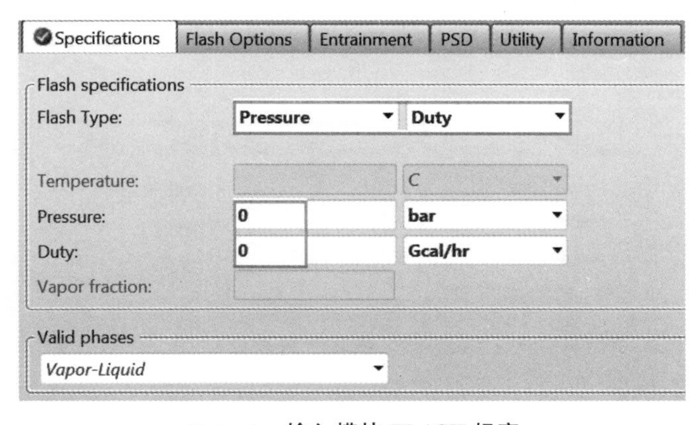

图 3-19 输入模块 **FLASH** 规定

进入 **Setup** | **Report Options** | **Stream** 页面，勾选 Fraction basis 下的 Mole，以查看物流的摩尔分数，如图 3-20 所示。

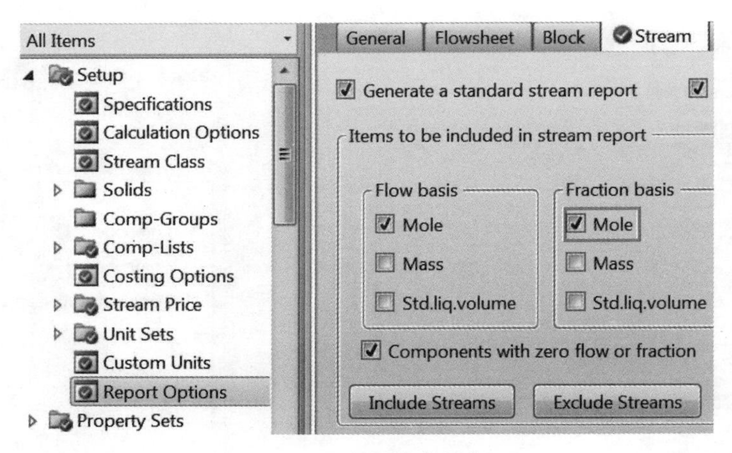

图 3-20　**定义输出报告**

点击 **Run** 运行模拟，流程收敛。进入 **Blocks** | **FLASH** | **Stream Results** | **Material** 页面，查看物流结果，如图 3-21 所示。

Material | Vol.% Curves | Wt. % Curves | Petroleum | Polymers | Solic

Display: Streams　Format: GEN_M　Stream Table

	FEED	VAPOR	LIQUID
Volume Flow cum/hr	24.62	24.603	0.018
Enthalpy Gcal/hr	-0.162	-0.095	-0.067
Mole Flow kmol/hr			
CO2	1	0.999	0.001
H2O	1	0.02	0.98
Mole Frac			
CO2	0.5	0.98	739 PPM
H2O	0.5	0.02	0.999

图 3-21　**查看物流结果**

接下来进行不使用亨利定律的模拟计算。

进入 **Properties** 环境，进入 **Methods** | **Specifications** | **Global** 页面，删除亨利组分，如图 3-22 所示。

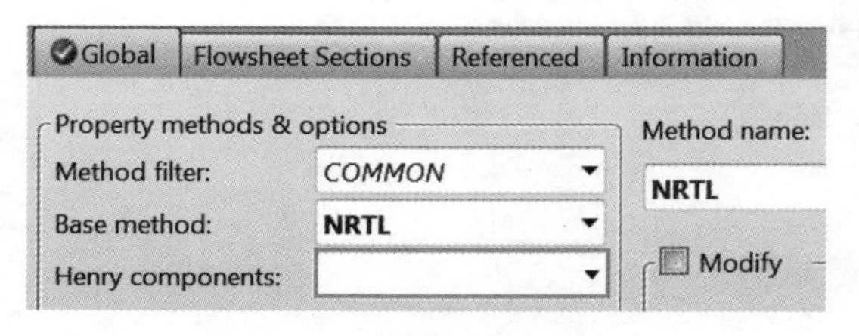

图 3-22　**删除亨利组分**

进入 **Simulation** 环境，点击 **Run** 运行模拟，流程收敛。进入 **Blocks** | **FLASH** | **Stream Results** | **Material** 页面，查看物流结果，如图 3-23 所示。

对比图 3-21 与图 3-23 可以看出，使用亨利定律时，CO_2 在水中的摩尔分数为 739ppm（10^{-6}），几乎不溶于水；不使用亨利定律时，水中 CO_2 的摩尔分数为 0.018。显然，后者与实际不符。

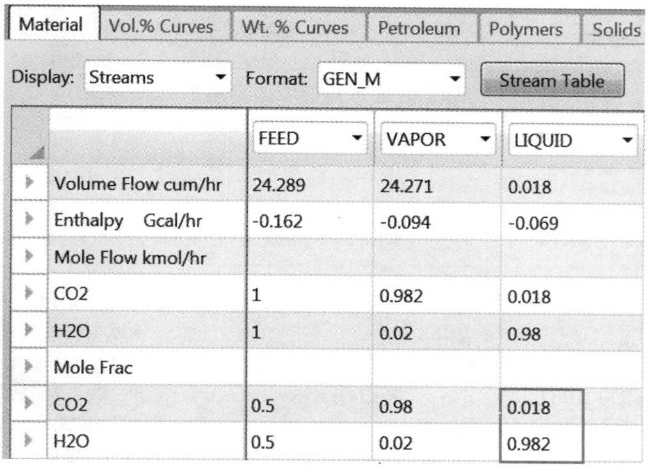

	FEED	VAPOR	LIQUID
Volume Flow cum/hr	24.289	24.271	0.018
Enthalpy Gcal/hr	-0.162	-0.094	-0.069
Mole Flow kmol/hr			
CO2	1	0.982	0.018
H2O	1	0.02	0.98
Mole Frac			
CO2	0.5	0.98	0.018
H2O	0.5	0.02	0.982

图 3-23 查看物流结果

3.2.6 电解质物性方法

电解质溶液含有带电粒子，是一种强非理想性体系。电解质溶液的物性方法分为两种，一种是可以针对特定组分的基于关联式的专用物性方法（参见表 3-18），一种是基于活度系数模型的通用物性方法（参见表 3-20）。

（1）基于关联式的电解质物性方法

表 3-18 基于关联式的电解质物性方法

物性方法	关联式	体系
AMINES	Kent-Eisenberg	MEA，DEA，DIPA，DGA
APISOUR	API Sour water correlation	H_2O，NH_3，CO_2，H_2S

AMINES 用于处理含 H_2O、四种乙醇胺中的一种、H_2S、CO_2 以及其他典型组分的体系，四种乙醇胺分别为单乙醇胺（MEA）、二乙醇胺（DEA）、二异丙醇胺（DIPA）、二甘醇胺（DGA）。AMINES 物性包适用的胺体系条件如表 3-19 所示，当胺浓度超过推荐范围时，使用 Chao-Seader 计算 K 值。

表 3-19 AMINES 物性包适用的胺体系条件

条件	MEA	DEA	DIPA	DGA
温度/℃	32～138	32～135	32～127	32～138
H_2S 或 CO_2 最大负荷（气体摩尔量/胺摩尔量）	0.5	0.8	0.75	0.5
胺浓度（质量分数）	0.05～0.4	0.1～0.5	0.1～0.5	0.3～0.75

APISOUR 用于处理主要含 H_2O、NH_3、CO_2、H_2S 的酸性水体系，推荐使用的温度范围 20～140℃，推荐用于一定浓度范围酸性水体系的快速计算，精确计算推荐使用 ELEC-NRTL。

(2)基于活度系数模型的电解质物性方法

表 3-20 基于活度系数模型的电解质物性方法

物性方法	液相	气相	备注
基于 NRTL			ELECNRTL 是最通用的电解质溶液物性方法，ELECNRTL、ENRTL-SR、ENRTL-HG 可以处理无气相缔合的电解质溶液； ENRTL-RK 可以处理无气相缔合的含水电解质溶液； ELECNRTL、ENRTL-RK、ENRTL-SR、ENRTL-HG 可使用至中压； ENRTL-HF 可以处理存在气相 HF 缔合的电解质溶液，使用压力不超过 3atm
ELECNRTL	Electrolyte NRTL	Redlich-Kwong	
ENRTL-RK	Unsymmetric Electrolyte NRTL	Redlich-Kwong	
ENRTL-SR	Symmetric Electrolyte NRTL	Redlich-Kwong	
ENRTL-HG	Electrolyte NRTL	Redlich-Kwong	
ENRTL-HF	Electrolyte NRTL	HF equation of state	
基于 PITZER			PITZER、B-PITZER、PITZ-HG 适用于离子强度小于 6mol/kg、无气相缔合的电解质水溶液，压力不超过 10atm； B-PITZER 是基于 PITZER 的简化模型，计算精度不及带有拟合参数的 ELECNRTL 和 PITZER，但比缺少交互作用参数的 ELECNRTL 和 PITZER 计算结果好； PITZ-HG 与 PITZER 类似，除了使用 Helgeson 模型计算标准性质
PITZER	Pitzer	Redlich-Kwong-Soave	
B-PITZER	Bromley-Pitzer	Redlich-Kwong-Soave	
PITZ-HG	Pitzer	Redlich-Kwong-Soave	

3.2.7 固体物性方法

固体物性方法(SOLIDS)是专门为固体加工过程设计的，包括煤炭加工、冶金过程以及其他固体加工过程。固体与流体的物性计算不能采用相同的模型，因此将组分分配到 MIXED、CISOLID、NC 类型的子物流中，利用合适的模型对其分别计算。关于固体计算更详细的内容请查看软件自带帮助文件。

3.2.8 蒸汽表

表 3-21 列出了 Aspen 物性系统提供的用于计算包含纯水或水蒸气体系热力学性质的蒸汽表物性方法。

表 3-21 蒸汽表物性方法

物性方法	模型	备　注
STEAM-TA	ASME 1967	进行游离水计算时 Aspen Plus 使用 STEAM-TA 作为缺省方法；温度范围 273.15～1073K，最高压力 1000bar
STEAMNBS/STEAMNBS2	NBS/NRC 1984	推荐与 SRK/BWRS/MXBONNEL 和 GRAYSON2 物性方法一起使用；温度范围 273.15～2000K，最高压力 10000bar
IAPWS-95	IAPWS 1995	温度范围 251.2(压力 2099bar)～1273K，最高压力 10000bar

3.2.9 传递性质模型

除热力学方法外用户有时需选择传递性质计算模型，Aspen物性系统提供的传递性质模型包括黏度模型、热导率(导热系数)模型、扩散系数模型、表面张力模型，分别见表3-22～表3-25。传递性质用于严格传热计算、压降计算、塔板/填料水力学计算。一旦选定传递性质计算方法，物流物性报告和塔板/填料气、液相物性报告中也将包括传递性质。

表 3-22 黏度模型

模型	相态	纯组分	混合物	备注
Andrade Liquid Mixture Viscosity	L	—	√	—
General Pure Component Liquid Viscosity	L	√	—	—
API Liquid Viscosity	L	—	√	—
API 1997 Liquid Viscosity	L	—	√	—
Aspen Liquid Mixture Viscosity	L	—	√	低压
ASTM Liquid Mixture Viscosity	L	—	√	低压
General Pure Component Vapor Viscosity	V	√	—	低压
Chapman-Enskog-Brokaw-Wilke Mixing Rule	V	—	√	—
Chung-Lee-Starling Low Pressure	V	√	√	—
Chung-Lee-Starling	V L	√	√	水或水蒸气
Dean-Stiel Pressure Correction	V	√	√	电解质
IAPS Viscosity	V L	√	—	高温
Jones-Dole Electrolyte Correction	L	—	√	—
Letsou-Stiel	L	√	√	—
Lucas	V	√	√	—
TRAPP viscosity	V L	√	√	—
Twu liquid viscosity	L	—	√	—
Viscosity quadratic mixing rule	L	—	√	—

表 3-23 热导率模型

模型	相态	纯组分	混合物	备注
Chung-Lee-Starling Thermal Conductivtity	V L	√	√	—
IAPS Thermal Conductivity for Water	V L	√	—	水或水蒸气
Li Mixing Rule	L	√	√	电解质
Riedel Electrolyte Correction	L	—	√	—
General Pure Component Liquid Thermal Conductivity	L	√	√	固体
General Pure Component Vapor Thermal Conductivity	V	√	—	低压
Stiel-Thodos Pressure Correction	V	√	√	—
TRAPP Thermal Conductivity	V L	√	√	—
Vredeveld Mixing Rule	L	√	√	—
Wassiljewa-Mason-Saxena mixing rule	V	√	√	低压

表 3-24 扩散系数模型

模型	相态	纯组分	混合物	备注
Chapman-Enskog-Wilke-Lee Binary	V	√	—	低压
Chapman-Enskog-Wilke-Lee Mixture	V	—	√	低压
Dawson-Khoury-Kobayashi Binary	V	√	—	—
Dawson-Khoury-Kobayashi Mixture	V	—	√	—
Nernst-Hartley Electrolytes	L	√	√	电解质
Wilke-Chang Binary	L	√	—	—
Wilke-Chang Mixture	L	—	√	—

表 3-25 表面张力模型

模型	相态	纯组分	混合物	备注
Liquid Mixture Surface Tension	L	—	√	—
API Surface Tension	L	—	√	—
General Pure Component Liquid Surface Tension	L	√	—	水或水蒸气
IAPS surface tension	L	√	—	—
Onsager-Samaras Electrolyte Correction	L	—	√	电解质
Modified MacLeod-Sugden	L	—	√	—

3.3 物性方法选择

3.3.1 状态方程法和活度系数法比较

状态方程法和活度系数法的特点如表 3-26 所示。

表 3-26 状态方程法和活度系数法的特点

方法	状态方程法	活度系数法
优点	① 不需要标准态 ② 可将 pVT 数据用于相平衡的计算 ③ 易采用对比态原理 ④ 可用于临界区和近临界区	① 活度系数方程和相应的系数较全 ② 温度的影响主要反映在 f_i^L 上，对 γ_i 影响不大 ③ 适用于多种类型的化合物，包括聚合物、电解质体系
缺点	① 状态方程需要同时适用于气、液两相，难度大 ② 需要搭配使用混合规则，且其影响较大 ③ 对极性物质、大分子化合物和电解质体系难以应用	① 需要其他方法求取偏摩尔体积，进而求算摩尔体积 ② 需要确定标准态 ③ 对含有超临界组分的体系应用不便，在临界区使用困难
适用范围	原则上可适用于各种压力下的汽液平衡，但更常用于中、高压汽液平衡	中、低压(<10atm)下的汽液平衡，当缺乏中压汽液平衡数据时，中压下使用很困难

3.3.2 常见体系物性方法推荐

对于常见的体系，推荐使用的物性方法见表 3-27 和表 3-28。

表 3-27 对于常见体系所推荐的物性方法(一)

工业过程	推荐的物性方法
空分	PR,SRK
气体处理	PR,SRK
气体净化	Kent-Eisnberg,ENRTL
炼油	BK10,Chao-Seader,Grayson-Streed,PR,SRK,LK-PLOCK
石油化工中 VLE 体系	PR,SRK,PSRK
石油化工中 LLE 体系	NRTL,UNIQUAC
化学	NRTL,UNIQUAC,PSRK
电解质体系	ENRTL,Zemaitis
低聚物	Polymer NRTL
高聚物	Polymer NRTL,PC-SAFT
蒸汽	NBS/NRC
环境	UNIFAC+Henry'Law

表 3-28 对于常见体系所推荐的物性方法(二)

工业过程	体　　系	推荐的物性方法
油气生产	油藏系统	PR-BM,RKS-BM
	平台分离系统	PR-BM,RKS-BM
	油气管道运输系统	PR-BM,RKS-BM
炼油	低压(直至几个大气压):常压塔、减压塔	BK10,CHAO-SEA,GRAYSON
	中压(直至几十个大气压):焦化主分馏塔、催化裂化主分馏塔	CHAO-SEA,GRAYSON,PENG-ROB,RK-SOAVE
	富氢系统:重整装置、加氢精制	GRAYSON,PENG-ROB,RK-SOAVE
	润滑油装置、脱沥青装置	PENG-ROB,RK-SOAVE
气体处理	烃分离:脱甲烷塔、C_3 分离塔	PR-BM,RKS-BM,PENG-ROB,RK-SOAVE
	天然气深冷处理:空分	PR-BM,RKS-BM,PENG-ROB,RK-SOAVE
	用乙二醇进行气体脱水	RWS,RKSWS,PRMHV2,RKSMHV2,PSRK,SR-POLAR
	用甲醇或 NMP 进行酸性气体吸收	PRWS,RKSWS,PRMHV2,RKSMHV2,PSRK,SR-POLAR
	用水、氨水、胺、胺+甲醇、碱、石灰或热碳酸盐进行酸性气吸收	ELECNRTL
	克劳斯工艺	PRWS,RKSWS,PRMHV2,RKSMHV2,PSRK,SR-POLAR

续表

工业过程	体　　系	推荐的物性方法
石油化工	乙烯装置—初馏塔	CHAO-SEA,GRAYSON
	乙烯装置—轻烃分离塔、急冷塔	PENG-ROB,RK-SOAVE
	芳烃:BTX抽提	基于WILSON,NRTL,UNIQUAC的物性方法
	取代烃:VCM、丙烯腈装置	PENG-ROB,RK-SOAVE
	醚生产:MTBE、ETBE、TAME	基于WILSON,NRTL,UNIQUAC的物性方法
	乙苯和苯乙烯装置	基于PENG-ROB,RK-SOAVE或WILSON,NRTL,UNIQUAC的物性方法
	对苯二甲酸	基于WILSON,NRTL,UNIQUAC的物性方法
化学	共沸分离:醇分离	基于WILSON,NRTL,UNIQUAC的物性方法
	羧酸:醋酸装置	WILS-HOC,NRTL-HOC,UNIQ-HOC
	苯酚装置	基于WILSON,NRTL,UNIQUAC的物性方法
	液体反应:酯化反应	基于WILSON,NRTL,UNIQUAC的物性方法
	合成氨装置	PENG-ROB,RK-SOAVE
	含氟化合物	WILS-HF
	无机化学:碱、酸(磷酸、硫酸、硝酸、盐酸)	ELECNRTL
	氢氟酸	ENRTL-HF
煤加工	减小颗粒大小:压碎、研磨	SOLIDS
	分离和清洁:筛分、旋风分离、沉淀、洗涤	SOLIDS
	燃烧	PR-BM,RKS-BM
	用甲醇或NMP进行酸性气吸收	PRWS,RKSWS,PRMHV2,RKSMHV2,PSRK,SR-POLAR
	用水、氨水、胺、胺+甲醇、碱、石灰或热碳酸盐进行酸性气吸收	ELECNRTL
	煤气化和液化	见后面的“合成燃料”
发电	燃烧:煤、石油	PR-BM,RKS-BM
	蒸汽循环:压缩、透平	STEAMNBS,STEAM-TA
	酸性气吸收	见前面“气体处理”
合成燃料	合成气体	PR-BM,RKS-BM
	煤气化	PR-BM,RKS-BM
	煤液化	PR-BM,RKS-BM,BWR-LS
环境	溶剂回收	基于WILSON,NRTL,UNIQUAC的物性方法
	(取代)烃汽提	基于WILSON,NRTL,UNIQUAC的物性方法
	用甲醇、NMP进行酸性气汽提	PRWS,RKSWS,PRMHV2,RKSMHV2,PSRK,SR-POLAR
	用水、氨水、胺、胺+甲醇、碱、石灰、热碳酸盐进行酸性气汽提	ELECNRTL
	酸:汽提、中和	ELECNRTL
水和蒸汽	蒸汽系统 冷却剂	STEAMNBS,STEAM-TA
矿物和冶金物的加工	机械加工:压碎、研磨、筛分、洗涤	SOLIDS
	湿法冶金:矿物浸取	ELECNRTL
	热冶金:熔炉、转炉	SOLIDS

3.3.3 经验选取

图 3-24～图 3-26 给出了根据经验选择物性方法的过程。

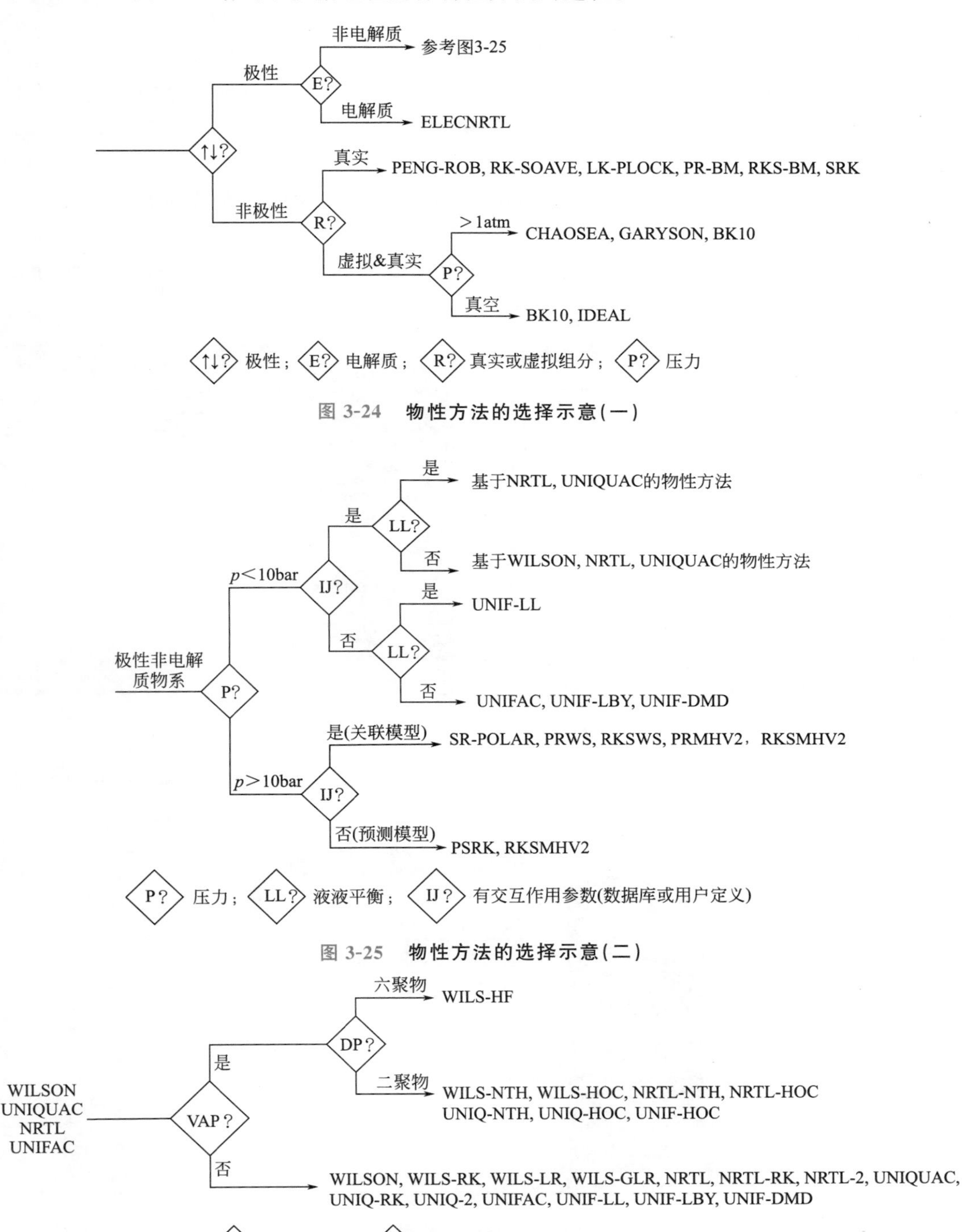

图 3-24 物性方法的选择示意(一)

图 3-25 物性方法的选择示意(二)

图 3-26 物性方法的选择示意(三)

以第 2 章中的例 2.1 为例，题中涉及的物系为丙烯、苯以及异丙苯体系，是非极性体系，考虑到为真实物系，可以选择 PENG-ROB、RK-SOAVE、PR-BM、RKS-BM 等物性方法。

3.3.4 使用帮助系统进行选择

Aspen Plus 为用户提供了选择物性方法的帮助系统，系统会根据组分的性质或者工业过程的特点为用户推荐不同类型的物性方法，用户可以根据提示进行选择，同样以第 2 章中例 2.1 为例进行说明。

点击 Home 功能区选项卡中的 **Methods Assistant**，启动物性选择帮助系统，如图 3-27 所示。

系统提供了两种方法，可以通过组分类型或工业过程的类型进行选择。以指定组分类型(Specify component type)为例，选择第一项，如图 3-28 所示。

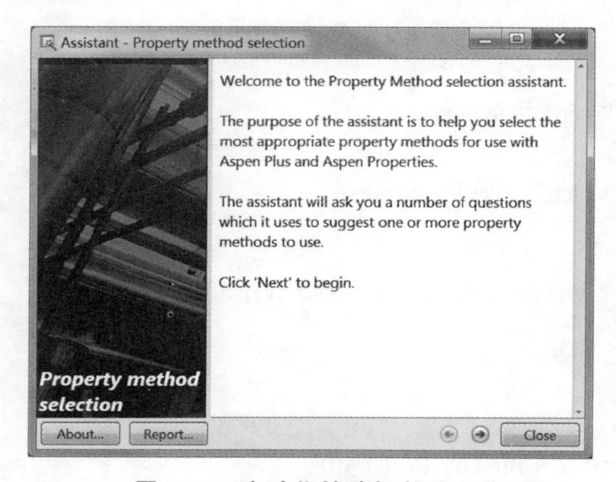

图 3-27　启动物性选择帮助系统

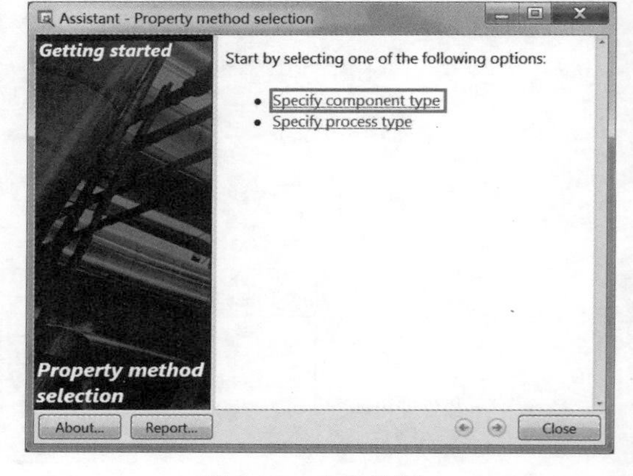

图 3-28　方法选项

系统提供了四种组分类型，化学系统、烃类系统、特殊系统以及制冷剂，这里选择烃类系统(Hydrocarbon system)，如图 3-29 所示。

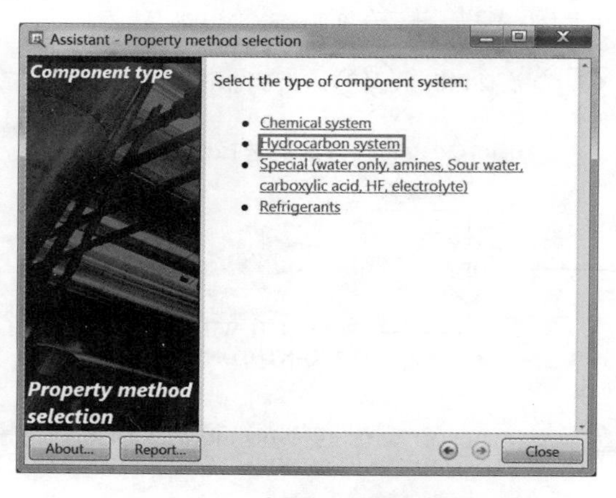

图 3-29　选择组分系统类型

选择完成后，系统提示用户是否含有石油评价数据或虚拟组分，点击 No，如图 3-30 所示。

选择完成，系统会给用户提供几种物性方法作为参考，如图 3-31 所示。点击每种方法的链接，就会得到对应物性方法的详细介绍。

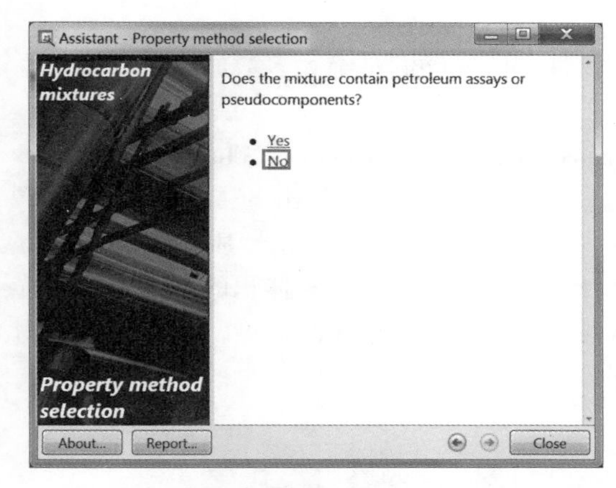

图 3-30　信息提示对话框

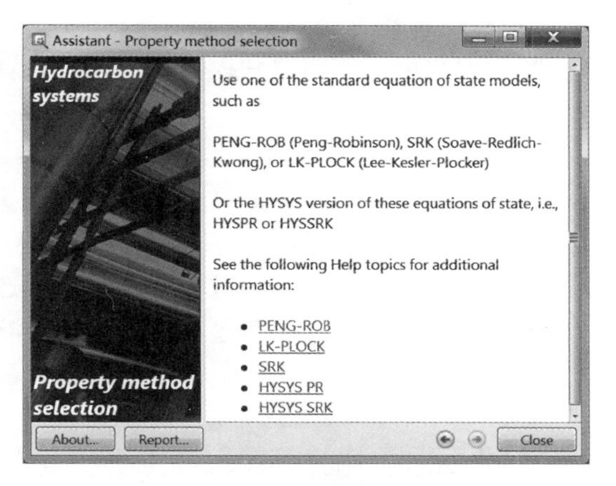

图 3-31　方法选择结果

注：用户可以仅规定使用全局的物性方法，也可以另外规定流程段、单元操作模块或物性分析等使用的物性方法，详细使用见例 11.3。

3.4　物性方法和路线

Aspen 物性系统中用于计算热力学性质和传递性质的方法(Methods)和模型(Models)被组合在物性方法(Property Methods)中，每种物性方法包含了计算所需的所有方法和模型，路线(Routes)是用于计算一个物性的方法和模型的特定组合。

(1)方法、模型和性质

方法是一个仅根据通用的科学原理(如热力学原理)计算物性的方程，这个方程可能包含一些假定，如气体可被作为理想气体处理，或者压力低至足以忽略压力校正。为了计算一个具体的性质，方程可能需要物性和状态变量，但不需要关联式参数。

模型是由估算一个物性的一个或多个方程组成，并且把状态变量、通用参数和关联式参数作为输入变量。与方法相比，模型在本质上具有更大的随意性，经常还有由数据拟合确定的常数。模型的一个例子是扩展 Antoine 蒸气压方程。状态方程有内置的关联式参数，也属于模型。

分别处理模型和方法的原因是可以使物性计算具有最大的灵活性。

主要性质(Major Properties)是单元操作模型所需的性质，主要性质可能依赖于其他主要性质，主要性质还可以依赖于非主要性质(次要性质和中间性质)，主要性质的例子有逸度系数、焓、熵、Gibbs 自由能、摩尔体积、黏度、热导率、扩散系数、表面张力。

次要性质(Subordinate Properties)可能依赖于其他主要的、次要的或中间性质，但不是单元操作模型计算直接需要的性质，次要性质的常见例子有摩尔焓差、摩尔 Gibbs 自由能差、摩尔熵差。

中间性质(Intermediate Properties)可由物性模型直接计算出来，而不是作为其他性质的基本组合，中间性质的常见例子有蒸气压和活度系数。

主要性质和次要性质是通过一个方法计算得到，中间性质是由一个模型计算得到。

(2)修改物性方法

物性方法由计算路线和模型来定义，内置的物性方法能够满足绝大多数的应用，用户也可以根据需要修改物性方法。

① 修改内置的物性方法　进入 **Methods** | **Specifications** | **Global** 或 **Flowsheet Sections** 页面，在 Base method 中选择要修改的物性方法，勾选 Modify，在弹出的 **Modify Property Method** 对话框中输入新的物性名称以便于区分。修改内容包括选择气相性质计算的状态方程及参数、选择液相活度系数模型及参数、选择计算液体混合物焓值和体积的路径、是否选择 Poynting correction 计算逸度系数、计算液体混合物焓值是否包含混合热。修改内置的物性方法如图 3-32 所示。

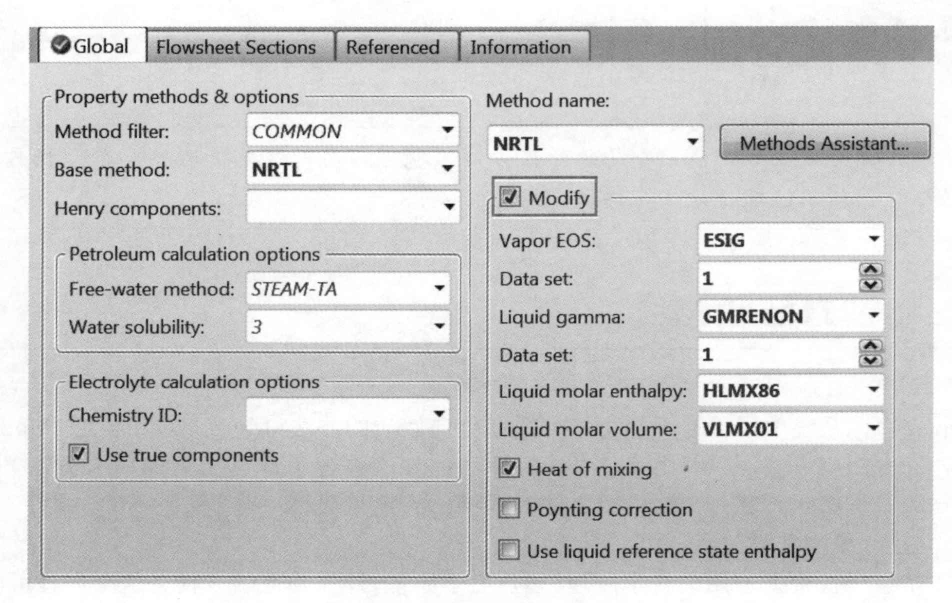

图 3-32　修改内置的物性方法

② 对物性方法做高级修改　进入 **Methods** | **Selected Methods** 页面，点击 **New…**按钮，创建新的物性方法，如图 3-33 所示。

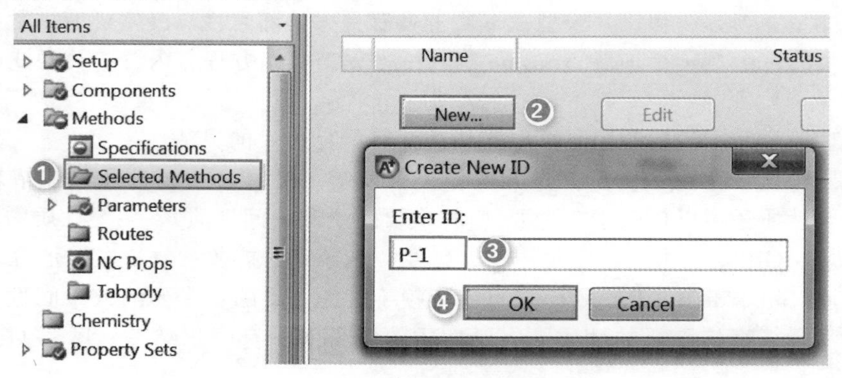

图 3-33　创建新的物性方法

点击 **OK**，出现如图 3-34 所示页面。在 **Routes** 页面可以选择基础物性方法和规定物性路线。**Routes** 页面中显示的物性分为纯组分热力学性质、混合物热力学性质、纯组分传递性质、混合物传递性质。在 **Routes** 页面修改路线时，选中要修改的路线，点击 **Create** 建立一个新的路线，点击 **Edit** 修改选择的路线，点击 **View** 查看选择的路线结构，显示计算该路线的详细方法和模型。

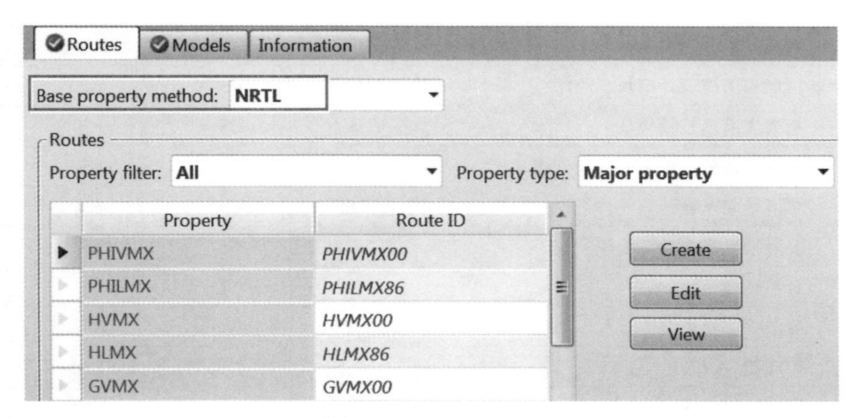

图 3-34　**Routes 页面**

进入 **Models** 页面，如图 3-35 所示，规定新的物性模型，可以修改物性计算模型和使用的数据集。点击 **Affected properties** 查看该模型影响的一系列物性，点击 **Option codes** 查看模型选项代码。

Routes　Models　Information

Base property method: NRTL

Models

Property	Model name	Data set
PHIVMX	ESIG	1
GAMMA	GMRENON	1
WHNRY	WHENRY	1
PL	PL0XANT	1
PHIV	ESIG0	1

Affected properties　Option codes

图 3-35　**Models 页面**

3.5　游离水、污水和严格三相计算

Aspen 物性系统提供了游离水(Free-Water)、污水(Dirty-Water)和严格三相(Rigorous Three-Phase)计算，表 3-29 列出了能否执行游离水、污水、倾析水物流(Water Decant Stream)和严格三相计算的单元操作模块。用这些单元操作模块进行闪蒸计算或液-液平衡计算时，可以处理水-有机物体系(水相为纯水或者含有痕量有机物)中游离水或污水的倾析。

表 3-29　单元操作模块

名称	说明	游离水计算	污水计算	倾析水物流	严格三相计算
Mixer	流股混合器	YES	YES	YES	YES
FSplit	流股分流器	YES	YES	NO	YES
Sep	组分分离器	YES	YES	NO	YES
Sep2	两出口组分分离器	YES	YES	NO	YES
DSTWU	精馏塔简捷设计模块	YES ×	YES ×	YES	NO
Distl	精馏塔简捷校核模块	YES ×	YES ×	YES	NO
SCFrac	复杂石油分馏单元简捷设计模块	YES ×	NO	YES	NO
RadFrac	单塔精馏严格计算模块	YES	YES	YES	YES
MultiFrac	多塔精馏严格计算模块	YES	NO	YES	NO
PetroFrac	石油蒸馏模块	YES	NO	YES	NO
Extract	溶剂萃取模块	NO	NO	NO	××
Heater	加热器/冷却器	YES	YES	YES	YES
Flash2	两出口闪蒸器	YES	YES	YES	YES
Flash3	三出口闪蒸器	NO	NO	NO	YES
Decanter	液液分相器	YES	NO	NO	××
HeatX	两股物流换热器	YES	YES	YES	YES
MHeatX	多股物流换热器	YES	YES	YES	YES
RStoic	化学计量反应器	YES	YES	YES	YES
RYield	产率反应器	YES	YES	YES	YES
RGibbs	吉布斯反应器	NO	NO	NO	YES ×××
Pump	泵	YES	YES	YES	YES
Compr	压缩机	YES	YES	YES	YES
MCompr	多级压缩机	YES	YES	YES	YES
Crystallizer	结晶器	NO	NO	NO	NO
Pipeline	管线系统	YES	NO	NO	YES
Dupl	流股复制器	—	—	—	—
Mult	流股倍增器	—	—	—	—

注：×—只用于冷凝器；××—严格液液平衡计算；×××—RGibbs 严格计算任何数量相态。

游离水计算涉及计算水在有机相中溶解度的特殊方法和是否存在纯水相的测试，游离水计算比严格三相计算速度快，并且需要的物性数据少。与游离水计算类似，污水计算也包括用于计算水在有机相中溶解度的特殊方法。除此之外，上述特殊方法也用于计算有机物在水相中的溶解度。

对于烃水体系，水相中烃的溶解度一般可忽略，通常游离水计算就足够。但是对于水相中烃溶解度非常重要的应用，如在环境研究中，应使用污水或者严格三相计算。对于化学体系，如富含水的醇，水相中有机物的溶解量大，游离水和污水计算均不适用，需要进行严格三相计算。

下面通过例 3.4 比较游离水、污水和严格三相计算结果的差异。

例 3.4

原油物流进入闪蒸器进行三相分离，进料温度 65℃，压力 6900kPa，组分及流量数据如表 3-30 所示，石油馏分性质如表 3-31 所示。闪蒸器操作温度 150℃，压力 2000kPa。分别使用如下方法进行计算比较：

(1)SRKKD，利用 Flash2 进行游离水和污水计算。

(2)SRKKD，利用 Flash3 进行严格三相计算。

表 3-30 进料物流数据

组分	流量/(kmol/h)	组分	流量/(kmol/h)
水	1361	2-甲基丁烷	45
二氧化碳	16	正戊烷	60
氮气	14	CUT11	75
甲烷	404	CUT12	137
乙烷	136	CUT13	254
丙烷	236	CUT14	422
异丁烷	48	CUT15	136
正丁烷	128		

表 3-31 石油馏分性质

馏分	分子量	API 度	正常沸点/℃
CUT11	91	64	82.2
CUT12	100	61	98.9
CUT13	120	55	137.8
CUT14	150	48	187.8
CUT15	200	40	257.2

本例模拟步骤如下：

启动 Aspen Plus，选择模板 General with Metric Units，将文件保存为 Example3.4-ThreePhaseSeparation.bkp。

进入 **Components** | **Specifications** | **Selection** 页面，输入组分，对于石油馏分，在 Type 中选择 Pseudocomponent，如图 3-36 所示。

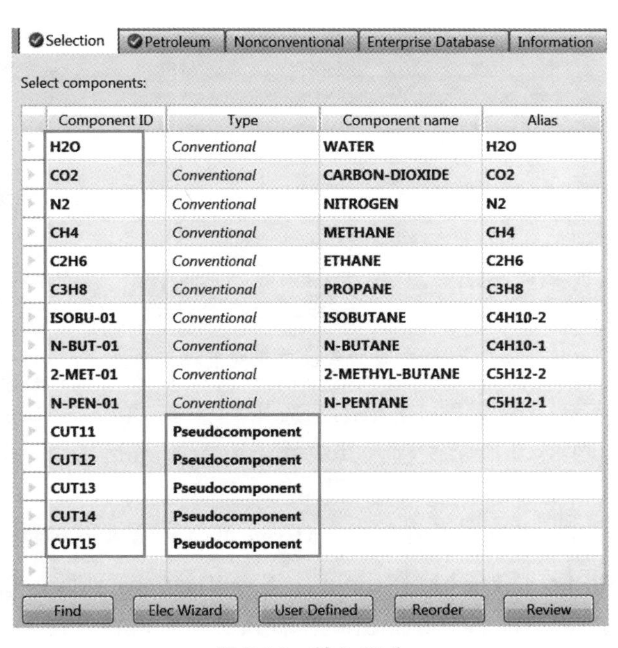

图 3-36 输入组分

点击，进入 **Components** | **Pseudocomponents** | **Specifications** 页面，输入石油馏分性质，如图 3-37 所示。

点击，进入 **Methods** | **Specifications** | **Global** 页面，选择物性方法 SRKKD 模拟烃-水体系的不溶性，如图 3-38 所示。

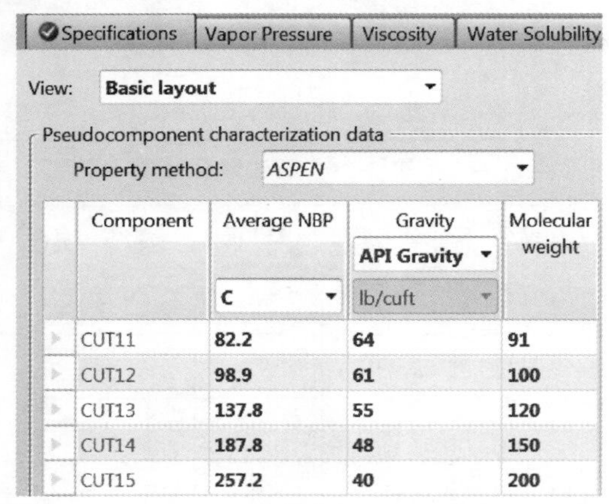

图 3-37 输入石油馏分性质

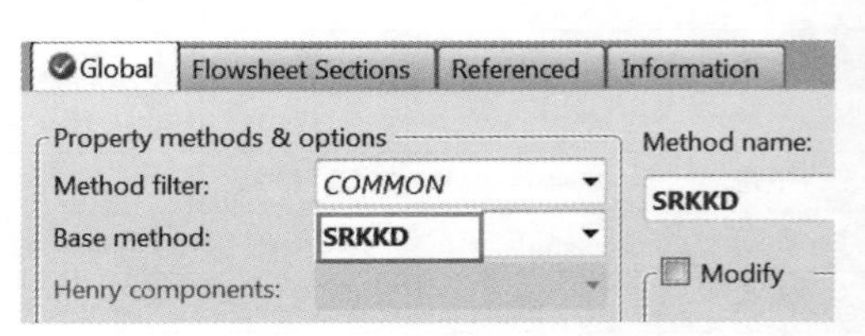

图 3-38 选择物性方法

点击，进入 **Methods** | **Parameters** | **Binary Interaction** | **SRKKIJ-1** | **Input** 页面，查看方程的二元交互作用参数，如图 3-39 所示。

Input | Databanks | Information

Parameter: SRKKIJ　　Data set: 1

Temperature-dependent binary parameters

Component i	CH4	CH4	CH4	CH4	CH4	CH4
Component j	C2H6	C3H8	ISOBU-01	N-BUT-01	2-MET-01	N-PEN-01
Temperature units	C	C	C	C	C	C
Source	APV84 SRK-AS...	APV84 SRK-ASP...	APV84 SRK-ASP...	APV84 SRK-ASP...	APV84 SRK-ASP...	APV84 SRK-ASP...
Property units						
KAIJ	0.000421992	0.0241509	0.0460715	0.022644	0.0935078	0.0158108
KBIJ	0	0	0	0	0	0
KCIJ	0	0	0	0	0	0
TLOWER	-273.15	-273.15	-273.15	-273.15	-273.15	-273.15
TUPPER	726.85	726.85	726.85	726.85	726.85	726.85

图 3-39 查看方程的二元交互作用参数

进入 **Simulation** 环境，闪蒸器 FLASH2 选用模块选项板中 **Separators** | **Flash2** | **V-DRUM1** 图标，建立如图 3-40 所示流程，其中物流 L 为 Liquid(Required)，物流 W 为 Water Decant For Free-Water or Dirty-Water。

点击，进入 **Streams** | **F1** | **Input** | **Mixed** 页面，输入进料物流 F1 的数据。

点击，进入 **Blocks** | **Flash2** | **Input** | **Specifications** 页面，在 Flash Type 中选择 Temperature 和 Pressure，在 Temperature 中输入 150℃，在 Pressure 中输入 2000kPa，Valid phases 选择 Vapor-Liquid-FreeWater，如图 3-41 所示。

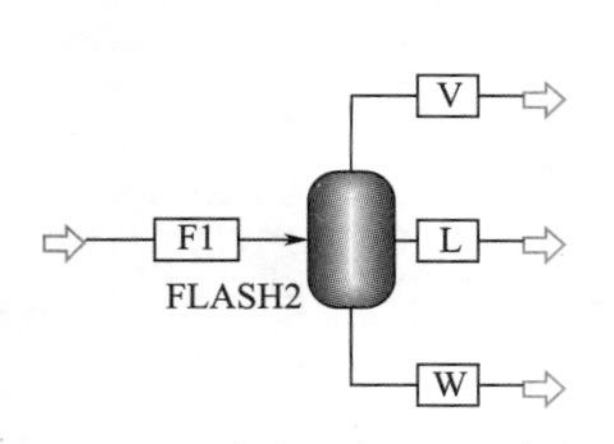

图 3-40　建立 FLASH2 流程

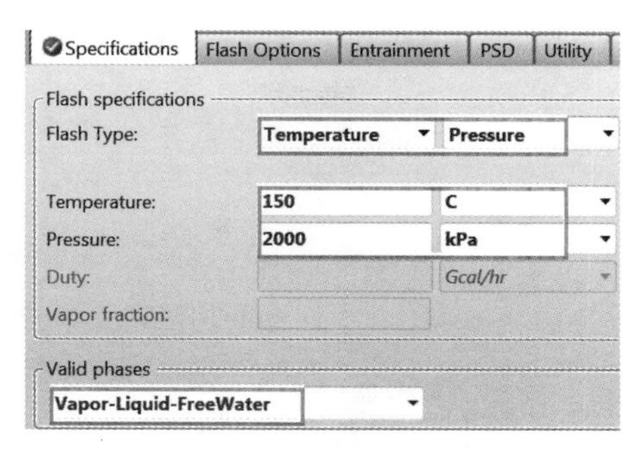

图 3-41　输入模块 FLASH2 规定

点击 **Run** 运行模拟，流程收敛。进入 **Blocks** | **Flash2** | **Stream Results** | **Material** 页面，查看模拟结果，如图 3-42 所示，可以看出游离水计算的 W 物流为纯水相。

在图 3-41 中 Valid phases 选择 Vapor-Liquid-Dirty Water，进行污水计算，模拟结果如图 3-43 所示，可以看出污水计算的物流 W 近似纯水，含有极微量有机物。

Material | Vol.% Curves | Wt. % Curves | Petroleum | Polymers | Soli

Display: Streams　Format: FULL　Stream Table

	F1	V	L	W
Substream: MIXED				
Mole Flow kmol/hr				
H2O	1361	319.178	111.319	930.503
CO2	16	13.9393	2.06066	0
N2	14	13.4244	0.575612	0
CH4	404	375.5	28.5005	0
C2H6	136	115.053	20.947	0
C3H8	236	175.443	60.5572	0

图 3-42　查看模拟结果(游离水计算)

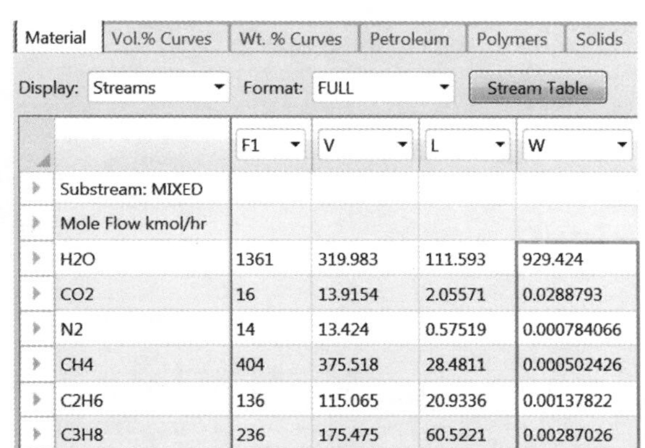

Material | Vol.% Curves | Wt. % Curves | Petroleum | Polymers | Solids

Display: Streams　Format: FULL　Stream Table

	F1	V	L	W
Substream: MIXED				
Mole Flow kmol/hr				
H2O	1361	319.983	111.593	929.424
CO2	16	13.9154	2.05571	0.0288793
N2	14	13.424	0.57519	0.000784066
CH4	404	375.518	28.4811	0.000502426
C2H6	136	115.065	20.9336	0.00137822
C3H8	236	175.475	60.5221	0.00287026

图 3-43　查看模拟结果(污水计算)

接下来介绍严格三相计算过程。

左击选中进料物流 F1，点击 Home 功能区选项卡中的 **Copy** | **Copy Special**，出现 **Copy Special** 对话框，点击 **OK** 完成物流复制，如图 3-44 所示。点击 Home 功能区选项卡中的 **Paste**，出现 **Resolve ID Conflicts** 对话框，选中 Streams F1(MATERIAL)，点击 **Edit ID**，出现 **Object name** 对话框，输入新的物流名称 F2，点击 **OK** 完成物流名称输入，点击 **OK** 完成物流粘贴，如图 3-45 所示。

闪蒸器 FLASH3 选用模块选项板中 **Separators** | **Flash3** | **V-DRUM2** 图标，建立如图 3-46 所示流程。

点击 N→，进入 **Blocks** | **Flash3** | **Input** | **Specifications** 页面，输入模块规定，Flash3 模块不需要选择有效相态，如图 3-47 所示。

运行模拟，流程收敛。进入 **Blocks** | **Flash3** | **Stream Results** | **Material** 页面，查看模拟结果，如图 3-48 所示。

可以看出，严格三相计算的物流 L2 近似纯水，含有极微量有机物，说明简化的游离水计算可以用于烃水混合物。

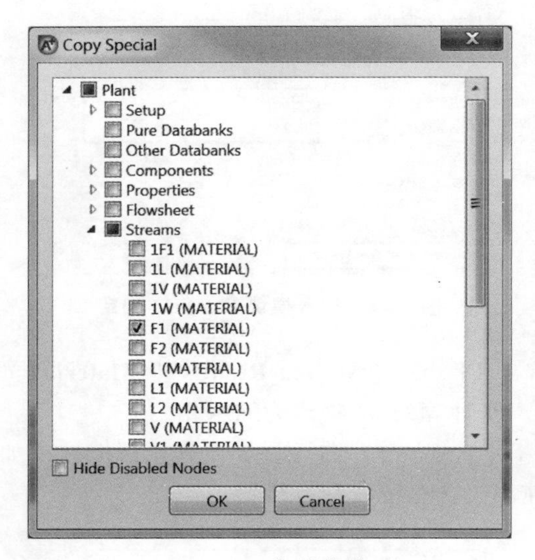

图 3-44 复制物流

图 3-45 粘贴物流

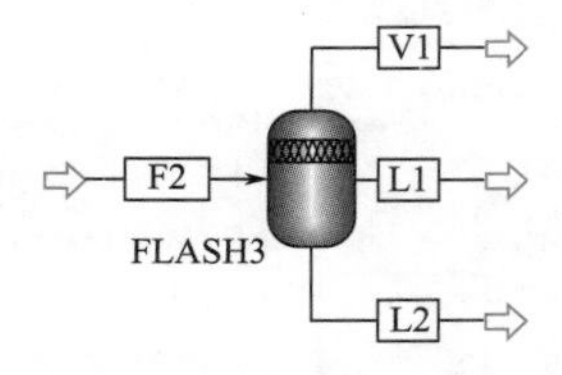

图 3-46 建立 FLASH3 流程

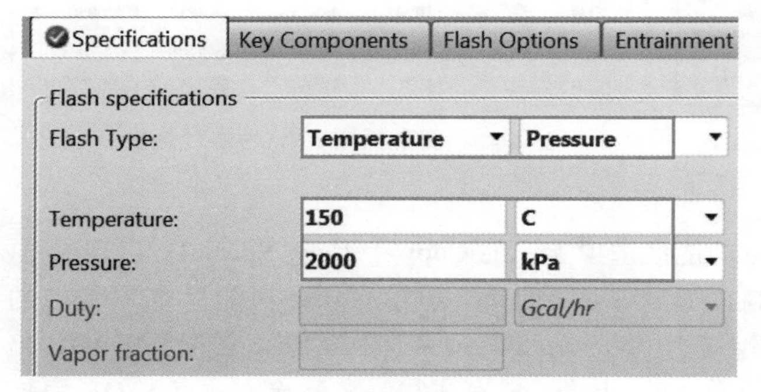

图 3-47 输入模块 FLASH3 规定

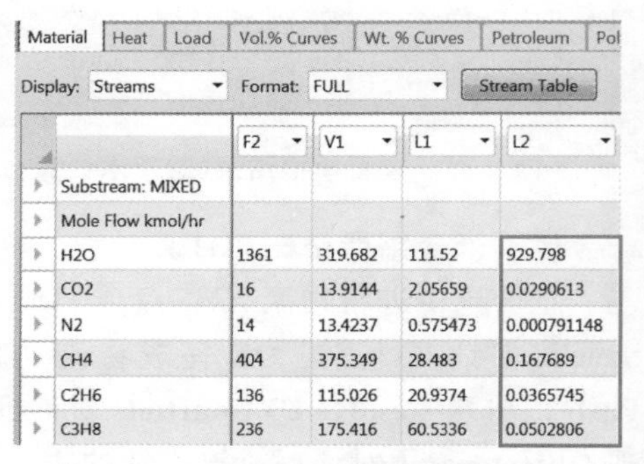

	F2	V1	L1	L2
Substream: MIXED				
Mole Flow kmol/hr				
H2O	1361	319.682	111.52	929.798
CO2	16	13.9144	2.05659	0.0290613
N2	14	13.4237	0.575473	0.000791148
CH4	404	375.349	28.483	0.167689
C2H6	136	115.026	20.9374	0.0365745
C3H8	236	175.416	60.5336	0.0502806

图 3-48 查看模拟结果(严格三相计算)

3.6 物性参数和数据

完成物性方法的选择后，必须确定所需的物性参数，并确保这些参数均可用。参数(Parameters)是指 Aspen Plus 预测物性时使用的模型或方程中的常数，可以是标量，如分子量(MW)、临界温度(TC)，或者是与温度相关的物性关联式系数，比如扩展 Antoine 蒸气压方程 PLXANT 系数。数据(Data)是指用来估算或回归物性参数的原始实验物性数据，如蒸气压和温度的实验数据可以用来估算或回归扩展 Antoine 蒸气压方程 PLXANT 系数。

根据模拟类型，模型需要不同的参数。比如，质量和能量平衡计算所需参数如表 3-32 所示。对于大多数状态方程或活度系数模型，均需要二元交互作用参数以保证模拟结果的可靠。

表 3-32　质量和能量平衡计算所需参数

参数	描述	在 Methods | Parameters 页面位置
MW	分子量	Pure Component | Scalar
PLXANT	Antoine 扩展蒸气压模型	Pure Component | T-Dependent
CPIG/CPIGDP	理想气体热容模型	Pure Component | T-Dependent
DHVLWT/DHVLDP	汽化热模型	Pure Component | T-Dependent

Aspen Plus 数据库内置了许多纯组分参数、状态方程和活度系数模型二元交互作用参数、亨利常数以及电解质模型的二元参数和电解质对参数。以状态方程二元交互作用参数为例，涉及的状态方程模型及二元交互作用参数如表 3-33 所示。Aspen Plus 自动从软件数据库提取并使用这些二元交互作用参数。用户可以自行输入或者从数据库提取二元交互作用参数，可进入 **Methods** | **Parameters** | **Binary Interaction** | **Input** 页面查看。

表 3-33　状态方程模型及二元交互作用参数

模型	参数名
Standard Redlich-Kwong-Soave	RKSKBV
Standard-Peng-Robinson	PRKIJ
Lee-Kesler-Plöcker	LKPKIJ
BWR-Lee-Starling	BWRKV、BWRKT
Hayden-O'Connell	HOCETA

如果数据库缺少必要的参数，或者不希望使用数据库里的参数值，用户可以直接输入参数或数据，或者使用物性估算功能估算参数，或者使用数据回归功能从实验数据回归参数。

除了使用标准的 Aspen Plus 物性方法和模型，用户也可以直接使用和内插用户提供的表格数据或者利用通用多项式模型来计算一些性质。

Aspen Plus 提供了一些根据公开文献数据开发的物性数据包，用户可以使用这些物性数据包模拟许多重要的工业过程，包括：氨-水、乙烯、烟气处理、天然气乙二醇脱水、矿物在水中溶解(使用 Pitzer 模型)数据包、胺(MDEA、DEA、DGA、AMP 和 MEA)吸收气体净化过程、甲胺。在模拟时根据不同的工艺过程，需要对数据包里的组分进行增加或删减，并提供其他交互作用参数。

3.7　物性集

物性集(Property Sets)是热力学性质、传递性质及其他性质的集合，可以在物性表和物性分析中使用，也可以用于加热/冷却曲线报告、精馏塔模拟剖面性质报告和性能规定、反应器剖面报告、设计规定和约束条件、计算器模块、灵敏度分析模块、优化器、物流报告和报告范围。在其他应用中使用物性集时，必须在创建的物性包中包含这些物性集。Aspen Plus 和 Aspen Properties 内置的物性集足以满足用户需要，内置物性集列表取决于用户创建文件时所选择的模板。用户可以直接使用或修改内置的物性集，也可以根据需要创建新的物性集。

例 3.5

查看例 2.1 中各股物流的黏度值和泡点温度，介绍定义物性集过程。

本例模拟步骤如下：

打开 Example2.1-Flowsheet.bkp 文件，将文件另存为 Example3.5-PropertySets.bkp。

进入 **Simulation** 环境下的 **Property Sets** 页面，如图 3-49 所示。软件中内置了多种物性集，用户可以点击某一物性集，查看该物性集包含的物性，如物性集 TXPORT 包含的物性有 RHOMX(混合物密度)、MUMX(混合物黏度)及 SIGMAMX(混合物表面张力)，如图 3-50 所示。本例查看的黏度值包含在物性集 TXPORT 中。

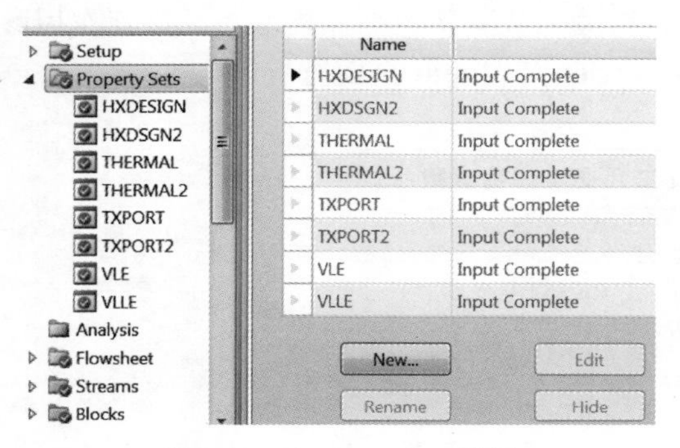

图 3-49　**Property Sets 页面**

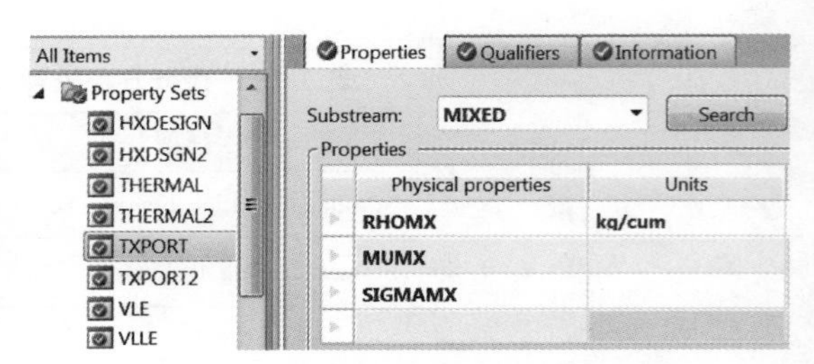

图 3-50　**物性集 TXPORT 包含的物性**

若想要查看的物性没有出现在上述物性集中，则需要创建新的物性集。如查看物流的泡点温度，需要点击 **New…** 按钮，创建一个新的物性集 PS-1，如图 3-51 所示。

点击 **OK**，进入 **Property Sets** | **PS-1** | **Properties** 页面，在 Physical properties 下拉菜单中选择需要添加的物性，这里选择 TBUB，如图 3-52 所示。

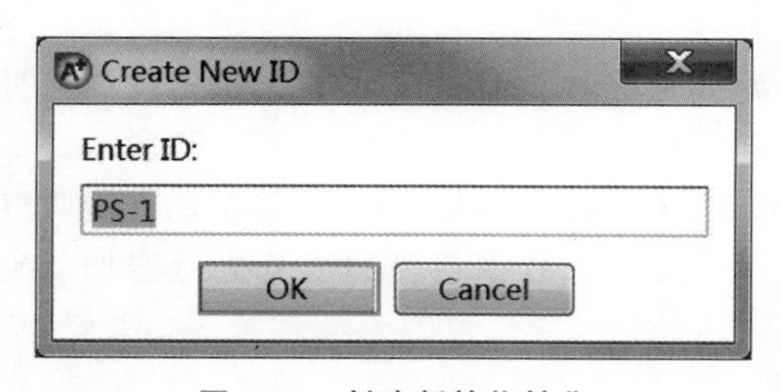

图 3-51　**创建新的物性集**

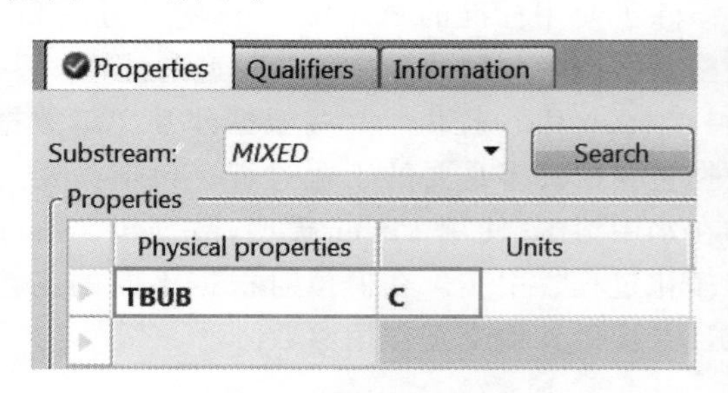

图 3-52　**选择添加的物性**

也可以点击上图中的 **Search** 按钮，出现如图 3-53 所示对话框，根据对话框中的步骤提示，查询并添加物性。

进入 **Qualifiers** 页面，依次选择 Phase 为 Total、Vapor、Liquid，如图 3-54 所示。

Qualifiers 页面通常默认的相态为 Total，根据实际情况选择合适的相态，如当存在两个液相时，选择 1st liquid、2nd liquid。默认的温度、压力为系统值，也可以自行设定。

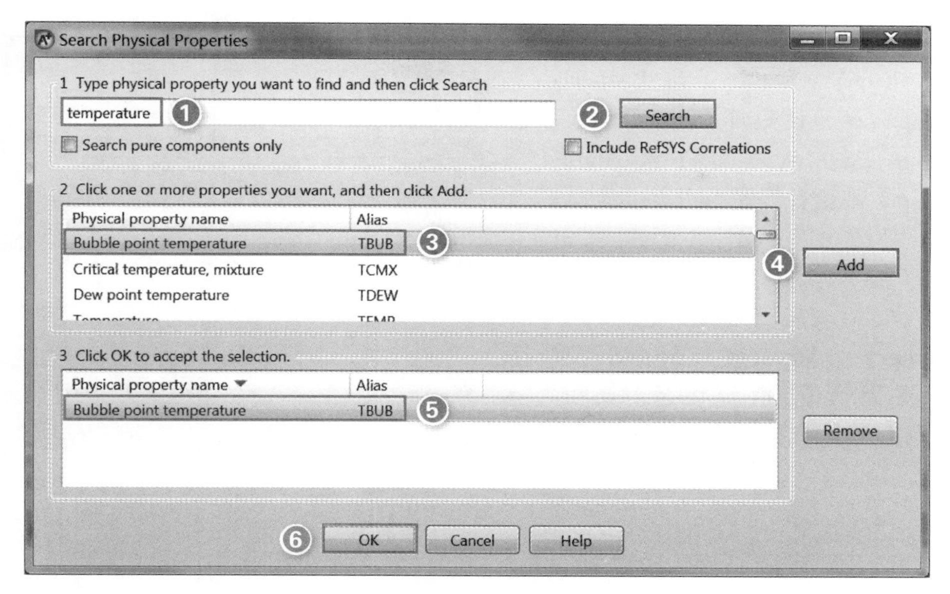

图 3-53 搜索物性

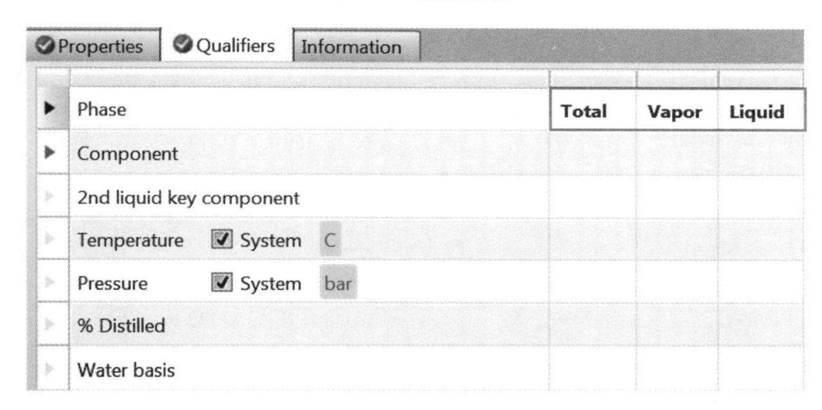

图 3-54 限定所选物性

用户也可以点击 Home 功能区选项卡中的 **Customize** 自定义物性集，但是必须提供 Fortran 程序计算相应的物性。

物性集定义完成后，需要在输出报告中添加物性集。

进入 **Setup** | **Report Options** | **Stream** 页面，如图 3-55 所示。

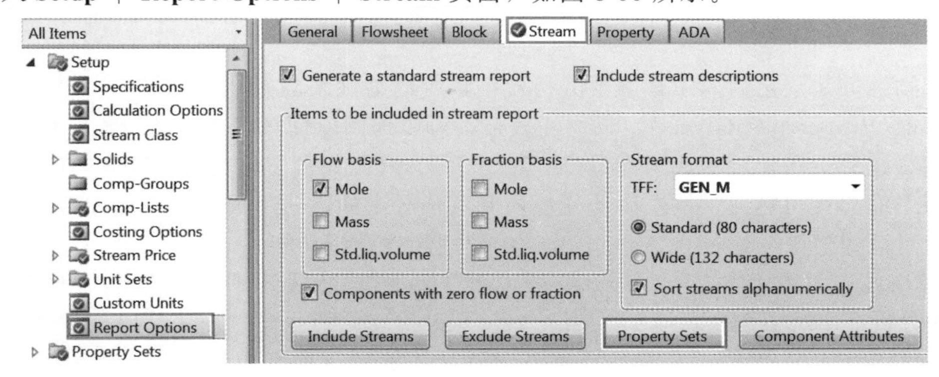

图 3-55 设置输出报告

点击 **Property Sets**，弹出 **Property Sets** 对话框，将物性集 TXPORT（内含黏度值）和 PS-1 从左侧栏 Available property sets 移至右侧栏 Selected property sets，如图 3-56 所示。

点击 **Close**，关闭该对话框。点击 **Run**，运行模拟，流程收敛。进入 **Results Summary** | **Streams** | **Material** 页面，可以看到物流（混合状态、气相、液相）的泡点温度和液相黏度值，如图 3-57 所示。

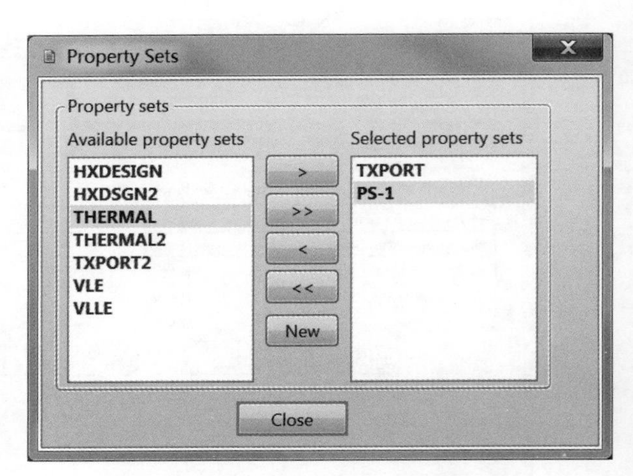

图 3-56　选择物流报告中使用的物性集

Material | Heat | Load | Work | Vol.% Curves | Wt. % Curves | Petroleum | Polymers | Solids

Display: All streams　Format: GEN_M　Stream Table　Copy All

	COOL-OUT	FEED	PRODUCT	REAC-OUT	RECYCLE
Bubble Temp C	21.182	-8.16	54	21.475	-46.777
Bubble Temp C	-46.777	-8.16		21.475	-46.777
Bubble Temp C	54		54		
Mole Flow kmol/hr					
PROPENE	1.902	18	0.882	1.902	1.02
BENZENE	0.904	18	0.882	0.904	0.022
PRO-BEN	17.149		17.118	17.149	0.031
*** LIQUID PHASE *...					
Density kg/cum	823.719		823.719		
Viscosity cP	0.465		0.465		

图 3-57　查看运行结果

3.8　物性分析

完成物性方法规定后，用户需要分析模型预测的物性来确保结果可靠。用户可以使用物性分析功能（Property Analysis）生成物性表格，可以作图以便理解预测的物性特征。

使用物性分析功能可生成与变量（温度、压力、汽化分率、热负荷、组成）有关的物性表格。表格中的物性由热力学性质、传递性质和其他导出的性质组成，可使用物性集定义。

用户可以通过下列途径在 Aspen Plus 中使用物性分析功能：

① 单独运行　在物性（Properties）环境下 Home 功能区选项卡中选择运行类型（Run Mode）为分析（Analysis）；

② 在数据回归中使用　在物性环境下 Home 功能区选项卡中选择运行类型为回归（Regrssion）；

③ 在流程模拟中使用　在模拟(Simulation)环境下运行。

物性环境下可以生成以下几种类型的物性分析：

① 纯组分(Pure)　计算随温度和压力变化的纯组分物性；

② 二元(Binary)　生成二元体系相图，如 T-xy、p-xy 和混合 Gibbs 能曲线；

③ 混合物(Mixture)　计算来自闪蒸计算的多相混合物或没有闪蒸计算的单相混合物的物性；

④ p-T 相包络线(PT-Envelope)　生成汽化分率为常数时的温度-压力相包络线和物性；

⑤ 剩余曲线(Residue)　生成全回流精馏下三元混合物的组成变化曲线；

⑥ 三元(Ternary)　生成三元相图，包括相平衡曲线、联结线和三元混合物的共沸点。

Aspen Plus 也可以在模拟环境下进行物流分析(Stream Analysis)，只需要定义一股物流，不需要定义整个流程，物流分析界面如图 3-58 所示。

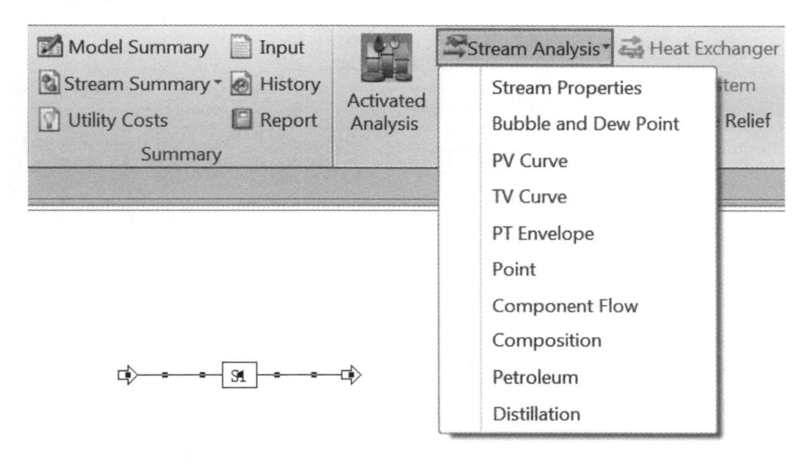

图 3-58　**物流分析界面**

物流分析的种类如下：

① 物流性质(Stream Properties)　物性集性质图表；

② 点(Point)　全部物流和每相的性质，包括温度、压力、相分数、流量、热容、密度和传递性质；

③ 组分流量(Component Flow)　全部物流和每相的组分流量，包括摩尔流量、质量流量和标准体积流量；

④ 组成(Composition)　全部物流和每相的组分分数，包括摩尔分数、质量分数、标准体积分数和分压；

⑤ 石油(Petroleum)　点性质，API 重度、相对密度、Watson K 值和运动黏度；

⑥ 蒸馏(Distillation)　石油蒸馏曲线(TBP、D86、D160 和真空)；

⑦ 泡露点曲线(Bubble and Dew Point)　泡露点温度随压力变化曲线；

⑧ p-V 曲线(PV Curve)　物流温度下汽化分率随压力变化曲线；

⑨ T-V 曲线(TV Curve)　物流压力下汽化分率随温度变化曲线；

⑩ p-T 相包络线(PT-Envelope)　压力温度相包络线。

例 3.6

运用物性分析功能做出甲醇蒸气压相对于温度变化(250～500K)的关系图以及 p-T 相包络线。物性方法选择 PENG-ROB。

本例模拟步骤如下：

启动 Aspen Plus，选择模板 General with Metric Units，将文件保存为 Example3.6-PurePropAnalysis.bkp。

进入 **Components** | **Specifications** | **Selection** 页面，输入组分 CH3OH(甲醇)，如图 3-59 所示。

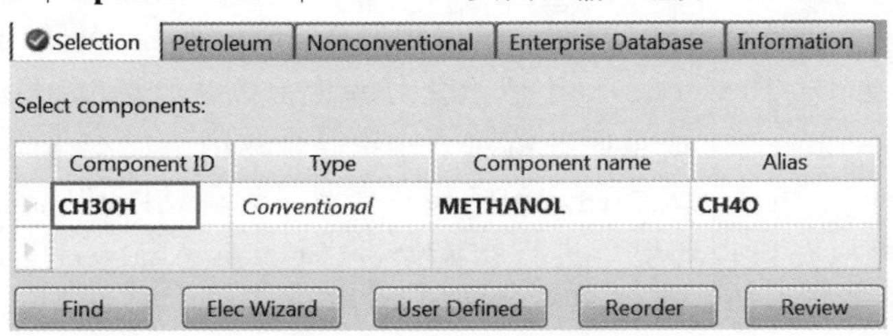

图 3-59　输入组分

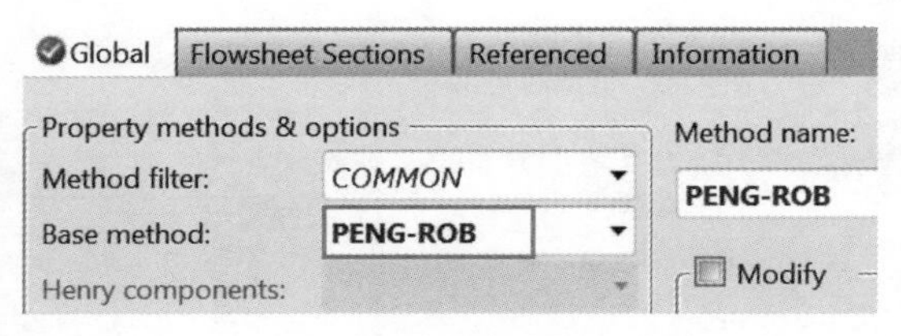

图 3-60　选择物性方法

点击 N▶，进入 **Methods** | **Specifications** | **Global** 页面，选择物性方法 PENG-ROB，如图 3-60 所示。

点击 Home 功能区选项卡中的 **Pure**，进入 **Analysis** | **Pure-1** | **Input** | **Pure Component** 页面，Property 中选择 PL(蒸气压)，在 Units 中选择 bar，将"CH3OH"从左侧栏 Available components 移至右侧栏 Selected components，在 Lower limit 和 Upper limit 中分别输入 250、500，在 No. points 中输入 21，如图 3-61 所示。

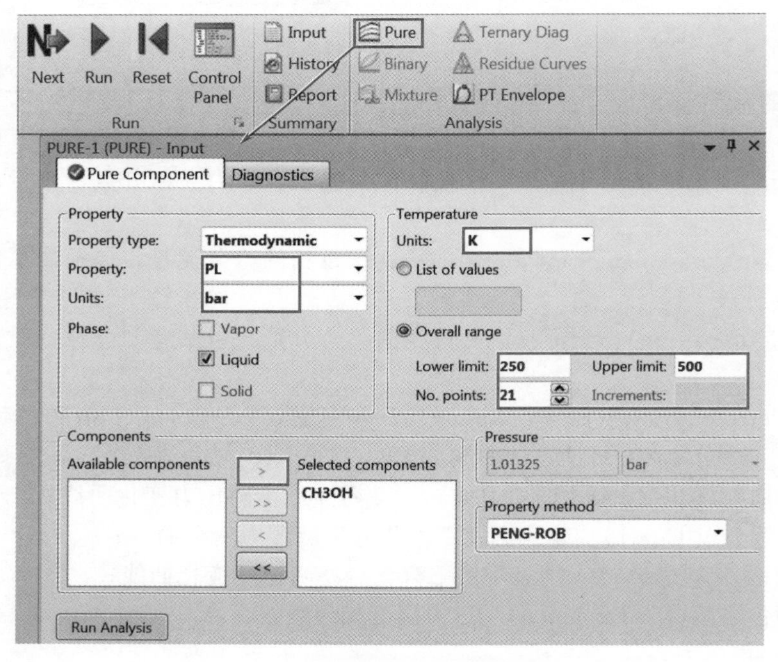

图 3-61　设置纯组分物性分析页面

点击 **Run Analysis**，得到甲醇的蒸气压相对于温度变化的曲线，如图 3-62 所示。

进入 **Analysis** | **Pure-1** | **Results** 页面，查看纯组分物性分析结果，如图 3-63 所示。

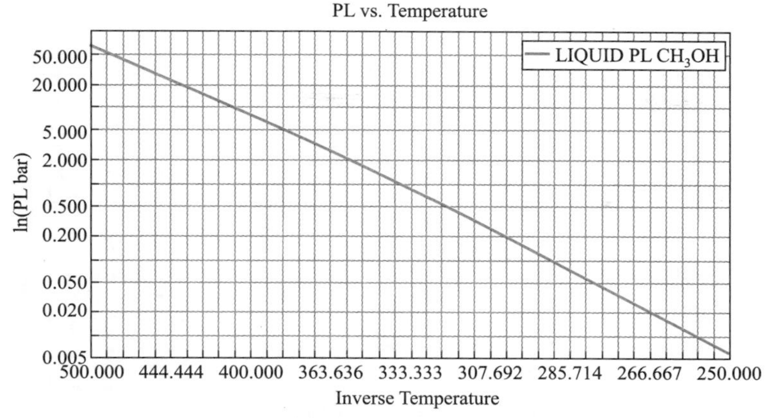

图 3-62 甲醇蒸气压相对于温度变化的曲线

Pure component properties analysis results

TEMP K	PRES bar	LIQUID PL CH3OH bar
250	1.01325	0.00608977
262.5	1.01325	0.0163843
275	1.01325	0.0396042
287.5	1.01325	0.0873084
300	1.01325	0.177748
312.5	1.01325	0.337721
325	1.01325	0.604216
337.5	1.01325	1.0257
350	1.01325	1.66296
362.5	1.01325	2.58956

图 3-63 查看纯组分物性分析结果

下面进行 PT 相包络线的绘制。

点击 Home 功能区选项卡中的 **PT Envelope**，进入 **Analysis** | **PTENV-1** | **Input** | **System** 页面，在 Flow 中输入甲醇流量 1kmol/h，如图 3-64 所示。

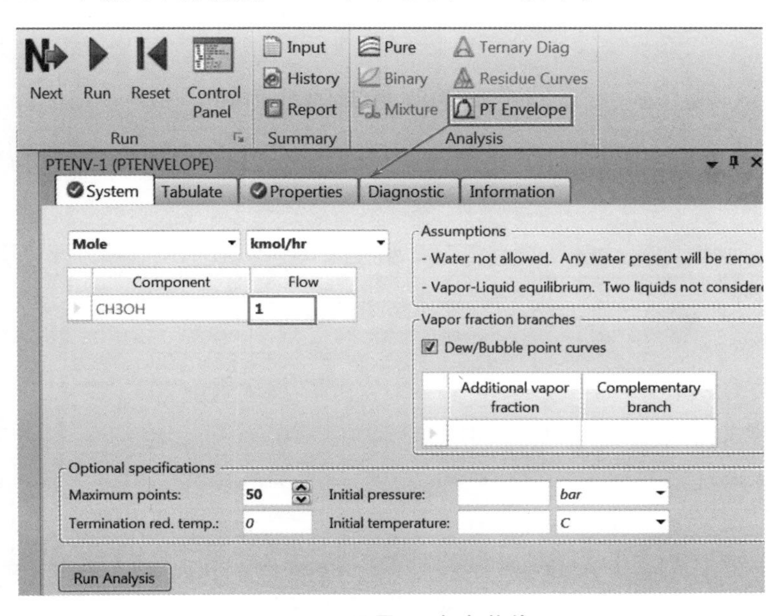

图 3-64 设置 PT 相包络线

点击 **Run Analysis**，得到甲醇的 PT 相包络线，如图 3-65 所示。

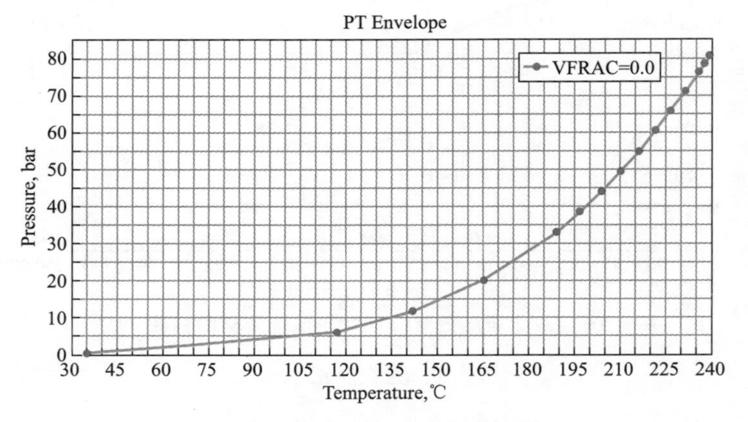

图 3-65　**甲醇 PT 相包络线**

进入 **Analysis** ｜ **PTENV-1** ｜ **Results** 页面，查看 PT 相包络线分析结果，如图 3-66 所示。

PTEnvelope results

VFRAC	TEMP	PRES
	C	bar
0	34.35	0.263266
0	116.429	6.01875
0	141.684	11.7742
0	165.168	20.3201
0	188.83	33.1388
0	196.706	38.5563
0	203.769	43.9738
0	210.188	49.3912
0	216.082	54.8087
0	221.54	60.2262

图 3-66　**查看 PT 相包络线分析结果**

用户也可以进入 **Analysis** ｜ **PTENV-1** ｜ **Input** ｜ **Tabulate** 页面，添加物性集，计算其他性质，如图 3-67 所示。

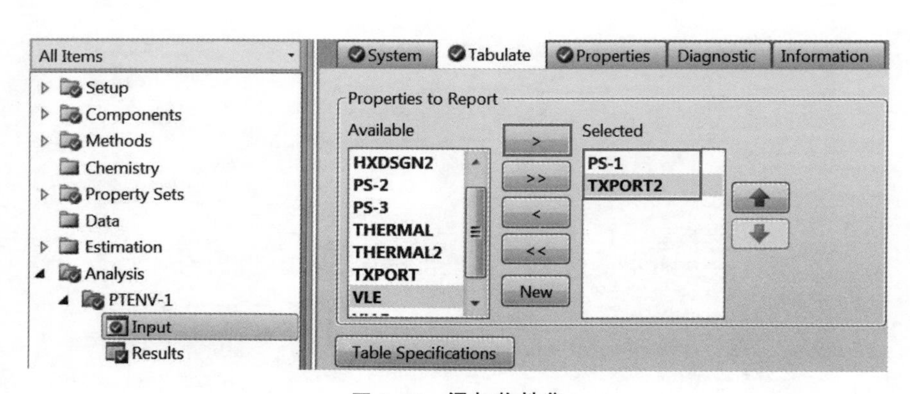

图 3-67　**添加物性集**

例 3.7

例 3.7
演示视频

运用物性分析功能做出甲醇-水体系在 1atm 下的 T-xy 相图，与 NIST TDE 里的实验数据比较，并以该体系为例，介绍甲醇摩尔分数为 0.5 时的甲醇-水体系的泡露点温度查询。物性方法选择 NRTL。

本例模拟步骤如下：

启动 Aspen Plus，选择模板 General with Metric Units，将文件保存为 Example3.7-BinaryPropAnalysis.bkp。

进入 **Components** | **Specifications** | **Selection** 页面，输入组分 METHANOL（甲醇），H2O（水），如图 3-68 所示。

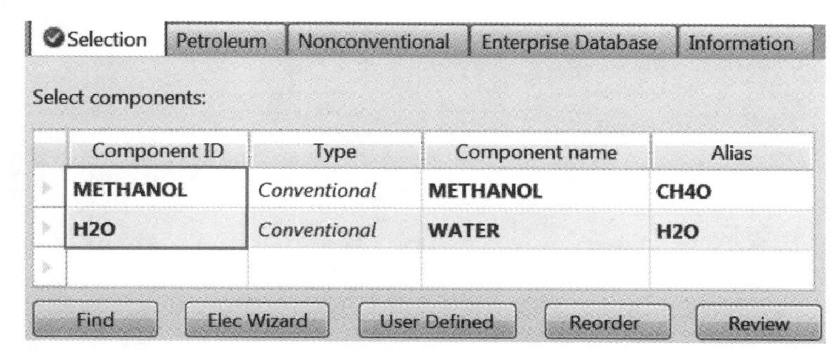

图 3-68 输入组分

点击 N▶，进入 **Methods** | **Specifications** | **Global** 页面，选择物性方法 NRTL，如图 3-69 所示。

点击 N▶，进入 **Methods** | **Parameters** | **Binary Interaction** | **NRTL-1** | **Input** 页面，查看方程的二元交互作用参数，如图 3-70 所示。

Global | Flowsheet Sections | Referenced | Information
Property methods & options
Method filter: COMMON
Base method: NRTL
Henry components:
Method name: NRTL
Modify

图 3-69 选择物性方法

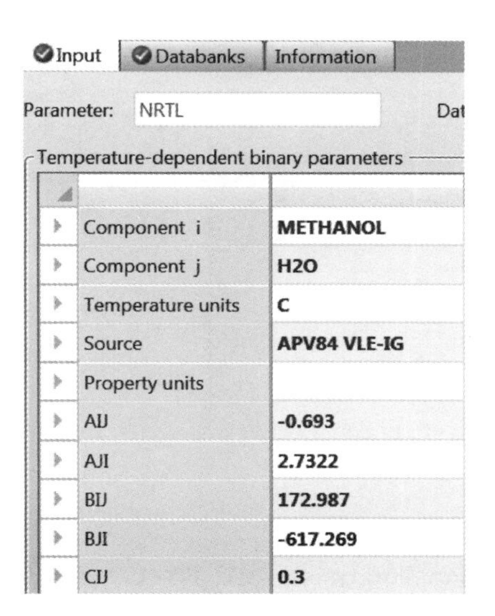

图 3-70 查看方程的二元交互作用参数

点击 Home 功能区选项卡中的 **Binary**，进入 **Analysis** | **BINRY-1** | **Input** | **Binary Analysis**

页面，在 Valid phases 中选择 Vapor-Liquid，在 Pressure 中输入 1atm，在 Number of points 中输入 21，如图 3-71 所示。

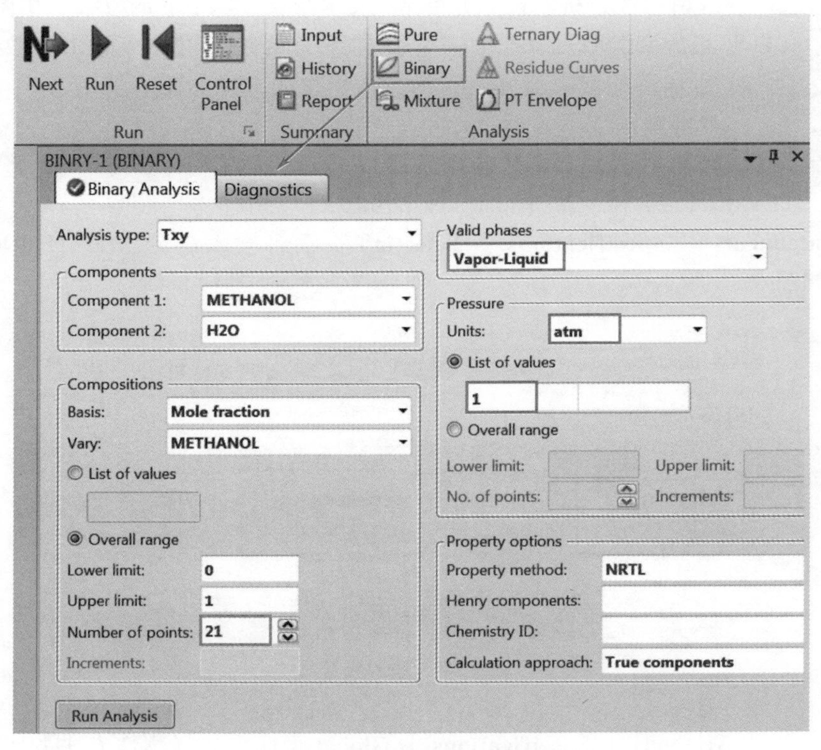

图 3-71　**设置二元物性分析页面**

点击 **Run Analysis**，得到甲醇-水体系在 1atm 下的 T-xy 相图，如图 3-72 所示。

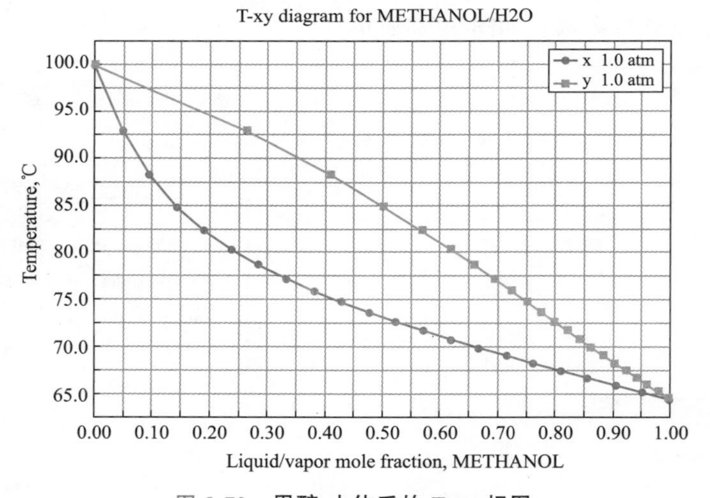

图 3-72　**甲醇-水体系的 T-xy 相图**

进入 **Analysis** | **BINRY-1** | **Results** 页面，查看二元分析结果，如图 3-73 所示。

在“3.11 TDE 简介”一节中介绍了通过甲醇-水的相平衡实验数据绘制 T-xy 相图（参见图 3-180），点击菜单栏 **Design** | **Merge Plot** 将两个作图结果进行合并，如图 3-74 所示，可以看出，物性分析结果与实验数据非常吻合，证明了物性方法的可靠性。

PRES	MOLEFRAC METHANOL	TOTAL TEMP	TOTAL KVL METHANOL	TOTAL KVL H2O	LIQUID GAMMA METHANOL	LIQUID GAMMA H2O
atm		C				
1	0	100.018	7.99907	1	2.29856	1
1	0.047619	92.8117	5.58194	0.770903	2.02139	1.00257
1	0.0952381	88.185	4.30892	0.651692	1.82009	1.00967
1	0.142857	84.8818	3.52265	0.579558	1.66539	1.02067
1	0.190476	82.3571	2.98913	0.53197	1.54267	1.03517
1	0.238095	80.3295	2.60383	0.498804	1.44334	1.05287
1	0.285714	78.6368	2.31296	0.474818	1.36188	1.07353
1	0.333333	77.1788	2.08596	0.457023	1.29445	1.09697
1	0.380952	75.89	1.90418	0.443584	1.23831	1.12305

图 3-73　查看二元分析结果

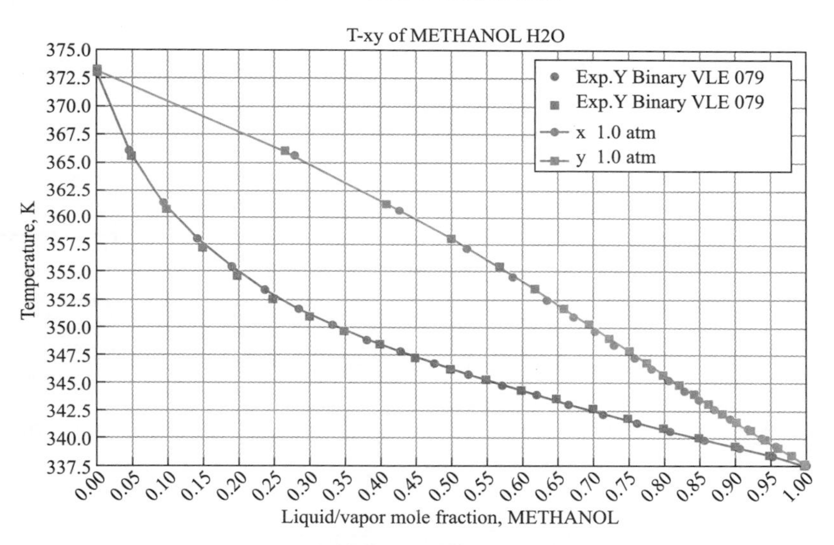

图 3-74　物性分析结果与实验数据对比

> 注：合并作图时注意纵坐标单位是否一致，合并多个图必须在同一模拟文件中进行。

接下来介绍泡露点温度的查询。

方法一：通过 *T-xy* 相图查询

如图 3-75 所示，上方的曲线为露点线，对应的温度为露点温度，下方的曲线为泡点线，对应的温度为泡点温度，右击鼠标选择 Show Tracker，可以查看曲线上任一点所对应的坐标值。从图中查看压力为 1atm，甲醇摩尔分数为 0.5 的甲醇-水体系的泡点温度约为 73℃，露点温度约为 85℃。

方法二：通过 Stream Analysis 查询

进入 **Simulation** 环境，添加物流 S1，输入物流 S1 数据，如图 3-76 所示。

左击选中物流 S1，点击 Home 功能区选项卡中的 **Stream Analysis** | **Bubble and Dew Point**，如图 3-77 所示，出现泡露点曲线对话框，输入参数，如图 3-78 所示。本例仅查询 1atm 下的泡露点，用户应根据需要，输入合适的泡露点曲线参数。

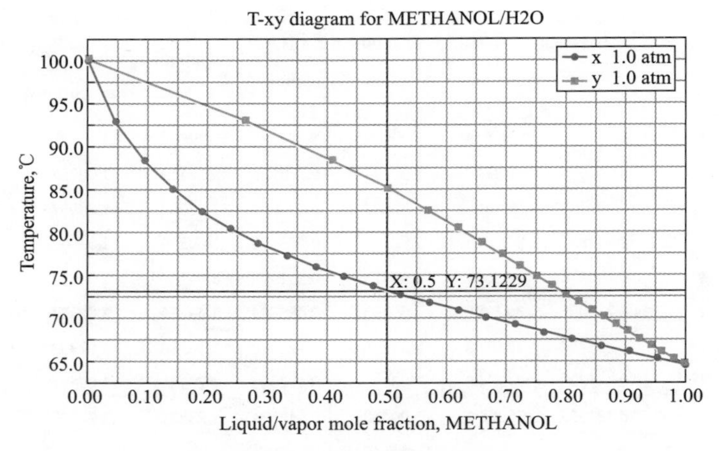

图 3-75 查询泡露点温度

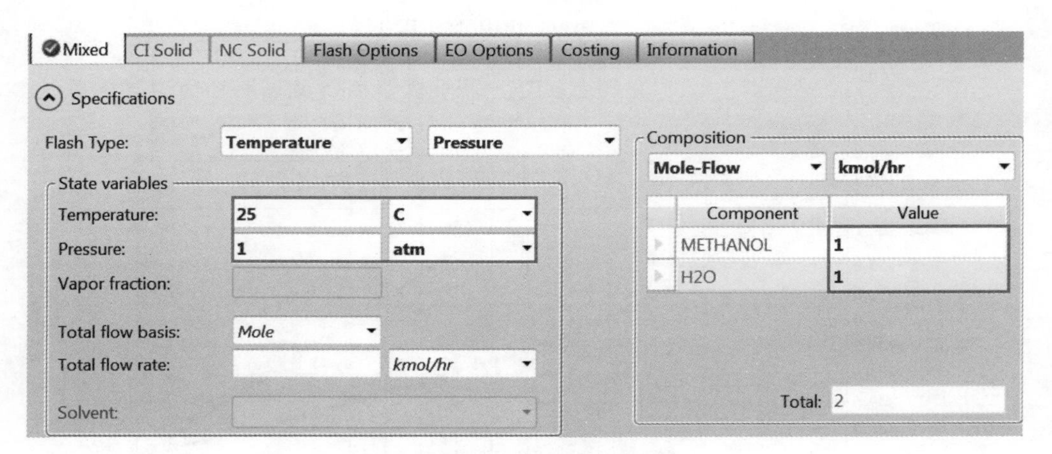

图 3-76 输入物流 S1 数据

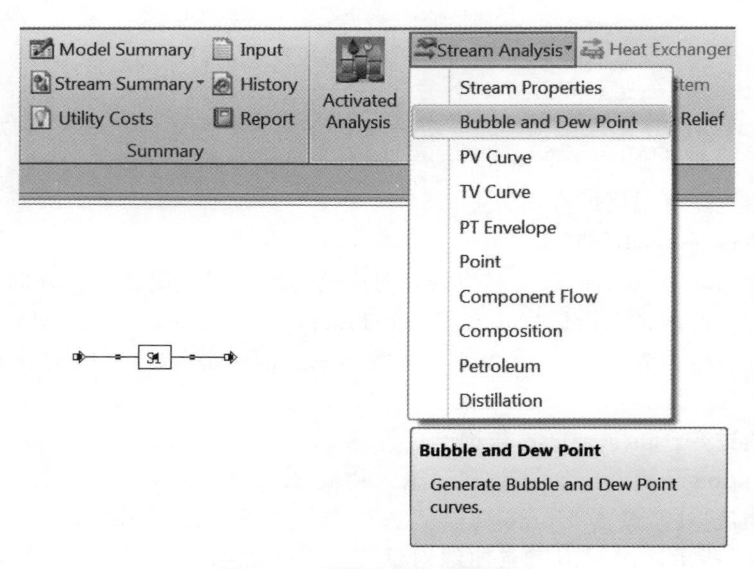

图 3-77 泡露点曲线查询页面

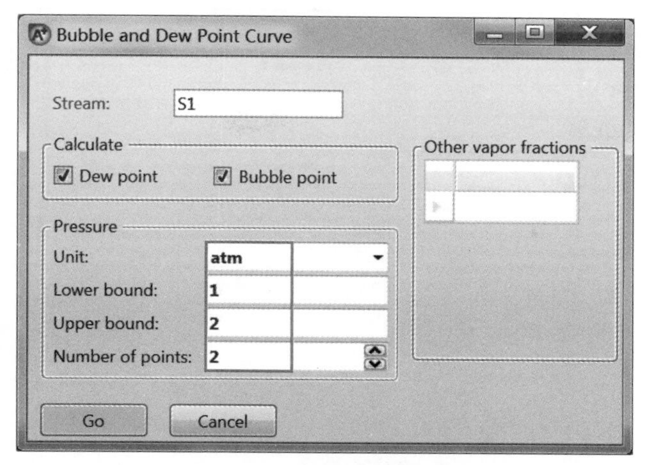

图 3-78　**输入泡露点曲线参数**

点击 **Go**，出现如图 3-79 所示页面，结果显示 1atm 下此体系的泡点温度约为 73℃，露点温度约为 85℃。

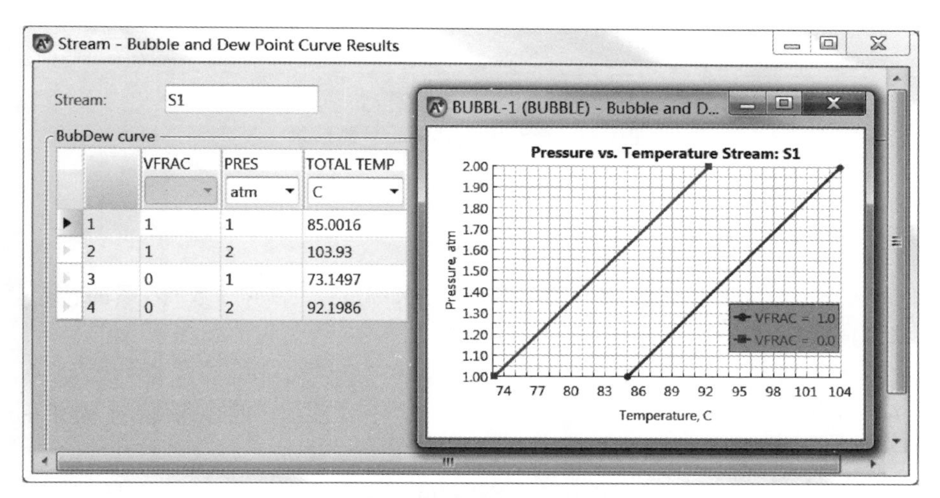

图 3-79　**查看泡露点曲线结果**

方法三：通过模拟计算

进入 **Simulation** 环境，选用模块选项板中 **Exchangers** | **Heater** | **HEATER** 图标，建立如图 3-80 所示流程，物流 S1 的输入同上。用户也可以选择闪蒸模块进行计算。

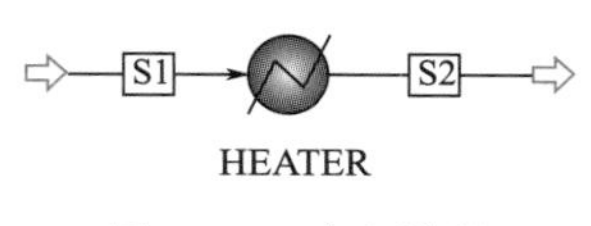

图 3-80　**建立流程**

输入模块 Heater 参数，设置 Vapor fraction 为 0，如图 3-81 所示，运行结束查看模块 Heater 计算结果，如图 3-82 所示，可以看到泡点温度约为 73℃。设置图 3-81 中 Vapor fraction 为 1，可以计算出露点温度约为 85℃。

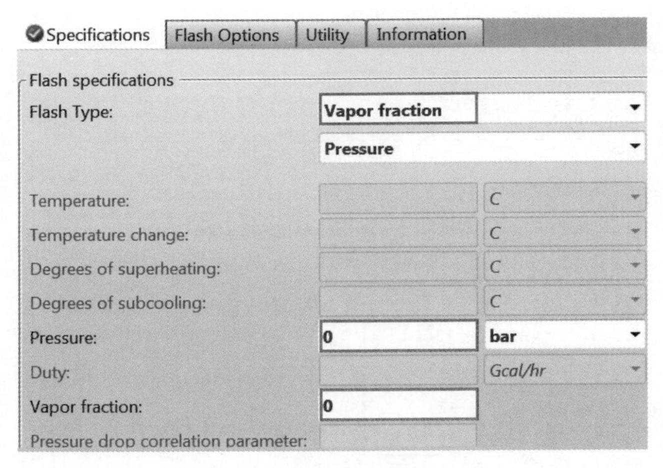

图 3-81　**输入模块 Heater 参数**

Summary | Balance | Phase Equilibrium | Utility Usage | Status

Outlet temperature:	73.1497	C
Outlet pressure:	1.01325	bar
Vapor fraction:	0	
Heat duty:	0.00211559	Gcal/hr
Net duty:	0.00211559	Gcal/hr
1st liquid / Total liquid:	1	
Pressure-drop correlation parameter:		

图 3-82　**查看模块 Heater 计算结果**

例 3.8

查询 1atm，20～80℃内乙醇-水(乙醇 20%，水 80%，摩尔分数)体系的传递性质。物性方法选择 NRTL。

本例模拟步骤如下：

启动 Aspen Plus，选择模板 General with Metric Units，将文件保存为 Example3.8-MixPropAnalysis.bkp。

进入 **Components** | **Specifications** | **Selection** 页面，输入组分 ETHAN-01(乙醇)，H2O(水)，如图 3-83 所示。

点击，进入 **Methods** | **Specifications** | **Global** 页面，选择物性方法 NRTL，如图 3-84 所示。

点击，进入 **Methods** | **Parameters** | **Binary Interaction** | **NRTL-1** | **Input** 页面，查看方程的二元交互作用参数，如图 3-85 所示。

点击 Home 功能区选项卡中的 **Mixture**，进入 **Analysis** | **MIX-1** | **Input** | **Mixture** 页面，在 Flow 中分别输入乙醇和水的流量 20kmol/h、80kmol/h，将 TXPORT(TXPORT 内容见 3.7 物性集一节)从左侧栏 Available 移至右侧栏 Selected(以计算传递性质为例)，在 Manipulated variable 中选择 Temperature，在 Lower 和 Upper 中分别输入 20℃、80℃，在 Increment 中输入 10℃，在 Parametric Variable 中选择 Pressure，在 Enter Values 中输入 1atm，如图 3-86 所示。

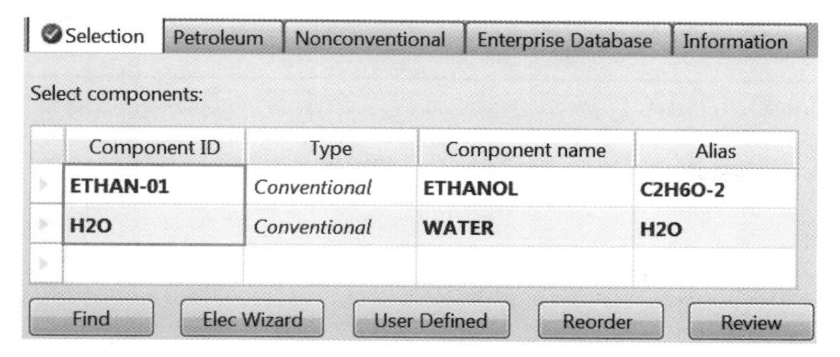

图 3-83 输入组分

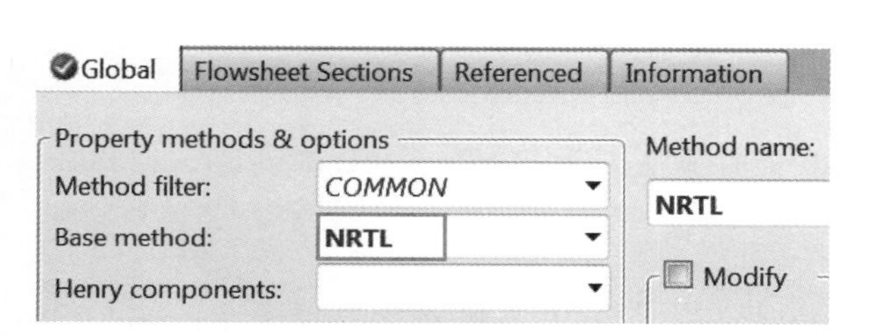

图 3-84 选择物性方法

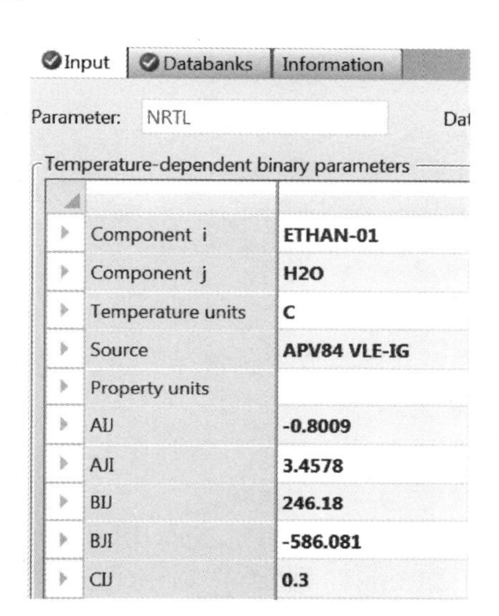

图 3-85 查看方程的二元交互作用参数

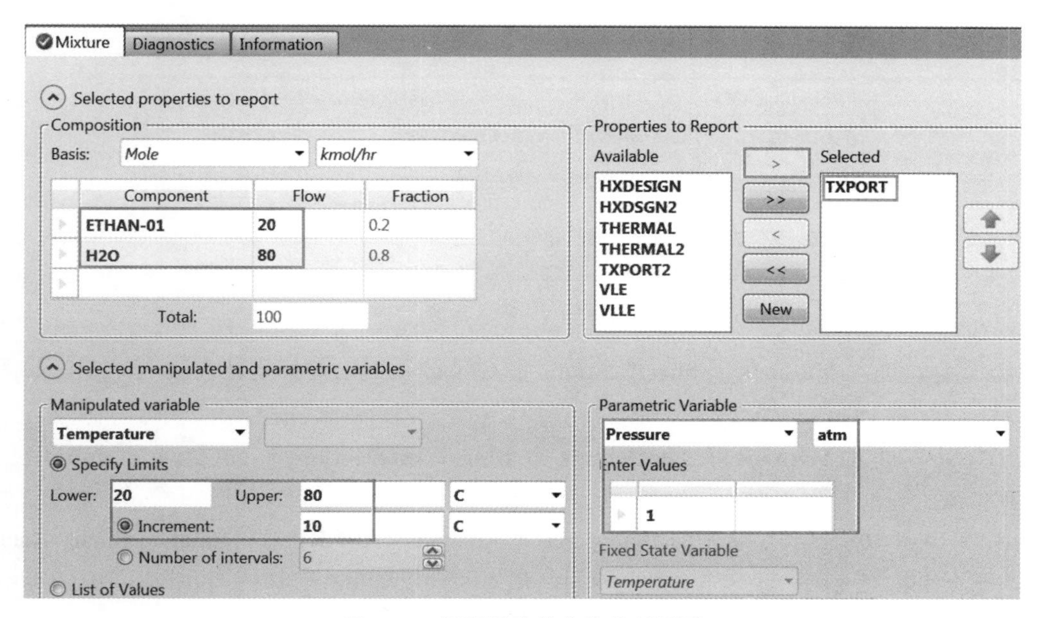

图 3-86 设置混合物物性分析页面

点击 **Run**，进入 **Analysis** | **MIX-1** | **Results** 页面中查看分析结果，如图 3-87 所示。

PRES	TEMP	VAPOR RHOMX	LIQUID RHOMX	VAPOR MUMX	LIQUID MUMX	LIQUID SIGMAMX
bar	C	kg/cum	kg/cum	cP	cP	dyne/cm
1.01325	20		915.44		1.05242	63.4289
1.01325	30		904.664		0.849603	61.6966
1.01325	40		893.732		0.698285	59.9756
1.01325	50		882.634		0.58325	58.2619
1.01325	60		871.36		0.494301	56.5512
1.01325	70		859.897		0.424459	54.8396
1.01325	80		848.233		0.368849	53.1233

图 3-87 **查看混合物物性分析结果**

例 3.9

已知乙腈和水形成共沸，运用物性分析功能计算压力为 50kPa、101.325kPa、1333kPa 下该物系共沸组成变化情况。物性方法选择 NRTL。

本例模拟步骤如下：

启动 Aspen Plus，选择模板 General with Metric Units，将文件保存为 Example3.9-AzeotropicAnalysis.bkp。

进入 **Components** | **Specifications** | **Selection** 页面，输入组分 ACETO-01（乙腈）、H2O（水），如图 3-88 所示。

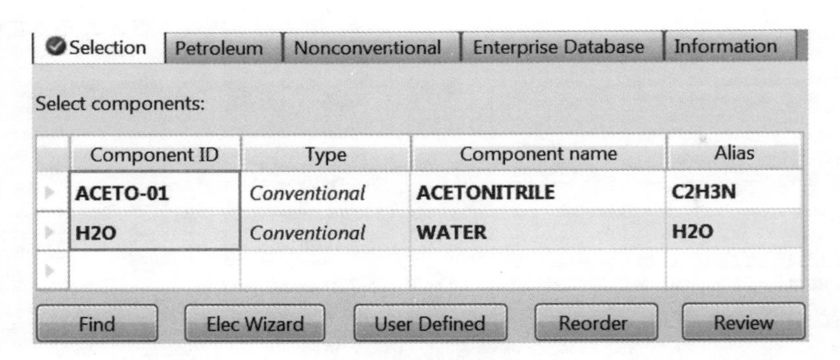

图 3-88 **输入组分**

点击 N⇒，进入 **Methods** | **Specifications** | **Global** 页面，选择物性方法 NRTL，如图 3-89 所示。

点击 N⇒，进入 **Methods** | **Parameters** | **Binary Interaction** | **NRTL-1** | **Input** 页面，查看方程的二元交互作用参数，如图 3-90 所示。

点击 Home 功能区选项卡中的 **Binary**，进入 **Analysis** | **BINRY-1** | **Input** | **Binary Analysis** 页面，在 Valid phases 中选择 Vapor-Liquid，在 List of values 中输入 50kPa、101.325kPa、1333kPa，在 Number of points 中输入 21，如图 3-91 所示。

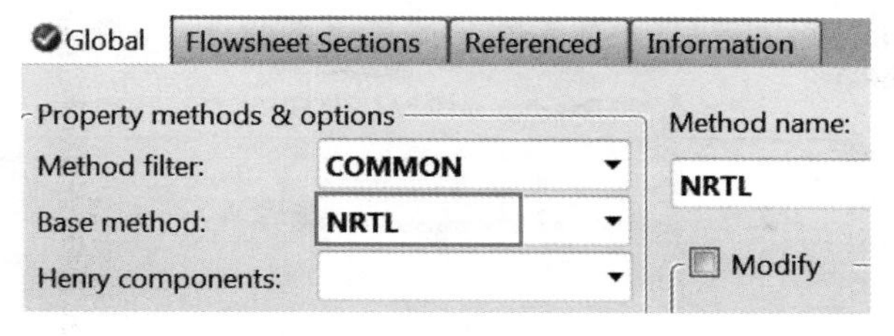

图 3-89 选择物性方法

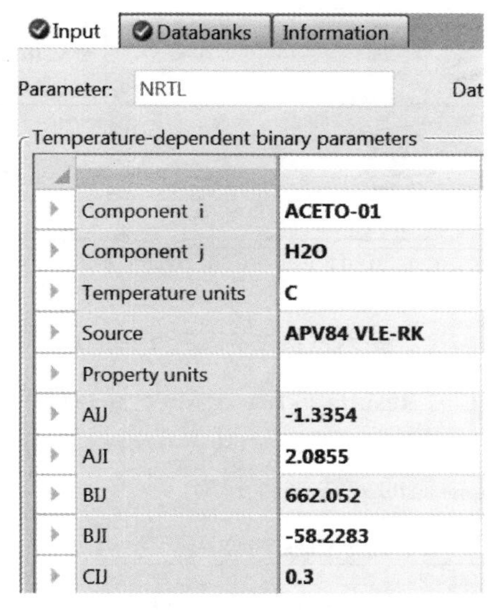

图 3-90 查看方程的二元交互作用参数

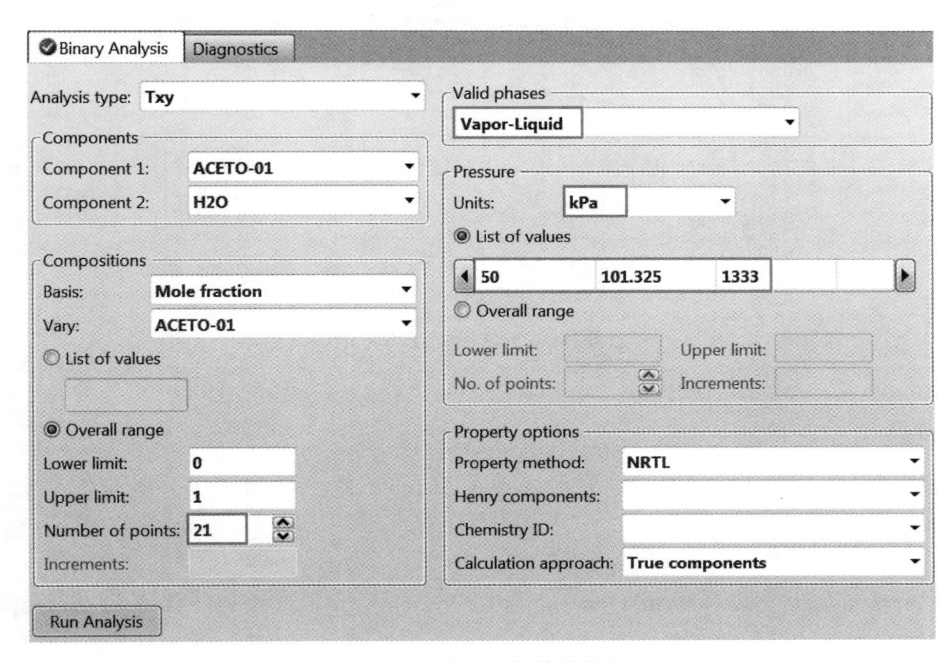

图 3-91 设置二元物性分析页面

点击 **Run Analysis**，得到乙腈-水体系在不同压力下的 T-xy 相图，如图 3-92 所示。

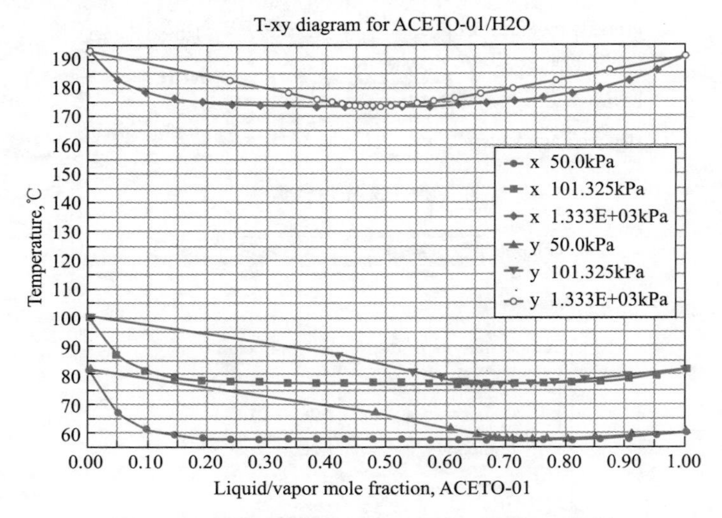

图 3-92　乙腈-水体系在不同压力下的 T-xy 相图

进入 **Analysis** | **BINRY-1** | **Results** 页面，点击工具栏中的 **Plot** | **y-x**，得到乙腈-水体系在不同压力下的 y-x 相图，如图 3-93 所示，从图中可以看出，乙腈-水体系的共沸组成随压力变化明显，可以使用变压精馏的方法进行分离。

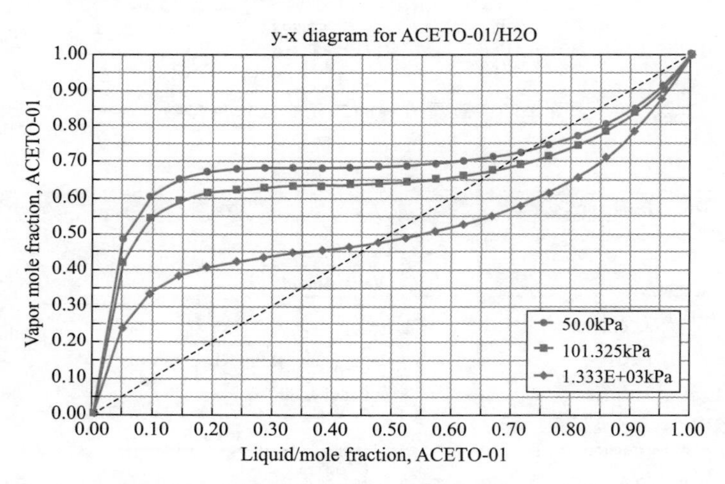

图 3-93　乙腈-水体系在不同压力下的 y-x 相图

例 3.10

运用物性分析功能做出苯-异丙醇-水体系在 1atm 下的三元相图，分析苯作共沸剂分离异丙醇-水体系的可行性。

本例模拟步骤如下：

启动 Aspen Plus，选择模板 General with Metric Units，将文件保存为 Example3.10-TernaryPropAnalysis.bkp。

进入 **Components** | **Specifications** | **Selection** 页面，输入组分 BENZENE(苯)、ISOPR-01(异丙醇)、H2O(水)，如图 3-94 所示。

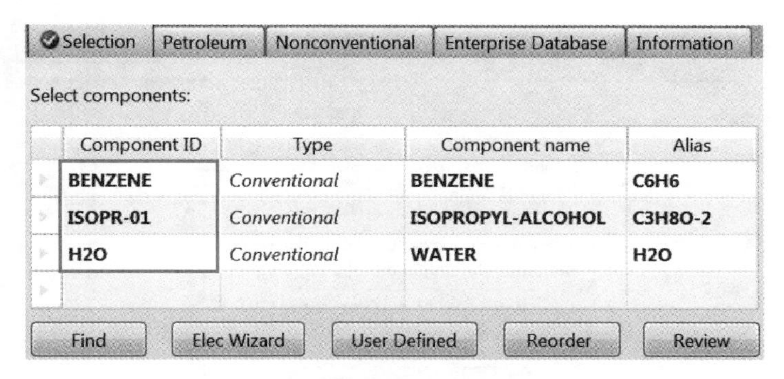

图 3-94　输入组分

由于该体系存在异丙醇、水等极性组分，且涉及液液平衡，可以选择UNIQUAC方法。点击，进入 **Methods** | **Specifications** | **Global** 页面，选择物性方法UNIQUAC，如图3-95所示。

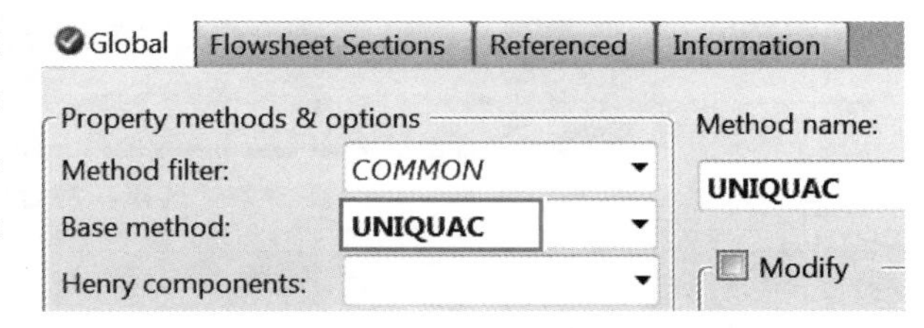

图 3-95　选择物性方法

点击，进入 **Methods** | **Parameters** | **Binary Interaction** | **UNIQ-1** | **Input** 页面，查看方程的二元交互作用参数，如图3-96所示。由于苯和水不互溶，其二元交互作用参数的来源是液液平衡数据库。

Input　Databanks　Information

Parameter: UNIQ　Data set: 1　Deche

Temperature-dependent binary parameters

Component i	BENZENE	BENZENE	ISOPR-01
Component j	ISOPR-01	H2O	H2O
Temperature units	C	C	C
Source	APV84 VLE-IG	APV84 LLE-LIT	APV84 VLE-IG
Property units			
AIJ	0.2946	0	2.9234
AJI	0.0859	0	-3.3127
BIJ	-314.18	-860.81	-1111.67
BJI	-12.4755	-369.01	1045.58

图 3-96　查看方程的二元交互作用参数

点击 Home 功能区选项卡中的 **Ternary Diag**，弹出 **Distillation Synthesis**(精馏合成)对话框，如图3-97所示，点击 **Use Distillation Synthesis ternary maps**，进入 **Distillation Synthesis** | **Explorer** 页面，如图3-98所示，采用默认的设置参数绘制三元相图。

点击图3-98中的 Ternary Plot，得到苯-异丙醇-水体系精馏合成三元相图，如图3-99所示。用户可以在左侧 **View** 工具栏下勾选需要出现在相图中的信息，如共沸点、精馏边界、剩余曲线等，右侧工具栏提供了绘图工具，包括增加标记点、画线和改变图像结构等功能。

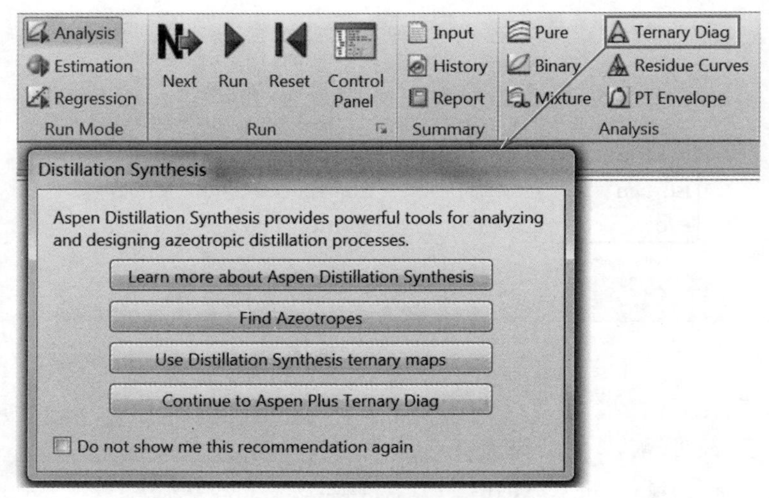

图 3-97　选择精馏合成功能

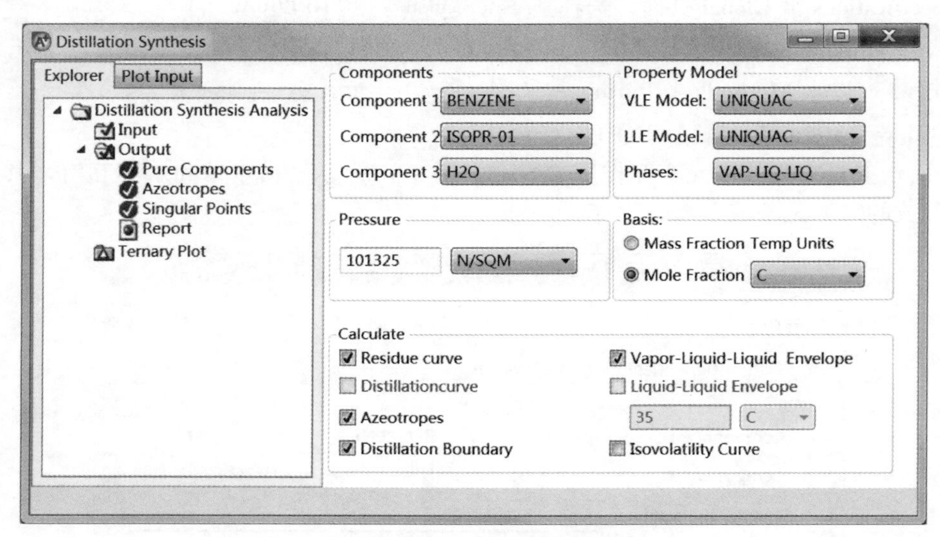

图 3-98　设置三元相图绘制选项

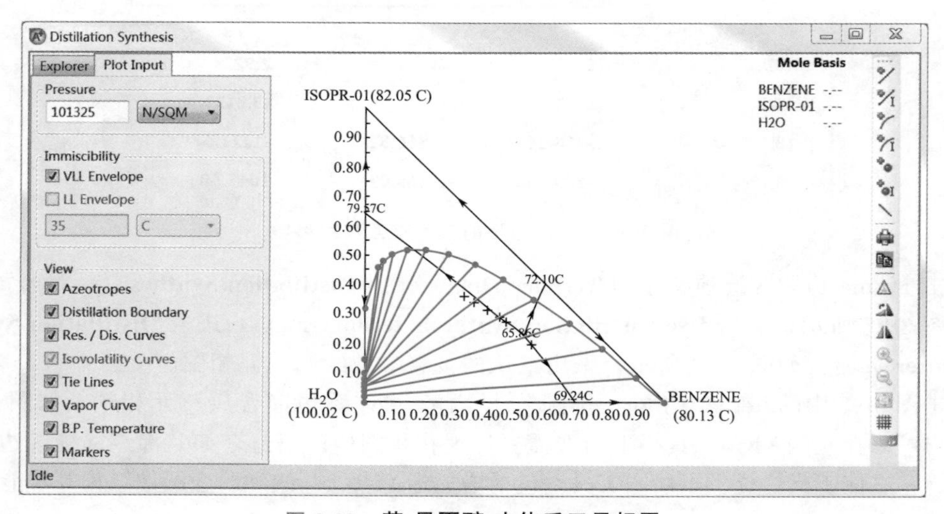

图 3-99　苯-异丙醇-水体系三元相图

点击右侧工具栏中的绘图工具，然后点击相图内一点即可得到三元体系的剩余曲线(RCM)，如图3-100所示。剩余曲线表示三元混合物在全回流精馏过程中的组成变化，用来预测可行的分离方案、选择夹带剂、分析塔的操作问题。

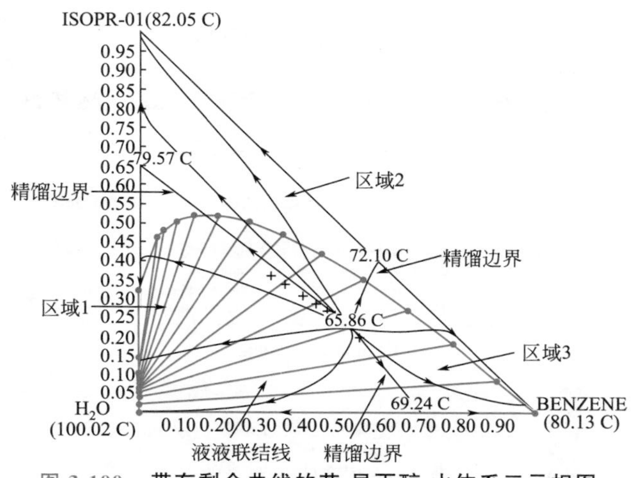

图 3-100 带有剩余曲线的苯-异丙醇-水体系三元相图

从图3-100中可以看到，苯-异丙醇-水体系在常压下有三个二元共沸点，一个三元共沸点，有三个精馏区域，一个液液平衡区域，原料点位于异丙醇-水直角边上。根据原料点的组成以及产品纯度要求，可以设置一个共沸精馏塔和一个普通精馏塔进行分离。首先在共沸精馏塔塔底得到纯净的异丙醇产品，塔顶得到的三元混合物分相后，富油相返回至共沸精馏塔，富水相进入普通精馏塔。在普通精馏塔塔底得到纯净的水，塔顶的混合物再进一步循环分离。因此，可以采用苯为共沸剂分离异丙醇-水混合物，分别在共沸精馏塔和普通精馏塔塔底得到纯净的产品。

用户也可以直接得到三元体系的共沸数据，选择图3-97中的 **Find Azeotropes**，勾选三种组分，如图3-101所示。

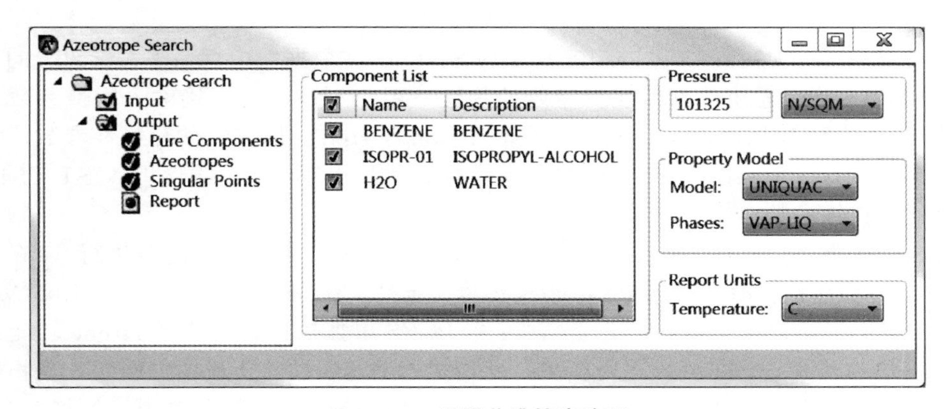

图 3-101 设置共沸搜索选项

点击图3-101中的 Azeotropes 即可看到三元体系的共沸数据，如图3-102所示。点击 Report 得到共沸报告，如图3-103所示。

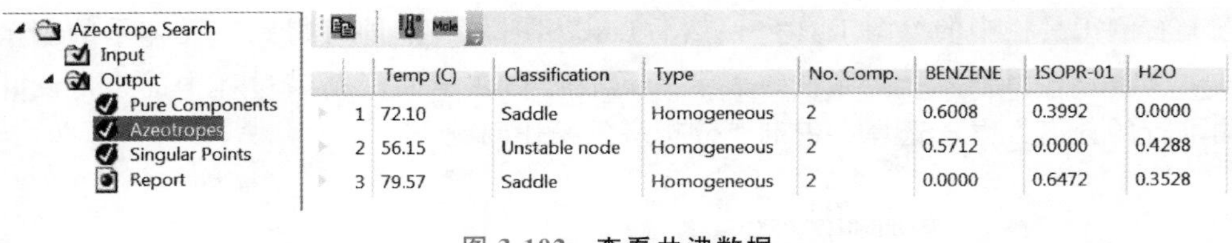

	Temp (C)	Classification	Type	No. Comp.	BENZENE	ISOPR-01	H2O
1	72.10	Saddle	Homogeneous	2	0.6008	0.3992	0.0000
2	56.15	Unstable node	Homogeneous	2	0.5712	0.0000	0.4288
3	79.57	Saddle	Homogeneous	2	0.0000	0.6472	0.3528

图 3-102　查看共沸数据

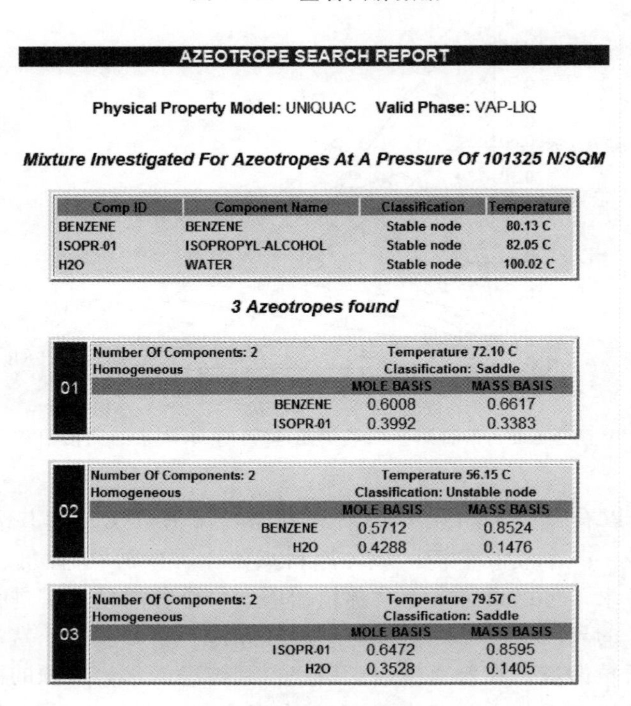

AZEOTROPE SEARCH REPORT

Physical Property Model: UNIQUAC　**Valid Phase:** VAP-LIQ

Mixture Investigated For Azeotropes At A Pressure Of 101325 N/SQM

Comp ID	Component Name	Classification	Temperature
BENZENE	BENZENE	Stable node	80.13 C
ISOPR-01	ISOPROPYL-ALCOHOL	Stable node	82.05 C
H2O	WATER	Stable node	100.02 C

3 Azeotropes found

01
Number Of Components: 2　Temperature 72.10 C
Homogeneous　Classification: Saddle

	MOLE BASIS	MASS BASIS
BENZENE	0.6008	0.6617
ISOPR-01	0.3992	0.3383

02
Number Of Components: 2　Temperature 56.15 C
Homogeneous　Classification: Unstable node

	MOLE BASIS	MASS BASIS
BENZENE	0.5712	0.8524
H2O	0.4288	0.1476

03
Number Of Components: 2　Temperature 79.57 C
Homogeneous　Classification: Saddle

	MOLE BASIS	MASS BASIS
ISOPR-01	0.6472	0.8595
H2O	0.3528	0.1405

图 3-103　查看共沸报告

3.9　物性参数估算

Aspen 物性系统(Aspen Physical Property System)在数据库中存储了大量组分的物性参数，如果 Aspen 物性系统数据库缺少需要的物性，用户可以：①直接输入物性参数；②利用物性常数估算系统(Property Constant Estimation System，PCES)估算物性参数；③使用数据回归系统(Data Regression System)从实验数据回归物性参数；④使用 NIST TDE(详见 3.11 节)估算物性参数。

PCES 可以单独执行，也可以与其他计算共同执行(此时 PCES 优先执行)。在 Aspen Plus 中 PCES 单独执行时，进入 **Properties** 环境，选择 Home 功能区选项卡中 Run Mode 为 Estimation，运行模拟；在 Aspen Properties 中 PCES 单独执行时，选择 Home 功能区选项卡中 Run Mode 为 Estimation，运行模拟，此模式不进行物性分析或数据回归；当物性估算与其他计算共同执行时，如果参数具有多个来源，知道哪个来源的参数用于计算非常重要。如果在 **Estimation** | **Input** | **Setup** 页面选择 Estimate all missing parameters，Aspen 物性系统将估算并使用所有缺失的必需参数，并且计算中不会使用被估算但不缺失的参数。如果用户选择对计算所需的个别参数进行估算，软件将使用估算的参数值，不考虑数据库中或

Methods | **Parameters** 中的参数值是否可用。

进行物性参数估算时至少需要正常沸点(TB)、分子量(MW)以及分子结构。PCES 使用 TB 和 MW 估算许多其他物性参数，如果有 TB 实验值可用，就可以有效提高物性估算的精度。如果没有提供 TB 和 MW，但是输入了分子结构，物性估算可估算出 TB 和 MW。

3.9.1 纯组分物性参数估算

表 3-34 列出了 Aspen 物性系统能够估算的纯组分物性参数。

表 3-34 纯组分物性参数

参数	描述	参数	描述
MW	分子量	VLSTD	标准液体体积
TB	正常沸点	RGYR	回转半径
TC	临界温度	DELTA	25℃时的溶解度参数
PC	临界压力	GMUQR	UNIQUAC R 参数
VC	临界体积	GMUQQ	UNIQUAC Q 参数
ZC	临界压缩因子	PARC	等张比容
DHFORM	25℃时的标准生成热	DHSFRM	25℃时的固体生成焓
DGFORM	25℃时的标准生成 Gibbs 自由能	DGSFRM	25℃时的固体 Gibbs 生成能
OMEGA	Pitzer 偏心因子	DHAQHG	无限稀释水溶液的生成焓
DHVLB	TB 下的汽化热	DGAQHG	无限稀释水溶液 Gibbs 生成能
VB	TB 下的液体摩尔体积	S25HG	25℃时的熵

以正常沸点(TB)为例介绍其估算方法，其他纯组分物性参数的估算见帮助文件。Aspen 物性系统使用 TB 来估算许多参数，例如临界温度(TC)和临界压力(PC)。TB 是性质/参数估算所需要的最重要的信息之一，如果有 TB 实验值，应在 **Methods** | **Parameters** | **Pure Component** | **Scalar** 页面输入。

PCES 提供的 TB 估算方法见表 3-35。

表 3-35 正常沸点(TB)估算方法

方法	所需信息
Joback	结构
Ogata-Tsuchida	结构
Gani	结构
Mani	PC、蒸气压数据(还可使用 TC)

(1)Joback 方法

Joback 方法仅给出 TB 近似估值，对于 408 种有机化合物该方法的平均绝对误差是 12.9K，Joback 方法不如 Ogata-Tsuchida 方法准确，但它更容易使用并且应用的化合物范围更广。

(2)Ogata-Tsuchida 方法

Ogata-Tsuchida 方法用于估算 RX 类化合物的 TB 值，其中 R 表示碳氢基，X 表示氢原子或官能团，不能处理官能团多于一个的化合物。该方法对测试的 600 种化合物都很准确，偏差在 2K 以内的占 80%，在 3K 以内的占 89%，在 5K 以内的占 98%。含甲基的化合物偏差通常在 5K 以上。

(3)Gani 方法

Gani 方法使用一级基团和二级基团的贡献值。由于二级基团考虑了邻近原子的影响，因此使用二级基团的估算结果更准确。Gani 方法估算误差大约是 Joback 方法估算误差的 2/5。

(4)Mani 方法

当有一组或两组温度-蒸气压实验数据时，该方法根据 Riedel 方程估算 TB，该方法也可以用来估算 TC 和蒸气压。当有一些蒸气压实验数据时，该方法能够准确估算 TB、TC 和蒸气压曲线，对于在低于 TB 下分解的复杂化合物来说，该方法非常有用。

下面通过例 3.11 介绍利用 PCES 进行物性估算。

例 3.11

例 3.11
演示视频

估算非库组分噻唑(C_3H_3NS)的物性。由文献查到噻唑的分子结构：HC=CH—S—CH=N（环状，HC=CH、N=CH 与 S 相连），分子量 85，噻唑的正常沸点(TB)116.8℃。

蒸气压关联式：$\ln p=16.445-3281.0/(T+216.255)$(69℃$\leqslant T \leqslant$118℃，$p$ 以 mmHg 为单位)。

本例模拟步骤如下：

启动 Aspen Plus，选择模板 General with Metric Units，将文件保存为 Example3.11-PropEstimate.bkp。

进入 **Properties** 环境，在 Home 功能区选项卡中选择 Run Mode 为 Estimation，如图 3-104 所示。

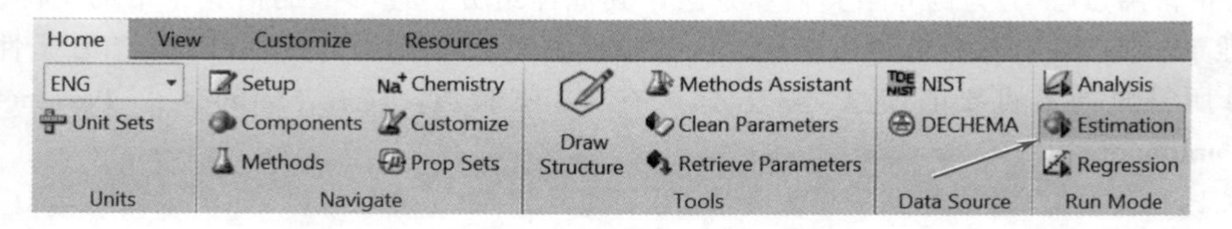

图 3-104　选择运行类型

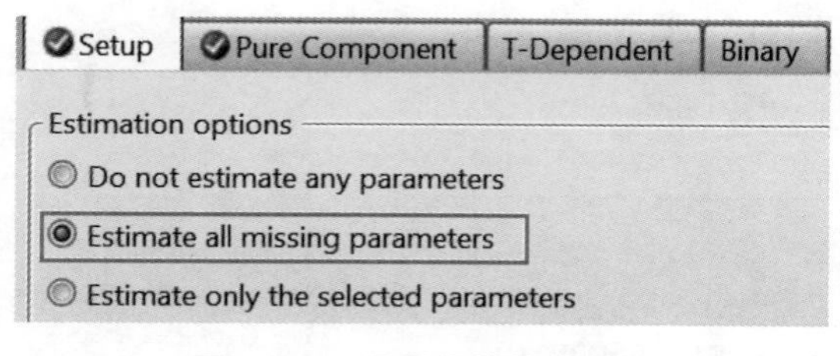

图 3-105　设置物性估算选项

进入 **Estimation** | **Input** | **Setup** 页面，选择 Estimate all missing parameters，如图 3-105 所示。

进入 **Components** | **Specifications** | **Selection** 页面，噻唑不是数据库中的组分，设定其 Component ID 为 THIAZOLE，如图 3-106 所示。

进入 **Components** | **Molecular Structure** | **THIAZOLE** | **Structure** 页面，点击 **Draw/Import/Edit**，出现 **Molecule Editor** 对话框，绘制噻唑的分子结构，关闭该对话框，结构图显示在 **Components** | **Molecular Structure** | **THIAZOLE** | **Structure** 页面，如图 3-107 所示。分子结构的绘制详见例 3.17。

点击 **Calculate Bonds** 计算分子骨架，计算结果在 **General** 页面显示，Atom 2 列中显示的是与 Atom 1 列中原子直接相连的原子，第三列为化学键的类型，如图 3-108 所示。

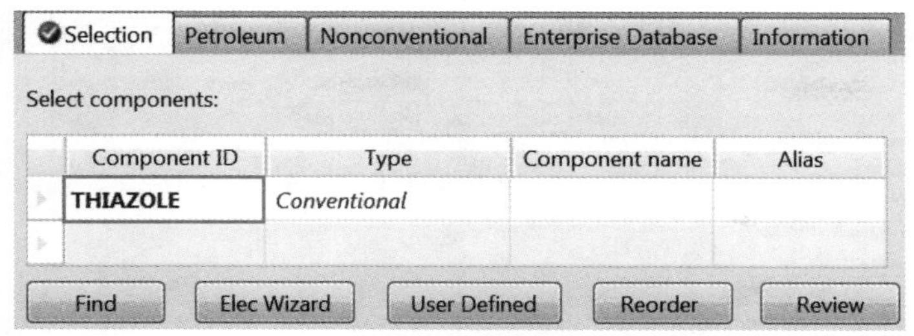

图 3-106 输入组分

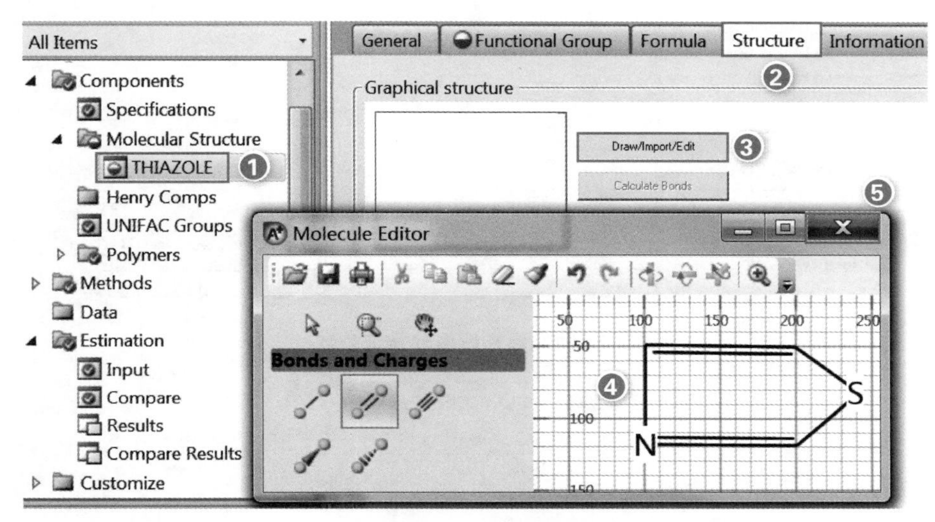

图 3-107 绘制分子结构

General | Functional Group | Formula | Structure | Information

Define molecule by its connectivity

Atom 1		Atom 2		
Number	Type	Number	Type	Bond type
1	C	2	C	Double bond
3	N	4	C	Double bond
1	C	3	N	Single bond
2	C	5	S	Single bond
5	S	4	C	Single bond

图 3-108 分子骨架结构信息

进入 **Methods** | **Parameters** | **Pure Components** 页面，点击 **New…** 按钮，在 **New Pure Component Parameters** 对话框中选择 Scalar，在 Enter new name or accept default 一栏输入新参数名称 TBMW，如图 3-109 所示。

点击 **OK**，进入 **Methods** | **Parameters** | **Pure Components** | **TBMW** | **Input** 页面，在 Parameters 中选择 TB 和 MW，输入 TB 为 116.8℃，MW 为 85，如图 3-110 所示。

进入 **Methods** | **Parameters** | **Pure Components** 页面，点击 **New…** 按钮，在 **New Pure Component Parameters** 对话框中选择 T-dependent correlation | Liquid vapor pressure | PLXANT-1，如图 3-111 所示。

点击 **OK**，进入 **Methods** | **Parameters** | **Pure Components** | **PLXANT-1** | **Input** 页面，输入 Antoine 蒸气压关联式参数，如图 3-112 所示。

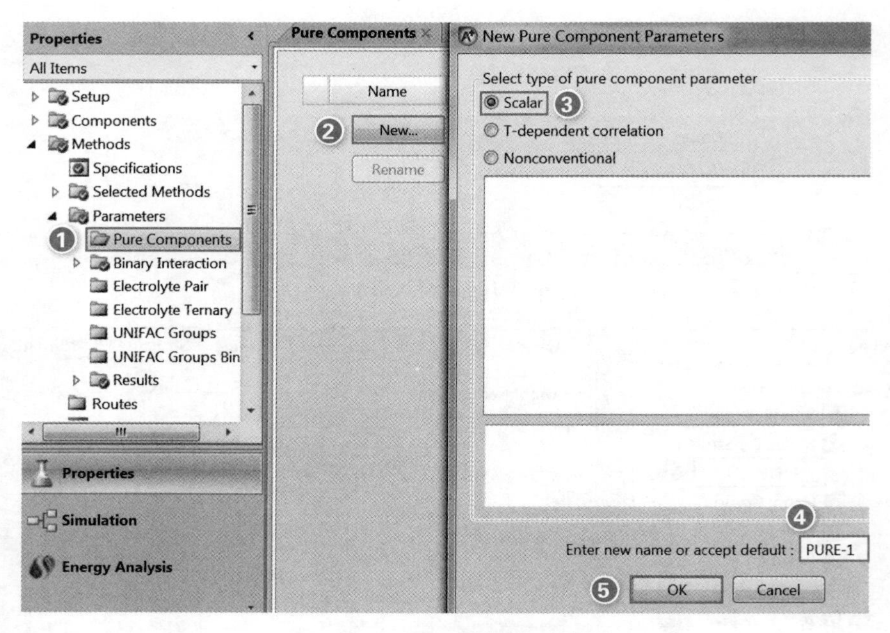

图 3-109　建立纯组分物性参数

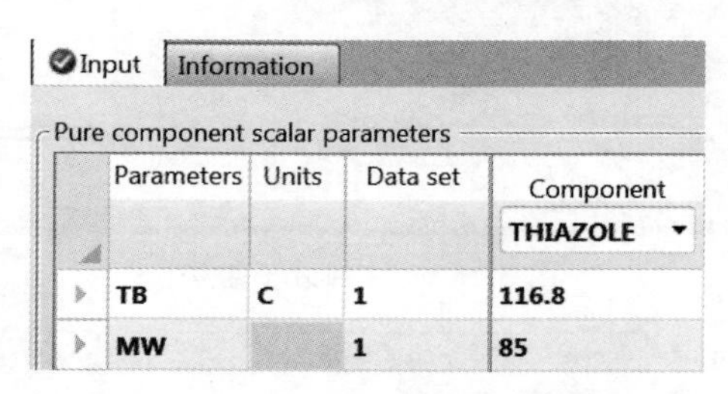

Parameters	Units	Data set	Component THIAZOLE
TB	C	1	116.8
MW		1	85

图 3-110　输入正常沸点和分子量

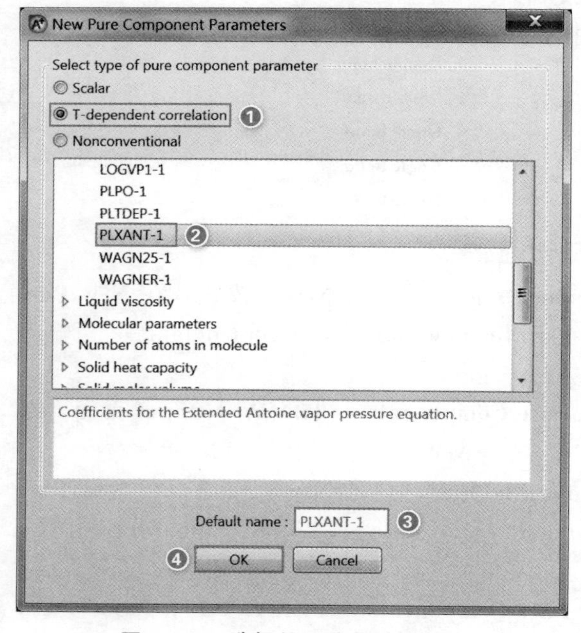

图 3-111　选择纯组分物性参数类型

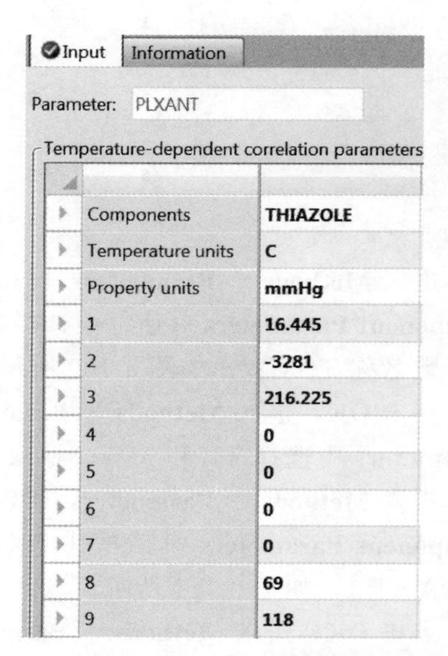

Components	THIAZOLE
Temperature units	C
Property units	mmHg
1	16.445
2	-3281
3	216.225
4	0
5	0
6	0
7	0
8	69
9	118

图 3-112　输入 Antoine 蒸气压关联式参数

所有已知物性数据均已输入完成，运行模拟，出现 **Property Estimation Warnings** 对话框，如图 3-113 所示，提示物性估算完成，但是有警告，点击 **OK**。在 **Control Panel**（控制面板）中查看警告信息，本例中可忽略这些警告。

进入 **Estimation** | **Results** | **Pure Component** 页面，查看噻唑的纯组分物性参数估算值，如图 3-114 所示。

进入 **Estimation** | **Results** | **T-Dependent** 页面，可查看与温度相关的模型参数估算值，如图 3-115 所示。

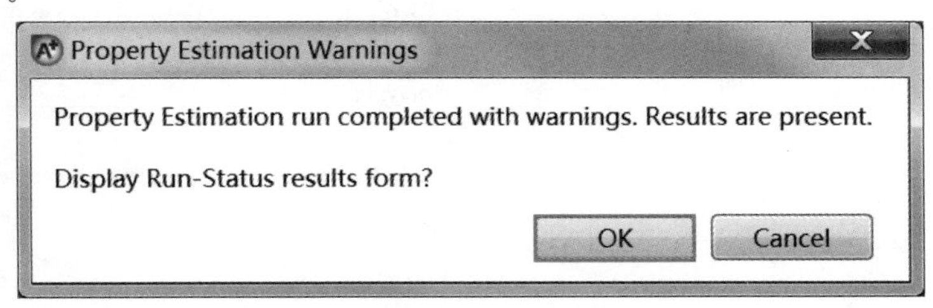

图 3-113　提示警告

Pure Component | T-Dependent | Binary | UNIFAC Group | Status

Component: THIAZOLE　　Formula: C3H3NS

Estimated pure component parameters

PropertyName	Parameter	Estimated value	Units	Method
CRITICAL TEMPERATURE	TC	632.471	K	JOBACK
CRITICAL PRESSURE	PC	6.65302e+06	N/SQM	JOBACK
CRITICAL VOLUME	VC	0.2125	CUM/KMOL	JOBACK
CRITICAL COMPRES.FAC	ZC	0.26885		DEFINITI
IDEAL GAS CP AT 300 K		69908.6	J/KMOL-K	JOBACK
AT 500 K		105485	J/KMOL-K	JOBACK
AT 1000 K		150830	J/KMOL-K	JOBACK
STD. HT.OF FORMATION	DHFORM	1.6918e+08	J/KMOL	JOBACK
STD.FREE ENERGY FORM	DGFORM	1.9547e+08	J/KMOL	JOBACK
ACENTRIC FACTOR	OMEGA	0.238205		DEFINITI
HEAT OF VAP AT TB	DHVLB	3.62182e+07	J/KMOL	DEFINITI
LIQUID MOL VOL AT TB	VB	0.0784279	CUM/KMOL	GUNN-YAM
SOLUBILITY PARAMETER	DELTA	23345.2	(J/CUM)**.5	DEFINITI
UNIQUAC R PARAMETER	GMUQR	2.72973		BONDI
UNIQUAC Q PARAMETER	GMUQQ	1.816		BONDI
PARACHOR	PARC	168.6		PARACHOR

图 3-114　查看纯组分物性参数估算值

如果仅估算特定的参数，具体的操作步骤如下：

以估算 UNIQUAC R/Q 参数为例，进入 **Estimation** | **Input** | **Setup** 页面，设置物性估算选项，如图 3-116 所示。

进入 **Estimation** | **Input** | **Pure Component** 页面，在 Parameter 中选择 UNIQUACR，在 Component 中选择组分 THIAZOLE，在 Method 中选择 BONDI，进行 UNIQUAC R 参数的估算，如图 3-117 所示。以同样的方法估算 UNIQUAC Q 参数。

点击 **Run** 运行模拟，流程收敛。进入 **Estimation** | **Results** | **Pure Component** 页面，查看参数估算结果，如图 3-118 所示。

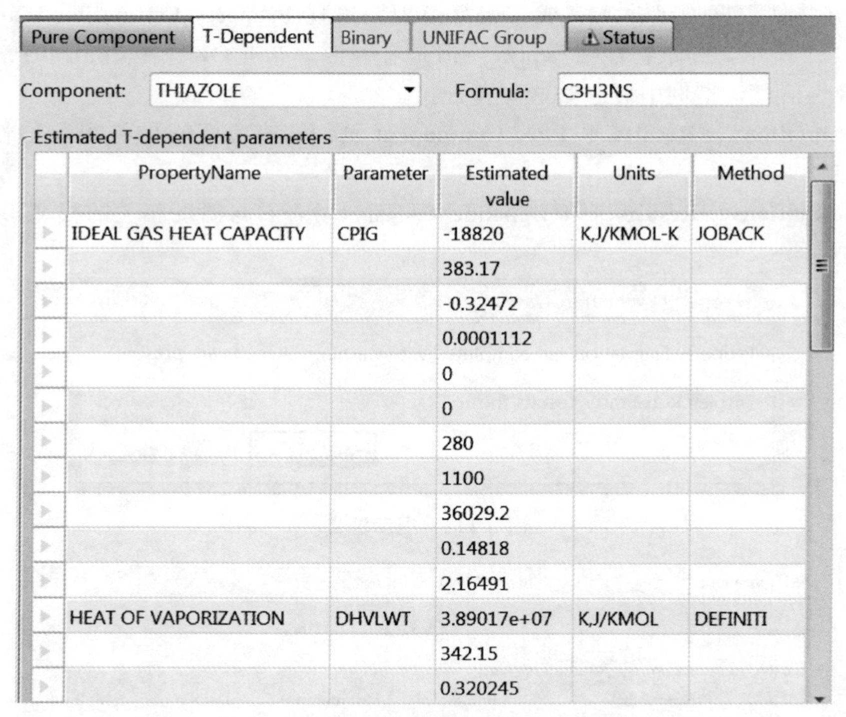

Pure Component | T-Dependent | Binary | UNIFAC Group | Status

Component: THIAZOLE　Formula: C3H3NS

Estimated T-dependent parameters

	PropertyName	Parameter	Estimated value	Units	Method
▶	IDEAL GAS HEAT CAPACITY	CPIG	-18820	K,J/KMOL-K	JOBACK
▶			383.17		
▶			-0.32472		
▶			0.0001112		
▶			0		
▶			0		
▶			280		
▶			1100		
▶			36029.2		
▶			0.14818		
▶			2.16491		
▶	HEAT OF VAPORIZATION	DHVLWT	3.89017e+07	K,J/KMOL	DEFINITI
▶			342.15		
▶			0.320245		

图 3-115　查看与温度相关的模型参数估算值

Setup | Pure Component | T-Dependent | Binary | UNIFAC Group | Information

Estimation options

- Do not estimate any parameters
- Estimate all missing parameters
- Estimate only the selected parameters

Parameter types

- ☑ Pure component scalar parameters
- ☐ Pure component temperature-dependent property correlation parameters
- ☐ Binary interaction parameters
- ☐ UNIFAC group parameters

图 3-116　设置物性估算选项

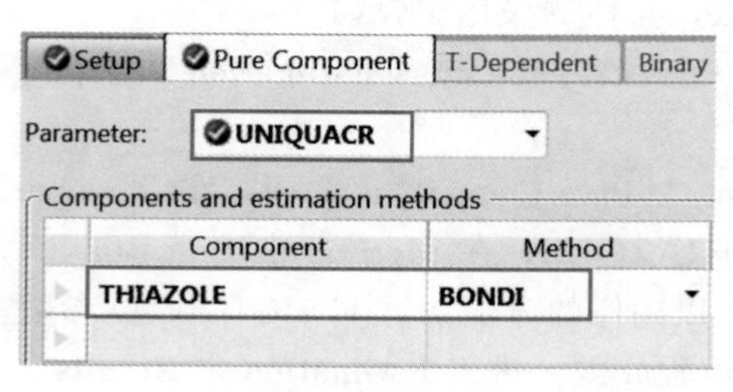

图 3-117　设置 UNIQUACR 估算选项

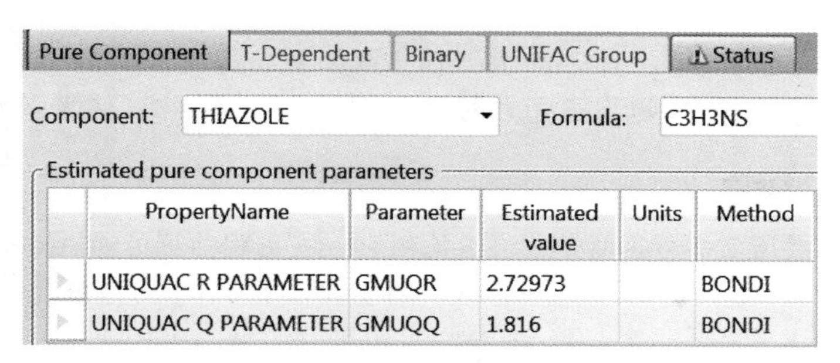

图 3-118　**查看参数估算结果**

3.9.2　与温度相关的物性模型参数估算

表 3-36 列出了 Aspen 物性系统能够估算的与温度相关的物性模型参数。

表 3-36　**与温度相关的物性模型参数**

参数	描述	参数	描述
CPIG	理想气体热容	CHGPAR	Helgeson C 热容系数
CPLDIP	液体热容	MUVDIP	气体黏度
CPSPO1	固体热容	MULAND	液体黏度
PLXANT	蒸气压	KVDIP	气体热导率
DHVLWT	汽化热	KLDIP	液体热导率
RKTZRA	液体摩尔体积	SIGDIP	表面张力
OMEGHG	Helgeson OMEGA 热容系数		

PCES 提供的扩展 Antoine 蒸气压(PL)方程参数估算方法(见表 3-37)用于估算蒸气压，其他模型参数的估算方法见帮助文件。

表 3-37　**蒸气压(PL)方程参数估算方法**

方法	所需信息	方法	所需信息
Data	蒸气压数据	Li-Ma	结构、TB、(蒸气压数据)
Riedel	TB、TC、PC(蒸气压数据)	Mani	PC(蒸气压数据)(还可使用 TC)

(1)Data 方法

通过拟合在 **Data** | **Pure Component** 页面输入的蒸气压实验数据估算扩展 Antoine 蒸气压方程参数。

(2)Riedel 方法

Riedel 方法较充分地利用了 TB 和临界点的性质，从而形成约束条件以估算扩展 Antoine 蒸气压方程参数，利用了在 TB 下蒸气压是 1atm 的条件，适用于 TB～TC 的温度范围，该方法对于非极性化合物是准确的，但对于极性化合物准确性欠佳。

(3)Li-Ma 方法

通过基团贡献法估算扩展 Antoine 蒸气压方程参数，适用于 TB～TC 的温度范围，该方法对于极性和非极性化合物均适用，对于 28 种不同化合物，估算蒸气压的平均误差为 0.61%。

(4)Mani 方法

当有可用的蒸气压实验数据时，该方法使用 Riedel 方程估算扩展 Antoine 蒸气压方程参数，能够准确地计算 TB、TC 和蒸气压曲线。对于在低于 TB 下分解的复杂化合物来说，该方法非常有用，适用于最低温度点到 TC 的温度范围。

3.9.3 二元交互作用参数估算

PCES 使用无限稀释活度系数估算 WILSON、NRTL、UNIQUAC 和 SRK 模型的二元交互作用参数，无限稀释活度系数可由以下方法提供：

① 在 **Data** | **Mixture** 页面输入无限稀释活度系数实验数据，数据类型为 GAMINF；

② 使用 UNIFAC、UNIF-LL、UNIF-DMD 或 UNIF-LBY 方法进行估算。

当体系中仅存在轻气体和烃类时，也可以用 Aspen 方法从临界体积进行 SRKKIJ 参数的估算。实验提供的无限稀释活度系数数据可以得到最好的估算结果。在四种 UNIFAC 方法中，UNIF-DMD 能够提供最精确的无限稀释活度系数估算值。如果实验数据是单个温度下的数据，PCES 仅估算方程的第二个参数，例如 WILSON/2，如果数据覆盖了一个温度范围，PCES 将同时估算方程的两个参数，例如 WILSON/1 和 WILSON/2。对于 NRTL 模型，α 参数(c_{ij})的默认值为 0.3，但可以根据需要进行改变，而且有些情况下的改变是必要的，c_{ij} 推荐值见表 3-38。

表 3-38 NRTL 模型 c_{ij} 推荐值

c_{ij} 值	推荐系统
0.3	非极性组分的混合物、非极性和非缔合极性液体的混合物、弱非理想性混合物
0.2	烷烃和非缔合极性液体的混合物，这类溶液在相对较低的非理想程度下便会出现分层现象
0.47	强缔合性组分和非极性组分的混合物

下面通过一例题介绍利用无限稀释活度系数估算二元交互作用参数。

例 3.12

40℃下正戊烷在丙醛中的无限稀释活度系数为 3.848，丙醛在正戊烷中的无限稀释活度系数为 3.979，由此确定两组分间的二元交互作用参数。物性方法选择 NRTL。

本例模拟步骤如下：

启动 Aspen Plus，选择模板 General with Metric Units，将文件保存为 Example3.12-BinaryEstimate.bkp。

进入 **Components** | **Specifications** | **Selection** 页面，输入组分 N-PEN-01(正戊烷)和 N-PRO-01(丙醛)，如图 3-119 所示。

点击N➡，进入 **Methods** | **Specifications** | **Global** 页面，选择物性方法 NRTL，如图 3-120 所示。

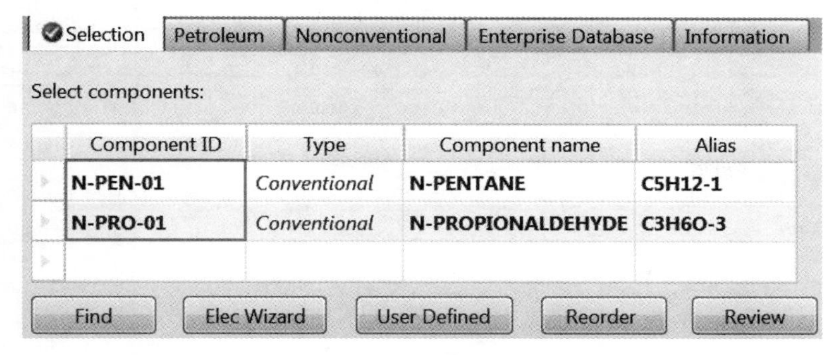

图 3-119　输入组分

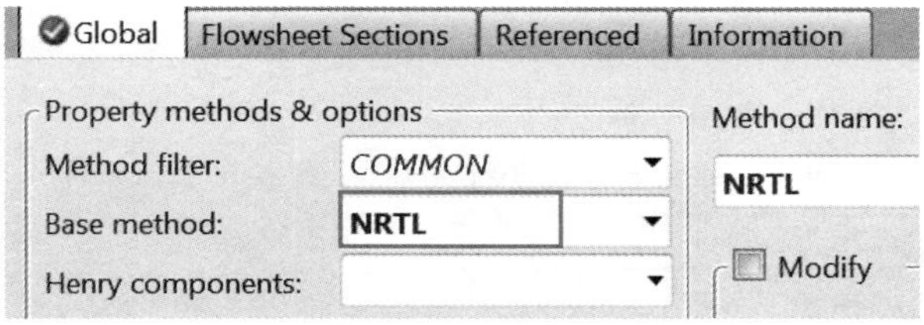

Global | Flowsheet Sections | Referenced | Information

Property methods & options

Method filter: COMMON

Base method: NRTL

Henry components:

Method name: NRTL

Modify

图 3-120　选择物性方法

点击N→，进入 **Methods** | **Parameters** | **Binary Interaction** | **NRTL-1** | **Input** 页面，查看方程的二元交互作用参数，如图 3-121 所示。

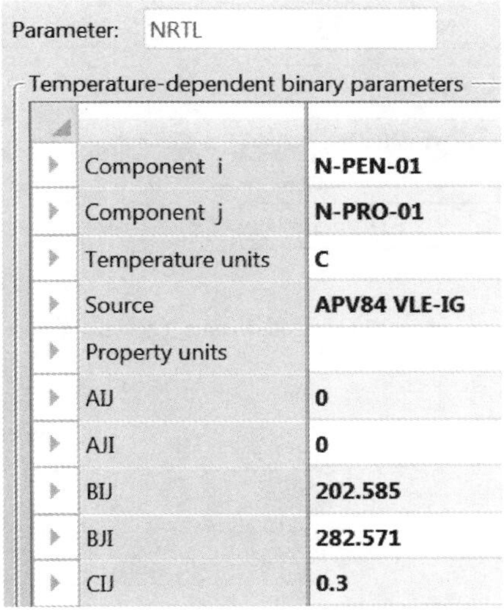

Parameter: NRTL

Temperature-dependent binary parameters

Component i	N-PEN-01
Component j	N-PRO-01
Temperature units	C
Source	APV84 VLE-IG
Property units	
AIJ	0
AJI	0
BIJ	202.585
BJI	282.571
CIJ	0.3

图 3-121　查看方程的二元交互作用参数

在 Home 功能区选项卡中选择 Run Mode 为 Estimation，进入 **Estimation** | **Input** | **Setup** 页面，选择 Estimate only the selected parameters，勾选 Binary interaction parameters，如图 3-122 所示。

进入 **Estimation** | **Input** | **Binary** 页面，点击 **New** 按钮，在下拉菜单中选择 Parameter、Method 和 Components and estimation methods，如图 3-123 所示。

进入 **Data** 页面，点击 **New…** 按钮，默认数据名称 D-1，在 Select Type 中选择 MIXTURE，如图 3-124 所示。

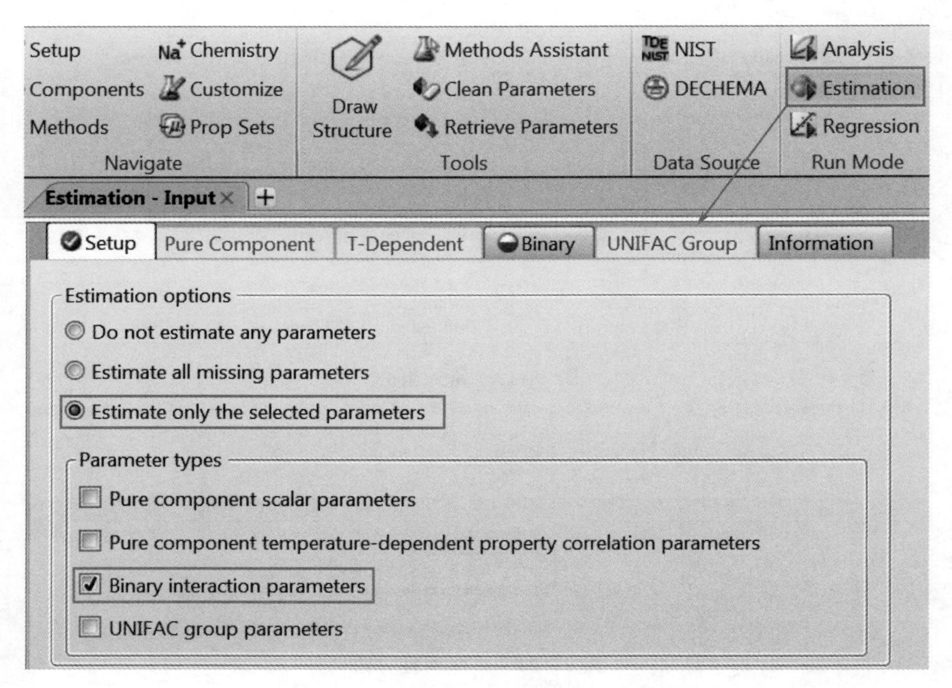

图 3-122 设置物性估算选项

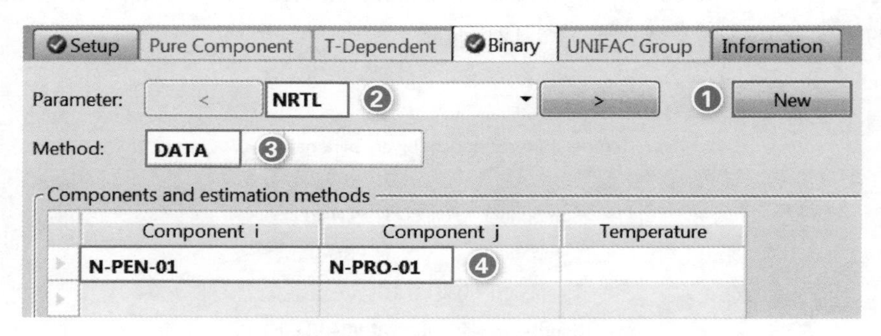

图 3-123 设置 Binary 估算选项

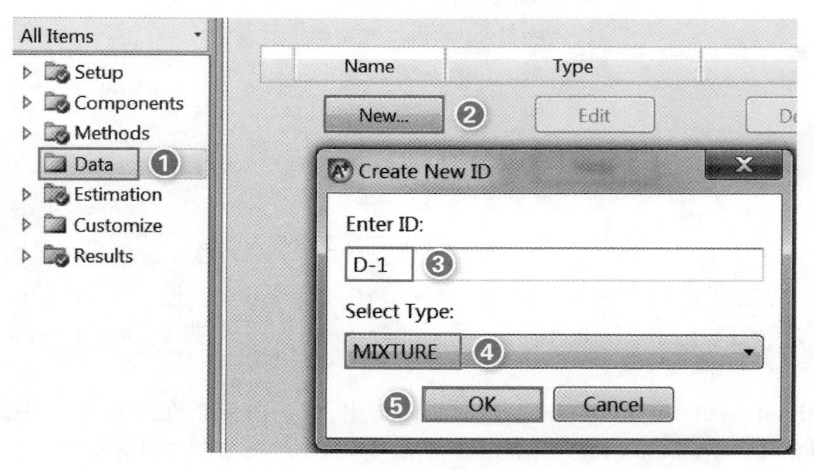

图 3-124 新建数据

点击 **OK**，进入 **Data** | **D-1** | **Setup** 页面，在 Category 中选择 For estimation，Data type 中选择 GAMINF，将两个组分从左侧栏 Available components 移至右侧栏 Selected components，如图 3-125 所示。

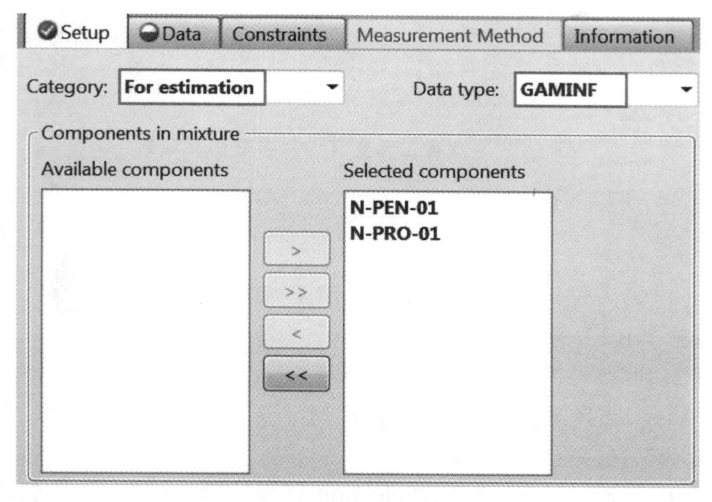

图 3-125　**设置数据(混合物)**

进入 **Data** | **D-1** | **Data** 页面，输入实验数据，点击 **Run** 运行，弹出 **Parameter Values** 对话框，如图 3-126 所示。

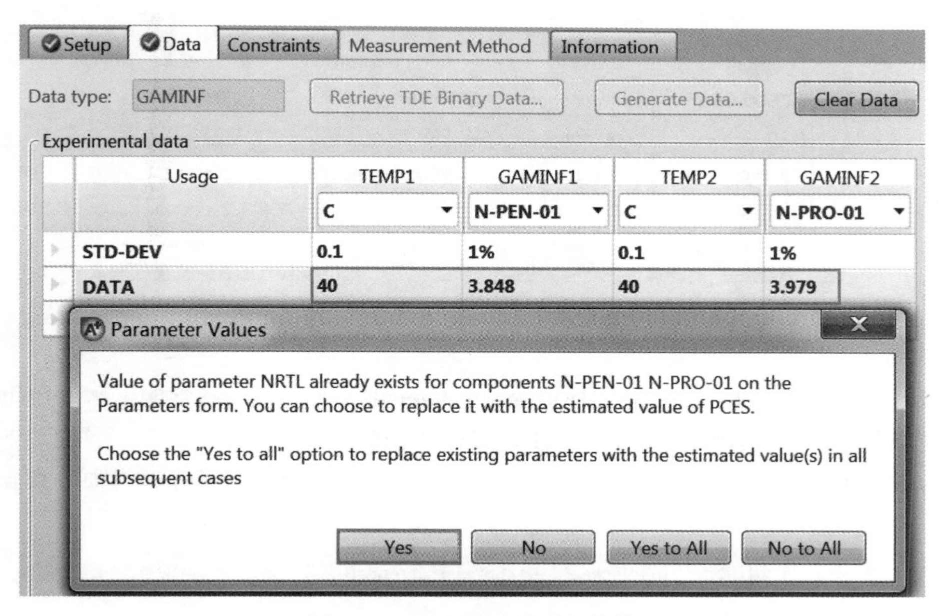

图 3-126　**输入实验值进行估算**

点击 **Yes**，进入 **Estimation** | **Results** | **Binary** 页面，查看二元交互作用参数估算结果，如图 3-127 所示。采用估算的二元交互作用参数预测相平衡，将预测结果与实验数据进行比较，可以检查估算结果是否准确。

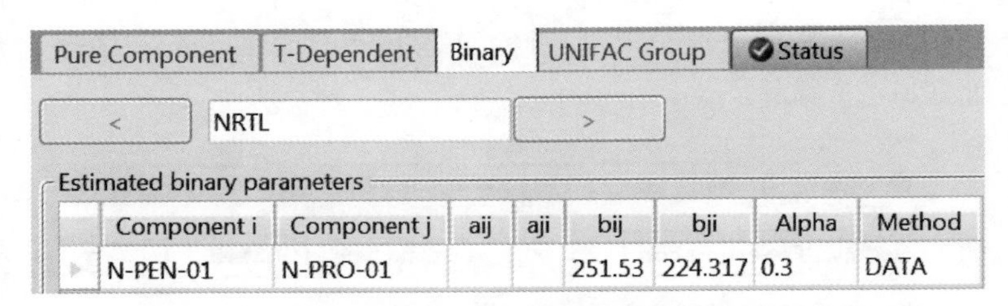

图 3-127 查看二元交互作用参数估算结果

例 3.13

以丙酮-水-1,2-二氯丙烷体系为例，介绍使用 UNIFAC 估算缺少的二元交互作用参数的步骤。物性方法选择 NRTL。

本例模拟步骤如下：

启动 Aspen Plus，选择模板 General with Metric Units，将文件保存为 Example3.13-UNIFACEstimate.bkp。

进入 **Components** | **Specifications** | **Selection** 页面，输入组分 ACETO-01(丙酮)、H2O(水)和 1：2-D-01(1，2-二氯丙烷)，如图 3-128 所示。

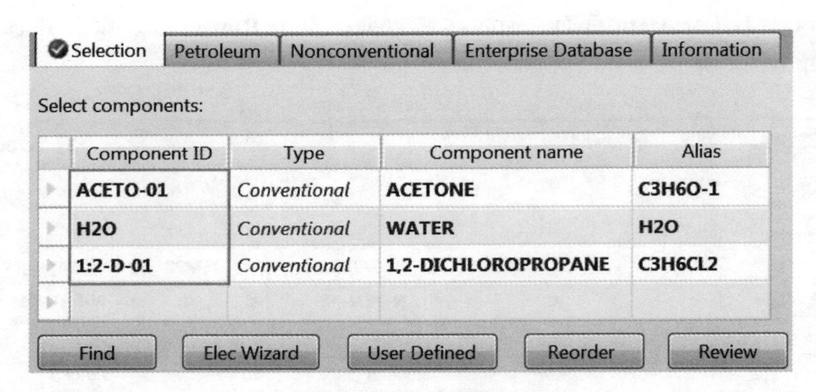

图 3-128 输入组分

点击N⇨，进入 **Methods** | **Specifications** | **Global** 页面，混合物含酮、水、烃组分，可能会出现部分互溶，选择物性方法 NRTL，如图 3-129 所示。

进入 **Methods** | **Parameters** | **Binary Interaction** | **NRTL-1** | **Input** 页面，查看方程的

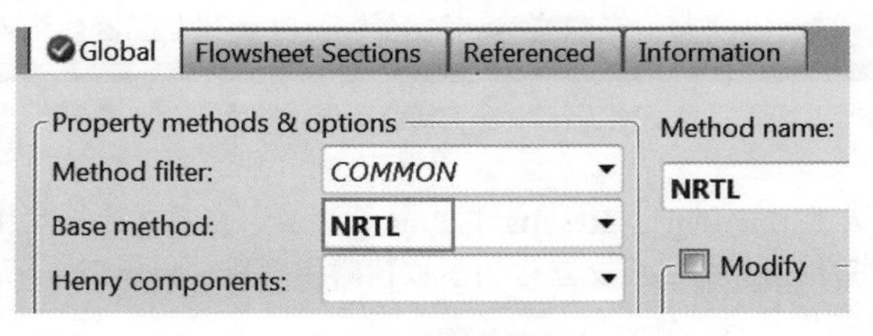

图 3-129 选择物性方法

二元交互作用参数，如图 3-130 所示。可以看到 Aspen 数据库中缺少丙酮-1,2-二氯丙烷的二元交互作用参数，勾选页面下方的 Estimate missing parameters by UNIFAC，点击 **Run**，运行模拟。

进入 **Methods** | **Parameters** | **Binary Interaction** | **NRTL-1** | **Input** 页面，查看方程的二元交互作用参数，如图 3-131 所示，可以看到丙酮-1,2-二氯丙烷二元交互参数的来源是 R-PCES。

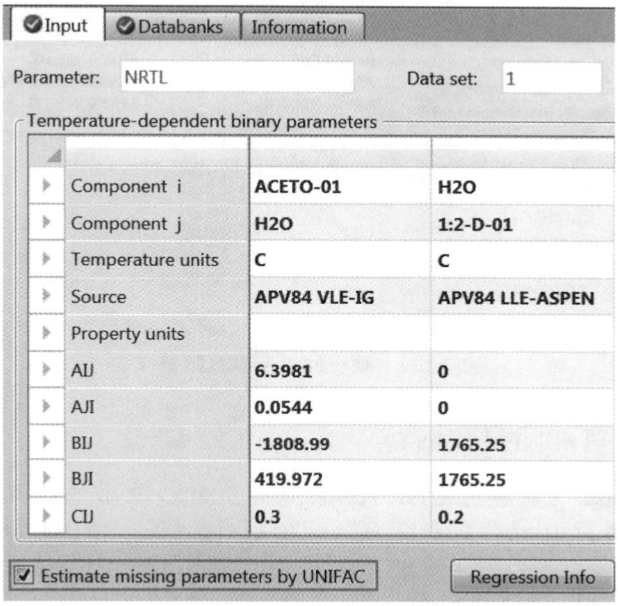

Input | Databanks | Information

Parameter: NRTL　　Data set: 1

Temperature-dependent binary parameters

Component i	ACETO-01	H2O
Component j	H2O	1:2-D-01
Temperature units	C	C
Source	APV84 VLE-IG	APV84 LLE-ASPEN
Property units		
AIJ	6.3981	0
AJI	0.0544	0
BIJ	-1808.99	1765.25
BJI	419.972	1765.25
CIJ	0.3	0.2

☑ Estimate missing parameters by UNIFAC　　Regression Info

图 3-130　查看方程的二元交互作用参数(一)

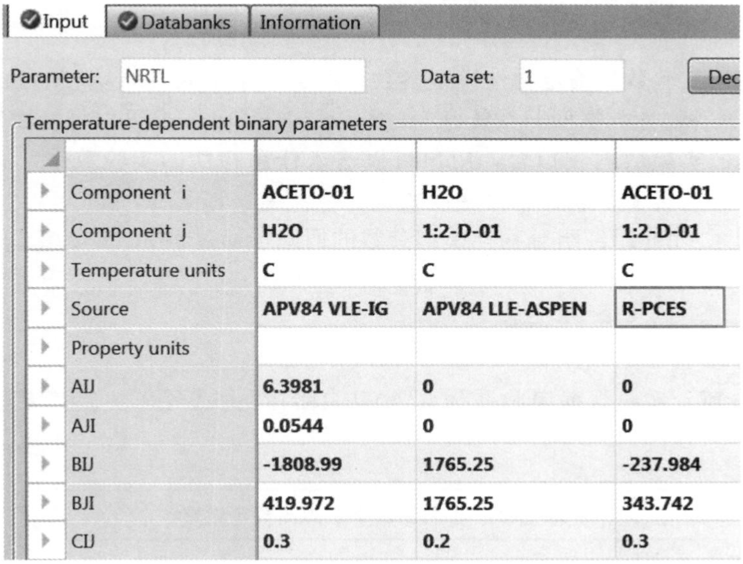

Input | Databanks | Information

Parameter: NRTL　　Data set: 1　　Dec

Temperature-dependent binary parameters

Component i	ACETO-01	H2O	ACETO-01
Component j	H2O	1:2-D-01	1:2-D-01
Temperature units	C	C	C
Source	APV84 VLE-IG	APV84 LLE-ASPEN	R-PCES
Property units			
AIJ	6.3981	0	0
AJI	0.0544	0	0
BIJ	-1808.99	1765.25	-237.984
BJI	419.972	1765.25	343.742
CIJ	0.3	0.2	0.3

图 3-131　查看方程的二元交互作用参数(二)

在某些情况下，用户可以根据需要添加二元参数数据库，增加二元交互作用参数的来源。以本例的组分和物性方法为例，进入 **Methods** | **Parameters** | **Binary Interaction** | **NRTL-1** | **Databanks** 页面，添加二元参数数据库至右侧栏 Selected databanks。缺省的二元参数数据库如图 3-132 所示。

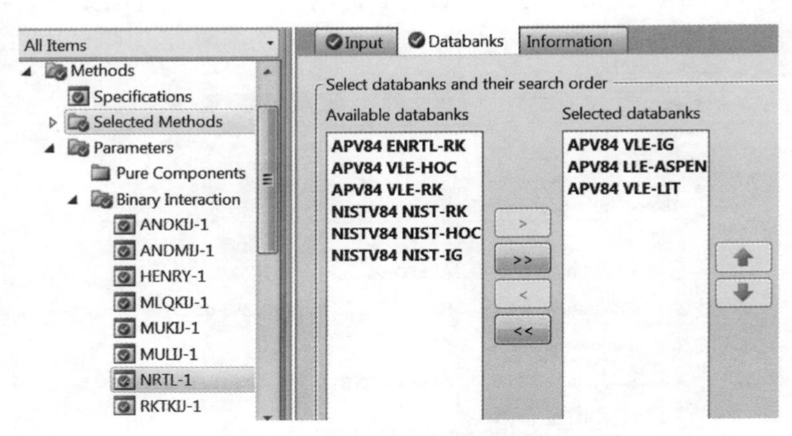

图 3-132 **缺省的二元参数数据库**

3.9.4 UNIFAC 官能团参数估算

PCES 提供了 Bondi 方法进行 UNIFAC 官能团 R 和 Q 参数的估算，Aspen 物性系统在 UNIFAC、Dortmund UNIFAC 和 Lyngby UNIFAC 模型中使用这些参数，Bondi 方法只要求输入分子结构。

3.10 物性数据回归

用户可以使用实验数据确定物性模型参数，用于 Aspen 物性系统(Aspen Physical Property System)计算。物性数据回归系统(Data Regression System)可以将物性模型参数与纯组分或多组分体系的实验数据相拟合，用户可以输入任意物性的实验数据，例如汽液平衡数据、液液平衡数据、密度、热容、活度系数。

下面通过例 3.14 介绍纯组分物性模型参数的回归，通过例 3.15 介绍二元交互作用参数的回归。

例 3.14

使用表 3-39 所示实验数据回归莰烯(CAMPHENE)的蒸气压关联式系数。物性方法选择 IDEAL。

表 3-39 **不同温度下莰烯蒸气压数据**

T/℃	77	107	137	167	197
p/kPa	7.24	21.98	55.18	119.71	231.76

本例模拟步骤如下：

启动 Aspen Plus，选择模板 General with Metric Units，将文件保存为 Example3.14-PureDataRegression.bkp。

进入 **Components** | **Specifications** | **Selection** 页面，输入组分 CAMPHENE(莰烯)，如图 3-133 所示。

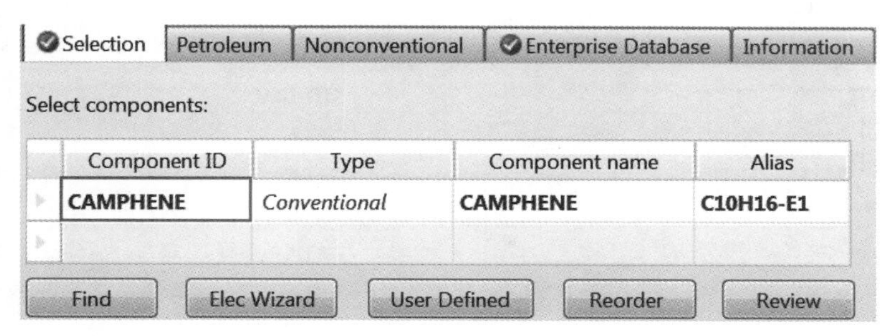

图 3-133 输入组分

点击N➡，进入 **Methods** | **Specifications** | **Global** 页面，选择物性方法 IDEAL，如图 3-134 所示。

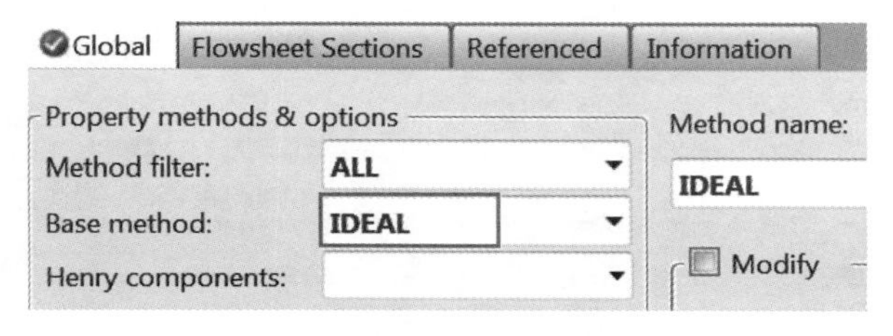

图 3-134 选择物性方法

进入 **Data** 页面，点击 **New**…按钮，采用默认标识 D-1，在 Select Type 中选择 PURE-COMP，如图 3-135 所示。

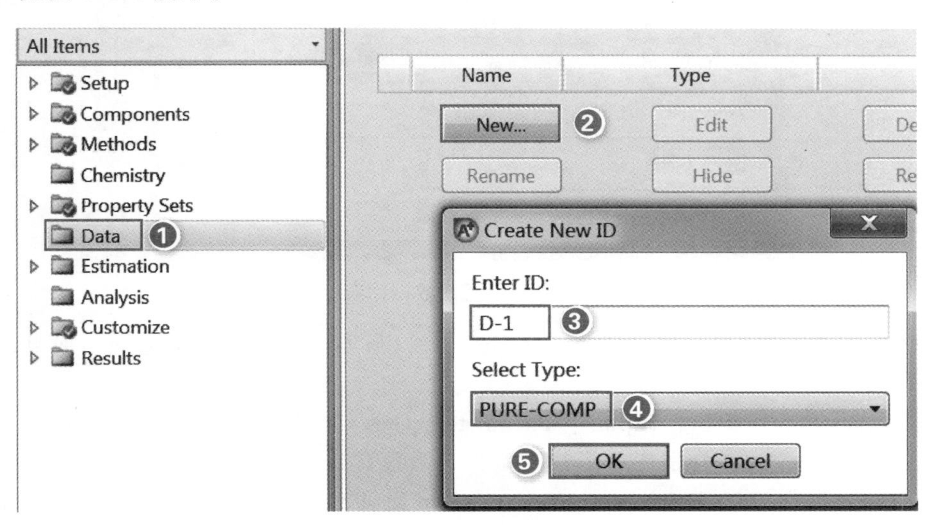

图 3-135 新建数据

点击 **OK**，进入 **Data** | **D-1** | **Setup** 页面，在 Property 中选择 PL，在 Component 中选

择 CAMPHENE，如图 3-136 所示。

进入 **Data** ｜ **D-1** ｜ **Data** 页面，输入实验数据，如图 3-137 所示。

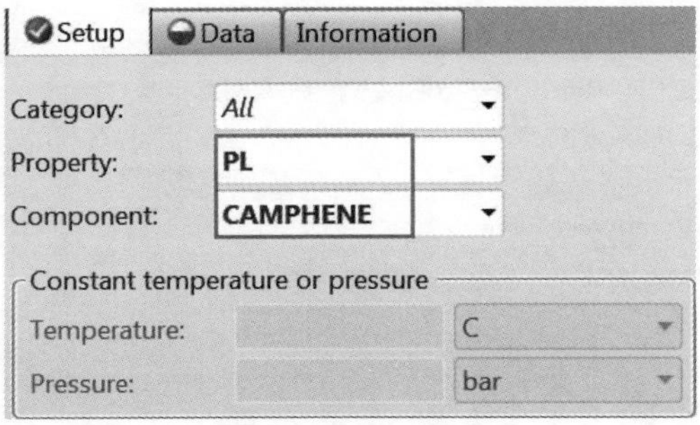

Setup
Data
Information
Category:
All
Property:
PL
Component:
CAMPHENE
Constant temperature or pressure
Temperature:
C
Pressure:
bar

图 3-136　设置数据

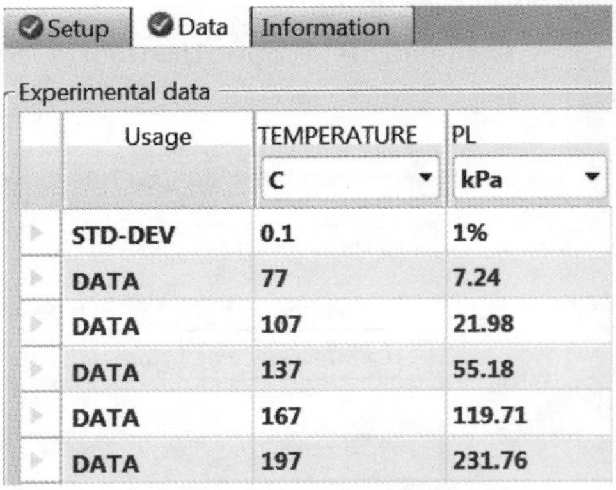

Setup
Data
Information
Experimental data
Usage
TEMPERATURE
PL
C
kPa
STD-DEV
0.1
1%
DATA
77
7.24
DATA
107
21.98
DATA
137
55.18
DATA
167
119.71
DATA
197
231.76

图 3-137　输入实验数据

在 Home 功能区选项卡中选择 Run Mode 为 Regression，点击 **New…** 按钮，建立新的数据回归，采用默认标识 R-1，如图 3-138 所示。

Chemistry
Customize
Prop Sets
ate
Draw Structure
Methods Assistant
Clean Parameters
Retrieve Parameters
Tools
NIST
DECHEMA
Data Source
Analysis
Estimation
Regression
Run Mode
sion
Name
Status
New...
Edit
Delete
Copy
Rename
Hide
Reveal
Paste
Create New ID
Enter ID:
R-1
OK
Cancel

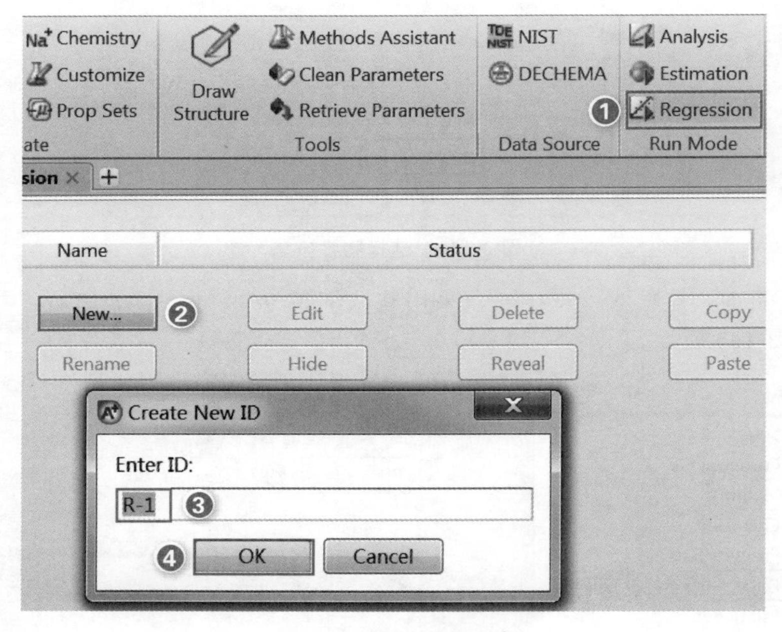

图 3-138　新建数据回归

点击 **OK**，进入 **Regression** ｜ **R-1** ｜ **Input** ｜ **Setup** 页面，设置要数据回归来源，如图 3-139 所示。

进入 **Regression** ｜ **R-1** ｜ **Input** ｜ **Parameters** 页面，设置数据回归参数，如图 3-140 所示。Element 1，2，3，4 分别代表蒸气压关联式系数 $C1$，$C2$，$C3$，$C4$。

点击 **Run**，出现 **Data Regression Run Selection** 对话框，选择欲运行的数据回归 R-1，如图 3-141 所示。

点击 **OK**，运行模拟，出现如图 3-142 所示的对话框，提示是否用回归参数置换软件内置参数，选择 **Yes to All**，用回归参数值代替软件内置参数值。

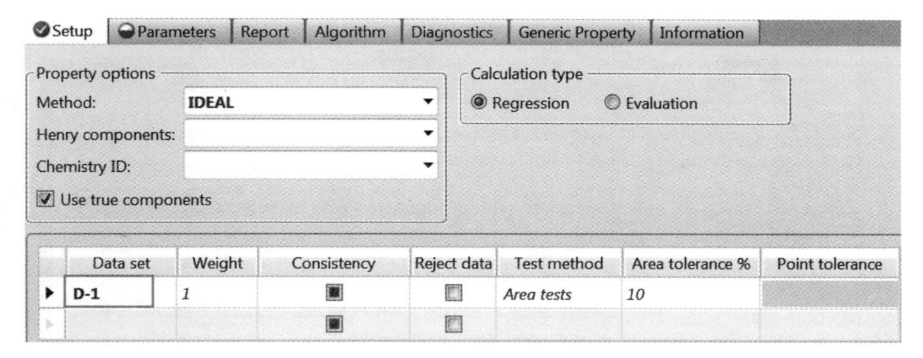

图 3-139　设置数据回归来源

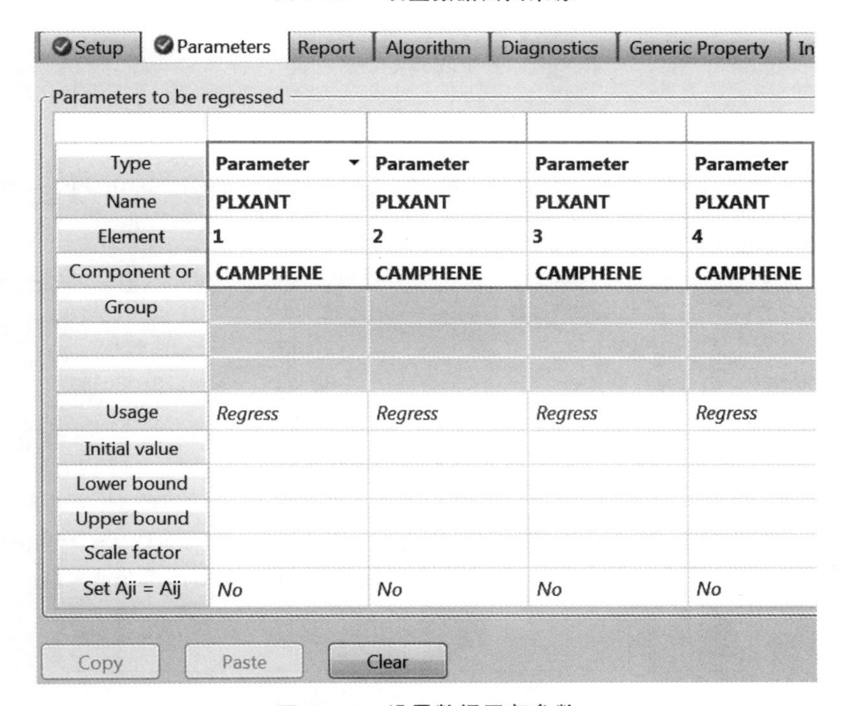

图 3-140　设置数据回归参数

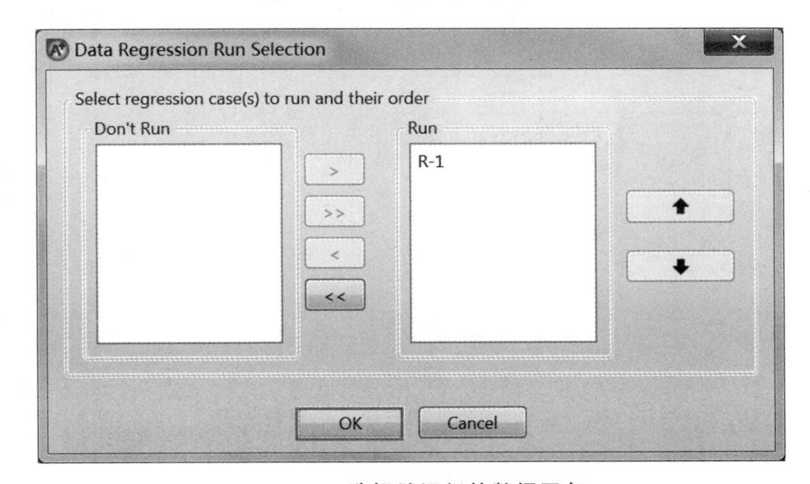

图 3-141　选择欲运行的数据回归

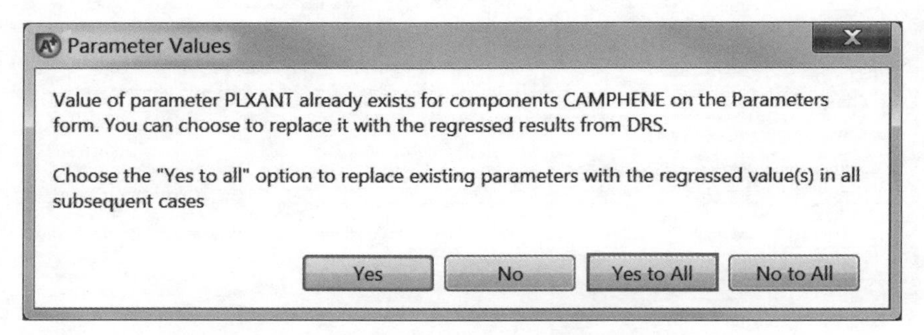

图 3-142　选择是否用回归参数置换软件内置参数

进入 **Regression** | **R-1** | **Results** | **Parameters** 页面，查看参数回归结果，如图 3-143 所示。

Parameters | Consistency Tests | Residual | Profiles | Correlation | Sum of Squares | Evaluation

Regressed parameters

Parameter	Component i	Component j	Value (SI units)	Standard deviation
PLXANT/1	CAMPHENE		78.4704	0.00722371
PLXANT/2	CAMPHENE		-7165.38	2.86953
PLXANT/3	CAMPHENE		-6.33835	0.0530389
PLXANT/4	CAMPHENE		0.0025417	5.96868e-06

图 3-143　查看参数回归结果

点击 Home 功能区选项卡中的 **Plot** | **Prop. vs T**，生成 **Property vs. Temperature** 对话框，点击 **OK**，生成如图 3-144 所示曲线，可见实验数据与回归结果非常吻合。

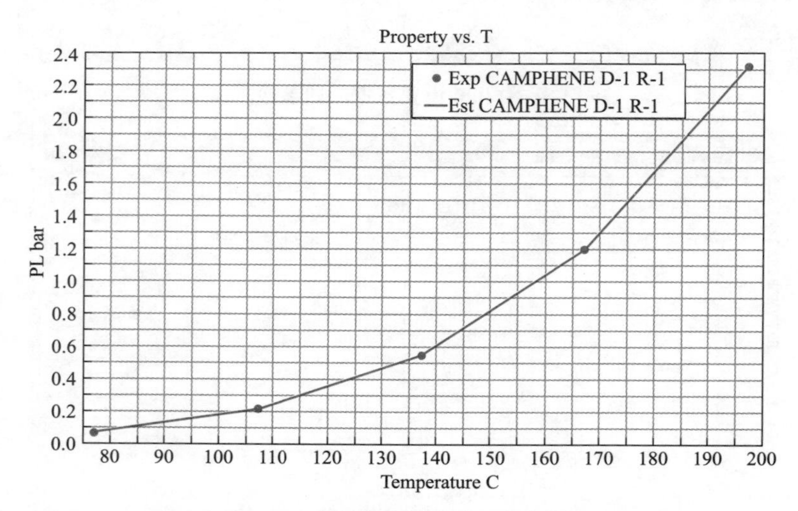

图 3-144　实验数据与回归结果对比图

例 3.15

例 3.15
演示视频

利用 70℃下测得的 1,2 二氯乙烷(1)-正庚烷(2)体系的汽液相平衡实验数据(见表 3-40)回归 Wilson 方程的二元交互作用参数。

表 3-40　1,2 二氯乙烷-正庚烷体系的汽液相平衡实验数据

p/mmHg	x_1(摩尔分数)	y_1(摩尔分数)	p/mmHg	x_1(摩尔分数)	y_1(摩尔分数)
302.87	0.0000	0.0000	533.44	0.6578	0.7089
372.62	0.0911	0.2485	536.58	0.7644	0.7696
429.28	0.1979	0.4174	535.78	0.8132	0.7877
466.48	0.2867	0.5052	530.9	0.8603	0.8201
491.02	0.3674	0.5590	524.21	0.8930	0.8458
509.4	0.4467	0.6078	515.15	0.9332	0.8900
520.41	0.5044	0.6535	505.15	0.9572	0.9253
525.71	0.5733	0.6646	498.04	0.9812	0.9537
			486.41	1.0000	1.0000

注：1mmHg=133.322Pa。

本例模拟步骤如下：

启动 Aspen Plus，选择模板 General with Metric Units，将文件保存为 Example3.15-DataRegression.bkp。

进入 **Components** | **Specifications** | **Selection** 页面，输入组分 1:2-D-01(1,2-二氯乙烷)、N-HEP-01(正庚烷)，如图 3-145 所示。

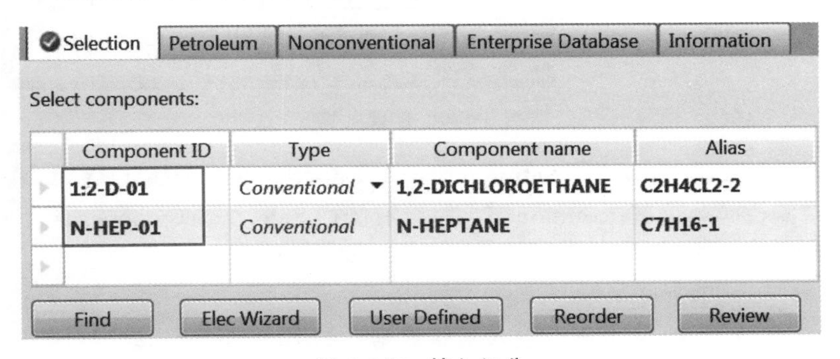

图 3-145　输入组分

点击N▶，进入 **Methods** | **Specifications** | **Global** 页面，选择物性方法 WILSON，如图 3-146 所示。

点击N▶，进入 **Methods** | **Parameters** | **Binary Interaction** | **WILSON-1** | **Input** 页面，查看方程的二元交互作用参数，如图 3-147 所示。

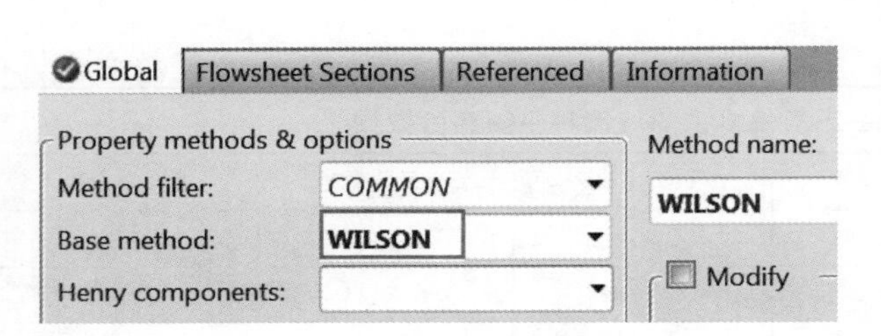

图 3-146 选择物性方法

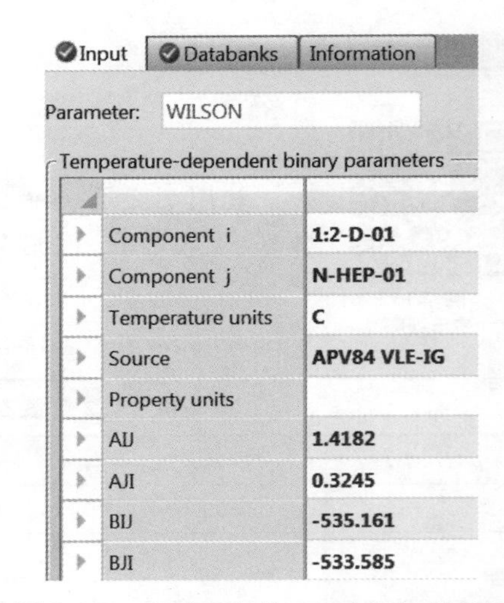

图 3-147 查看方程的二元交互作用参数

进入 **Data** 页面，点击 **New…** 按钮，采用默认标识 D-1，在 Select Type 中选择 MIXTURE，如图 3-148 所示。

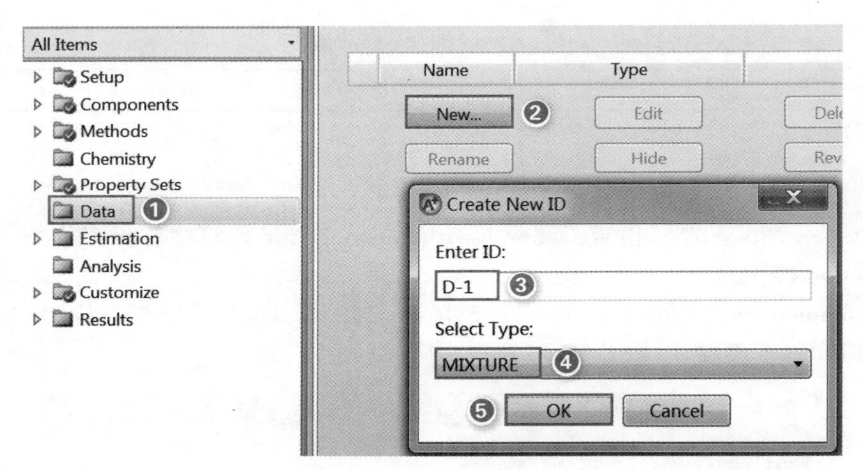

图 3-148 新建数据

点击 **OK**，进入 **Data** | **D-1** | **Setup** 页面，在 Data Type 中选择 TPXY，将 1:2-D-01 和 N-HEP-01 从左侧栏 Available components 移至右侧栏 Selected components，此处选择组分的顺序与后面的数据输入有很大关系，由于已知 1:2-D-01 的摩尔分数，所以先选择 1:2-D-01，再选择 N-HEP-01，如图 3-149 所示。

进入 **Data** | **D-1** | **Data** 页面，输入实验数据，如图 3-150 所示。

在 Home 功能区选项卡中选择 Run Mode 为 Regression，点击 **New…** 按钮，建立新的数据回归，采用默认标识 R-1，如图 3-151 所示。

点击 **OK**，进入 **Regression** | **R-1** | **Input** | **Setup** 页面，设置要回归的物性方法以及数据来源，默认进行热力学一致性检验，如图 3-152 所示。

进入 **Regression** | **R-1** | **Input** | **Parameters** 页面，设置数据回归参数，如图 3-153 所示。Element 1，1，2，2 分别表示 Wilson 方程的两组二元交互参数 A_{ij}，A_{ji}，B_{ij}，B_{ji}。

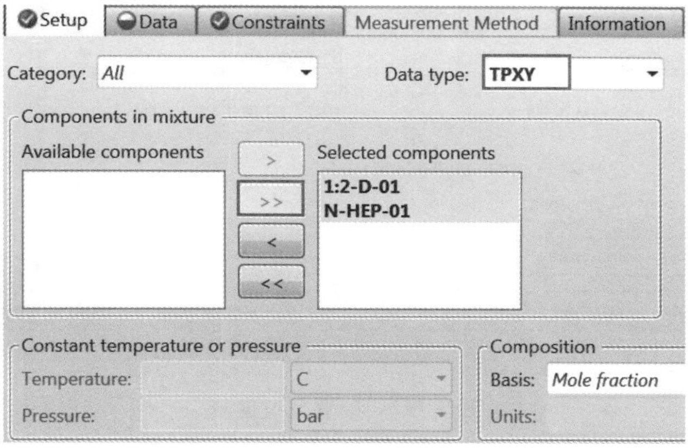

图 3-149　设置数据

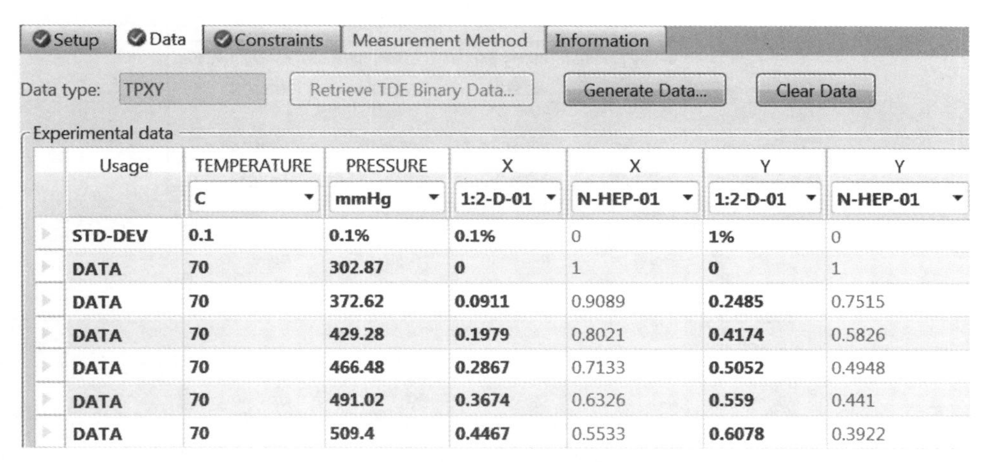

Usage	TEMPERATURE	PRESSURE	X	X	Y	Y
	C	mmHg	1:2-D-01	N-HEP-01	1:2-D-01	N-HEP-01
STD-DEV	0.1	0.1%	0.1%	0	1%	0
DATA	70	302.87	0	1	0	1
DATA	70	372.62	0.0911	0.9089	0.2485	0.7515
DATA	70	429.28	0.1979	0.8021	0.4174	0.5826
DATA	70	466.48	0.2867	0.7133	0.5052	0.4948
DATA	70	491.02	0.3674	0.6326	0.559	0.441
DATA	70	509.4	0.4467	0.5533	0.6078	0.3922

图 3-150　输入实验数据

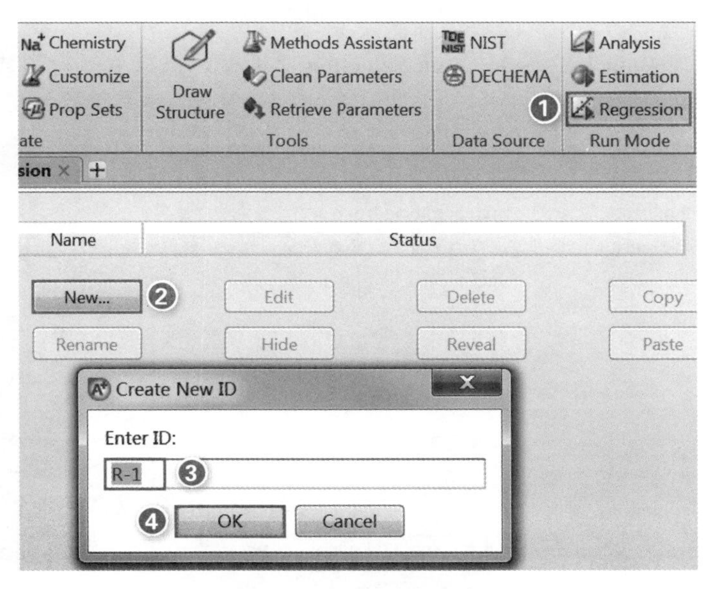

图 3-151　新建数据回归

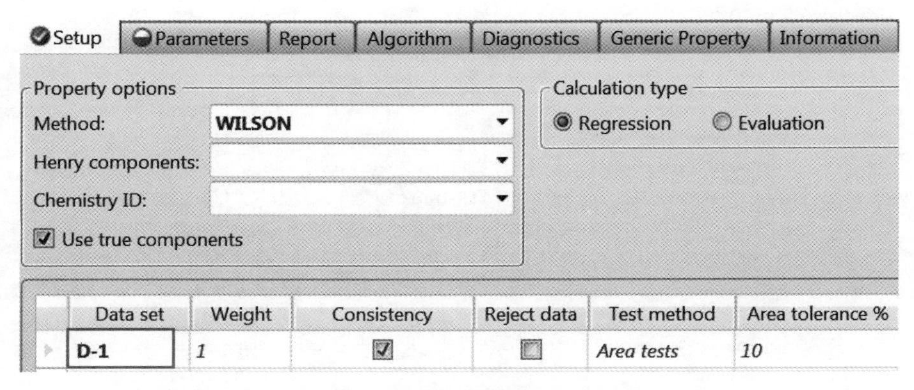

图 3-152　设置数据回归

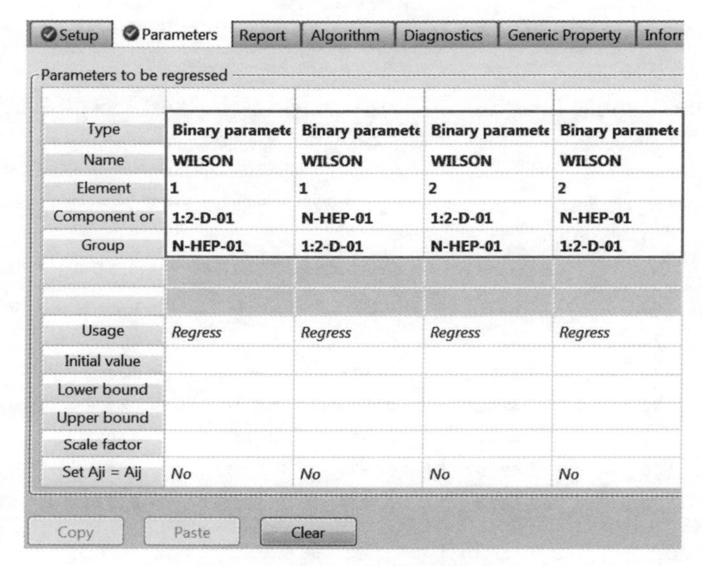

图 3-153　设置数据回归参数

点击 **Run**，出现 **Data Regression Run Selection** 对话框，选择欲运行的数据回归 R-1，如图 3-154 所示。

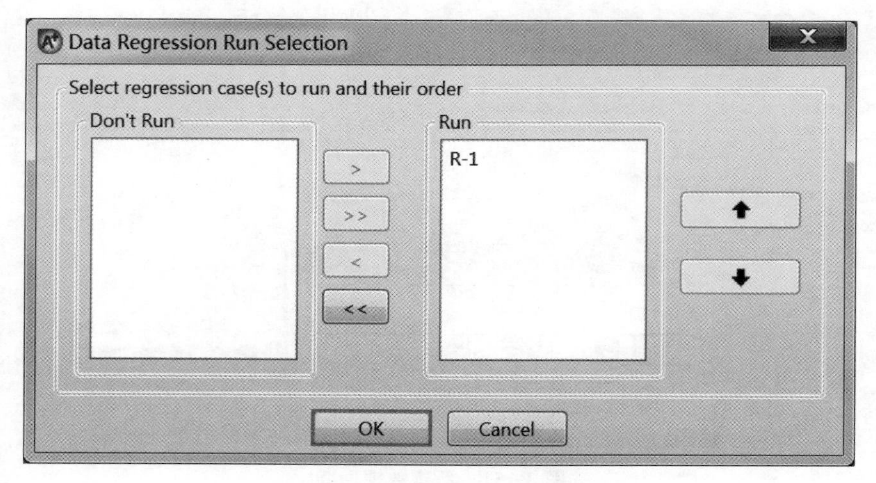

图 3-154　选择欲运行的数据回归

点击 **OK**，运行模拟，出现如图 3-155 所示的对话框，提示是否用回归参数置换软件原来的参数，选择 **Yes to All**，用回归参数值代替软件原有参数值。

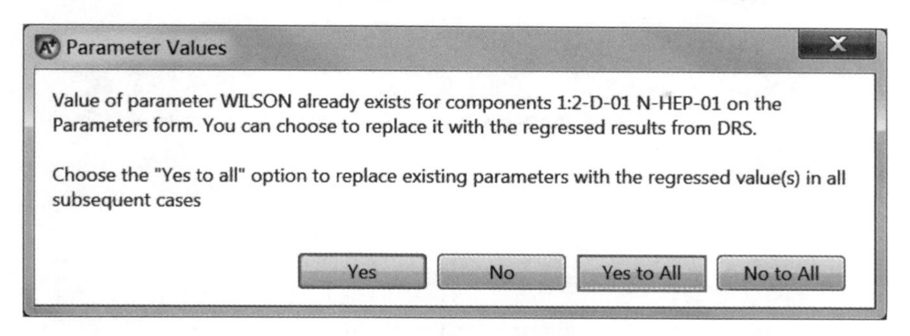

图 3-155　**选择是否用回归参数置换软件原来的参数**

进入 **Regression** | **R-1** | **Results** | **Parameters** 页面，查看回归结果及标准差，如图 3-156 所示。

Parameters | Consistency Tests | Residual | Profiles | Correlation | Sum of Squares | Evalu

Regressed parameters

Parameter	Component i	Component j	Value (SI units)	Standard deviation
WILSON/1	1:2-D-01	N-HEP-01	-12.7638	0
WILSON/1	N-HEP-01	1:2-D-01	-2.9205	0
WILSON/2	1:2-D-01	N-HEP-01	4339.05	18.7927
WILSON/2	N-HEP-01	1:2-D-01	564.101	28.4459

图 3-156　**查看 Parameters(参数)页面结果**

进入 **Regression** | **R-1** | **Results** | **Consistency Tests** 页面，查看热力学检验结果，发现通过了热力学一致性检验，如图 3-157 所示。

Parameters | Consistency Tests | Residual | Profiles | Correlation | Su

Thermodynamic consistency test for binary VLE data

Data set	Test method	Result	Value	Tolerance
D-1	AREA	PASSED	0.833673	10%

图 3-157　**查看 Consistency Tests(一致性检验)页面结果**

进入 **Regression** | **R-1** | **Results** | **Residual** 页面，查看回归值的标准偏差、绝对偏差和相对偏差，如图 3-158 所示。

进入 **Regression** | **R-1** | **Results** | **Profiles** 页面，查看回归结果汇总部分回归结果，如图 3-159 所示。

进入 **Regression** | **R-1** | **Results** | **Sum of Squares** 页面，查看加权平方和与均方根残差，如图 3-160 所示。

回归结果保存在 **Methods** | **Parameters** | **Binary Interaction** | **WILSON-1** 页面中，如图 3-161 所示。

用户可以使用回归得到的二元交互作用参数在 Aspen Plus 中进行流程模拟，也可以使用

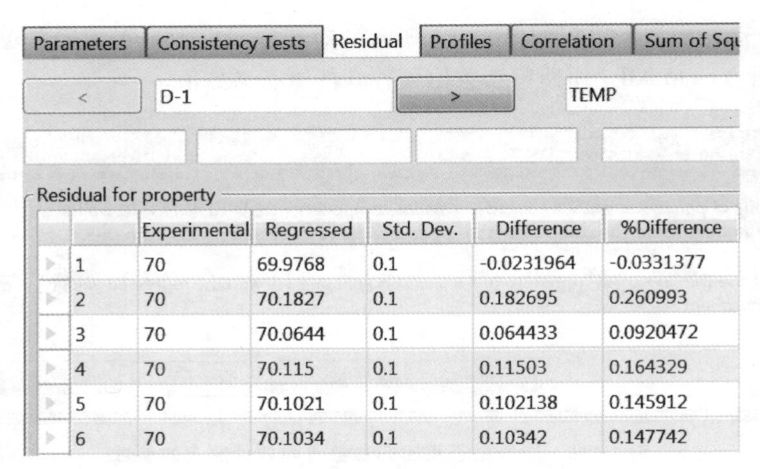

Parameters | Consistency Tests | Residual | Profiles | Correlation | Sum of Squ

D-1 TEMP

Residual for property

	Experimental	Regressed	Std. Dev.	Difference	%Difference
1	70	69.9768	0.1	-0.0231964	-0.0331377
2	70	70.1827	0.1	0.182695	0.260993
3	70	70.0644	0.1	0.064433	0.0920472
4	70	70.115	0.1	0.11503	0.164329
5	70	70.1021	0.1	0.102138	0.145912
6	70	70.1034	0.1	0.10342	0.147742

图 3-158 查看 **Residual**(残差)页面结果

Parameters | Consistency Tests | Residual | Profiles | Correlation | Sum of Squares | Evaluation | Extra Pr

Data set: D-1

Summary of regression results

Exp Val TEMP C	Est Val TEMP C	Exp Val PRES bar	Est Val PRES bar	Exp Val MOLEFRAC X 1:2-D-01	Est Val MOLEFRAC X 1:2-D-01	Exp Val MOLEFRAC X N-HEP-01	Est Val MOLEFRAC X N-HEP-01
70	69.9768	0.403...	0.40382	0	0	1	1
70	70.1827	0.496...	0.4965...	0.0911	0.0910987	0.9089	0.908901
70	70.0644	0.572...	0.5722...	0.1979	0.197906	0.8021	0.802095
70	70.115	0.621...	0.6217...	0.2867	0.28671	0.7133	0.713291
70	70.1021	0.65464	0.6544...	0.3674	0.367391	0.6326	0.632609
70	70.1034	0.679...	0.6789...	0.4467	0.446662	0.5533	0.553338

图 3-159 查看 **Profiles** 页面结果

Parameters | Consistency Tests | Residual | Profiles | Correlation | Sum of Squares

Regression results summary

Objective function:	MAXIMUM-LIKELIHOOD
Algorithm:	NEW BRITT-LUECKE
Initialization method:	DEMING
Weighted sum of squares:	287.131
Residual root mean square error:	4.69968

图 3-160 查看 **Sum of Squares** 页面结果

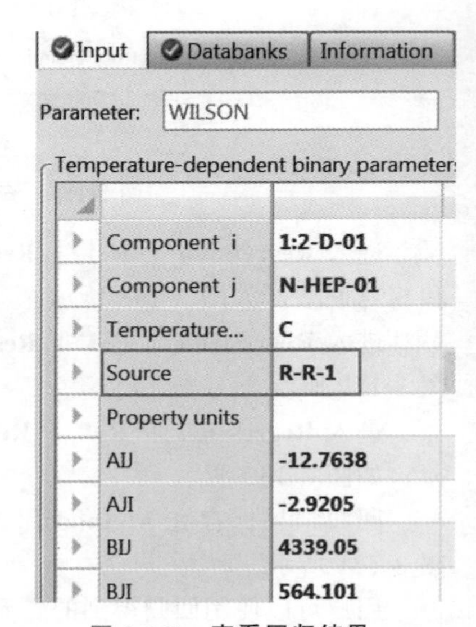

Input | Databanks | Information

Parameter: WILSON

Temperature-dependent binary parameter

Component i	1:2-D-01
Component j	N-HEP-01
Temperature...	C
Source	R-R-1
Property units	
AIJ	-12.7638
AJI	-2.9205
BIJ	4339.05
BJI	564.101

图 3-161 查看回归结果

回归结果作图。点击 **Home** 功能区选项卡中的 **Plot** | **P-xy** 生成如图 3-162 所示的曲线，可见实验数据与计算数据非常吻合，说明用 WILSON 方程拟合这两组实验数据是合适的。

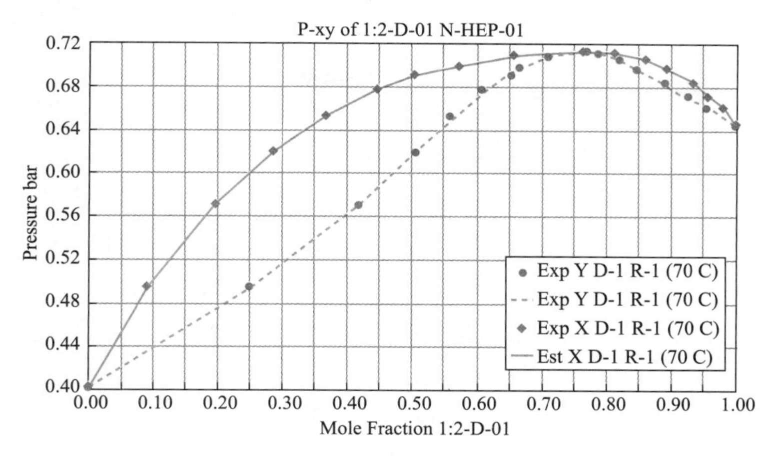

图 3-162 **实验数据与计算数据对比图**

用户也可以通过 NIST TDE 数据库获取实验数据进行回归。进入 **Data** 页面，点击 **New…** 按钮，采用默认标识 D-2，在 Select Type 中选择 MIXTURE，如图 3-163 所示。

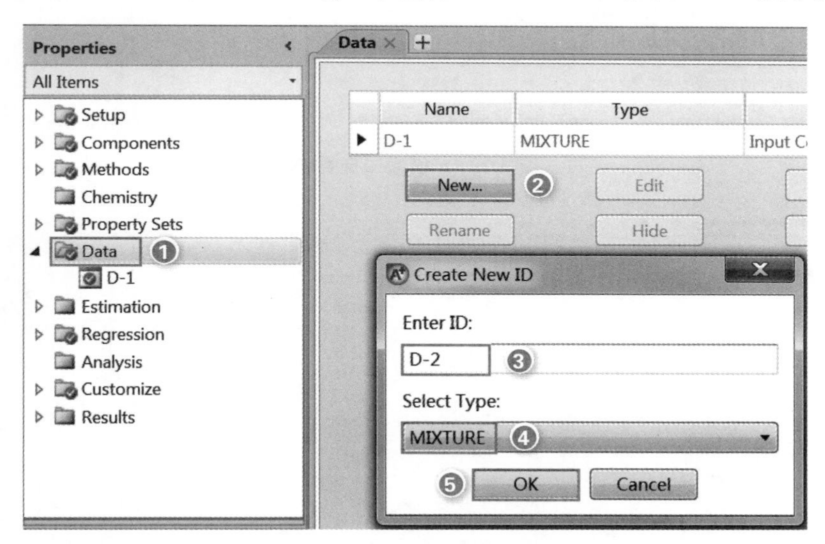

图 3-163 **创建新的数据回归**

点击 **OK**，进入 **Data** | **D-2** | **Setup** 页面，将 1：2-D-01 和 N-HEP-01 从左侧栏 Available components 移至右侧栏 Selected components 中，如图 3-164 所示。

进入 **Data** | **D-2** | **Data** 页面，点击 **Retrieve TDE Binary Data…**检索二元数据，如图 3-165 所示。

NIST TDE 数据库中列出了许多 1,2 二氯乙烷-正庚烷体系的汽液相平衡实验数据，点击 Binary VLE 004 查看数据结果，如图 3-166 所示。

点击图 3-166 中的 **Save Data**，导入 NIST TDE 数据库中的汽液相平衡实验数据，如图 3-167 所示。

获得实验数据后，用户可以根据前面所述的步骤回归二元交互作用参数。

图 3-164 设置数据

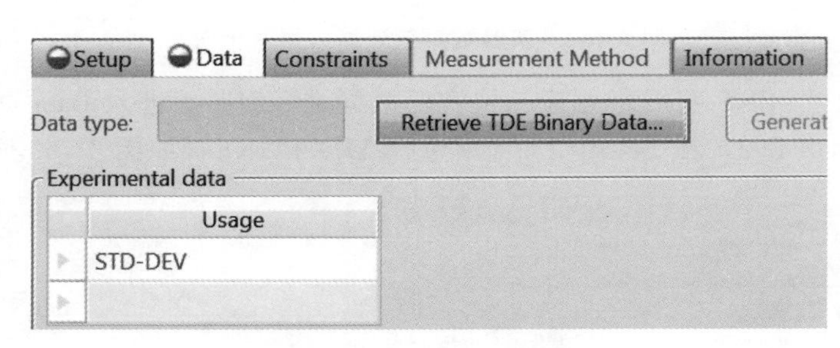

图 3-165 检索二元数据

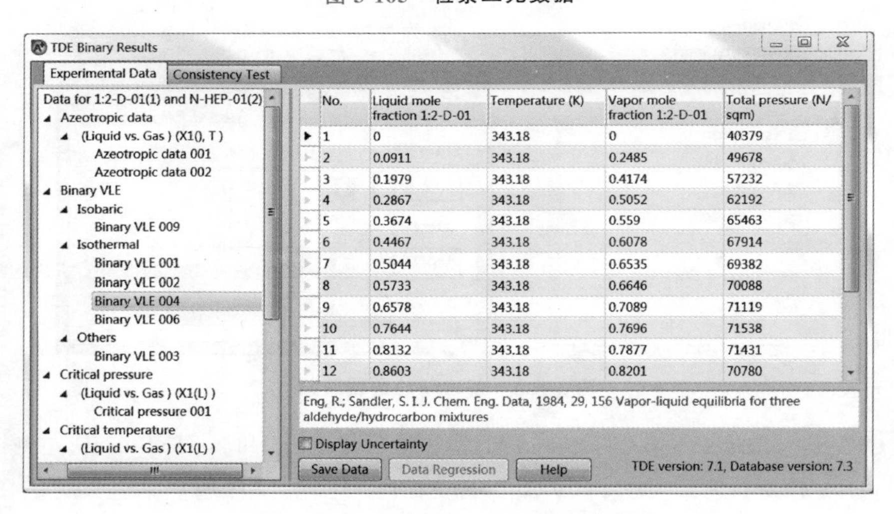

No.	Liquid mole fraction 1:2-D-01	Temperature (K)	Vapor mole fraction 1:2-D-01	Total pressure (N/sqm)
1	0	343.18	0	40379
2	0.0911	343.18	0.2485	49678
3	0.1979	343.18	0.4174	57232
4	0.2867	343.18	0.5052	62192
5	0.3674	343.18	0.559	65463
6	0.4467	343.18	0.6078	67914
7	0.5044	343.18	0.6535	69382
8	0.5733	343.18	0.6646	70088
9	0.6578	343.18	0.7089	71119
10	0.7644	343.18	0.7696	71538
11	0.8132	343.18	0.7877	71431
12	0.8603	343.18	0.8201	70780

图 3-166 查看 Binary VLE 004 数据

当用户需要清除物性参数时可以点击 Home 功能区选项卡中的 **Clean Parameters**，出现 **Clean Property Parameters** 对话框，如图 3-168 所示。

Clean property parameters placed on input forms，表示清除已经添加到输入框的物性参数，这些物性参数来自回归、估算或从数据库中提取。

Purge incomplete property parameters and empty records，表示清除不完整(缺少数值、组分 ID、参数名称)的物性参数，这些参数的存在是因为输入框填写不完整，或一个带有物性参数

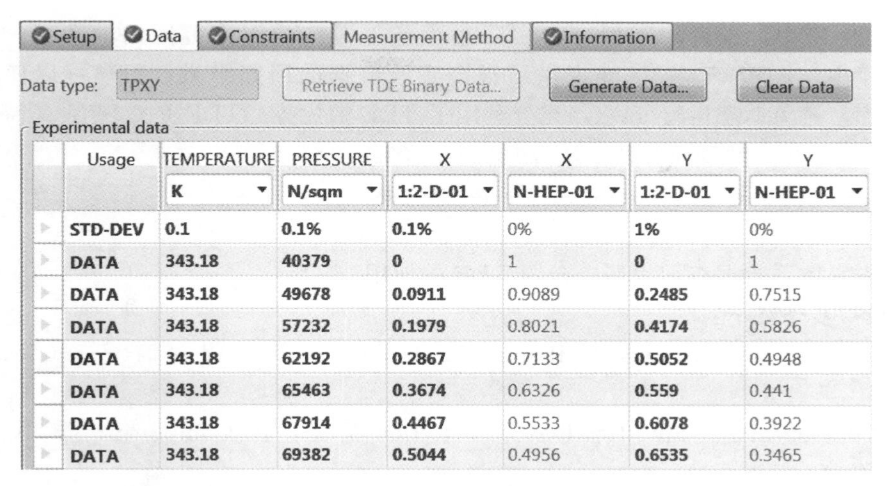

Setup | Data | Constraints | Measurement Method | Information

Data type: TPXY | Retrieve TDE Binary Data... | Generate Data... | Clear Data

Experimental data

Usage	TEMPERATURE	PRESSURE	X	X	Y	Y
	K	N/sqm	1:2-D-01	N-HEP-01	1:2-D-01	N-HEP-01
STD-DEV	0.1	0.1%	0.1%	0%	1%	0%
DATA	343.18	40379	0	1	0	1
DATA	343.18	49678	0.0911	0.9089	0.2485	0.7515
DATA	343.18	57232	0.1979	0.8021	0.4174	0.5826
DATA	343.18	62192	0.2867	0.7133	0.5052	0.4948
DATA	343.18	65463	0.3674	0.6326	0.559	0.441
DATA	343.18	67914	0.4467	0.5533	0.6078	0.3922
DATA	343.18	69382	0.5044	0.4956	0.6535	0.3465

图 3-167　导入 NIST TDE 数据库中的汽液相平衡实验数据

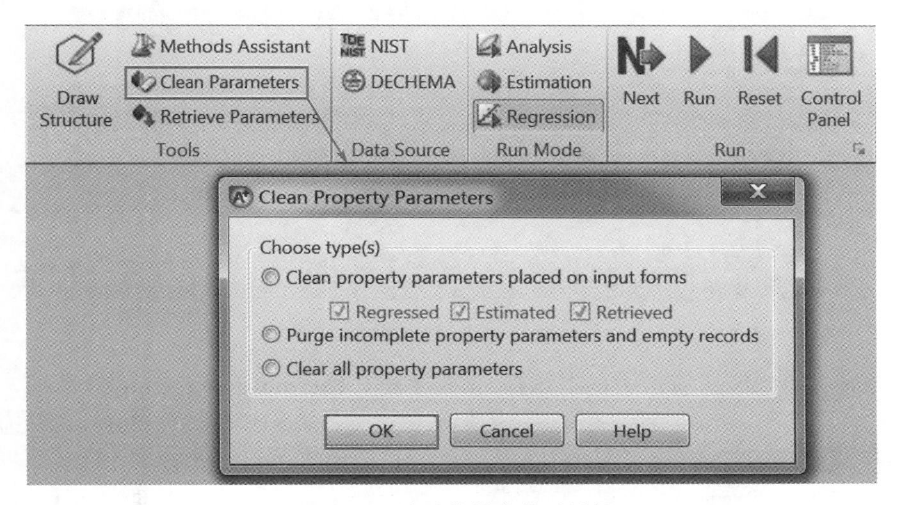

图 3-168　清除物性参数对话框

数据的组分被删除，或删除一个物性方法，但该物性方法的特定参数仍然存在。

Clean all property parameters，表示清除常规参数和 UNIFAC 二元参数的所有数据，将 **Methods** | **Parameters** 页面下的表格恢复至一个新建模拟的初始状态。

3.11　TDE 简介

ThermoData Engine(TDE)是由美国国家标准与技术研究院(NIST)提供给 Aspen Plus 和 Aspen Properties 的一种热力学数据关联、估算和预测的工具。基于动态数据估算原理，TDE 提供严格估算的热力学与传递性质数据。严格估算基于：①保存在程序数据库中公开发表的实验数据；②基于分子结构和对比状态法的预测值；③用户提供的数据。

TDE 实验数据库包含 17000 多种组分的原始物性数据，其随 Aspen Plus/Aspen Properties 自动载入。TDE 的估算结果(即模型参数)可以保存到 Aspen Plus 模拟中，并用于过程计算。TDE 中的实验数据也可以保存到模拟中，与 Aspen 物性回归系统一起使用，用来回归其他物性模型，或者用来拟合与实际过程条件对应的温度范围内的数据。在 NIST-TRC 数据库中，AspenTech 已经提供了很多实验数据的回归结果。用户可以使用 NIST-TRC 数据库，避免动态运行 TDE，充分利用了 TDE 的优势。TDE 是对现有 Aspen Plus 物性估算系统的补充，两者彼此独立运行并且共同存在。

例 3.16

以甲醇-水体系数据查询为例，介绍 TDE 的使用。

本例模拟步骤如下：

启动 Aspen Plus，选择模板 Blank Simulation，将文件保存为 Example3.16-TDE-Guide.bkp。

进入 **Components** | **Specifications** | **Selection** 页面，在 Component ID 中输入组分 CH4O 和 H2O，如图 3-169 所示。

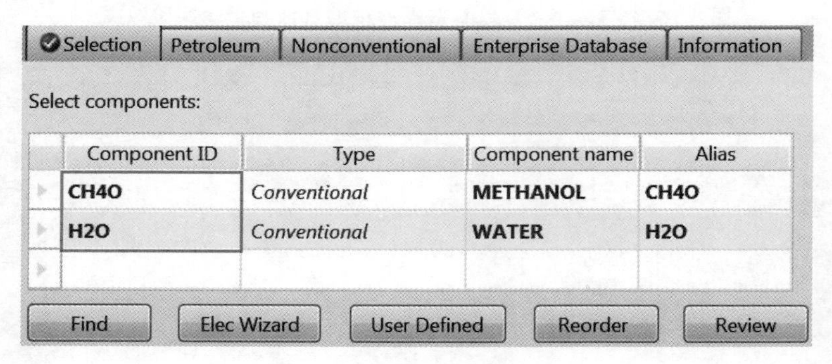

图 3-169　输入组分

点击 Home 功能区选项卡中的 **NIST**，出现 **NIST ThermoData Engine** 对话框，在 Property data type 中选择 Pure，并选择组分 CH4O，如图 3-170 所示。

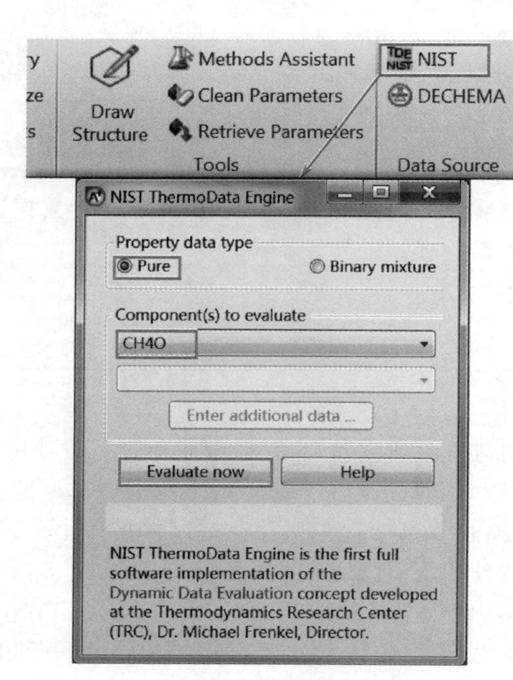

图 3-170　设置物性数据类型

点击 **Evaluate now**，进入 **TDE Pure Results** 页面，如图 3-171 所示。

以蒸气压为例，点击图 3-171 中左侧栏 Vapor pressure (Liquid vs. Gas)，默认使用 Wagner25 方程进行蒸气压的计算，如图 3-172 所示。

进入 **Experimental Data** 页面，数据分类为 Accept/Reject，点击任一处 Citation 可以看到数据来源，如图 3-173 所示。

点击 **Save Data**，出现 **Pure experimental data to be saved** 对话框，如图 3-174 所示，点击 **OK** 保存数据。

下面介绍使用 TDE 进行二元混合物实验数据查询。点击 Home 功能区选项卡中的 **NIST**，出现 **NIST ThermoData Engine** 对话框，在 Property data type 中选择 Binary mixture，

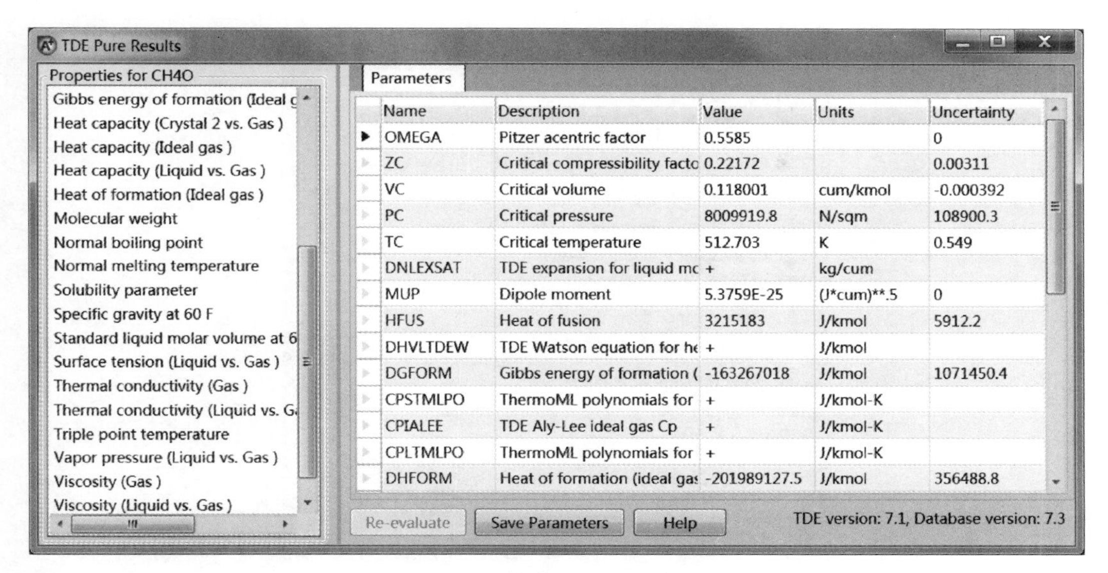
TDE Pure Results

Properties for CH4O

- Gibbs energy of formation (Ideal g
- Heat capacity (Crystal 2 vs. Gas)
- Heat capacity (Ideal gas)
- Heat capacity (Liquid vs. Gas)
- Heat of formation (Ideal gas)
- Molecular weight
- Normal boiling point
- Normal melting temperature
- Solubility parameter
- Specific gravity at 60 F
- Standard liquid molar volume at 6
- Surface tension (Liquid vs. Gas)
- Thermal conductivity (Gas)
- Thermal conductivity (Liquid vs. G
- Triple point temperature
- Vapor pressure (Liquid vs. Gas)
- Viscosity (Gas)
- Viscosity (Liquid vs. Gas)

Parameters

Name	Description	Value	Units	Uncertainty
OMEGA	Pitzer acentric factor	0.5585		0
ZC	Critical compressibility facto	0.22172		0.00311
VC	Critical volume	0.118001	cum/kmol	-0.000392
PC	Critical pressure	8009919.8	N/sqm	108900.3
TC	Critical temperature	512.703	K	0.549
DNLEXSAT	TDE expansion for liquid mc	+	kg/cum	
MUP	Dipole moment	5.3759E-25	(J*cum)**.5	0
HFUS	Heat of fusion	3215183	J/kmol	5912.2
DHVLTDEW	TDE Watson equation for he	+	J/kmol	
DGFORM	Gibbs energy of formation (	-163267018	J/kmol	1071450.4
CPSTMLPO	ThermoML polynomials for	+	J/kmol-K	
CPIALEE	TDE Aly-Lee ideal gas Cp	+	J/kmol-K	
CPLTMLPO	ThermoML polynomials for	+	J/kmol-K	
DHFORM	Heat of formation (ideal gas	-201989127.5	J/kmol	356488.8

Re-evaluate　Save Parameters　Help　TDE version: 7.1, Database version: 7.3

图 3-171　查看 TDE 纯组分结果

Parameters　Experimental Data　Evaluated Results

Name	Description	Value	Units
WAGNER25	TDE Wagner 25 liquid vapor pressure	-	N/sqm
		-8.481505	Unitless
		0.9617038	Unitless
		-2.517955	Unitless
		-0.5973588	Unitless
		15.89619	Unitless
		512.7027	K
		175.6024	K
		512.7027	K

图 3-172　查看蒸气压方程参数

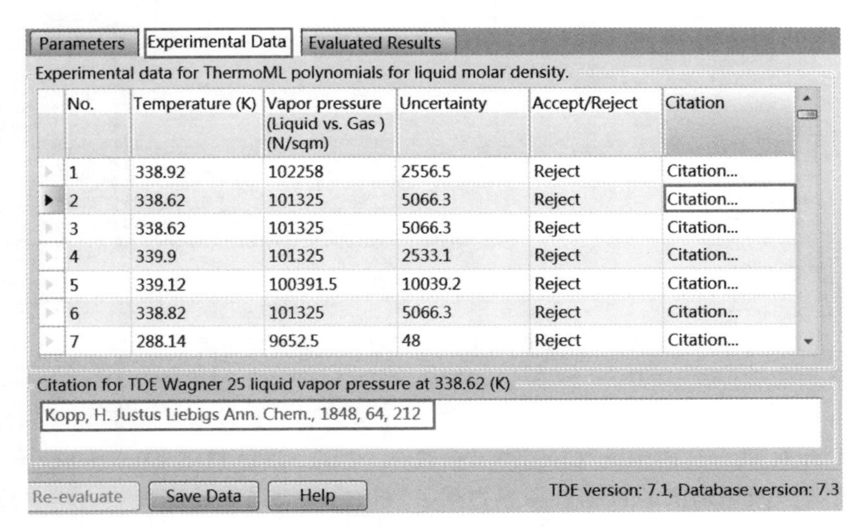
Parameters　Experimental Data　Evaluated Results

Experimental data for ThermoML polynomials for liquid molar density.

No.	Temperature (K)	Vapor pressure (Liquid vs. Gas) (N/sqm)	Uncertainty	Accept/Reject	Citation
1	338.92	102258	2556.5	Reject	Citation...
2	338.62	101325	5066.3	Reject	Citation...
3	338.62	101325	5066.3	Reject	Citation...
4	339.9	101325	2533.1	Reject	Citation...
5	339.12	100391.5	10039.2	Reject	Citation...
6	338.82	101325	5066.3	Reject	Citation...
7	288.14	9652.5	48	Reject	Citation...

Citation for TDE Wagner 25 liquid vapor pressure at 338.62 (K)

Kopp, H. Justus Liebigs Ann. Chem., 1848, 64, 212

Re-evaluate　Save Data　Help　TDE version: 7.1, Database version: 7.3

图 3-173　查看蒸气压实验数据

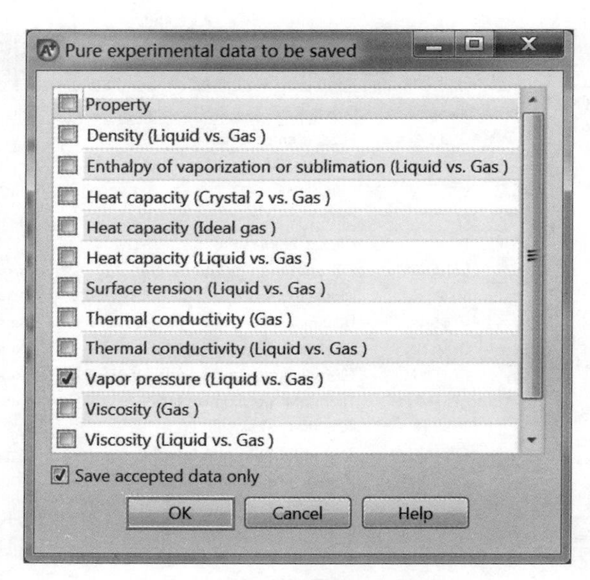

图 3-174　**保存蒸气压实验数据**

并选择组分，点击 **Retrieve data**，进入 **TDE Binary Results** 页面，如图 3-175 所示。

从图 3-175 中可以查看甲醇-水二元混合物的实验数据，包括共沸点数据、二元扩散系数、汽液平衡数据和临界性质数据等。

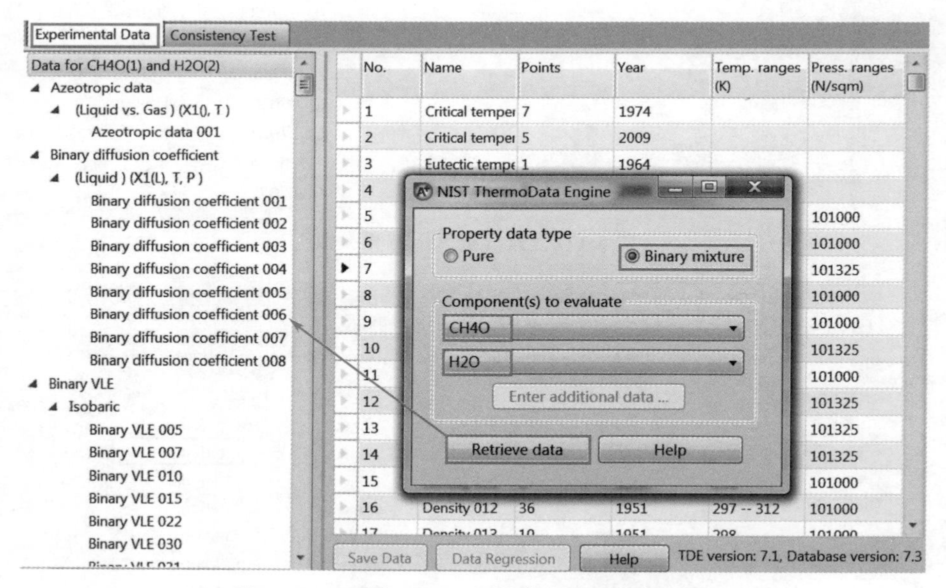

图 3-175　**查看 TDE 二元混合物实验数据结果**

并不是所有的实验数据都是可靠的，需要通过热力学一致性检验验证其可靠性。进入 **Consistency Test** 页面，点击 **Run Consistency Tests** 出现 **NIST/TDE consistency test** 对话框，点击 **OK** 对所有汽液平衡实验数据进行热力学一致性检验，结束后出现热力学一致性检验结束对话框，点击 **OK** 关闭，如图 3-176 所示。

图 3-177 为热力学一致性检验总体结果。在 Isotherm 和 Isobaric 列判断属于恒温或恒压

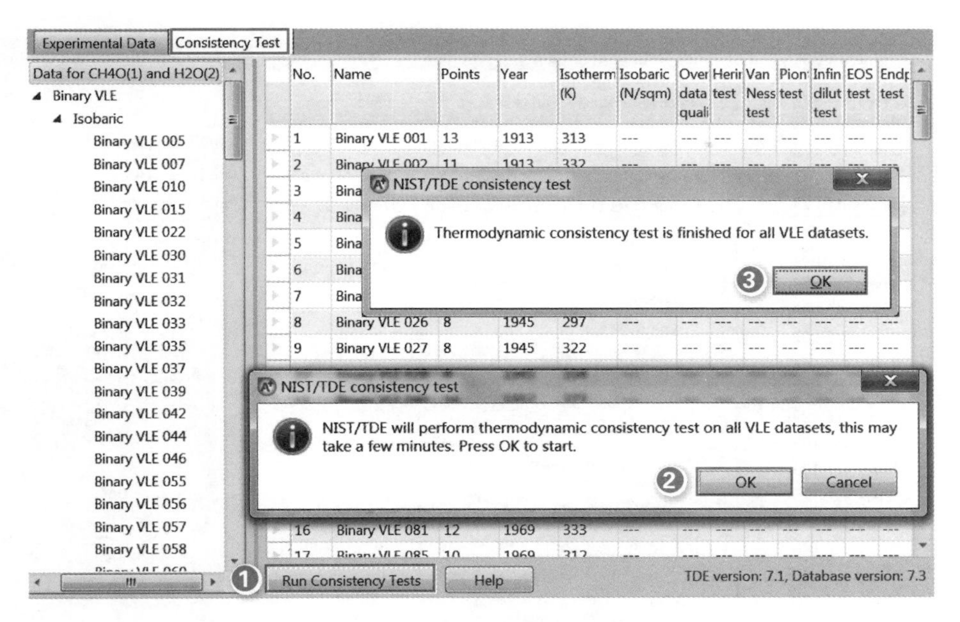

图 3-176　**热力学一致性检验**

下的相平衡数据，右击 Overall data quality，点击 Sort Descending(降序排列)，数值范围为0～1，一般选择整体数据质量较高的实验数据。

No.	Name	Points	Year	Isotherm (K)	Isobaric (N/sqm)	Overall data quality	Herington test	Van Ness test	Piont test	Infinite dilution test	EOS test	Endpoint test
1	Binary VLE 001	13	1913	313	---	0.2				led	---	0.838
2	Binary VLE 002	11	1913	332	---	0.5				led	---	0.762
3	Binary VLE 004	25	1927	322	---	0.5				ssed	---	0.707
4	Binary VLE 008	25	1927	322	---	0.594	Passed	Passed	Failed	Passed	---	0.707
5	Binary VLE 012	10	1929	313	---	0.279	---	Passed	Failed	---	---	0.459
6	Binary VLE 017	10	1933	298	---	0.5	---	---	---	---	---	1
7	Binary VLE 024	10	1936	313	---	0.231	---	---	---	---	---	0.462
8	Binary VLE 026	8	1945	297	---	0.388	---	---	---	---	---	0.777
9	Binary VLE 027	8	1945	322	---	0.348	---	---	---	---	---	0.697
10	Binary VLE 028	8	1945	334	---	0.243	---	---	---	---	---	0.487
11	Binary VLE 040	16	1952	373	---	0.203	Failed	Passed	Failed	Failed	---	0.508
12	Binary VLE 051	18	1956	508	---	0.433	---	---	---	---	Failed	0.41
13	Binary VLE 052	36	1956	442	---	0.03	Failed	Failed	Failed	Failed	Failed	0.159
14	Binary VLE 053	17	1956	473	---	0.15	Failed	Failed	Failed	Failed	Failed	0.492
15	Binary VLE 066	6	1958	413	---	0.19	Failed	Failed	Failed	Failed	Passed	0.289
16	Binary VLE 081	12	1969	333	---	0.439	Passed	Passed	Passed	Failed	---	0.529

图 3-177　**热力学一致性检验总体结果**

双击某行实验数据，可以查看该组实验数据热力学一致性检验的详细结果，根据每一种检验方法的计算结果和一致性判据，判断该组实验数据是否通过热力学一致性检验。本例双击 Binary VLE 079，进入如图 3-178 所示页面，在页面中双击任意热力学一致性检验方法，查看详细信息。同时可以在 Home 功能区选项卡中的 **Plot** 中选择与一致性检验方法相对应的图名，查看与该检验方法相对应的曲线，图 3-179 所示为 Herington 热力学一致性检验结果。

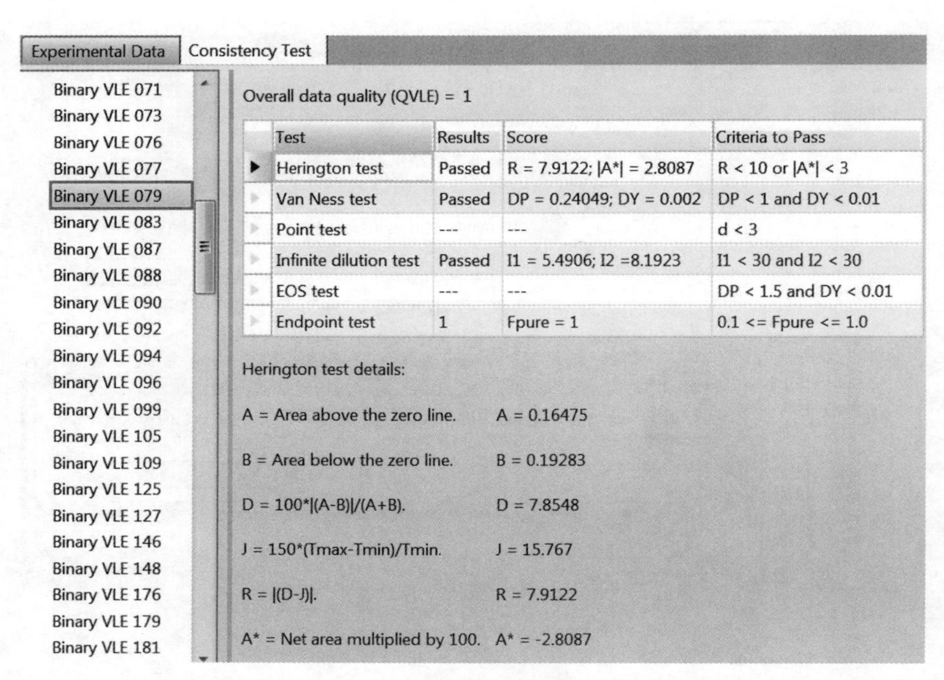

Test	Results	Score	Criteria to Pass
Herington test	Passed	R = 7.9122; |A*| = 2.8087	R < 10 or |A*| < 3
Van Ness test	Passed	DP = 0.24049; DY = 0.002	DP < 1 and DY < 0.01
Point test	---	---	d < 3
Infinite dilution test	Passed	I1 = 5.4906; I2 =8.1923	I1 < 30 and I2 < 30
EOS test	---	---	DP < 1.5 and DY < 0.01
Endpoint test	1	Fpure = 1	0.1 <= Fpure <= 1.0

图 3-178　**Binary VLE 079 热力学一致性检验详细结果**

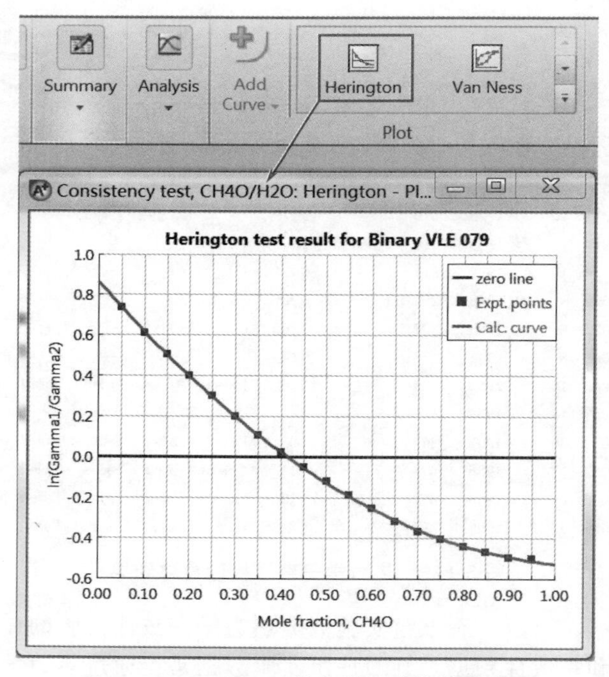

图 3-179　**Herington 热力学一致性检验结果**

进入 **Experimental Data** 页面，选择 Binary VLE 079，点击“T-xy”绘制 T-xy 相图，如图 3-180 所示。

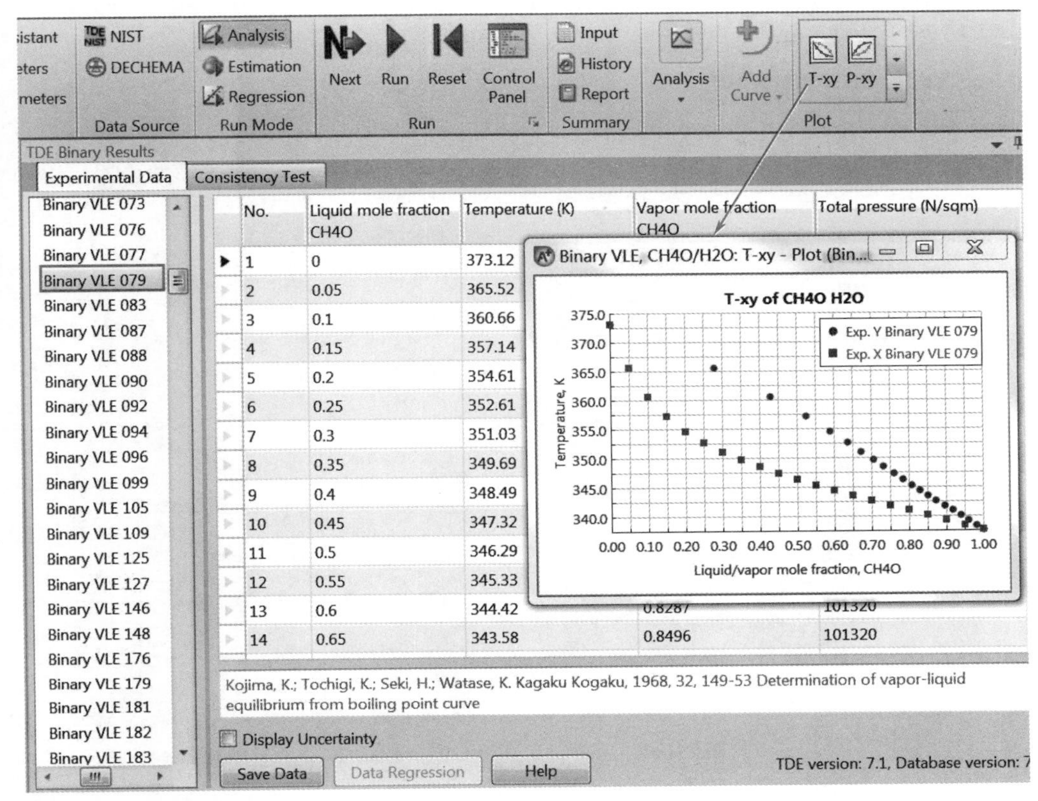

图 3-180　绘制 *T-xy* 相图

例 3.17

用 TDE 估算组分 C_2BrF_5 的物性。

本例模拟步骤如下：

启动 Aspen Plus，选择模板 Blank Simulation，将文件保存为 Example3.17-TDEEstimate.bkp。

进入 **Components** | **Specifications** | **Selection** 页面，在 Component ID 中输入组分名 C2BRF5，如图 3-181 所示。

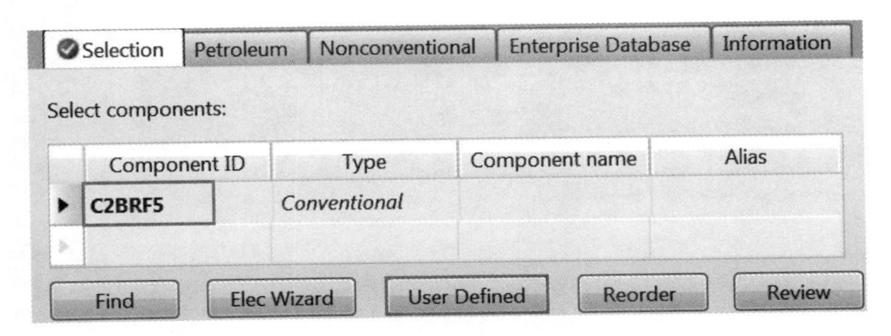

图 3-181　输入组分

选中组分并点击 **User Defined**，出现 **User-Defined Component Wizard**(用户自定义组分向导)对话框，如图 3-182 所示。

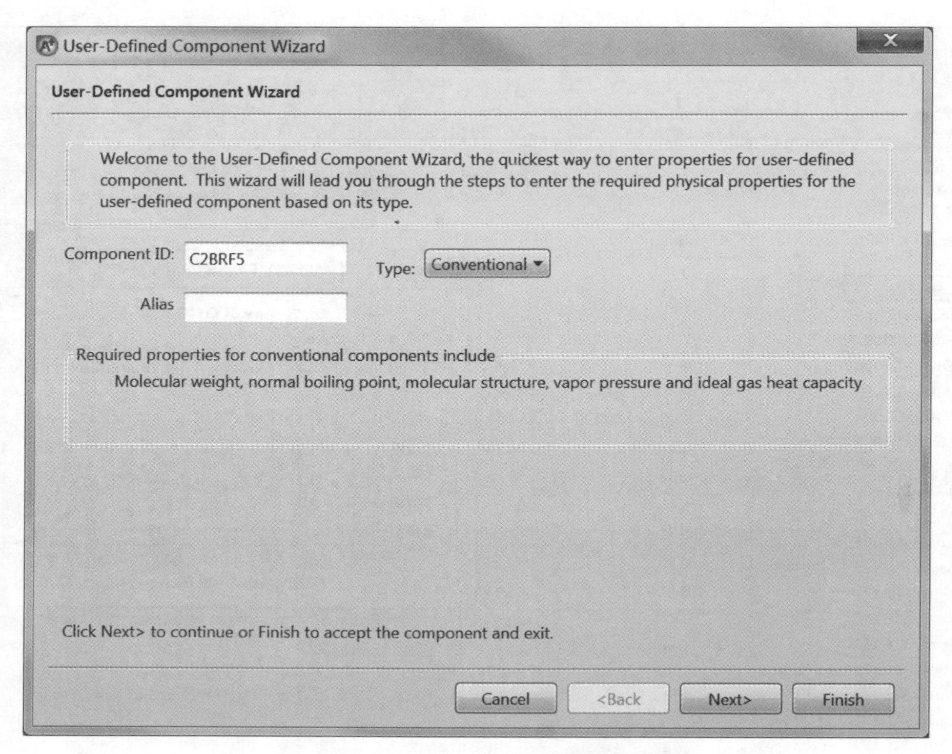

图 3-182 用户自定义组分向导对话框

点击 **Next>**，出现 **Basic data for conventional component** 对话框，如图 3-183 所示。

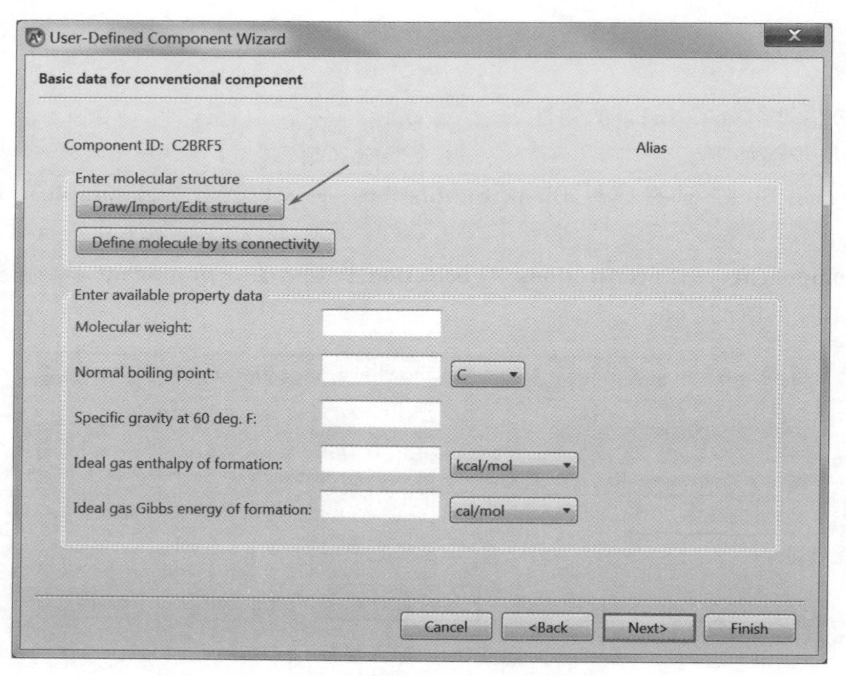

图 3-183 常规组分基础数据对话框

点击 **Draw/Import/Edit structure**，出现 **Molecule Editor** 对话框，点击左上角导入mol文件，选择 BrC2F5.mol 文件并打开，该对话框根据 mol 文件名或分子结构自动命名，如图 3-184 所示。

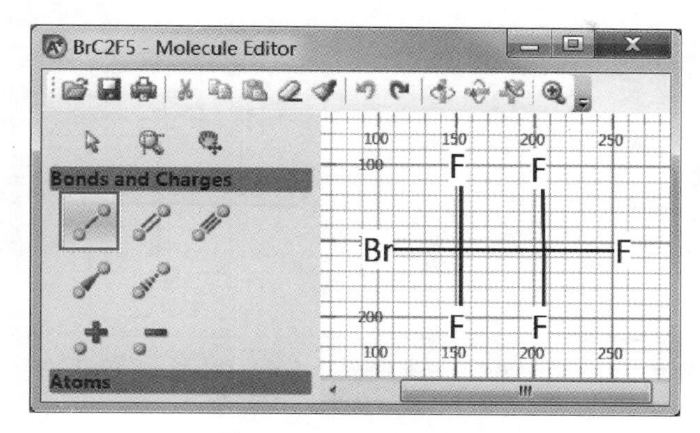

图 3-184　**导入 mol 文件**

也可以在 **Molecule Editor** 对话框中绘制分子结构。选择 Bonds and Charges 中的及 Atoms 中的，在界面中的一处左击并拖动一节距离后释放，如图 3-185 所示。

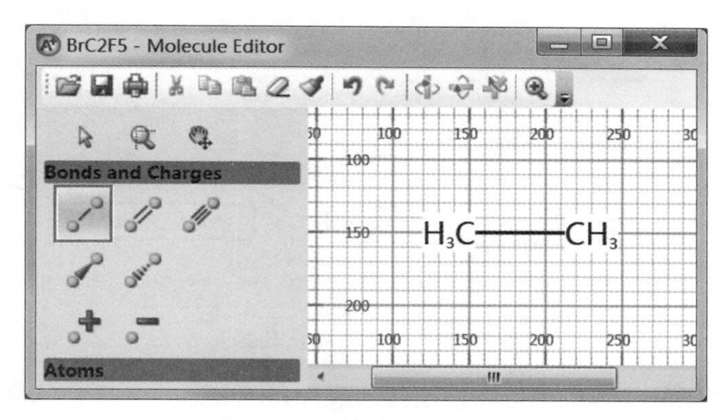

图 3-185　**绘制 C—C 骨架**

以同样的方法继续绘制一个甲基，并依次绘制整个结构。将鼠标放在骨架上，就会显示具体的碳原子情况，如图 3-186 所示。

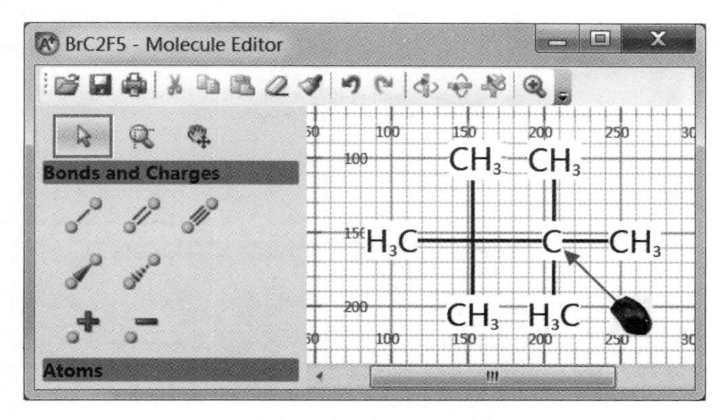

图 3-186　**完整 C 骨架结构**

接下来进行甲基的替换，选择 Atoms 中的[F]，并在相对应的位置处左击—CH_3，此时将—CH_3 替换为 F，如图 3-187 所示。同样的方法替换为 Br。

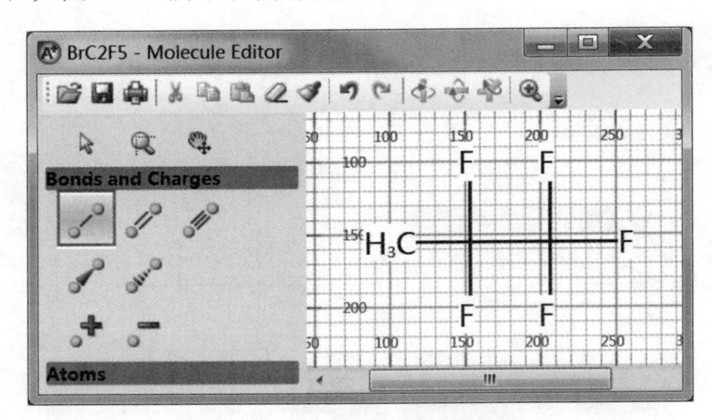

图 3-187　替换为 F 原子

完成对分子结构的输入后，关闭该对话框，也可以保存成 mol 文件，方便以后使用。此时 **Basic data for conventional component** 对话框显示 Structure is available，如图 3-188 所示。

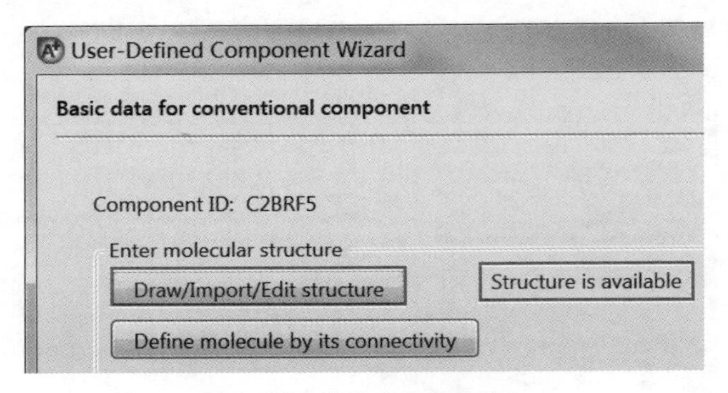

图 3-188　完成分子结构输入

点击 **Next**>，并点击 **Evaluate now**，出现 **NIST/TDE pure property evaluation** 对话框，点击 **OK** 开始纯组分物性数据估算，如图 3-189 所示。

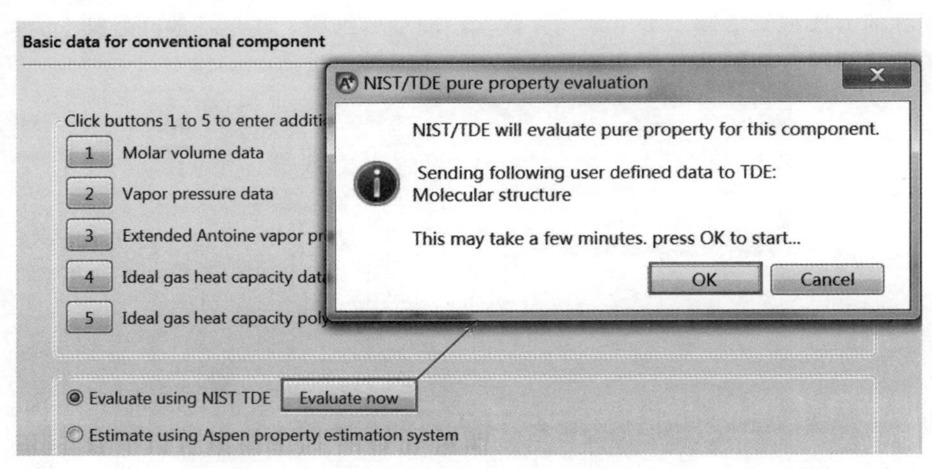

图 3-189　选择 TDE 进行纯组分物性数据估算

估算完成后出现 **Save User-Input Properties Data** 对话框，如图 3-190 所示。

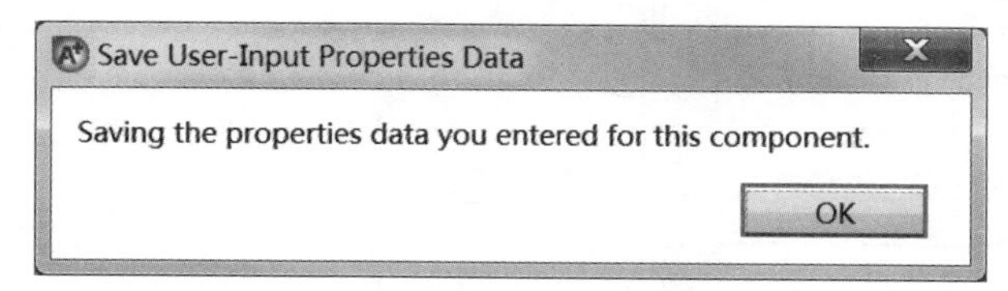

图 3-190　保存用户输入的物性数据对话框

点击 **OK** 保存物性数据，出现 **TDE Pure Results** 页面，点击 **Save Parameters**，出现 **Parameters to be saved** 对话框，如图 3-191 所示。

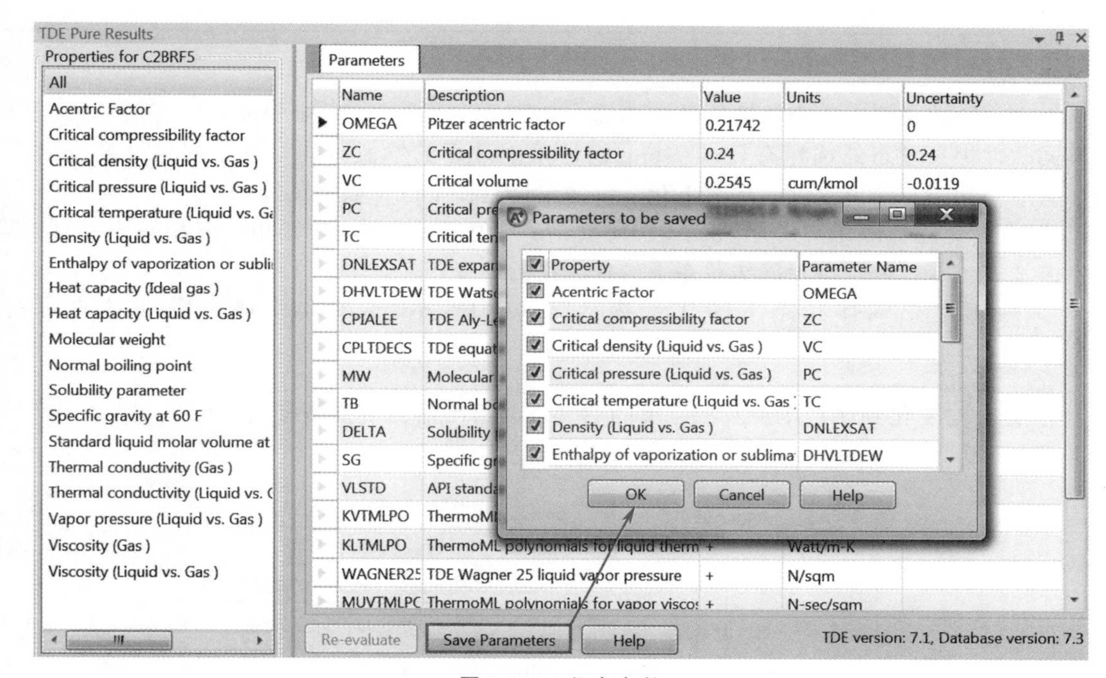

图 3-191　保存参数

点击 **OK**，出现 **NIST/TDE confirm saving** 对话框，点击 **OK** 确认保存参数值，如图 3-192 所示。

图 3-192　确认保存

进入 **Components** | **Molecular Structure** | **C2BRF5** | **Structure** 页面，点击 **Calculate Bonds** 进行骨架计算，如图 3-193 所示，Aspen Plus 自动根据结构图计算化学键数据。

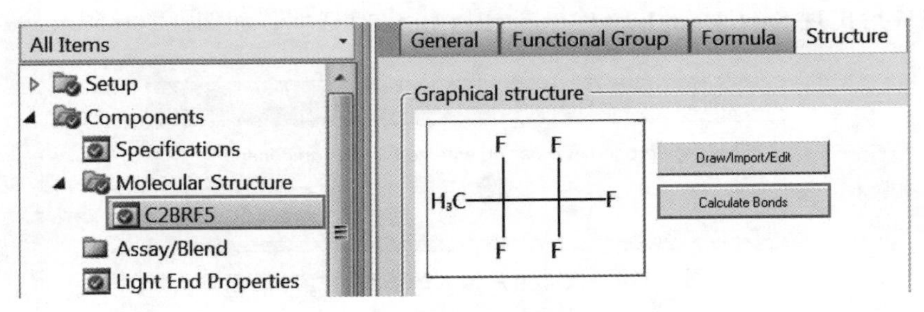

图 3-193　**骨架计算**

3.12 焓值计算

Aspen 物性系统中化合物焓值的参考态是 298.15K、1atm 下处于标准状态的单质。由于不同软件中参考态的选择有异，Aspen 物性系统计算的焓值可能与其他程序计算结果不同，但焓差相同。给定温度、压力下化合物的焓值是以下三个数值的总和：

① 生成焓(DHFORM)：由 298.15K、1atm 下处于参考相态(气相、液相或固相)的单质生成 298.15K、处于理想气体状态下的化合物的焓变；

② 处于理想气体状态下的化合物从 298.15K、1atm 变化到体系温度时的焓变 $\int_{298.15K}^{T} C_p^{IG} \mathrm{d}T$；

③ 化合物变化到体系压力及相态下的焓变，其值与热力学模型有关。

以上三个计算步骤如图 3-194 所示：

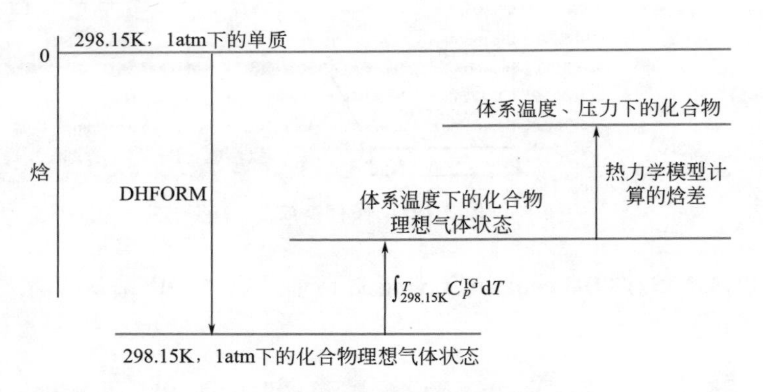

图 3-194　**化合物焓值计算**

下面通过例 3.18 介绍焓值方法对模拟结果的影响。

例 3.18

一股温度 40℃、压力 200kPa、流量 10000kg/h 的十六烷流体经高扬程泵后的出口压力为 16000kPa，泵效率为 100%，计算泵出口流体温度。热力学方法分别选用 GRAYSON、NRTL 和 SRK，比较三种热力学方法的计算结果。

本例模拟步骤如下：

启动 Aspen Plus，选择模板 General with Metric Units，将文件保存为 Example3.18-EnthalpyCalculation.bkp。

进入 **Components** | **Specifications** | **Selection** 页面，输入组分 N-HEX-01(十六烷)，如图 3-195 所示。

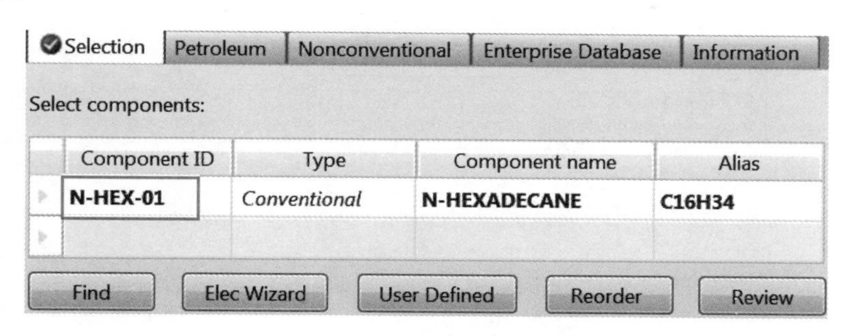

图 3-195　输入组分

点击N→，进入 **Methods** | **Specifications** | **Global** 页面，选择物性方法 GRAYSON，如图 3-196 所示。

进入 **Simulation** 环境，选用模块选项板中 **Pressure Changers** | **Pump** | **ICON1** 图标，建立如图 3-197 所示流程。

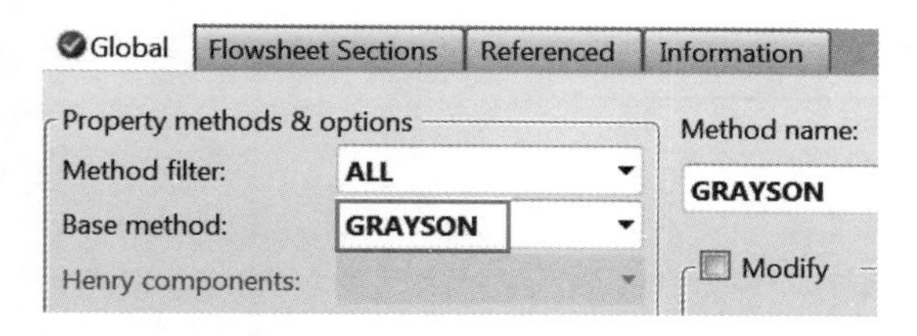

图 3-196　选择物性方法

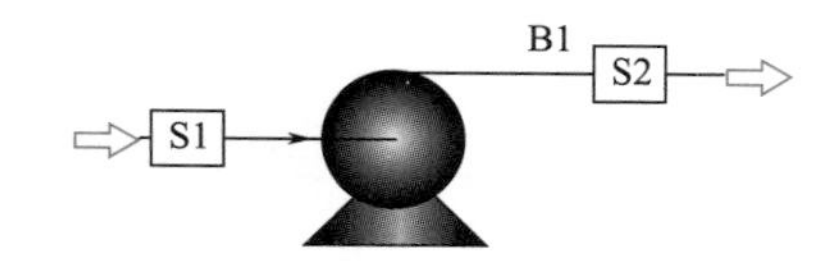

图 3-197　建立流程

输入进料物流 S1 数据，如图 3-198 所示。

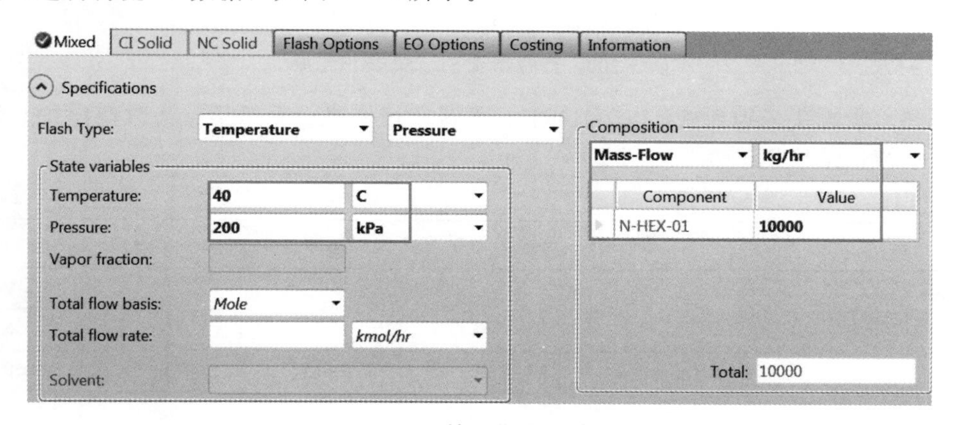

图 3-198　输入物流 S1 数据

点击N→，进入 **Blocks** | **B1** | **Setup** | **Specifications** 页面，在 Discharge pressure(出口压力)中输入 16000kPa，在 Efficiences 下的 Pump 中输入 1，如图 3-199 所示。

点击 **Run** 运行模拟，流程收敛。进入 **Results Summary** | **Streams** 页面查看结果，如图 3-200 所示。

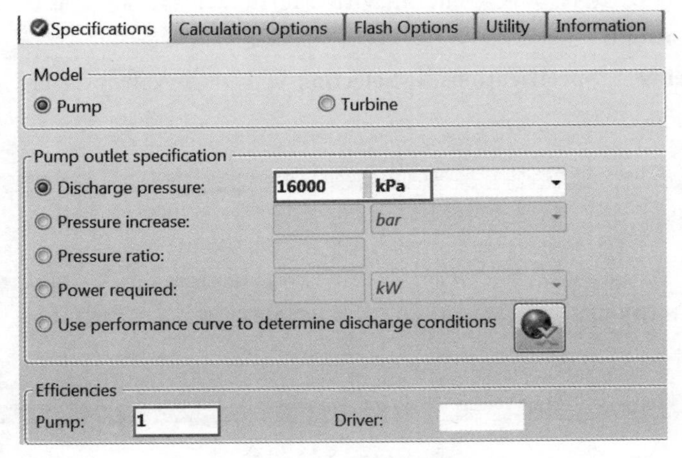

图 3-199　输入模块 B1 数据

Material | Heat | Load | Work | Vol.% Curves | Wt. % Curves | Petrole

Display: All streams　Format: GEN_M　Stream Table

	S1	S2
Temperature C	40	41.6
Pressure bar	2	160
Vapor Frac	0	0
Mole Flow kmol/hr	44.161	44.161
Mass Flow kg/hr	10000	10000
Volume Flow cum/hr	13.17	13.189
Enthalpy　Gcal/hr	-4.688	-4.638
Mole Flow kmol/hr		
N-HEX-01	44.161	44.161

图 3-200　查看物流 S1、S2 模拟结果

选择热力学方法分别为 NRTL 和 SRK，重新运行模拟查看结果。为方便比较，将三种热力学方法模拟结果列于表 3-41 中。

表 3-41　三种热力学方法模拟结果

热力学方法	GRAYSON		NRTL		SRK	
物流	S1	S2	S1	S2	S1	S2
温度/℃	40	41.6	40	49.1	40	38.5
焓值/(Gcal/h)	−4.688	−4.638	−4.721	−4.671	−4.695	−4.644

注：1cal=4.184J。

由表 3-41 可看出，不同的热力学方法模拟结果不同且出口温度相差较大，原因在于焓的计算方法不同。像本例中这种高压体系建议使用状态方程法，如 SRK 法。

3.13 体积流量

标准液体体积(Standard Liquid Volume，Stdvol)参考态定义为1atm和60°F(15.56℃)。图3-201为Aspen Plus的物流输入页面，点击图中Reference Temperature的下拉箭头，可以为液体体积流量和组分浓度设置不同的参考态温度。

如果输入标准气体体积(Standard Vapor Volume)流量，应选择摩尔(Mole)基准及单位，如单位scfm(standard cubic feet per minute，标准立方英尺/分)或scmh(standard cubic meters per hour，标准立方米/时)。标准气体体积的参考态取决于选择的单位。标准立方英尺的参考态为14.696psia(1.03atm)和60°F(15.56℃)，标准立方米的参考态为1atm和0℃，这两种情况下标准体积流量均假定为理想气体。

Volume流量基准方便用户输入体积流量。如果指定总体积流量，在模拟开始时根据该物流的其他规定将其转换为摩尔流量。通过设计规定或灵敏度分析改变物流规定时，体积流量不能作为操纵变量，因为它不是物流结构的组成部分，而且影响其他物流变量的更改，可能会导致体积流量偏离指定值。

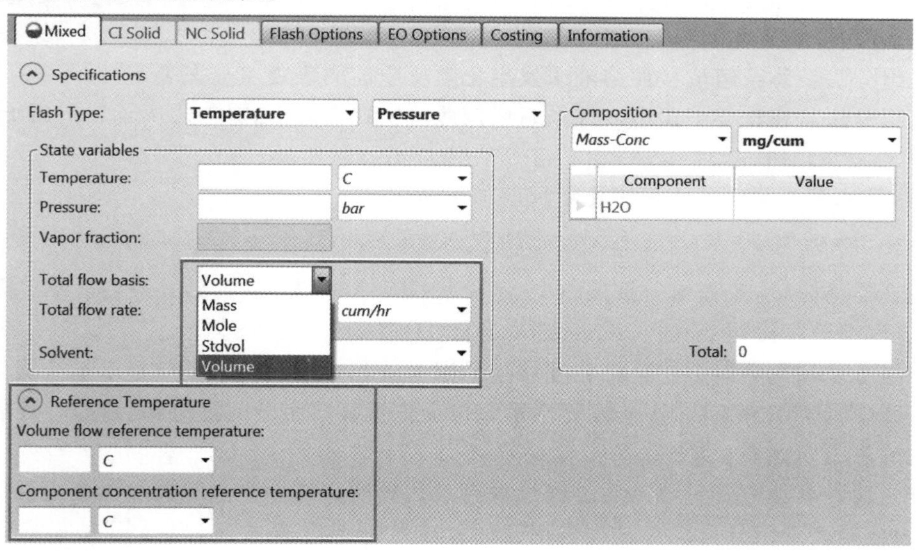

图3-201 物流输入页面

3.14 电解质组分

Aspen Plus可以模拟所有类型的电解质体系，包括强电解质体系、弱电解质体系、盐沉淀以及混合溶剂等。采用Aspen物性系统进行电解质过程计算的案例主要包括酸性水汽提(石油化学工业)、碱性盐水蒸发和结晶(氯-碱工业)、酸性气体脱除(化工和天然气工业)、硝酸分离(核化学工业)、天然碱加工(采矿工业)、有机盐分离(生化工业)、黑液蒸发(纸浆和造纸工业)等。

电解质过程涉及的主要概念如下：

(1)液相溶液化学反应

溶液化学反应包含液相中的各种化学反应，如：强电解质的完全解离、弱电解质的部分解离、各种离子间的离子反应、络合离子的形成、盐沉淀和溶解。由于这些化学反应在溶液中迅速发生，因此化学平衡条件是假定的。溶液化学反应通过影响电解质体系的性质、相平衡以及其他基本特征影响电解质过程计算。对于大多数非电解质体系，化学反应只发生在反应器中，而对于电解质体系，化学平衡计算对所有单元操作模型都必不可少。

可在 **Chemistry** 页面定义电解质体系中的化学反应，需注意如下几点：

① 在 **Components** | **Specifications** | **Selection** 页面定义反应涉及的全部物质，包括离子、盐等。

② 组分输入完毕后，在 **Chemistry** | **Chemistry** 页面定义相关化学反应，包括反应中组分间的化学计量关系和反应类型。

③ 定义相关反应后，在 **Chemistry** | **Specifications** 页面确定平衡常数的浓度基准(Concentration basis for K_{eq})和平衡温差(Temperature approach to equilibrium)；在 **Chemistry** | **Equilibrium Constants** 页面定义反应平衡常数表达式中各系数值。

但是建议采用 **Components** | **Specifications** | **Selection** 页面中的电解质向导(Elec Wizard)功能，利用电解质专家系统(Electrolyte Expert System)确定所有相关化学反应。

(2)表观组分和真实组分

表观组分法：体系组成按照溶液未发生化学反应前的表观组分来表示。

真实组分法：在化学平衡中，体系组成按照真实存在的形式(如阴离子、阳离子、盐等)进行处理。

以 NaCl 水溶液为例，溶液中化学反应如下所示：

$$NaCl(s) \xrightleftharpoons{H_2O} Na^+ + Cl^-$$

采用真实组分法，流程组分按照 Na^+、Cl^-、NaCl(s)和 H_2O 的形式进行表示。采用表观组分法，流程组分仅按照 NaCl(Conventional)和 H_2O 的形式进行表示。

表观组分法和真实组分法可以相互转换。因为液相中溶液化学反应是基于表观组分组成来定义体系中真实组分组成，Aspen 物性系统也会依据真实组分的热力学数据，计算表观组分和混合物的热力学性质。

组分的两种表达方式对电解质过程计算有很大影响。在一些电解质过程中主要关注表观组分，因为根据表观组分可以对过程进行度量。在另一些电解质过程中，用真实组分作为描述电解质体系的唯一方法。在模拟时，根据需求进行选择。通常，表观组分法更适合简单电解质体系，其优点在于只需考虑表观组分。当体系为复杂体系并且选择表观组分存在困难时，则优选真实组分法。对于复杂精馏塔或者流程规定，采用真实组分法可以提高流程的收敛性。

表观组分法和真实组分法的差别仅存在于液相中，因为气相中并不存在离子。有些单元操作模块并不支持真实组分法，包括 DSTWU、Distl、SCFrac、MultiFrac、PetroFrac、BatchSep、Extract、REquil、RGibbs、RBatch。

下面通过例 3.19 说明电解质模拟的基本操作过程。

例 3.19

盐酸溶液和氢氧化钠溶液混合后进入闪蒸器进行闪蒸，其工艺流程和工艺参数如图 3-

202 所示，求闪蒸后液相物流 LIQUID 组成和 pH 值。

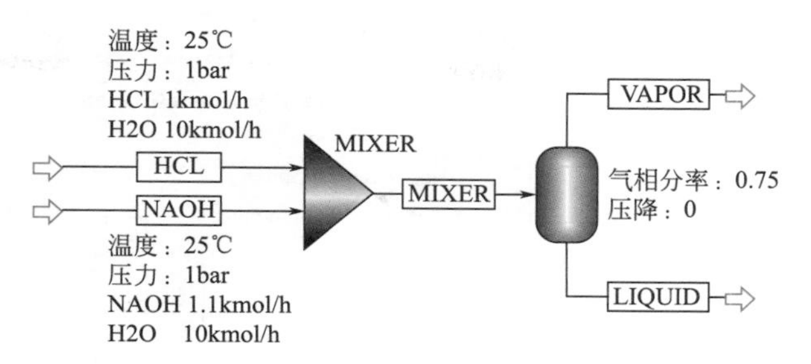

图 3-202 闪蒸工艺流程

本例模拟步骤如下：

启动 Aspen Plus，因为涉及电解质体系，所以在新建页面点击 **Electrolytes**，选择模板 Electrolytes with Metric Units，将文件保存为 Example3.19-Electrolytes.bkp。

由于选用的是电解质模板，组分中默认含有水，因此只需在 **Components** | **Specifications** | **Selection** 页面中输入 HCL（盐酸）和 NAOH（氢氧化钠），如图 3-203 所示。

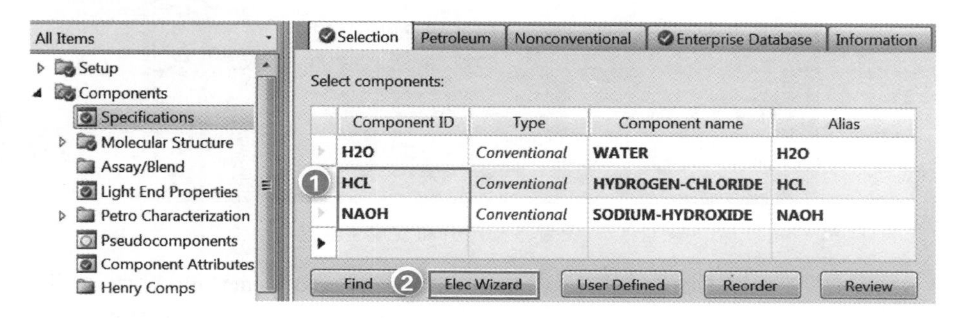

图 3-203 输入组分

组分输入完成后，需对电解质组分进行定义，点击图 3-203 下方的 **Elec Wizard**（电解质向导），出现如图 3-204 所示的 **Electrolyte Wizard** 对话框。

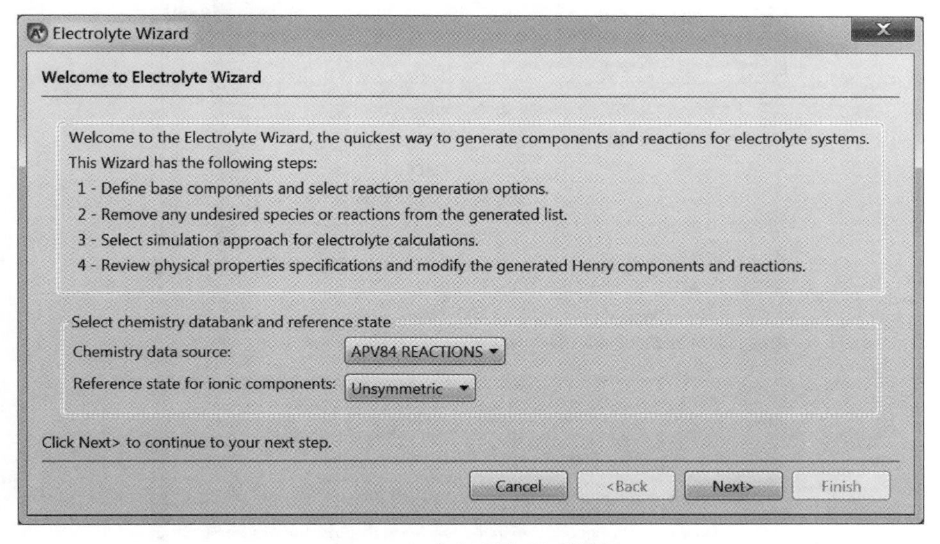

图 3-204 电解质向导对话框

此对话框是对电解质向导步骤的解释说明，点击 **Next>**，出现图 3-205 所示的 **Base Components and Reactions Generation Options** 对话框，用于确定电解质系统中包含的组分。在左侧 Available components 栏选择系统中所含有的组分，使用向右箭头>（移动一个组分）或者≫（移动所有组分）移动组分。本例将所有组分移至右侧 Selected components 栏。

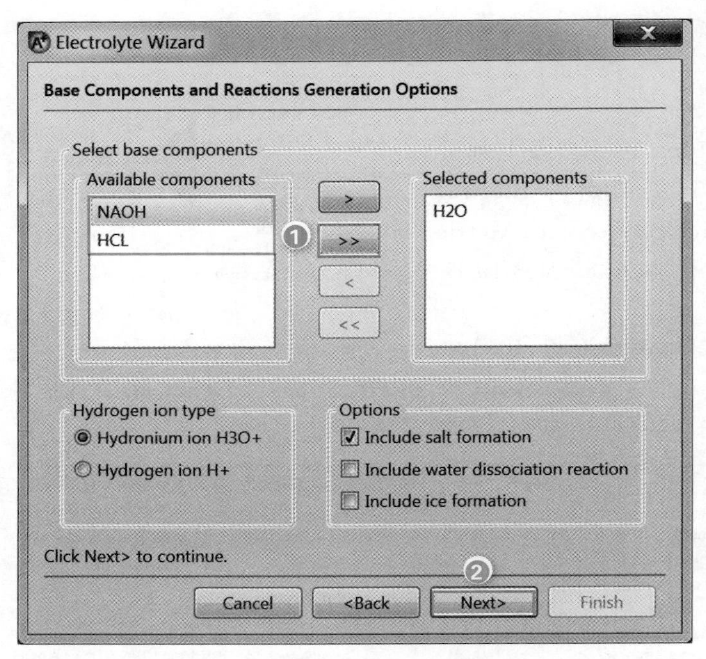

图 3-205 设置基础组分和反应生成选项

点击 **Next>**，出现如图 3-206 所示的 **Generated Species and Reactions** 对话框，设置生成的物质和反应。系统中默认了多种可能存在的盐类，用户可以根据实际情况自行选择。选中 Salts 栏中不需要或是影响不大的盐类，点击 **Remove** 即可去除，系统会自行删除相应盐类的反应方程式，本例需删除 Salts 栏中的 NAOH(S)和 NAOH * W(S)。在此页面上还可设置物性

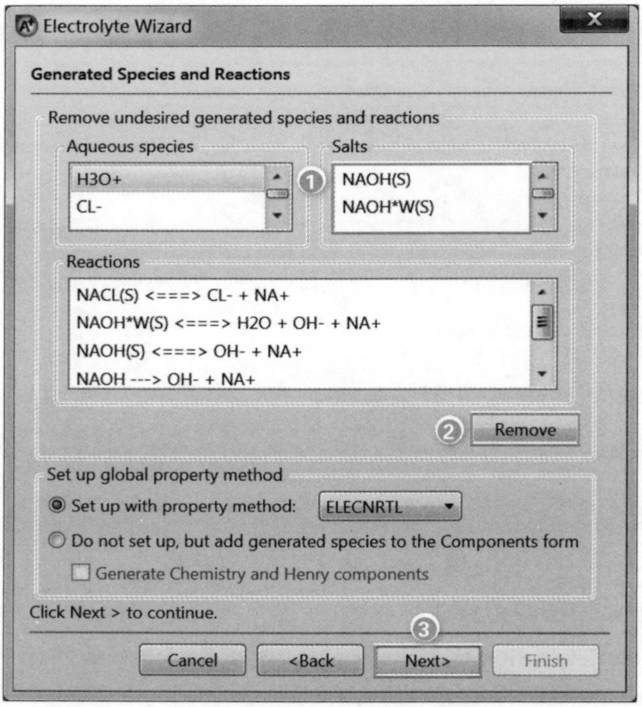

图 3-206 设置生成的物质和反应

方法，本例采用默认设置。

点击 **Next>**，出现如图 3-207 所示的 **Simulation Approach** 对话框，选择模拟方法为 True component approach(真实组分法)。

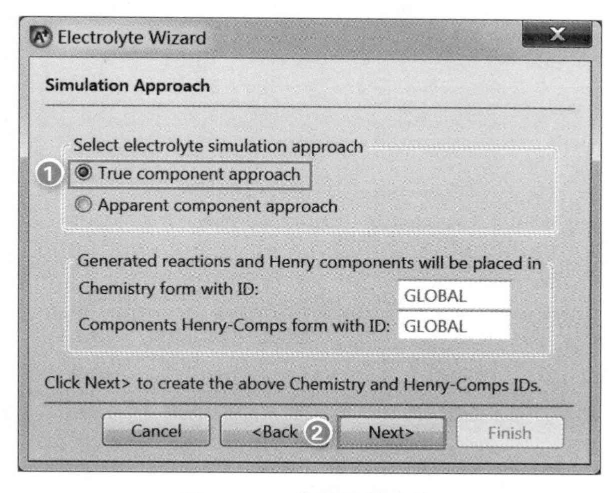

图 3-207 选择模拟方法

点击 **Next>**，出现两次 **Update Parameters** 对话框，如图 3-208 所示，均点击 **Yes**。

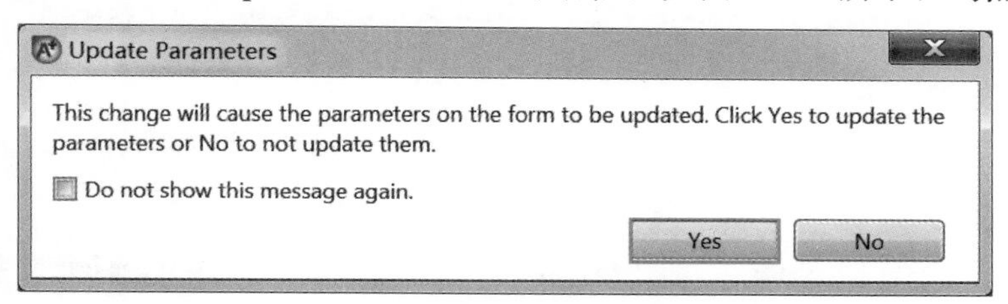

图 3-208 更新参数对话框

出现 **Summary** 对话框，在该页面可以浏览前面的设置，如无误，点击 **Finish**，完成电解质向导设置，如图 3-209 所示。

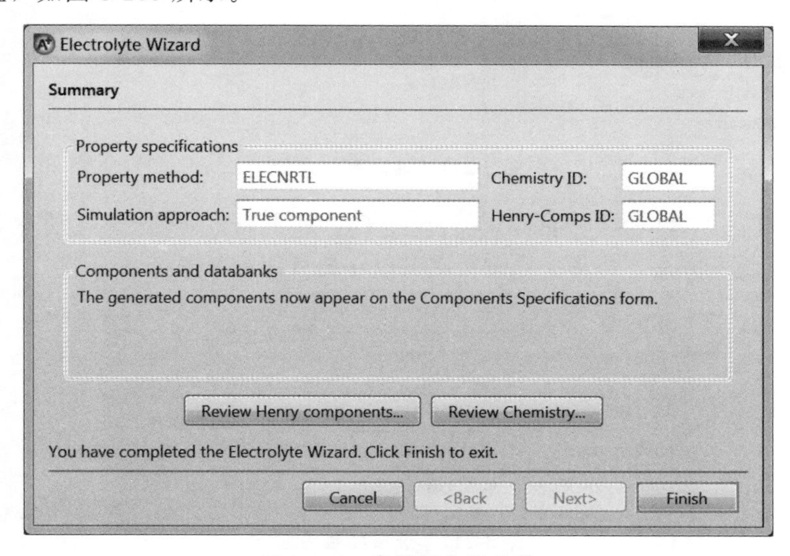

图 3-209 电解质向导总结

此时，在 **Components** | **Specifications** | **Selection** 页面，Aspen Plus 已添加生成的全部电解质组分，如图 3-210 所示。

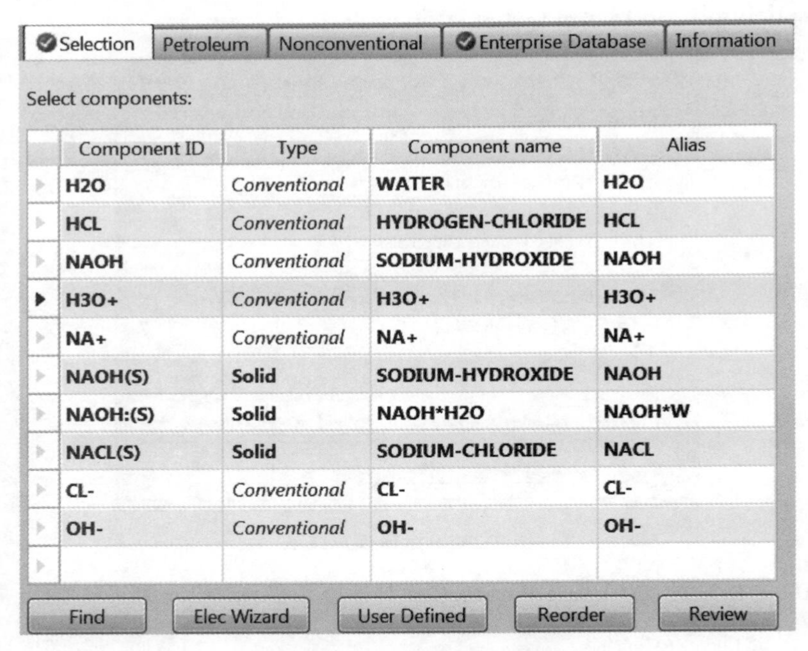

图 3-210 **查看生成的电解质组分**

点击 N→，进入 **Components** | **Henry Comps** | **GLOBAL** | **Selection** 页面，如图 3-211 所示，系统默认亨利组分为 HCl 气体，不需要添加其他组分。

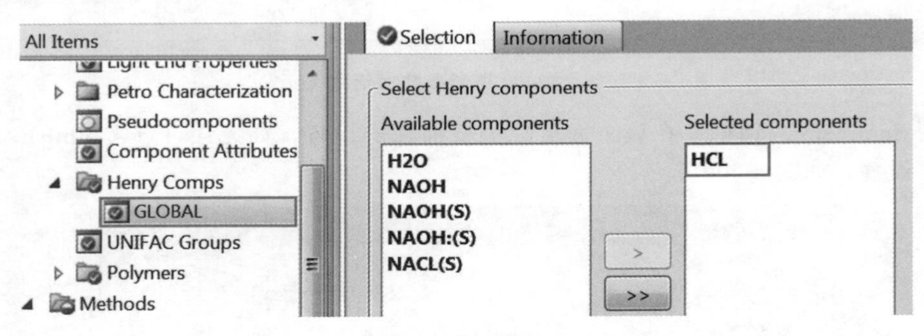

图 3-211 **选择亨利组分**

点击 N→，进入 **Methods** | **Specifications** | **Global** 页面，如图 3-212 所示。使用电解质向导时，已选择物性方法，若需要修改，则可以在此页面重新选择。

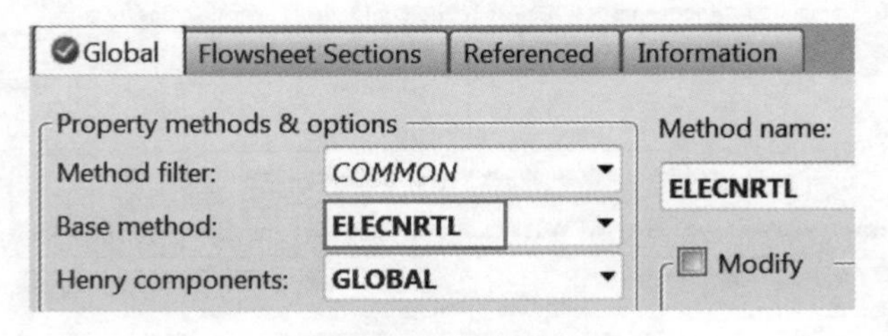

图 3-212 **选择物性方法**

点击，查看方程的二元交互作用参数，本例采用缺省值，不做修改。点击直至出现 **Properties Input Complete** 对话框，选择 Go to Simulation environment 并点击 **OK**，进入模拟环境。

建立如图 3-202 所示的流程，其中混合器 MIXER 采用模块选项板中 **Mixers/Splitters** | **Mixer** | **TRIANGLE** 图标，闪蒸器 FLASH 采用模块选项板中 **Separators** | **Flash2** | **V-DRUM1** 图标。

完成流程建立后，进入 **Streams** | **HCL** | **Input** | **Mixed** 页面，输入物流 HCL 数据，如图 3-213 所示。

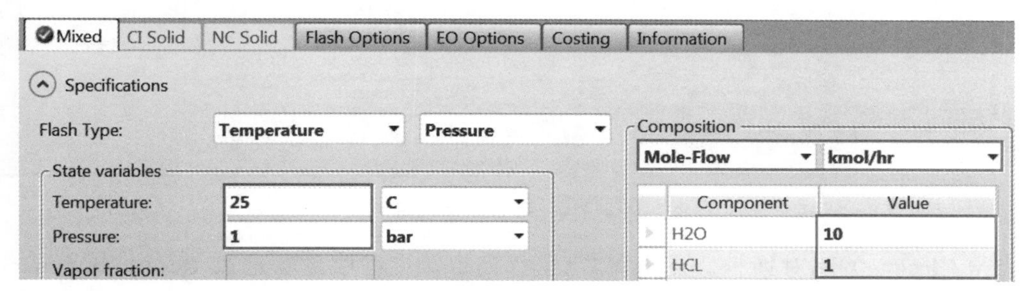

图 3-213　**输入物流 HCL 数据**

点击，进入 **Streams** | **NAOH** | **Input** | **Mixed** 页面，输入物流 NAOH 数据，如图 3-214 所示。

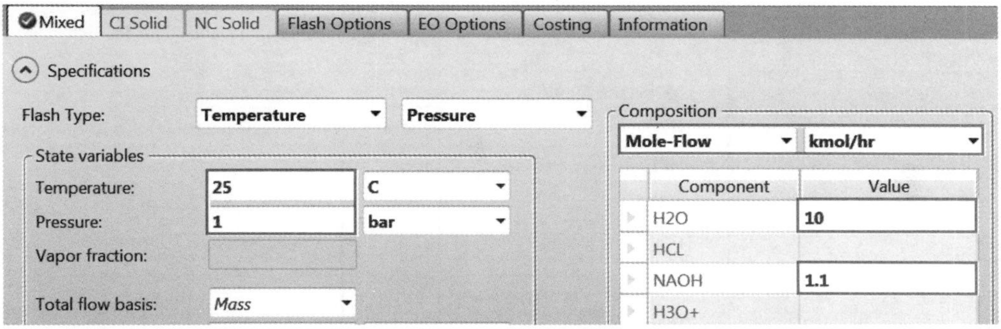

图 3-214　**输入物流 NAOH 数据**

点击，进入 **Blocks** | **FLASH** | **Input** | **Specifications** 页面，输入模块 FLASH 数据，如图 3-215 所示。

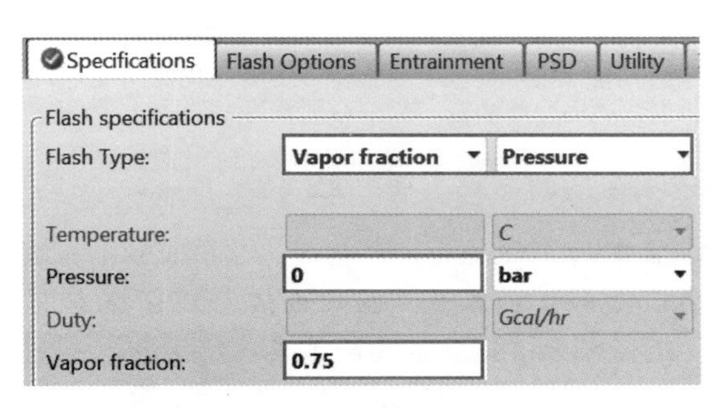

图 3-215　**输入模块 FLASH 数据**

题目中要求计算闪蒸后液相物流 pH 值，所以还需定义物流输出报告(由于采用的是电解质模板，物性集中已包含 pH 值选项，否则就需要重新定义物性集)。进入 **Setup** | **Report Options** | **Stream** 页面，定义输出报告。点击 **Property Sets**，进入 **Property Sets** 页面，将 PH 移至 Selected property sets 栏中，如图 3-216 所示。

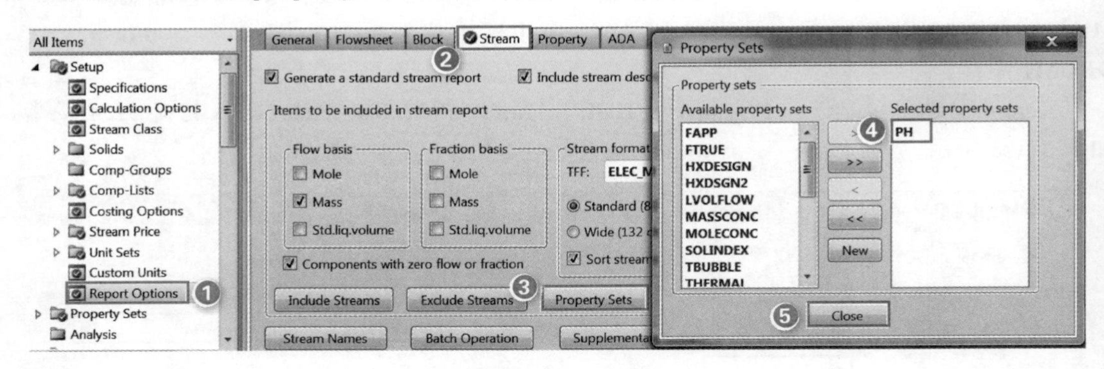

图 3-216　**定义输出报告**

点击 **Close**，关闭对话框。点击 N➡，运行模拟，流程收敛。进入 **Results Summary** | **Streams** | **Material** 页面查看物流 LIQUID 组成和 pH 值，如图 3-217 所示。

Material | Vol.% Curves | Wt. % Curves | Petroleur

Display: Streams　Format: ELEC_M

	LIQUID
Mole Flow kmol/hr	
H2O	4.38
HCL	trace
NAOH	
H3O+	trace
NA+	0.58
NACL(S)	0.52
CL-	0.48
OH-	0.1
*** LIQUID PHASE ***	
pH	13.01

图 3-217　**查看物流 LIQUID 结果**

习　题

3.1　将 400℃、3MPa 下的 $1000m^3/h$ 水蒸气、$1000m^3/h$ 二氧化碳和 $1000m^3/h$ 甲醇等压混合，求混合气体的温度和体积流量。物性方法分别选择 IDEAL、BWR-LS、PENG-ROB 以及 RK-SOAVE，比较各方法计算结果的差异。

3.2　数据库 DORTMUND 中正戊醇/水体系的 LLE 数据见附表，要求利用 Aspen Plus 的物性分析功能，对正戊醇/水体系进行物性分析(设置体系有效相态为 Vapor-Liquid-Liquid，二者流量均为 10kmol/h，体系压力为 5atm)，得出对应温度下两液相组成，比较物性分析结果与数据库数据的差异。物性方法采用 UNIQUAC。(提示：设置新的单位集 PS-1，**Property Sets** | **PS-1** | **Properties** 页面中 Physical Properties 选择 MOLEFRAC，**Qualifiers** 页面 Phase 选择 1st liquid 和 2nd liquid，Component 选择正戊醇)

习题 3.2 附表　**正戊醇/水体系的 LLE 数据**

T/℃	$X_{1,正戊醇}$(摩尔分数)	$X_{2,正戊醇}$(摩尔分数)	T/℃	$X_{1,正戊醇}$(摩尔分数)	$X_{2,正戊醇}$(摩尔分数)
0	0.6596	0.0069	50.0	0.6077	0.0038
10.2	0.6542	0.0054	60.3	0.5931	0.0038
20.2	0.6426	0.0047	70.0	0.5760	0.0040
30.6	0.6339	0.0042	80.0	0.5565	0.0041
40.2	0.6211	0.0039	90.7	0.5371	0.0046

3.3　使用 Aspen Plus 的物性分析功能做出乙醇-水-环己烷三元体系的剩余曲线图。物性方法选择 UNIQ-RK。

3.4　已知 2,3-二甲基异丙苯(CHEM1)的结构式如附图所示，分别利用 TDE 和 Aspen 物性估算系统估算缺少的物性参数。

习题 3.4 附图　**2,3-二甲基异丙苯的结构式**

3.5　1,4-二氧六环(1)和正戊烷(2)的无限稀释活度系数实验数据如附表所示，由此确定两组分间的二元交互作用参数。物性方法选择 UNIQUAC。

习题 3.5 附表　**无限稀释活度系数实验数据**

T/℃	γ_1^∞	γ_2^∞
40	1.72	1.76
60	1.63	1.65

3.6　使用 20℃、1atm 下的 D-果糖(1)-水(2)体系的密度数据(见附表)回归 Racket 模型参数。物性方法选择 NRTL-RK。

习题 3.6 附表　**D-果糖(1)-水(2)体系的密度数据**

x_1(质量分数)	密度/(gm/cc)	x_1(质量分数)	密度/(gm/cc)	x_1(质量分数)	密度/(gm/cc)
0.5	1.0002	2.5	1.0081	4.5	1.016
1	1.0021	3	1.0101	5	1.0181
1.5	1.0041	3.5	1.012	5.5	1.0201
2	1.0061	4	1.014	6	1.0221

续表

x_1(质量分数)	密度/(gm/cc)	x_1(质量分数)	密度/(gm/cc)	x_1(质量分数)	密度/(gm/cc)
6.5	1.0241	17	1.0684	42	1.1871
7	1.0262	18	1.0728	44	1.1975
7.5	1.0282	19	1.0772	46	1.208
8	1.0303	20	1.0816	48	1.2187
8.5	1.0323	22	1.0906	50	1.2295
9	1.0344	24	1.0996	52	1.2404
9.5	1.0365	26	1.1089	54	1.2514
10	1.0385	28	1.1182	56	1.2626
11	1.0427	30	1.1276	58	1.2739
12	1.0469	32	1.1372	60	1.2854
13	1.0512	34	1.1469	62	1.297
14	1.0554	36	1.1568	64	1.3086
15	1.0597	38	1.1668	66	1.3204
16	1.064	40	1.1769	68	1.3323

注：1gm/cc=1g/mL。

3.7 利用 Aspen Plus 的数据回归功能回归 UNIQUAC 模型中的二元交互作用参数，即 UNIQ/$1_{乙酸乙酯/水}$、UNIQ/$1_{水/乙酸乙酯}$、UNIQ/$2_{乙酸乙酯/水}$及 UNIQ/$2_{水/乙酸乙酯}$，数据来源：(1)已知乙酸乙酯/水体系的 LLE 数据见附表；(2)利用 NIST TDE 中的实验数据。

习题 3.7 附表　乙酸乙酯/水体系的 LLE 数据

T/℃	$X_{1,乙酸乙酯}$(摩尔分数)	$X_{2,乙酸乙酯}$(摩尔分数)	T/℃	$X_{1,乙酸乙酯}$(摩尔分数)	$X_{2,乙酸乙酯}$(摩尔分数)
0	0.897	0.0208	40	0.835	0.0140
10	0.884	0.0188	50	0.815	0.0131
20	0.870	0.0169	60	0.793	0.0124
25	0.862	0.0160	70	0.767	0.0119
30	0.853	0.0152			

3.8 一股温度 25℃、压力 1atm、标准体积流量 7m^3/h 的石油 OIL 与一股温度 25℃、压力 1atm、标准体积流量 1m^3/h 的水，经过混合器混合后进入(1)液-液分相器 Decanter 进行液液分离计算，有效相态为 Liquid-FreeWater；(2)闪蒸器 Flash2 进行三相闪蒸计算，有效相态为 Vapor-Liquid-FreeWater；(3)闪蒸器 Flash3 进行严格三相计算。混合器和分离器的压降均为 0，分离器为绝热操作，石油(评价数据见附表)的 API 重度为 27.5，石油性质输入参考第 13 章，物流复制器选用模块选项板中 **Manipulators** | **Dupl** | **BLOCK** 图标，流程图建立见附图。物性方法选择 RK-SOAVE。

习题 3.8 附表　**石油评价数据**

TBP 蒸馏曲线		API 重度曲线	
液相体积分数(Liq. Vol)/%	温度/℃	混合物体积分数(Mid. Vol)/%	API 重度
1.62	20	28.71	36.65
18.63	175	43.65	28.71
38.79	295	63.55	20.45
48.5	343.3333	74.25	14.83
59.29	405	79.65	12.81
68.77	470	84.39	10.6
78.6	565	89.3	7.61
100	815.5556	—	—

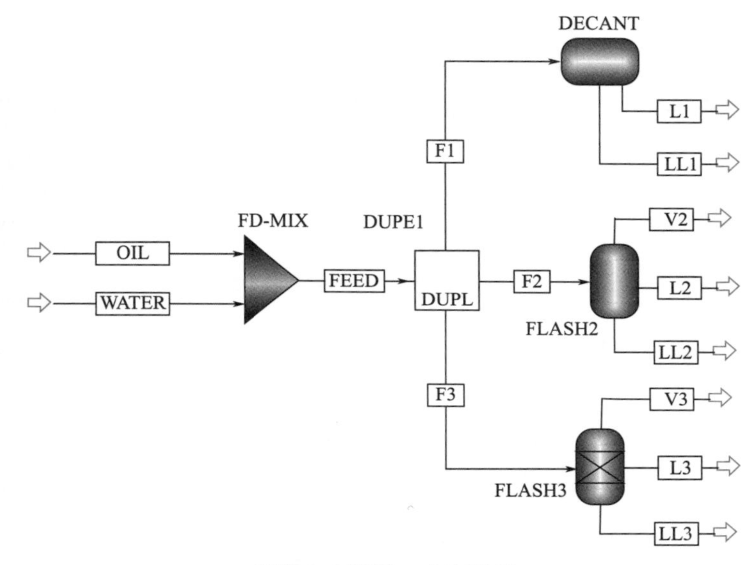

习题 3.8 附图　**分离流程**

3.9　将 1000m³/h 的氢氧化钙水溶液(30℃，0.1MPa，氢氧化钙 5.2kmol/m³)与 4750m³/h 的氯化钠盐酸溶液(20℃，0.15MPa，氯化钠 5.1kmol/m³，盐酸 2.2kmol/m³)混合，求混合后溶液温度和 pH 值。

第4章 简单单元模拟

对于简单的混合分离过程，Aspen Plus 提供了混合器、分流器和简单分离器等模块，还提供了倍增器和复制器两个通用模块。

4.1 混合器/分流器

混合器模块和分流器模块设置在模块选项板 Mixers/Splitters 下，其介绍如表 4-1 所示。

表 4-1 Mixer/FSplit 模块介绍

模块	说明	功能	适用对象
Mixer	混合器	把多股流股混合成一股流股	混合三通、流股混合操作、增加热流或增加功流的操作
FSplit	分流器	把一股或多股流股混合后分成多股流股	分流器、排气阀

4.1.1 混合器

混合器 Mixer 模块可将多股流股混合为一股流股，流股的类型包括物流、能流和功流，但一台混合器只能混合一类流股。

混合器模块至少有两股入口流股，一股出口流股。当混合物流时，该模块提供一个可选的水倾析(Water Decant)物流接口。

当混合能流或功流时，混合器模块不需要任何工艺规定。当混合物流时，用户可以指定出口压力或压降，如果用户指定压降，该模块检测最低进料物流压力，以计算出口压力。如果用户没有指定出口压力或压降，该模块使用最低进料物流压力作为出口压力。另外，还需要指定出口物流的有效相态(Valid Phases)。

下面通过例 4.1 介绍混合器模块的应用。

例 4.1

将表 4-2 中的三股物流混合，计算混合后产品物流的温度、压力及各组分流量。物性方法采用 CHAO-SEA。

表 4-2　**进料物流条件**

物流	组分	流量/(kmol/h)	温度/℃	压力/MPa	气相分数
进料 FEED1	丙烷(C3)	10	100	2	—
	正丁烷(NC4)	15			
	正戊烷(NC5)	15			
	正己烷(NC6)	10			
进料 FEED2	丙烷(C3)	15	120	2.5	—
	正丁烷(NC4)	15			
	正戊烷(NC5)	10			
	正己烷(NC6)	10			
进料 FEED3	丙烷(C3)	25	100	—	0.5
	正丁烷(NC4)	0			
	正戊烷(NC5)	15			
	正己烷(NC6)	10			

本例模拟步骤如下：

启动 Aspen Plus，进入 **File** | **New** | **User** 页面，选择模板 General with Metric Units，将文件保存为 Example4.1-Mixer.bkp。

进入 **Components** | **Specifications** | **Selection** 页面，输入组分 C3(丙烷)、NC4(正丁烷)、NC5(正戊烷)和 NC6(正己烷)，如图 4-1 所示。

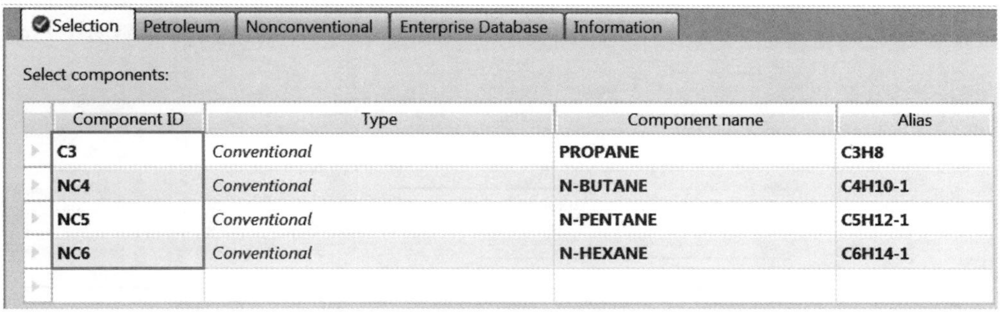

Selection | Petroleum | Nonconventional | Enterprise Database | Information

Select components:

Component ID	Type	Component name	Alias
C3	Conventional	PROPANE	C3H8
NC4	Conventional	N-BUTANE	C4H10-1
NC5	Conventional	N-PENTANE	C5H12-1
NC6	Conventional	N-HEXANE	C6H14-1

图 4-1　**输入组分**

点击N→，进入 **Methods** | **Specifications** | **Global** 页面，选择物性方法 CHAO-SEA，如图 4-2 所示。

点击N→，弹出 **Properties Input Complete** 对话框，选择 Go to Simulation environment，点击 **OK** 按钮，进入模拟环境。

建立如图 4-3 所示的流程图，其中混合器 MIXER 选用模块选项板中 **Mixers/Splitters** | **Mixer** | **TRIANGLE** 图标。

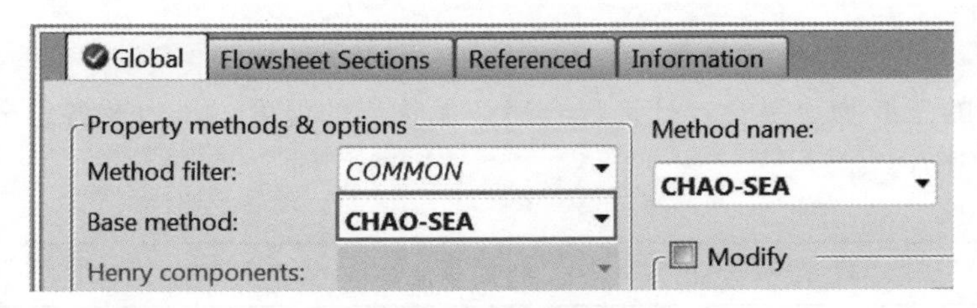

图 4-2 选择物性方法

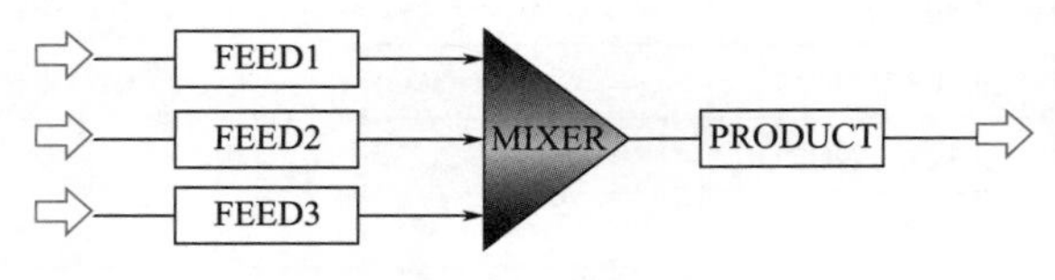

图 4-3 混合器 MIXER 流程

点击N➡，进入 **Streams** | **FEED1** | **Input** | **Mixed** 页面，根据表 4-2 输入物流 FEED1 数据，如图 4-4 所示。

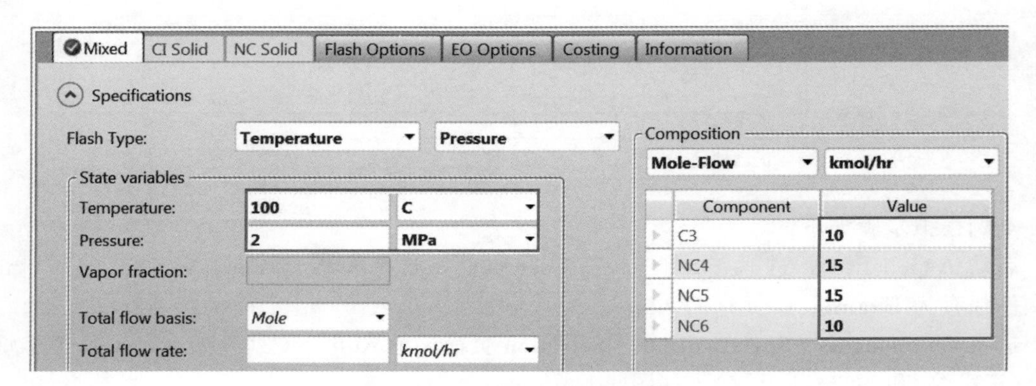

图 4-4 输入物流 FEED1 数据

同理，输入物流 FEED2 和物流 FEED3 数据。物流 FEED3 数据的输入如图 4-5 所示。

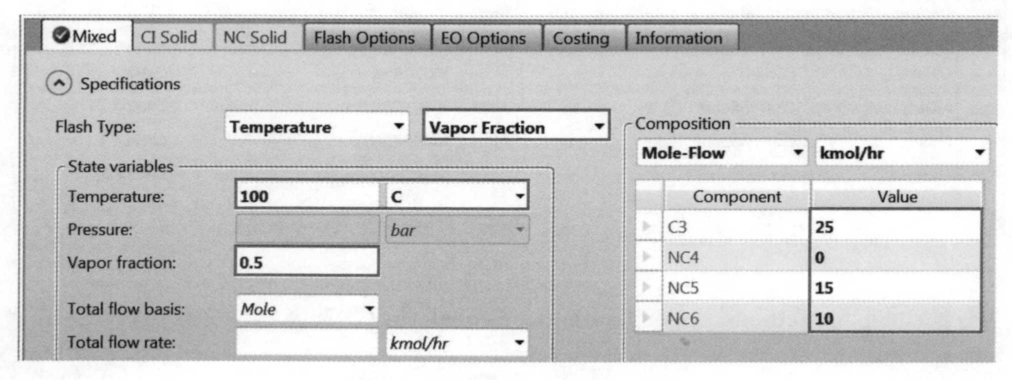

图 4-5 输入物流 FEED3 数据

进入 **Blocks** | **MIXER** | **Input** | **Flash Options** 页面，设置模块 MIXER 闪蒸选项，本例采用缺省值，如图 4-6 所示。

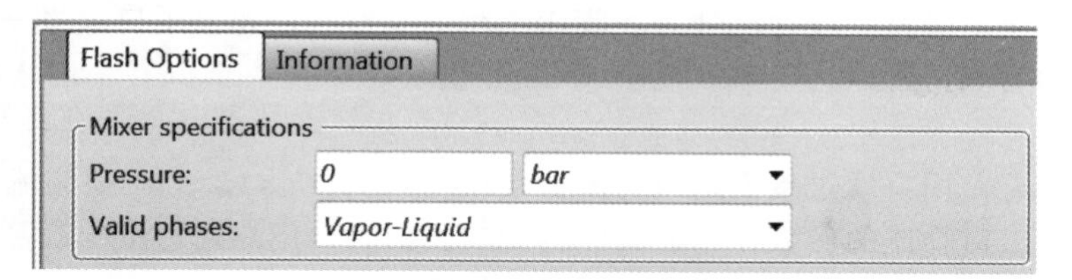

图 4-6　**设置模块 MIXER 闪蒸选项**

注：上一步骤若点击，将弹出 **Required Input Complete** 对话框，提示用户必需信息输入完成，用户可根据实际情况选择立刻运行模拟或继续输入参数，如图 4-7 所示。

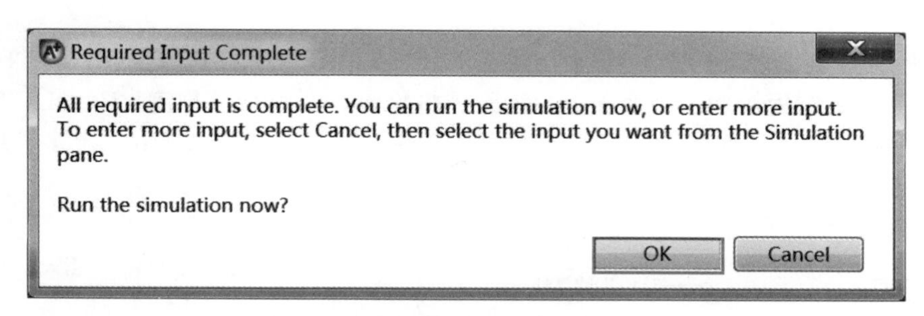

图 4-7　**提示必需信息输入完成**

点击，弹出 **Required Input Complete** 对话框，点击 **OK** 按钮，运行模拟，流程收敛。

进入 **Results Summary** | **Streams** | **Material** 页面，查看物流 PRODUCT 的温度、压力及各组分流量，如图 4-8 所示。

Material | Heat | Load | Work | Vol.% Curves

Display: Streams　Format: FULL

	PRODUCT
C3	50
NC4	30
NC5	40
NC6	30
Total Flow kmol/hr	150
Total Flow kg/hr	9419.85
Total Flow l/min	1534.23
Temperature C	97.6318
Pressure bar	13.4868

图 4-8　**查看物流 PRODUCT 结果**

4.1.2　分流器

分流器 FSplit 模块可以混合多股相同类型的流股(物流、能流或功流)，然后将混合流股分为两股或多股具有相同组成和状态的流股。该模块不能将一股流股分为不同类型的流股，例如，该模块不能将一股物流分为一股能流和一股物流。如果用户欲将一股物流分为组成与性质不同的物流，可以选用 Sep 模块或 Sep2 模块。该模块至少有一股入口流股和两股出口流股。

当分离物流时，用户通过指定出口物流分数(Split fraction)、出口物流流量或实际体积流量等，来确定出口物流的参数；当分离能流(或功流)时，用户通过指定产品能流(或功流)分数或热负荷(或功)，来确定出口能流(或功流)的参数。

用户只能指定 $N-1$(N 为产品流股的数目)股流股，剩余的物料、能或功将进入未指定流股，以满足物料或能量守恒。

下面通过例 4.2 介绍分流器模块的应用。

例 4.2

将三股进料混合后通过分流器分成三股产品 PRODUCT1、PRODUCT2、PRODUCT3，进料物流选用例 4.1 中表 4-2 的三股进料物流，要求：①物流 PRODUCT1 的摩尔流量为进料的 50%；②物流 PRODUCT2 中正丁烷的流量为 10kmol/h。计算产品 PRODUCT3 的流量。物性方法采用 CHAO-SEA。

本例模拟步骤如下：

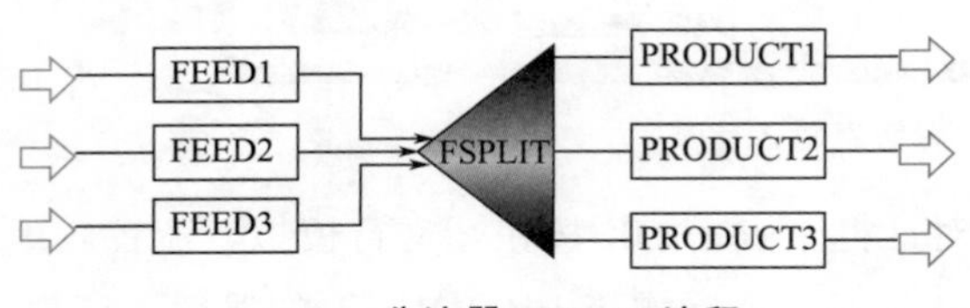

图 4-9 分流器 FSPLIT 流程

打开文件 Example4.1-Mixer.bkp，另存为文件 Example4.2-FSplit.bkp。

删除模块 MIXER，建立如图 4-9 所示的流程图，其中流股分流器 FSPLIT 选用模块选项板中 **Mixers/Splitters** | **FSplit** | **TRIANGLE** 图标。

点击 N→，进入 **Blocks** | **FSPLIT** | **Input** | **Specifications** 页面，物流 PRODUCT1 的 Specification 选择 Split fraction，Value 为 0.5；物流 PRODUCT2 的 Specification 选择 Flow，Basis 选择 Mole，Value 为 10，Units 缺省为 kmol/hr，Key Comp No 为 1，如图 4-10 所示。

Specifications | Flash Options | Key Components | Information

Flow split specification for outlet streams

Stream	Specification	Basis	Value	Units	Key Comp No	Stream order
PRODUCT1	Split fraction		0.5			
PRODUCT2	Flow	Mole	10	kmol/hr	1	
PRODUCT3						

图 4-10 输入模块 FSPLIT 数据

点击 N→，进入 **Blocks** | **FSPLIT** | **Input** | **Key Components** 页面，Key component number 选择 1(即在 **Specifications** 页面指定的 Key Comp No)，Substream 选择 MIXED，将 Available components 中的 NC4 选入 Selected components 中(即关键组分选择 NC4)，如图 4-11 所示。

进入 **Blocks** | **FSPLIT** | **Input** | **Flash Options** 页面，设置模块 FSPLIT 闪蒸选项，本例采用缺省值，如图 4-12 所示。

点击 N→，弹出 **Required Input Complete** 对话框，点击 **OK** 按钮，运行模拟，流程收敛。

进入 **Results Summary** | **Streams** | **Material** 页面，查看物流 PRODUCT3 的流量为 25kmol/h，如图 4-13 所示。

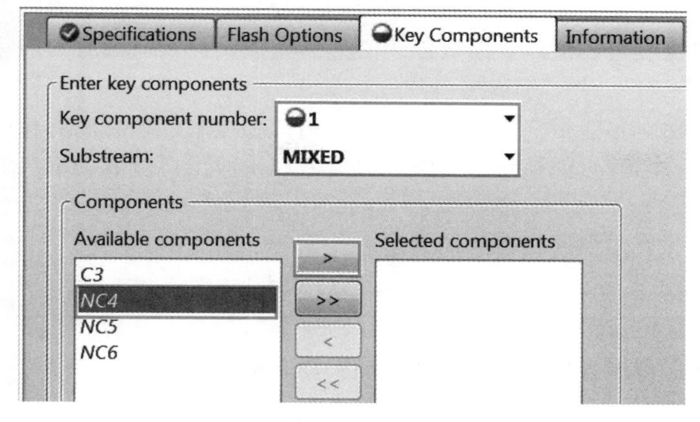

图 4-11　**输入模块 FSPLIT 关键组分**

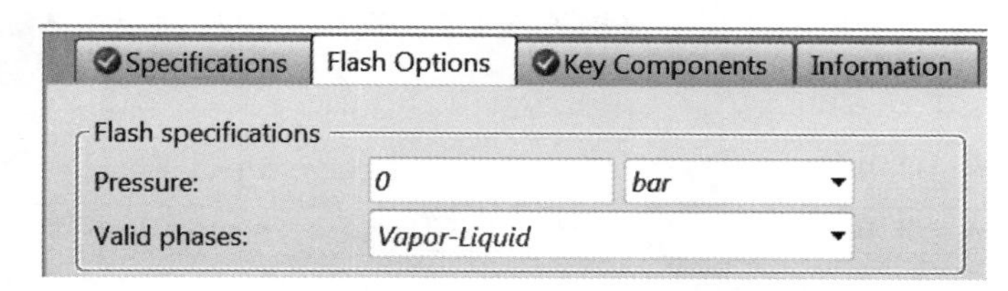

图 4-12　**设置模块 FSPLIT 闪蒸选项**

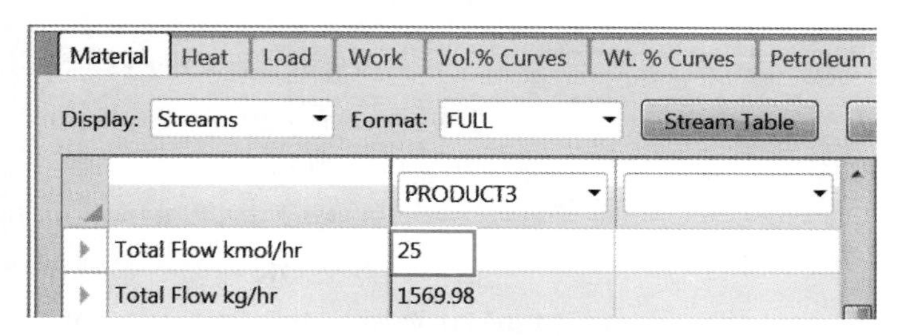

图 4-13　**查看物流 PRODUCT3 结果**

4.2　倍增器/复制器

倍增器模块和复制器模块设置在模块选项板 Manipulators 下，其介绍如表 4-3 所示。

表 4-3　**Mult/Dupl 模块介绍**

模块	说明	功能
Mult	倍增器	将流股按比例放大或缩小
Dupl	复制器	将入口流股复制为任意数量的出口流股

4.2.1　倍增器

倍增器 Mult 模块的主要参数是缩放因子(Multiplication factor)。通过指定缩放因子，将入口物流的各组分流量和总流量按照一定比例缩放；对于能流和功流，该模块增大或减小其总能量。当入口流股为物流时，缩放因子必须为正数；当入口流股为能流或功流时，缩放因子可正可负。

倍增器不遵守物料和能量守恒。对于物流，出口物流和入口物流有相同的组成和强度性质(不随流量变化的性质)。该模块有一股入口流股和一股出口流股，出口流股的类型必须与入口流股相同。

下面通过例 4.3 介绍倍增器模块的应用。

例 4.3

如例 4.1 所述，将混合后的产品流量增加到原来的 3 倍。

本例模拟步骤如下：

打开文件 Example4.1-Mixer.bkp，另存为文件 Example4.3-Mult.bkp。

建立如图 4-14 所示流程图，其中倍增器 MULT 选用模块选项板中 **Manipulators** | **Mult** | **BLOCK** 图标。

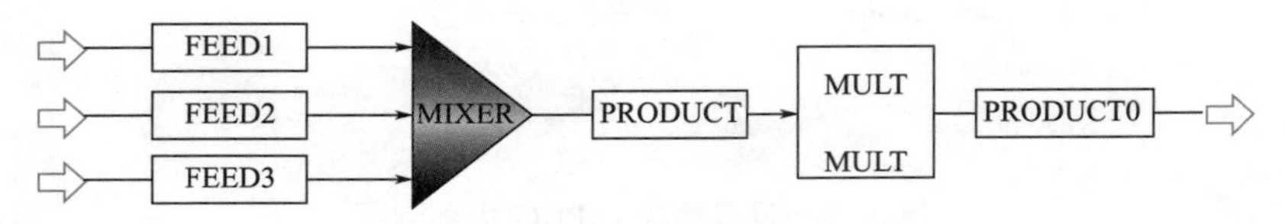

图 4-14 **倍增器 MULT 流程**

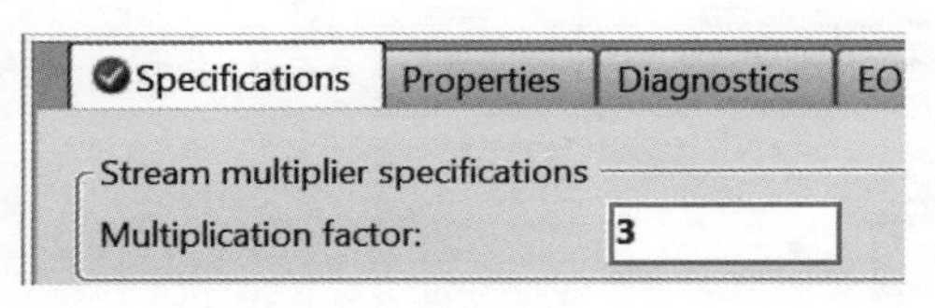

图 4-15 **输入模块 MULT 数据**

点击，进入 **Blocks** | **MULT** | **Input** | **Specifications** 页面，在 Multiplication factor 中输入 3，如图 4-15 所示。

点击，弹出 **Required Input Complete** 对话框，点击 **OK** 按钮，运行模拟，流程收敛。

进入 **Results Summary** | **Streams** | **Material** 页面，查看物流 PRODUCT0 与 PRODUCT 的温度、压力、气相分数都相同，而总流量以及各组分流量均为 PRODUCT 的 3 倍，如图 4-16 所示。

Material | Heat | Load | Work | Vol.% Curves | Wt. % Curves | Petrole

Display: Streams　Format: FULL　Stream Table

	PRODUCT	PRODUCT0
C3	50	150
NC4	30	90
NC5	40	120
NC6	30	90
Total Flow kmol/hr	150	450
Total Flow kg/hr	9419.85	28259.6
Total Flow l/min	1534.23	4602.68
Temperature C	97.6318	97.6318
Pressure bar	13.4868	13.4868

图 4-16 **查看物流结果**

4.2.2 复制器

复制器 Dupl 模块将一股入口流股(物流、能流或功流)复制为多股出口流股。当对一股流股使用不同单元模块处理时，该模块非常方便。复制器不遵守物料和能量守恒。

复制器有一股入口流股，至少有一股出口流股。该模块不需要输入任何参数。

下面通过例 4.4 介绍复制器模块的应用。

例 4.4

如例 4.1 所述，将混合后的产品物流复制成相同的 3 股物流。

本例模拟步骤如下：

打开文件 Example4.1-Mixer.bkp，另存为文件 Example4.4-Dupl.bkp。

建立如图 4-17 所示的流程图，其中复制器 DUPL 选用模块选项板中 **Manipulators** | **Dupl** | **BLOCK** 图标。

FEED1
FEED2
FEED3
MIXER
PRODUCT
DUPL
DUPL
PRODUCT1
PRODUCT2
PRODUCT3

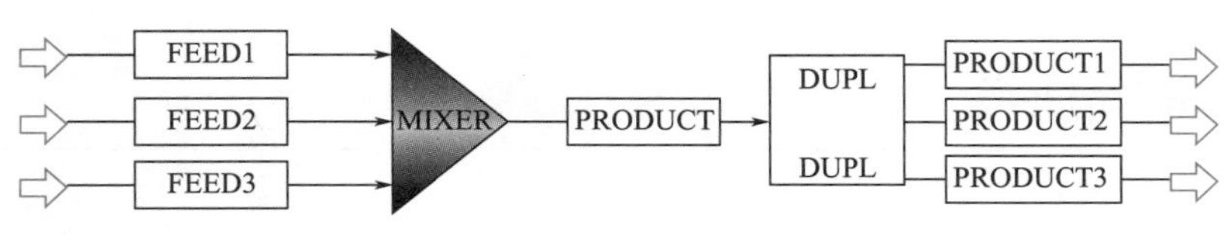

图 4-17　**复制器 DUPL 流程**

进入 **Blocks** | **DUPL** | **Input** | **Properties** 页面，输入模块 DUPL 数据，本例采用缺省值，如图 4-18 所示。

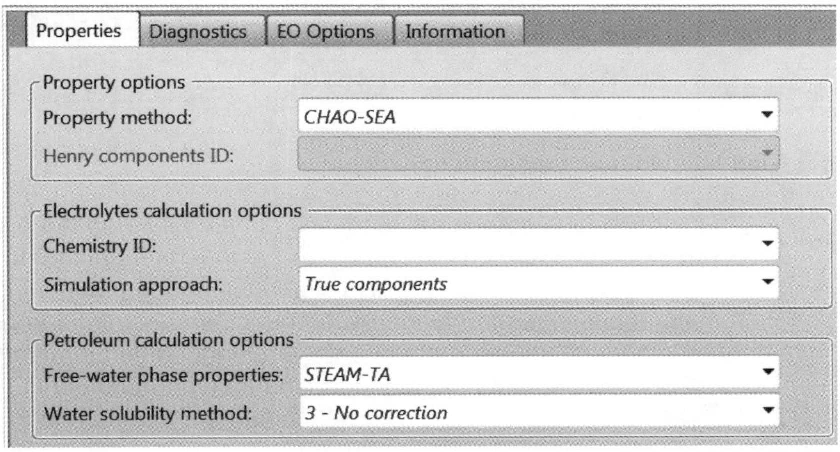

Properties
Diagnostics
EO Options
Information
Property options
Property method:
CHAO-SEA
Henry components ID:
Electrolytes calculation options
Chemistry ID:
Simulation approach:
True components
Petroleum calculation options
Free-water phase properties:
STEAM-TA
Water solubility method:
3 - No correction

图 4-18　**缺省模块 DUPL 数据**

点击 N→，弹出 **Required Input Complete** 对话框，点击 **OK** 按钮，运行模拟，流程收敛。

进入 **Results Summary** | **Streams** | **Material** 页面，查看物流 PRODUCT1、PRODUCT2、PRODUCT3 与 PRODUCT 的温度、压力、气相分数、总流量以及各组分流量等所有参数都相同，如图 4-19 所示。

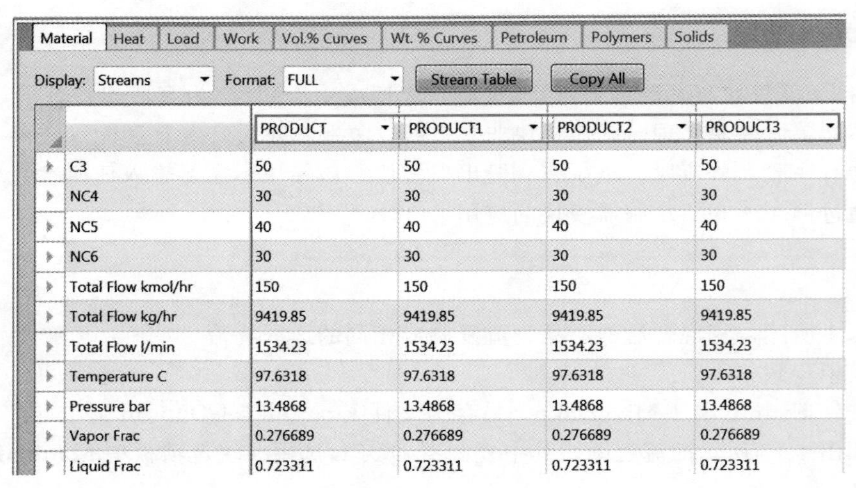

	PRODUCT	PRODUCT1	PRODUCT2	PRODUCT3
C3	50	50	50	50
NC4	30	30	30	30
NC5	40	40	40	40
NC6	30	30	30	30
Total Flow kmol/hr	150	150	150	150
Total Flow kg/hr	9419.85	9419.85	9419.85	9419.85
Total Flow l/min	1534.23	1534.23	1534.23	1534.23
Temperature C	97.6318	97.6318	97.6318	97.6318
Pressure bar	13.4868	13.4868	13.4868	13.4868
Vapor Frac	0.276689	0.276689	0.276689	0.276689
Liquid Frac	0.723311	0.723311	0.723311	0.723311

图 4-19　**查看物流结果**

4.3　简单分离器

简单分离器 Separators 包括闪蒸器、液-液分相器和组分分离器等模块，介绍如表 4-4 所示。

表 4-4　**简单分离器模块介绍**

模块	说明	功能	适用对象
Flash2	两出口闪蒸器	用严格汽-液平衡或汽-液-液平衡，把进料分成两股出口物流	闪蒸器、蒸发器、分液罐、单级分离器
Flash3	三出口闪蒸器	用严格汽-液-液平衡，把进料分成三股出口物流	分相器、有两个液相出口的单级分离器
Decanter	液-液分相器	把进料分成两股液相出口物流	分相器、有两个液相而无气相出口的单级分离器
Sep	组分分离器	根据规定的组分流量或分数，把入口物流分成多股出口物流	组分分离操作，例如蒸馏和吸收，当详细的分离过程不知道或不重要时
Sep2	两出口组分分离器	根据规定的流量、分数或纯度，把入口物流分成两股出口物流	组分分离操作，例如蒸馏和吸收，当详细的分离过程不知道或不重要时

4.3.1　两出口闪蒸器

两出口闪蒸器 Flash2 模块可进行给定热力学条件下的汽-液平衡或汽-液-液平衡计算。至少有一股入口物流，出口物流包括一股气相物流、一股液相物流和一股水(可选)。用户可以在气相物流中指定液相夹带量和/或固体夹带量。

用两出口闪蒸器模块进行模拟计算时，需要规定温度、压力、气相分数、热负荷这四个参数中的任意两个(不可同时规定气相分数和热负荷)，还需要确定出口物流的有效相态。

用户可以选择连接任意股入口热流和一股出口热流。如果用户只规定了一个参数(温度或压力)，两出口闪蒸器模块使用入口热流之和作为其热负荷规定；否则，该模块使用入口热流计算净热负荷。净热负荷是入口热流总和与实际热负荷的差值。

下面通过例 4.5 介绍两出口闪蒸器模块的应用。

例 4.5

例 4.5
演示视频

进料物流进入第一个闪蒸器 FLASH1 分离成汽液两相，液相再进入第二个闪蒸器 FLASH2 进行闪蒸分离。已知进料温度 100℃，压力 3.8MPa，进料中氢气、甲烷、苯和甲苯的流量分别为 185kmol/h、45kmol/h、45kmol/h 和 5kmol/h。闪蒸器 FLASH1 温度 100℃，压降 0；闪蒸器 FLASH2 绝热闪蒸，压力 0.1MPa，计算闪蒸器 FLASH2 的温度。物性方法采用 PENG-ROB。

本例模拟步骤如下：

启动 Aspen Plus，进入 **File** | **New** | **User** 页面，选择模板 General with Metric Units，将文件保存为 Example4.5-Flash2.bkp。

进入 **Components** | **Specifications** | **Selection** 页面，输入组分 H2(氢气)、CH4(甲烷)、C6H6(苯)和 C7H8(甲苯)。

点击 N→，进入 **Methods** | **Specifications** | **Global** 页面，选择物性方法 PENG-ROB。

点击 N→，查看方程的二元交互作用参数是否完整，本例采用缺省值，不做修改。

点击 N→，弹出 **Properties Input Complete** 对话框，选择 Go to Simulation environment，点击 **OK** 按钮，进入模拟环境。

图 4-20　**两出口闪蒸器 FLASH2 流程**

建立如图 4-20 所示的流程图，其中两出口闪蒸器 FLASH1 和 FLASH2 均选用模块选项板中 **Separators** | **Flash2** | **V-DRUM1** 图标。

点击 N→，进入 **Streams** | **FEED** | **Input** | **Mixed** 页面，根据题目信息输入物流 FEED 数据，如图 4-21 所示。

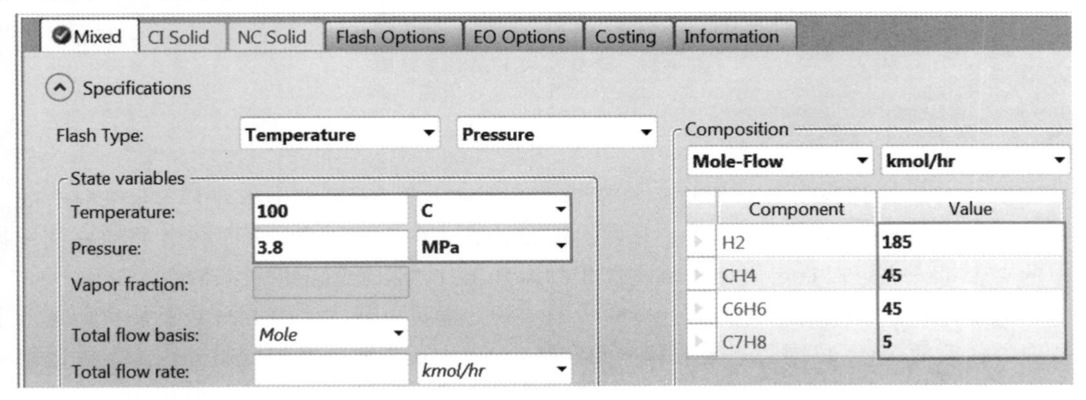

图 4-21　**输入物流 FEED 数据**

点击 N→，进入 **Blocks** | **FLASH1** | **Input** | **Specifications** 页面，在 Temperature 中输入 100℃，在 Pressure 中输入 0(注意，当输入数值>0 时表示出口压力，当输入数值≤0 时表示压降)，如图 4-22 所示。

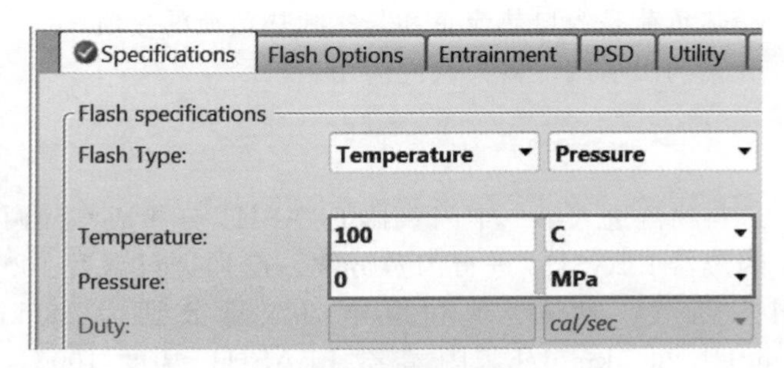

图 4-22　**输入模块 FLASH1 数据**

点击N→，进入 **Blocks｜FLASH2｜Input｜Specifications** 页面，Flash Type 中选择 Duty 和 Pressure，在 Pressure 中输入 0.1MPa，在 Duty 中输入 0，如图 4-23 所示。

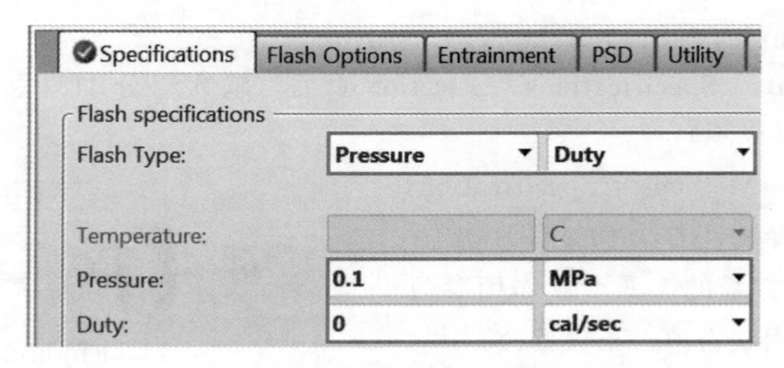

图 4-23　**输入模块 FLASH2 数据**

点击N→，弹出 **Required Input Complete** 对话框，点击 **OK** 按钮，运行模拟，流程收敛。

进入 **Blocks｜FLASH2｜Results｜Summary** 页面，查看闪蒸器 FLASH2 的温度 75.75℃，如图 4-24 所示。

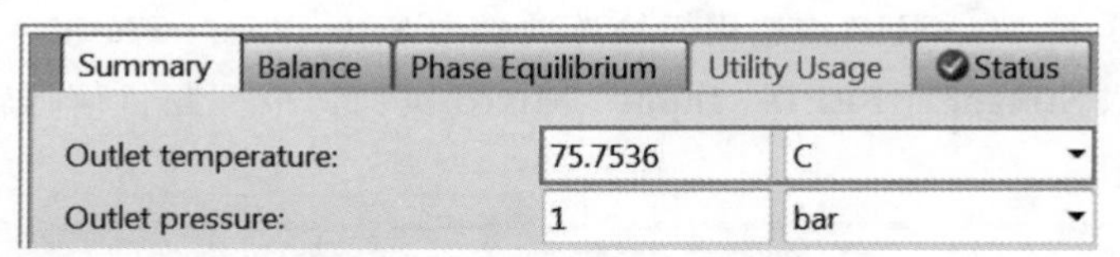

图 4-24　**查看模块 FLASH2 结果**

4.3.2　三出口闪蒸器

三出口闪蒸器 Flash3 模块可进行给定热力学条件下的汽-液-液平衡计算。至少有一股入口物流，出口物流包括一股气相物流和两股液相物流。用户可以指定每股液相物流在气相物流中的夹带量，也可以指定固相物流在气相物流和第一液相物流中的夹带量。

用三出口闪蒸器模块进行模拟计算时，需要规定温度、压力、气相分数及热负荷这四个参数中的任意两个(不可同时规定气相分数和热负荷)，还需要指定关键组分，指定关键组分后，含关键组分多的液相作为第二液相，否则缺省密度大的液相作为第二液相。

下面通过例 4.6 介绍三出口闪蒸器模块的应用。

例 4.6

两股进料进入三出口闪蒸器进行一次闪蒸，闪蒸器温度 80℃，压力 0.1MPa。进料

FEED1 中乙醇和甲苯的流量分别为 5kmol/h 和 25kmol/h，进料 FEED2 中水的流量 20kmol/h，两股进料的温度均为 25℃，压力均为 0.1MPa，计算产品中各组分的流量。物性方法采用 UNIQUAC。

本例模拟步骤如下：

启动 Aspen Plus，进入 **File** | **New** | **User** 页面，选择模板 General with Metric Units，将文件保存为 Example4.6-Flash3.bkp。

进入 **Components** | **Specifications** | **Selection** 页面，输入组分 C2H6O-2(乙醇)、C7H8(甲苯)和 H2O(水)。

点击，进入 **Methods** | **Specifications** | **Global** 页面，选择物性方法 UNIQUAC。

点击，查看方程的二元交互作用参数是否完整，本例采用缺省值，不做修改。由图 4-25 可知，甲苯和水的二元交互作用参数的来源是 APV84 LLE-LIT，这是由于两者部分互溶导致的。

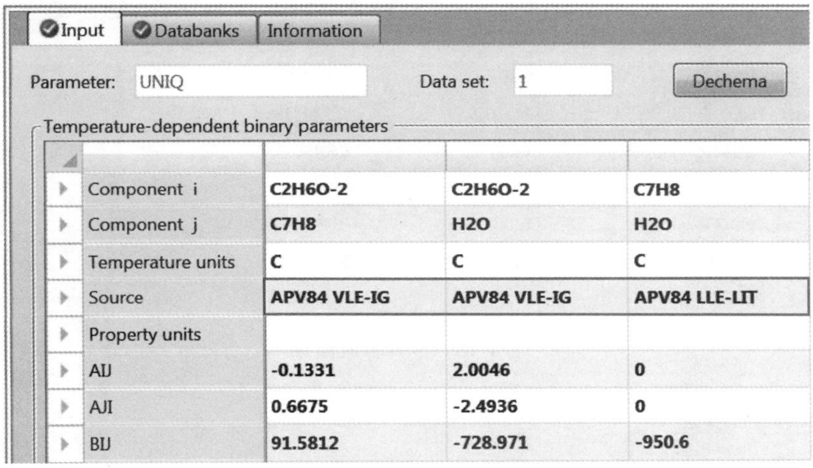

Input | Databanks | Information

Parameter: UNIQ　　Data set: 1　　Dechema

Temperature-dependent binary parameters

Component i	C2H6O-2	C2H6O-2	C7H8
Component j	C7H8	H2O	H2O
Temperature units	C	C	C
Source	APV84 VLE-IG	APV84 VLE-IG	APV84 LLE-LIT
Property units			
AIJ	-0.1331	2.0046	0
AJI	0.6675	-2.4936	0
BIJ	91.5812	-728.971	-950.6

图 4-25　查看方程的二元交互作用参数

点击，弹出 **Properties Input Complete** 对话框，选择 Go to Simulation environment，点击 **OK** 按钮，进入模拟环境。

建立如图 4-26 所示的流程图，其中三出口闪蒸器 FLASH3 选用模块选项板中 **Separators** | **Flash3** | **V-DRUM1** 图标。

点击，进入 **Streams** | **FEED1** | **Input** | **Mixed** 页面，根据题目信息输入物流 FEED1 数据。同理，输入物流 FEED2 数据。

点击，进入 **Blocks** | **FLASH3** | **Input** | **Specifications** 页面，在 Temperature 中输入 80℃，在 Pressure 中输入 0.1MPa，如图 4-27 所示。

不指定关键组分(Key Components)，即缺省密度大的液相作为第二液相。

点击，弹出 **Required Input Complete** 对话框，点击 **OK** 按钮，运行模拟，流程收敛。

进入 **Results Summary** | **Streams** | **Material** 页面，可以看出各产品物流的温度、压力、组成及流量等，如图 4-28 所示。

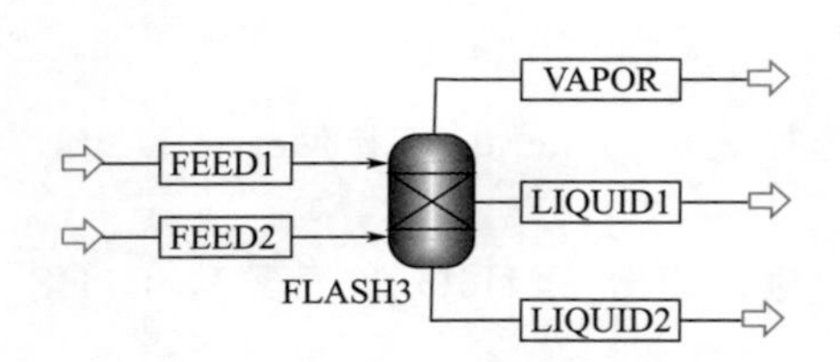

图 4-26　三出口闪蒸器 FLASH3 流程

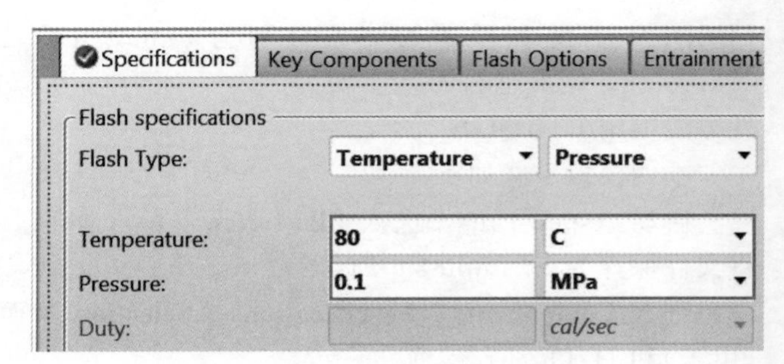

图 4-27　输入模块 FLASH3 数据

Material | Heat | Load | Work | Vol.% Curves | Wt. % Curves | Petroleum | Polymers | Sol

Display: Streams　Format: FULL　Stream Table　Copy All

	VAPOR	LIQUID1	FEED2
C2H6O-2	4.13771	0.55738	0
C7H8	9.2033	15.7935	0
H2O	11.3165	0.129776	20
Total Flow kmol/hr	24.6575	16.4807	20
Total Flow kg/hr	1242.49	1483.24	360.306
Total Flow l/min	12066.6	30.4134	6.0416
Temperature C	80	80	25
Pressure bar	1	1	1

图 4-28　查看物流结果

4.3.3　液-液分相器

液-液分相器 Decanter 模块可进行给定热力学条件下的液-液平衡或液-自由水平衡计算。该模块至少有一股入口物流，两股液相出口物流。

用液-液分相器模块进行模拟计算时，首先需要规定压力和温度或者热负荷；其次需要指定关键组分，指定关键组分后，含关键组分多的液相作为第二液相，否则缺省密度大的液相作为第二液相；另外还可以设置组分的分离效率(Separation Efficiency)。

分离效率代表了相组成偏离平衡组成的程度，其定义为：

$$x_{2,i}=E_iK_ix_{1,i}$$

式中，$x_{1,i}$ 和 $x_{2,i}$ 分别为第一液相和第二液相中组分 i 的摩尔分数；K_i 为组分 i 的平衡常数；E_i 为组分 i 的分离效率，当不指定分离效率时，缺省值为 1。

下面通过例 4.7 介绍液-液分相器模块的应用。

例 4.7

两股进料进入液-液分相器进行液液分离。进料采用例 4.6 中的进料，液-液分相器温度 25℃，压力 0.1MPa，乙醇的分离效率为 0.9。

本例模拟步骤如下：

打开文件 Example4.6-Flash3.bkp，另存为文件 Example4.7-Decanter.bkp。

删除 FLASH3 模块，建立如图 4-29 所示的流程图，其中液液分相器 DECANTER 选用模块选项板中 **Separators** | **Decanter** | **H-DRUM** 图标。

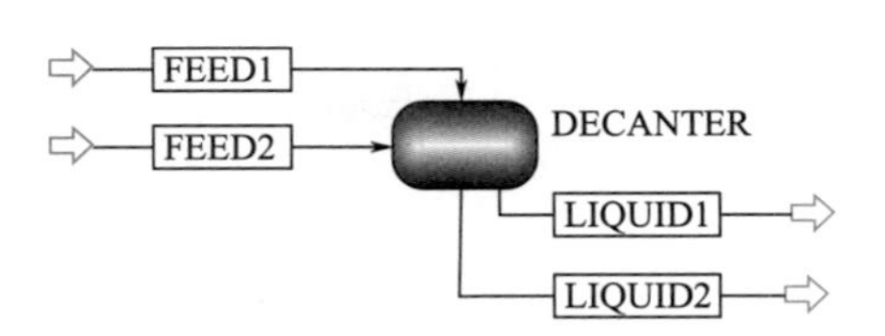

图 4-29 **液-液分相器 DECANTER 流程**

点击 N▶，进入 **Blocks** | **DECANTER** | **Input** | **Specifications** 页面，在 Pressure 中输入 0.1MPa，在 Temperature 中输入 25℃，不指定关键组分，即缺省密度大的液相作为第二液相，如图 4-30 所示。

Specifications | Calculation Options | Efficiency | Entrainment | Utility | Infor

Decanter specifications

Pressure:	0.1	MPa
Temperature:	25	C
Duty:		cal/sec

Key components to identify 2nd liquid phase

Available components: C2H6O-2, C7H8, H2O

Key components

图 4-30 **输入模块 DECANTER 数据**

进入 **Blocks** | **DECANTER** | **Input** | **Efficiency** 页面，输入乙醇的分离效率为 0.9，如图 4-31 所示。

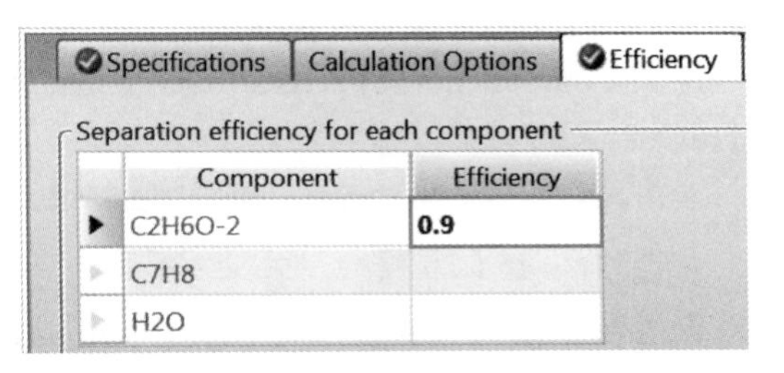
Specifications | Calculation Options | Efficiency

Separation efficiency for each component

Component	Efficiency
C2H6O-2	0.9
C7H8	
H2O	

图 4-31 **输入模块 DECANTER 分离效率**

点击 N▶，弹出 **Required Input Complete** 对话框，点击 **OK** 按钮，运行模拟，流程收敛。

进入 **Results Summary** | **Streams** | **Material** 页面，查看两液相产品物流的温度、压力、组成及流量等，如图 4-32 所示。

Material | Heat | Load | Work | Vol.% Curves | Wt. % Curves | Petrolei

Display: Streams　Format: FULL　Stream Table

	LIQUID1	LIQUID2
C2H6O-2	1.79301	3.20699
C7H8	24.9743	0.0256991
H2O	0.146813	19.8532
Total Flow kmol/hr	26.9141	23.0859
Total Flow kg/hr	2386.39	507.772
Total Flow l/min	45.942	9.10071
Temperature C	25	25
Pressure bar	1	1
Vapor Frac	0	0

图 4-32 **查看物流结果**

4.3.4 组分分离器

组分分离器 Sep 模块可将任意股入口物流按照每个组分的分离规定分成两股或多股出口物流。当未知详细的分离过程，但已知每个组分的分离结果时，可以用该模块代替严格分离模块，以节省计算时间。该模块至少有一股入口物流，且至少有两股出口物流。

用组分分离器模块进行模拟计算时，需要指定每个组分在各出口物流中的分数(Split fraction，组分由进料进入到产品中的分数)或者流量。用户可以选择性指定入口物流混合后的闪蒸压力和有效相态，还可以指定每一股出口物流的温度、压力和气相分数中的任意两个参数及有效相态。

下面通过例 4.8 介绍组分分离器模块的应用。

例 4.8

使用组分分离器将一股温度 70℃、压力 0.1MPa 的进料物流分离成两股产品，要求塔顶产品流量 50kmol/h，甲醇的摩尔分数 0.95，乙醇的摩尔分数 0.04。进料中甲醇、水和乙醇的流量分别为 50kmol/h、100kmol/h 和 150kmol/h，计算塔底产品的流量与组成。物性方法采用 UNIQUAC。

本例模拟步骤如下：

启动 Aspen Plus，进入 **File**|**New**|**User** 页面，选择模板 General with Metric Units，将文件保存为 Example4.8-Sep.bkp。

进入 **Components**|**Specifications**|**Selection** 页面，输入组分 CH4O(甲醇)、H2O(水)、C2H6O-2(乙醇)。

点击 N▶，进入 **Methods** | **Specifications**|**Global** 页面，选择物性方法 UNIQUAC。

点击 N▶，查看方程的二元交互作用参数是否完整，本例采用缺省值，不做修改。

点击 N▶，弹出 **Properties Input Complete** 对话框，选择 Go to Simulation environment，点击 **OK** 按钮，进入模拟环境。

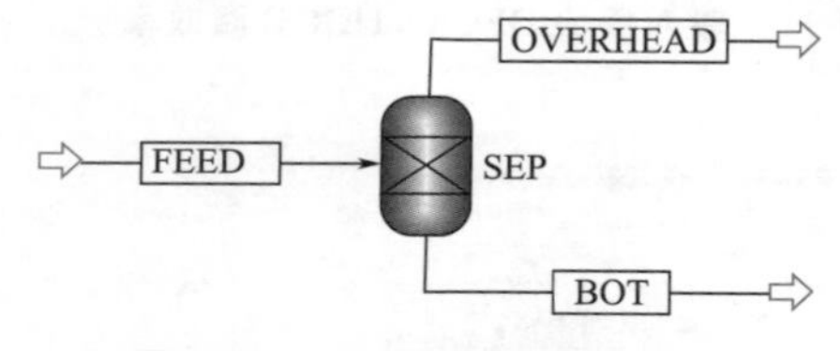

图 4-33 组分分离器 SEP 流程

建立如图 4-33 所示的流程图，其中组分分离器 SEP 选用模块选项板中 **Separators** | **Sep** | **ICON1** 图标。

点击 N▶，进入 **Streams** | **FEED** | **Input** | **Mixed** 页面，根据题目信息输入物流 FEED 数据，如图 4-34 所示。

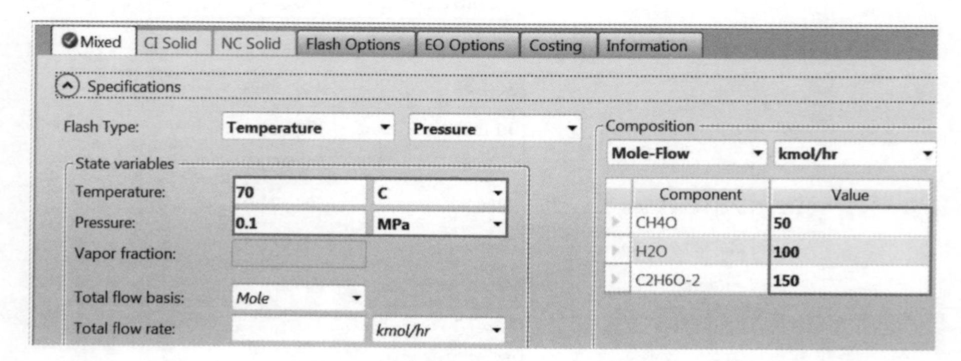

图 4-34 输入物流 FEED 数据

点击N▶，进入 **Blocks** | **SEP** | **Input** | **Specifications** 页面，输入模块 SEP 数据。在 Outlet stream 选择 OVERHEAD，Specification 均为 Flow，Basis 均选择 Mole，Value 分别为甲醇 50×0.95＝47.5，乙醇 50×0.04＝2，水 50×(1－0.95－0.04)＝0.5，如图 4-35 所示。

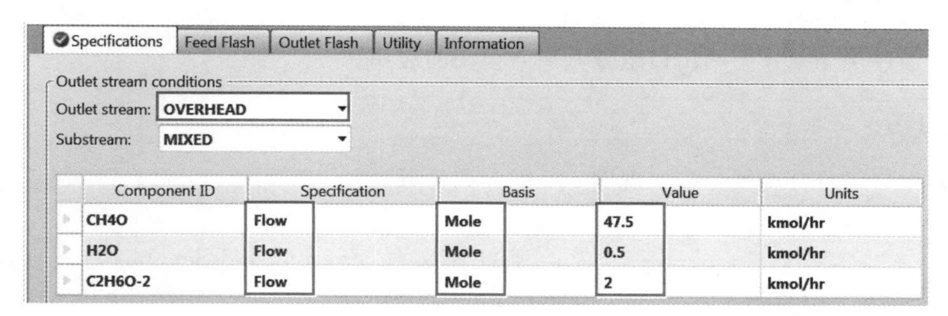

图 4-35　**输入模块 SEP 数据**

进入 **Blocks** | **SEP** | **Input** | **Feed Flash** 页面，在 Pressure 中输入 0.1MPa，Valid phases 缺省为 Vapor-Liquid，如图 4-36 所示。

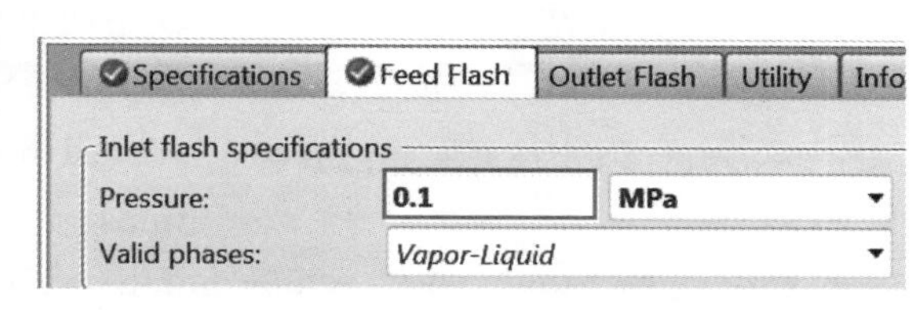

图 4-36　**输入模块 SEP 进料闪蒸数据**

点击N▶，弹出 **Required Input Complete** 对话框，点击 **OK** 按钮，运行模拟，流程收敛。

进入 **Results Summary** | **Streams** | **Material** 页面，查看两股产品物流的温度、压力、组成及流量等，如图 4-37 所示。

Material | Heat | Load | Work | Vol.% Curves | Wt. % Curves | Petroleu

Display: Streams　Format: FULL　Stream Table

	BOT	OVERHEAD
CH4O	2.5	47.5
H2O	99.5	0.5
C2H6O-2	148	2
Total Flow kmol/hr	250	50
Total Flow kg/hr	8690.84	1623.15
Total Flow l/min	185.534	23775.5
Temperature C	70	70
Pressure bar	1	1
Vapor Frac	0	1

图 4-37　**查看物流结果**

4.3.5　两出口组分分离器

两出口组分分离器 Sep2 模块可将入口物流组分分到两股出口物流中，Sep2 模块与 Sep 模块相似，且其可以提供更多的输入选项，如用户可以规定某组分的纯度。该模块至少有一股入口物流，有且仅有两股出口物流。

用户指定两出口组分分离器模块中物流的流量或分离分数(Split Fraction，产品流量与进料总流量的比值），还需要指定物流中组分的流量或分离分数(Split Fraction，组分由进料进入到产品中的分数)或组分在此物流中的摩尔/质量分数。用户可以选择性指定入口物流混合后的闪蒸压力和有效相态，还可以指定每一股出口物流的温度、压力和气相分数中的任意两个参数及有效相态。

下面通过例 4.9 介绍两出口组分分离器模块的应用。

例 4.9

用两出口组分分离器分离实现例 4.8 的分离任务。

本例模拟步骤如下：

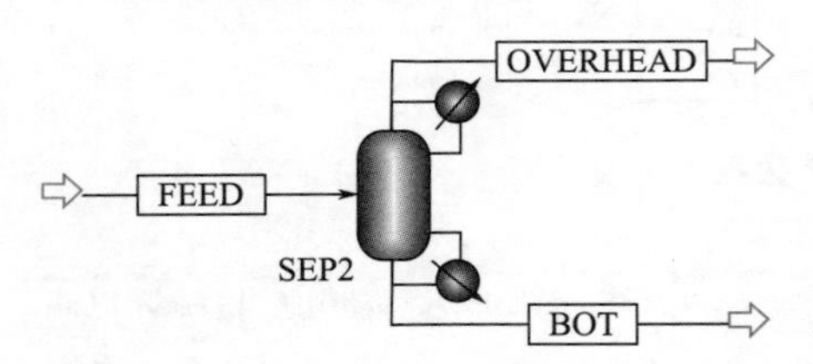

图 4-38　两出口组分分离器 SEP2 流程

打开文件 Example4.8-Sep.bkp，另存为文件 Example4.9-Sep2.bkp。

删除 SEP 模块，建立如图 4-38 所示的流程图，其中两出口组分分离器 SEP2 选用模块选项板中 **Separators** | **Sep2** | **ICON2** 图标。

点击，进入 **Blocks** | **SEP2** | **Input** | **Specifications** 页面，Outlet stream 选择 OVERHEAD，Stream spec 选择 Flow，并输入 50kmol/h；CH4O 和 C2H6O-2 的 2nd Spec 均选择 Mole frac，分别输入 0.95 和 0.04，如图 4-39 所示。可以看出，与 Sep 模块相比，Sep2 模块可规定参数有两组，可以直接输入产品中组分的摩尔分数。

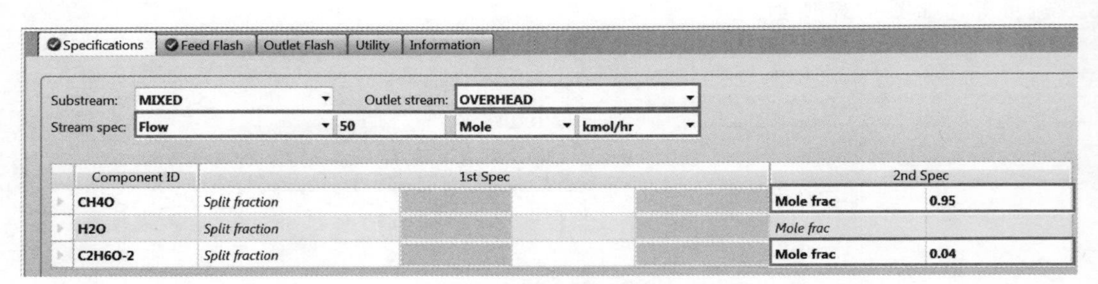

图 4-39　输入模块 SEP2 数据

进入 **Blocks** | **SEP2** | **Input** | **Feed Flash** 页面，在 Pressure 中输入 0.1MPa，如图 4-40 所示。

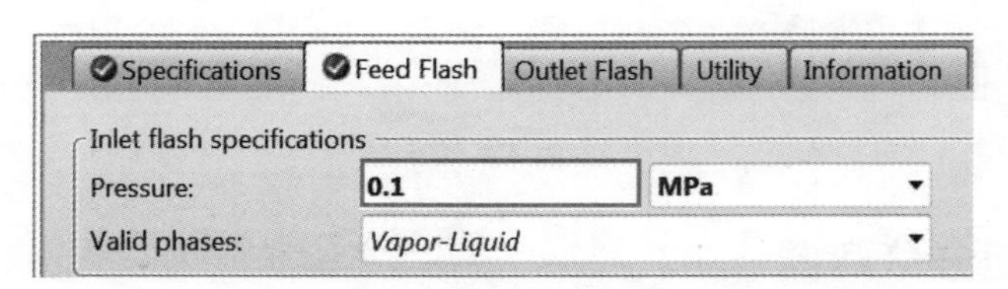

图 4-40　输入模块 SEP2 进料闪蒸数据

点击，弹出 **Required Input Complete** 对话框，点击 **OK** 按钮，运行模拟，流程收敛。

进入 **Results Summary** | **Streams** | **Material** 页面，查看两股产品物流的温度、压力、组成及流量等，如图 4-41 所示。

Material | Heat | Load | Work | Vol.% Curves | Wt. % Curves | Petrole

Display: Streams　Format: FULL　Stream Table

	OVERHEAD	BOT
CH4O	47.5	2.5
H2O	0.5	99.5
C2H6O-2	2	148
Total Flow kmol/hr	50	250
Total Flow kg/hr	1623.15	8690.84
Total Flow l/min	23775.5	185.534
Temperature C	70	70
Pressure bar	1	1
Vapor Frac	1	0

图 4-41　查看物流结果

比较本节与上一节的例题可知，用 Sep 模块和 Sep2 模块得到的结果相同，Sep2 模块规定参数时，可选择性更多，较为灵活。

习　题

4.1　混合物流 FEED1 和 FEED2，采用复制器将混合后的进料复制成三股，分别进入三个两出口闪蒸器进行绝热恒压闪蒸，流程图如附图所示。两股进料的温度均为 70℃，压力均为 0.1MPa，物流 FEED1 中乙醇和丙酮的流量分别为 20kmol/h 和 5kmol/h，物流 FEED2 为纯水，流量 25kmol/h，全局物性方法选用 UNIQUAC。对三个两出口闪蒸器分别选用 UNIQUAC、NRTL、WILSON 物性方法进行计算，并比较其运算结果。（提示：模块的物性方法可在 **Blocks** | **FLASH** | **Block Options** | **Properties** 页面进行选择）

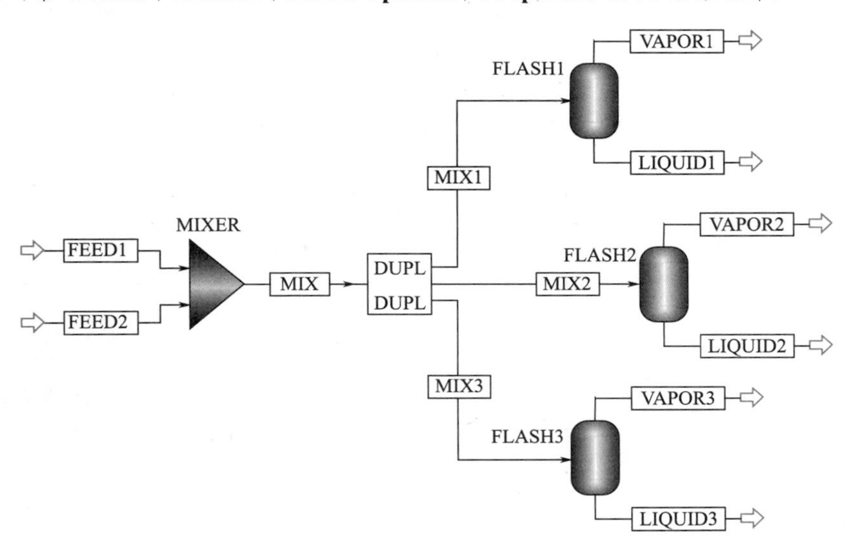

习题 4.1 附图　简单单元流程

第5章

流体输送单元模拟

5.1 概述

Aspen Plus 提供了六种不同的流体输送单元模块，包括泵、压缩机、多级压缩机、阀门、管道、管线等，具体介绍如表 5-1 所示。

表 5-1 流体输送单元模块介绍

模块	说明	功能	适用对象
Pump	泵或水轮机	当已知压力、功率或特性曲线时，改变物流压力	泵和水轮机
Compr	压缩机或涡轮机	当已知压力、功率或特性曲线时，改变物流压力	多变压缩机、多变正排量压缩机、等熵压缩机和等熵涡轮机
MCompr	多级压缩机或涡轮机	通过带有中间冷却器的多级压缩机改变物流压力，可从中间冷却器采出液相物流	多级多变压缩机、多级多变正排量压缩机、多级等熵压缩机和多级等熵涡轮机
Valve	阀门	确定压降或阀系数	控制阀、球阀、截止阀和蝶阀中的多相绝热流动
Pipe	管道	计算通过单管道或环形空间的压降或传热量	直径恒定的管道(可包括管件)
Pipeline	管线	计算通过多段管道或环形空间的压降或传热量	具有多段不同直径或标高的管道

5.2 泵

泵 Pump 模块可以模拟实际生产中输送流体的各种泵，主要用于计算将流体压力提升到一定值时所需的功率。该模块一般用来处理单液相，对于某些特殊情况，用户也可以进行两相或三相计算，来确定出口物流状态和计算液体密度。模拟结果的准确度取决于多种因素，如有效相态、流体的可压缩性以及指定的效率等。如果仅计算压差，也可用其它模块，如 Heater 模块。

泵模块通过指定出口压力(Discharge Pressure)或压力增量(Pressure Increase)或压力比率(Pressure Ratio)计算所需功率，也可以通过指定功率(Power Required)来计算出口压力，还可以采用特性曲线数据计算出口状态(Use performance curve to determine discharge conditions)。

下面通过例 5.1 和例 5.2 介绍泵模块的应用。

例 5.1 和例 5.2 是计算泵的两个不同案例。前者通过规定泵的出口压力计算泵的操作参数和出口物流参数；后者通过规定泵的特性曲线计算泵的操作参数和泵的出口压力。

例 5.1

例 5.1
演示视频

一台泵将压力 170kPa 的物流升压到 690kPa，进料温度 −10℃，进料组分流量如表 5-2 所示。泵效率 80%，驱动机效率 95%，计算泵的有效功率(泵提供给流体的功率)、轴功率以及驱动机消耗的电功率。物性方法采用 PENG-ROB。

表 5-2　**进料组分流量**

组分	甲烷	乙烷	丙烷	正丁烷	异丁烷	1,3-丁二烯
缩写式	C1	C2	C3	NC4	IC4	DC4
流量/(kmol/h)	0.05	0.45	4.55	8.60	9.00	9.00

本例模拟步骤如下：

启动 Aspen Plus，进入 **File** | **New** | **User** 页面，选择模板 General with Metric Units，将文件保存为 Example5.1-Pump.bkp。

进入 **Components** | **Specifications** | **Selection** 页面，输入组分 C1(甲烷)、C2(乙烷)、C3(丙烷)、NC4(正丁烷)、IC4(异丁烷)和 1:3-B-01(1,3-丁二烯)，如图 5-1 所示。

Selection | Petroleum | Nonconventional | Enterprise Database | Information

Select components:

Component ID	Type	Component name	Alias
METHA-01	Conventional	METHANE	CH4
ETHAN-01	Conventional	ETHANE	C2H6
PROPA-01	Conventional	PROPANE	C3H8
N-BUT-01	Conventional	N-BUTANE	C4H10-1
ISOBU-01	Conventional	ISOBUTANE	C4H10-2
1:3-B-01	Conventional	1,3-BUTADIENE	C4H6-4

图 5-1　**输入组分**

点击N→，进入 **Methods** | **Specifications** | **Global** 页面，选择物性方法 PENG-ROB，如图 5-2 所示。

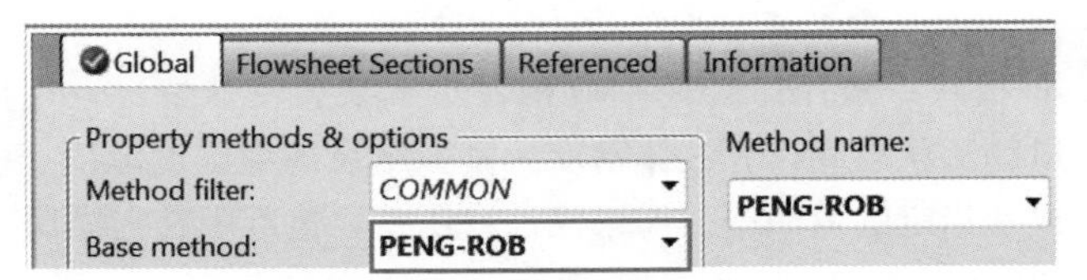

图 5-2 **选择物性方法**

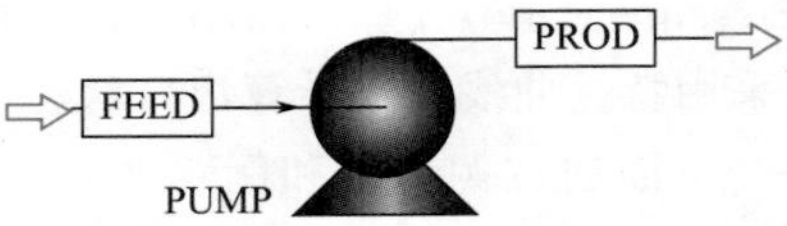

点击N➡，查看方程的二元交互作用参数是否完整，本例采用缺省值，不做修改。

点击N➡，弹出 **Properties Input Complete** 对话框，选择 Go to Simulation environment，点击 **OK** 按钮，进入模拟环境。

图 5-3 **泵 PUMP 流程**

建立如图 5-3 所示的流程图，其中泵 PUMP 选用模块选项板中 **Pressure Changers** | **Pump** | **ICON1** 图标。

点击N➡，进入 **Streams** | **FEED** | **Input** | **Mixed** 页面，根据题目信息输入物流 FEED 数据，如图 5-4 所示。

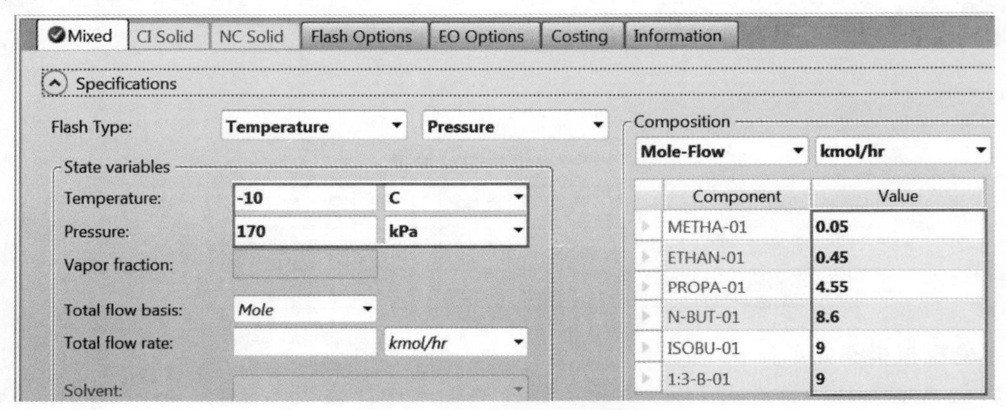

图 5-4 **输入物流 FEED 数据**

点击N➡，进入 **Blocks** | **PUMP** | **Setup** | **Specifications** 页面，输入模块 PUMP 数据。Model（模型）选择 Pump，Pump outlet specification（泵的出口规定）选择 Discharge pressure，并输入 690kPa，Efficiencies 中输入 Pump 效率 0.8，Driver（驱动机）效率 0.95，如图 5-5 所示。

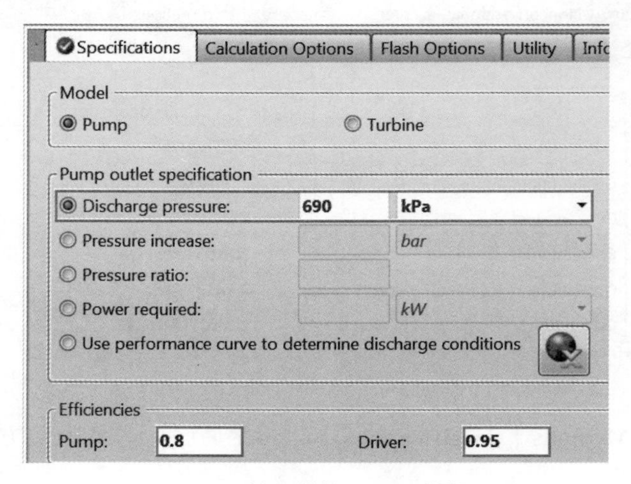

图 5-5 **输入模块 PUMP 数据**

点击，弹出 **Required Input Complete** 对话框，点击 **OK** 按钮，运行模拟，流程收敛。

进入 **Blocks** | **Pump** | **Results** | **Summary** 页面，查看泵的有效功率为 0.41kW，轴功率为 0.51kW，驱动机消耗的电功率为 0.54kW，如图 5-6 所示。

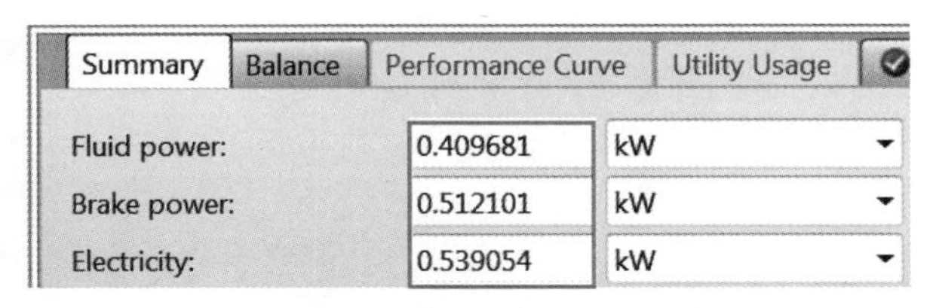

图 5-6　**查看模块 PUMP 结果**

例 5.2

一股需要泵输送的苯物流，温度 40℃，压力 100kPa，流量 100kmol/h。泵效率 85%，驱动机效率 95%，特性曲线数据如表 5-3 所示。计算泵的出口压力、泵的有效功率、轴功率以及驱动机消耗的电功率。物性方法采用 RK-SOAVE。

表 5-3　**泵特性曲线数据**

流量/(m^3/h)	20	10	5	3
扬程/m	40	250	300	400

启动 Aspen Plus，进入 **File** | **New** | **User** 页面，选择模板 General with Metric Units，将文件保存为 Example5. 2-Pump. bkp。

进入 **Components** | **Specifications** | **Selection** 页面，输入组分 BENZENE(苯)。

点击，进入 **Methods** | **Specifications** | **Global** 页面，选择物性方法 RK-SOAVE。

点击，弹出 **Properties Input Complete** 对话框，选择 Go to Simulation environment，点击 **OK** 按钮，进入模拟环境。

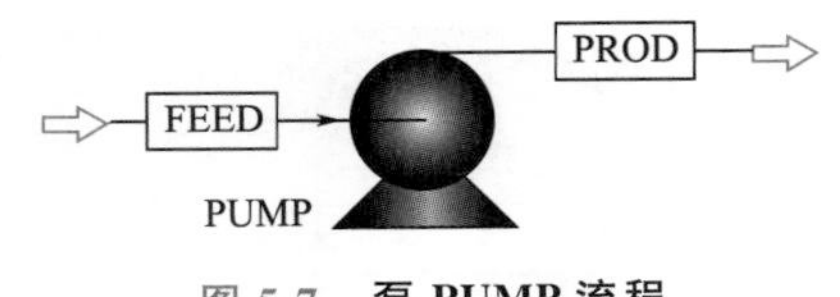

图 5-7　**泵 PUMP 流程**

建立如图 5-7 所示的流程图，其中泵 PUMP 选用模块选项板中 **Pressure Changers** | **Pump** | **ICON1** 图标。

点击，进入 **Streams** | **FEED** | **Input** | **Mixed** 页面，输入物流 FEED 温度 40℃，压力 100kPa，苯流量 100kmol/h。

点击，进入 **Blocks** | **PUMP** | **Setup** | **Specifications** 页面，输入模块 PUMP 规定。Model 选择 Pump，Pump outlet specification 选择 Use performance curve to determine discharge conditions，Pump 效率为 0.85，Driver 效率为 0.95，如图 5-8 所示。

点击，进入 **Blocks** | **PUMP** | **Performance Curves** | **Curve Setup** 页面，设置泵特性曲线。Select curve format(选择曲线形式)选择 Tabular data(列表数据)，Flow variable(流量变量)选择 Vol-Flow(体积流量)，Number of curves(曲线数目)选择 Single curve at operating speed(操作转速下的单条曲线)，如图 5-9 所示。

点击，进入 **Blocks** | **PUMP** | **Performance Curves** | **Curve Data** 页面，输入泵特性曲

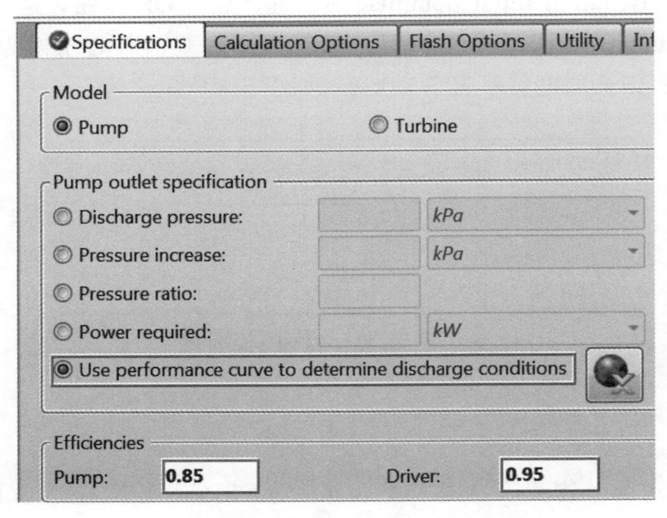

图 5-8　**输入模块 PUMP 规定**

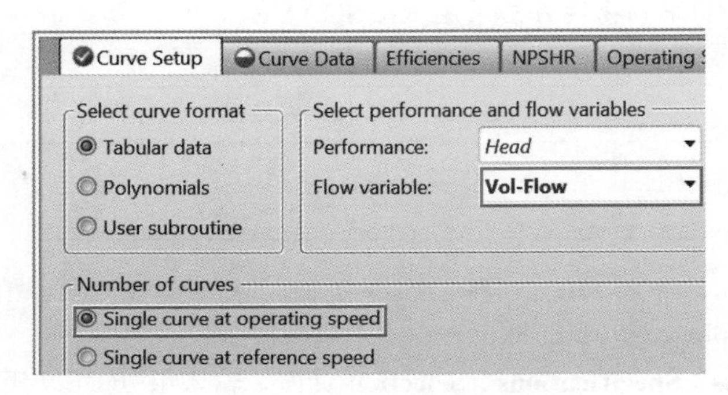

图 5-9　**设置泵特性曲线**

线数据。Head(扬程)的单位选择 meter，Flow 的单位选择 cum/hr，在 Head vs. flow tables 中输入特性曲线数据，如图 5-10 所示。

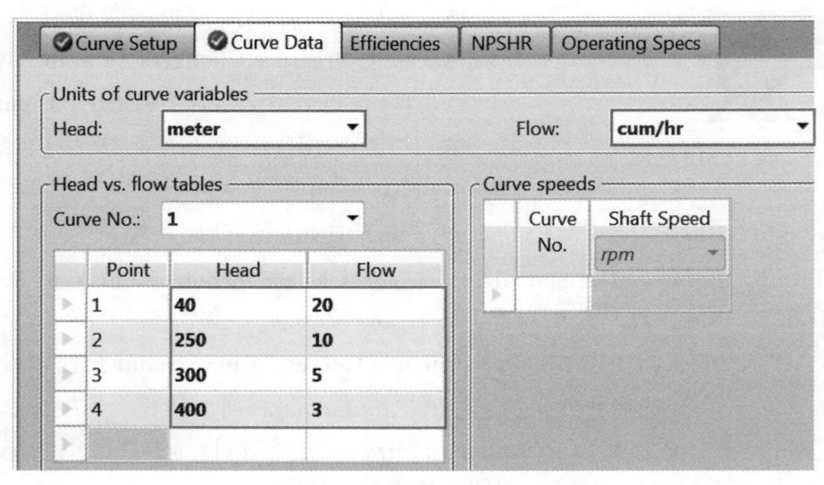

图 5-10　**输入泵特性曲线数据**

点击![N→]，弹出 **Required Input Complete** 对话框，点击 **OK** 按钮，运行模拟，流程收敛。

进入 **Streams** | **PROD** | **Results** | **Material** 页面，查看泵的出口压力为 2281kPa，如图 5-11 所示。进入 **Blocks** | **PUMP** | **Results** | **Summary** 页面，查看泵提供给流体的功率(泵的有效功率)为 5.52kW，需要的轴功率为 6.50kW，驱动机消耗的电功率为 6.84kW，如图 5-12 所示。

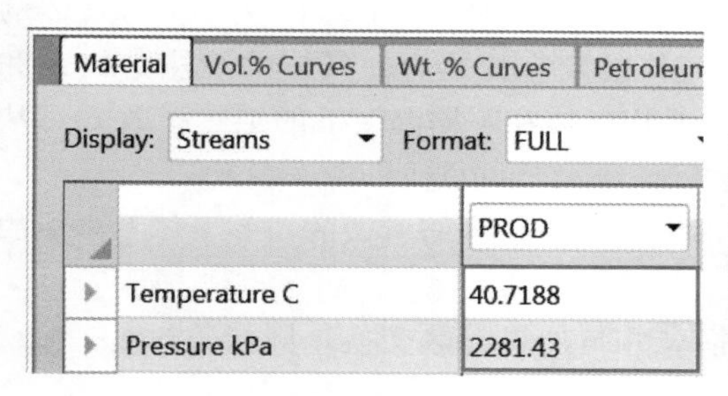

图 5-11 查看物流 PROD 结果

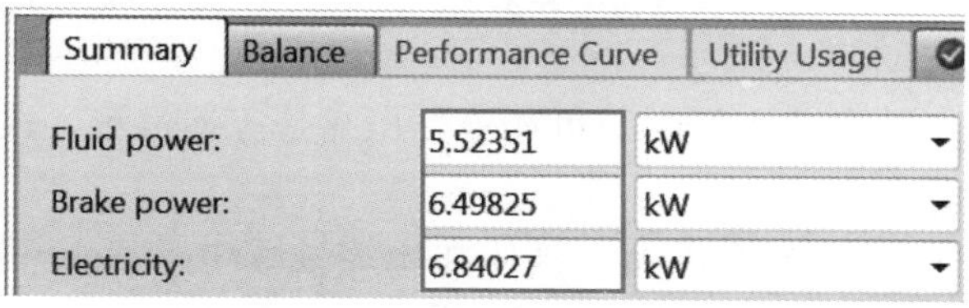

Summary | Balance | Performance Curve | Utility Usage
Fluid power: 5.52351 kW
Brake power: 6.49825 kW
Electricity: 6.84027 kW

图 5-12 查看模块 PUMP 结果

5.3 压缩机

压缩机 Compr 模块可以进行单相、两相或三相计算，可通过指定出口压力、压力增量、压力比率或特性曲线计算所需功率，还可通过指定功率计算出口压力。

对于不同类型的压缩机，可使用的计算方法见表 5-4。模拟涡轮机时计算类型只有一个，即等熵模型(Isentropic)。对于等熵压缩计算，莫里尔(Mollier)算法最严格；对于多变压缩计算和等熵压缩计算，ASME 算法比 GPSA 算法更加严格；ASME 算法不能用于涡轮机。

表 5-4 压缩机类型及计算方法

压缩机类型	莫里尔	GPSA	ASME	分片积分
等熵(Isentropic)	√	√	√	
多变(Polytropic)		√	√	√
正排量(Positive Displacement)		√		√

压缩机的压缩过程包括等温压缩(Isothermal Compression)、绝热压缩(Adiabatic Compression)和多变压缩(Polytropic Compression)。

气体压缩过程的普遍方程式为：

$$pV^m = 常数 \tag{5-1}$$

式中，p 为气体压力；V 为气体体积；m 为压缩指数。

在气体压缩过程中，气体从 p_1 压缩到 p_2 所消耗的功与压缩过程有关，可在 p-V 状态图上表示出来，如图 5-13 所示。

① 等温压缩　气体在压缩过程中，温度始终保持不变，即 $T=$常数，指数 $m=1$，满足

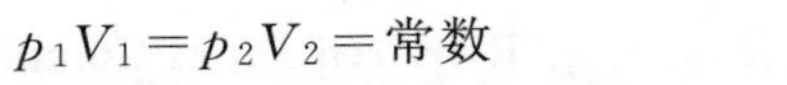

$$p_1V_1 = p_2V_2 = \text{常数} \tag{5-2}$$

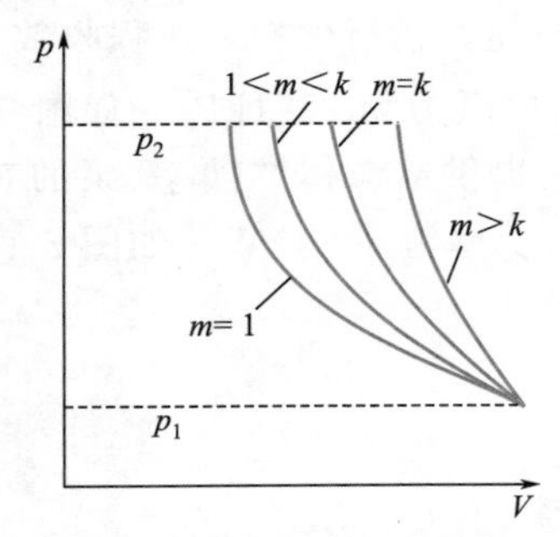

图 5-13　气体压缩状态图

式中，p_1、p_2 为压缩机吸入和排出的气体压力；V_1、V_2 为气体压缩前和压缩后的体积流量。

② 绝热压缩　气体在绝热压缩过程中，同外界没有热交换，指数 $m=k$，满足

$$p_1V_1{}^k = p_2V_2{}^k = \text{常数} \tag{5-3}$$

式中，k 为绝热指数；对理想气体 $k=C_p/C_V$；C_p 为气体的定压比热容；C_V 为气体的定容比热容。气体的绝热指数 k 和温度有关，常压下，常用气体在不同温度下的绝热指数 k 可从相关数据手册查得。

在热力学中，可逆绝热压缩是等熵过程，这时对体系进行压缩所做的功等于体系内能的增加。

③ 多变压缩　气体在压缩过程中，存在热损失并与外界有热交换，则指数 $1<m<k$；若有热损失而无热交换，则 $m>k$，满足

$$p_1V_1{}^m = p_2V_2{}^m = \text{常数} \tag{5-4}$$

由热力学可知：$m>k$ 的多变压缩过程所需要的压缩功最大，$m=k$ 的绝热压缩次之，$1<m<k$ 的多变压缩再次之，$m=1$ 的等温压缩的压缩功最小。

下面通过例 5.3 介绍压缩机模块的应用。

例 5.3

物流的温度 100℃，压力 690kPa，进料组分流量同例 5.1。现用多变压缩机将该物流压缩至 3450kPa，压缩机的多变效率 80%，驱动机的机械效率 95%。计算产品物流的温度和体积流量，压缩机的指示功率、轴功率以及损失的功率。物性方法采用 PENG-ROB。

本例模拟步骤如下：

打开文件 Example5.1-Pump.bkp，另存为文件 Example5.3-Compr.bkp。

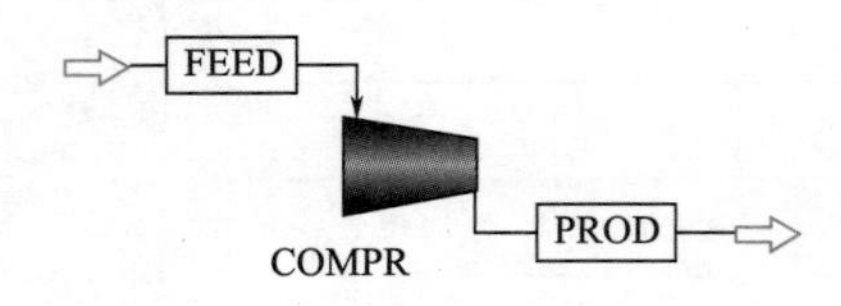

图 5-14　压缩机 COMPR 流程

删除模块 PUMP，建立如图 5-14 所示的流程图，其中压缩机 COMPR 选用模块选项板中 **Pressure Changers** | **Compr** | **ICON2** 图标。

点击 N→，进入 **Streams** | **FEED** | **Input** | **Mixed** 页面，修改物流 FEED 温度 100℃，压力 690kPa，组分流量不变。

点击 N→，进入 **Blocks** | **COMPR** | **Setup** | **Specifications** 页面，输入模块 COMPR 数据。Model 选择 Compressor，Type 选择 Polytropic using ASME method（ASME 多变模型），Outlet specification 选择 Discharge pressure，并输入 3450kPa，Polytropic（多变）效率为 0.8，Mechanical（机械）效率为 0.95，如图 5-15 所示。

点击 N→，弹出 **Required Input Complete** 对话框，点击 **OK** 按钮，运行模拟，流程收敛。

进入 **Streams** | **PROD** | **Results** | **Material** 页面，查看产品物流 PROD 的出口温度为 173.4℃，体积流量为 24.352m^3/h，如图 5-16 所示。

进入 **Blocks** | **COMPR** | **Results** | **Summary** 页面，查看压缩机的指示功率为 49.66kW，轴功率为 52.27kW，损失的功率为 2.61kW，如图 5-17 所示。

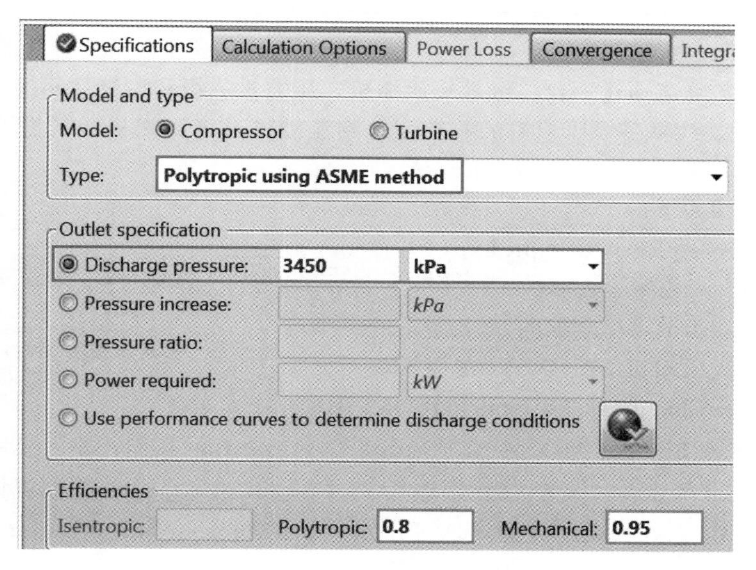

图 5-15　输入模块 COMPR 数据

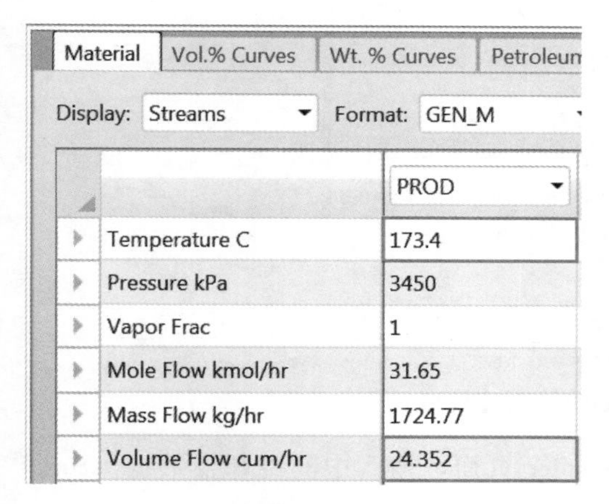

图 5-16　查看物流 PROD 结果

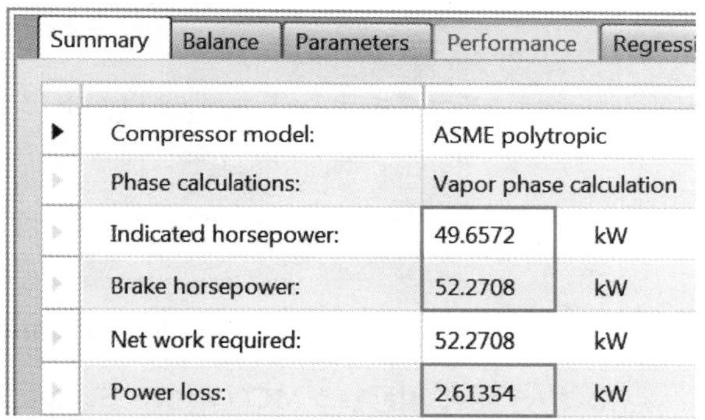

图 5-17　查看模块 COMPR 结果

5.4　多级压缩机

多级压缩机 MCompr 模块一般用来处理单相的可压缩流体，对于某些特殊情况，用户也可以进行两相或三相计算，以确定出口物流状态。模拟结果的准确度主要取决于有效相态和指定的效率。该模块需要规定压缩机的级数、压缩机模型和工作方式，通过指定末级出口压力、每级出口条件或特性曲线数据计算出口物流的参数。

多级压缩机模块的每级压缩机后面都有一台冷却器，在冷却器中可以进行单相、两相或三相闪蒸计算。

下面通过例 5.4 介绍多级压缩机模块的应用。

例 5.4

例 5.3 的进料物流通过一台二级等熵压缩机，压缩机一级和二级之间的冷却器移出热量 30kW，压降为 0。计算多级压缩机的总功率，物流经过一级压缩机后的温度，以及最终的出口温度。物性方法采用 PENG-ROB。

本例模拟步骤如下：

打开文件 Example5.3-Compr.bkp，另存为文件 Example5.4-MCompr.bkp。

删除模块 COMPR，建立如图 5-18 所示的流程图，其中多级压缩机 MCOMPR 选用模块选项板中 **Pressure Changers** | **MCompr** | **ICON1** 图标。

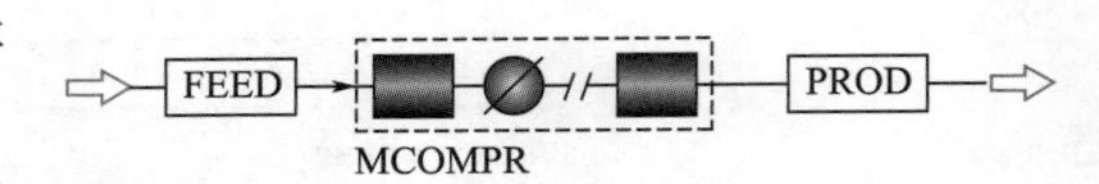

图 5-18　**多级压缩机 MCOMPR 流程**

点击 N➡，进入 **Blocks** | **MCOMPR** | **Setup** | **Configuration** 页面，输入模块 MCOMPR 配置数据。Number of stages（压缩机级数）输入 2，Compressor model（压缩机模型）选择 Isentropic，Specification type（设定类型）选择 Fix discharge pressure from last stage（固定最后一级出口压力），并输入 3450kPa，如图 5-19 所示。

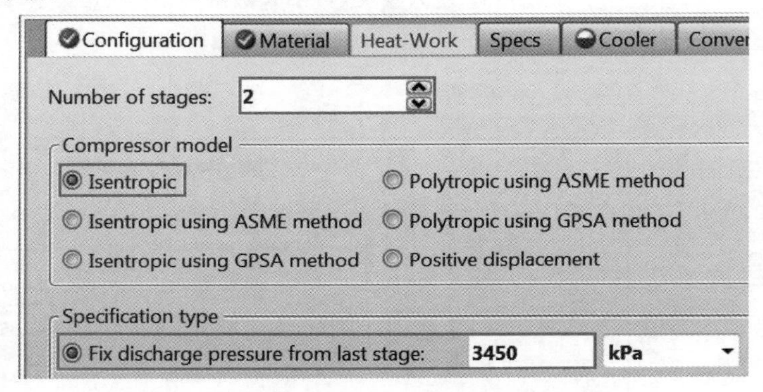

图 5-19　**输入模块 MCOMPR 配置数据**

点击 N➡，进入 **Blocks** | **MCOMPR** | **Setup** | **Cooler** 页面，输入中间冷却器数据。Stage 输入 1，Duty 为 −30kW 热负荷，Pressure drop 缺省为 0，如图 5-20 所示。

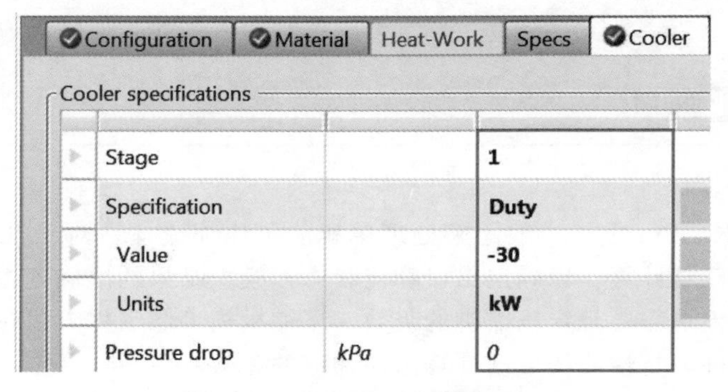

图 5-20　**输入中间冷却器数据**

点击 N➡，弹出 **Required Input Complete** 对话框，点击 **OK** 按钮，运行模拟，流程收敛。

进入 **Blocks** | **MCOMPR** | **Results** | **Summary** 页面，查看压缩机的总功率为 50.7418kW，如图 5-21 所示。

进入 **Blocks** | **MCOMPR** | **Results** | **Profile** 页面，查看物流经过一级压缩机后的温度为 136.18℃，如图 5-22 所示。

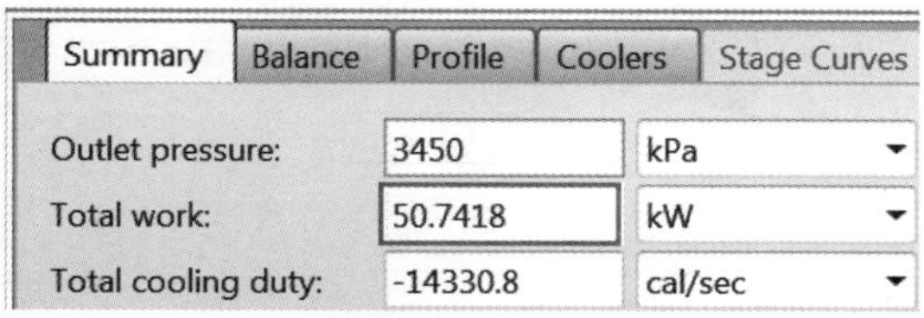

Summary | Balance | Profile | Coolers | Stage Curves

Outlet pressure:	3450	kPa
Total work:	50.7418	kW
Total cooling duty:	-14330.8	cal/sec

图 5-21　查看模块 MCOMPR 结果

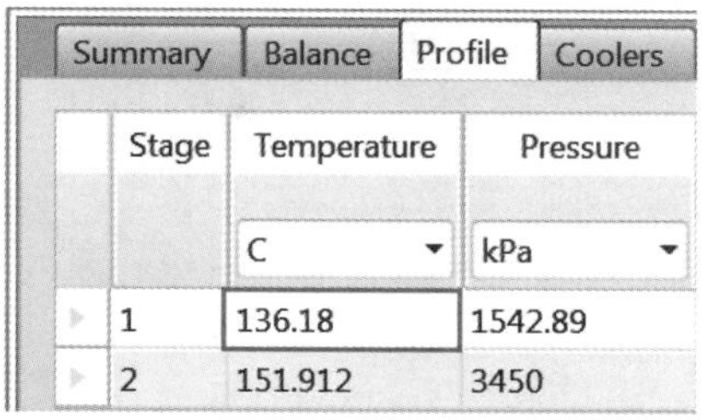

Summary | Balance | Profile | Coolers

Stage	Temperature	Pressure
	C	kPa
1	136.18	1542.89
2	151.912	3450

图 5-22　查看一级压缩后的物流温度

进入 **Blocks** | **MCOMPR** | **Results** | **Coolers** 页面，查看通过一级冷却器后的物流温度为 108.311℃，最终的出口物流温度为 132.865℃，如图 5-23 所示。

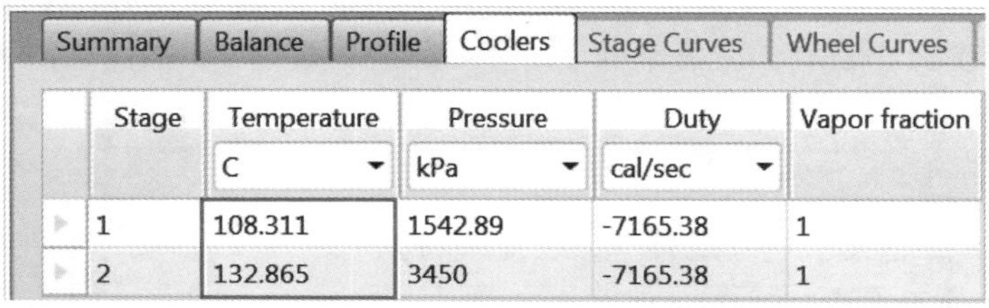

Summary | Balance | Profile | Coolers | Stage Curves | Wheel Curves

Stage	Temperature	Pressure	Duty	Vapor fraction
	C	kPa	cal/sec	
1	108.311	1542.89	-7165.38	1
2	132.865	3450	-7165.38	1

图 5-23　查看冷却器出口温度

使用压缩机模块或多级压缩机模块可以模拟一台抽真空泵，如果不计算功，也可以使用换热器模块模拟。

下面通过例 5.5 介绍真空泵的模拟。

例 5.5

氮气的温度 20℃，压力 0.01kPa，流量 1kmol/h，分别使用压缩机、多级压缩机、换热器模块模拟真空泵。真空泵的出口压力 100kPa，出口温度 100℃。物性方法采用 IDEAL。

本例模拟步骤如下：

启动 Aspen Plus，进入 **File** | **New** | **User** 页面，选择模板 **General with Metric Units**，将文件保存为 Example5.5-Vacuum pump.bkp。

点击N→，进入 **Components** | **Specifications** | **Selection** 页面，输入组分 N2(氮气)。

点击N→，进入 **Methods** | **Specifications** | **Global** 页面，选择物性方法 IDEAL。

点击N→，弹出 **Properties Input Complete** 对话框，选择 Go to Simulation environment，点击 **OK** 按钮，进入模拟环境。

建立如图 5-24 所示的流程图，其中压缩机 COMPR、多级压缩机 MCMPR、冷却器 HEATER 分别选用模块选项板中 **Pressure Changers** | **Compr** | **ICON2**、**Pressure Changers** | **MCompr** | **ICON1**、**Exchangers** | **Heater** | **HEATER** 图标。

点击N→，进入 **Streams** | **FEED** | **Input** | **Mixed** 页面，输入物流 FEED 温度 20℃，压力 0.01kPa，N2 流量 1kmol/h。

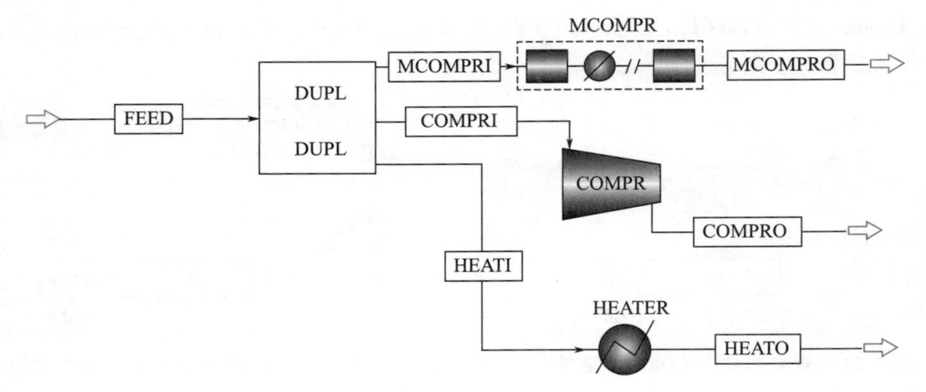

图 5-24　真空泵流程

点击 ，进入 **Blocks** | **COMPR** | **Setup** | **Specifications** 页面，输入模块 COMPR 数据。Model 选择 Compressor，Type 选择 Isentropic，Outlet specification 选择 Discharge pressure，并输入 100kPa，Isentropic 效率 0.8，Mechanical 效率 1，如图 5-25 所示。

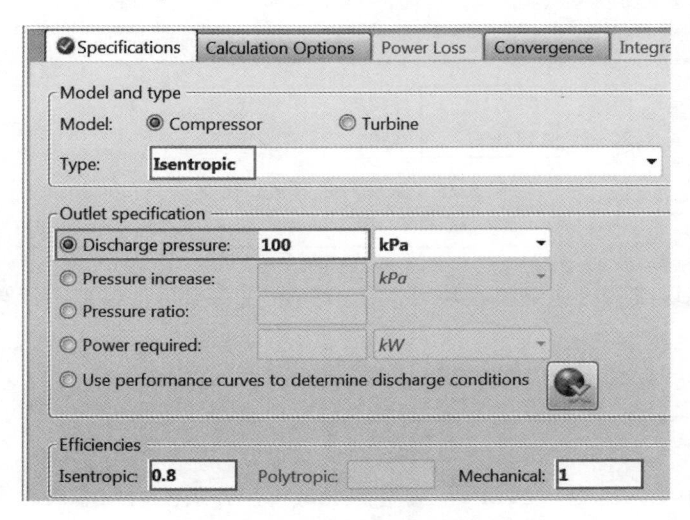

图 5-25　输入模块 COMPR 数据

点击 ，进入 **Blocks** | **HEATER** | **Input** | **Specifications** 页面，输入模块 HEATER 数据。Flash Type 选择 Temperature 和 Pressure，温度 100℃，压力 100kPa，如图 5-26 所示。

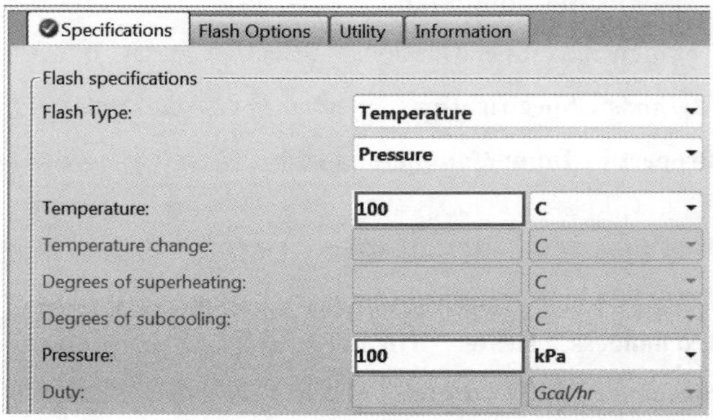

图 5-26　输入模块 HEATER 数据

点击，进入 **Blocks** | **MCOMPR** | **Setup** | **Configuration** 页面，输入模块 MCOMPR 配置数据。Number of stages 输入 7，Compressor model 选择 Isentropic，Specification type 选择 Fix discharge pressure from last stage，并输入 100kPa，如图 5-27 所示。

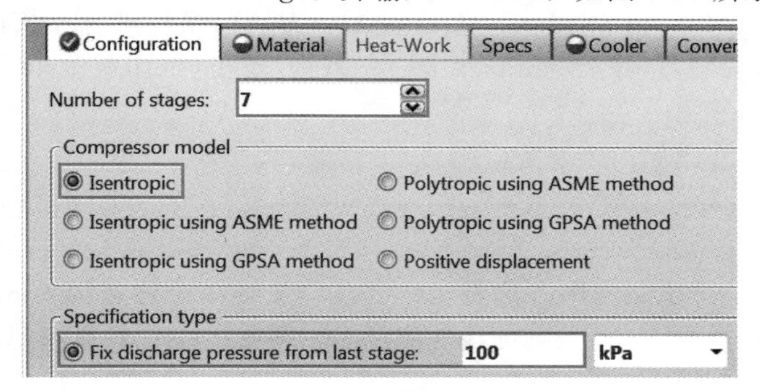

图 5-27　**输入模块 MCOMPR 配置数据**

点击，进入 **Blocks** | **MCOMPR** | **Setup** | **Cooler** 页面，输入中间冷却器数据。Stage 首先输入 1，Outlet Temp 输入 100℃，Pressure drop 缺省为 0，同理，规定 2～7，如图 5-28 所示。

Configuration | Material | Heat-Work | Specs | Cooler | Convergence | Information

Cooler specifications

Stage		1	2	3	4	5	6	7
Specification		Outlet Temp	Outlet Temp	Outlet Temp	Outlet Temp	Outlet Temp	Outlet Temp	Outlet Temp
Value		100	100	100	100	100	100	100
Units		C	C	C	C	C	C	C
Pressure drop	kPa	0	0	0	0	0	0	0

图 5-28　**输入中间冷却器数据**

点击，弹出 **Required Input Complete** 对话框，点击 **OK** 按钮，运行模拟，流程收敛。

进入 **Results Summary** | **Streams** | **Material** 页面，查看各产品物流的结果，如图 5-29 所示。COMPRO 出口物流温度 3440.1℃，这是由高压缩比造成的；多级压缩机有中间冷凝器，结果比较合理；换热器指定了出口温度和压力，在不考虑功的计算时，也可以模拟真空泵。

Material | Heat | Load | Work | Vol.% Curves | Wt. % Curves | Petroleum | Polymers | Sol

Display: Streams　Format: GEN_M　Stream Table　Copy All

	COMPRO	HEATO	MCOMPRO
Temperature C	3440.1	100	100
Pressure kPa	100	100	100

图 5-29　**查看物流结果**

5.5　阀门

阀门 Valve 模块可进行单相、两相或三相计算，该模块假定流动过程绝热，并将阀门的压降与流量系数关联起来，可确定阀门出口物流的热状态和相态。

阀门模块有三种计算类型，包括指定出口压力下的绝热闪蒸[Adiabatic flash for specified outlet pressure(pressure changer)]、计算指定出口压力下的阀门流量系数[Calculate valve flow coefficient for specified outlet pressure(design)]和计算指定阀门的出口压力[Calculate outlet pressure for specified valve(rating)]。对阀门模块进行校核计算时，需要指定阀门类型(Valve Type)、厂家(Manufacturer)、系列/规格(Series/Style)、尺寸(Size)和阀门开度(% Opening)等。

下面通过例 5.6 介绍阀门模块的应用。

例 5.6

水的温度 25℃，压力 600kPa，流量 100m³/h，流经一公称直径为 6in(1in＝25.4mm)的截止阀，阀门的规格为 V500 系列的线性流量阀，开度 30%，计算阀门的出口压力。物性方法采用 STEAM-TA。

本例模拟步骤如下：

启动 Aspen Plus，进入 **File** | **New** | **User** 页面，选择模板 General with Metric Units，将文件保存为 Example5.6-Valve.bkp。

点击N→，进入 **Components** | **Specifications** | **Selection** 页面，输入组分 WATER(水)。

点击N→，进入 **Methods** | **Specifications** | **Global** 页面，Process type 选择 WATER，Base method 选择物性方法 STEAM-TA。

点击N→，弹出 **Properties Input Complete** 对话框，选择 Go to Simulation environment，点击 **OK** 按钮，进入模拟环境。

建立如图 5-30 所示的流程图，其中截止阀 VALVE 选用模块选项板中 **Pressure Changers** | **Valve** | **VALVE** 图标。

图 5-30　截止阀 VALVE 流程

点击N→，进入 **Streams** | **FEED** | **Input** | **Specifications** 页面，输入物流 FEED 温度 25℃、压力 600kPa 及水流量 100m³/h。

点击N→，进入 **Blocks** | **VALVE** | **Input** | **Operation** 页面，输入模块 VALVE 操作数据。Calculation type 选择 Calculate outlet pressure for specified valve(rating)，Valve operating specification(阀门操作规定)选择%Opening，并输入 30，如图 5-31 所示。

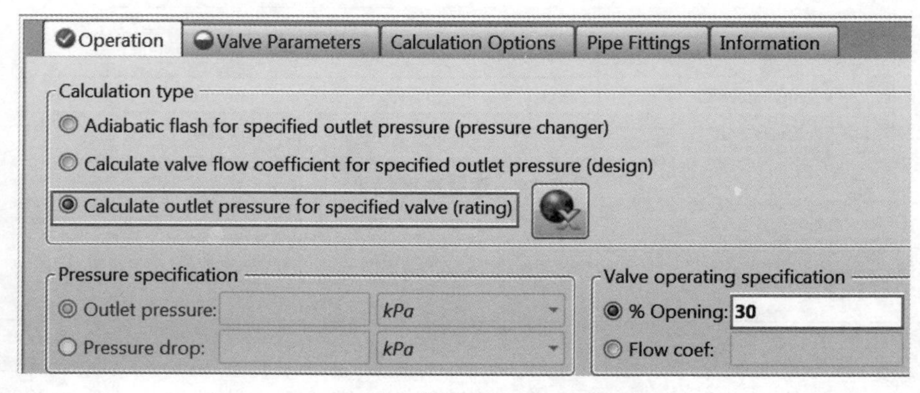

图 5-31　输入模块 VALVE 操作数据

点击N➡，进入 **Blocks** | **VALVE** | **Input** | **Valve Parameters** 页面，输入模块 VALVE 参数。Valve type 选择 Globe(截止阀)，Manufacturer 选择 Neles-Jamesbury，Series/Style 选择 V500_Linear_Flow(V500 系列的线性流量阀)，Size(阀门尺寸)选择 6-IN，如图 5-32 所示。

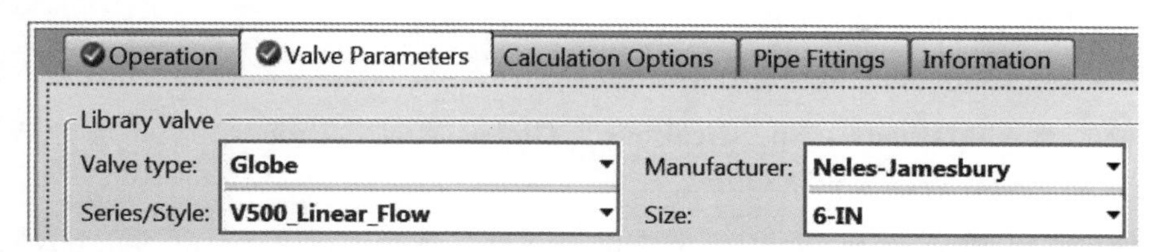

图 5-32 输入模块 VALVE 参数

点击N➡，弹出 **Required Input Complete** 对话框，点击 **OK** 按钮，运行模拟，流程收敛。

进入 **Blocks** | **VALVE** | **Results** | **Summary** 页面，查看阀门的出口压力为 559.543kPa，如图 5-33 所示。

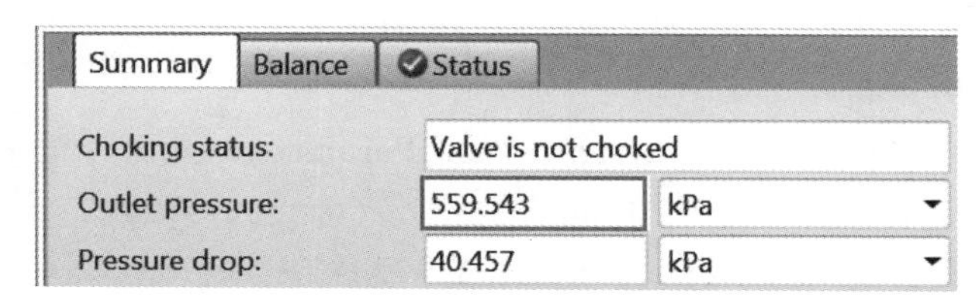

图 5-33 查看模块 VALVE 结果

5.6 管道

管道 Pipe 模块可以进行单相、两相或三相计算，计算流体经过管道的压降和传热量，该模块还可以模拟管件、管道入口和管道出口的压降。单段管道可以是水平的，也可以是倾斜的。模拟多段不同直径或倾斜度的管道需用管线 Pipeline 模块，而不能用管道模块。如果已知入口压力，管道模块可计算出口压力；如果已知出口压力，管道模块可计算入口压力并更新入口物流的数据。

通过输入管道参数(Pipe Parameters)、传热规定(Thermal Specification)和管件参数(Fittings)等计算管道的压降和传热量。管道参数包括长度(Length)、直径(Diameter)、高度(Elevation)和粗糙度(Roughness)；传热规定有四种类型，包括恒温(Constant Temperature)、线性温度分布(Linear Temperature Profile)、绝热(Adiabatic)和热衡算(Perform Energy Balance)；管件参数包括连接形式(Connection Type)、管件数目(Number of Fittings)和其余当量长度(Miscellaneous L/D)。

下面通过例 5.7 介绍管道模块的应用。

例 5.7

流量 4000kg/h、压力 600kPa 的饱和水蒸气流经 ϕ114mm×4 mm 的管道。管道长 25m，出口比进口高 6m，粗糙度为 0.05mm，传热系数为 20W/(m^2·K)。管道采用法兰连接，安装有闸阀 1 个，90°肘管 2 个，环境温度 22℃。计算出口蒸汽的压力、温度以及管道的热损失。物性方法采用 STEAM-TA。

本例模拟步骤如下：

启动 Aspen Plus，进入 **File** | **New** | **User** 页面，选择模板 General with Metric Units，将文件保存为 Example5.7-Pipe.bkp。

点击，进入 **Components** | **Specifications** | **Selection** 页面，输入组分 WATER(水)。

点击，进入 **Methods** | **Specifications** | **Global** 页面，Process type 选择 WATER，Base method 选择物性方法 STEAM-TA。

点击，弹出 **Properties Input Complete** 对话框，选择 Go to Simulation environment，点击 **OK** 按钮，进入模拟环境。

建立如图 5-34 所示的流程图，其中 PIPE 采用模块库中的 **Pressure Changers** | **Pipe** | **H-PIPE** 图标。

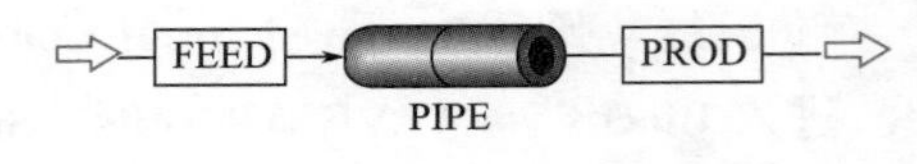

图 5-34　管道 PIPE 流程

点击，进入 **Streams** | **FEED** | **Input** | **Specifications** 页面，输入物流 FEED 气相分数 1，压力 600kPa 以及水流量 4000kg/h。

点击，进入 **Blocks** | **PIPE** | **Setup** | **Pipe Parameters** 页面，输入模块 PIPE 参数。Pipe length 输入 25m；Diameter 选择 Inner diameter(内径)，并输入 106mm；Elevation 选择 Pipe rise(管道升)，并输入 6 meter；Roughness(粗糙度)输入 0.05mm，如图 5-35 所示。

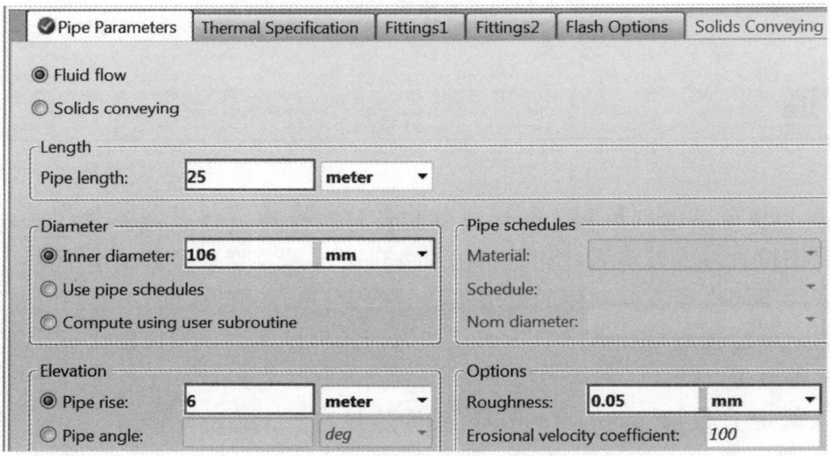

图 5-35　输入模块 PIPE 参数

进入 **Blocks** | **PIPE** | **Setup** | **Thermal Specification** 页面，输入模块 PIPE 传热规定。Thermal specification type 选择 Perform energy balance(执行能量衡算)，并勾选 Include energy balance parameters(包括能量平衡参数)；Inlet ambient temperature(进口环境温度)和 Outlet ambient temperature(出口环境温度)均输入 22℃，Heat transfer coefficient(传热系数)输入 20W/(m^2·K)，如图 5-36 所示。

进入 **Blocks** | **PIPE** | **Setup** | **Fittings1** 页面，输入模块 PIPE 管件数据。Connection type (连接形式)选择 Flanged welded(法兰焊接)，Gate valves(闸阀数)输入 1，Large 90 deg. elbows(90°肘管数)输入 2，如图 5-37 所示。

点击，弹出 **Required Input Complete** 对话框，点击 **OK** 按钮，运行模拟，流程收敛。

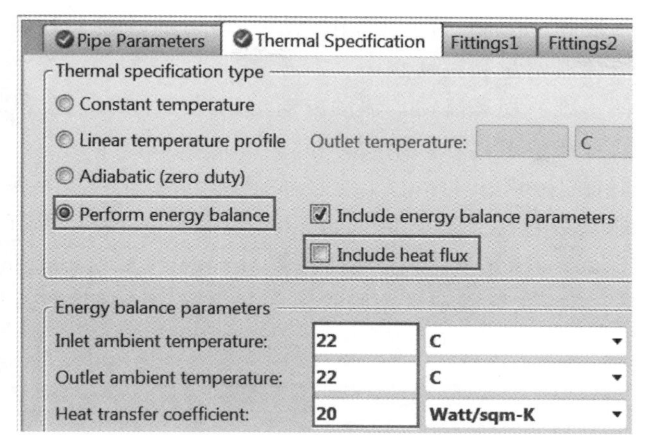

图 5-36 输入模块 PIPE 传热规定

进入 **Streams** | **PROD** | **Results** | **Material** 页面，查看出口蒸汽的温度为 158.05℃，压力为 588.141kPa，如图 5-38 所示。

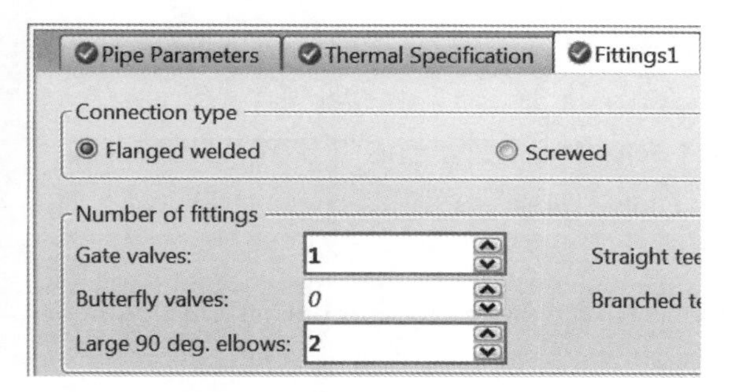

图 5-37 输入模块 PIPE 管件数据

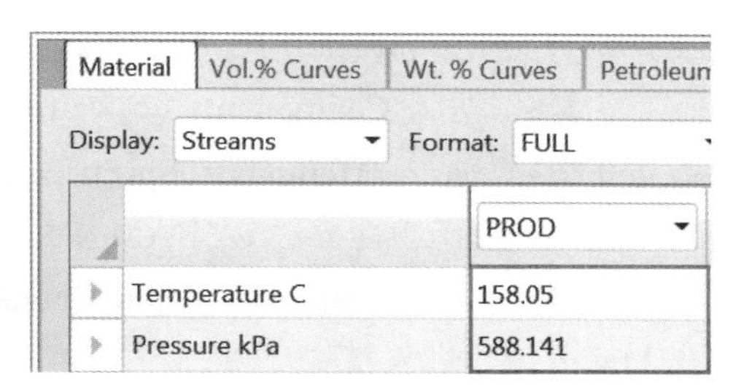

图 5-38 查看物流 PROD 结果

进入 **Blocks** | **PIPE** | **Results** | **Summary** 页面，查看管道的热损失是 22.7819kW，如图 5-39 所示。

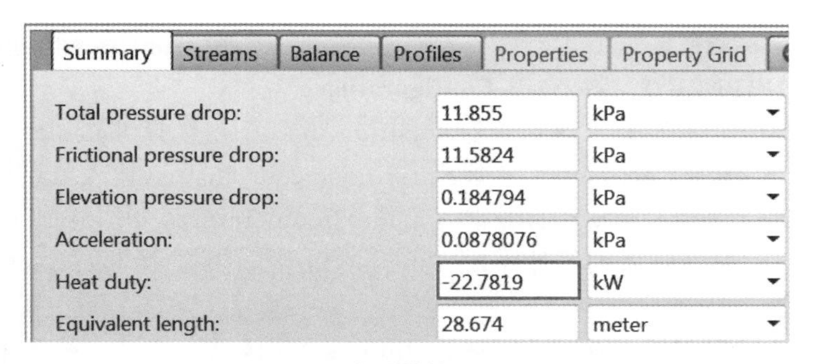

图 5-39 查看模块 PIPE 结果

5.7 管线

管线 Pipeline 模块用来模拟多段不同直径或倾斜度的管线串联组成的管线。在计算压降和液体滞留量时，将多液相(如油相和水相)作为单一均匀的液相来处理。如果存在气-液流动，管线模块可计算液体滞留量和流动状态。

管线模块假定流体一维、稳态流动，流动方向可以是水平的，也可以是有角度的，可以规定流体温度分布或通过热传递计算其温度分布。

管线模块需输入配置(Configuration)、连接状态(Connectivity)等参数来计算管道的压降和传热量。结构配置参数包括计算方向(Calculation Direction)、管道几何结构(Segment Geometry)、热选项(Thermal Options)、物性计算(Property Calculations)和管道流动基准(Pipeline Flow Basis)；连接状态需定义串联管道中每个管道结构参数及管道间连接参数。

下面通过例 5.8 介绍管线模块的应用。

例 5.8

温度 40℃、压力 400kPa、流量 $80m^3/h$ 的水流经 ϕ114mm×4 mm 的管道，管内壁粗糙度为 0.05mm。管道首先向北延伸 10m，再向东延伸 5m，再向南延伸 10m，然后升高 5m，再向东延伸 5m，计算管道的出口压力。物性方法采用 STEAM-TA。

本例模拟步骤如下：

启动 Aspen Plus，进入 **File** | **New** | **User** 页面，选择模板 General with Metric Units，将文件保存为 Example5.8-Pipeline.bkp。

点击 N→，进入 **Components** | **Specifications** | **Selection** 页面，输入组分 WATER(水)。

点击 N→，进入 **Methods** | **Specifications** | **Global** 页面，Process type 选择 WATER，Base method 选择物性方法 STEAM-TA。

点击 N→，弹出 **Properties Input Complete** 对话框，选择 Go to Simulation environment，点击 **OK** 按钮，进入模拟环境。

建立如图 5-40 所示的流程图，其中 PIPELINE 采用模块库中的 **Pressure Changers** | **Pipeline** | **H-PIPE** 图标。

点击 N→，进入 **Streams** | **FEED** | **Input** | **Specifications** 页面，输入物流 FEED 温度 40℃，压力 400kPa 以及水流量 $80m^3/h$。

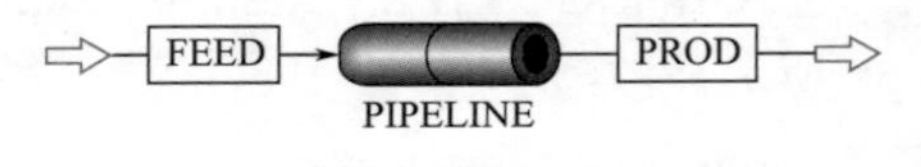

图 5-40　管线 PIPELINE 流程

进入 **Blocks** | **PIPELINE** | **Setup** | **Configuration** 页面，输入模块 PIPELINE 配置数据。Calculation direction 选择 Calculate outlet pressure (计算出口压力)，Segment geometry 选择 Enter node coordinates(输入节点坐标)，Thermal options 选择 Specify temperature profile | Constant temperature，Property calculations 选择 Do flash at each step(每一步做闪蒸计算)，Pipeline flow basis 选择 Use inlet stream flow(使用入口物流)，如图 5-41 所示。

进入 **Blocks** | **PIPELINE** | **Setup** | **Flash Options** 页面，Valid phases 选择 Liquid-Only，如图 5-42 所示。

点击 N→，进入 **Blocks** | **PIPELINE** | **Setup** | **Connectivity** 页面，输入模块 PIPELINE 连接参数，如图 5-43 所示。

首先选定一个基准建立坐标系，然后按照管道走向定义每个管道的坐标。

点击 **New…** 按钮，弹出 **Segment Data** 对话框，输入管道 1 数据。Inlet node(入口节点)输入 1，Outlet node(出口节点)输入 2，Inlet node | X coordinate(入口节点的节点参数 X 坐

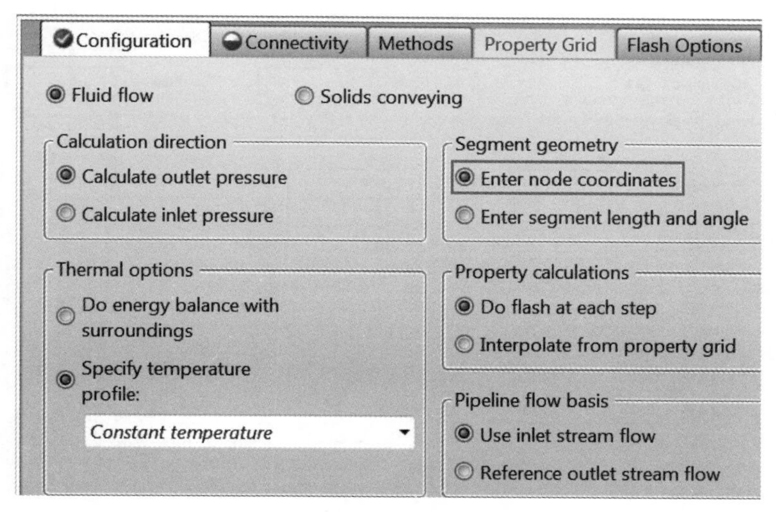

图 5-41 **输入模块 PIPELINE 配置数据**

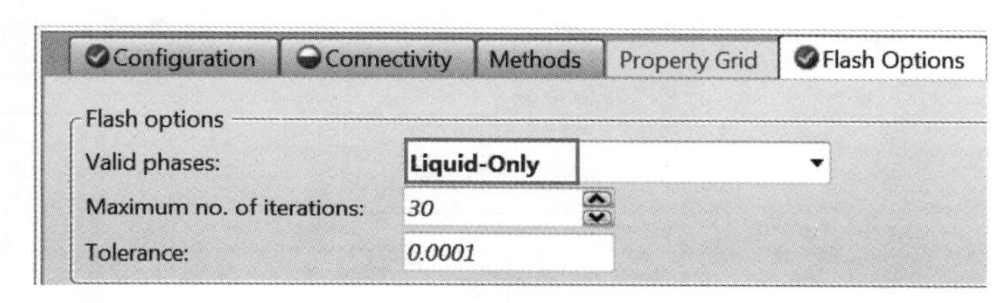

图 5-42 **选择有效相态**

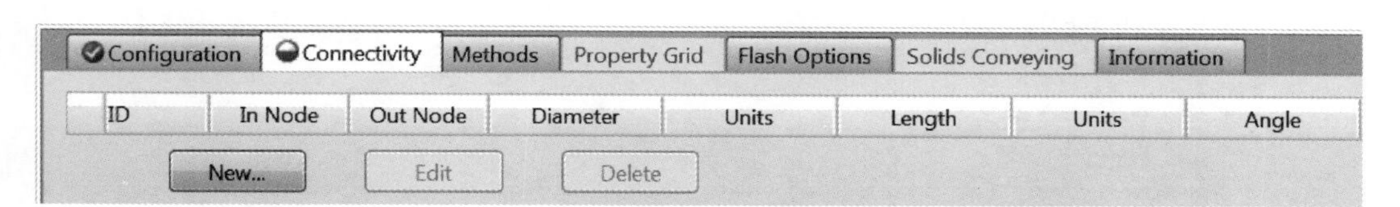

图 5-43 **输入模块 PIPELINE 连接参数**

标值)、Inlet node | Y coordinate(入口节点的节点参数 Y 坐标值)、Inlet node | Elevation (入口节点的节点参数高度值)分别规定为 0、0、0，单位 meter；则 Outlet node | X coordinate(出口节点的节点参数 X 坐标值)、Outlet node | Y coordinate(出口节点的节点参数 Y 坐标值)、Outlet node | Elevation(出口节点的节点参数高度值)分别为 0、10、0，单位 meter，Diameter 输入 106 mm，Roughness 输入 0.05mm，如图 5-44 所示。

点击转至主页面，点击 **New…** 按钮，弹出 **Segment Data** 对话框，输入管道 2 数据，如图 5-45 所示。

点击转至主页面，点击 **New…** 按钮，弹出 **Segment Data** 对话框，输入管道 3 数据，如图 5-46 所示。

点击转至主页面，点击 **New…** 按钮，弹出 **Segment Data** 对话框，输入管道 4 数据，如图 5-47 所示。

点击转至主页面，点击 **New…** 按钮，弹出 **Segment Data** 对话框，输入管道 5 数据，如图 5-48 所示。

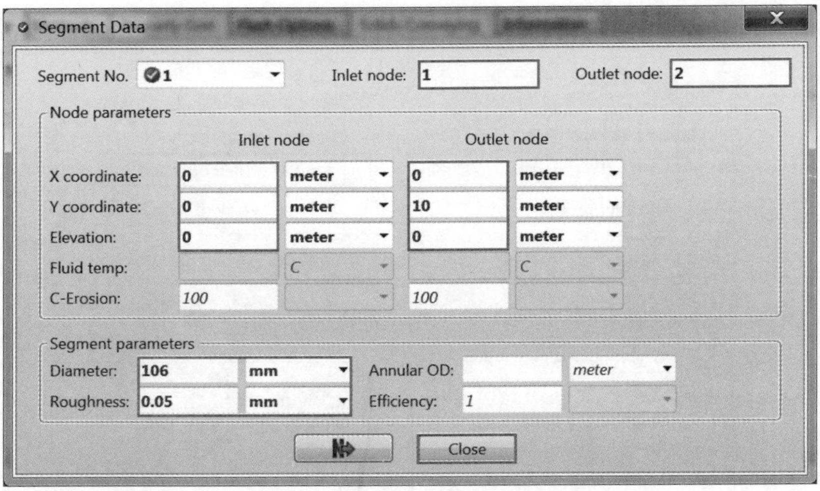

Segment Data
Segment No. 1 Inlet node: 1 Outlet node: 2
Node parameters
Inlet node Outlet node
X coordinate: 0 meter 0 meter
Y coordinate: 0 meter 10 meter
Elevation: 0 meter 0 meter
Fluid temp: C C
C-Erosion: 100 100
Segment parameters
Diameter: 106 mm Annular OD: meter
Roughness: 0.05 mm Efficiency: 1
Close

图 5-44　输入管道 1 数据

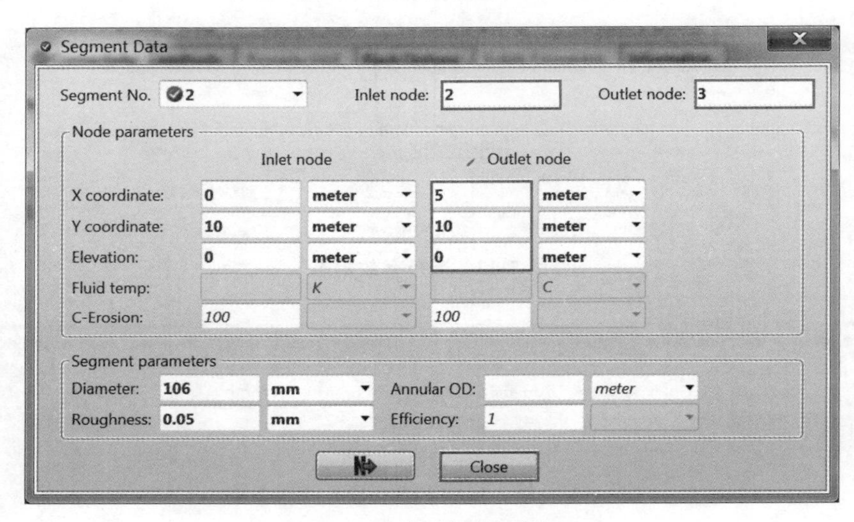

图 5-45　输入管道 2 数据

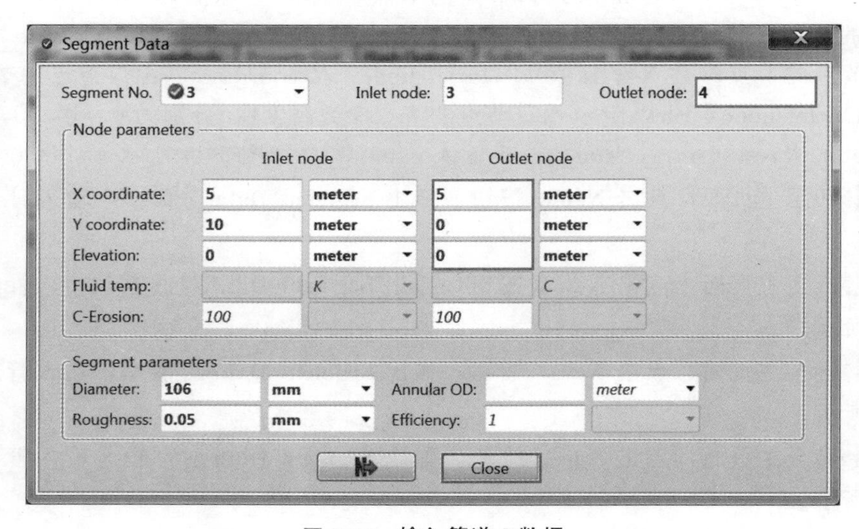

图 5-46　输入管道 3 数据

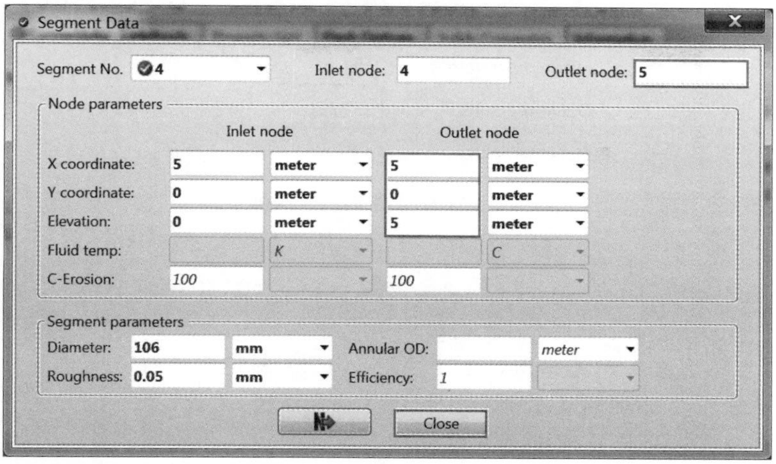

Segment Data
Segment No. 4
Inlet node: 4
Outlet node: 5
Node parameters
Inlet node
Outlet node
X coordinate: 5 meter 5 meter
Y coordinate: 0 meter 0 meter
Elevation: 0 meter 5 meter
Fluid temp: K C
C-Erosion: 100 100
Segment parameters
Diameter: 106 mm
Annular OD: meter
Roughness: 0.05 mm
Efficiency: 1
Close

图 5-47　输入管道 4 数据

Segment Data
Segment No. 5
Inlet node: 5
Outlet node: 6
Node parameters
Inlet node
Outlet node
X coordinate: 5 meter 10 meter
Y coordinate: 0 meter 0 meter
Elevation: 5 meter 5 meter
Fluid temp: K C
C-Erosion: 100 100
Segment parameters
Diameter: 106 mm
Annular OD: meter
Roughness: 0.05 mm
Efficiency: 1
Close

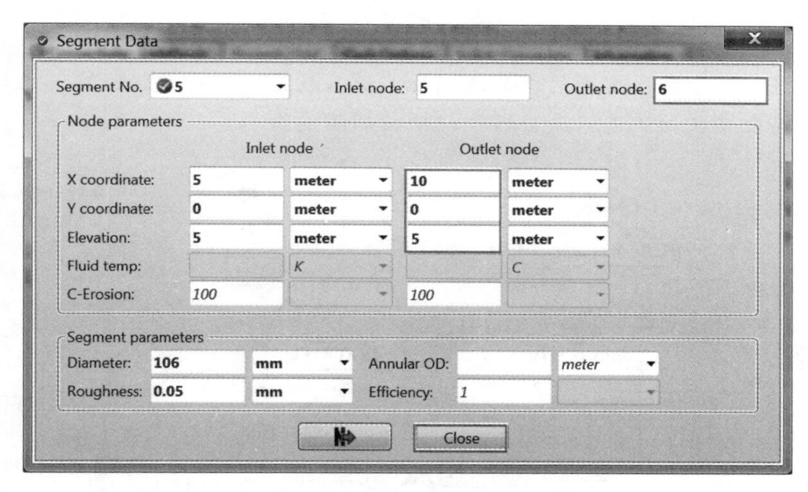

图 5-48　输入管道 5 数据

点击转至主页面，完成模块 PIPELINE 连接参数设置，如图 5-49 所示。

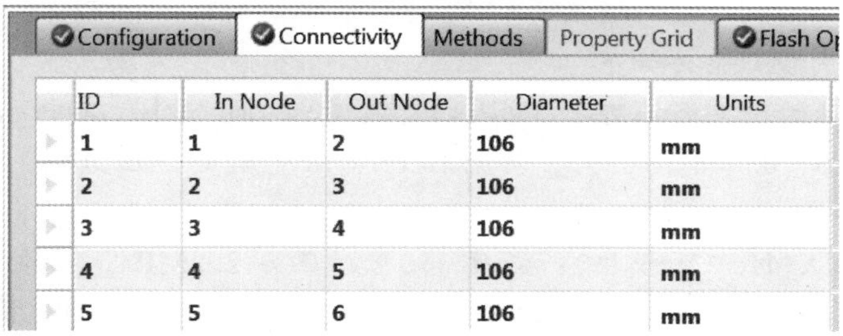

Configuration
Connectivity
Methods
Property Grid
Flash Op

ID	In Node	Out Node	Diameter	Units
1	1	2	106	mm
2	2	3	106	mm
3	3	4	106	mm
4	4	5	106	mm
5	5	6	106	mm

图 5-49　完成模块 PIPELINE 连接参数设置

点击，弹出 **Required Input Complete** 对话框，点击 **OK** 按钮，运行模拟，流程收敛。

进入 **Blocks** | **PIPELINE** | **Results** | **Summary** 页面，查看管道的出口压力是 332.761kPa，如图 5-50 所示。

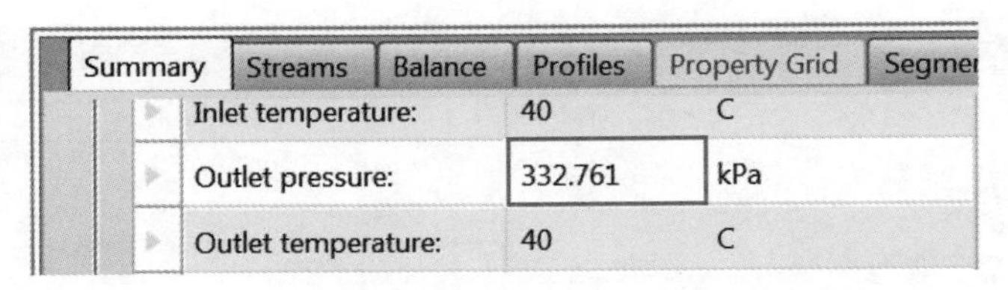

图 5-50 查看模块 PIPELINE 结果

习 题

5.1 附图为环己烷生产流程图，采用 Aspen Plus 创建该流程，熟悉其中的压力变换单元，并求产品物流中环己烷的摩尔分数。物性方法为 RK-SOAVE。

环己烷可以用苯加氢反应得到，反应如下：

$$C_6H_6(苯)+3H_2(氢气)\longrightarrow C_6H_{12}(环己烷)$$

在进入固定床接触反应器之前，苯和氢气进料与循环氢气和环己烷混合。假设苯的转化率为 99.8%，反应器出料被冷却，轻气体从两相闪蒸器中分离出去。部分轻气体作为循环氢气返回反应器。从分离器出来的部分液相物流进入精馏塔进一步脱除溶解的轻气体，使最终产品稳定，其余液相物流进入反应器，辅助控制温度。

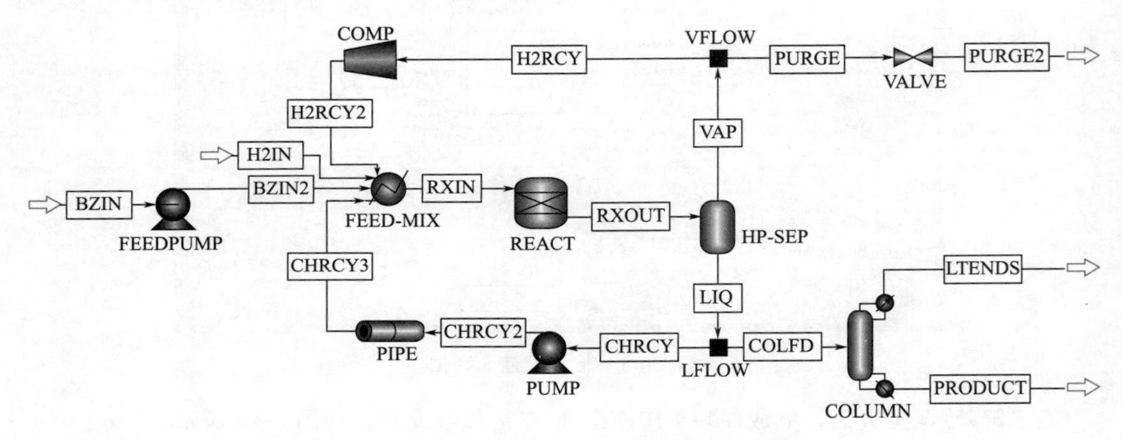

习题 5.1 附图 环己烷生产流程

各物流及模块的操作条件如下。

物流 H2IN：温度 50℃，压力 2.5MPa，总流量 330kmol/h，其中 H_2、N_2、CH_4 的摩尔分数分别为 0.975、0.005 和 0.02。物流 BZIN：温度 40℃，压力 0.1MPa，组分为纯苯，流量 100kmol/h。

模块 FEED-MIX（Heater 模块）：温度 150℃，压力 2.3MPa。模块 REACT（Rstoic 模块）：温度 200℃，压降 0.1MPa，苯的转化率 0.998。模块 VFLOW（FSplit 模块）：物流 H2RCY 的分数 92%。模块 LFLOW（FSplit 模块）：物流 CHRCY 的分数为 30%。模块 HP-SEP（Flash2 模块）：温度 50℃，压降 0.05MPa。模块 COLUMN（RadFrac 模块）：理论板数 12，回流比 1.2，进料位置为第 8 块理论板，塔压 1.5MPa，塔釜馏出率 99kmol/h，冷凝器为只有气相采出的部分冷凝器。模块 FEEDPUMP（Pump 模块）：泵的效率 0.6，驱动机的效率 0.9，特性曲线数据如附表所示。模块 PIPE（Pipe 模块）：材质为碳钢，系列号 40，直径 1in，长度 25m。模块 PUMP(Pump 模块)：出口压力 2.6MPa。模块 COMP(Compr 模块)：采用等熵压缩机，压力增量 0.4MPa。模块 VALVE(Valve 模块)：出口压力 2MPa，阀门规格 V810 equal percent flow 截止阀，公称直径 1.5in。

习题 5.1 附表　**离心泵特性曲线数据**

流量/(m^3/h)	20	10	5	3
扬程/m	40	250	300	400

第6章

换热器单元模拟

6.1 概述

换热器单元可以确定带有一股或多股进料物流混合物的热力学状态和相态。换热器单元可以模拟加热器/冷却器或两股/多股物流换热器的性能，并可以生成加热/冷却曲线。Aspen Plus 提供了多种不同的换热器单元模块，具体见表 6-1。

表 6-1 换热器单元模块介绍

模块	说明	功能	适用对象
Heater	加热器或冷却器	确定出口物流的热力学状态和相态	加热器、冷却器、冷凝器等
HeatX	两股物流换热器	模拟两股物流之间的换热	两股物流换热器，校核结构已知的管壳式换热器，采用严格程序模拟管壳式换热器、空冷器和板式换热器
MHeatX	多股物流换热器	模拟多股物流之间的换热	多股冷热物流换热的换热器。两股物流换热器和 LNG(液化天然气)换热器
HxFlux	传热计算	进行热阱与热源之间的对流传热计算	两个单侧换热器

Aspen Plus 中的公用工程(Utilities)可用于计算单个单元模块的能耗、能源费用与各种类型公用工程的用量(例如，高压、中压和低压蒸汽)。

进行换热器单元模拟时，用户可根据换热需要选择合适类型的公用工程。用户可以指定公用工程的类型、价格、加热/冷却量或进出口条件。公用工程包括煤、电、天然气、油、制冷剂、蒸汽和水等。

6.2 加热器/冷却器

加热器/冷却器 Heater 模块可以进行以下类型的单相或多相计算：计算物流的泡点或露

点；添加或移除用户指定的任意数量热负荷；计算物流过热或过冷的匹配温度；确定物流加热/冷却到某一气相分数所需的热负荷。

Heater 必须有一股出口物流，并且倾析水物流是可选的。Heater 中热负荷设置可由来自其他模块的热流提供。

用户可以采用 Heater 模拟如下单元：加热器/冷却器(单侧换热器)；已知压降的阀门；不需要功相关结果的泵和压缩机。

用户也可使用 Heater 直接设置或改变一股物流的热力学状态。

下面通过例 6.1～例 6.3 介绍 Heater 的应用。

例 6.1

软水(温度 25℃，压力 0.4MPa，流量 5000kg/h)在锅炉中被加热成 0.45MPa 的饱和蒸汽。求所需的锅炉供热量及蒸汽温度。热力学方法选择针对水(蒸汽)体系的 IAPWS-95。

本例模拟步骤如下：

启动 Aspen Plus，进入 **File** | **New** | **User** 页面，选择模板 General with Metric Units，点击 **Create** 按钮新建文件，将文件保存为 Example 6.1-Heater.bkp。

进入 **Components** | **Specifications** | **Selection** 页面，输入组分 H2O(水)，如图 6-1 所示。

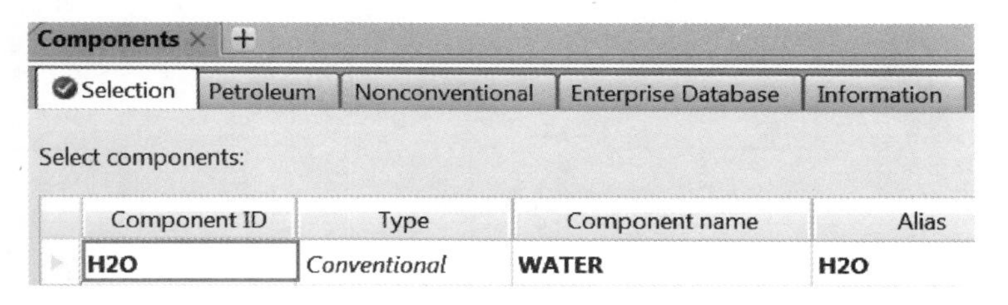

图 6-1 输入组分

点击 N▶，进入 **Methods** | **Specifications** | **Global** 页面，选择热力学方法，在 Method filters 对应的下拉列表中选择 WATER，在 Base method 对应下拉列表中选择 IAPWS-95，如图 6-2 所示。

点击 N▶，弹出 **Properties Input Complete** 对话框，如图 6-3 所示，点选 Go to Simulation environment，点击 **OK** 按钮，进入模拟环境。

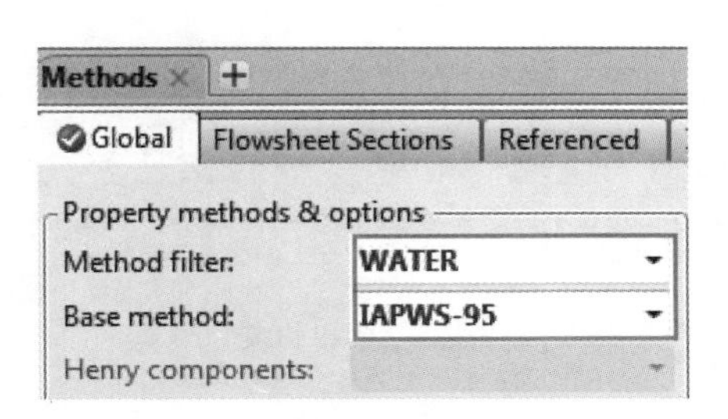

图 6-2 选择热力学方法

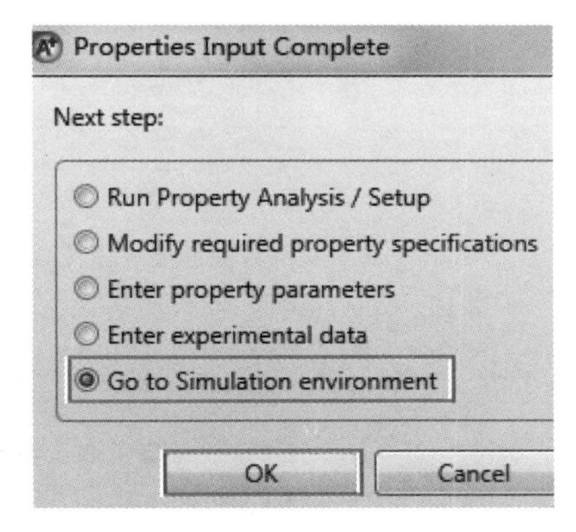

图 6-3 设置进入模拟环境

建立如图 6-4 所示的流程图，其中锅炉 HEATER 采用模块选项板中的 **Exchangers** | **Heater** | **FURNACE** 图标。

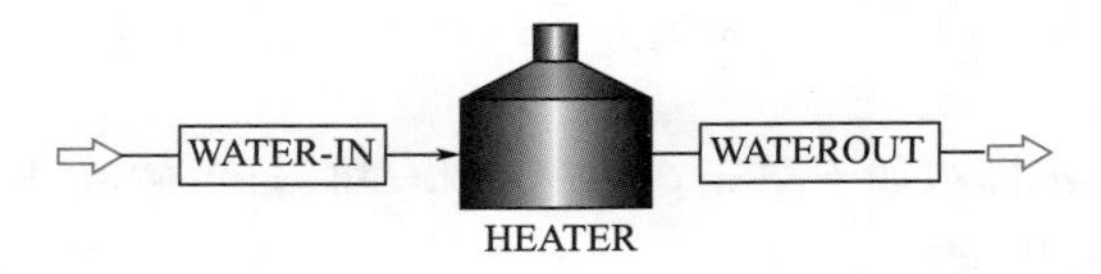

图 6-4　**锅炉 HEATER 流程**

点击 N➡，进入 **Streams** | **WATER-IN** | **Input** | **Mixed** 页面，按照题目信息输入进料物流 WATER-IN 数据，如图 6-5 所示。

图 6-5　**输入进料物流 WATER-IN 数据**

点击 N➡，进入 **Blocks** | **HEATER** | **Input** | **Specifications** 页面，输入模块参数(即设置闪蒸规定)，换热器/冷却器 Heater 的闪蒸规定有多种组合，基于不同的相态可选的闪蒸规定组合不同，详见表 6-2。本例题规定 Pressure(压力)为 0.45MPa，Vapor fraction(气相分数)为 1，如图 6-6 所示。

表 6-2　**换热器/冷却器 Heater 的几种闪蒸规定组合**

压力(或压降关联式参数)与右列参数之一	出口温度	适用于两相或三相物流计算
	温度改变	
	热负荷	
	气相分数	
	过冷度或过热度	
出口温度或温度改变与右列参数之一	出口压力	适用于两相或三相物流计算
	热负荷	
	气相分数	
	压降关联式参数	
压力(或压降关联式参数)与右列参数之一	出口压力	适用于单相物流计算
	热负荷	
	温度改变	

对于 Pressure(压力)的指定，当指定值>0 时，代表出口的绝对压力值；当指定值≤0 时，代表出口相对于进口的压降。

点击 N→，弹出 **Required Input Complete** 对话框，点击 **OK** 按钮，运行模拟，流程收敛。

进入 **Blocks** | **HEATER** | **Results** | **Summary** 页面，查看模拟结果，如图 6-7 所示，蒸汽物流出口温度为 147.903℃，锅炉供热量即热负荷为 3664.15kW。

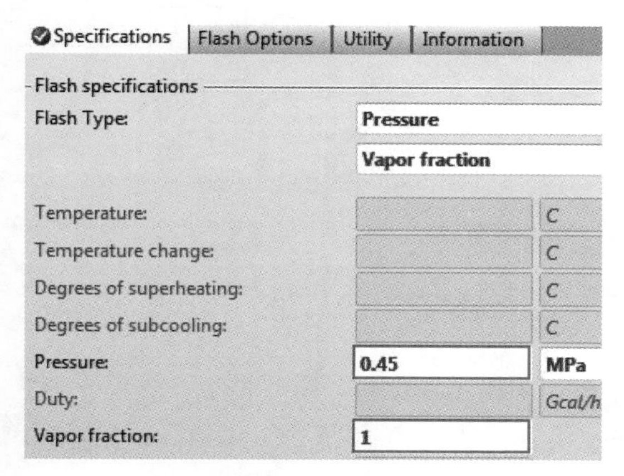

图 6-6 输入锅炉 HEATER 参数

Main Flowsheet × HEATER (Heater) - Results × +

Summary | Balance | Phase Equilibrium | Utility Usage

Outlet temperature:	147.903	C
Outlet pressure:	0.45	MPa
Vapor fraction:	1	
Heat duty:	3664.15	kW
Net duty:	3664.15	kW

图 6-7 查看锅炉 HEATER 模拟结果

例 6.2

例 6.2
演示视频

流量 500kg/h、压力 0.1MPa、含乙醇 60%(质量分数)和水 40%(质量分数)的饱和蒸汽在冷凝器中部分冷凝。冷凝器的压降为 0，冷凝后物流的汽/液比为 1/1。求冷凝器热负荷及物流出口温度。若采用进出口压力均为 0.1MPa、进出口温度分别为 32℃和 40℃的循环冷却水公用工程冷凝该蒸汽，求冷却水公用工程用量。热力学方法选择 UNIQUAC。

本例模拟步骤如下：

启动 Aspen Plus，点击 **File** | **New** | **User** 页面，选择模板 General with Metric Units，点击 **Create** 按钮新建文件，将文件保存为 Example 6.2-Cooler.bkp。

进入 **Components** | **Specifications** | **Selection** 页面，输入组分 ETHANOL(乙醇)和 H2O(水)。

点击 N→，进入 **Methods** | **Specifications** | **Global** 页面，选择热力学方法 UNIQUAC。

点击 N→，查看方程的二元交互作用参数是否完整，本例采用缺省值，不做修改。

点击 N→，弹出 **Properties Input Complete** 对话框，点选 Go to Simulation environment，点击 **OK** 按钮，进入模拟环境。

建立如图 6-8 所示的流程图，其中冷凝器 COOLER 采用模块选项板中的 **Exchangers** | **Heater** | **HEATER** 图标。

点击 N→，进入 **Streams** | **FEEDIN** | **Input** | **Mixed** 页面，输入进料物流 FEEDIN 数据，如图 6-9 所示。

FEEDIN → COOLER → FEEDOUT

图 6-8 冷凝器 COOLER 流程

点击 N→，进入 **Blocks** | **COOLER** | **Input** |

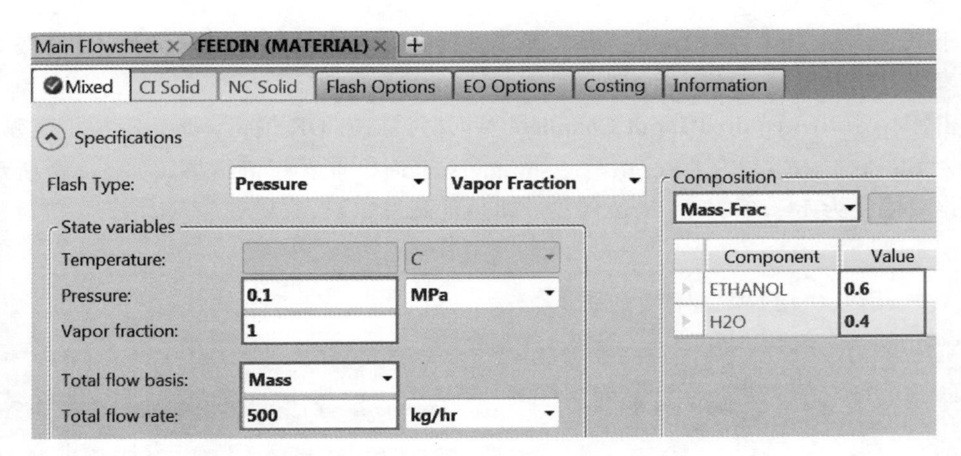

图 6-9　输入进料物流 FEEDIN 数据

Specifications 页面，设置闪蒸规定，Pressure(压降)为 0，Vapor fraction(气相分数)为 0.5，如图 6-10 所示。

点击**N▶**，弹出 **Required Input Complete** 对话框，点击 **OK** 按钮，运行模拟，流程收敛。

进入 **Blocks** | **COOLER** | **Results** | **Summary** 页面，查看冷凝器 COOLER 模拟结果，如图 6-11 所示，物流出口温度为 82.6822℃，冷凝器热负荷为－101.492kW。

Specifications | Flash Options | Utility | Information

Flash specifications

Flash Type:	Pressure	
	Vapor fraction	
Temperature:		C
Temperature change:		C
Degrees of superheating:		C
Degrees of subcooling:		C
Pressure:	0	MPa
Duty:		Gcal/h
Vapor fraction:	0.5	

图 6-10　设置冷凝器 COOLER 参数

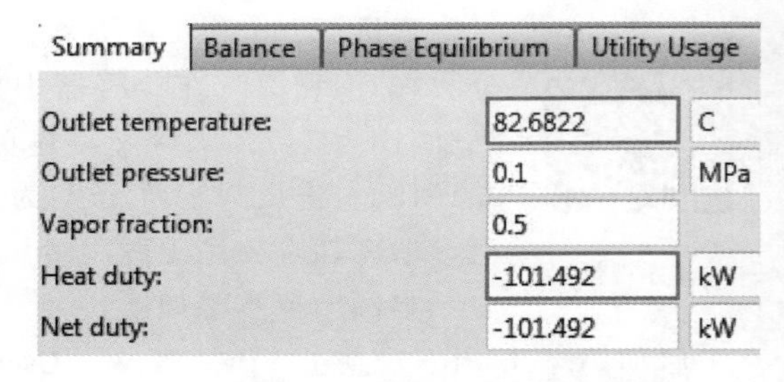

图 6-11　查看冷凝器 COOLER 模拟结果

进入 **Utilities** 页面，点击 **New…**按钮，弹出 **New Utility** 对话框，设置如图 6-12 所示；点击 **OK** 按钮，进入 **Utilities** | **CO-WATER** | **Specification** 页面，本例采用缺省值，不作更改。

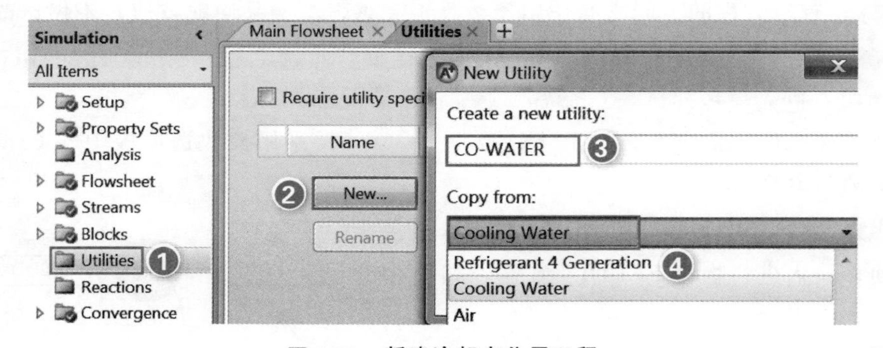

图 6-12　新建冷却水公用工程

进入 **Utilities** | **CO-WATER** | **Input** | **Inlet/Outlet** 页面，按照题目给定信息输入冷却水公用工程进出口温度和压力，如图 6-13 所示。

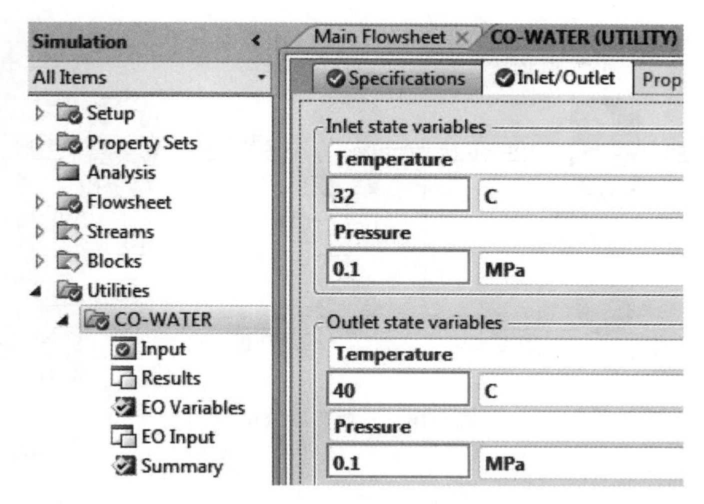

图 6-13　**输入冷却水公用工程参数**

进入 **Blocks** | **COOLER** | **Input** | **Utility** 页面，选择冷却水公用工程 CO-WATER，如图 6-14 所示。

点击N➡，弹出 **Required Input Complete** 对话框，点击 **OK** 按钮，运行模拟，流程收敛。

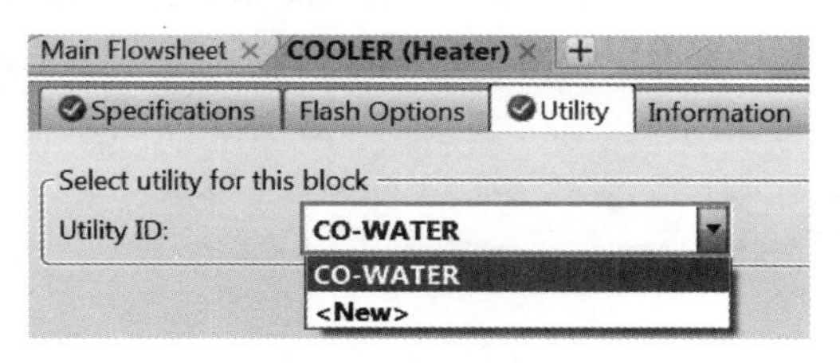

图 6-14　**选择冷却水公用工程**

进入 **Utility** | **CO-WATER** | **Results** | **Results** 页面，查看公用工程用量，如图 6-15 所示，冷却水用量为 10946.6kg/h。

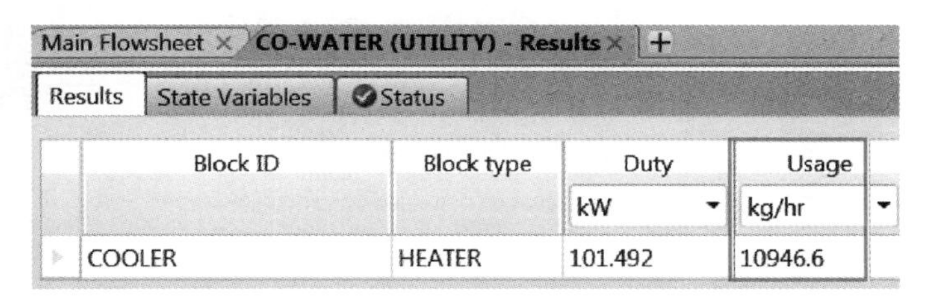

Block ID	Block type	Duty	Usage
		kW	kg/hr
COOLER	HEATER	101.492	10946.6

图 6-15　**查看冷却水公用工程用量**

例 6.3

某装置废水温度 25℃，压力 1.01bar，流量 1000kg/h，其中含氯化钠 3.5%(质量分数)和水 96.5%(质量分数)。通过如图 6-16 所示的三效蒸发将废水中的水分蒸出，使浓缩液物流 BRINE-3 中氯化钠的质量分数达到 20%。三台蒸发器的闪蒸压力分别为 1bar、0.75bar

和 0.5bar。加热蒸汽为温度 200℃的饱和蒸汽，三台换热器压降均为 0，冷凝液的气相分数均为 0。求所需的生蒸汽用量(物流 STEAM 的初始流量设为 300kg/h)。热力学方法选择 ELECNRTL。

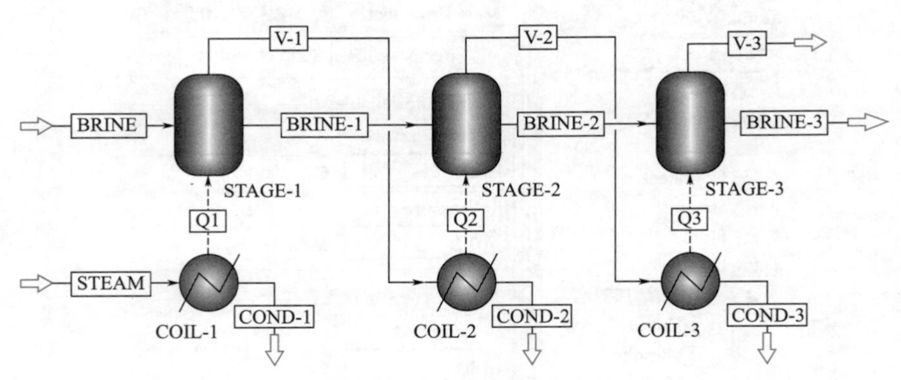

图 6-16　三效蒸发流程

本例模拟步骤如下：

启动 Aspen Plus，点击 **File** | **New** | **Electrolytes** 页面，选择模板 Electrolytes with Metric Units，点击 **Create** 按钮新建文件，将文件保存为 Example 6.3-Triple Effect Evaporator.bkp。

进入 **Components** | **Specifications** | **Selection** 页面，输入组分 NACL(氯化钠)；点击 **Selection** 页面下的 **Elec Wizard**(电解质向导)按钮，弹出 **Welcome to Electrolyte Wizard** 对话框；点击 **Next** >按钮，弹出 **Electrolyte Wizard** 窗口，点击 >> 按钮，将组分 NACL 移到 Selected Components 栏；勾选 Include water dissociation reaction 复选框，如图 6-17 所示。

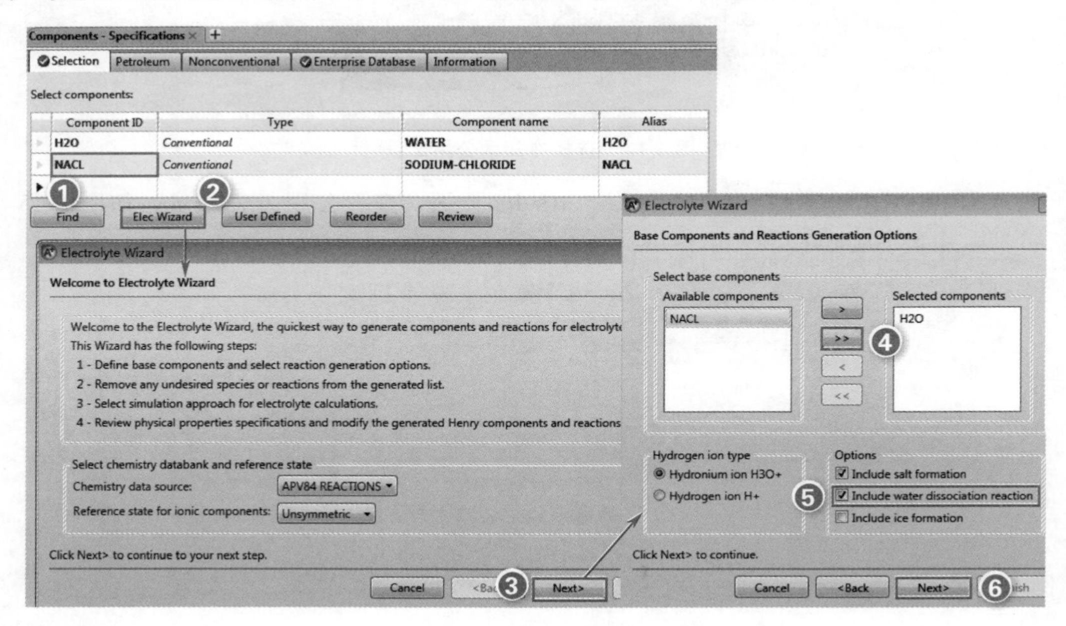

图 6-17　设置电解质向导(一)

点击 **Next**>按钮，弹出 **Generated Species and Reactions** 窗口。由于 Aspen Plus 可根据给定组分自动生成所有可能的物质和反应，因此需要删除不需要的组分和反应。本例中仅存在氯化钠和水的电离，在 Aqueous species 栏中选择 HCL，点击 **Remove** 按钮，Aspen Plus 会自动删除与 HCL 相关的反应；同理删除 Salts 栏中的 NACL(S)、NAOH * W(S)和 NAOH(S)，相关的反应同时删除；点击 **Next>** 按钮，采用缺省设置；点击 **Next>** 按钮，弹出 **Update Parameters** 对话框，如图 6-18 所示；点击 **Yes** 按钮，弹出 **Summary** 窗口，点击 **Finish** 按钮。

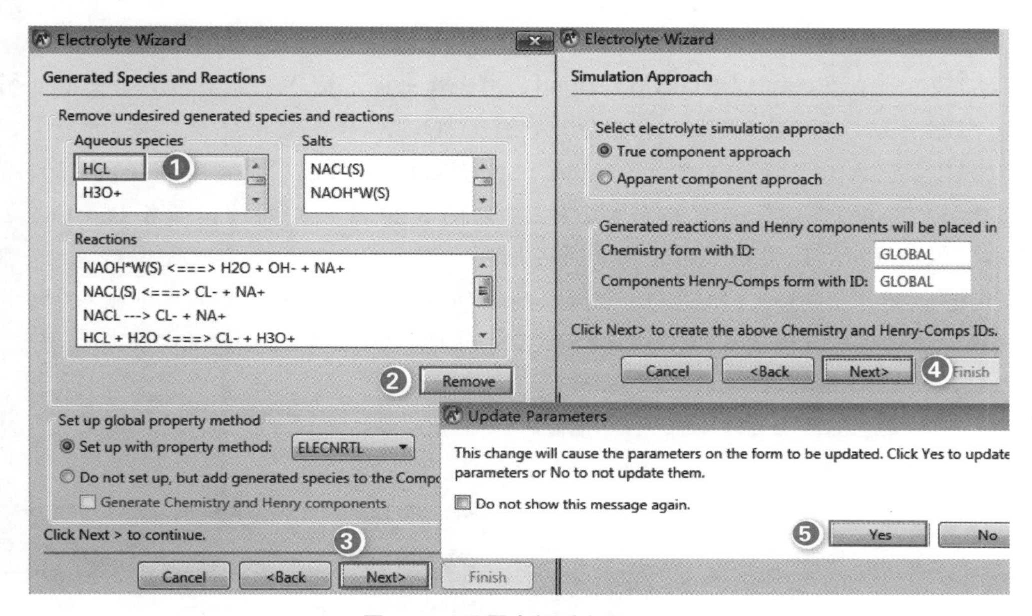

图 6-18　设置电解质向导(二)

进入 **Components** | **Specifications** | **Selection** 页面，Aspen Plus 已添加生成的全部电解质组分，如图 6-19 所示。

Components - Specifications

Selection | Petroleum | Nonconventional | Enterprise Database | Information

Select components:

Component ID	Type	Component name	Alias
H2O	Conventional	WATER	H2O
NACL	Conventional	SODIUM-CHLORIDE	NACL
H3O+	Conventional	H3O+	H3O+
NA+	Conventional	NA+	NA+
OH-	Conventional	OH-	OH-
CL-	Conventional	CL-	CL-

图 6-19　查看生成的电解质组分

点击，进入 **Methods** | **Specifications** | **Global** 页面，物性方法采用模板 Electrolytes with Metric Units 缺省的 ELECNRTL。

点击，查看方程的二元交互作用参数是否完整，本例采用缺省值，不做修改。

点击，弹出 **Properties Input Complete** 对话框，点选 Go to Simulation environment，点击 **OK** 按钮，进入模拟环境。

建立如图 6-16 所示的流程图，其中模块 STAGE-1、STAGE-2 和 STAGE-3 均采用模块

选项板中的 **Separators** | **Flash2** | **V-DRUM1** 图标，模块 COIL-1、COIL-2 和 COIL-3 均采用模块选项板中的 **Exchangers** | **Heater** | **HEATER** 图标。

进入 **Setup** | **Report Options** | **Streams** 页面，勾选 Fraction basis 下的 Mass 复选框。

点击N→，进入 **Streams** | **BRINE** | **Input** | **Mixed** 页面，输入物流 BRINE 数据，温度 25℃，压力 1bar，流量 1000kg/h，其中 H2O 和 NACL(S) 的质量分数分别为 0.965 和 0.035。

点击N→，进入 **Streams** | **STEAM** | **Input** | **Mixed** 页面，输入物流 STEAM 数据，温度 200℃，气相分数 1，流量 300kg/h，组分只含有 H2O。

点击N→，进入 **Blocks** | **COIL-1** | **Input** | **Specifications** 页面，设置闪蒸规定，Pressure (压降) 为 0，Vapor fraction (气相分数) 为 0，如图 6-20 所示。同理设置模块 COIL-2 和 COIL-3 的闪蒸规定，压降和气相分数分别均为 0。

点击N→，进入 **Blocks** | **STAGE-1** | **Input** | **Specifications** 页面，在 Pressure 中输入 1bar，如图 6-21 所示。同理输入模块 STAGE-2 和 STAGE-3 的压力分别为 0.75bar 和 0.5bar。

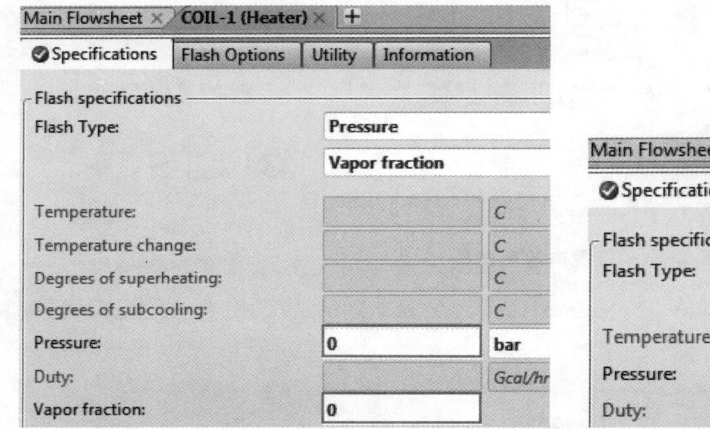

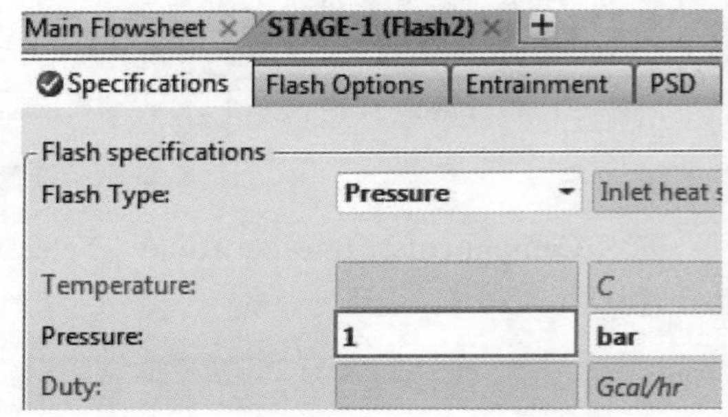

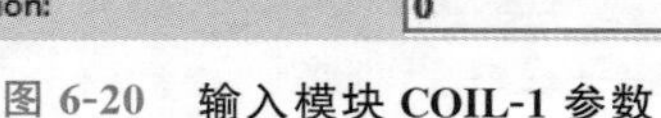

图 6-20　输入模块 COIL-1 参数　　　　图 6-21　输入模块 STAGE-1 参数

进入 **Flowsheeting Options** | **Design Specs** 页面，点击 **New...** 按钮，采用默认标识 DS-1，创建设计规定，如图 6-22 所示。

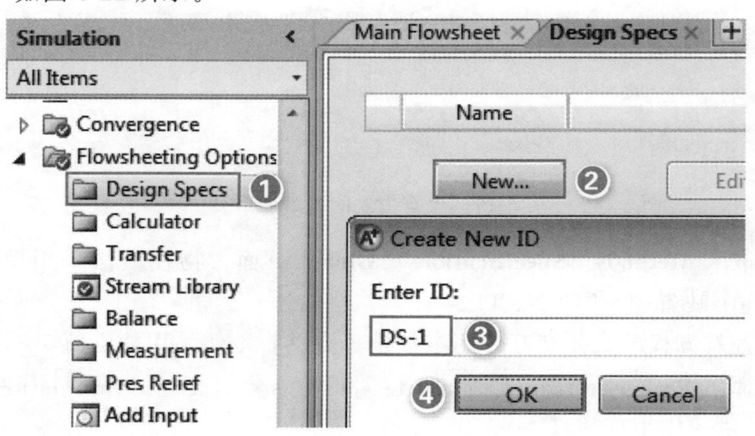

图 6-22　创建设计规定

点击 **OK**，进入 **Design Specs** | **DS-1** | **Input** | **Define** 页面，在 Variable 列输入采集变量名称，本例采集变量是物流 BRINE-3 中水的质量分数(WMF)。对变量进行定义，Category 选择 Streams，Type 选择 Mass-Frac，Stream 选择 BRINE-3，Components 选择 H2O，如图 6-23 所示。

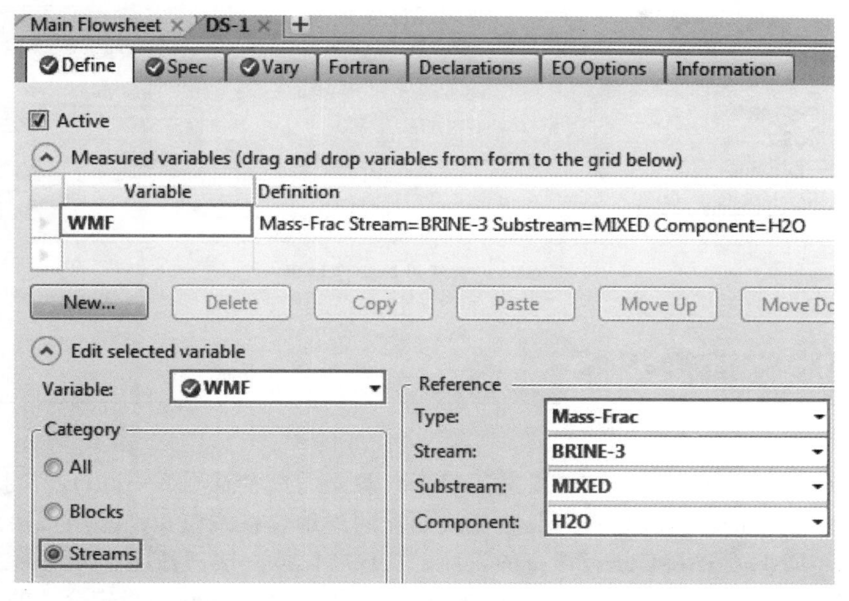

图 6-23　定义采集变量 WMF

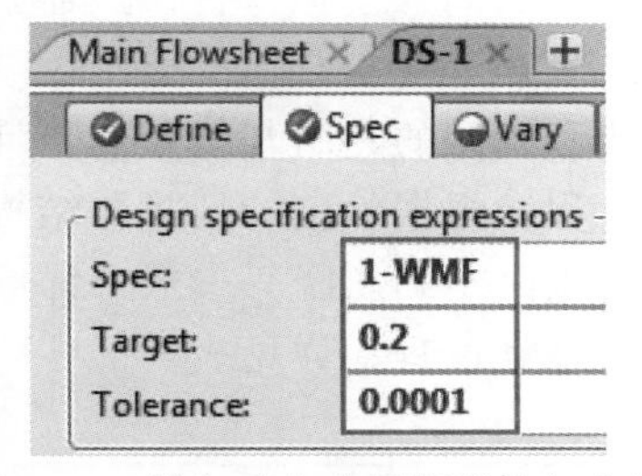

图 6-24　输入采集变量期望值与容差

点击 N> 按钮，进入 **Design Specs** | **DS-1** | **Input** | **Spec** 页面，输入采集变量 1-WMF 的 Target 和 Tolerance 分别为 0.2 和 0.0001，如图 6-24 所示。

点击 N> 按钮，进入 **Design Specs** | **DS-1** | **Input** | **Vary** 页面，输入操纵变量及其上下限，本例操纵变量指的是物流 STEAM 的质量流量(Mass-Flow)，设定流量的变化范围为 300～1000kg/h，如图 6-25 所示。

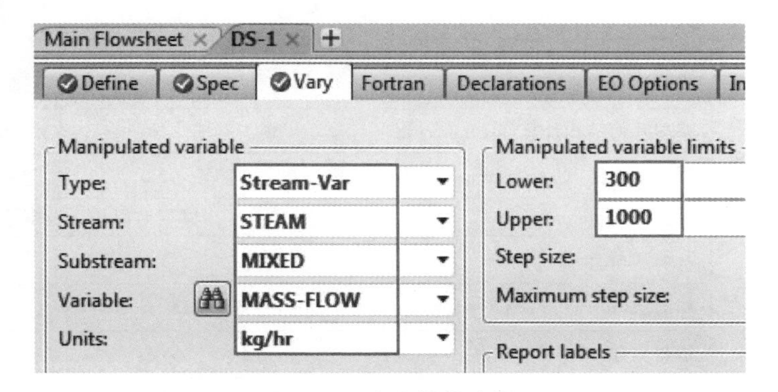

图 6-25　定义操纵变量

点击 N> 按钮，弹出 **Required Input Complete** 对话框，点击 **OK** 按钮，运行模拟，流程收敛。

进入 **Flowsheeting Options** | **Design Specs** | **DS-1** | **Results** 页面，查看设计规定结果，如图 6-26 所示，当浓缩物流 BRINE-3 中水的质量分数为 0.8，即氯化钠质量分数为 0.2 时，加热蒸汽用量为 457.57kg/h。

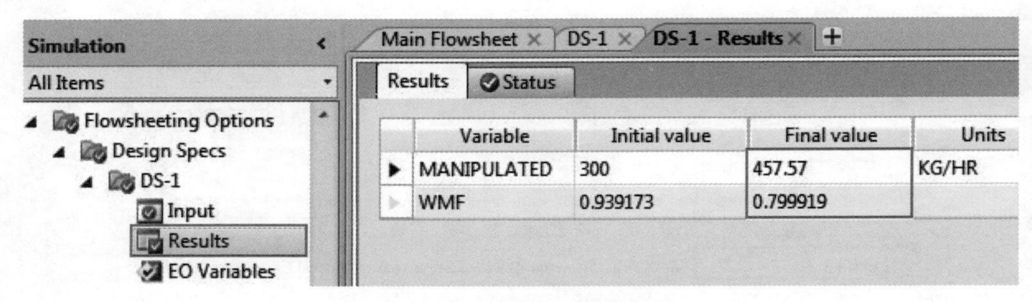

图 6-26 **查看设计规定结果**

6.3 两股物流换热器

两股物流换热器 HeatX 模块可以进行以下计算：①简捷法(Shortcut)，简捷设计或模拟；②详细法(Detailed)，大多数两股物流换热器的详细校核或模拟；③严格法(Rigorous)通过与 Aspen EDR 程序接口进行严格的设计、校核或模拟。这三种计算方法的主要区别在于计算总传热系数的程序不同。用户可以在 **Setup** | **Specifications** 中指定合适的计算方法。

简捷法采用用户指定(或缺省)的总传热系数，可以使用最少的输入模拟一台换热器，不需要提供换热器的结构参数。

详细法采用严格传热关联式计算传热膜系数，并结合壳侧和管侧的热阻与管壁热阻计算总传热系数。用户采用详细法时需要提供换热器的结构参数，程序根据给定的换热器结构和流动情况计算换热器的传热面积、传热系数、对数平均温差校正因子和压降等参数。详细法提供了很多的缺省选项，用户可以改变缺省的选项来控制整个计算过程，详见表 6-3。

表 6-3 **HeatX 计算变量以及使用准则**

变 量	计算方法	简捷法	详细法	严格法
对数平均温差校正因子(LMTD Correction Factor)	常数(Constant)	Default(单管程时可用)	Yes	No
	根据几何结构计算(Geometry)	No	Default	No
	用户子程序(User-subr)	No	Yes	No
	计算法(Calculated)	多管程时可用	多管程时可用	No
传热系数(U Methods)	常数(Constant U value)	Yes	Yes	No
	相态法(Phase specific values)	Default	Yes	No
	指数函数(Power law expression)	Yes	Yes	No
	换热器几何结构(Exchanger Geometry)	No	Default	No
	传热膜系数(Film coefficients)	No	Yes	No
	用户子程序(User subroutine)	No	Yes	No

续表

变　量	计算方法	简捷法	详细法	严格法
传热膜系数 (Film Coefficients)	常数(Constant value)	No	Yes	No
	相态法(Phase specific values)	No	Yes	No
	指数函数(Power law expression)	No	Yes	No
	由几何结构计算(Calculate from geometry)	No	Default	No
压降 (Pressure Drop)	由出口压力计算(Outlet pressure)	Default	Yes	No
	由几何结构计算(Calculate from geometry)	No	Default	No

严格法采用 Aspen EDR 模型计算传热膜系数，并结合壳侧和管侧的热阻及管壁热阻计算总传热系数，对于不同的 EDR 程序计算传热膜系数的方法不同。用户可以采用严格法对现有的换热设备进行校核或模拟，也可以对新的换热器进行设计计算及成本估算。除了更加严格的传热计算和水力学分析外，程序也可以确定振动或流速过大等可能的操作问题。对管壳式换热器分析时，严格法所使用的模块与 Aspen EDR 软件中的相同。

HeatX 模块有 12 种换热器规定(Exchanger specification)可供用户选择，如表 6-4 所示。在具体的计算过程中，用户可根据实际情况进行选择。

表 6-4　**HeatX 工艺规定**

换热器规定	说明	适用情形
Hot stream outlet temperature	指定热物流出口温度	适用于热流侧没有相变发生的模拟
Hot stream outlet temperature decrease	指定热物流出口温降	所有换热模拟
Hot outlet-cold inlet temperature difference	指定热物流出口与冷物流进口温差	适用于逆流换热
Hot stream outlet degrees subcooling	指定热物流出口过冷度	适用于沸腾或冷凝模拟
Hot stream outlet vapor fraction	指定热物流出口气相分数	适用于沸腾或冷凝模拟
Hot inlet-cold outlet temperature difference	指定热物流进口与冷物流出口温差	适用于逆流换热
Cold stream outlet temperature	指定冷物流出口温度	所有换热模拟
Cold stream outlet temperature increase	指定冷物流出口温升	所有换热模拟
Cold stream outlet degrees superheat	指定冷物流出口过热度	适用于沸腾或冷凝模拟
Cold stream outlet vapor fraction	指定冷物流出口气相分数	适用于沸腾或冷凝模拟
Exchanger duty	指定热负荷	所有换热模拟
Hot/cold outlet temperature approach	指定热物流与冷物流出口温差	适用于逆流换热

下面通过例 6.4 与例 6.5 分别介绍 HeatX 的设计计算(简捷设计和严格设计)及校核计算(详细校核和严格校核)。

例 6.4

例 6.4
演示视频

在逆流操作的管壳式换热器中，用温度 40℃、压力 1.4MPa 和流量 222200kg/h 的冷物流(正十二烷)将温度 200℃、压力 2.8MPa 和流量 65800kg/h 的热物流(苯)冷却至 100℃，热物流走壳程。采用 HeatX 模块进行简捷设计计算，估计换热器的总传热系数为 500W/(m^2·K)，试求两股物流出口状态及换热器热负荷，并生成换热器 HEX 的加热曲线。将计算模式调整为严格设计模式，管程和壳程的污垢热阻均为 0.00018m^2·K/W，管程和壳程的允许压降分别为 0.03MPa 和 0.05MPa，换热管 ϕ19mm×2mm，管心距 25mm，比较两种设计方法的设计结果。热力学方法选择 PENG-ROB。

本例模拟步骤如下：

启动 Aspen Plus，点击 **File** | **New** | **User** 页面，选择模板 General with Metric Units，点击 **Create** 按钮新建文件，将文件保存为 Example 6.4-Shortcut Design.bkp。

进入 **Components** | **Specifications** | **Selection** 页面，输入组分和 C12H26（正十二烷）和 BENZENE（苯）。

点击 **N▶**，进入 **Methods** | **Specifications** | **Global** 页面，热力学方法选择 PENG-ROB。

点击 **N▶**，弹出 **Properties Input Complete** 对话框，点选 Go to Simulation environment，点击 **OK** 按钮，进入模拟环境。

建立如图 6-27 所示流程图，其中换热器 HEX 采用模块选项板中的 **Exchangers** | **HeatX** | **GEN-HS** 图标，并注意查看模块中冷热物流进料位置提示。

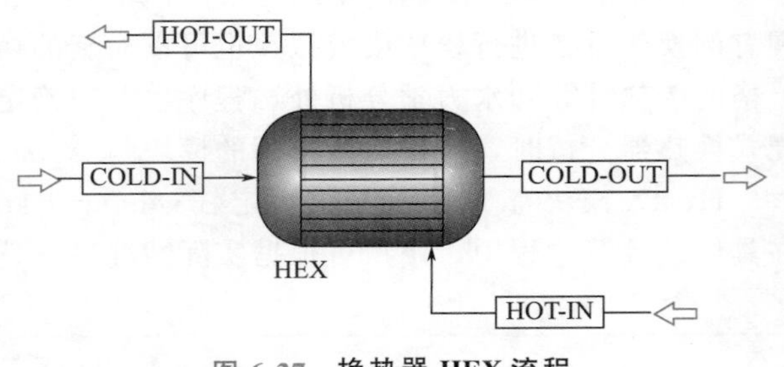

图 6-27　**换热器 HEX 流程**

点击 **N▶**，进入 **Streams** | **COLD-IN** | **Input** | **Mixed** 页面，输入冷物流 COLD-IN 数据，温度 40℃，压力 1.4MPa，流量 222200kg/h，组分只含有 C12H26（正十二烷）。

点击 **N▶**，进入 **Streams** | **HOT-IN** | **Input** | **Mixed** 页面，输入热物流 HOT-IN 数据，温度 200℃，压力 2.8MPa，流量 65800kg/h，组分只含有 BENZENE（苯）。

点击 **N▶**，进入 **Blocks** | **HEX** | **Setup** | **Specifications** 页面，进行模块 HEX 设置，如图 6-28 所示。

在 HeatX 的 **Specifications** 页面中有五组参数可供设置：Calculation（计算方法）、Flow arrangement（流动布置）、Rigorous Model（严格模型）、Type（计算类型）及 Exchanger

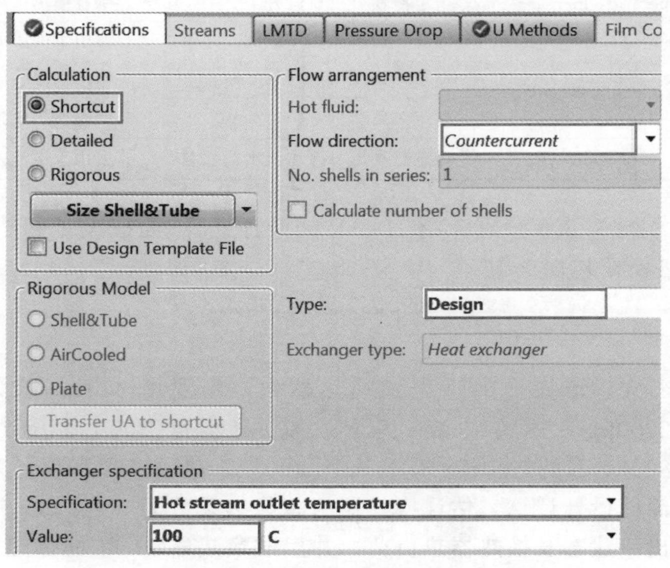

图 6-28　**输入换热器 HEX 参数**

specification（换热器规定）。

Calculation 中有三个选项：Shortcut（简捷计算）、Detailed（详细计算）和 Rigorous（严格计算），其中严格计算采用外部计算程序——Rigorous Model（严格模型），包括 Shell&Tube（管壳式换热器）、AirCooled（空冷器）、Plate（板式换热器）。

Flow arrangement 包括以下设置选项：① Hot fluid（热流体）流动位置：Shell（壳程）或 Tube（管程）；② Flow direction（流动方向）：Countercurrent（逆流）、Co-current（并流）或 Multiple passes（多管程流动）。

Type 包括以下设置选项：Design（设计）、Rating（校核）、Simulation（模拟）及 Maximum fouling（最大污垢）。Calculation 中的详细计算只能与 Type 中的校核或模拟选项配合，设计模式不能用于详细计算。

进入 **Blocks** | **HEX** | **Setup** | **U Methods** 页面，点选 Constant U value，表示对模块 HEX 进行简捷设计时的总传热系数为恒定值，输入估计的总传热系数 500W/(m^2·K)，如图 6-29 所示。

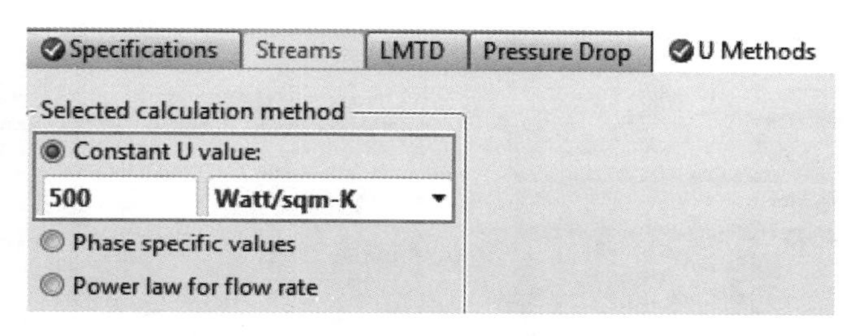

图 6-29　**输入总传热系数**

点击 N▷，弹出 **Required Input Complete** 对话框，点击 **OK** 按钮，运行模拟，流程收敛。

进入 **Blocks** | **HEX** | **Thermal Results** | **Summary** 页面，查看模块 HEX 的模拟结果，如图 6-30 所示，冷物流出口温度为 69.1872℃，换热器的热负荷为 3901.7kW。

进入 **Blocks** | **HEX** | **Thermal Results** | **Exchanger Details** 页面，查看模块 HEX 的设计

Main Flowsheet × | HEX (HeatX) - Thermal Results ×

Summary | Balance | Exchanger Details | Pres Drop/Velocities | Zones | Utility Usa

Heatx results

Calculation Model	Shortcut			
	Inlet		Outlet	
Hot stream:	HOT-IN		HOT-OUT	
Temperature:	200	C	100	C
Pressure:	2.8	MPa	2.8	MPa
Vapor fraction:	0		0	
1st liquid / Total liquid	1		1	
Cold stream:	COLD-IN		COLD-OUT	
Temperature:	40	C	69.1872	C
Pressure:	1.4	MPa	1.4	MPa
Vapor fraction:	0		0	
1st liquid / Total liquid	1		1	
Heat duty:	3901.7	kW		

图 6-30　**查看模块 HEX 模拟结果**

细节，如图 6-31 所示，换热面积为 85.8906m^2。

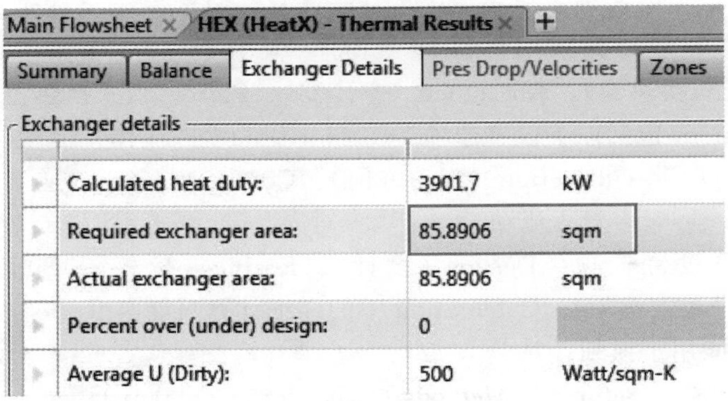

Main Flowsheet
HEX (HeatX) - Thermal Results
Summary
Balance
Exchanger Details
Pres Drop/Velocities
Zones
Exchanger details
Calculated heat duty: 3901.7 kW
Required exchanger area: 85.8906 sqm
Actual exchanger area: 85.8906 sqm
Percent over (under) design: 0
Average U (Dirty): 500 Watt/sqm-K

图 6-31 **查看模块 HEX 设计细节**

进入 **Blocks** | **HEX** | **Hot HCurves** 页面，点击 **New...** 按钮，弹出 **Create New ID** 对话框，如图 6-32 所示。

Simulation
All Items
Blocks
HEX
Setup
Options
EDR Options
EDR Browser
Geometry
Hot HCurves
Cold HCurves
User Subroutines
Dynamic
Block Options
Main Flowsheet
HEX Hot HCurves
Name
New...
Edit
Rename
Hide
Create New ID
Hot hcurve number
1
OK
Cancel

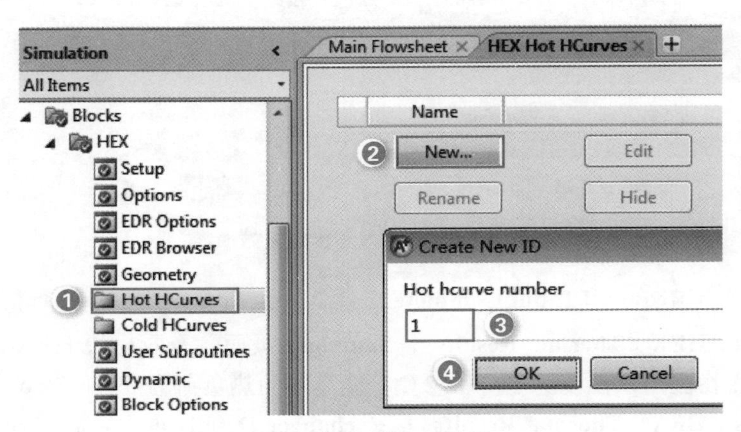

图 6-32 **创建加热曲线**

点击 **OK** 按钮，进入 **Blocks** | **HEX** | **Hot HCurves** | **1** | **Setup** 页面，如图 6-33 所示，用户可以选择加热曲线对应的独立变量（热负荷、温度和气相分数），可设置曲线的点数或步长，可设置曲线起始点与终点间压力分布为常数或线性分布。本例采用缺省值，不作更改。

Main Flowsheet
HEX Hot HCurves - 1
Setup
Additional Properties
Results
Independent variable
Heat duty
Temperature
Vapor fraction
Range for heat duty
Number of data points: 10
Increment size:
List of values:
Pressure profile
Pressure profile option: Constant
Pressure drop: 0 bar

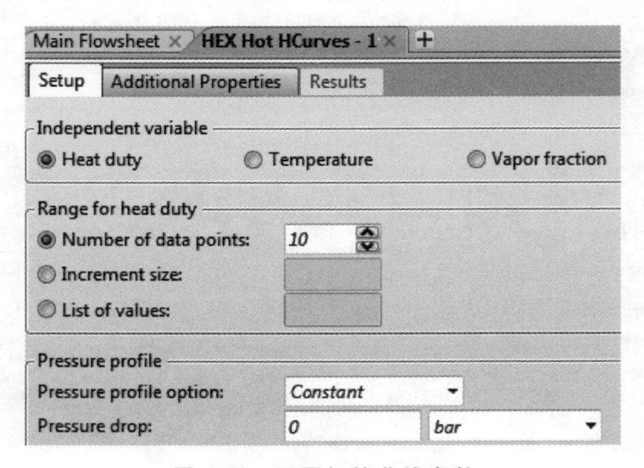

图 6-33 **设置加热曲线参数**

点击 **Blocks** | **HEX** | **Hot HCurves** | **1** | **Additional Properties** 页面，用户可以选择所需的 Property sets（物性集），如需将加热/冷却曲线应用于换热器设计，选择 HXDESIGN 可以计算得到换热器严格设计需要的所有物性。选择 Available property sets 列表框中的 HXDESIGN，点击>按钮，如图 6-34 所示。

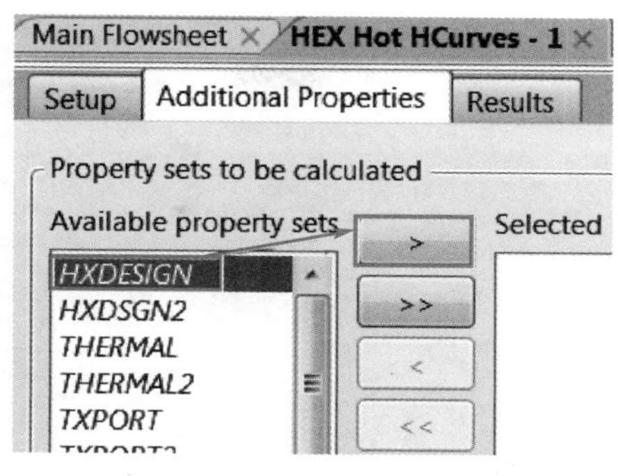

图 6-34 选择物性集

点击，弹出 **Required Input Complete** 对话框，点击 **OK** 按钮，运行模拟，流程收敛。

进入 **Blocks** | **HEX** | **Hot HCurves** | **1** | **Results** 页面，用户可以查看加热曲线计算结果，如图 6-35 所示。

Main Flowsheet × HEX Hot HCurves - 1 × +

Setup | Additional Properties | Results

Point No.	Status	Heat duty	Pressure	Temperature	Vapor fraction	TOTAL MASSVFRA	TOTAL MASSFLMX
		Gcal/hr	bar	C			kg/sec
1	OK	0	28	200	0	0	18.2778
2	OK	-0.304987	28	192.031	0	0	18.2778
3	OK	-0.609975	28	183.843	0	0	18.2778
4	OK	-0.914962	28	175.439	0	0	18.2778
5	OK	-1.21995	28	166.82	0	0	18.2778
6	OK	-1.52494	28	157.982	0	0	18.2778
7	OK	-1.82992	28	148.922	0	0	18.2778
8	OK	-2.13491	28	139.633	0	0	18.2778
9	OK	-2.4399	28	130.108	0	0	18.2778
10	OK	-2.74489	28	120.336	0	0	18.2778
11	OK	-3.04987	28	110.304	0	0	18.2778
12	OK	-3.35486	28	100	0	0	18.2778

图 6-35 查看加热曲线计算结果

点击 Home 选项卡下的 Plot 组中的 Custom，弹出 **Custom** 对话框，在 X Axis 对应的下拉列表中选择 Temperature C，在 Y Axis 对应的下拉列表中勾选 Heat duty Gcal/hr，如图 6-36 所示。点击 **OK** 按钮，生成如图 6-37 所示加热曲线图。

点击按钮，保存文件。点击 **File** | **Save As** 将文件另存为 Example 6.4-Rigorous Design.bkp。

进入 **Blocks** | **HEX** | **Setup** | **Specifications** 页面，计算方法选择 Rigorous，热流体在壳程一侧，相关设置如图 6-38 所示。

点击，进入 **Blocks** | **HEX** | **EDR Options** | **Input file** 页面，在 EDR input file 下的文本框中输入新的 EDR 文件 HEX-DESIGN.EDR，点击 **Transfer geometry to Shell&Tube** 按钮，将 Aspen Plus 对换热器的简捷设计计算的结果传导到 EDR 文件中，如图 6-39 所示。

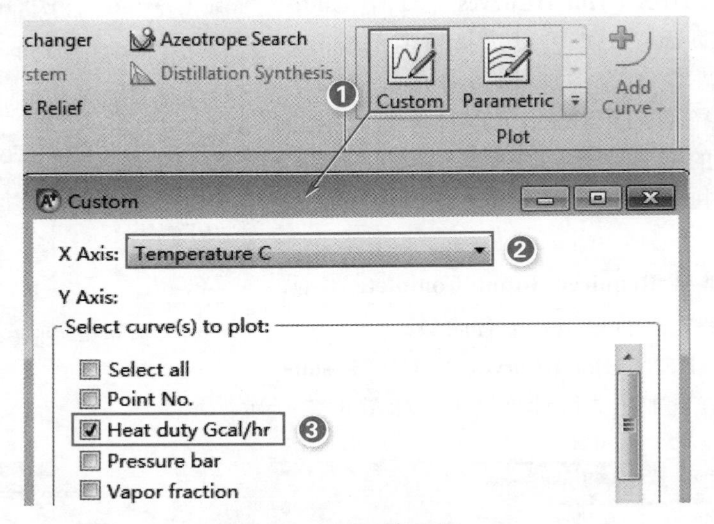

图 6-36　设置绘图选项

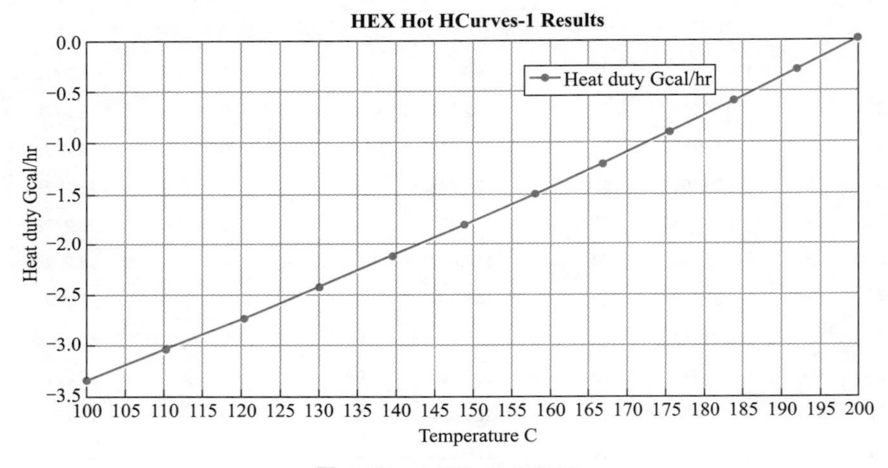

图 6-37　查看加热曲线图

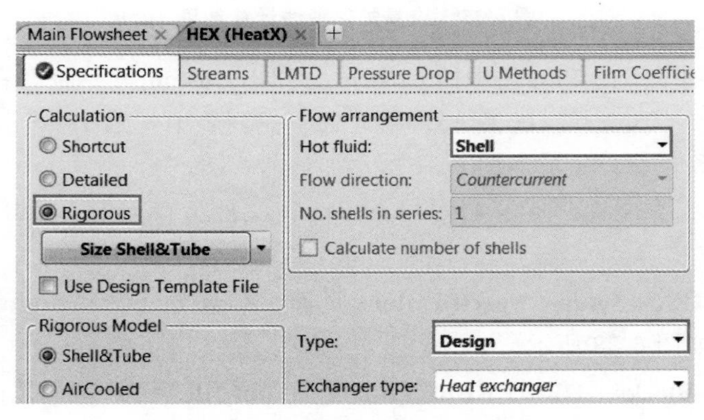

图 6-38　调整换热器 HEX 参数

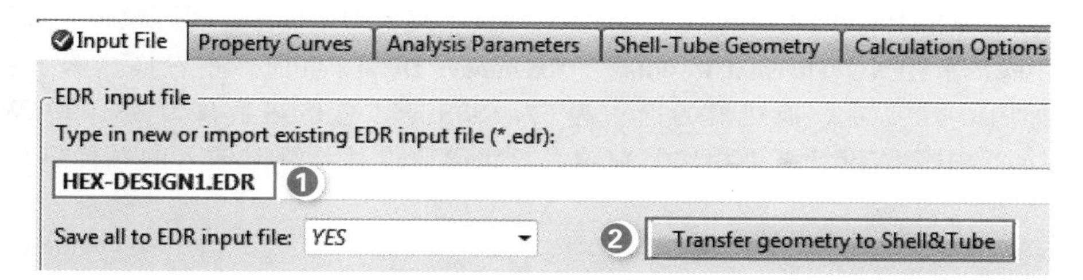

图 6-39　输入 EDR 文件

进入 **Blocks** | **HEX** | **EDR Options** | **Analysis Parameter** 页面，在 Side 对应的下拉列表中选择 Hot stream 并输入热流侧参数，Fouling factor（污垢热阻）为 0.00018 $m^2 \cdot K/W$，Maximum delta-P（允许压降）为 0.05MPa，如图 6-40 所示。同理输入冷流侧 Fouling factor 为 0.00018 $m^2 \cdot K/W$ 和 Maximum delta-P 为0.03MPa。

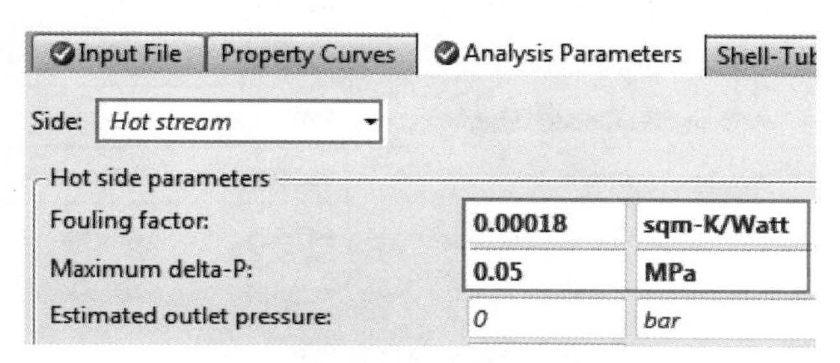

图 6-40　输入热流侧参数

进入 **Blocks** | **HEX** | **EDR Browser** | **Geometry** 页面，输入 Tube OD \ Pitch（管外径和管心距）分别为 19mm 和 25mm，其余参数采用缺省值，如图 6-41 所示。

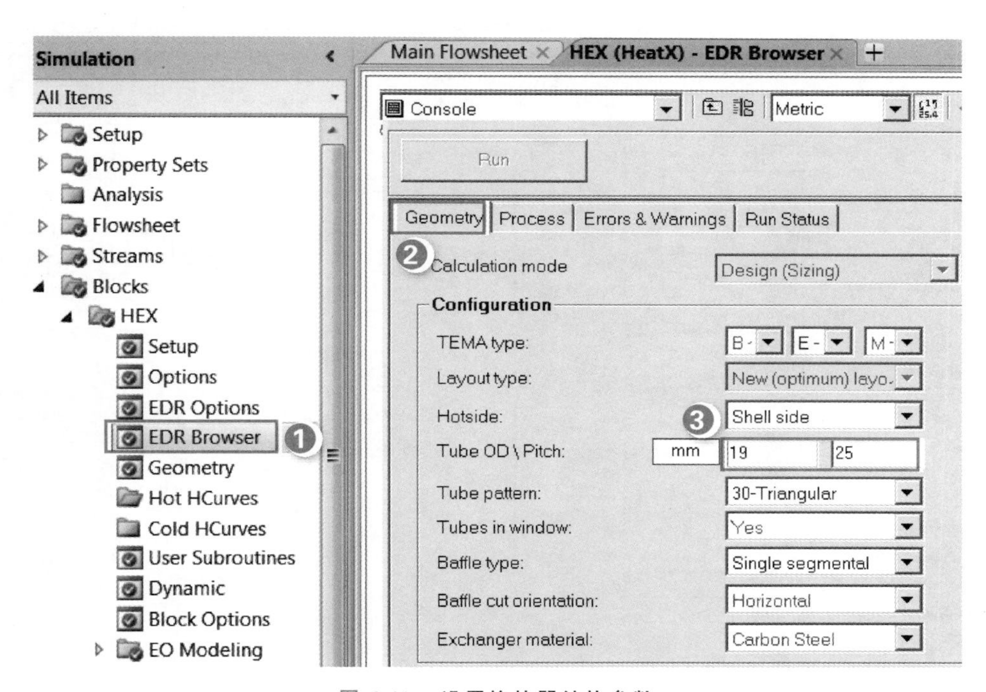

图 6-41　设置换热器结构参数

点击，弹出 **Required Input Complete** 对话框，点击 **OK** 按钮，运行模拟，流程收敛。

进入 **Blocks** | **HEX** | **Thermal Results** | **Exchanger Details** 页面，查看换热器 HEX 的设计细节，如图 6-42 所示，换热器的面积为 62.4338m^2，总传热系数为 681.996W/(m^2·K)，与图 6-31 中简洁设计结果相比差别较大，比简捷设计计算时输入的总传热系数估计值大。

Main Flowsheet × HEX (HeatX) - Thermal Results ×

Summary | Balance | Exchanger Details | Pres Drop/Velocities | Zon

Exchanger details

Calculated heat duty:	3901.7	kW
Required exchanger area:	61.5134	sqm
Actual exchanger area:	62.4338	sqm
Percent over (under) design:	1.49626	
Average U (Dirty):	681.996	Watt/sqm-K
Average U (Clean):	947.915	Watt/sqm-K
UA:	41.9519	kJ/sec-K

图 6-42 查看换热器严格设计结果

进入 **Blocks** | **HEX** | **EDR Browser** | **Geometry** 页面，用户可以修改结构输入参数与查看结构相关设计结果，如图 6-43 所示，进一步的详细操作请参见文献 [9]。

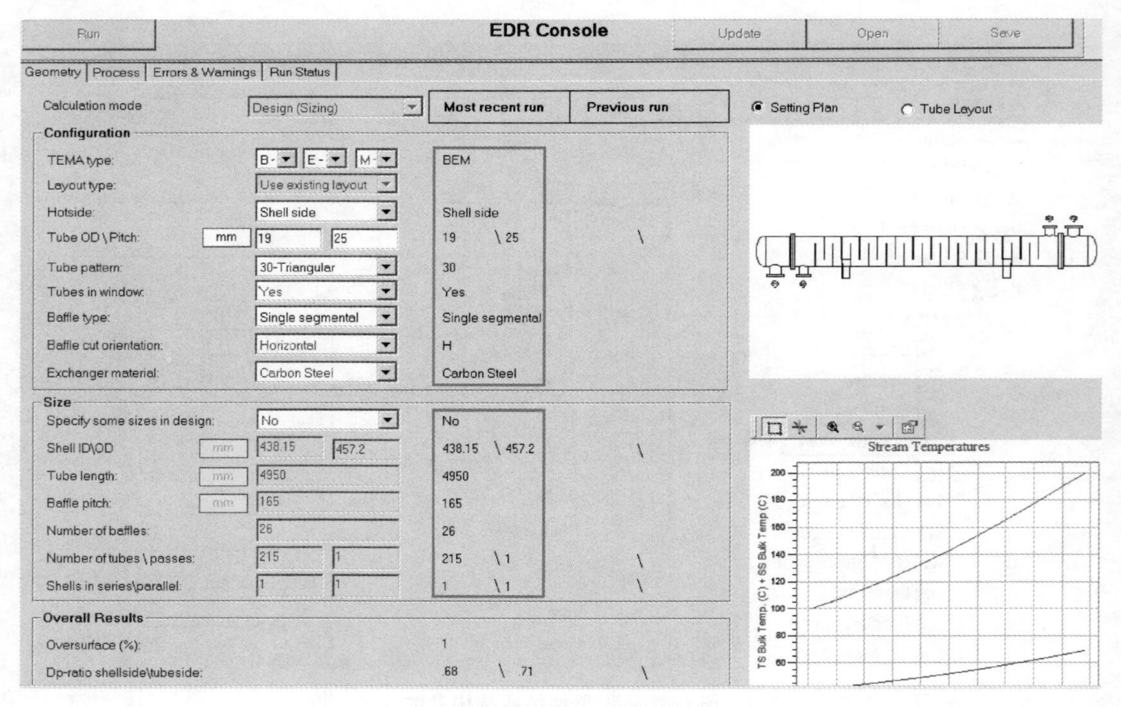

图 6-43 查看 EDR 页面换热器设计结果

例 6.5

对例 6.4 中设计的换热器进行详细校核和严格校核。参照 GB/T 28712.2—2012《热交换器型式与基本参数 第 2 部分：固定管板式热交换器》选择标准系列换热器，型号为 BEM500-1.6/4.0-97-6/19-1I，可拆封头管箱，公称直径 500mm，管程和壳程设计压力分别为 1.6MPa 和 4.0MPa，公称换热面积 $97m^2$，换热管公称长度 6m，管数 232 根，三角形排列，管心距 25mm，换热管规格 ϕ19mm×2mm，单管程单壳程。弓形折流板板数 27，圆缺率 0.25，中心板间距 200mm；壳程与管程管嘴内径分别为 150mm 和 200mm。管程和壳程的污垢热阻均为 $0.00018m^2 \cdot K/W$，详细校核时根据换热器几何结构计算传热膜系数，其余采用缺省设置。

本例模拟步骤如下：

（1）详细校核

打开文件 Example6.4-Shortcut Design.bkp，将其另存为 Example6.5-Detail Rating.bkp。进入 **Blocks** | **HEX** | **Setup** | **Specifications** 页面，将计算模式调整为详细校核，点选 Detailed，弹出如图 6-44 所示对话框（提示用户 Detailed 计算法不能用于设计计算，询问用户是否忽略），点击 **Yes** 按钮，将 Type 修改为 Rating，规定热物流在壳程，如图 6-45 所示。

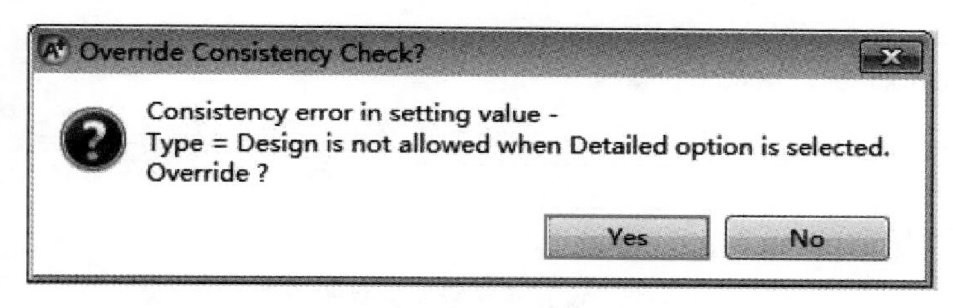

图 6-44 询问对话框

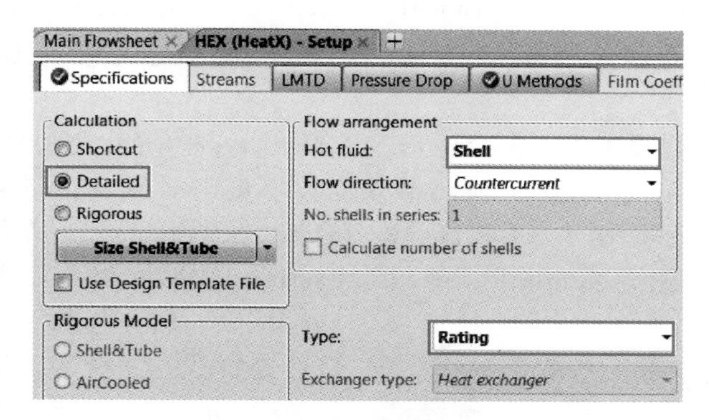

图 6-45 调整计算模式为详细校核

进入 **Blocks** | **HEX** | **Setup** | **U Methods** 页面，点选 Film coefficients，如图 6-46 所示，表示根据传热面两侧的传热膜系数计算总传热系数。

进入 **Blocks** | **HEX** | **Setup** | **Film Coefficients** 页面，在 Sides 对应的下拉列表中选择 Hot stream 并输入热流侧参数，点选 Calculate from geometry，表示根据换热器的几何结构计算传热膜系数，输入热流侧 Fouling factor（污垢热阻）$0.00018m^2 \cdot K/W$（图 6-47）；在 Sides 对应的下拉列表中选择 Cold stream，点选 Calculate from geometry，并输入 Fouling factor 为 $0.00018m^2 \cdot K/W$。

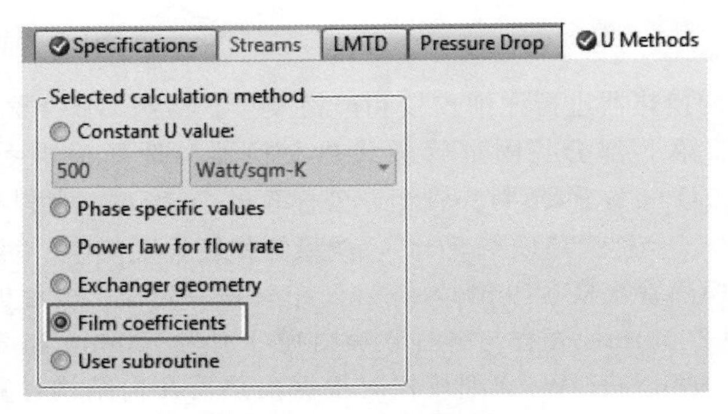

图 6-46 设置总传热系数计算方法

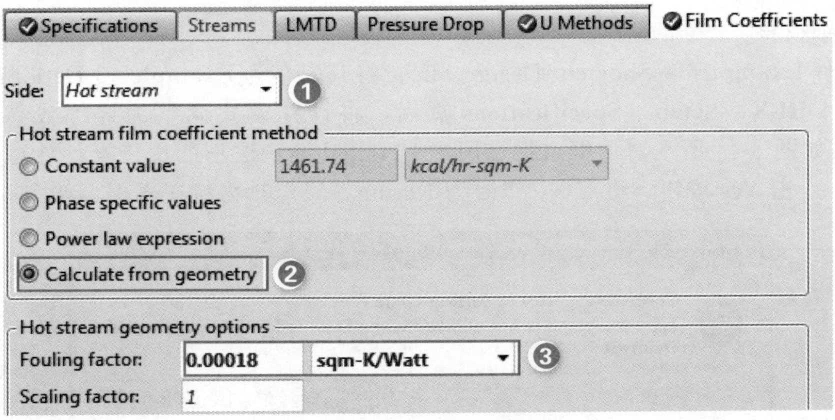

图 6-47 设置传热膜系数计算方法

点击 N▶，进入 **Blocks** | **HEX** | **Geometry** | **Shell** 页面，对换热器的几何结构进行详细设置，具体包括 Shell（壳程）、Tubes（管程）、Tube Fins（翅片管）、Baffles（折流板）和 Nozzles（管嘴）等。

在 **Shell** 页面，可以设置以下参数：TEMA shell type（壳程类型）、No. of tube passes（管程数）、Exchanger orientation（换热器方位）、Number of sealing strip pairs（密封条数）、Direction of tubeside flow（管程流向）、Inside shell diameter（壳径）、Shell to bundle clearance（壳/管束间隙）、Number of shells in series（串联壳程数）、Number of shells in parallel（并联壳程数）。本例换热器壳程参数设置如图 6-48 所示，Inside shell diameter 为 500mm，其余采用缺省设置。

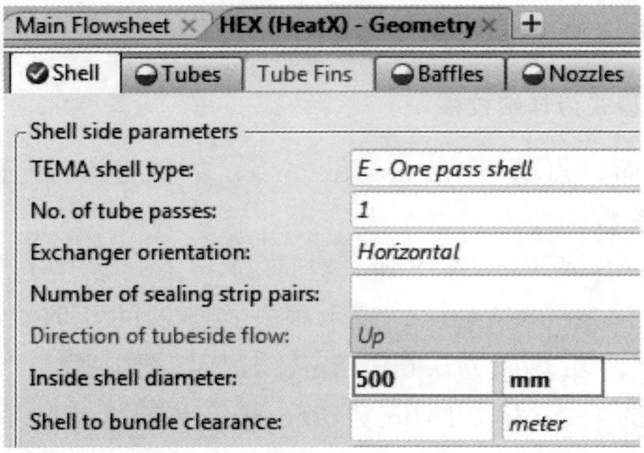

图 6-48 设置壳程参数

点击 N▶，进入 **Blocks** | **HEX** | **Geometry** | **Tubes** 页面，设置管程参数。在 **Tubes** 页面，可以设置以下参数：Select tube type（管子类型）、Tube layout（管程布置）、Tube size（管子尺寸，实际尺寸 Actual 或公称尺寸 Nominal）。本例换热器管程参数设置如图 6-49 所示，Total number（管子总数）275，Tube layout | Pattern 为 Triangle（三角形排列），Length（管长）

6000mm，Pitch(管心距)25mm，Outer diameter(管子外径)19mm，Tube thickness(管壁厚)2mm，其余采用缺省设置。

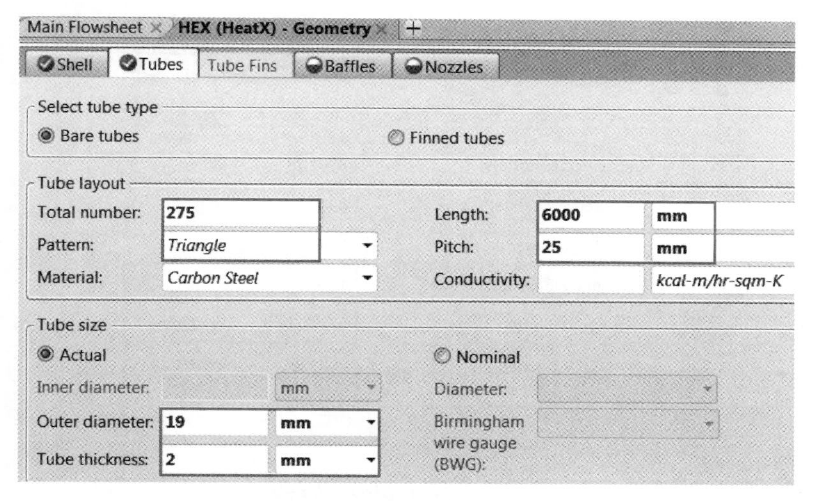

图 6-49　设置管程参数

点击 ▶，进入 **Blocks** | **HEX** | **Geometry** | **Baffles** 页面，设置折流板参数。在 **Baffles** 页面中有两种类型的折流板可供选用：Segmental baffle(弓形折流板)和 Rod baffle(折流杆)。本题换热器折流板参数设置如图 6-50 所示，采用 Segmental baffle，NO. of baffle，all passes(折流板数)27，Baffle cut(折流板圆缺率)0.25，Baffle to baffle spacing(折流板间距)200mm，其余采用缺省设置。

点击 ▶，进入 **Blocks** | **HEX** | **Geometry** | **Nozzles** 页面，设置管嘴参数。在 **Nozzles** 页面，可以设置以下参数：Enter shell side nozzle diameters(壳程管嘴内径)，包括 Inlet nozzle diameter(进口管嘴内径)、Outlet nozzle diameter(出口管嘴内径)；Enter tube side nozzle diameters(管程管嘴内径)，包括 Inlet nozzle diameter(进口管嘴内径)、Outlet nozzle diameter(出口管嘴内径)。本例换热器管嘴参数设置如图 6-51 所示，壳程进出口管嘴内径均为 150mm，管程进出口管嘴内径均为 200mm。

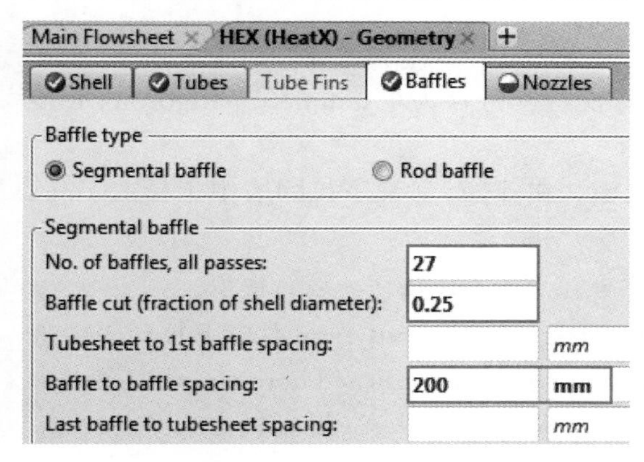

图 6-50　设置折流板参数

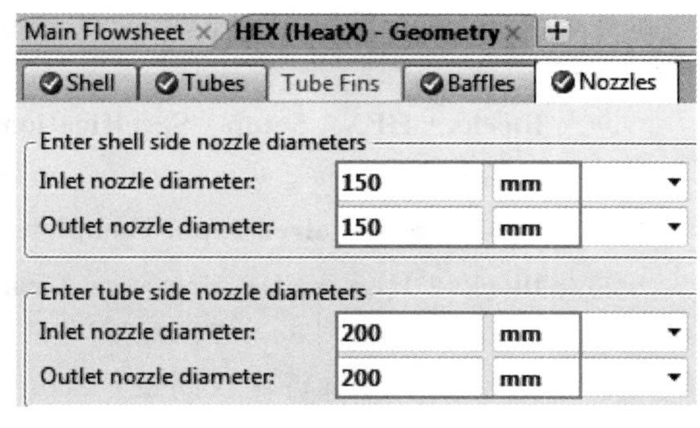

图 6-51　输入管嘴参数

点击 ▶，出现 **Required Input Complete** 对话框，点击 **OK** 按钮，运行模拟，流程收敛。

进入 **Blocks** | **HEX** | **Thermal Results** | **Exchanger Details** 页面，查看换热器详细校核结

果，如图 6-52 所示，换热面积余量为 19.707%，总传热系数为 522.021W/(m^2·K)，计算得到所需的换热面积与简捷设计计算结果差别不大。

Main Flowsheet × HEX (HeatX) - Thermal Results × +

Summary | Balance | Exchanger Details | Pres Drop/Velocities | Zo

Exchanger details

Calculated heat duty:	3901.88	kW
Required exchanger area:	82.275	sqm
Actual exchanger area:	98.4889	sqm
Percent over (under) design:	19.707	
Average U (Dirty):	522.021	Watt/sqm-K
Average U (Clean):	663.291	Watt/sqm-K
UA:	42.9492	kJ/sec-K
LMTD (Corrected):	90.8488	C

图 6-52　**查看详细校核结果**

进入 **Blocks** | **HEX** | **Thermal Results** | **Pres Drop/Velocities** 页面，查看换热器压降，如图 6-53 所示，壳程压降为 0.0174316MPa，管程压降为 0.0170958MPa，均小于允许压降。

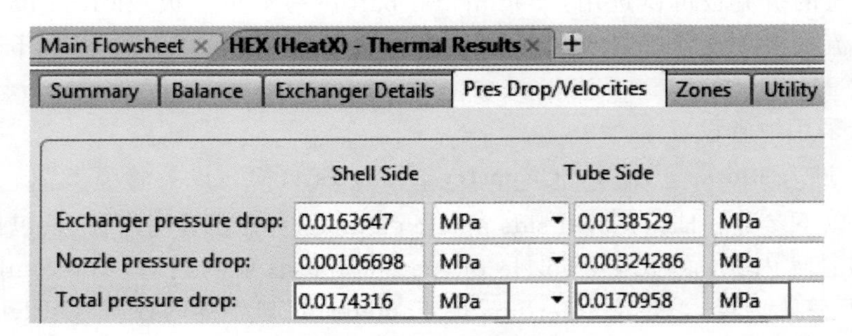

图 6-53　**查看详细校核压降**

点击按钮，保存文件。

（2）严格校核

打开文件 Example 6.4-Rigorous Design.bkp，将其另存为 Example6.5-Rigorous Rating.bkp

进入 **Blocks** | **HEX** | **Setup** | **Specifications** 页面，在 Type 对应下拉列表中选择 Rating，计算模式调整为严格校核。

点击，出现 **Required Input Complete** 对话框，点击 **OK** 按钮，运行模拟。

进入 **Blocks** | **HEX** | **EDR Browser** | **Geometry** 页面，在 Layout type 对应下拉列表中选择“New（optimum）layout”，输入 Shell ID（壳径）500mm、Tube length（管长）6000mm、Baffle pitch（折流板间距）200mm、Number of baffles（折流板数）27、Number of tubes \ passes（管数和管程数）275 和 1，如图 6-54 所示。

点击按钮初始化程序，点击，出现 **Required Input Complete** 对话框，点击 **OK** 按钮，运行模拟，流程收敛。

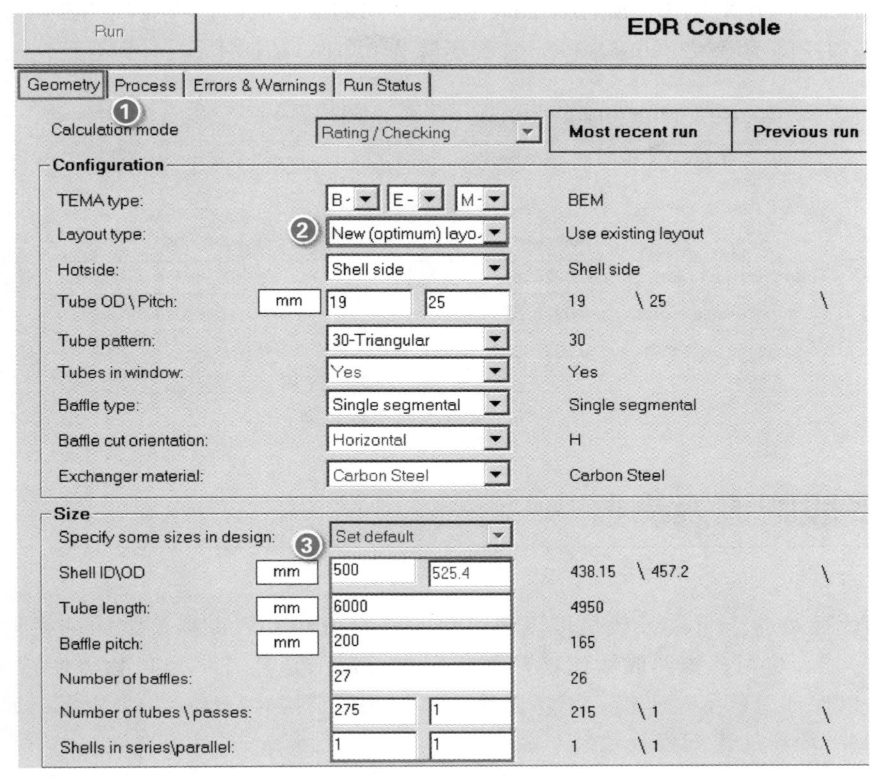

图 6-54 **输入结构参数**

进入 **Blocks** | **HEX** | **Thermal Results** | **Exchanger Details** 页面，查看换热器 HEX 严格校核结果，如图 6-55 所示，换热面积余量为 38.9349%，总传热系数为 600.74W/(m^2·K)，与图 6-52 中详细校核结果相比差异较大，原因在于二者中传热系数计算方法不同。

Main Flowsheet × HEX (HeatX) - Thermal Results × +

Summary | Balance | Exchanger Details | Pres Drop/Velocities | Zon

Exchanger details

Calculated heat duty:	3901.7	kW
Required exchanger area:	69.8364	sqm
Actual exchanger area:	97.0271	sqm
Percent over (under) design:	38.9349	
Average U (Dirty):	600.74	Watt/sqm-K
Average U (Clean):	797.909	Watt/sqm-K
UA:	10020.4	cal/sec-K
LMTD (Corrected):	93.0006	C

图 6-55 **查看换热器 HEX 严格校核结果**

进入 **Blocks** | **HEX** | **EDR Shell&Tube Results** | **Delta P** 页面，查看换热器压降，如图 6-56 所示，壳程压降为 0.0228086MPa，管程压降为 0.0169704MPa，均小于允许压降。

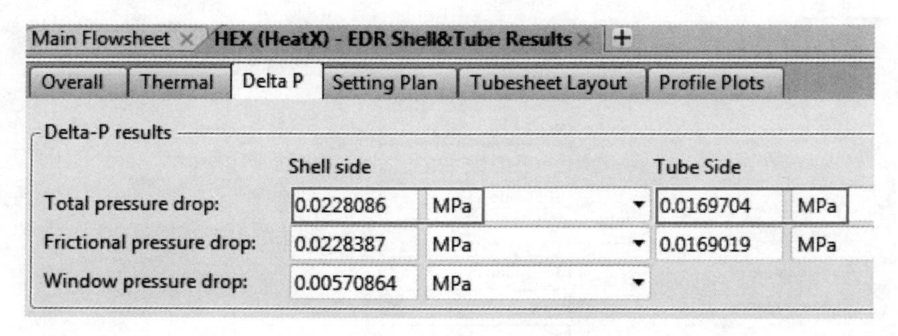

图 6-56 查看严格校核压降

6.4 多股物流换热器

多股物流换热器 MHeatX 模块可以模拟多股热物流和多股冷物流之间的换热情况，比如 LNG 换热器，也可模拟两股物流换热器。用户可以指定从任一出口物流倾析出自由水。MHeatX 可以保证总的能量平衡，不考虑换热器的几何结构。MHeatX 采用多个通过热流连接的加热器/冷却器加速流程收敛。

MHeatX 不使用或计算传热系数，但可以计算换热器的 UA 值，可以进行详细的内部分区计算，以确定换热器中所有物流的内部夹点及加热和冷却曲线。MHeatX 中所有未作规定的物流均有相同的出口温度，其值由总的能量衡算确定。

下面通过例 6.6 介绍 MHeatX 模块的应用。

例 6.6

采用 MHeatX 模拟一股热物流与两股冷物流换热，三股物流的进料信息如表 6-5 所示。要求热物流的出口温度和压降分别为－156℃和 10kPa，两股冷物流的压降均为 5kPa。试求两股冷物流的出口温度。热力学方法选择 PENG-ROB。

表 6-5 进料物流信息

项目		热物流	冷物流 1	冷物流 2
物流名称		HOT-IN	COLD-IN1	COLD-IN2
温度/℃		－5	－184	－194
压力/kPa		600	120	125
流量/(kmol/h)		250	10	180
摩尔组成	氮气(N_2)	0.7811	0.8008	0.9905
	氧气(O_2)	0.2096	0.0092	0.0050
	氩气(Ar)	0.0093	0.1900	0.0045

本例模拟步骤如下：

启动 Aspen Plus，点击 **File** | **New** | **User** 页面，选择模板 General with Metric Units，点击 **Create** 按钮新建文件，将文件保存为 Example 6. 6-CBOX. bkp。

进入 **Components** | **Specifications** | **Selection** 页面，输入组分 N2（氮气）、O2（氧气）和 AR（氩气）。

点击，进入 **Methods** | **Specifications** | **Global** 页面，选择热力学方法 PENG-ROB。

点击，查看方程的二元交互作用参数是否完整，本例采用缺省值，不做修改。

点击，弹出 **Properties Input Complete** 对话框，点选 Go to Simulation environment，点击 **OK** 按钮，进入模拟环境。

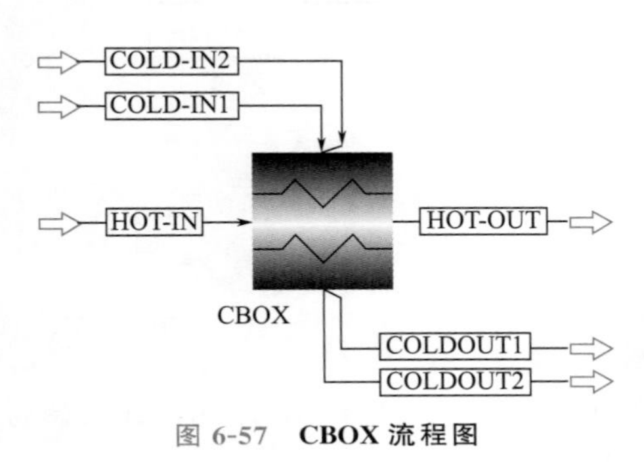

图 6-57 **CBOX 流程图**

建立如图 6-57 所示的流程图，其中模块 CBOX 采用模块选项板中的 **Exchangers** | **MHeatX** | **ICON1** 图标。

点击，进入 **Streams** | **COLD-IN1** | **Input** | **Mixed** 页面，按照表 6-5 中的信息输入物流 COLD-IN1 的数据；同理输入物流 HOT-IN 和物流 COLD-IN2 的数据。

点击，进入 **Blocks** | **CBOX** | **Input** | **Specifications** 页面，输入模块 CBOX 数据，在 Outlet stream 对应下拉列表中选择各进料物流对应的出口物流，输入物流 HOT-OUT 的出口温度为 −156℃，三股物流的压降分别为 10kPa、5kPa 和 5kPa，如图 6-58 所示。

Main Flowsheet × | CBOX (MHeatX) × | +

Specifications | Zone Analysis | Flash Table | Options | Information

Specifications

Inlet stream:	HOT-IN	COLD-IN1	COLD-IN2
Exchanger side:	HOT	COLD	COLD
Outlet stream:	HOT-OUT	COLDOUT1	COLDOUT2
Decant stream:			
Valid phases:	*Vapor-Liquid*	*Vapor-Liquid*	*Vapor-Liquid*
Specification:	Temperature		
Value:	-156		
Units:	C		
Pressure:	-10	-5	-5
Units:	kPa	kPa	kPa

图 6-58 **输入模块 CBOX 数据**

点击，弹出 **Required Input Complete** 对话框，点击 **OK** 按钮，运行模拟，流程收敛。

进入 **Blocks** | **CBOX** | **Results** | **Steams** 页面，查看模块 CBOX 的模拟结果，如图 6-59 所示，两股冷物流的出口温度均为 −168. 848℃。

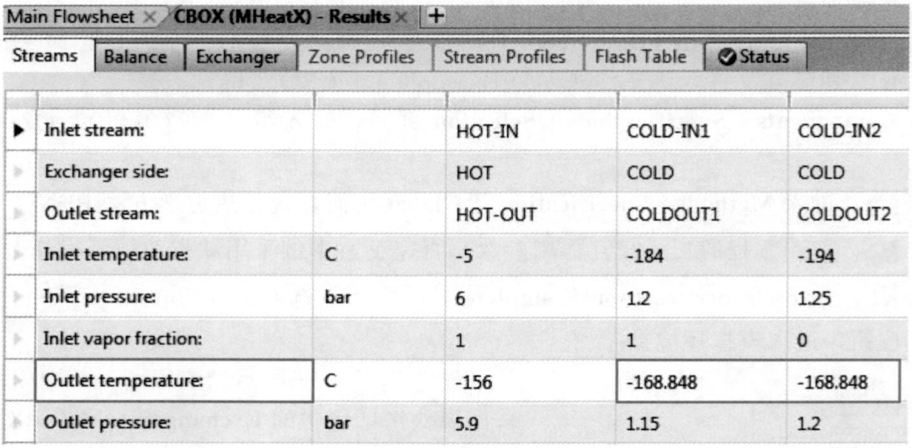

Main Flowsheet × CBOX (MHeatX) - Results × +

Streams | Balance | Exchanger | Zone Profiles | Stream Profiles | Flash Table | Status

Inlet stream:		HOT-IN	COLD-IN1	COLD-IN2
Exchanger side:		HOT	COLD	COLD
Outlet stream:		HOT-OUT	COLDOUT1	COLDOUT2
Inlet temperature:	C	-5	-184	-194
Inlet pressure:	bar	6	1.2	1.25
Inlet vapor fraction:		1	1	0
Outlet temperature:	C	-156	-168.848	-168.848
Outlet pressure:	bar	5.9	1.15	1.2

图 6-59 **查看冷物流出口温度**

习 题

6.1 一股物流含乙醇 60%(质量分数)和水 40%(质量分数)，流量 100kg/h，试求该物流在压力为 0.2MPa 时的泡点和露点。热力学方法选择 UNIQUAC。

提示：混合物的泡点和露点，即混合物在指定压力下饱和液相和饱和气相对应的温度。规定物流在换热器/冷却器 HEATER 入口为饱和液相(气相分数为 0)，出口为饱和气相(气相分数为 1)。运行模拟后，查看物流结果即可得到进出口物流温度，即泡点和露点。

6.2 1,3-丙二醇(PDO)是一种重要的化工原料，工业上使用微生物发酵法生产 PDO，发酵液中 PDO 的浓度为 7%～10%，采用多效蒸发法脱水提纯 PDO。以经过电渗析脱盐后的 PDO 发酵液作为蒸发原料，温度 25℃，压力 1atm，PDO、2，3-丁二醇、甘油、水和乙醇的进料流量分别为 2090kg/h、690kg/h、490kg/h、21560kg/h 和 170kg/h。加热蒸汽温度 160℃，压力 0.6MPa，将发酵液的含水量降低至 30%，物性方法采用 NRTL，注意检查方程的二元交互作用参数是否完整。采用四效蒸发器进行模拟计算，各效蒸发器的温度条件如附表所示，冷凝液气相分数为 0，严格换热器的冷热流侧出口温差为 3℃，比较两种流程之间的差异，流程图如附图所示。

习题 6.2 附表 **四效蒸发器蒸发温度**

流程	蒸发器温度			
	Ⅰ效温度/℃	Ⅱ效温度/℃	Ⅲ效温度/℃	Ⅳ效温度/℃
并流	90	78	65	50
错流	50	90	78	65

6.3 采用简捷设计模拟两股物流逆流换热，热物流为饱和水蒸气(压力 0.3MPa，流量 1000kg/h)，冷物流为甲醇(温度 20℃，压力 0.3MPa，流量 2000kg/h)。热物流压降 0.02MPa，出口过冷度 2℃，冷物流压降 0.02MPa。总传热系数计算方法设为 Phase Specific Values。试求冷物流的出口温度、相态和需要的换热面积。热力学方法选择 PENG-ROB。

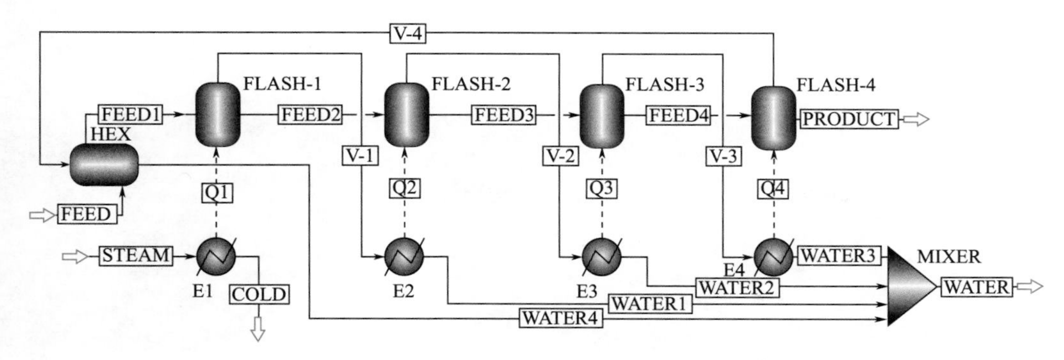

习题 6.2 附图 1 **并流四效蒸发流程**

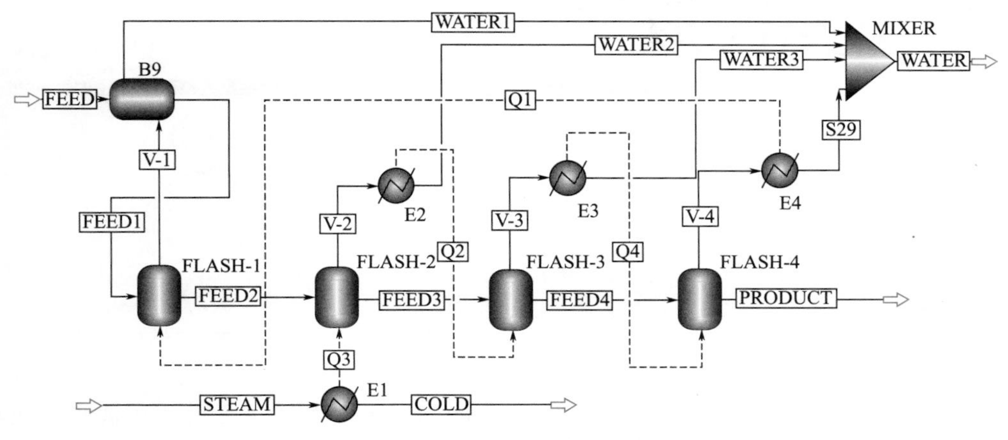

习题 6.2 附图 2 **错流四效蒸发流程**

6.4 对习题 6.3 所述换热器进行详细校核，冷热物流逆流换热，热物流走管程。换热器水平放置，采用单壳程双管程的管壳式换热器，壳体内径 325mm；管子总数 88 根，管长 3m，管子规格 ϕ19mm×2mm，正三角排列，管心距 25mm；折流板数 19 块，折流板间距 150mm，折流板圆缺率 0.25；所有管嘴直径均为 150mm。采用膜传热系数法计算总传热系数，根据几何结构计算膜传热系数，管程和壳程的污垢热阻均为 0.00018$m^2 \cdot K/W$。

6.5 采用 MHeatX 换热器模拟一股热物流与两股冷物流换热，三股物流的进料信息如附表所示。要求热物流的出口温度为－100℃，冷物流 COLD-IN2 的出口气相分数为 0，热物流和两股冷物流的压降均为 40kPa。试求两股冷物流的出口温度及换热器热负荷。热力学方法选择 PENG-ROB。

习题 6.5 附表 **进料物流信息**

项目		热物流	冷物流 1	冷物流 2
物流名称		HOT-IN	COLD-IN1	COLD-IN2
温度/℃		40	－170	－150
压力/kPa		2500	2000	2000
流量/(kmol/h)		10000	7500	2400
摩尔组成	氮气(N2)	0.7550	1.0000	0
	氧气(O2)	0.2450	0	1.0000

第7章

塔单元模拟

7.1 概述

Aspen Plus 提供了 DSTWU、Distl、RadFrac、Extract 等塔单元模块，这些模块可以模拟精馏、吸收、萃取等过程；可以进行操作型计算，也可以进行设计型计算；可以模拟普通精馏，也可以模拟复杂精馏，如萃取精馏、共沸精馏、反应精馏等。各个塔单元模块的介绍见表 7-1。

表 7-1 塔模块介绍

模块	说　明	功　能	适用对象
DSTWU	使用 Winn-Underwood-Gilliland 方法的多组分精馏简捷设计模块	确定最小回流比、最小理论板数以及实际回流比、实际理论板数等	仅有一股进料和两股产品出料的简单精馏塔
Distl	使用 Edmister 方法的多组分精馏简捷校核模块	基于回流比、理论板数及 D/F(塔顶采出与进料比值)确定分离情况	仅有一股进料和两股产品出料的简单精馏塔
SCFrac	复杂石油分馏单元简捷设计模块	确定产品组成和流量，估算每个塔段理论板数和热负荷等	原油常减压蒸馏塔等
RadFrac	单塔精馏严格计算模块	进行单个精馏塔的严格校核和设计计算	常规精馏、吸收、汽提、萃取精馏、共沸精馏、三相精馏、反应精馏等
MultiFrac	多塔精馏严格计算模块	进行复杂多塔的严格校核和设计计算	原油常减压蒸馏塔、吸收/汽提塔组合等
PetroFrac	石油蒸馏模块	进行石油炼制工业中复杂塔的严格校核和设计计算	预闪蒸塔、原油常减压蒸馏塔、催化裂化主分馏塔、乙烯装置初馏塔和急冷塔组合等
Extract	溶剂萃取模块	萃取剂与原料液在塔内逆流完成原料液中所需组分的萃取	液-液萃取塔

7.2 精馏塔简捷设计

多组分精馏的简捷设计模块 DSTWU 假定恒摩尔流和恒定的相对挥发度，采用 Winn-Underwood-Gilliland 方法计算仅有一股进料和两股出料的简单精馏塔，其中，采用 Winn 方程计算最小理论板数，通过 Underwood 公式计算最小回流比，依据 Gilliland 关联式确定指定回流比下所需要的理论板数及进料位置，或指定理论板数下所需要的回流比及进料位置。塔的理论板数由冷凝器开始自上向下进行编号，DSTWU 模块要求一股进料、一股塔顶产品出料及一股塔底产品出料，其中，塔顶产品允许在冷凝器中分出水相，其连接如图 7-1 所示。

DSTWU 模块通过计算可给出最小回流比、最小理论板数、实际回流比、实际理论板数(包括冷凝器和再沸器)、进料位置、冷凝器热负荷和再沸器热负荷等参数，但其计算精度不高，常用于初步设计，其计算结果可为严格精馏计算提供初值。

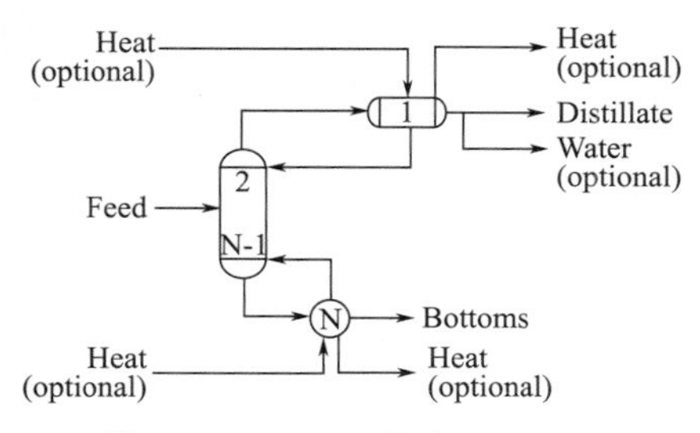

图 7-1 **DSTWU 模块连接图示**

DSTWU 模块有两个计算选项，分别为生成回流比随理论板数变化表(**Blocks | DSTWU | Input | Calculation Options** 页面下的 Generate table of reflux ratio vs number of theoretical stages 选项)和计算等板高度(**Blocks | DSTWU | Input | Calculation Options** 页面下的 Calculate HETP 选项)。

回流比随理论板数变化表对选取合理的理论板数具有很大的参考价值。在实际回流比对理论板数(Table of actual reflux ratio vs number of theoretical stages)一栏中输入要分析的理论板数的初值(Initial number of stages)、终值(Final number of stages)，并输入理论板数变化量(Increment size for number of stages)或者表中理论板数值的个数(Number of values in table)，据此可以计算出不同理论板数下的回流比(Reflux ratio profile)，并可以绘制回流比-理论板数关系曲线。

下面通过例 7.1 介绍精馏塔简捷设计模块 DSTWU 的应用。

例 7.1

例 7.1
演示视频

简捷法设计乙苯-苯乙烯精馏塔。进料量 12500kg/h，温度 45℃，压力 101.325kPa，乙苯 0.5843(质量分数，下同)，苯乙烯 0.415，焦油 0.0007(本例采用正十七烷表示焦油)，塔顶为全凝器，冷凝器压力 6kPa，再沸器压力 14kPa，回流比为最小回流比的 1.2 倍。要求塔顶产品中乙苯含量不低于 0.99，塔底产品中苯乙烯含量不低于 0.997。物性方法采用 PENG-ROB。

求最小回流比、最小理论板数、实际回流比、实际理论板数、进料位置以及塔顶温度，并生成回流比随理论板数变化图。

本例模拟步骤如下：

(1)建立和保存文件　启动 Aspen Plus，选择模板 General with Metric Units，将文件保存为 Example7.1-DSTWU.bkp。

(2)输入组分　进入 **Components | Specifications | Selection** 页面，输入组分 EB(乙苯)、

STYRENE(苯乙烯)和焦油，本例中焦油采用 C17H36(正十七烷)表示，具体操作步骤如图 7-2 所示。

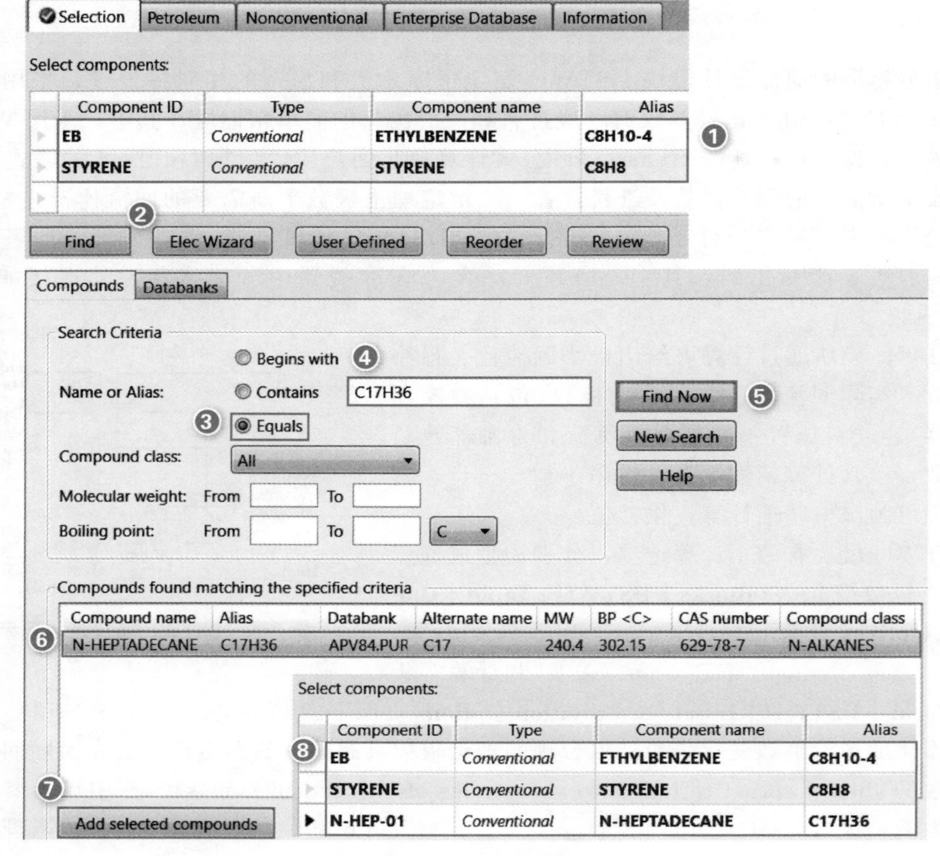

图 7-2 **输入组分**

(3)选择物性方法　点击N→，进入 **Methods | Specifications | Global** 页面，选择 PENG-ROB，查看方程的二元交互作用参数，本例采用缺省值。

(4)点击N→，出现 **Properties Input Complete** 对话框，选择 Go to Simulation environment，点击 **OK**，进入模拟环境。

(5)建立流程图　建立如图 7-3 所示的流程图，其中 DSTWU 采用模块选项板中的 **Columns | DSTWU | ICON1** 图标。

(6)全局设定　进入 **Setup | Specifications | Global** 页面，在 Title 中输入 DSTWU。

(7)输入进料条件　点击N→，进入 **Streams | FEED | Input | Mixed** 页面，按题目信息输入物流 FEED 数据，如图 7-4 所示。

(8)输入模块参数　点击N→，进入 **Blocks | DSTWU | Input | Specifications** 页面，输入模块 DSTWU 参数，如图 7-5 所示。Reflux ratio(回流比)中输入“−1.2”，表示实际回流比是最小回流比的 1.2 倍，若输入“1.2”，则表示实际回流比是 1.2。本例中 EB(乙苯)为 Light key(轻关键组分)，

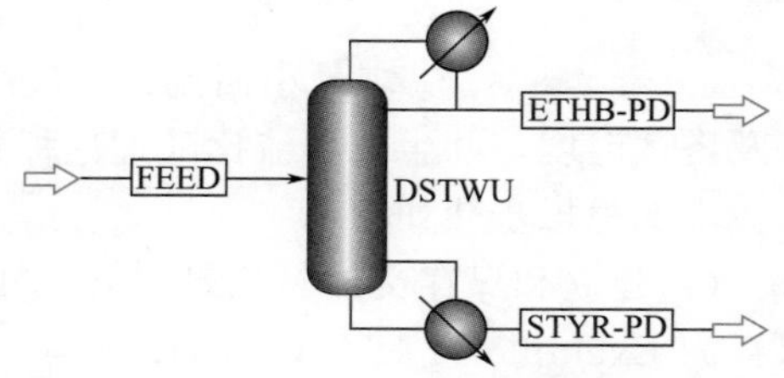

图 7-3 **乙苯-苯乙烯精馏塔简捷设计流程**

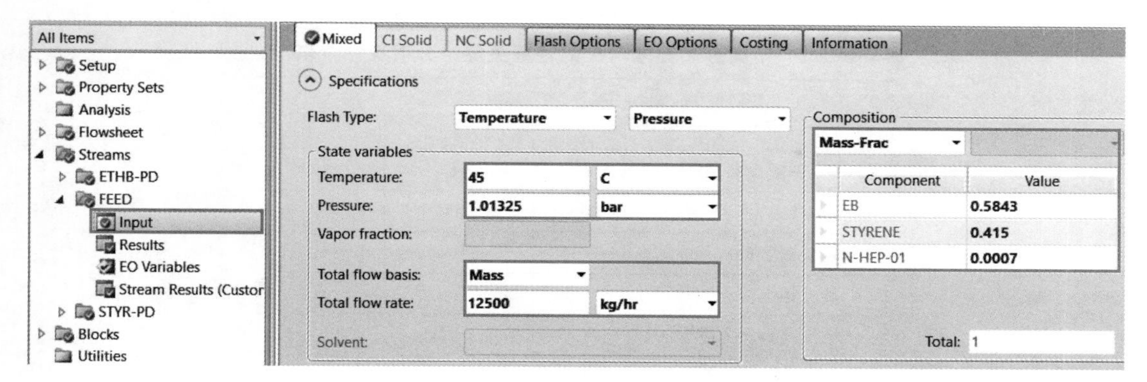

图 7-4　**输入物流 FEED 数据**

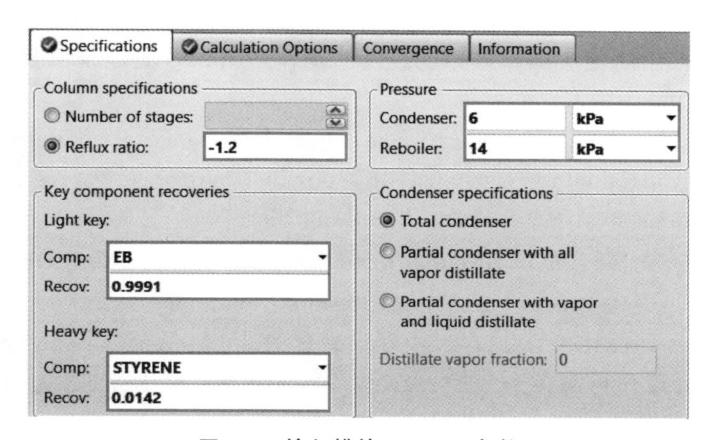

图 7-5　**输入模块 DSTWU 参数**

STYRENE(苯乙烯)为 Heavy key(重关键组分)。根据产品纯度要求，计算可得塔顶乙苯的摩尔回收率为 99.91%，塔底苯乙烯的摩尔回收率为 98.58%，苯乙烯在塔顶中的摩尔回收率为 1－0.9858＝0.0142。Pressure 项中输入 Condenser(冷凝器)6kPa，Reboiler(再沸器)14kPa。

关于 DSTWU 四组模块参数设定的说明。

① 塔设定(Column specifications)　包括理论板数(Number of stages)和回流比(Reflux ratio)，回流比与理论板数仅允许规定一个。理论板数包括冷凝器和再沸器。选择规定回流比时，输入值>0，表示实际回流比；输入值<－1，其绝对值表示实际回流比与最小回流比的比值。

② 关键组分回收率(Key component recoveries)　包括轻关键组分在塔顶产品中的摩尔回收率(即塔顶产品中的轻关键组分摩尔流量/进料中的轻关键组分摩尔流量)和重关键组分在塔顶产品中的摩尔回收率(即塔顶产品中的重关键组分摩尔流量/进料中的重关键组分摩尔流量)。

由用户指定浓度或者提出分离要求的两个组分称为关键组分(Key components)，易挥发的低沸点组分称为轻关键组分(Light key components)，难挥发的高沸点组分称为重关键组分(Heavy key components)。假定塔内存在组分 A、B、C 和 D，其沸点依次降低，表 7-2 可清楚地表示不同的分离要求下所对应的轻重关键组分情况。

表 7-2 不同分离要求对应的轻重关键组分情况一览表

项目＼案例	1	2	3
塔顶	A	AB	ABC
塔底	BCD	CD	D
轻关键组分	A	B	C
重关键组分	B	C	D

③ 压力(Pressure) 包括冷凝器压力、再沸器压力。塔压的选择实质上是塔顶、塔底温度选取的问题，塔顶、塔底产品的组成是由分离要求规定的，故据此及公用工程条件和物系性质(如热敏性等)确定塔顶、塔底温度，继而确定塔压，塔的压降是由塔的水力学计算决定的。操作压力可以采用简化法试算，即先假设一操作压力，若温度未满足要求则调整压力，直至温度要求满足为止。

④ 冷凝器设定(Condenser specifications) 包括全凝器(Total condenser)、带汽相塔顶产品的部分冷凝器(Partial condenser with all vapor distillate)、带汽、液相塔顶产品的部分冷凝器(Partial condenser with vapor and liquid distillate)。

(9)运行模拟 点击，出现 **Required Input Complete** 对话框，点击 **OK**，运行模拟。

(10)查看结果 进入 **Blocks | DSTWU | Results | Summary** 页面，可看到计算出的最小回流比为 4.26，实际回流比为 5.11，最小理论板数为 35(包括全凝器和再沸器)，实际理论板数为 65(包括全凝器和再沸器)，进料位置为第 25 块板，塔顶温度为 54.59℃，如图 7-6 所示。一般来说，使用循环水作为冷却介质时塔顶温度需大于 40℃，本例中塔顶温度为 54.59℃，说明在该操作压力下可以使用循环水进行冷却。

(11)生成回流比随理论板数变化表 进入 **Blocks | DSTWU | Input | Calculation Options** 页面，选中 Generate table of reflux ratio vs number of theoretical stages，输入初值 36，终值 85，变化量 1，如图 7-7 所示。点击，出现 **Required Input Complete** 对话框，点击 **OK**，运行模拟。进入 **Blocks | DSTWU | Results | Reflux Ratio Profile** 页面，可看到回流比随理论板数变化表，如图 7-8 所示。

(12)作图 点击右上角 plot 工具栏中的 **Custom** 按钮，选择 Theoretical stages 为 X-Axis；选择 Reflux ratio 为 Y-Axis，点击 **OK** 即可得到回流比与理论板数关系曲线，如图 7-9 所示，合理的理论板数应在曲线斜率绝对值较小的区域内选择。

通过作理论板数与回流比乘积 vs. 理论板数(N×RR vs. N)关系曲线，可较为明显地找出最低点，其对应的数值即为合理的理论板数。将理论板数与回流比数据粘贴至 Excel 中，另起一列完成理论板数与回流比乘积的计算(N×RR)，并在 Excel 中生成该乘积与理论板数的关系曲线，如图 7-10 所示，理论板数取 65 最为合适。

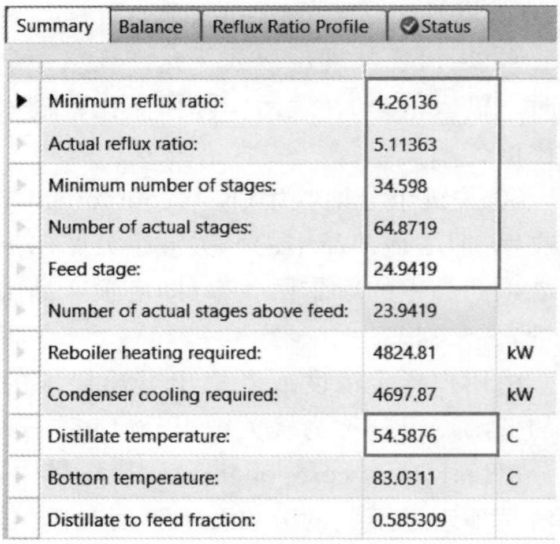

Summary | Balance | Reflux Ratio Profile | Status

Minimum reflux ratio:	4.26136	
Actual reflux ratio:	5.11363	
Minimum number of stages:	34.598	
Number of actual stages:	64.8719	
Feed stage:	24.9419	
Number of actual stages above feed:	23.9419	
Reboiler heating required:	4824.81	kW
Condenser cooling required:	4697.87	kW
Distillate temperature:	54.5876	C
Bottom temperature:	83.0311	C
Distillate to feed fraction:	0.585309	

图 7-6 查看模块 DSTWU 结果

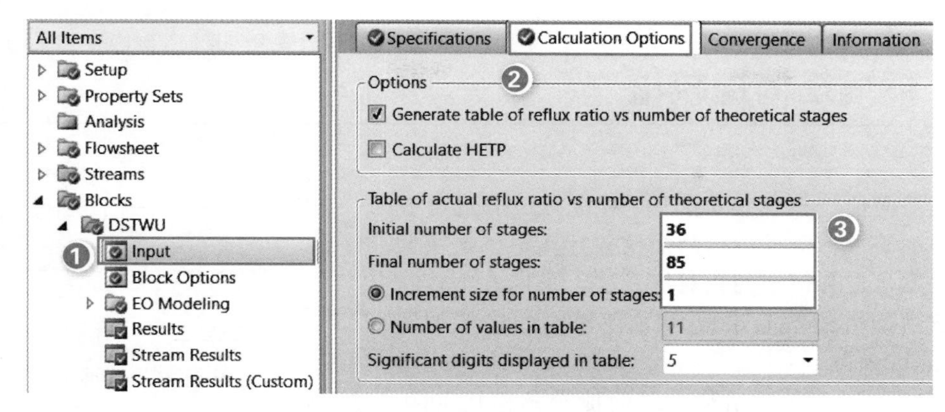

图 7-7　设置回流比随理论板数变化表

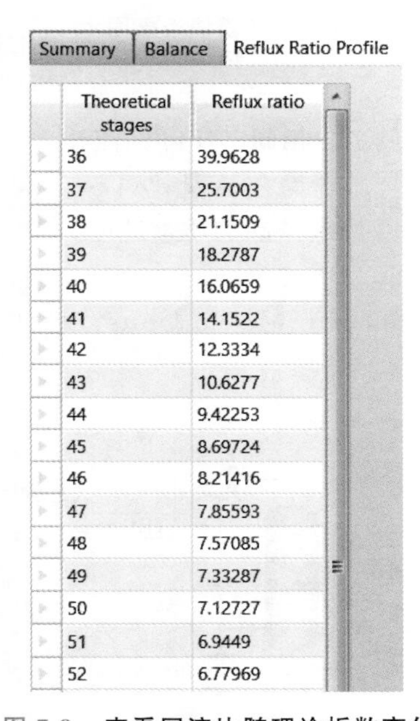

Summary | Balance | Reflux Ratio Profile

Theoretical stages	Reflux ratio
36	39.9628
37	25.7003
38	21.1509
39	18.2787
40	16.0659
41	14.1522
42	12.3334
43	10.6277
44	9.42253
45	8.69724
46	8.21416
47	7.85593
48	7.57085
49	7.33287
50	7.12727
51	6.9449
52	6.77969

图 7-8　查看回流比随理论板数变化表

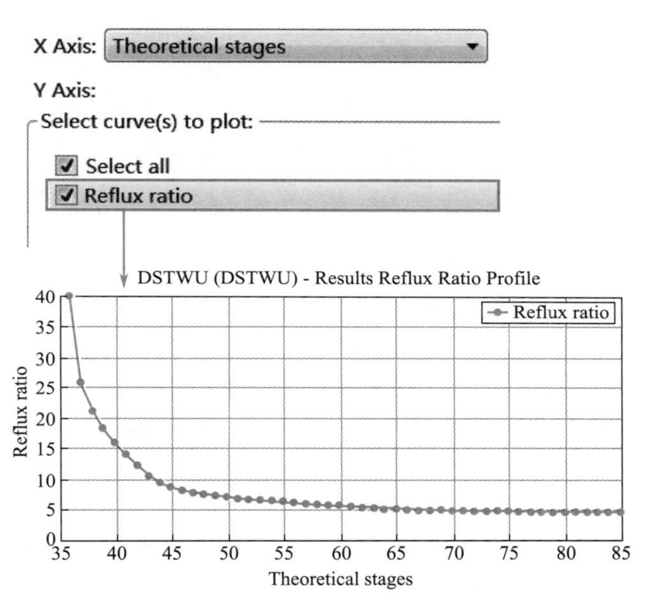

图 7-9　绘制回流比与理论板数关系曲线图

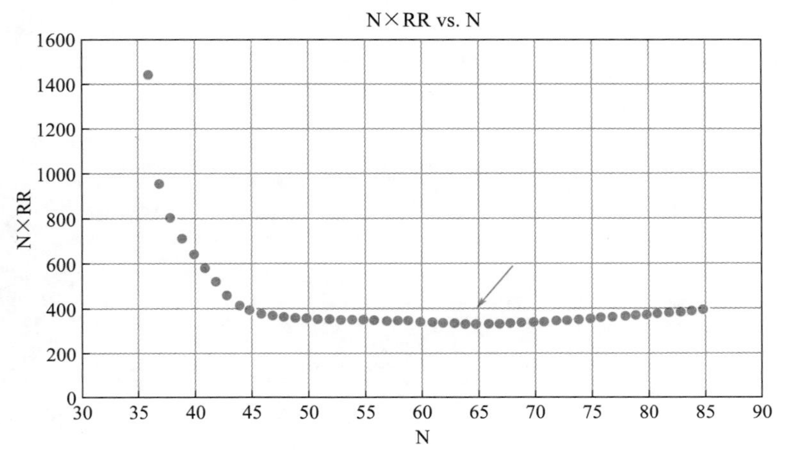

图 7-10　查看理论板数与回流比乘积 vs. 理论板数关系曲线

7.3 精馏塔简捷校核

精馏塔简捷校核模块 Distl 可对带有一股进料和两股出料的简单精馏塔进行简捷校核计算，该模块假定恒定的摩尔流和恒定的相对挥发度，采用 Edmister 方法计算精馏塔的产品组成。Distl 模块的连接如图 7-11 所示。

下面通过例 7.2 介绍精馏塔简捷校核模块 Distl 的应用。

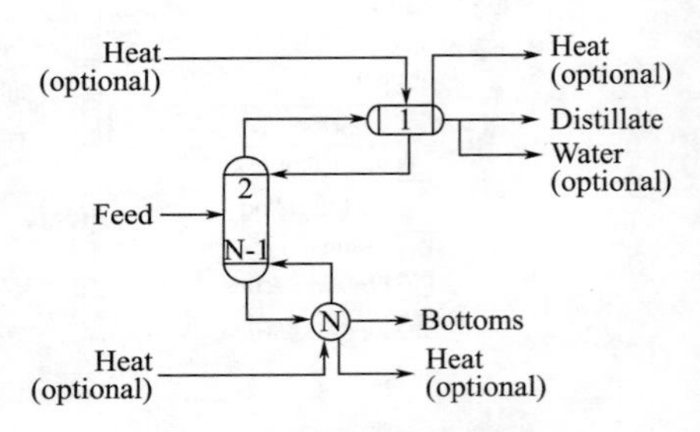

图 7-11 **Distl 模块连接图示**

例 7.2

用简捷法校核乙苯-苯乙烯精馏塔，进料条件及物性方法与例 7.1 相同。实际回流比 5.11，理论板数 65(包括全凝器和再沸器)，进料位置 25，塔顶产品与进料摩尔流量比(Distillate to feed mole ratio)0.5853。求冷凝器及再沸器的热负荷、塔顶产品及塔底产品的质量纯度。

本例模拟步骤如下：

(1)建立和保存文件　启动 Aspen Plus，选择模板 General with Metric Units，将文件保存为 Example7.2-Distl.bkp。

(2)输入组分　选择物性方法，与例 7.1 完全相同。

(3)建立流程图　建立如图 7-12 所示的流程图，其中 DISTL 采用模块选项板中的 **Columns | Distl | ICON1** 图标。

(4)全局设定并设置物流报告　进入 **Setup | Specifications | Global** 页面，在 Title 中输入 Distl，进入 **Setup | Report Options | Stream** 页面，在 Fraction basis 项中勾选 Mole 和 Mass，如图 7-13 所示。

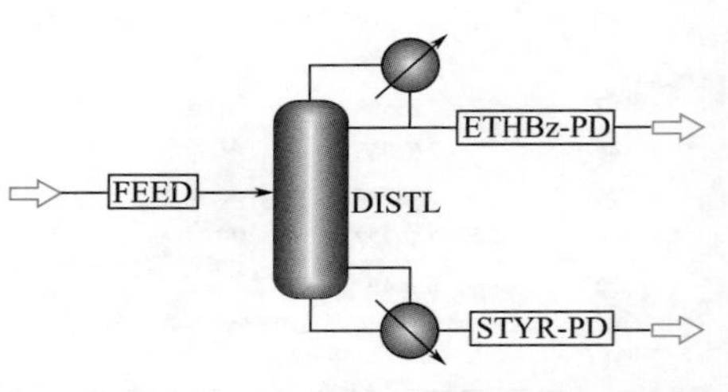

图 7-12 **乙苯-苯乙烯精馏塔简捷校核流程**

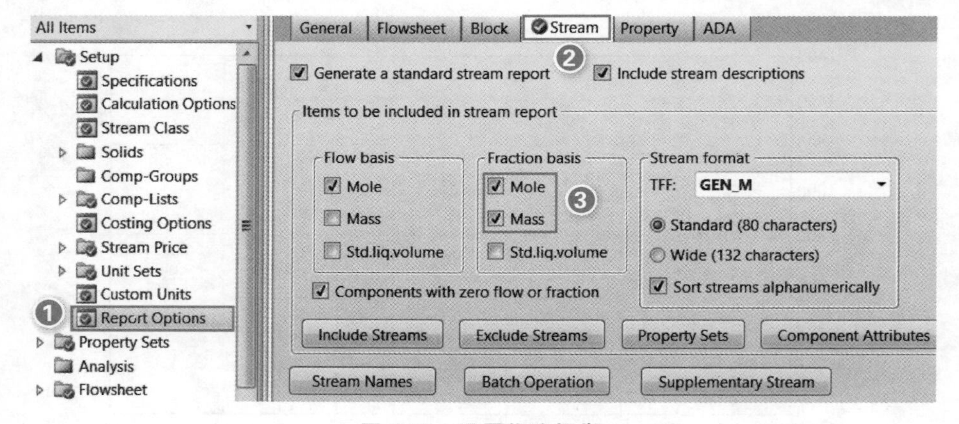

图 7-13 **设置物流报告**

(5)输入进料条件　与例 7.1 完全相同。

(6)输入模块参数　进入 **Blocks | DISTL | Input | Specifications** 页面，输入模块 DISTL

参数，如图 7-14 所示。

(7)运行模拟　点击 ，出现 **Required Input Complete** 对话框，点击 **OK**，运行模拟。

(8)查看结果　进入 **Blocks | DISTL | Results | Summary** 页面，查看冷凝器的热负荷为 4695.92kW，再沸器的热负荷为 4822.82kW，如图 7-15 所示。

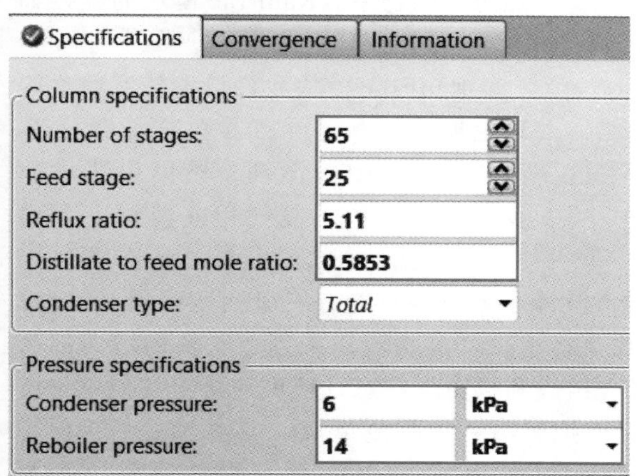
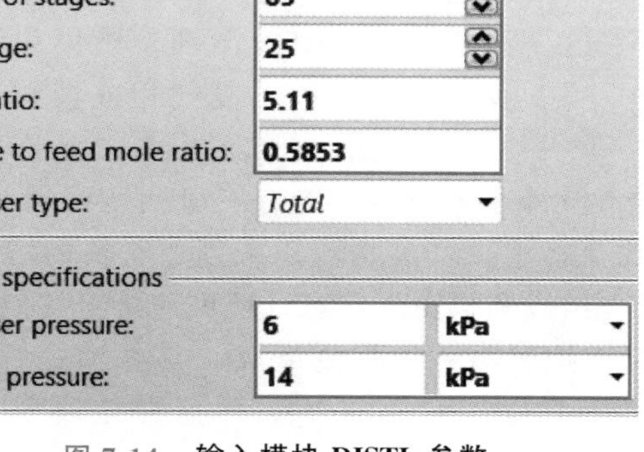

图 7-14　**输入模块 DISTL 参数**

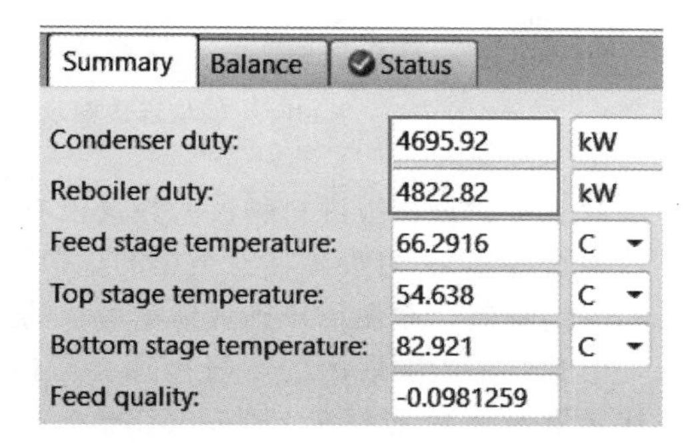

图 7-15　**查看模块 DISTL 结果**

进入 **Results Summary | Streams | Material** 页面，可看到物流的信息，将 Format 改为 FULL，即可看到每股物流的详细信息，其中塔顶产品物流 ETHBZ-PD 中 EB(乙苯)的质量分数为 0.9823，塔底产品物流 STYR-PD 中 STYRENE(苯乙烯)的质量分数为 0.9857，如图 7-16 所示。

Display: All streams　Format: FULL　Stream Table

	ETHBZ-PD	FEED	STYR-PD
Mass Frac			
EB	0.982301	0.5843	0.0125821
STYRENE	0.0176987	0.415	0.985712
N-HEP-01	0	0.0007	0.00170553
Total Flow kmol/hr	69.439	118.638	49.1993
Total Flow kg/hr	7369.63	12500	5130.37

图 7-16　**查看物流结果**

7.4　精馏塔严格计算

精馏塔严格计算模块 RadFrac 可对下述过程进行严格模拟计算：普通精馏、吸收、再沸吸收、汽提、再沸汽提、萃取精馏、共沸精馏。除此之外，该模块也可模拟反应精馏，包括固定转化率的反应精馏、平衡反应精馏、速率控制反应精馏以及电解质反应精馏，且在平衡级模式(Equilibrium Mode)下，该模块还可模拟塔内进行两液相和反应同时发生的精馏过

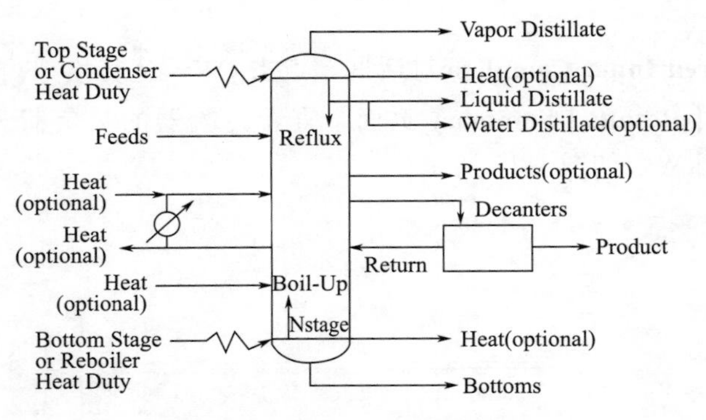

图 7-17　**RadFrac 模块连接图示**

程，此时对两液相模拟采用不同的动力学反应。该模块适用于两相体系、三相体系（仅适用于平衡模型）、窄沸程和宽沸程物系以及液相表现为强非理想性的物系。RadFrac 模块的连接如图 7-17 所示。

RadFrac 模块允许设置任意数量的理论板数、中间再沸器和冷凝器、液-液分相器、中段循环。该模块要求至少一股进料，一股气相或液相塔顶出料，一股液相塔底出料，允许塔顶出一股倾析水。每一级进料物流的数量没有限制，但每一级至多只能有三股侧线产品（一股汽相，两股液相），可设置任意数量的虚拟产品物流，虚拟产品物流用来创建与精馏塔内部物流相关的物流，方便用户查看任意塔板的流量、组成和热力学状态，还可连接至其他单元模块，但其并不影响塔内的质量衡算。虚拟物流模拟时与常规物流类似，点击 Material 物流连接至塔身蓝色光标处[Pseudo Stream（Optional; any number）]，然后在该塔模块下的 **Specifications | Setup | Streams** 页面设置相应采出位置及流量等参数。

下面通过例 7.3 介绍精馏塔严格计算模块 RadFrac 的应用。

例 7.3

例 7.3(1)~(4)
演示视频

在例 7.1 简捷设计的基础上，对乙苯-苯乙烯精馏塔进行严格计算，进料条件、冷凝器形式、冷凝器压力、再沸器压力、产品纯度要求以及物性方法与例 7.1 相同，塔顶压力 6.7kPa，再沸器采用釜式再沸器。

（1）根据例 7.1 的设计结果，利用 RadFrac 模块计算塔顶及塔底产品的质量纯度；

（2）求满足产品纯度要求所需的回流比和塔顶产品流量以及冷凝器和再沸器的热负荷；

（3）在满足产品纯度的基础上，绘制塔内温度分布曲线、塔内液相质量组成分布曲线；

（4）在满足产品纯度的基础上，分析进料位置和总理论板数变化对再沸器热负荷的影响；

（5）求达到分离要求的最小回流比；

（6）求达到分离要求的最小理论板数。

简捷计算得到的回流比 5.11、理论板数 65、进料位置 25、塔顶产品与进料的摩尔流量比（D/F）0.5853，只作为严格计算的初值。在理论板数和进料位置一定的情况下，由分离要求严格计算出回流比、塔顶产品与进料的流量比。合理的理论板数，适宜的进料位置需要进一步优化得到。

本例模拟步骤如下：

（1）建立和保存文件　启动 Aspen Plus，选择模板 General with Metric Units，将文件保存为 Example7.3a-RadFrac.bkp。

（2）输入组分、选择物性方法　与例 7.1 完全相同。

（3）建立流程图　建立如图 7-18 所示的流程图，其中 RADFRAC 采用模块选项板中的 **Columns | RadFrac | FRACT1** 图标。

(4) 输入进料条件　物流进料条件与例 7.1 相同。

(5) 输入模块参数　点击 N➡，进入 **Blocks | RADFRAC | Specifications | Setup | Configuration** 页面，按照例 7.1 计算结果输入模块配置参数，如图 7-19 所示。

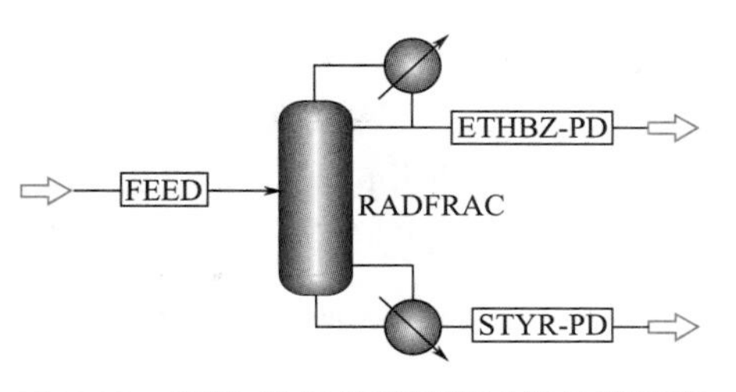

图 7-18　乙苯-苯乙烯精馏塔严格计算流程

关于 **Configuration** 页面下各选项的说明：

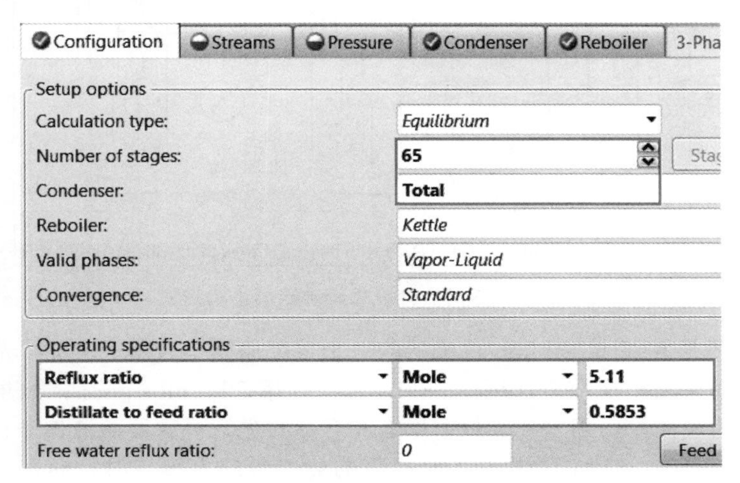

图 7-19　输入模块 RADFRAC 配置参数

① 计算类型(Calculation type)包括平衡级模式(Equilibrium)和非平衡级模式(Rate-Based)。平衡级模式的计算基于平衡级假定，即离开每块理论级的汽液相完全达到平衡，非平衡级模式的计算基于热量交换和能量交换，不需要诸如塔效率、HETP 之类的经验因子。本例采用缺省的平衡级模式。

② 塔板数(Number of stages)要求输入的塔板数既可以是理论板数，也可以是实际塔板数。若输入的是实际塔板数，需要设置塔的效率。此处的塔板数包括冷凝器和再沸器。本例输入的塔板数指理论板数，后续例题中，如果没有特别说明，板数均指理论板数。

③ 冷凝器(Condenser)包含四个选项，全凝器(Total)、部分冷凝器-汽相塔顶产品(Partial-Vapor)、部分冷凝器-汽相和液相塔顶产品(Partial-Vapor-Liquid)、无冷凝器(None)。本例采用全凝器。

④ 再沸器(Reboiler)包含三个选项，釜式再沸器(Kettle)、热虹吸式再沸器(Thermosiphon)、无再沸器(None)。本例采用缺省的釜式再沸器。

釜式再沸器作为塔的最后一块理论板来模拟，其气相分数高，操作弹性大，但造价也高。热虹吸式再沸器作为一个塔底带加热器的中段回流来模拟，如图 7-20 所示，其造价低，易维修，工业中应用较广泛。热虹吸式再沸器的模拟包括带挡板和不带挡板两类，模拟时均需通过勾选“指定再沸器流量”(Specify reboiler flow rate)、“指定再沸器出口条件”(Specify reboiler outlet condition)或者“指定再沸

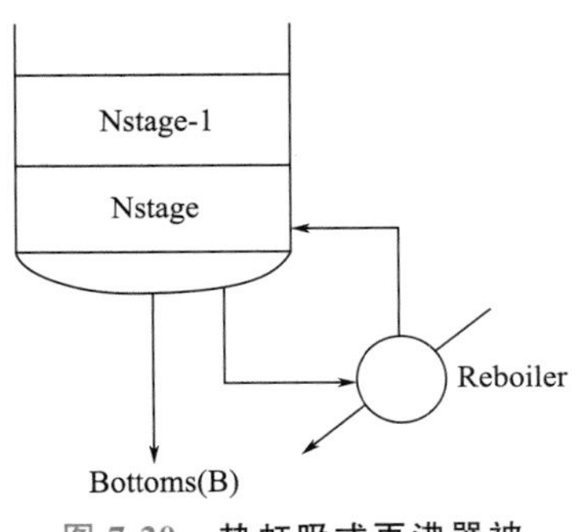

图 7-20　热虹吸式再沸器被模拟为中段回流示意

器流量和出口条件”(Specify both flow outlet condition)，以设置下列参数之一：温度、温差、气相分数、流量、流量和温度、流量和温差、流量和气相分数，当勾选“Specify both flow outlet condition”时，必须在 Configuration 界面给定再沸器热负荷，RadFrac 模块将其作为初值进行计算。图 7-21 所示为热虹吸式再沸器的结构形式。

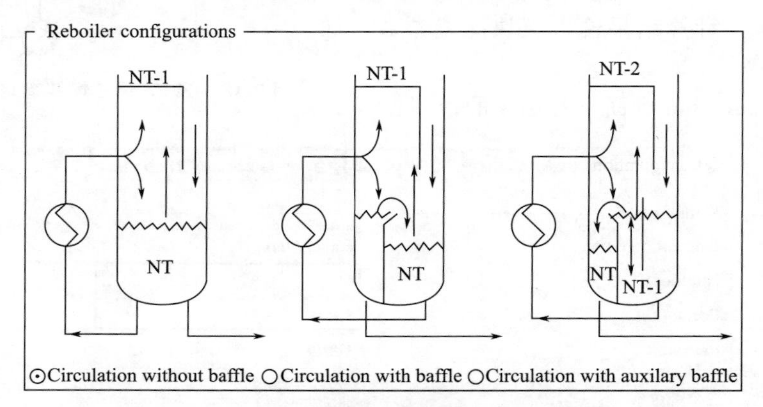

图 7-21　不同热虹吸式再沸器的结构形式

选用 Kettle 还是 Thermosiphon 再沸器的一个重要原则是看塔底液相产品是否与返塔的汽相成相平衡。如果成相平衡，选用 Kettle，否则选用 Thermosiphon；如果塔底产品是从再沸器出口流出的液体，选用 Kettle；如果塔底产品与进入再沸器的液体条件完全一致，那么选用 Thermosiphon。选择带挡板和不带挡板的热虹吸式再沸器时，通常气相分数控制在 5%～35%，若低于 5%，因出口管线阻力降过大，将导致再沸器物料无法循环；若高于 35%，应当采用釜式再沸器。针对本例，读者可取气相分数为 20%，分别采用釜式再沸器和热虹吸式再沸器，可以发现两者对模拟结果几乎没有影响。但对于某些物系，不同的再沸器对于模拟结果有一定的影响，需谨慎选择。

可使用 HeatX 模块及 Flash2 模块严格模拟 RadFrac 中的再沸器。此时在 Exchanger Design and Rating(EDR)环境中创建合适的 EDR 模型，然后通过 **Blocks | RADFRAC | Specifications | Setup | Reboiler | Reboiler Wizard** 进行 EDR 文件的调用与设置。

⑤ RadFrac 模块的有效相态有六种，包括汽-液(Vapor-Liquid)、汽-液-液(Vapor-Liquid-Liquid)、汽-液-冷凝器游离水(Vapor-Liquid-FreeWaterCondenser)、汽-液-任意塔板游离水(Vapor-Liquid-FreeWaterAnyStage)、汽-液-冷凝器污水相(Vapor-Liquid-DirtyWaterCondenser)以及汽-液-任意塔板污水相(Vapor-Liquid-DirtyWaterAnyStage)，其各自特点如表 7-3 所示。本例的有效相态为汽-液两相。

表 7-3　有效相态类型及各自特点

相态类型	特　点
Vapor-Liquid	液相不分离，反应在每一相发生
Vapor-Liquid-Liquid	完全严格法计算，选择的所有板上均进行三相计算；对两个液相的性质不做任何假设；任意板上均可设置分相器
Vapor-Liquid-FreeWaterCondenser	只在冷凝器处进行自由水的计算；分相器只能设置在冷凝器处；通过参数 Free-Water Reflux Ratio(缺省值为 0)规定自由水回流量与全部流出量的比值

相态类型	特　点
Vapor-Liquid-FreeWaterAnyStage	选择的所有板上均进行三相计算，即可在任意塔板上进行自由水的计算；任意板上均可设置分相器
Vapor-Liquid-DirtyWaterCondenser	允许水相中含有很低浓度的可溶性有机组分，但仍将其当做水相处理；只在冷凝器处进行水相的计算；分相器只能设置在冷凝器处
Vapor-Liquid-DirtyWater-AnyStage	允许水相中含有很低浓度的可溶性的有机组分；选择的所有板上均进行三相计算；任意板上均可设置分相器

⑥ RadFrac 模块的收敛方法有六种：标准方法(Standard)、石油/宽沸程物系(Petroleum/Wide-boiling)、强非理想液体(Strongly non-ideal liquid)、共沸物系(Azeotropic)、深冷体系(Cryogenic)以及用户自定义(Custom)，适用范围详见 12.3.1 RadFrac 模块求解策略。本例物系为乙苯和苯乙烯，采用缺省的标准方法即可。

⑦ RadFrac 模块操作规定(Operating specifications)。在进料、压力、塔板数、进料位置一定的情况下，精馏塔的操作规定有十个待选项，即回流比(Reflux ratio)、回流量(Reflux rate)、再沸量(Boilup rate)、再沸比(Boilup ratio)、冷凝器热负荷(Condenser duty)、再沸器热负荷(Reboiler duty)、塔顶产品流量(Distillate rate)、塔底产品流量(Bottoms rate)、塔顶产品与进料流量比(Distillate to feed ratio)、塔底产品与进料流量比(Bottoms to feed ratio)。一般首先选择回流比和塔顶产品与进料流量比(Distillate to feed ratio)或塔顶产品流量(Distillate rate)，当获得收敛的模拟结果后，为了满足设计规定的要求，有时需要重新选择合适的操作规定，并赋予初值。

精馏塔各工艺参数之间是相互影响的，明确它们之间的相互关系，有助于更好地设计精馏塔。精馏塔各工艺参数之间的相互关系见表 7-4。

表 7-4　**精馏塔各工艺参数之间的相互关系**

参数变化	冷凝器温度变化趋势	釜温变化趋势	说明
塔顶采出量加大	升高	升高	塔顶采出量加大，使更多重组分从塔顶出去，故冷凝器温度升高。重组分从塔顶馏出越多，塔底组分就会更重，故釜温升高
塔顶采出量减小	降低	降低	塔顶采出量减少，塔顶采出变轻，故冷凝器温度降低。塔底的轻组分也随之增加，故釜温降低
回流比增加	降低	升高	回流比增加，顶、底分离更好，塔顶采出变轻，塔底采出变重，故冷凝器温度降低，釜温升高
塔板数增加	降低	升高	塔板数增加，顶、底分离更好，塔顶采出变轻，塔底采出变重，故冷凝器温度降低，釜温升高，但需进料板位置仍然保持在原有比例

点击 N→，进入 **Blocks | RADFRAC | Specifications | Setup | Streams** 页面，输入进料位置及进料方式，如图 7-22 所示。

进料方式有如下几种。

① 在板上方进料(Above-Stage)，指在理论板间引入进料物流，液相部分流动到指定的理论板，气相部分流动到上一块理论板，缺省情况下为 Above-Stage。若气相自塔底进入，可使用 Above-Stage，将塔板数设为 $N+1$。

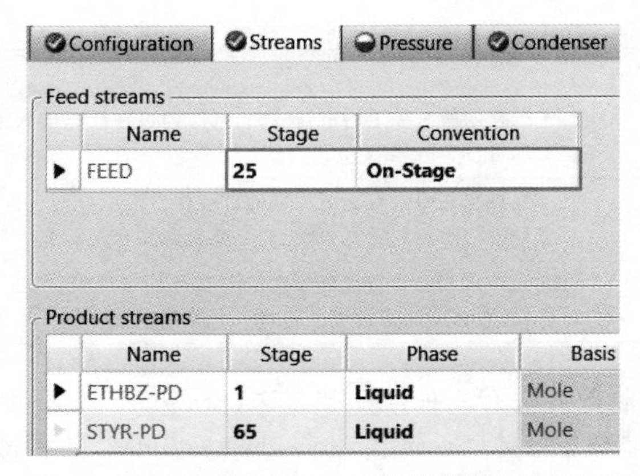

图 7-22 **输入模块 RADFRAC 进料位置及进料方式**

② 在板上进料(On-Stage)，指汽液两相均流动到指定的理论板，若规定为 On-Stage，只有存在水力学计算和默弗里效率计算时，才进行进料闪蒸计算。因此，如果没有水力学计算和默弗里效率计算，单相进料时选择 On-Stage，可减少闪蒸计算，同时避免超临界体系的闪蒸问题。

③ 汽相(Vapor)在级上进料以及液相(Liquid)在级上进料，即 Vapor on stage 和 Liquid on stage，不对进料进行闪蒸计算，完全将进料处理为规定的相态，仅在最后一次收敛计算时对进料进行闪蒸计算，以确认规定的相态是否正确，这避免了在进行默弗里效率计算和塔板/填料设计或校核计算时不必要的进料闪蒸计算。

Above-Stage 与 On-Stage 的区别，可参考图 7-23。

点击 N➡，进入 **Blocks | RADFRAC | Specifications | Setup | Pressure** 页面，输入相关压力，如图 7-24 所示。

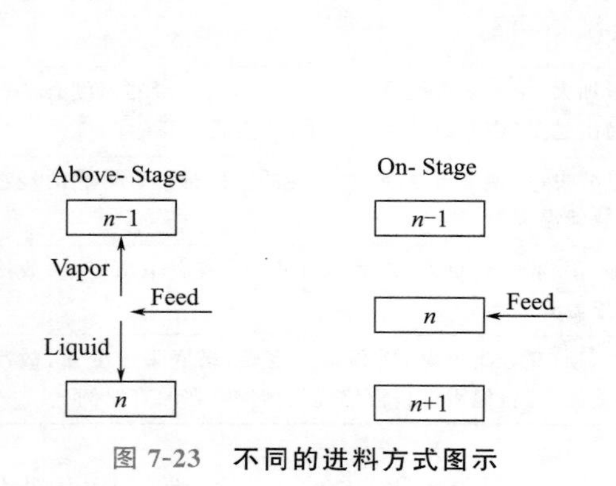

图 7-23 **不同的进料方式图示**

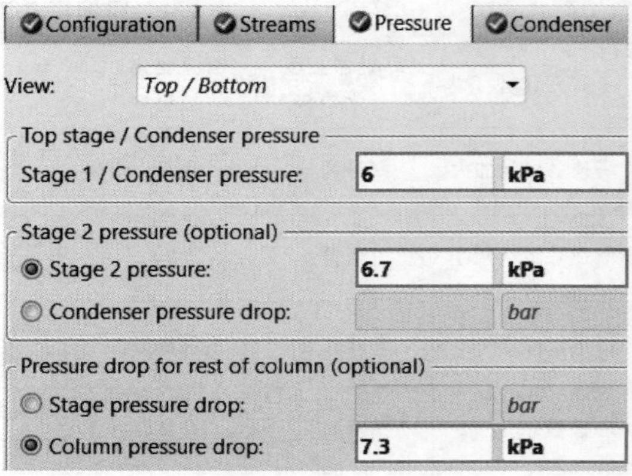

图 7-24 **输入模块 RADFRAC 压力**

压力的设置有三种方式：

① 塔顶/塔底(Top/Bottom)，用户可以仅指定第一块板压力；当塔内存在压降时，用户需指定第二块板压力或冷凝器压降，同时还可以指定单板压降或是全塔压降；

② 塔内压力分布(Pressure profile)，指定某些塔板压力；

③ 塔段压降(Section pressure drop)，指定每一塔段的压降。本例采用第一种方式。

(6)运行模拟　点击N→，出现 **Required Input Complete** 对话框，点击 **OK**，运行模拟，流程收敛，保存文件。

(7)查看模拟结果　进入 **Blocks | RADFRAC | Stream Result** 页面，查看物流结果，如图 7-25 所示，塔顶产品物流 ETHBZ-PD 中 EB(乙苯)的质量分数为 0.987，塔底产品物流 STYR-PD 中 STYRENE(苯乙烯)的质量分数为 0.993，均没有满足产品纯度要求。

Material | Heat | Load | Vol.% Curves | Wt. % Curves | Petroleum | Poly

Display: Streams　Format: GEN_M　Stream Table

	FEED	ETHBZ-PD	STYR-PD
Mass Flow kg/hr	12500	7370.36	5129.65
Volume Flow cum/hr	14.522	8.787	6.061
Enthalpy　Gcal/hr	1.16	-0.073	1.342
Mass Frac			
EB	0.584	0.987	0.005
STYRENE	0.415	0.013	0.993
N-HEP-01	700 PPM	trace	0.002

图 7-25　**查看物流结果**

(8)添加塔内设计规定　RadFrac 模块可通过添加 Design Specs 达到分离要求，如产品的纯度或回收率。本例中要求乙苯的质量分数为 0.99，苯乙烯的质量分数为 0.997。首先将文件另存为 Example7. 3b-RadFrac. bkp。

按图 7-26 所示添加第一个塔内设计规定，规定塔顶产品中乙苯的质量纯度为 0.99。进入 **Blocks | RADFRAC | Design Specifications** 页面，点击下方的 **New…** 按钮；进入 **RADFRAC | Specifications | Design Specifications | 1 | Specifications** 页面，选择 Design specification Type 为 Mass purity，在 Target 中输入 0.99；进入 **RADFRAC | Specifications | Design Specifications | 1 | Components** 页面，选中 Available components 栏中的 EB，点击 > 图

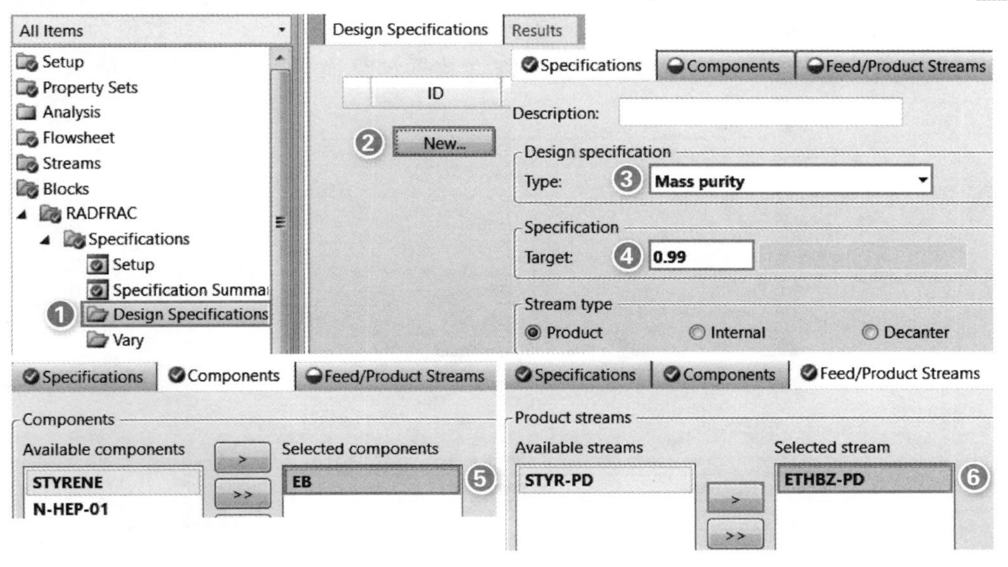

图 7-26　**添加第一个塔内设计规定**

标，将 EB 移动至 Selected components 栏；进入 **RADFRAC | Specifications | Design Specifications | 1 | Feed/Product Streams** 页面，选中 Available streams 栏中的 ETHBZ-PD，点击 > 图标，将 ETHBZ-PD 移动至 Selected stream 栏。

按图 7-27 所示添加第一个调节变量，规定回流比变化范围为 4～8。进入 **Blocks | RADFRAC | Specifications | Vary** 页面，点击 **New...** 按钮，进入 **RADFRAC | Specifications | Vary | 1 | Specifications** 页面，Adjusted variable Type 选择 Reflux ratio，输入 Lower bound 为 4，输入 Upper bound 为 8。

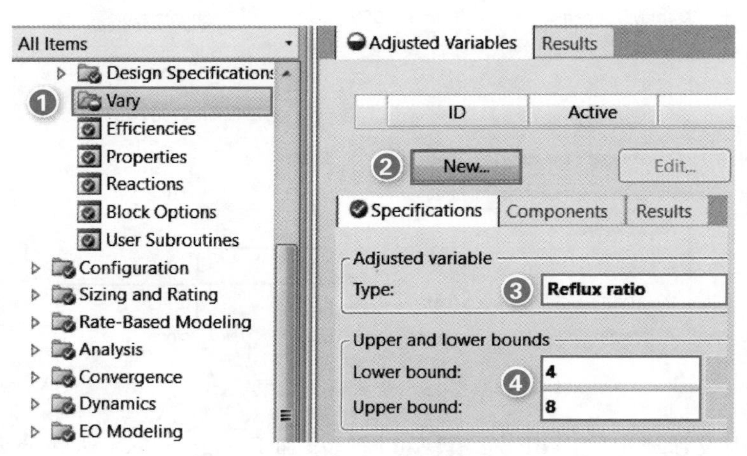

图 7-27　**添加第一个调节变量**

至此，第一个塔内设计规定(塔顶产品中乙苯的质量纯度为 0.99)和一个调节变量(回流比)已添加完毕。接下来添加第二个塔内设计规定(塔底产品中苯乙烯的质量分数为 0.997)和第二个调节变量(塔底产品与进料的流量比)。

由于塔底流量小于塔顶流量，故第二个调节变量选择 Bottoms to feed ratio(塔底产品与进料的流量比)。既然选择 Bottoms to feed ratio 作为调节变量，则在塔模块的 **Setup | Configuration** 页面应赋予 Bottoms to feed ratio 初值，因此将 **Blocks | RADFRAC | Setup | Configuration** 页面中的 Distillate to feed ratio 改为 Bottoms to feed ratio，其数值为 0.4147(添加设计规定前的严格计算结果，从图 7-25 中查询数据计算而得)，如图 7-28 所示。添加过程如图 7-29、图 7-30 所示。

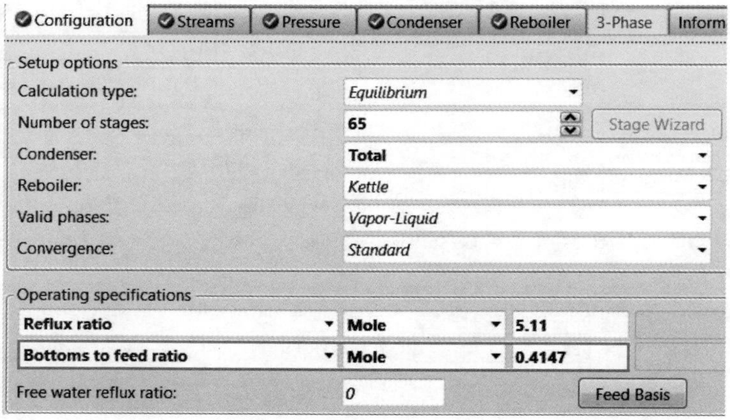

Configuration | Streams | Pressure | Condenser | Reboiler | 3-Phase | Inform

Setup options
Calculation type: Equilibrium
Number of stages: 65　Stage Wizard
Condenser: Total
Reboiler: Kettle
Valid phases: Vapor-Liquid
Convergence: Standard

Operating specifications
Reflux ratio　Mole　5.11
Bottoms to feed ratio　Mole　0.4147
Free water reflux ratio: 0　Feed Basis

图 7-28　**赋予 Bottoms to feed ratio 初值**

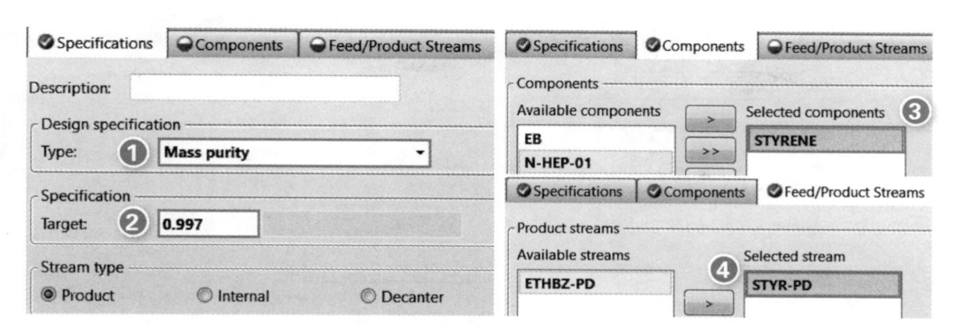

图 7-29 **添加第二个塔内设计规定**

添加精馏塔的设计规定时，需考虑以下几点。

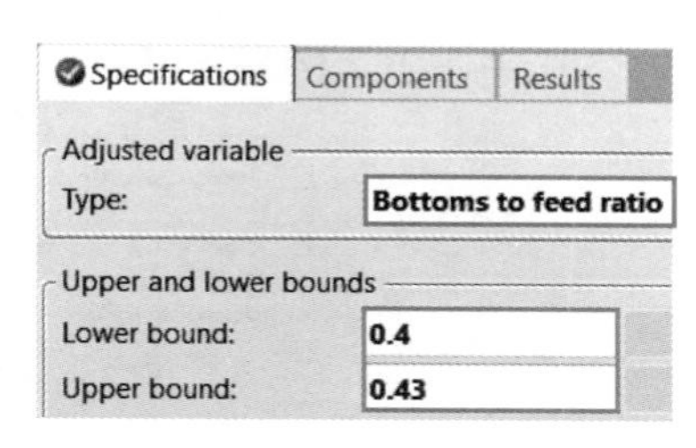

图 7-30 **添加第二个调节变量**

① 与规定热负荷相比，优先考虑规定流量，尤其是对于宽沸程物系。

② 规定塔顶产品或塔底产品与进料的流量比[Distillate(or Bottoms)to feed ratio]是一种很有效的方法，特别是在进料流量不明确的情况下。与规定产品流量相比，塔顶产品与进料流量比(Distillate to feed ratio)或塔底产品与进料的流量比(Bottoms to feed ratio)的值和边界条件更容易估计。规定塔顶产品或塔底产品与进料的流量比适合进行流量灵敏度分析的场合。

③ 当两个规定等价时，优先考虑数值较小者。如果没有侧线采出，塔顶采出与塔底采出等价，应优先规定数值较小者。一般情况下，规定下面参数中数值较小者：回流量(Reflux rate)或再沸量(Boilup rate)；回流比(Reflux ratio)或再沸比(Boilup ratio)；塔顶产品流量(Distillate rate)或塔底产品流量(Bottoms rate)；塔顶产品与进料流量比(Distillate to feed ratio)或塔底产品与进料流量比(Bottoms to feed ratio)。

(9)运行模拟并查看结果　两个塔内设计规定和调节变量添加完毕，点击N➡，出现 **Required Input Complete** 对话框，点击 **OK**，运行模拟，流程收敛。

进入 **Blocks | RADFRAC | Stream Results | Material** 页面，可查看物流结果，如图 7-31 所示，产品满足分离要求。

进入 **Blocks | RADFRAC | Results** 页面查看模拟结果，如图 7-32 所示，冷凝器热负荷为

Material | Heat | Load | Vol.% Curves | Wt. % Curves | Petroleum | Polymers

Display: Streams　Format: GEN_M　Stream Table

	FEED	ETHBZ-PD	STYR-PD
Mass Flow kg/hr	12500	7370.82	5129.18
Volume Flow cum/hr	14.522	8.788	6.059
Enthalpy Gcal/hr	1.16	-0.078	1.347
Mass Frac			
EB	0.584	0.99	0.001
STYRENE	0.415	0.01	0.997
N-HEP-01	700 PPM	trace	0.002

图 7-31 **查看物流结果**

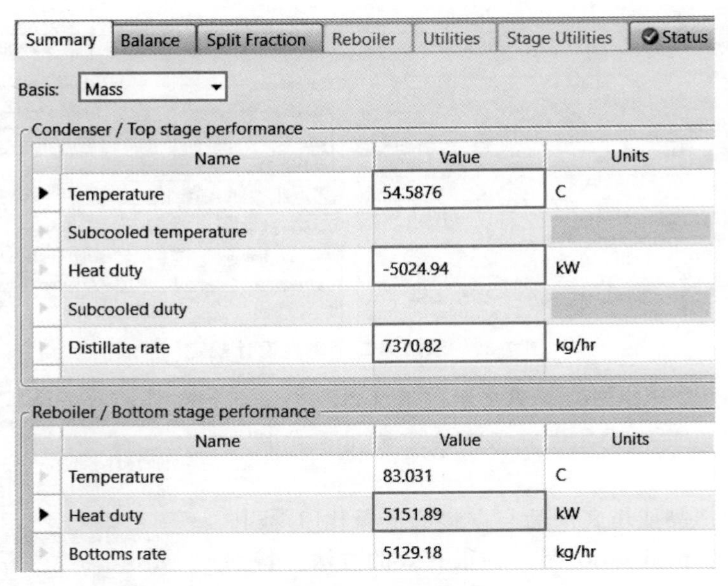

图 7-32　查看模拟结果

－5024.94kW，塔顶产品流量为 7370.82kg/h，满足分离要求所需的回流比为 5.49，再沸器热负荷为 5151.89kW。

(10)绘制曲线　进入 **Blocks | RADFRAC | Profiles | TPFQ** 页面查看塔内温度、组成、流量分布以及热负荷。如图 7-33 所示，在该页面查看温度分布，在 **Compositions** 页面查看塔内组成分布。可利用功能区选项卡中的 Plot 生成塔内温度分布曲线和组成分布曲线。

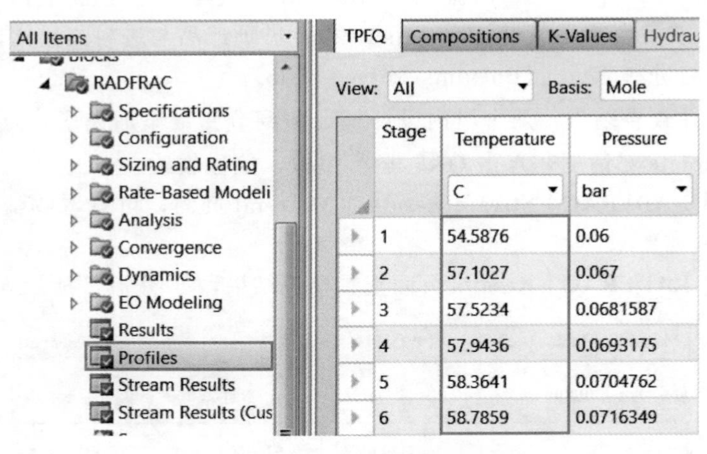

图 7-33　查看塔内温度分布

功能区选项卡 Plot 中给出了 14 种 Aspen Plus 可生成的图形类型，分别为用户(Custom)、参量(Parametric)、温度(Temperature)、组成(Composition)、流量(Flow Rate)、压力(Pressure)、K 值(K-Values)、相对挥发度(Relative Volatility)、分离因子(Sep Factor)、流量比(Flow Ratio)、T-H 总组合曲线[CGCC(T-H)]、S-H 总组合曲线[CGCC(S-H)]、水力学分析(Hydraulics)、有效能损失曲线(Exergy)(后四种图用于精馏塔的热力学分析)，如图 7-34 所示。应注意，只有勾选了 **Blocks | RADFRAC | Analysis | Analysis Option** 中的 Include column targeting thermal analysis 与 Include column targeting hydraulic analysis 选项，才可生成后四种图形类型，如图 7-35 所示。

绘制塔内温度分布曲线。点击右上角功能区选项卡 plot 中的 **Temperature** 按钮，即生成如图 7-36 所示的温度分布曲线。

生成塔内液相质量组成分布曲线。点击功能区选项卡 plot 中的 **Composition** 按钮，按图 7-37 所示，选择生成 EB(乙苯)、STYRENE(苯乙烯)液相质量组成分布曲线。保存文件。

(11)灵敏度分析　分析进料位置和理论板数变化对再沸器热负荷的影响，可选用 Model Analysis Tools(模型分析工具)中的 Sensitivity(灵敏度分析)。

将文件 Example7.3b-RadFrac.bkp 另存为 Example7.3c-RadFrac.bkp。

添加一个单位集。在 METCBAR 单位制下，热负荷的单位为 Gcal/h，本例中设置热负荷单位为 kW，故需要重新添加单位集。进入 **Setup | Units-Sets** 页面，点击下方的 **New…** 按钮，出现 **Create new ID** 对话框，点击 **OK**，接受缺省的单位集 ID-US-1；进入 **Setup | Units-Sets | US-1 | Standard** 页面，Copy from 一栏缺省的是 SI(国际单位制)，将 Temperature 的单位改为℃；在 **Setup | Units-Sets | US-1 | Heat** 页面将 Enthalpy flow(焓流)的单位改为 kW；在 Units 工具栏中选择 US-1 作为全局的单位集，如图 7-38 所示。

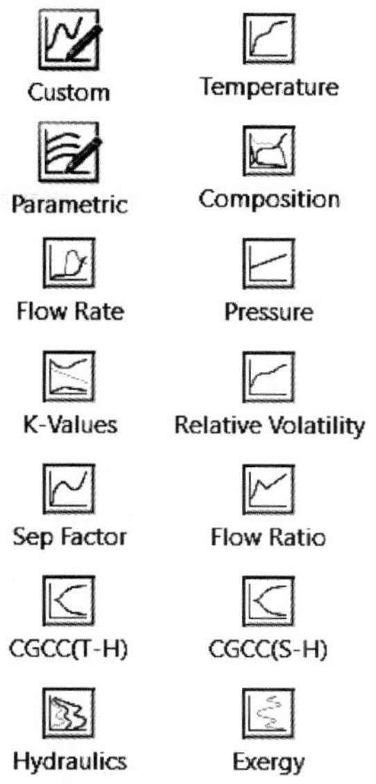

Custom　Temperature
Parametric　Composition
Flow Rate　Pressure
K-Values　Relative Volatility
Sep Factor　Flow Ratio
CGCC(T-H)　CGCC(S-H)
Hydraulics　Exergy

图 7-34　可生成的图形类型

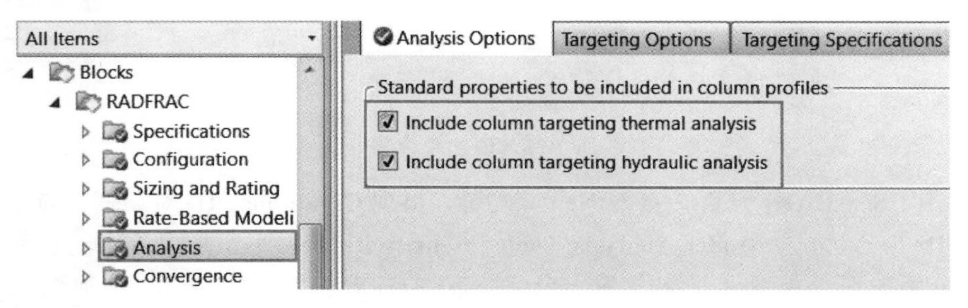

图 7-35　勾选 Analysis Option 对应选项

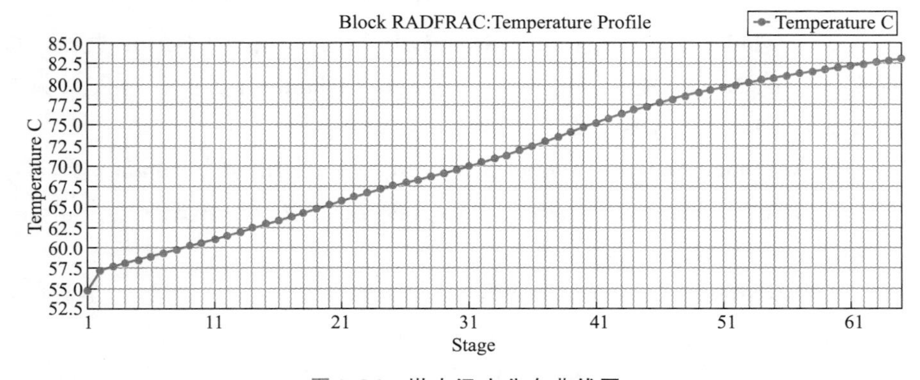

图 7-36　塔内温度分布曲线图

添加灵敏度分析。由于目前理论板数不一定是最优，需要进一步调整，故先将 **Blocks | RADFRAC | Specifications | Setup | Configuration** 中的理论板数增大为 80；进入 **Model A-**

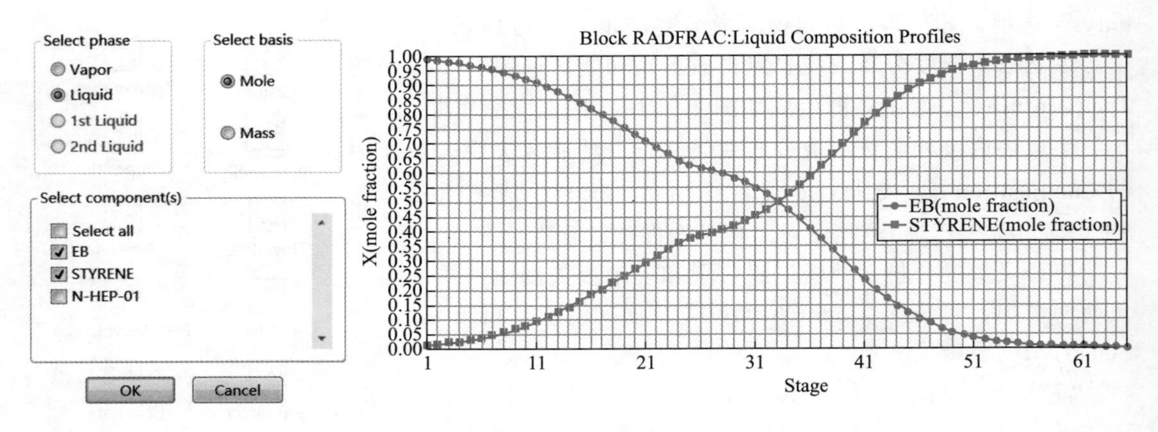

图 7-37　生成乙苯与苯乙烯液相质量组成分布曲线图

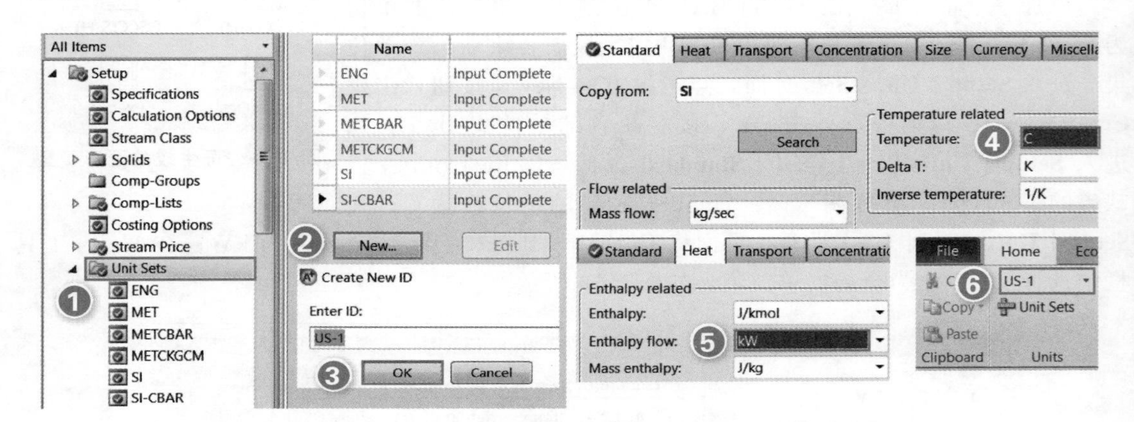

图 7-38　添加单位集

nalysis Tools | Sensitivity 页面，点击 **New…**按钮，出现 **Create new ID** 对话框，点击 **OK**，接受缺省的 ID-S-1；进入 **Model Analysis Tools | Sensitivity | S-1 | Input | Vary** 页面，定义操纵变量，分别为理论板数和进料位置，定义 NSTAGE(理论板数)从 62 增加到 80，Increment(增量)为 2，如图 7-39 所示。同理，点击 **New…**按钮，继续定义操纵变量 FEED-STAGE(进料位置)，从 20 变化到 38，Increment(增量)为 2，如图 7-40 所示。

点击 **N→**，进入 **Model Analysis Tools | Sensitivity | S-1 | Input | Define** 页面，按照图 7-41 所示，点击下方的 **New…**按钮，出现 **Create new variable** 对话框，输入采集变量名称 QREB(再沸器热负荷)，点击 **OK**，定义采集变量 QREB。

点击 **N→**，进入 **Model Analysis Tools | Sensitivity | S-1 | Input | Tabulate** 页面，在 Column No. 中输入 1，在 Tabulated variable or expression 中输入 QREB(或点击右下方 Fill Variables)，如图 7-42 所示。

点击 **N→**，出现 **Required Input Complete** 对话框，点击 **OK**，运行模拟，流程收敛。进入 **Model Analysis Tools | Sensitivity | S-1 | Results | Summary** 页面查看结果。

对灵敏度分析结果作图。点击 **Plot** 工具栏中的 **Results Curve**，按图 7-43 所示 X Axis(自变量)选择进料位置，勾选纵坐标为 QREB，勾选 Parametric Variable(参变量)为理论板数；点击 **OK** 即可生成不同理论板数时再沸器热负荷随进料位置的变化曲线图。

从图 7-43 可以看出，随着理论板数增加，曲线的最小值减小，即最佳进料位置时的热

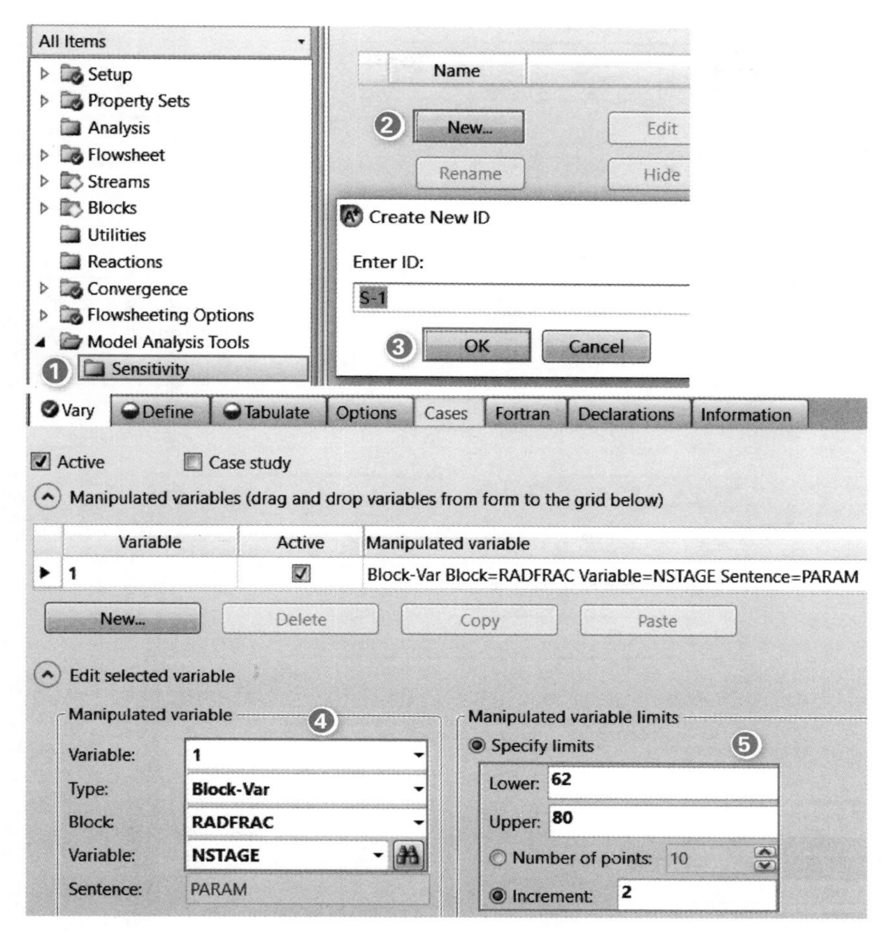

图 7-39　定义操纵变量——塔板数

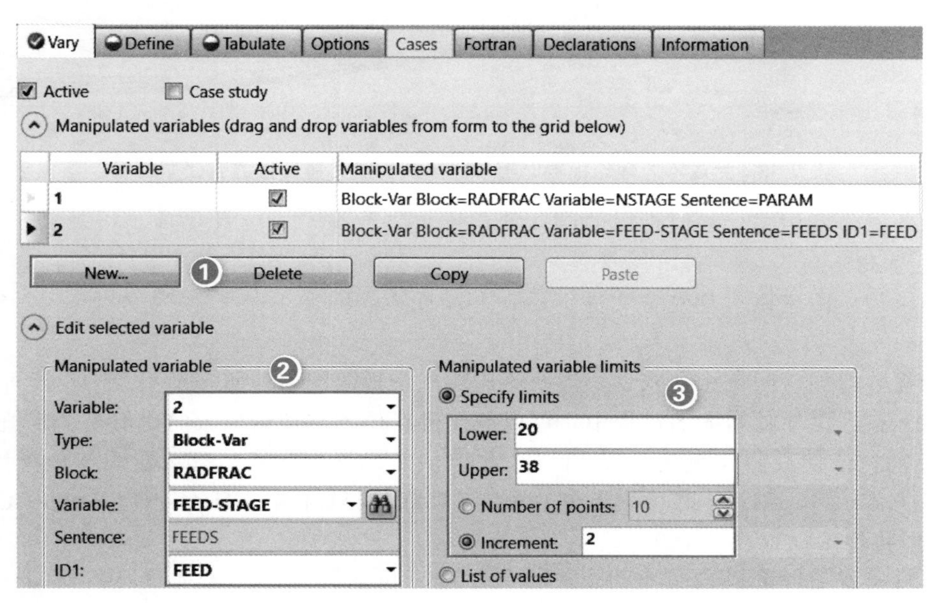

图 7-40　定义操纵变量——进料位置

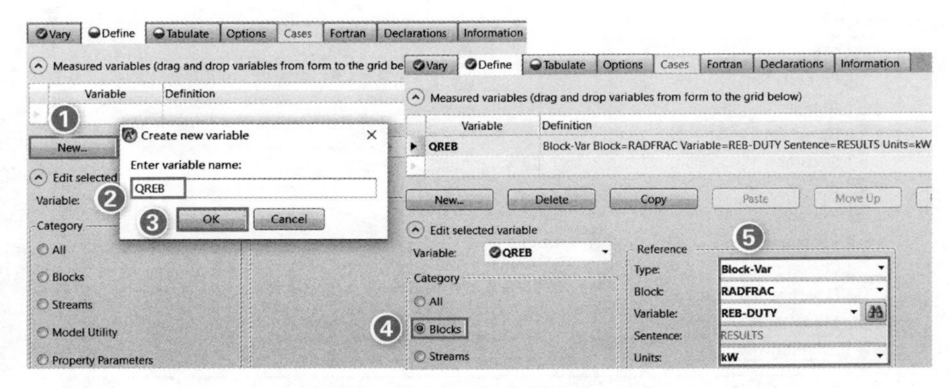

图 7-41　定义采集变量——QREB

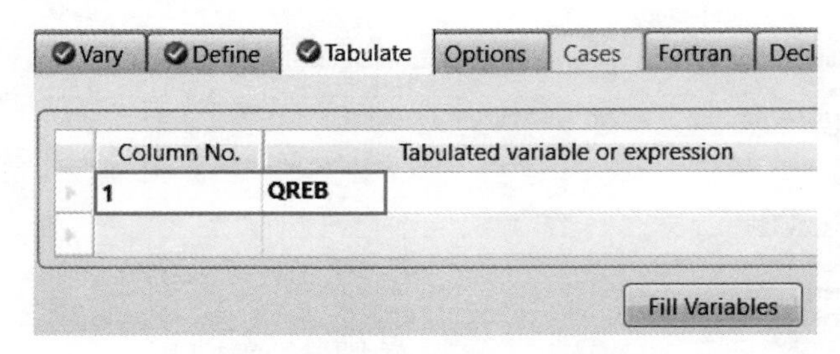

图 7-42　定义变量或表达式的列位置

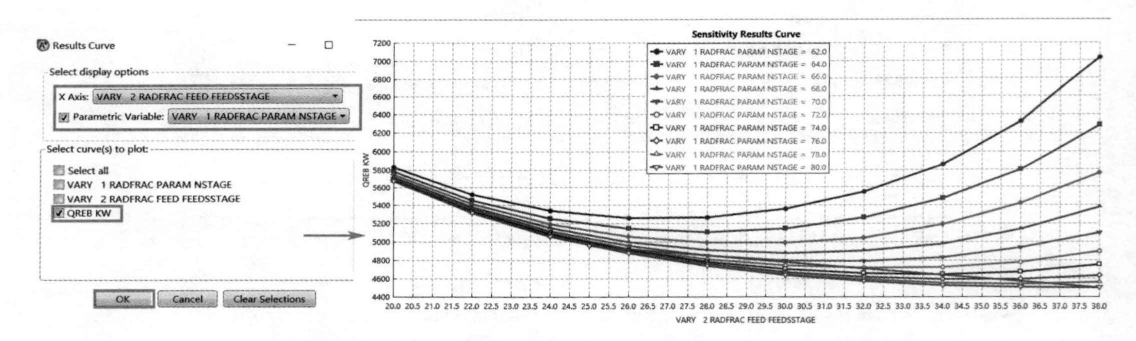

图 7-43　生成不同理论板数时再沸器热负荷随进料位置的变化曲线图

负荷减少，操作费用减少，但是塔的制造费用增加，综合考虑，最优理论板数为 74，此时进料位置为 32。

(12)求最小回流比　首先将文件 Example7.3b-RadFrac.bkp 另存为 Example7.3d-RadFrac.bkp。

理论板数增加，回流比会减少，当回流比随理论板数的增加而基本不变时，即可视为最小回流比。在理论板数增大的过程中，可以假设进料位置与理论板数的比值是个定值，已知理论板数 74，最佳进料位置为 32，所以，此定值可取 32/74＝0.43。灵敏度分析计算时，理论板数上限大于 65，因此，需要在 **Blocks | RADFRAC | Specifications | Setup | Configuration** 页面将理论板数改为 180。

因进料位置随理论板数而变，故进行灵敏度分析的同时还要添加计算器(Calculator)。按图 7-44 所示，进入 **Flowsheeting Options | Calculator** 页面，点击左下方的 **New…** 按钮，出现 **Create new ID** 对话框，点击 **OK**，接受缺省的 ID-C-1；进入 **Flowsheeting Options | Calcu-**

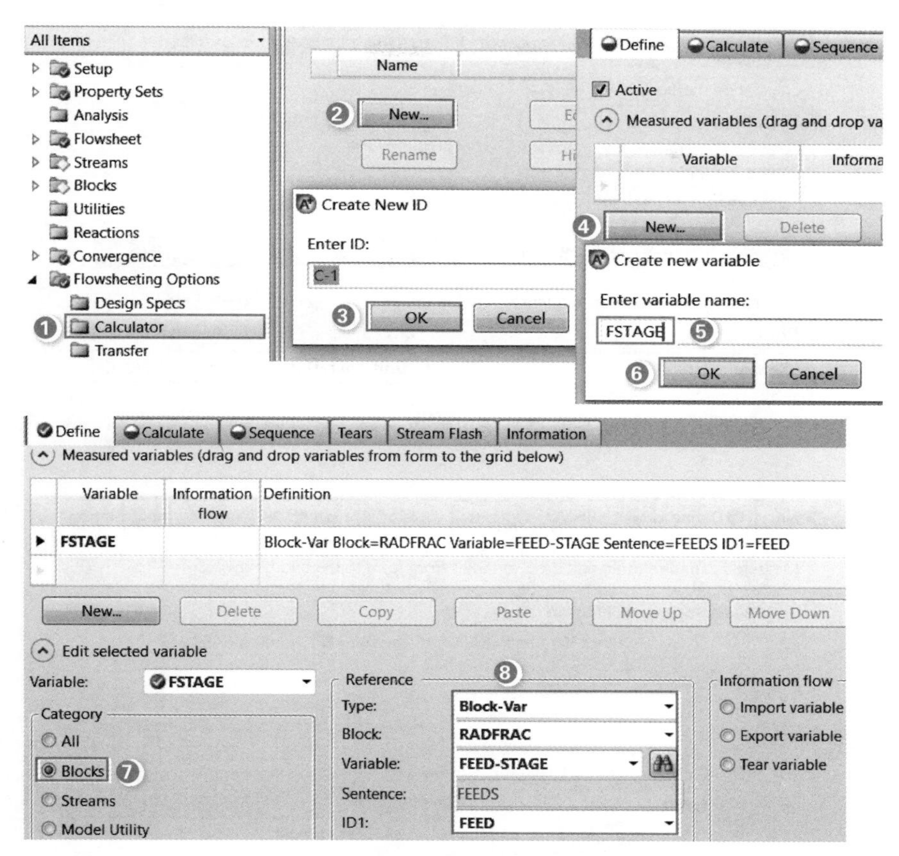

图 7-44　定义输出变量——进料位置

lator | C-1 | Input | Define 页面，点击左下方的 **New…** 按钮，出现 **Create new variable** 对话框，输出变量名称 FSTAGE(进料位置)，完成进料位置的定义。同理，继续添加一个新的输入变量 NSTAGE(理论板数)。完成后，**Define** 页面如图 7-45 所示。

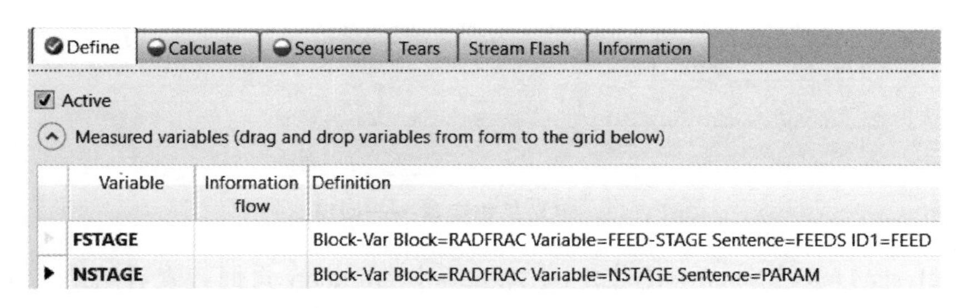

图 7-45　完成输入变量与输出变量的定义

按图 7-46 所示，点击 N→，进入 **Flowsheeting Options | Calculator | C-1 | Input | Calculate** 页面，输入 Fortran 语句 FSTAGE＝0.43 * NSTAGE，注意，Fortran 语句的书写要从第七列开始（缺省）；点击 N→，进入 **Flowsheeting Options | Calculator | C-1 | Input | Sequence** 页面，规定执行顺序。至此，完成进料位置随理论板数变化的计算器设置。

按照(11)添加灵敏度分析，设置操纵变量 NSTAGE 从 60 增加至 180，Increment(增量)为 20。定义灵敏度分析的采集变量为回流比，如图 7-47 所示。运行模拟，流程收敛。进

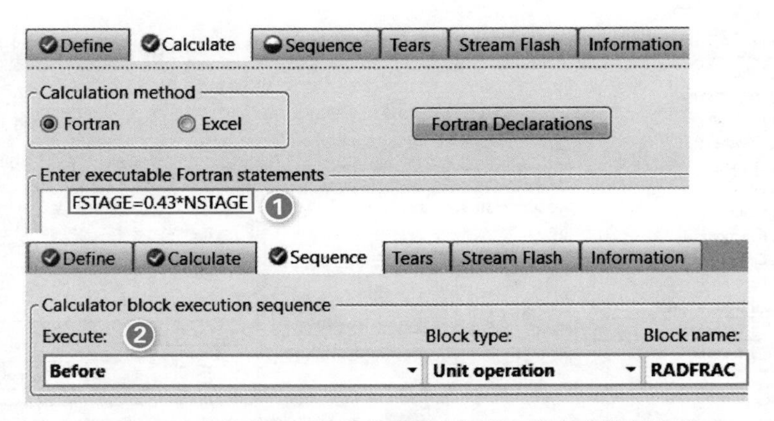

图 7-46　定义输入变量与输出变量之间关系并规定执行顺序

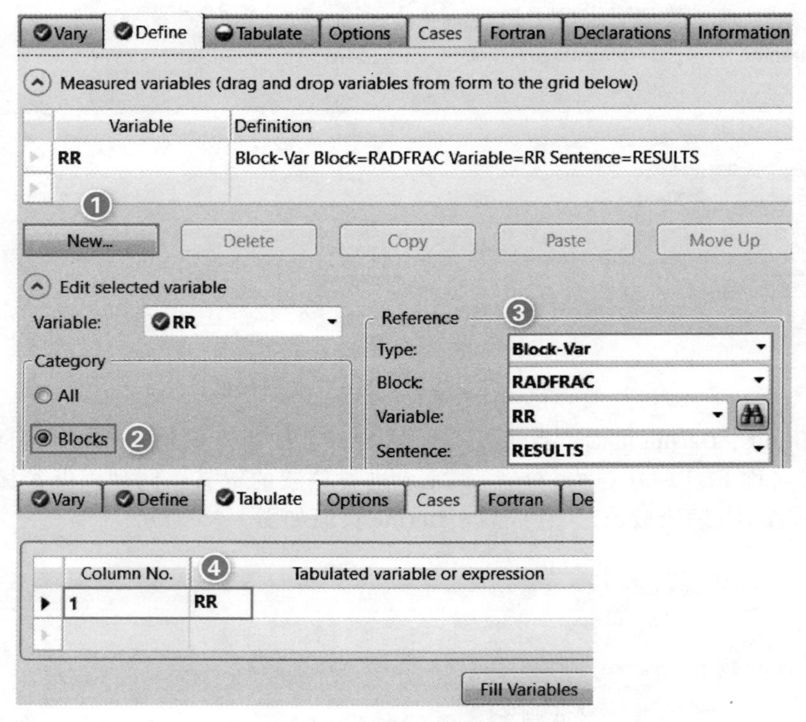

图 7-47　定义采集变量——回流比

入 **Model Analysis Tools** | **Sensitivity** | **S-1** | **Results** | **Summary** 页面，查看结果，如图 7-48 所示，最小回流比可取 4.3。保存文件。

(13)求最小理论板数　将文件 Example7.3d-RadFrac.bkp 另存为 Example7.3e-RadFrac.bkp。

回流比很大时的理论板数可认为是最小理论板数。通过进行回流比及理论板数的灵敏度分析，可找到最小理论板数。定义灵敏度分析的采集变量为回流比。在灵敏度分析过程中，同样假设进料位置与理论板数的比值是个定值 0.43，另外，需要在 **Blocks** | **RADFRAC** | **Specifications** | **Vary** | **1** | **Specifications** 页面将 Upper bound 设为 200，且在 **Blocks** | **RADFRAC** | **Specifications** | **Setup** | **Configuration** 页面将理论板数改回为 65，结果如图 7-49 所示，最小理论板数为 36。

Row/Case	Status	VARY 1 RADFRAC PARAM NSTAGE	RR
1	OK	60	5.86372
2	OK	80	4.6866
3	OK	100	4.40649
4	OK	120	4.32799
5	OK	140	4.30119
6	OK	160	4.29256
7	OK	180	4.29125

图 7-48 **灵敏度分析结果——确定最小回流比**

Row/Case	Status	VARY 1 RADFRAC PARAM NSTAGE	RR
1	OK	36	192.253
2	OK	38	36.8415
3	OK	40	21.2403
4	OK	42	15.3318
5	OK	44	12.1565
6	OK	46	10.2624
7	OK	48	8.99136
8	OK	50	8.08003
9	OK	52	7.40045
10	OK	54	6.8762
11	OK	56	6.46162
12	OK	58	6.13713
13	OK	60	5.86424
14	OK	65	5.38063

图 7-49 **查看灵敏度分析结果——确定理论板数**

7.5 气体吸收模拟

下面通过例 7.4 介绍 RadFrac 模块在气体吸收模拟中的应用。

例 7.4

用 20℃、101.325kPa 的水吸收空气中的丙酮。已知进料空气温度 20℃，压力 101.325kPa，流量 14kmol/h，含丙酮 0.026(摩尔分数，下同)，氮气 0.769，氧气 0.205，吸收塔常压操作，理论板数 10。要求净化后的空气中丙酮浓度为 0.005，求所需水的用量。物性方法采用 NRTL。

本例模拟步骤如下：

(1)建立和保存文件　启动 Aspen Plus，选择模板 General with Metric Units，将文件保存为 Example7.4-Absorber.bkp。

(2)输入组分并添加亨利组分　进入 **Components | Specifications | Selection** 页面，输入组分 ACETONE(丙酮)、WATER(水)、N2(氮气)和 O2(氧气)。稀溶液前提下一般对于不凝性、超临界气体如 H_2、CO_2、CO、CH_4、N_2、SO_2 等，需将其选作亨利组分。本例按图 7-50 所示添加亨利组分。

(3)选择物性方法　点击 N➡，进入 **Methods | Specifications | Global** 页面，选择 NRTL。

(4)查看方程的二元交互作用参数　点击 N➡，出现二元交互作用参数页面，本例采用

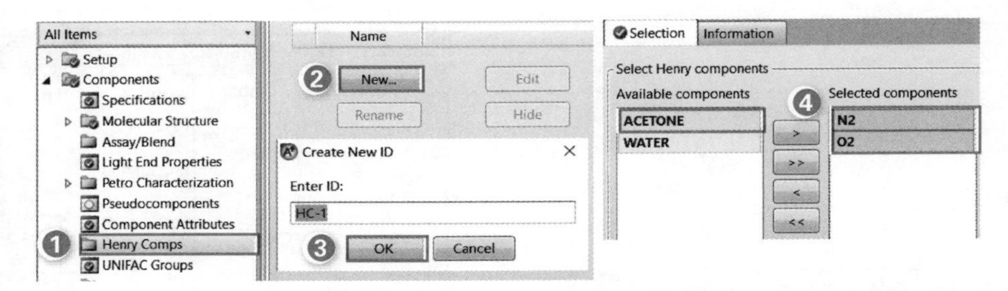

图 7-50　添加亨利组分

缺省值，不做修改。

(5)点击N→，选择 Go to Simulation environment，点击 **OK**，进入模拟环境。

(6)建立流程图　建立如图 7-51 所示的流程图，其中 ABSORBER 采用模块选项板中的 **Columns** | **RadFrac** | **ABSBR1** 图标。

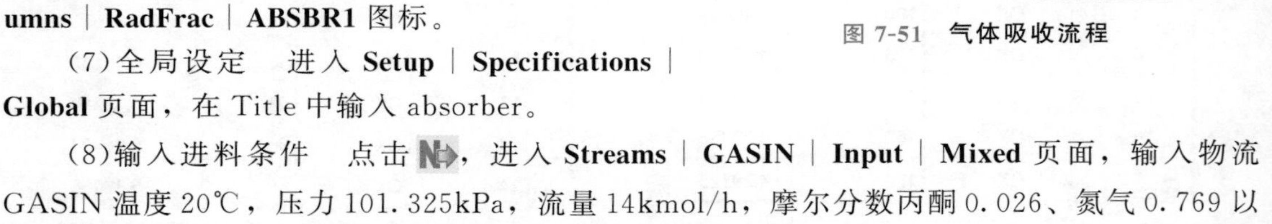

图 7-51　气体吸收流程

(7)全局设定　进入 **Setup** | **Specifications** | **Global** 页面，在 Title 中输入 absorber。

(8)输入进料条件　点击N→，进入 **Streams** | **GASIN** | **Input** | **Mixed** 页面，输入物流 GASIN 温度 20℃，压力 101.325kPa，流量 14kmol/h，摩尔分数丙酮 0.026、氮气 0.769 以及氧气 0.205。点击N→，进入 **Streams** | **WATER** | **Input** | **Mixed** 页面，输入物流 WATER 温度 20℃，压力 101.325kPa，组成为纯水，设定用水量初值为 45kmol/h。

(9)输入模块参数　点击N→，进入 **Blocks** | **ABSORBER** | **Specifications** | **Setup** | **Configuration** 页面，输入理论板数 10，冷凝器和再沸器为 None，如图 7-52 所示。

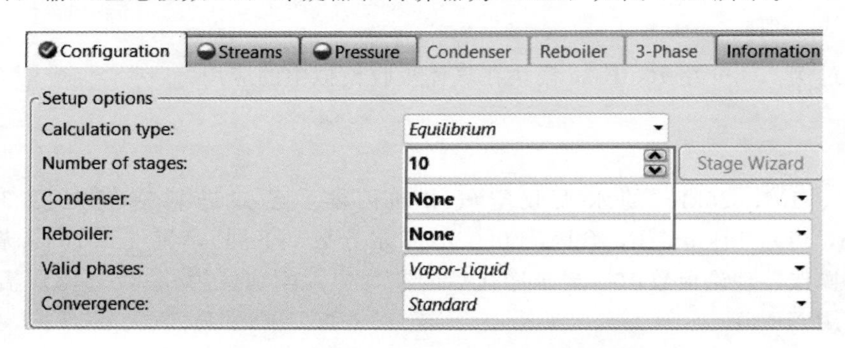

图 7-52　输入模块 ABSORBER 配置参数

点击N→，进入 **Blocks** | **ABSORBER** | **Specifications** | **Setup** | **Streams** 页面，输入进料位置。进料物流 GASIN 的进料位置为 11，物流 WATER 的进料位置为 1，注意，塔底进料物流 GASIN 从第 11 块板上方进料，相当于由第 10 块板下方进料，如图 7-53 所示。

点击N→，进入 **Blocks** | **ABSORBER** | **Specifications** | **Setup** | **Pressure** 页面，输入 ABSORBER 第一块塔板压力 101.325kPa，如图 7-54 所示。

对于宽沸程物系，在使用 RadFrac 模块模拟时需指定以下两种情况中的一种：

① 算法(Algorithm)：在 **Blocks** | **ABSORBER** | **Convergence** | **Convergence** | **Basic** 页面中选择算法为 Sum-Rate，但前提是先选用收敛方法 Custom 才可进行该选择。

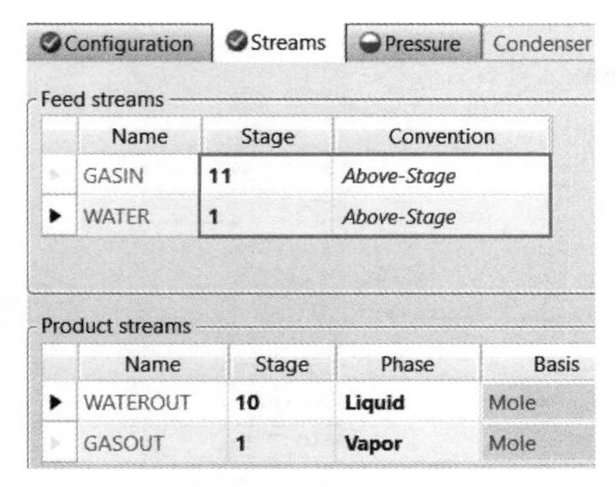

图 7-53　输入模块 ABSORBER 进料位置

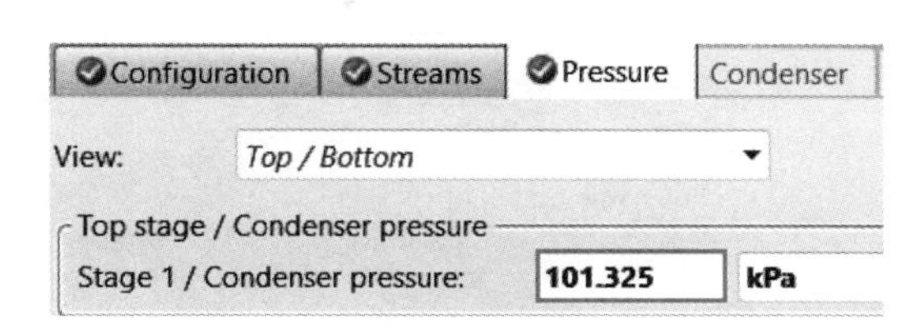

图 7-54　输入模块 ABSORBER 压力

② 收敛(Convergence)：在 **Blocks** | **ABSORBER** | **Specification** | **Setup** | **Configuration** 页面选择 Convergence 为 Standard，并将 **Blocks** | **ABSORBER** | **Convergence** | **Convergence** | **Advanced** 页面中左列第一个选项 Absorber 的 No 改为 Yes。

对于该例，可将 **Blocks** | **ABSORBER** | **Convergence** | **Convergence** | **Basic** 页面中的 Maximum iterations 设置为 200，并按照②中方法进行选择，分别如图 7-55 和图 7-56 所示。

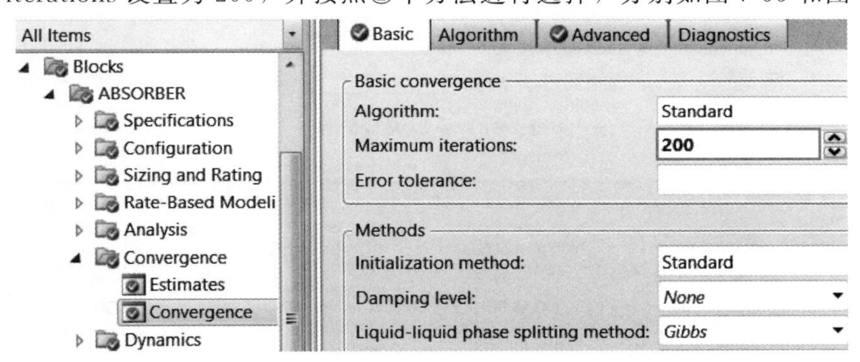

图 7-55　修改收敛的最大迭代次数

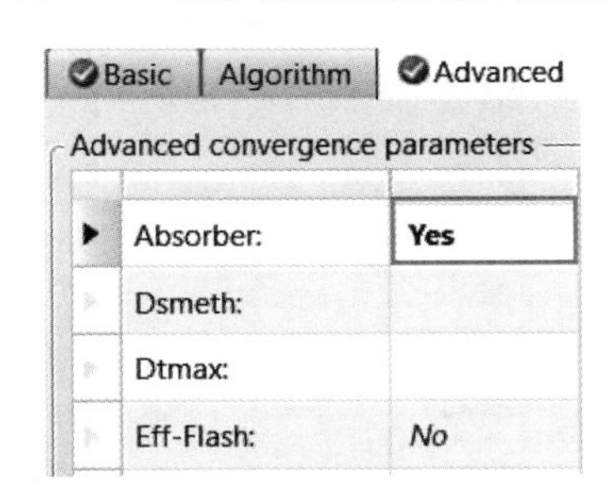

图 7-56　将 Absorber 选项改为 Yes

(10)运行模拟　点击 N>，出现 **Required Input Complete** 对话框，点击 **OK**，运行模拟，流程收敛。进入 **Blocks** | **ABSORBER** | **Stream results** | **Material** 页面，可查看塔顶气相中丙酮浓度为 3ppm，比题目中的要求低。这里通过添加塔内设计规定，求取水的合理用量，如图 7-57 和图 7-58 所示。

(11)再次运行模拟　进入 **Blocks** | **ABSORBER** | **Stream results** | **Material** 页面，可看到净化后的物流 GASOUT 中 ACETONE(丙酮)的摩尔分数为 0.005，所需水的量为 12.746kmol/h，如图 7-59 所示。

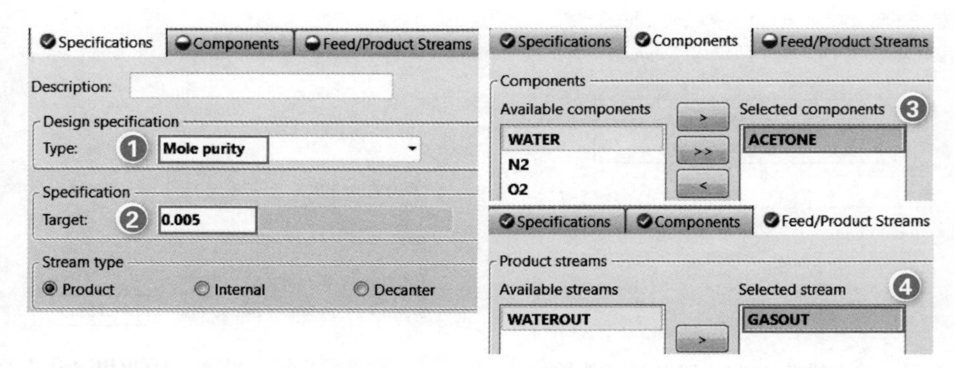

图 7-57　添加塔内设计规定

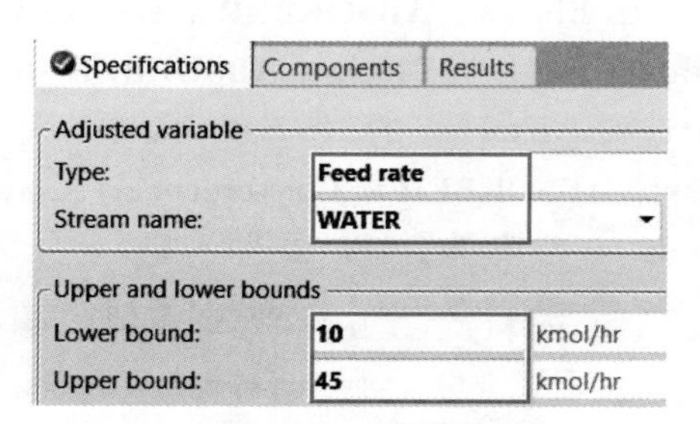

图 7-58　添加调节变量

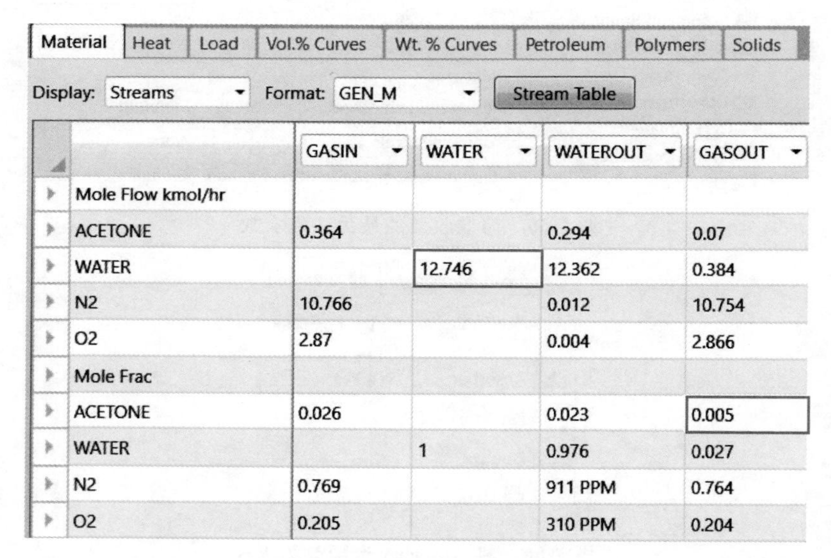

Material | Heat | Load | Vol.% Curves | Wt. % Curves | Petroleum | Polymers | Solids

Display: Streams　Format: GEN_M　Stream Table

	GASIN	WATER	WATEROUT	GASOUT
Mole Flow kmol/hr				
ACETONE	0.364		0.294	0.07
WATER		12.746	12.362	0.384
N2	10.766		0.012	10.754
O2	2.87		0.004	2.866
Mole Frac				
ACETONE	0.026		0.023	0.005
WATER		1	0.976	0.027
N2	0.769		911 PPM	0.764
O2	0.205		310 PPM	0.204

图 7-59　查看物流结果

7.6　塔板和填料的设计与校核

7.6.1　塔效率

Aspen Plus 中塔效率有三种，分别为全塔效率、汽化效率、默弗里效率。

(1)全塔效率(Overall section efficiency)

指完成一定分离任务所需的理论板数和实际板数之比。在 **Blocks** | **RADFRAC** | **Tray Rating** | **1** | **Setup** | **Design/Pdrop** 页面进行设置，如图 7-63 所示。

(2)汽化效率(Vaporization efficiencies)

指汽相经过一层实际塔板后的组成与设想该板为理论板的组成的比值，在 **Blocks** | **RADFRAC** | **Specifications** | **Efficiencies** 页面设置，如图 7-60 所示。

(3)默弗里效率(Murphree efficiencies)

严格说指的是气相默弗里板效率，即气相经过一层实际塔板前后的组成变化与设想该板为理论板前后的组成变化的比值，在 **Blocks** | **RADFRAC** | **Efficiencies** 页面设置，如图 7-60 所示。

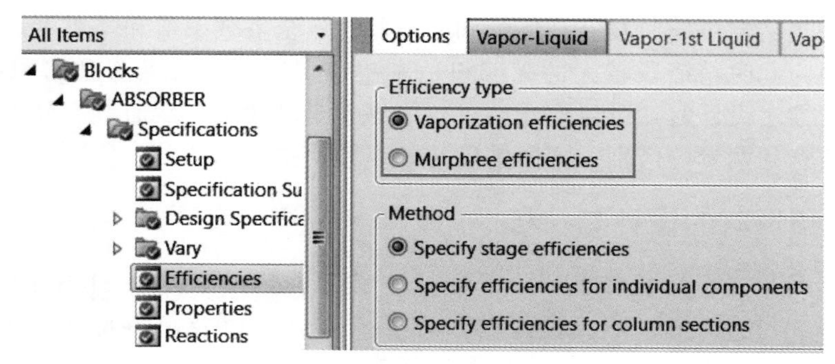

图 7-60　**设置塔效率选项**

设计塔时，为了确定所需的实际板数必须输入全塔效率。此数据或取自工厂的实际经验数据，或取自实验装置的试验数据。通常吸收塔效率最低，只有 20%～30%；解吸塔和吸收蒸出塔效率稍高，可达 40%～50%；各种形式的精馏塔效率较高，一般在 50%～95%，还有少数塔的塔板效率可超过 100%。表 7-5 列出某些精馏塔的全塔效率值。

表 7-5　**全塔效率值**

塔类型	全塔效率值	应用装置	塔类型	全塔效率值	应用装置
吸收塔	20%～30%	催化裂化 焦化装置	胺类解吸塔	40%～50%	脱硫装置
吸收蒸出塔，解吸塔	40%～50%		常压塔		炼油装置
脱甲烷塔	50%～60%	乙烯装置	气提段	30%	—
脱乙烷塔	60%～65%	乙烯装置 气体分馏装置	闪蒸段到重柴油采出	30%	—
脱丙烷塔	65%～75%		重柴油采出到轻柴油采出	40%～50%	—
脱丁烷塔	75%～85%		轻柴油采出到煤油采出	45%～55%	—
脱异丁烷塔	85%～95%		塔顶段	55%～60%	—
乙烯精馏塔	80%～90%		主分馏塔		催化裂化 焦化装置
丙烯精馏塔	85%～95%		急冷段	20%	—
碳四组分分离	85%～95%	—	塔中段	30%～45%	—
碳五组分分离	85%～95%	—	塔顶段	45%～55%	—

当没有可靠的实验数据时，可根据一些经验公式来估算全塔效率。

① Drickamer-Bradford 方法　该方法是通过大量烃类及非烃类工业装置的精馏塔实际数据回归而得到计算公式：

$$E_o = 0.17 - 0.616\lg\mu \tag{7-1}$$

式中，μ 为进料的液相黏度，mPa·s；E_o 为全塔效率。

② O'connell 方法　O'connell 在汇总 32 个工业塔和 5 个实验塔的基础上得到计算公式：

$$E_o = 49(\mu\alpha)^{-0.25} \tag{7-2}$$

式中，μ 为进料的液相黏度，mPa·s；α 为塔顶、塔底温度算术平均值下轻、重关键组分的相对挥发度。

全塔效率和某块塔板的气相默弗里效率是不相同的，两者关系取决于平衡线和操作线之间的相对斜率。当精馏塔同时具有精馏段和提馏段时，全塔效率值和全塔平均的气相默弗里值相当接近，因为此时精馏段较大的默弗里值和提馏段较小的默弗里值可以相互弥补和抵消。因此，在精馏塔设计时，可以取默弗里效率等于全塔效率。然而，当分析实际生产塔的性能时，必须注意到两者的区别，不同塔段的效率数值是不同的。

7.6.2 塔板和填料的设计与校核

Aspen Plus 可以进行塔板和填料的设计与校核。基于塔负荷（Column loading）、传递性质（Transpot properties）、塔板结构（Tray geometry）以及填料特性（Packing characteristics），可计算出塔径、清液层高度以及压降等结构和性能参数。压降以及液相持液量等参数的计算需使用液相流出量（Liquid from）以及气相流入量（Vapor to），非平衡级精馏（Rate-Based）除外。应注意，一些物理性质在计算物料平衡以及能量平衡中不常用，但在塔的设计与校核中却十分重要，比如，液相和气相密度（Liquid and vapor densities），液相表面张力（Liquid surface tension）以及液相和气相黏度（Liquid and vapor viscosities）。

Aspen Plus 进行设计与校核时一般根据开发商推荐的程序进行计算，如果没有开发商提供的程序，则采用文献上成熟的方法。在进行塔板或填料的设计和校核计算时，可将塔分为任意数量的塔段进行，塔段之间可以是不同的塔板类型、填料类型和塔径，塔段间塔板的详细参数也可以不同。同一塔段可以设计和校核多种类型的塔板和填料。

下面通过例 7.5 介绍塔板和填料的设计与校核。

例 7.5

对例 7.3 中的乙苯-苯乙烯精馏塔，进行塔板的校核和填料的设计。①初步设计的板式塔结构为塔径 4.6m，板间距 600mm，塔板类型为浮阀，双溢流，溢流堰高 50mm，校核该塔板的水力学性质；②采用诺顿公司的 D_g50 的金属英特洛克斯（IMTP）填料，确定塔径。

本例模拟步骤如下：

（1）添加塔板校核　将 Example7.3b-RadFrac.bkp 另存为 Example7.5-Tray.bkp。

按图 7-61 所示添加一个新的塔板校核任务，进入 **Blocks** | **RADFRAC** | **Sizing and Rating** | **Tray Rating** | **Sections** 页面，点击左下角的 **New…** 按钮，出现 **Create new ID** 对话框，点击 **OK**，接受缺省 ID-1；进入 **Blocks** | **RADFRAC** | **Sizing and Rating** | **Tray Rating** | **1** | **Setup** | **Spec ifications** 页面，Starting stage 输入 2，Ending stage 输入 64，Tray type 选择 Glitsch Ballast，Number of passes（溢流程数）2，Diameter（直径）4.6m，Tray spacing（板间距）600mm，Weir heights（溢流堰高）50mm。因冷凝器为第一块塔板，再沸器为最

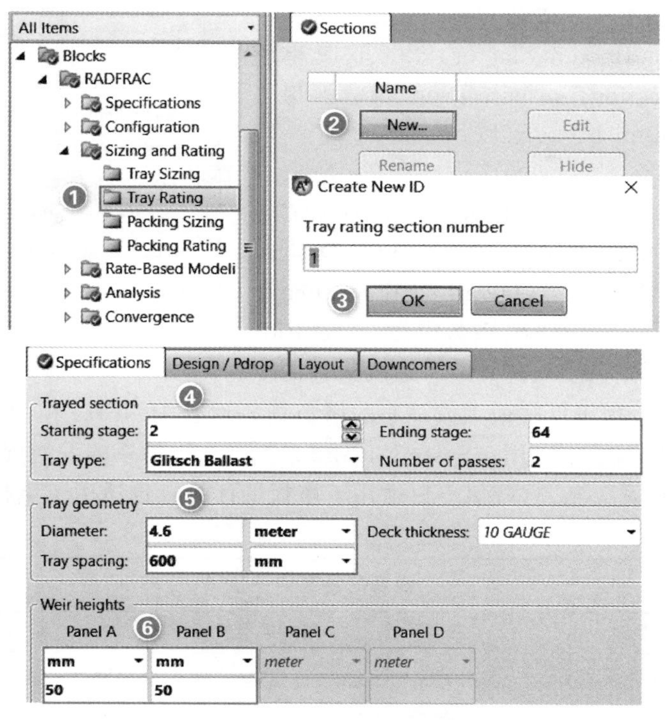

图 7-61　**设置塔板校核参数**

后一块塔板，所以，塔板计算的 Starting stage 选择 2，Ending stage 选择 64。如果采用变径塔，这里可以输入第一段塔的起止序号。

（2）运行模拟　流程收敛，查看塔板校核结果，进入 **Blocks** | **RADFRAC** | **Sizing and Rating** | **Tray Rating** | **1** | **Results** 页面，查看塔板校核结果，如图 7-62 所示。

Results　Profiles

Tray rating summary

Section starting stage:	2	
Section ending stage:	64	
Column diameter:	4.6	meter
Maximum flooding factor:	0.735384	
Stage:	2	

Downcomer results

Maximum backup / Tray spacing:	0.21549	
Stage:	2	
Location:	SIDE	
Backup:	0.129294	meter
Maximum velocity / Design velocity:	0.0531353	

图 7-62　**查看塔板校核结果**

塔板校核结果中有三个参数应重点关注：最大液泛因子（Maximum flooding factor），一般应小于0.8；塔段压降（Section pressure drop）；清液层高度/板间距（Maximum backup/Tray spacing），一般应在0.2～0.5之间。

（3）设置塔效率　进入 **Blocks** | **RADFRAC** | **Sizing and Rating** | **Tray Rating** | **1** | **Setup** | **Design/Pdrop** 页面，输入全塔效率（Overall section efficiency），如图7-63所示。图中曝气系数乘数（Aeration factor multiplier）用于调整压降计算；过度设计因子（Over-design factor）用于反映最大或最小的塔负荷，但若RadFrac模块在计算过程中更新了塔内压力分布，该因子不可用；System foaming factor指物系的发泡因子，常见物系的发泡因子列于表7-6和表7-7，这些值不仅适用于塔板的计算，也适用于填料的计算。

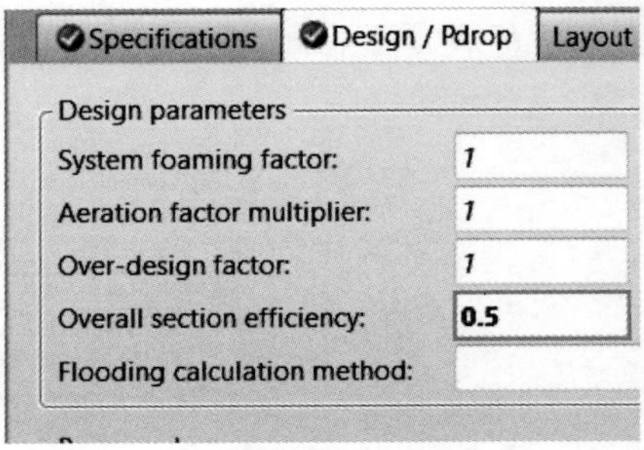

图7-63　**输入全塔效率**

表7-6　**物系的发泡因子值（一）**

塔板类型	物　　系	发泡因子
Ballast trays（Glitsch圆形浮阀，F1浮阀）	非发泡物系	1.00
	含氟物系	0.90
	中等发泡物系，如石油吸收塔，胺、乙二醇再生塔	0.85
	发泡体系，如胺、乙二醇吸收塔	0.73
	严重发泡体系，如MEK装置	0.60
	稳定发泡物系，如烧碱再生塔	0.30
Flexitrays（Koch圆形浮阀）	脱丙烷塔	0.85～0.95
	吸收塔	0.85

塔板类型	物　　系	发泡因子
Flexitrays（Koch圆形浮阀）	减压塔	0.85
	胺再生塔	0.85
	胺接触塔	0.70～0.80
	高压脱乙烷塔	0.75～0.80
	乙二醇接触塔	0.70～0.75
	不发泡物系	1.00
Float valve trays（Sulzer[Nutter]条形浮阀）	低发泡物系	0.90
	中等发泡物系	0.75
	高发泡物系	0.60

表7-7　**物系的发泡因子值（二）**

物　　系	发泡因子	物　　系	发泡因子
不起泡物系		中等发泡物系	
一般情况	1.0	脱甲烷塔	
高压（$\rho_v > 29 kg/m^3$）	$2.94/\rho_v^{0.32}$	吸收类，塔顶部分	0.85
低发泡物系		塔底部分	1.0
脱丙烷塔	0.9	深冷类，塔顶部分	0.8～0.85
H_2S解吸塔	0.85～0.9	塔底部分	1.0
含氟物系	0.9	脱乙烷塔	
热碳酸盐再生塔	0.9	吸收类，塔顶部分	0.85

续表

物　　系	发泡因子	物　　系	发泡因子
塔底部分	1.0	热碳酸盐吸收塔	0.85
深冷类，塔顶部分	0.8～0.85	碱洗塔	0.65
塔底部分	0.85～1.0	重发泡物系	
中等发泡物系		胺吸收塔	0.73～0.8
石油吸收塔>－18℃	0.85	乙二醇接触塔	0.5～0.73
石油吸收塔<－18℃	0.8～0.95	酸性水汽提塔	0.5～0.7
原油常减压	0.85～1.0	甲乙酮装置	0.6
糠醛精制塔	0.8～0.85	油品回收设备	0.7
环丁砜系统	0.85～1.0	稳定的发泡物系	
胺再生塔	0.85	烧碱再生塔	0.3～0.6
乙二醇再生塔	0.65～0.85	合成醇类吸收塔	0.35

(4)添加填料设计　进入 **Blocks**｜**RADFRAC**｜**Sizing and Rating**｜**Pack Sizing** 页面，新建 ID 为 1 的填料设计任务，在 **Blocks**｜**RADFRAC**｜**Sizing and Rating**｜**Pack Sizing**｜**1**｜**Specifications** 页面中输入如图 7-64 所示的信息。理论板当量高度 HETP 表示与一块理论板相当的填料层高度。

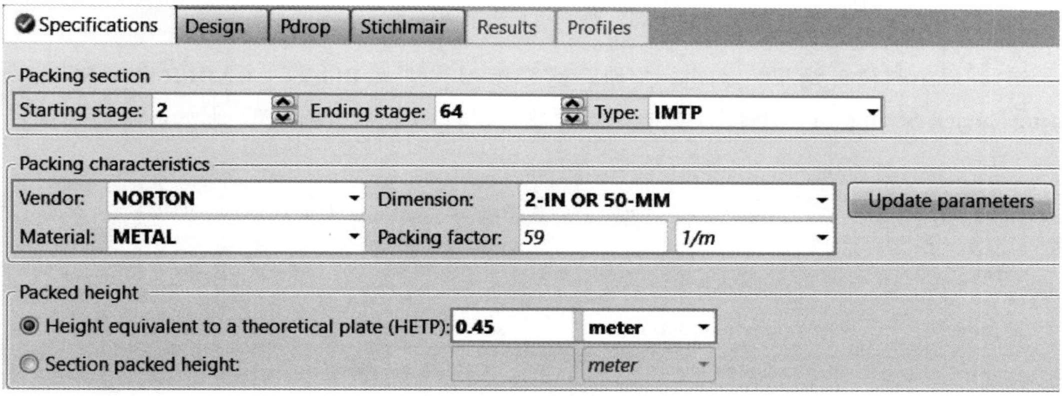

图 7-64　**设置填料设计参数**

进入 **Blocks**｜**RADFRAC**｜**Sizing and Rating**｜**Pack Sizing**｜**1**｜**Design** 页面，输入 Fractional approach to maximum capacity(液泛分率)0.8，如图 7-65 所示。

对 Norton IMTP 和 Intalox 规整填料，最大通量(Maximum capacity)指最大有效通量(Maximum efficient capacity)，此时液体的夹带使填料效率开始变差，一般，最大有效通量比泛点低 10%～20%。对苏尔寿规整填料(BX、CY、Kerapak、Mellapak)，最大通量指的是填料压降达到 12mbar/m(即 1200Pa/m)时的操作点，最大通量时的气相负荷比泛点低 5%～10%。

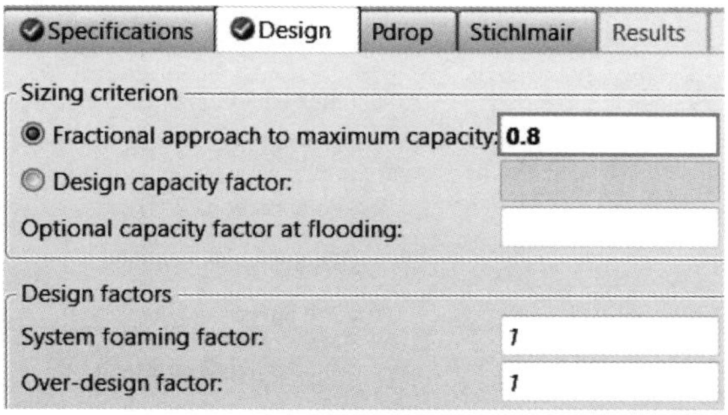

图 7-65　**输入填料液泛分率**

对 Raschig 散装填料和规整填料，最大通量指的是载点(Loading point)，对其他所有填料，最大通量指的是泛点(Flooding point)。

通量负荷因子(Capacity factor)，表达式为：

$$CS = VS\sqrt{\frac{\rho_V}{\rho_L - \rho_V}}$$

式中，CS 为通量负荷因子；VS 为填料表观气速；ρ_V、ρ_L 分别为气、液相密度。

进入 **Blocks** | **RADFRAC** | **Sizing and Rating** | **Pack Sizing** | **1** | **Pdrop** 页面，输入填料的最大压降为 7kPa，并将 Update section pressure profile 前的复选框选中，以更新塔内压力分布，如图 7-66 所示。

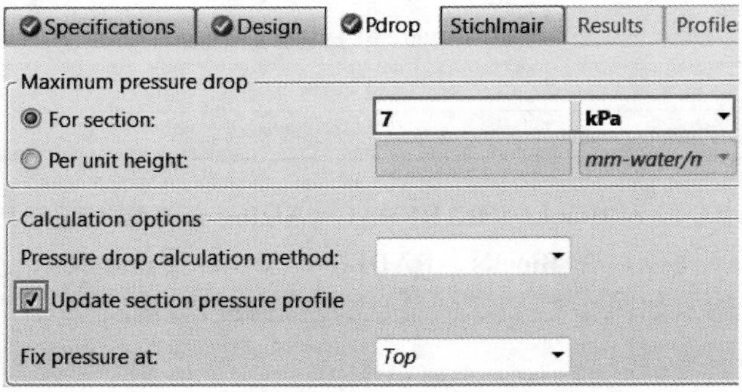

Specifications | Design | Pdrop | Stichlmair | Results | Profile

Maximum pressure drop
For section: 7 kPa
Per unit height: mm-water/m
Calculation options
Pressure drop calculation method:
Update section pressure profile
Fix pressure at: Top

图 7-66　**输入填料层的最大压降**

(5)查看填料设计结果　点击▶按钮，运行模拟。进入 **Blocks** | **RADFRAC** | **Sizing and Rating** | **Pack Sizing** | **1** | **Results** 页面，查看填料设计结果，如图 7-67 所示，设计出的塔径为 3.34m。

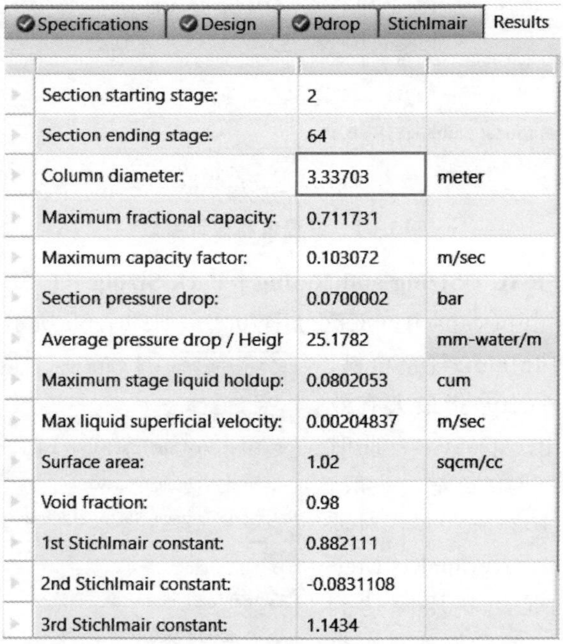

Specifications | Design | Pdrop | Stichlmair | Results

Section starting stage:	2	
Section ending stage:	64	
Column diameter:	3.33703	meter
Maximum fractional capacity:	0.711731	
Maximum capacity factor:	0.103072	m/sec
Section pressure drop:	0.0700002	bar
Average pressure drop / Heigh	25.1782	mm-water/m
Maximum stage liquid holdup:	0.0802053	cum
Max liquid superficial velocity:	0.00204837	m/sec
Surface area:	1.02	sqcm/cc
Void fraction:	0.98	
1st Stichlmair constant:	0.882111	
2nd Stichlmair constant:	-0.0831108	
3rd Stichlmair constant:	1.1434	

图 7-67　**查看填料设计结果**

7.7 溶剂萃取模拟

溶剂萃取模块 Extract 用于液-液萃取的严格计算，可以有多股进料、加热器/冷却器以及多股侧线出料。Extract 模块连接情况如图 7-68 所示。

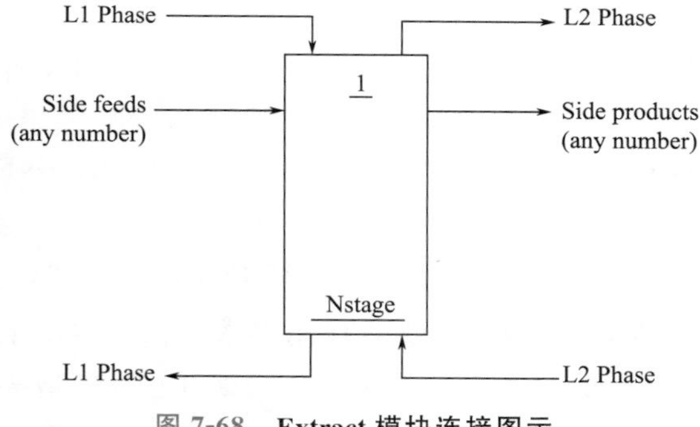

图 7-68 **Extract 模块连接图示**

尽管每块板处于平衡状态，Extract 模块仍可指定塔的效率，但仅适用于校核计算。

Extract 模块有四组基本设定参数，分别为塔设定(Specs)、关键组分(Key Components)、物流(Streams)和压力(Pressure)。塔设定(Specs)页面要求输入理论板数(Number of stages)，指定热状态(Thermal options)。塔顶和塔底必须各有一股进料和一股出料物流。如果还有侧线物流，则在物流(Streams)页面中设置侧线进料物流的进料位置和侧线出料物流的出料位置和流量。至少指定一块板的压力，未指定板的压力通过内插或外推得到。

Extract 模块采用级效率来处理两液相组成未达到平衡的真实过程，缺省的级效率为 1(平衡级)。在 **Blocks** | **EXTRACT** | **Efficiencies** | **Options** 页面下选择使用级效率(Specify stage efficiencies)或者为每一个组分分别指定级效率(Specify efficiencies for individual components)，如图 7-69 所示。

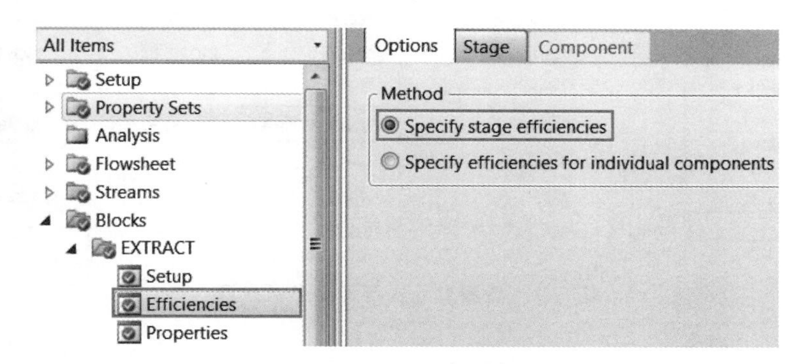

图 7-69 **选择 Extract 模块级效率选项**

Extract 模块提供三种方法求取液-液平衡分配系数，分别为物性方法(Property method)、KLL 温度关联式(KLL correlation)、用户子程序(User KLL subroutine)，如图 7-70 所示。

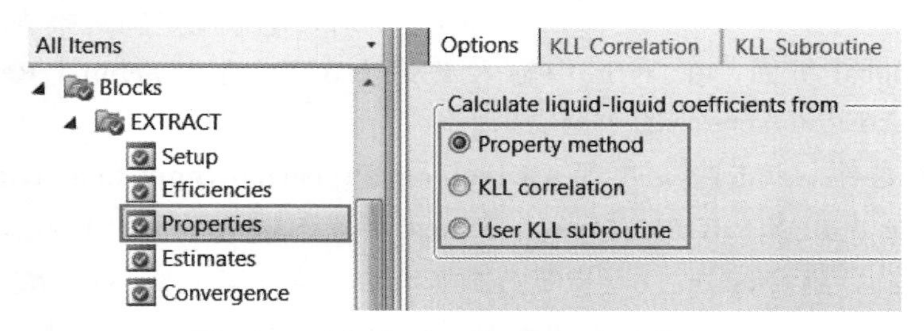

图 7-70 **选择液-液平衡分配系数计算方法**

下面通过例 7.6 介绍溶剂萃取模块 Extract 的应用。

例 7.6

用水(30℃、110kPa)从含异丙醇 50%(质量分数，下同)的苯溶液中萃取回收异丙醇，处理量为 500kg/h(30℃、110kPa)，采用逆流连续萃取塔，在 101.325kPa 下操作，取 4 块理论板，塔底压力为 108kPa，求回收 96%的异丙醇所需水的量。物性方法采用 NRTL。

本例模拟步骤如下：

(1)建立和保存文件　启动 Aspen Plus，选择模板 General with Metric Units，将文件保存为 Example7.6-Extract.bkp。

(2)输入组分　进入 **Components** | **Specifications** | **Selection** 页面，输入组分 BENZENE(苯)、异丙醇(通过查找 C3H8O-2 后添加的 ID 为 ISOPR-01)、WATER(水)。

(3)选择物性方法并查看方程的二元交互作用参数　点击，进入 **Methods** | **Specifications** | **Global** 页面，选择物性方法 NRTL；点击，出现二元交互作用参数页面，本例采用缺省值，不做修改。应注意萃取时两液相的二元交互作用参数来源应该为 LLE(液液平衡)，本例苯和水的二元交互作用参数来源缺省情况下即为 LLE，如图 7-71 所示。点击，选择 Go to Simulation environment，点击 **OK**，进入模拟环境。

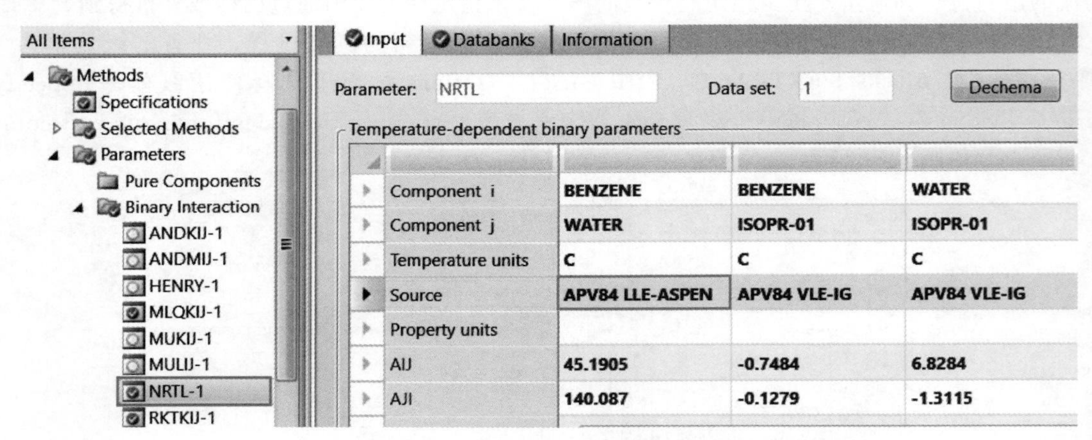

图 7-71　**查看二元交互作用参数来源**

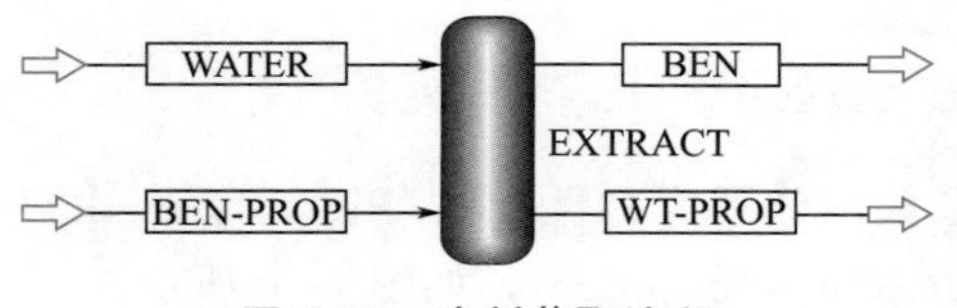

图 7-72　**溶剂萃取流程**

(4)建立流程图　建立如图 7-72 所示的流程图，其中 EXTRACT 采用模块选项板中的 **Columns** | **Extract** | **ICON1** 图标，物流 WATER 自塔顶进入，物流 BEN-PROP 自塔底进入。

(5)全局设定并规定物流报告　进入 **Setup** | **Specifications** | **Global** 页面，在 Title 中输入 EXTRACT，进入 **Setup** | **Report Options** | **Stream** 页面，勾选 Flow basis 下的 Mass 选项。

(6)输入进料条件　点击，出现 **All required Properties Input Complete** 对话框，点击 **OK**，进入 **Streams** | **BEN-PROP** | **Input** | **Mixed** 页面，输入物流 BEN-PROP 进料温度 30℃，压力 110kPa，流量 500kg/h，质量分数苯 0.5，异丙醇 0.5。点击，进入 **Streams** | **WATER** | **Input** | **Mixed** 页面，输入物流 WATER 进料温度 30℃，压力 110kPa，组成为

纯水，设定水流量初值为 500kg/h。

(7)输入模块参数　点击，进入 **Blocks** | **EXTRACT** | **Setup** | **Specs** 页面，输入理论板数 4，点选 Adiabatic(绝热操作)，如图 7-73 所示。

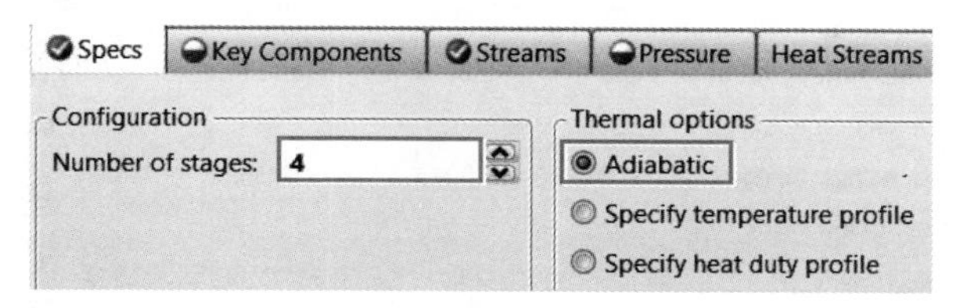

图 7-73　**输入模块 EXTRACT 参数**

Extract 模块有三个热状态选项(Thermal options)，分别为绝热(Adiabatic)、指定温度分布(Specify temperature profile)和指定热负荷分布(Specify heat duty profile)。

点击，进入 **Blocks** | **EXTRACT** | **Setup** | **Key Components** 页面，指定第一液相和第二液相的关键组分。1st liquid phase(第一液相)即从塔顶流向塔底的液相。2nd liquid phase(第二液相)即从塔底流向塔顶的液相。本例第一液相关键组分为 WATER，第二液相关键组分为 BENZENE，如图 7-74 所示。

点击，进入 **Blocks** | **EXTRACT** | **Setup** | **Pressure** 页面，输入第一块理论板压力 101.325kPa，第四块理论板压力 108kPa，如图 7-75 所示。

点击，进入 **Blocks** | **EXTRACT** | **Estimates** | **Temperature** 页面，输入第一块板的温度估值 30℃，如图 7-76 所示。

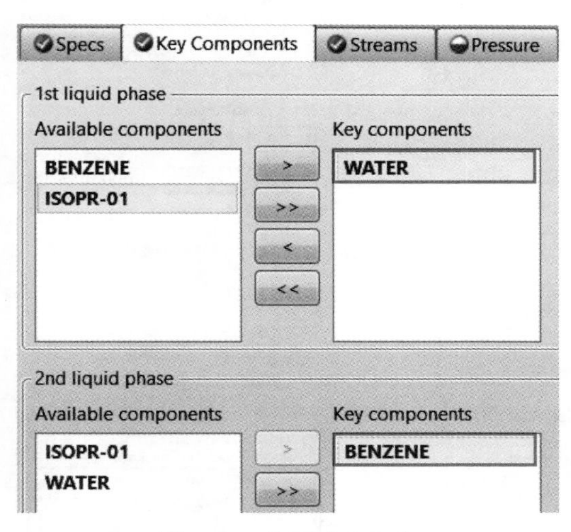

图 7-74　**选择关键组分**

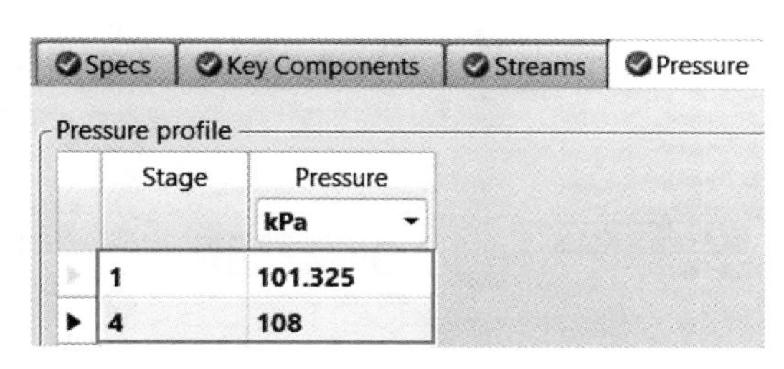

图 7-75　**输入模块 EXTRACT 压力分布**

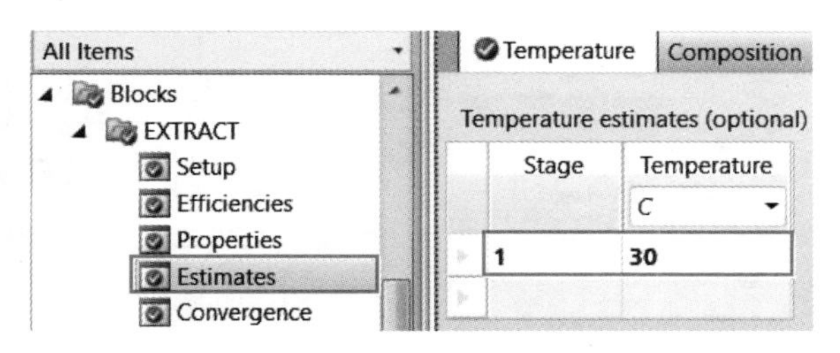

图 7-76　**输入塔内温度估值**

(8)运行模拟　点击，出现 **Required Input Complete** 对话框，点击 **OK**，运行模拟。进入 **Results Summary** | **Streams** | **Material** 页面，可知从异丙醇-苯溶液中萃取出的异丙醇的量为 249.91kg/h，如图 7-77 所示。题目中要求萃取出 96%(质量分数)的异丙醇，即 240kg/h，因此，需要添加设计规定求取所需水的量。

(9)添加全局设计规定　进入 **Flowsheeting Options** | **Design Spec** 页面，点击 **New…** 按钮，出现 **Create new ID** 对话框，点击 **OK**，接受缺省的 ID-DS-1。进入 **Flowsheeting Options**

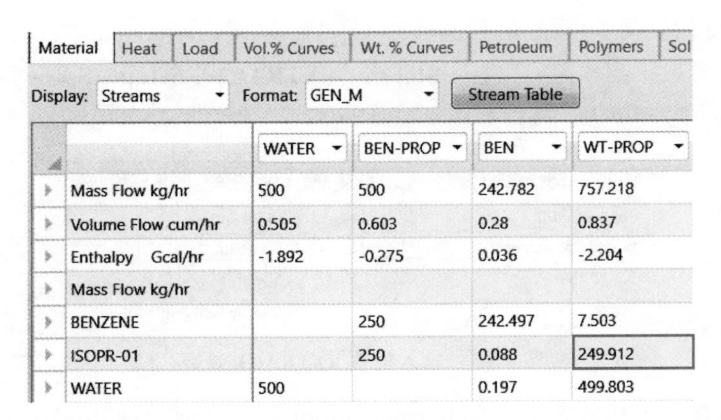

Material | Heat | Load | Vol.% Curves | Wt. % Curves | Petroleum | Polymers | Sol

Display: Streams　Format: GEN_M　Stream Table

	WATER	BEN-PROP	BEN	WT-PROP
Mass Flow kg/hr	500	500	242.782	757.218
Volume Flow cum/hr	0.505	0.603	0.28	0.837
Enthalpy Gcal/hr	-1.892	-0.275	0.036	-2.204
Mass Flow kg/hr				
BENZENE		250	242.497	7.503
ISOPR-01		250	0.088	249.912
WATER	500		0.197	499.803

图 7-77　**查看物流结果**

｜**Design Spec**｜**DS-1**｜**Input**｜**Define** 页面，按图 7-78 所示点击左下角的 **New…** 按钮，出现 **Create new variable** 对话框，输入采集变量名称 FLOW，点击 **OK**；定义采集变量 FLOW 为 WT-PROP（萃取液）中 ISOPR-01（异丙醇）的 Mass Flow（质量流量）。进入 **Flowsheeting Options**｜**Design Spec**｜**DS-1**｜**Input**｜**Spec** 页面，输入采集变量 FLOW 的 Target 为 240，Tolerance 为 0.1。进入 **Flowsheeting Options**｜**Design Spec**｜**DS-1**｜**Input**｜**Vary** 页面，指定操纵变量为进料水的 MASS-FLOW，设定操纵变量的范围为 100～500kg/h，Step size 为 1。

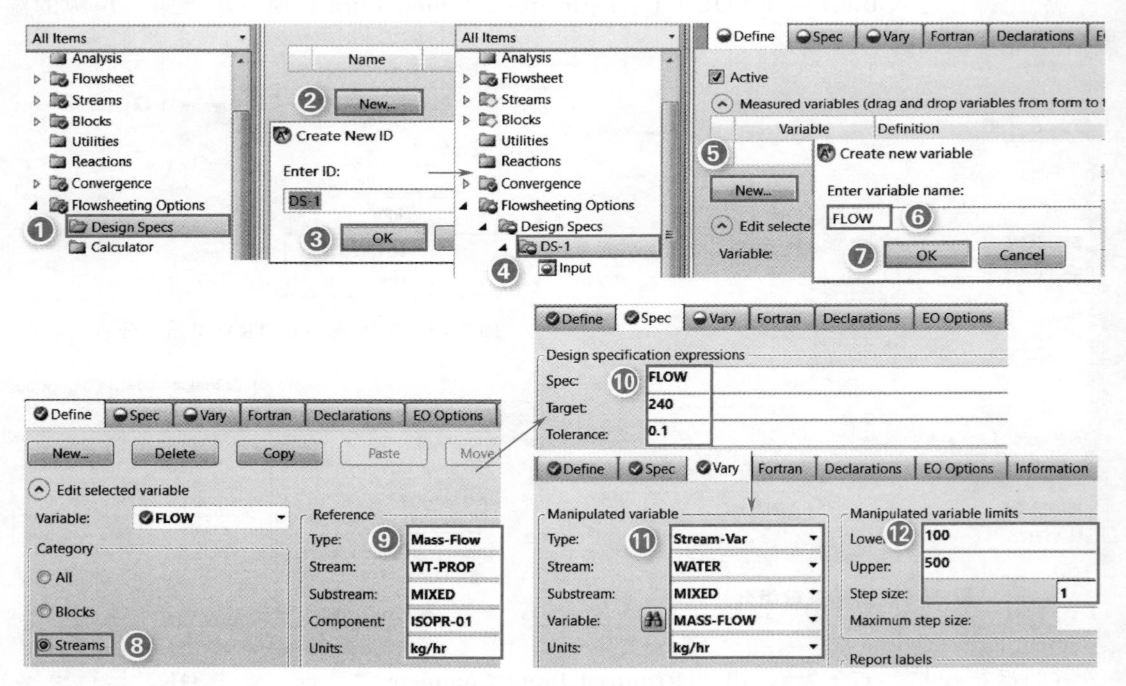

图 7-78　**添加全局设计规定**

（10）运行模拟并查看结果　点击 N▸，出现 **Required Input Complete** 对话框，点击 **OK**，运行模拟，流程收敛。进入 **Flowsheeting Options**｜**Design Spec**｜**DS-1**｜**Results** 页面，可以看到，满足设计规定所需的水为 110.526kg/h，如图 7-79 所示。

Results	Status		
Variable	Initial value	Final value	Units
MANIPULATED	500	110.526	KG/HR
FLOW	249.912	239.938	KG/HR

图 7-79 **查看全局设计规定结果**

7.8 电解质模拟

酸性水是一种含有 H_2S、NH_3 和 CO_2 等挥发性弱电解质的水溶液，上述组分在水中以 NH_4HS、$(NH_4)_2S$、$(NH_4)_2CO_3$、NH_4HCO_3 等铵盐形式存在，这些弱酸弱碱的盐在水中电离，同时又水解生成 H_2S、NH_3 和 CO_2 分子。上述分子除与离子存在电离平衡外，当通入水蒸气时，由于水蒸气的加热作用使酸性水汽化，使汽-液两相分子呈相平衡。酸性水汽提的原理便是利用水蒸气加热酸性水并降低气相中 H_2S、NH_3 和 CO_2 分压，促进其从液相进入气相，从而达到净化酸性水的目的。

下面通过例 7.7 介绍 RadFrac 模块在酸性水汽提过程模拟中的应用。

例 7.7

利用水蒸气汽提某炼厂酸性水的工艺流程和工艺参数如图 7-80 所示，要求塔底物流 BOTTOM 中 NH_3 质量分数小于 5ppm，且冷凝器温度为 90℃，求水蒸气进料量和汽提塔回流比。

本例模拟步骤如下：

（1）建立和保存文件　启动 Aspen Plus，选择模板 Electrolytes with Metric Units，将文件保存为 Example7.7-Sour Stripper.bkp。

（2）输入组分　进入 **Components | Specifications | Selection** 页面，输入组分 NH3、H2S 和 CO2。

（3）定义电解质组分　点击 **Components | Specifications | Selection** 页面下方的 **Elec Wizard**（电解质向导），出现 **Electrolyte Wizard** 对话框。点击 **Next>**，出现 **Base Components and Reactions Generation Options** 对话框，点击 >> 图标，将所有组分移到 Selected components 栏，如图 7-81 所示。

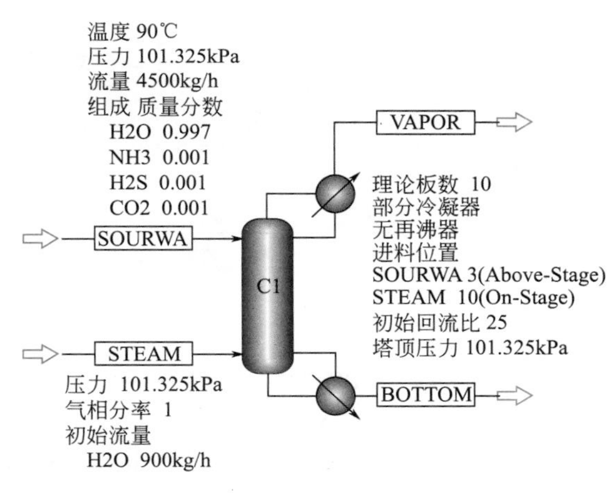

图 7-80 **酸性水汽提流程**

点击 **Next>**，出现 **Generated Species and Reactions** 对话框，物性方法选择 ELECNRTL，如图 7-82 所示。由于 Aspen Plus 可根据给定组分自动生成所有可能的物质和反应，因此需删除不需要的物质和反应。在本例中，仅存在离子间的平衡反应，需删除盐类以及相关反应。在 Salts 栏中选中 NH2COONH4(S)、NH4HS(S) 和 NH4HCO3(S)，点击 **Remove**，Aspen Plus 会同时删除与这些盐相关的反应；点击 **Next>**，出现 **Simulation Approach** 对话

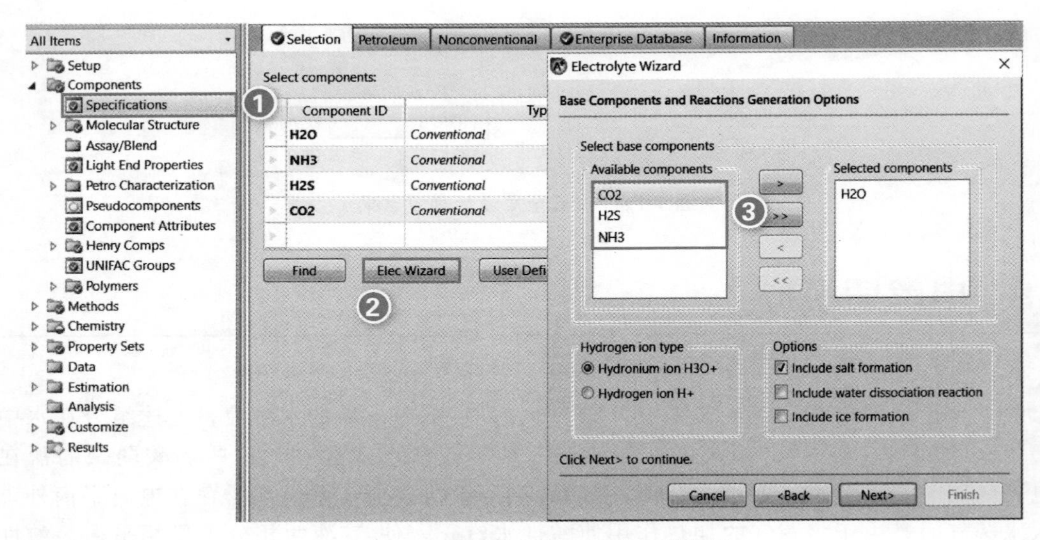

图 7-81　设置基础组分和反应生成选项

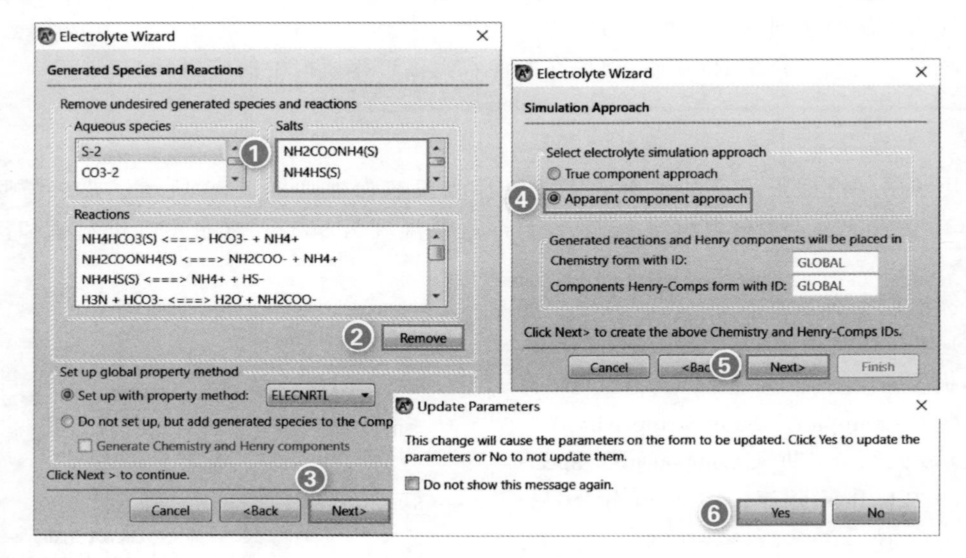

图 7-82　定义电解质组分

框，计算方法选择 Apparent component approach；点击 **Next>**，出现 **Update parameters** 对话框，点击 **Yes**，出现 **Summary** 对话框，点击 **Finish**。

此时，在 **Components** | **Specifications** | **Selection** 页面，Aspen Plus 已添加生成的全部电解质组分，如图 7-83 所示。

（4）确定亨利组分和物性参数　进入 **Components** | **Henry Comps** | **GLOBAL** | **Selection** 页面，CO2、H2S 和 NH3 已被确定为亨利组分，如图 7-84 所示。

点击**N→**，进入 **Methods** | **Specifications** | **GLOBAL** 页面，查看物性方法，使用电解质向导时，已选择物性方法，此处不做修改。点击**N→**，查看相关二元交互作用参数，本例采用缺省值，不做修改。点击**N→**，直至出现 **Properties Input Complete** 对话框，选择 Go to Simulation environment，点击 **OK**，进入模拟环境。

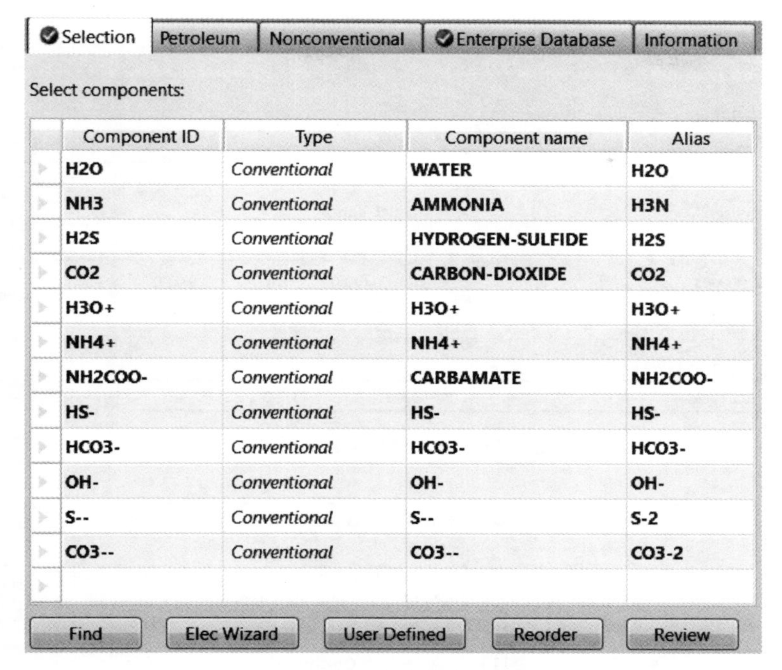

图 7-83　**查看生成的电解质组分**

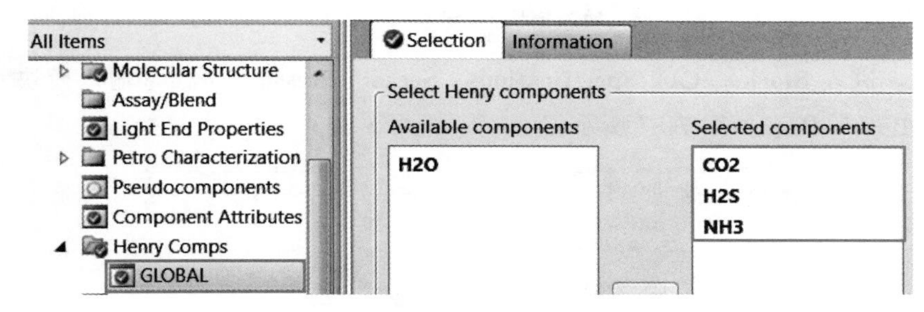

图 7-84　**选择亨利组分**

(5) 建立流程图　建立如图 7-80 所示的流程，其中塔 C1 采用模块选项板中 **Columns** | **RadFrac** | **FRACT1** 图标。

(6)全局设定并规定物流报告　进入 **Setup** | **Specifications** | **Global** 页面，在 Title 中输入 Sour Water Stripper，进入 **Setup** | **Report Option** | **Streams** 页面，分别勾选 Flow basis 和 Fraction basis 下的 Mass 选项。

(7) 输入进料条件　点击，进入 **Streams** | **SOURWA** | **Input** | **Mixed** 页面，输入物流 SOURWA 进料温度 90℃，压力 101.325kPa，流量 4500kg/h，质量分数 H2O 0.997，NH3 0.001，H2S 0.001，CO2 0.001。

点击，进入 **Streams** | **STEAM** | **Input** | **Mixed** 页面，输入物流 STEAM 压力 101.325kPa，Vapor Fraction(气相分数)1，H2O 初始估算流量 900kg/h。

(8) 输入模块参数　点击，进入 **Blocks** | **C1** | **Specifications** | **Setup** | **Configuration** 页面，输入模块 C1 配置参数，如图 7-85 所示。

点击，进入 **Blocks** | **C1** | **Specifications** | **Setup** | **Streams** 页面，输入进料位置及进料方式，如图 7-86 所示。

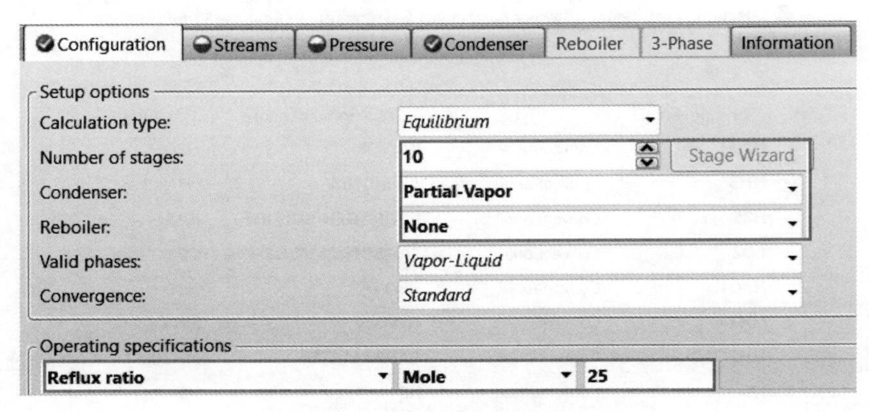

图 7-85 **输入模块 C1 配置参数**

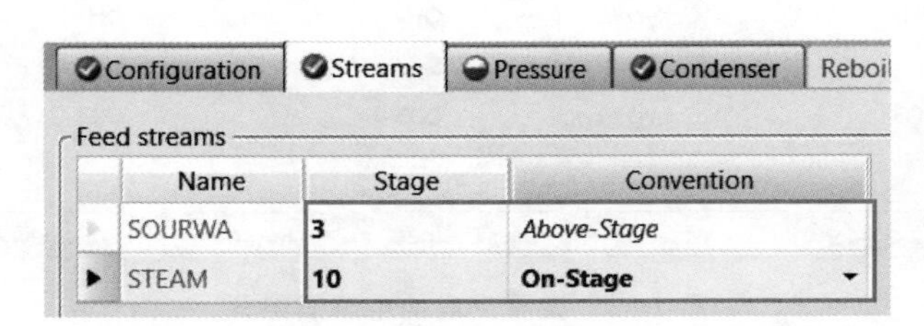

图 7-86 **输入模块 C1 进料位置及进料方式**

点击N➡，进入 **Blocks** | **C1** | **Specifications** | **Setup** | **Pressure** 页面，输入模块 C1 第一块塔板压力 101.325kPa，如图 7-87 所示。

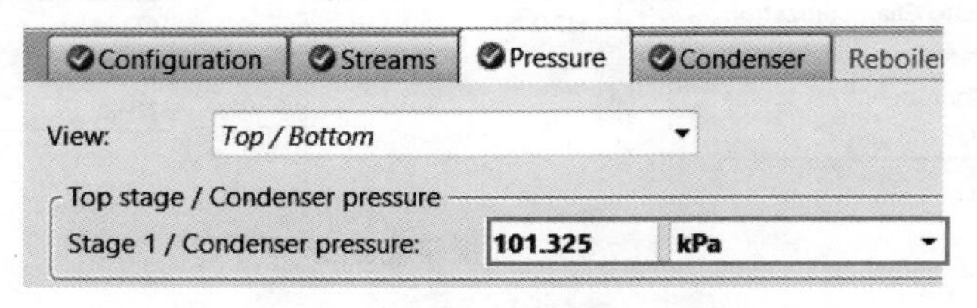

图 7-87 **输入模块 C1 第一块塔板压力**

至此，模拟所需的全部参数已经输入完毕。由于需要求出当塔底物流中 NH3 质量分数小于 5ppm，冷凝器温度为 90℃时水蒸气进料量和汽提塔回流比，所以需要添加两个塔内设计规定。

(9)添加第一个塔内设计规定　进入 **Blocks** | **C1** | **Specifications** | **Design Specifications** | **Design Specifications** 页面，按图 7-88 所示添加第一个塔内设计规定，规定塔底物流中 NH3 质量分数为 5ppm。

进入 **Blocks** | **C1** | **Specifications** | **Vary** | **Adjusted Variables** 页面，添加 STEAM 物流流量为第一个调节变量，如图 7-89 所示。

(10)添加第二个塔内设计规定　进入 **Blocks** | **C1** | **Specifications** | **Design Specifications** | **Design Specifications** 页面，按图 7-90 所示添加第二个塔内设计规定，规定冷凝器温度为 90℃。

进入 **Blocks** | **C1** | **Specifications** | **Vary** | **Adjusted Variables** 页面，添加回流比为第二个调节变量，如图 7-91 所示。

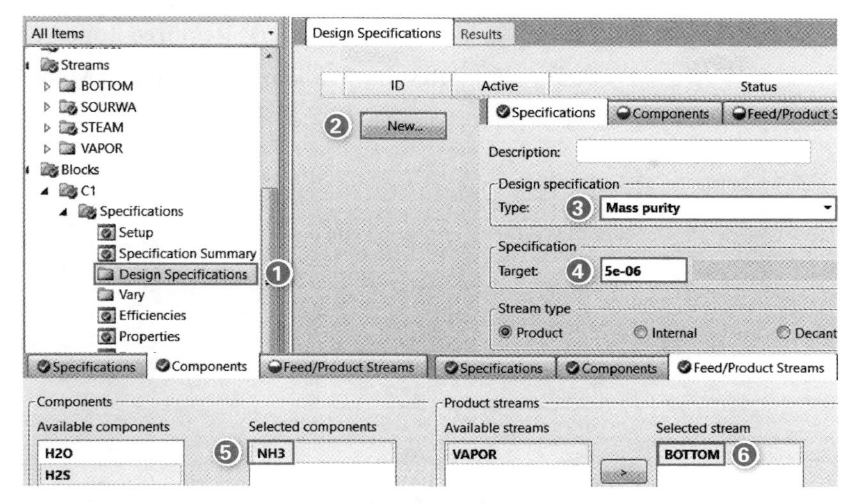

图 7-88　添加第一个塔内设计规定

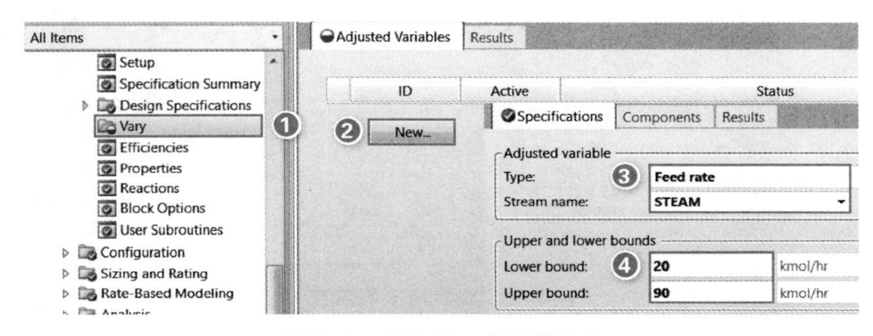

图 7-89　添加第一个调节变量

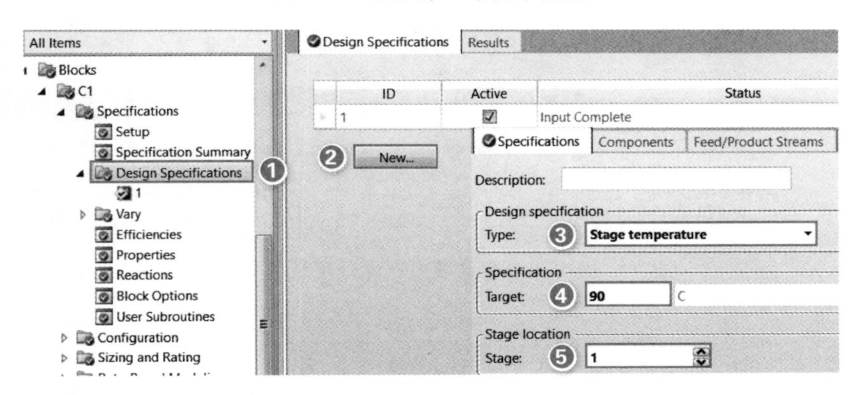

图 7-90　添加第二个塔内设计规定

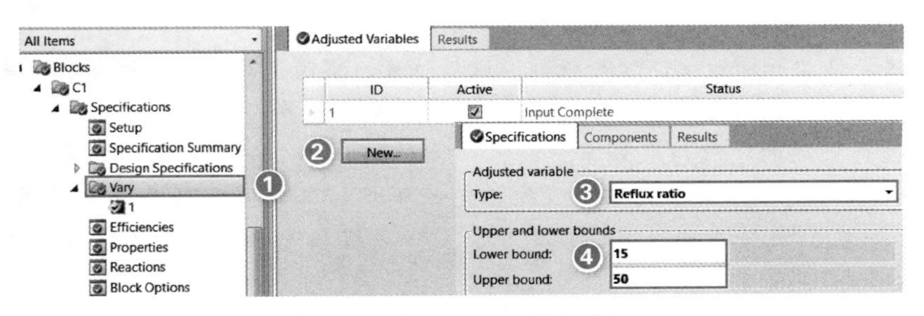

图 7-91　添加第二个调节变量

至此，两个塔内设计规定全部添加完毕。点击 N▶，出现 **Required Input Complete** 对话框，点击 **OK**，运行模拟，流程收敛。进入 **Results Summary** | **Streams** | **Material** 页面，查看物流 BOTTOM 中 NH3 质量分数为 5ppm，如图 7-92 所示。

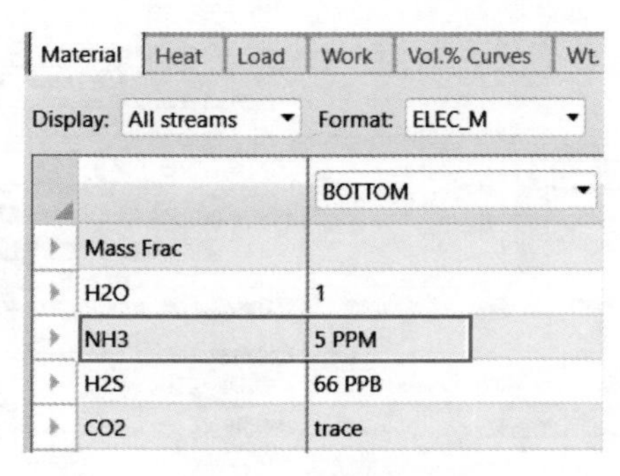

图 7-92 **查看物流结果**

进入 **Blocks** | **C1** | **Results** | **Summary** 页面，查看冷凝器温度为 90℃，如图 7-93 所示。

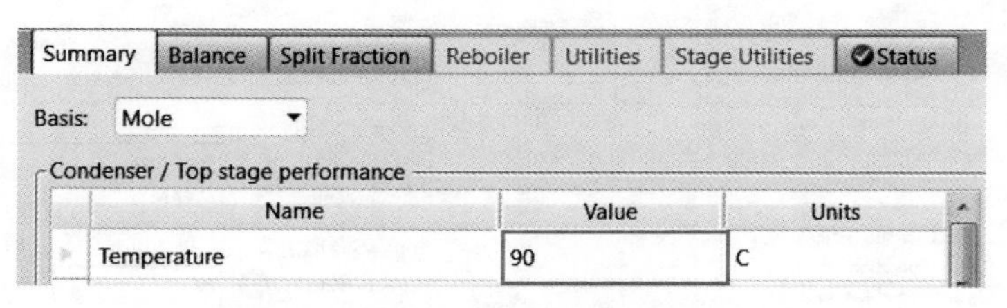

图 7-93 **查看冷凝器温度**

进入 **Blocks** | **C1** | **Specifications** | **Vary** | **Results** 页面，查看塔内设计规定结果，满足要求的 STEAM 流量为 43.7149kmol/h，摩尔回流比为 24.2431，如图 7-94 所示。

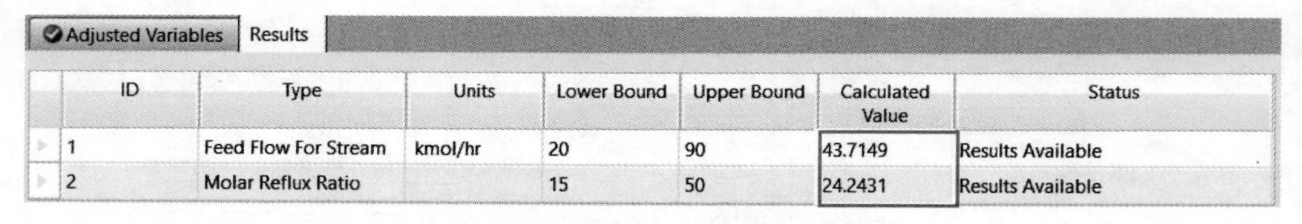

ID	Type	Units	Lower Bound	Upper Bound	Calculated Value	Status
1	Feed Flow For Stream	kmol/hr	20	90	43.7149	Results Available
2	Molar Reflux Ratio		15	50	24.2431	Results Available

图 7-94 **查看塔内设计规定结果**

习 题

7.1 甲醇-水精馏塔的工艺流程及条件如附图所示，求：

① 简捷法计算实际回流比、理论板数、进料位置、塔顶产品与进料的摩尔流量比(D/F)；

② 比较严格法与简捷法在热负荷、回收率等方面的差异；

③ 绘制精馏塔内的气相组成分布曲线。

7.2 某厂裂解气体分离车间采用吸收工艺脱甲烷，工艺流程及条件见附图，吸收剂和进料条件列于附表。要求塔底产品的温度为 36℃，求塔顶气相产品的流量及组成(可取流量初值为 86.7kmol/h)。

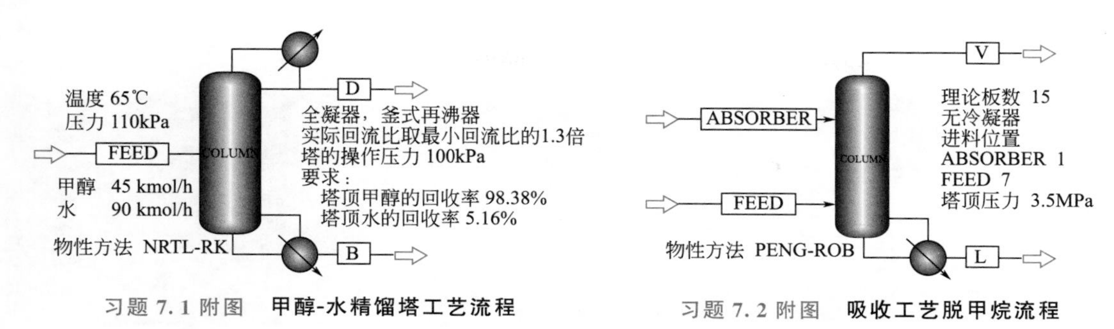

习题 7.1 附图 **甲醇-水精馏塔工艺流程**

习题 7.2 附图 **吸收工艺脱甲烷流程**

习题 7.2 附表 **吸收剂和进料条件**

项目	吸收剂	进料
温度/℃	−30	−20
压力/MPa	3.5	3.5
流量/(kmol/h)	85	—
组成	摩尔分数	摩尔流量/(kmol/h)
氢气	0	20.0542
甲烷	0	36.0597
乙烯	0.002929	51.6183
乙烷	0.015104	14.3507
丙烯	0.915281	17.2867
丙烷	0.046372	0.8049
正丁烷	0.020314	0.3526

7.3 以二甲基甲酰胺(DMF)为溶剂，从苯和正庚烷的混合物中萃取苯。理论板数为6，常压操作，全塔压降50kPa，物性方法采用UNIF-LL，萃取剂和进料条件见附表。求萃取液与萃余液流量及组成。

习题 7.3 附表 **萃取剂和进料条件**

项目	萃取剂	进料
温度/℃	20	20
压力/kPa	110	160
摩尔流量/(kmol/h)	800	400
摩尔分数		
二甲基甲酰胺	1	0
苯	0	0.25
正庚烷	0	0.75

第8章

反应器单元模拟

8.1 概述

Aspen Plus 根据不同的反应器形式，提供了七种不同的反应器模块，见表 8-1。

表 8-1 反应器单元模块介绍

模块	说明	功能	适用对象
RStoic	化学计量反应器	模拟已知反应程度或转化率的反应器模块	反应动力学数据未知或不重要，但化学反应式计量系数和反应程度已知的反应器
RYield	产率反应器	模拟已知产率的反应器模块	化学反应式计量系数和反应动力学数据未知或不重要，但产率分布已知的反应器
REquil	平衡反应器	通过化学反应式计量关系计算化学平衡和相平衡	化学平衡和相平衡同时发生的反应器
RGibbs	吉布斯反应器	通过 Gibbs 自由能最小化计算化学平衡和相平衡	相平衡或者相平衡与化学平衡同时发生的反应器，对固体溶液和汽-液-固系统计算相平衡
RCSTR	全混釜反应器	模拟全混釜反应器	单相、两相和三相全混釜反应器，该反应器任一相态下的速率控制反应和平衡反应基于已知的化学计量关系和动力学方程
RPlug	平推流反应器	模拟平推流反应器	单相、两相和三相平推流反应器，该反应器任一相态下的速率控制反应基于已知的化学计量关系和动力学方程
RBatch	间歇反应器	模拟间歇或半间歇反应器	单相、两相或三相间歇和半间歇的反应器，该反应器任一相态下的速率控制反应基于已知的化学计量关系和动力学方程

反应器模块可以划分为三类：

① 基于物料平衡的反应器，包括化学计量反应器(RStoic)模块，产率反应器(RYield)模块；

② 基于化学平衡的反应器，包括平衡反应器(REquil)模块，吉布斯反应器(RGibbs)模块；

③ 动力学反应器，包括全混釜反应器(RCSTR)模块，平推流反应器(RPlug)模块，间歇反应器(RBatch)模块。

对于任何反应器模块，均不需要输入反应热，Aspen Plus根据生成热计算反应热。对于动力学反应器模块，使用化学反应(Reactions)功能定义反应的化学反应式计量关系和反应器模块数据。

8.2 化学计量反应器

化学计量反应器(RStoic)模块用于模拟反应动力学数据未知或不重要，每个反应的化学反应式计量关系和反应程度或转化率已知的反应器。RStoic模块可以模拟平行反应和串联反应，还可以计算反应热和产物的选择性。

用RStoic模块模拟计算时，需要规定反应器的操作条件，并选择反应器的闪蒸计算相态，还需要规定在反应器中发生的反应，对每个反应必须规定化学反应式计量系数，并分别指定每一个反应的反应程度或转化率。

当反应生成固体或固体发生变化时，可以分别在 **Blocks** | **RSTOIC** | **Setup** | **Component Attr.** 页面和 **Blocks** | **RSTOIC** | **Setup** | **PSD** 页面规定出口物流组分属性和粒度分布。

如果需要计算反应热，可在 **Blocks** | **RSTOIC** | **Setup** | **Heat of Reaction** 页面对每个反应规定参考组分，反应器根据产物和生成物之间焓值的差异来计算每个反应的反应热。该反应热是在规定基准条件下消耗单位摩尔或者单位质量参考组分计算得到的，默认的基准条件为25℃，1atm和气相状态。用户也可选择规定反应热，但该反应热可能与软件在参考条件下根据生成热计算的反应热不同，此时，RStoic模块通过调整计算的反应器热负荷来反映该差异。但出口物流的焓不受影响，因此，在这种情况下，计算的反应器热负荷将与进出口物流的焓值差异不一致。

如果需要计算产物的选择性，可在 **Blocks** | **RSTOIC** | **Setup** | **Selectivity** 页面规定所选择的产物组分和参考的反应物组分。

所选择的组分P对参考组分A的选择性规定为：

$$S_{\mathrm{P,A}}=\frac{\left[\dfrac{\Delta P}{\Delta A}\right]_{\mathrm{Real}}}{\left[\dfrac{\Delta P}{\Delta A}\right]_{\mathrm{Ideal}}} \tag{8-1}$$

式中，ΔP 为选择组分P的改变量，mol；ΔA 为参考组分A的改变量，mol；下标Real表示反应器中的实际情况，Aspen Plus通过入口和出口的质量平衡获得该值；下标Ideal表示一个理想反应系统的情况，理想反应系统假设只存在从参考组分生成所选择组分的反应，没有其他反应发生，即分母表示在一个理想化学反应式计量系数方程中消耗每摩尔的A生成P的物质的量。

在多数情况下，选择性在0～1之间。如果所选择的组分由参考组分以外的其他组分生成，选择性会大于1；如果所选择的组分在其他反应中消耗，选择性可能会小于0。

下面通过例8.1介绍RStoic模块的应用。

例 8.1

用 RStoic 模块模拟 1-丁烯的异构化反应，涉及的反应及转化率如表 8-2 所示。进料温度为 16℃，压力为 196kPa，进料中正丁烷（N-BUTANE）、1-丁烯（1-BUTENE）、顺-2-丁烯（CIS-2-01）、反-2-丁烯（TRANS-01）、异丁烯（ISOBU-01）的流量分别为 35000kg/h、10000kg/h、4500kg/h、6800kg/h、1450kg/h，反应器的温度为 400℃，压力为 196kPa。求每个反应的反应热以及异丁烯对 1-丁烯的选择性。物性方法选用 RK-SOAVE。

表 8-2　涉及的反应及转化率

反　　应	转化率
1-BUTENE→ISOBU-01	0.36
4(1-BUTENE)→PROPY-01+2-MET-01+1-OCTENE	0.04
CIS-2-01→ISOBU-01	0.36
4(CIS-2-01)→PROPY-01+2-MET-01+1-OCTENE	0.04
TRANS-01→ISOBU-01	0.36
4(TRANS-01)→PROPY-01+2-MET-01+1-OCTENE	0.04

本例模拟步骤如下：

启动 Aspen Plus，进入 **File** | **New** | **User**，选择模板 General with Metric Units，将文件保存为 Example8.1-RStoic.bkp。

进入 **Components** | **Specifications** | **Selection** 页面，输入组分 N-BUTANE（正丁烷）、1-BUTENE（1-丁烯）、CIS-2-01（顺-2-丁烯）、TRANS-01（反-2-丁烯）、ISOBU-01（异丁烯）、PROPY-01（丙烯）、2-MET-01（2-甲基-2-丁烯）、1-OCTENE（1-辛烯），如图 8-1 所示。

Selection | Petroleum | Nonconventional | Enterprise Database | Information

Select components:

Component ID	Type	Component name	Alias
N-BUTANE	Conventional	N-BUTANE	C4H10-1
1-BUTENE	Conventional	1-BUTENE	C4H8-1
CIS-2-01	Conventional	CIS-2-BUTENE	C4H8-2
TRANS-01	Conventional	TRANS-2-BUTENE	C4H8-3
ISOBU-01	Conventional	ISOBUTYLENE	C4H8-5
PROPY-01	Conventional	PROPYLENE	C3H6-2
2-MET-01	Conventional	2-METHYL-2-BUTENE	C5H10-6
1-OCTENE	Conventional	1-OCTENE	C8H16-16

图 8-1　输入组分

点击 N→，进入 **Methods** | **Specifications** | **Global** 页面，选择物性方法 RK-SOAVE。

点击 N→，进入 **Methods** | **Parameters** | **Binary Interaction** | **RKSKBV-1** | **Input** 页面，查看方程的二元交互作用参数，本例采用系统默认值，不做修改。

点击 N→，出现 **Properties Input Complete** 对话框，选择 Go to Simulation environment，点击 **OK** 按钮，进入模拟环境。

建立如图 8-2 所示流程图，其中反应器 RSTOIC 选用模块选项板中 **Reactors** | **RStoic** | **I-CON1** 图标。

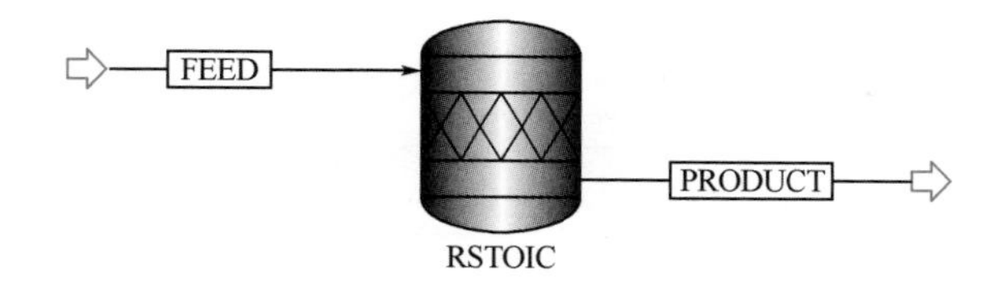

图 8-2 **化学计量反应器(RSTOIC)流程**

点击N➡，进入 **Streams** | **FEED** | **Input** | **Mixed** 页面，根据题中信息输入进料 FEED 数据，如图 8-3 所示。

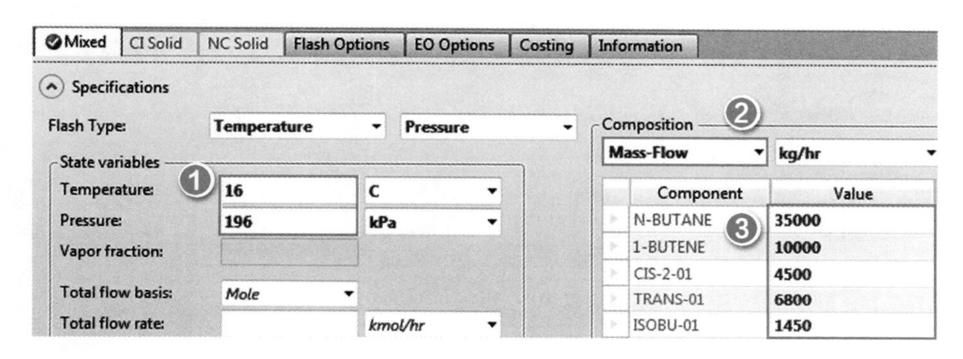

图 8-3 **输入进料 FEED 数据**

点击N➡，进入 **Blocks** | **RSTOIC** | **Setup** | **Specifications** 页面，输入模块 RSTOIC 参数。在 Operating conditions(操作条件)项中输入温度 400℃，压力 196kPa，如图 8-4 所示。

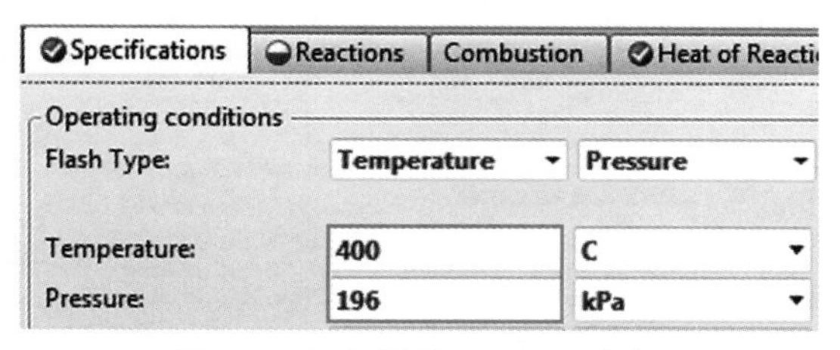

图 8-4 **输入模块 RSTOIC 参数**

点击N➡，进入 **Blocks** | **RSTOIC** | **Setup** | **Reactions** 页面，定义化学反应，点击 **New…** 按钮，出现 **Edit Stoichiometry** 对话框，Reaction No. 默认为 1，输入第一个反应 1-BUTENE ⟶ ISOBU-01 及转化率 0.36，如图 8-5 所示。需要注意的是，Reactants(反应物)中的 Coefficient(化学反应式计量系数)为负值，即使输入正值，系统也会自动将其改为负值，而 Products(产物)中的 Coefficient 为正值。

从 Reaction No. 下拉菜单中选择<New>，出现 **New Reaction No.** 对话框，点击 **OK** 按钮，创建反应 2，输入反应 4(1-BUTENE) ⟶ PROPY-01＋2-MET-01＋1-OCTENE 及转化率 0.04，如图 8-6 所示。同理，定义其他反应及转化率，完成后点击对话框中的 **Close** 按钮，重新回到 **Blocks** | **RSTOIC** | **Setup** | **Reactions** 页面，如图 8-7 所示。

题目要求计算每个反应的反应热，因此，进入 **Blocks** | **RSTOIC** | **Setup** | **Heat of Reaction** 页面，点选 Calculate heat of reaction(计算反应热)，在 Reference condition(参考条件)项中输入所有的 Rxn No.(反应序号)及各反应对应的 Reference component(参考组分)，其他均采用默认值，如图 8-8 所示。

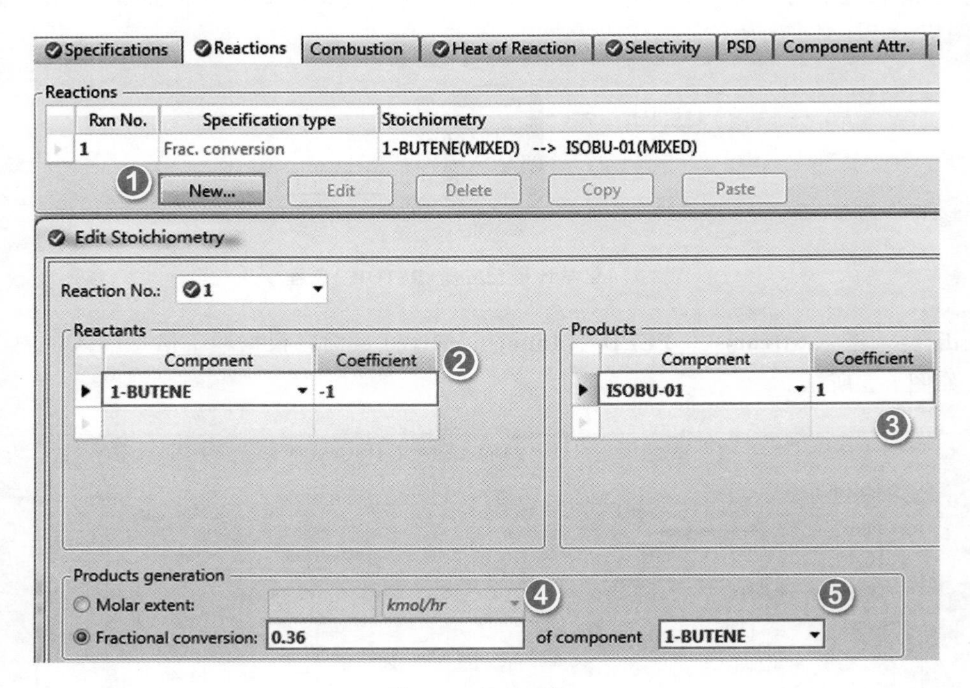

图 8-5　定义反应 1

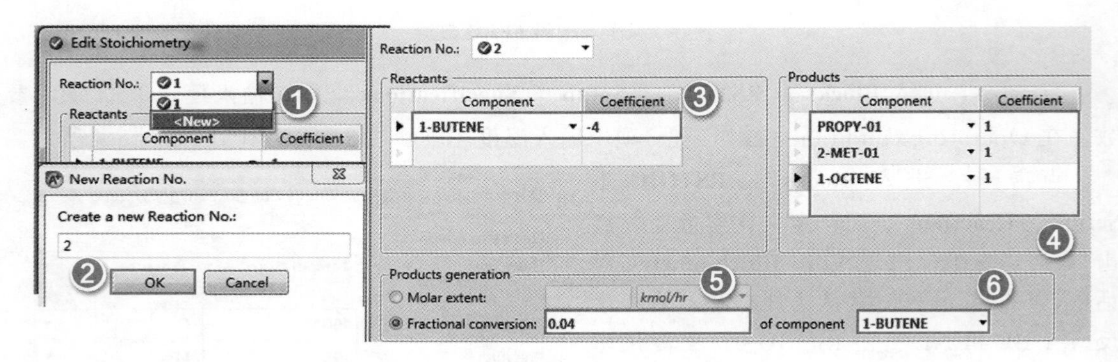

图 8-6　定义反应 2

Specifications | Reactions | Combustion | Heat of Reaction | Selectivity | PSD | Component Attr. | Utility | Infor

Reactions

Rxn No.	Specification type	Stoichiometry
1	Frac. conversion	1-BUTENE(MIXED) --> ISOBU-01(MIXED)
2	Frac. conversion	4 1-BUTENE(MIXED) --> PROPY-01(MIXED) + 2-MET-01(MIXED) + 1-OCTENE(MIXED)
3	Frac. conversion	CIS-2-01(MIXED) --> ISOBU-01(MIXED)
4	Frac. conversion	4 CIS-2-01(MIXED) --> PROPY-01(MIXED) + 2-MET-01(MIXED) + 1-OCTENE(MIXED)
5	Frac. conversion	TRANS-01(MIXED) --> ISOBU-01(MIXED)
6	Frac. conversion	4 TRANS-01(MIXED) --> PROPY-01(MIXED) + 2-MET-01(MIXED) + 1-OCTENE(MIXED)

图 8-7　化学反应输入结果

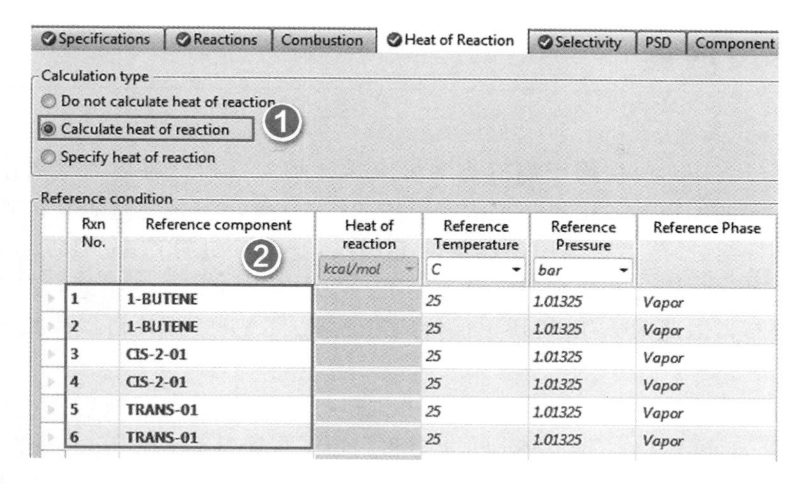

Calculation type
- Do not calculate heat of reaction
- Calculate heat of reaction
- Specify heat of reaction

Reference condition

Rxn No.	Reference component	Heat of reaction (kcal/mol)	Reference Temperature (C)	Reference Pressure (bar)	Reference Phase
1	1-BUTENE		25	1.01325	Vapor
2	1-BUTENE		25	1.01325	Vapor
3	CIS-2-01		25	1.01325	Vapor
4	CIS-2-01		25	1.01325	Vapor
5	TRANS-01		25	1.01325	Vapor
6	TRANS-01		25	1.01325	Vapor

图 8-8　设置反应热计算

题目要求计算异丁烯对 1-丁烯的选择性，因此，进入 **Blocks** | **RSTOIC** | **Setup** | **Selectivity** 页面，Selected product 选择 ISOBU-01，Reference reactant 选择 1-BUTENE，如图 8-9 所示。

点击 N▶，出现 **Required Input Complete** 对话框，点击 **OK**，运行模拟，流程收敛。

点击进入 **Blocks** | **RSTOIC** | **Results** | **Reactions** 页面，可以查看各个反应的反应热，如图 8-10 所示。

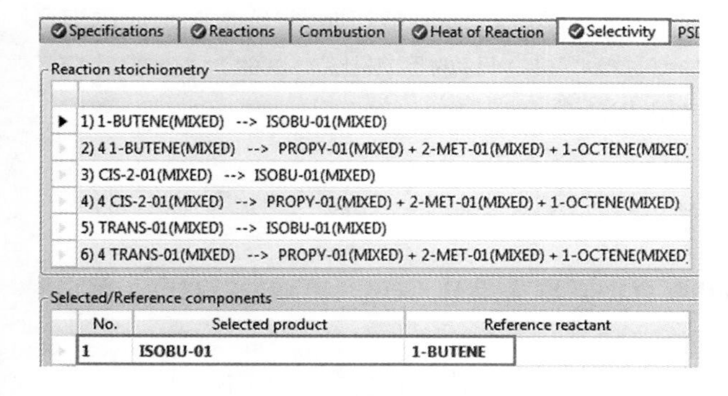

Reaction stoichiometry
1) 1-BUTENE(MIXED) --> ISOBU-01(MIXED)
2) 4 1-BUTENE(MIXED) --> PROPY-01(MIXED) + 2-MET-01(MIXED) + 1-OCTENE(MIXED)
3) CIS-2-01(MIXED) --> ISOBU-01(MIXED)
4) 4 CIS-2-01(MIXED) --> PROPY-01(MIXED) + 2-MET-01(MIXED) + 1-OCTENE(MIXED)
5) TRANS-01(MIXED) --> ISOBU-01(MIXED)
6) 4 TRANS-01(MIXED) --> PROPY-01(MIXED) + 2-MET-01(MIXED) + 1-OCTENE(MIXED)

Selected/Reference components

No.	Selected product	Reference reactant
1	ISOBU-01	1-BUTENE

图 8-9　设置反应选择性

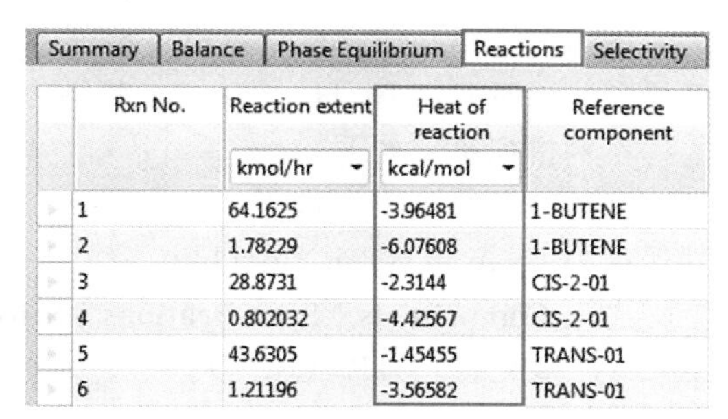

Rxn No.	Reaction extent (kmol/hr)	Heat of reaction (kcal/mol)	Reference component
1	64.1625	-3.96481	1-BUTENE
2	1.78229	-6.07608	1-BUTENE
3	28.8731	-2.3144	CIS-2-01
4	0.802032	-4.42567	CIS-2-01
5	43.6305	-1.45455	TRANS-01
6	1.21196	-3.56582	TRANS-01

图 8-10　查看各反应的反应热结果

进入 **Blocks** | **RSTOIC** | **Results** | **Selectivity** 页面，可以看到异丁烯对 1-丁烯的选择性为 1.917，如图 8-11 所示。

No.	Selectivity	Selected product	Reference reactant
1	1.917	ISOBU-01	1-BUTENE

图 8-11　查看选择性结果

8.3 产率反应器

产率反应器(RYield)模块用于模拟化学反应式计量关系和反应动力学数据未知或不重要，产率分布已知的反应器。用户必须指定产物的产率(单位质量总进料量的产物摩尔量或质量，不包括惰性组分)或者根据用户提供的 Fortran 子程序计算产率。RYield 模块归一化产率来保证物料平衡，因此产率规定只是建立了一个产率分布，而不是绝对产率。由于输入的是固定产率分布，因此 RYield 模块不保持原子平衡。RYield 模块可以模拟单相、两相和三相反应器。

产率设置有四个选项可选：组分产率(Component Yields)、组分映射(Component Mapping)、石油馏分表征(Petro Characterization)和用户子程序(User Subroutine)。当选择组分产率选项时，对于反应产物中的每一个组分进行产率规定。当选择组分映射选项时，需在 **Comp. Mapping** 页面设置各种结合(Lump)反应和分解(De-lump)反应所涉及的组分之间的定量关系。

当反应生成固体或固体发生变化时，可以在 **Comp. Attr.** 页面和 **PSD** 页面分别规定出口物流组分属性和粒子尺寸。

下面通过例 8.2 介绍 RYield 模块的应用。

例 8.2

已知反应 $CH_4+2H_2O \longrightarrow CO_2+4H_2$，进料温度为 750℃，压力为 0.1013MPa，进料中甲烷、水蒸气的流量分别为 20kmol/h、80kmol/h。反应在恒温恒压条件下进行，反应温度、压力与进料相同，反应器出口物流中 $CH_4:H_2O:CO_2:H_2$ 的摩尔比为 1:6:1:4。求反应器热负荷以及 CO_2 和 H_2 的流量。物性方法选用 PENG-ROB。

本例模拟步骤如下：

启动 Aspen Plus，进入 **File** | **New** | **User**，选择模板 General with Metric Units，将文件保存为 Example8.2-RYield.bkp。

进入 **Components** | **Specifications** | **Selection** 页面，输入组分 CH4（甲烷）、H2O（水）、CO2（二氧化碳）、H2（氢气）。

点击N→，进入 **Methods** | **Specifications** | **Global** 页面，选择物性方法 PENG-ROB。

点击N→，进入 **Methods** | **Parameters** | **Binary Interaction** | **RKSKBV-1** | **Input** 页面，查看方程的二元交互作用参数，本例采用系统默认值，不做修改。

点击N→，出现 **Properties Input Complete** 对话框，选择 Go to Simulation environment，点击 **OK**，进入模拟环境。

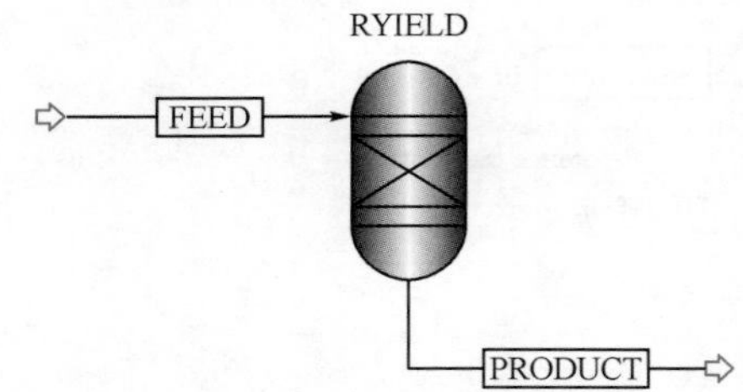

图 8-12 产率反应器（RYIELD）流程

建立如图 8-12 所示流程图，其中反应器 RYIELD 选用模块选项板中 **Reactors** | **RYield** | **ICON3** 图标。

点击N→，进入 **Streams** | **FEED** | **Input** | **Mixed** 页面，输入进料 FEED 温度 750℃，压力 0.1013MPa，甲烷、水蒸气的流量分别为 20kmol/h、

80kmol/h。

点击N→，进入 **Blocks** | **RYIELD** | **Setup** | **Specifications** 页面，输入模块 RYIELD 参数，在 Operating conditions（操作条件）项中输入温度 750℃，压力 0.1013MPa，Valid phases（有效相态）选择 Vapor-Only，如图 8-13 所示。

点击N→，进入 **Blocks** | **RYIELD** | **Setup** | **Yield** 页面，设置组分产率参数。默认 Yield options（产率选项）为 Component yields（组分产率），输入 CH_4、H_2O、CO_2、H_2 的产率（分布）为 1∶6∶1∶4，没有惰性组分，如图 8-14 所示。

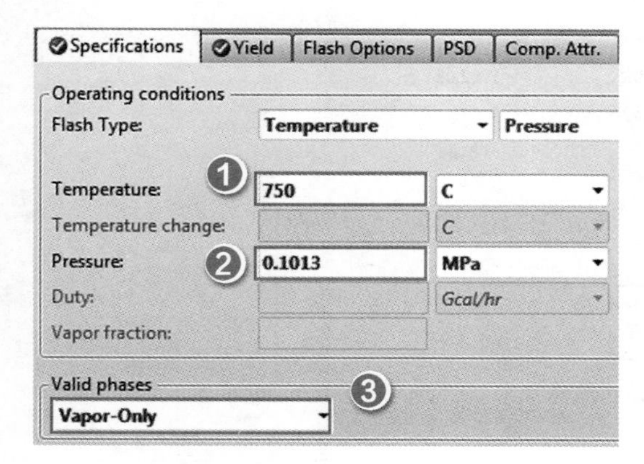

图 8-13 **输入模块 RYIELD 参数**

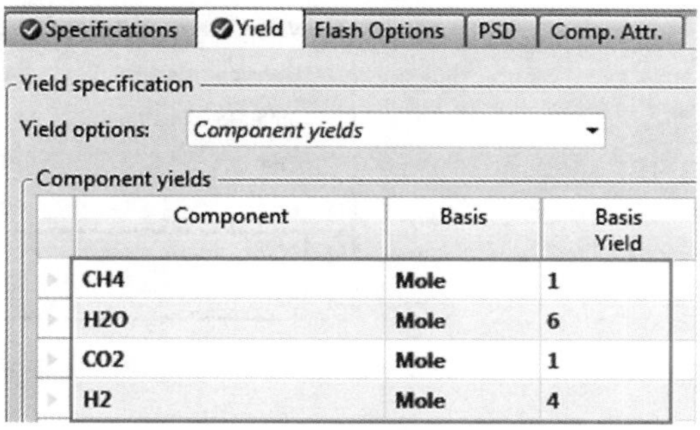

Specifications | Yield | Flash Options | PSD | Comp. Attr.

Yield specification

Yield options: *Component yields*

Component yields

Component	Basis	Basis Yield
CH4	Mole	1
H2O	Mole	6
CO2	Mole	1
H2	Mole	4

图 8-14 **设置产率参数**

点击N→，出现 **Required Input Complete** 对话框，点击 **OK**，运行模拟，可看到控制面板中有一个 WARNING，提示定义的产率已被一个因子归一化来保证整体的物料平衡，如图 8-15 所示。

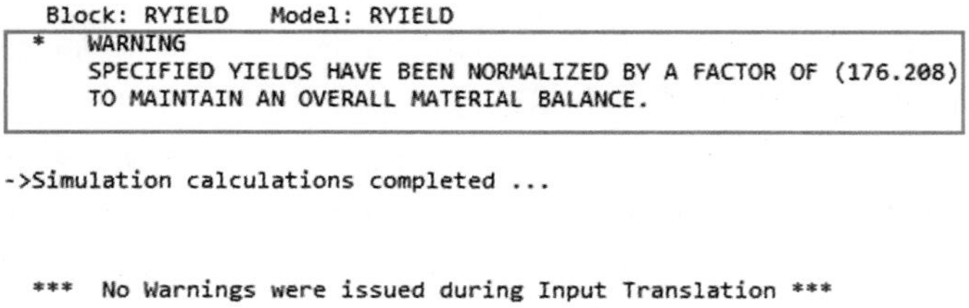

```
 Block: RYIELD   Model: RYIELD
*   WARNING
    SPECIFIED YIELDS HAVE BEEN NORMALIZED BY A FACTOR OF (176.208)
    TO MAINTAIN AN OVERALL MATERIAL BALANCE.

->Simulation calculations completed ...


  ***  No Warnings were issued during Input Translation ***
```

图 8-15 **查看控制面板信息**

进入 **Blocks** | **RYIELD** | **Results** | **Summary** 页面，可以看到反应器热负荷为 529.821kW，如图 8-16 所示。

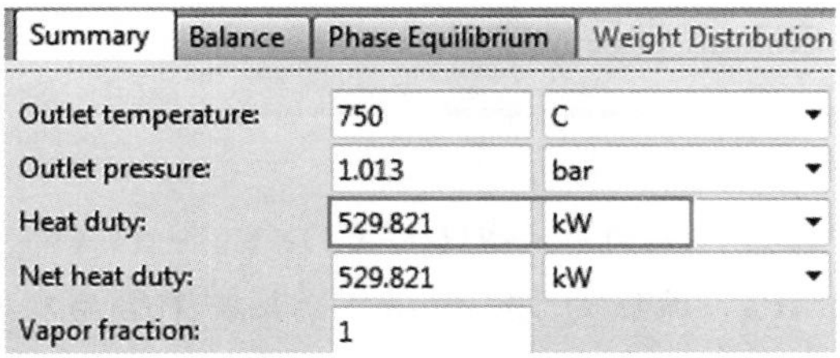

Summary | Balance | Phase Equilibrium | Weight Distribution

Outlet temperature:	750	C
Outlet pressure:	1.013	bar
Heat duty:	529.821	kW
Net heat duty:	529.821	kW
Vapor fraction:	1	

图 8-16 **查看模块 RYIELD** 结果

进入 **Blocks** | **RYIELD** | **Stream Results** | **Material** 页面，可以看到产物 PRODUCT 中 CO_2 的流量为 10kmol/h，H_2 的流量为 40kmol/h，如图 8-17 所示。

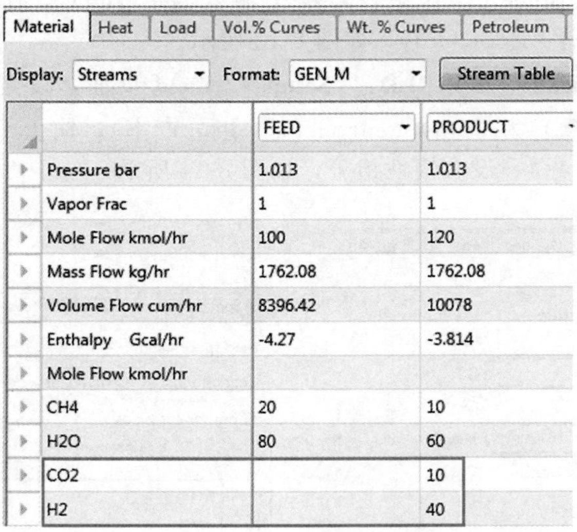

Material | Heat | Load | Vol.% Curves | Wt. % Curves | Petroleum

Display: Streams　Format: GEN_M　Stream Table

	FEED	PRODUCT
Pressure bar	1.013	1.013
Vapor Frac	1	1
Mole Flow kmol/hr	100	120
Mass Flow kg/hr	1762.08	1762.08
Volume Flow cum/hr	8396.42	10078
Enthalpy Gcal/hr	-4.27	-3.814
Mole Flow kmol/hr		
CH4	20	10
H2O	80	60
CO2		10
H2		40

图 8-17　查看物流结果

8.4 平衡反应器

平衡反应器(REquil)模块用于模拟化学反应式计量关系已知，部分或所有反应达到化学平衡的反应器。REquil 模块同时计算相平衡和化学平衡，能够限制某一化学反应不达到化学平衡，可以模拟单相和两相反应器，不能进行三相计算。

REquil 模块模拟计算时，需要规定化学反应式计量关系和反应器的操作条件，如果没有给定其他规定，REquil 模块假定反应达到平衡。REquil 模块由 Gibbs 自由能计算平衡常数，可以通过规定反应程度(Molar Extent)或平衡温差(Temperature Approach)来限制平衡。

如果规定平衡温差 ΔT，Requil 模块估算在 $T+\Delta T$(T 为反应器温度)时的化学平衡常数(Equilibrium Constant)。

REquil 模块处理常规的固体时，把每个参与反应的固体视为一个单独的纯固相。不参加反应的固体，包括非常规的组分，被视为惰性成分，这些固体不影响化学平衡，只影响能量平衡。

下面通过例 8.3 介绍 REquil 模块的应用。

例 8.3

由甲醇生产氢气的反应为 $CH_4O \longrightarrow 2H_2+CO$；$CO+H_2O \longrightarrow H_2+CO_2$。进料温度为 232℃，压力为 0.1013MPa，流量为 100kmol/h，其中甲醇与水的摩尔比为 1∶4，反应器温度为 232℃，压力为 0.1013MPa。求当反应达到平衡时，氢气的流量以及反应器热负荷。物性方法选用 PENG-ROB。

本例模拟步骤如下：

启动 Aspen Plus，进入 **File** | **New** | **User**，选择模板 General with Metric Units，将文件保存为 Example8.3-Requil.bkp。

进入 **Components** | **Specifications** | **Selection** 页面，输入组分 CH4O（甲醇）、H2O（水）、H2（氢气）、CO（一氧化碳）和 CO2（二氧化碳）。

点击，进入 **Methods** | **Specifications** | **Global** 页面，选择物性方法 PENG-ROB。

点击，进入 **Methods** | **Parameters** | **Binary Interaction** | **RKSKBV-1** | **Input** 页面，查看方程的二元交互作用参数，本例采用系统默认值，不做修改。

点击，出现 **Properties Input Complete** 对话框，选择 Go to Simulation environment，点击 **OK** 按钮，进入模拟环境。

建立如图 8-18 所示的流程图，其中反应器 REQUIL 选用模块选项板中 **Reactors** | **REquil** | **I-CON2** 图标。

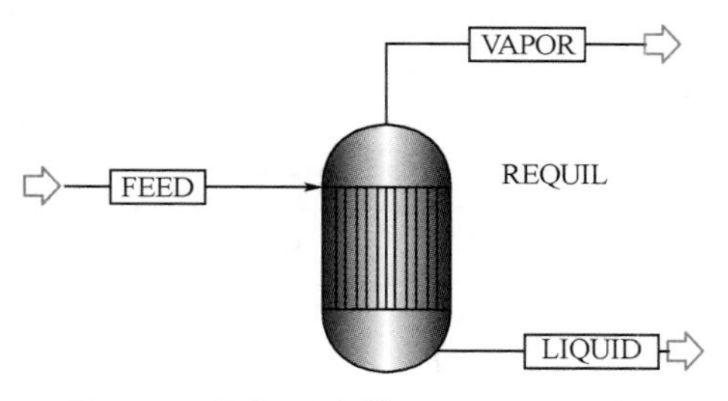

图 8-18　**平衡反应器（REQUIL）流程**

点击，进入 **Streams** | **FEED** | **Input** | **Mixed** 页面，输入进料 FEED 温度 232℃，压力 0.1013MPa，流量 100kmol/h，甲醇与水的摩尔分数分别为 0.2、0.8。

点击，进入 **Blocks** | **REQUIL** | **Input** | **Specifications** 页面，输入模块 REQUIL 参数，在 Operating conditions（操作条件）项中输入温度 232℃，压力 0.1013MPa，Valid phases（有效相态）为 Vapor-Only。

点击，进入 **Blocks** | **REQUIL** | **Input** | **Reactions** 页面，定义反应。

点击 **New...** 按钮，定义第一个反应 $CH_4O \longrightarrow 2H_2 + CO$，反应中不包含固体，因此默认 Solid 为 No，默认 Temperature approach 为 0℃，如图 8-19 所示。同理，定义第二个反应。完成后点击对话框中的或 **Close** 按钮，重新回到 **Blocks** | **REQUIL** | **Input** | **Reactions** 页面，如图 8-20 所示。

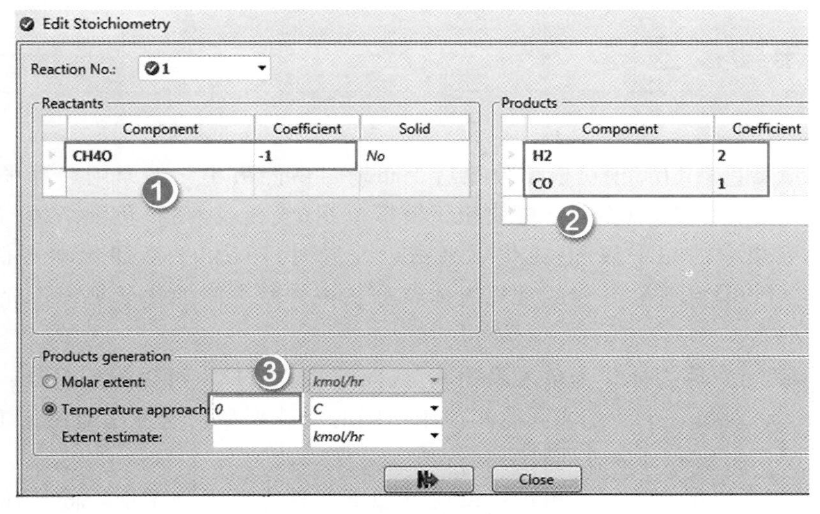

图 8-19　**定义反应 1**

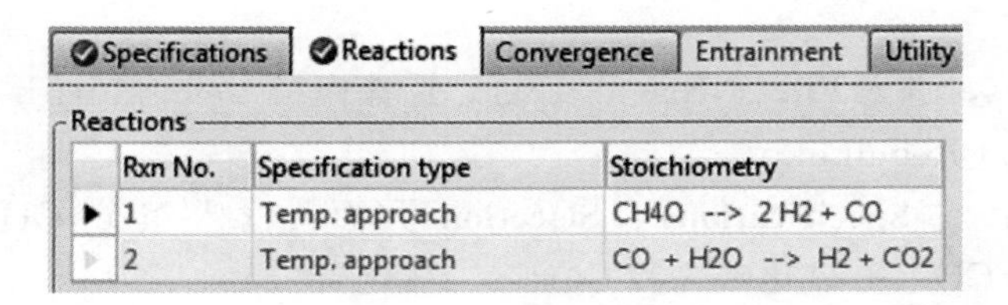

Specifications
Reactions
Convergence
Entrainment
Utility
Reactions
Rxn No.
Specification type
Stoichiometry
1
Temp. approach
CH4O --> 2 H2 + CO
2
Temp. approach
CO + H2O --> H2 + CO2

图 8-20　**反应输入结果**

点击N→，出现 **Required Input Complete** 对话框，点击 **OK** 按钮，运行模拟，流程收敛。

进入 **Blocks** | **REQUIL** | **Stream Results** | **Material** 页面，可以看到产物 VAPOR 中氢气的流量为 59.842kmol/h，如图 8-21 所示。进入 **Blocks** | **REQUIL** | **Results** | **Summary** 页面，可以看到反应器热负荷为 325.444kW，如图 8-22 所示。

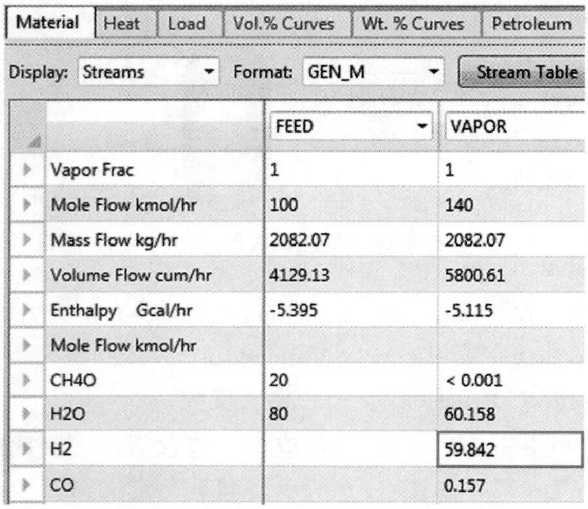

Material
Heat
Load
Vol.% Curves
Wt. % Curves
Petroleum
Display: Streams
Format: GEN_M
Stream Table
FEED
VAPOR
Vapor Frac 1 1
Mole Flow kmol/hr 100 140
Mass Flow kg/hr 2082.07 2082.07
Volume Flow cum/hr 4129.13 5800.61
Enthalpy Gcal/hr -5.395 -5.115
Mole Flow kmol/hr
CH4O 20 < 0.001
H2O 80 60.158
H2 59.842
CO 0.157

图 8-21　**查看物流结果**

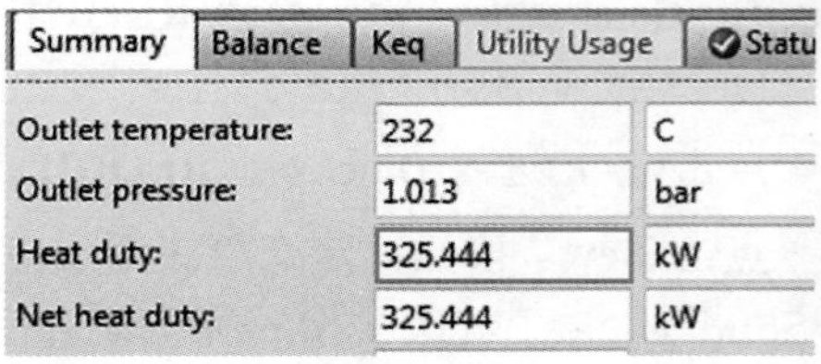

Summary
Balance
Keq
Utility Usage
Statu
Outlet temperature: 232 C
Outlet pressure: 1.013 bar
Heat duty: 325.444 kW
Net heat duty: 325.444 kW

图 8-22　**查看模块 REQUIL 结果**

8.5　吉布斯反应器

吉布斯反应器(RGibbs)模块根据分相后吉布斯自由能最小化的原则计算平衡，不需要规定化学反应式计量系数。RGibbs 模块用于模拟单相(气相或液相)化学平衡、无化学反应的相平衡、固溶相中的相平衡和/或化学平衡以及同时进行相平衡和化学平衡的反应器。RGibbs 模块也可以计算任意数量的常规固体组分和流体相之间的化学平衡，允许限制体系不达到完全的平衡。

RGibbs 模块可以将固体作为单凝聚物和/或固溶相。用户也可以分配组分，将其置于平衡中的特定相态，对每一个液相或固溶相使用不同的物性模型，这种功能使得 RGibbs 模块在火法冶金及模拟陶瓷和合金方面特别有价值。

RGibbs 模块可以限制平衡，用户可以通过如下几种方法限制平衡：固定任一产物的摩尔量、指定某一不参与反应的进料组分的百分比、指定整个系统的平衡温差、指定单个反应的平衡温差及固定反应程度。

下面通过例 8.4 介绍 RGibbs 模块的应用。

例 8.4

采用 RGibbs 模块对例 8.3 进行模拟。

本例模拟步骤如下：

打开 Example8.3-Requil.bkp，将文件另存为 Example8.4-RGibbs.bkp。

建立如图 8-23 所示的流程图，其中反应器 RGIBBS 选用模块选项板中 **Reactors** | **RGibbs** | **ICON2** 图标。

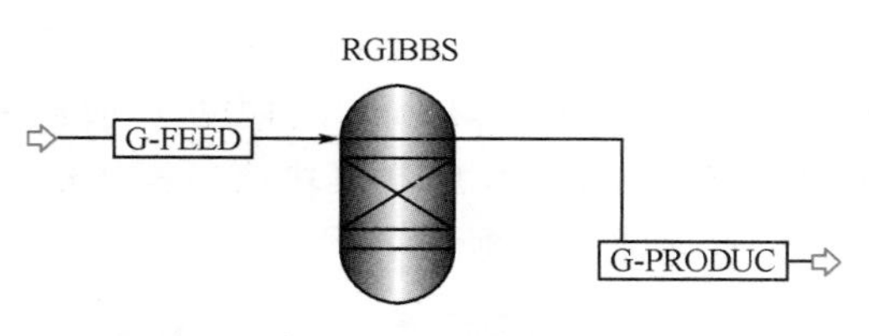

图 8-23 **吉布斯反应器(RGIBBS)流程**

点击 N→，进入 **Streams** | **G-FEED** | **Input** | **Mixed** 页面，输入进料 G-FEED 温度 232℃，压力 0.1013MPa，流量 100kmol/h，甲醇与水的摩尔分数分别为 0.2 和 0.8。

点击 N→，进入 **Blocks** | **RGIBBS** | **Setup** | **Specifications** 页面，输入模块 RGIBBS 参数，Calculation options(计算选项)默认 Calculate phase equilibrium and chemical equilibrium(计算相平衡和化学平衡)，在 Operating conditions(操作条件)项中输入压力 0.1013MPa，温度 232℃，输入 Maximum number of fluid phases(存在的最大相态数)2，不存在固相，如图 8-24 所示。

进入 **Blocks** | **RGIBBS** | **Input** | **Products** 页面，默认选项 RGibbs considers all components as products，即 RGibbs 模块将所有的组分看作产物，如图 8-25 所示。

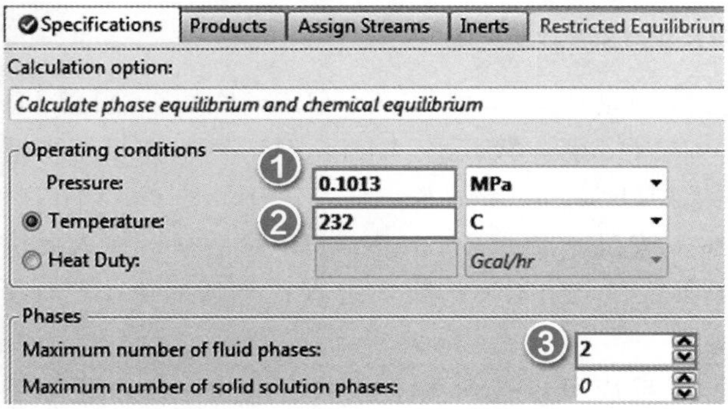

图 8-24 **输入模块 RGIBBS 参数**

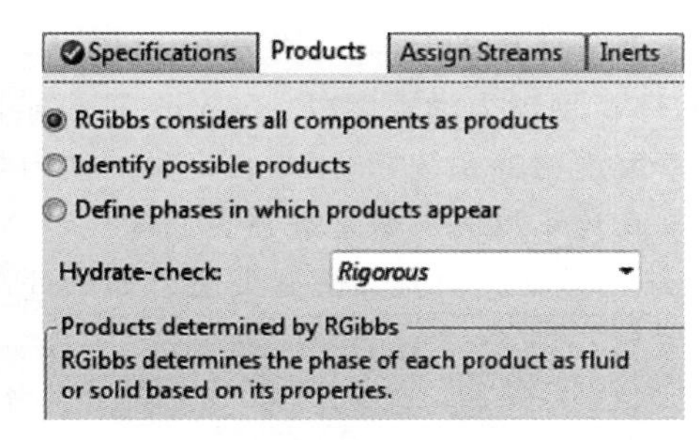

图 8-25 **规定反应产物**

进入 **Blocks** | **RGIBBS** | **Input** | **Assign Streams** 页面，默认选项 RGibbs assigns phases to outlet streams，即 RGIBBS(吉布斯反应器)自动指定出口物流相态，如图 8-26 所示。没有惰性组分，故 **Inerts** 页面不做规定。

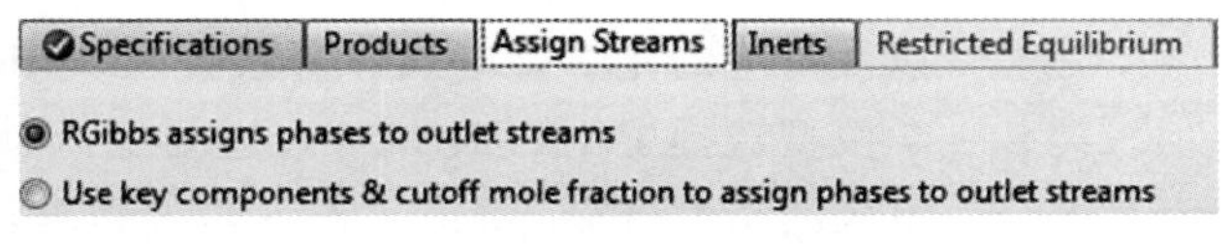

图 8-26 **指定出口物流相态**

点击N>，出现 **Required Input Complete** 对话框，点击 **OK**，运行模拟，流程收敛。

进入 **Blocks** | **RGIBBS** | **Stream Results** | **Material** 页面，可以看到 G-PRODUCT 中氢气的流量为 59.842kmol/h。进入 **Blocks** | **RGIBBS** | **Results** | **Summary** 页面，可以看到 Heat duty(反应热)为 325.444kW。

8.6 化学反应

化学反应(Reactions)用于定义化学反应，这些反应可以用于反应精馏(RadFrac)模块，RBatch、RCSTR、RPlug 等动力学反应器模块和反应系统中的泄压(Pressure Relief)模块。化学反应是独立于反应器模块或塔模块的，可以同时应用于多个模块中，其在 Aspen Plus 中的位置如图 8-27 所示。

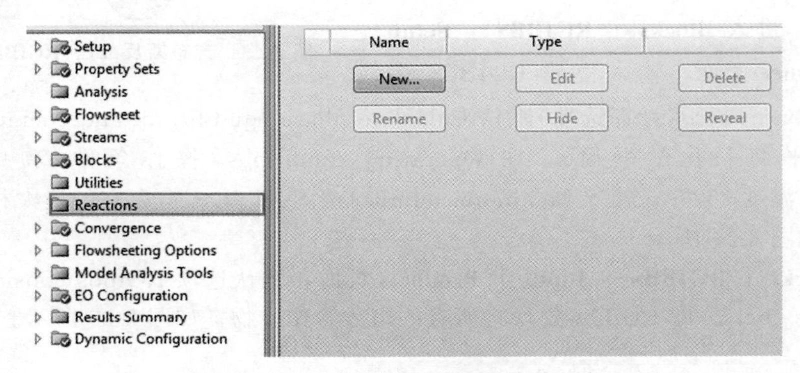

图 8-27 化学反应对象管理器页面

基于速率的反应动力学模型包括：指数型动力学模型(Power Law Kinetic Model)、LHHW 型动力学模型(Langmuir-Hinshelwood-Hougen-Watson Kinetic Model)(该模型不适用于反应精馏系统)和用户自定义的动力学模型(User-defined Kinetic Model)。

在化学反应对象管理器页面中点击 **New…** 按钮，出现 **Create New ID** 对话框，输入反应 ID 并选择反应动力学模型类型，如图 8-28 所示。点击 **OK** 按钮，进入化学反应 **R-1**，如图 8-29 所示。

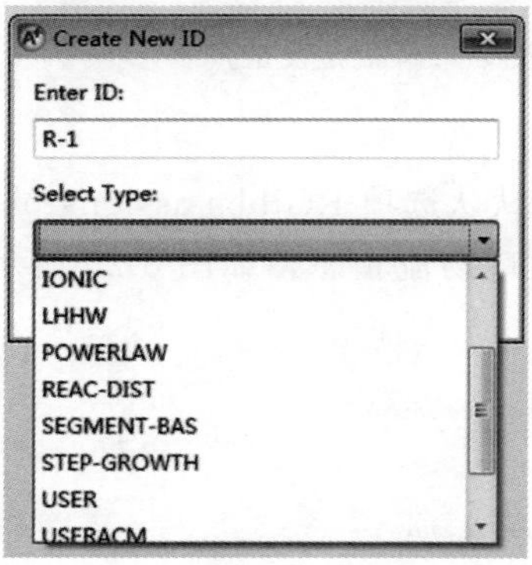

图 8-28 创建化学反应

一个化学反应可以包含多个化学反应式，每个化学反应式均要定义化学反应式计量系数(Stoichiometry)，规定动力学参数(Kinetic)或者平衡参数(Equilibrium)。

进入 **Reactions** | **R-1** | **Input** | **Stoichiometry** 页面，点击 **New…** 按钮，建立化学反应式。反应类型有两种：动力学(Kinetic)和平衡型(Equilibrium)，需输入反应组分(Reactants-Component)、产物组分(Products-Component)以及对应的化学反应式计量系数(Coefficient)。若反应动力学模型选择 POWERLAW，还要输入动力学方程式中每个组分的指数(Exponent)(若不输入则默认为 0，即反应速率的大小与该组分无关)，如图 8-30 所示。

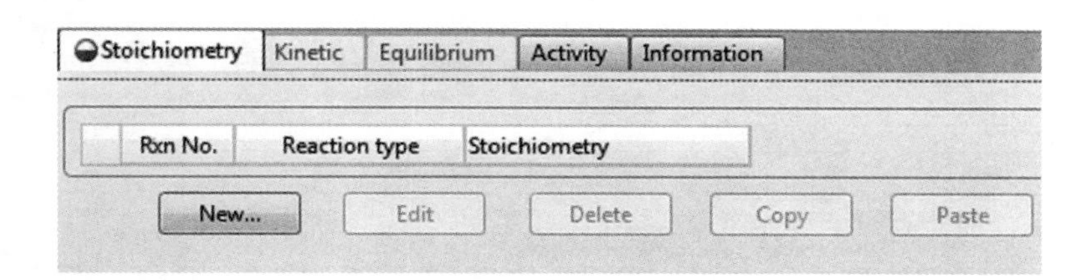

图 8-29　化学反应式输入页面

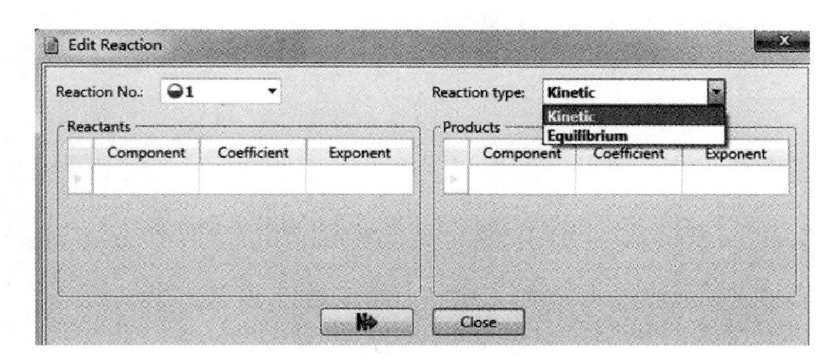

图 8-30　反应 1 的定义界面

如果反应类型选择 Kinetic，在 **Kinetic** 页面，需要规定反应相态、反应速率控制基准、动力学参数以及浓度基准。

对于指数型的化学反应(图 8-28 选择 POWERLAW)，需要设置的动力学参数如图 8-31 所示。

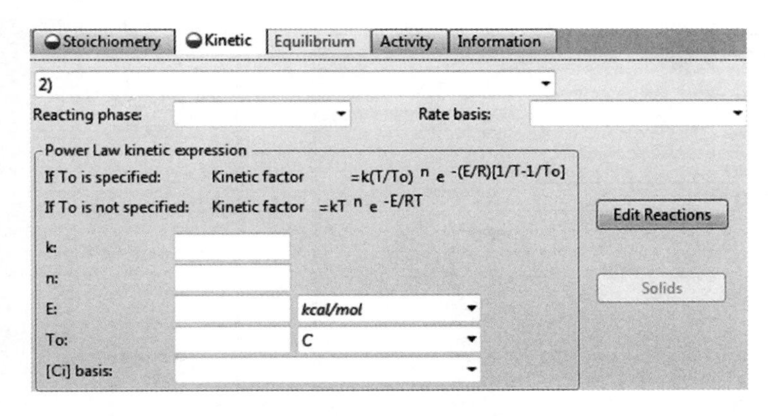

图 8-31　指数型化学反应动力学参数设置页面

对于 LHHW 型化学反应(图 8-28 选择 LHHW)，需要设置的动力学参数如图 8-32 所示。

点击 **Driving force**，弹出如图 8-33 所示窗口。Term1 和 Term2 分别代表正反应和逆反应的推动力。推动力表达式为：

$$[\text{推动力表达式}]=K_1\Pi C_i^{\alpha_i}-K_2\Pi C_j^{\beta_j} \tag{8-2}$$

其中

$$\ln K_l=A_l+\frac{B_l}{T}+C_l\ln T+D_l T \tag{8-3}$$

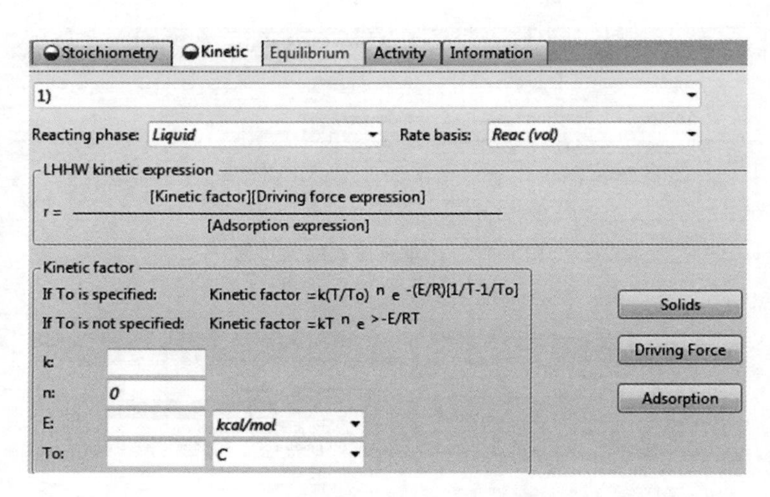

图 8-32　**LHHW 型化学反应动力学参数设置页面**

点击 **Adsorption**，弹出如图 8-34 所示窗口。吸附表达式为：

$$[\text{吸附表达式}]=[\sum K_i(\Pi C_j^{\nu_j})]^m \tag{8-4}$$

其中

$$\ln K_i=A_i+\frac{B_i}{T}+C_i\ln T+D_iT \tag{8-5}$$

如果不存在吸附过程的影响，则只需令 $m=0$ 即可。

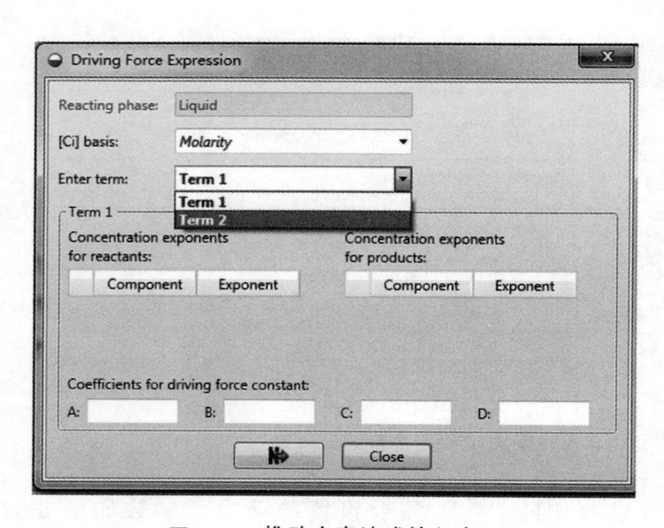

图 8-33　**推动力表达式输入窗口**

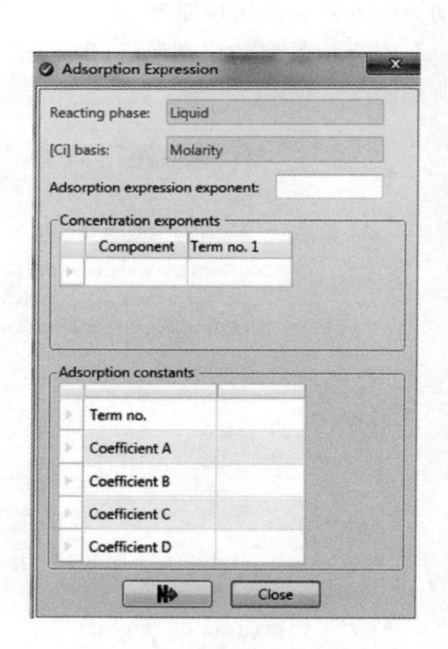

图 8-34　**吸附表达式输入窗口**

如果反应类型选择 Equilibrium，在 **Equilibrium** 页面需要规定反应相态、平衡温差，需要选择平衡常数的计算方法：Gibbs energies 或 Built-in Keq expression，如图 8-35 所示。

还可以使用用户提供的动力学子程序来计算反应速率，在图 8-28 中选择 USER，在 **Subroutine** 页面规定 Fortran 子程序名称及相关参数，如图 8-36 所示。

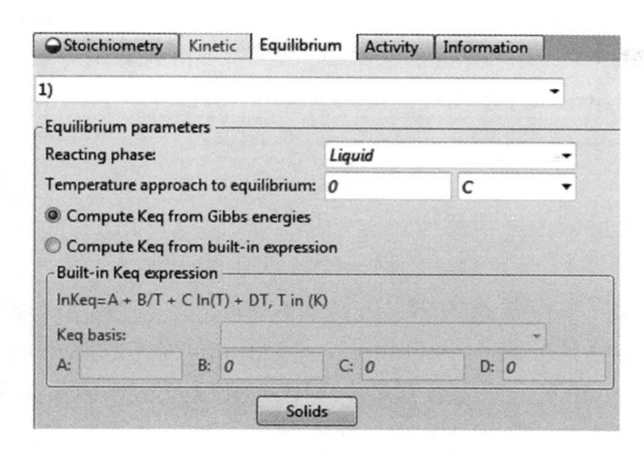

图 8-35 **平衡反应参数设置页面**

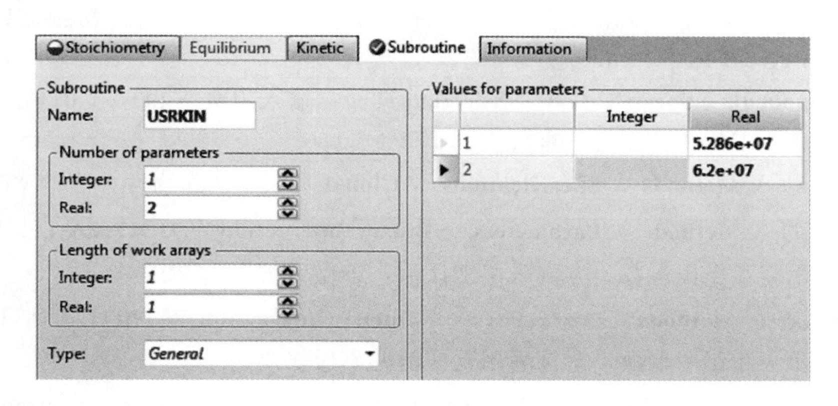

图 8-36 **用户自定义反应动力学子程序设置页面**

8.7 全混釜反应器

全混釜反应器(RCSTR)模块严格模拟连续搅拌釜式反应器，可以模拟单相、两相或三相体系。RCSTR 模块假定反应器内为完全混合，即反应器内部与出口物流的性质和组成相同，可处理动力学反应和平衡反应，也可以处理带有固体的反应。用户可以通过内置反应模型或者通过用户自定义子程序提供反应动力学。

RCSTR 模块需要规定反应器压力、温度或者热负荷、有效相态、反应器体积或停留时间(Residence Time)等。若 RCSTR 模块连接了两股或三股出口物流，则应在 **Streams** 页面中设定每一股物流的出口相态。RCSTR 模块中的化学反应式通过化学反应定义。

如果反应器的体积确定，全混釜反应器的停留时间由如下公式计算得到：

总停留时间
$$RT=\frac{V_{\mathrm{R}}}{F\sum f_i V_i} \tag{8-6}$$

i 相停留时间
$$RT_i=\frac{V_{\mathrm{p}i}}{F f_i V_i} \tag{8-7}$$

式中，RT 为总停留时间；RT_i 为 i 相的停留时间；V_R 为反应器体积；F 为总摩尔流量(出口)；V_{pi} 为 i 相的体积；V_i 为 i 相的摩尔体积；f_i 为 i 相的摩尔分数。

下面通过例 8.5 介绍 RCSTR 模块的应用。

例 8.5

乙醇和乙酸的酯化反应为平衡反应：

$$乙醇+乙酸\rightleftharpoons乙酸乙酯+水$$

基于摩尔浓度的反应平衡常数为 K，$\ln K=1.335$。进料为 0.1013MPa 下的饱和液体，其中水、乙醇、乙酸的流量分别为 736kmol/h、218kmol/h、225kmol/h，全混釜反应器的体积为 21000L，温度为 60℃，压力为 0.1013MPa，化学反应动力学模型选用指数型。求产物乙酸乙酯的流量。物性方法选用 NRTL-HOC。

本例模拟步骤如下：

启动 Aspen Plus，进入 **File** | **New** | **User**，选择模板 General with Metric Units，将文件保存为 Example8.5-RCSTR.bkp。

进入 **Components** | **Specifications** | **Selection** 页面，输入组分 ETHAN-01(乙醇)、ACETI-01(乙酸)、ETHYL-01(乙酸乙酯)、WATER(水)。

点击 N➡，进入 **Methods** | **Specifications** | **Global** 页面，选择物性方法 NRTL-HOC。

点击 N➡，进入 **Methods** | **Parameters** | **Binary Interaction** | **HOCETA-1** | **Input** 页面，查看方程的二元交互作用参数，本例采用默认值，不做修改。

点击 N➡，进入 **Methods** | **Parameters** | **Binary Interaction** | **NRTL-1** | **Input** 页面，查看方程的二元交互作用参数，本例采用默认值，不做修改。

点击 N➡，出现 **Properties Input Complete** 对话框，选择 Go to Simulation environment，点击 **OK**，进入模拟环境。

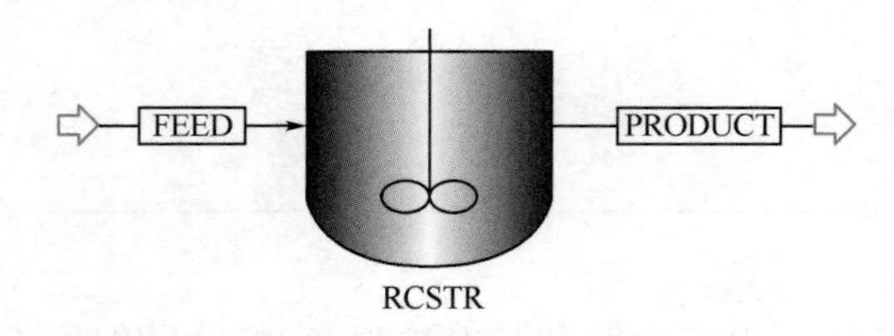

图 8-37 RCSTR 反应流程

建立如图 8-37 所示流程图，其中反应器 RCSTR 选用模块选项板中 **Reactors** | **RCSTR** | **ICON1** 图标。

点击 N➡，进入 **Streams** | **FEED** | **Input** | **Mixed** 页面，输入进料 FEED 压力 0.1013MPa，气相分数 0，水、乙醇和乙酸的流量分别为 736kmol/h、218kmol/h 和 225kmol/h。

点击 N➡，进入 **Blocks** | **RCSTR** | **Setup** | **Specifications** 页面，输入 RCSTR 模块参数。操作压力为 0.1013MPa，温度为 60℃，Valid phases(有效相态)选择 Liquid-Only，Reactor Volume(反应器体积)为 21000L，如图 8-38 所示。

进入 **Reactions** | **Reactions** 页面，创建化学反应。点击 **New...** 按钮，出现 **Create New ID** 对话框，默认 ID 为 R-1，Select type 选择 POWERLAW，如图 8-39 所示。

点击 **OK**，进入 **Reactions** | **R-1** | **Input** | **Stoichiometry** 页面。点击 **New...** 按钮，出现 **Edit Reaction** 对话框，选择 Reaction type(反应类型)为 Equilibrium(平衡型)，输入化学反应方程式为 ETHAN-01+ACETI-01 $\rightleftharpoons$ETHYL-01+WATER，如图 8-40 所示。

点击对话框中的 **Close** 按钮，回到 **Reactions** | **R-1** | **Input** | **Stoichiometry** 页面。

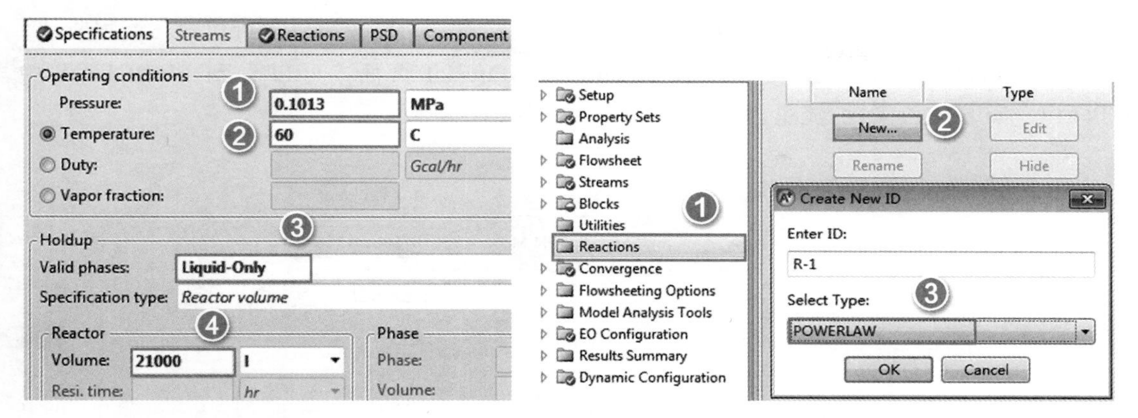

图 8-38　输入模块 RCSTR 参数　　　　图 8-39　创建化学反应

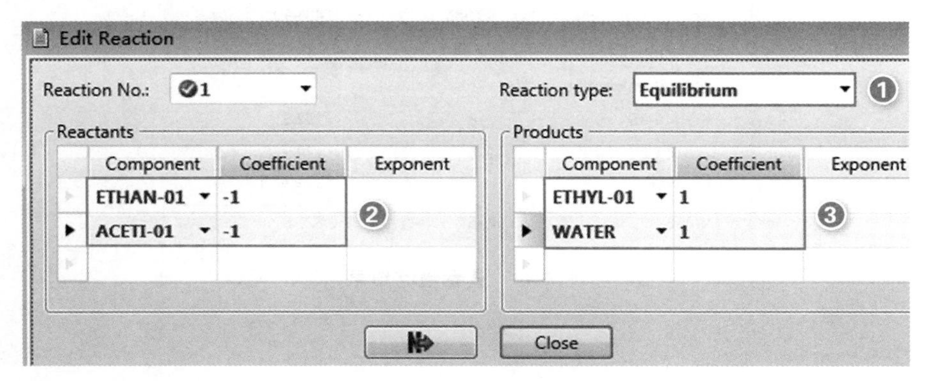

图 8-40　定义反应 1

进入 **Reactions** | **R-1** | **Input** | **Equilibrium** 页面，默认为反应 1，默认 Reacting phase（反应相态）为 Liquid，默认 Temperature approach to equilibrium（平衡温差）为 0℃。选择 Compute Keq from built-in expression，Keq basis 选择 Molarity（摩尔浓度），$A=1.335$，如图 8-41 所示。

化学反应创建完成。

点击 N➡，进入 **Blocks** | **RCSTR** | **Setup** | **Reactions** 页面，将 Available reaction sets 中的 R-1 选入 Selected reaction sets，如图 8-42 所示。

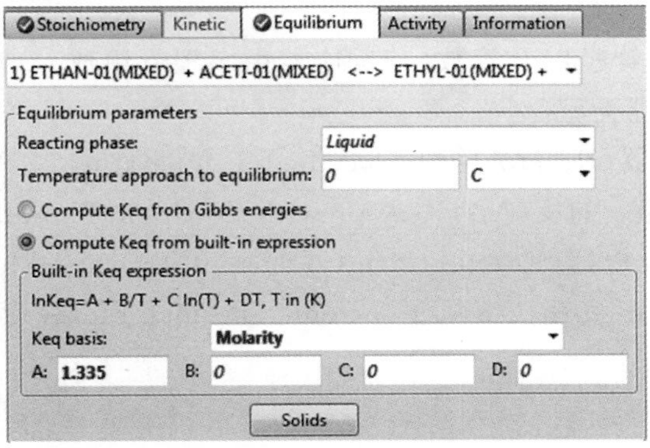

图 8-41　输入反应 1 平衡参数

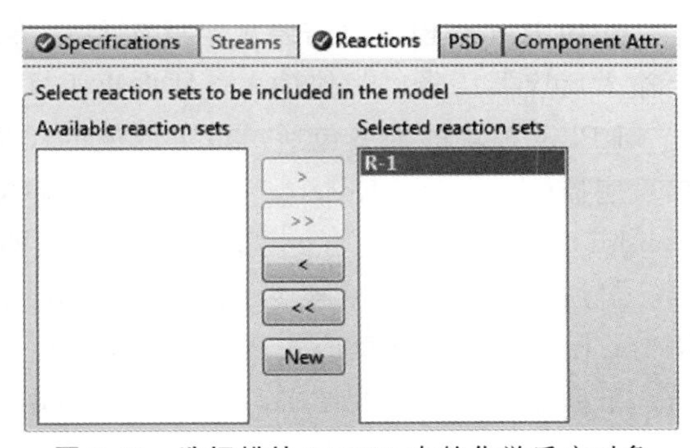

图 8-42　选择模块 RCSTR 中的化学反应对象

点击 **N▶**，出现 **Required Input Complete** 对话框，点击 **OK** 按钮，运行模拟，流程收敛。

进入 **Blocks** | **RCSTR** | **Stream Results** | **Material** 页面，可以看到 PRODUCT 中 ETHYL-01(乙酸乙酯)的流量为 85.5kmol/h，如图 8-43 所示。

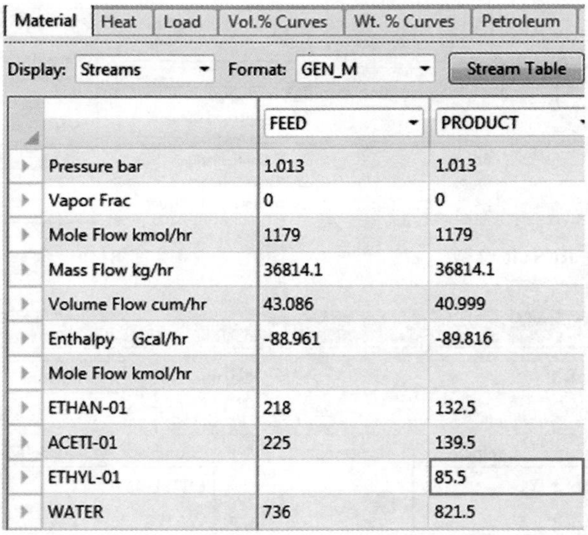

Material | Heat | Load | Vol.% Curves | Wt. % Curves | Petroleum

Display: Streams　Format: GEN_M　Stream Table

	FEED	PRODUCT
Pressure bar	1.013	1.013
Vapor Frac	0	0
Mole Flow kmol/hr	1179	1179
Mass Flow kg/hr	36814.1	36814.1
Volume Flow cum/hr	43.086	40.999
Enthalpy Gcal/hr	-88.961	-89.816
Mole Flow kmol/hr		
ETHAN-01	218	132.5
ACETI-01	225	139.5
ETHYL-01		85.5
WATER	736	821.5

图 8-43　查看物流结果

8.8 平推流反应器

平推流反应器(RPlug)模块可以模拟轴向没有返混、径向完全混合的理想平推流反应器，可以模拟单相、两相或三相体系，也可以模拟带传热流体(冷却或加热)物流(并流或逆流)的反应器。RPlug 模块处理动力学反应，包括涉及固体的化学反应，使用 RPlug 模块时必须已知反应动力学，用户可以通过内置反应模型或者通过用户自定义子程序提供反应动力学。

使用 RPlug 模块时需要规定反应器管长、管径以及管数(若反应器由多根管组成)，需要输入反应器压降，其他输入参数取决于反应器类型。

RPlug 模块的类型包括：指定温度的反应器(Reactor with Specified Temperature)、绝热反应器(Adiabatic Reactor)、恒定传热流体温度的反应器(Reactor with Constant Thermal Fluid Temperature)、与传热流体并流换热的反应器(Reactor with Co-current Thermal Fluid)、与传热流体逆流换热的反应器(Reactor with Counter-current Thermal Fluid)等。RPlug 模块中的化学反应式通过化学反应定义。

下面通过例 8.6 介绍 RPlug 模块的应用。

例 8.6

丙烯(C_3H_6)氯化制二氯丙烷($C_3H_6Cl_2$)的化学反应式和指数型动力学方程如下(其中动力学参数以英制单位为基准，浓度为摩尔浓度，反应相态为气相)：

例 8.6
演示视频

主反应 $$Cl_2+C_3H_6 \longrightarrow C_3H_6Cl_2$$

$$R_1=90.46\times \exp(-6860/RT)\times[Cl_2]\times[C_3H_6]$$

副反应 $$Cl_2+C_3H_6 \longrightarrow C_3H_5Cl+HCl$$

$$R_2=1.5\times10^6\times \exp(-27200/RT)\times[Cl_2]\times[C_3H_6]$$

两股进料混合后进入反应器，进料氯气的温度为 200℃，压力为 0.2026MPa，流量为 0.077kmol/h，进料丙烯的温度为 200℃，压力为 0.2026MPa，流量为 0.308kmol/h。反应器长 7.62m，内径 50.8mm，压降为 0。已知反应器进口温度为 200℃，反应器长度的 0.9 倍处温度为 113℃，反应器出口温度为 110.2℃，求产物中氯丙烯(C_3H_5Cl)和 1，2-二氯丙烷($C_3H_6Cl_2$)的流量。物性方法选用 IDEAL。

本例模拟步骤如下：

启动 Aspen Plus，进入 **File** | **New** | **User**，选择模板 General with Metric Units，将文件保存为 Example8.6-RPlug.bkp。

进入 **Components** | **Specifications** | **Selection** 页面，输入组分 Cl2(氯气)、C3H6(丙烯)、C3H5Cl(氯丙烯)、C3H6Cl2(1，2-二氯丙烷)、HCl(氯化氢)。

点击，进入 **Methods** | **Specifications** | **Global** 页面，选择物性方法 IDEAL。

点击，出现 **Properties Input Complete** 对话框，选择 Go to Simulation environment，点击 **OK**，进入模拟环境。

建立如图 8-44 所示流程图，其中反应器 RPLUG 选用模块选项板中 **Reactors** | **RPlug** | **ICON2** 图标。

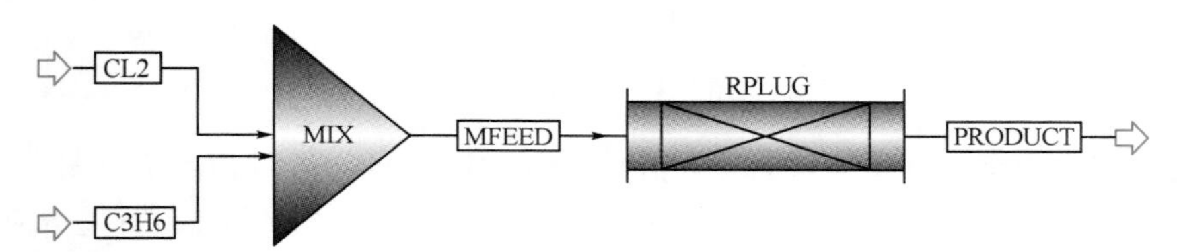

图 8-44 平推流反应器(RPLUG)流程

点击，进入 **Streams** | **C3H6** | **Input** | **Mixed** 页面，输入物流 C3H6 温度 200℃，压力 0.2026MPa，丙烯流量 0.308kmol/h。

点击，进入 **Streams** | **CL2** | **Input** | **Mixed** 页面，输入物流 CL2 温度 200℃，压力 0.2026MPa，氯气流量 0.077kmol/h。

点击，进入 **Blocks** | **MIX** | **Input** | **Flash Options** 页面，输入模块 MIX 参数，默认压降为 0，选择有效相态为 Vapor-Only。

点击，进入 **Blocks** | **RPLUG** | **Setup** | **Specifications** 页面，输入模块 RPLUG 参数。选择 Reactor type(反应器类型)为 Reactor with specified temperature(指定温度的反应器)，输入反应器不同位置的温度，如图 8-45 所示。

点击，进入 **Blocks** | **RPLUG** | **Setup** | **Configuration** 页面，输入模块 RPLUG 结构参数，Length(反应器长度)7.62m，Diameter(直径)50.8mm，如图 8-46 所示。

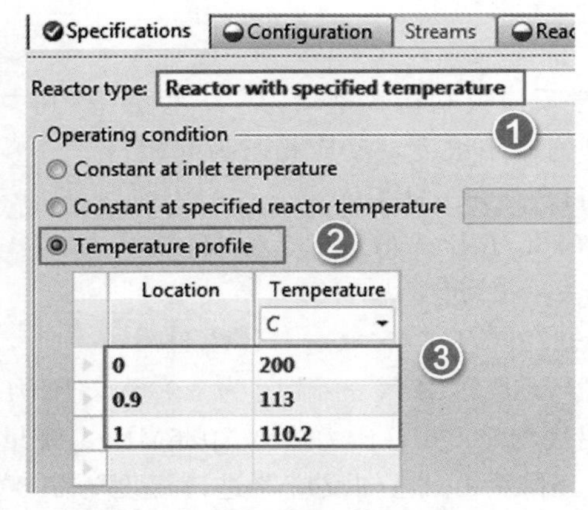

图 8-45 输入模块 RPLUG 参数

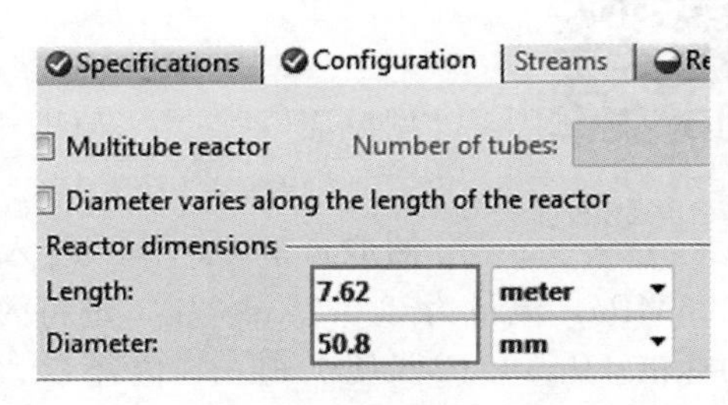

图 8-46 输入模块 RPLUG 结构参数

进入 **Reactions** | **Reactions** 页面，创建化学反应 R-1，反应动力学模型为指数型(POWERLAW)。

输入主反应：$Cl_2+C_3H_6 \longrightarrow C_3H_6Cl_2$，如图 8-47 所示。同理，输入反应 2。

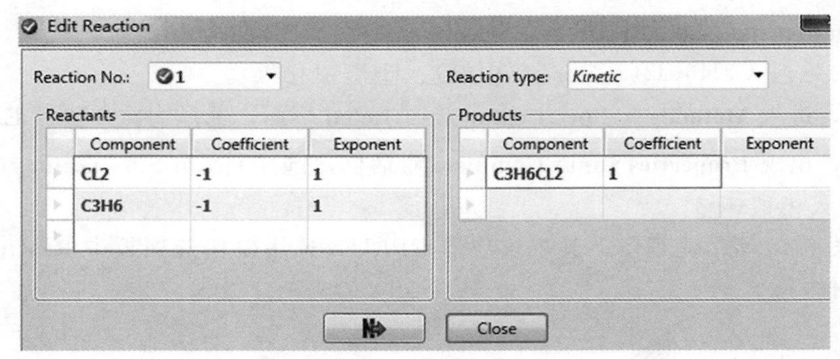

图 8-47 输入反应 1

点击 ，进入 **Reactions** | **R-1** | **Input** | **Kinetic** 页面，在 Units(单位制)下拉菜单中选择英制 ENG，默认反应 1，选择 Reacting phase(反应相态)为 Vapor，输入指前因子 k 为 90.46，活化能 E 为 6860，默认[Ci]basis(浓度基准)为 Molarity，如图 8-48 所示。同理，选择反应 2，输入反应 2 的动力学参数，如图 8-49 所示。

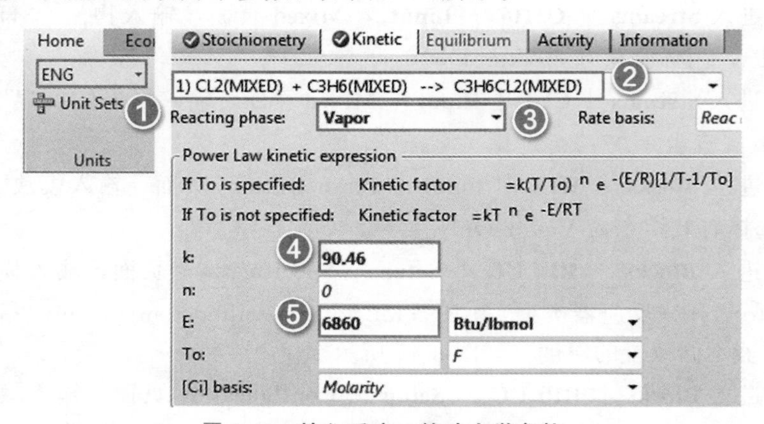

图 8-48 输入反应 1 的动力学参数

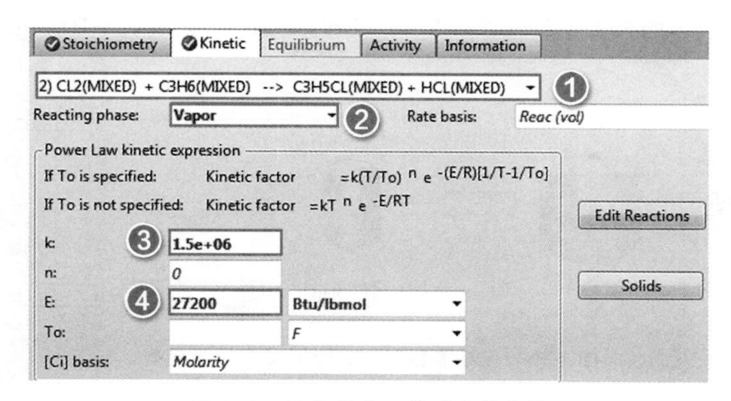

图 8-49　输入反应 2 的动力学参数

点击N→，进入 **Blocks** | **RPLUG** | **Setup** | **Reactions** 页面，将 R-1 由 Available reaction sets 一栏移入 Selected reaction sets 栏中。

点击N→，出现 **Required Input Complete** 对话框，点击 **OK**，运行模拟，流程收敛。

进入 **Blocks** | **RPLUG** | **Stream Results** | **Material** 页面，可以看到氯丙烯(C3H5Cl)和 1,2-二氯丙烷(C3H6Cl2)的流量分别为 0.001kmol/h 和 0.024kmol/h，如图 8-50 所示。

Mole Flow kmol/hr	
CL2	0.052
C3H6	0.283
C3H5CL	0.001
C3H6CL2	0.024
HCL	0.001

图 8-50　查看物流结果

全混釜反应器是返混趋于无穷大的反应器，平推流反应器是返混为零的反应器，这是两个极端情况。实际反应器有的接近这样的理想情况，因而可用这两个模块进行近似设计、模拟和分析。但是在某些情况下，由于实际设备中死角和挡板等的存在形成了滞留区域，也可能由于不均匀的流路导致流体的旁通，因而，流体的流型不同于全混釜和平推流中流体的流型，而是介于它们之间的一种型式，这时候可采用多个模块组合的方法进行模拟。

① 多相产物反应器　RCSTR 模块或 RPlug 模块+Flash2 模块，如图 8-51 和图 8-52 所示。

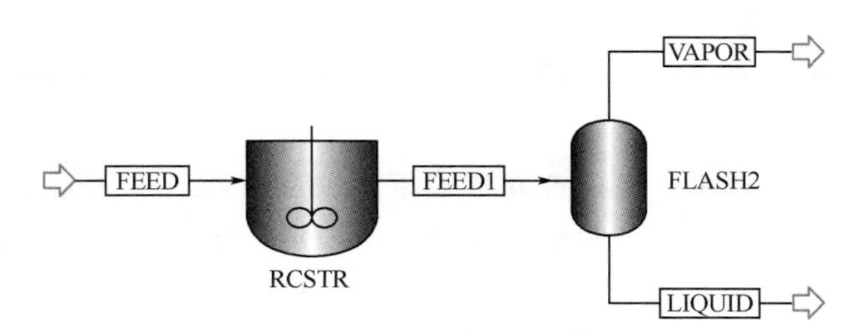

图 8-51　多相产物反应器模型 1

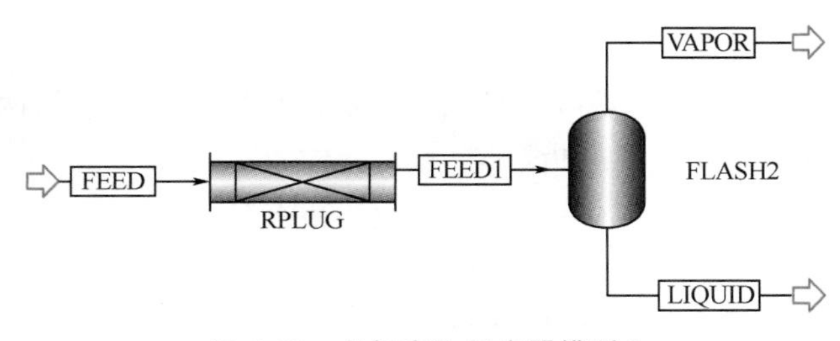

图 8-52　多相产物反应器模型 2

② 存在滞留区域的全混釜反应器　RCSTR 模块+Flash2 模块+RPlug 模块，如图 8-53 所示。

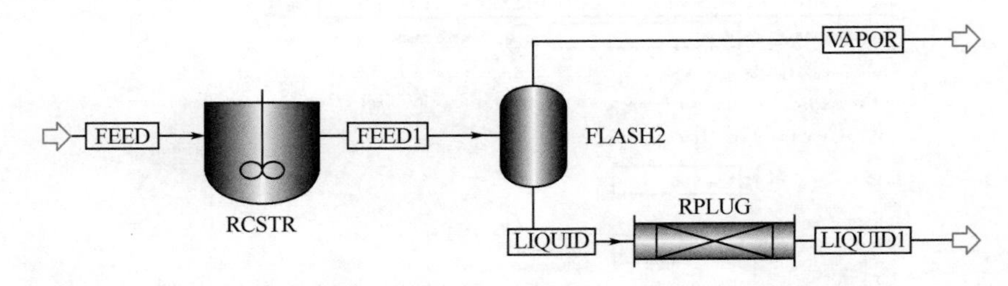

图 8-53　存在滞留区域的全混釜反应器模型

③ 产生旁通的平推流反应器　Fsplit 模块+RPlug 模块+Mixer 模块，如图 8-54 所示。

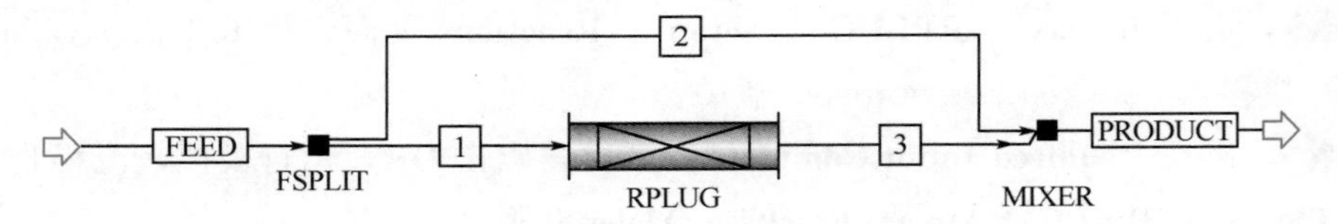

图 8-54　产生旁通的平推流反应器模型

④ 带有返混的平推流反应器　多个 RCSTR 模块串联，如图 8-55 所示。

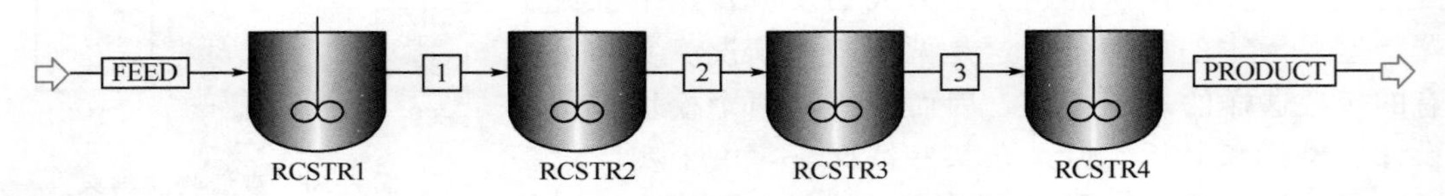

图 8-55　带有返混的平推流反应器模型

8.9 间歇反应器

间歇反应器(RBatch)模块严格模拟间歇或半间歇反应器，使用储罐连接间歇反应器与 Aspen Plus 中的稳态物流。对于半间歇反应器，用户可以定义一股连续出料和任意股连续或间歇进料。RBatch 模块只能处理动力学反应。

下面通过例 8.7 介绍 RBatch 模块的应用。

例 8.7

使用 RBatch 模块模拟 1-十三烷醇与环氧氯丙烷的反应，反应包括两个单体反应和两个二聚反应，化学反应动力学模型选择指数型。

$$\text{Fatty alcohol} + \text{Epi} \longrightarrow \text{Alpha-Monomer}$$
$$\text{Fatty alcohol} + \text{Epi} \longrightarrow \text{Beta-Monomer}$$
$$\text{Alpha-Monomer} + \text{Epi} \longrightarrow \text{AA-Dimer}$$
$$\text{Alpha-Monomer} + \text{Epi} \longrightarrow \text{AB-Dimer}$$

上述所有反应对各自的反应物均为一级（即反应的速率方程中反应物的指数均为1），动力学参数 k 均为 8.71358×10^{10}，活化能依次为 $E_1=69019400\text{J/kmol}$，$E_2=69780000\text{J/kmol}$，$E_3=75532200\text{J/kmol}$，$E_4=76060200\text{J/kmol}$，其中浓度基准为摩尔浓度（Molarity）。

反应式中 Fatty alcohol 为 1-十三烷醇（$C_{13}H_{28}O$），Epi 为环氧氯丙烷（C_3H_5ClO），Alpha-Monomer、Beta-Monomer、AA-Dimer、AB-Dimer 的结构式分别为：

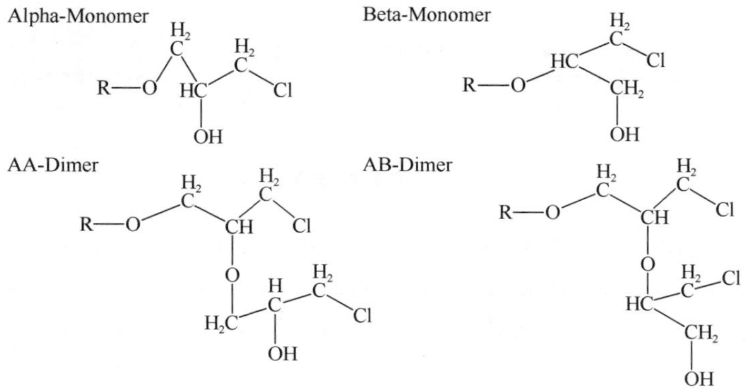

Alpha-Monomer　　Beta-Monomer

AA-Dimer　　AB-Dimer

间歇进料 Fatty alcohol 总量为 3257kg，温度为 65℃，压力为 0.1013MPa；连续进料 Epi 温度为 65℃，压力为 0.1013MPa，以 1140kg/h 的流量连续进料 1.5h。反应器温度为 65℃，压力为 0.1013MPa，反应为液相反应，反应 1.5h 后结束，计算时间间隔设为 1min，求反应产物中各组分的质量流量。物性方法选用 NRTL。

本例模拟步骤如下：

启动 Aspen Plus，进入 **File** | **New** | **User**，选择模板 General with Metric Units，将文件保存为 Example8.7-RBatch.bkp。

进入 **Setup** | **Report Options** | **Stream** 页面，在 Flow basis 和 Fraction basis 框中勾选 Mass，以便在物流报告中查看组分质量流量和质量分数。

进入 **Components** | **Specifications** | **Selection** 页面，输入组分 C13H28O（1-十三烷醇）、C3H5ClO（环氧氯丙烷），并输入组分 ID：A-MONER、B-MONER、AA-DIMER、AB-DIMER，如图 8-56 所示。

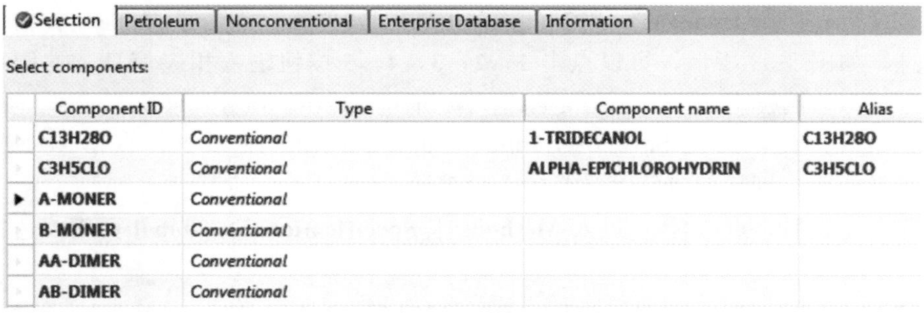

Selection | Petroleum | Nonconventional | Enterprise Database | Information

Select components:

Component ID	Type	Component name	Alias
C13H28O	Conventional	1-TRIDECANOL	C13H28O
C3H5CLO	Conventional	ALPHA-EPICHLOROHYDRIN	C3H5CLO
A-MONER	Conventional		
B-MONER	Conventional		
AA-DIMER	Conventional		
AB-DIMER	Conventional		

图 8-56　输入组分

根据给定的结构式自定义组分，首先，点击 A-MONER 左侧选中该行，然后点击 **User Defined**，出现用户自定义组分向导 **User-Defined Component Wizard** 对话框，如图 8-57 所示。

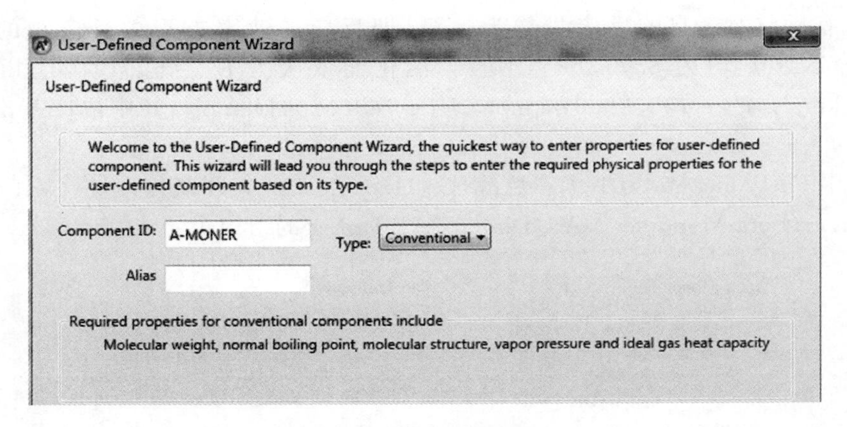

图 8-57　组分自定义向导

点击下方 **Next** 按钮，进入 **Basic data for conventional component** 界面，点击 **Define molecule by its connectivity**，进入 **Molecular Structure-A-MONER** 对话框，输入 Alpha-Monomer 的分子结构式，根据第一个反应式以及分子守恒可知结构式中的 R 中有 13 个 C 原子，如图 8-58 所示。

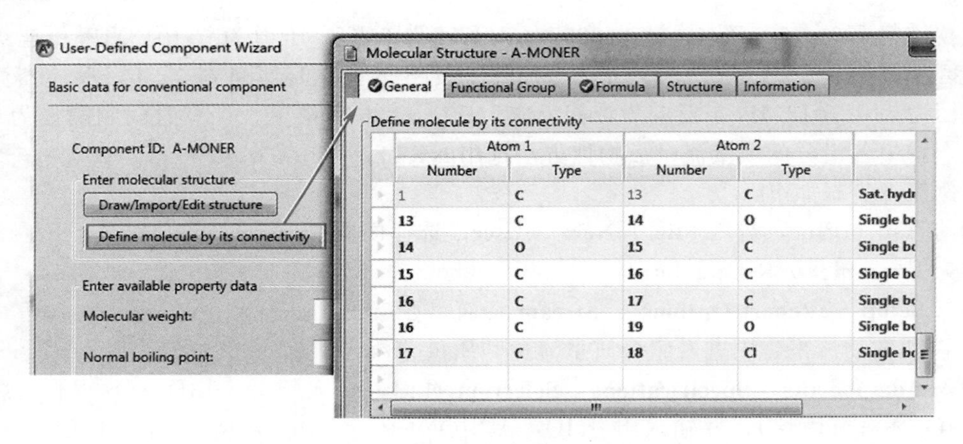

图 8-58　定义 A-MONER 分子结构

关闭该窗口，回到 **User-Defined Component Wizard** 界面，点击下方 **Next** 按钮，输入组分其他信息，如图 8-59 所示，可以点击 **1**，**2**，**3**，**4**，**5** 按钮输入相应信息，本例不进行此步操作，直接默认选择 Estimate using Aspen property estimation system。

点击 **Finish** 按钮，出现 **Save User-Input Properties Data** 对话框，点击 **OK** 按钮，A-MONER 定义完毕。同样的方法定义其余 3 个组分。

组成定义完成后，点击 **N▸**，进入 **Methods** | **Specifications** | **Global** 页面，选择物性方法 NRTL。

点击 **N▸**，出现 **Properties Input Complete** 对话框，选择 Go to Simulation environment，点击 **OK**，进入模拟环境。

建立如图 8-60 所示流程图，其中反应器 RBATCH 选用模块选项卡中 **Reactors** | **RBatch** | **ICON1** 图标。

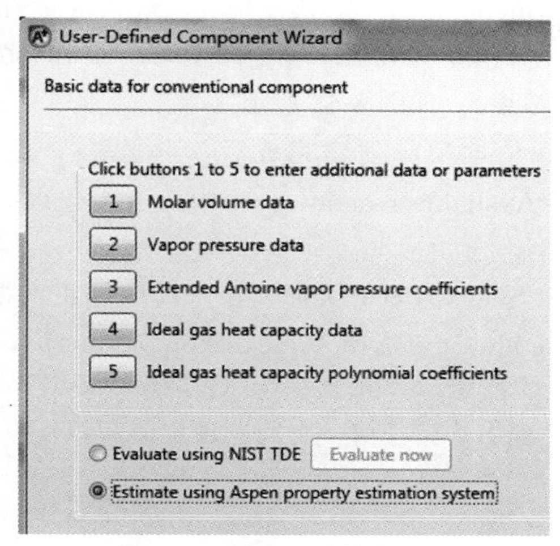

图 8-59　输入组分其他信息

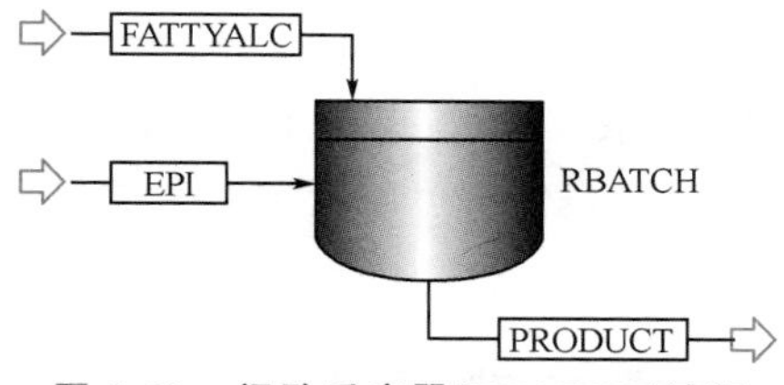

图 8-60　间歇反应器(RBATCH)流程

点击N→，进入 **Streams** | **FATTYALC** | **Input** | **Specifications** 页面，输入间歇进料 FATTYALC 的温度 65℃，压力 0.1013MPa，1-十三烷醇流量 3257kg/h。

点击N→，进入 **Streams** | **EPI** | **Input** | **Specifications** 页面，输入连续进料 EPI 的温度 65℃，压力 0.1013MPa，环氧氯丙烷流量 1140kg/h。

点击N→，进入 **Blocks** | **RBATCH** | **Setup** | **Specifications** 页面，输入模块 RBATCH 参数，在 Reactor operating specification(反应器操作设置)下拉菜单中选择 Constant temperature(恒温操作)，输入温度 65℃，反应器压力 0.1013MPa，如图 8-61 所示。

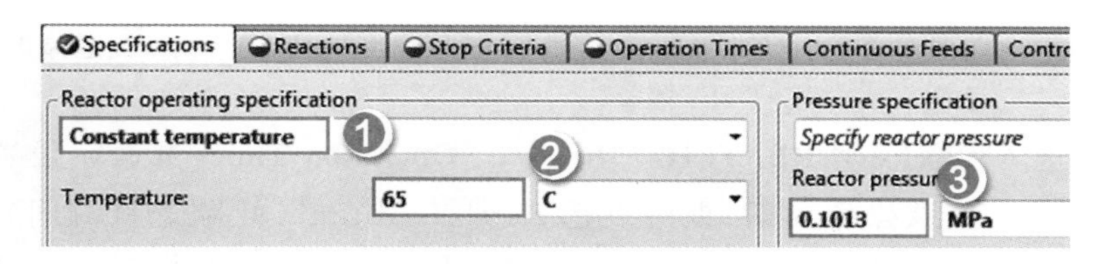

图 8-61　输入模块 **RBATCH** 参数

进入 **Reactions** | **Reactions** 页面，创建新的化学反应 R-1，反应动力学模型选择 POWERLAW。

输入化学反应方程式 Fatty alcohol+Epi ⟶ Alpha-Monomer；Fatty alcohol+Epi ⟶ Beta-Monomer；Alpha-Monomer+Epi ⟶ AA-Dimer；Alpha-Monomer+Epi ⟶ AB-Dimer，如图 8-62 所示。

Stoichiometry | Kinetic | Equilibrium | Activity | Information

Rxn No.	Reaction type	Stoichiometry
1	Kinetic	C13H28O(MIXED) + C3H5CLO(MIXED) --> A-MONER(MIXED)
2	Kinetic	C13H28O(MIXED) + C3H5CLO(MIXED) --> B-MONER(MIXED)
3	Kinetic	A-MONER(MIXED) + C3H5CLO(MIXED) --> AA-DIMER(MIXED)
4	Kinetic	A-MONER(MIXED) + C3H5CLO(MIXED) --> AB-DIMER(MIXED)

图 8-62　化学反应输入结果

点击N▶，进入 **Reactions** | **R-1** | **Input** | **Kinetic** 页面，默认反应 1，默认 Reacting phase(反应相态)为 Liquid，输入指前因子 k 为 8.71358×10^{10}，活化能 E 为 69019400J/kmol。默认[Ci]basis(浓度基准)为 Molarity(摩尔浓度)，如图 8-63 所示。

同样的步骤输入反应 2、3、4 动力学参数，化学反应创建完成后，点击N▶，进入 **Blocks** | **RBATCH** | **Setup** | **Reactions** 页面，将 Available reaction sets 中的 R-1 选入 Selected reaction sets。

点击N▶，进入 **Blocks** | **RBATCH** | **Setup** | **Stop Criteria** 页面，输入反应停止判据，Criterion no. 输入 1，Location 选择 Reactor，Variable type 选择 Time，Stop value 为 1.5，在 METCBAR 单位制下，时间单位为 h，如图 8-64 所示。停止判据为 RBatch 模块一个操作周期结束的条件，可以设定一个或多个，计算过程中达到任何一个判据设定值后，反应就停止。

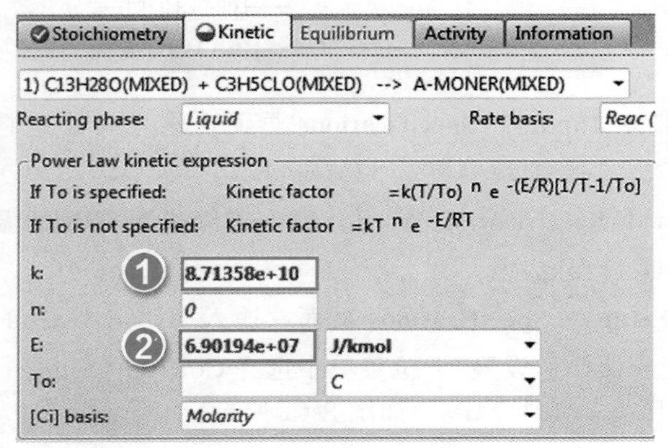

图 8-63 输入反应 1 的动力学参数

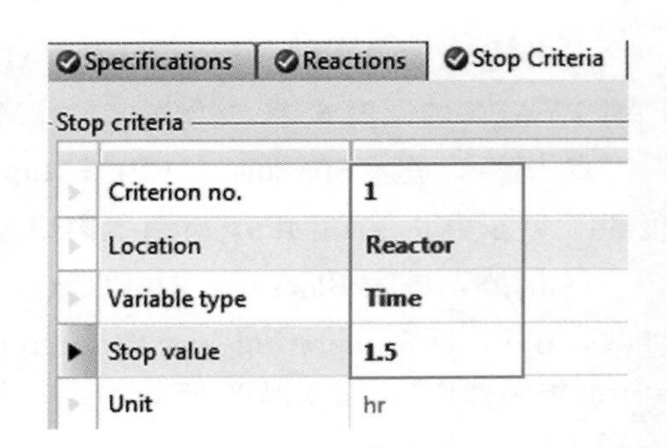

图 8-64 输入反应停止判据

点击N▶，进入 **Blocks** | **RBATCH** | **Setup** | **Operation Times** 页面，设置操作时间。在 Batch cycle time(间歇操作周期)框中点选 Batch feed time(间歇进料时间)，输入时间 1h(因为题目中给定的间歇进料 Fatty alcohol 为 3257kg，输入间歇进料(FATTYALC)的流量为 3257kg/h，故间歇进料时间为 1h)，输入 Maximum calculation time(最大计算时间)为 2h，Time interval between profile point(时间间隔)为 1min，如图 8-65 所示。图中的 Total cycle time 为一个操作周期时间，Batch feed time 为间歇进料时间，Down time 为辅助操作时间。

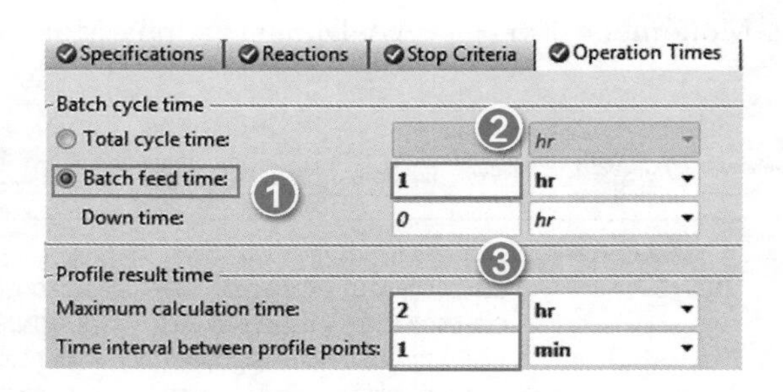

图 8-65 输入反应器操作时间

点击N→，出现 **Required Input Complete** 对话框，点击 **OK**，运行模拟，流程收敛。

进入 **Blocks** | **RBATCH** | **Stream Results** | **Material** 页面，可以看到产物 PRODUCT 中各组分质量流量，如图 8-66 所示。

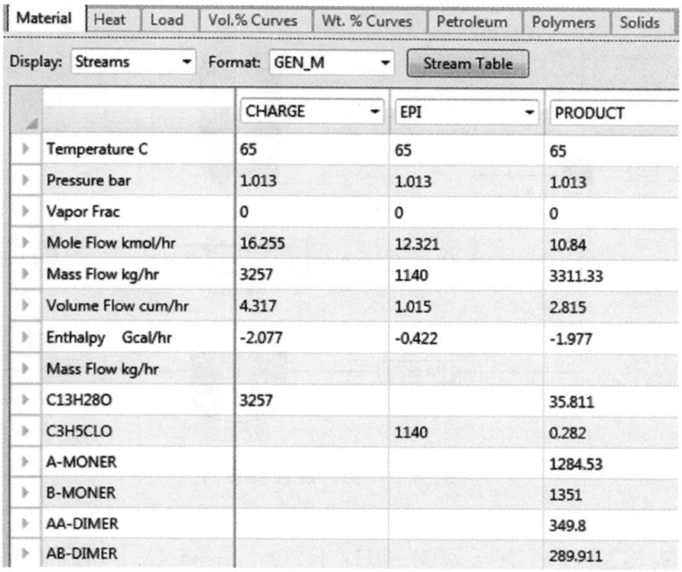

Material | Heat | Load | Vol.% Curves | Wt. % Curves | Petroleum | Polymers | Solids

Display: Streams　Format: GEN_M　Stream Table

	CHARGE	EPI	PRODUCT
Temperature C	65	65	65
Pressure bar	1.013	1.013	1.013
Vapor Frac	0	0	0
Mole Flow kmol/hr	16.255	12.321	10.84
Mass Flow kg/hr	3257	1140	3311.33
Volume Flow cum/hr	4.317	1.015	2.815
Enthalpy Gcal/hr	-2.077	-0.422	-1.977
Mass Flow kg/hr			
C13H28O	3257		35.811
C3H5CLO		1140	0.282
A-MONER			1284.53
B-MONER			1351
AA-DIMER			349.8
AB-DIMER			289.911

图 8-66　**查看物流结果**

习　题

8.1　采用不同反应器模块模拟同一个反应，比较各个反应器模块用法的差异。

进料温度 70℃，压力 0.1013MPa，其中水(Water)、乙醇(Ethanol)、乙酸(Acetic Acid)的流量分别为 8.892kmol/h、186.59kmol/h、192.6kmol/h，在温度 70℃，压力 0.1013MPa 的反应器中乙醇和乙酸发生酯化反应，生成乙酸乙酯(Ethyl Acetate)和水。物性方法选用 NRTL-HOC。

化学方程式：Ethanol(A)＋Acetic Acid(B)$\rightleftharpoons$Ethyl Acetate(C)＋Water(D)

动力学方程：正反应：$R_1=1.9\times10^8\exp(-E/RT)C_AC_B$

逆反应：$R_2=5.0\times10^7\exp(-E/RT)C_CC_D$

式中，$E=5.95\times10^7$J/kmol，反应为液相反应。

反应器模块流程图如附图所示。其中反应器 RSTOIC 中乙醇的转化率为 70%；反应器 RPLUG 的长度为 2m，内径为 0.3m；反应器 RCSTR 的体积为 0.14m^3。

8.2　合成氨反应方程式为 $N_2+3H_2\longrightarrow2NH_3$，原料气温度 569K，压力 32819kPa，氮气和氢气的流量分别为 1266kmol/h 和 3862kmol/h。反应器压降为 207kPa，绝热操作，反应的平衡温差为 11K，试用平衡反应器计算产物中氨气流量。物性方法选择 SRK。

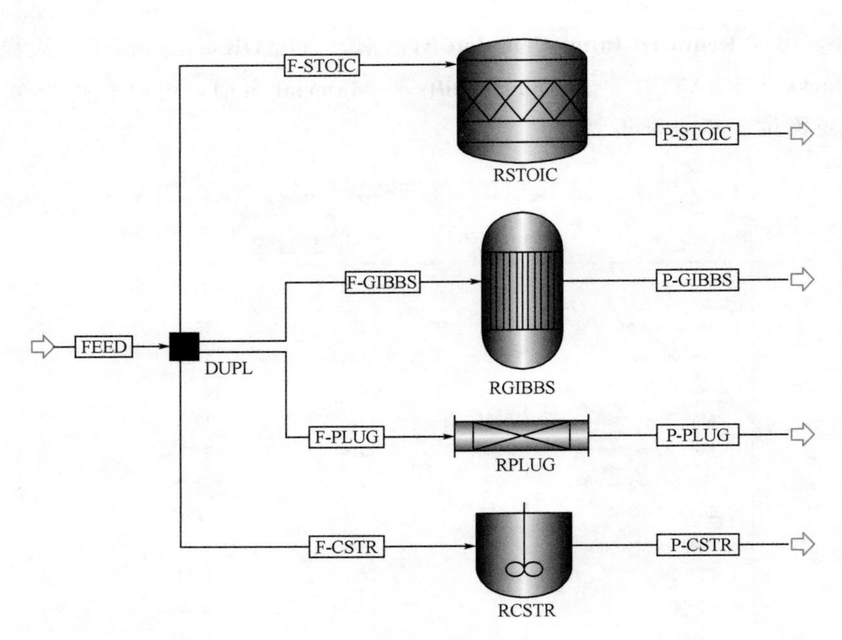

习题 8.1 附图　**反应器流程**

8.3　甲烷在氧气中的燃烧反应为 $CH_4 + 2O_2 \longrightarrow CO_2 + 2H_2O$，原料为常温常压(25℃，1atm)下的甲烷与氧气，其中甲烷 0.029kmol/h，氧气 0.065kmol/h，试用产率反应器(反应温度 180℃，压力 1atm)模拟当甲烷完全燃烧时所放出的热量。物性方法选择 NRTL。

第9章

过程模拟工具

为方便用户控制以及分析流程，Aspen Plus 提供了一些有用的工具，这些工具设置在流程选项(Flowsheeting Options)和模型分析工具(Model Analysis Tools)目录下。本章主要介绍一些常用的模块，包括设计规定(Design Spec)、计算器(Calculator)、传递模块(Transfer)、平衡模块(Balance)、灵敏度分析(Sensitivity)、优化(Optimization)、约束(Constraint)和数据拟合(Data Fit)等。

9.1 流程变量

在 Aspen Plus 中运行模拟程序时，用户经常需要修改或者记录流程中变量的值，比如闪蒸模块的温度或者物流的质量流量，可以通过访问流程变量(Flowsheet Variables)来获得这些数值。

例如，研究塔的回流比对塔顶产品摩尔分数的影响，需要访问流程中的两个变量，回流比和塔顶产品组分的摩尔分数。Aspen Plus 的一些特征模块例如设计规定、计算器、优化、数据拟合和灵敏度分析等均需要用户访问流程变量。

大部分需要访问的变量带有一个用户指定的名称，但是设计规定、灵敏度分析或者优化等模块中的操纵变量缺少相对应的名称。

在模拟程序中主要有两种变量：

① 用户输入的变量：用户可以对自己输入的变量直接进行任意操作，这些变量可以被读写；

② Aspen Plus 计算的变量：这些变量不能被覆盖或直接改变，否则将导致不一致的结果，只能被读取。

被访问的变量可以是标量或者矢量，比如，RadFrac 模块中某块塔板的压力为标量，全塔的压力分布为矢量。

从下拉列表中选择一个变量时，可查看页面底部的提示，以确保用户访问正确的变量。

(1)可被访问的流程变量单位

当访问序贯模块操作中的变量时，变量的单位通常是 **Information** 页面设置的局部单位，如果用户没有设置局部单位，将使用全局单位，但也有例外情况：

① 矢量变量(Vector Variables)始终以 SI 单位制被访问，矢量变量的元素具有的单位不一定相同；

② 物性参数(Property Parameters)通常以 SI 单位制被访问；

③ 物性集(Stream-prop 类型的变量)通常以 **Property Sets** 页面下定义的物性单位被访问，否则将使用全局单位。对于这类变量，局部单位将被忽略；

④ 参数变量(Parameter Variables)以该变量所在页面下用户指定的单位被访问，用户指定的单位将覆盖局部单位或全局单位。

当用户在 **Define** 或者 **Vary** 页面定义要访问的标量变量时，选择变量后，变量单位出现在变量定义下方。除了参数变量以外，用户不能直接改变变量的单位，只能通过更改设定的单位集来改变变量单位。

如果用户对访问的矢量单位有疑问，可以运行模拟程序并查看结果，比如，计算器模块的 **Results** | **Define Variable** 页面将会显示变量单位。

(2)可被访问的流程变量类型

除了物性参数外，可被访问的标量变量单位是 **Information** 页面指定的单位。比如，用户可以在 **Design Spec** | **Define** 页面定义物流的温度作为变量，如果 **Design Spec** | **Information** 页面的单位显示 ENG，则被访问的温度值以华氏度(F)为单位。

对于一个对象，只能设置一套单位集，所有被访问的变量(定义的和调整的)均使用一套单位集。

可被访问的流程变量包括模块变量、物流变量、其他变量和物性参数等，具体如表 9-1～表 9-4 所示。

(3)流程变量的编辑

填写 **Define** 页面(例如计算器、设计规定和灵敏度分析模块下的 **Define** 页面)时，需在 Edit selected variable 中指定可被访问变量，其类型见表 9-1～表 9-4，如果 Edit selected variable 关闭，点击按钮打开。

(4)输入变量与结果变量

访问模块变量和泄压变量时，区分输入变量和结果变量非常重要。比如，用户要查看一个指定了出口温度和汽化分数的 Heater 模块计算出来的热负荷，必须访问结果变量 QCALC，而不是输入变量 DUTY，此时 DUTY 没有值。如果指定了 DUTY 的值，就必须访问 DUTY，此时 QCALC 没有值。确定某变量是输入变量还是结果变量的方法：

① 在被访问变量所在页面的 Edit Variable Definition 区域中，单击 Variable 右方箭头，从列表中选择变量；

② 查看工具提示，如果描述以计算(Calculation)开头，则该变量是结果变量，否则为输入变量。

表 9-1 **模块变量**

变量类型	描　　述
Block-Var	单元操作模块变量
Block-Vec	单元操作模块矢量

表 9-3 **其他变量**

变量类型	描　　述
Balance-Var	平衡模块变量
Chem-Var	化学变量
Presr-Var	泄压变量
React-Var	反应变量

表 9-4 **物性参数**

变量类型	描　　述
Unary-Param	标量的一元物性参数
Unary-Cor-El	温度相关的一元物性参数系数元素
Un-Cor-Vec	温度相关的一元物性参数系数矢量
Bi-Param	标量的二元物性参数
Bi-Cor-El	温度相关的二元物性参数系数元素
Bi-Cor-Vec	温度相关的二元物性参数系数矢量
NC-Param	非常规组分参数

表 9-2 **物流变量**

变量类型	描　　述
Stream-Var	非组分独立物流变量
Stream-Vec	物流矢量
Substream-Vec	子物流矢量
Mole-Flow	流股中的组分摩尔流量
Mole-Frac	流股中的组分摩尔分数
Mass-Flow	流股中的组分质量流量
Mass-Frac	流股中的组分质量分数
Stdvol-Flow	物流中组分标准液体体积流量
Stdvol-Frac	物流中组分标准液体体积分数
Heat-Duty	热物流的负荷
Work-Power	功流的能量
Stream-Prop	属性集定义的物流性质
Compattr-Var	组分的属性元素
Compattr-Vec	组分的属性矢量
PSD-Var Substream	粒度分布元素
PSD-Vec Substream	粒度分布矢量
Stream-Cost	输入的物流价格或者结果变量的花费

9.2 设计规定

设计规定(Design Spec)模块设定计算的变量值。例如，用户可以指定产品物流的纯度或循环物流中杂质的允许含量。对于每个设计规定，用户可以指定模块的输入变量，进料物流变量或其他模拟输入变量，通过调整这些变量来满足设计规定。例如，用户可以调整放空量来控制循环物流中的杂质含量。设计规定可用于模拟反馈控制器的稳态效果。

设计规定要求为流程变量或含流程变量的函数(此函数可以是任意涉及一个或多个流程变量的合法 Fortran 表达式)指定期望值(Target)，这些流程变量称为采集变量(Sampled Variables)，同时需要选择操纵(调整)变量(Manipulated Variables)来满足指定的期望值，操纵变量可以是模块输入变量、进料物流变量或其他模拟输入变量。设计规定只能通过调整用户指定的输入变量来达到其期望值，流程计算出来的数值不能直接改变。例如，某循环物流是分流器(FSplit)的一股出口物流，操纵变量不能选择该循环物流的流量，但是可以选择分流器的分流分数。

设计规定会产生必须迭代求解的回路，缺省情况下，Aspen Plus 为每个设计规定生成一个收敛模块并将收敛模块排序，用户可以通过自定义的收敛规定来取代缺省设置。

设计规定在计算时，将物流或模块输入页中提供的操纵变量的值作为初值，为操纵变量提供一个合适的初值有助于减少设计规定收敛计算的迭代次数，尤其具有多个相互关联的设计规定的大流程进行模拟计算时，为操纵变量提供合适的初值非常重要。

设计规定的目标是期望值等于计算值(期望值－计算值＝0)，模拟时需要规定容差(Tolerence)，在该容差范围内满足目标函数关系，因此设计规定中实际满足的方程是：

$$|期望值-计算值|<容差$$

操纵变量以及采集变量的最终值可在相应物流或模块结果页面上直接查看。通过选择相应收敛模块的结果页面，可以查看收敛信息。

定义一个设计规定一般包括以下 5 个步骤：

① 建立设计规定；

② 标识设计规定中的采集变量；

③ 为采集变量或函数指定期望值和容差；

④ 标识操纵变量，并指定该操纵变量的上、下限；

⑤ 输入 Fortran 语句(可选)。

下面通过例 9.1 说明设计规定的应用。

例 9.1

例 9.1
演示视频

例 2.1 中已经建立了异丙苯的生产流程，现要求产品物流 PRODUCT 中异丙苯的含量为 98%(摩尔分数)，求冷凝器出口温度。

分析：本例中要求异丙苯的含量为 98%，则产品物流中异丙苯的含量即为采集变量，变化的是冷凝器的出口温度，所以选择冷凝器出口温度作为操纵变量。

本例模拟步骤如下：

打开文件 Example2.1-Flowsheet.bkp，将文件另存为 Example9.1-DesignSpec.bkp。

进入 **Flowsheeting Options** | **Design Specs** 页面，点击 **New**… 按钮，采用默认标识 DS-1，创建设计规定，如图 9-1 所示。

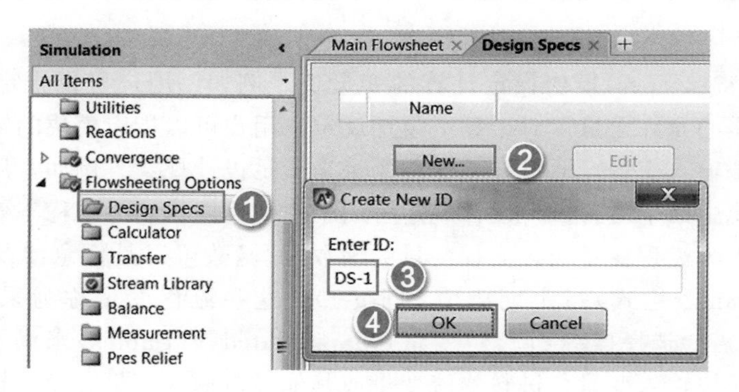

图 9-1　**创建设计规定**

点击 **OK**，进入 **Design Specs** | **DS-1** | **Input** | **Define** 页面，在 Variable 列输入采集变量名称，本例采集变量是产品物流中异丙苯的摩尔含量(MPBP)。对变量进行定义，Category 选择 Streams，Type 选择 Mole-Frac，Stream 选择 PRODUCT，Components 选择 PRO-BEN，即物流 PRODUCT 中 PRO-BEN 的摩尔分数，如图 9-2 所示。

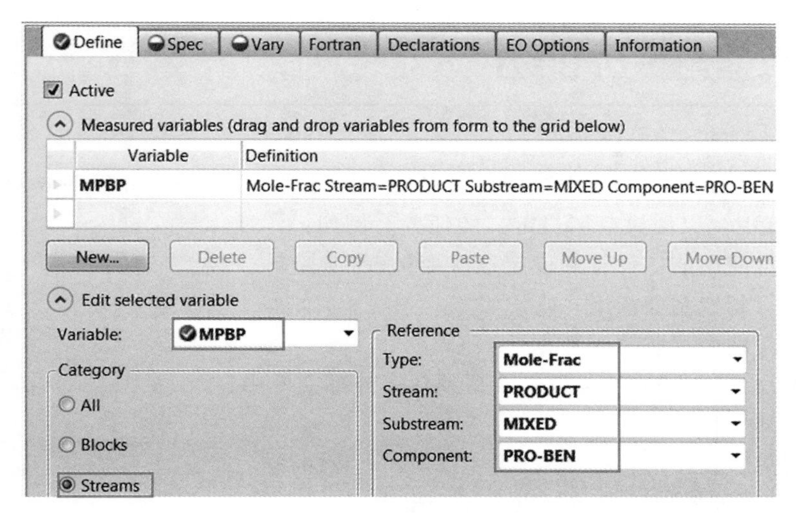

图 9-2　**定义采集变量 MPBP**

点击 按钮，进入 **Design Specs** | **DS-1** | **Input** | **Spec** 页面，输入采集变量 MPBP 的 Target 和 Tolerance 分别为 0.98 和 0.001，如图 9-3 所示。

点击 按钮，进入 **Design Specs** | **DS-1** | **Input** | **Vary** 页面，输入操纵变量及其上下限，本例操纵变量指的是 COOLER(冷凝器)的 TEMP(出口温度)，设定出口温度的变化范围为 50～150℃，如图 9-4 所示。

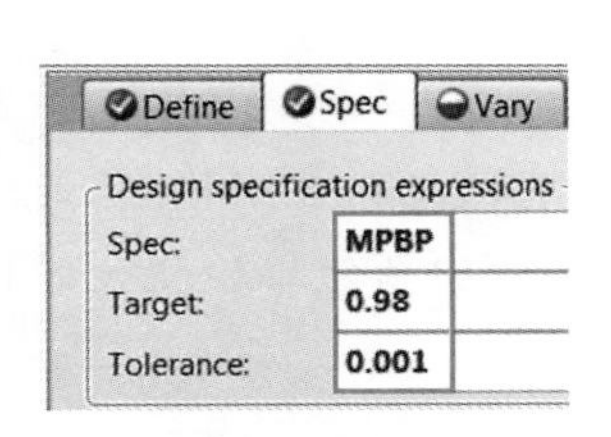

图 9-3　**输入采集变量期望值与容差**

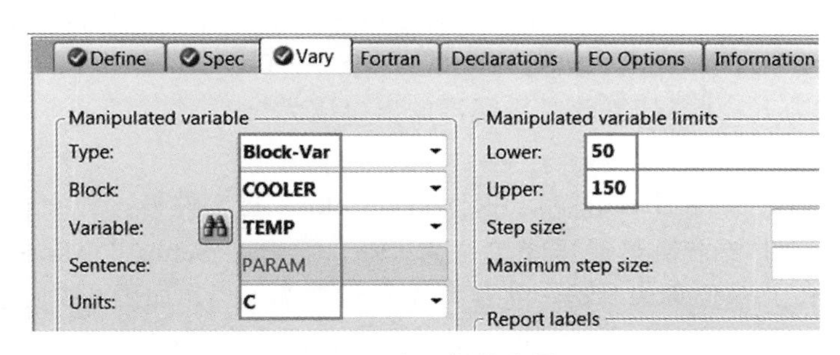

图 9-4　**定义操纵变量**

点击 按钮，弹出 **Required Input Complete** 对话框，点击 **OK**，运行模拟，流程收敛。

进入 **Flowsheeting Options** | **Design Specs** | **DS-1** | **Results** 页面，查看设计规定结果，如图 9-5 所示。从结果可以看出，当冷凝器出口温度为 123.7℃时，产品中异丙苯的摩尔分数可以达到 98%。

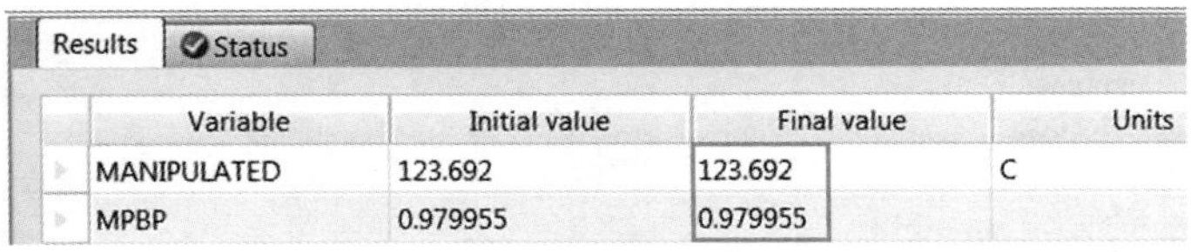

Results | Status

Variable	Initial value	Final value	Units
MANIPULATED	123.692	123.692	C
MPBP	0.979955	0.979955	

图 9-5　**查看设计规定结果**

9.3 计算器与 Fortran

在计算器(Calculator)模块中，用户可以插入自行编写的 Fortran 程序或者 EXCEL 电子表格到流程计算中，以便执行用户定义的任务。例如：

① 输入变量使用前，计算和设定这些变量(前馈控制)；

② 把信息写到控制面板上；

③ 从一个文件中读取输入数据；

④ 把结果写到 Aspen Plus 报告或写到任意外部文件中；

⑤ 调用外部子程序；

⑥ 编写用户子程序。

定义一个计算器模块一般包括以下 4 个步骤：

① 建立一个计算器模块；

② 标识模块的输入变量和输出变量；

③ 输入 Fortran 语句；

④ 指定何时执行 Calculator 模块。

下面通过例 9.2 介绍计算器的应用。

例 9.2

例 2.1 中已经建立异丙苯的生产流程，其冷凝器压降设置为 0.7kPa，现规定冷凝器的压降与入口物流体积流量的关系为 $\Delta p=-0.2V^2$，其中，压降 Δp 单位为 kPa，体积流量 V 单位为 m^3/h，计算此时冷凝器的出口压力。

本例模拟步骤如下：

打开文件 Example2.1-Flowsheet.bkp，将文件另存为 Example9.2-Calculator.bkp。

题中要求换热器压降单位为 kPa，需要在 **Setup** | **Units-Sets** 页面中新建单位集 US-1，以 MET 单位集为基准，将压降单位设置为 kPa，如图 9-6 所示。

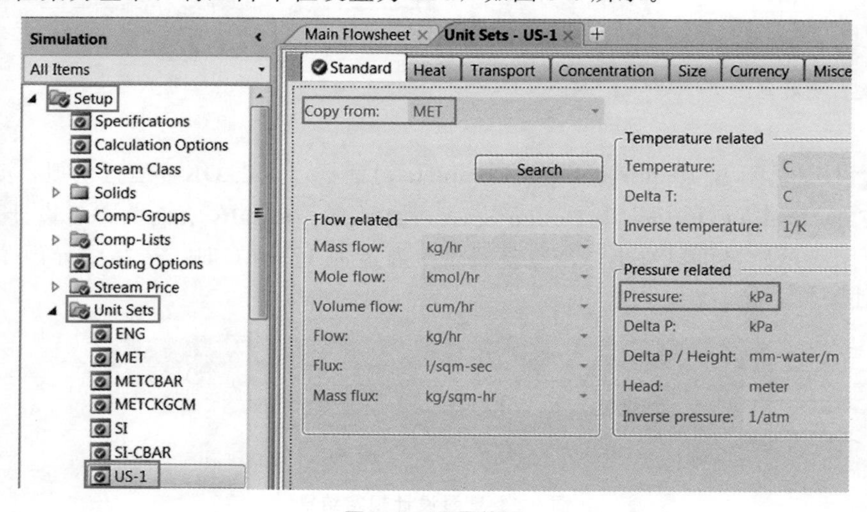

图 9-6 设置单位

进入 **Flowsheeting Options** | **Calculator** 页面，点击 **New…**按钮，采用默认标识 C-1，创建计算器模块，如图 9-7 所示。

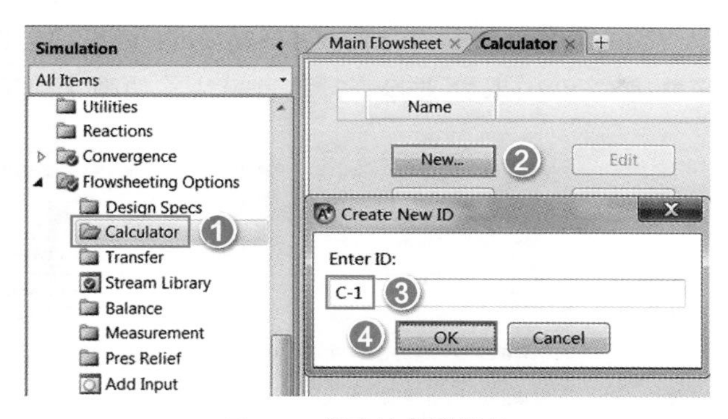

图 9-7　**创建计算器模块**

点击 **OK**，进入 **Calculator** | **C-1** | **Input** | **Define** 页面，设定输出变量为冷凝器(COOLER)压降 PD，输入变量为冷凝器入口物流 REAC-OUT 体积流量 VF，如图 9-8 和图 9-9 所示。

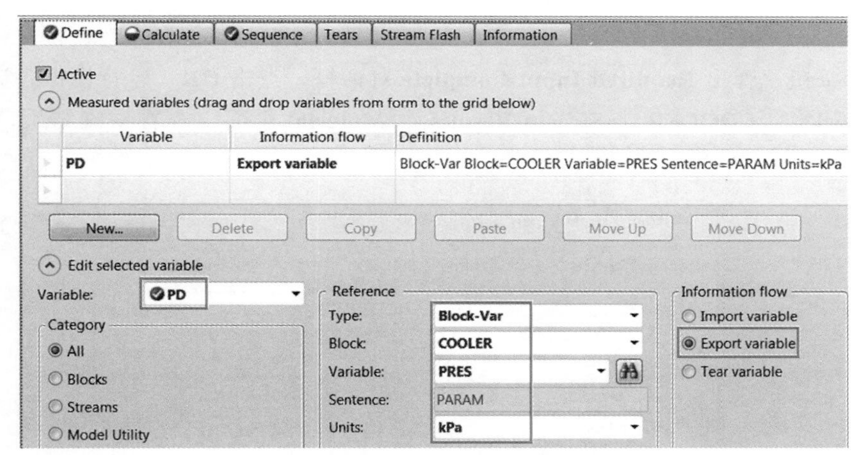

图 9-8　**定义输出变量 PD**

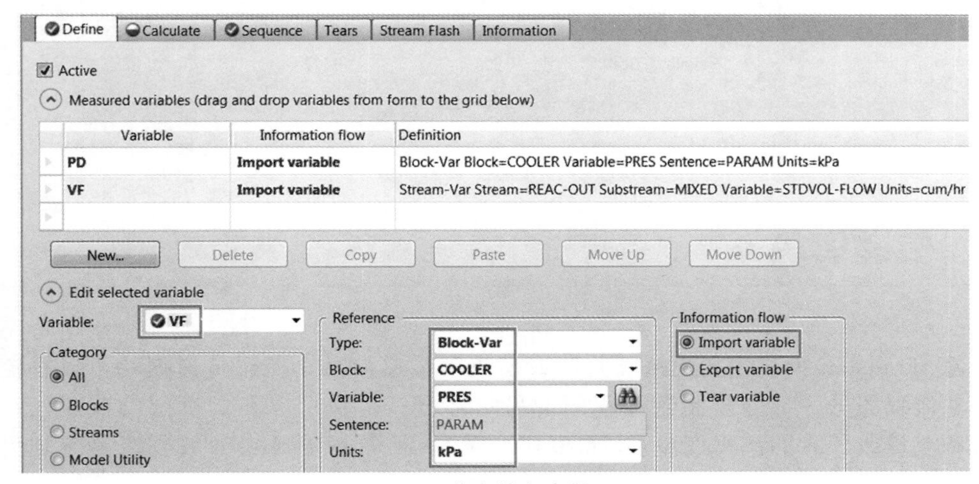

图 9-9　**定义输入变量 VF**

定义完成后，点击按钮，进入 **Calculator** | **C-1** | **Input** | **Calculate** 页面，输入可执行的 Fortran 表达式，如图 9-10 所示。

点击按钮，进入 **Calculator** | **C-1** | **Input** | **Sequence** 页面，定义计算器模块的执行顺序，选择在计算单元模块 COOLER 之前运行计算器模块，如图 9-11 所示。

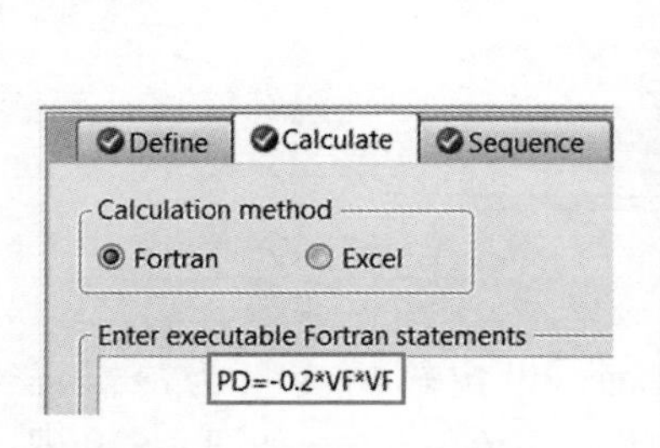

图 9-10　**输入可执行的 Fortran 表达式**

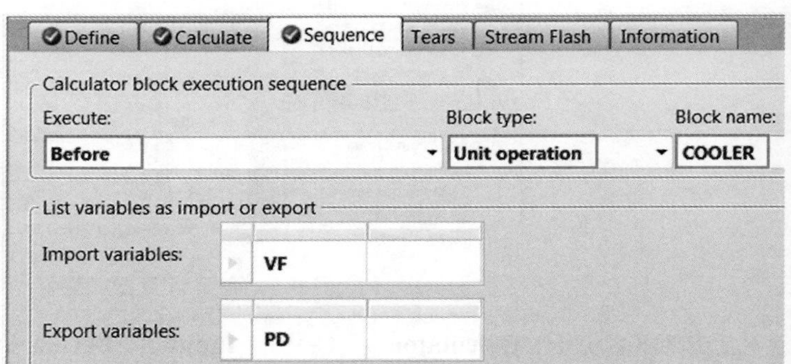

图 9-11　**定义计算器模块执行顺序**

点击按钮，弹出 **Required Input Complete** 对话框，点击 **OK**，运行模拟，流程收敛。

进入 **Blocks** | **COOLER** | **Stream Results** | **Material** 页面，查看物流结果，如图 9-12 所示，此时冷凝器出口压力为 98.628kPa。

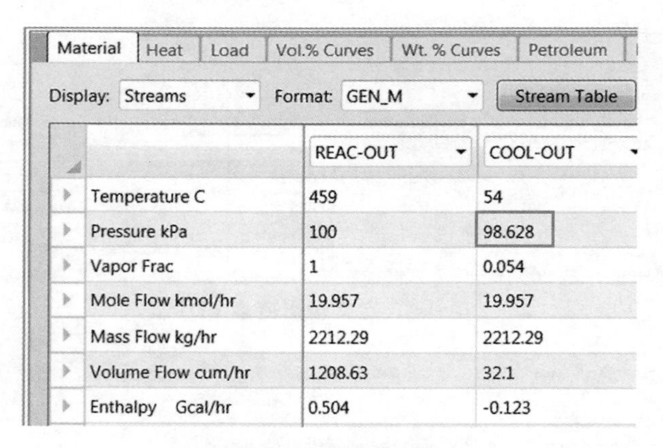

图 9-12　**查看物流结果**

9.4 传递模块

传递(Transfer)模块主要用来在物流或模块间传递信息，使用传递模块可以将流程的变量值从流程图的一部分复制到流程图的另一部分。用户可以复制全部物流或任一物流的组成和流量或任意的流程变量(比如模块变量)，最常用的是将一股物流复制到另一股物流。

定义传递模块主要包括以下 4 个步骤：

① 创建传递模块；

② 复制物流、物流流量、子物流、模块变量或物流变量；

③ 输入目标物流的闪蒸规定(可选)；

④ 指定何时执行传递模块(可选)。

下面通过例 9.3 介绍传递模块的应用。

例 9.3

例 2.1 中最后的两相闪蒸器采用的是绝热闪蒸，现要求将其结果与等温闪蒸进行比较。

若要将绝热闪蒸与等温闪蒸进行比较，则需将闪蒸器入口物流 COOL-OUT 同时进入等温闪蒸器进行闪蒸计算，可使用传递模块完成。

本例模拟步骤如下：

打开文件 Example2.1-Flowsheet.bkp，将文件另存为 Example9.3-Transfer.bkp。

建立如图 9-13 所示流程图，其中两相闪蒸器 SEP2 采用模块选项板中 **Separators** | **Flash2** | **V-DRUM1** 图标。

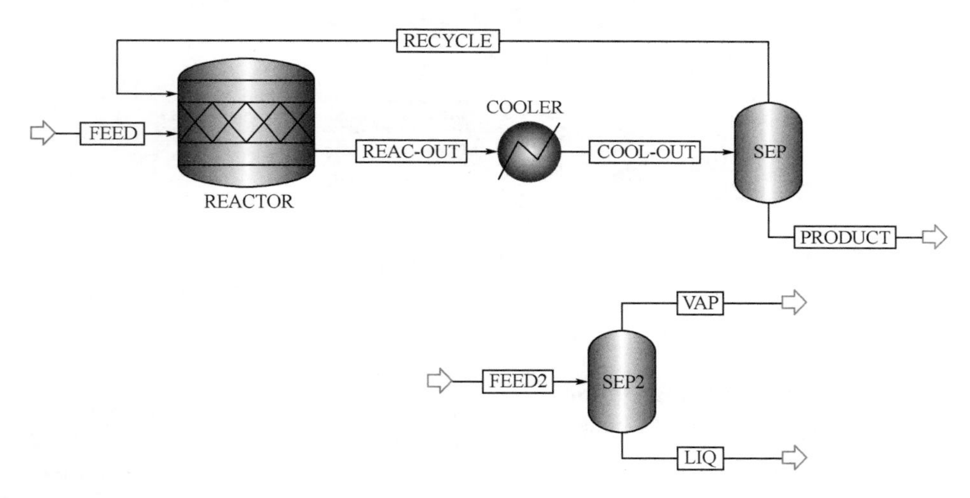

图 9-13 传递模块流程

点击 N➡ 按钮，进入 **Streams** | **FEED2** | **Input** | **Mixed** 页面，输入进料 FEED2 条件，将例 2.1 运行结果得到的物流 COOL-OUT 的温度、压力、组成输入即可，如图 9-14 所示。

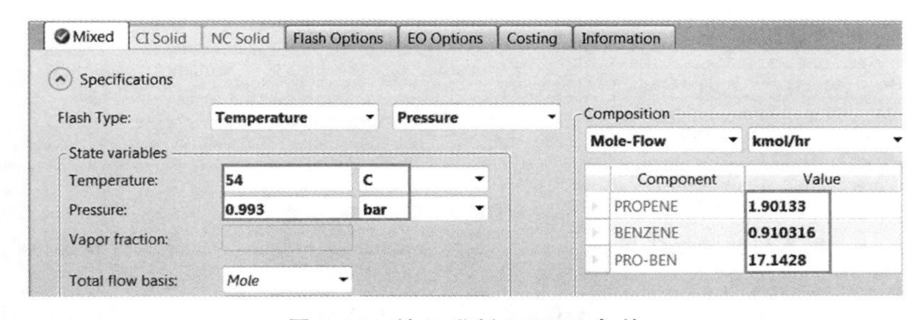

图 9-14 输入进料 FEED2 条件

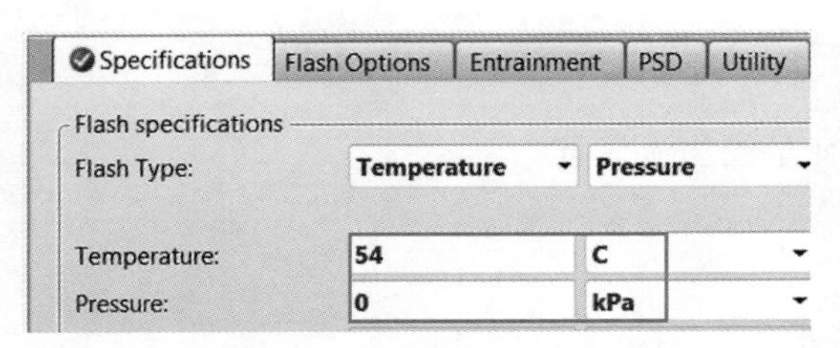

图 9-15 **输入模块 SEP2 参数**

点击按钮，进入 **Blocks** | **SEP2** | **Input** | **Specifications** 页面，输入模块 SEP2 操作条件，等温闪蒸，压降为 0，如图 9-15 所示。

点击按钮，弹出 **Required Input Complete** 对话框，点击 **Cancel**，暂不运行模拟。

若反应器条件改变，则物流 COOL-OUT 的温度、压力、组成随之改变，此时等温闪蒸器的进料 FEED2 也应该随之而变，因此使用 Transfer 模块，将物流 COOL-OUT 的物流信息传递给物流 FEED2，由于要进行等温闪蒸，因此需要同时将 FEED2 的温度传递给等温闪蒸模块 SEP2，这样使物流 FEED2 和等温闪蒸模块 SEP2 的温度随物流 COOL-OUT 的改变而改变。

进入 **Flowsheeting Options** | **Transfer** 页面，点击 **New...** 按钮，采用默认标识 T-1，创建传递模块，如图 9-16 所示。

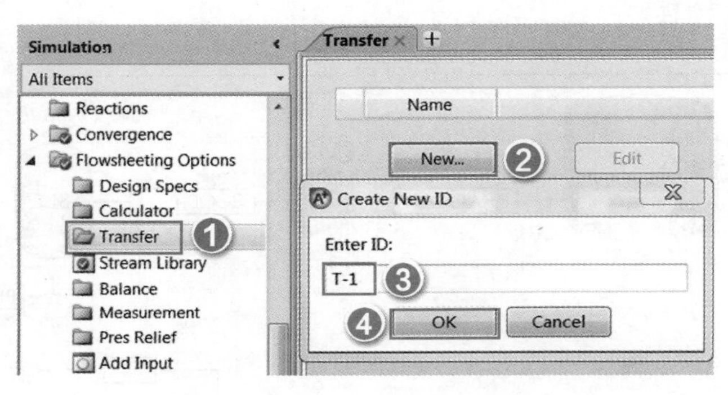

图 9-16 **创建传递模块**

点击 **OK**，进入 **Flowsheeting Options** | **Transfer** | **T-1** | **From** 页面，输入被复制物流 COOL-OUT 的信息，如图 9-17 所示。

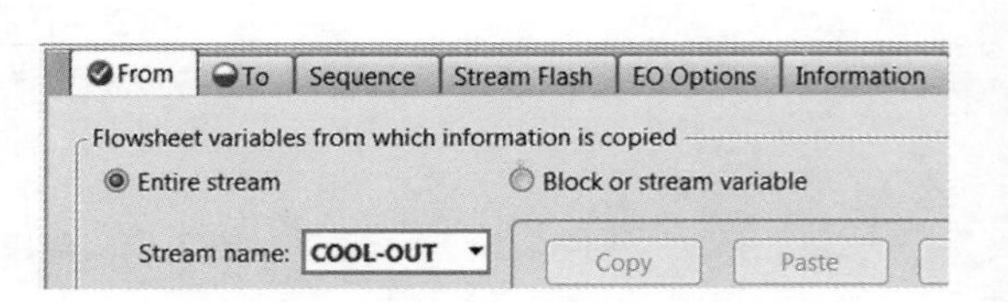

图 9-17 **输入被复制物流 COOL-OUT 信息**

点击按钮，进入 **Flowsheeting Options** | **Transfer** | **T-1** | **To** 页面，输入目标物流的信息，如图 9-18 所示。

进入 **Flowsheeting Options** | **Transfer** | **T-1** | **Sequence** 页面，可以设置计算执行顺序，如图 9-19 所示，本例采用默认设置。

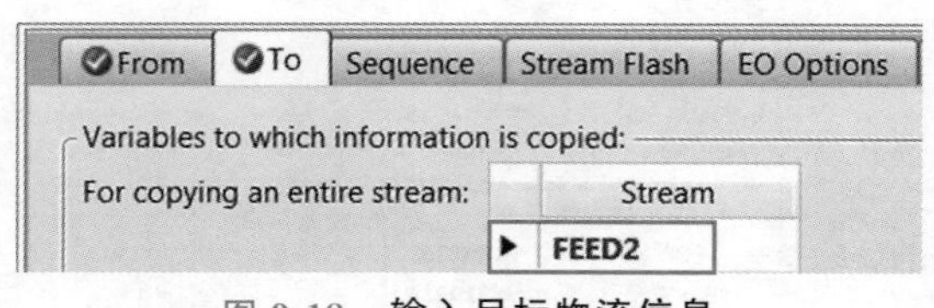

图 9-18 **输入目标物流信息**

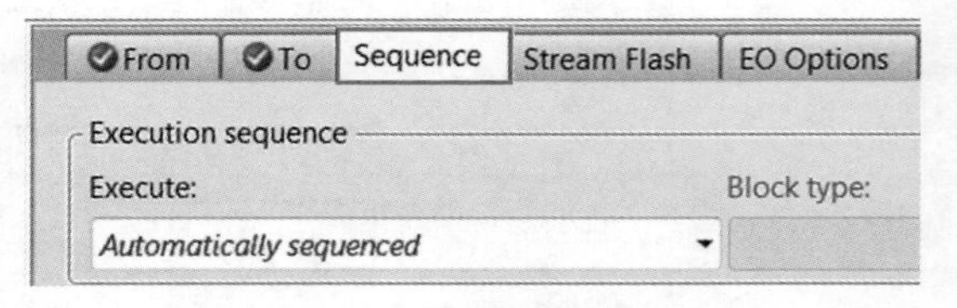

图 9-19 **定义计算顺序**

进入 **Flowsheeting Options** | **Transfer** 页面，点击 **New...** 按钮，采用默认标识 T-2，创建新的传递模块，如图 9-20 所示。

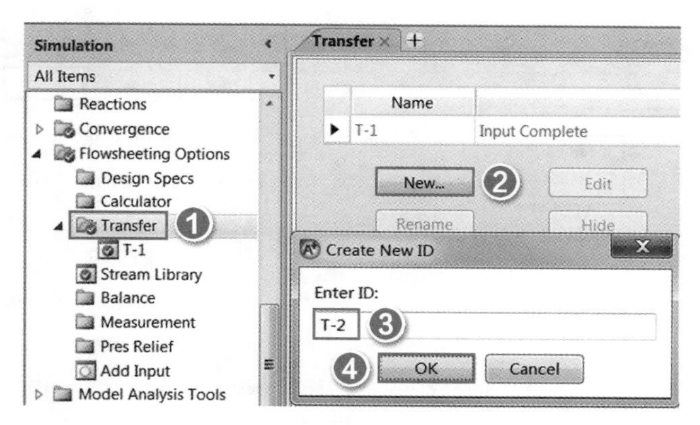

图 9-20　创建新的传递模块

点击 **OK**，进入 **Flowsheeting Options** ｜ **Transfer** ｜ **T-2** ｜ **From** 页面，输入被复制物流 FEED2 的信息，如图 9-21 所示。

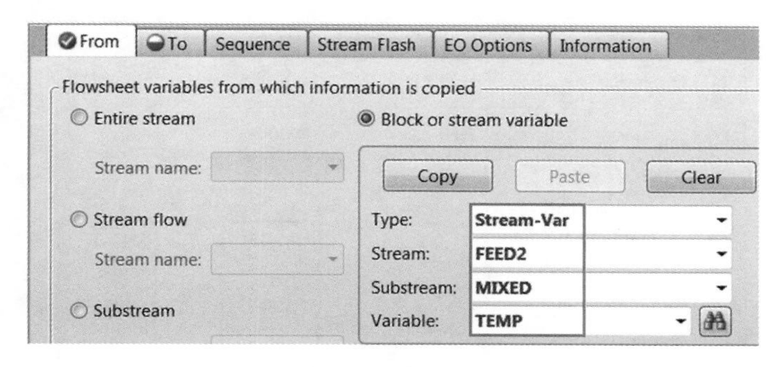

图 9-21　输入被复制物流 FEED2 信息

点击 N→ 按钮，进入 **Flowsheeting Options** ｜ **Transfer** ｜ **T-2** ｜ **To** 页面，输入目标模块的信息，如图 9-22 所示。

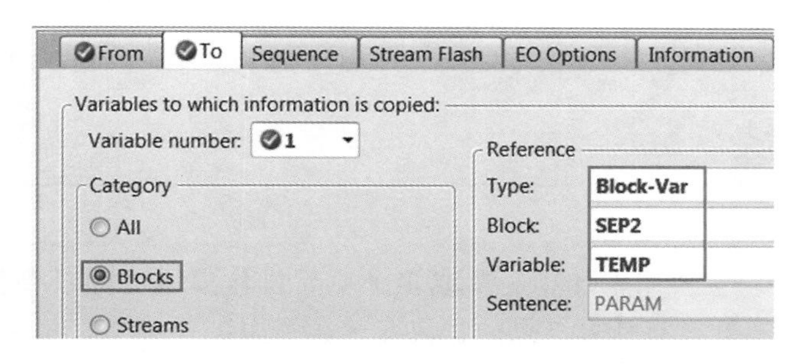

图 9-22　输入目标模块信息

为了查看绝热闪蒸产品 PRODUCT 以及等温闪蒸产品 LIQ 两股物流的组成差异，需要定义物流输出报告，在 **Setup** ｜ **Report Options** ｜ **Stream** 页面的 Fraction basis 项中勾选 Mole(摩尔)复选框，如图 9-23 所示。

点击 N→ 按钮，弹出 **Required Input Complete** 对话框，点击 **OK**，运行模拟，流程收敛。

进入 **Results Summary** ｜ **Streams** ｜ **Material** 页面，查看物流结果，如图 9-24 所示。由结果可以看出，等温闪蒸与绝热闪蒸效果类似。

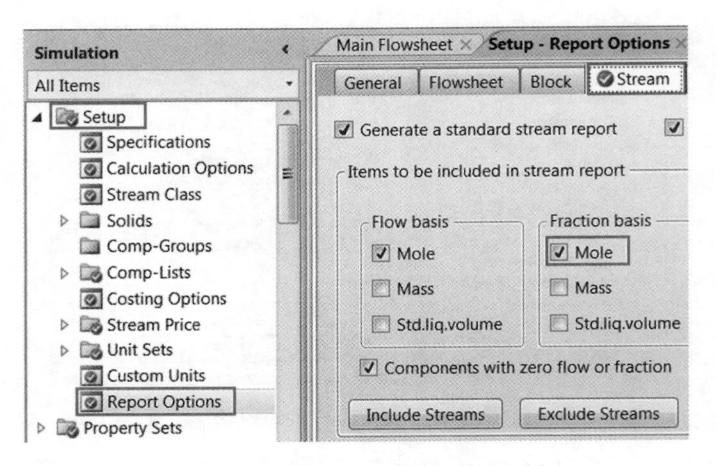

图 9-23　定义物流输出报告

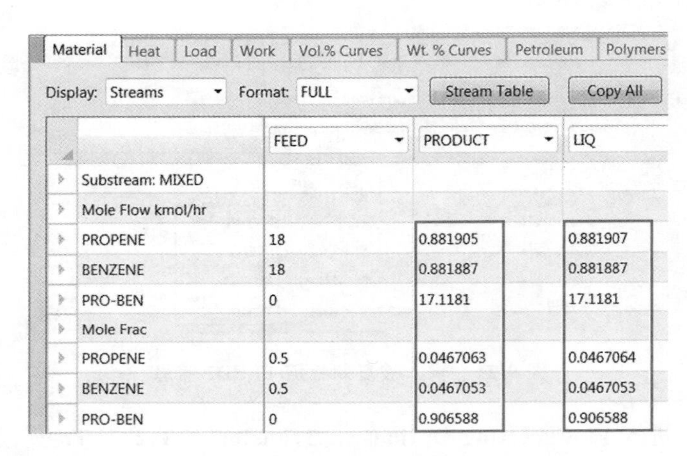

	FEED	PRODUCT	LIQ
Substream: MIXED			
Mole Flow kmol/hr			
PROPENE	18	0.881905	0.881907
BENZENE	18	0.881887	0.881887
PRO-BEN	0	17.1181	17.1181
Mole Frac			
PROPENE	0.5	0.0467063	0.0467064
BENZENE	0.5	0.0467053	0.0467053
PRO-BEN	0	0.906588	0.906588

图 9-24　查看物流结果

9.5　平衡模块

平衡(Balance)模块主要用来计算一个或多个单元操作模块的物料平衡和能量平衡，平衡模块更新进入或者离开具有计算结果的物流变量。例如，平衡模块可以计算带循环工艺流程中补充物流的流量(这将删除 Calculator 模块)，也可以基于其他物流和模块信息的条件计算进料物流流量和条件(这将删除设计规定和收敛回路)。

定义平衡模块一般包括以下几个步骤：

① 创建一个平衡模块；

② 规定平衡计算的模块和物流；

③ 规定和更新物流变量；

④ 平衡模块排序；

⑤ 规定闪蒸条件(可选)。

下面通过例 9.4 介绍平衡模块的应用。

例 9.4

欲使用水(温度 10℃，压力 0.1MPa)将甲醇(温度 66℃，压力 0.1MPa，流量 100kg/h)冷却至 37℃，要求水的出口温度为 27℃，求所需冷却水的质量流量。

题目已知热物流的进出口条件，冷物流除了流量未知，其他条件均为已知。给定冷却水流量一个初值，最终结果需要通过平衡模块进行计算得到。

本例模拟步骤如下：

启动 Aspen Plus，进入 **File** | **New** | **User** 页面，选择模板 General with Metric Units，将文件保存为 Example9.4- Balance.bkp。

进入 **Components** | **Specifications** | **Selection** 页面，输入组分 WATER(水)、METHANOL(甲醇)。

点击N➡按钮，进入 **Properties** | **Methods** | **Specifications** | **Global** 页面，由于水-甲醇为弱极性体系，可以选择物性方法 WILSON。

连续点击N➡按钮，弹出 **Properties Input Complete** 对话框，选择 Go to Simulation environment，进入模拟环境。

建立如图 9-25 所示流程图，其中 HX 选用模块选项板中 **Exchangers** | **HeatX** | **GEN-HT** 图标。

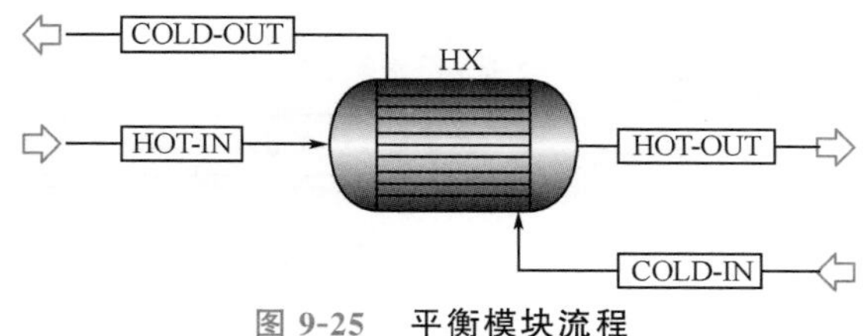

图 9-25 **平衡模块流程**

点击N➡按钮，进入 **Streams** | **COLD-IN** | **Input** | **Mixed** 页面，输入冷物流水 COLD-IN 入口温度 10℃，压力 0.1MPa，假设冷却水质量流量初值为 1000kg/h，如图 9-26 所示。

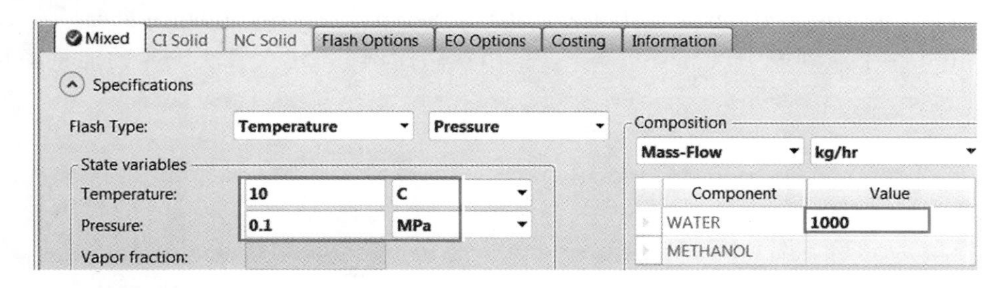

图 9-26 **输入进料 COLD-IN 条件**

点击N➡按钮，进入 **Streams** | **HOT-IN** | **Input** | **Mixed** 页面，输入热物流甲醇 HOT-IN 入口温度 66℃，压力 0.1MPa，质量流量 100kg/h。

题目要求计算冷物流的入口流量，所以需要输入冷热物流的出口条件。进入 **Streams** | **COLD-OUT** | **Input** | **Mixed** 页面，输入冷物流水 COLD-OUT 出口温度 27℃，压力 0.1MPa，质量流量 1000kg/h。进入 **Streams** | **HOT-OUT** | **Input** | **Mixed** 页面，输入热

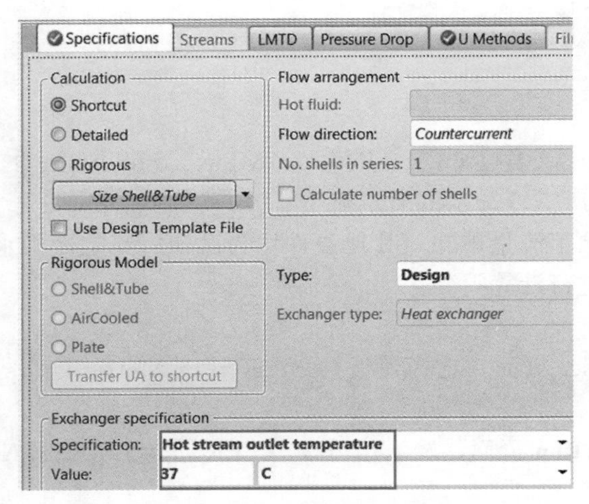

图 9-27　**输入模块 HX 参数**

物流甲醇 HOT-OUT 出口温度 37℃，压力 0.1MPa，质量流量 100kg/h。

点击 按钮，进入 **Blocks** | **HX** | **Setup** | **Specifications** 页面，输入 HX 模块参数。计算类型为 Shortcut(简捷计算)，指定热物流出口温度为 37℃，其他默认设置，不做改动，如图 9-27 所示。

点击 按钮，弹出 **Required Input Complete** 对话框，点击 **Cancel**，暂不运行模拟。进入 **Flowsheeting Options** | **Balance** 页面，点击 **New...** 按钮，采用默认标识 B-1，创建平衡模块，如图 9-28 所示。

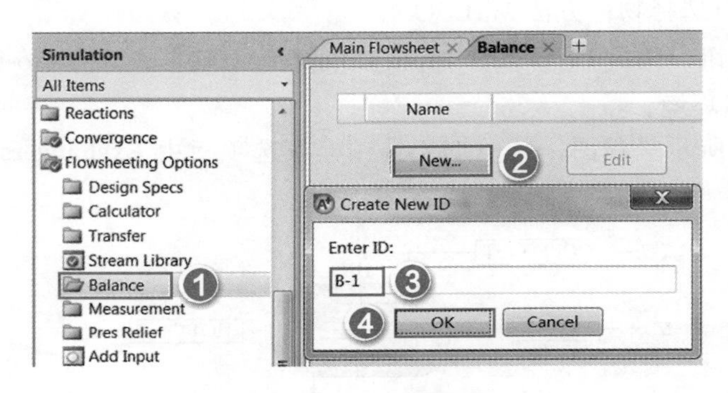

图 9-28　**创建平衡模块**

点击 **OK**，进入 **Flowsheeting Options** | **Balance** | **B-1** | **Setup** | **Mass Balance** 页面，在 Mass balance number 下拉列表中点击＜New＞，采用默认标识 1，建立模块 HX 的物料衡算，如图 9-29 所示。

进入 **Flowsheeting Options** | **Balance** | **B-1** | **Setup** | **Energy Balance** 页面，在 Energy balance number 下拉列表中点击＜New＞，采用默认标识 1，建立模块 HX 的能量衡算，如图 9-30 所示。

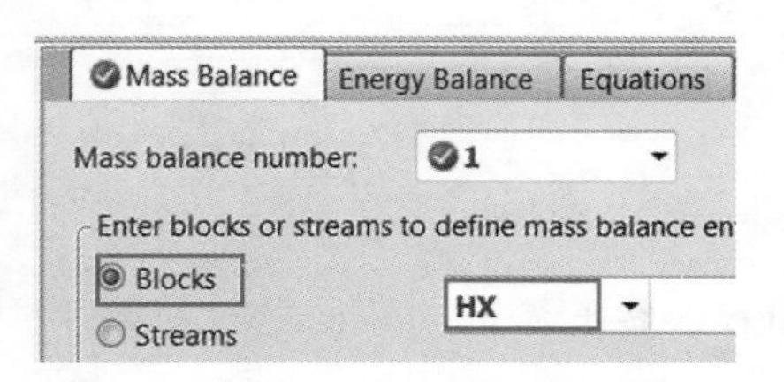

图 9-29　**建立物料衡算**

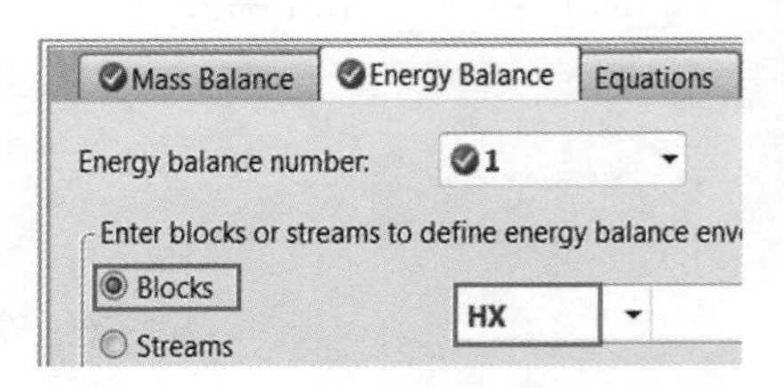

图 9-30　**建立能量衡算**

点击 按钮，进入 **Flowsheeting Options** | **Balance** | **B-1** | **Calculate** 页面，在 Stream name 中选择要进行计算的物流，本例中选择的物流为 COLD-IN、COLD-OUT、HOT-OUT，如图 9-31 所示。

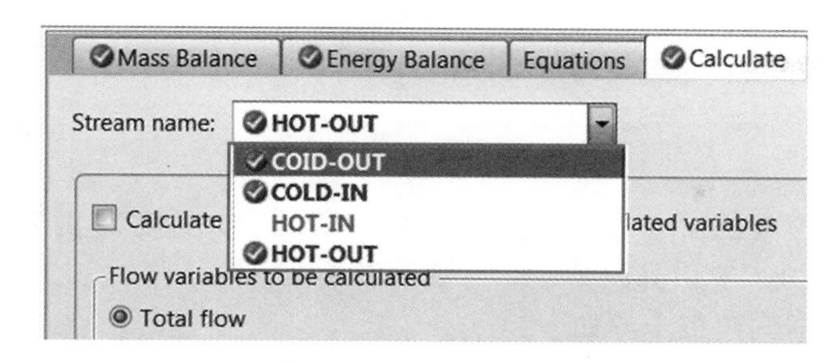

图 9-31 **选择计算物流**

点击按钮，弹出 **Required Input Complete** 对话框，点击 **OK**，运行模拟，流程收敛。

进入 **Flowsheeting Options** | **Balance** | **B-1** | **Results** | **Calculated Variables** 页面，可以看到计算得到冷却水的质量流量为 1599.03kg/h，如图 9-32 所示。

Calculated Variables | Equations | Status

Stream	Substream	Component	Variable type	Value	Units	Update
COID-OUT			MASSFLOW	1599.03	KG/HR	YES
COLD-IN			MASSFLOW	1599.03	KG/HR	YES
HOT-OUT			MASSFLOW	100	KG/HR	YES

图 9-32 **查看计算结果**

9.6 灵敏度分析

灵敏度分析(Sensitivity Analysis)模块是考查关键操作变量和设计变量如何影响模拟过程的工具，用户可以使用此工具改变一个或多个流程变量并研究其变化对其他流程变量的影响。灵敏度分析是进行(what if)研究的必要工具之一。用户改变的流程变量称为操纵变量，其必须是流程的输入参数，在模拟中计算出的变量不能作为操纵变量。

用户可以使用灵敏度分析来验证设计规定的解是否在操纵变量的范围内。用户还可以使用此工具来进行简单的过程优化。

灵敏度分析模块的结果在 **Sensitivity** | **Results** | **Summary** 页面上以表的形式输出，用户还可以使用功能区中的绘图工具绘制结果，以便于查看不同变量之间的关系。

灵敏度分析模块为基本工况模拟结果提供了附加信息，但对基本工况模拟没有影响。基本工况的模拟运行独立于灵敏度分析。

定义一个灵敏度分析模块主要包括以下几个步骤：

① 创建一个灵敏度分析模块；

② 标识采集变量；

③ 标识操纵变量；

④ 定义要进行制表的变量；

⑤ 输入 Fortran 语句(可选)。

下面通过例 9.5 和 9.6 介绍灵敏度分析的应用。

例 9.5

例 9.5
演示视频

考察例 2.1 中冷却器 COOLER 出口温度对闪蒸器 SEP 底部产品 PRODUCT 中异丙苯摩尔分数的影响。

本例模拟步骤如下：

打开文件 Example2.1-Flowsheet.bkp，将文件另存为 Example9.5-Sensitivity.bkp。

进入 **Model Analysis Tools** | **Sensitivity** 页面，点击 **New…**按钮，采用默认标识 S-1，创建灵敏度分析模块，如图 9-33 所示。

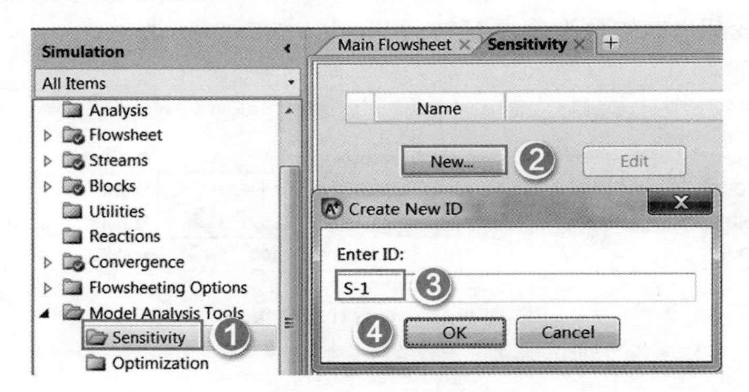

图 9-33 创建灵敏度分析模块

点击 N> 按钮，进入 **Model Analysis Tools** | **Sensitivity** | **S-1** | **Input** | **Vary** 页面，定义操纵变量，本例中需改变的是冷却器(COOLER)的出口温度，要指明变量的变化范围以及步长，本例中操纵变量的变化范围为 30～70℃，步长为 5℃，如图 9-34 所示。

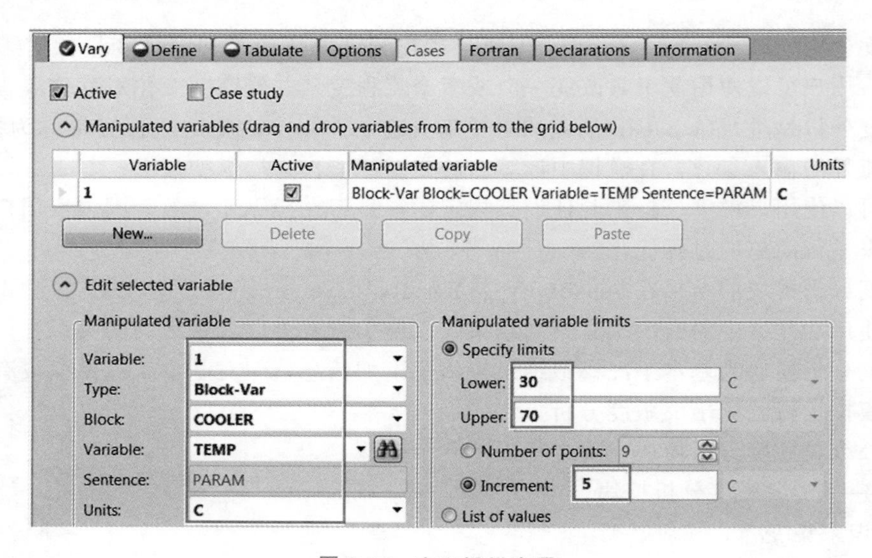

图 9-34 定义操纵变量

点击N→按钮，进入 **Model Analysis Tools** | **Sensitivity** | **S-1** | **Input** | **Define** 页面，定义采集变量 PP，PP 指产品 PRODUCT 中 PRO-BEN(异丙苯)的摩尔分数，如图 9-35 所示。

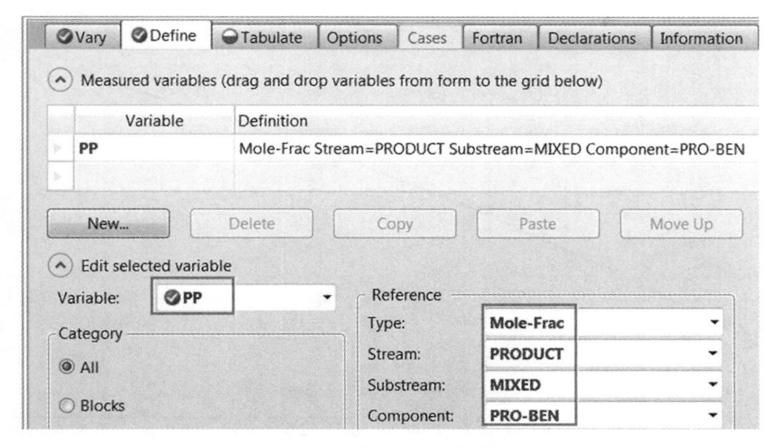

图 9-35　定义采集变量 PP

点击N→按钮，进入 **Model Analysis Tools** | **Sensitivity** | **S-1** | **Input** | **Tabulate** 页面，定义结果列表中各变量或表达式的列位置，如图 9-36 所示。

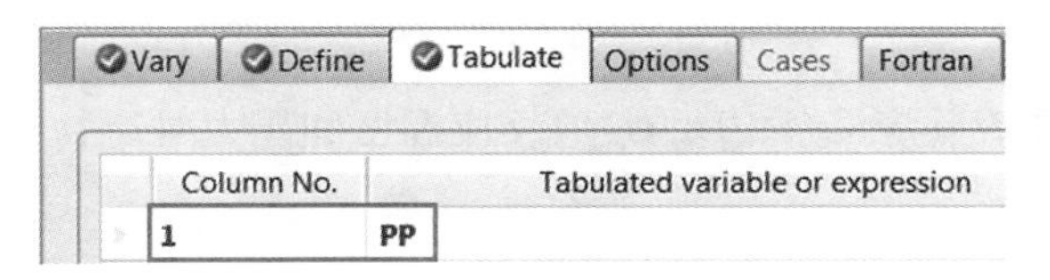

图 9-36　定义变量或表达式的列位置

点击N→按钮，弹出 **Required Input Complete** 对话框，点击 **OK**，运行模拟，流程收敛。

进入 **Model Analysis Tools** | **Sensitivity** | **S-1** | **Results** | **Summary** 页面，查看灵敏度分析结果，如图 9-37 所示。

Summary | Define Variable | Status

Row/Case	Status	VARY 1 COOLER PARAM TEMP C	PP
1	OK	30	0.846133
2	OK	35	0.862159
3	OK	40	0.876079
4	OK	45	0.888241
5	OK	50	0.898932
6	OK	54	0.906587
7	OK	55	0.90839
8	OK	60	0.916809
9	OK	65	0.924352
10	OK	70	0.931156

图 9-37　查看灵敏度分析结果

为了更直观地观察产品纯度随冷却器出口温度的变化结果，可以将结果作图，如图 9-38 所示，可以看出，随着冷却器出口温度的升高，产品中异丙苯的摩尔分数也逐渐升高。

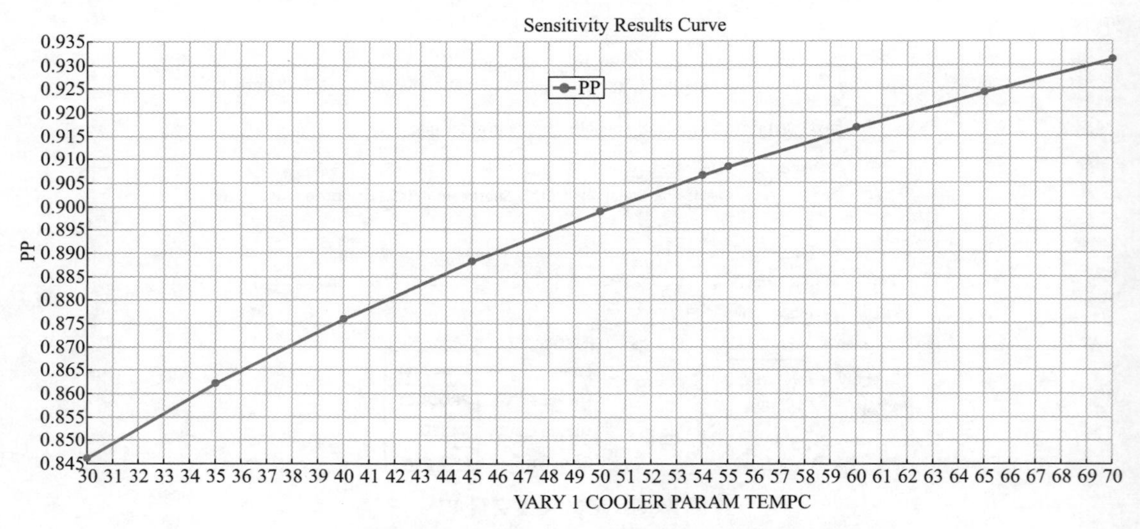

图 9-38　产品中异丙苯的摩尔分数随冷却器出口温度变化关系曲线

例 9.6

考察例 8.6 中平推流反应器(RPLUG)的反应温度和压力对产物 1，2-二氯丙烷选择性的影响。

本例模拟步骤如下：

打开文件 Example8.6-RPlug.bkp，将文件另存为 Example9.6-RPlug Sensitivity.bkp。

进入 **Model Analysis Tools** | **Sensitivity** 页面，点击 **New…**按钮，采用默认标识 S-1，创建灵敏度分析模块，如图 9-39 所示。

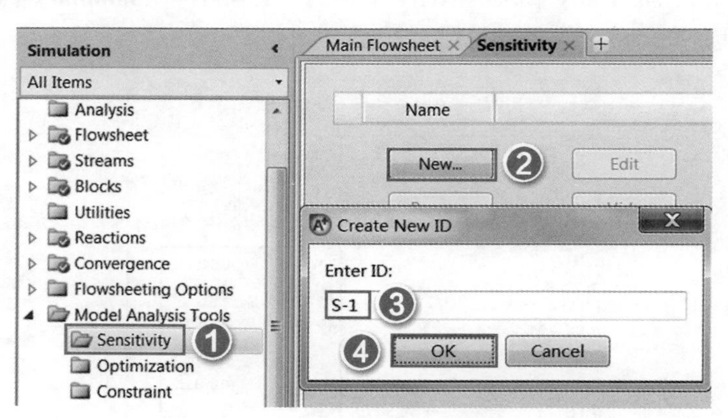

图 9-39　创建灵敏度分析模块

点击 **OK**，进入 **Model Analysis Tools** | **Sensitivity** | **S-1** | **Input** | **Vary** 页面，定义操纵变量为反应温度和压力，分别如图 9-40 和图 9-41 所示。

点击 N➡按钮，进入 **Model Analysis Tools** | **Sensitivity** | **S-1** | **Input** | **Define** 页面，定义采集变量为 PRODUCT 中氯丙烯和 1,2-二氯丙烷的摩尔分数，如图 9-42 所示。

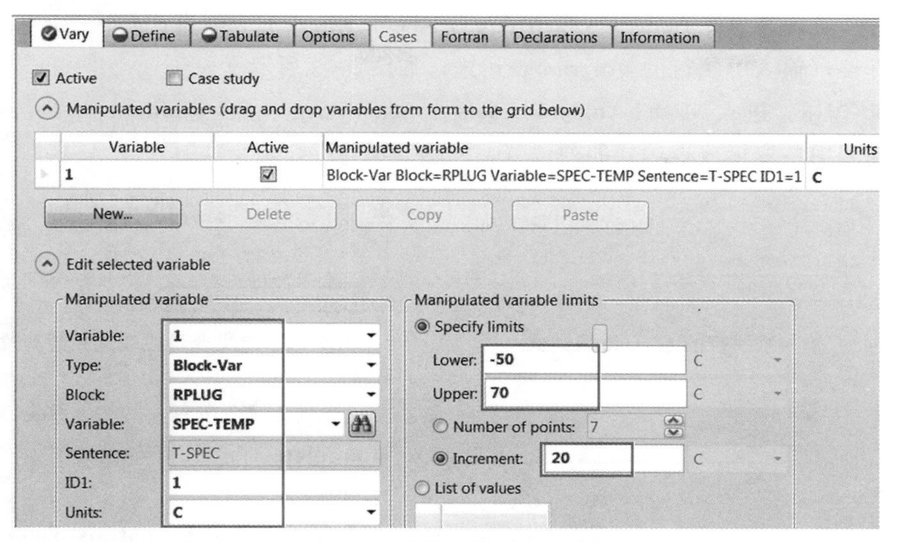

图 9-40 定义操纵变量——反应温度

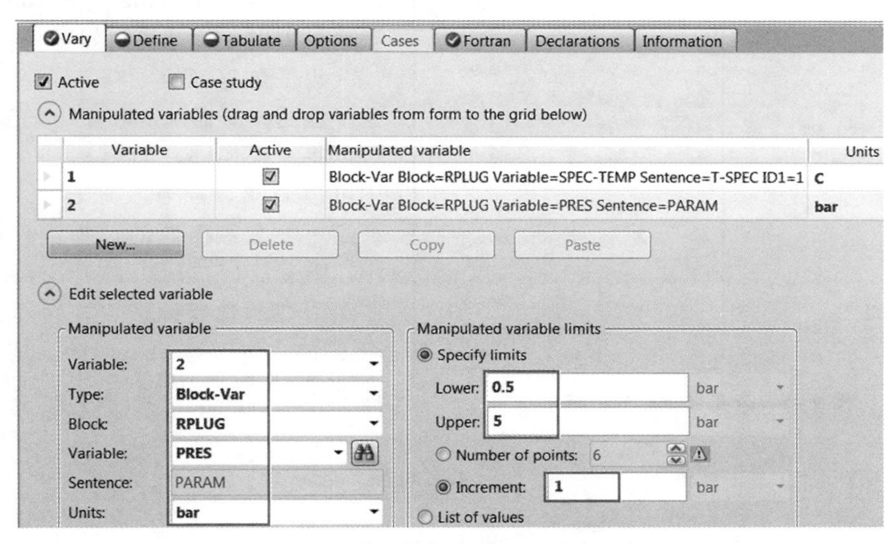

图 9-41 定义操纵变量——反应压力

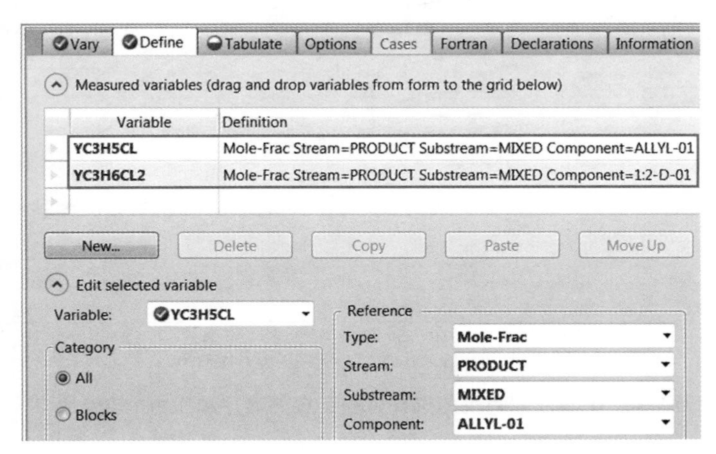

图 9-42 定义采集变量

进入 **Model Analysis Tools** | **Sensitivity** | **S-1** | **Input** | **Fortran** 页面，定义 1，2-二氯丙烷的选择性，输入可执行的 Fortran 表达式，如图 9-43 所示。

点击 N⇨ 按钮，进入 **Model Analysis Tools** | **Sensitivity** | **S-1** | **Input** | **Tabulate** 页面，定义结果列表中各变量或表达式的列位置，如图 9-44 所示。

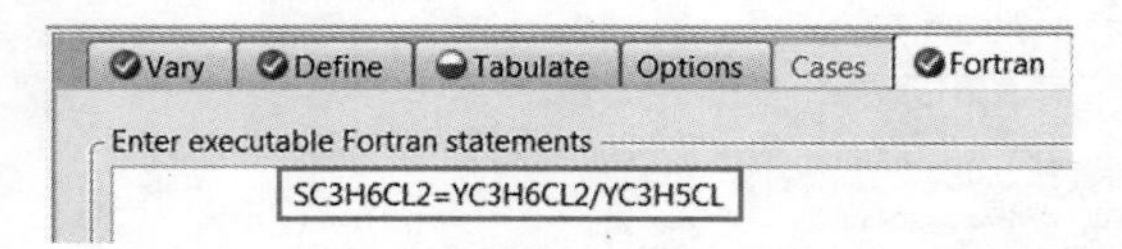

图 9-43 输入可执行的 Fortran 表达式

Vary | Define | Tabulate | Options | Cases | Fortran

Column No.	Tabulated variable or expression
1	SC3H6CL2

图 9-44 定义变量或表达式的列位置

Summary | Define Variable | Status

Row/Case	Status	VARY 1 RPLUG 1 T-SPEC TEMP C	VARY 2 RPLUG PARAM PRES BAR	SC3H6CL2
1	OK	-50	0.5	366.183
2	OK	-50	1.5	382.69
3	OK	-50	2.5	396.493
4	OK	-50	3.5	424.757
5	OK	-50	4.5	468.561
6	OK	-50	5	494.807
7	OK	-30	0.5	398.075
8	OK	-30	1.5	384.412
9	OK	-30	2.5	407.566
10	OK	-30	3.5	437.272
11	OK	-30	4.5	484.265
12	OK	-30	5	510.271
13	OK	-10	0.5	377.214

图 9-45 查看灵敏度分析结果

点击 N⇨ 按钮，弹出 **Required Input Complete** 对话框，点击 **OK**，运行模拟，流程收敛。

进入 **Model Analysis Tools** | **Sensitivity** | **S-1** | **Results** | **Summary** 页面，查看灵敏度分析结果，如图 9-45 所示。

为了更直观地观察 1,2-二氯丙烷的选择性随反应器温度和压力的变化结果，可以将结果作图，如图 9-46 所示。从图中可以看出，随着反应器温度的升高，产品 1,2-二氯丙烷的选择性先增大后减小，随着反应器压力的升高，产品 1,2-二氯丙烷的选择性增大，因而选择反应温度 10℃与压力 5bar，此温度、压力条件下对生产 1,2-二氯丙烷有利。

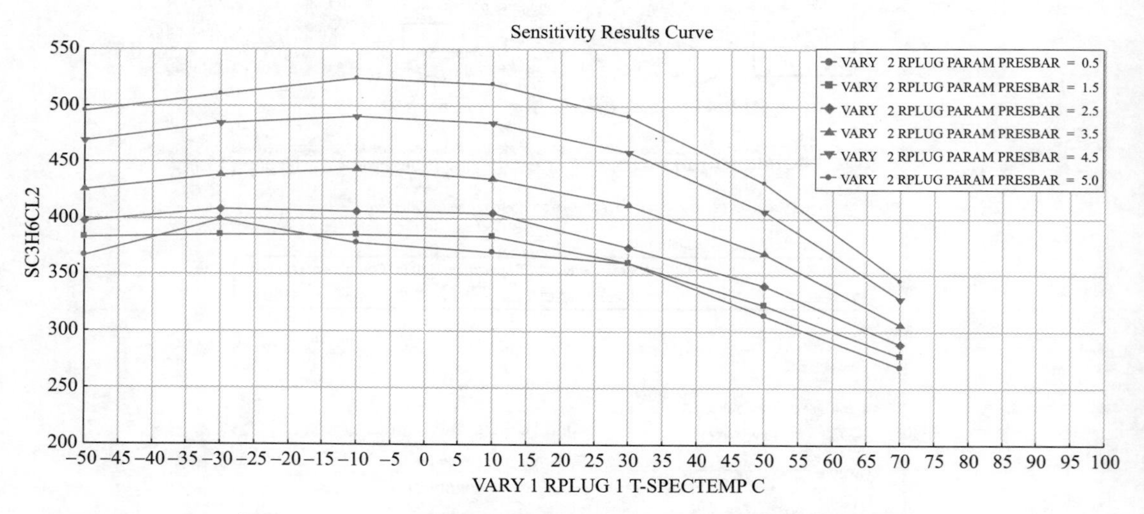

图 9-46 1,2-二氯丙烷的选择性随反应器温度和压力的变化曲线

9.7 优化与约束条件

优化(Optimization)模块及约束条件(Constraint)模块经常联用来完成一个优化过程。

使用优化模块，调整决策变量(进料条件、模块输入参数或其他输入变量)来使用户指定的某个目标函数值达到最大或最小。目标函数可以是含有一个或多个流程变量的合法 Fortran 表达式。目标函数的容差是与优化问题相关的收敛模块的容差。

用户可以对优化施加等式或不等式约束，优化中的等式约束类似于设计规定，约束可以是任意的流程变量函数，其通过 Fortran 表达式或内嵌 Fortran 语句计算得到，且必须指定约束的容差。

优化问题比较难以执行和收敛，因而对添加复杂优化的模拟问题有深入的理解，此点非常重要。创建优化问题的推荐步骤如下。

① 从模拟开始而不是从优化开始，原因是：

a. 在模拟中更容易检查流程的错误；

b. 可以确定合理的设计规定；

c. 确定合适的候选决策变量；

d. 得到较好的撕裂物流估计值。

② 在优化前进行灵敏度分析，找到合适的决策变量及其范围。

③ 使用灵敏度分析评估结果，以确定最优解的宽窄。

定义优化问题主要包括以下几个步骤：

① 创建一个优化问题；

② 标识目标函数中所用的采集变量；

③ 指定目标函数，并标识出与优化输入问题有关的约束；

④ 识别最大化或最小化目标函数所需要调整的输入变量(决策变量)，并指定其可调范围；

⑤ 输入 Fortran 语句(可选)；

⑥ 定义优化问题的约束条件。

定义约束主要包括以下几个步骤：

① 创建一个约束条件；

② 标识约束条件中使用的采集变量；

③ 指定约束条件表达式；

④ 在 **Optimization** | **Input** | **Objective&Constrains** 页面选择约束条件。

下面通过例 9.7 介绍优化的应用。

例 9.7

如图 9-47 所示的流程为二氯甲烷溶剂回收系统的一部分，两个绝热闪蒸塔 FLASH1 和 FLASH2 分别在绝压 136kPa 和 130kPa 下进行。进料 FEED 中含二氯甲烷和水，温度为 37℃，压力为 170kPa，流量分别为 635kg/h 和 44725kg/h。饱和蒸汽 STM1 和 STM2 的绝压为 1.4MPa，流量范围为 450～10000kg/h。FLASH2 底部物流 BOTM2 中的二氯甲烷的最大允许浓度为 150ppm(质量)，保证容差在 1ppm 之内，建立并优化流程模拟，使饱和蒸汽 STM1 和 STM2 的总用量最少。物性方法采用 NRTL。

本例模拟步骤如下：

启动 Aspen Plus，进入 **File** | **New** | **User** 页面，选择模板 General with Metric Units，

将文件保存为 Example9.7-Optimization.bkp。

进入 **Components** | **Specifications** | **Selection** 页面，输入组分 CH2CL2（二氯甲烷）、H2O（水）。

点击按钮，进入 **Properties** | **Methods** | **Specifications** | **Global** 页面，选择物性方法 NRTL。

点击按钮，进入 **Properties** | **Parameters** | **Binary Interaction** | **NRTL-1** | **Input** 页面，查看方程的二元交互作用参数，本例采用系统缺省值，不做修改。

点击按钮，弹出 **Properties Input Complete** 对话框，选择 Go to Simulation environment，进入模拟环境。

建立如图 9-47 所示的流程图，其中 FLASH1 和 FLASH2 选用模块选项板中 **Separators** | **Flash2** | **V-DRUM1** 图标。

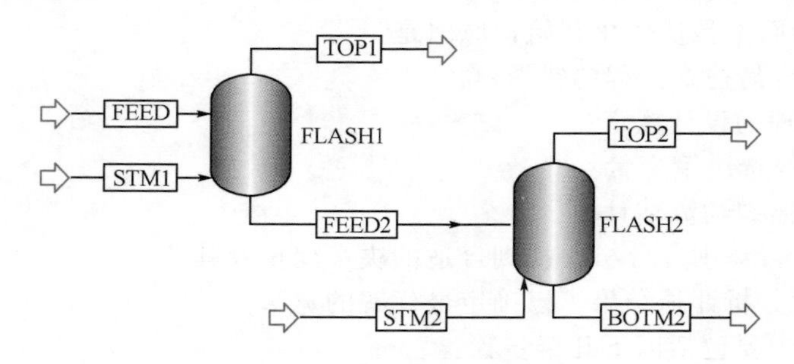

图 9-47　二氯甲烷溶剂回收流程

点击按钮，进入 **Streams** | **FEED** | **Input** | **Mixed** 页面，输入进料 FEED 温度 37℃，压力 170kPa，二氯甲烷和水的质量流量分别为 635kg/h、44725kg/h。

点击按钮，进入 **Streams** | **STM1** | **Input** | **Mixed** 页面，输入蒸汽 STM1 压力 1.4MPa，气相分数 1，质量流量 450kg/h。

点击按钮，进入 **Streams** | **STM2** | **Input** | **Mixed** 页面，输入蒸汽 STM2 压力 1.4MPa，气相分数 1，质量流量 450kg/h。

点击按钮，进入 **Blocks** | **FLASH1** | **Input** | **Specifications** 页面，输入 FLASH1 模块参数，压力 136kPa，热负荷 0，如图 9-48 所示。

点击按钮，进入 **Blocks** | **FLASH2** | **Input** | **Specifications** 页面，输入 FLASH2 模块参数，压力 130kPa，热负荷 0，如图 9-49 所示。

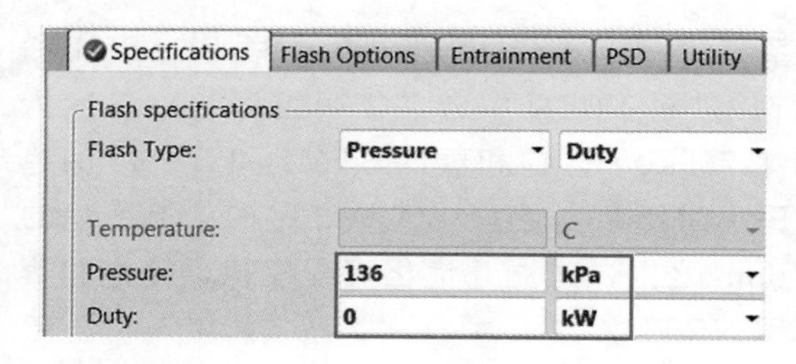

图 9-48　输入模块 FLASH1 参数

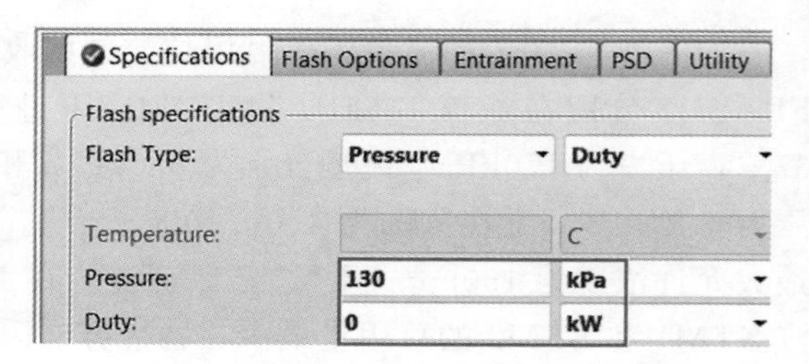

图 9-49　输入模块 FLASH2 参数

点击N→按钮，弹出 **Required Input Complete** 对话框，点击 **Cancel**，暂不运行模拟。

进入 **Model Analysis Tools** ｜ **Optimization** 页面，点击 **New…**按钮，采用默认标识 O-1，创建优化模块，如图 9-50 所示。

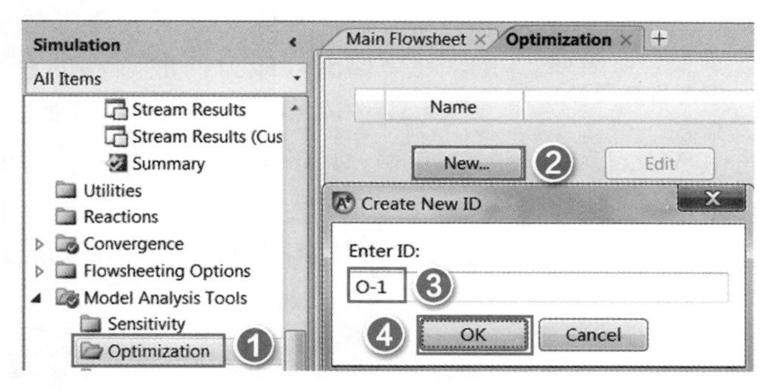

图 9-50　**创建优化模块**

点击 **OK**，进入 **Model Analysis Tools** ｜ **Optimization** ｜ **O-1** ｜ **Input** ｜ **Define** 页面，定义采集变量，本例中为蒸汽 STM1 和 STM2 的质量流量，分别如图 9-51 和图 9-52 所示。

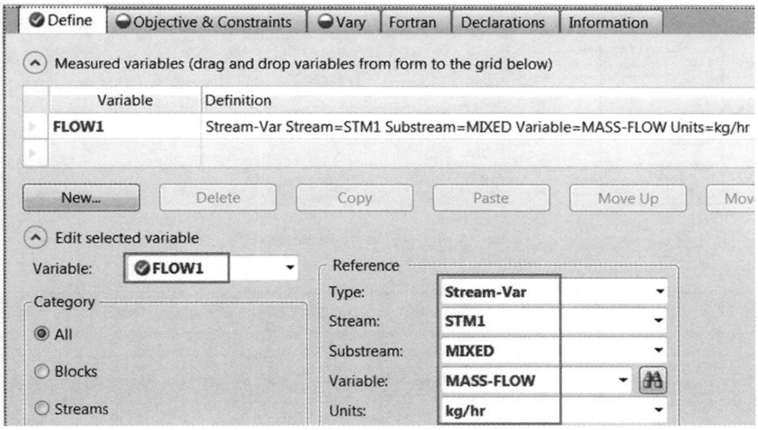

图 9-51　**定义采集变量 FLOW1**

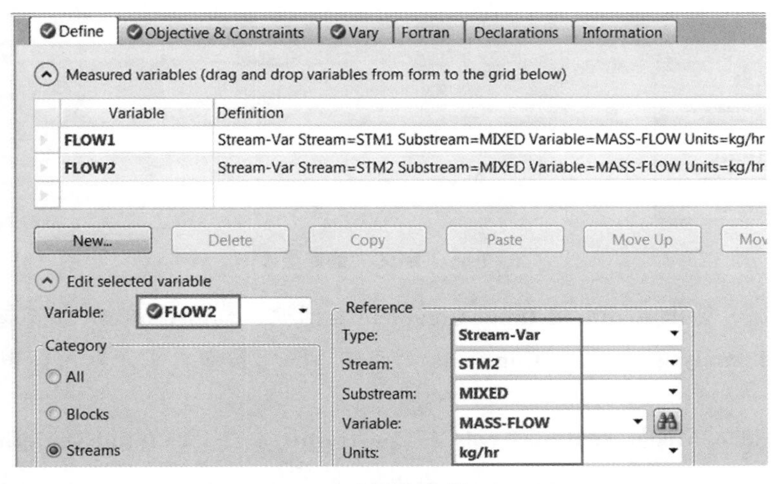

图 9-52　**定义采集变量 FLOW2**

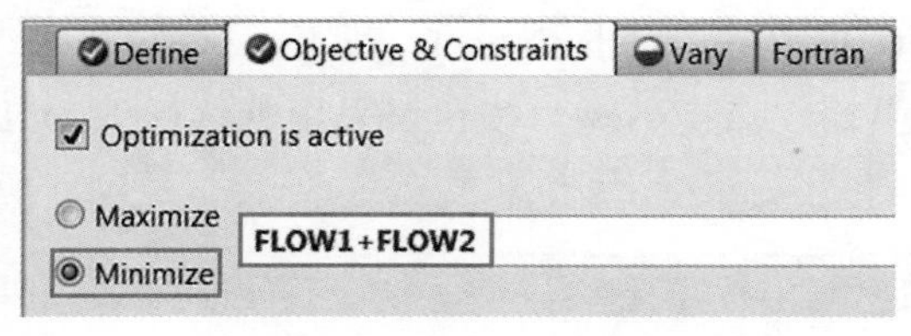

图 9-53 定义目标函数

定义完成后，点击N▶按钮，进入 **Model Analysis Tools** | **Optimization** | **O-1** | **Input** | **Objective & Constraints** 页面，输入目标函数，本例要求两股蒸汽总质量流量最小，目标函数即为两股蒸汽的总质量流量 FLOW1＋FLOW2，如图 9-53 所示。

点击N▶按钮，进入 **Model Analysis Tools** | **Optimization** | **O-1** | **Input** | **Vary** 页面，输入决策变量，本例中决策变量为两股蒸汽的质量流量，点击 Variable number 处的 New，创建两个变量，即两股蒸汽的质量流量，其变化范围均为 450～10000kg/h，分别如图 9-54 和图 9-55 所示。

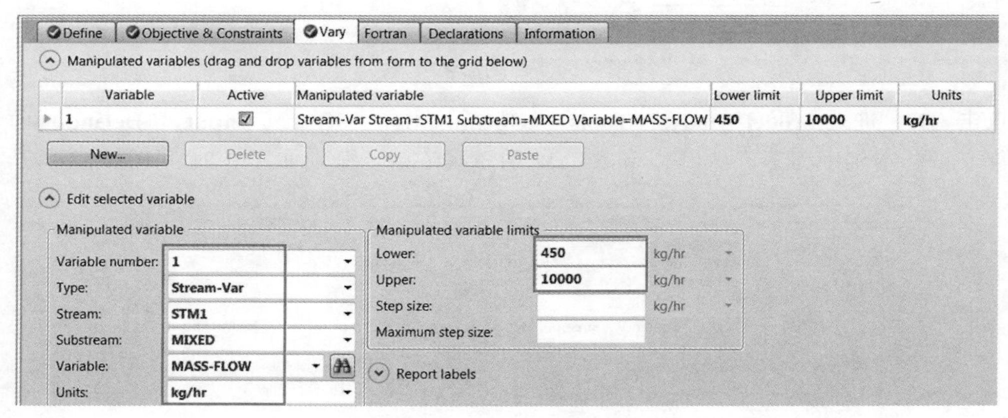

图 9-54 定义决策变量 1

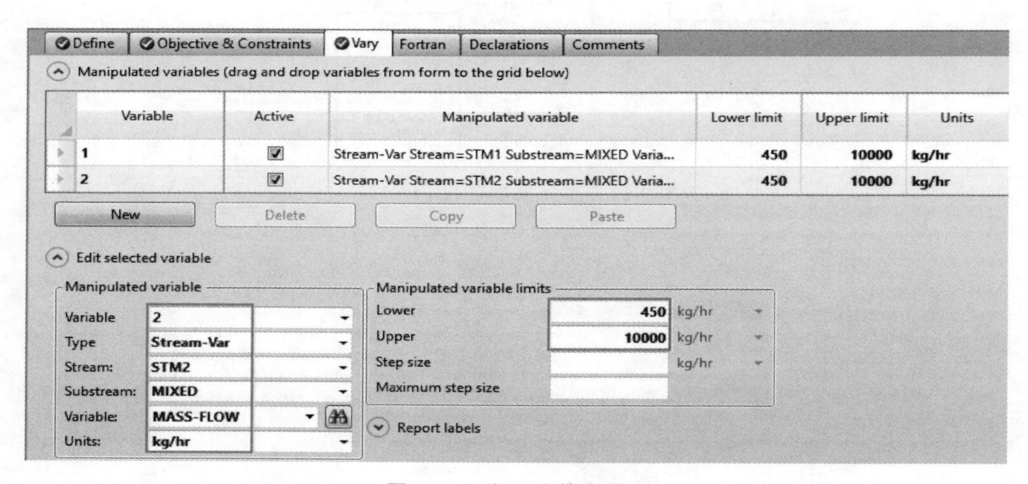

图 9-55 定义决策变量 2

点击N▶按钮，弹出 **Required Input Complete** 对话框，点击 **Cancel**，暂不运行模拟。

进入 **Model Analysis Tools** | **Constraint**，点击 **New…**按钮，采用默认标识 C-1，如图 9-56 所示。

点击 **OK**，进入 **Model Analysis Tools** | **Constraints** | **C-1** | **Input** | **Define** 页面，定义采集变量为产品 BOTM2 中 FCH2CL2（二氯甲烷）的质量分数，如图 9-57 所示。

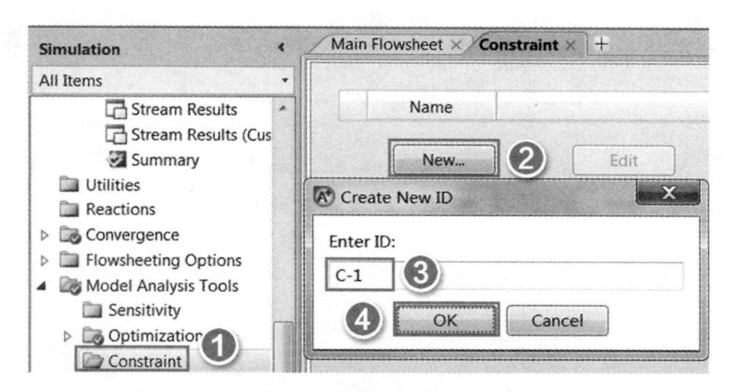

图 9-56　创建约束条件

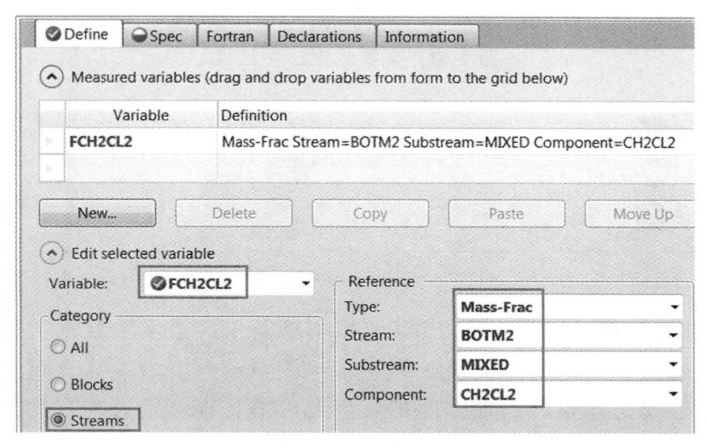

图 9-57　定义采集变量

点击**N▶**按钮，进入 **Model Analysis Tools** | **Constraint** | **C-1** | **Input** | **Spec** 页面，定义约束表达式，变量 FCH2CL2 不大于 150ppm，容差为 1ppm，如图 9-58 所示。

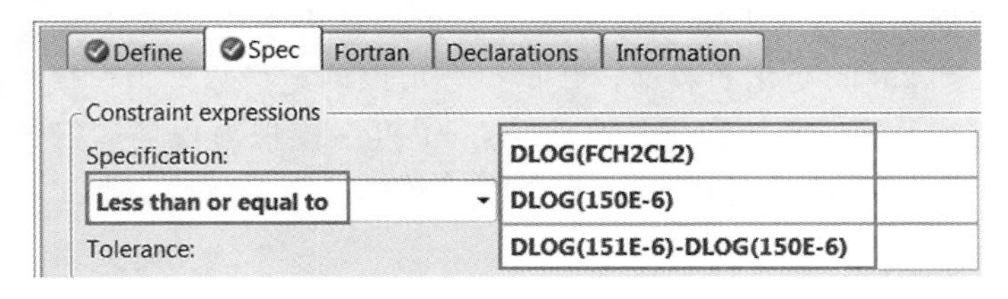

图 9-58　定义约束表达式

进入 **Model Analysis Tools** | **Optimization** | **O-1** | **Input** | **Objective & Constraints** 页面，添加约束条件 C-1，如图 9-59 所示。

点击**N▶**按钮，弹出 **Required Input Complete** 对话框，点击 **OK**，运行模拟，流程收敛。进入 **Model Analysis Tools** | **Optimization** | **O-1** | **Results** 页面，查看优化结果，如图 9-60 所示。

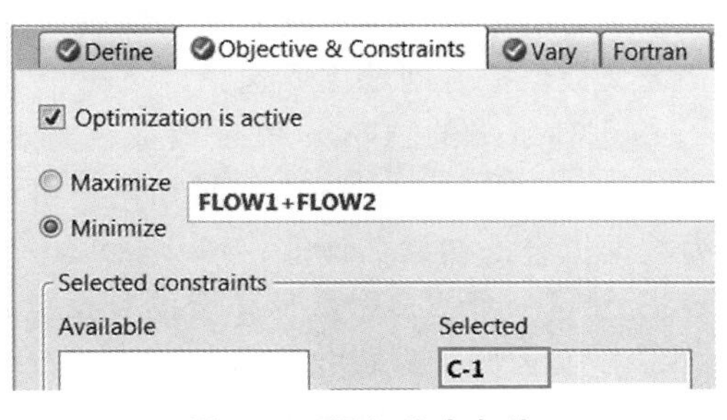

图 9-59　添加约束条件

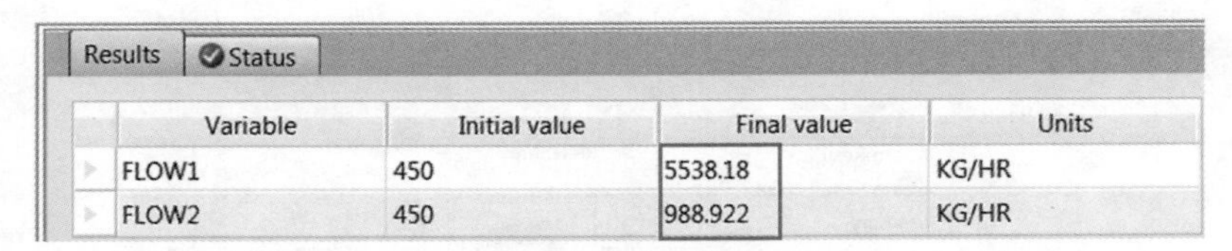

	Variable	Initial value	Final value	Units
▸	FLOW1	450	5538.18	KG/HR
▸	FLOW2	450	988.922	KG/HR

图 9-60　查看优化结果

进入 **Model Analysis Tools** | **Constraint** | **C-1** | **Results** 页面，查看约束条件的结果，如图 9-61 所示。

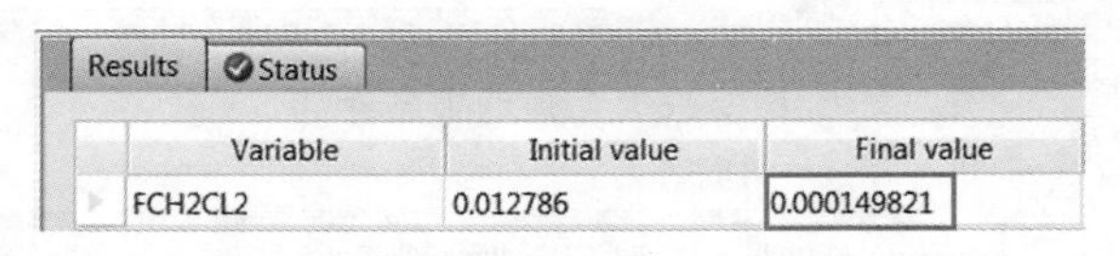

	Variable	Initial value	Final value
▸	FCH2CL2	0.012786	0.000149821

图 9-61　查看约束条件结果

9.8　数据拟合

数据拟合(Data Fit)模块对 Aspen Plus 模拟模型与工厂或实验数据进行匹配。用户可以为一个模型的输入变量和结果变量提供一组或多组测量数据，数据拟合可以调整或估算模型输入参数，以便使模型与测量数据最佳匹配，也可以整合模型输入变量的测量数据来匹配被拟合的模型。

数据拟合将测量数据和模型预测数据之间差异的加权平方和最小化，数据拟合实际是进行了普通最小二乘或最大似然(变量含误差)估算。

数据拟合应用分为两大类：

① 数据拟合根据实验数据为用户自定义或内置的动力学模型确定系数。例如，给定一个或多个温度下浓度随时间变化的数据，数据拟合可以确定指数动力学模型的系数。

② 作为模拟研究的第一步，数据拟合将 Aspen Plus 模拟与现场运行数据进行匹配。例如，给定一套或多套精馏塔进料和产品测量数据，数据拟合可以确定此工况下塔的效率。同时，数据拟合还可以：

a. 调整测量数据以匹配拟合模型；

b. 估算缺失的进料或产品测量数据；

c. 帮助用户识别误差较大的测量数据。

定义数据拟合问题主要包括以下三个步骤：

① 创建基本的 Aspen Plus 模型。例如为了拟合浓度随时间变化的动力学数据，创建一个 RBatch 模型，在 Reactions 页面用户可为 RBatch 模型输入反应动力学模型系数，这些值即为数据拟合的初始估计值；

② 创建一个或多个数据拟合的数据集，如表 9-5 所示；

③ 定义回归工况。指定数据拟合工况和预拟合的输入参数。

下面通过例 9.8 和例 9.9 说明数据拟合的应用。

表 9-5 数据集及其适用情况

数据集	适用情况
POINT-DATA	一个或多个稳态试验点或者操作点
	间歇反应器的初始进料和最终产物，而非中间时间点
	平推流反应器的进料和产物，而非沿着反应器长度的点
PROFILE-DATA	间歇反应器的时间系列数据
	沿平推流反应器长度的测量点

例 9.8

使用间歇式反应器实验数据拟合反应动力学方程的指前因子。

C_3H_6O(ALLYL，丙烯醇)＋C_3H_6O(ACETONE，丙酮)$\longrightarrow$$C_6H_{12}O_2$(PROP，丙酸丙酯)

反应动力学方程为：$r=1.5\times10^7 e^{\frac{-6.7\times10^7}{RT}}$[ALLYL][ACETONE]$^{0.5}$，式中活化能单位为J/kmol，式中指前因子 1.5×10^7 为数据拟合的初值。

采用间歇式反应器，进料温度为25℃，压力为0.1MPa，丙烯醇及丙酮的进料流量分别为180kg/h和252kg/h，反应在恒温30℃下进行，实验数据见表 9-6。物性方法采用 NRTL-RK。

表 9-6 实验数据

时间/s	产品中丙烯醇的摩尔分数	产品中丙酸丙酯的摩尔分数
600	0.30149	0.19745
900	0.25613	—
1900	0.14938	0.45820

本例模拟步骤如下：

启动 Aspen Plus，进入 **File** | **New** | **User** 页面，选择模板 General with Metric Units，将文件保存为 Example9.8- Datafitkinetics.bkp。

进入 **Components** | **Specifications** | **Selection** 页面，输入组分 ACETONE(丙酮)、ALLYL(丙烯醇)和 PROP(丙酸丙酯)。

点击N➡按钮，进入 **Properties** | **Methods** | **Specifications** | **Global** 页面，选择物性方法 NRTL-RK。

点击N➡按钮，查看方程的二元交互作用参数，本例采用缺省值，不做修改。

点击N➡按钮，弹出 **Properties Input Complete** 对话框，选择 Go to Simulation environment，进入模拟环境。

建立如图 9-62 所示的流程图，其中反应器模块 RBatch 采用模块选项板中的 **Reactors** | **RBatch** | **ICON1** 图标。

点击N➡按钮，进入 **Streams** | **FEED** | **Input** | **Mixed** 页面，输入进料条件，温度25℃，压力0.1MPa，丙烯醇180kg/h，丙酮252kg/h。

点击 N▶ 按钮，进入 **Blocks** | **RBATCH** | **Setup** | **Specifications** 页面，输入反应器模块参数，反应器恒温 30℃，反应为液相反应，如图 9-63 所示。

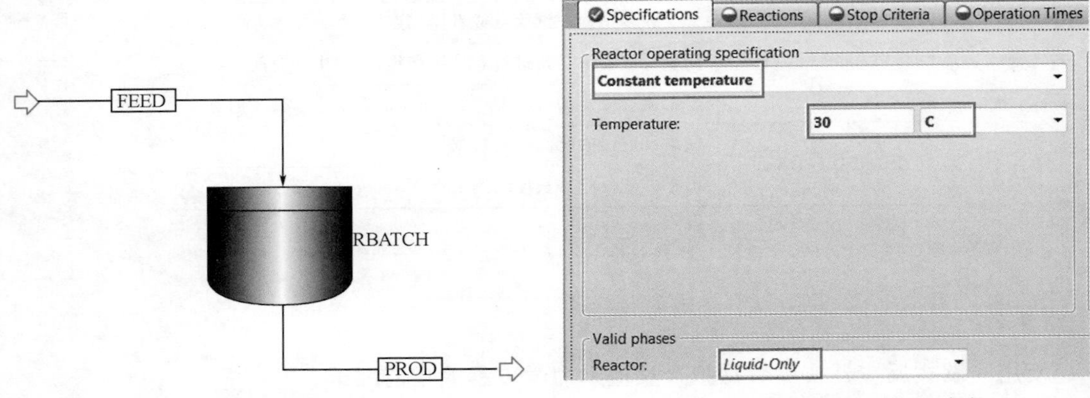

图 9-62 反应器流程　　图 9-63 输入模块 RBatch 参数

点击 N▶ 按钮，进入 **Blocks** | **RBATCH** | **Setup** | **Reactions** 页面，这里需要选择化学反应对象，所以首先在 **Reactions** 中定义化学反应对象。

进入 **Reactions** | **Reactions** 页面，点击 **New…** 按钮，创建化学反应对象 R-1，类型选择 POWERLAW，如图 9-64 所示。

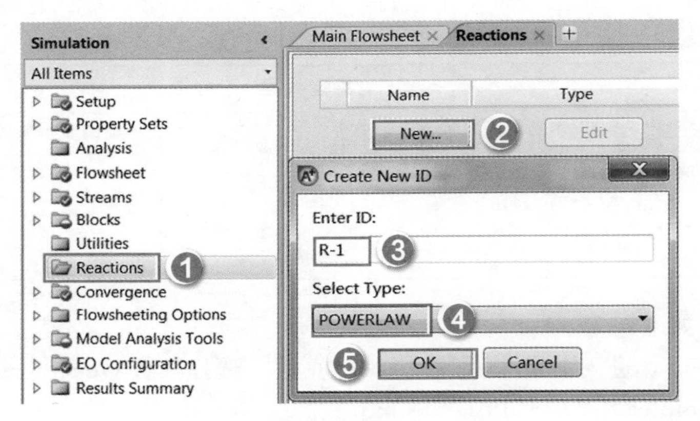

图 9-64 创建化学反应对象

点击 **OK**，进入 **Reactions** | **R-1** | **Input** | **Stoichiometry** 页面，编辑化学反应，点击 **New…** 按钮，编辑化学反应方程式并输入方程中的指数，如图 9-65 所示。

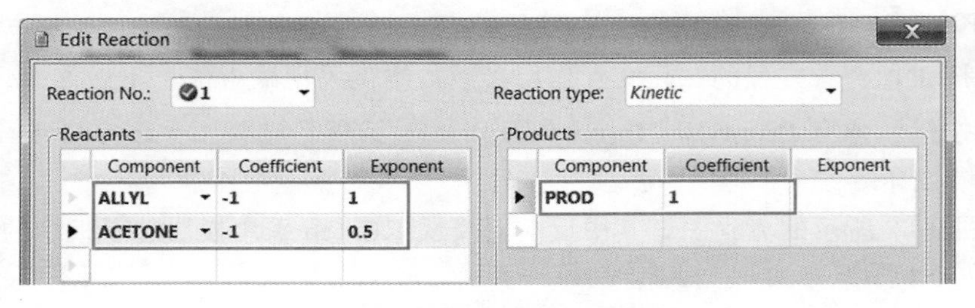

图 9-65 编辑化学反应方程式

点击按钮，进入 **Reactions** | **R-1** | **Input** | **Kinetic** 页面，输入反应动力学数据，如图 9-66 所示，指前因子 k 值为数据拟合的初值。

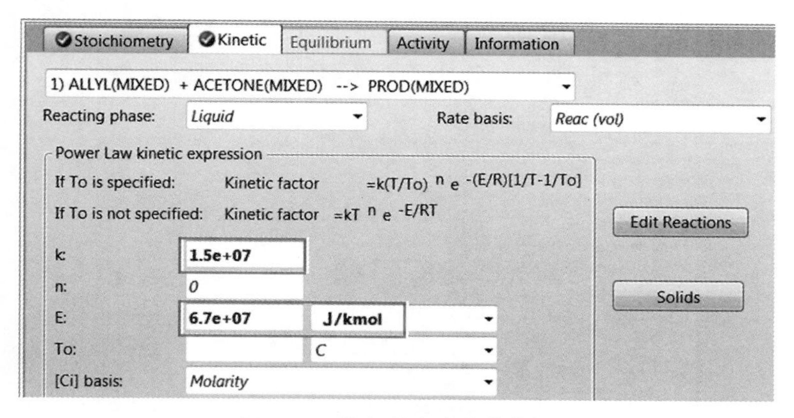

图 9-66　输入反应动力学数据

点击按钮，进入 **Blocks** | **RBATCH** | **Setup** | **Reactions** 页面，选择反应器模块的反应集，如图 9-67 所示。

点击按钮，进入 **Blocks** | **RBATCH** | **Setup** | **Stop Criteria** 页面，输入反应器模块停止判据，反应进行 1900s，如图 9-68 所示。

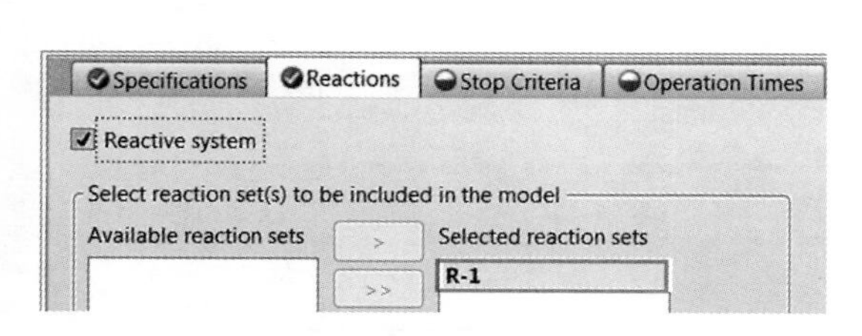

图 9-67　选择反应集

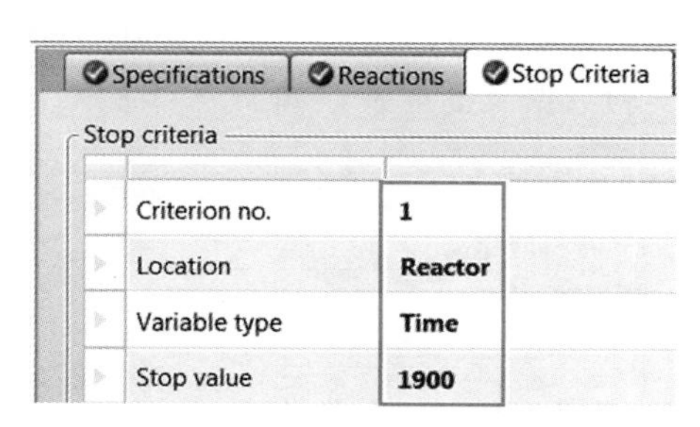

图 9-68　输入反应器模块停止判据

点击按钮，进入 **Blocks** | **RBATCH** | **Setup** | **Operation Times** 页面，输入反应器操作时间，间歇操作周期为 1900s，最大计算时间为 3600s，结果输出时间间隔为 90s，如图 9-69 所示。

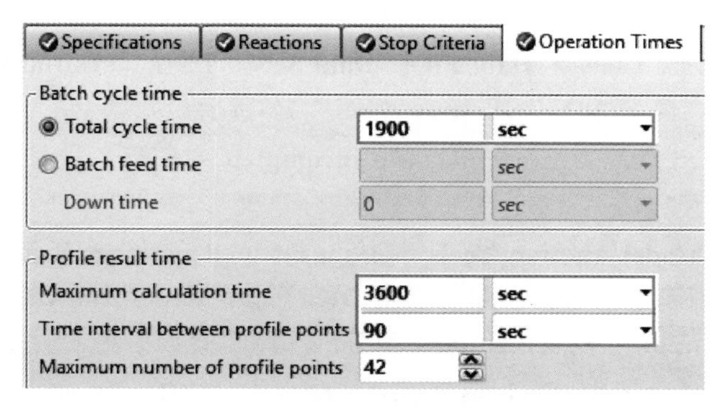

图 9-69　输入反应器操作时间

点击N→按钮，弹出 **Required Input Complete** 对话框，点击 **Cancel**，暂不运行模拟。

进入 **Model Analysis Tools** | **Data Fit** | **Data Set** 页面，点击 **New...** 按钮，采用默认标识 DS-1，类型选择 PROFILE-DATA，创建数据拟合，如图 9-70 所示。

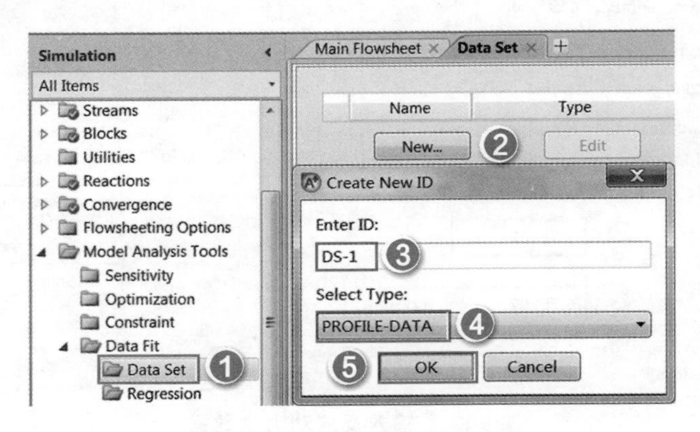

图 9-70　**创建数据拟合**

点击 **OK**，进入 **Model Analysis Tools** | **Data Fit** | **Data Set** | **DS-1** | **Define** 页面，指定模型名称、模块名称及其变量，题中已知的实验数据为不同时刻产品中的丙烯醇及丙酸丙酯的摩尔分数，需在 Measured block variables 表中定义丙烯醇(ALLYL)的摩尔分数 XA 以及丙酸丙酯(PROP)的摩尔分数 XP，如图 9-71 所示。

点击N→按钮，进入 **Model Analysis Tools** | **Data Fit** | **Data Set** | **DS-1** | **Data** 页面，输入实验数据及标准差，如图 9-72 所示。

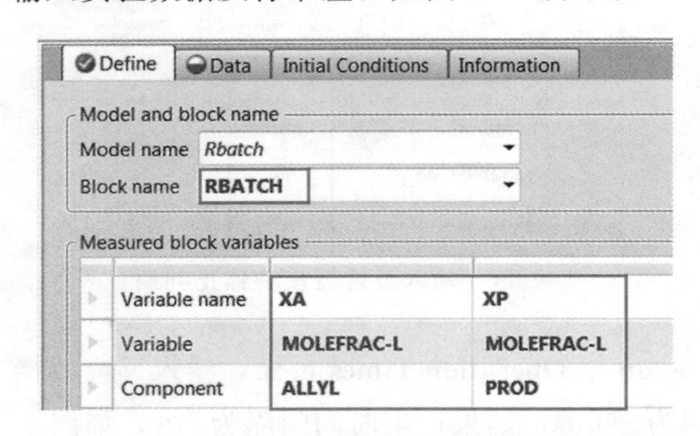

图 9-71　**定义模型名称、模块名称及其变量**

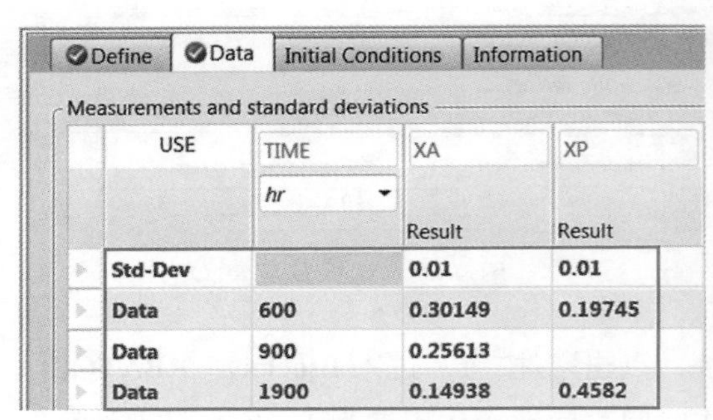

图 9-72　**输入实验数据及标准差**

进入 **Model Analysis Tools** | **Data Fit** | **Data Set** | **DS-1** | **Initial Conditions** 页面，输入实验初始操作条件，温度 30℃，压降 0，如图 9-73 所示。

点击N→按钮，弹出 **Data Regression Cases Incomplete** 对话框，选择 Specify Data Regression cases，如图 9-74 所示。

点击 **OK**，进入 **Model Analysis Tools** | **Data Fit** | **Regression** 页面，点击 **New...** 按钮，采用默认标识 R-1，创建新的数据回归。点击 **OK**，进入 **Model Analysis Tools** | **Data Fit** | **Regression** | **R-1** | **Input** | **Specifications** 页面，选择实验数据集 DS-1，如图 9-75 所示。

点击N→按钮，进入 **Model Analysis Tools** | **Data Fit** | **Regression** | **R-1** | **Input** | **Vary** 页面，输入要回归的参数，本例回归动力学参数中的指前因子，如图 9-76 所示。

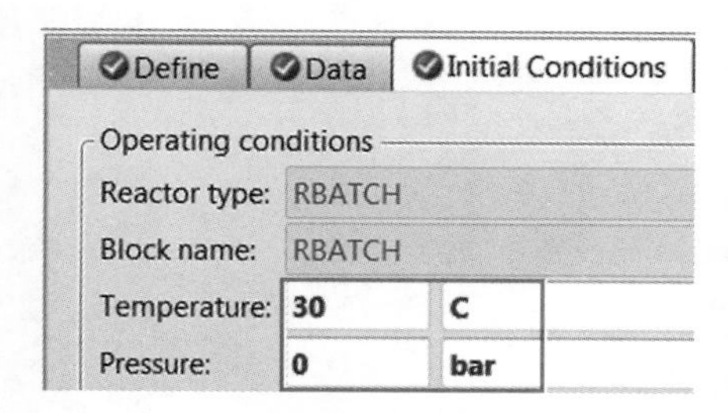

图 9-73　输入实验初始操作条件

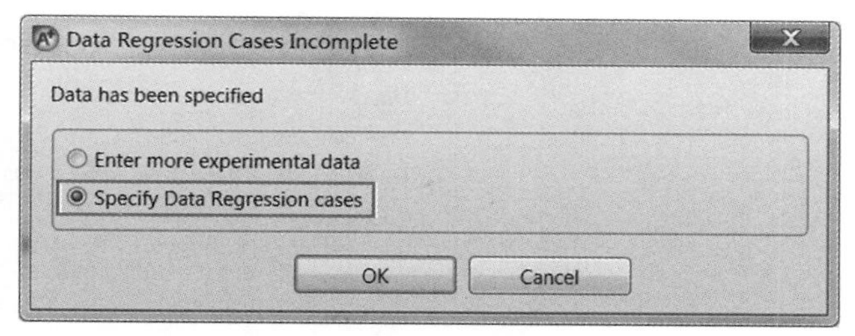

图 9-74　指定数据回归工况

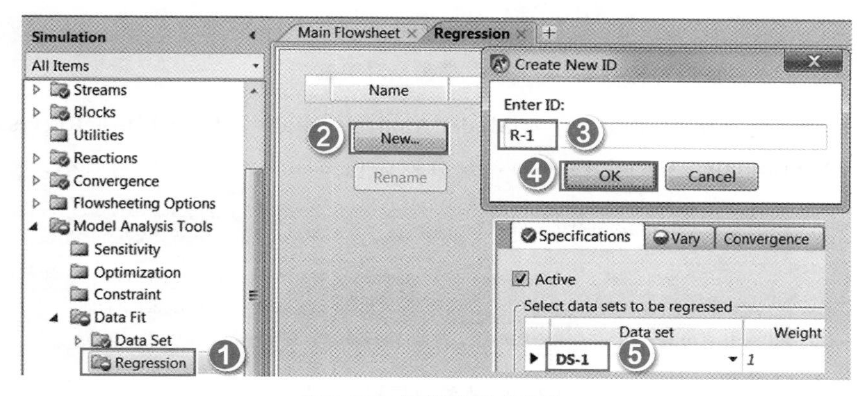

图 9-75　选择实验数据集

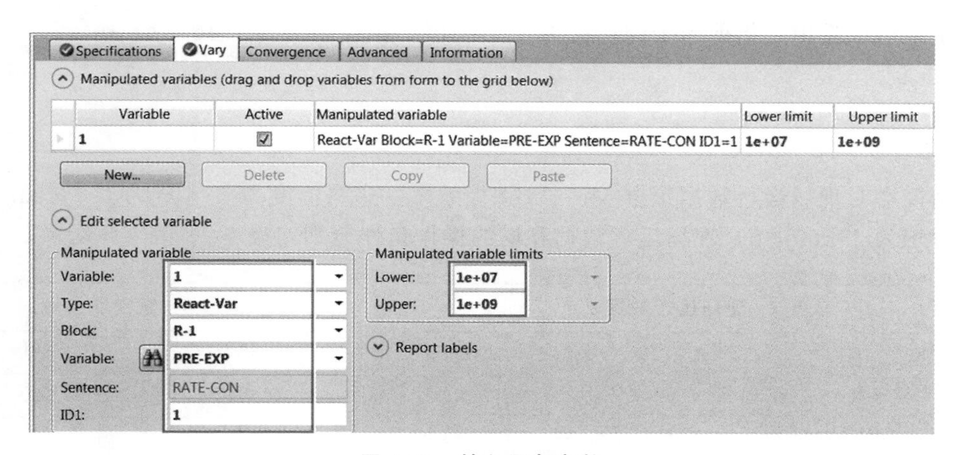

图 9-76　输入回归参数

点击N➡按钮，运行模拟，结果存在警告，控制面板如图 9-77 所示。这是由于绝对误差限太大所致，关闭控制面板，进入 **Model Analysis Tools** | **Data Fit** | **Regression** | **R-1** | **Input** | **Convergence** 页面，将绝对误差减小至 0.0001 即可，如图 9-78 所示。

```
Block: B1        Model: RBATCH
*   WARNING
    DATA-FIT REGRESSION CONVERGED TO WITHIN SPECIFIED ABSOLUTE
    FUNCTION (SUM-OF-SQUARES) TOLERANCE OF 0.10000E-01.  CONVERGING
    TO THIS TOLERANCE RATHER THAN TO THE X TOLERANCE OR RELATIVE
    FUNCTION TOLERANCE MAY BE AN INDICATION THAT THE SPECIFIED VALUES
    OF STANDARD DEVIATION ARE UNREASONABLY LARGE OR THAT THE
    ABSOLUTE TOLERANCE IS TOO LARGE.
```

图 9-77　控制面板信息

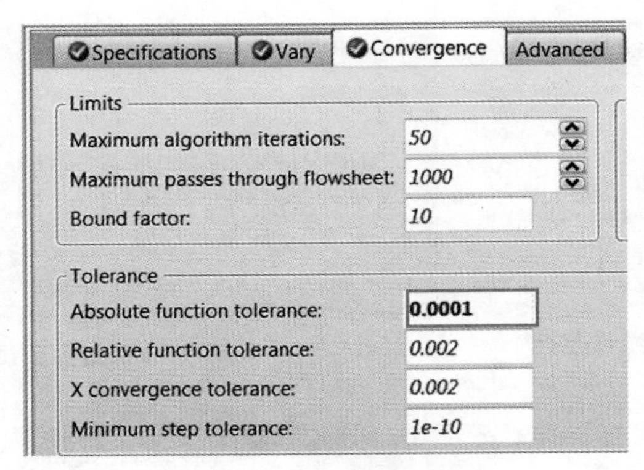

图 9-78　调整绝对误差

重新初始化运行，流程收敛。进入 **Model Analysis Tools** | **Data Fit** | **Regression** | **R-1** | **Results** | **Manipulated Variables** 页面，查看数据拟合结果，如图 9-79 所示。

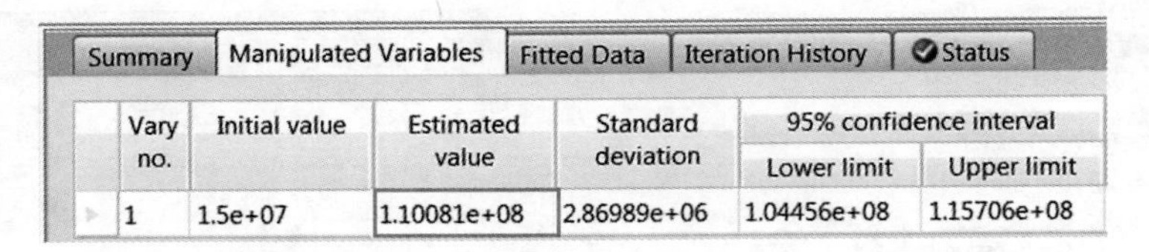

Vary no.	Initial value	Estimated value	Standard deviation	95% confidence interval	
				Lower limit	Upper limit
1	1.5e+07	1.10081e+08	2.86989e+06	1.04456e+08	1.15706e+08

图 9-79　查看数据拟合结果

由结果可以看出，指前因子的初值为 1.5×10^{7}，拟合结果为 1.10081×10^{8}。

例 9.9

用精馏塔对现场运行数据拟合 Murphree 板效率。进料温度 25℃，压力 1.034bar，乙醇和水流量均为 23kmol/h，现场运行数据和塔的操作条件分别如表 9-7、表 9-8 所示。

表 9-7　现场运行数据

项　　目		数据 1	数据 2	数据 3
进料	水/(kmol/h)	25	20	23
	乙醇/(kmol/h)	20	25	23
	温度/℃	25	24	27
塔顶	总流量/(kmol/h)	20	25	23
	温度/℃	79	77	79
塔底	总流量/(kmol/h)	20	25	23
	温度/℃	82	85	84

表 9-8　塔模块参数

塔参数	数值
塔板数	20
进料位置	10
操作压力/bar	1.034
回流比	3
D/F	0.5
Murphree 板效率	0.1

本例模拟步骤如下：

启动 Aspen Plus，进入 **File** | **New** | **User** 页面，选择模板 General with Metric Units，将文件保存为 Example9.9-DatafitMurphree.bkp。

进入 **Components** | **Specifications** | **Selection** 页面，输入组分 WATER(水)、ETHANOL(乙醇)。

点击N➡按钮，进入 **Properties** | **Methods** | **Specifications** | **Global** 页面，选择物性方法 NRTL。

点击N➡按钮，查看二元交互作用参数，本例按照下图采用用户自定义的二元交互作用参数，如图 9-80 所示。

点击N➡按钮，弹出 **Properties Input Complete** 对话框，选择 Go to Simulation environment，进入模拟环境。

建立如图 9-81 所示的流程图，其中塔模块 COLUMN 采用模块选项板中的 **Columns** | **RadFrac** | **FRACT1** 图标。

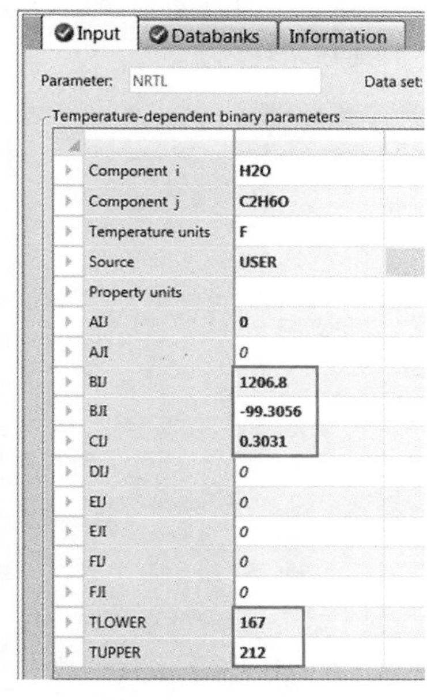

图 9-80 **用户输入二元交互作用参数**

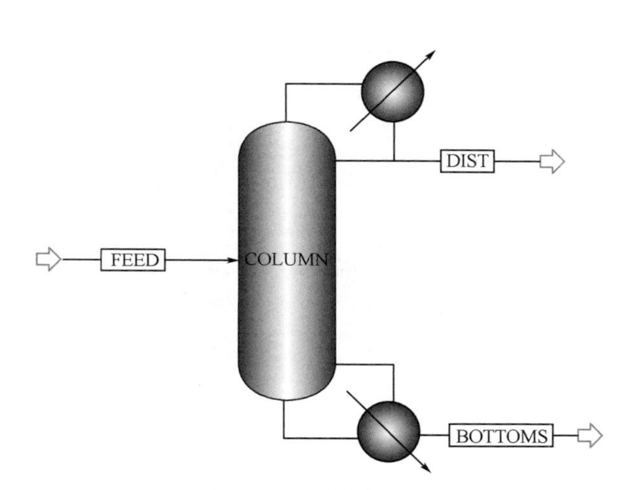

图 9-81 **塔分离流程**

点击N➡按钮，进入 **Streams** | **FEED** | **Input** | **Mixed** 页面，输入进料条件，温度 25℃，压力 1.034bar，乙醇 23kmol/h、水 23kmol/h。

点击N➡按钮，进入 **Blocks** | **COLUMN** | **Specifications** | **Setup** | **Configuration** 页面，输入塔板数 20，全凝器，摩尔回流比 3，馏出率 0.5，如图 9-82 所示。

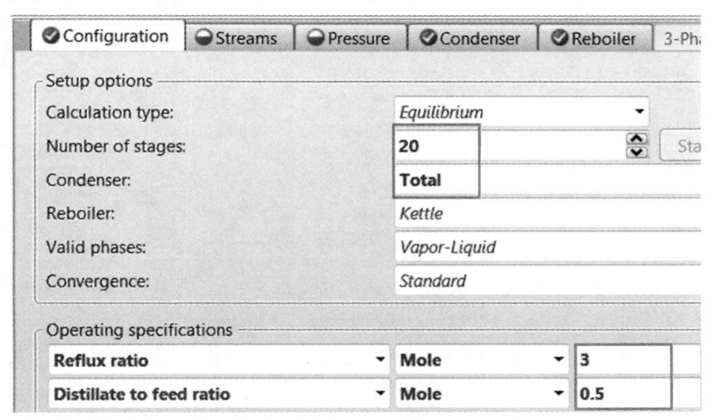

图 9-82 **输入塔模块配置参数**

点击N按钮，进入 **Blocks** | **COLUMN** | **Specifications** | **Setup** | **Streams** 页面，进料位置设定为第 10 块塔板，如图 9-83 所示。

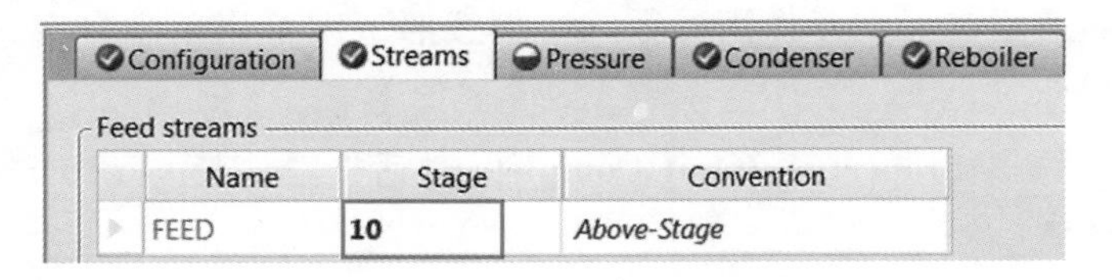

图 9-83　**输入塔进料位置**

点击N按钮，进入 **Blocks** | **COLUMN** | **Specifications** | **Setup** | **Pressure** 页面，冷凝器压力 1.034bar，假设全塔压力相等，即塔压降为 0，如图 9-84 所示。

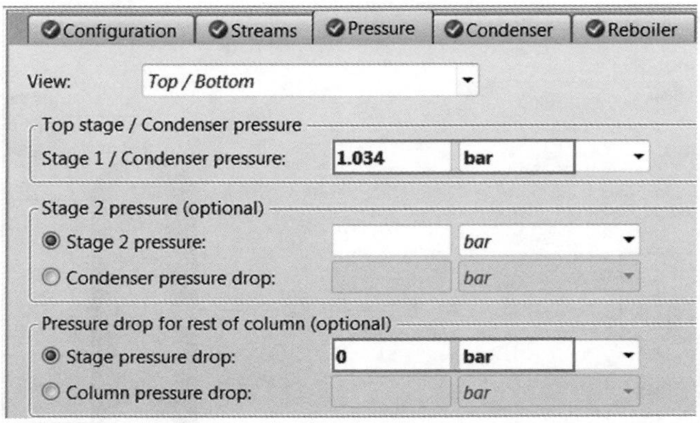

Configuration　Streams　Pressure　Condenser　Reboiler

View: Top / Bottom

Top stage / Condenser pressure

Stage 1 / Condenser pressure: 1.034 bar

Stage 2 pressure (optional)

Stage 2 pressure: bar

Condenser pressure drop: bar

Pressure drop for rest of column (optional)

Stage pressure drop: 0 bar

Column pressure drop: bar

图 9-84　**输入塔操作压力**

点击N按钮，弹出 **Required Input Complete** 对话框，点击 **Cancel**，暂不运行模拟。

进入 **Blocks** | **COLUMN** | **Sepcifications** | **Efficiencies** | **Options** 页面，选择 **Murphree efficiencies**，如图 9-85 所示。

进入 **Blocks** | **COLUMN** | **Sepcifications** | **Efficiencies** | **Vapor-Liquid** 页面，输入第 1 块塔板和第 20 块塔板的效率均为 0.1。如图 9-86 所示。

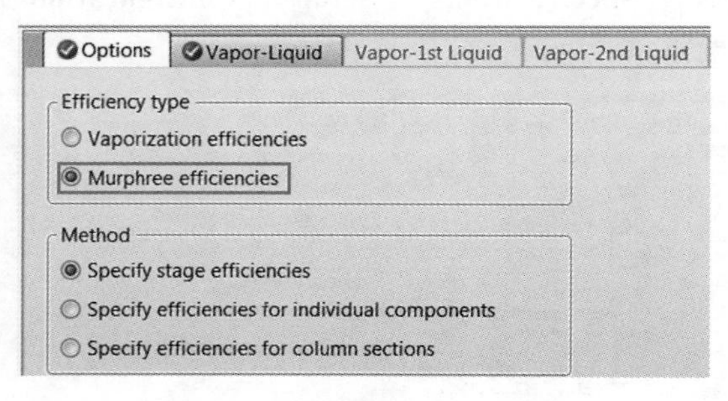

图 9-85　**选择 Murphree 板效率**

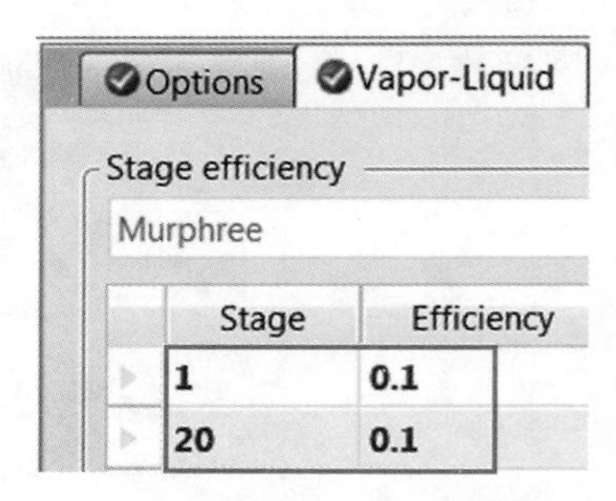

图 9-86　**设定 Murphree 板效率**

进入 **Model Analysis Tools** | **Data Fit** | **Data Set** 页面，点击 **New**…按钮，采用默认标识 DS-1，类型选择 POINT-DATA，创建数据拟合，如图 9-87 所示。

点击 **OK**，进入 **Model Analysis Tools** | **Data Fit** | **Data Set** | **DS-1** | **Define** 页面，定

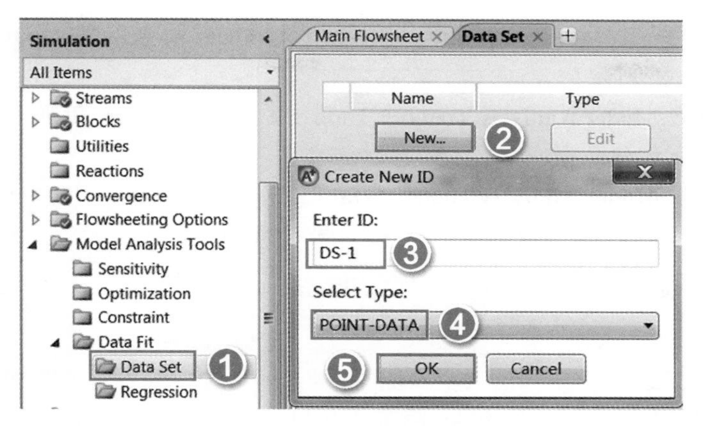

图 9-87 **创建数据拟合**

义题目条件给出的进料中水流量、乙醇流量、进料温度、塔顶流量、塔顶温度、塔底流量、塔底温度以及精馏塔的馏出率，如图 9-88 所示。

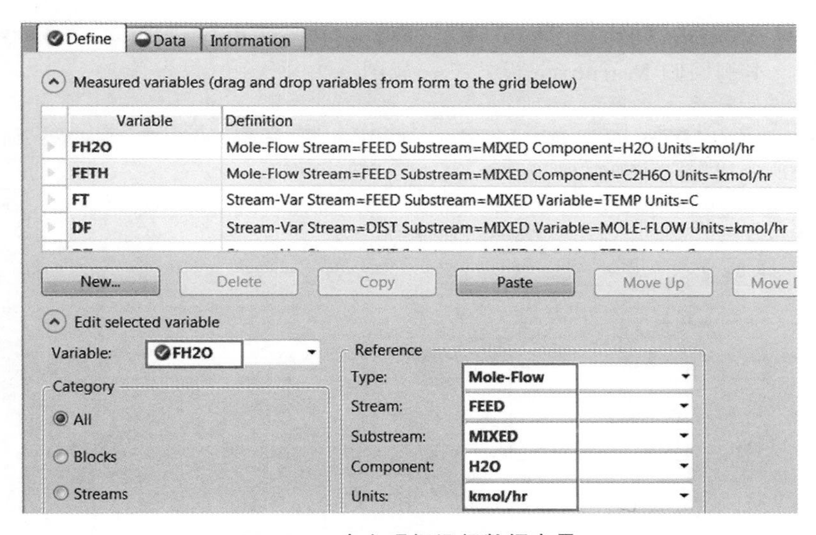

图 9-88 **定义现场运行数据变量**

点击N➡按钮，进入 **Model Analysis Tools** | **Data Fit** | **Data Set** | **DS-1** | **Data** 页面，输入现场三组运行数据，如图 9-89 所示。其中馏出率给定一个初始估计值 0.5 和一个较大的标准偏差 100，此设定可以让数据拟合模块改变馏出率来满足各个点的数据，以此得到对现场运行数据的最佳拟合结果。

Define | Data | Information

Measurements and standard deviations

Use	FH2O	FETH	FT	DF	DT	BF	BT	COLDF
	Input	Input	Input	Result	Result	Result	Result	Input
Std-Dev	5%	5%	0.556	5%	0.556	5%	0.556	100
Data	25	20	25	20	79	20	82	0.5
Data	20	25	24	25	77	25	85	0.5
Data	23	23	27	23	79	23	84	0.5

图 9-89 **输入现场运行数据**

点击N➡按钮，弹出 **Data Regression Cases Incomplete** 对话框，选择 Specify Data Regression cases，如图 9-90 所示。

点击 **OK**，进入 **Model Analysis Tools** | **Data Fit** | **Regression** 页面，点击 **New...** 按钮，采用默认标识 R-1，创建数据回归。

点击 **OK**，进入 **Model Analysis Tools** | **Data Fit** | **Regression** | **R-1** | **Input** | **Specifications** 页面，选择要被回归的数据集 DS-1，如图 9-91 所示。

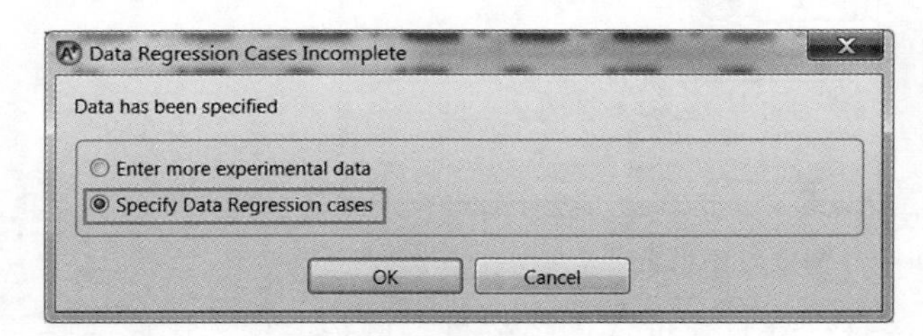

图 9-90　指定数据回归工况

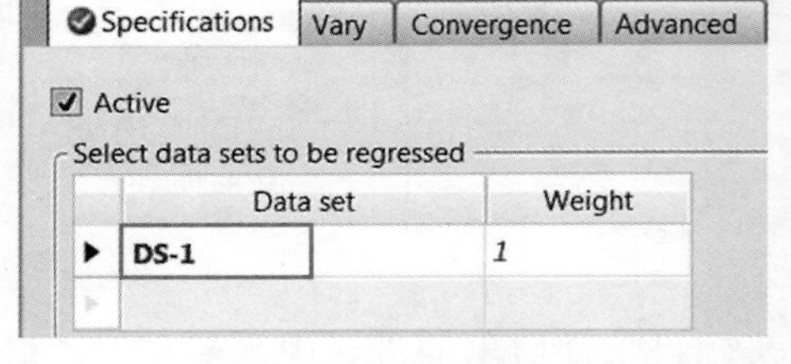

图 9-91　选择要被回归的数据集

进入 **Model Analysis Tools** | **Data Fit** | **Regression** | **R-1** | **Input** | **Vary** 页面，输入拟回归的参数，本例回归 Murphree 板效率，如图 9-92 所示。

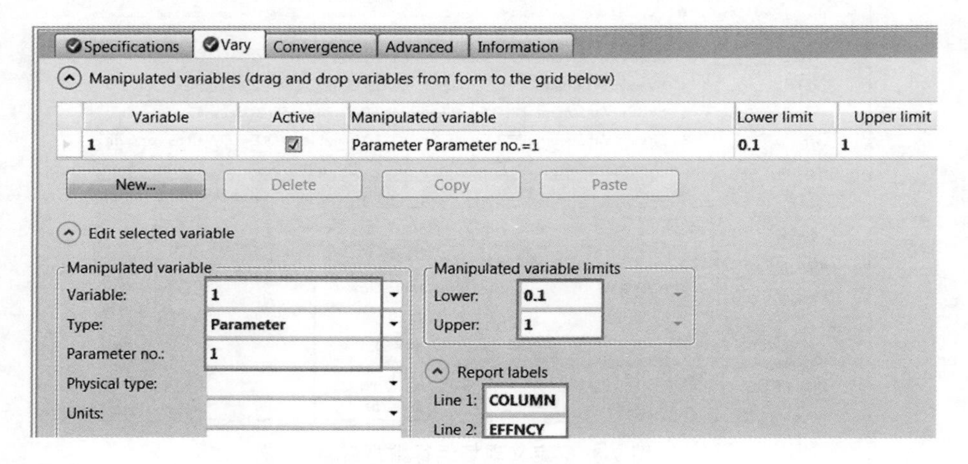

图 9-92　输入回归参数

点击N➡按钮，弹出 **Required Input Complete** 对话框，点击 **Cancel**，暂不运行模拟。

定义一个计算器模块来设置塔模块的 Murphree 板效率，并在塔模块之前执行计算。计算器模块读取数据拟合模块迭代回归得到的 Murphree 板效率，然后将此效率传递给塔模块的第一块和最后一块板，RadFrac 自动默认所有中间板 Murphree 板效率为此数值。

进入 **Flowsheeting Options** | **Calculator** 页面，点击 **New...** 按钮，命名标识 C-1，点击 **OK**，进入 **Calculator** | **C-1** | **Input** | **Define** 页面，定义输入变量为 Murphree 板效率 EFF，输出变量为第 1 块和第 20 块塔板的板效率 E1 和 E20，分别如图 9-93～图 9-95 所示。

点击N➡按钮，进入 **Calculator** | **C-1** | **Input** | **Calculate** 页面，输入可执行的 Fortran 表达式，将板效率的计算值赋给第 1 块塔板和第 20 块塔板，如图 9-96 所示。

点击N➡按钮，弹出 **Required Input Complete** 对话框，点击 **OK**，运行模拟，流程不收敛。查看错误，由图 9-97 所示可知，达不到所需的精度，提示用户可以将容差减小。

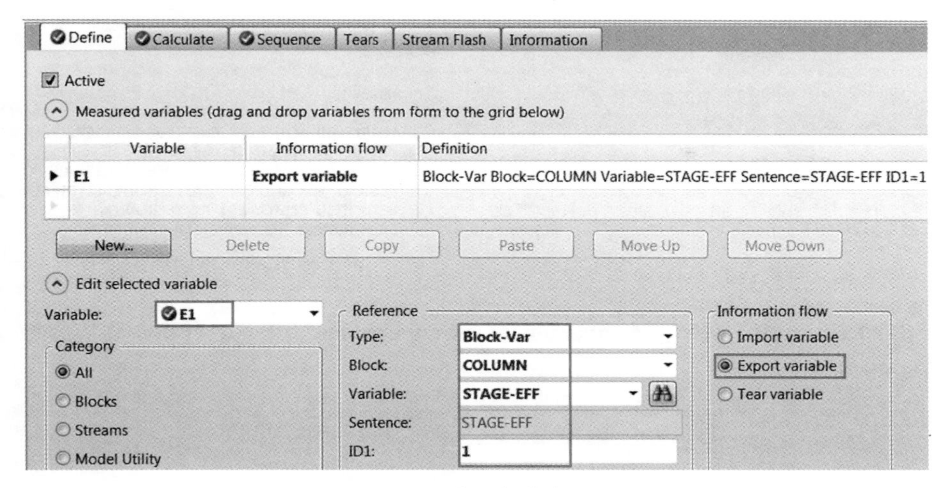

图 9-93　定义板效率 E1

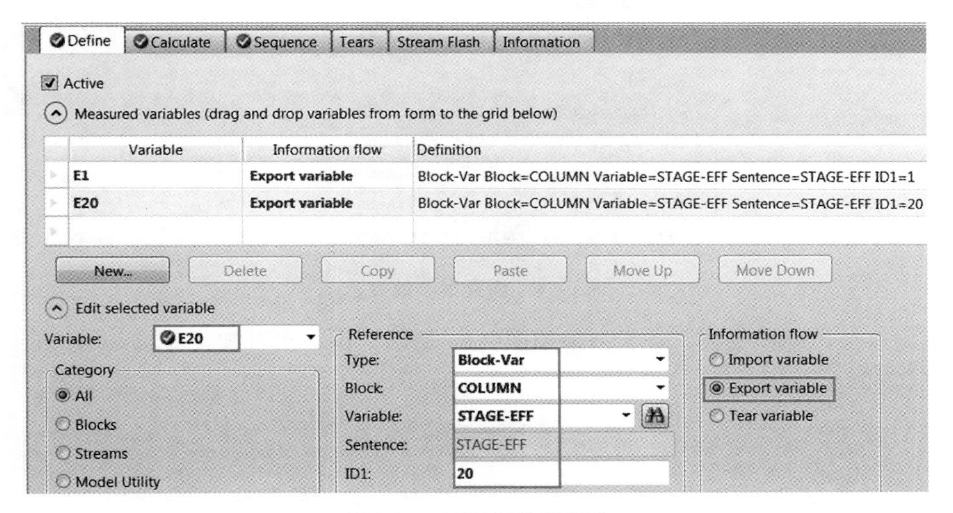

图 9-94　定义板效率 E20

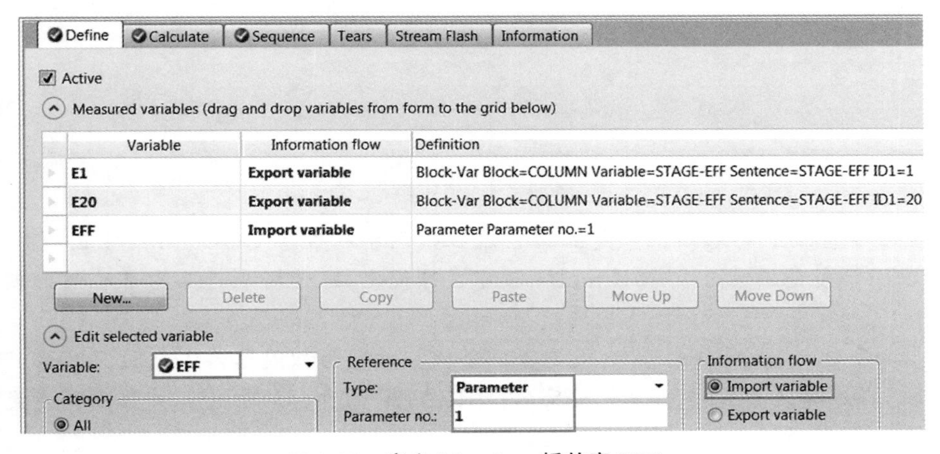

图 9-95　定义 Murphree 板效率 EFF

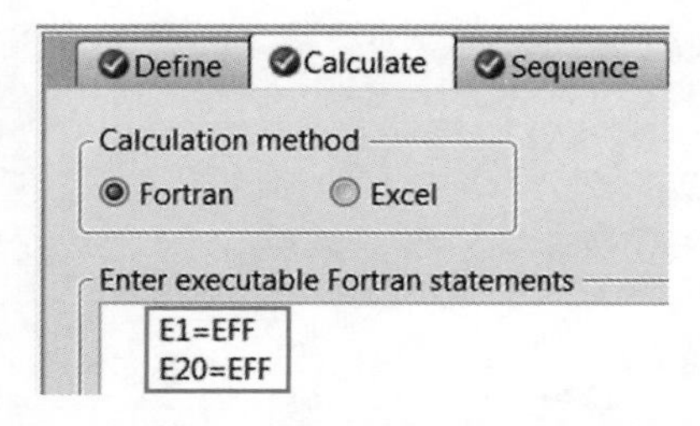

图 9-96　输入可执行的 Fortran 表达式

```
** ERROR
******* SOLUTION MAY BE SUBOPTIMAL  *********
UNABLE TO ACHIEVE REQUESTED ACCURACY. TOLERANCES
MAY BE TOO TIGHT OR ONE/MORE MEASUREMENTS MAY BE
IN GROSS ERROR. EITHER LOOSEN TOLERANCES OR
ACCOUNT FOR SUSPECT MEASUREMENTS (TYPICALLY ONES
WITH HIGH RESIDUALS) BY INCREASING THEIR STD-DEV
OR REMOVING THE SUSPECTED DATA POINT.
```

图 9-97　控制面板信息

进入 **Blocks** | **COLUMN** | **Convergence** | **Convergence** | **Basic** 页面，将容差减小至 1e-07，如图 9-98 所示。

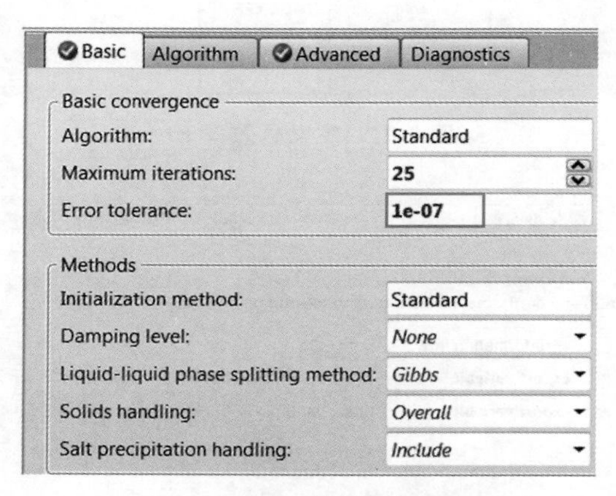

图 9-98　调整塔收敛容差

初始化运行，流程收敛。查看结果如图 9-99 所示，由结果可知，塔板 Murphree 效率拟合结果为 0.898。

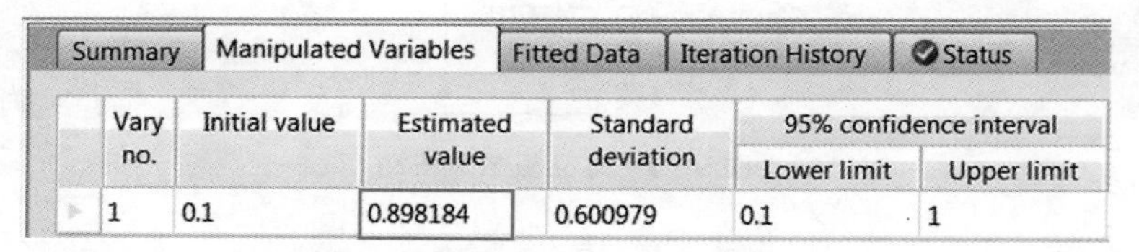

Vary no.	Initial value	Estimated value	Standard deviation	95% confidence interval	
				Lower limit	Upper limit
1	0.1	0.898184	0.600979	0.1	1

图 9-99　查看计算结果

习　题

9.1　在习题 5.1 的基础上，建立工艺流程，调整精馏塔 COLUMN 塔底产品 PRODUCT 的流量(调整范围为 97～101kmol/h，可自行设定)，使塔底产品中环己烷的回收率达到 99.99%。

9.2　在习题 5.1 的基础上，运用灵敏度分析，考察两相闪蒸器 HP-SEP 底部产品循环部分 CHEC 占底部产品 LIQ 的分数对反应器 REACT 热负荷的影响，并作出两者变化关系图，该分数变化范围为 0.1～0.4。

第10章

复杂精馏过程模拟

10.1 萃取精馏

当被分离组分间的相对挥发度很小或沸点相差很小时，采用普通精馏可能无法进行分离或需要非常多的塔板数，可以考虑萃取精馏(Extractive Distillation，ED)，即加入某种高沸点的质量分离剂(萃取剂或溶剂)来增大组分之间的相对挥发度，以减少分离所需要的塔板数。萃取剂可通过普通精馏进行回收，返回至萃取精馏塔循环使用。

萃取精馏的混合物大多属于高度非理想性的体系，加入的萃取剂应尽可能地加大关键组分之间的相对挥发度，并易于再生，即具有与进料中的组分具有一定的沸点差、不形成共沸物、不发生化学反应，同时在塔中不会发生分解或聚合等特点。此外，萃取剂的价格、来源、黏度、毒性、腐蚀性以及料液中各组分在其中的溶解度等问题均需要考虑。

萃取精馏的严格计算方法与普通精馏一样，即选择适宜的萃取剂流量、回流比和原料的进料状态，沿塔建立起萃取剂的浓度分布，使关键组分之间的相对挥发度有较大的提高。由于精馏体系是非理想性较强的混合物，所以在计算时应使用合适的热力学模型计算相平衡关系。

下面通过例10.1介绍萃取精馏的应用。

例 10.1

例 10.1
演示视频

以苯酚为萃取剂，采用萃取精馏分离甲苯和甲基环己烷，该过程包括一台萃取精馏塔和一台萃取剂再生塔。萃取剂由萃取精馏塔上部进入，萃取精馏塔塔顶得到甲基环己烷产品，塔底得到苯酚和甲苯，进入萃取剂再生塔进行普通精馏，再生塔塔顶得到甲苯，塔底得到苯酚循环使用。流程图及操作条件如图10-1所示，求补充萃取剂的摩尔流量。物性方法选择UNIFAC。

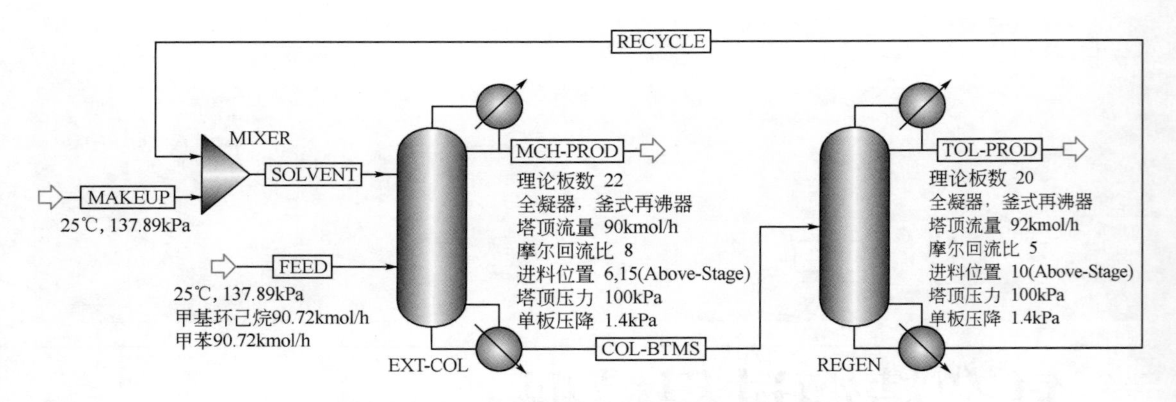

图 10-1　萃取精馏分离甲苯和甲基环己烷流程及操作条件

本例模拟步骤如下：

启动 Aspen Plus，选择模板 General with Metric Units，将文件保存为 Example10.1-ExtractDist.bkp。

进入 **Components** | **Specifications** | **Selection** 页面，输入组分 METHY-01（甲基环己烷）、TOLUENE（甲苯）和 PHENO-01（苯酚）。

点击N➡，进入 **Properties** | **Specifications** | **Global** 页面，物性方法选择 UNIFAC。

点击N➡，出现 **Properties Input Complete** 对话框，选择 Go to Simulation environment，点击 **OK**，进入模拟环境。

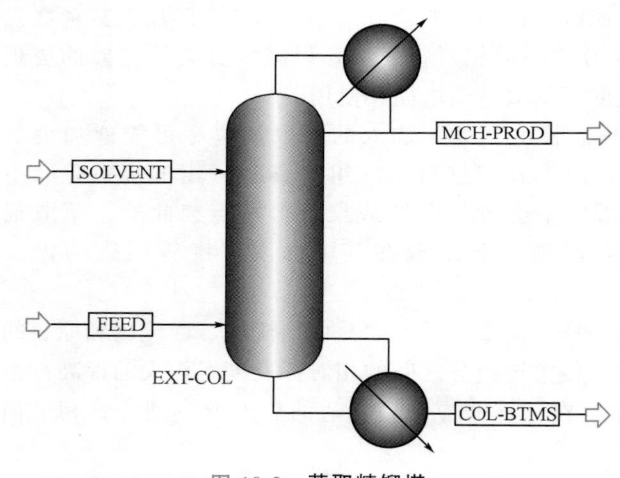

图 10-2　萃取精馏塔

建立如图 10-2 所示的流程，萃取精馏塔 EXT-COL 采用模块选项板中 **Columns** | **RadFrac** | **FRACT1** 图标。

点击N➡，进入 **Streams** | **FEED** | **Input** | **Mixed** 页面，输入进料 FEED 温度 25℃，压力 137.89kPa，甲基环己烷和甲苯的流量均为 90.72kmol/h。

点击N➡，进入 **Streams** | **SOLVENT** | **Input** | **Mixed** 页面，输入物流 SOLVENT 压力 137.89kPa，气相分数 0，苯酚流量初值暂定为 500kmol/h。

点击N➡，进入 **Blocks** | **EXT-COL** | **Setup** | **Configuration** 页面，输入萃取精馏塔 EXT-COL 参数，如图 10-3 所示。

点击N➡，进入 **Blocks** | **EXT-COL** | **Setup** | **Streams** 页面，输入萃取精馏塔 EXT-COL 进料位置，如图 10-4 所示。

点击N➡，进入 **Blocks** | **EXT-COL** | **Setup** | **Pressure** 页面，输入第一块理论板/冷凝器压力 100kPa，塔板压降 1.4kPa。

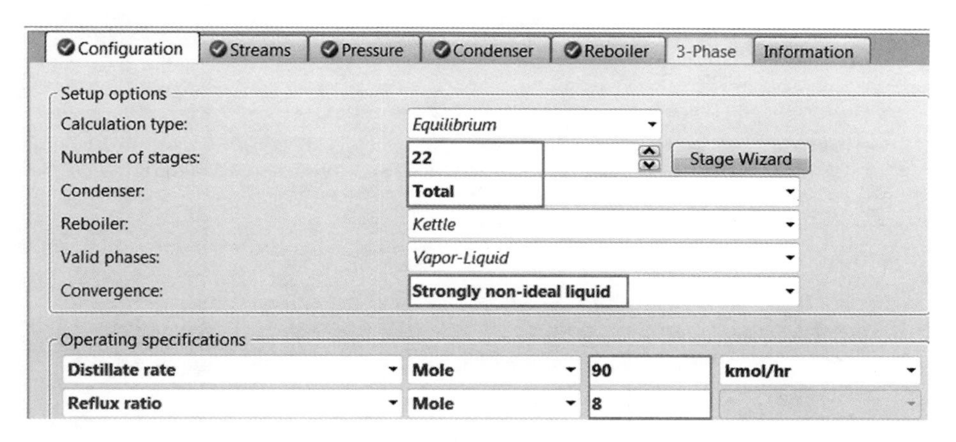

图 10-3　输入萃取精馏塔 EXT-COL 参数

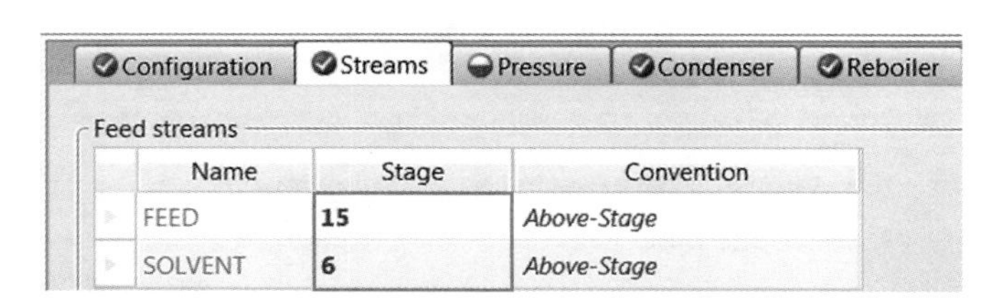

图 10-4　输入萃取精馏塔 EXT-COL 进料位置

由于萃取剂苯酚流量初值为估计值，因此通过添加灵敏度分析，以考察萃取剂苯酚流量对于萃取塔再沸器热负荷和塔顶产品甲基环己烷摩尔分数的影响，从而确定最佳流量。

进入 **Model Analysis Tools** | **Sensitivity** 页面，点击 **New…**，采用默认标识 S-1，创建灵敏度分析，如图 10-5 所示。

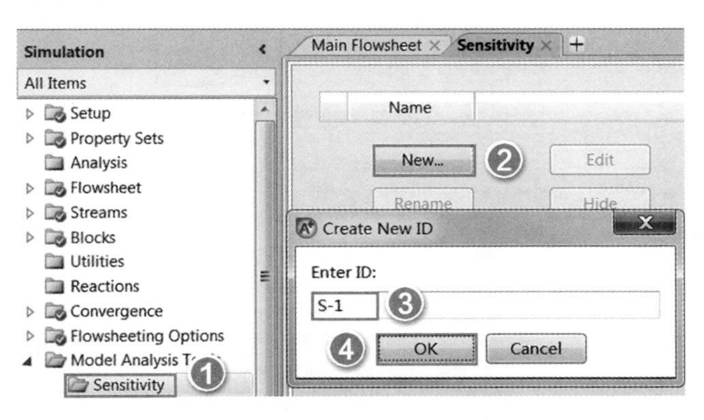

图 10-5　创建灵敏度分析

点击 N，进入 **Model Analysis Tools** | **Sensitivity** | **S-1** | **Input** | **Vary** 页面，定义操纵变量为萃取剂苯酚的摩尔流量，如图 10-6 所示。

点击 N，进入 **Model Analysis Tools** | **Sensitivity** | **S-1** | **Input** | **Define** 页面，定义采集变量 Q 和 P，Q 为萃取精馏塔的再沸器热负荷，P 为萃取精馏塔塔顶甲基环己烷的摩尔分数，分别如图 10-7 和图 10-8 所示。

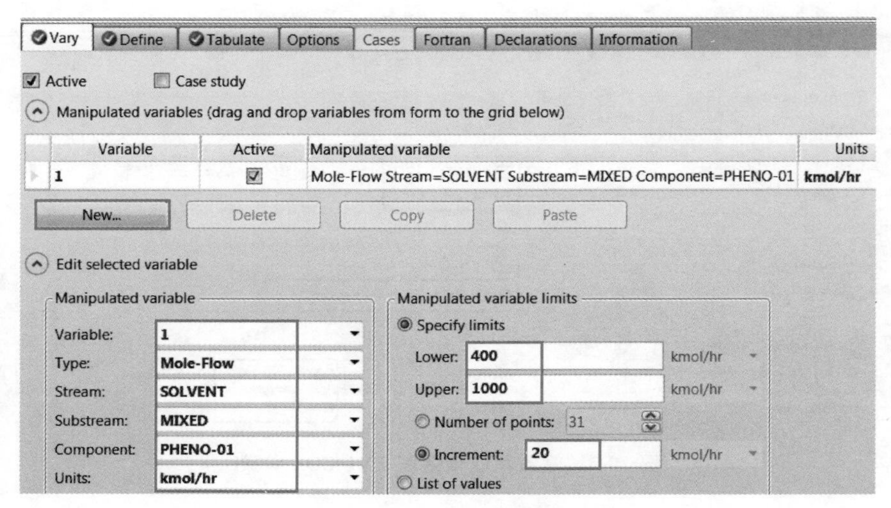

图 10-6　定义操纵变量

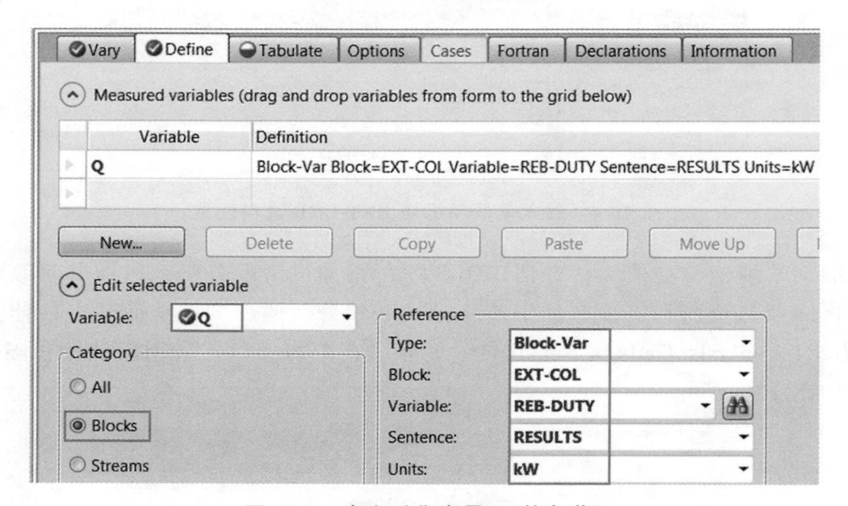

图 10-7　定义采集变量 Q(热负荷)

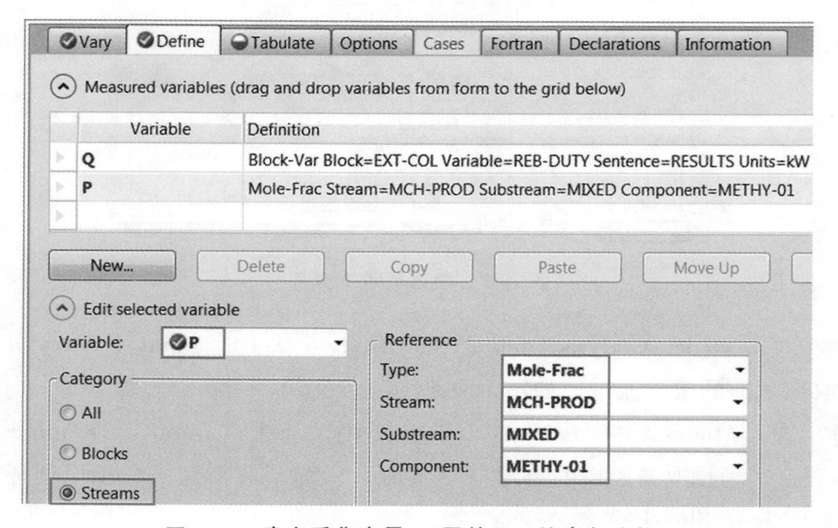

图 10-8　定义采集变量 P(甲基环己烷摩尔分数)

点击N➡，进入 **Model Analysis Tools** | **Sensitivity** | **S-1** | **Input** | **Tabulate** 页面，定义表格变量，如图 10-9 所示。

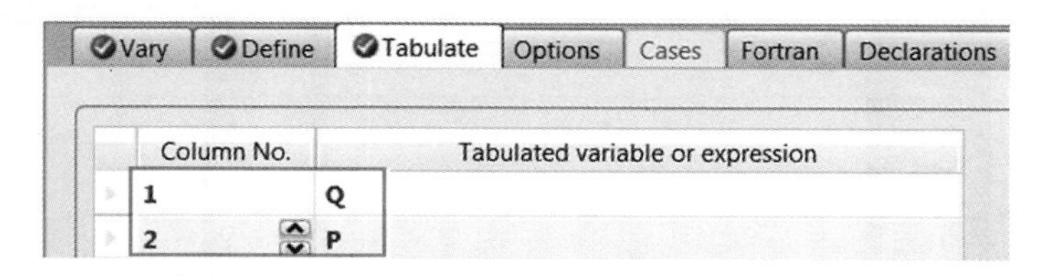

Column No.	Tabulated variable or expression
1	Q
2	P

图 10-9　定义表格变量

点击N➡，出现 **Required Input Complete** 对话框，点击 **OK**，运行模拟，流程收敛。

进入 **Model Analysis Tools** | **Sensitivity** | **S-1** | **Results** | **Summary** 页面，查看灵敏度分析结果，将结果绘图，如图 10-10 所示。

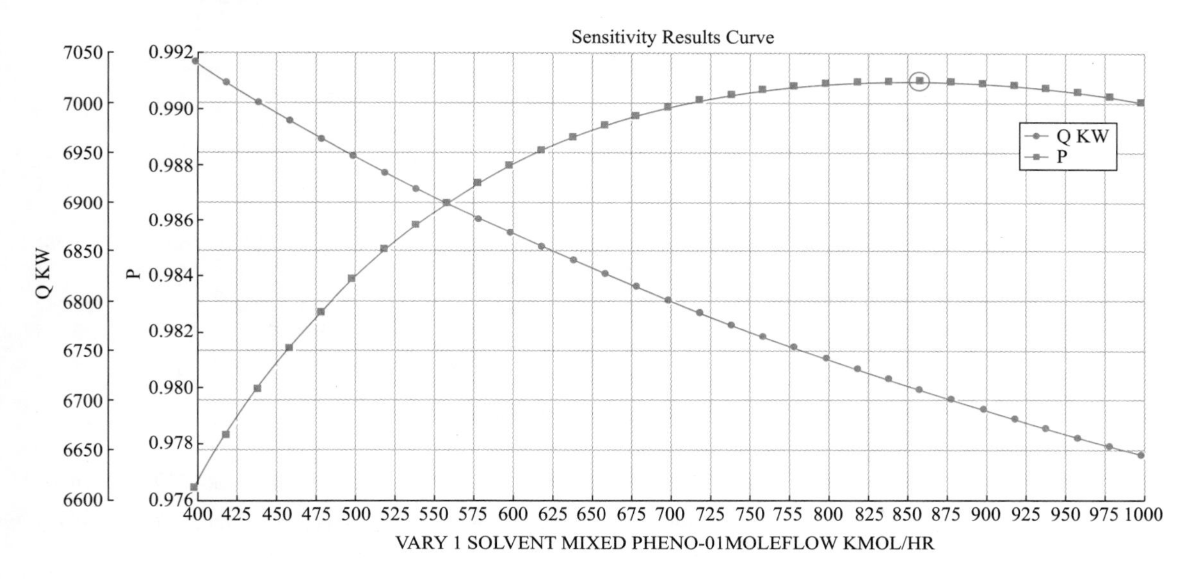

图 10-10　灵敏度分析结果曲线

由图 10-10 可以看出，随着萃取剂进料流量的增大，塔顶甲基环己烷的摩尔分数呈现先增大后减小的趋势，再沸器热负荷呈现一直减小的趋势，综合考虑，萃取剂进料流量取 860kmol/h 最佳，因而将物流 SOLVENT 流量改为 860kmol/h。重新运行模拟，流程收敛。

添加萃取剂再生塔 REGEN，采用模块选项板中 **Columns** | **RadFrac** | **FRACT1** 图标，萃取塔 EXT-COL 塔底物流进入萃取剂再生塔 REGEN 进行溶剂回收，建立如图 10-11 所示流程。

点击N➡，进入 **Blocks** | **REGEN** | **Setup** | **Configuration** 页面，输入萃取剂再生塔 REGEN 参数，如图 10-12 所示。

点击N➡，进入 **Blocks** | **REGEN** | **Setup** | **Streams** 页面，输入萃取剂再生塔 REGEN 进料位置 10。

点击N➡，进入 **Blocks** | **REGEN** | **Setup** | **Pressure** 页面，输入第一块理论板/冷凝器压力 100kPa，塔板压降 1.4kPa。

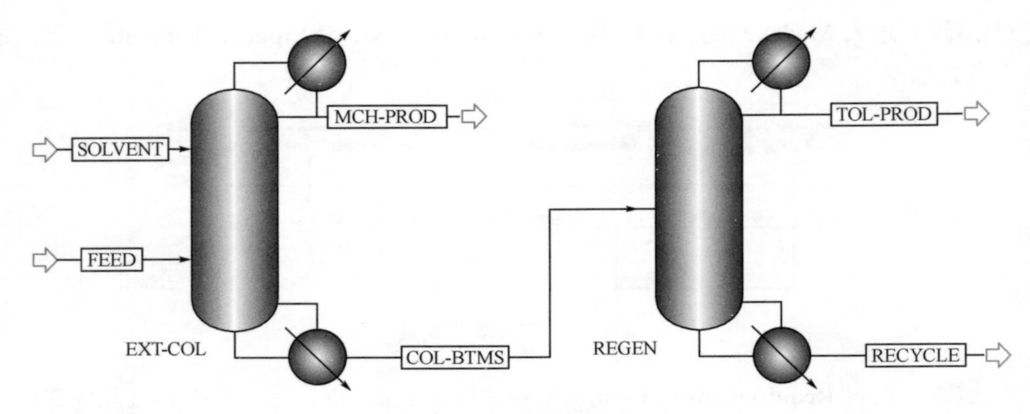

图 10-11 **萃取精馏两塔流程**

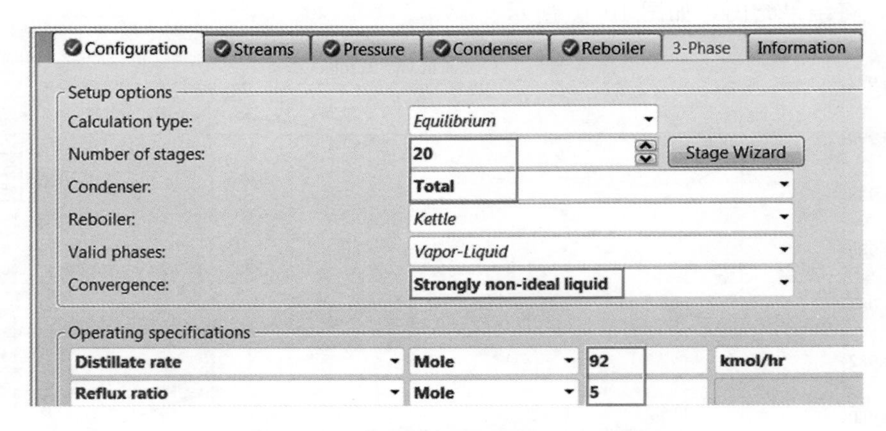

图 10-12 **输入萃取剂再生塔 REGEN 参数**

点击 N⇨，出现 **Required Input Complete** 对话框，点击 **OK**，运行模拟，流程收敛。进入 **Setup** | **Report Options** | **Stream** 页面，在 Fraction basis 框中勾选 Mole，以便在物流报告中查看组分摩尔分数。

Material | Vol.% Curves | Wt. % Curves | Petroleum

Display: Streams　Format: GEN_M

	RECYCLE
Pressure bar	1.266
Vapor Frac	0
Mole Flow kmol/hr	859.44
Mass Flow kg/hr	80884.5
Volume Flow cum/hr	87.6
Enthalpy Gcal/hr	-24.712
Mole Flow kmol/hr	
METHY-01	trace
TOLUE-01	< 0.001
PHENO-01	859.44
Mole Frac	
METHY-01	trace
TOLUE-01	384 PPB
PHENO-01	1

图 10-13 **查看物流 RECYCLE 结果**

重新运行模拟，流程收敛。查看物流 RECYCLE 结果，与萃取剂进料基本相等，表明萃取剂全部从萃取剂再生塔 REGEN 塔底回收，如图 10-13 所示。

随着萃取精馏过程的进行，必然有一部分萃取剂从萃取精馏塔 EXT-COL 和萃取剂再生塔 REGEN 的塔顶流出。所以，需要添加补充萃取剂物流 MAKE-UP，与循环萃取剂混合一同进入萃取精馏塔 EXT-COL。为满足物料平衡，补充萃取剂的量应等于萃取精馏塔 EXT-COL 塔顶产品与萃取剂再生塔 REGEN 塔顶产品中苯酚的流量之和，可以通过计算器模块实现。

添加 MIXER 模块，采用模块选项板中 **Mixers/Splitters** | **Mixer** | **TRIANGLE** 图标，添加一股补充萃

取剂物流 MAKEUP，补充萃取剂物流和萃取剂再生塔 REGEN 塔底的循环萃取剂经过混合器 MIXER 混合以后进入萃取精馏塔 EXT-COL，建立完整的萃取精馏流程，如图 10-1 所示。

点击N➡，进入 **Streams** | **MAKEUP** | **Input** | **Mixed** 页面，输入物流 MAKEUP 温度 25℃，压力 137.89kPa，补充萃取剂流量暂定 0.5kmol/h。

进入 **Blocks** | **MIXER** | **Input** | **Flash Options** 页面，默认各选项，不做修改。

定义计算器模块。进入 **Flowsheeting Options** | **Calculator** 页面，点击 **New…**，出现 **Create New ID** 对话框，采用默认标识 C-1，如图 10-14 所示。

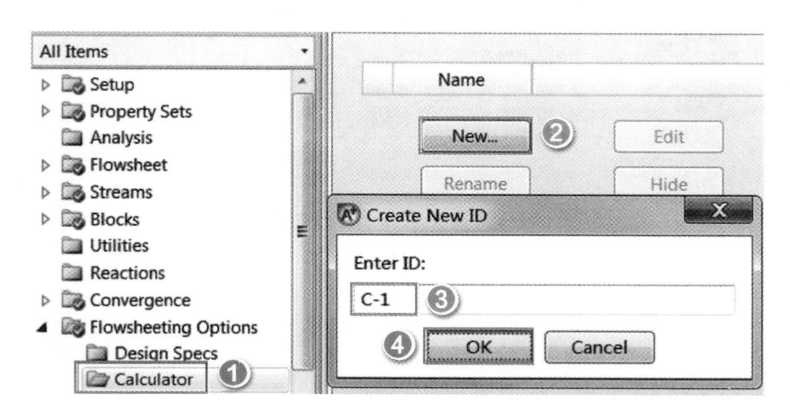

图 10-14 创建计算器

点击 **OK**，进入 **Flowsheeting Options** | **Calculator** | **C-1** | **Input** | **Define** 页面，定义采集变量 FPHMCH、FPHTOL 和 FMAKEUP 分别表示物流 MCH-PROD、TOL-PROD 和 MAKEUP 中苯酚的摩尔流量，如图 10-15～图 10-18 所示。

Define | Calculate | Sequence | Tears | Stream Flash | Information

☑ Active

Measured variables (drag and drop variables from form to the grid below)

Variable	Information flow	Definition
FPHMCH		
FPHTOL		
FMAKEUP		

图 10-15 输入采集变量

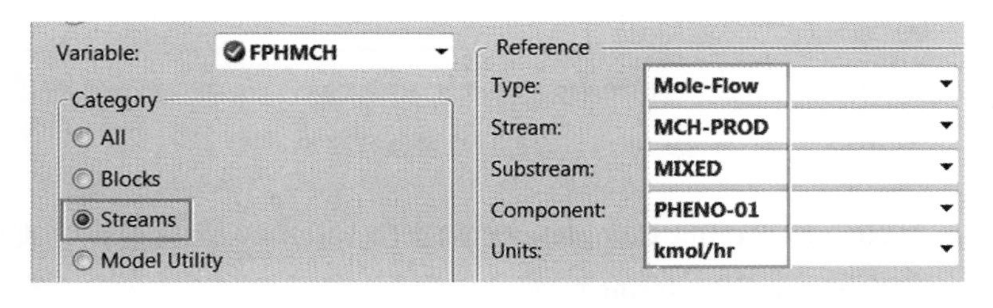

图 10-16 定义采集变量 FPHMCH

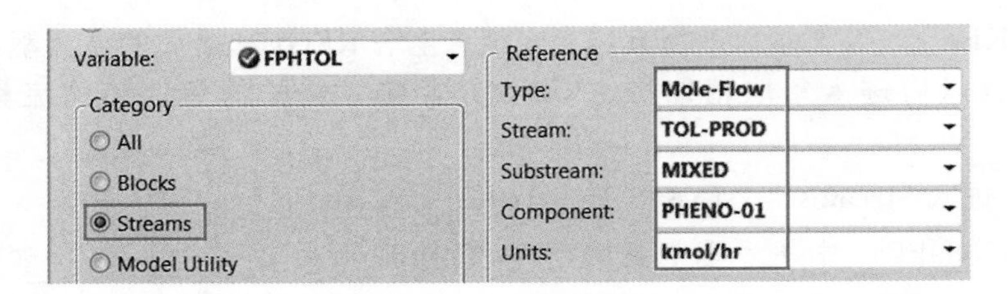

图 10-17　**定义采集变量 FPHTOL**

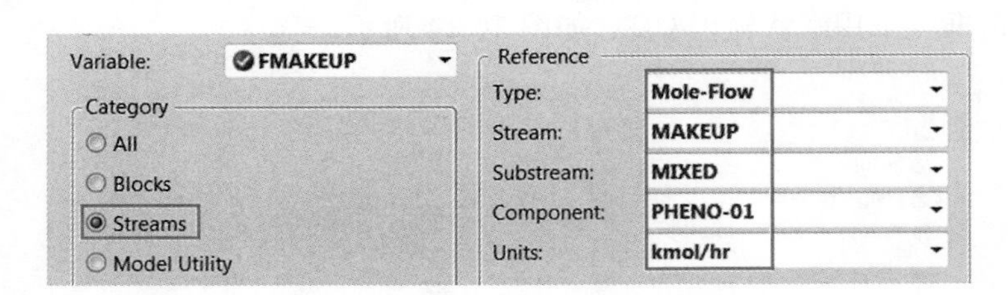

图 10-18　**定义采集变量 FMAKEUP**

至此采集变量定义完成，如图 10-19 所示。

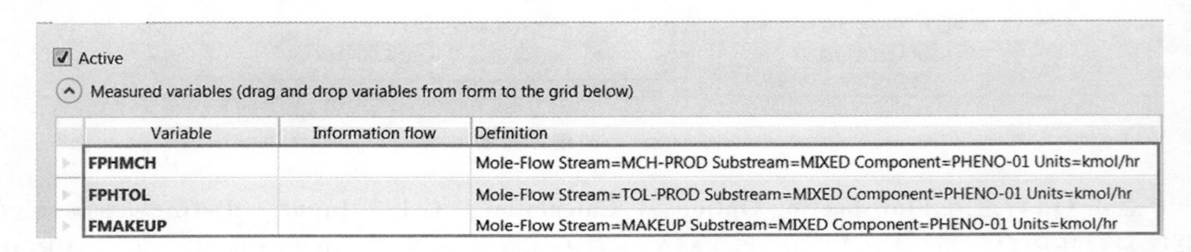

图 10-19　**完成采集变量定义**

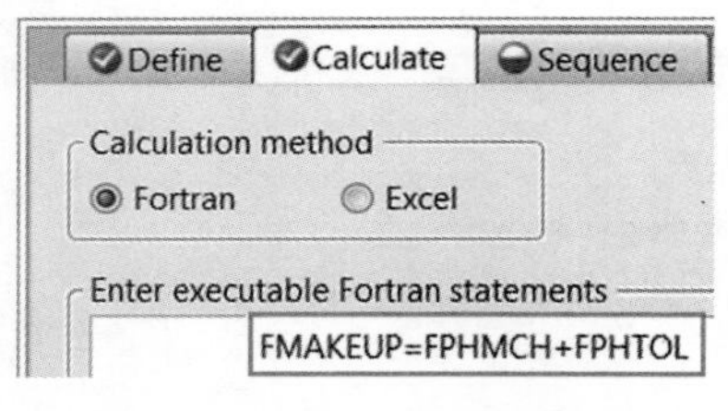

图 10-20　**输入 Fortran 语句**

点击N→，进入 **Flowsheeting Options** | **Calculator** | **C-1** | **Input** | **Calculate** 页面，输入 Fortran 语句，如图 10-20 所示。

点击N→，进入 **Flowsheeting Options** | **Calculator** | **C-1** | **Input** | **Sequence** 页面，设置计算器模块的执行顺序，如图 10-21 所示。

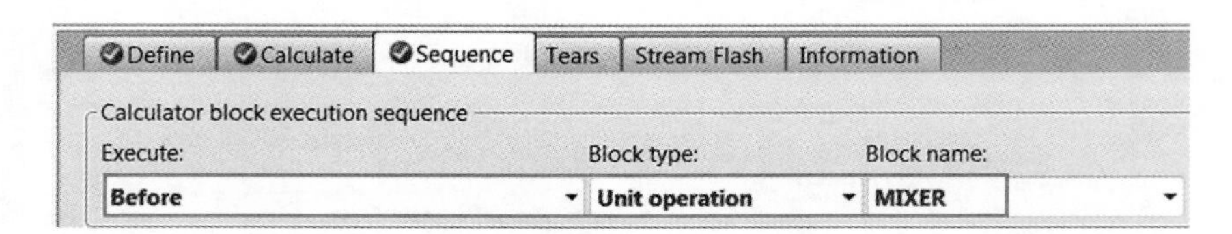

图 10-21　**设置计算器执行顺序**

点击N→，出现 **Required Input Complete** 对话框，点击 **OK**，运行模拟，流程收敛。进入 **Results Summary** | **Streams** | **Material** 页面，查看物流结果，如图 10-22 所示。补充萃取剂 MAKEUP 流量为 0.56kmol/h，物流 MCH-PROD 中的甲基环己烷的摩尔分数为 0.992，物流 TOL-PROD 中的甲苯的摩尔分数为 0.981。

Material | Heat | Load | Work | Vol.% Curves | Wt. % Curves | Petroleum | Polymers

Display: Streams　Format: GEN_M　Stream Table　Copy All

	MAKEUP	MCH-PROD	TOL-PROD
Pressure bar	1.379	1	1
Vapor Frac	0	0	0
Mole Flow kmol/hr	0.56	90	92
Mass Flow kg/hr	52.734	8832.91	8486.41
Volume Flow cum/hr	0.049	12.637	10.876
Enthalpy Gcal/hr	-0.021	-3.729	0.509
Mole Flow kmol/hr			
METHY-01		89.24	1.48
TOLUE-01		0.468	90.251
PHENO-01	0.56	0.292	0.268
Mole Frac			
METHY-01		0.992	0.016
TOLUE-01		0.005	0.981
PHENO-01	1	0.003	0.003

图 10-22　查看物流结果

循环溶剂可以与进入萃取精馏塔的原料进行热交换，回收利用热量，以期降低萃取精馏过程能耗。需要对萃取精馏过程进行工艺参数优化，包括理论板数、原料进料位置、萃取剂进料位置、萃取剂进料温度、回流比、溶剂比(萃取剂进料量/原料进料量)等。

10.2　共沸精馏

在化学工业中，当待分离组分的相对挥发度接近于 1 或者形成共沸物时，使用一般精馏方法无法达到分离要求。此时，除了可以使用萃取精馏外，还可以考虑使用共沸精馏(Azeotropic Distillation，AD)。共沸精馏和萃取精馏的基本原理一样，即通过改变原溶液组分的相对挥发度实现分离，不同之处是共沸剂还与它们中的一个或多个组分形成共沸物。共沸精馏分为均相共沸精馏(Homogeneous Azeotropic Distillation)和非均相共沸精馏(Heterogeneous Azeotropic Distillation)，图 10-23 为一非均相共沸精馏流程。混合物 A 与 B 进入共沸精馏塔，塔底为组分 A，塔顶三元共沸物冷凝后得到两互不相溶的液相，经分相器分层后，一层为组分 A 和共沸剂的混合物，另一层为较纯的组分 B。如果 B 层含有大量的共沸剂，则需另设一塔进行分离以得到纯组分 B 和共沸剂，共沸剂循环使用。

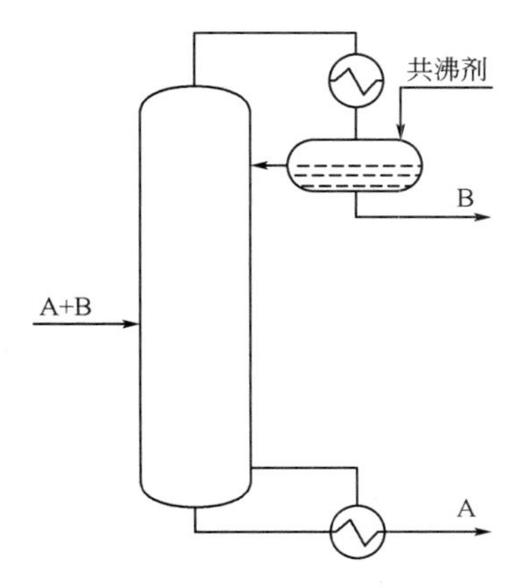

图 10-23　非均相共沸精馏流程

共沸精馏所处理的物料非理想性很强，对于形成非均相共沸物的共沸精馏塔，还需要计算液液平衡。如果在塔板上出现两个液相，则需要采用三相精馏的模拟算法，计算比较困难。一般通过改变共沸剂用量、回流比、塔板数、进料位置，进行多方案模拟计算。

共沸剂的选择对共沸精馏分离过程影响很大，一般选用能形成低沸点共沸物的共沸剂。共沸剂的选择应遵循以下原则：共沸剂用量越小越好，汽化潜热越小越好；共沸剂易于回收和分离；共沸剂能够显著影响关键组分的汽液相平衡关系；不与进料中的组分发生反应，热稳定性好；无毒、无腐蚀、价格低廉。

下面通过例 10.2 介绍非均相共沸精馏的应用。

例 10.2

以环己烷为共沸剂，使用共沸精馏生产无水乙醇，共沸精馏塔 COL-MAIN 和溶剂回收塔 COL-REC 的操作条件如表 10-1 所示。进料压力 1bar，气相分数 0.3，乙醇和水的流量分别为 87kmol/h 和 13kmol/h，要求乙醇产品和水的摩尔纯度分别为 99.95%和 99.99%，计算共沸精馏塔塔底产品流量。物性方法选择 UNIQ-RK。

表 10-1　塔的操作条件

塔	理论板数	进料位置	冷凝器压力	全塔压降	冷凝器	再沸器	操作规定 1	操作规定 2
COL-MAIN	62	1、20、20	1bar	0	全凝器	釜式再沸器	塔底流量 50kmol/h	回流比 3.5
COL-REC	100	30	1bar	0	全凝器	釜式再沸器	塔底流量 8kmol/h	回流比 5

注：在没有特殊说明时，不要初始化运行模拟流程。

本例模拟步骤如下：

启动 Aspen Plus，进入 **File** | **New** | **User**，选择模板 General with Metric Units，将文件保存为 Example10.2-AzeotropDist.bkp。

进入 **Components** | **Specifications** | **Selection** 页面，输入组分 ETHAN-01（乙醇）、WATER（水）和 CYCLO-01（环己烷）。

点击 N→，进入 **Methods** | **Specifications** | **Global** 页面，物性方法选择 UNIQ-RK。

点击 N→，进入 **Properties** | **Methods** | **Parameters** | **Binary Interaction** | **UNIQ-1** | **Input** 页面，查看二元交互作用参数，本例采用缺省值，如图 10-24 所示。注意，由于水和环己烷不互溶，其二元交互作用参数应来源于液-液平衡数据库。

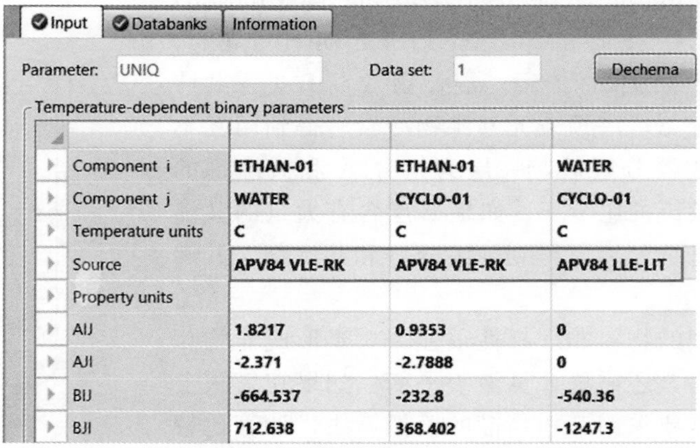

Input　Databanks　Information

Parameter: UNIQ　　Data set: 1　　Dechema

Temperature-dependent binary parameters

Component i	ETHAN-01	ETHAN-01	WATER
Component j	WATER	CYCLO-01	CYCLO-01
Temperature units	C	C	C
Source	APV84 VLE-RK	APV84 VLE-RK	APV84 LLE-LIT
Property units			
AIJ	1.8217	0.9353	0
AJI	-2.371	-2.7888	0
BIJ	-664.537	-232.8	-540.36
BJI	712.638	368.402	-1247.3

图 10-24　查看二元交互作用参数

点击 Home 功能区选项卡中的 **Residue Curves** 按钮，弹出 **Distillation Synthesis** 对话框，点击 **Use Distillation Synthesis ternary maps** 按钮，输入压力 1bar，如图 10-25 所示。

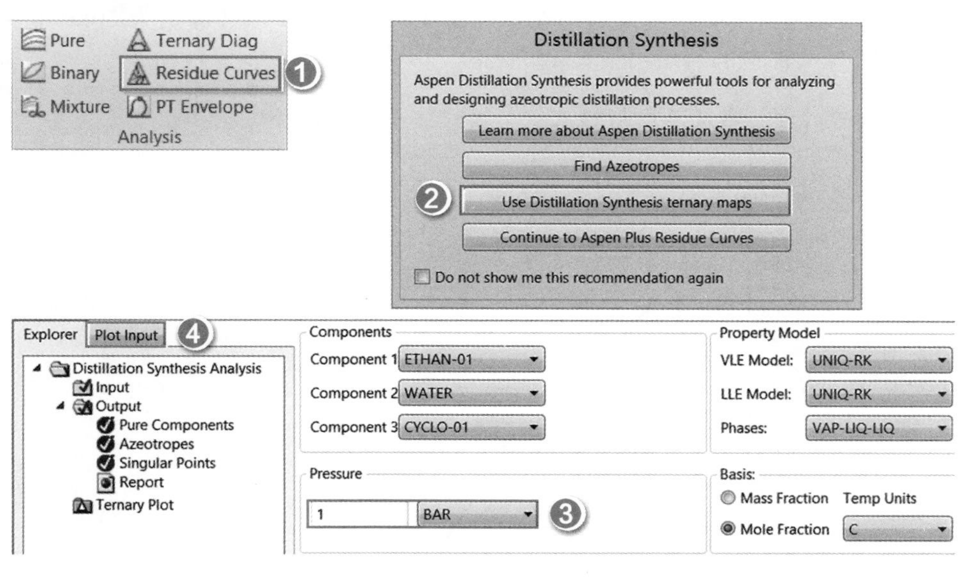

图 10-25 **创建三元相图**

选择 **Plot Input** 选项卡，三元相图如图 10-26 所示。精馏边界箭头指向高沸点混合物，剩余曲线均指向纯组分。精馏塔将某一组分富集到塔底，塔底组成取决于进料点(被分离原料和共沸剂的混合进料组成)所在的精馏区域，本例将乙醇富集到共沸精馏塔的塔底，即乙醇从共沸精馏塔塔底采出。

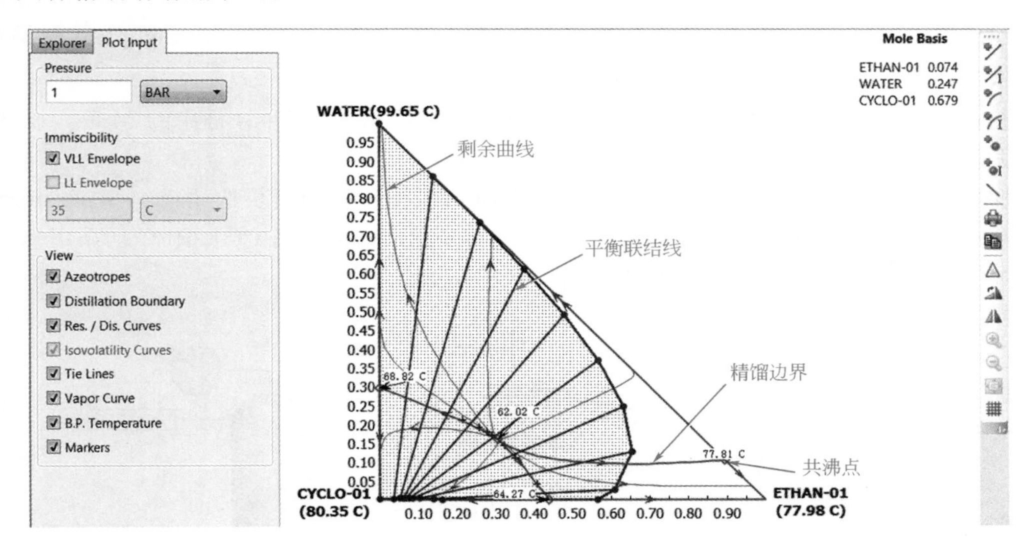

图 10-26 **生成三元相图**

点击右侧工具条中的 **Add Marker By Value**，添加原料进料点 F0(乙醇 0.87，水 0.13，环己烷 0)，点击 **Draw Line**，连接原料进料点 F0 和环己烷点 H(乙醇 0，水 0，环己烷 1)，如图 10-27 所示。环己烷和原料混合后的组成一定位于该直线上，而混合后的组成取决于原料和环己烷的流量比，由图 10-27 可知，这条直线穿过乙醇富集区域。分别假设共沸剂用量为50kmol和100kmol，计算原料和共沸剂混合后的组成，分别为F1（乙醇0.580，水0.087，环乙烷0.333）和F2（乙醇0.435，水0.065，环乙烷0.500），点击**Add Marker By Value**，将两个点添加到图上。两个点都在乙醇富集区域，但F1（共沸剂为50kmol）离边界线太近，因此选择共沸剂的初始用量为100kmol，即溶剂比为1。

> 注：最佳溶剂比可参考萃取精馏流程，通过灵敏度分析得到。

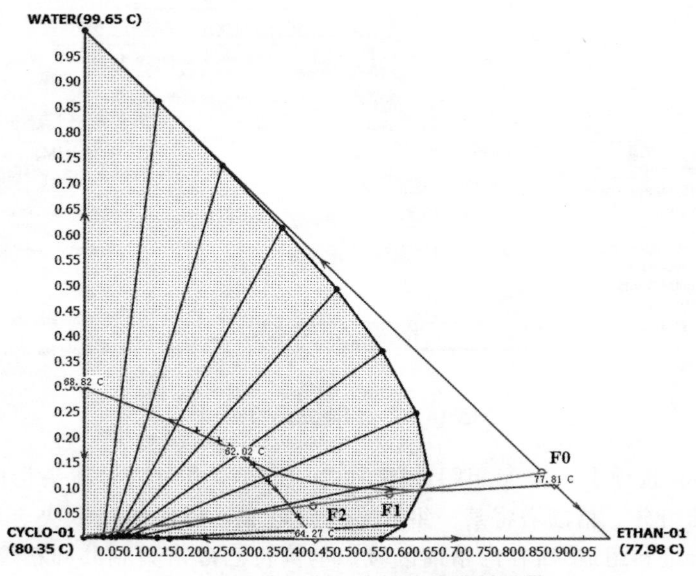

图10-27　选择合适的初始共沸剂用量

关闭**Distillation Synthesis**窗口，点击，弹出**Properties** | **Input Complete**对话框，选择Go to Simulation environment，进入模拟环境。

进入**Setup** | **Report Options** | **Stream**页面，勾选Fraction basis框中的Mole，以便在物流报告中查看。

建立如图10-28所示流程图，其中分相器DECANTER采用模块选项板中**Separators** | **Decanter** | **H-DRUM**图标，共沸精馏塔COL-MAIN和溶剂回收塔COL-REC均采用模块选项板中**Columns** | **RadFrac** | **FRACT1**图标。

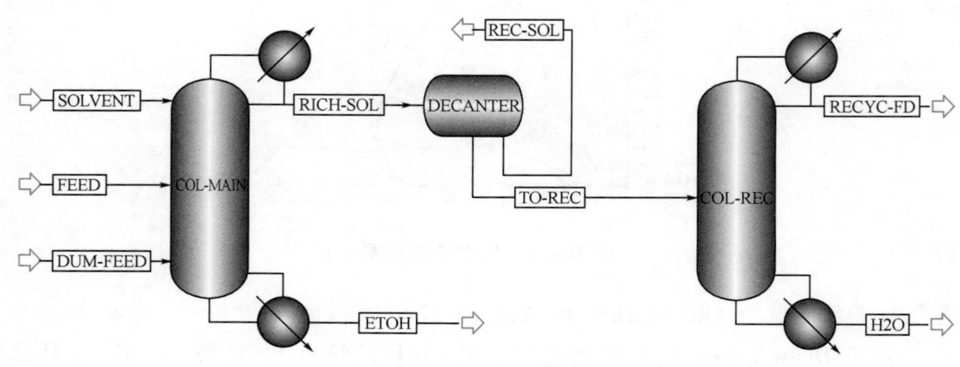

图10-28　无循环共沸精馏流程

点击，进入 **Streams** | **DUM-FEED** | **Input** | **Mixed** 页面，输入物流 DUM-FEED 压力 1bar，气相分数 0，流量 0.00001kmol/h，乙醇、水、环己烷的摩尔分数分别为 0.33、0.33、0.34。此物流最后与溶剂回收塔 COL-REC 的塔顶产品物流 RECYC-FD 连接，此处的流量与组成只是初始估计值。

点击，进入 **Streams** | **FEED** | **Input** | **Mixed** 页面，输入物流 FEED 压力 1bar，气相分数 0.3，乙醇、水的摩尔流量分别为 87kmol/h、13kmol/h。

点击，进入 **Streams** | **SOLVENT** | **Input** | **Mixed** 页面，输入物流 SOLVENT 压力 1bar，气相分数 0，流量 100kmol/h，环己烷摩尔分数 1。此物流最后与分相器 DECANTER 的有机相物流 REC-SOL 连接，此处的流量与组成只是初始估计值。

点击，进入 **Blocks** | **COL-MAIN** | **Specifications** | **Setup** | **Configuration** 页面，输入共沸精馏塔 COL-MAIN 参数，如图 10-29 所示。有效相态选择 Vapor-Liquid-Liquid，收敛方法选择 Strongly non-ideal liquid。注意：塔底产品流量只是初始估计值，将随产品纯度的规定而变化。

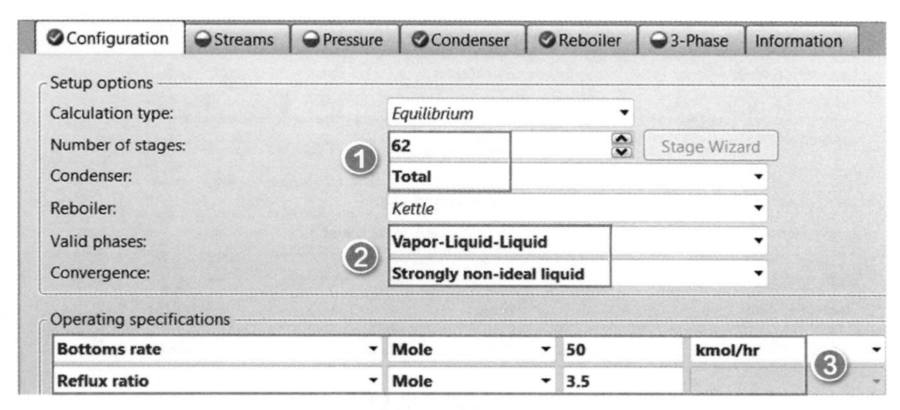

图 10-29 **输入共沸精馏塔 COL-MAIN 参数**

点击，进入 **Blocks** | **COL-MAIN** | **Specifications** | **Setup** | **Streams** 页面，输入物流 FEED 和 DUM-FEED 进料位置 20，SOLVENT 进料位置 1。

点击，进入 **Blocks** | **COL-MAIN** | **Specifications** | **Setup** | **Pressure** 页面，输入第一块理论板压力 1bar。

点击，进入 **Blocks** | **COL-MAIN** | **Specifications** | **Setup** | **3-Phase** 页面，输入三相区位置，指定 WATER 为第二液相的关键组分，如图 10-30 所示。此处设置是将水作为第二液相的主要组分，由于不确定哪几块理论板存在双液相，因此需要检查全塔的每一块理论板。

进入 **Blocks** | **COL-MAIN** | **Convergence** | **Convergence** | **Basic** 页面，将最大迭代次数改为 200。

点击，进入 **Blocks** | **COL-REC** | **Setup** | **Configuration** 页面，输入溶剂回收塔 COL-REC 参数，如图 10-31 所示。

点击，进入 **Blocks** | **COL-REC** | **Setup** | **Streams** 页面，输入物流 TO-REC 进料位置 30。

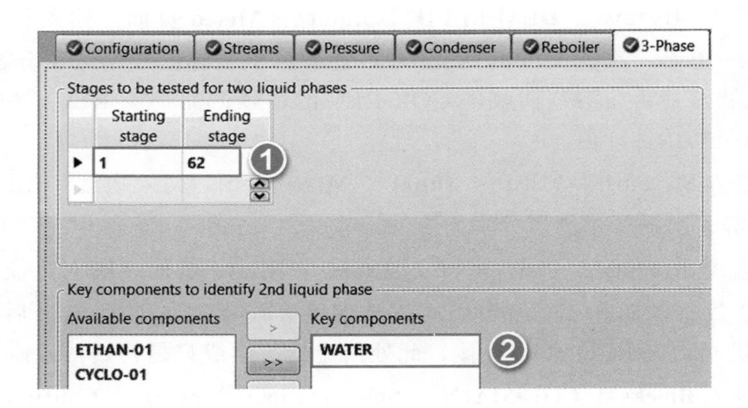

图 10-30　输入共沸精馏塔 COL-MAIN 三相区参数

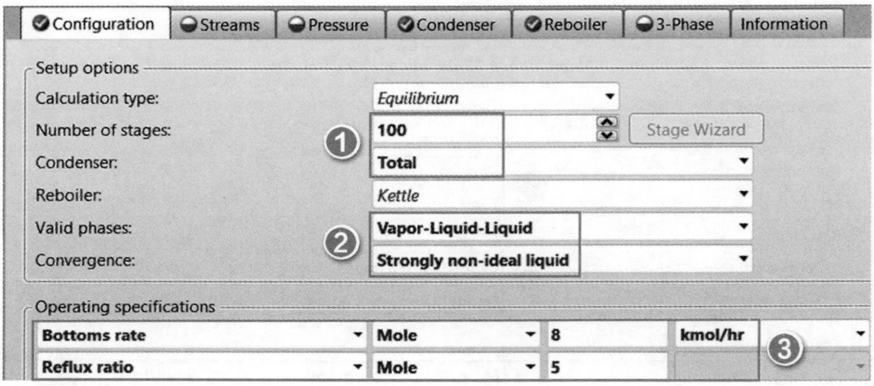

图 10-31　输入溶剂回收塔 COL-REC 参数

点击N▷，进入 **Blocks** | **COL-REC** | **Setup** | **Pressure** 页面，输入第一块理论板压力 1bar。

点击N▷，进入 **Blocks** | **COL-REC** | **Specifications** | **Setup** | **3-Phase** 页面，输入三相区位置 1～100，指定 WATER 为第二液相的关键组分。

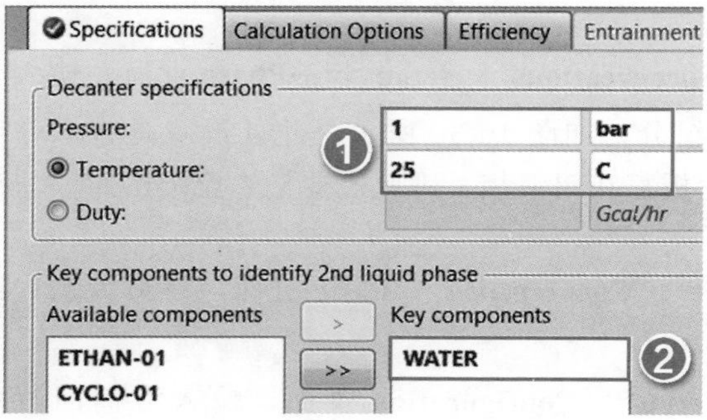

进入 **Blocks** | **COL-REC** | **Convergence** | **Convergence** | **Basic** 页面，将最大迭代次数改为 200。

点击N▷，进入 **Blocks** | **DECANTER** | **Input** | **Specifications** 页面，输入分相器 DECANTER 参数，如图 10-32 所示。

点击N▷，弹出 **Required Input Complete** 对话框，点击 **OK**，运行模拟，流程收敛。

图 10-32　输入分相器 DECANTER 参数

注：当用户得到中间解时，可以通过以下措施提高 RadRrac 模块数值计算的稳定性，包括：生成估计值，采用牛顿算法，逐步更改设计规定等。

进入 **Blocks** | **COL-MAIN** | **Specifications** | **Setup** | **Configuration** 页面，将收敛方法改为 Custom。

进入 **Blocks** | **COL-MAIN** | **Convergence** | **Convergence** | **Basic** 页面，将默认 Standard 算法改为 Newton 算法。

进入 **Blocks** | **COL-MAIN** | **Convergence** | **Convergence** | **Advanced** 页面，在 StableMeth 对应的下拉列表中选择 Dogleg strategy。

进入 **Blocks** | **COL-MAIN** | **Convergence** | **Estimates** | **Temperature** 页面，点击 **Generate Estimates**，弹出 **Generate estimates from available results** 对话框，勾选如图 10-33 所示选项，点击 **Generate**，生成塔内温度、气液相流量及组成等估计值。

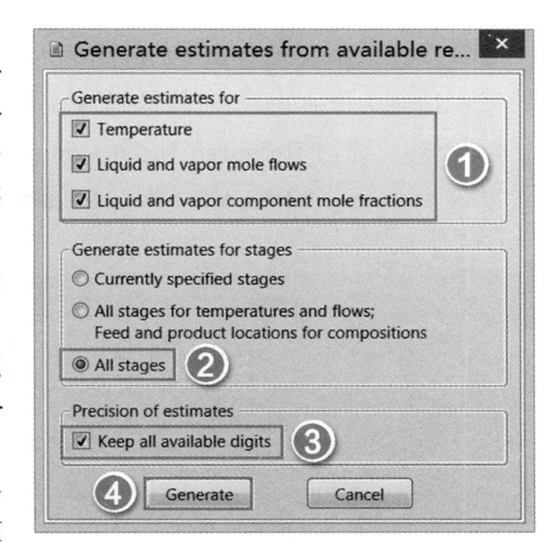

图 10-33　**生成估计值**

同理，对溶剂回收塔 COL-REC 采用相同的操作，设置算法为 Newton，并生成估计值。

规定共沸精馏塔 COL-MAIN 塔底物流 ETOH 中乙醇的摩尔分数。进入 **Blocks** | **COL-MAIN** | **Specifications** | **Design Specifications** | **Design Specifications** 页面，点击 **New…**，新建一设计规定，默认标识为 1，定义塔底物流 ETOH 中乙醇的摩尔纯度为 0.9995，如图 10-34 所示。

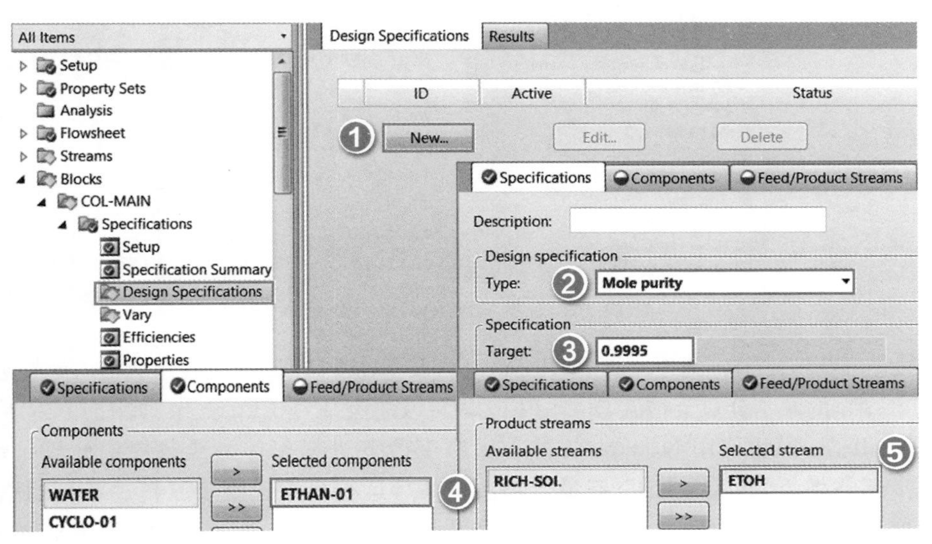

图 10-34　**创建共沸精馏塔 COL-MAIN 设计规定**

点击N➡，进入 **Blocks** | **COL-MAIN** | **Specifications** | **Vary** | **Adjusted Variables** 页面，点击 **New…**，创建操纵变量，定义操纵变量为共沸精馏塔 COL-MAIN 塔底流量，变化范围 1～120kmol/h，如图 10-35 所示。

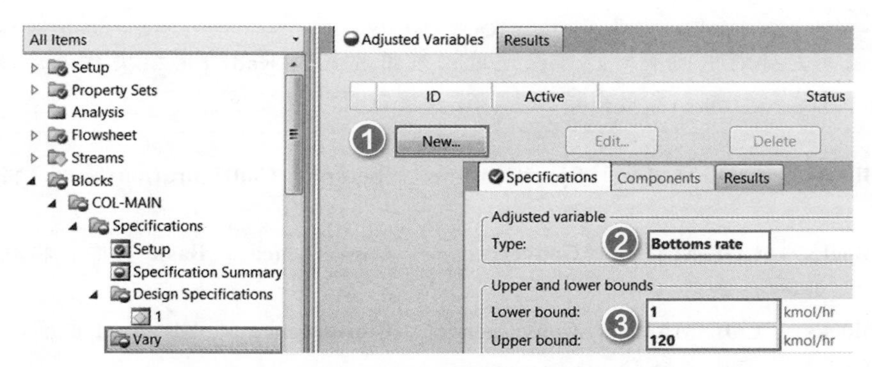

图 10-35 创建共沸精馏塔 COL-MAIN 操纵变量

同理，设置溶剂回收塔 COL-REC 设计规定及操纵变量。设计规定为塔底物流 H_2O 中水的摩尔纯度为 0.9999，对应的操纵变量为塔底物流流量，范围为 1～25kmol/h。

点击 N▶，弹出 **Required Input Complete** 对话框，点击 **OK**，运行模拟，流程收敛。

进入 **Streams** | **RECYC-FD** | **Results** | **Material** 页面，查看物流 RECYC-FD 结果，如图 10-36 所示。

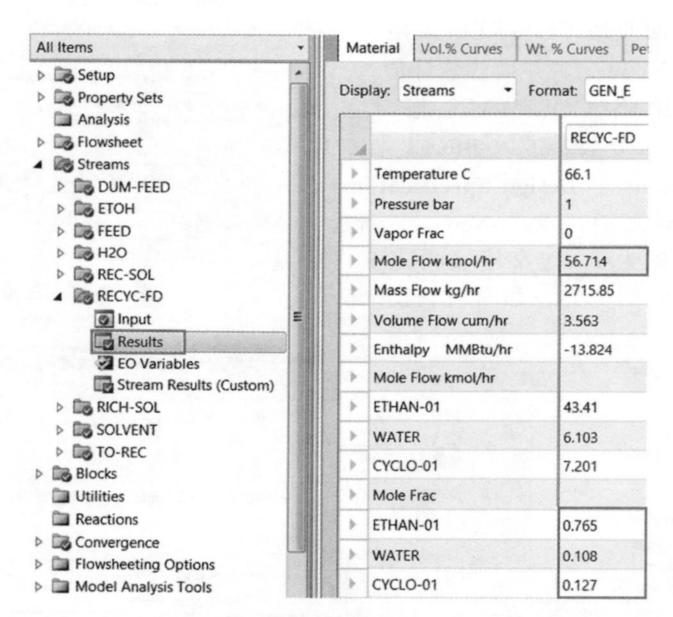

图 10-36 查看物流 RECYC-FD 结果

在连接循环物流之前，两连接物流 RECYC-FD 及 DUM-FEED 流量及组成需大致接近。复制物流 RECYC-FD 的摩尔分数至物流 DUM-FEED，更改总流量为 57kmol/h，如图 10-37 所示。

由于 RadFrac 模块使用 Newton 方法，大幅度改变进料条件易导致模拟计算出现错误，因此需逐步调整物流 DUM-FEED 流量，每次调整后运行模拟。由于原料进料量的增加，需要相应地增加共沸剂的用量，以使共沸精馏塔在同一精馏区域内操作，因此调整物流 SOLVENT 的流量为 150kmol/h，运行模拟，流程收敛。

进入 **Streams** | **RECYC-FD** | **Results** | **Material** 页面，复制物流 RECYC-FD 摩尔分数至物流 DUM-FEED，更改总流量为 95kmol/h，如图 10-38 所示。进入 **Streams** | **SOLVENT** | **Results** | **Material** 页面，将共沸剂的流量改为 170kmol/h，运行模拟，流程收敛。

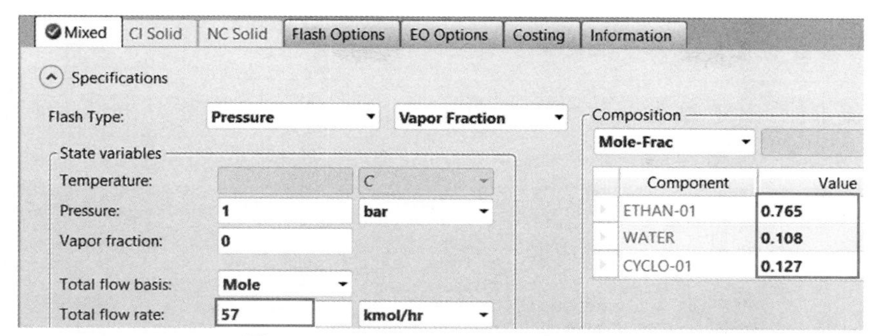

图 10-37 修改物流 DUM-FEED 参数

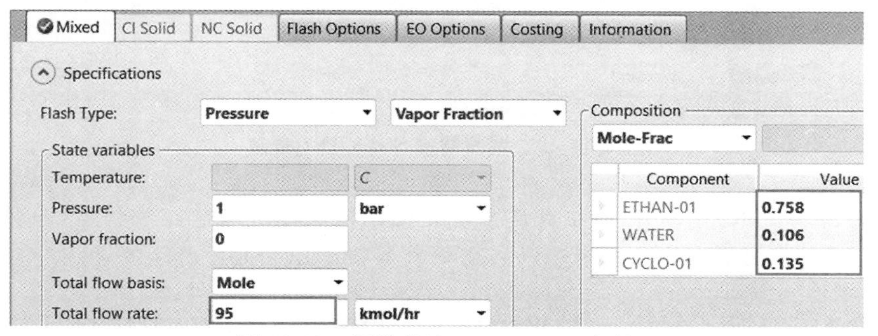

图 10-38 调整物流 DUM-FEED 参数

按表 10-2 依次调整 DUM-FEED 和 SOLVENT 流量，每次调整流量后，运行模拟，流程收敛。

表 10-2 物流 DUM-FEED 和 SOLVENT 流量

DUM-FEED/kmol	95	125	145	155	165	175	185	195
SOLVENT/kmol	190	220	240	250	260	270	280	290

注：表 10-2 中的数据能够保证模拟收敛，但并不是唯一的解题方法，读者可以增大两个流量之间的差值，考察其是否会导致模拟计算失败。

进入 **Results Summary** | **Streams** | **Material** 页面，选择物流 DUM-FEED 和 RECYC-FD，由图 10-39 可知两股物流中各组分的流量大致相近。

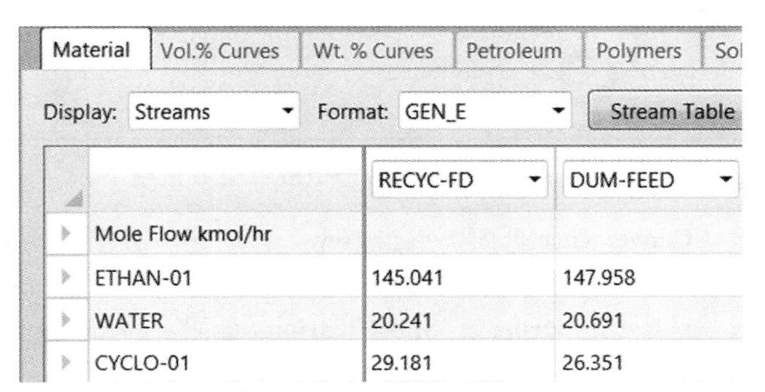

图 10-39 查看物流结果

进入 **Blocks** | **COL-MAIN** | **Convergence** | **Estimates** | **Temperature** 页面，重新生成共沸精馏塔 COL-MAIN 的估计值，同理，重新生成溶剂回收塔 COL-REC 的估计值。

> 注：当参数的累积变化量很大时，需更新塔的估计值。

复制物流 REC-SOL 摩尔分数至物流 SOLVENT，更改总流量为 360kmol/h，如图 10-40 所示。运行模拟，流程收敛。

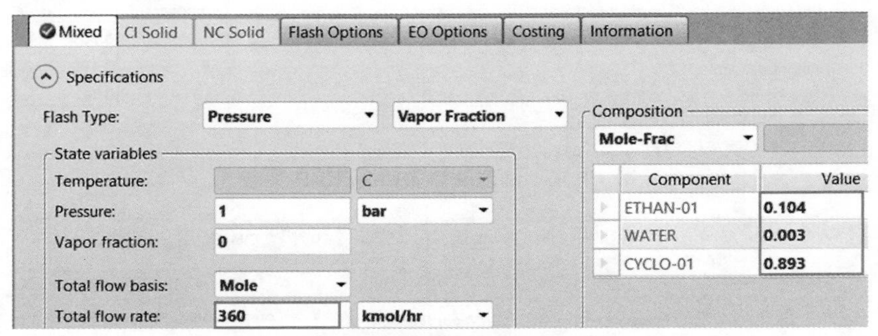

图 10-40 **调整物流 SOLVENT 参数**

> 注：因为物流 REC-SOL 的组成发生了变化，为保证改变前后进料点(原料和共沸剂混合后的组成)在相图中的位置不移动，需调整物流 REC-SOL 的总流量。

进入 **Blocks** | **COL-MAIN** | **Convergence** | **Estimates** | **Temperature** 页面，重新生成共沸精馏塔 COL-MAIN 估计值。同理，重新生成溶剂回收塔 COL-REC 的估计值。

进入 **Blocks** | **COL-MAIN** | **Convergence** | **Convergence** | **Basic** 页面，Initialization Method(初始化算法)选择 Azeotropic，Damping level(阻尼水平)选择 Medium，以提高计算过程的稳定性。同理，溶剂回收塔 COL-REC 做相应的修改。

同时选择物流 DUM-FEED 和 RECYC-FD，右键选择 **Join Streams**，将合并物流命名为 REC-FEED，如图 10-41 所示。

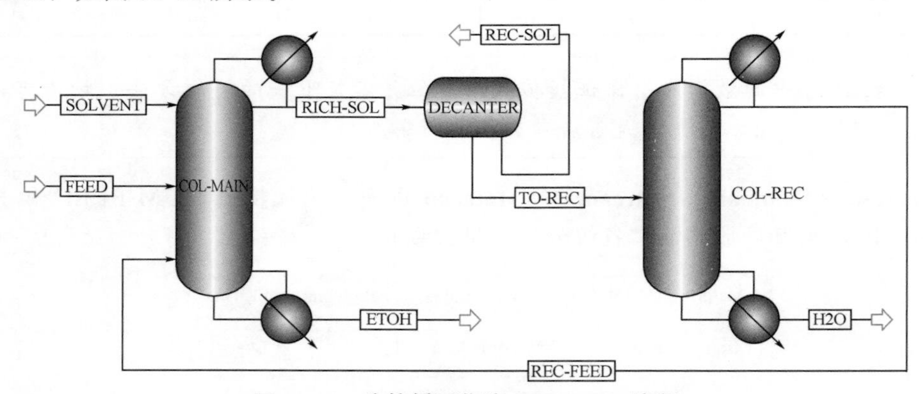

图 10-41 **连接循环物流 REC-FEED 流程**

进入 **Convergence** | **Convergence** 页面，点击 **New…**，新建一撕裂物流，默认标识为 CV-1，选择 WEGSTEIN，点击 **OK**，选择撕裂物流 REC-FEED，如图 10-42 所示。

进入 **Convergence** | **Nesting Order** | **Specifications** 页面，将 CV-1 移至 Convergence order，如图 10-43 所示。

点击 N▶，运行模拟，流程收敛。

进入 **Results Summary** | **Streams** | **Material** 页面，选择物流 ETOH 和 H2O，由图 10-44 可知，两股物流中环己烷流量为 0.043kmol/h，因此需要补充一定量的环己烷。

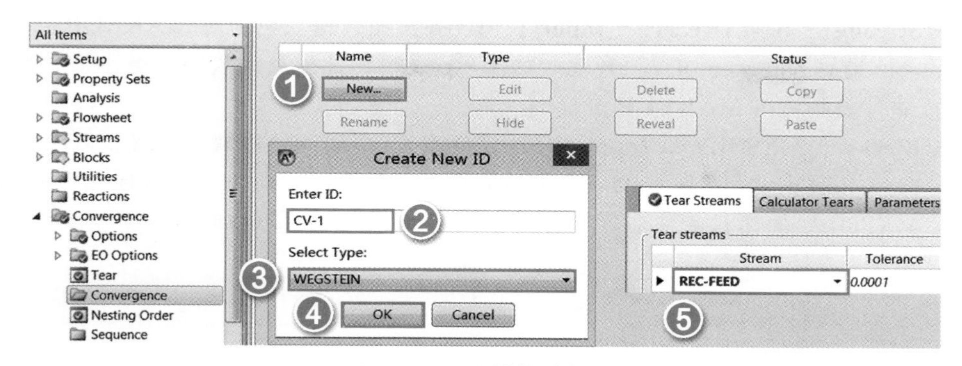

图 10-42 设置撕裂物流

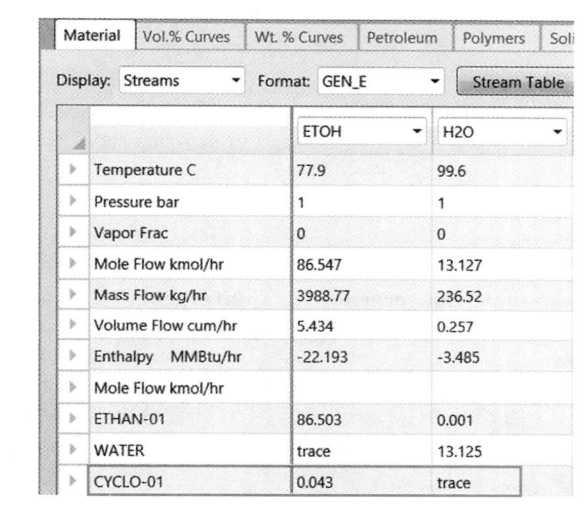

Material | Vol.% Curves | Wt. % Curves | Petroleum | Polymers | Soli

Display: Streams Format: GEN_E Stream Table

	ETOH	H2O
Temperature C	77.9	99.6
Pressure bar	1	1
Vapor Frac	0	0
Mole Flow kmol/hr	86.547	13.127
Mass Flow kg/hr	3988.77	236.52
Volume Flow cum/hr	5.434	0.257
Enthalpy MMBtu/hr	-22.193	-3.485
Mole Flow kmol/hr		
ETHAN-01	86.503	0.001
WATER	trace	13.125
CYCLO-01	0.043	trace

Specifications | Information

List convergence blocks in order of convergence

Available blocks Convergence order

CV-1

图 10-43 设置迭代顺序

图 10-44 查看物流结果

添加混合器模块 MXSOLV，采用模块选项板 **Mixers/Splitters** | **Mixer** | **TRIANGLE** 图标，添加一股补充共沸剂物流 S-MAKEUP，补充共沸剂物流 S-MAKEUP 和分相器 DECANTER 中有机相物流 REC-SOL 经混合器 MXSOLV 混合以后进入共沸精馏塔 COL-MAIN，建立完成的共沸精馏流程，如图 10-45 所示。

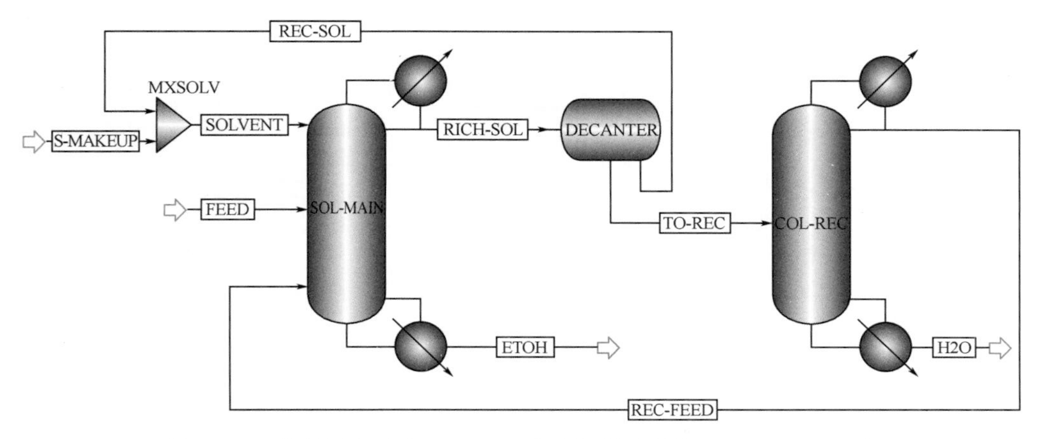

图 10-45 连接循环物流 REC-SOL 与添加补充物流 S-MAKEUP 流程

进入 **Streams** | **S-MAKEUP** | **Input** | **Mixed** 页面，输入物流 S-MAKEUP 温度 25℃，压力 1bar，流量 0.00001kmol/h，环己烷的摩尔分数 1。此处只输入一个微小值，后续采用 Balance 模块计算物流 S-MAKEUP 流量。

进入 **Blocks** | **MXSOLV** | **Input** | **Flash Options** 页面，使用缺省设置。

进入 **Flowsheeting Options** | **Mass Balance** 页面，创建平衡模块，默认标识为 1，定义根据混合器 MXSOLV 的物料衡算来计算物流 S-MAKEUP 的流量，如图 10-46 所示。

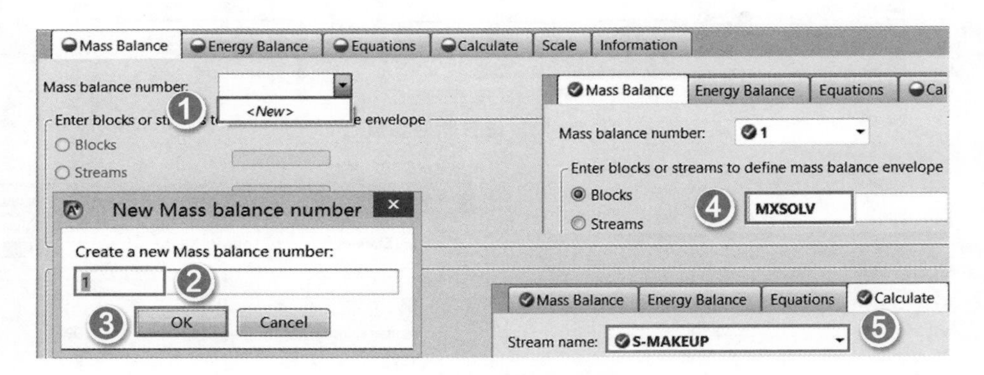

图 10-46 **设置平衡模块**

进入 **Convergence** | **Convergence** 页面，新建一撕裂物流，默认标识为 CV-2，选择 WEGSTEIN，点击 **OK**，选择撕裂物流 SOLVENT。进入 **Convergence** | **Nesting Order** | **Specifications** 页面，将 CV-2 移至 Convergence order。

初始化模拟，运行模拟，流程收敛。查看物流 S-MAKEUP 和 ETOH 结果，如图 10-47 所示。补充环乙烷的流量为 0.047kmo/h，共沸精馏塔塔底物流流量 87.06kmol/h，产品纯度合格。

Material | Vol.% Curves | Wt. % Curves | Petroleum | Polymers | Solids | Status

Display: Streams　Format: FULL　Stream Table

	S-MAKEUP	ETOH	H2O
Substream: MIXED			
Mole Flow kmol/hr			
ETHAN-01	0	87.013	0.00130032
WATER	0	7.4446e-17	13.0019
CYCLO-01	0.0467676	0.0435282	1.659e-20
Mole Frac			
ETHAN-01	0	0.9995	0.0001
WATER	0	8.5514e-19	0.9999
CYCLO-01	1	0.0005	1.2758e-21
Total Flow kmol/hr	0.0467676	87.0566	13.0032

图 10-47 **查看物流结果**

注：本解题过程侧重展示模拟收敛过程中的技巧，其有更简洁的模拟方法。

10.3 变压精馏

在精馏过程中得到气液组成恒定、沸点恒定的混合物称为共沸物。依据共沸物共沸点温度的高低又可分为正偏差共沸物和负偏差共沸物。很多共沸物的共沸组成对压力比较敏感，因此在理论上可以通过改变压力的方法来进行分离。

在一定压力范围内，共沸组成随压力的变化幅度大于等于5%(摩尔分数)或者出现共沸物消失的现象时，可以采用两个操作压力不同的精馏塔来实现物系分离，这种精馏方法称为变压精馏(Pressure Swing Distillation，PSD)。

变压精馏既可以分离最低二元共沸物，也可以分离不常见的最高二元共沸物。分离最低二元共沸物时，两个产物均作为塔底产物抽出；分离最高二元共沸物时，两个产物均作为塔顶产物抽出。

图10-48是A-B二元最低共沸体系的变压精馏原理图，图10-49是一个针对最低共沸物的变压精馏分离序列。由图10-48可以看出，随着压力从 p_1 增加到 p_2，体系的共沸组成向着组分B的百分含量降低的方向移动。低压塔1的总进料 F_1 是由高压塔2的塔顶物流 D_2 和新鲜物流F组成的，进料 F_1 中组分A的含量高于新鲜物流F而低于高压塔塔顶物流 D_2。经过低压塔1精馏分离后，塔底得到组分A纯度较高的物流 B_1，塔顶物流 D_1 进入高压塔2进行分离，塔底得到组分B纯度较高的物流 B_2，塔顶物流 D_2 以循环液的形式返回低压塔1中，继续进行分离，通过调节循环比、回流比等两塔的操作参数和塔底的采出量，可以同时获得纯度较高的产物A和B。

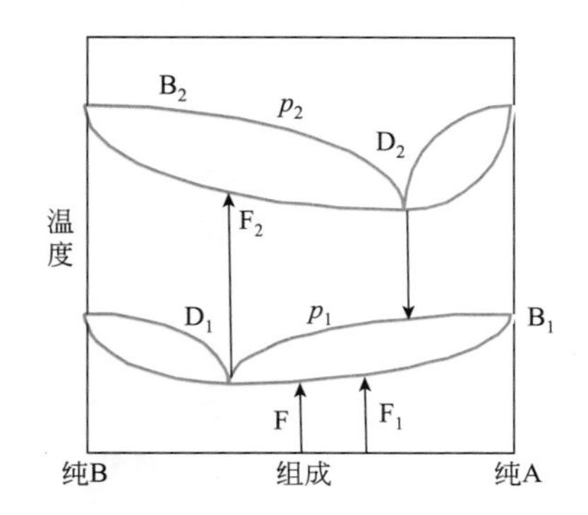

图 10-48 p_1、p_2 下的汽液平衡 T-xy 相图

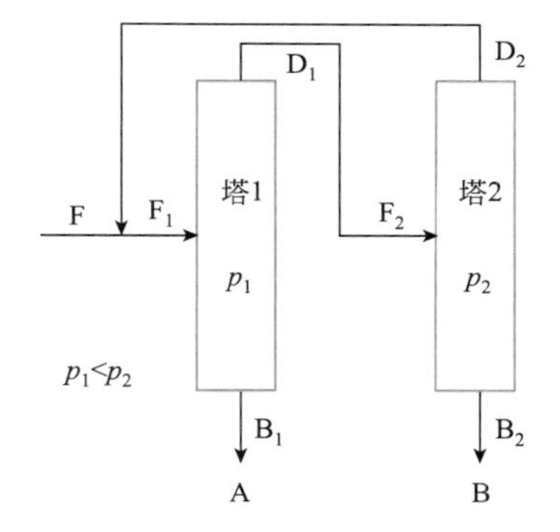

图 10-49 最低共沸物变压精馏分离序列

图10-50为不常见的最高二元共沸物的变压精馏分离序列，由于体系的共沸温度比重组分的沸点还要高，所以两塔均从塔底得到共沸物流。高压塔1塔底的共沸物流在压力作用下进入低压塔2，低压塔2的塔底共沸物流则通过循环泵进入高压塔1，两塔塔顶分别获得纯度较高的产物A和B。

在变压精馏的实际应用中，一般采用加压塔-常压塔或常压塔-减压塔的分离方法。两塔的压力和分离方法往往根据进料组成的不同和塔底产品要求决定。当加压或减压均能明显改变共沸组成时，通常从能耗角度来选择分离方法，加压精馏一般用于沸点不高的

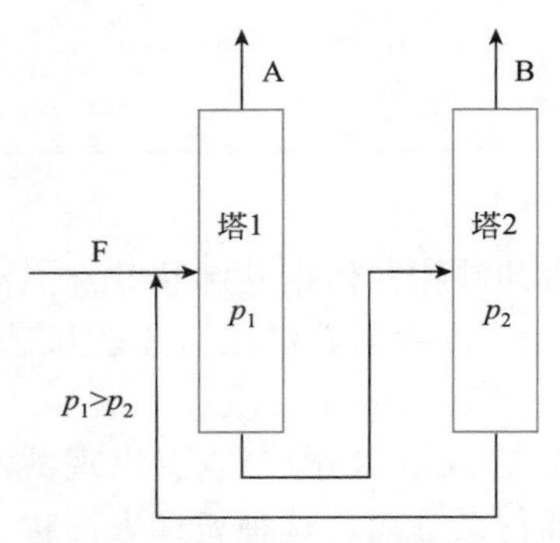

图 10-50 最高二元共沸物变压精馏分离序列

物系或低沸物的分离，而减压精馏适用于高沸物的分离。对于变压精馏，随着两塔之间压差的增大，两组分之间的相对挥发度会逐渐提高，总能耗会降低，但设备投资也会随压力升高而增大，因此必须在能耗费用和总设备投资之间作一个权衡。

变压精馏相比其它特殊精馏具有两个突出优点：一是通过系统的热集成达到节能的目的，因为高压塔和低压塔之间存在一定的压力差，所以高压塔和低压塔可实现热耦合，从而节省运行成本；二是不需要添加其它物质（添加剂）。

可用变压精馏分离的二元物系详见表 10-3。

表 10-3 可用变压精馏分离的二元物系

二氧化碳-乙烯	苯酚-乙酸丁酯	乙醇-苯	苯-乙烷
甲醇-乙酸乙酯	甲醇-丙醇	水-1,2-环氧丙烷	丙醇-环己烷
甲醇-苯	苯胺-辛烷	乙醇-庚烷	水-四氢呋喃
氯化氢-水	甲醇-乙酸甲酯	水-乙酸乙酯	甲乙酮-苯
水-甲酸	甲醇-苯	二甲胺-三甲胺	四氯化碳-乙醇
甲胺-三甲胺	甲醇-甲乙酮	水-丙酸	甲乙酮-环己烷
水-丙烯酸	丙醇-苯	异丙醇-苯	四氯化碳-乙酸乙酯
乙醇-1,4-二氧六环	甲醇-丙酮	水-乙二醇甲醚	苯-环己烷
水-丙酮	水-甲乙酮		

下面通过例 10.3 介绍变压精馏的应用。

例 10.3

采用变压精馏分离 THF（四氢呋喃）和 H_2O（水）混合物的工艺流程和工艺参数如图 10-51 所示，要求废水（物流 B1）中 THF 摩尔分数小于 0.005，产品（物流 B2）中 THF 摩尔分数大于 0.99。物性方法选择 NRTL-RK。

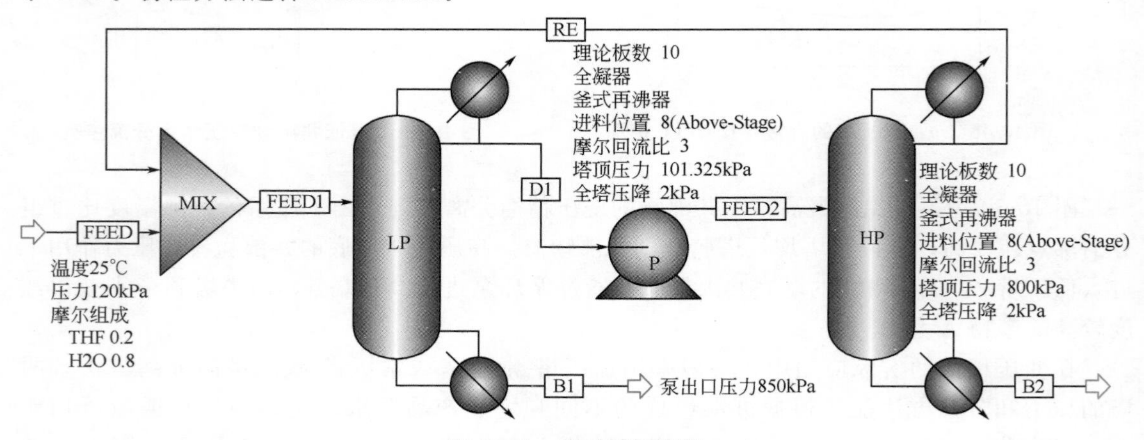

图 10-51 变压精馏流程

本例模拟步骤如下：

启动 Aspen Plus，进入 **File** | **New** | **User**，选择模板 General with Metric Units，文件保存为 Example10.3-PSD.bkp。

进入 **Components** | **Specifications** | **Selection** 页面，输入组分 THF（四氢呋喃）、H2O（水）。

点击N⇨，进入 **Methods** | **Specifications** | **Global** 页面，物性方法选择 NRTL-RK。

点击N⇨，查看二元交互作用参数，本例采用缺省值，不做修改。

按照例 3.2 所描述的方法，绘制不同压力下 THF/H2O 混合物的 *T-xy* 相图，如图 10-52 所示。

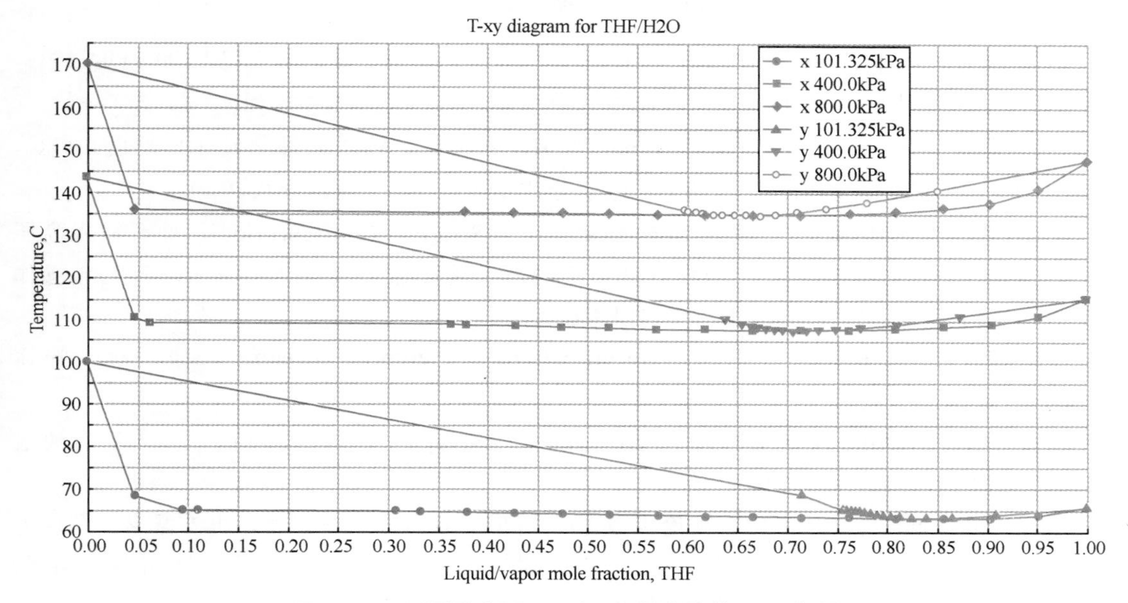

图 10-52　不同压力下 THF/H_2O 混合物的 *T-xy* 相图

从图 10-52 中可以看出，当压力从 101.325kPa 变化到 800kPa 时，共沸组成中 THF 摩尔含量从 0.83 变化到 0.66，符合采用变压精馏的要求。模拟时，设定低压塔塔压 101.325kPa，高压塔塔压 800kPa。

点击N⇨，出现 **Properties Input Complete** 对话框，选择 Go to Simulation environment，点击 **OK**，进入模拟环境。

首先，根据分离要求对全流程进行初步物料衡算：

全流程物料衡算：FEED＝B1＋B2

THF 物料衡算：0.2×FEED＝0.005×B1＋0.99×B2

解得 B1＝80.20kmol/h，B2＝19.80kmol/h。

根据共沸组成对高压塔进行物料衡算：

高压塔物料衡算：FEED2＝RE＋B2

THF 物料衡算：0.83×FEED2＝0.66×RE＋0.99×B2

解得 FEED2＝38.44kmol/h，RE＝18.64kmol/h。

为便于流程收敛，采用无循环双塔流程进行初步模拟，其中高压塔 HP 和低压塔 LP 选用模块选项板中 **Columns** | **RadFrac** | **FRACT1** 图标，如图 10-53 所示。

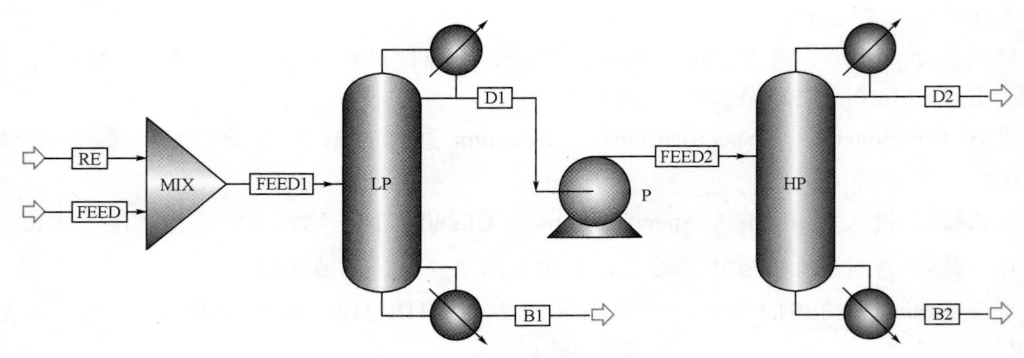

图 10-53 无循环双塔流程

点击 N→，进入 **Streams** | **FEED** | **Input** | **Mixed** 页面，输入物流 FEED 温度 25℃，压力 120kPa，流量 100kmol/h，THF 摩尔分数 0.2，H2O 摩尔分数 0.8。

点击 N→，进入 **Streams** | **RE** | **Input** | **Mixed** 页面，输入循环物流 RE 温度 135℃，压力 800kPa，流量 18.64kmol/h，THF 摩尔分数 0.66，H2O 摩尔分数 0.34。

点击 N→，进入 **Blocks** | **HP** | **Specifications** | **Setup** | **Configuration** 页面，输入高压塔 HP 参数，理论板数 10，塔顶冷凝器选用全凝器，再沸器形式默认为釜式再沸器，操作规定为塔底物流流量 19.8kmol/h，摩尔回流比 3。

点击 N→，进入 **Blocks** | **HP** | **Specifications** | **Setup** | **Streams** 页面，输入物流 FEED2 进料位置 8。

点击 N→，进入 **Blocks** | **HP** | **Specifications** | **Setup** | **Pressure** 页面，输入第一块塔板压力 800kPa，全塔压降 2kPa。

同理，输入低压塔 LP 参数，理论板数 10，塔顶冷凝器选用全凝器，再沸器形式默认为釜式再沸器，操作规定为塔底产品流量 80.2kmol/h，摩尔回流比 3，FEED1 进料位置 8，第一块塔板压力 101.325kPa，全塔压降 2kPa。

进入 **Blocks** | **P** | **Specifications** | **Setup** | **Specifications** 页面，输入泵出口压力 850kPa。

运行模拟，出现错误，如图 10-54 所示。低压塔 LP 经过 25 次迭代不收敛，因此在 **LP** | **Convergence** | **Convergence** | **Basic** 页面将最大迭代次数改为 100，如图 10-55 所示。

```
** ERROR
   RADFRAC NOT CONVERGED IN  25 OUTSIDE LOOP ITERATIONS.
```

图 10-54 提示错误信息

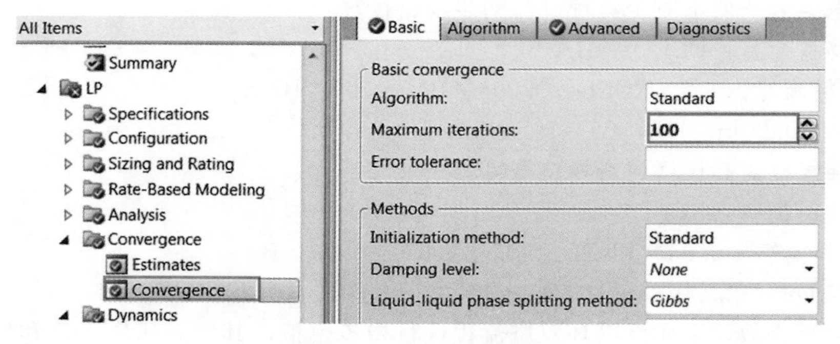

图 10-55 修改迭代次数

再次运行模拟，流程收敛。查看物流结果，如图 10-56 所示，低压塔 LP 的塔底物流 B1 流量 80.2kmol/h，THF 摩尔分数 0.005，高压塔的塔底物流 B2 流量 19.8kmol/h，THF 摩尔分数 0.992，两股物流均满足分离要求。

选择物流 RE 和 D2，右键选择 Join Streams，将合并物流命名为 RE，如图 10-51 所示。运行模拟，流程收敛。

进入 **Results Summary** | **Streams** | **Material** 页面，查看物流结果，如图 10-57 所示。低压塔 LP 的塔底物流 B1 流量 80.2kmol/h，THF 摩尔分数 0.004，高压塔的塔底物流 B2 流量 19.8kmol/h，THF 摩尔分数 0.992，满足分离要求。

Display: All streams　Format: GEN_M　Stream Table

	B1	B2
Temperature C	91	146.2
Pressure bar	1.033	8.02
Vapor Frac	0	0
Mole Flow kmol/hr	80.2	19.8
Mass Flow kg/hr	1466.31	1419.32
Volume Flow cum/hr	1.582	1.946
Enthalpy Gcal/hr	-5.371	-0.942
Mole Flow kmol/hr		
THF	0.397	19.645
H2O	79.803	0.155
Mole Frac		
THF	0.005	0.992
H2O	0.995	0.008

图 10-56　**无循环双塔流程物流结果**

Display: All streams　Format: GEN_M　Stream Table

	B1	B2
Temperature C	91.7	146.1
Pressure bar	1.033	8.02
Vapor Frac	0	0
Mole Flow kmol/hr	80.2	19.8
Mass Flow kg/hr	1464.25	1419.12
Volume Flow cum/hr	1.581	1.945
Enthalpy Gcal/hr	-5.371	-0.942
Mole Flow kmol/hr		
THF	0.359	19.641
H2O	79.841	0.159
Mole Frac		
THF	0.004	0.992
H2O	0.996	0.008

图 10-57　**有循环双塔流程物流结果**

注：变压精馏可以进行热集成，以期降低分离总能耗，具体内容读者可以查阅文献[7]。

10.4 反应精馏

反应精馏(Reactive Distillation，RD)可以在一个装置中同时实现反应及分离两个过程，通过精馏的方法将反应物与产物分离开来，以破坏可逆反应的平衡关系，使反应继续向生成产物的方向进行，从而提高可逆反应的转化率及选择性，此外，反应精馏过程中还可通过化学反应打破汽-液平衡关系，从而加快传质速率，缩短反应时间。对于放热反应，反应所释放出的热量可作为精馏所需的汽化热，从而降低能耗和操作费用。

反应精馏适用于多种类型的反应，如串联反应、可逆反应，但更多应用于转化率受化学平衡限制的反应体系。目前，该技术在工业中广泛应用于醚化、酯化、水解和烷基化等反应。

反应精馏是一个复杂的精馏过程，平衡、转化、电解质、速率控制的反应可以同时发生，反应可以在汽液两相中进行，可以在任一板上进行，包括再沸器，反应的数量不受限制。

反应精馏塔在设计时需要考虑的一个重要的因素就是塔的操作压力。与普通精馏塔相比，压力对于反应精馏塔的影响要大得多。塔的操作压力关系到塔内温度分布，在反应精馏塔中，塔内的温度会同时影响塔内的反应和分离，低温有助于分离，但是会影响反应速率，所以压力的选择非常重要。

在对反应精馏塔进行优化时，可调整的变量有压力、反应段的持液/汽量、反应段的理论板数、反应物的进料位置、精馏段的理论板数、提馏段的理论板数、回流比以及再沸器热负荷等。

持液/汽量(Holdups)是反应精馏塔的一个关键参数，每块板上反应速率的大小与持液/汽量有直接关系。在进行塔的设计计算之前需要先假设持液/汽量，计算出塔径后必须检验假设的持液/汽量是否合理。

使用 Aspen Plus 模拟反应精馏塔需要设定以下内容：

① 在 **Reactions** | **Reactions** 页面下创建新的化学反应；

② 反应类型选择 REAC-DIST；

③ 在 **Reactions** | **R-1** | **Stoichiometry** 页面，创建新的化学反应式；

④ 定义反应式时，选择反应类型为平衡反应、动力学或是指定转化率的反应，然后输入化学反应式计量系数以及动力学方程指数；

⑤ 在指定的页面上输入平衡反应数据、动力学数据或转化率；

⑥ 在 **Column** | **Reactions** | **Specifications** 页面，选择塔内进行的反应，并指定反应段的位置，在 **Column** | **Reactions** | **Holdups** 页面，定义塔内的持液/汽量。

下面通过例 10.4 介绍反应精馏的应用。

例 10.4

精馏塔内进行如下反应：

CH_3COOH(乙酸，A)＋CH_3CH_2OH(乙醇，B)$\rightleftharpoons$$CH_3COOCH_2CH_3$(乙酸乙酯，C)＋$H_2O$(水，D)

正反应的反应动力学方程为 $r_f=1.9\times10^8\exp(-5.95\times10^7/RT)C_AC_B$

逆反应的反应动力学方程为 $r_r=5.0\times10^7\exp(-5.95\times10^7/RT)C_CC_D$

其中，计算基准为摩尔分数，反应速率单位 kmol/(m^3·s)，活化能单位 J/kmol，指前因子单位 kmol/ (m^3·s)。

进料温度 30℃，压力 0.1MPa，乙酸流量 50kmol/h，乙醇流量 50kmol/h。塔内理论板数 15，全塔操作压力 0.1MPa，进料位置为第 7 块理论板 (On-Stage)，回流比 0.7，塔顶产品流量 30kmol/h，反应在全塔内进行（不包括冷凝器），塔内每块板上的持液量为 0.3kmol，再沸器内持液量为 1.0kmol。求产品中乙酸乙酯的流量。物性方法选择 NRTL-HOC。

下面通过内置指数型反应动力学和用户自定义 Fortran 反应动力学程序两种方法求解。

(1) 内置指数型反应动力学

启动 Aspen Plus，进入 **File** | **New** | **User**，选择模板 General with Metric Units，将文件保存为 Example10.4-Built-in.bkp。

进入 **Components** | **Specifications** | **Selection** 页面，输入组分 ACETI-01（乙酸）、ETHAN-01（乙醇）、WATER（水）和 ETHYL-01（乙酸乙酯）。

点击N➡，进入 **Methods** | **Specifications** | **Global** 页面，物性方法选择 NRTL-HOC。

点击N➡，进入 **Methods** | **Parameters** | **Binary Interaction** | **HOCETA-1** | **Input** 页面，查看二元交互作用参数，本例采用默认值，不做修改。

点击N➡，进入 **Methods** | **Parameters** | **Binary Interaction** | **NRTL-1** | **Input** 页面，查看二元交互作用参数，本例采用默认值，不做修改。

点击N➡，弹出 **Properties Input Complete** 对话框，选择 Go to Simulation environment，点击 **OK**，进入模拟环境。

建立如图 10-58 所示流程图，其中反应精馏塔 RD 采用模块选项板中 **Columns** | **RadFrac** | **FRACT1** 图标。

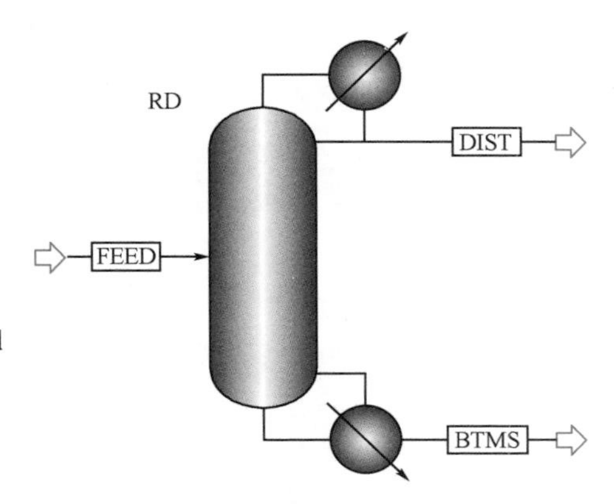

图 10-58 反应精馏流程

点击N➡，进入 **Streams** | **FEED** | **Input** | **Mixed** 页面，输入物流 FEED 温度 30℃，压力 0.1MPa，乙酸流量 50kmol/h，乙醇流量 50kmol/h。

进入 **Reactions** | **Reactions** 页面，点击 **New…**，出现 **Create New ID** 对话框，默认新的化学反应 ID 为 R-1，类型选择 REAC-DIST，如图 10-59 所示。

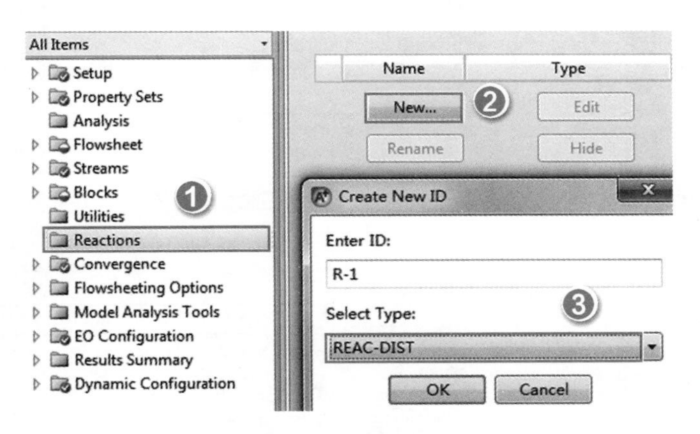

图 10-59 创建化学反应

点击 **OK**，进入 **Reactions** | **R-1** | **Stoichiometry** 页面，点击 **New…**，出现 **Select Reaction Type** 对话框，默认反应类型为 Kinetic/Equilibrium/Conversion，反应序号为 1，点击 **OK**，出现 **Edit Reaction** 对话框，选择反应类型为 Kinetic（动力学），输入正反应的方程式、化学反应式计量系数和动力学方程指数，如图 10-60 所示。同理，点击 Reaction No. 右侧的下拉菜单，添加反应序号为 2 的逆反应，如图 10-61 所示。点击N➡，返回 **Reactions** | **R-1** | **Stoichiometry** 页面。

点击N➡，进入 **Reactions** | **R-1** | **Kinetic** 页面，输入反应的动力学数据，并将［Ci］basis 改为 Mole fraction（摩尔分数），如图 10-62 和图 10-63 所示。

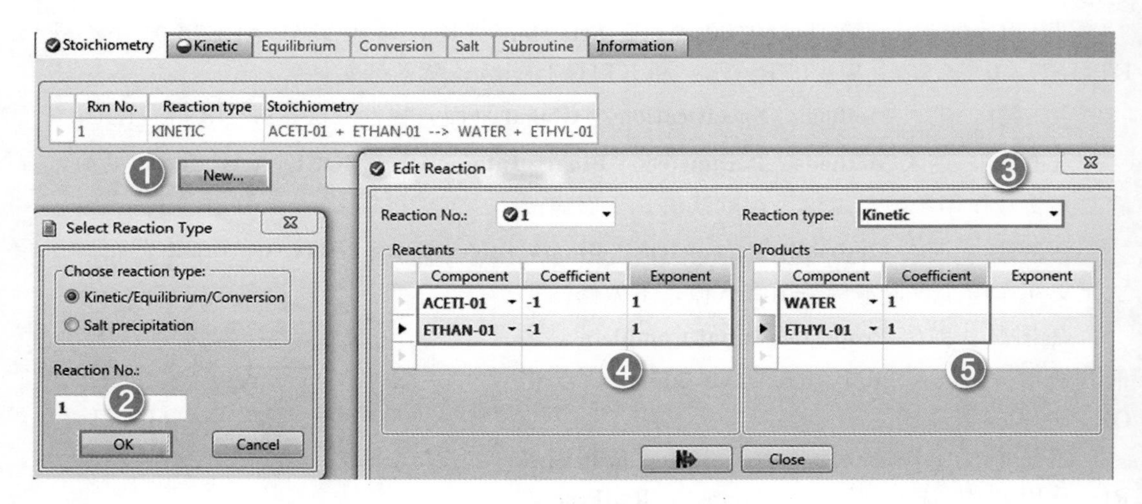

图 10-60　定义正反应

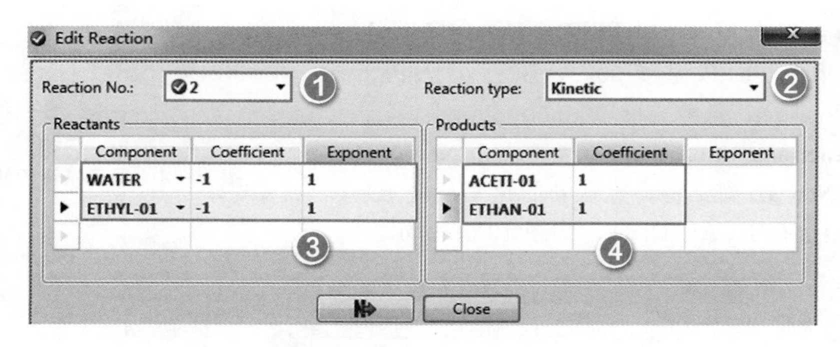

图 10-61　定义逆反应

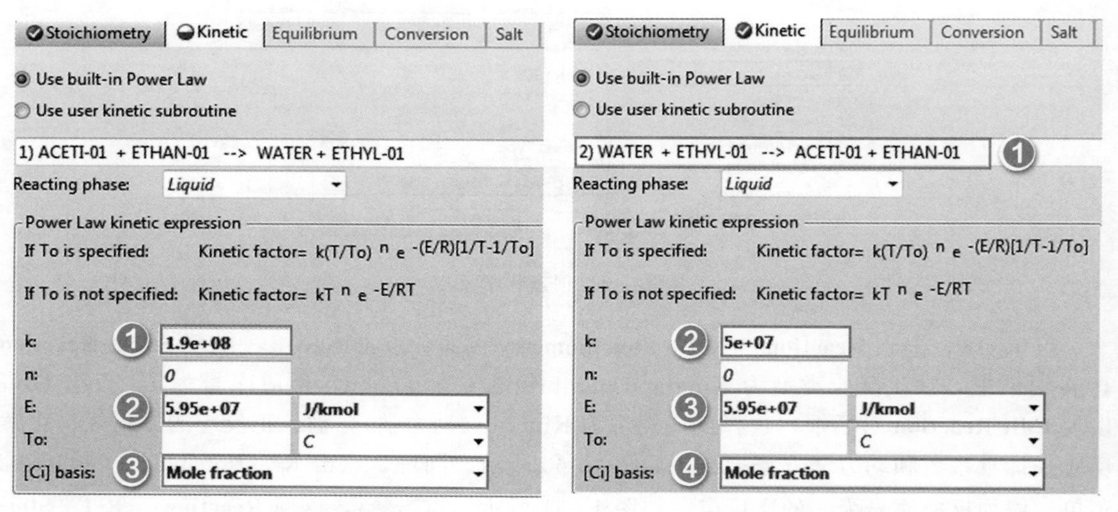

图 10-62　输入正反应动力学数据　　　　图 10-63　输入逆反应动力学数据

点击N→，进入 **Blocks** | **RD** | **Setup** | **Configuration** 页面，输入反应精馏塔 RD 的相关参数，收敛方法选择 Strongly non-ideal liquid（强非理想液体），如图 10-64 所示。

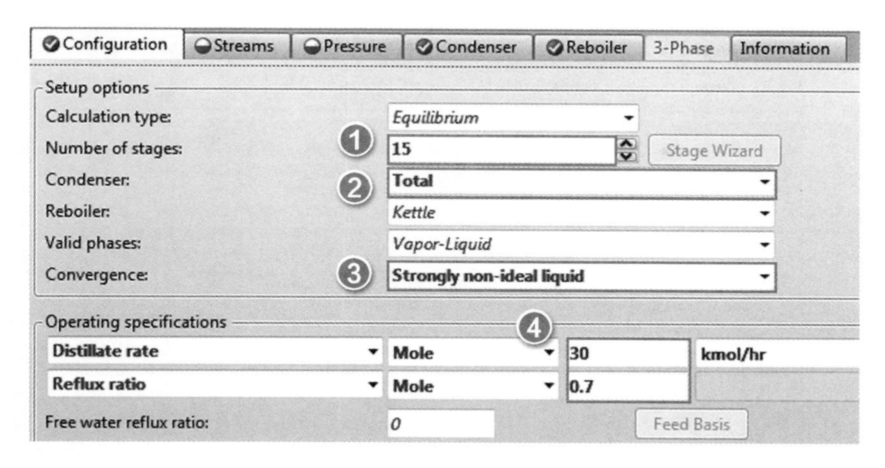

图 10-64　输入反应精馏塔 RD 参数

点击N➡，进入 **Blocks** | **RD** | **Setup** | **Streams** 页面，输入物流 FEED 进料位置 7，进料方式为 On-Stage。

点击N➡，进入 **Blocks** | **RD** | **Setup** | **Pressure** 页面，输入第一块板压力 0.1MPa。

进入 **Blocks** | **RD** | **Reactions** | **Specifications** 页面，定义反应段，如图 10-65 所示。

点击N➡，进入 **Blocks** | **RD** | **Reactions** | **Holdups** 页面，输入塔内的持液量，如图 10-66 所示。

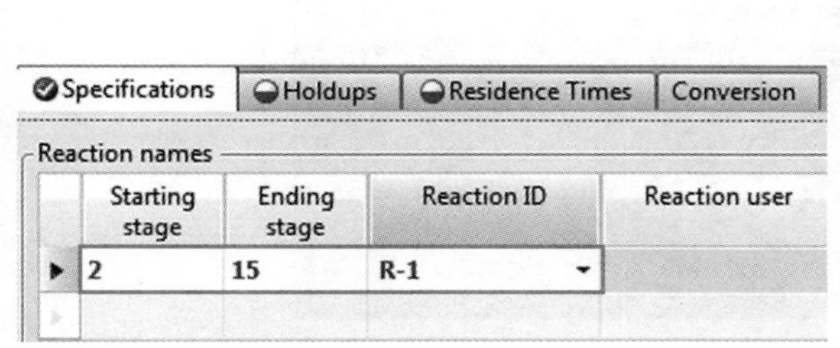

图 10-65　定义反应段

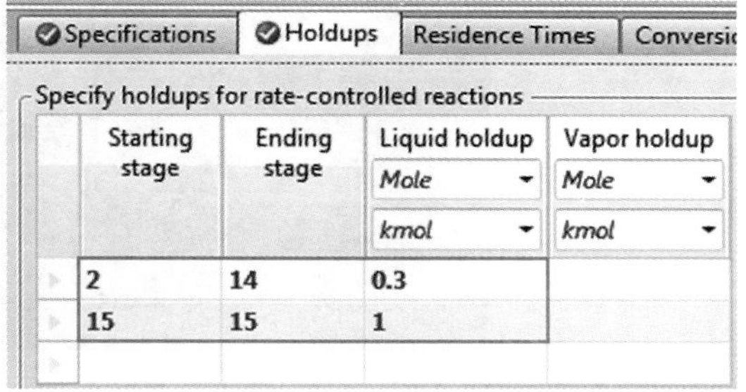

图 10-66　输入持液量

点击N➡，运行模拟，流程收敛。进入 **Blocks** | **RD** | **Stream Results** | **Material** 页面，查看塔顶乙酸乙酯流量为 14.922kmol/h，塔底乙酸乙酯流量为 17.39kmol/h，如图 10-67 所示。

（2）用户自定义 Fortran 动力学子程序

安装 Microsoft visual studio 和 Intel visual Fortran。

编辑乙酸乙酯反应程序，命名为 actkin.f。将该程序存至 d 盘根目录下的 RD 文件夹。

> 注：存放位置可自定义，本例不再展示具体的程序，用户可查看软件自带文档或查阅相关资料学习。

依次点击**开始→所有程序→Aspen Tech→Process Modeling V8.4→Aspen Plus→Customize Aspen Plus V8.4**。

Material	Heat	Load	Vol.% Curves	Wt. % Curves	Petroleum	Polymers	Solids

Display: Streams　Format: GEN_M　Stream Table

	FEED	DIST	BTMS
Pressure bar	1	1	1
Vapor Frac	0	0	0
Mole Flow kmol/hr	100	30	70
Mass Flow kg/hr	5306.08	1857.67	3448.41
Volume Flow cum/hr	5.75	2.248	3.937
Enthalpy Gcal/hr	-9.079	-2.665	-6.276
Mole Flow kmol/hr			
ACETI-01	50	0.075	17.612
ETHAN-01	50	9.558	8.13
WATER		5.445	26.868
ETHYL-01		14.922	17.39

图 10-67　**查看物流结果**

在管理员 **Customize Aspen Plus V8.4** 页面依次输入 cd.. 至根目录，输入 d：进入 d 盘，输入 cd rd 进入存放程序的文件夹，输入编译命令 aspcomp actkin.f，如图 10-68 所示，点击回车，可以看到在 RD 文件夹中已经生成 actkin.obj 文件，如图 10-69 所示。

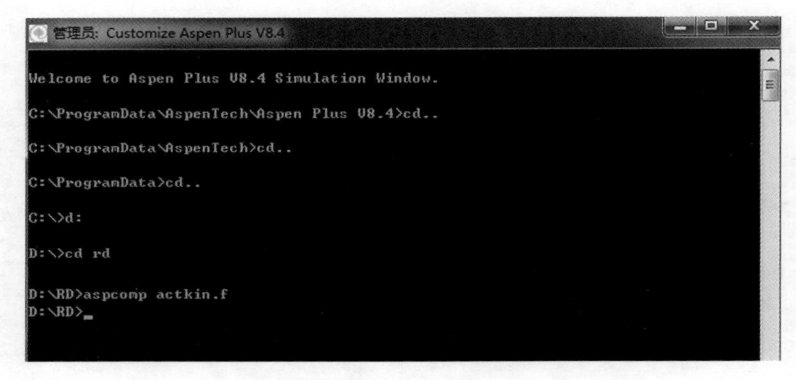

图 10-68　**管理员 Customize Aspen Plus V8.4 页面**

图 10-69　**RD 文件夹**

将文件 Example10.4-Built-in.bkp 另存为 Example10.4-User.bkp 并存至 d 盘根目录下的 RD 文件夹。

> 注：为保证程序成功导入 Aspen Plus 中，必须将程序文件与 Aspen Plus 文件存放至同一文件夹下。

从左侧浏览窗口进入 **Reactions** | **Reactions** 页面，点击 **New…**，新建一个反应，命名为 USER，反应类型选择 REAC-DIST。反应方程式同 R-1，但注意反应指数部分不定义，如图 10-70～图 10-72 所示。

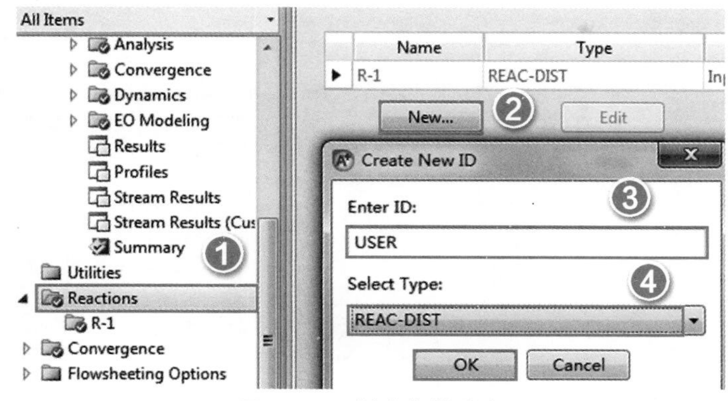

图 10-70 创建化学反应

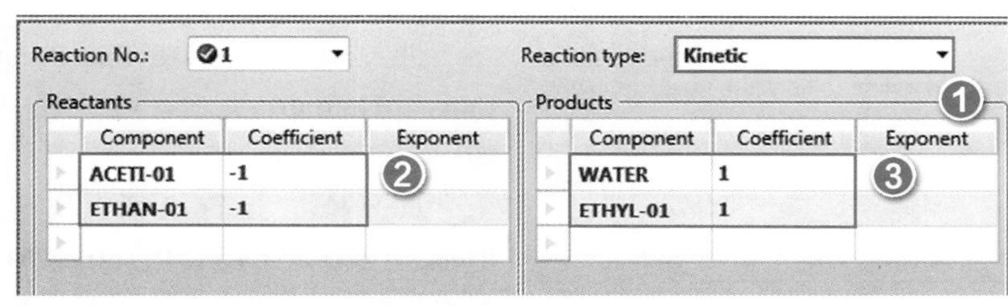

图 10-71 定义正反应

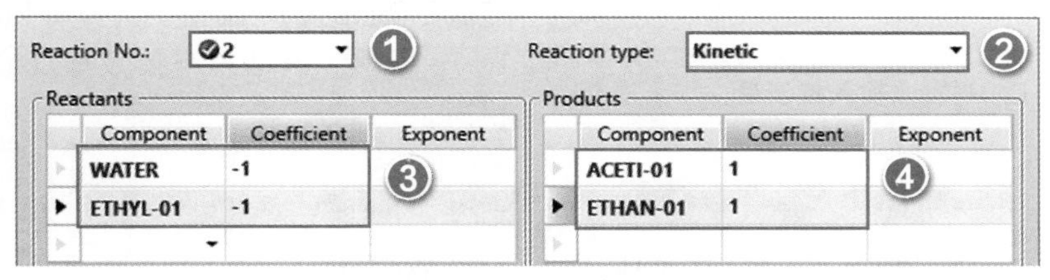

图 10-72 定义逆反应

在 **Reactions** | **USER** | **Kinetic** 页面，选择 Use user kinetic subroutine。点击 N→，进入 **Reactions** | **USER** | **Subroutine** 页面，在 Subroutine 框中输入 Name 为 ACTKIN，在 Number of parameters 框中，输入 Integer 为 1，Real 为 4，在 Values for parameters 框中，输入相应的整型和实型参数值，如图 10-73 所示。

注：Subroutine 参数也可在 Blocks | RD | User Subroutine | Reaction Kinetics 页面中输入。

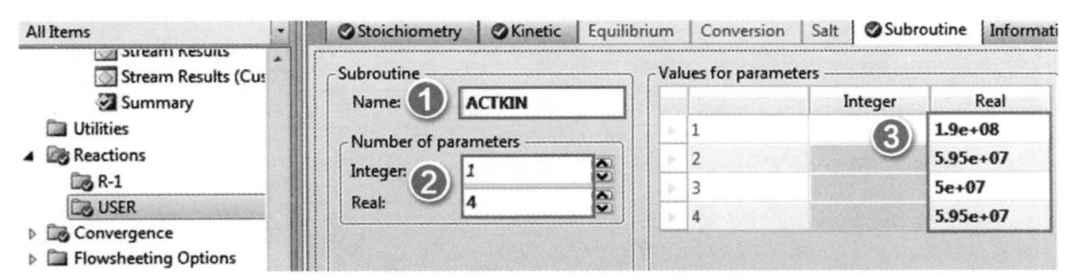

图 10-73 输入 Subroutine 相关参数

注：Real 一列参数为正逆反应的指前因子及反应的活化能。

进入 **Blocks** | **RD** | **Specifications** | **Reactions** | **Specifications** 页面，将 Reaction ID 改为 USER，如图 10-74 所示。

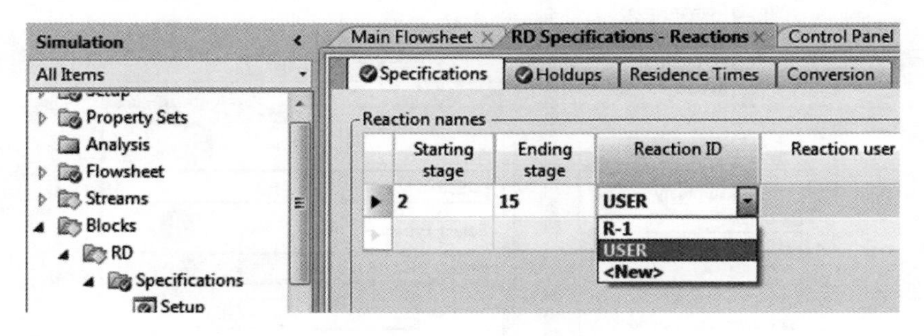

图 10-74　选择化学反应

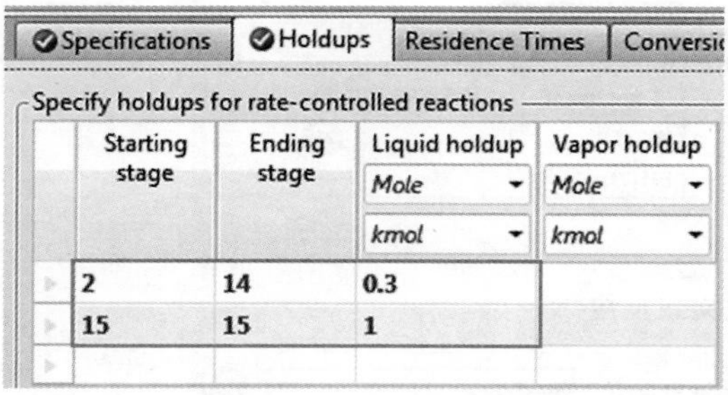

进入 **Blocks** | **RD** | **Specifications** | **Reactions** | **Holdups** 页面，输入塔内的持液量，如图 10-75 所示。

Specifications | Holdups | Residence Times | Conversi

Specify holdups for rate-controlled reactions

Starting stage	Ending stage	Liquid holdup	Vapor holdup
		Mole	Mole
		kmol	kmol
2	14	0.3	
15	15	1	

图 10-75　输入持液量

点击 N▷，运行模拟，流程收敛。进入 **Blocks** | **RD** | **Stream Results** | **Material** 页面，查看塔顶乙酸乙酯的流量为 14.922kmol/h，塔底乙酸乙酯的流量为 17.39kmol/h，如图 10-76 所示。该结果与指数型反应动力学结果相同。

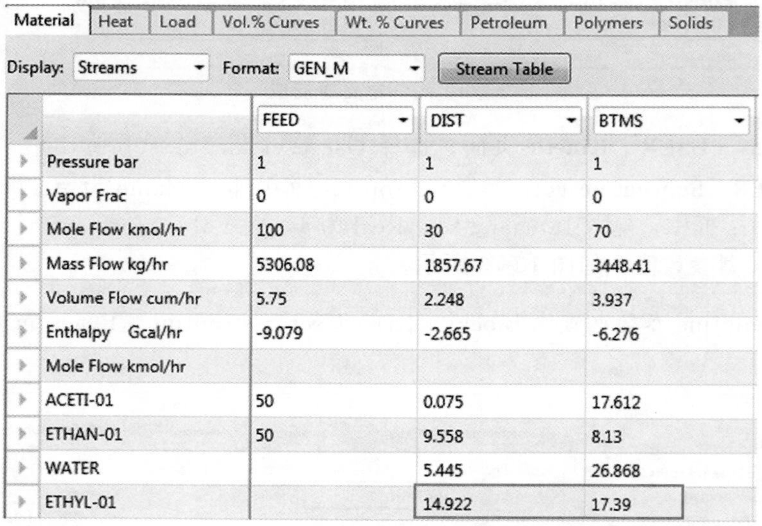

Material | Heat | Load | Vol.% Curves | Wt. % Curves | Petroleum | Polymers | Solids

Display: Streams　Format: GEN_M　Stream Table

	FEED	DIST	BTMS
Pressure bar	1	1	1
Vapor Frac	0	0	0
Mole Flow kmol/hr	100	30	70
Mass Flow kg/hr	5306.08	1857.67	3448.41
Volume Flow cum/hr	5.75	2.248	3.937
Enthalpy Gcal/hr	-9.079	-2.665	-6.276
Mole Flow kmol/hr			
ACETI-01	50	0.075	17.612
ETHAN-01	50	9.558	8.13
WATER		5.445	26.868
ETHYL-01		14.922	17.39

图 10-76　查看物流结果

10.5 三相精馏

三相精馏(Three Phase Distillation)一般是指存在汽-液-液三相平衡的精馏过程。常见的三相精馏过程有：正丙醇、正丁醇和水体系的三相精馏过程，甲缩醛氧化制浓甲醛工艺中甲醛、甲缩醛、水、甲醇体系的三相精馏过程，1,4-丁二醇生产及其深加工工艺四氢呋喃回收中1,4-丁二醇、四氢呋喃、水体系的三相精馏过程，发酵法生产丁醇、丙酮工艺中的三相精馏过程等。

三相精馏模拟可分为两类：①液-液分相区位于精馏塔塔顶冷凝器内；②汽-液-液三相位于塔内。

10.5.1 简单三相精馏

例 10.5a

正丙醇-正丁醇-水体系的三相精馏流程如图10-77所示，求塔底产品组成。已知进料温度93℃，压力0.1MPa，水、正丙醇、正丁醇流量分别为15kmol/h、5kmol/h、3kmol/h。塔顶压力0.1MPa，塔内理论板数13，第5块理论板进料(Above-Stage)，塔顶采用全凝器，回流比3，塔顶产品流量13kmol/h。全塔均为三相区，分相器位于第9块理论板处，其中，有机相全部返塔，5%的水相返塔，其余水相采出。物性方法选择NRTL。

本例模拟步骤如下：

启动Aspen Plus，进入**File**|**New**|**User**，选择模板General with Metric Units，文件保存为Example10.5a-3phases.bkp。

进入**Components**|**Specifications**|**Selection**页面，输入组分H2O(水)、PROPANOL(正丙醇)、BUTANOL(正丁醇)。

点击N→，进入**Methods**|**Specifications**|**Global**页面，物性方法选择NRTL。

点击N→，查看相关二元交互作用参数，如图10-78所示。由于水和正丁醇部分互溶，其二元交互作用参数应来源于液-液平衡数据库。

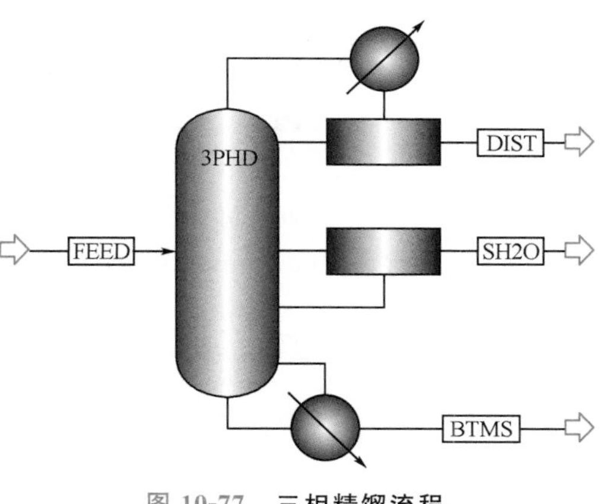

图10-77 三相精馏流程

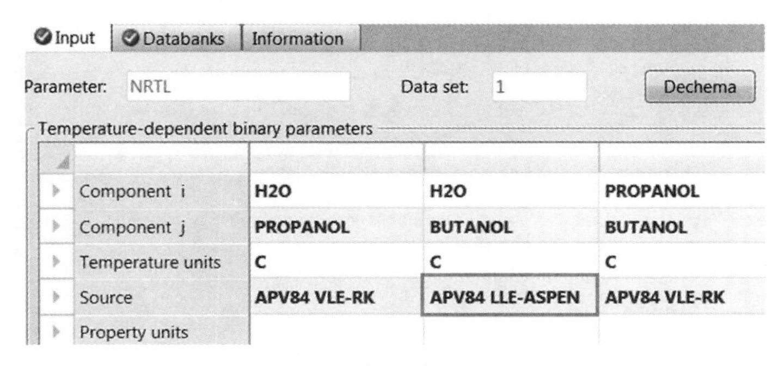

图10-78 选择二元交互作用参数数据库

点击N▷，直至出现 **Properties Input Complete** 对话框，选择 Go to Simulation environment，点击 **OK**，进入模拟环境。

建立如图 10-77 所示流程图，其中三相精馏塔 3PHD 采用模块选项板中 **Columns** | **RadFrac** | **DECANT3** 图标。

点击N▷，进入 **Streams** | **FEED** | **Input** | **Mixed** 页面，输入物流 FEED 温度 93℃，压力 0.1MPa，水流量 15kmol/h，正丙醇流量 5kmol/h，正丁醇流量 3kmol/h。

点击N▷，进入 **Blocks** | **3PHD** | **Specifications** | **Setup** | **Configuration** 页面，输入三相精馏塔 3PHD 参数和三相区位置，如图 10-79 所示。

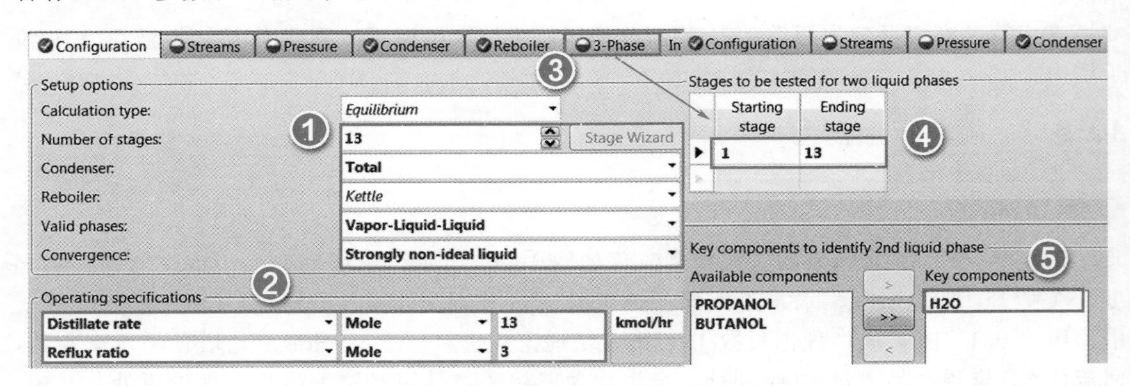

图 10-79　**输入三相精馏塔 3PHD 参数和三相区位置**

进入 **Blocks** | **3PHD** | **Configuration** | **Decanters** | **Decanters** 页面，按图 10-80 输入分相器参数。点击 **New…**，出现 **Create New ID** 对话框，设置分相器位于第 9 块理论板处，点击 **OK**，进入 **Blocks** | **3PHD** | **Configuration** | **Decanters** | **9** | **Specifications** 页面，输入各相回流量，2nd liquid 指含关键组分多的一相，上一步中 H2O 定为关键组分，所以本例中 2nd liquid 为水相，由于已知有机相全部返塔，水相中 5%返塔，故 Fraction of 1st liquid returned 为 1，Fraction of 2nd liquid returned 为 0.05。

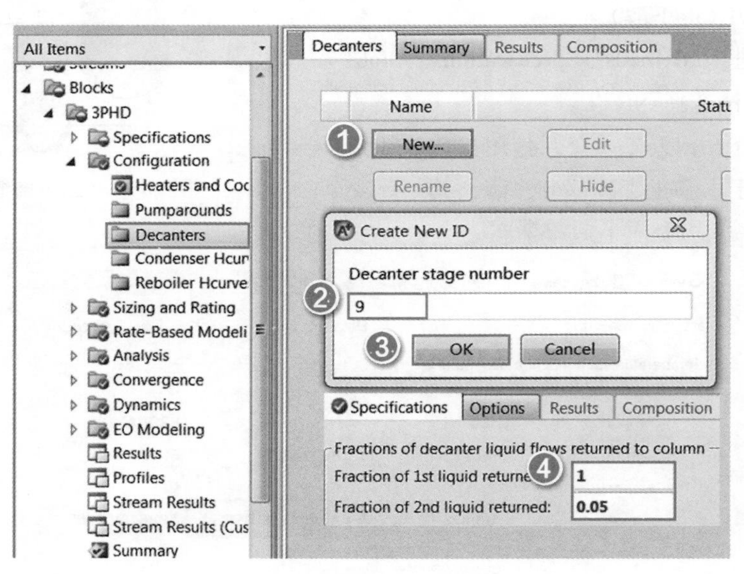

图 10-80　**输入分相器参数**

点击 N>，进入 **Blocks** | **3PHD** | **Specifications** | **Setup** | **Streams** 页面，输入物流进、出料位置，如图 10-81 所示。

点击 N>，进入 **Blocks** | **3PHD** | **Specifications** | **Setup** | **Pressure** 页面，输入第一块塔板压力 0.1MPa。

点击 N>，运行模拟，流程收敛。进入 **Results Summary** | **Streams** | **Material** 页面，查看塔底产品中各组分摩尔分数，如图 10-82 所示。

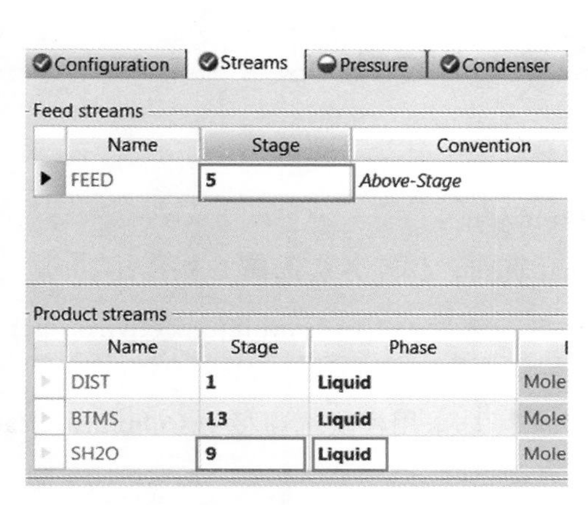

图 10-81　输入物流位置

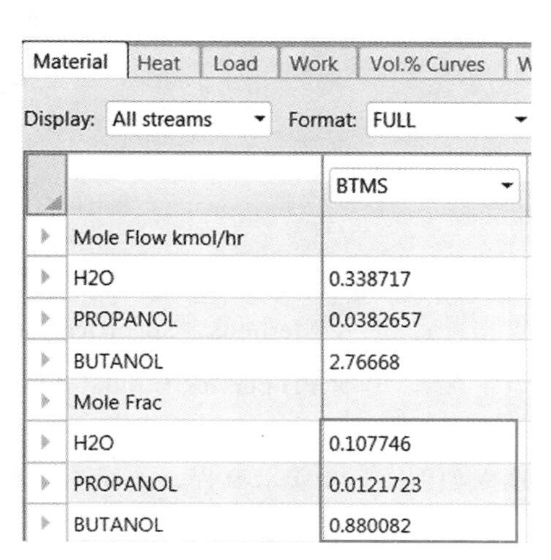

图 10-82　查看物流结果

10.5.2　三相反应精馏

三相反应精馏即反应精馏与三相精馏相耦合，在同一个塔内，既有反应发生，又有三相精馏。工业上常见的三相反应精馏装置有乙酸二聚脱水塔、MTBE 合成塔、油水混合物汽提塔等。

例 10.5b

图 10-83 是三相反应精馏过程示意图，进料位置位于塔底，分相器位于第 11 块理论板处，再沸器内持液量 $1m^3$，反应只在再沸器内进行，求分相器产品富水相 WATER 组成。物性方法选用 UNIFAC。相关反应式如下：

$CH_2ClCOOH$(氯乙酸，CAACID)$+CH_3OH$(甲醇，MEOH)$=\!=\!=CH_2ClCOOCH_3$(氯乙酸甲酯，MCACET)$+H_2O$

正反应的反应动力学方程为 $r_f=2.348\times10^8 e^{\frac{-7.64\times10^7}{RT}}[CAACID][MEOH]$

逆反应的反应动力学方程为 $r_r=9.683\times10^7 e^{\frac{-8.301\times10^7}{RT}}[MCACET][H_2O]$

式中，浓度单位 $kmol/m^3$，活化能单位 J/kmol，指前因子单位采用 SI 制。

本例模拟步骤如下：

启动 Aspen Plus，选择模板 General with Metric Units，将文件保存为 Example10.5b-3phasesRD.bkp。

进入 **Components** | **Specifications** | **Selection** 页面，输入组分 METHANOL（甲醇）、

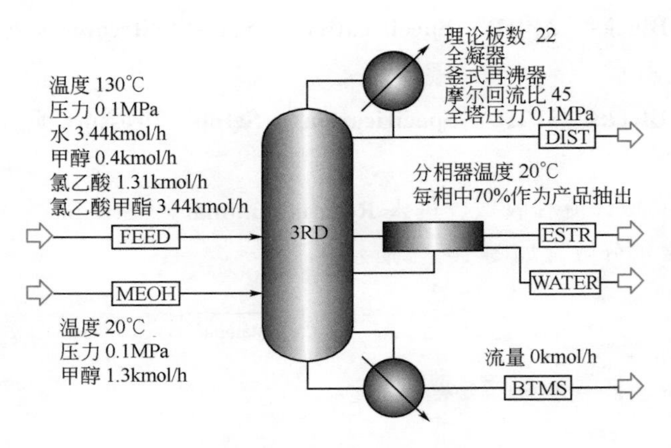

图 10-83　三相反应精馏流程

CAACID(氯乙酸)、MCACET(氯乙酸甲酯)和 H2O(水)。

点击N➡，进入 **Methods** | **Specifications** | **Global** 页面，物性方法选择 UNIFAC。

点击N➡，出现 **Properties Input Complete** 对话框，选择 Go to Simulation environment，点击 **OK**，进入模拟环境。

建立如图 10-83 所示流程，其中三相反应精馏塔 3RD 采用模块选项板中 **Columns** | **RadFrac** | **DECANT1** 图标。

点击N➡，进入 **Streams** | **FEED** | **Input** | **Mixed** 页面，输入物流 FEED 温度 130℃，压力 0.1MPa，METHANOL（甲醇）流量 0.4kmol/h、CAACID（氯乙酸）1.31kmol/h、MCACET(氯乙酸甲酯)3.44kmol/h、H2O(水)3.44kmol/h。

点击N➡，进入 **Streams** | **MEOH** | **Input** | **Mixed** 页面，输入物流 MEOH 温度 20℃，压力 0.1MPa，METHANOL(甲醇)流量 1.3kmol/h。

进入 **Reactions** | **Reactions** 页面，创建化学反应。点击 **New…**，默认标识 R-1，类型选择 REAC-DIST，点击 **OK**，进入 **Reactions** | **R-1** | **Stoichiometry** 页面，点击 **New…**，出现 **Select Reaction Type** 对话框，默认反应类型 Kinetic/Equilibrium/Conversion，反应序号为 1（正反应），如图 10-84 所示。

图 10-84　创建化学反应

点击 **OK**，出现如图 10-85 所示的 **Edit Reaction** 对话框，输入化学反应式计量系数以及动力学方程指数，Reaction type(反应类型)选择 Kinetic；点击 Reaction No. 右侧的下拉菜单，添加反应序号为 2 的反应(逆反应)，采用同样方法进行输入。

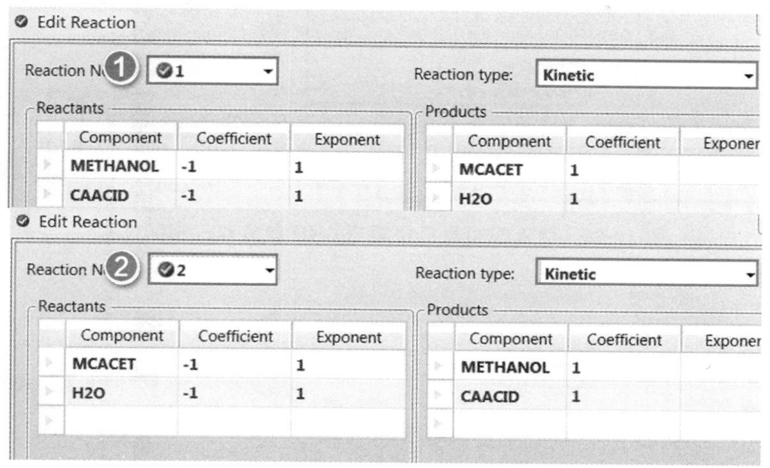

图 10-85　定义正逆反应

点击 **Close**，回到 **Reactions** | **R-1** | **Stoichiometry** 页面。点击 N➡，进入 **Reactions** | **R-1** | **Kinetic** 页面，输入正、逆反应动力学数据，分别如图 10-86 和图 10-87 所示。

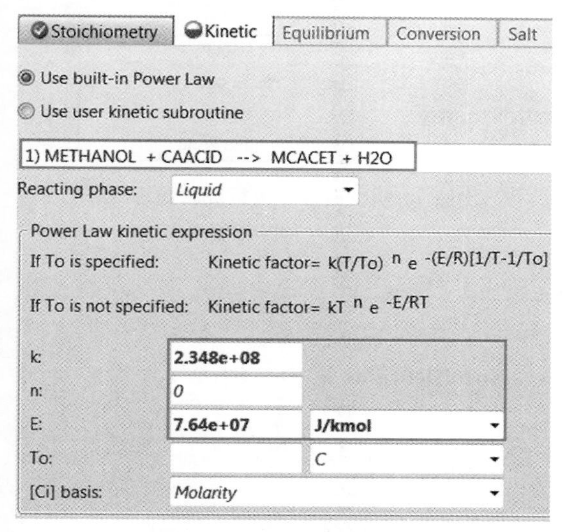

图 10-86　输入正反应动力学数据

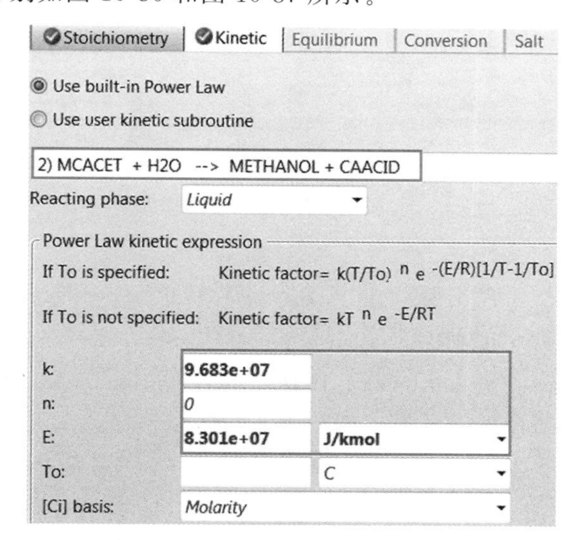

图 10-87　输入逆反应动力学数据

点击 N➡，进入 **Blocks** | **3RD** | **Specifications** | **Setup** | **Configuration** 页面，输入三相反应精馏塔 3RD 参数和三相区位置，如图 10-88 所示。

进入 **Blocks** | **3RD** | **Configuration** | **Decanters** | **Decanters** 页面，输入分相器参数。分相器位于第 11 块理论板处，每一相均有 30%返塔，如图 10-89 所示。

点击 N➡，进入 **Blocks** | **3RD** | **Specifications** | **Setup** | **Streams** 页面，输入物流 FEED 进料位置 22，物流 MEOH 进料位置 22，物流 ESTR 以及 WATER 由分相器抽出，抽出位置 11，由于将 H2O 定为关键组分，所以有机相 ESTR 为 1st liquid，水相 WATER 为 2nd liquid，如图 10-90 所示。

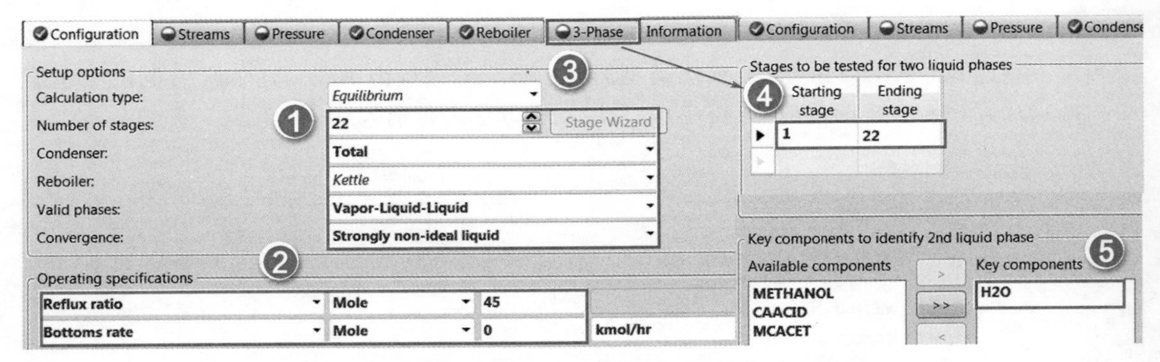

图 10-88　输入三相反应精馏塔 3RD 参数和三相区位置

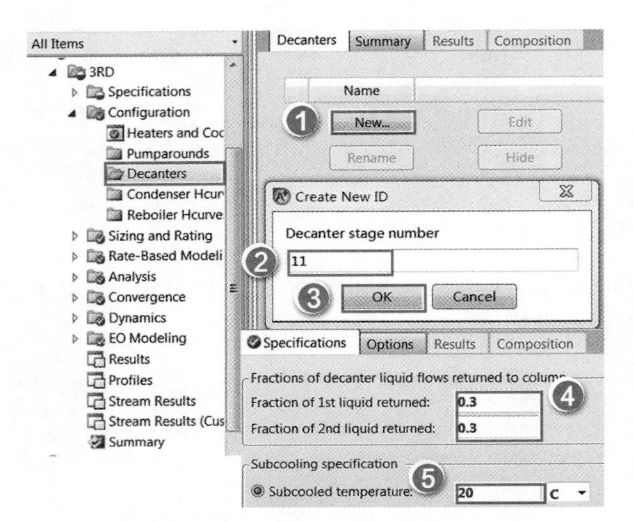

图 10-89　输入分相器参数

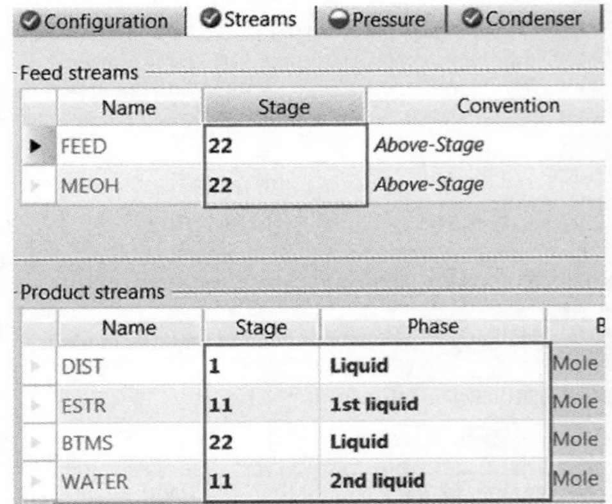

图 10-90　输入三相反应精馏塔 3RD 进料和出料位置

点击 N→，进入 **Blocks** | **3RD** | **Specifications** | **Setup** | **Pressure** 页面，输入第一块塔板压力 0.1MPa。

进入 **Blocks** | **3RD** | **Specifications** | **Reactions** | **Specifications** 页面，输入反应段参数及塔内的持液量，如图 10-91 所示。

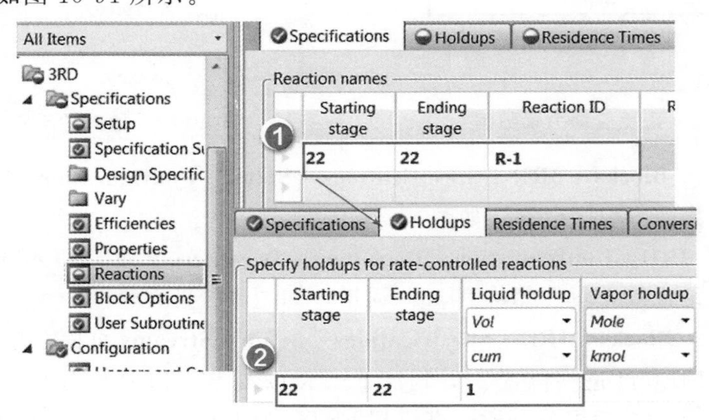

图 10-91　输入反应段参数及持液量

点击 ，运行模拟，流程收敛。进入 **Results Summary** | **Streams** | **Material** 页面，查看物流 WATER 结果，如图 10-92 所示。

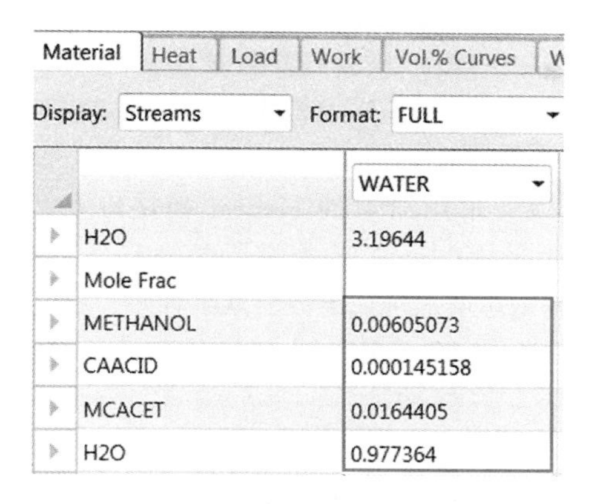

图 10-92 **查看物流 WATER 结果**

10.6 多效精馏

多效精馏(Multi-Effect Distillation)由若干压力不同的精馏塔组成，根据压力高低的顺序，相邻两塔中高压塔塔顶蒸汽作为低压塔再沸器的热源，除压力最低的塔外，其余各塔塔顶蒸汽的冷凝潜热均被精馏系统自身回收利用，从而使精馏过程的能耗降低。

多效精馏流程如图 10-93 所示。采用压力依次降低的若干个精馏塔串联，每个塔称为一效，维持相邻两效之间的压力差，使前一精馏塔塔顶蒸汽用作后一精馏塔再沸器的加热介质并同时冷凝成塔顶产品。各效分别进料，除两边精馏塔外，中间精馏塔可不必从外界引入加热剂或冷却剂。

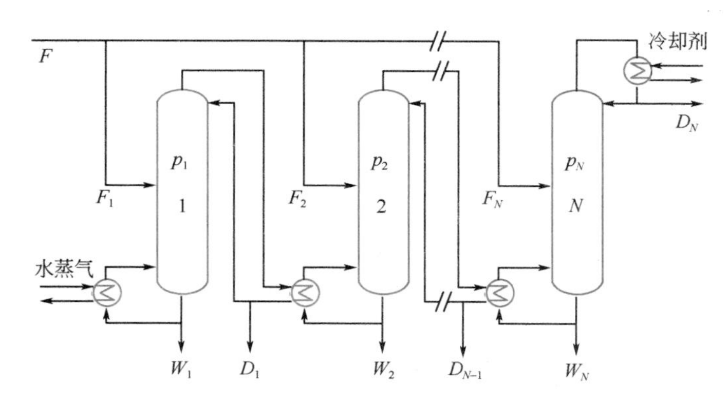

图 10-93 **多效(平流)精馏原理**

多效精馏的工艺流程根据加热蒸汽和物料的流向不同，分为平流、顺流和逆流三种。图 10-93 为平流流程，原料被分成均匀的多股进料；顺流流程只有一股进料，且从高压塔进料；逆流流程同样只有一股进料，但从低压塔进料。也可根据效数分为双效精馏、三效精馏和四效精馏等。

对于多效精馏，随着效数的增多，系统复杂性增加，节能效益越来越大，设备投资费用也越来越大。因此，并非效数越多越好，应综合考虑经济效益。

模拟多效精馏时，可借鉴一些模拟经验以降低模拟难度。

① 先进行单塔的模拟，然后将单塔分成若干个没有热耦合的完全塔来模拟，调节收敛后，再加入热耦合。

② 在加入热耦合时，可以先采用简单的 Heater 模块以及热流来完成双效精馏的模拟，若需要计算换热设备参数，再采用 HeatX 模块进行替换。

③ 当不容易收敛时，可以采用增加迭代次数、减小容差、更改迭代方法等措施来加速收敛。

下面通过例 10.6 介绍双效精馏的应用。

例 10.6

将甲醇质量分数为 60%的甲醇-水溶液提纯，要求产品中甲醇质量分数大于 0.95，废水中甲醇质量分数低于 0.005。试分别采用单塔和双效精馏流程进行分离，并比较两种流程产品纯度一致时的能耗情况。

进料温度 20℃，压力 101.325kPa，流量 100kg/h。单塔压力 101.325kPa，理论板数 22，进料位置 11，塔顶产品流量 63kg/h，摩尔回流比 0.65。物性方法选择 NRTL。

本例模拟步骤如下：

(1)单塔精馏流程

启动 Aspen Plus，进入 **File** | **New** | **User**，选择模板 General with Metric Units，文件保存为 Example10.6-Single.bkp。

进入 **Components** | **Specifications** | **Selection** 页面，输入组分 CH4O(甲醇)、H2O(水)。

点击 **N→**，进入 **Methods** | **Specifications** | **Global** 页面，物性方法选择 NRTL。

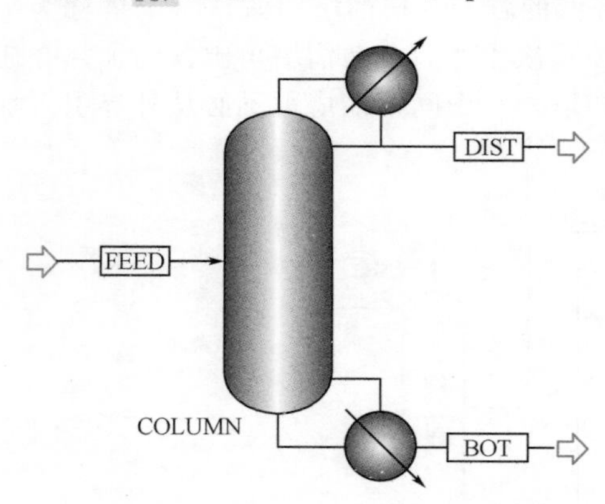

图 10-94 甲醇-水单塔精馏流程

点击 **N→**，查看二元交互作用参数，本例采用缺省值，不做修改。

点击 **N→**，直至出现 **Properties Input Complete** 对话框，选择 Go to Simulation environment，点击 **OK**，进入模拟环境。

建立如图 10-94 所示流程，其中塔 COLUMN 选用模块选项板中 **Columns** | **RadFrac** | **FRACT1** 图标。

点击 **N→**，进入 **Streams** | **FEED** | **Input** | **Mixed** 页面，输入物流 FEED 温度 20℃，压力 101.325kPa，流量 100kg/h，甲醇质量分数 0.6，水质量分数 0.4。

点击 **N→**，进入 **Blocks** | **COLUMN** | **Specifications** | **Setup** | **Configuration** 页面，输入模块 COLUMN 参数，如图 10-95 所示。

点击 **N→**，进入 **Blocks** | **COLUMN** | **Specifications** | **Setup** | **Streams** 页面，输入物流 FEED 位置 11，进料方式默认为 Above-Stage。

点击 **N→**，进入 **Blocks** | **COLUMN** | **Specifications** | **Setup** | **Pressure** 页面，输入第一块塔板压力 101.325kPa。

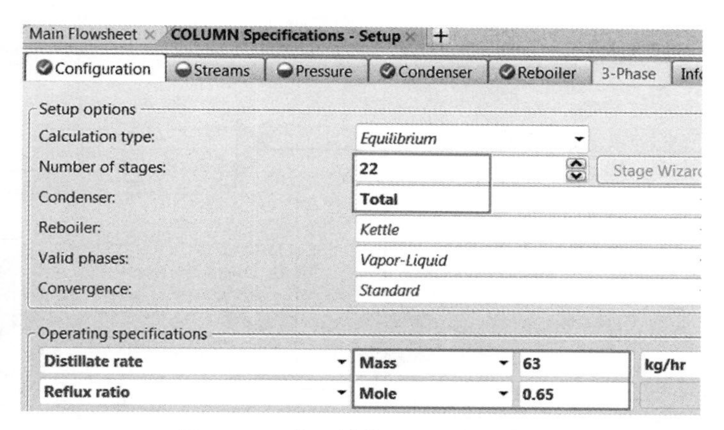

图 10-95　输入模块 COLUMN 参数

点击N>，出现 **Required Input Complete** 对话框，点击 **OK**，运行模拟，流程收敛。

进入 **Blocks** | **COLUMN** | **Results** | **Summary** 页面，查看再沸器热负荷为 40.4kW，如图 10-96 所示。

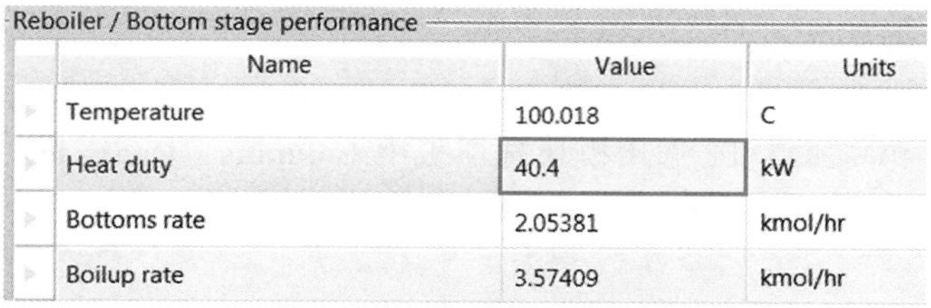

Reboiler / Bottom stage performance

Name	Value	Units
Temperature	100.018	C
Heat duty	40.4	kW
Bottoms rate	2.05381	kmol/hr
Boilup rate	3.57409	kmol/hr

图 10-96　查看再沸器热负荷

进入 **Results Summary** | **Streams** | **Material** 页面，查看物流结果，如图 10-97 所示，塔顶物流 DIST 流量 63kg/h，甲醇质量分数 0.952，塔底物流 BOT 中甲醇流量为痕量。

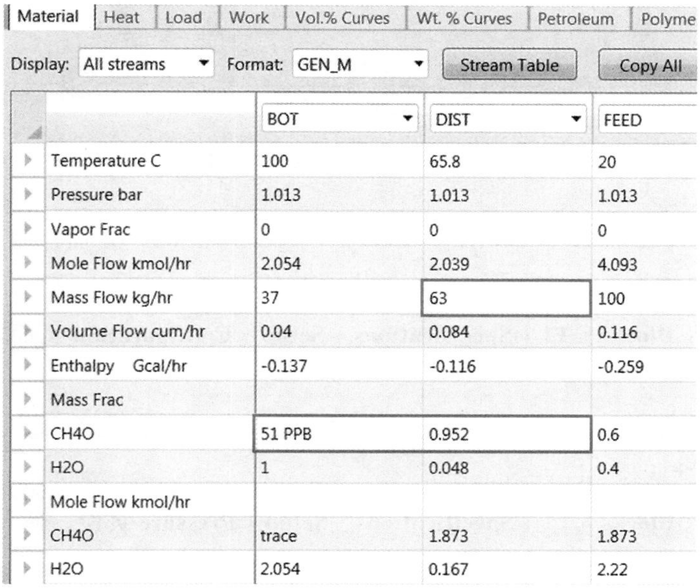

Material | Heat | Load | Work | Vol.% Curves | Wt. % Curves | Petroleum | Polyme

Display: All streams　Format: GEN_M　Stream Table　Copy All

	BOT	DIST	FEED
Temperature C	100	65.8	20
Pressure bar	1.013	1.013	1.013
Vapor Frac	0	0	0
Mole Flow kmol/hr	2.054	2.039	4.093
Mass Flow kg/hr	37	63	100
Volume Flow cum/hr	0.04	0.084	0.116
Enthalpy Gcal/hr	-0.137	-0.116	-0.259
Mass Frac			
CH4O	51 PPB	0.952	0.6
H2O	1	0.048	0.4
Mole Flow kmol/hr			
CH4O	trace	1.873	1.873
H2O	2.054	0.167	2.22

图 10-97　查看物流结果

(2)双效精馏流程

甲醇-水双效精馏流程如图 10-98 所示。

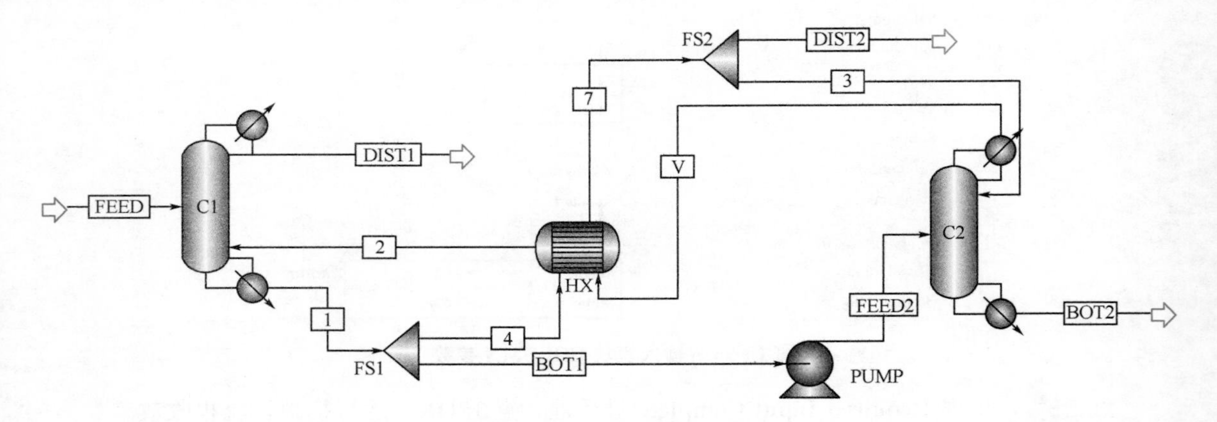

图 10-98　甲醇-水双效精馏流程

打开文件 Example10.6-Single.bkp，另存为 Example10.6-DoubleEffect.bkp。保留物流 FEED，删除其余模块及物流。

为便于流程收敛和确定模块及物流参数，首先建立如图 10-99 所示的无循环双塔精馏流程。其中低压塔 T1 和高压塔 T2 选用模块选项板中 **Columns** | **RadFrac** | **FRACT1** 图标，泵 PUMP 选用模块选项板 **Pressure Changers** | **PUMP** | **ICON1** 图标。

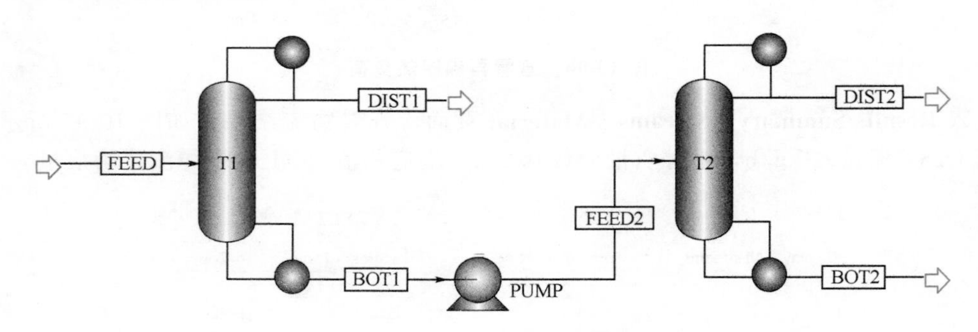

图 10-99　无循环双塔精馏流程

点击 N→，进入 **Blocks** | **PUMP** | **Setup** | **Specifications** 页面，输入泵的出口压力 320kPa。

点击 N→，进入 **Blocks** | **T1** | **Specifications** | **Setup** | **Configuration** 页面，输入低压塔 T1 参数，如图 10-100 所示。

点击 N→，进入 **Blocks** | **T1** | **Specifications** | **Setup** | **Streams** 页面，输入物流 FEED 进料位置 5，进料方式默认为 Above-Stage。

点击 N→，进入 **Blocks** | **T1** | **Specifications** | **Setup** | **Pressure** 页面，输入第一块塔板压力 101.325kPa。

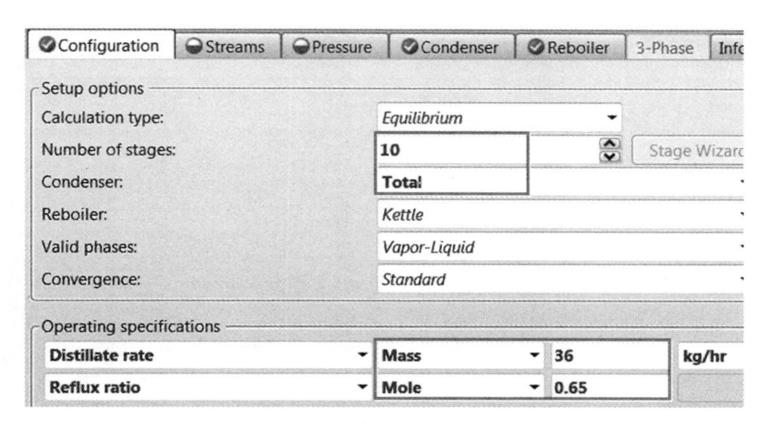

图 10-100　输入低压塔 T1 参数

点击N→，进入 **Blocks** | **T2** | **Specifications** | **Setup** | **Configuration** 页面，输入高压塔 T2 参数，如图 10-101 所示。

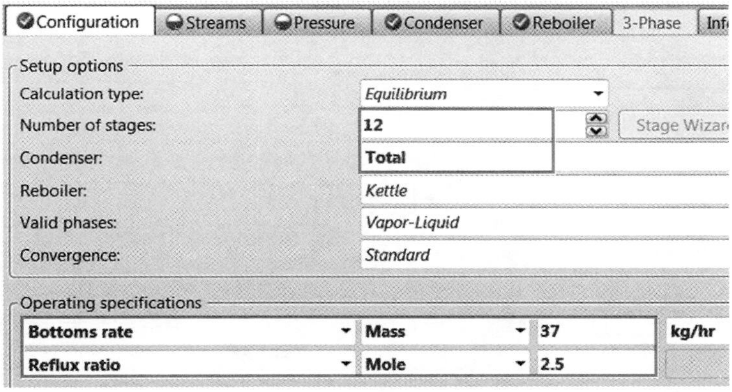

Configuration
Streams
Pressure
Condenser
Reboiler
3-Phase
Setup options
Calculation type: Equilibrium
Number of stages: 12
Condenser: Total
Reboiler: Kettle
Valid phases: Vapor-Liquid
Convergence: Standard
Operating specifications
Bottoms rate　Mass　37　kg/hr
Reflux ratio　Mole　2.5

图 10-101　输入模块 T2 参数

点击N→，进入 **Blocks** | **T2** | **Specifications** | **Setup** | **Streams** 页面，输入物流 FEED2 进料位置 8，进料方式默认为 Above-Stage。

点击N→，进入 **Blocks** | **T2** | **Specifications** | **Setup** | **Pressure** 页面，输入第一块塔板压力 320kPa。塔压根据低压塔再沸器与高压塔冷凝器温差满足换热要求计算得到。

为达到与单塔流程相同的分离要求，需分别对低压塔 T1 和高压塔 T2 建立设计规定。

进入 **Blocks** | **T1** | **Specifications** | **Design Specifications** | **Design Specifications** 页面，点击 **New…**，创建设计规定，规定低压塔 T1 塔顶物流 DIST1 中甲醇质量分数为 0.952，如图 10-102 所示。

点击N→，进入 **Blocks** | **T1** | **Specifications** | **Vary** | **Adjusted Variables** 页面，点击 **New…**，创建操纵变量，定义操纵变量为低压塔 T1 塔顶物流 DIST1 的质量流量，变化范围为 25～63kg/h，如图 10-103 所示。

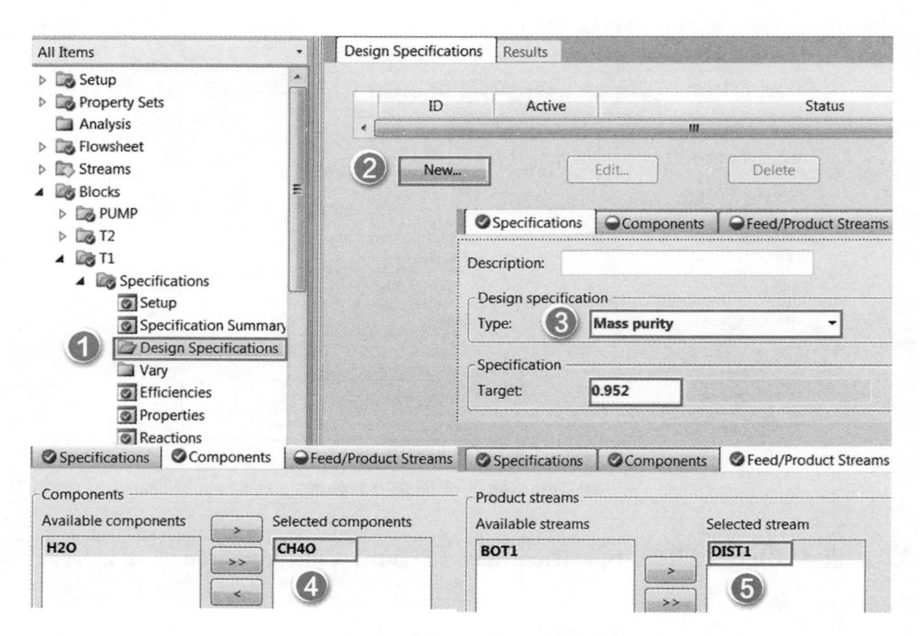

图 10-102 创建模块 T1 设计规定

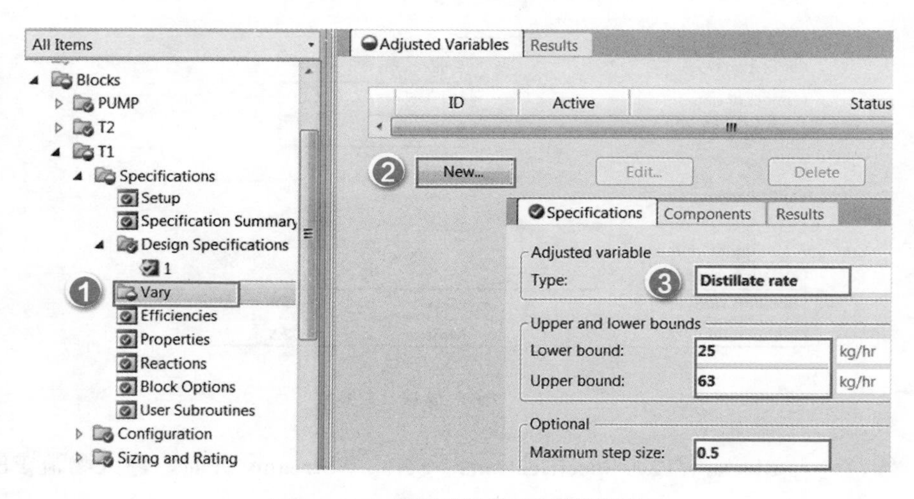

图 10-103 创建低压塔 T1 操纵变量

进入 **Blocks** | **T2** | **Specifications** | **Design Specifications** | **Design Specifications** 页面，规定高压塔 T2 塔顶物流 DIST2 中甲醇质量分数为 0.952，如图 10-104 所示。

点击，进入 **Blocks** | **T2** | **Specifications** | **Vary** | **Adjusted Variables** 页面，定义操纵变量为高压塔 T2 回流比，变化范围为 0.5～5，如图 10-105 所示。

创建一全局设计规定，使得低压塔 T1 再沸器和高压塔 T2 冷凝器热负荷相等，即代数和为零。进入 **Flowsheeting Options** | **Design Specs** 页面，点击 **New…**，创建全局设计规定 DS-1，如图 10-106 所示。

点击 **OK**，进入 **Flowsheeting Options** | **Design Specs** | **DS-1** | **Input** | **Define** 页面，定义采集变量 QR1 和 QC2，QR1 为低压塔 T1 再沸器热负荷，QC2 为高压塔 T2 冷凝器热负荷，如图 10-107 所示。

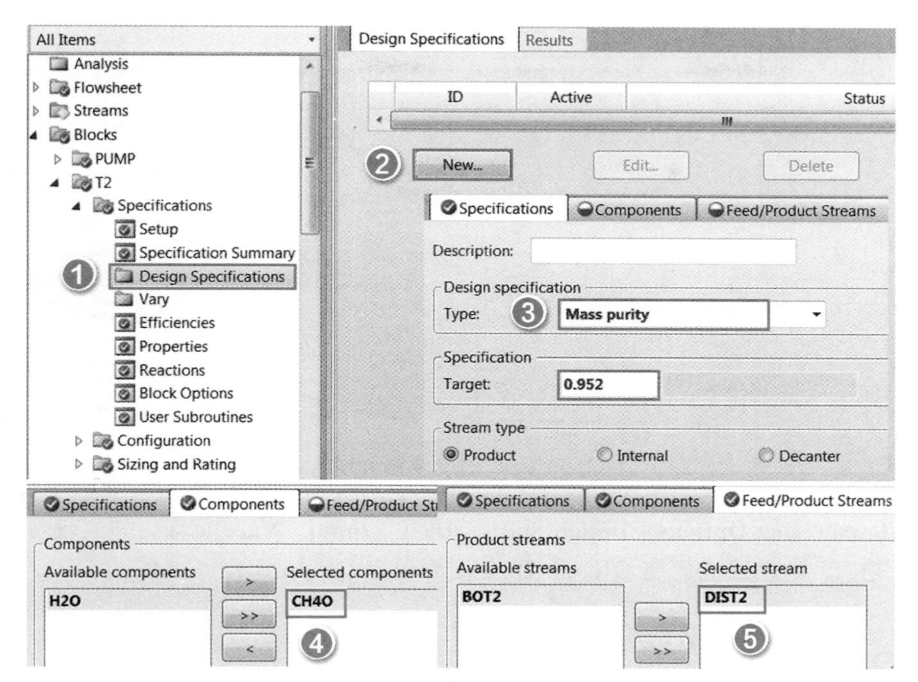

图 10-104 创建高压塔 T2 设计规定

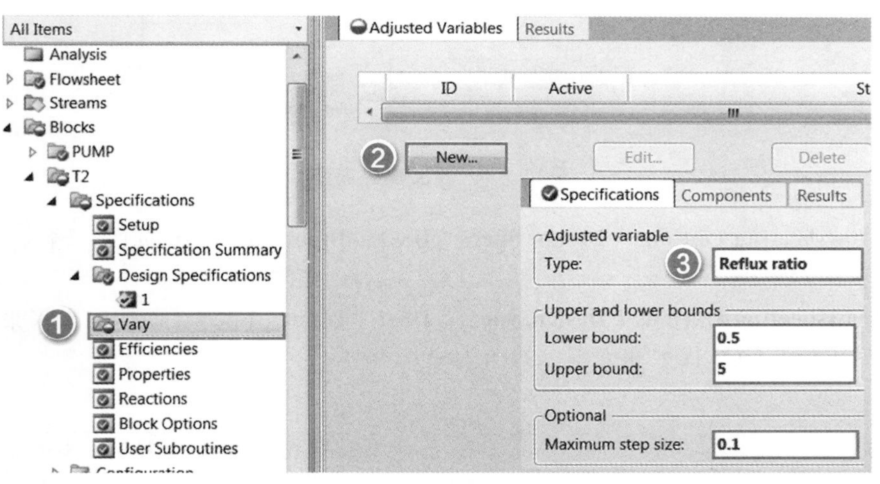

图 10-105 创建高压塔 T2 操纵变量

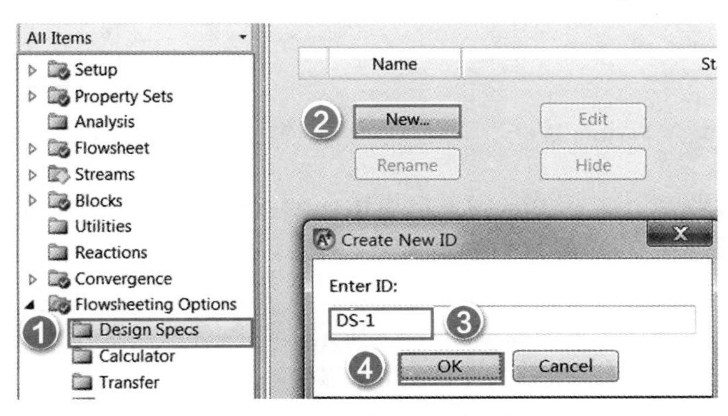

图 10-106 创建全局设计规定

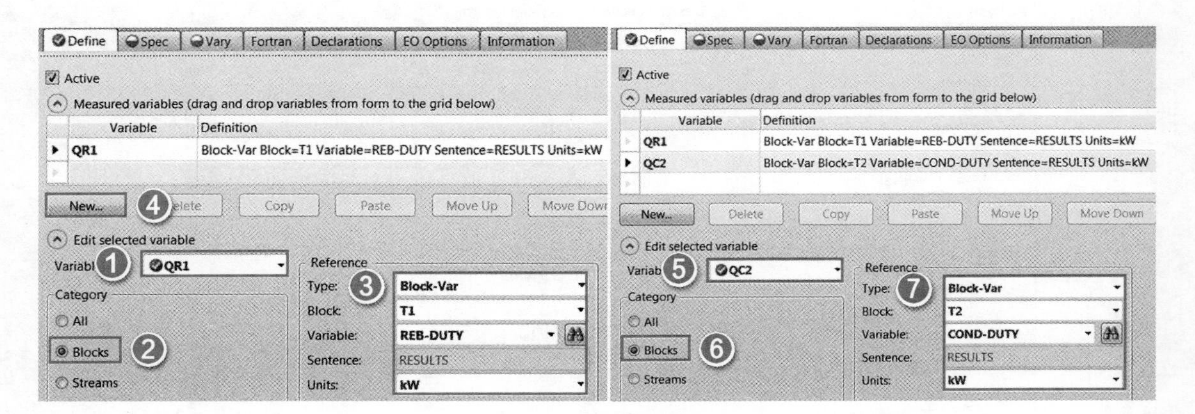

图 10-107　定义采集变量

进入 **Flowsheeting Options** | **Design Specs** | **DS-1** | **Input** | **Vary** 页面，定义操纵变量，通过调整低压塔 T1 摩尔回流比使 QR1 和 QC2 代数和为零，如图 10-108 所示。

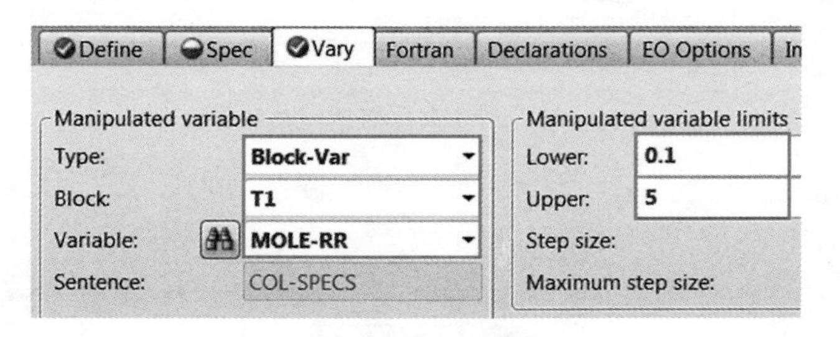

图 10-108　定义操纵变量

进入 **Flowsheeting Options** | **Design Specs** | **DS-1** | **Input** | **Fortran** 页面，输入 Fortran 语句，如图 10-109 所示。

进入 **Flowsheeting Options** | **Design Specs** | **DS-1** | **Input** | **Spec** 页面，定义采集变量期望值和容差，QR1 和 QC2 代数和为零，如图 10-110 所示。

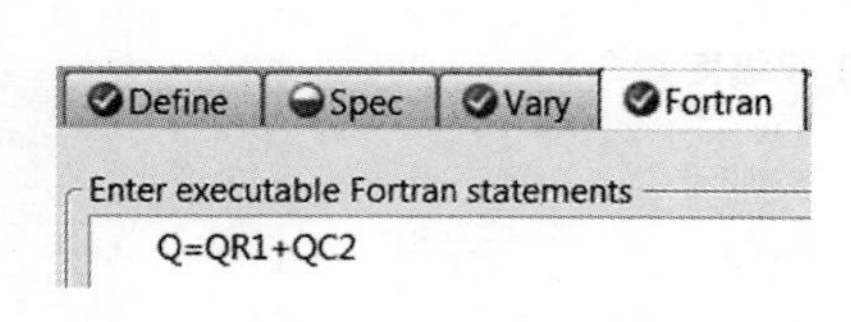

图 10-109　输入 Fortran 语句

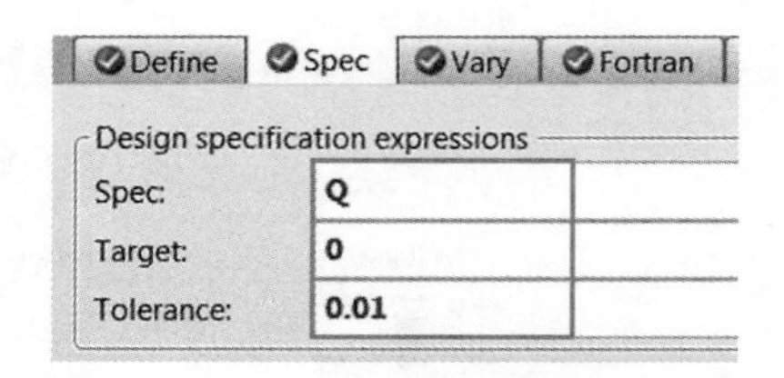

图 10-110　定义采集变量期望值和容差

运行模拟，流程收敛。进入 **Blocks** | **T1** | **Results** | **Summary** 页面，查看低压塔 T1 再沸器模拟结果，再沸器温度 79.069℃，热负荷 25.0777kW，如图 10-111 所示。

进入 **Blocks** | **T2** | **Results** | **Summary** 页面，查看高压塔 T2 模拟结果，冷凝器温度 98.2898℃，热负荷-25.0777kW，如图 10-112 所示。可以看出，低压塔 T1 再沸器和高压塔 T2 冷凝器热负荷绝对值相等，温差为 19.22℃，满足换热要求。

Reboiler / Bottom stage performance

Name	Value	Units
Temperature	79.069	C
Heat duty	25.0777	kW
Bottoms rate	2.92078	kmol/hr

图 10-111　查看模块 T1 再沸器结果

Condenser / Top stage performance

Name	Value	Units
Temperature	98.2898	C
Subcooled temperature		
Heat duty	-25.0777	kW

图 10-112　查看模块 T2 冷凝器结果

进入 **Results Summary**｜**Streams**｜**Material** 页面，查看物流结果，低压塔 T1 塔顶物流 DIST1 流量 36.203kg/h，甲醇质量分数 0.952，高压塔 T2 塔顶物流 DIST2 流量 26.797kg/h，甲醇质量分数 0.952，高压塔 T2 塔底物流 BOT2 流量 37kg/h，水质量分数 0.999，如图 10-113 所示。

Material | Heat | Load | Work | Vol.% Curves | Wt. % Curves | Petroleum | Polymers | Solids

Display: All streams　Format: GEN_M　Stream Table　Copy All

	BOT1	BOT2	DIST1	DIST2
Temperature C	79.1	135.7	65.8	98.3
Pressure bar	1.013	3.2	1.013	3.2
Vapor Frac	0	0	0	0
Mole Flow kmol/hr	2.921	2.053	1.172	0.868
Mass Flow kg/hr	63.797	37	36.203	26.797
Volume Flow cum/hr	0.076	0.042	0.048	0.038
Enthalpy Gcal/hr	-0.188	-0.136	-0.067	-0.049
Mass Frac				
CH4O	0.4	649 PPM	0.952	0.952
H2O	0.6	0.999	0.048	0.048
Mole Flow kmol/hr				
CH4O	0.797	0.001	1.076	0.796
H2O	2.124	2.052	0.096	0.071

图 10-113　查看物流结果

根据上述结果，计算图 10-98 中所示双效精馏流程操作参数。低压塔 C1 塔顶采出 DIST1 流量为 1.172kmol/h，不设置再沸器，高压塔 C2 不设置冷凝器。分配器 FS1 分配比根据低压塔 T1 再沸比确定，分配器 FS2 分配比根据高压塔 T2 回流比确定，分别如图 10-114 所示。换热器 HX 选择模块选项板中 **Exchangers**｜**HeatX**｜**GEN-HT** 图标，在 **Blocks**｜**HX**｜**Setup**｜**Specifications** 页面输入参数如图 10-115 所示。其他参数按照无循环双塔精馏流程进行设置。

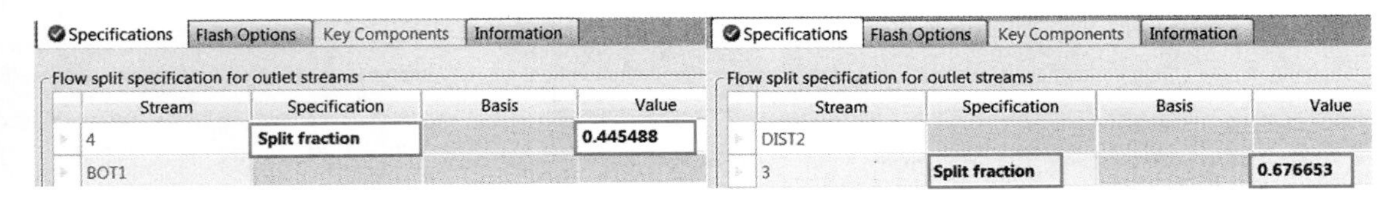

Specifications | Flash Options | Key Components | Information

Flow split specification for outlet streams

Stream	Specification	Basis	Value
4	Split fraction		0.445488
BOT1			

Specifications | Flash Options | Key Components | Information

Flow split specification for outlet streams

Stream	Specification	Basis	Value
DIST2			
3	Split fraction		0.676653

图 10-114　输入分配器 FS1 和 FS2 参数

模块与物流参数设置完毕后，运行模拟，流程收敛。进入 **Blocks**｜**C2**｜**Results**｜**Summary** 页面，查看高压塔 C2 模拟结果，再沸器负荷 28.7247kW，如图 10-116 所示。进入 **Results Summary**｜**Streams**｜**Material** 页面，查看双效精馏模拟结果，如图 10-117 所示，产品纯度均达到分离要求。

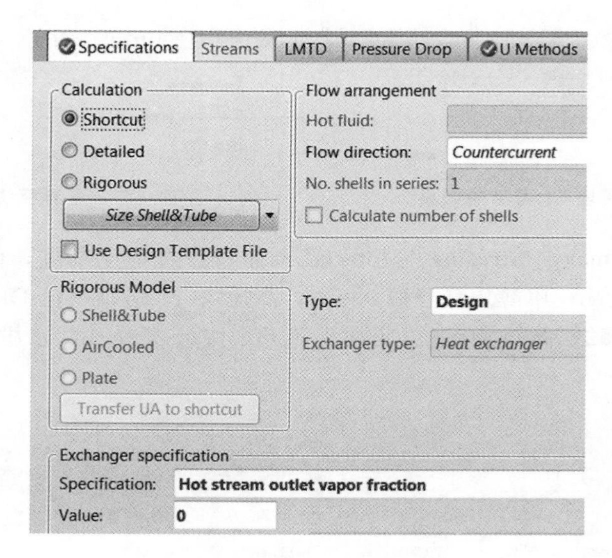

图 10-115　输入换热器 HX 参数

Reboiler / Bottom stage performance

Name	Value	Units
Temperature	135.734	C
Heat duty	28.7247	kW

图 10-116　查看模块 C2 再沸器结果

		BOT1	BOT2	DIST1	DIST2
Temperature C		79.1	135.7	65.8	98.3
Pressure bar		1.013	3.2	1.013	3.2
Vapor Frac		0	0	0	0
Mole Flow kmol/hr		2.921	2.053	1.172	0.868
Mass Flow kg/hr		63.799	37	36.201	26.799
Volume Flow cum/hr		0.076	0.042	0.048	0.038
Enthalpy Gcal/hr		-0.188	-0.136	-0.067	-0.049
Mass Flow kg/hr					
CH4O		25.536	0.022	34.464	25.514
H2O		38.263	36.978	1.737	1.285
Mass Frac					
CH4O		0.4	595 PPM	0.952	0.952
H2O		0.6	0.999	0.048	0.048
Mole Flow kmol/hr					
CH4O		0.797	0.001	1.076	0.796
H2O		2.124	2.053	0.096	0.071

图 10-117　查看双效精馏模拟结果

比较单塔和双效精馏流程模拟结果，可得甲醇提纯双效精馏再沸器节能效果为(40.40－28.7247)÷40.4×100％＝28.90％。

10.7 隔壁塔

隔壁塔(Dividing Wall Column，DWC)，如图 10-118 所示，在精馏塔里添加一个垂直隔壁将其分成预分馏塔和主塔。其分离原理和计算方法与热耦合精馏塔相同，热力学上等同于一个 Petlyuk 塔。在隔壁塔中，进料侧为预分离段，另一侧为主塔，混合物 A、B、C 在预分离段经初步分离得到 A、B 和 B、C 两组混合物，A、B 和 B、C 两股物流进入主塔后，塔上部将 A、B 分离，塔下部将 B、C 分离，在塔顶得到产物 A，塔底得到产物 C，中间组分 B 从主塔中部采出。同时，主塔中又引出液相物流和气相物流分别返回进料侧顶部和底部，为预分离段提供液相回流和初始气相。这样，只需 1 台精馏塔就可得到 3 个纯组分，同时还可节省 1 台精馏塔及其附属设备，如再沸器、冷凝器、塔顶回流泵及管道，而且占地面积也相应减少。

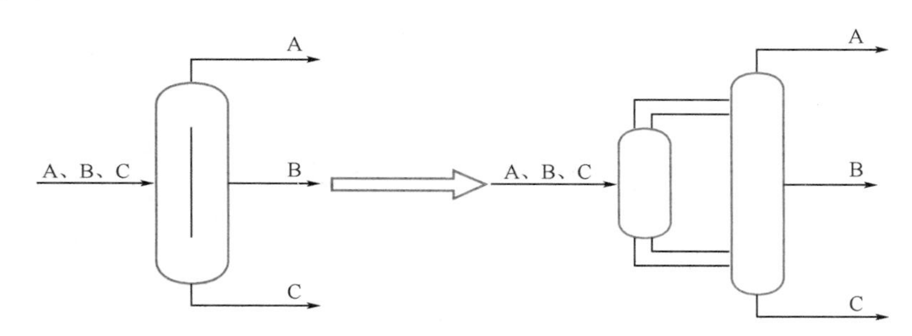

图 10-118　隔壁塔 DWC 原理示意

隔壁塔有以下优点：在一个塔壳里可以得到三个高纯度的产品；可以减小中间组分的返混而大幅提高过程的热力学效率；减少设备的数目及投资。

隔壁塔的适用范围：理论上，对于三组分以上混合物的分离，都可考虑使用隔壁塔。但隔壁塔并非适用所有的精馏分离问题，对分离纯度、进料组成、相对挥发度及塔的操作压力都有一定的要求。

① 产品纯度　由于隔壁塔所采出的中间产品纯度比单个精馏塔侧线出料达到的纯度要高，因此，当希望得到高纯度的中间产品时，可考虑使用隔壁塔。如果对中间产品纯度要求不高，则可以直接使用一般精馏塔侧线采出。

② 进料组成　中间组分质量分数超过 20%、且轻重组分含量相当的物系，特别是进料中的中间组分质量分数为 66.7%左右，是采用隔壁塔比较理想的物系。

③ 相对挥发度　当中间组分为进料中的主要组分，而轻组分和中间组分的相对挥发度与中间组分和重组分的相对挥发度大小相当时，采用隔壁塔节能优势更为明显。

④ 塔的操作压力　由于采用隔壁塔分离三组分混合物是在同一塔设备内完成的，故整个分离过程的压力不能改变。

在 Aspen Plus 模拟中，有两种方法可以模拟隔壁塔。一是通过 Radfrac 模块的相互连接，包括两塔模型、四塔模型，分别如图 10-119 和图 10-120 所示，该方法一般需要给定内部连接物流的初值；二是直接利用 Multifrac 模块，如图 10-121 所示，该方法不需要给定内部连接物流的初值。

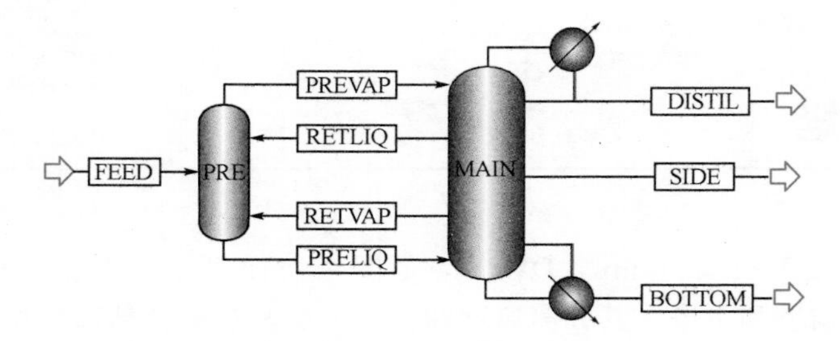

图 10-119　**Radfrac 两塔 DWC 模型**

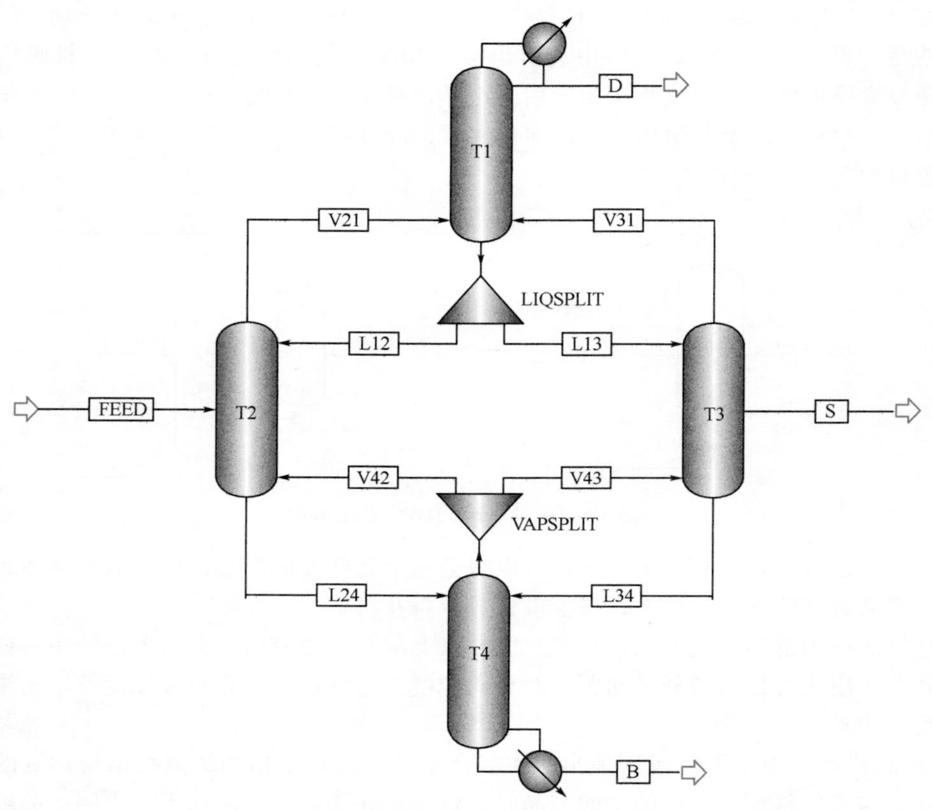

图 10-120　**Radfrac 四塔 DWC 模型**

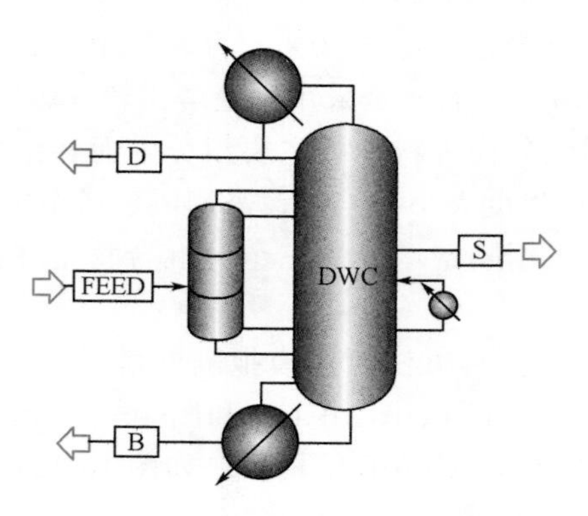

图 10-121　**Multifrac 单塔 DWC 模型**

下面通过例 10.7 来说明用 Multifrac 模块进行隔壁塔的模拟。

例 10.7

现有隔壁塔，其具体操作参数如下：

进料物流温度 358K，压力 2atm，流量 3600kmol/h，苯 Benzene(B)、甲苯 Toluene(T)、邻二甲苯 O-Xylene(X)摩尔分数分别为 0.3、0.3、0.4。

主精馏塔理论板数 46，塔顶全凝器，操作压力 1atm，温度 353.45K，摩尔回流比 2，塔顶产品流量 1090.8kmol/h，侧线抽出位置为第 20 块理论板，抽出量 1065.3kmol/h，塔底温度 417.75K，塔板压降 0.0068atm。

预分馏塔理论塔板数 24，进料位置为第 12 块理论板，预分馏塔的温度估计值，第 1 块板 367K，第 24 块 398K。

预分馏塔与主塔间有四股连接物流，液相由主塔的第 9 块板抽出至预分馏塔塔顶，流量为 740kmol/h，预分馏塔塔顶蒸汽返回主塔第 10 块板，主塔第 34 块板的蒸汽进入预分馏塔塔底，流量为 2600kmol/h，预分馏塔底液相返回至第 34 块板。

产品摩尔分数要求如下：塔顶产品(0.99B、0.01T)，侧线产品(0.002B、0.99T、0.008X)，塔底产品(0.01T、0.99X)。

计算隔壁塔的操作参数。物性方法采用 SRKM。

本例模拟步骤如下：

启动 Aspen Plus，点击 **New**，在弹出的对话框中选择 Installed Templates 模块，创建一个 Blank Simulation，将文件保存为 Example10.7-DWC.bkp。

进入 **Setup** | **Units-Sets** 页面，点击下方的 **New…**，出现 **Create New ID** 对话框，点击 **OK**，接受默认的单位集 US-1，进入 **Setup** | **Units-Sets** | **US-1** | **Standard** 页面，Copy from 一栏默认的是与国际制(SI)单位相同，将质量流量和摩尔流量分别改为 kg/h 及 kmol/h，将压力和压降改为 atm，进入 **Setup** | **Units-Sets** | **US-1** | **Heat** 页面，将焓值 Enthalpy flow 的单位改为 MW，在 Units 工具栏中选择 US-1 作为全局的单位集。

进入 **Components** | **Specifications** | **Selection** 页面，输入组分苯(B)、甲苯(T)、邻二甲苯(X)。

点击 **N→**，进入 **Methods** | **Specifications** | **Global** 页面，物性方法选择 SRKM。

点击 **N→**，出现 **Properties Input Complete** 对话框，选择 Go to Simulation environment，点击 **OK**，进入模拟环境。

建立如图 10-121 所示流程图，其中隔壁塔 DWC 选用模块选项板中 **Columns** | **MultiFrac** | **PETLYUK** 图标。

进入 Streams | **FEED** | **Input** | **Mixed** 页面，输入物流 FEED 温度 358K，压力 2atm，流量 3600kmol/h，苯(B)、甲苯(T)、邻二甲苯(X)摩尔分数分别为 0.3、0.3、0.4。

点击 **N→**，进入 **Blocks** | **DWC** | **Columns** | **1** | **Setup** | **Configuration** 页面，输入主塔(Column 1)参数，如图 10-122 所示。

点击 **N→**，进入 **Blocks** | **DWC** | **Columns** | **1** | **Setup** | **Pressure** 页面，输入主塔(Column 1)第一块板压力为 1atm，单板压降为 0.0068atm，如图 10-123 所示。

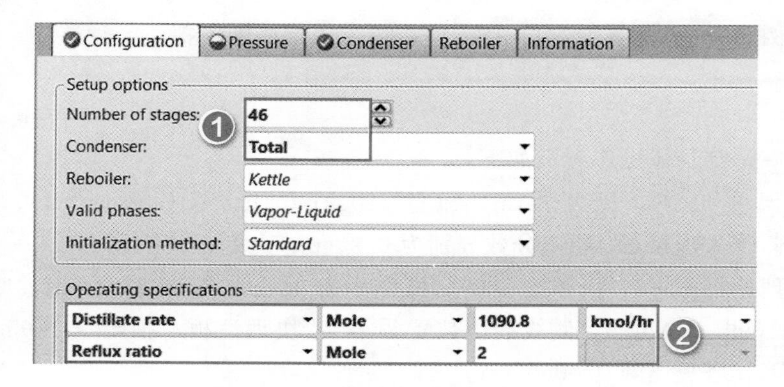

图 10-122　输入主塔(Column 1)参数

点击 ，进入 **Blocks** | **DWC** | **Columns** | **1** | **Estimates** | **Temperature** 页面，输入第一块板和最后一块板的温度估计值，如图 10-124 所示。

> **注**：本例温度初始值均是根据物质的沸点估算而得，下文中预分馏塔初始温度根据主塔温度值线性计算而得。

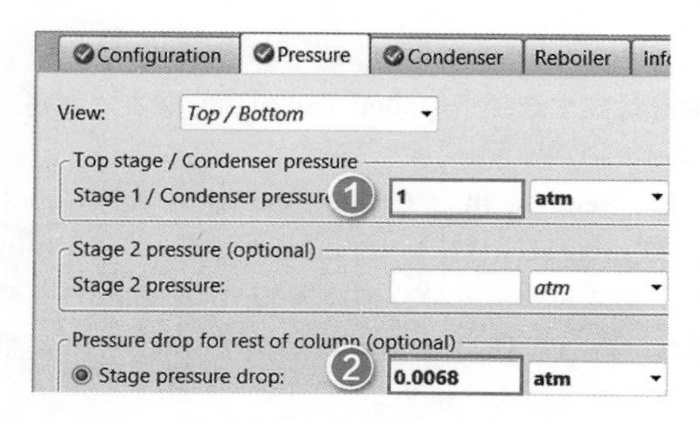

图 10-123　输入主塔(Column 1)压力参数

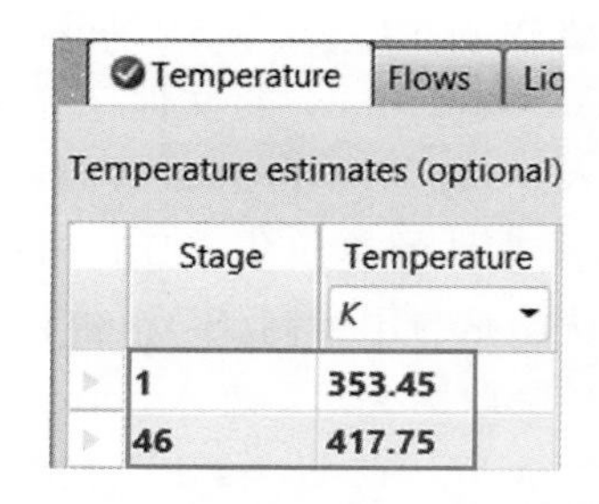

图 10-124　输入主塔(Column 1)温度估计值

进入 **Blocks** | **DWC** | **Columns** 页面，点击下方 **New**…，创建新塔(预分馏塔)，输入 Column number 为 2，点击 **OK**，如图 10-125 所示。

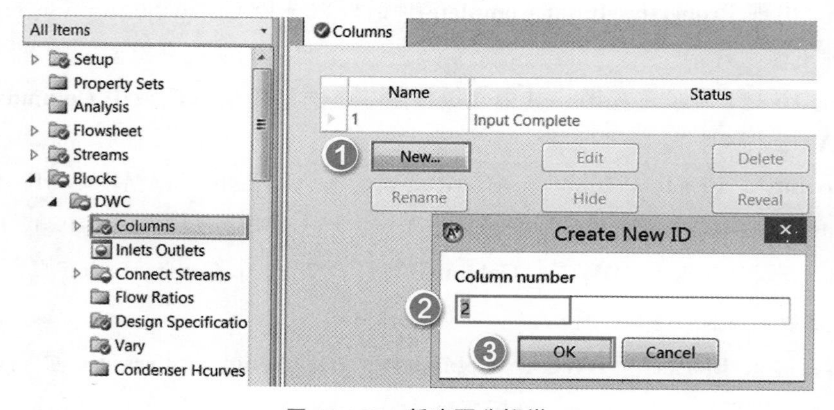

图 10-125　新建预分馏塔

进入 **Blocks** | **DWC** | **Columns** | **2** | **Setup** | **Configuration** 页面，输入预分馏塔(Column 2)参数，塔板数 24，无冷凝器和再沸器，如图 10-126 所示。

点击N→，进入 **Blocks** | **DWC** | **Columns** | **2** | **Setup** | **Pressure** 页面，输入预分馏塔(Column 2)第一块板压力为 1.06atm，塔板压降为 0.0068atm。

点击N→，进入 **Blocks** | **DWC** | **Columns** | **2** | **Estimates** | **Temperature** 页面，输入预分馏塔(Column 2)第一块板和最后一块板的温度估计值，如图 10-127 所示。

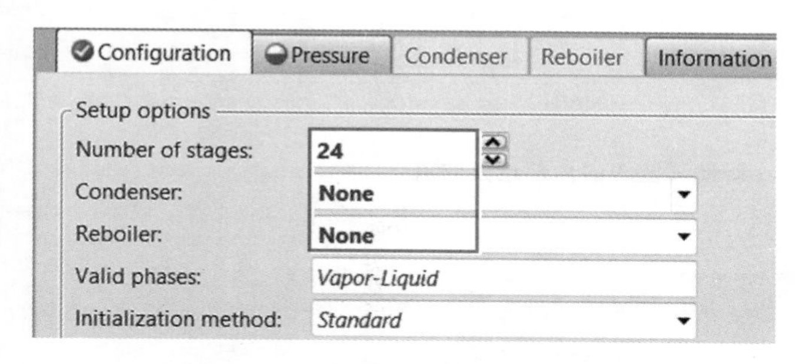

图 10-126 输入预分馏塔(Column 2)参数

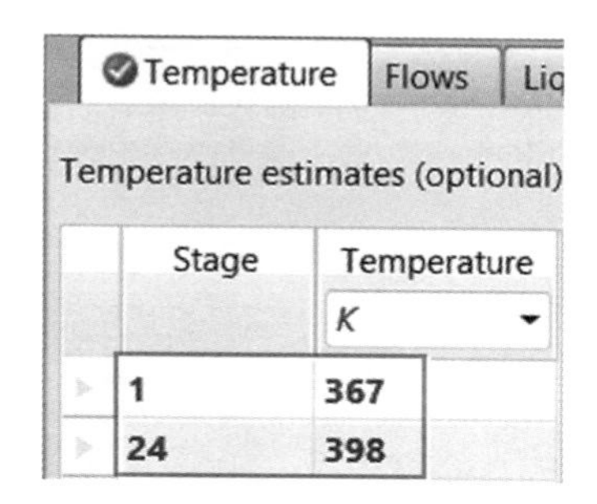

图 10-127 输入预分馏塔(Column 2)温度估计值

点击N→，进入 **Blocks** | **DWC** | **Inlets Outlets** | **Material Streams** 页面，定义全塔的进、出物流。进料 FEED 在预分馏塔(Column 2)的第 12 块板进入，侧线 S 在主塔(Column 1)的第 20 块板抽出，如图 10-128 所示。

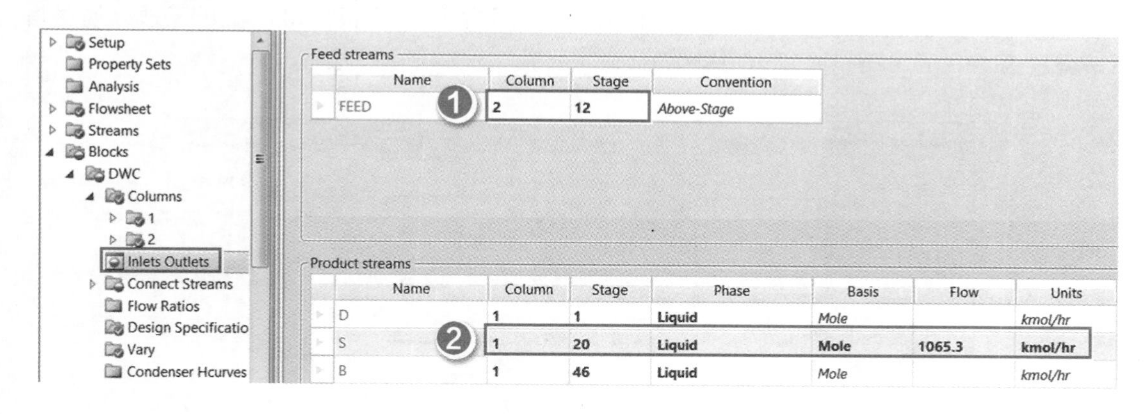

图 10-128 定义全塔的进出物流

定义隔壁塔的内部连接物流。在隔壁塔中，一共有四股内部连接物流。进入 **Blocks** | **DWC** | **Connect Streams**，点击 **New…**，新建一股两塔间的连接物流，默认标识为 2，点击 **OK**，如图 10-129 所示。重复此步骤，添加四股内部连接物流。

进入 **Blocks** | **DWC** | **Connect Streams** | **1** | **Specifications** 页面，物流 1 为预分馏塔(Column 2)塔顶到主塔(Column 1)的蒸汽，由预分馏塔塔顶输送至主塔第 10 块板处，如图 10-130 所示。

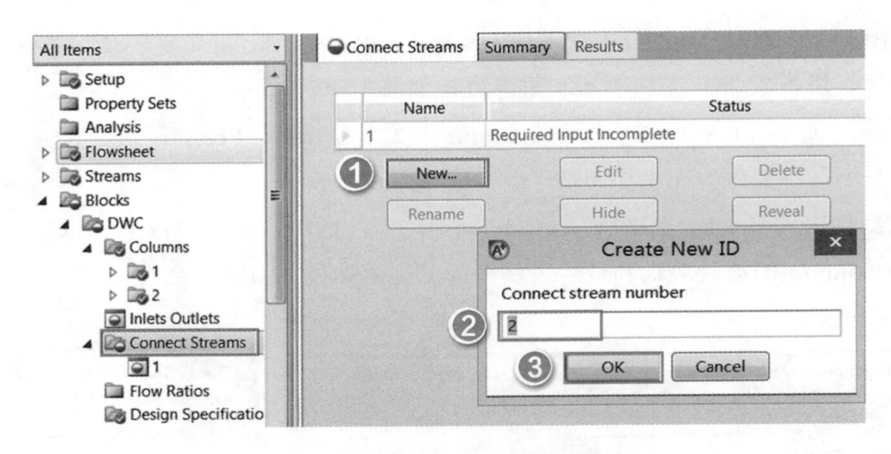

图 10-129　新建隔壁塔的内部连接物流

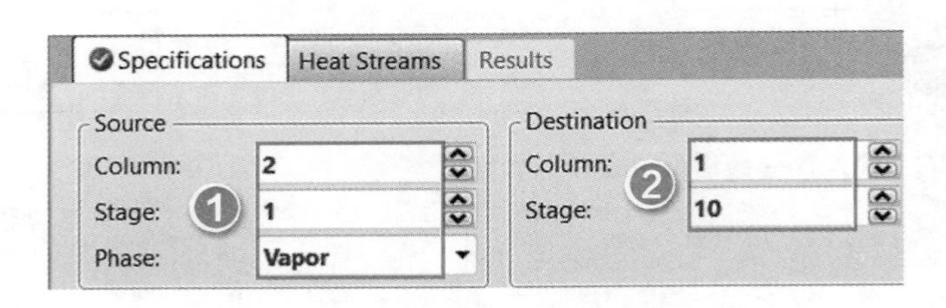

图 10-130　定义隔壁塔的内部连接物流 1

进入 **Blocks** | **DWC** | **Connect Streams** | **2** | **Specifications** 页面，物流 2 为主塔(Column 1)到预分馏塔(Column 2)塔顶的液相回流，由主塔第 9 块板抽出，输送至预分馏塔塔顶，流量为 740kmol/h，如图 10-131 所示。

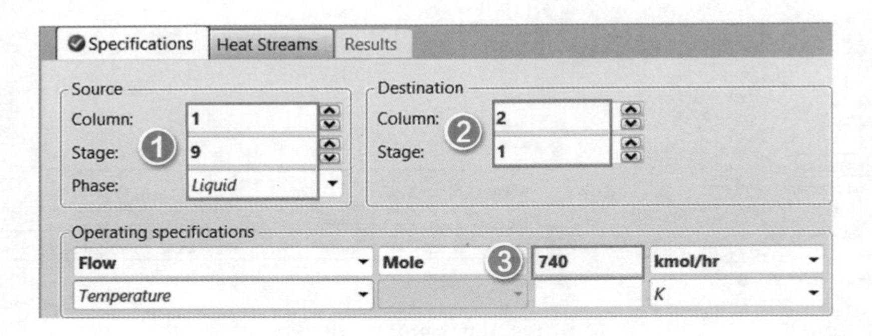

图 10-131　定义隔壁塔的内部连接物流 2

进入 **Blocks** | **DWC** | **Connect Streams** | **3** | **Specifications** 页面，物流 3 为主塔(Column 1)到预分馏塔(Column 2)塔底的蒸汽，由主塔第 34 块板抽出，输送至预分馏塔塔底，流量为 2600kmol/h，如图 10-132 所示。

进入 **Blocks** | **DWC** | **Connect Streams** | **4** | **Specifications** 页面，物流 4 为预分馏塔(Column 2)塔底到主塔(Column 1)的液相，由预分馏塔底输送至主塔 34 块板处，如图 10-133 所示。

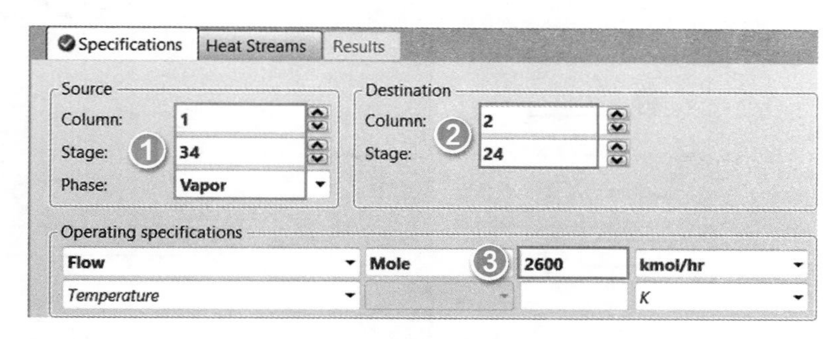

图 10-132 定义隔壁塔的内部连接物流 3

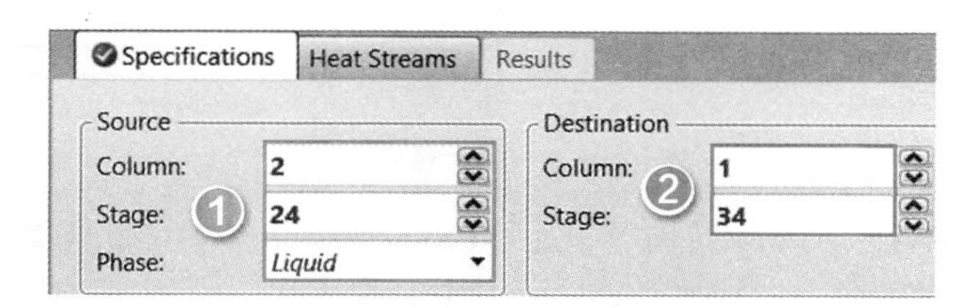

图 10-133 定义隔壁塔的内部连接物流 4

点击N➡，运行模拟，流程收敛。进入 **Blocks** | **DWC** | **Stream Results** | **Material** 页面，查看物流结果，如图 10-134 所示。其中塔顶苯摩尔分数为 0.978，侧线甲苯摩尔分数为 0.842，塔底邻二甲苯摩尔分数为 0.89。

Material | Heat | Load | Vol.% Curves | Wt. % Curves | Petroleum | Polymers | Solids

Display: Streams　Format: GEN_M　Stream Table

	FEED	D	S	B
Pressure atm	2	1	1.129	1.306
Vapor Frac	0	0	0	0
Mole Flow kmol/hr	3600	1090.8	1065.3	1443.9
Mass Flow kg/hr	336756	85539.6	100152	151065
Volume Flow cum/sec	0.129	0.032	0.04	0.062
Enthalpy Gcal/hr	15.975	14.609	5.921	1.682
Mole Flow kmol/hr				
B	1080	1067.04	12.939	0.001
T	1080	23.76	897.246	159.011
X	1440	< 0.001	155.115	1284.89
Mole Frac				
B	0.3	0.978	0.012	519 PPB
T	0.3	0.022	0.842	0.11
X	0.4	17 PPB	0.146	0.89

图 10-134 查看物流结果

显然，产品不合格，因此需要添加设计规定，以达到产品的纯度要求。

进入 **Blocks** | **DWC** | **Design Specifications** 页面，点击 **New…**，新建一设计规定，默认标识为 1，点击 **OK**，进入 **Blocks** | **DWC** | **Design Specifications** | **1** | **Specifications** 页面，定义塔顶物流中甲苯的摩尔纯度为 0.01，如图 10-135 所示。

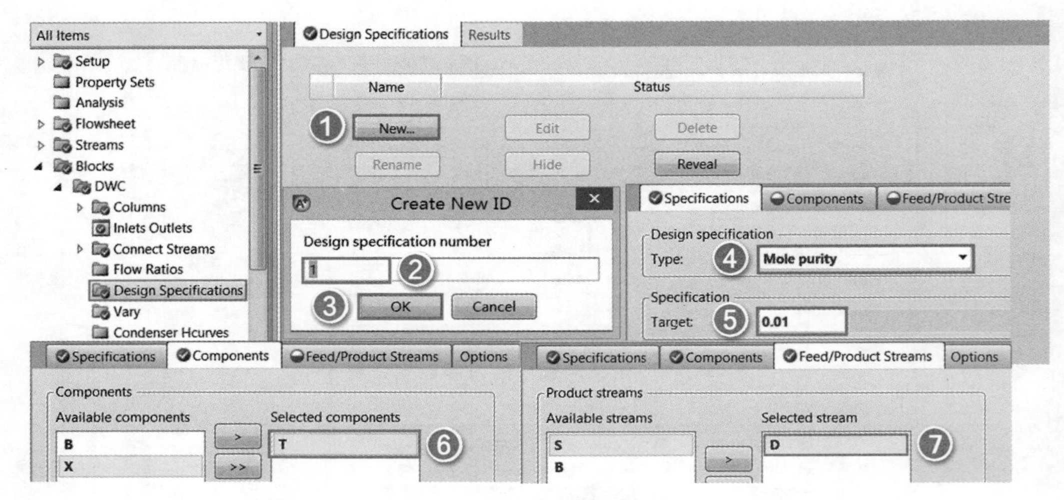

图 10-135 新建设计规定

进入 **Blocks** | **DWC** | **Vary** 页面，点击 **New...** 按钮，新建一操纵变量，默认标识为 1，点击 **OK** 按钮，进入 **Blocks** | **DWC** | **Vary** | **1** | **Specifications** 页面，定义操纵变量为主塔(Column 1)塔顶物流流量，如图 10-136 所示。

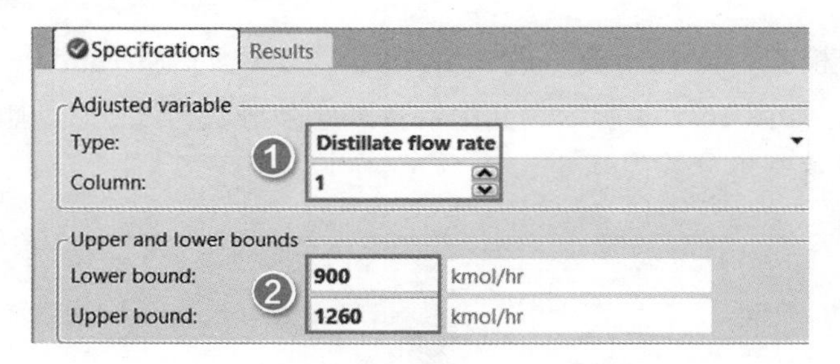

图 10-136 定义主塔(Column 1)操纵变量

同理，定义以下三个设计规定和操纵变量：

设计规定 2 为主塔(Column 1)塔底甲苯摩尔分数 0.01，对应的操纵变量为主塔(Column 1)第 20 块板侧线物流的流量(Liquid sidestream product flow rate)，范围为 900～1260kmol/h。

设计规定 3 为主塔(Column 1)侧线苯摩尔分数 0.002，对应的操纵变量为主塔(Column 1)塔底到预分馏塔(Column 2)的蒸汽流量，即内部连接物流 3(Connect stream flow rate)，范围为 500～4000kmol/h，如图 10-137 所示。

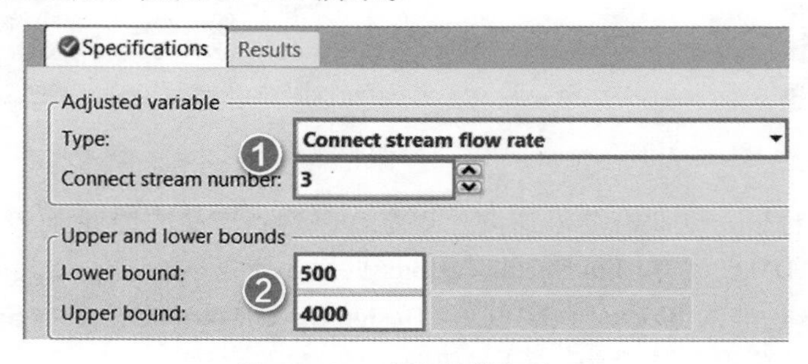

图 10-137 定义操纵变量 3

设计规定4主塔(Column 1)侧线邻二甲苯摩尔分数为0.008，对应的操纵变量为主塔(Column 1)回流比，范围为1.5～4。

点击N➡，运行模拟，流程收敛。进入 **Blocks** | **DWC** | **Stream Results** | **Material** 页面，查看隔壁塔的物流结果，如图10-138所示，塔顶苯摩尔分数为0.99，侧线甲苯摩尔分数为0.99，塔底邻二甲苯摩尔分数为0.99。

Material | Heat | Load | Vol.% Curves | Wt. % Curves | Petroleum | Polymers | Solids

Display: Streams　Format: GEN_M　Stream Table

	FEED	D	S	B
Temperature K	358	353.7	388.5	427.5
Pressure atm	2	1	1.129	1.306
Vapor Frac	0	0	0	0
Mole Flow kmol/hr	3600	1088.76	1065.3	1445.94
Mass Flow kg/hr	336756	85200.1	98246.6	153309
Volume Flow cum/sec	0.129	0.032	0.04	0.064
Enthalpy Gcal/hr	15.975	14.682	6.877	0.949
Mole Flow kmol/hr				
B	1080	1077.88	2.128	trace
T	1080	10.888	1054.64	14.464
X	1440	trace	8.525	1431.48
Mole Frac				
B	0.3	0.99	0.002	5 PPB
T	0.3	0.01	0.99	0.01
X	0.4	9 PPB	0.008	0.99

图10-138　查看物流结果

进入 **Blocks** | **DWC** | **Columns** | **1** | **Results** | **Summary** 页面，查看隔壁塔操作参数，如图10-139所示。

Condenser / Top stage performance

Temperature	353.651	K
Heat duty	-44.7014	MW
Subcooled duty		
Distillate rate	1088.76	kmol/hr
Reflux rate	4105.62	kmol/hr
Reflux ratio	3.7709	

Reboiler / Bottom stage performance

Temperature	427.517	K
Heat duty	52.2983	MW
Bottoms rate	1445.94	kmol/hr
Boilup rate	5118.03	kmol/hr
Boilup ratio	3.53959	

图10-139　查看隔壁塔操作参数

虚拟物流，又称假物流(Pseudostream)，用来创建与精馏塔内部物流相关的物流，表示塔的内部流量、组成和热力学状态，读者通过添加虚拟物流的形式，即可方便地获知塔内某块板的状态。以本题为例，点击Material，移动光标至塔身Pseudo Stream(Optional; any number)处添加虚拟物流PSEUDOS，如图10-140所示。

进入 **Blocks** | **DWC** | **Vary** | **Report** | **Pseudo Streams** 页面，选择主塔的第34块塔板气相抽出物流为虚拟物流，如图10-141所示。

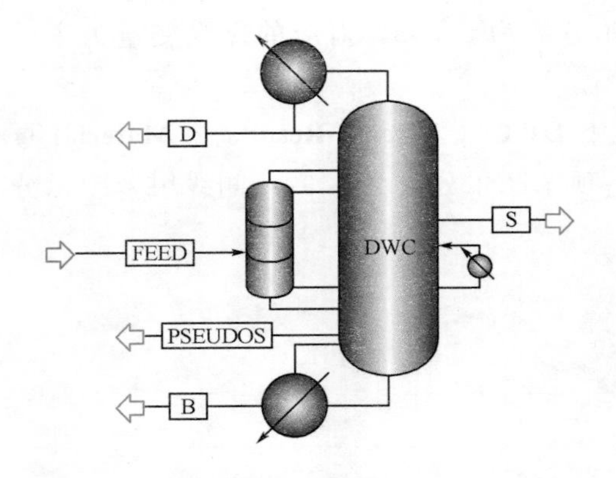

图 10-140 **添加虚拟物流 PSEUDOS 后的流程**

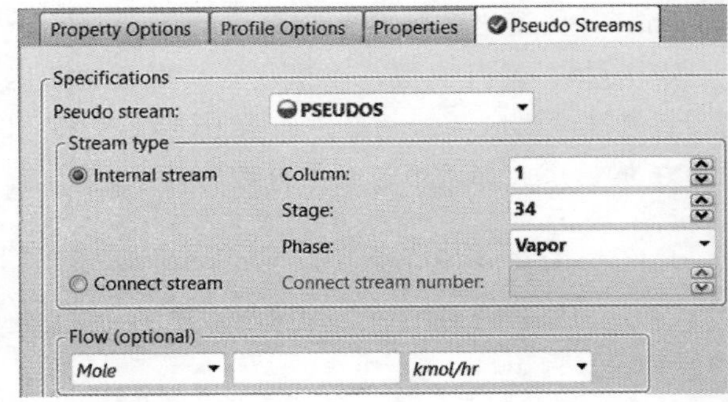

图 10-141 **设置虚拟物流 PSEUDOS**

点击N➡，运行模拟，流程收敛。进入 **Blocks** | **DWC** | **Stream Results** | **Material** 页面，可以查看物流 PSEUDOS 的温度、压力及流量等参数。

10.8 热泵精馏

热泵(Heat Pump)可以认为是热机的逆过程。热机从高温位热源吸收热能，用于对外做功和传给低温位热源。而热泵需要提供外界功或者驱动能，用于将低温位热源的热能移取并提高其温位。

当塔顶与塔底的温差相差不大时，可考虑使用以下三种形式的热泵精馏(Heat Pump Assisted Distillation)实现热集成。

① 外部流体在冷凝器中吸热蒸发为气体，然后通过经压缩机增压升温后在再沸器中冷凝放热，如图 10-142(a)所示。

② 塔顶蒸汽通过压缩机增压升温后在再沸器中冷凝放热，然后返回塔顶作为回流，如图 10-142(b)所示。

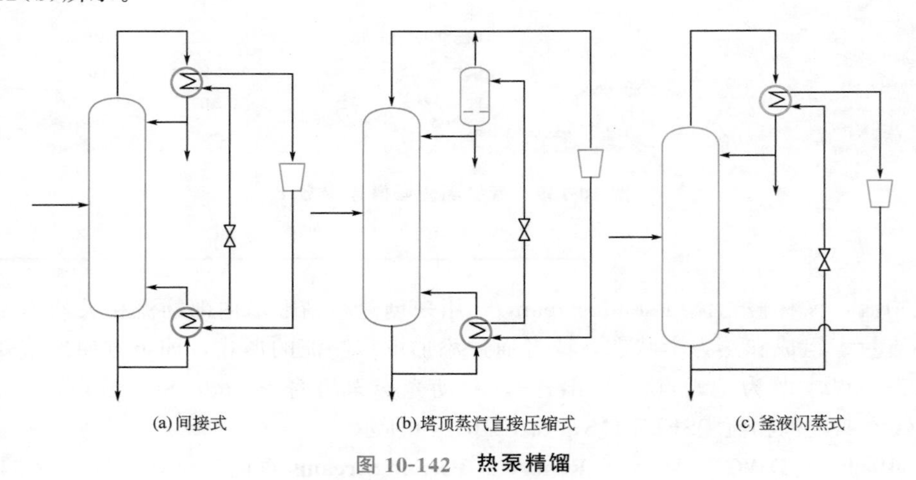

图 10-142 **热泵精馏**

③ 塔釜液体减压降温后在冷凝器中吸热蒸发为气体，通过压缩机增压升温后返回塔底作为沸腾蒸汽，如图 10-142(c)所示。

下面通过例 10.8 介绍热泵精馏的应用。

例 10.8

现有一丙烯精馏塔用以分离丙烯-丙烷，要求塔顶产品丙烯的摩尔分数不低于 99.6%，塔底产品丙烷的摩尔分数不低于 97.5%。试分别采用常规精馏塔和塔顶蒸汽直接压缩式热泵精馏塔进行分离，比较产品纯度相同时的能耗情况。其具体操作参数如下：

泡点进料，压力 2MPa，进料流量 100kmol/h，其中丙烯和丙烷的摩尔分数均为 50%。常规精馏塔塔板数 184，进料位置 140，回流比 14.975，塔底产品流量 51.08kmol/h，冷凝器压力 1.15MPa，塔板压降 0.0008MPa。物性方法选择 PENG-ROB。

(1)常规精馏塔

启动 Aspen Plus，点击 **New**，选择模板 General with Metric Units，文件保存为 Example10.8-Conventional.bkp。

进入 **Components** | **Specifications** | **Selection** 页面，输入组分 PROPYLEN(丙烯)和 PROPANE(丙烷)。

点击，进入 **Methods** | **Specifications** | **Global** 页面，物性方法选择 PENG-ROB。

点击，查看二元交互作用参数，本例采用默认值，不做修改。

点击，出现 **Properties Input Complete** 对话框，选择 Go to Simulation environment，点击 **OK**，进入模拟环境。进入 **Setup** | **Report Options** | **Stream** 页面，勾选 Fraction basis 框中的 Mole，以便在物流报告中查看。

建立如图 10-143 所示的流程图，常规精馏塔 COLUMN 采用模块选项板中的 **Columns** | **RadFrac** | **FRACT1** 图标。

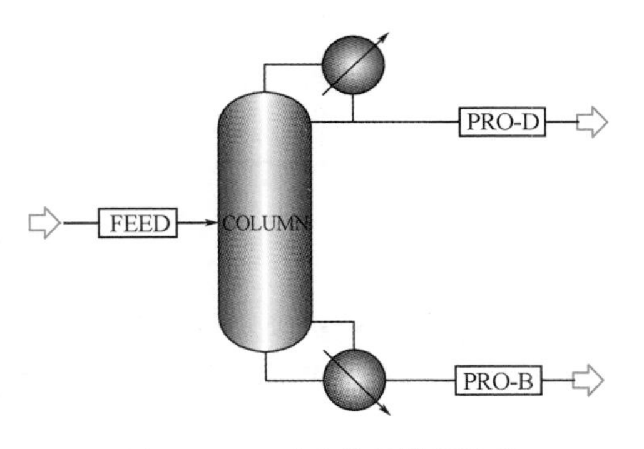

图 10-143 建立常规精馏流程

点击，进入 **Streams** | **FEED** | **Input** | **Mixed** 页面，输入物流 FEED 压力 2MPa，气相分率 0，流量 100kmol/h，丙烯和丙烷的摩尔分数均为 0.5。

点击，进入 **Blocks** | **COLUMN** | **Specifications** | **Setup** | **Configuration** 页面，输入常规精馏塔 COLUMN 参数，如图 10-144 所示。

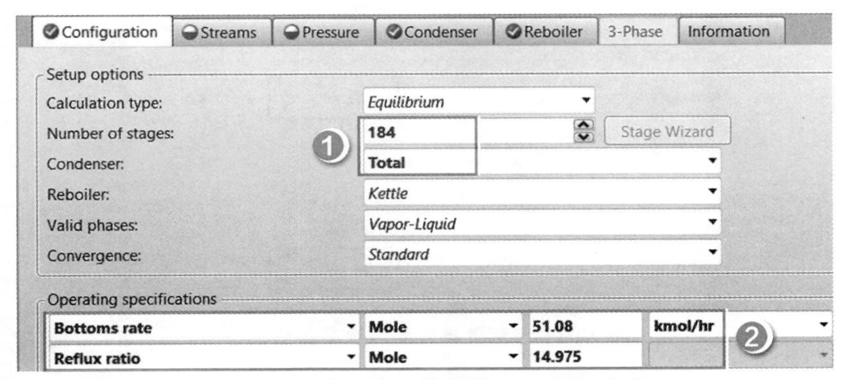

图 10-144 输入常规精馏塔 COLUMN 参数

点击 **N▸**，进入 **Blocks** | **COLUMN** | **Specifications** | **Setup** | **Streams** 页面，输入物流 FEED 进料位置 140。

点击 **N▸**，进入 **Blocks** | **COLUMN** | **Specifications** | **Setup** | **Pressure** 页面，输入冷凝器压力 1.15MPa，塔板压降 0.0008MPa。

点击 **N▸**，出现 **Required Input Complete** 对话框，点击 **OK**，运行模拟，流程收敛。

进入 **Blocks** | **COLUMN** | **Stream Results** | **Material** 页面，查看物流结果，如图 10-145 所示，塔顶物流丙烯摩尔分数为 0.996，塔底物流丙烷摩尔分数为 0.975，均符合产品纯度要求。

Material | Heat | Load | Vol.% Curves | Wt. % Curves | Petroleum | Polymers

Display: Streams　Format: GEN_M　Stream Table

	FEED	PRO-B	PRO-D
Temperature C	52.1	37.3	24.9
Pressure MPa	2	1.296	1.15
Vapor Frac	0	0	0
Mole Flow kmol/hr	100	51.08	48.92
Mass Flow kg/hr	4308.86	2249.88	2058.98
Volume Flow l/min	159.611	79.376	67.512
Enthalpy Gcal/hr	-1.3	-1.417	0.049
Mole Flow kmol/hr			
PROPANE	50	49.805	0.195
PROPYLEN	50	1.275	48.725
Mole Frac			
PROPANE	0.5	0.975	0.004
PROPYLEN	0.5	0.025	0.996

图 10-145　查看物流结果

进入 **Blocks** | **COLUMN** | **Results** | **Summary** 页面，查看冷凝器负荷为-3082.21kW，再沸器负荷为 3004.14kW，如图 10-146 所示。

Condenser / Top stage performance

Name	Value	Units
Temperature	24.8869	C
Subcooled temperature		
Heat duty	-3082.21	kW

Reboiler / Bottom stage performance

Name	Value	Units
Temperature	37.2543	C
Heat duty	3004.14	kW

图 10-146　查看再沸器和冷凝器热负荷

(2)热泵精馏塔

热泵精馏塔流程如图 10-147 所示。

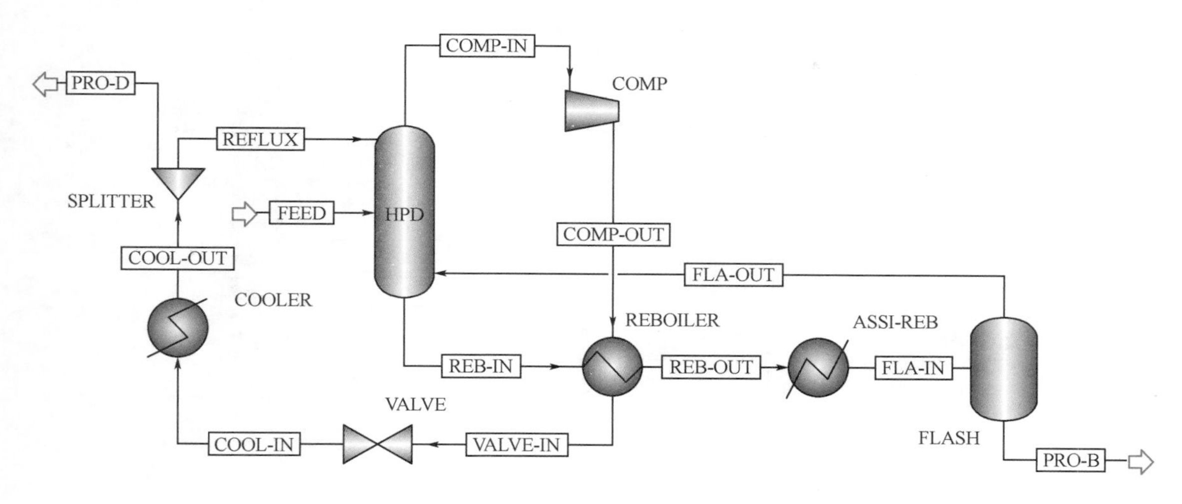

图 10-147 **热泵精馏塔流程**

打开文件 Example10.8-Conventional.bkp，另存为 Example10.8-HeatPump.bkp。保留物流 FEED，删除其余模块及物流。

为便于流程收敛和确定单元模块参数，建立如图 10-148 所示的无循环热泵精馏塔流程，其中热泵精馏塔 HPD 采用模块选项板中的 **Columns** | **RadFrac** | **ABSBR1** 图标。

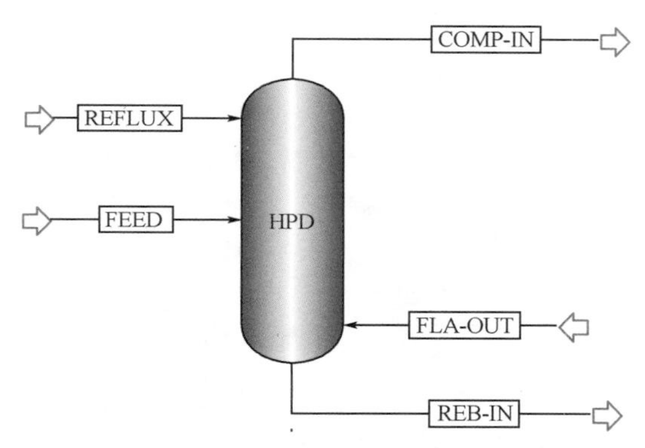

图 10-148 **建立无循环热泵精馏塔流程**

将常规精馏塔塔顶回流和再沸器的返塔蒸汽分别作为物流 REFLUX 和物流 FLA-OUT 的初始值。分别进入常规精馏塔 **Blocks** | **COLUMN** | **Results** | **Summary** 页面、**Blocks** | **COLUMN** | **Profiles** | **TPFQ** 页面和 **Blocks** | **COLUMN** | **Profiles** | **Compositions** 页面，查看塔顶回流和返塔蒸汽的温度、压力、流量和组成，如图 10-149 和图 10-150 所示。

点击，进入 **Streams** | **FLA-OUT** | **Input** | **Mixed** 页面，输入物流 FLA-OUT 压力 1.2964MPa，气相分率 1，流量 782.579kmol/h，丙烯摩尔分数 0.030，丙烷摩尔分数 0.970。

点击，进入 **Streams** | **REFLUX** | **Input** | **Mixed** 页面，输入物流 REFLUX 压力 1.15MPa，气相分率 0，流量 732.577kmol/h，丙烯摩尔分数 0.996，丙烷摩尔分数 0.004。

点击，进入 **Blocks** | **HPD** | **Specifications** | **Setup** | **Configuration** 页面，输入热泵精馏塔 HPD 参数，如图 10-151 所示。

点击，出现 **Required Input Complete** 对话框，点击 **OK**，运行模拟，流程收敛。

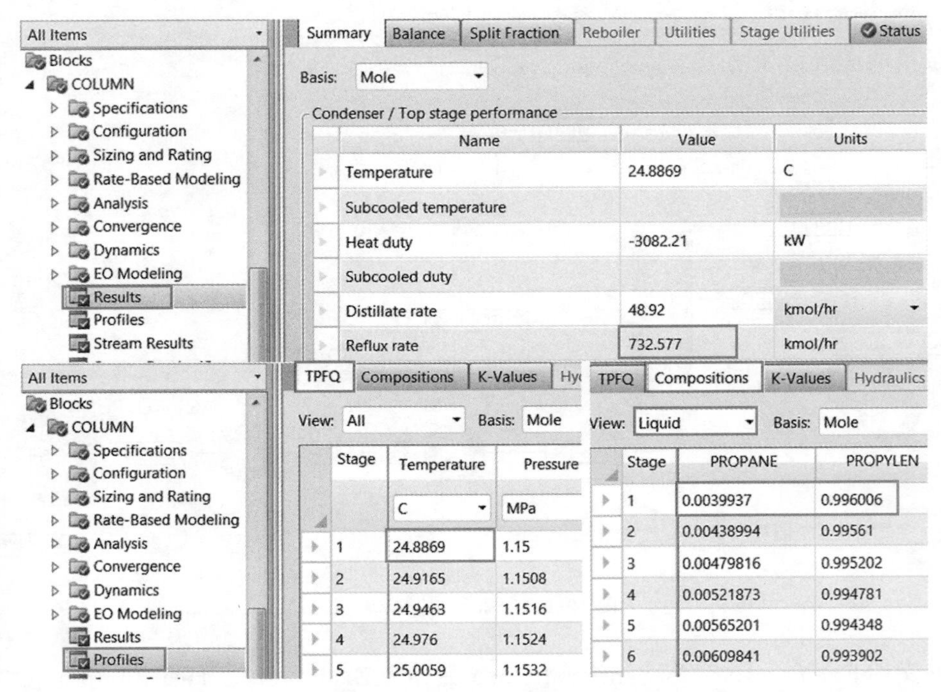

图 10-149　查看塔顶回流的温度、压力、流量和组成

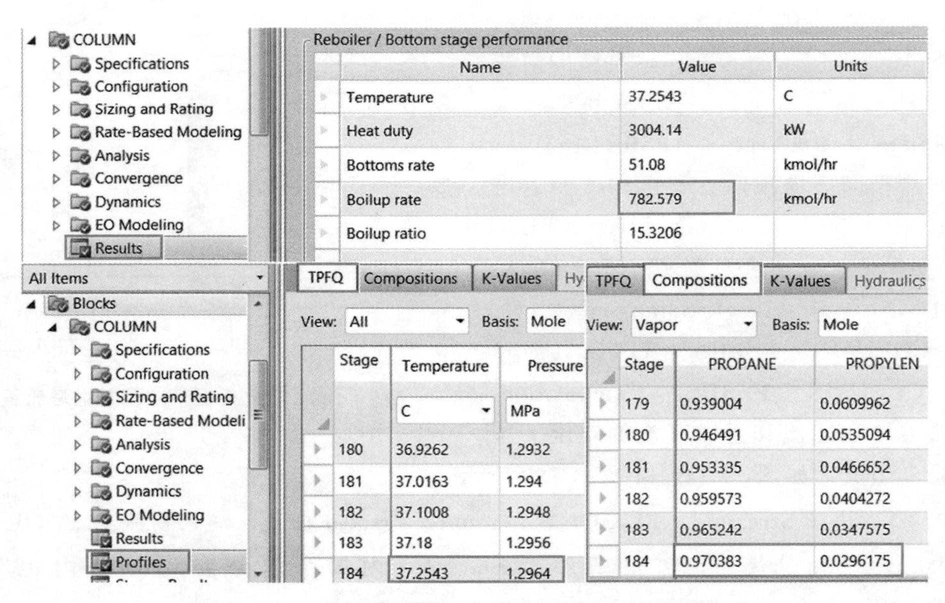

图 10-150　查看返塔蒸汽的温度、压力、流量和组成

添加压缩机和再沸器，压缩机 COMPR 采用模块选项板中的 **Pressure Changers** | **Compr** | **ICON2** 图标，再沸器 REBOILER 采用模块选项板中的 **Exchangers** | **HeatX** | **SIMP-HS** 图标，如图 10-152 所示。

点击N▶，进入 **Blocks** | **COMPR** | **Setup** | **Specifications** 页面，输入压缩机 COMPR 参数，其中压缩机类型为 ASME 多变压缩，多变效率 0.8，机械效率 0.95，压缩比初始值 1.57，如图 10-153 所示。

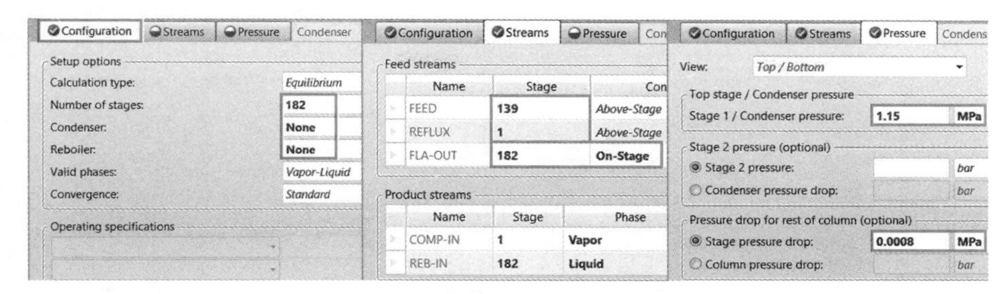

图 10-151　**输入热泵精馏塔 HPD 参数**

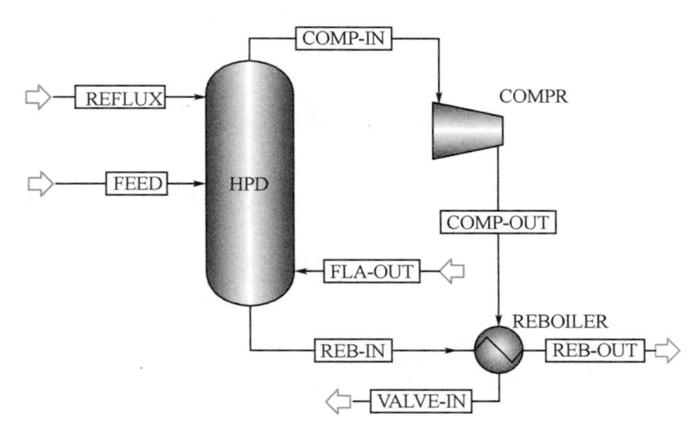

图 10-152　**添加压缩机和再沸器**

点击，进入 **Blocks | REBOILER | Setup | Specifications** 页面，输入再沸器 REBOILER 热流体出口气相分率 0，如图 10-154 所示。

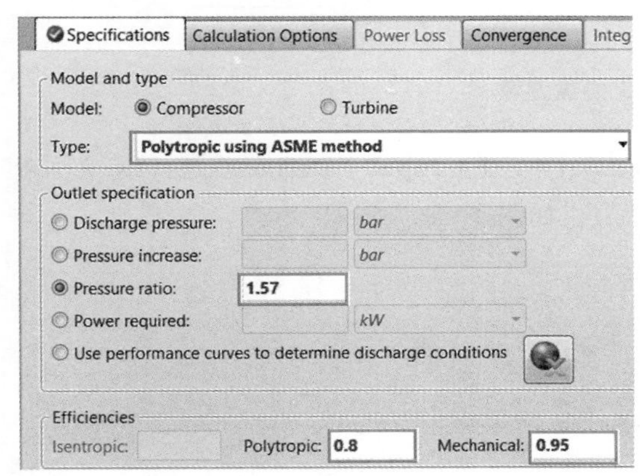

图 10-153　**输入压缩机 COMPR 参数**

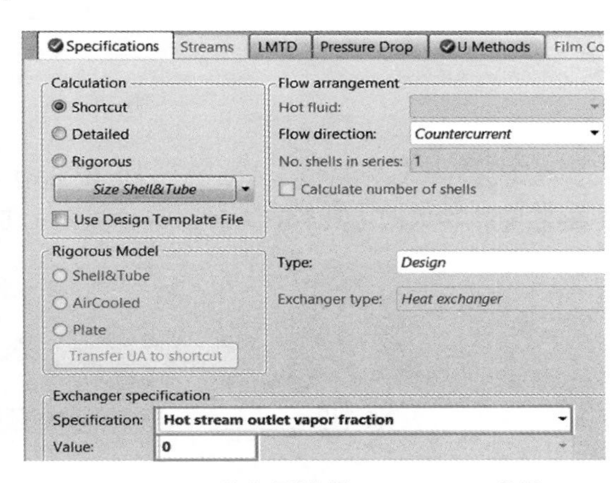

图 10-154　**输入再沸器 REBOILER 参数**

点击，出现 **Required Input Complete** 对话框，点击 **OK**，运行模拟，流程收敛。

压缩机压缩比为估计值，需要添加灵敏度分析，得到再沸器 REBOILER 的对数平均温差随压缩机压缩比变化的曲线，可取温差为 10℃对应的压缩比。

进入 **Model Analysis Tools | Sensitivity** 页面，点击 **New…**，新建灵敏度分析，采用默认标识 S-1，如图 10-155 所示。

点击 **OK**，进入 **Model Analysis Tools | Sensitivity | S-1 | Input | Vary** 页面，定义操纵变量为压缩机 COMPR 的压缩比，如图 10-156 所示。

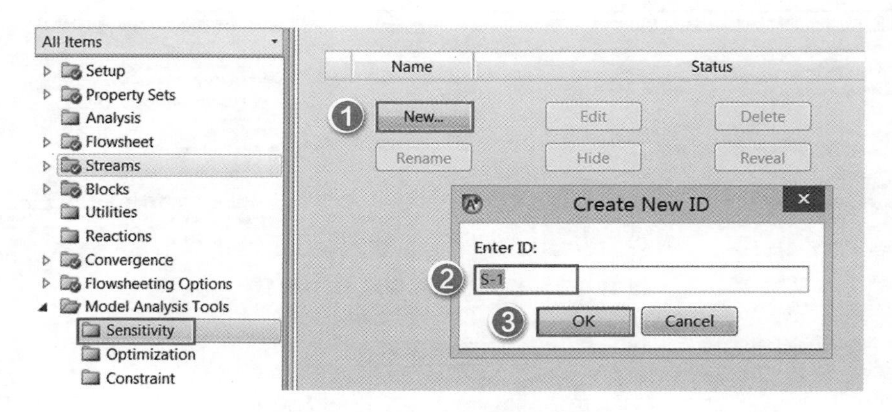

图 10-155　新建灵敏度分析

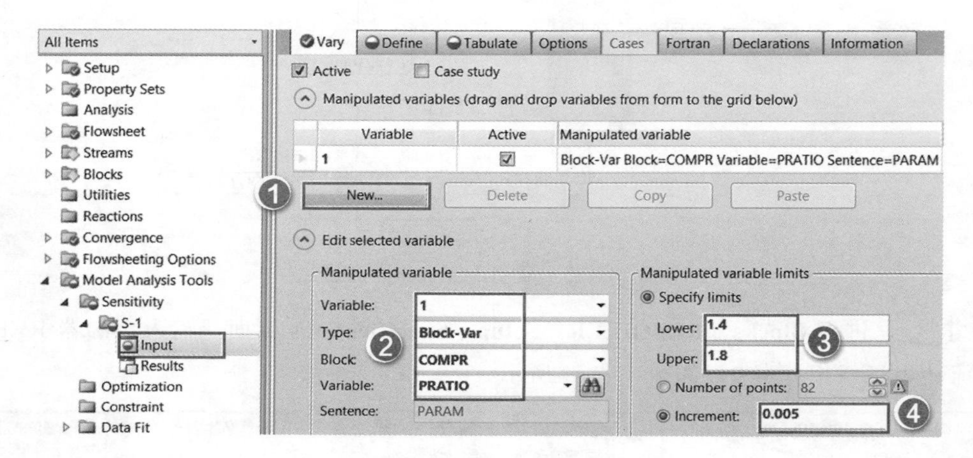

图 10-156　定义操纵变量

点击 N▶，进入 **Model Analysis Tools | Sensitivity | S-1 | Input | Define** 页面，定义采集变量为再沸器 REBOILER 的对数平均温差 DTLM，如图 10-157 所示。

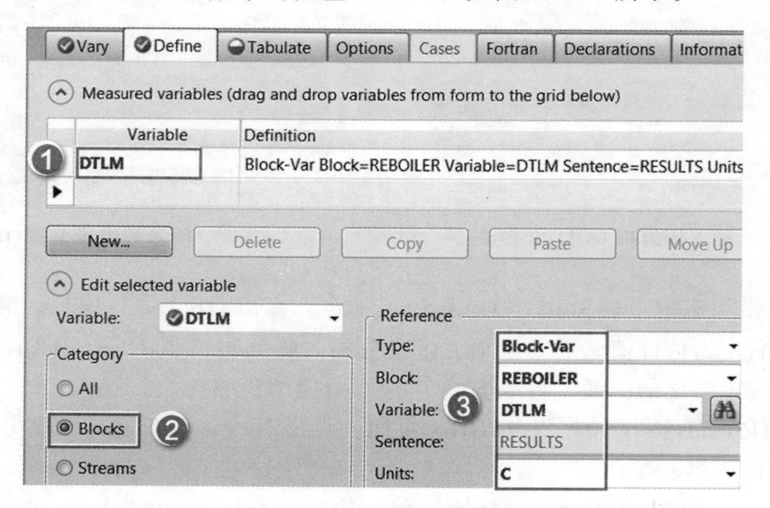

图 10-157　定义采集变量

点击N▶，进入 **Model Analysis Tools** | **Sensitivity** | **S-1** | **Input** | **Tabulate** 页面，定义表格变量，如图 10-158 所示。

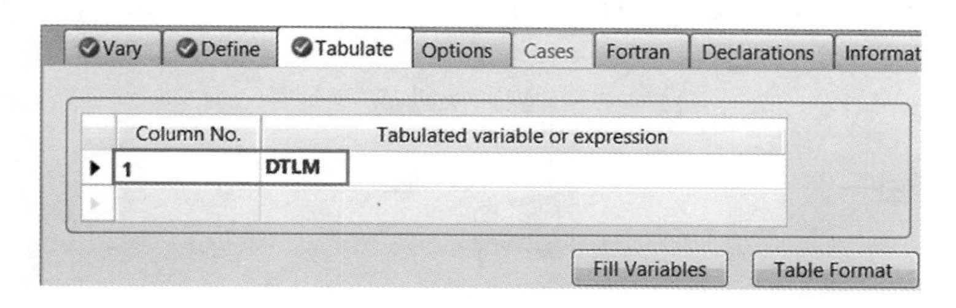

图 10-158　定义表格变量

点击N▶，出现 **Required Input Complete** 对话框，点击 **OK**，运行模拟，流程收敛。

进入 **Model Analysis Tools** | **Sensitivity** | **S-1** | **Results** | **Summary** 页面，查看灵敏度分析结果，将结果绘图，如图 10-159 所示。

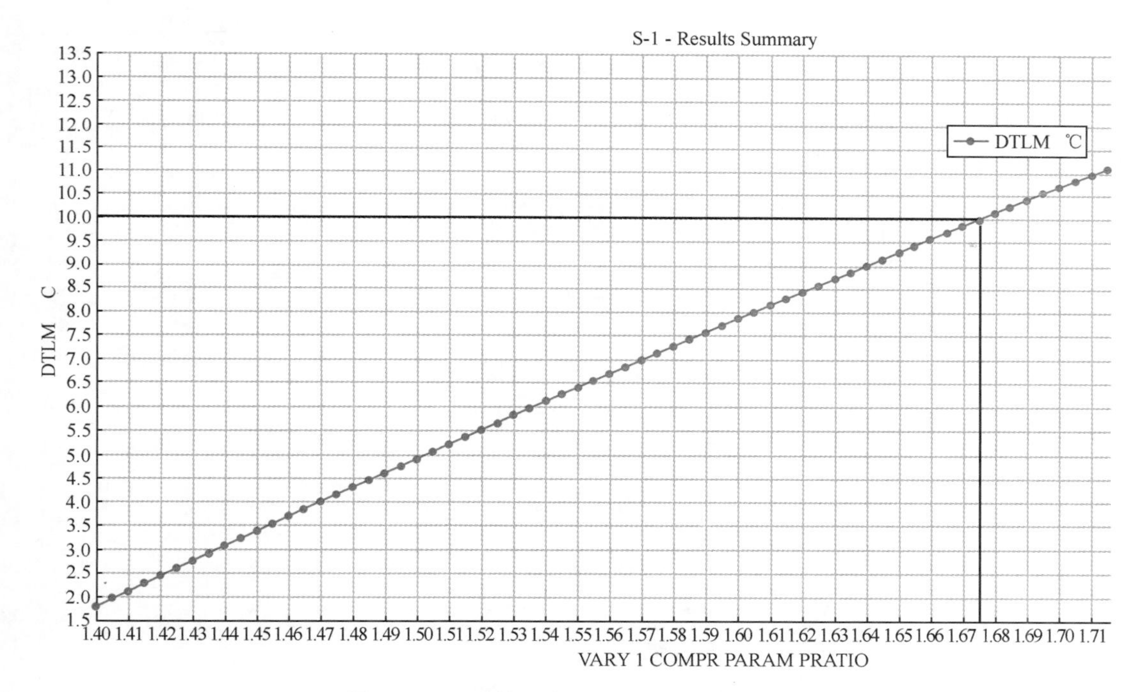

图 10-159　对数平均温差随压缩比变化曲线

由图 10-159 可以看出，随着压缩机压缩比的增大，再沸器 REBOILER 的对数平均温差呈现增大的趋势，选择 10℃对应的压缩比 1.675。

进入 **Streams** | **REB-OUT** | **Results** | **Material** 页面，查看物流 **REB-OUT** 气相分率为 0.867。常规精馏塔的塔底再沸比为 14.1775，所需气相分率为 0.9387，即经再沸器 REBOILER 换热后的返塔物流未满足换热要求，需添加辅助再沸器以达到气相分率。此处添加辅助再沸器 ASSI-REB 与绝热闪蒸器 FLASH 来模拟再沸器，物流 REB-OUT 经过辅助再沸器 ASSI-REB 达到指定的气相分率后进入闪蒸器 FLASH 进行气液分离，气相返回到热泵精馏塔塔底，液相作为塔底产品。

添加辅助再沸器、闪蒸器和节流阀，辅助再沸器 ASSI-REB 采用模块选项板中的 **Exchangers** | **Heater** | **HEATER** 图标，闪蒸器 FLASH 采用模块选项板中的 **Separators** | **Flash2** | **V-DRUM1** 图标，节流阀 VALVE 采用模块选项板中的 **Pressure Changers** | **Valve** | **VALVE2** 图标，如图 10-160 所示。

COMP-IN
COMPR
REFLUX
FEED
HPD
COMP-OUT
FLA-OUT
VAPOR
REBOILER
ASSI-REB
REB-IN
REB-OUT
FLA-IN
FLASH
VALVE
COOL-IN
VALVE-IN
PRO-B

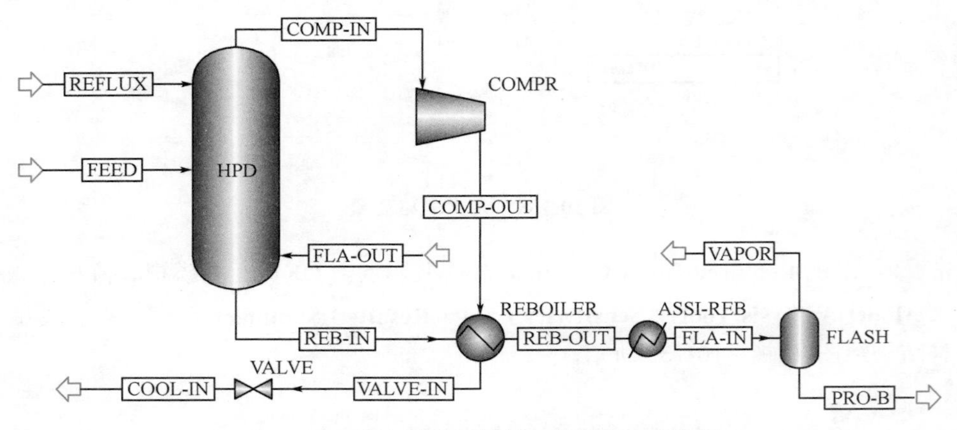

图 10-160 添加辅助再沸器、闪蒸器和节流阀

点击 N▸，进入 **Blocks** | **ASSI-REB** | **Input** | **Specifications** 页面，输入辅助再沸器 ASSI-REB 参数，如图 10-161 所示。

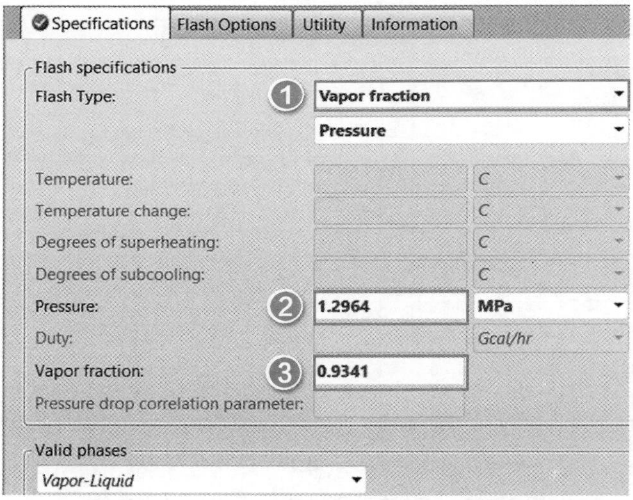

Specifications
Flash Options
Utility
Information
Flash specifications
Flash Type:
1
Vapor fraction
Pressure
Temperature:
C
Temperature change:
C
Degrees of superheating:
C
Degrees of subcooling:
C
Pressure:
2
1.2964
MPa
Duty:
Gcal/hr
Vapor fraction:
3
0.9341
Pressure drop correlation parameter:
Valid phases
Vapor-Liquid

图 10-161 输入辅助再沸器 ASSI-REB 参数

点击 N▸，进入 **Blocks** | **FLASH** | **Input** | **Specifications** 页面，输入闪蒸器 FLASH 参数，如图 10-162 所示。

点击 N▸，进入 **Blocks** | **VALVE** | **Input** | **Operation** 页面，输入节流阀 VALVE 参数，如图 10-163 所示。

点击 N▸，出现 **Required Input Complete** 对话框，点击 **OK**，运行模拟，流程收敛。

进入 **Streams** | **COOL-IN** | **Results** | **Material** 页面，查看物流 COOL-IN 气相分率为 0.192，塔顶回流为饱和液体，需要添加辅助冷凝器。

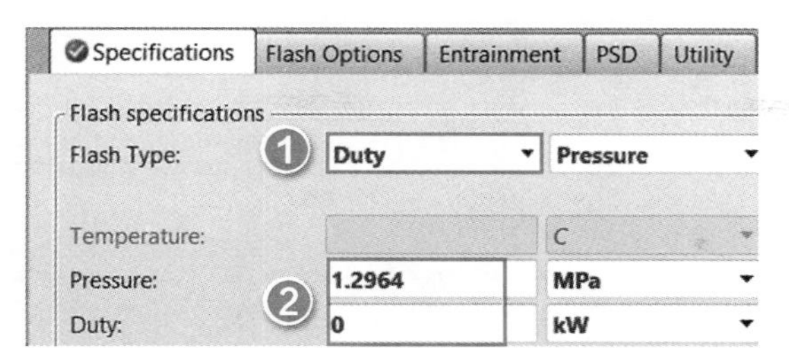

图 10-162　输入闪蒸器 FLASH 参数

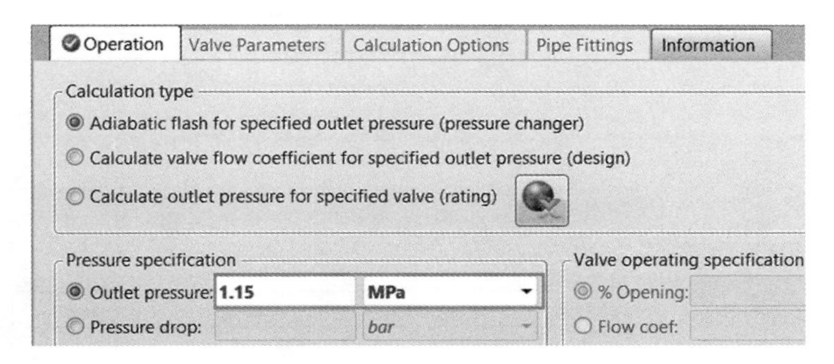

图 10-163　输入节流阀 VALVE 参数

添加辅助冷凝器和分流器，辅助冷凝器 COOLER 采用模块选项板中的 **Exchangers** | **Heater** | **HEATER** 图标，分流器 SPLITTER 采用模块选项板中的 **Mxiers/Splitters** | **Fsplit** | **TRIANGLE** 图标，如图 10-164 所示。

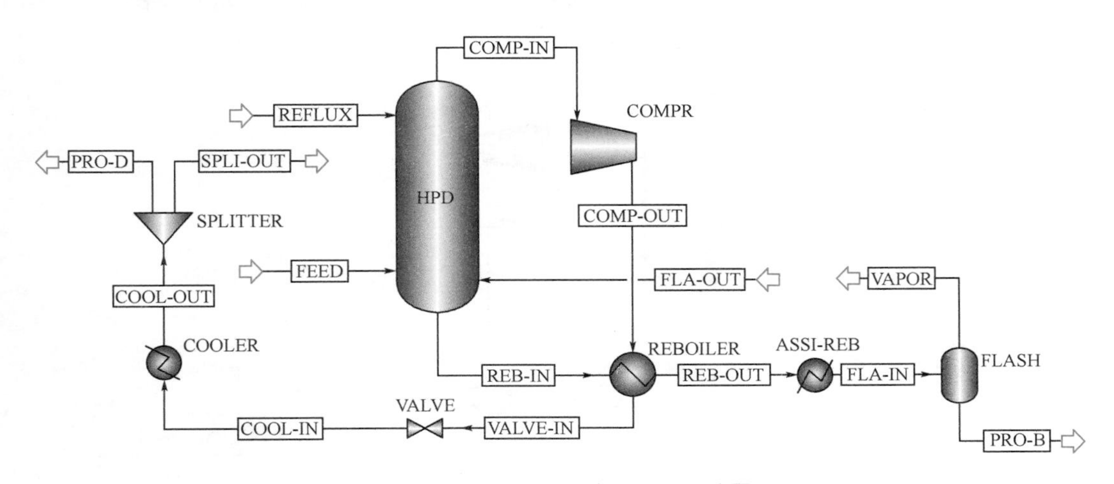

图 10-164　添加辅助冷凝器和分流器

点击 N→，进入 **Blocks** | **COOLER** | **Input** | **Specifications** 页面，输入辅助冷凝器 COOLER 参数，如图 10-165 所示。

点击 N→，进入 **Blocks** | **SPLITTER** | **Input** | **Specifications** 页面，输入分流器 SPLITTER 物流 PRO-D 的摩尔流量 48.92kmol/h，即常规精馏塔塔顶产品流量，如图 10-166 所示。

点击 N→，出现 **Required Input Complete** 对话框，点击 **OK**，运行模拟，流程收敛。

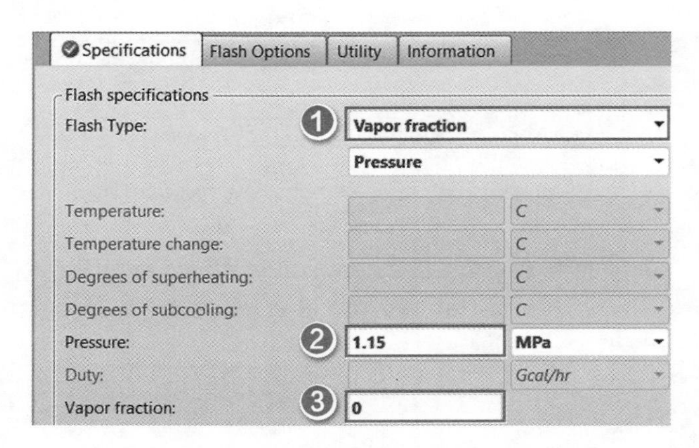

图 10-165 **输入辅助冷凝器 COOLER 参数**

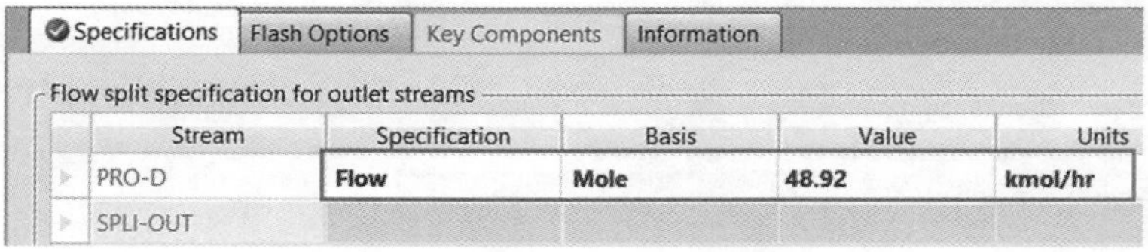

Specifications | Flash Options | Key Components | Information

Flow split specification for outlet streams

Stream	Specification	Basis	Value	Units
PRO-D	Flow	Mole	48.92	kmol/hr
SPLI-OUT				

图 10-166 **输入分流器 SPLITTER 参数**

比较物流 FLA-OUT 输入值和物流 VAPOR 的计算值，将物流 VAPOR 的计算值作为物流 FLA-OUT 的输入值，运行模拟直至两者相接近，选择物流 FLA-OUT 和物流 VAPOR，右键单击出现一列表，点击 **Join Streams**，合并两股物流，如图 10-167 所示。

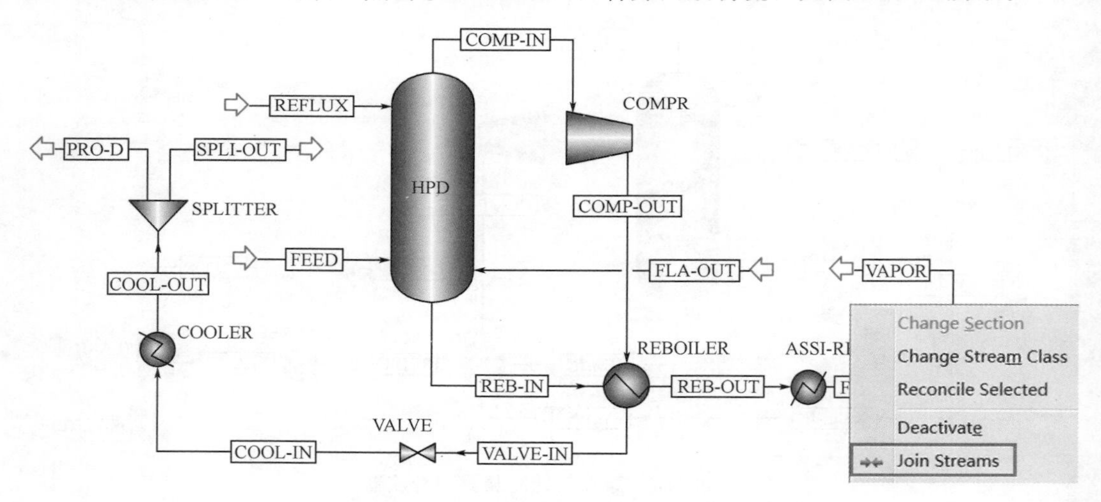

图 10-167 **合并物流 FLA-OUT 和物流 VAPOR**

比较物流 REFLUX 的输入值和物流 SPLI-OUT 的计算值，将物流 SPLI-OUT 的计算值作为物流 REFLUX 的输入值，运行模拟直至两者相接近，合并两股物流。

为了便于收敛，进入 **Convergence** | **Tear** | **Specifications** 页面，设置物流 REFLUX 与物流 FLA-OUT 为撕裂物流，如图 10-168 所示。进入 **Convergence** | **Options** | **Default Methods** 页面，将 Tears 的算法改为 Broyden。

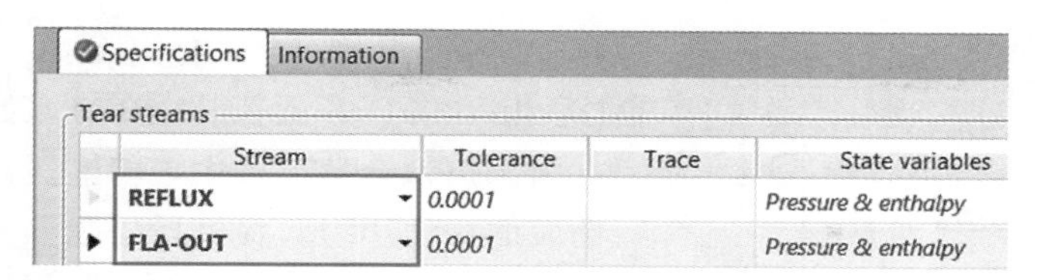

Stream	Tolerance	Trace	State variables
REFLUX	0.0001		Pressure & enthalpy
FLA-OUT	0.0001		Pressure & enthalpy

图 10-168　设置撕裂物流

点击，出现 **Required Input Complete** 对话框，点击 **OK**，运行模拟，流程收敛。

进入 **Results Summary** | **Streams** | **Material** 页面，查看物流结果，如图 10-169 所示。塔顶物流丙烯摩尔分数为 0.996，塔底物流丙烷摩尔分数为 0.975，均符合产品纯度要求。

分别进入 **Blocks** | **COMPR** | **Results** | **Summary** 页面、**Blocks** | **ASSI-REB** | **Results** | **Summary** 页面和 **Blocks** | **COOLER** | **Results** | **Summary** 页面，查看压缩机、辅助再沸器和辅助冷凝器负荷，如图 10-170 所示。其中压缩机耗电量为 296.858kW，辅助再沸器负荷为 232.204kW，辅助冷凝器负荷为－592.277kW。假设电热转换系数为 3，则压缩机消耗的等量负荷为 890.574kW。

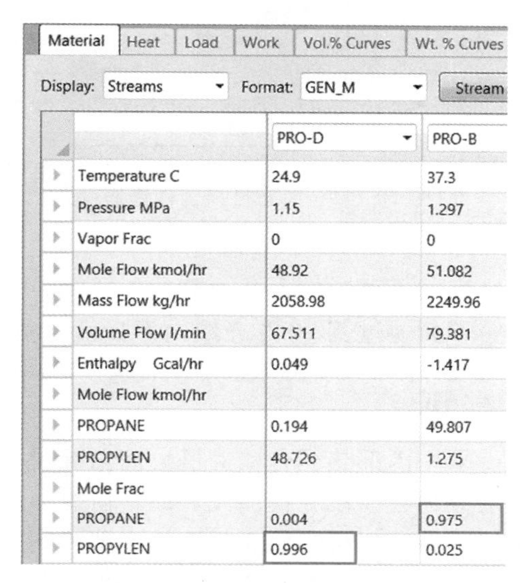

	PRO-D	PRO-B
Temperature C	24.9	37.3
Pressure MPa	1.15	1.297
Vapor Frac	0	0
Mole Flow kmol/hr	48.92	51.082
Mass Flow kg/hr	2058.98	2249.96
Volume Flow l/min	67.511	79.381
Enthalpy Gcal/hr	0.049	-1.417
Mole Flow kmol/hr		
PROPANE	0.194	49.807
PROPYLEN	48.726	1.275
Mole Frac		
PROPANE	0.004	0.975
PROPYLEN	0.996	0.025

图 10-169　查看物流结果

比较常规精馏塔和热泵精馏塔的能耗，热泵精馏塔较常规精馏的能耗节省 1－(890.574＋232.204)/3004.14×100％＝62.63％。

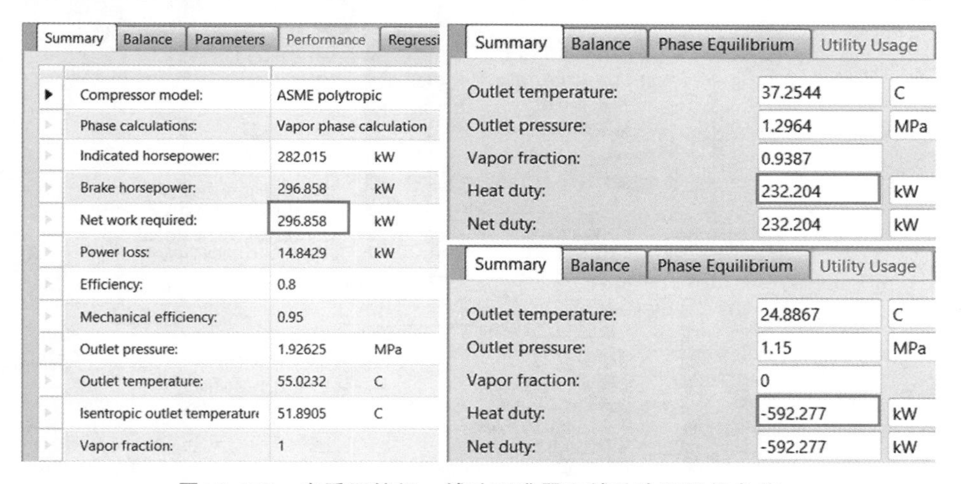

Compressor model:	ASME polytropic	
Phase calculations:	Vapor phase calculation	
Indicated horsepower:	282.015	kW
Brake horsepower:	296.858	kW
Net work required:	296.858	kW
Power loss:	14.8429	kW
Efficiency:	0.8	
Mechanical efficiency:	0.95	
Outlet pressure:	1.92625	MPa
Outlet temperature:	55.0232	C
Isentropic outlet temperature	51.8905	C
Vapor fraction:	1	

Outlet temperature:	37.2544	C
Outlet pressure:	1.2964	MPa
Vapor fraction:	0.9387	
Heat duty:	232.204	kW
Net duty:	232.204	kW

Outlet temperature:	24.8867	C
Outlet pressure:	1.15	MPa
Vapor fraction:	0	
Heat duty:	-592.277	kW
Net duty:	-592.277	kW

图 10-170　查看压缩机、辅助再沸器和辅助冷凝器热负荷

10.9　内部热耦合精馏

采用热泵技术，精馏段和提馏段的内部进行热集成，由此产生的新构型精馏段称为内部

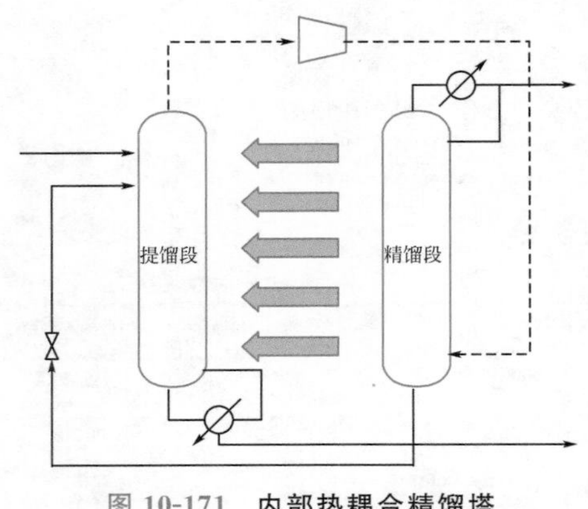

图 10-171 内部热耦合精馏塔

热耦合精馏段（Internally Heat Integrated Distillation Column，HIDiC），如图 10-171 所示。在内部热耦合精馏段中，精馏段的操作压力高于提馏段的操作压力，提馏段塔顶蒸汽被压缩送至精馏段塔底，精馏段塔底液体作为提馏段塔顶回流，精馏段和提馏段的连接物流通过压缩机和节流阀调节压力。

借助于精馏段和提馏段之间的温度差，精馏段的上升蒸汽与提馏段的下降液体进行热交换，精馏段蒸汽冷凝为液体回流，提馏段液体蒸发为气体上升。精馏段与提馏段逐板耦合，相当于精馏段每块板有一冷凝器，提馏段每块板有一加热器，降低了整个塔的不可逆性，从而节约了能量。

下面通过例 10.9 介绍内部热耦合精馏塔的应用。

例 10.9

采用内部热耦合精馏塔分离丙烯-丙烷，进料条件与产品要求同例 10.8。内部热耦合精馏塔分为精馏段和提馏段，原料由提馏段上部进入，提馏段顶部蒸汽经过压缩机升压后进入精馏段底部，精馏段底部液体经节流阀减压后进入提馏段顶部。提馏段底部得到丙烷产品，精馏段顶部得到丙烯产品。流程图及操作条件如图 10-172 所示，求每块塔板的换热量，并与例 10.7 热泵精馏塔比较两者能耗。物性方法选择 PENG-ROB。

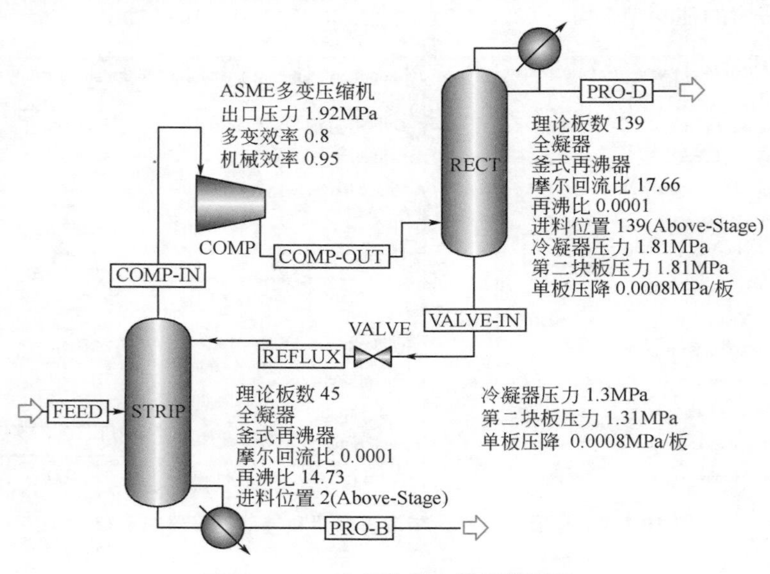

图 10-172 内部热耦合精馏塔流程

打开文件 Example10.8-Conventional.bkp，另存为 Example10.9-HIDiC.bkp。保留物流 FEED，删除其余模块及物流。

建立如图 10-172 所示的流程，为了便于流程收敛，可将提馏段 STRIP 冷凝器与精馏段 RECT 再沸器均保留。提馏段采用模块选项板中的 **Columns** | **RadFrac** | **STRIP1** 图标，精馏

段采用模块选项板中的 **Columns** | **RadFrac** | **RECT** 图标，压缩机 COMP 采用模块选项板中 **Pressure Changers** | **Compr** | **ICON2** 图标，节流阀 VALVE 采用模块选项板中 **Pressure Changers** | **Valve** | **VALVE2** 图标。

点击，进入 **Blocks** | **COMP** | **Setup** | **Specifications** 页面，输入压缩机类型 Polytropic using ASME method(ASME 多变压缩)，出口压力初始值 1.92MPa，多变效率 0.8，机械效率 0.95。

点击，进入 **Blocks** | **RECT** | **Specifications** | **Setup** | **Configuration** 页面，输入精馏段 RECT 参数，如图 10-173 所示。

Configuration | Streams | Pressure | Condenser | Reboiler | 3-Phase | Inform

Setup options

Calculation type:	Equilibrium
Number of stages:	139
Condenser:	Total
Reboiler:	Kettle
Valid phases:	Vapor-Liquid
Convergence:	Standard

Operating specifications

Boilup ratio	Mole	0.0001
Reflux ratio	Mole	17.66

图 10-173　输入精馏段 RECT 参数

点击，进入 **Blocks** | **RECT** | **Specifications** | **Setup** | **Streams** 页面，输入物流 COMP-OUT 进料位置 139。

点击，进入 **Blocks** | **RECT** | **Specifications** | **Setup** | **Pressure** 页面，输入冷凝器压力 1.81MPa，第二块塔板压力 1.81MPa，塔板压降 0.0008MPa。

点击，进入 **Blocks** | **STRIP** | **Specifications** | **Setup** | **Configuration** 页面，输入提馏段 STRIP 参数，如图 10-174 所示。

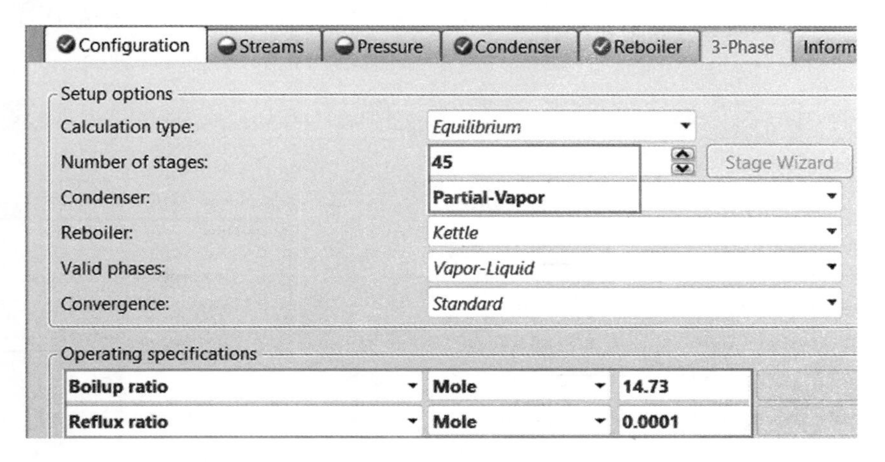

图 10-174　输入提馏段 STRIP 参数

点击N➡，进入 **Blocks** | **STRIP** | **Specifications** | **Setup** | **Streams** 页面，输入物流 FEED 进料位置 2，物流 REFLUX 进料位置 2。

点击N➡，进入 **Blocks** | **STRIP** | **Specifications** | **Setup** | **Pressure** 页面，输入冷凝器压力 1.3MPa，第二块塔板压力 1.31MPa，塔板压降 0.0008MPa。

点击N➡，进入 **Blocks** | **VALVE** | **Input** | **Operation** 页面，输入节流阀出口压力 1.3MPa。

点击N➡，出现 **Required Input Complete** 对话框，点击 **OK**，运行模拟。控制面板显示流程不收敛，如图 10-175 所示。

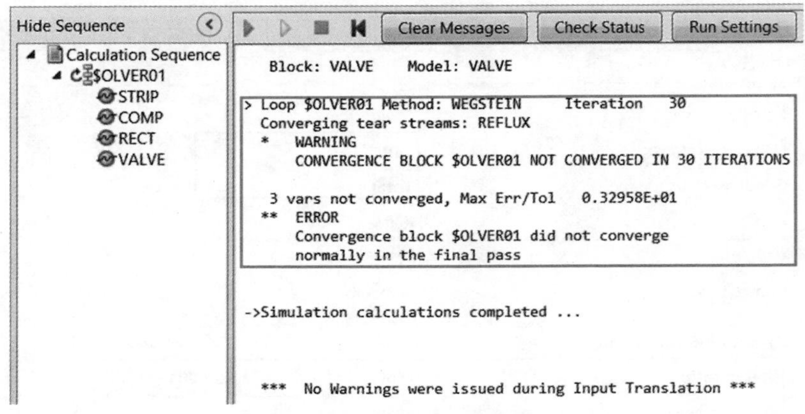

图 10-175　控制面板信息

当流程不收敛时，若输入数据无误且未使用严格规定，可通过增加迭代次数、添加撕裂物流和改变收敛方法来解决。

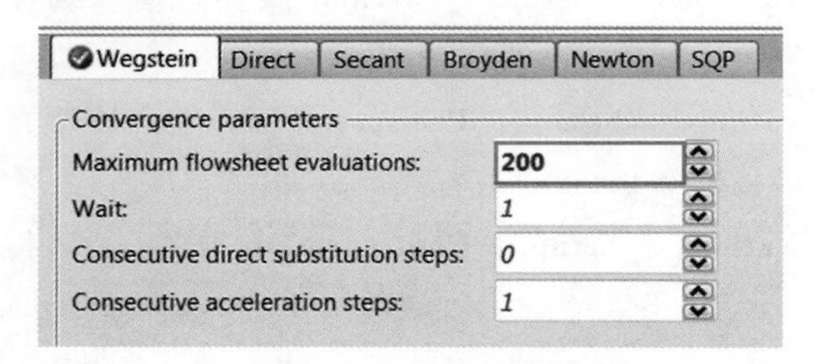

图 10-176　修改收敛迭代次数

进入 **Convergence** | **Options** | **Methods** | **Wegstein** 页面，修改收敛迭代次数，如图 10-176 所示。

进入 **Sterams** | **REFLUX** | **Results** 页面查看物流 REFLUX 结果，并进入 **Sterams** | **REFLUX** | **Input** | **Mixed** 页面将温度、压力以及组分流量作为物流 REFLUX 的初始值输入，如图 10-177 所示。

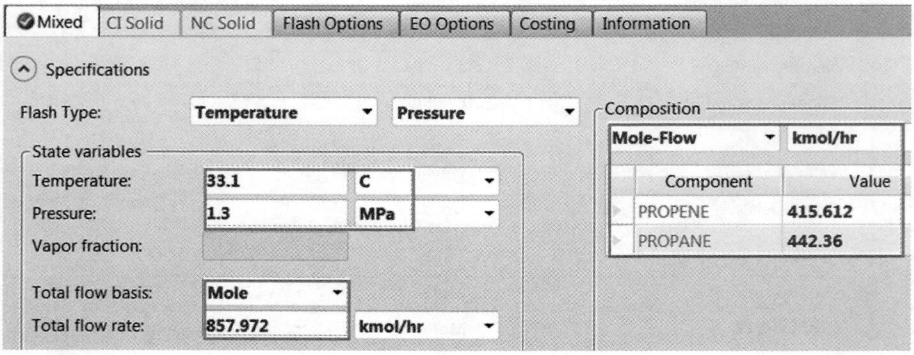

图 10-177　输入物流 REFLUX 初始值

进入 **Convergence** | **Tear** | **Specifications** 页面，将物流 REFLUX 设为撕裂物流，容差设为 1e-05，如图 10-178 所示。

点击 ，初始化后，点击 ，出现 **Required Input Complete** 对话框，点击 **OK**，运行模拟，流程收敛。

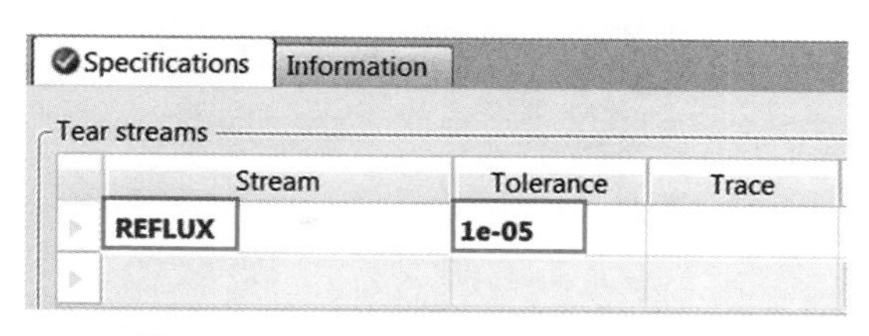

图 10-178　设置撕裂物流和容差

进入 **Results Summary** | **Streams** | **Material** 页面，查看物流结果，如图 10-179 所示。物流 PRO-D 丙烯摩尔分数为 0.989，物流 PRO-B 丙烷摩尔分数为 0.971，不符合产品纯度要求，需添加设计规定。

Material | Heat | Load | Work | Vol.% Curves | Wt. % Curves | Petroleum | Polymers | Sol

Display: Streams　Format: GEN_M　Stream Table　Copy All

	PRO-D	PRO-B	FEED
Temperature C	44.2	38.4	52.1
Pressure MPa	1.81	1.334	2
Vapor Frac	0	0	0
Mole Flow kmol/hr	49.034	50.963	100
Mass Flow kg/hr	2064.48	2244.28	4308.86
Volume Flow cum/hr	4.372	4.771	9.577
Enthalpy Gcal/hr	0.067	-1.405	-1.3
Mole Flow kmol/hr			
PROPENE	48.501	1.5	50
PROPANE	0.533	49.463	50
Mole Frac			
PROPENE	0.989	0.029	0.5
PROPANE	0.011	0.971	0.5

图 10-179　查看物流结果

进入 **Blocks** | **RECT** | **Specifications** | **Design Specifications** | **Design Specifications** 页面，点击 **New…**，创建设计规定，规定精馏段 RECT 塔顶物流 PRO-D 中丙烯的摩尔分数为 0.996，如图 10-180 所示。

点击 ，进入 **Blocks** | **RECT** | **Specifications** | **Vary** | **Adjusted Variables** 页面，点击 **New…**，创建操纵变量，定义操纵变量为精馏段 RECT 的回流比，变化范围 0～30，如图 10-181 所示。

同理规定提馏段 STRIP 塔底物流 PRO-B 中丙烷摩尔分数为 0.975，对应的操纵变量为再沸比量，变化范围为 0～20。

点击 ，出现 **Required Input Complete** 对话框，点击 **OK**，运行模拟，流程收敛。进入 **Results Summary** | **Streams** | **Material** 页面，查看物流结果，产品符合纯度要求，如图 10-182 所示。

分别进入 **Blocks** | **RECT** | **Profiles** | **TPFQ** 页面和 **Blocks** | **STRIP** | **Profiles** | **TPFQ** 页面，查看精馏段 RECT 和提馏段 STRIP 的塔板温度，并作出第 2～43 块塔板对应的温差曲线，如图 10-183 所示。

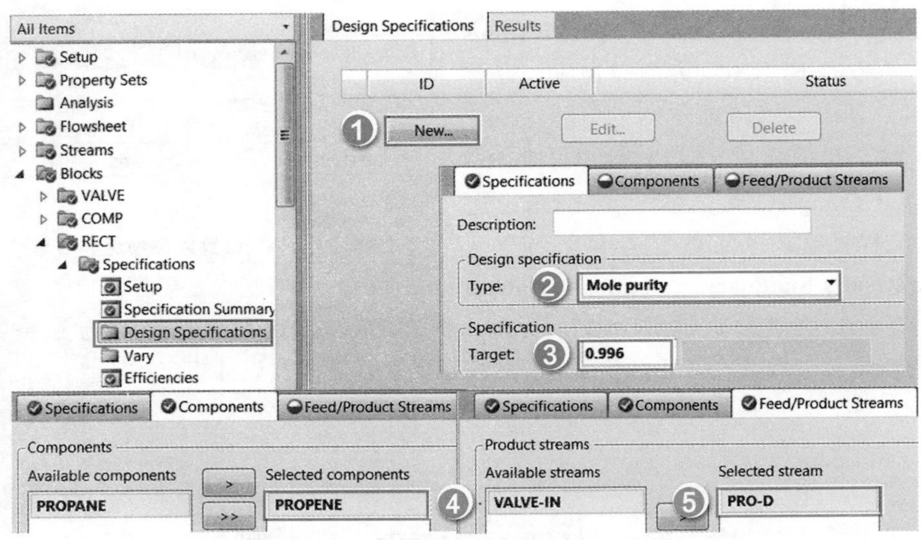

图 10-180　创建精馏段 RECT 设计规定

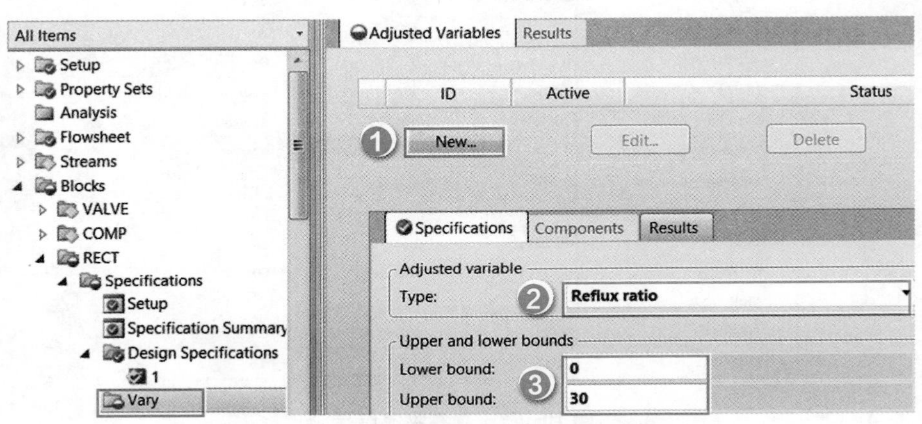

图 10-181　创建精馏段 RECT 操纵变量

Material | Heat | Load | Work | Vol.% Curves | Wt. % Curves | Petroleum | Polymers

Display: Streams　Format: GEN_M　Stream Table　Copy All

	FEED	PRO-B	PRO-D
Temperature C	52.1	38.5	44.2
Pressure MPa	2	1.334	1.81
Vapor Frac	0	0	0
Mole Flow kmol/hr	100	51.088	48.922
Mass Flow kg/hr	4308.86	2250.23	2059.06
Volume Flow cum/hr	9.577	4.785	4.359
Enthalpy Gcal/hr	-1.3	-1.415	0.076
Mole Flow kmol/hr			
PROPENE	50	1.277	48.726
PROPANE	50	49.811	0.196
Mole Frac			
PROPENE	0.5	0.025	0.996
PROPANE	0.5	0.975	0.004

图 10-182　查看物流结果 2

由图 10-183 可知，精馏段 RECT 和提馏段 STRIP 对应塔板温度均相差 5℃以上，可以进行热交换。

分别进入 **Blocks** | **RECT** | **Results** | **Summary** 页面和 **Blocks** | **STRIP** | **Results** | **Summary** 页面，查看精馏段 RECT 冷凝器热负荷 3557.77kW 和提馏段 STRIP 再沸器热负荷 3237.39kW。取再沸器与冷凝器热负荷较小者作为两段间总换热量的初始值，故总换热量初始值为 3237.39kW，选择上端对齐构型，提馏段与精馏段的换热板为第 2～44 块塔板，换热方式为每块板换热量相同，即 75.29kW。但为了便于流程收敛，换热量初始值设为 10kW。

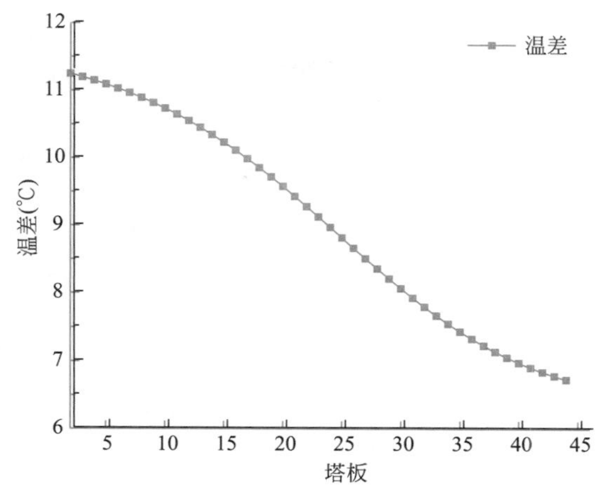

图 10-183 **精馏段 RECT 和提馏段 STRIP 温差变化曲线**

进入 **Blocks** | **RECT** | **Configuration** | **Heaters and Coolers** | **Side Duties** 页面，输入换热板范围 2～44，每块板换热量－10kW，如图 10-184 所示。

进入 **Blocks** | **STRIP** | **Configuration** | **Heaters and Coolers** | **Side Duties** 页面，输入换热板范围 2～44，每块板换热量 10kW，如图 10-185 所示。

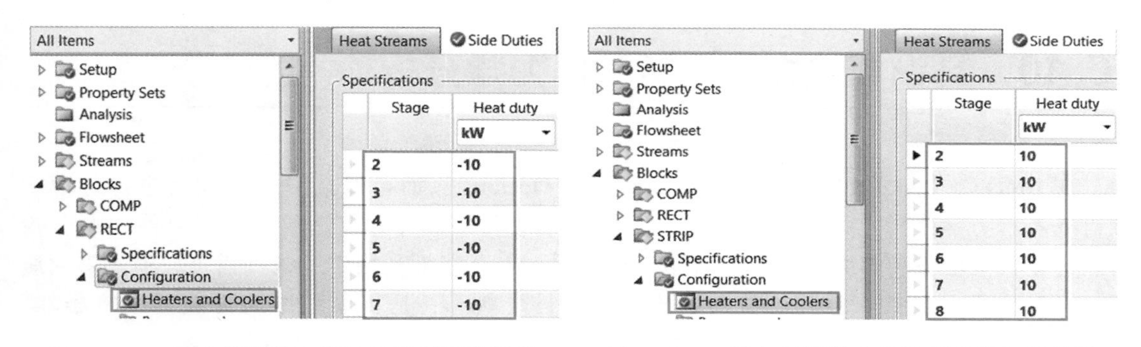

图 10-184 **输入精馏段 RECT 换热板和换热量**

图 10-185 **输入提馏段 STRIP 换热板和换热量**

点击N▶，出现 **Required Input Complete** 对话框，点击 **OK**，运行模拟，流程收敛。

分别进入 **Blocks** | **RECT** | **Results** | **Summary** 页面和 **Blocks** | **STRIP** | **Results** | **Summary** 页面，查看精馏段 RECT 冷凝器热负荷和提馏段 STRIP 再沸器热负荷。不断调整每块板换热量，并查看精馏段 RECT 和提馏段 STRIP 对应塔板温差，直至提馏段 STRIP 再沸器热负荷接近于 0，最终每块板换热量为 90.38kW。

分别进入 **Blocks** | **COMPR** | **Results** | **Summary** 页面、**Blocks** | **STRIP** | **Results** | **Summary** 页面和 **Blocks** | **RECT** | **Results** | **Summary** 页面，查看压缩机、提馏段再沸器和精馏段冷凝器热负荷，如图 10-186 所示。其中压缩机耗电量为 348.929kW，提馏段再沸器热负荷为 0.4591kW，精馏段冷凝器热负荷为－376.569kW。假设电热转换系数为 3，则压缩机消耗的等量负荷为 1049.787kW。

比较热泵精馏塔和内部热耦合精馏塔的能耗，内部热耦合精馏塔较热泵精馏塔的能耗节省 1－(1049.787＋0.4591)/1122.778×100％＝6.46％。

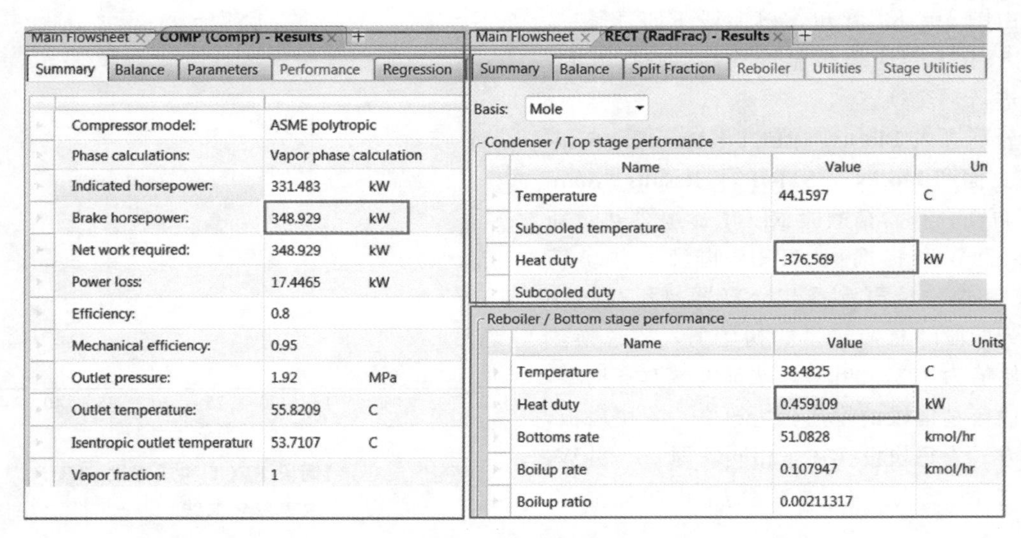

图 10-186　查看热负荷

压缩机压缩比与内部热耦合精馏塔的能耗密切相关，同时也对传热温差和换热面积有着重要影响，读者可自行对压缩机压缩比进行优化。

10.10　精馏塔热力学分析和水力学分析

在 **Blocks** | **RADFRAC** | **Analysis** | **Analysis Options** 页面可以选择对精馏塔进行热力学分析或者水力学分析，如图 10-187 所示。在工艺过程的设计和改造阶段，可以使用此分析功能优化精馏塔各项参数，以减少公用工程费用、提高能量利用率、减少投资、消除塔的瓶颈。可优化目标包括：进料位置、回流比、进料热状态、是否添加中间再沸器或冷凝器。Aspen Plus 中的 RadFrac、MultiFrac、PetroFrac 这三个模块具有此功能。

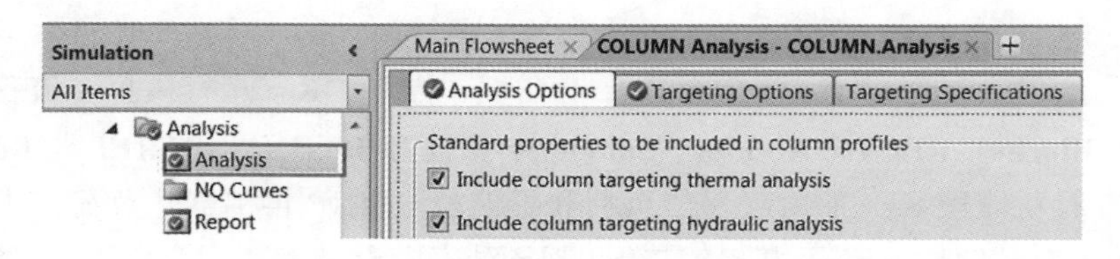

图 10-187　选择精馏塔热力学分析或水力学分析

(1)热力学分析(Column Targeting Thermal Analysis)

热力学分析是基于精馏塔内实际接近最小热力学条件(Practical Near Minimum Thermodynamic Condition，PNMTC)，最小热力学条件指精馏塔内传热传质过程是可逆的，即精馏塔在最小回流比、无穷理论板数下进行操作，且每块板上设置适当热负荷的加热器和冷却器，使精馏塔的操作线和平衡线重合，即冷凝器和再沸器的热负荷被分布到各层塔板上。

在最小热力学条件下，精馏塔的塔板-焓值(Stage-Enthalpy，*S-H*)或温度-焓值(Temperature-Enthalpy，*T-H*)曲线表示在满足分离要求条件下，精馏塔所需的最小加热负荷和冷却负荷，这两条曲线被称作精馏塔的总组合曲线(Column Grand Composite Curve，CGCC)，Aspen Plus 中热力学分析生成的 CGCC 是基于 PNMTC 的近似。

(2)水力学分析(Column Targeting Hydraulic Analysis)

水力学分析有助于消除塔的操作瓶颈，通过水力学分析得到精馏塔内汽液相流量分布，以及精馏塔内最小(PNMTC)和最大(液泛)允许流量。对于填料塔和板式塔，最大汽相流量由喷射液泛计算；对于板式塔，液相液泛与降液管液体高度等参数有关。

根据液泛来计算汽液相最大流量，必须规定塔板或填料的结构参数和液泛因子(液泛分率)。汽相的喷射液泛因子(Jet Flooding Limit)可以在 **Tray Rating** | **1** | **Setup** | **Design/Pdrop** 或 **Pack Rating** | **1** | **Setup** | **Design/Pdrop** 页面中规定，默认值是 0.85，如图 10-188 所示。液相的液泛因子在 **Tray Rating** | **1** | **Setup** | **Downcomers** 页面的 Flooding limit 中设定，默认值是 0.5，如图 10-189 所示。

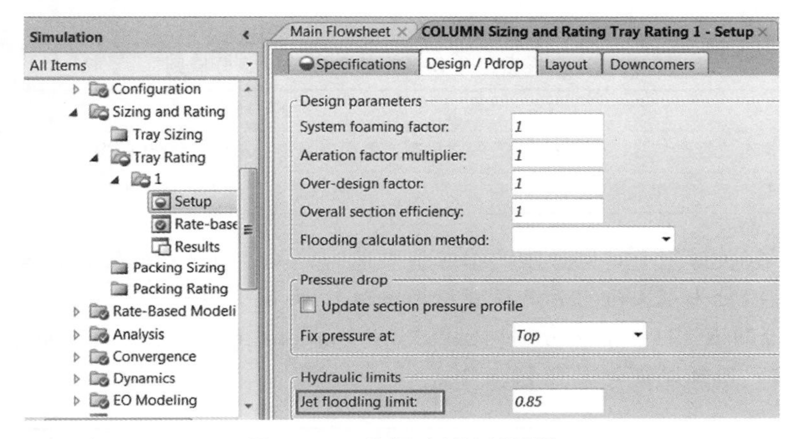

图 10-188 汽相喷射液泛因子

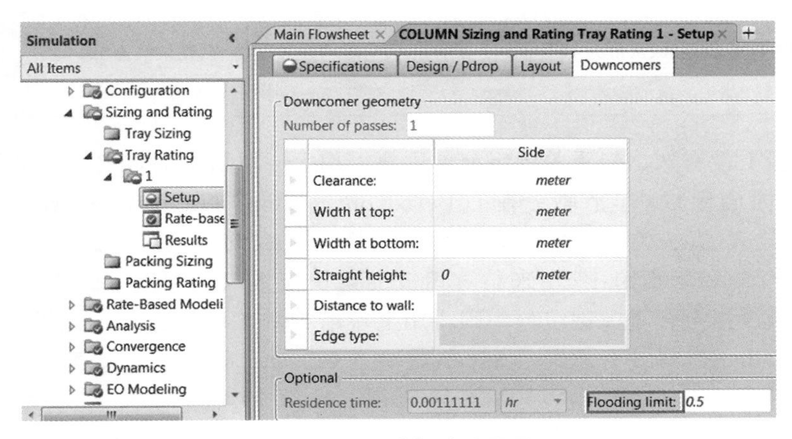

图 10-189 液相液泛因子

(3)选取关键组分

在 **Blocks** | **RadFrac** | **Analysis** | **Targeting Options** 页面，设置关键组分的选取方法共有四种，如图 10-190 所示。

① 用户自定义(User defined) 用户指定塔内各部分轻重关键组分，若有未指定的塔段，Aspen Plus 会自动外延至此段；若选择的关键组分与塔内分离的组分不一致，Aspen

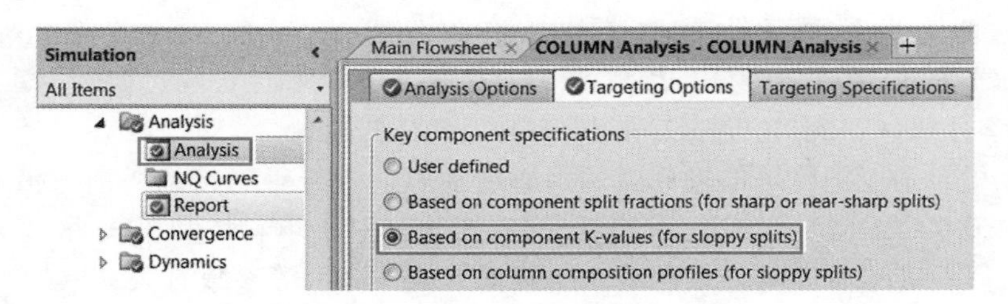

图 10-190 设置关键组分的选取方法

Plus 将跳过 Column targeting 计算。

② 根据组分分割分数(清晰分割或近似清晰分割)[Based on component split fractions (for sharp or near-sharp splits)] 根据产品流股将塔划分为若干部分，在每个部分，根据组分分割分数选择关键组分，选择原则如表 10-4 所示。

表 10-4 根据组分分割分数选择关键组分原则

组分摩尔分数	组分分割分数	定义为
在塔底产品中>组成容差(默认值为 1E−06)	在塔顶产品中>最小分割分数(默认值为 0.9)	轻关键组分
在塔顶产品中>组成容差	在塔底产品中>最小分割分数	重关键组分

若存在若干轻关键组分，则最重的组分将被选为轻关键组分；同样，在若干个重关键组分中，选最轻的组分为重关键组分，轻或重是由组分 K 值决定的。

③ 根据组分的 K 值(非清晰分割)[Based on component K-values(for sloppy splits)] 此法是默认设置，选择原则列于表 10-5 中。

表 10-5 根据组分的 K 值选择关键组分原则

组分摩尔分数	组分 K 值	定义为
在塔底产品中>组成容差(默认值为 1E−06)	在塔顶产品中>1+K 值容差(默认值为 1E−05)	轻关键组分
在塔顶产品中>组成容差	在塔底产品中<1−K 值容差	重关键组分

若一块塔板上没有选出轻重关键组分，则将采用上一块塔板的轻重关键组分。

④ 根据塔内的组成(非清晰分割)[Based on column composition profiles(for sloppy splits)] 此法与 K 值法类似，但此方法用的是塔内生成的组成分布。可以设定组成容差(默认值为 1E−06)和塔板跨度(用来估算组成的某块塔板以上和以下的塔板数，默认值为 2)。若某块塔板没指定轻重关键组分，则将用上块塔板的关键组分作为此塔板的关键组分，如果这种外推做出的选择没有意义，Aspen 将跳过 Column targeting 计算。

例 10.10

将正构 C_7、C_8 烷烃从等摩尔的 C_7、C_8、C_9、C_{10}、C_{15} 正构烷烃混合物中分离，进料量 500kmol/h，压力 240kPa，塔的操作压力 200kPa，冷凝器形式为只有气相产品的分凝器，塔顶产品与进料摩尔流量比(D/F)为 0.4，对表 10-6 所列的设计方案的精馏塔进行热力学分析和水力学分析，根据组分分割分数[Based on component split fractions(for sharp or near-sharp splits)]选取关键组分，物性方法采用 PENG-ROB。初步设计的板式塔结构为：塔径 2.8m，浮阀塔板，板间距 600mm，单溢流，溢流堰高度 50mm。

表 10-6　精馏塔的设计方案

参数	方案 1	方案 2	方案 3	方案 4	方案 5
理论板数	15	15	30	30	30
回流比	9.9	9.9	3.27	3.27	3.27
进料位置	3	7	14	14	14
进料温度/℃	175.5	175.5	175.5	192.2	175.5
中间再沸器热负荷/MW	—	—	—	—	2
中间再沸器位置	—	—	—	—	22

本例模拟过程如下：

建立模拟，文件保存为 Example10.10-Targeting.bkp。方案 1 的 *S-H* 总组合曲线和塔内液相流量分布曲线分别如图 10-191 和图 10-192 所示（Home 功能选项栏 Plot 组下选择相应的曲线即可得到）。*S-H* 总组合曲线图上冷凝器一侧进料点焓值变化较大，塔内液相流量超出了塔内最大允许液相流量。

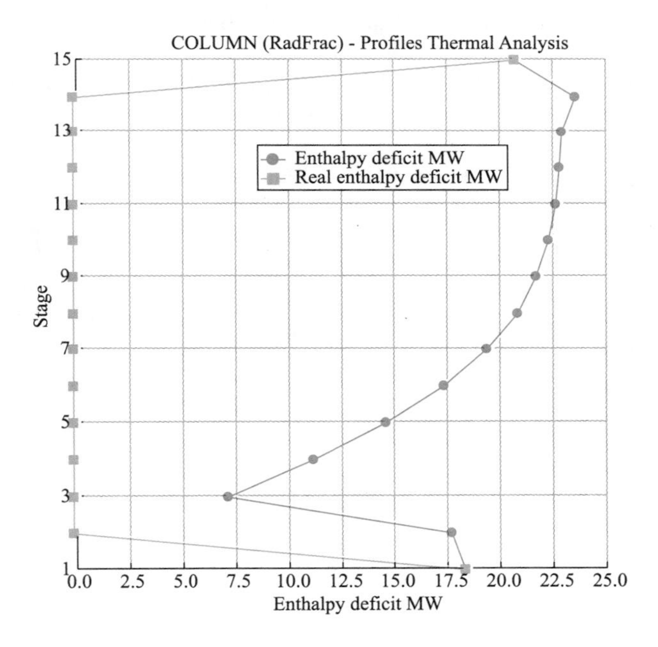

图 10-191　**S-H 总组合曲线（方案 1）**

（1）进料位置

进料位置不当会造成塔的总组合曲线发生畸变。在 *S-H* 总组合曲线上，这种畸变很明显，原因是此时需要额外的回流来弥补不当的进料位置。

如果进料位置太靠上，*S-H* 总组合曲线上冷凝器一侧，进料点焓值会有急剧变化；同理，如果进料位置太靠下，*S-H* 总组合曲线上再沸器一侧，进料点焓值会有急剧变化。恰当的进料位置不仅能消除 *S-H* 曲线上的畸变，而且可减少冷凝器和再沸器的热负荷。

图 10-191 中的 *S-H* 总组合曲线进料位置为 3，在冷凝器一侧进料点焓值变化较大，说明进料位置太靠上。方案 2 中进料位置为 7，方案 1 和方案 2 的 *S-H* 总组合曲线如图 10-

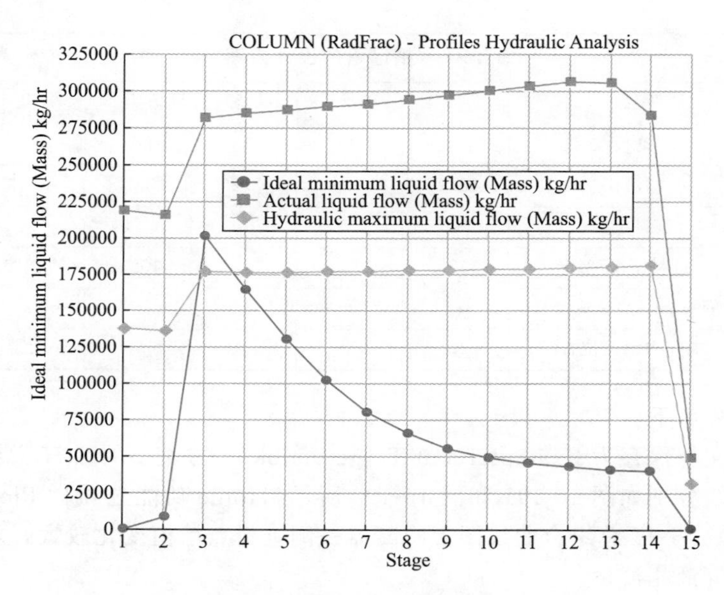

图 10-192　塔内液相流量分布曲线(方案 1)

193 所示，方案 2 的 S-H 总组合曲线上进料处焓值变化明显减少。方案 2 的塔内液相流量分布如图 10-194 所示，塔内液相流量仍然超出最大允许液相流量。

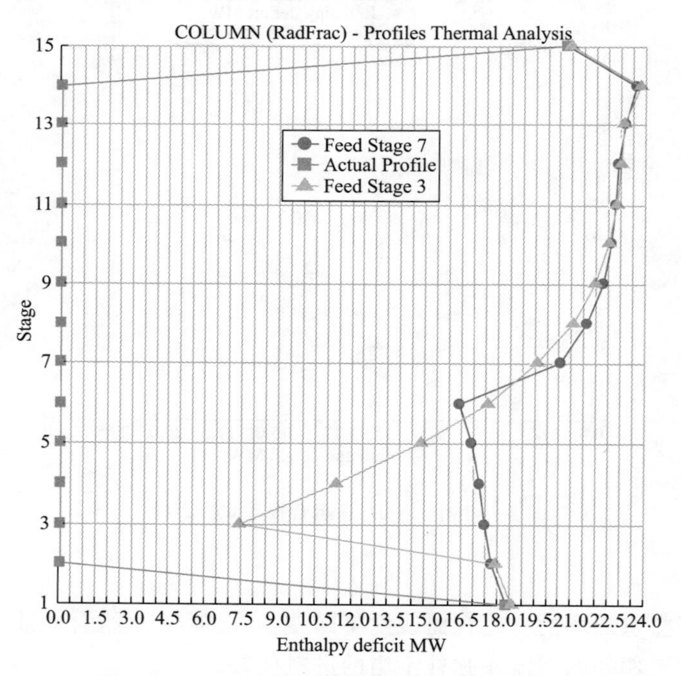

图 10-193　***S-H*** 总组合曲线(方案 1 和方案 2)

(2)回流比

T-H 总组合曲线图上夹点与纵坐标轴的水平距离表示回流比可减少的范围。减少回流比，T-H 总组合曲线会向纵坐标轴靠近，这样就同时减少了再沸器和冷凝器的热负荷。方案 2 的 T-H 总组合曲线如图 10-195 所示，冷凝器和再沸器的热负荷大约可减少 16MW。

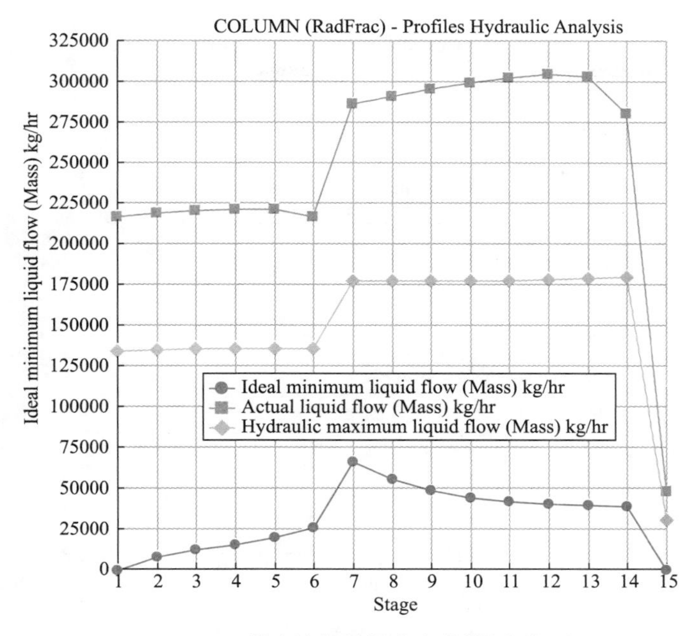

图 10-194　塔内液相流量分布曲线(方案 2)

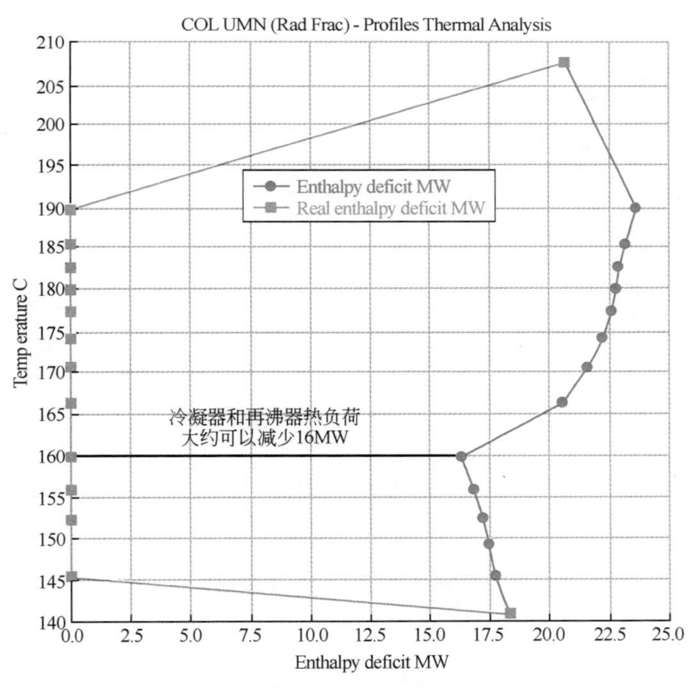

图 10-195　*T-H* 总组合曲线(方案 2)

由于回流比减少，要达到预期的分离就必须增加塔板数。因此，要选择一个较优的回流比，就要权衡增加塔板所增加的投资成本和减少冷凝器和再沸器热负荷所节省的操作费用。

方案 3 的塔板数增加，回流比减小，其 *T-H* 总组合曲线如图 10-196 所示，图上夹点与纵坐标轴的水平距离明显减小，冷凝器和再沸器的热负荷较方案 2 大幅减小，水力学结果如图 10-197 所示，塔内液相流量比最大允许液相流量小。

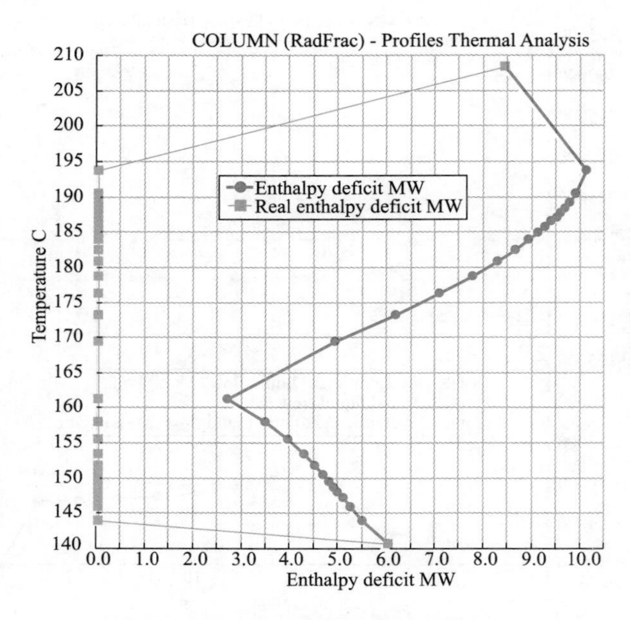

图 10-196 ***T-H* 总组合曲线(方案 3)**

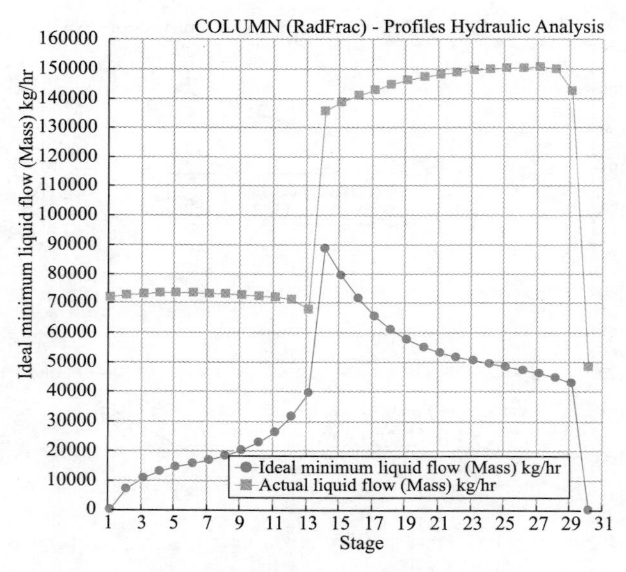

图 10-197 **塔内液相流量分布曲线(方案 3)**

(3)进料热状态

可根据 *S-H* 或 *T-H* 总组合曲线两侧焓值变化的剧烈程度来调整进料热状态。*S-H* 或 *T-H* 总组合曲线上，如果再沸器一侧焓值大幅度变化，说明进料需要被加热，同理，冷凝器一侧焓值大幅度变化，说明进料需被冷却，最佳的进料热状态可使两侧曲线基本对称。

方案 3 的 *T-H* 总组合曲线再沸器一侧焓变大于冷凝器一侧，方案 4 的进料温度由 175.5℃提高至 192.2℃，其 *T-H* 总组合曲线如图 10-198 所示，两侧曲线基本对称。方案 4 的塔内液相流量分布如图曲线 10-199 所示，塔内液相流量远小于最大允许液相流量。

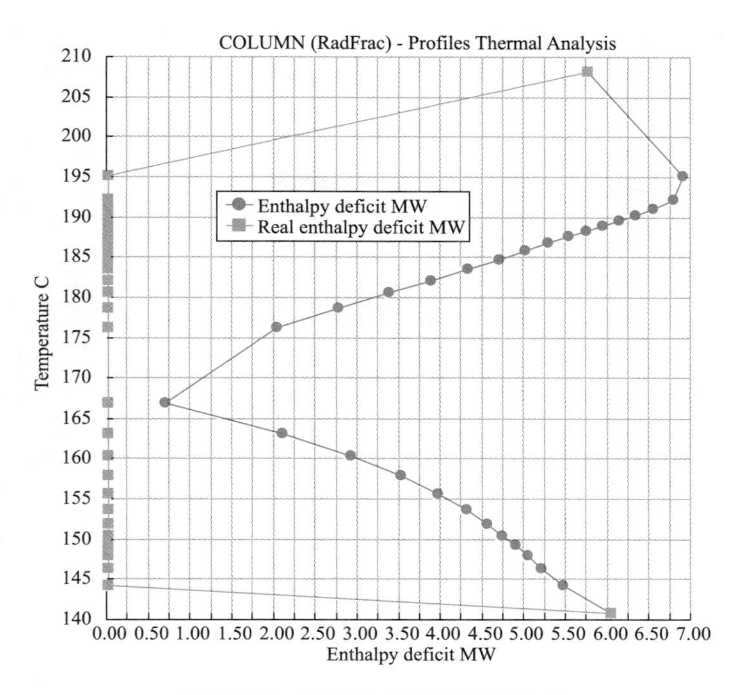

图 10-198 ***T-H*** **总组合曲线(方案 4)**

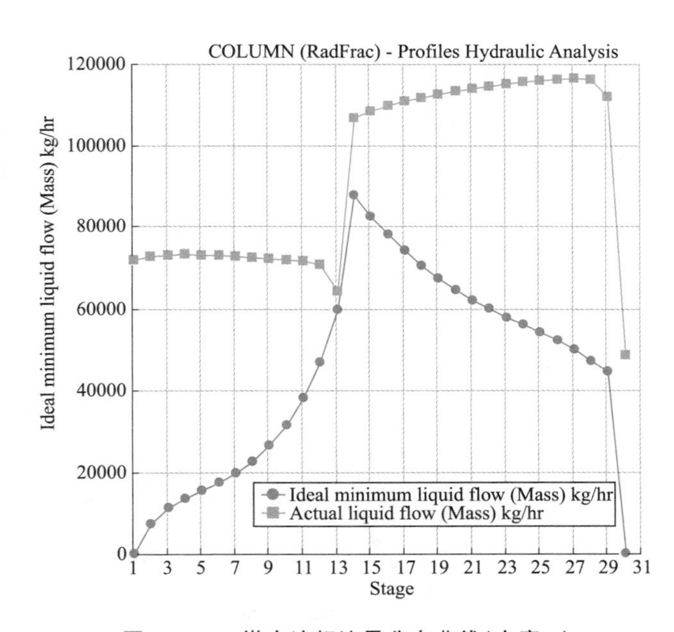

图 10-199 **塔内液相流量分布曲线(方案 4)**

(4)中间冷凝器和再沸器

添加中间再沸器可减少主再沸器热负荷，同时减少热公用工程的温度水平。可通过塔的总组合曲线夹点以上或以下的面积(在理想的和实际焓值曲线之间的面积)来确定中间冷凝器和再沸器的使用范围。如果存在一个区域，比如，在夹点以下，在适当温度水平上可放置一个中间冷凝器，这允许使用更便宜的冷却公用工程来从塔中移取热量。类似的道理适用于添加中间再沸器。

方案 5 的 T-H 总组合曲线如图 10-200 所示，实际 T-H 曲线(Actual Profile)再沸器一侧有变化，水力学结果如图 10-201 所示，中间再沸器至塔底段的液相流量较方案 3 减小。

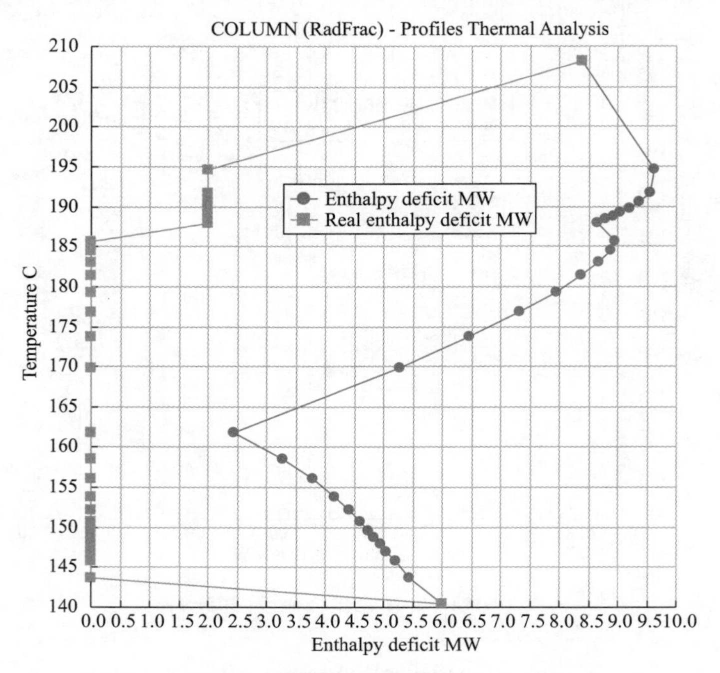

图 10-200 ***T*-*H* 总组合曲线(方案 5)**

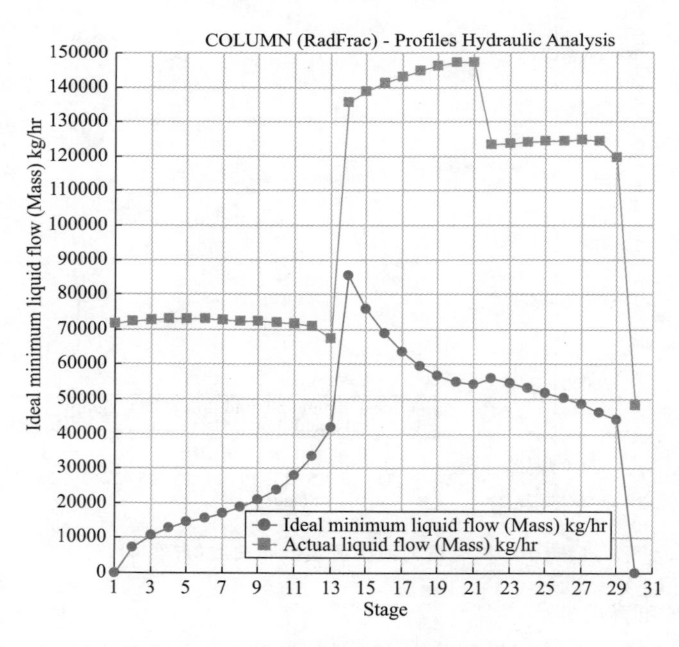

图 10-201 **塔内液相流量分布曲线(方案 5)**

(5)有效能损失

有效能损失曲线，是一个辅助设计工具。方案 3 和方案 4 的有效能损失结果如图 10-202 所示，由图可知，方案 4 的有效能损失小于方案 3。

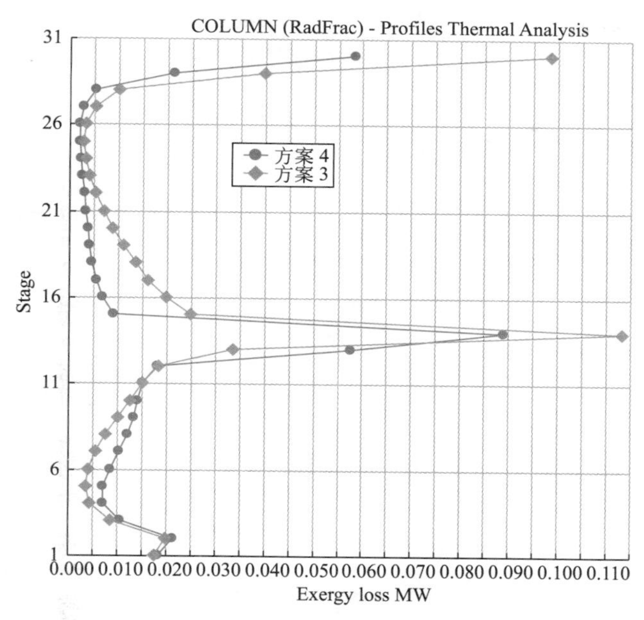

图 10-202 有效能损失对比

10.11 塔板数-热负荷（NQ）曲线

传统的 NQ 曲线是指塔板数(N)-热负荷(Q)关系曲线，可以用于优化塔板数和进料位置。NQ 曲线能够给出在最佳进料位置下不同塔板数对应的热负荷。NQ 曲线的概念不仅局限于热负荷，也包括回流比。

每一塔板数下，主进料都是在最佳进料位置进料，产品出料、其他进料、中段循环和分相器的位置随塔板数和最佳进料位置的变化而变化，NQ 曲线记录了每一塔板对应的详细的塔模拟结果，并给出了其余变量(如回流比)的变化情况。

在塔板数和进料板位置优化中，与使用概念设计工具(模型库中的 Conceptual Design)相比，使用 NQ 曲线有以下几个优点：① NQ 曲线在设计阶段使用与模拟相同的模块，这消除在初步设计和严格计算之间的迭代，此迭代是为了弥补模拟中设计阶段的简捷模块和严格模块的差距；② NQ 曲线分析可以缩短过程模拟的周期；③ 与使用初步设计工具相比，通过 NQ 曲线设计能处理更多的塔构型和设计规定。

要生成 NQ 曲线，塔的基本输入参数要合理，而且塔板数要足够多，同时：

① 对离开塔(不包括液液分相器)的每股物流做纯度、回收率或者塔板温度的设计规定，中段循环也需设置设计规定；

② 采用平衡级模型。NQ 曲线的计算是基于平衡级模型，不适用于速率模型的计算；

③ 规定要分析的塔板数的下限和上限，要分析的塔板数的上限不能超过塔模块输入页面中的塔板数；

④ 选择需要优化进料位置的进料流股并且规定进料位置的范围；

⑤ 为进料板优化选择一个目标函数；

⑥ 规定其他进料、产品、中段循环、液液分相器的位置如何随塔板数和/或要优化的进料位置变化而变化。

例 10.11

一精馏塔工艺参数和流程图如图 10-203 所示，使用 NQ 曲线确定冷凝器和再沸器总的热负荷最小(min Qred-Qcond)时的塔板数和进料位置。

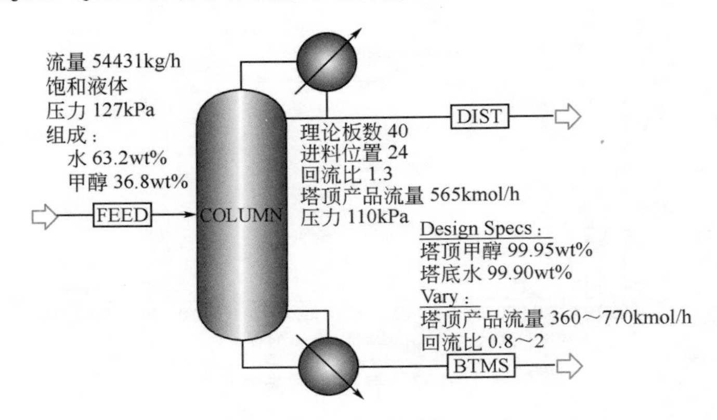

图 10-203 工艺参数和流程

模拟过程单位制选择 SI，建立流程，将文件保存为 Example10.11-NQ.bkp。进入 **Blocks** | **COLUMN** | **Analysis** | **NQ Curves** 页面，点击 **New…**，创建 NQ 曲线，默认 ID 为 1，点击 **OK**，如图 10-204 所示。

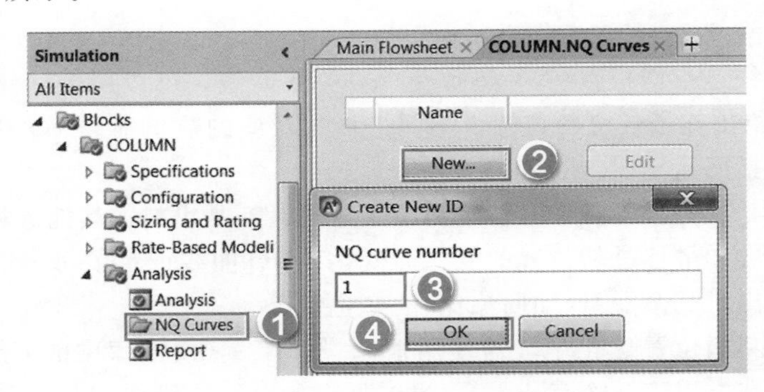

图 10-204 创建 NQ 曲线

进入 **Blocks** | **COLUMN** | **Analysis** | **NQ Curves** | **1** | **Setup** | **Specifications** 页面，输入 NQ 曲线参数，如图 10-205 所示。塔板数的上限不能超过基本工况的塔板数。

此页面中 Objective Function(目标函数)共有六个待选项，分别为①Qreb-Qcond(再沸器和冷凝器总热负荷)；②Qcond(冷凝器热负荷)；③Qreb(再沸器热负荷)；④Mole-Rr(摩尔回流比)；⑤Mass-Rr(质量回流比)；⑥Stdvol-Rr(标准液体体积回流比)。

进入 **Blocks** | **COLUMN** | **Convergence** | **Convergence** | **Advanced** 页面，将优化算法(NQ-Fopt-Meth)改为 Case study，如图 10-206 所示。NQ 优化算法有三种：

① QP search，一维二次搜索，起始点离目标较远时，该法速度相对较快，但可能不够稳定；

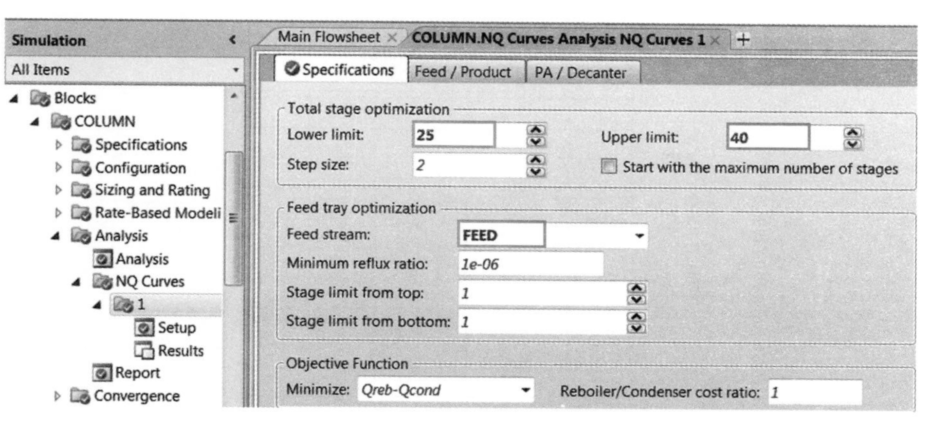

图 10-205　**输入 NQ 曲线参数**

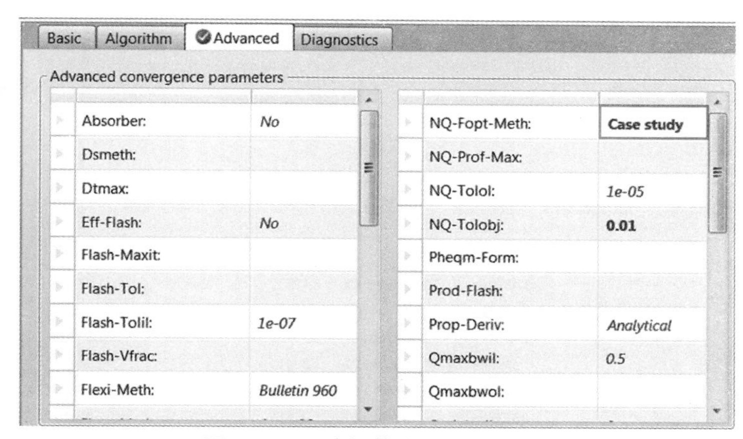

图 10-206　**选择算法为 Case-study**

② Case study，较稳定，但起始点离目标较远时，计算量较大，起始点十分接近目标时，该法效率较高；

③ Hybrid，起始使用一维二次搜索，然后用 Case study。Radfrac 模块默认对两相塔采用 Hybrid，对于三相塔采用 Case study。

运行模拟，流程收敛。控制面板显示警告，如图 10-207 所示。当塔板数超过 31 后，目标函数不再随塔板数的增加而显著变化。NQ 曲线结果如图 10-208 和图 10-209 所示，冷凝器和再沸器总的热负荷最小时的塔板数为 31(包括全凝器和再沸器)，进料位置为 23。

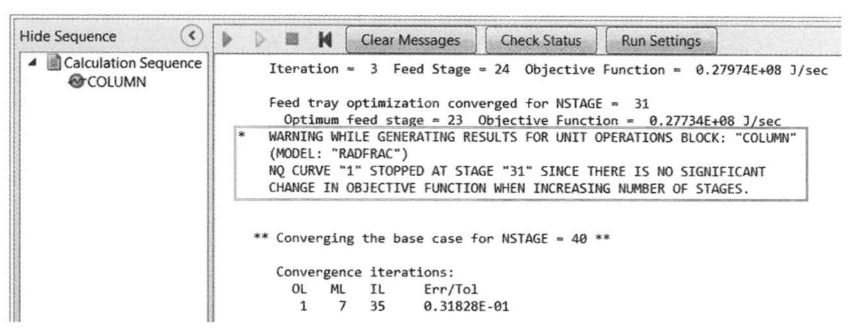

图 10-207　**控制面板警告信息**

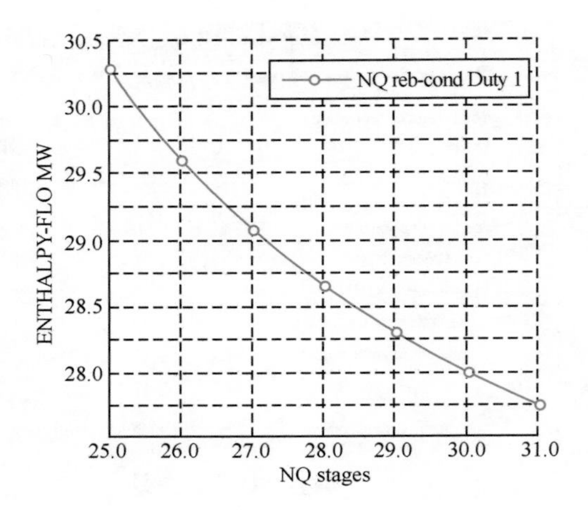

图 10-208 NQ 曲线

Summary | Basic Results | TPQLV | Compositions | Feed / Prod | Opt Feed / Prod | PA / Dec | Opt PA / Dec

Feed stream: FEED

Results

Case no.	Feed stage	Total stages	Condenser duty (Watt)	Reboiler duty (Watt)	Reflux ratio (Mole)	Reflux ratio (Mass)	Reflux ratio (StdVol)	Objective function (Watt)
1	18	25	-1.48202e+07	1.54581e+07	1.43932	1.43932	1.43932	3.02783e+07
2	19	26	-1.44741e+07	1.5112e+07	1.38235	1.38235	1.38235	2.95861e+07
3	20	27	-1.42047e+07	1.48426e+07	1.33801	1.33801	1.33801	2.90473e+07
4	21	28	-1.39989e+07	1.46367e+07	1.30413	1.30413	1.30413	2.86356e+07
5	22	29	-1.38462e+07	1.4484e+07	1.27899	1.27899	1.27899	2.83302e+07
6	22	30	-1.3677e+07	1.43149e+07	1.25116	1.25116	1.25116	2.79919e+07
7	23	31	-1.35481e+07	1.41859e+07	1.22993	1.22993	1.22993	2.7734e+07

图 10-209 NQ 分析基本结果

第11章

工艺流程模拟

11.1 带有循环的工艺流程

Aspen Plus 中的单元模块计算方法默认为序贯模块法，即用户给出输入物流条件和单元模块参数，由软件计算得到输出物流与单元模块结果。如图 11-1 中的三相闪蒸器 FLASH2，物流 FEED1 和物流 FEED2 的条件由用户给定或由三相闪蒸器 FLASH2 之前的单元模块计算得到，物流 VAPOR 和物流 LIQUID 是该单元模块的产品物流，物流 WATER 是水相，规定任意两个闪蒸条件，如热负荷和汽化分率，就可以计算出产品物流的结果。

序贯模块法对流程中的所有单元模块按照一定计算顺序逐一求解，直至流程结束。如果流程中含有循环物流，则需在包含循环物流的流程段迭代计算直至流程收敛。一般而言，一个完整的工艺流程均含有循环物流。因此本节主要介绍如何运用 Aspen Plus 解决带有循环的简单工艺流程模拟问题。

图 11-2 为一个带有循环的工艺流程。计算该流程时可采用直接迭代算法，具体步骤是先假设循环物流的温度、压力和各组分的流量，即为物流 RECYCLE 提供初值，然后顺次计算单元模块 REACT、FLASH、SPLIT 得到物流 RECYCLE 的计算值。对比计算值与初值，若两者差值在容差范围之外，则将计算值作为下一次迭代计算的初值，直至两者差值在容差范围之内，本书第 10 章中涉及循环物流的复杂精馏流程也采用这种策略。

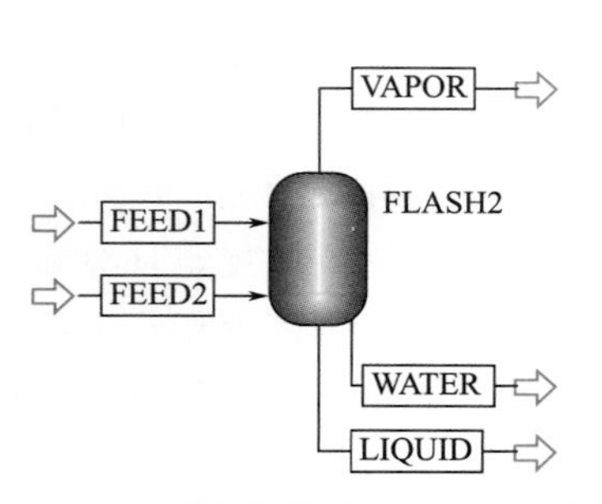

图 11-1 三相闪蒸器 FLASH2 流程

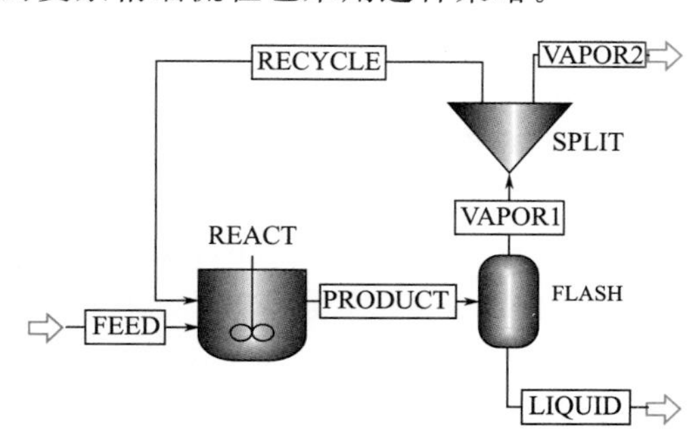

图 11-2 带有循环的工艺流程

对流程进行分析和调试的过程中，经常涉及最大迭代计算次数，Aspen Plus 的默认值为 30，用户可以进入 **Convergence** | **Options** | **Methods** 页面进行设定，如图 11-3 所示。此外，Aspen Plus 还提供了多种收敛算法，包括直接迭代法（Direct）、韦格斯坦法（Wegstein）、布洛伊顿拟牛顿法（Broyden）和牛顿法（Newton），用户可以进入 **Convergence** | **Options** | **Defaults** | **Default Methods** 页面选择收敛算法，如图 11-4 所示。直接迭代法的收敛速度较慢，特别是当迭代矩阵的最大特征值接近于 1 时；韦格斯坦法具有计算简单、所需存储量少等优点，在化工流程模拟中应用广泛；布洛伊顿拟牛顿法对迭代变量进行修正时，考虑了变量间的交互作用，特别适用于求解变量间存在较强交互作用的情况，并且在接近收敛值时仍然具有很高的收敛速度；牛顿法收敛速度快但计算量大。对断裂物流 Aspen Plus 默认使用韦格斯坦法。

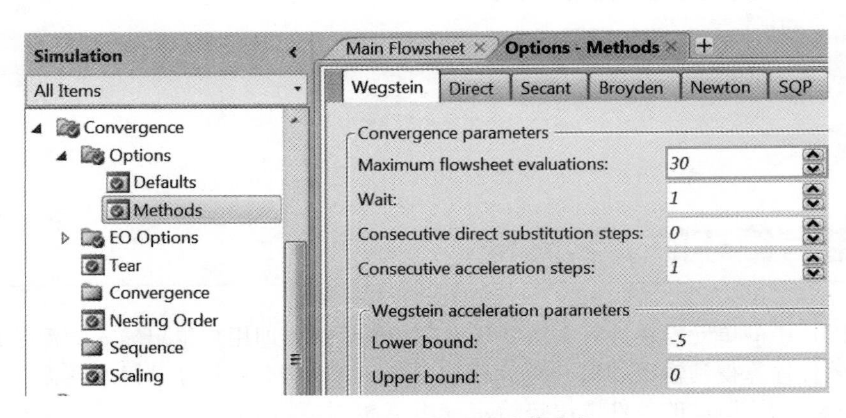

图 11-3　**设置最大迭代计算次数**

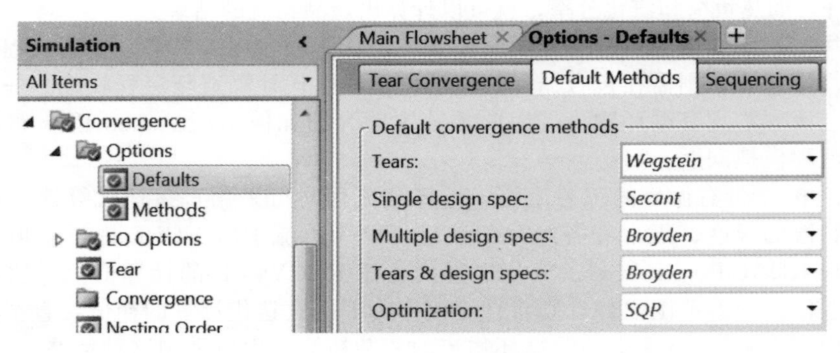

图 11-4　**选择收敛算法**

对于如图 11-2 所示的工艺流程，一般将物流 RECYCLE 作为断裂物流，但也可以选择其他物流，例如选择物流 PRODUCT 作为断裂物流，此时将按照单元模块 FLASH、SPLIT、REACT 的顺序进行模拟计算。用户可以进入 **Convergence** | **Tear** 页面、**Convergence** | **Nesting Order** 页面和 **Convergence** | **Sequence** 页面选择断裂物流并规定计算顺序。断裂物流的默认初值是 0，多数情况下流程都会收敛，如果流程不收敛则需要用户为断裂物流提供合适的初值。改变条件重新运行模拟之前，需要将模拟初始化，否则 Aspen Plus 将在上一次模拟结果的基础上进行计算。

下面通过例 11.1 介绍带有循环的工艺流程模拟。

例 11.1

以环己烷作共沸剂，通过共沸精馏分离乙醇-水，流程如图 11-5 所示。进料 FEED1 中乙醇、水的流量分别为 10kmol/h、225kmol/h，进料 FEED2 为纯环己烷，流量为 0.005kmol/h。两股进料压力均为 0.1MPa，饱和液体，塔和分相器的操作压力均为 0.1MPa，压降均可忽略。精馏塔 DIST1 和 DIST2 选用 Sep2 模块，分相器 DECANT 选用 Sep 模块，只做物料衡算，表 11-1 给出了各个单元模块的操作参数。试计算精馏塔 DIST2 塔底物流中乙醇的纯度。物性方法采用 NRTL。

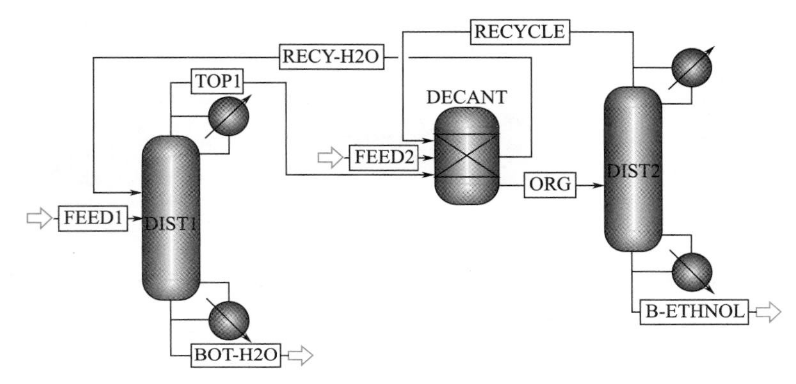

图 11-5 共沸精馏分离乙醇-水流程

表 11-1 工艺数据

组分	精馏塔进料中各组分进入塔底物流的分数		分相器 DECANT 进料中各组分进入物流 ORG 的分数
	DIST1	DIST2	
乙醇	0.01	0.97	0.98
水	0.97	0.0001	0.01
环己烷	0.09	0.0001	0.99

本例模拟步骤如下：

启动 Aspen Plus，选择模板 General with Metric Units，将文件保存为 Example11.1-Recycle.bkp。

进入 **Components** | **Specifications** | **Selection** 页面，输入组分 ETHAN-01（乙醇）、WATER（水）和 CYCLO-01（环己烷）。

点击 N→，进入 **Methods** | **Specifications** | **Global** 页面，物性方法选择 NRTL。

点击 N→，查看方程的二元交互作用参数，本例采用默认值，不做修改。

点击 N→，出现 **Properties Input Complete** 对话框，选择 Go to Simulation environment，点击 **OK**，进入模拟环境。

建立如图 11-5 所示的流程。其中精馏塔 DIST1 和 DIST2 采用 Sep2 模块，分相器 DE-

CANT 采用 Sep 模块。

进入 **Setup** | **Specifications** | **Global** 页面，在 Title(名称)中输入 Recycle。由于只进行物料衡算，所以进入 **Setup** | **Calculation Options** | **Calculations** 页面，去掉选项 Perform heat balance calculations，如图 11-6 所示。

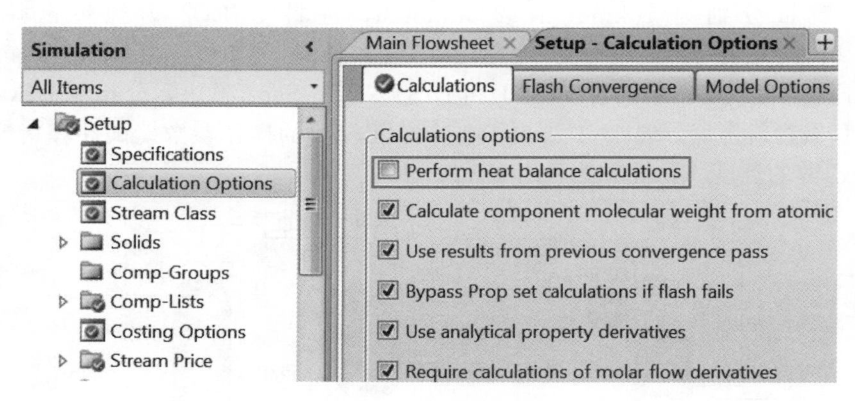

图 11-6　**设置计算选项**

点击，进入 **Streams** | **FEED1** | **Input** | **Mixed** 页面，输入进料 FEED1 汽化分率 0(饱和液体)，压力 0.1MPa 及乙醇、水的流量分别为 10kmol/h、225kmol/h。

点击，进入 **Streams** | **FEED2** | **Input** | **Specifications** 页面，输入进料 FEED2 汽化分率 0(饱和液体)，压力 0.1MPa 及环己烷流量 0.005kmol/h。

点击，进入 **Blocks** | **DECANT** | **Input** | **Specifications** 页面，输入分相器 DECANT 规定，如图 11-7 所示。

Specifications | Feed Flash | Outlet Flash | Utility | Informati

Outlet stream conditions

Outlet stream: ORG

Substream: MIXED

Component ID	Specification	Basis	Value
ETHAN-01	Split fraction		0.98
WATER	Split fraction		0.01
CYCLO-01	Split fraction		0.99

图 11-7　**输入分相器 DECANT 规定**

点击，进入 **Blocks** | **DIST1** | **Input** | **Specifications** 页面，输入精馏塔 DIST1 规定，如图 11-8 所示。

点击，进入 **Blocks** | **DIST2** | **Input** | **Specifications** 页面，输入精馏塔 DIST2 规定，如图 11-9 所示。

点击，出现 **Required Input Complete** 对话框，点击 **OK**，运行模拟，控制面板上显示有错误，提示精馏塔 DIST2 质量不守恒且收敛模块 $OLVER01 最终没有收敛，如图 11-10 所示。

引起这一错误的原因很多，若每个单元模块的输入数据无误且没有使用严格规定，可考

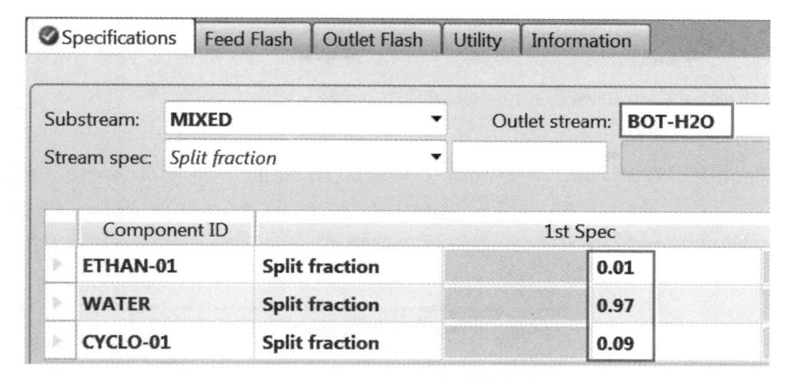

图 11-8　输入精馏塔 DIST1 规定

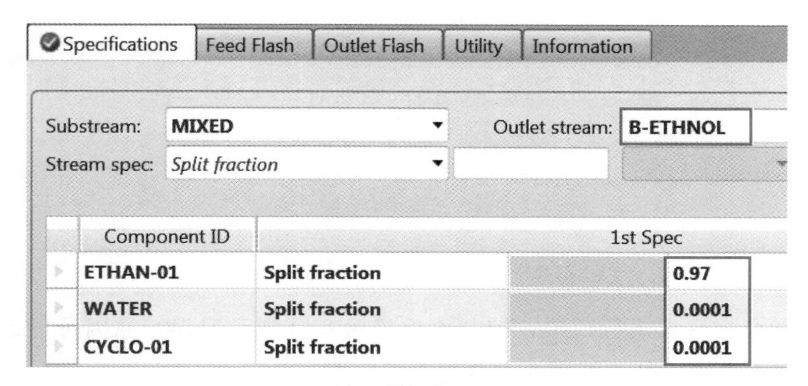

图 11-9　输入精馏塔 DIST2 规定

```
 **   ERROR
      BLOCK DIST2 IS NOT IN MASS BALANCE:
      MASS INLET FLOW = 0.14741295E+00, MASS OUTLET FLOW = 0.14731437E+00
      RELATIVE DIFFERENCE = 0.66917422E-03
      MAY BE DUE TO A TEAR STREAM OR A STREAM FLOW MAY HAVE
      BEEN CHANGED BY A FORTRAN, TRANSFER, OR BALANCE BLOCK
      AFTER THE BLOCK HAD BEEN EXECUTED.

 **   ERROR
      Convergence block $OLVER01 did not converge
      normally in the final pass

->Simulation calculations completed ...


 ***   No Warnings were issued during Input Translation ***


             ***  Summary of Simulation Errors  ***

                 Physical
                 Property        System       Simulation
 Terminal Errors    0               0             0
   Severe Errors    0               0             0
          Errors    0               0             2
        Warnings    0               0             1
```

图 11-10　查看控制面板信息

虑精馏塔 DIST2 本身计算错误，但此处为 Sep2 模块，只进行简单的组分分离，基本不会出现错误，可排除这一原因。其次流程迭代计算次数不足、撕裂物流选择不合适或收敛方法选择不当也会导致该错误，下面根据可能原因进行调整。

(1)增加迭代计算次数

进入 **Convergence** | **Options** | **Methods** | **Wegstein** 页面，将 Convergence parameters(收敛参数)中的 Maximum flowsheet evaluations(流程最大迭代计算次数)设置为 100，如图 11-11 所示。

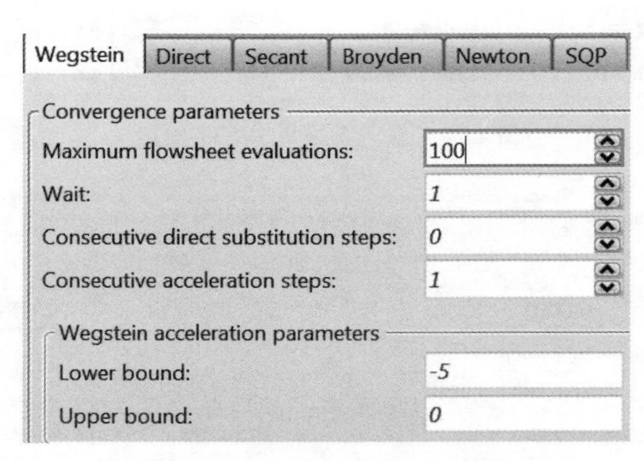

图 11-11 **增加流程最大迭代计算次数**

点击初始化，重新运行模拟，控制面板显示有警告和错误。原因可能是 Aspen Plus 默认的断裂物流不恰当或是该流程不适合用韦格斯坦法。

(2)改变断裂物流

进入 **Convergence** | **Tear** | **Specifications** 页面，选择物流 RECY-H2O 和 ORG 为断裂物流，如图 11-12 所示。

Specifications | Information

Tear streams

Stream	Tolerance	Trace	State variables
RECY-H2O	0.0001		Pressure & enthalpy
ORG	0.0001		Pressure & enthalpy

图 11-12 **改变断裂物流**

点击初始化，重新运行模拟，控制面板依然出现警告和错误，此时需要修改收敛算法。

(3)修改收敛算法

进入 **Convergence** | **Options** | **Defaults** | **Default Methods** 页面，将默认的断裂物流收敛算法改为 Newton(牛顿法)进行计算(断裂物流不变)，如图 11-13 所示。

点击初始化，重新运行模拟，控制面板显示模拟收敛。进入 **Results Summary** | **Streams** | **Material** 页面，可看到精馏塔 DIST2 塔底物流 B-ETHNOL 中 ETHAN-01(乙醇)的摩尔分数为 1，如图 11-14 所示。

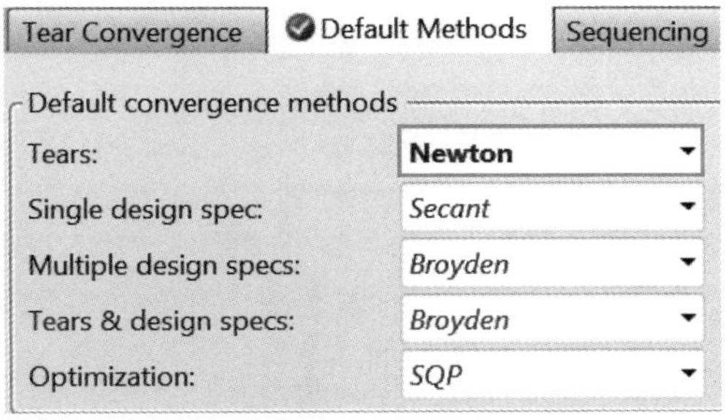

Tear Convergence	Default Methods	Sequencing

Default convergence methods

Tears:	Newton
Single design spec:	Secant
Multiple design specs:	Broyden
Tears & design specs:	Broyden
Optimization:	SQP

图 11-13 修改收敛算法

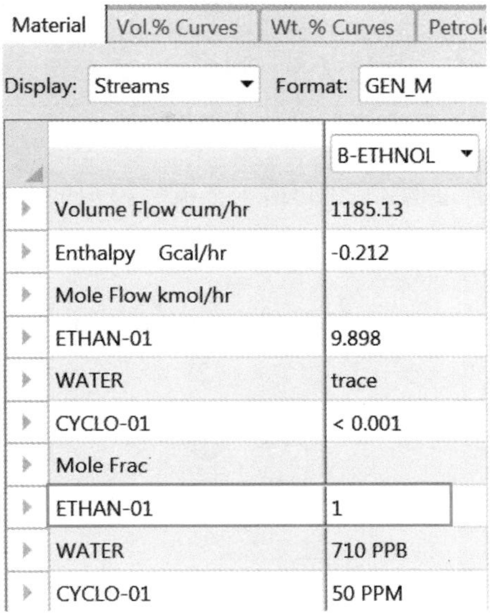

Material	Vol.% Curves	Wt. % Curves	Petrol

Display: Streams Format: GEN_M

	B-ETHNOL
Volume Flow cum/hr	1185.13
Enthalpy Gcal/hr	-0.212
Mole Flow kmol/hr	
ETHAN-01	9.898
WATER	trace
CYCLO-01	< 0.001
Mole Frac	
ETHAN-01	1
WATER	710 PPB
CYCLO-01	50 PPM

图 11-14 查看物流 B-ETHNOL 结果

通过例 11.1 可知，模拟带有循环的工艺流程时，使用 Aspen Plus 默认的断裂物流和收敛算法流程可能不收敛，此时可以尝试改变断裂物流或收敛算法使流程收敛，具体收敛策略详见第 12 章。

11.2 工艺流程模拟经验总结

进行工艺流程模拟时，可参考如下原则：

① 将总流程划分为一系列子流程；

② 为每个子流程选用准确的物性方法；

③ 开始模拟子流程时，可以取消能量衡算；

④ 计算时先采用系统默认设置，如断裂物流的收敛算法采用默认的韦格斯坦算法，一般此算法能解决大多数问题；

⑤ 最初计算时使用较宽松的设计规定；

⑥ 随着流程的建立，严格模块逐步替代简单模块（一次替换 1～2 个），并进行能量衡算；

⑦ 严格模块首先单独运行，进料物流数据以简单模块计算结果为初值；

⑧ 当将严格模块用于带循环的子流程时，将简单模块的计算结果作为其断裂物流的初值；

⑨ 如果 Aspen Plus 选定的断裂物流不合适，则指定新的断裂物流，收敛模块由新指定的断裂物流确定，有时还需要重新指定求解顺序；

⑩ 当所有子流程计算完成后，将其组合为一个完整的流程，此时的流程计算可能需要

改变断裂物流，设计规定也逐步严格，直到整个流程收敛。

11.3 模拟实例——乙苯催化脱氢制苯乙烯

下面通过例 11.2 介绍工艺流程模拟的经验技巧。

例 11.2

乙苯催化脱氢制苯乙烯的简化工艺流程如图 11-15 所示，流程描述如下。

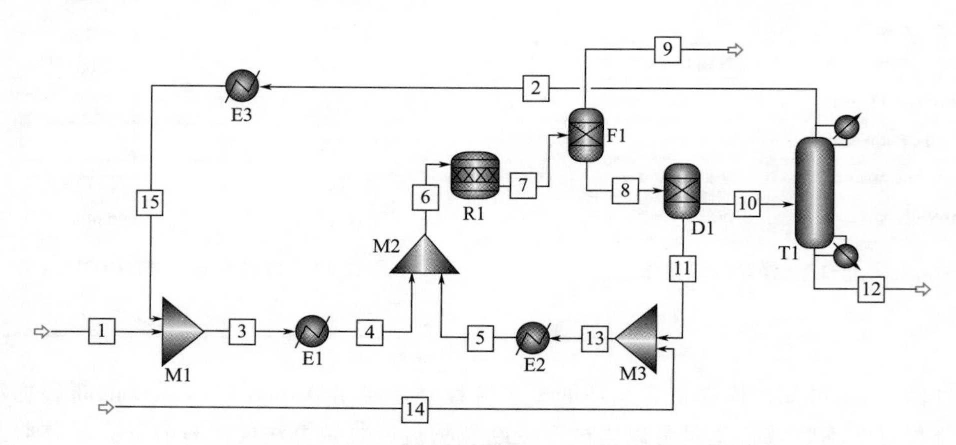

图 11-15 乙苯催化脱氢制苯乙烯的简化工艺流程

① 乙苯催化脱氢制苯乙烯的反应式：

$$C_8H_{10}(g) \longrightarrow C_8H_8(g) + H_2(g)$$

反应器中通入蒸汽，其目的是抑制副反应；

② 物流 1 是新鲜乙苯，循环物流 15 的主要成分是乙苯，这两股物流进入混合器 M1 得到物流 3，然后通过加热器 E1 加热到 500℃，得到物流 4；

③ 循环物流 11 的主要成分是水，物流 14 是补充水，这两股物流进入混合器 M3 得到物流 13；

④ 物流 13 被加热器 E2 加热到 700℃，得到物流 5，和物流 4 一起进入混合器 M2，得到物流 6；

⑤ 物流 6 进入反应器 R1，反应器温度为 560℃，压力为 0.1MPa，反应转化率为 35%；

⑥ 物流 7 在闪蒸器 F1 闪蒸，闪蒸器压降为 0，温度为 50℃，得到富含 H_2 的物流 9，去流程的其他部分。物流 8 在分相器 D1 中进行分相，分相器压降为 0，温度为 25℃，分离出水相物流 11 和有机相物流 10；

⑦ 物流 10 在精馏塔 T1 中进行乙苯和苯乙烯的分离，塔底得到富含苯乙烯的物流 12；塔顶得到富含乙苯的物流 2，经过冷却器 E3 冷却得到物流 15。

该工艺流程的进料条件：

物流 1：纯乙苯，流量 4815kg/h，温度为 25℃，压力为 0.1MPa；

物流 14：纯水，流量 327kg/h，温度为 25℃，压力为 0.1MPa。

试用 Aspen Plus 模拟该流程，计算苯乙烯产品的纯度。物性方法采用 UNIQUAC。

本例模拟步骤如下：

1. 简单模块流程

启动 Aspen Plus，选择模板 General with Metric Units，将文件保存为 Example11.3.1-Simple.bkp。

进入 **Components** | **Specifications** | **Selection** 页面，输入组分 ETHYL-01（乙苯）、STYRE-01（苯乙烯）、HYDRO-01（氢气）和 WATER（水）。

进入 **Methods** | **Parameters** | **Binary Interaction** | **UNIQ-1** | **Input** 页面，修改体系的二元交互作用参数，流程中存在分相器，需要进行液-液平衡计算，因此在 Source 一行需要将乙苯-水、苯乙烯-水的数据来源改为 LLE，本例默认来源 APV84 LLE-LIT，无需修改，乙苯-苯乙烯二元交互作用参数来源选为 APV84 VLE-LIT，如图 11-16 所示。

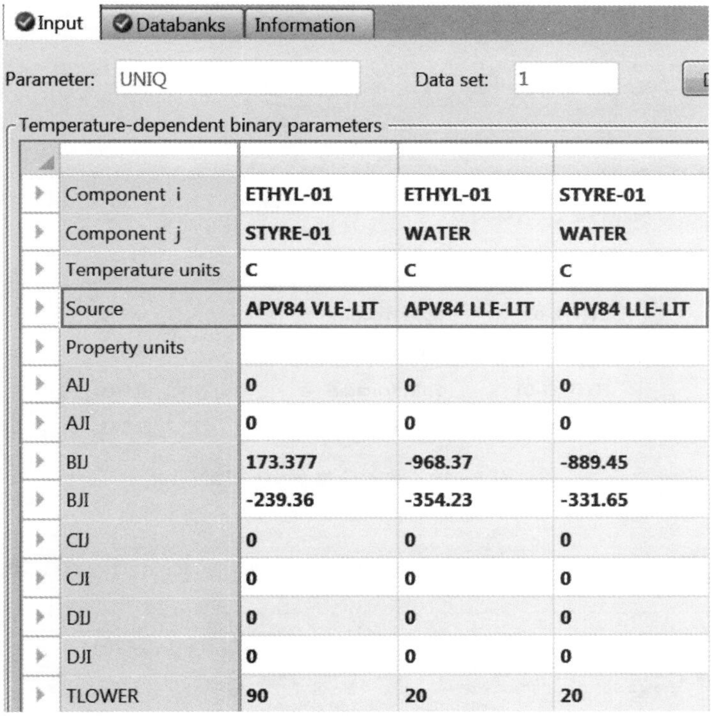

Input | Databanks | Information

Parameter: UNIQ　　Data set: 1

Temperature-dependent binary parameters

Component i	ETHYL-01	ETHYL-01	STYRE-01
Component j	STYRE-01	WATER	WATER
Temperature units	C	C	C
Source	APV84 VLE-LIT	APV84 LLE-LIT	APV84 LLE-LIT
Property units			
AIJ	0	0	0
AJI	0	0	0
BIJ	173.377	-968.37	-889.45
BJI	-239.36	-354.23	-331.65
CIJ	0	0	0
CJI	0	0	0
DIJ	0	0	0
DJI	0	0	0
TLOWER	90	20	20

图 11-16　查看并修改二元交互作用参数来源

建立如图 11-15 所示乙苯催化脱氢制苯乙烯流程时，分离单元均用简单分离器模块计算，其中闪蒸器 F1 和分相器 D1 采用 Sep 模块，精馏塔 T1 采用 Sep2 模块。由于分离程度未知，所以需要初步估算分离模块的参数，使模拟结果和流程描述基本一致。进入 **Blocks** | **F1** | **Input** | **Specifications** 页面、**Blocks** | **D1** | **Input** | **Specifications** 页面和 **Blocks** | **T1** | **Input** | **Specifications** 页面分别输入闪蒸器 F1、分相器 D1 和精馏塔 T1 的规定，如图 11-17～图 11-19 所示，其余物流与单元模块参数按题目描述输入，默认压降为 0。运行模拟，流程收敛，保存文件。进入 **Results Summary** | **Streams** | **Material** 页面，查看物流的模拟结果，如图 11-20 所示。

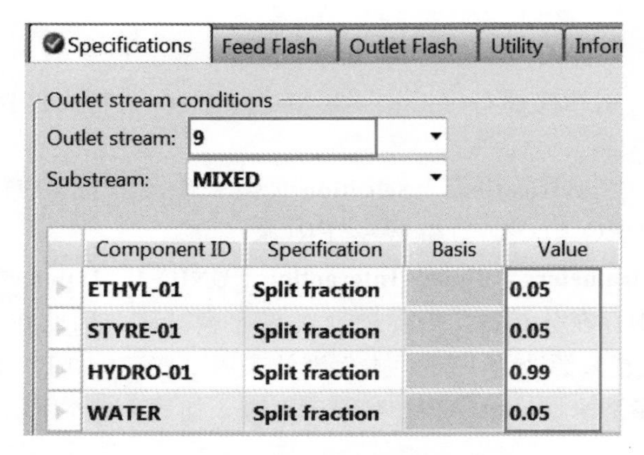

图 11-17 输入闪蒸器 F1 规定

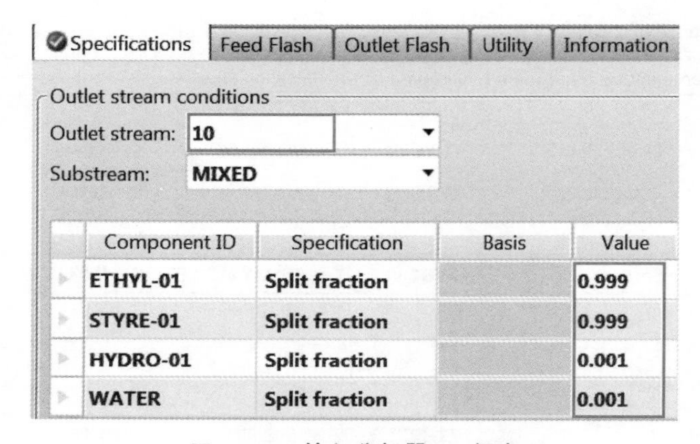

图 11-18 输入分相器 D1 规定

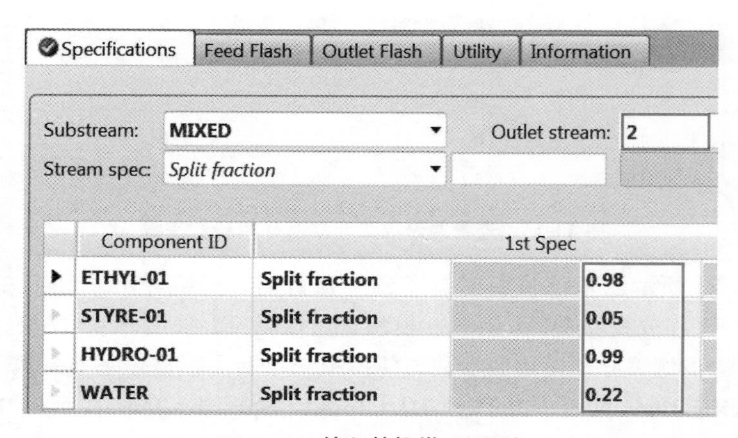

图 11-19 输入精馏塔 T1 规定

2. 闪蒸和液液分相严格计算

用 Flash2 模块和 Decanter 模块分别代替 Example11.3.1-Simple.bkp 中闪蒸器 F1 和分相器 D1 的 Sep 模块，输入设备参数。进入 **Setup** | **Report Options** | **Stream** 页面，勾选流量基准与分数基准，如图 11-21 所示，运行模拟，文件另存为 Example11.3.2-Rigorous.bkp。

Material	Heat	Load	Work	Vol.% Curves	Wt. % Curves	Petroleum	Poly

Display: All streams　Format: GEN_E　Stream Table　Copy A

	1	2	3	4	5
Temperature C	25	560	25	500	700
Pressure bar	1	1	1	1	1
Vapor Frac	0	1	0	1	1
Mole Flow kmol/hr	45.353	71.521	116.874	116.874	358.129
Mass Flow kg/hr	4815	7582.5	12397.5	12397.5	6455.01
Volume Flow cum/hr	5.571	4954.3	14.334	7512.9	28976.5
Enthalpy MMBtu/hr	-0.532	10.2	-1.174	14.683	-73.495
Mole Flow kmol/hr					
ETHYL-01	45.353	69.441	114.794	114.794	0.071
STYRE-01		2.005	2.005	2.005	0.04
HYDRO-01		< 0.001	< 0.001	< 0.001	0.406
WATER		0.075	0.075	0.075	357.612

图 11-20　查看物流模拟结果

由题目可知进水量（物流 14 的流量）327kg/h，闪蒸器 F1 温度 50℃，进入 **Blocks** | **F1** | **Stream Results** | **Material** 页面，查看物流 9 中水的流量为 322.047kg/h，如图 11-22 所示，即大部分水被氢气从物流 9 带出。因此，将闪蒸温度降至 15℃。

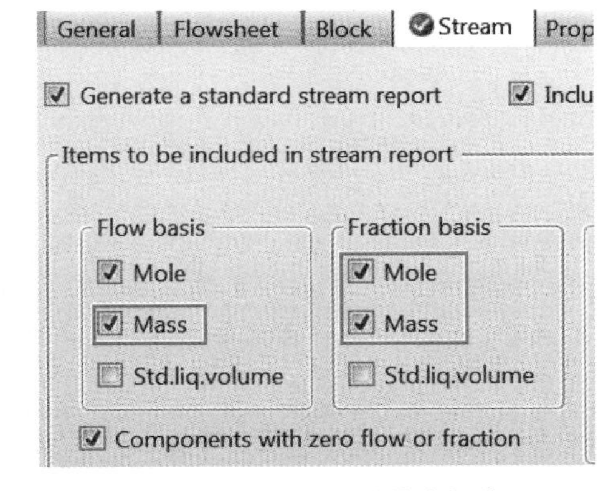

图 11-21　设置物流输出报告

为了研究进入系统的水量对产品和反应器进料流量和组成的影响，做灵敏度分析，水的流量变化范围 25～125kg/h，同时闪蒸温度改为 15℃，文件另存为 Example11.3.2-Sensitivity.bkp，模拟结果如图 11-23 所示。

其中各变量定义如下：H2PROD 是物流 9 中氢气的摩尔分数；ORGPRD 是物流 12 中水的摩尔流量，kmol/h；FLOS6 是物流 6 的摩尔流量，kmol/h；XH2OS6 是物流 6 中水的摩尔分数；XH2OS9 是物流 9 中水的摩尔分数。

从图 11-23 的灵敏度分析结果可以看出，当进水量多于 125kg/h 时，无法建立稳定的物料平衡。随着物流 14 进水量的增加，物流 6 的流量增加，物流 6 中水的摩尔分数增加，物流 9 中水的摩尔分数增加、氢的摩尔分数减小，物流 12 中水的流量基本不变。

如果以生产高纯度氢气为目标，进水量应为 25kg/h，物流 9 中氢气的摩尔分数达到 0.970，反应进料中含 0.012(摩尔分数)的水。

Material | Vol.% Curves | Wt. % Curves | Petroleum | Polym

Display: Streams　Format: GAS_M　Strea

	7	9	8
Density kg/cum	1.048	0.403	855.627
Mass Flow kg/hr			
ETHYL-01	8280.93	194.319	8086.62
STYRE-01	4600.55	75.406	4525.15
HYDRO-01	84.7	84.665	0.035
WATER	347.265	322.047	25.218
Mass Frac			
ETHYL-01	0.622	0.287	0.64
STYRE-01	0.346	0.111	0.358

图 11-22　查看闪蒸器 F1 物流结果

Summary | Define Variable | Status

Row/Case	Status	VARY 1 14 MIXED TOTAL MASSFL KG/HR	H2PROD	ORGPRD KMOL/HR	FLOS6 KMOL/HR	XH2OS6	XH2OS9
1	OK	25	0.969673	0.290721	128.282	0.0121667	0.0244296
2	OK	35	0.957771	0.2907	129.099	0.0184668	0.0363417
3	OK	45	0.946158	0.290681	129.946	0.0249074	0.0479657
4	OK	55	0.934822	0.290662	130.83	0.0315379	0.0593124
5	OK	65	0.923755	0.290644	131.762	0.0384286	0.0703915
6	OK	75	0.912947	0.290626	132.758	0.045687	0.081212
7	OK	85	0.902387	0.29061	133.847	0.0534913	0.0917841
8	OK	95	0.892071	0.290594	135.079	0.0621654	0.102115
9	OK	105	0.881991	0.290579	136.568	0.0724334	0.112211
10	OK	115	0.872133	0.290574	138.699	0.0867092	0.122085
11	Errors	125	0.891002	0.290642	160.66	0.211539	0.103009
12	Errors	327	0.93302	0.280184	618.933	0.800057	0.0240569

图 11-23　查看灵敏度分析结果

3. 精馏塔严格计算

采用模块库中的塔模块代替简单模块单独模拟精馏塔 T1。首先对精馏塔 T1 进行简捷设计，然后以简捷设计的结果为基础再进行严格计算，具体流程如下。

(1)精馏塔简捷设计

将 Example11.3.2-Sensitivity.bkp 中物流 14 的进水量改为 25kg/h，计算出精馏塔 T1 进料物流 10 的参数，并将其作为精馏塔 T1 的进料条件。对精馏塔 T1 简捷设计时采用 **DSTWU** 模块，流程如图 11-24 所示，将文件保存为

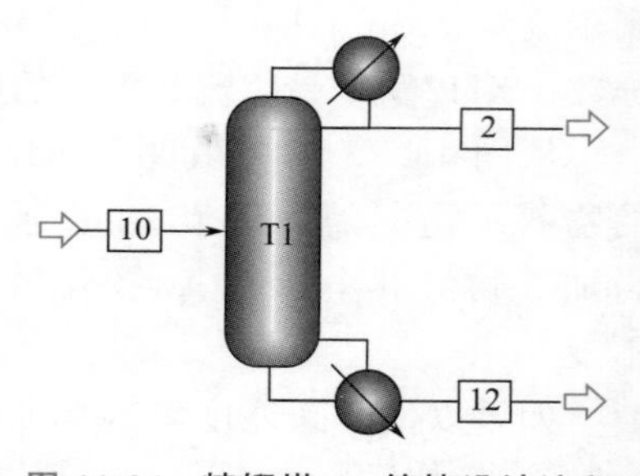

图 11-24　精馏塔 T1 简捷设计流程

Example11.3.3-DSTWU.bkp。进入 **Blocks** | **T1** | **Input** | **Specifications** 页面，输入精馏塔 T1 规定，如图 11-25 所示。模拟结果为回流比 4.21，理论板数 62，进料位置 33，塔顶流量 8567.27kg/h，如图 11-26 和图 11-27 所示。

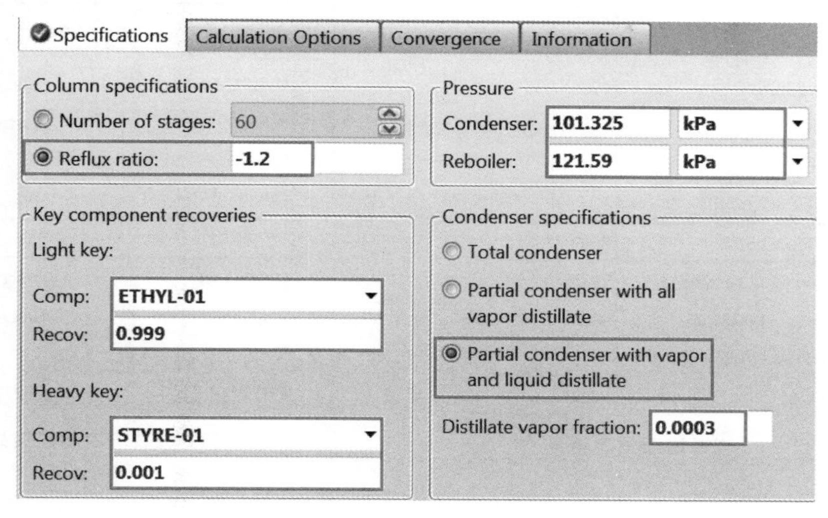

图 11-25　输入精馏塔 T1 规定

Summary | Balance | Reflux Ratio Profile | Status

Minimum reflux ratio:	3.50874	
Actual reflux ratio:	4.21049	
Minimum number of stages:	32.6873	
Number of actual stages:	61.7367	
Feed stage:	33.0055	
Number of actual stages above feed	32.0055	
Reboiler heating required:	4.448	Gcal/hr
Condenser cooling required:	3.96959	Gcal/hr
Distillate temperature:	69.1968	C
Bottom temperature:	152.506	C

图 11-26　查看精馏塔 T1 结果

(2)精馏塔严格计算

采用 RadFrac 模块对 T1 做严格计算，由于进料中含有微量氢气，因此需要使用部分冷凝器，文件另存为 Example11.3.3-RadFrac.bkp。如果 RadFrac 模块进料压力小于进料板压力会产生警告，需要将进料压力改为进料板压力 112kPa。通过严格计算得到塔底物流中苯乙烯质量分数 0.883，如图 11-28 所示。为得到较高纯度的苯乙烯，需考察回流比对苯乙烯纯度的影响。灵敏度分析结果如图 11-29 所示(图中 S12XS 为物流 12 中苯乙烯的质量分数)，随着回流比增大苯乙烯纯度增大，当回流比为 9 时，苯乙烯纯度达到 0.986，之后回流比对苯乙烯纯度的影响变小，因此选取回流比为 9。

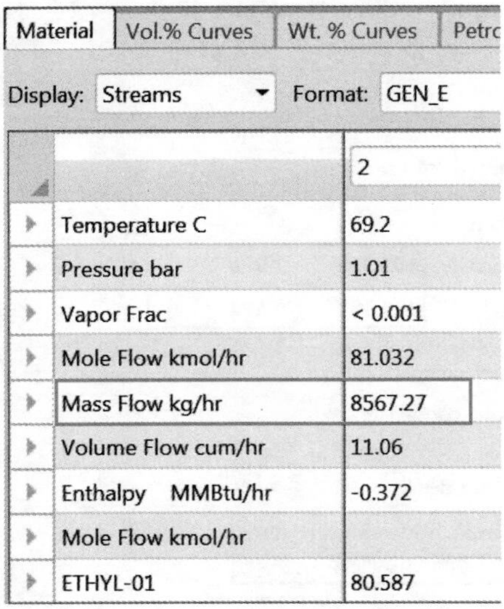

Material | Vol.% Curves | Wt. % Curves | Petro

Display: Streams Format: GEN_E

	2
Temperature C	69.2
Pressure bar	1.01
Vapor Frac	< 0.001
Mole Flow kmol/hr	81.032
Mass Flow kg/hr	8567.27
Volume Flow cum/hr	11.06
Enthalpy MMBtu/hr	-0.372
Mole Flow kmol/hr	
ETHYL-01	80.587

图 11-27 查看塔顶物流结果

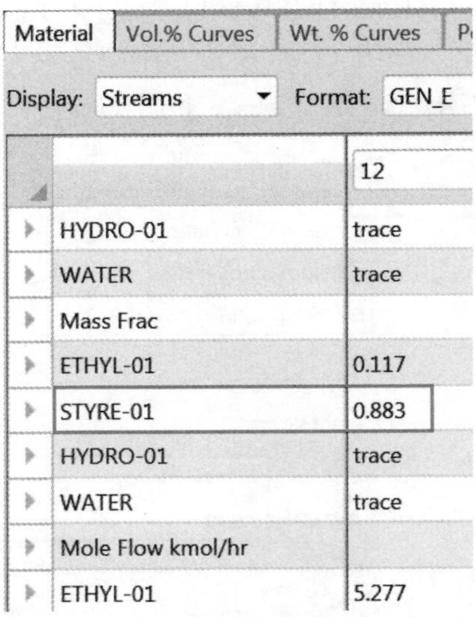

Material | Vol.% Curves | Wt. % Curves | P

Display: Streams Format: GEN_E

	12
HYDRO-01	trace
WATER	trace
Mass Frac	
ETHYL-01	0.117
STYRE-01	0.883
HYDRO-01	trace
WATER	trace
Mole Flow kmol/hr	
ETHYL-01	5.277

图 11-28 查看塔底物流结果

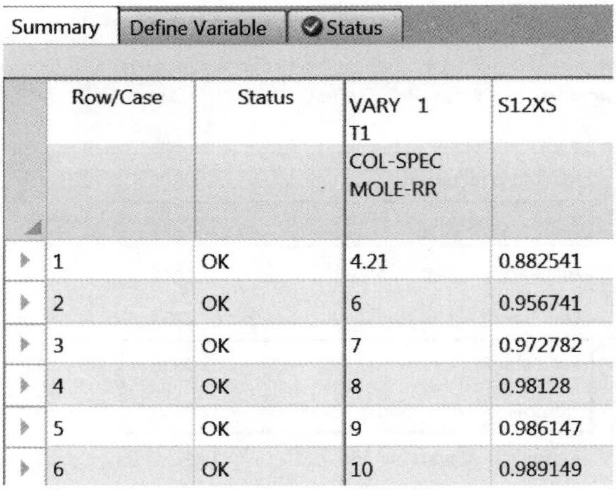

Summary | Define Variable | Status

Row/Case	Status	VARY 1 T1 COL-SPEC MOLE-RR	S12XS
1	OK	4.21	0.882541
2	OK	6	0.956741
3	OK	7	0.972782
4	OK	8	0.98128
5	OK	9	0.986147
6	OK	10	0.989149

图 11-29 查看灵敏度分析结果

4. 添加严格精馏塔

用 Example11.3.3-RadFrac.bkp 中的精馏塔 T1(RadFrac 模块)替换 Example11.3.2-Sensitivity.bkp 中的精馏塔 T1(Sep2 模块)，并删除灵敏度分析模块，可得到整个工艺流程的严格模型，将文件另存为 Example11.3.4-Final.bkp。为避免 RadFrac 模块出现进料物流压力小于进料板的警告，将分相器 D1 压力改为 112kPa，运行模拟，出现错误，控制面板信息如图 11-30 所示，提示精馏塔 T1 质量不守恒，可能由于单元模块本身的计算错误产生也可能由于其他单元模块计算错误导致精馏塔 T1 计算错误。

此时浏览工艺流程图，运行出错的单元模块都会有显示，如图 11-31 所示。流程不收敛的原因可能是 Aspen Plus 选择的断裂物流 6 的初值不合理(用户未输入时，系统默认初值为 0)，使精馏塔 T1 与 Example11.3.3-RadFrac.bkp 中严格计算时精馏塔 T1 的进料条件不同，因此需要赋予断裂物流合适的初值。

```
> Loop CV-1     Method: WEGSTEIN     Iteration    5
  Converging tear streams: 8
   2 vars not converged, Max Err/Tol  -0.23455E+02

   Block: D1        Model: DECANTER

   Block: M3        Model: MIXER

   Block: E2        Model: HEATER

   Block: T1        Model: RADFRAC
 ***  SEVERE ERROR
      COLUMN NOT IN MASS BALANCE.
      CHECK FEEDS, PRODUCTS, AND COL-SPECS SKWS.

 *    WARNING
      REST OF BLOCK BYPASSED DUE TO SEVERE ERROR.


  Block: E3        Model: HEATER
 *    WARNING
      ZERO FEED TO THE BLOCK.  BLOCK BYPASSED
```

图 11-30　查看控制面板信息

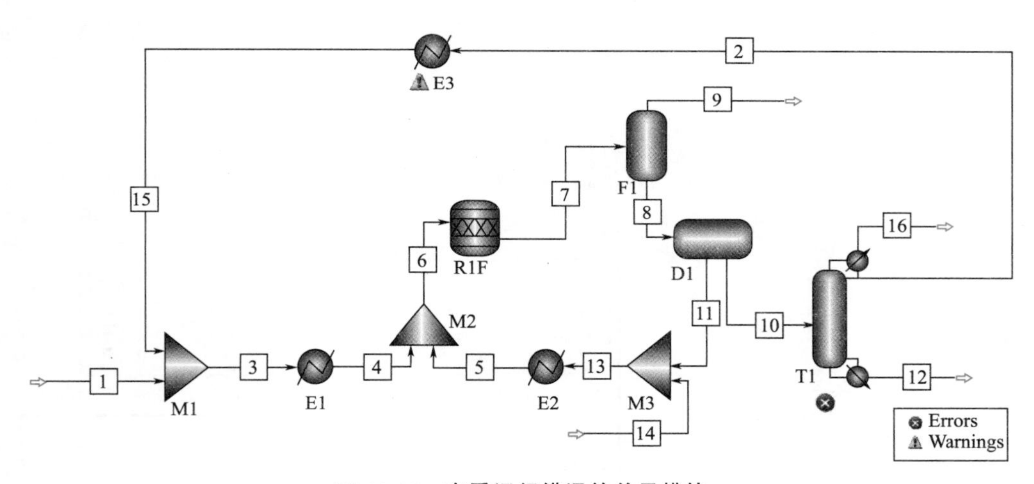

图 11-31　查看运行错误的单元模块

(1)选择断裂物流

如图 11-31 所示的工艺流程图，选择物流 6 或物流 8 做断裂物流，Aspen Plus 都会按照序贯模块法计算每一个单元模块，最后得到断裂物流的计算值。为了演示如何指定断裂物流和计算顺序，选择物流 8 为断裂物流，如图 11-32 所示。并将 Example11.3.2-Sensitivity.bkp 中物流 8 的计算值作为 Example11.3.4-Final.bkp 中物流 8 的初值，如图 11-33 所示。

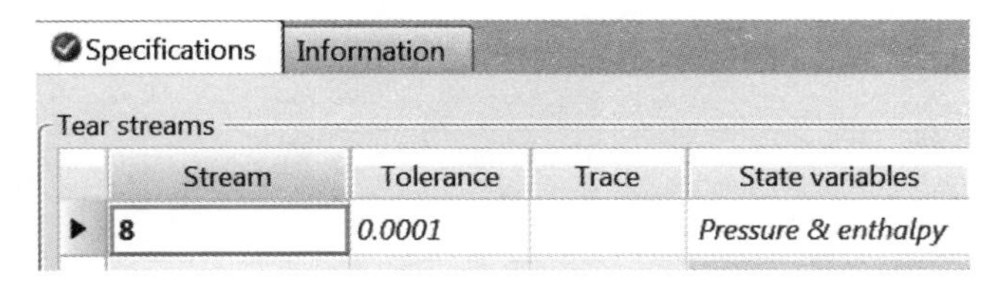

图 11-32　选择断裂物流

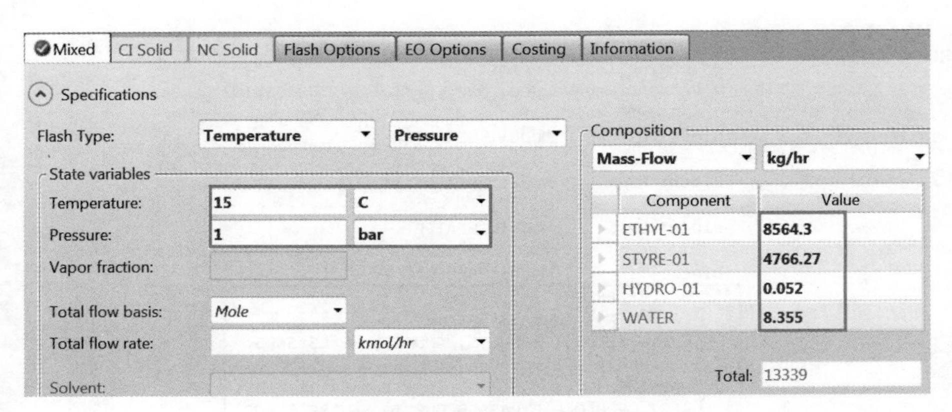

图 11-33　输入断裂物流 8 初值

(2)设置计算顺序

进入 **Convergence** | **Sequence** 页面，点击 **New**…按钮，出现 **Create New ID** 对话框，默认新建计算顺序的名称为 SQ-1，点击 **OK**，进入 **Convergence** | **Sequence** | **SQ-1** | **Specifications** 页面，定义新的计算顺序，如图 11-34 所示。运行模拟，流程收敛，保存文件，进入 **Streams** | **12** | **Results** | **Material** 页面，可看到苯乙烯产品的纯度为 0.972(摩尔分数)，如图 11-35 所示。

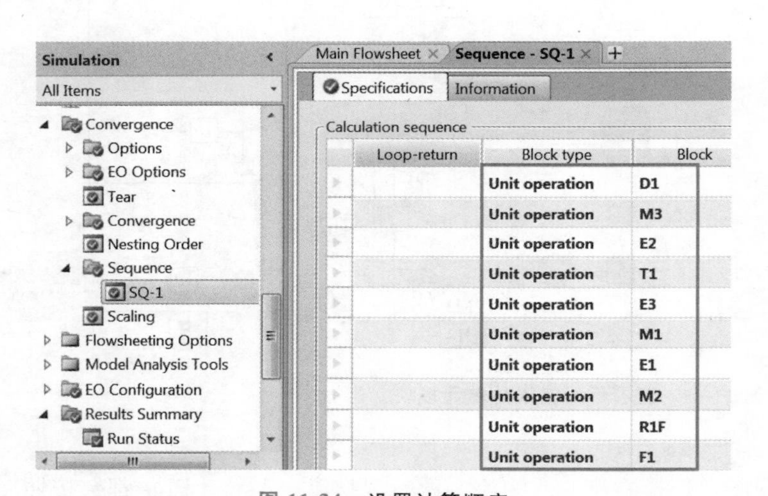

图 11-34　设置计算顺序

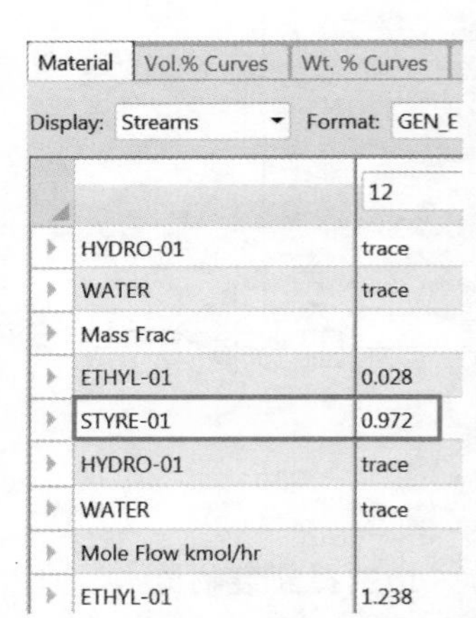

图 11-35　查看物流 12 结果

11.4　模拟实例——甲苯甲醇侧链烷基化制苯乙烯

例 11.3

甲苯甲醇侧链烷基化制苯乙烯的简化工艺流程如图 11-36 所示，苯乙烯产量 24 万吨/年(年开工周期为 8000h)，其流程描述及主要工艺条件如下。

① 甲苯和甲醇从常温常压(25℃，1atm)下分别被加压加热成 460kPa 下的饱和蒸

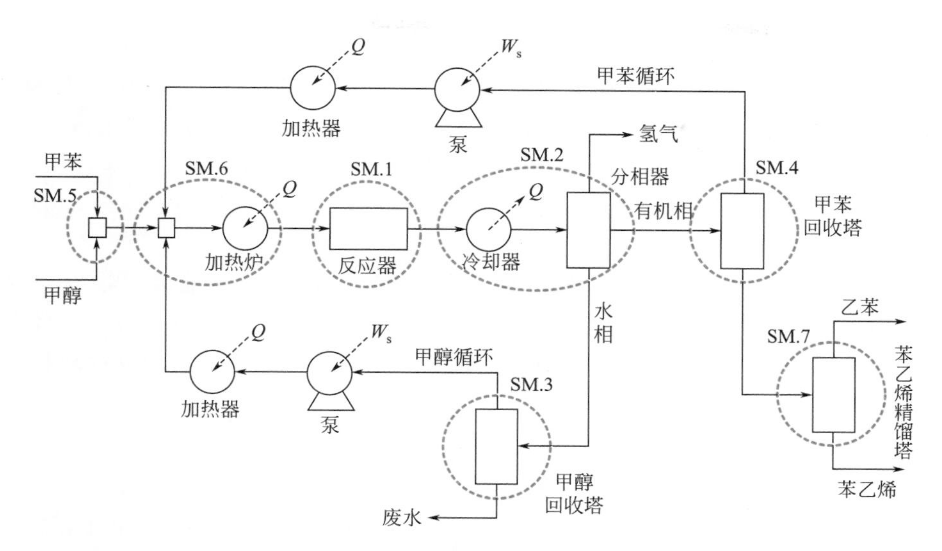

图 11-36 甲苯甲醇侧链烷基化制苯乙烯简化工艺流程

气，后续单元回收的甲醇与甲苯也被加压加热为 460kPa 下的饱和蒸气，然后混合进入加热炉。

② 混合进料进入加热炉被加热成过热蒸气(温度 495℃)，加热炉压降为 60kPa。

③ 过热蒸气进入转化率反应器进行如下反应(甲苯与甲醇等摩尔进入反应器)：

$$\text{主反应}\quad C_7H_8+CH_3OH \longrightarrow C_8H_8+H_2O+H_2$$

$$\text{副反应}\quad C_7H_8+CH_3OH \longrightarrow C_8H_{10}+H_2O$$

反应器绝热操作，压降为 70kPa，以甲苯为基准的苯乙烯摩尔转化率为 0.5878，乙苯摩尔转化率为 0.1212。

④ 离开反应器的物流被冷却到 38℃形成气相、有机相和水相，进入分相器分离。离开分相器的气相主要为氢气，有机相主要包括甲苯、乙苯和苯乙烯，送入甲苯回收塔分离回收甲苯，水相主要包括水和甲醇，送入甲醇回收塔分离回收甲醇。

⑤ 甲醇回收塔的进料为 145kPa 下的饱和液体，塔顶为甲醇，循环利用，塔底为废水。甲醇回收塔理论板数 37 块，进料位置 13，摩尔回流比初值为 5(根据产品要求决定)，塔顶压力为 135kPa，再沸器压力为 180kPa，冷凝器压降为 10kPa，再沸器压降为 10kPa，塔顶水的摩尔分数小于 0.001，塔底甲醇的质量分数小于 60ppm。

⑥ 甲苯回收塔的进料为 80kPa 下的饱和液体，塔顶为甲苯以及少量的甲醇，循环利用；塔底为乙苯和苯乙烯的混合物，随后进入苯乙烯精馏塔。甲苯回收塔理论板数 32 块，进料位置 7，摩尔回流比初值为 4(根据产品要求决定)，塔顶压力为 75kPa，再沸器压力为 100kPa，冷凝器压降为 5kPa，再沸器压降为 10kPa，塔顶乙苯质量分数小于 0.035，塔底甲苯摩尔分数小于 0.0001。

⑦ 苯乙烯精馏塔的进料为 45kPa 下的饱和液体，塔顶产品主要为乙苯，塔底产品主要为苯乙烯。苯乙烯精馏塔理论板数 102 块，进料位置 22，摩尔回流比初值为 27(根据产品要求决定)，塔顶压力为 35kPa，再沸器压力为 95kPa，冷凝器压降为 5kPa，再沸器压降为 10kPa，塔底乙苯质量分数小于 300ppm，塔顶苯乙烯质量分数小于 0.03。

上述所有的产品均被冷却到常温常压(25℃，1atm)并储存。

对于涉及的泵绝热效率取75%，机械效率取90%，换热器压降取10kPa。

全局物性方法采用PSRK，三相分离器采用UNIFAC，甲醇回收塔采用WILSON。

由于苯乙烯生产工艺复杂，流程中存在循环物流，并且循环物流的组成未知，若直接从进料开始一步一步进行建模，会使得流程收敛出现极大困难，所以首先对流程进行分块模拟，最终建立一个完整的流程。经过分析，将流程分为七部分，如图11-36所示。

SM.1～SM.7为流程的七部分，依次为苯乙烯反应部分、反应器流出物冷却及分相器分相部分、甲醇纯化回收部分、甲苯纯化回收部分、甲苯甲醇进料准备部分、循环混合及预加热部分和苯乙烯纯化部分。从反应部分开始逐步建模，待流程收敛后建立循环物流，完成整个工艺流程的建立。

本例模拟步骤如下。

SM.1 苯乙烯反应部分

启动Aspen Plus，进入 **File** | **New** | **User** 选择模板General with Metric Units，将文件保存为Example11.4-Production of styrene.bkp。

进入 **Components** | **Specifications** | **Selection** 页面，输入组分METHA-01(甲醇)、TOLUE-01(甲苯)、STYRE-01(苯乙烯)、ETHYL-01(乙苯)、HYDRO-01(氢气)和WATER(水)。

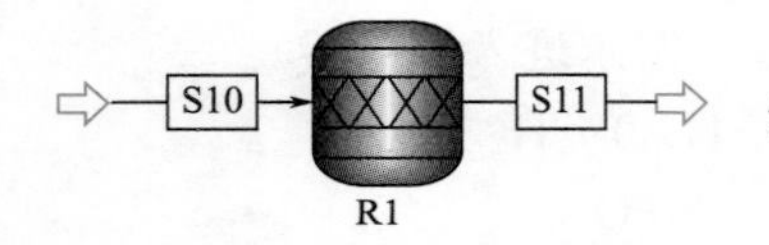

图 11-37 苯乙烯反应部分流程

点击N→，进入 **Methods** | **Specifications** | **Global** 页面，选择物性方法PSRK。

点击N→，查看方程的交互作用参数，本例采用默认值，不做修改。

进入模拟环境，建立如图11-37所示的流程图，其中反应器R1采用RStoic模块。

根据给定温度下反应器的数据和产品苯乙烯产量，反算进料甲苯和甲醇(等摩尔)的流量，甲醇、甲苯流量均为490.75kmol/h。

注：甲苯与甲醇摩尔流量计算过程如下：

苯乙烯摩尔流量 $\frac{240000\times1000(\text{苯乙烯产量})}{8000\times104(\text{年开工周期}\times\text{苯乙烯分子量})}=288.46\text{kmol/h}$

甲苯摩尔流量 $\frac{288.46(\text{苯乙烯摩尔流量})}{0.5878(\text{主反应甲苯转化率})}=490.75\text{kmol/h}$

点击N→，进入 **Streams** | **S10** | **Input** | **Mixed** 页面，输入进料S10数据，如图11-38所示。

点击N→，进入 **Blocks** | **R1** | **Setup** | **Specifications** 页面，输入反应器压降70kPa，绝热反应，热负荷为0。

点击N→，进入 **Blocks** | **R1** | **Setup** | **Reactions** 页面，设定化学反应，反应定义如图11-39、图11-40所示。

运行模拟，流程收敛，保存文件。进入 **Results Summary** | **Streams** | **Material** 页面，查看物流结果，如图11-41所示，可以看到苯乙烯流量为288.463kmol/h。

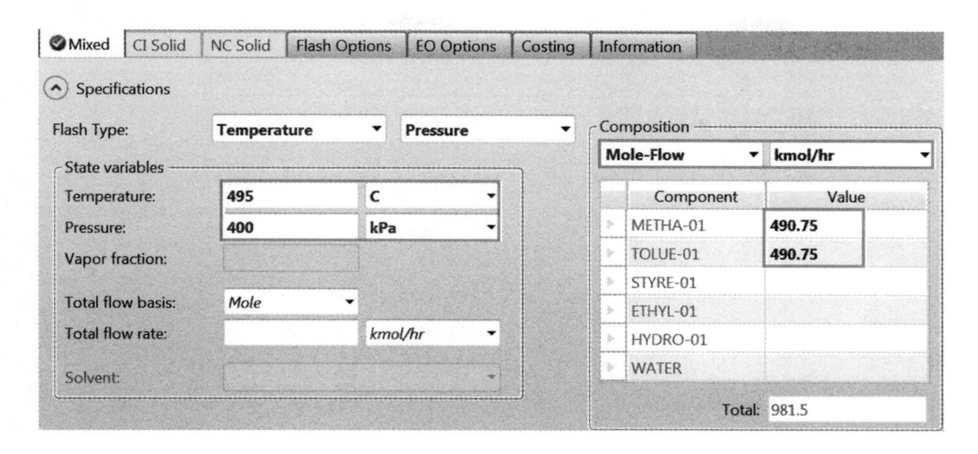

图 11-38 输入进料 S10 数据

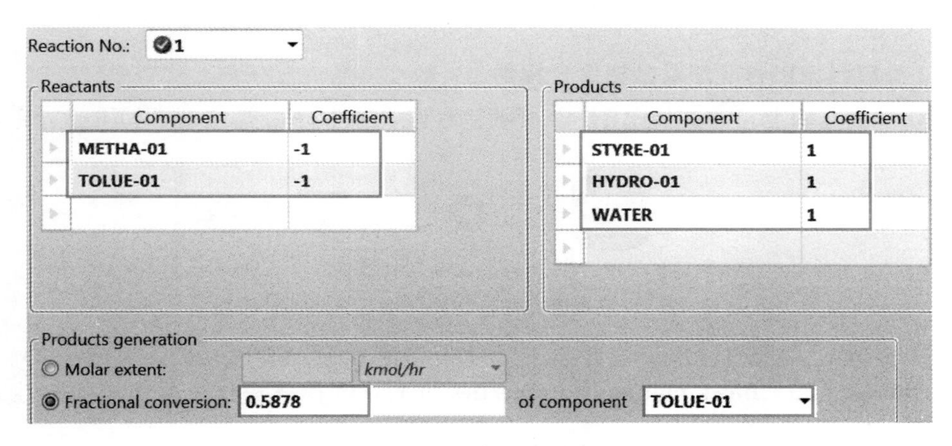

图 11-39 定义主反应

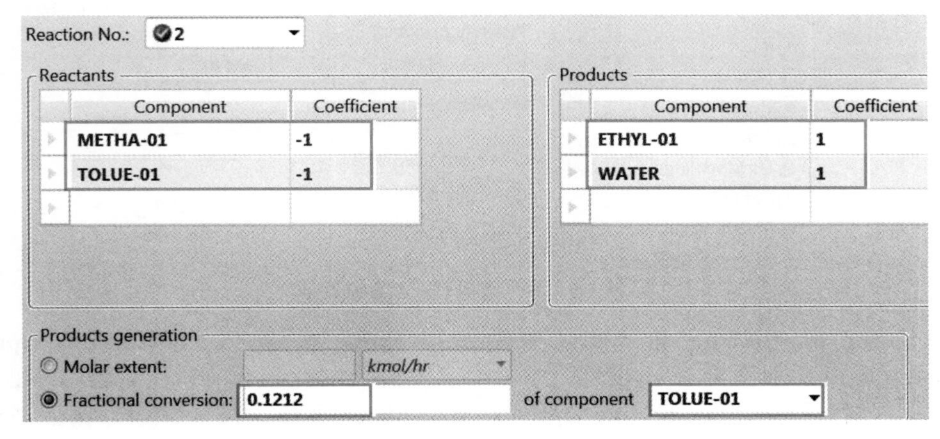

图 11-40 定义副反应

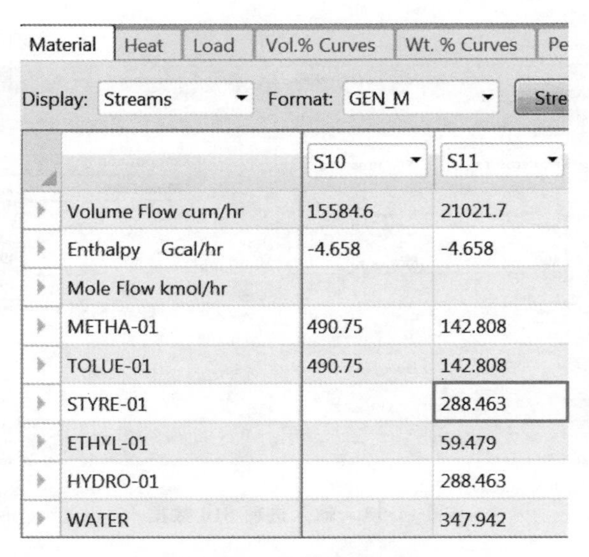

	S10	S11
Volume Flow cum/hr	15584.6	21021.7
Enthalpy Gcal/hr	-4.658	-4.658
Mole Flow kmol/hr		
METHA-01	490.75	142.808
TOLUE-01	490.75	142.808
STYRE-01		288.463
ETHYL-01		59.479
HYDRO-01		288.463
WATER		347.942

图 11-41 查看物流结果

SM. 2 反应器流出物冷却及分相器分相部分

在 SM. 1 的基础上，建立如图 11-42 所示流程图，其中分相器 F3 选用 Flash3 模块。

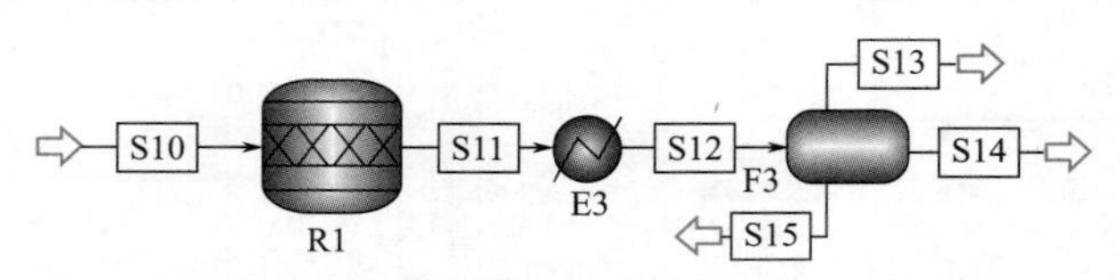

图 11-42 反应器流出物冷却及分相器分相部分流程

输入冷却器 E3 压降 10kPa，温度 38℃；输入分相器 F3 压降 10kPa，温度 38℃。

进入 **Blocks** | **F3** | **Block Options** | **Properties** 页面，选择三相分离器使用的物性方法为 UNIFAC，如图 11-43 所示。

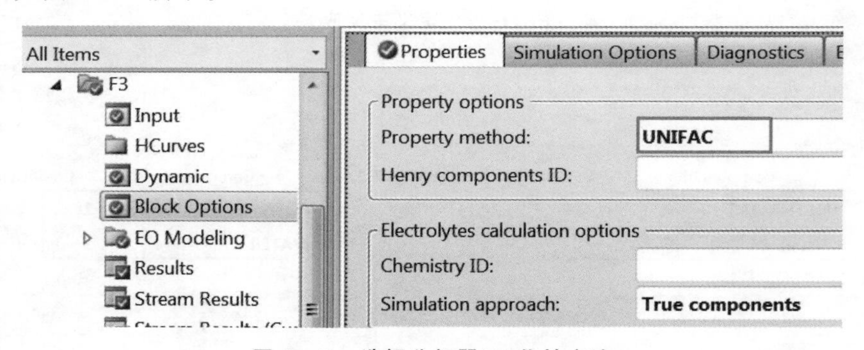

图 11-43 选择分相器 F3 物性方法

为保证苯乙烯进入有机相的流量达到 288.46kmol/h，进入 **Flowsheeting Options** | **Design Specs** 页面添加全局设计规定，S10 中甲苯流量变化范围 450～550kmol/h，如图 11-44 所示。同时进入 **Flowsheeting Options** | **Calculator** 页面添加计算器，保证进料物流 S10 中甲苯与甲醇流量相等，计算器的 Fortran 语句为“FM＝FT”，FM(输出变量)为 S10 中甲醇流量，kmol/h；FT(输入变量)为 S10 中甲苯流量，kmol/h。运行模拟，流程收敛，保存文件。结果如图 11-45 所示，苯乙烯进入有机相的流量 288.46kmol/h。

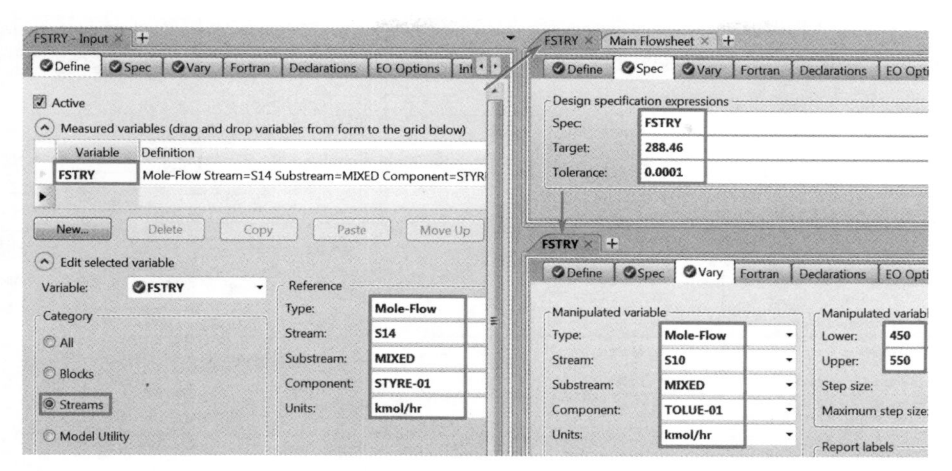

图 11-44　添加全局设计规定

Material | Heat | Load | Vol.% Curves | Wt. % Curves | Petroleum

Display: Streams　Format: GEN_M　Stream Table

	S12	S13	S14	S15
Pressure bar	3.2	3.1	3.1	3.1
Vapor Frac	0.245	1	0	0
Mole Flow kmol/hr	1275.84	309.569	515.185	451.086
Mass Flow kg/hr	61224.6	1355.06	50101	9768.53
Volume Flow cum/hr	2609.14	2586.6	57.168	10.994
Enthalpy　Gcal/hr	-23.685	-0.755	6.06	-29.359
Mole Flow kmol/hr				
METHA-01	143.469	11.154	19.077	113.238
TOLUE-01	143.469	1.965	141.252	0.251
STYRE-01	289.798	0.985	288.46	0.352
ETHYL-01	59.754	0.314	59.386	0.054
HYDRO-01	289.798	289.799	< 0.001	trace
WATER	349.552	5.351	7.01	337.19

图 11-45　查看分相器 F3 物流结果

SM.3 甲醇纯化回收部分

在 SM.2 的基础上，建立如图 11-46 所示流程图。

输入阀 V3 出口压力 155kPa；加热器 EC3 压降 10kPa，汽化分率 0。

输入甲醇回收塔 C3 参数，如图 11-47 所示。

为甲醇回收塔 C3 添加塔内设计规定，回流比范围 1～7，保证塔底甲醇的质量分数小于 60ppm，塔顶采出率范围 0.2～0.3，保证塔顶水的摩尔分数小于 0.001。

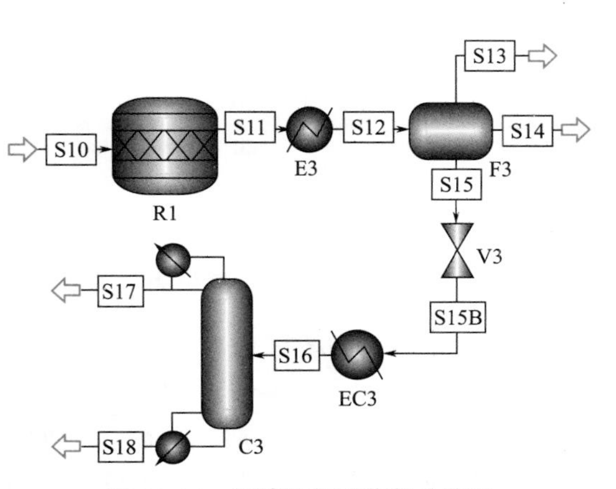

图 11-46　甲醇纯化回收部分流程

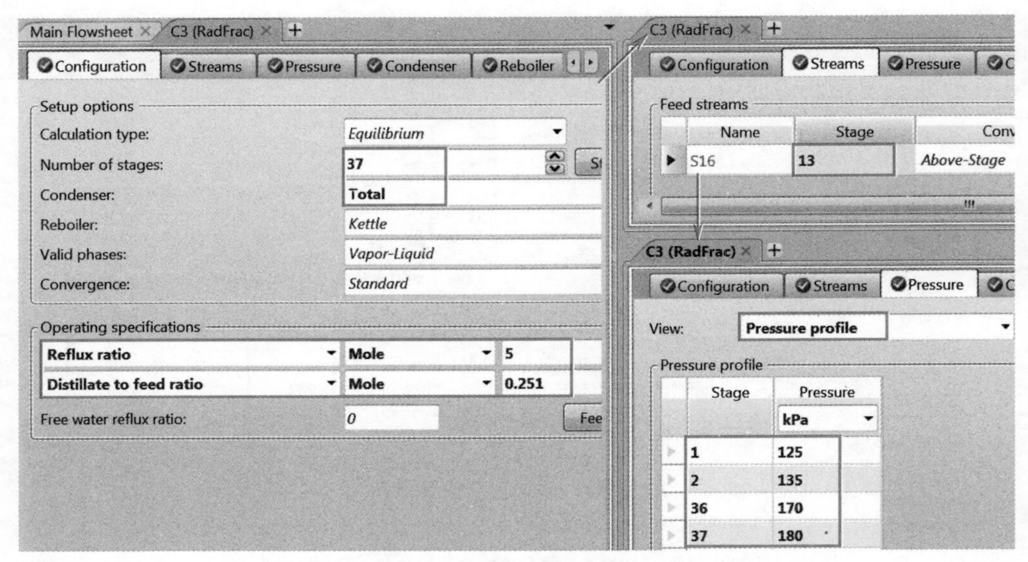

图 11-47　**输入甲醇回收塔 C3 参数**

进入 **Blocks** | **C3** | **Specifications** | **Block Options** | **Properties** 页面，选择物性方法 WILSON，运行模拟。

更新塔内设计规定的初值(将计算得到的回流比、塔顶采出率填入甲醇回收塔 C3 相应位置)。运行模拟，流程收敛，保存文件。查看甲醇回收塔 C3 物流结果，如图 11-48 所示。

Material | Heat | Load | Vol.% Curves | Wt. % Curves | Petrol

Display: Streams　Format: GEN_M　Stream

	S16	S17	S18
Mass Flow kg/hr	9768.53	3630.07	6138.46
Volume Flow cum/hr	15.023	4.925	6.831
Enthalpy Gcal/hr	-28.952	-6.331	-22.415
Mass Frac			
METHA-01	0.371	0.999	60 PPM
TOLUE-01	0.002	142 PPB	0.004
STYRE-01	0.004	trace	0.006
ETHYL-01	589 PPM	trace	937 PPM
HYDRO-01	2 PPB	4 PPB	trace
WATER	0.622	563 PPM	0.989

图 11-48　**查看甲醇回收塔 C3 物流结果**

SM. 4 甲苯纯化回收部分

在 SM. 3 的基础上，建立如图 11-49 所示流程图。

输入阀 V1 出口压力 90kPa；加热器 EC1 压降 10kPa，汽化分率 0。

输入甲苯回收塔 C1 参数，如图 11-50 所示。

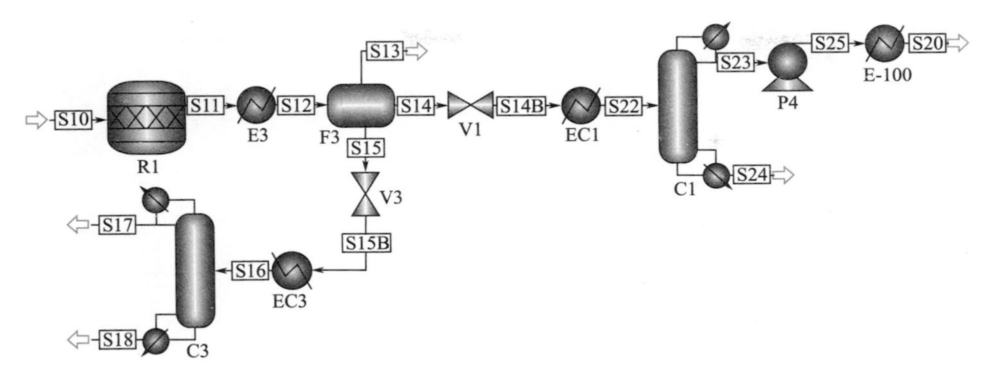

图 11-49　甲苯纯化回收部分流程

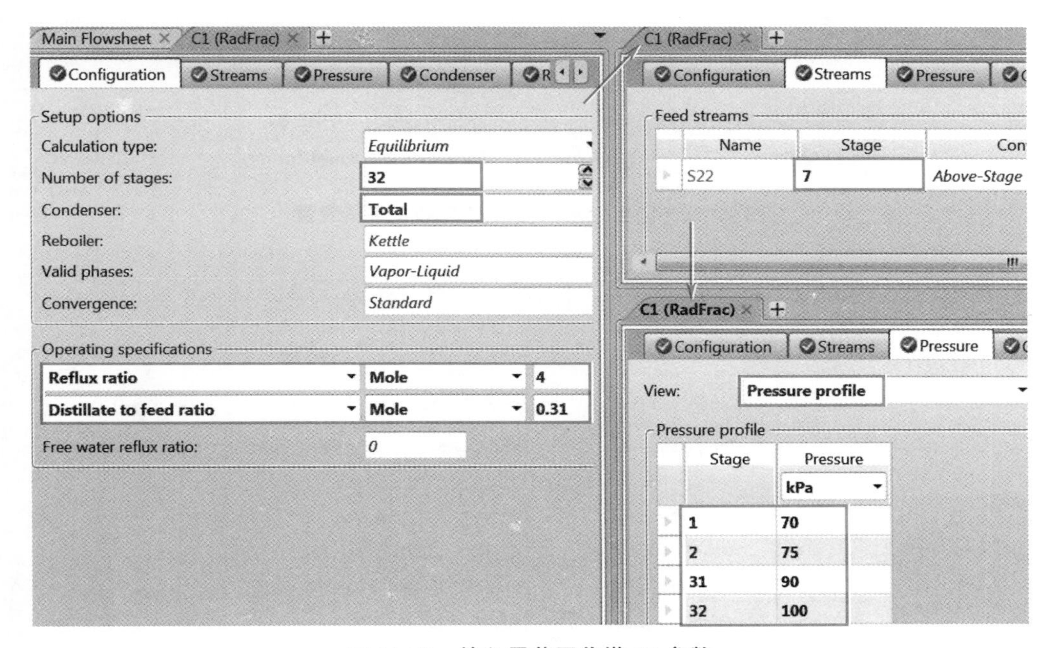

图 11-50　输入甲苯回收塔 C1 参数

为甲苯回收塔 C1 添加塔内设计规定，回流比范围 1～20，保证塔顶乙苯摩尔分数小于 0.035，塔顶采出率范围 0.2～0.5，保证塔底甲苯质量分数小于 0.0001。

输入泵 P4 出口压力为 470kPa；加热器 E-100 压降为 10kPa，汽化分率为 1。

输入完毕，为保证苯乙烯的产量，进入 **Flowsheeting Options** | **Design Specs** | **F-SYR** | **Input** | **Define** 页面，对全局设计规定进行修改，如图 11-51 所示，运行模拟。

更新塔内设计规定的初值(将计算得到的回流比、塔顶采出率填入甲苯回收塔 C1 相应位置)。运行模拟，流程收敛，保存文件。查看甲苯回收塔 C1 结果，如图 11-52 所示。

SM. 5 甲苯甲醇进料准备部分

在 SM. 4 的基础上，建立如图 11-53 所示流程图。

将 SM. 4 中物流 S10 中甲苯与甲醇流量分别作为物流 S1、S4 的条件，物流 S1、S4 温度、压力均为 25℃，1atm。

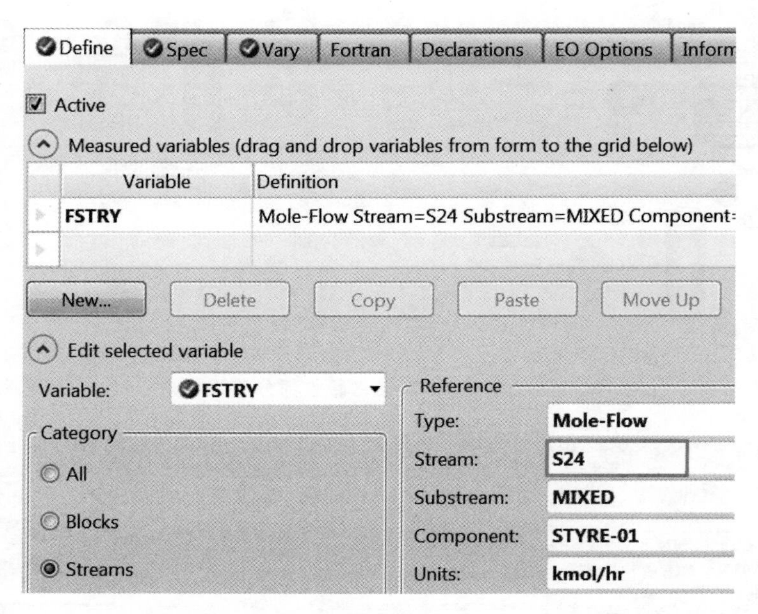

图 11-51 调整全局设计规定 F-SYR 采集变量

Material | Heat | Load | Vol.% Curves | Wt. % Curves | Pet

Display: Streams Format: GEN_M

	S22	S23	S24
Temperature C	78.6	57.2	143.2
Pressure bar	0.8	0.7	1
Vapor Frac	0	0	0
Mole Flow kmol/hr	525.89	183.182	342.707
Mass Flow kg/hr	51142	15339.7	35802.3
Volume Flow cum/hr	70.803	21.224	52.7
Enthalpy Gcal/hr	7.154	-0.797	8.907
Mass Frac			
METHA-01	0.012	0.041	trace
TOLUE-01	0.26	0.866	100 PPM
STYRE-01	0.6	0.041	0.839
ETHYL-01	0.126	0.044	0.161
HYDRO-01	trace	2 PPB	trace
WATER	0.003	0.008	trace

图 11-52 查看甲苯回收塔 C1 结果

输入泵 P1 出口压力 470kPa；加热器 E1 压降 10kPa，汽化分率 1。P2 与 E2 的输入参数与 P1、E1 相同。

运行模拟，流程收敛，保存文件。

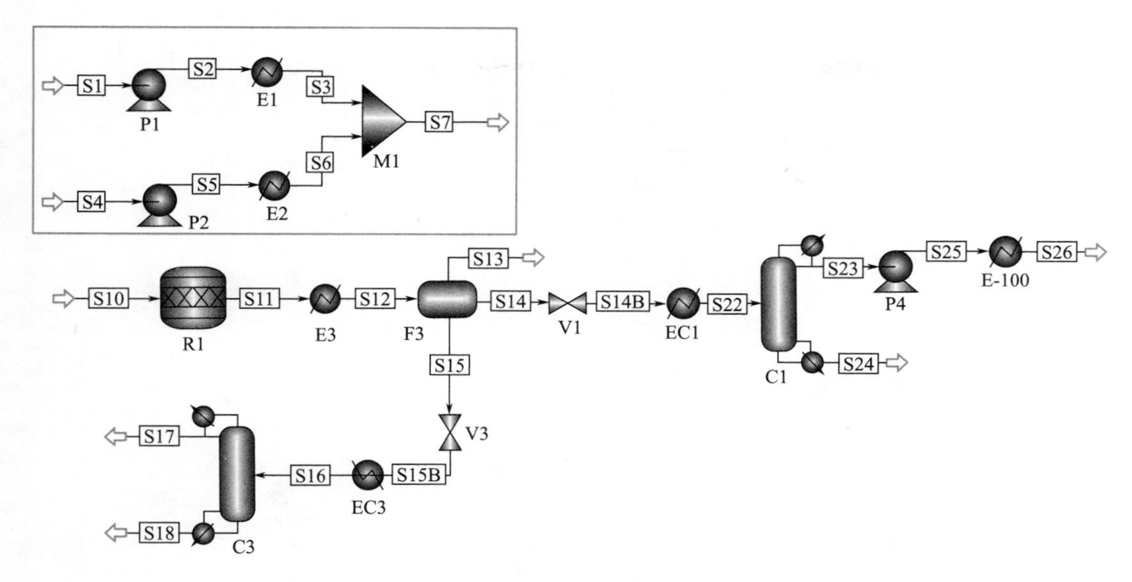

图 11-53　甲苯甲醇进料准备部分流程

SM. 6 循环混合及预加热部分

建立如图 11-54 所示流程图，保留物流 S10 的输入信息，作为断裂物流的初值，保证流程收敛。

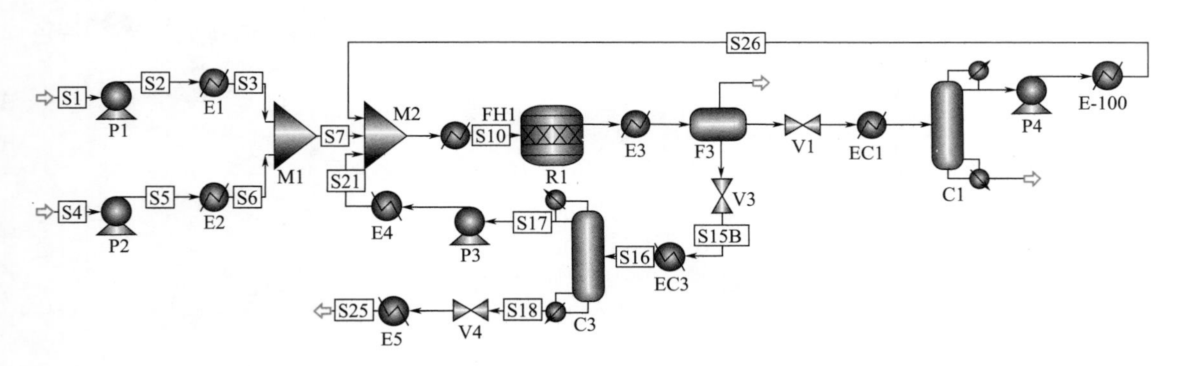

图 11-54　循环混合及预加热部分流程

输入加热炉 FH1 温度 495℃，压降 60kPa；加热器 E4 压降 10kPa，汽化分率 1；冷却器 E5 温度 25℃，压降 10kPa；泵 P3 出口压力 470kPa；阀 V4 出口压力 111.325kPa。

进入 **Flowsheeting Options** | **Design Specs** | **F-SYR** | **Input** | **Vary** 页面，修改操纵变量，如图 11-55 所示。

进入 **Flowsheeting Options** | **Calculator** | **C-1** | **Input** 页面，重新定义计算器变量，并修改 Fortran 语句为“FM4＝FT10-FM26-FM21”，保证进入反应器的甲醇与甲苯的摩尔流量相等，运行模拟，流程收敛，保存文件。其中，FM4（输出变量）为物流 S4 中甲醇流量，kmol/h；FT10（输入变量）为物流 S10 中甲苯流量，kmol/h；FM26（输入变量）为物流 S26 中甲醇流量，kmol/h；FM21（输入变量）为物流 S21 中甲醇流量，kmol/h。

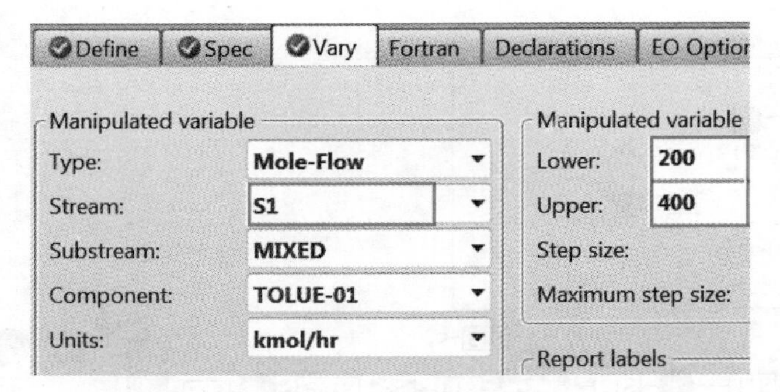

图 11-55　修改全局设计规定 F-SYR 操纵变量

SM.7 苯乙烯纯化部分

在 SM.6 的基础上，建立如图 11-56 所示流程图。

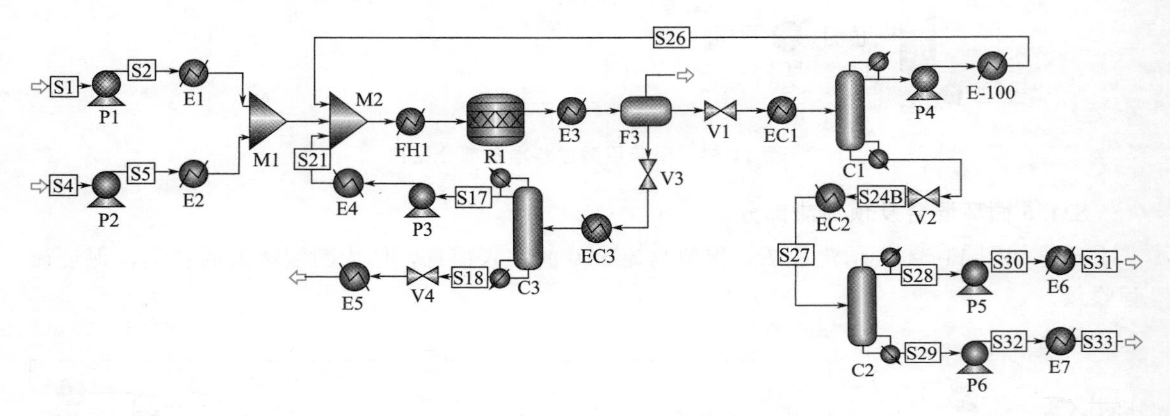

图 11-56　苯乙烯纯化流程

输入阀 V2 出口压力 55kPa；冷却器 EC2 压降 10kPa，汽化分率 0。

输入苯乙烯精馏塔 C2 参数，如图 11-57 所示。

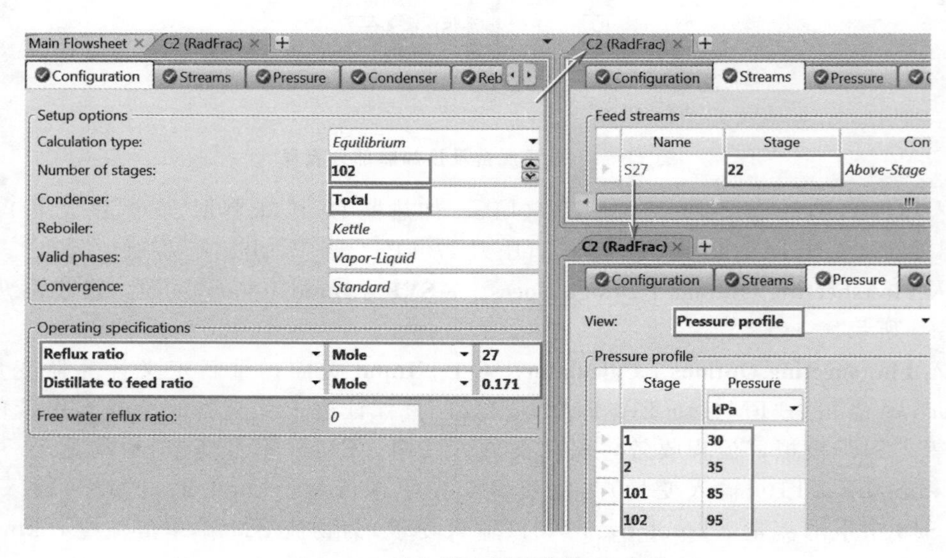

图 11-57　输入苯乙烯精馏塔 C2 参数

为苯乙烯精馏塔 C2 添加塔内设计规定，回流比范围 2～35，保证塔底乙苯质量分数小于 0.0003，塔顶采出率范围 0.1～0.3，保证塔顶苯乙烯质量分数小于 0.03。

输入泵 P5 出口压力 111.325kPa；冷却器 E6 温度 25℃，压降 10kPa；P6、E7 参数同 P5、E6。

进入 **Flowsheeting Options** | **Design Specs** | **F-SYR** | **Input** | **Define** 页面，如图 11-58 所示，对 FSTRY(苯乙烯摩尔流量)的物流进行调整，保证最终苯乙烯产量为 288.46kmol/h。

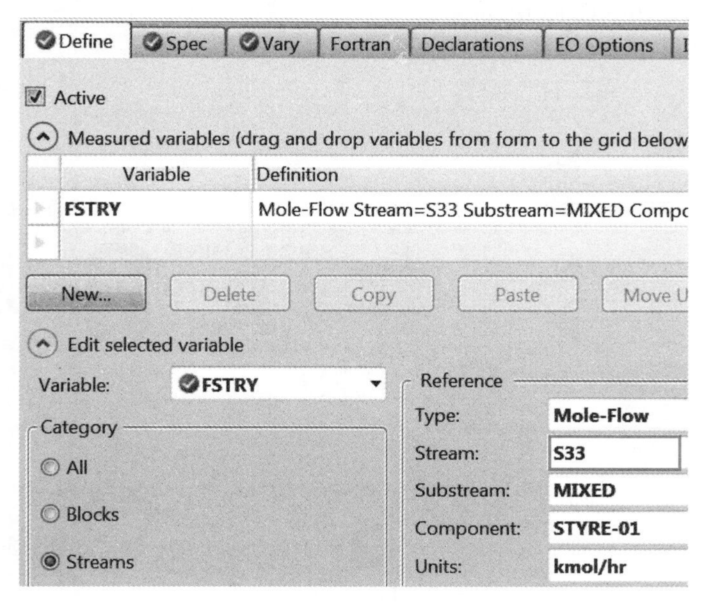

图 11-58　调整全局设计规定 F-SYR 采集变量

运行模拟，流程收敛，保存文件。进入 **Blocks** | **C2** | **Stream Results** | **Material** 页面，查看苯乙烯精馏塔 C2 结果，如图 11-59 所示，苯乙烯流量为 288.46kmol/h。

Material | Heat | Load | Vol.% Curves | Wt. % Curves | Petrol

Display: Streams　Format: GEN_M　Stream

	S27	S28	S29
HYDRO-01	trace		
WATER	trace		
Mole Flow kmol/hr			
METHA-01	trace		
TOLUE-01	0.04	0.04	trace
STYRE-01	290.342	1.882	288.46
ETHYL-01	59.742	59.657	0.085
HYDRO-01	trace		
WATER	trace		

图 11-59　查看苯乙烯精馏塔 C2 物流结果

习 题

11.1 附图为甲苯(C_7H_8)加氢脱烷基化制苯(C_6H_6)的工艺流程及部分工艺参数，附表为工艺流程的进料条件。换热器 HX 总传热系数为 340.7W/(m^2·K)，反应器 REACTOR 主反应中甲苯转化率为 75%，副反应中苯转化率为 2%，反应器出口物流中含有少量联苯($C_{12}H_{10}$)，物流 8 的摩尔流量为分流器进料物流 LIQ 摩尔流量的 10%。试确定所得产品苯的量。物性方法采用 PENG-ROB。

主反应 $C_7H_8+H_2 \longrightarrow C_6H_6+CH_4$

副反应 $2C_6H_6 \longrightarrow C_{12}H_{10}+H_2$

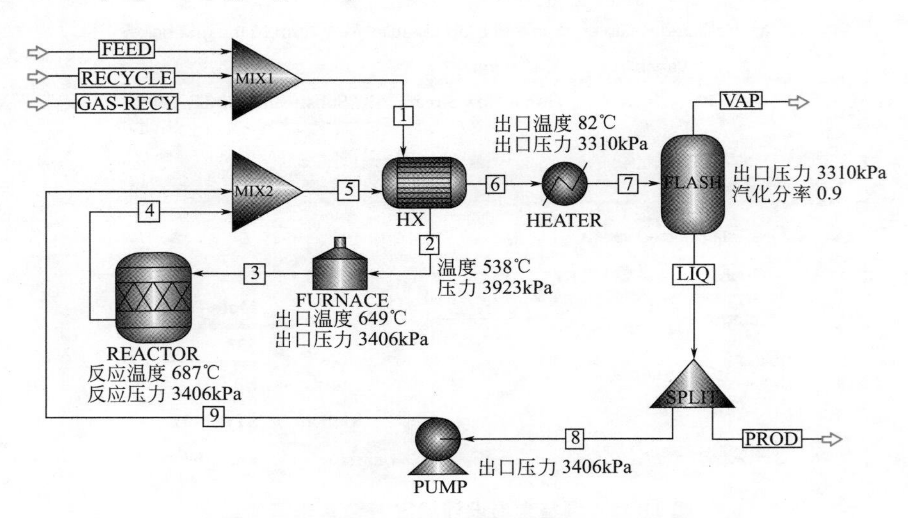

习题 11.1 附图　甲苯加氢脱烷基化制苯工艺流程

习题 11.1 附表　进料条件

组分	FEED/(kmol/h)	RECYCLE/(kmol/h)	GAS-RECY/(kmol/h)
氢气	—	—	930
甲烷	—	—	1370
苯	—	1.55	20
甲苯	125	38	2.5
联苯	—	0.45	—
温度/℃	24	121	19.5
压力/kPa	3923	3923	3923

11.2 附图为甲醇(CH_3OH)气相脱水法制二甲醚[$(CH_3)_2O$]工艺流程及部分工艺参数，精馏塔参数如附表所示。要求二甲醚精制塔 T1 塔顶二甲醚摩尔纯度 0.995，回收率 0.99，甲醇回收塔 T2 塔顶甲醇摩尔纯度 0.96，塔底废水甲醇摩尔含量不大于 0.005，试确定所得产品二甲醚的量。物性方法采用 UNIQ-RK。

反应 $2CH_3OH \longrightarrow (CH_3)_2O+H_2O$

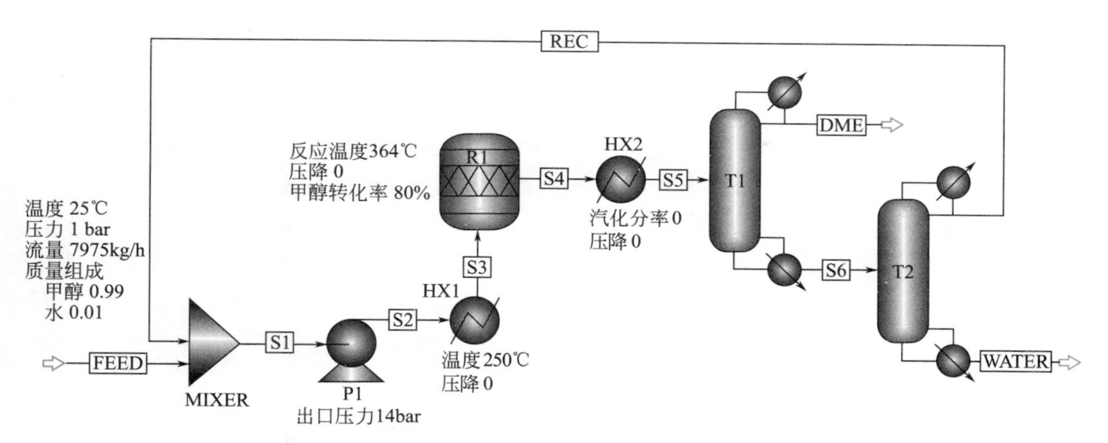

习题 11.2 附图　**甲醇气相脱水法制二甲醚工艺流程**

习题 11.2 附表　**精馏塔参数**

参数	二甲醚精制塔 T1	甲醇回收塔 T2
理论板数	24	28
进料位置	13	15
D/F(mole,初值)	0.395	0.570
RR(mole,初值)	0.635	1.705
塔顶压力/bar	10.3	7.3
塔底压力/bar	10.5	7.6

11.3　附图为乙烯(C_2H_4)与苯气相烷基化合成乙苯($C_6H_5C_2H_5$)的工艺流程及部分工艺参数，精馏塔参数如附表所示。苯、乙烯与从苯回收塔 T1 塔顶返回的循环苯混合后进入加热炉 HX1 加热汽化，进入反应器 R1 发生如下反应：

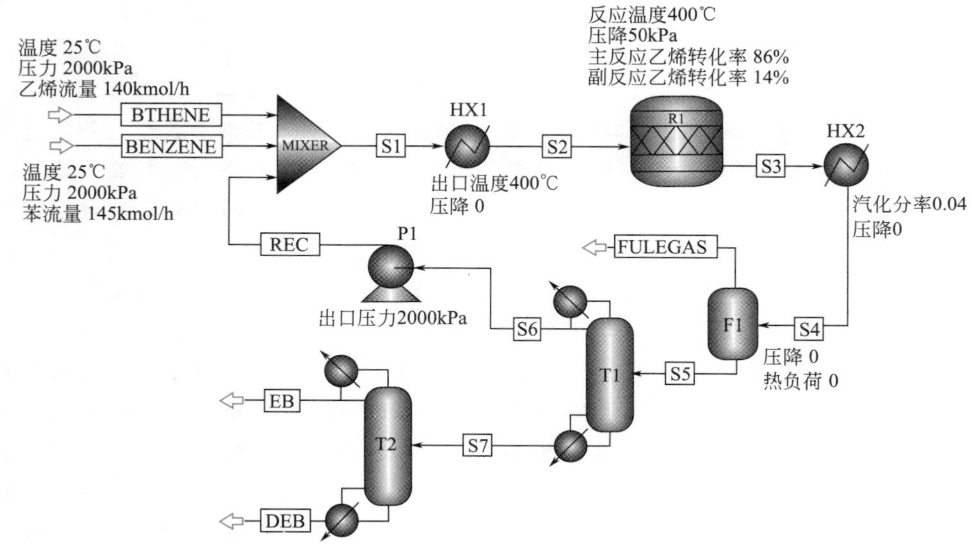

习题 11.3 附图　**乙烯与苯气相烷基化合成乙苯工艺流程**

主反应　$C_6H_6+C_2H_4 \longrightarrow C_6H_5C_2H_5$

副反应　$C_6H_5C_2H_5+C_2H_4 \longrightarrow C_6H_4(C_2H_5)_2$

反应器R1出口物流中含有未反应的苯、乙苯和对二乙苯[$C_6H_4(C_2H_5)_2$]，经过冷却后进入闪蒸器F1，气相用作燃料气，液相进入苯回收塔T1，苯回收塔T1塔顶产品中苯摩尔纯度0.995，回收率0.999，塔底产品进入乙苯精制塔T2，乙苯精制塔T2塔顶乙苯摩尔纯度0.99，回收率0.999。试确定所得产品乙苯的量。物性方法采用RK-SOAVE。

习题11.3附表　**精馏塔参数**

参数	苯回收塔T1	乙苯精制塔T2
理论板数	15	35
进料位置	7	20
D/F(mole,初值)	0.89	0.83
RR(mole,初值)	0.48	0.97
塔顶压力/kPa	150	150

11.4　附图为苯氧化制顺丁烯二酸酐($C_4H_2O_3$)的工艺流程及部分工艺参数，精馏塔参数如附表所示。苯在HX1中蒸发，与压缩空气混合后进入加热炉HX2加热，送入反应器R1，发生以下反应：

主反应　$C_6H_6+4.5O_2 \xrightarrow{k_1} C_4H_2O_3+2CO_2+2H_2O \qquad r_1=7.7\times10^6\exp\left(\frac{-25143}{RT}\right)[C_6H_6]$

副反应　$C_6H_6+7.5O_2 \xrightarrow{k_2} 6CO_2+3H_2O \qquad r_2=6.31\times10^7\exp\left(\frac{-29850}{RT}\right)[C_6H_6]$

$C_4H_2O_3+3O_2 \xrightarrow{k_3} 4CO_2+H_2O \qquad r_3=2.33\times10^4\exp\left(\frac{-21429}{RT}\right)[C_4H_2O_3]$

$C_6H_6+1.5O_2 \xrightarrow{k_4} C_6H_4O_2+H_2O \qquad r_4=7.2\times10^5\exp\left(\frac{-27149}{RT}\right)[C_6H_6]$

反应器R1出口物流含有未反应的苯、顺丁烯二酸酐、醌($C_6H_4O_2$)和其他产物，经过冷却器HX4冷却后进入吸收塔T1。在吸收塔T1中，循环的邻苯二甲酸二丁酯(DBP)与蒸气进料逆流接触，用于吸收顺丁烯二酸酐、醌和少量的水。吸收塔T1塔底产物被送到溶剂回收塔T2，其中邻苯二甲酸二丁酯作为塔底产物循环回收，并与补充溶剂混合后循环回吸收塔T1。溶剂回收塔T2塔顶产物送至精制塔T3，精制塔T3塔顶得到含苯废水，塔底得到顺丁烯二酸酐。要求溶剂回收塔T2塔底邻苯二甲酸二丁酯摩尔纯度不小于0.999，精制塔T3塔底顺丁烯二酸酐摩尔纯度不小于0.98，回收率不小于0.999。试确定所得产品顺丁烯二酸酐的量。

反应动力学参数中活化能单位为kcal/kmol，浓度为摩尔浓度kmol/m^3，反应相态为气相。反应器为列管式反应器，反应器类型选择Reactor with specified temperature，反应器进口温度450℃，出口温度600℃，管长3.2m，管径25mm，管数22000根，反应压力235 kPa，压降15kPa，催化剂密度1200kg/m^3，床层空隙率0.5。补充吸收剂邻苯二甲酸二丁酯温度25℃，压力100kPa，流量0.075kmol/h(初值)。物性方法采用NRTL，亨利组分为N_2、O_2、CO_2。

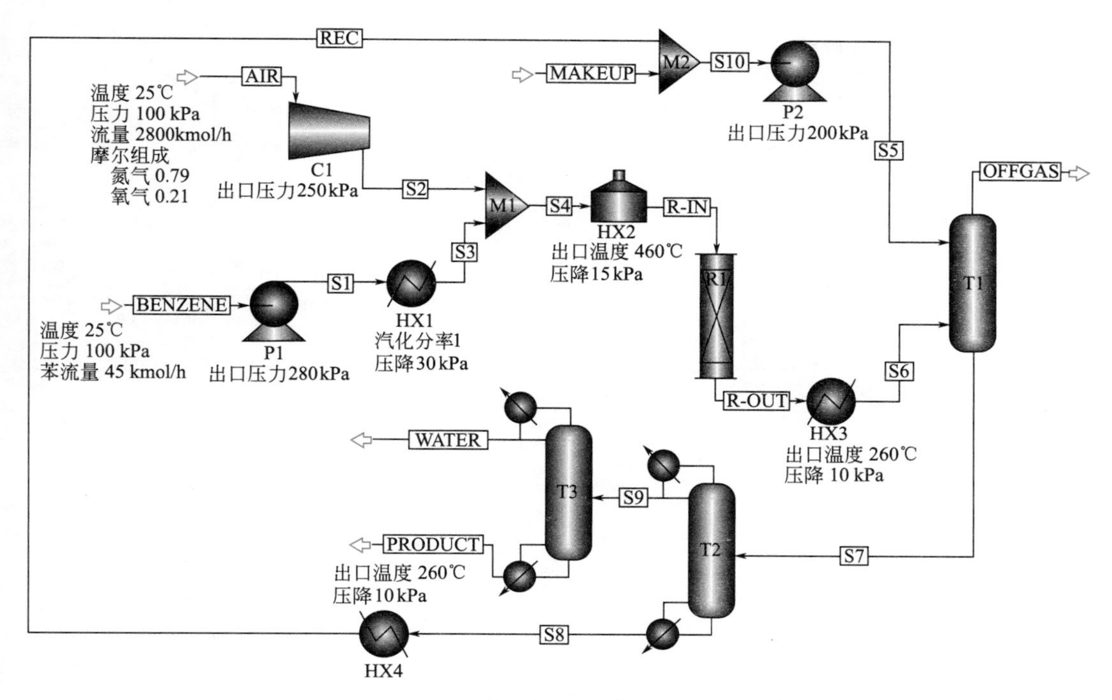

习题 11.4 附图　**苯氧化制顺丁烯二酸酐工艺流程**

习题 11.4 附表　**精馏塔参数**

参数	吸收塔 T1	溶剂回收塔 T2	精制塔 T3
理论板数	10	35	15
进料位置	S5/1,S6/10	S7/17	8
D/F(mole,初值)	—	0.08	0.04
RR(mole,初值)	—	0.18	0.70
塔顶压力/kPa	100	100	100

11.5　附图为二甲醚(CH_3OCH_3)羰基化合成乙酸甲酯(CH_3COOCH_3)的工艺流程及工艺参数。新鲜一氧化碳、二甲醚以及循环物流混合后进入反应器 R1，发生以下反应：

$$CO + CH_3OCH_3 \longrightarrow CH_3COOCH_3$$

反应器 R1 出口物流经过冷却器 HX1 冷却后进入闪蒸罐 F1，气相一部分作为弛放气排放，另一部分循环回反应器 R1，液相进入乙酸甲酯精馏塔 T1，塔顶轻组分循环回反应器 R1，塔底为乙酸甲酯产品，要求塔底乙酸甲酯摩尔纯度不低于 0.999，回收率不低于 0.99，试确定所得产品乙酸甲酯的量。物性方法采用 NRTL。

11.6　附图为乙烯氧化制环氧乙烷(C_2H_4O)的工艺流程及工艺参数。乙烯、氧气与循环物流经加热器 HX1 加热后进入反应器 R1，发生如下反应：

主反应　$C_2H_4 + 0.5O_2 \longrightarrow C_2H_4O$

副反应　$C_2H_4 + 3O_2 \longrightarrow 2CO_2 + 2H_2O$

反应器 R1 出口物流冷却后进入吸收塔 T1，用水做吸收剂吸收环氧乙烷，塔顶产品一部分循环回反应器 R1，一部分作为燃料气，塔底物流进入环氧乙烷精馏塔 T2，塔顶为环氧

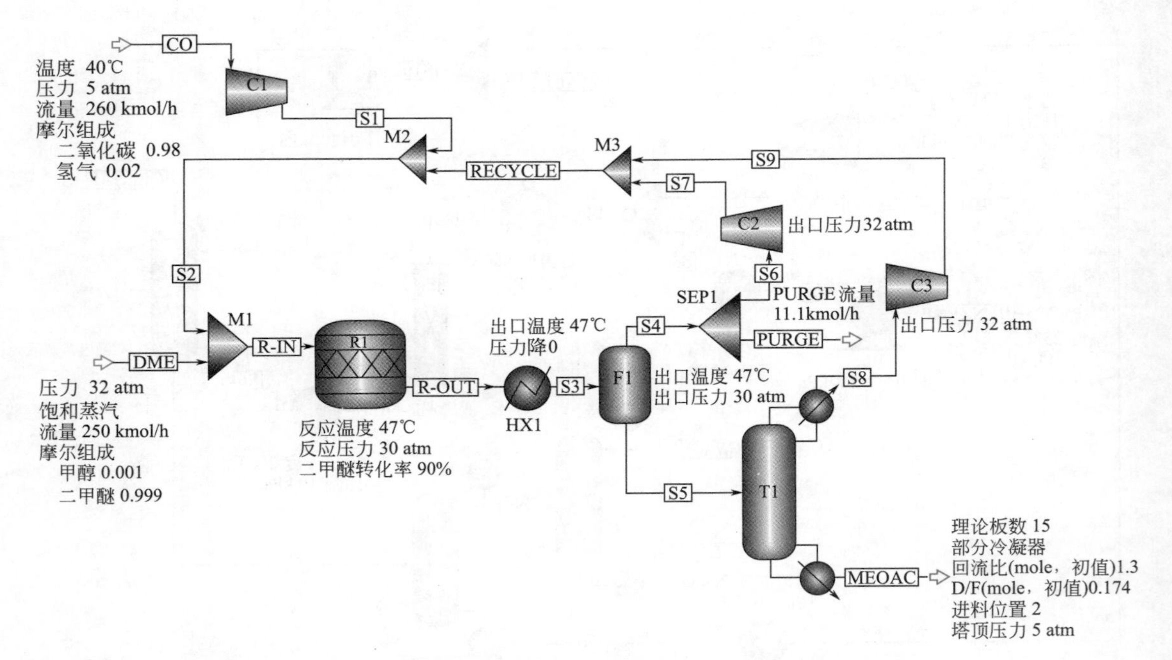

习题 11.5 附图　二甲醚羰基化合成乙酸甲酯工艺流程

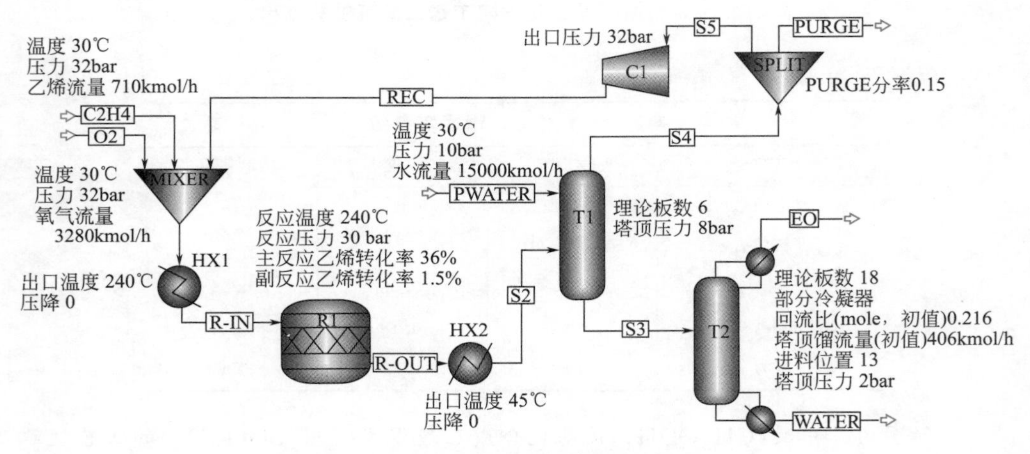

习题 11.6 附图　乙烯氧化制环氧乙烷工艺流程

乙烷产品，塔底为废水。要求环氧乙烷精馏塔 T2 塔顶环氧乙烷质量组成不低于 0.989，回收率不低于 0.999，试确定环氧乙烷产品的量。物性方法采用 PSRK。

11.7　附图为甲醇(CH_3OH)氧化制甲醛(HCHO)的工艺流程及工艺参数。甲醇、空气与循环物流加热混合后进入反应器 R1，发生如下反应：

反应　$CH_3OH+0.5O_2 \longrightarrow HCHO+H_2O$　　(1)

$CH_3OH \longrightarrow HCHO+H_2$　　(2)

反应器 R1 出口物流经部分冷凝后排出废气，塔底产品进入甲醛精馏塔 T1，塔顶采出甲醇循环回反应器 R1，塔底为甲醛水溶液。要求甲醛精馏塔 T1 塔底甲醇质量纯度不高于 0.001，甲醛水溶液质量回收率不低于 0.999，试确定甲醛水溶液产品的量。物性方法采用 UNIQUAC，使用 TDE 回归甲醛-水二元交互作用参数。

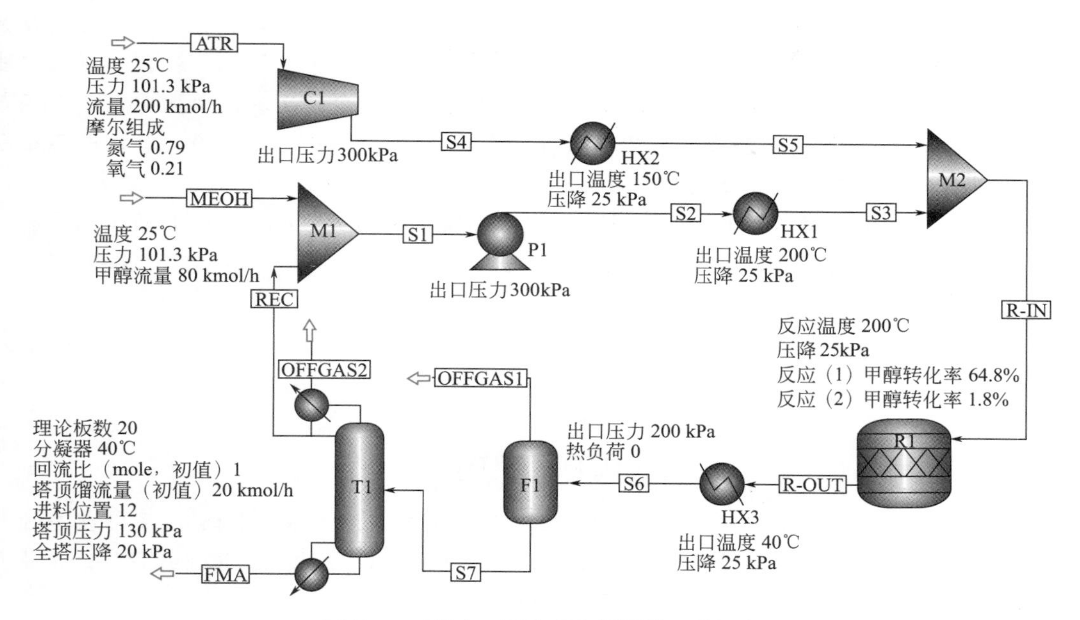

习题 11.7 附图 甲醇氧化制甲醛工艺流程

11.8 附图为丙烯(C_3H_6)与苯(C_6H_6)气相烷基化合成异丙苯(C_9H_{12})的工艺流程及部分工艺参数。丙烯、苯与循环物流混合加热后进入反应器 R1，发生如下反应：

主反应 $C_6H_6+C_3H_6 \xrightarrow{k_1} C_9H_{12}$ $\qquad r_1=2.8\times10^7\exp\left(\dfrac{-104174}{RT}\right)[C_6H_6][C_3H_6]$

副反应 $C_9H_{12}+C_3H_6 \xrightarrow{k_2} C_{12}H_{18}$ $\qquad r_2=2.32\times10^9\exp\left(\dfrac{-146742}{RT}\right)[C_9H_{12}][C_3H_6]$

反应动力学参数中活化能单位为 kJ/kmol，浓度为摩尔浓度 kmol/m^3，反应相态为气相。反应器为列管式反应器，管长 6m，管径 0.0765m，管数 345 根，压降 0，空隙率 0.5，催化剂颗粒密度 2000kg/m^3，传热系数 0.065kW/(m^2·K)，冷却剂温度恒定 360℃。

反应器 R1 出口物流中含有产物异丙苯和少量二异丙苯($C_{12}H_{18}$)，经过冷却器 HX3 冷

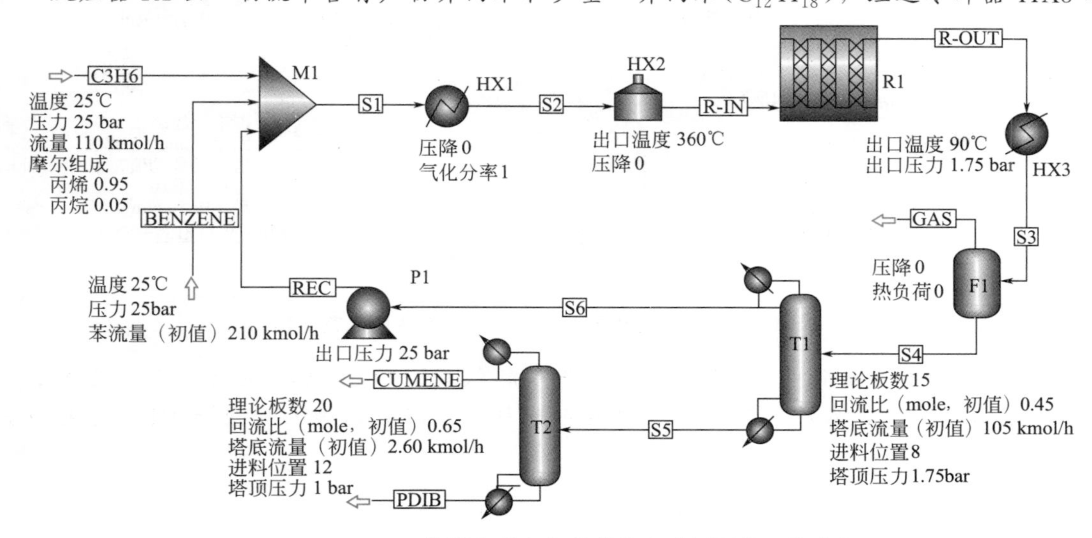

习题 11.8 附图 丙烯与苯气相烷基化合成异丙苯工艺流程

却后进入闪蒸罐 F1，气相作为弛放气排出，液相进入苯回收塔 T1，塔顶为苯，循环回反应器 R1，进入反应器的苯总流量维持 210kmol/h，塔底产品进入异丙苯精制塔 T2，塔顶采出异丙苯产品，塔底为重组分杂质。要求苯回收塔 T1 塔底苯摩尔纯度不大于 0.0005，异丙苯回收率不小于 0.99，异丙苯精制塔 T2 塔顶异丙苯摩尔纯度不小于 0.999，回收率不小于 0.9995，试确定所得产品异丙苯的量。物性方法采用 PENG-ROB。

11.9 附图为异丙醇[$(CH_3)_2CHOH$]气相催化脱氢制丙酮[$(CH_3)_2CO$]的工艺流程及部分工艺参数。异丙醇气化后进入反应器 R1，发生如下反应：

反应 $(CH_3)_2CHOH \underset{k_{-1}}{\overset{k_1}{\rightleftharpoons}} (CH_3)_2CO + H_2$

$$r_1 = 2.2\times10^7\exp\left(\frac{-72380}{RT}\right)[(CH_3)_2CHOH]$$

$$r_{-1} = 1000\exp\left(\frac{-9480}{RT}\right)[(CH_3)_2CO][H_2]$$

反应动力学参数中活化能单位为 kJ/kmol，浓度为摩尔浓度 $kmol/m^3$，反应相态为气相。反应器为列管式反应器，管长 6.096m，管径 0.0504m，管数 450 根，压降 0，传热系数 $60W/(m^2 \cdot K)$，反应所需的热量由 351℃的熔盐提供。

反应器 R1 出口物流经过冷却后进入闪蒸器 F1，气相进入吸收塔 T1，用水做吸收剂吸收丙酮，液相与吸收塔 T1 塔底产品混合后进入丙酮精制塔 T2，塔顶气相作为弛放气排出，液相采出丙酮产品，塔底产品进入异丙醇回收塔 T3，塔顶为异丙醇、水共沸物循环利用，塔底为废水。要求丙酮精制塔 T2 塔顶丙酮摩尔纯度 0.999，塔底丙酮摩尔纯度 0.0001，异丙醇回收塔 T3 塔顶异丙醇摩尔纯度 0.64(接近共沸组成)，塔底异丙醇摩尔纯度 0.001，试确定所得产品丙酮的量。物性方法采用 UNIQUAC。

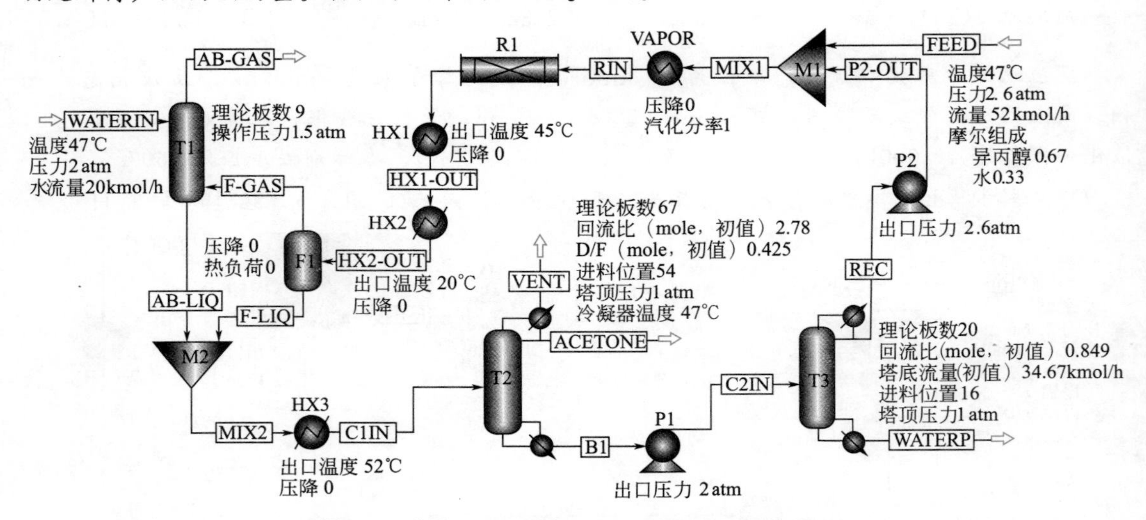

习题 11.9 附图 **异丙醇气相催化脱氢制丙酮工艺流程**

11.10 附图为醋酸甲酯($C_3H_6O_2$)和正丁醇($C_4H_{10}O$)酯交换反应制备醋酸正丁酯($C_6H_{12}O_2$)的工艺流程及工艺参数。醋酸甲酯与正丁醇分别进入反应器 R1，发生如下反应：

反应 $C_3H_6O_2 + C_4H_{10}O \underset{k_{-1}}{\overset{k_1}{\rightleftharpoons}} CH_4O + C_6H_{12}O_2$

$$r_1=6.727\times10^{12}\exp\left[\frac{-71960}{RT}\right]\ [C_3H_6O_2]\ [C_4H_{10}O]$$

$$r_{-1}=9.463\times10^{12}\exp\left[\frac{-72670}{RT}\right]\ [CH_4O]\ [C_6H_{12}O_2]$$

反应动力学参数中活化能单位为 kJ/kmol，浓度为摩尔浓度 $kmol/m^3$，反应相态为液相。

反应器 R1 出口物流进入脱轻塔 T1，塔顶产品进入甲醇分离塔 T2，塔底产品进入醋酸正丁酯分离塔 T3，甲醇分离塔 T2 塔顶采出醋酸甲酯循环利用，塔底采出甲醇产品，醋酸正丁酯分离塔 T3 塔顶采出正丁醇循环利用，塔底采出醋酸正丁酯产品。要求脱轻塔 T1 塔顶醋酸正丁酯摩尔纯度不大于 0.001，塔底醋酸甲酯摩尔纯度不大于 0.001，甲醇分离塔 T2 塔顶醋酸甲酯摩尔纯度 0.64，塔底醋酸甲酯摩尔纯度 0.001，醋酸正丁酯分离塔 T3 塔顶醋酸正丁酯摩尔纯度 0.1，塔底正丁醇摩尔纯度 0.001，试确定所得产品醋酸正丁酯的量。物性方法采用 NRTL。

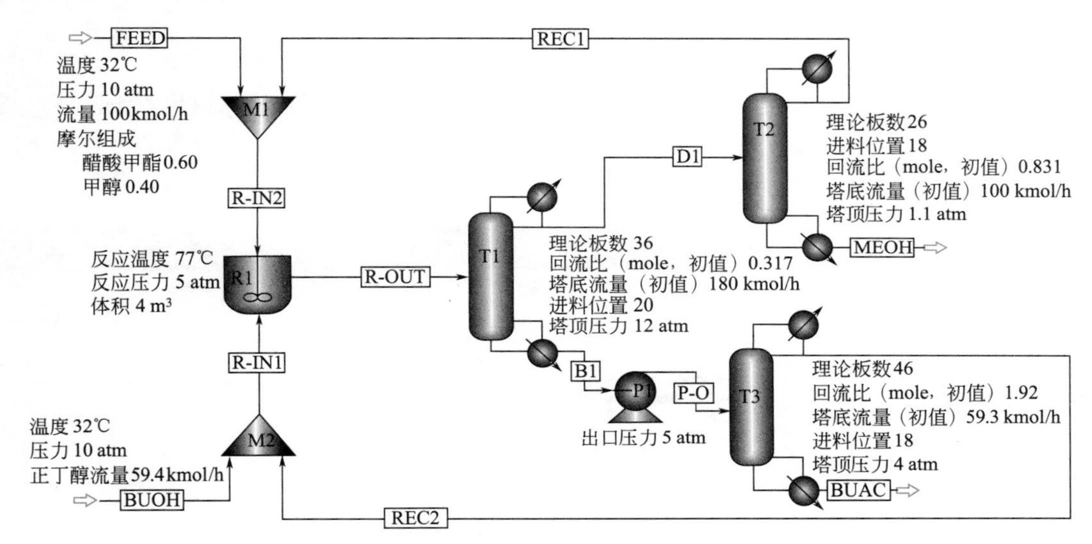

习题 11.10 附图　**醋酸甲酯和正丁醇酯交换反应制备醋酸正丁酯工艺流程**

第12章

收敛和故障诊断

流程模拟过程中经常会遇到收敛问题，无论是流程收敛问题还是单元模块收敛问题，均可查看 Aspen Plus 帮助文件，如图 12-1 所示，从中可以找到许多有价值的信息，有助于问题的解决。

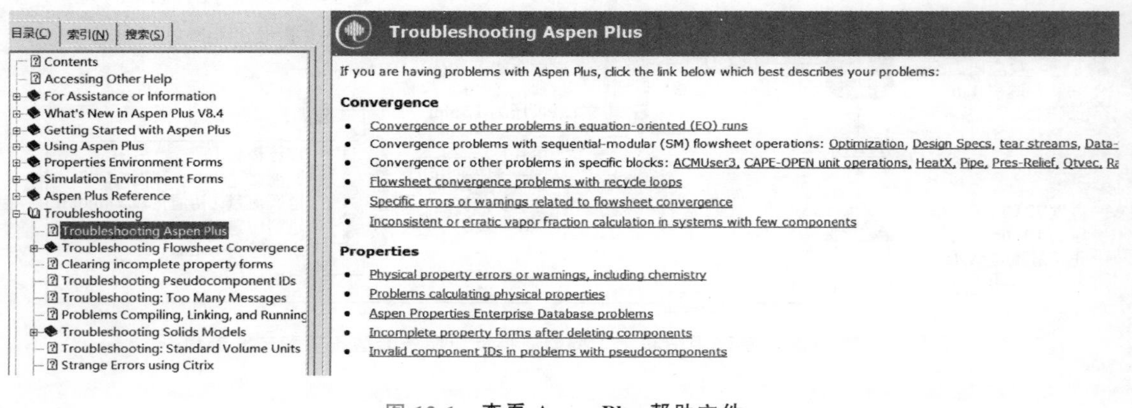

图 12-1　查看 Aspen Plus 帮助文件

12.1　序贯模块法流程收敛

12.1.1　流程循环与设计规定

Aspen Plus 模拟计算方法分三种：序贯模块法(Sequential Modular)、联立方程法(Equation Oriented)和联立模块法(Mixed Mode)。Aspen Plus 中的模块计算方法默认为序贯模块法。

序贯模块法是将流程中所有单元模块，依照一定计算顺序逐一求解，直至流程结束。如果流程中包含循环物流，即包含从流程下游流向上游的物流(如图 12-2 中物流 S6 与 S7)，则需在包含循环物流的流程段反复迭代计算，直至收敛；若无循环物流，则仅需一次流程计算，不存在流程收敛问题，而仅有单元模块收敛问题。

常见的单元模块计算示例如图 12-3 所示。给定单元模块入口物流数据，根据单元模块的参数和条件，即可求得出口物流数据。对每一单元模块，序贯模块法采用最适合其特性、专门针对该单元模块开发的算法计算。

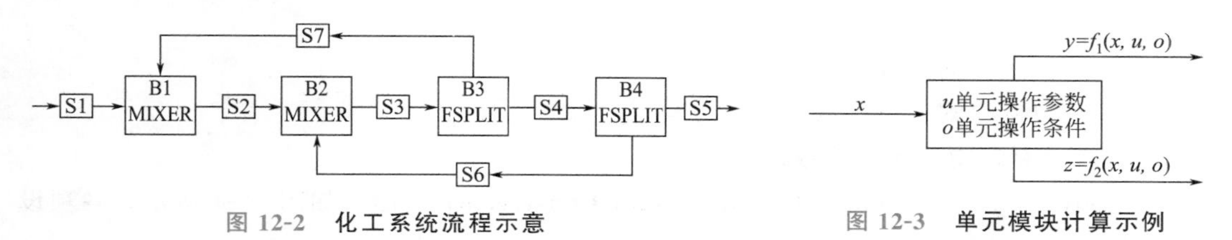

图 12-2　化工系统流程示意　　　图 12-3　单元模块计算示例

含有循环回路、设计规定或者优化问题的流程需要进行迭代计算。计算时，一般需要进行以下设置：

① 选择断裂物流(Tear Stream)。断裂物流与循环物流相关，但并不相同。例如，一化工系统的流程示意图如图 12-2 所示，其中含有循环物流 S6、S7，可选择的断裂物流为 S6 和 S7、S2 和 S4、S3，选择 S3 作为断裂物流时，只需要断裂一股物流，所以优先选择 S3 为断裂物流。对于断裂物流，Aspen Plus 先赋予其初值，然后进行计算，得到该物流的计算值，将计算值与初值进行比较，若在容差范围内，则迭代终止，否则将计算值作为下一次迭代的初值，直至前后两次计算结果在容差范围内。容差(Tolerance)计算公式为：

$$容差 = \left| \frac{X_{\text{old}} - X_{\text{new}}}{X_{\text{old}}} \right|$$

式中，X_{old} 为上一次迭代计算值；X_{new} 为本次迭代计算值。

② 定义收敛模块(Convergence Blocks)。收敛模块可用来收敛断裂物流、设计规定与优化问题，它决定了迭代过程中断裂物流与设计规定操纵变量值的更新过程。

③ 定义计算顺序(Sequence)。计算顺序包含了所有单元模块与收敛模块。

如果用户不定义断裂物流、收敛模块或者计算顺序，Aspen Plus 将自动指定。每一个设计规定和断裂物流的计算都需要对应一个收敛模块，其中 Aspen Plus 定义的收敛模块名称均以字符“＄”开头，用户定义的收敛模块名称不可以用字符“＄”开头。

Aspen Plus 自动确定运行流程所需的任何附加规定。默认情况下，Aspen Plus 还检查用户指定的计算顺序，以确保所有回路都被断裂。用户自定义的收敛规定如表 12-1 所示。

表 12-1　用户自定义的收敛规定

内容	使用的收敛页面	说明详见
指定收敛模块的收敛参数和/或方法	Options	12.1.2 收敛选项
指定系统生成收敛模块所需的部分或全部断裂物流	Tear	12.1.3 断裂物流
指定所需的部分或全部收敛模块	Convergence	12.1.4 收敛模块
指定部分或全部用户定义的收敛模块的顺序	Nesting Order	12.1.5 收敛嵌套顺序
指定部分或全部流程的计算顺序	Sequence	12.1.6 计算顺序

12.1.2 收敛选项

用户可以进入 **Convergence** | **Options** 页面为收敛模块规定以下参数：

① 断裂物流容差(Tolerance)；

② Aspen Plus 自动生成的收敛模块中，断裂物流、设计规定以及优化问题使用的收敛方法；

③ 影响计算顺序的参数；

④ 每种收敛方法的相关参数。

12.1.2.1 断裂物流收敛参数

进入 **Convergence** | **Options** | **Defaults** | **Tear Convergence** 页面，如图 12-4 所示，各项设置的详细说明见表 12-2。

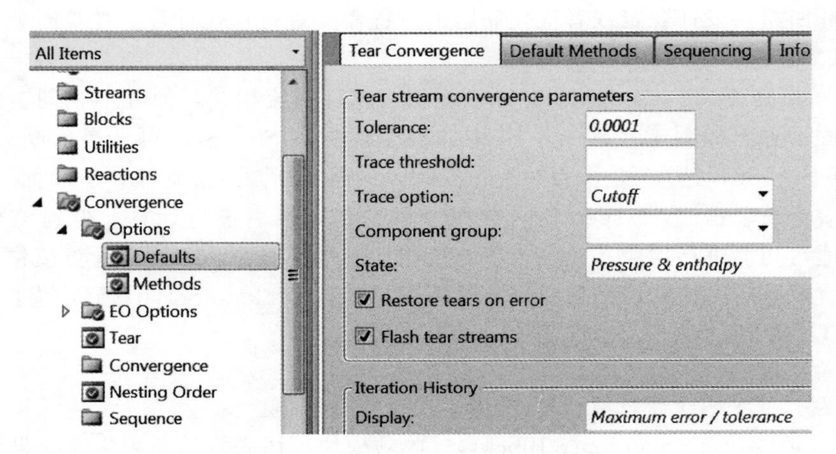

图 12-4 **查看 Tear Convergence 页面**

表 12-2 **Tear Convergence 页面设置选项**

项目	默认值	规　定
Tolerance	0.0001	规定断裂物流的容差。当物流所有变量满足下式时，断裂物流收敛。$-tol \leqslant \frac{X_{\text{calculated}}-X_{\text{assumed}}}{X_{\text{assumed}}} \leqslant tol$
Trace threshold	Tolerance/100	规定痕量组分阈值。当组分的摩尔分数小于该值时，跳过该组分的收敛测试
Trace option	Cutoff	选择痕量组分的收敛测试方案。当 Trace option=Gradual 时，将 100×Trace threshold 项添加到分母，该设置会逐渐放宽痕量组分的收敛测试
Component group	All components	为断裂物流中待收敛组分定义组分组。进入 **Setup** | **Comp-Groups** 页面定义组分组，当某些组分流量为 0 或者恒定时定义组分组，配合矩阵收敛方法(Broyden、Newton 以及 SQP)，可以减小矩阵大小和数值扰动

续表

项目	默认值	规　定
State	Pressure&enthalpy	选择要收敛的状态变量。当已知压力或不计算焓值时(模拟只做质量衡算),用户可以更改默认选项。该规定主要配合矩阵收敛方法(Broyden、Newton 以及 SQP),可以减小矩阵大小和数值扰动
Restore tears on error	Checked	出现收敛错误时,保存断裂物流变量的最后计算值
Flash tear streams	Checked	通过收敛模块更新数据后,对断裂物流进行闪蒸计算。如果用户想利用内嵌 Fortran 程序或计算器模块获取断裂物流的温度、密度或熵,或者想查看中间或部分收敛的结果,需要选中 Flash tear streams;如果要节省计算时间或不需要中间收敛结果,可以取消勾选。一般该选项不受收敛方法影响,但有一个例外情况,当断裂物流与化学反应相关联时,默认不对其进行闪蒸计算,与用户选择无关
Display	Maximum error/tolerance	指定表格中生成所有变量或只生成最大误差变量

12.1.2.2　收敛方法

进入 **Convergence** | **Options** | **Defaults** | **Default Methods** 页面，为收敛模块选择收敛方法，如图 12-5 所示。Aspen Plus 中有七种收敛方法：Wegstein、Direct、Secant、Broyden、Newton、Complex、SQP，不同类型收敛方法的适用范围见表 12-3。

表 12-3　**收敛方法的适用范围**

目的	默认值	其他方法
收敛断裂物流	Wegstein	Direct,Broyden,Newton
收敛单个设计规定	Secant	Broyden,Newton
收敛多个设计规定	Broyden	Newton
收敛设计规定和断裂物流	Broyden	Newton
优化	SQP	Complex

进入 **Convergence** | **Options** | **Methods** 页面，可以设置各个收敛方法参数，如图 12-6 所示。

图 12-5　**选择收敛方法**

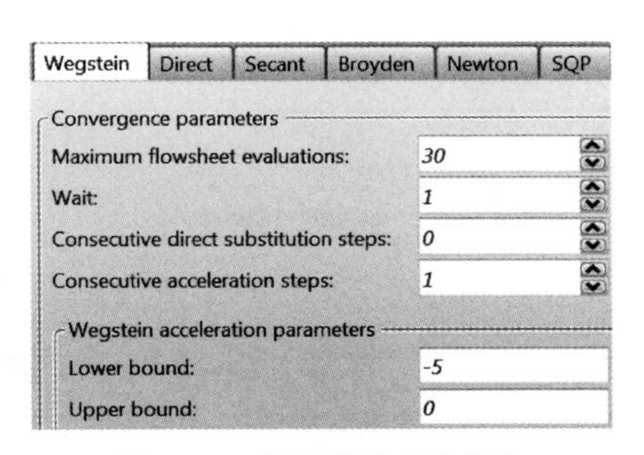

图 12-6　**设置收敛方法参数**

(1)韦格斯坦法(Wegstein)

经典的限界韦格斯坦法(Classical Bounded Wegstein)通常是计算断裂物流最快和最可靠的方法，此方法忽略变量间的相互作用，因此当变量之间有很强联系时，不推荐使用此法。限界韦格斯坦法需要规定加速参数 q 的上下限，如果不限制 q 值，此方法往往导致迭代过程振荡或不收敛，q 默认上下限为－5～0，大多数流程不需要改变该值。通常使用 0 作为 q 值上限，如果迭代过程收敛缓慢，建议 q 值下限使用较小的值(－20 或－50)，如果迭代出现了振荡，建议上下限值介于 0 和 1 之间。q 值对收敛的作用见表 12-4。Wegstein 方法的设置选项见表 12-5。

表 12-4　不同 q 值对收敛的作用

q 值	收敛情况
$q<0$	收敛加速
$q=0$	直接迭代
$0<q<1$	迭代出现阻尼，收敛减慢

表 12-5　Wegstein 法设置选项

项目	默认值	规定
Maximum flowsheet evaluations	30	流程的最大迭代计算次数
Wait	1	在第一次加速迭代之前直接迭代的次数
Consecutive direct substitution steps	0	加速迭代之间的直接迭代次数
Consecutive acceleration steps	1	连续加速迭代次数
Lower bound	－5	Wegstein 加速参数 q 的下限
Upper bound	0	Wegstein 加速参数 q 的上限

(2)直接迭代法(Direct)

直接迭代法是一种没有可调参数的收敛方法，收敛速度缓慢但可靠性高。少数情况下，如果使用其他方法产生震荡，可以采用该方法，而且利用直接迭代法可以很容易地识别流程中的收敛问题，比如系统组分累积导致的收敛问题。

(3)割线法(Secant)

Secant 法是收敛单个设计规定的默认方法，推荐用于用户定义的收敛模块。Secant 法设置选项见表 12-6。

表 12-6　Secant 法设置选项

项　目	默认值	规　定
Maximum flowsheet evaluations	30	流程的最大迭代计算次数
Step size	0.01	初始步长与设计规定中操纵变量范围的比值
Maximum step size	1	最大步长与设计规定中操纵变量范围的比值
X tolerance	1e－08	操纵变量的另一种容差；当操纵变量的变化值比 X 小时，迭代停止
X final on error	Last value	当收敛模块遇到错误时，作为操纵变量的最终值

续表

项　目	默认值	规　定
Bracket	No	是否将割线法切换到定界法； 当割线法无进展时，定界法试图找到一个变量范围，在这个范围内，设计规定的函数符号发生改变并且执行二分法； 当 Bracket 规定为 No 时，不能使用定界法。定界法可能会增加额外的迭代，因此在某些情况下，尤其是有嵌套正割循环时，将 Bracket 规定为 No 更适合； 当 Bracket 规定为 Yes 时，定界法检查函数是否不再变化。当变量部分范围内函数值变化平缓时，推荐 Bracket＝Yes； 当 Bracket 被规定为检查边界(Check bounds)时，定界法检查函数是否不再变化或者割线法是否到达变量边界。当变量部分范围内函数值变化平缓，或者函数为非单调函数时，推荐 Bracket＝Check bounds。该选项确保割线法在达到一变量边界时，也会尝试其他变量边界
Find minimum function value if bracketing fails to detect a sign change	未选中	如果定界法没有发现符号变化，就会找到最小的函数值

(4)布洛伊顿拟牛顿法(Broyden)

Broyden 法与牛顿法(Newton)相似，但其使用了线性近似的方法，该方法加快了收敛速度，但是可靠性不及 Newton 法。Broyden 法可用于收敛断裂物流、多个设计规定或同时收敛断裂物流和设计规定。若有多个断裂物流和/或设计规定，且断裂变量高度关联或循环回路与设计规定相互影响以致不能嵌套时，推荐选用该方法。当同时收敛断裂物流和设计规定时，用户可以先收敛或部分收敛断裂物流，然后再同时收敛断裂物流和设计规定。Broyden 方法的设置选项见表 12-7，可以点击 **Advanced Parameters** 按钮规定 Broyden 方法的其他参数。

表 12-7　**Broyden 法设置选项**

项　目	默认值	规　定
Maximum flowsheet evaluations	30	流程最大迭代计算次数
X tolerance	0.0001	操纵变量的另一种容差。当操纵变量的变化值比 *X* 小时，迭代停止
Wait	2	在第一次加速迭代前直接迭代次数

(5)牛顿法(Newton)

Newton 法是一种特殊形式的迭代方法，它是求解非线性方程最有效的方法之一。其基本思想是利用泰勒公式将非线性函数在方程的某个近似根处展开，然后截取其线性部分作为函数的一个近似，通过解一元一次方程来获得原方程的一个新的近似根。Newton 法的本质是一个不断用切线来近似曲线的过程，故 Newton 法也称为切线法。Newton 法用于收敛断裂物流或设计规定，当循环回路与设计规定高度关联，使用 Broyden 法不能收敛时，可以采用 Newton 法。但由于每次迭代都要计算数值导数，只有当组分数很少或用其他方法不能收敛时才用 Newton 法收敛断裂物流。当同时收敛断裂物流和设计规定时，用户可以先收敛或部分收敛断裂物流，然后再同时收敛断裂物流和设计规定。Newton 法的设置选项见表

12-8，可以点击 **Advanced Parameters** 按钮规定 Newton 方法的其他参数。

表 12-8　**Newton 法设置选项**

项　目	默认值	规　定
Maximum Newton iterations	30	牛顿法最大迭代计算次数
Maximum flowsheet evaluations	99999	流程最大迭代计算次数
Wait	2	在第一次加速迭代前直接迭代次数
X tolerance	0.0001	操纵变量的另一种容差。当操纵变量的变化值比 X 小时，迭代停止
Reduction factor	0.2	在计算新的雅可比矩阵前使用的约化因子，用于决定牛顿法迭代次数。只要使用该约化因子时的迭代误差一直减小，雅可比矩阵就会重复使用
Iterations to reuse Jacobian		重复使用雅可比矩阵的次数

（6）复合形法（Complex）

复合形法是求解非线性约束优化问题的一种应用比较广泛的直接解法，它是根据 k 个设计点所构成的复合形来寻求函数值下降的可行方向并进行搜索，以维持迭代过程的优化方法。所谓复合形是指在 n 维设计空间内，由 $k \geqslant n+1$ 个顶点所构成的多面体。复合形法就是在 n 维设计空间的约束可行域内，对复合形各顶点的目标函数值逐一进行比较，不断地去掉最坏点，代之以既能使目标函数值有所下降，又满足所有约束条件的新点，逐步逼近最优点。复合形法能够有效地处理不等式约束的优化设计问题。对于等式约束，必须作设计规定来处理，需要使用单独的收敛模块来收敛断裂物流或设计规定。

（7）序列二次规划法（SQP）

SQP 法是一种先进的拟牛顿非线性规划方法，可以在求解优化问题的同时收敛断裂物流、等式约束和不等式约束。SQP 法通常经过几次迭代就能收敛，但每次迭代时需要所有决策和断裂变量的数值导数。Aspen Plus 中的 SQP 法有一个新特点，在每次优化迭代和线性搜索时，使用 Wegstein 法部分收敛断裂物流，该特点不仅能帮助流程稳定收敛，还能减少迭代次数。SQP 方法的设置选项见表 12-9。

表 12-9　**SQP 方法设置选项**

项　目	默认值	规　定
Maximum optimization iterations	30	SQP 优化循环的最大迭代计算次数
Maximum flowsheet evaluations	99999	流程最大迭代计算次数。数值导数的每步扰动都被算作一次计算
Additional iterations when constraints are not satisfied	2	满足收敛测试后，未满足约束条件时的附加迭代次数

项　目	默认值	规　定
Iterations to converge tears for each optimization iteration	3	每次优化迭代时收敛断裂物流所采用的迭代数
Iterations to enforce maximum step size	3	对决策变量强制使用最大步长的迭代数
Tolerance	0.001	优化收敛容差
Wait	2	第一次加速迭代前直接迭代次数
Lower bound	−5	Wegstein 加速参数 q 的下限
Upper bound	0	Wegstein 加速参数 q 的上限

12.1.2.3 计算顺序参数

进入 **Convergence** | **Options** | **Defaults** | **Sequencing** 页面，规定断裂和计算顺序参数，如图 12-7 所示，各项设置的详细说明见表 12-10。

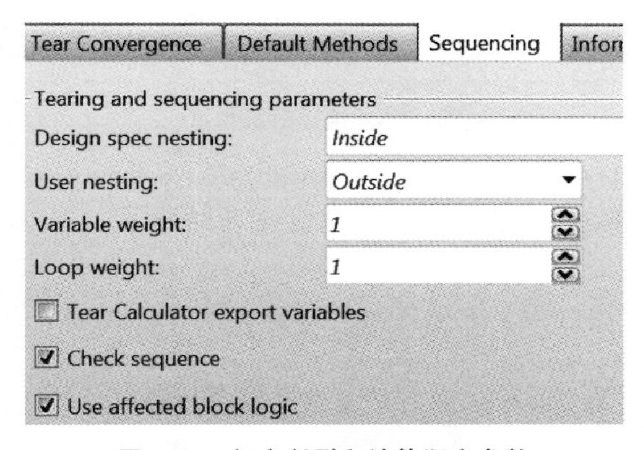

图 12-7　**规定断裂和计算顺序参数**

表 12-10　**Sequencing 页面的设置选项**

项　目	默认值	规　定
Design spec nesting	Inside	指定设计规定在断裂物流回路中的嵌套位置 该选项不适用于 **Nesting Order** 页面规定了计算顺序的收敛模块 当外层回路的断裂物流在内层回路中重新计算时，生成的实际顺序可以不严格遵循此设置
User nesting	Outside	指定 **Nesting Order** 页面规定的模块与其他收敛模块（用户定义或系统生成的）的嵌套关系 User nesting 优先于 Design spec nesting 当外层回路的断裂物流在内层回路中重新计算时，生成的实际顺序可以不严格遵循此设置
Variable weight	1	变量权值越大，断裂变量数越小
Loop weight	1	回路权值越大，断裂回路数越小

项　目	默认值	规　定
Tear calculator export variables	Not checked	当 Calculator 模块出现在反馈回路中时，Calculator 模块变量是否可以被断裂
Check sequence	Checked	是否检查用户规定的顺序以确保所有回路被断裂
Use affected block logic	Checked	改变输入对模块造成影响时，Aspen Plus 重新运行模块。Aspen Plus 会使用逻辑功能判断在后面计算顺序中出现的模块是否被影响，比如一个单独的流程分支中的模块

12.1.3 断裂物流

进入 **Convergence** | **Tear** | **Specifications** 页面，选择断裂物流，如图 12-8 所示。Stream 一栏用来选择断裂物流，其他信息与表 12-2 一致，不再赘述。

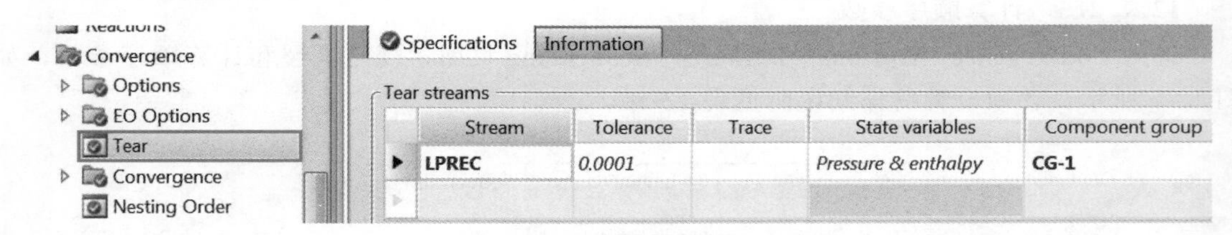

图 12-8　选择断裂物流

选择断裂物流后，用户还可以为断裂物流提供初值(默认值为零)，初值有助于流程收敛(尤其是回路中包含精馏模块)。若用户输入了某个循环物流的信息，Aspen Plus 会自动把该物流设为断裂物流。

12.1.4 收敛模块

进入 **Convergence** | **Convergence** 页面，用户可规定收敛模块的收敛方法、容差和收敛变量，Aspen Plus 自动定义的收敛模块无需指定。具体应用详见例 12.1。

用户自定义收敛模块的步骤如下：

① 进入 **Convergence** | **Convergence** 页面；

② 点击 **New…** 按钮，出现 **Create New ID** 对话框；

③ 在 Select type 中选择收敛方法，点击 **OK**，接受默认的名称 CV-1，进入 **Convergence** | **Convergence** | **CV-1** | **Input** 页面；

④ 进入 **Tear Streams**、**Design Specifications**、**Calculator Tears** 或 **Optimization** 页面选择收敛模块要求解的元素；

⑤ 进入 **Parameters** 页面规定可选的参数。

12.1.5 收敛嵌套顺序

如果存在两个及以上用户自定义的收敛模块，需要规定收敛模块的嵌套顺序。可以进入 **Convergence** | **Nesting Order** | **Specifications** 页面或 **Convergence** | **Sequence** | **Specifications** 页面指定收敛模块的嵌套顺序。

进入 **Convergence** | **Nesting Order** | **Specifications** 页面将 Available blocks 一栏中需要设置收敛顺序的模块移至右栏，然后用向上和向下箭头在列表中排列模块的顺序，上面的模块

首先收敛并且嵌套于最里层，如图 12-9 所示。

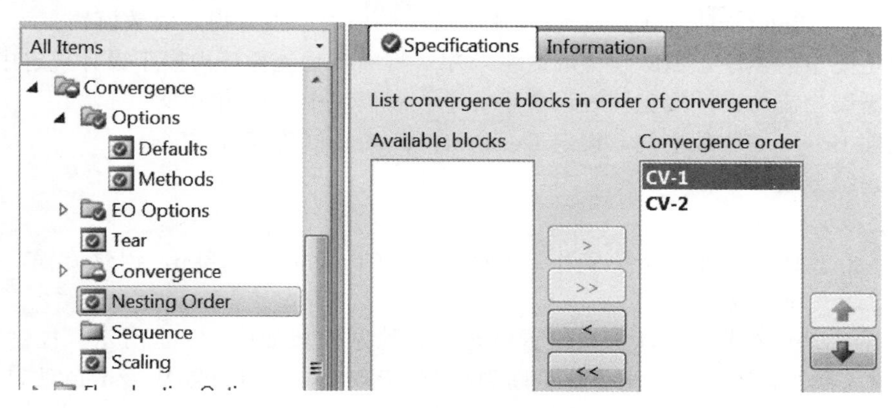

图 12-9 设置嵌套顺序

下面通过例 12.1 介绍收敛模块的应用。

例 12.1

异丙苯(CUMENE)生产流程如图 12-10 所示。丙烯(PROPENE)与苯(BENZENE)直接进入反应器，反应完成后进入冷却器冷却，冷却器出口物流进入闪蒸器闪蒸，产生的气相经压缩机后循环进入反应器，闪蒸器底部的液相作为产品输出。

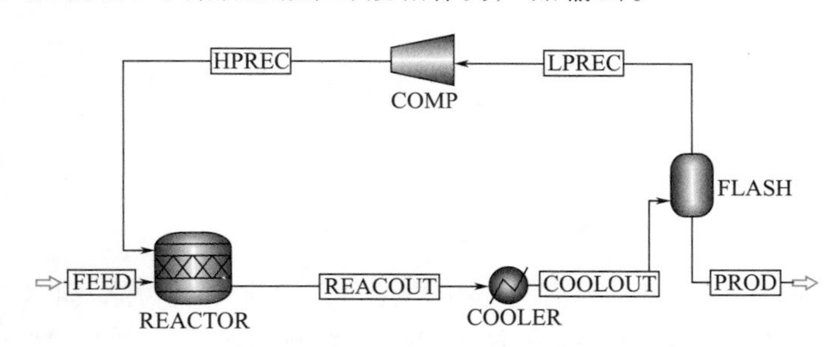

图 12-10 异丙苯生产流程

进料 FEED 条件：温度 20℃，压力 0.7MPa，流量 50kmol/h，丙烯含量 30%(摩尔分数)，苯含量 70%(摩尔分数)。单元模块参数如表 12-11 所示。要求调节冷却器出口温度，使产品 PROD 中丙烯的摩尔含量不超过 1%。物性方法选择 RK-SOAVE。

表 12-11 单元模块参数

单元模块名称	单元模块选择	单元模块参数
反应器 REACTOR	RStoic	0.7MPa，热负荷 0，丙烯转化率 90%
冷却器 COOLER	Heater	出口温度 65℃
闪蒸器 FLASH	Flash2	0.14MPa，热负荷 0
压缩机 COMP	Compr	出口压力 0.7MPa

要求：

① 查看 Aspen Plus 默认收敛设置下的运行结果；

② 定义断裂物流 LPREC；

③ 创建用户自定义的 Wegstein、Secant 法收敛模块；

④ 进入 **Nesting Order** 页面将断裂物流收敛模块内嵌于设计规定收敛模块；

⑤ 规定完整的顺序，删除④中的嵌套顺序，将断裂物流循环内嵌于设计规定中；

⑥ 将断裂物流与设计规定同时设置于一个收敛模块中，使用 Broyden 法；

⑦ 删除 Broyden 收敛模块，设定 Design spec nesting 为 With Tears；

⑧ 创建组分组。

本例模拟步骤如下：

启动 Aspen Plus，将文件保存为 Example12.1-CumeneConv.bkp，创建流程，输入已知条件并运行，流程收敛。

① Aspen Plus 在收敛模块默认设置下运行，控制面板如图 12-11 所示，控制面板中显示有两个收敛模块，第一个收敛模块是断裂物流 LPREC，使用的是 Wegstein 法，第二个收敛模块是设计规定模块，使用的是 Secant 法。

```
->Processing input specifications ...

 Flowsheet Analysis :

Block $OLVER01 (Method: WEGSTEIN) has been defined to converge
        streams: LPREC

Block $OLVER02 (Method: SECANT  ) has been defined to converge
         specs : DS-1

COMPUTATION ORDER FOR THE FLOWSHEET:
$OLVER01 COMP REACTOR
|  $OLVER02 COOLER FLASH
|  (RETURN $OLVER02)
(RETURN $OLVER01)

->Calculations begin ...
```

图 12-11　查看控制面板信息

② 除使用 Aspen Plus 的默认设置外，用户也可以设定断裂物流及收敛模块，进入 **Convergence** | **Tear** | **Specifications** 页面，选择 LPREC 为断裂物流，如图 12-12 所示，运行模拟，流程收敛。

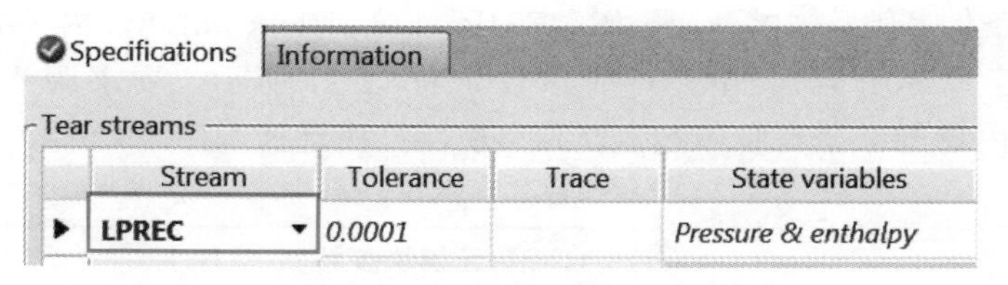

图 12-12　选择断裂物流

③ 用户定义收敛模块时，进入 **Convergence** | **Convergence** 页面，点击 **New…** 按钮，创建第一个收敛模块 CV-1，Select Types 选择 WEGSTEIN，如图 12-13 所示。进入 **Convergence** | **Convergence** | **CV-1** | **Input** | **Tear Streams** 页面，对收敛模块进行定义，如图 12-14 所示。

同理，创建第二个收敛模块 CV-2，使用 Secant 法，进入 **Convergence** | **Convergence** | **CV-2** | **Input** | **Design Spec** 页面，对模块进行定义，如图 12-15 所示，运行模拟，流程收敛。

④ 规定用户定义的收敛模块嵌套顺序。进入 **Convergence** | **Nesting Order** | **Specifica-**

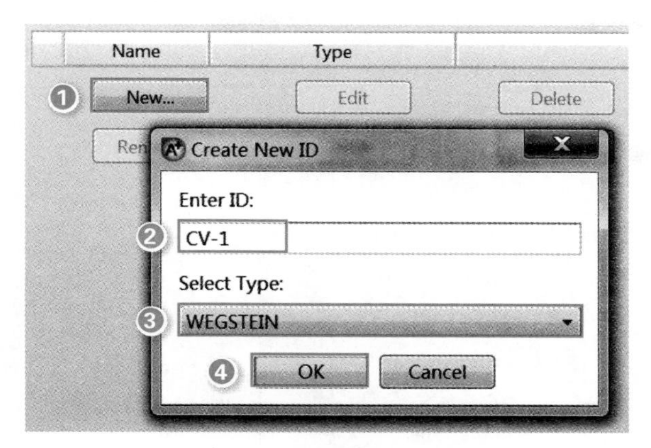

图 12-13 **创建收敛模块 CV-1**

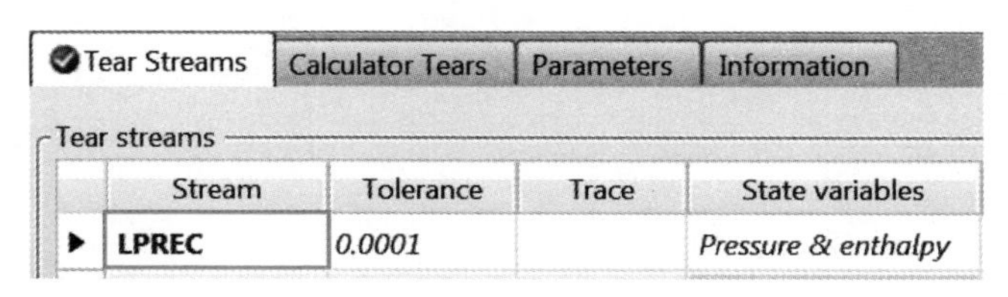

图 12-14 **定义收敛模块的断裂物流**

tions 页面，通过右侧的上下箭头调整其嵌套顺序，如图 12-16 所示，表示将 CV-1 模块内嵌于 CV-2 模块中执行，运行模拟，流程收敛。

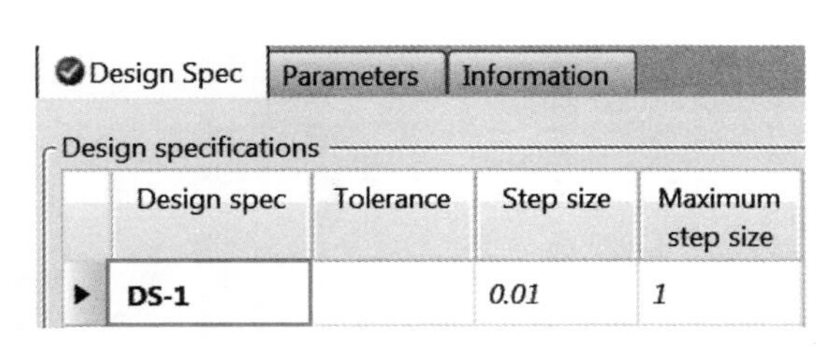

图 12-15 **定义收敛模块的设计规定**

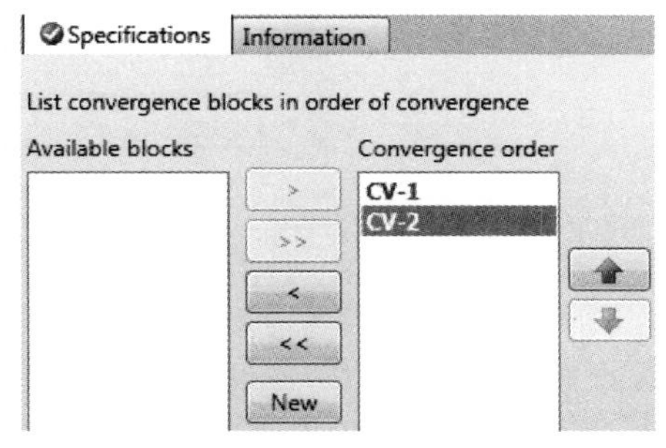

图 12-16 **定义收敛模块嵌套顺序**

⑤ 删除用户定义的嵌套顺序。将图 12-16 中右边列表框的模块移至左侧，进入 **Convergence** | **Options** | **Defaults** | **Sequencing** 页面，设定 Design spec nesting 为 Outside，将断裂物流循环内嵌于设计规定循环，如图 12-17 所示，运行模拟，流程收敛。

⑥ 首先将③中定义的收敛模块隐藏，进入 **Convergence** | **Convergence** 页面，选中 CV-1 和 CV-2，如图 12-18 所示，点击 **Hide** 按钮。

点击 **New**...按钮，重新创建收敛模块，Select Types 选择 Broyden。进入 **Convergence** | **Convergence** | **CV-3** | **Input** | **Design Spec** 页面，对设计规定进行定义，如图 12-19 所示，进入 **Convergence** | **Convergence** | **CV-3** | **Input** | **Tear Streams** 页面，对断裂物流进行定义，如图 12-20 所示，运行模拟，流程收敛。

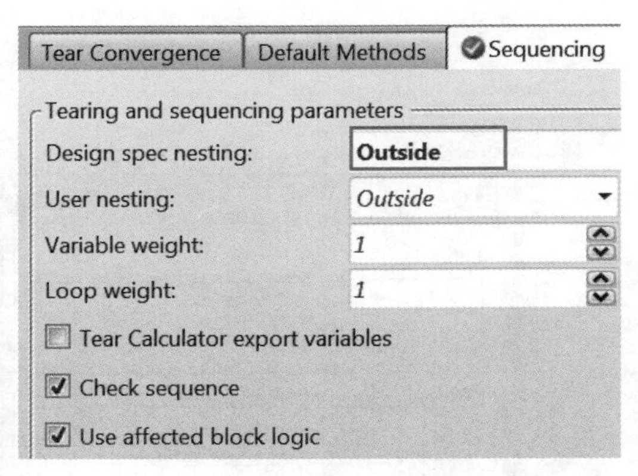

图 12-17 定义设计规定的嵌套顺序

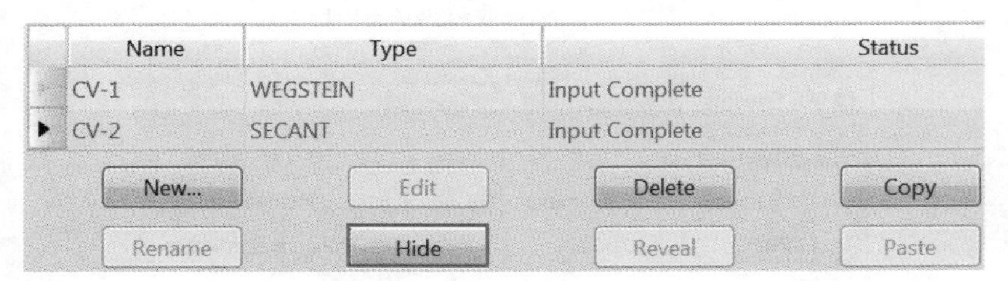

Name	Type	Status
CV-1	WEGSTEIN	Input Complete
CV-2	SECANT	Input Complete

图 12-18 隐藏收敛模块

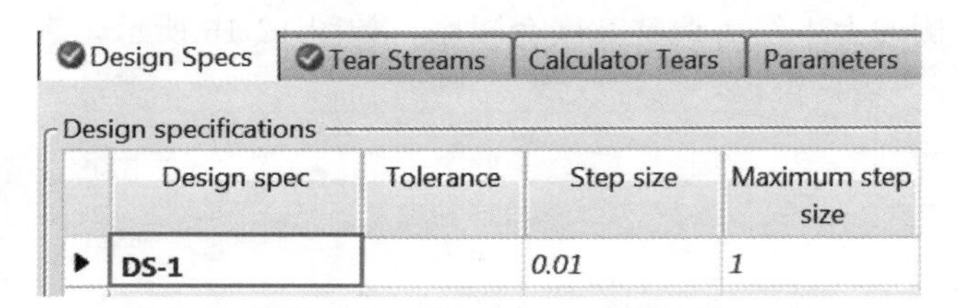

Design spec	Tolerance	Step size	Maximum step size
DS-1		0.01	1

图 12-19 定义收敛模块的设计规定

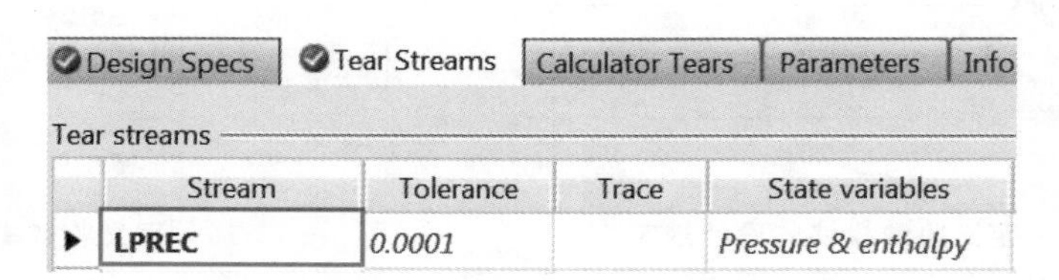

Stream	Tolerance	Trace	State variables
LPREC	0.0001		Pressure & enthalpy

图 12-20 定义收敛模块的断裂物流

⑦ 进入 **Convergence** | **Convergence** 页面，选中 CV-3，点击页面下方的 **Delete** 按钮，删除收敛模块 CV-3，进入 **Convergence** | **Options** | **Defaults** | **Sequencing** 页面，定义 Design spec nesting 为 With Tears，如图 12-21 所示，运行模拟，流程收敛。

⑧ 创建组分组。首先设置干扰组分，进入 Properties 环境，进入 **Components** | **Specifications** | **Selection** 页面，输入 METHANE(甲烷)与 WATER(水)作为干扰组分，如图 12-22 所示。

添加的干扰组分流量为 0，此时在设定收敛时可以用到组分组的定义。进入 Simulation 环境，进入 **Setup** | **Comp-Groups** 页面创建新的组分组 CG-1，进入 **Setup** | **Comp-Groups** | **CG-1** | **Component List** 页面，定义组分组，如图 12-23 所示。

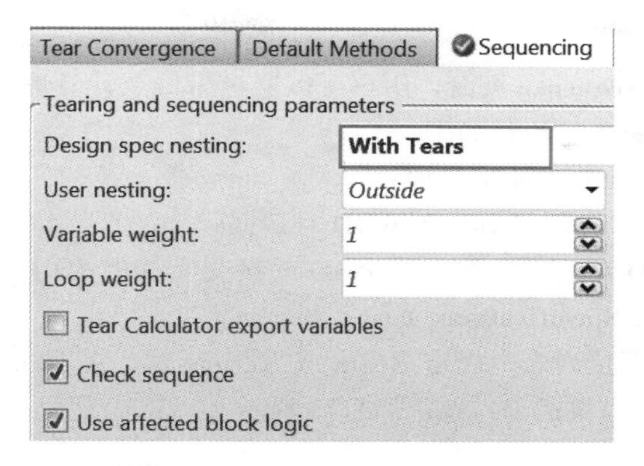

图 12-21 定义设计规定的嵌套顺序

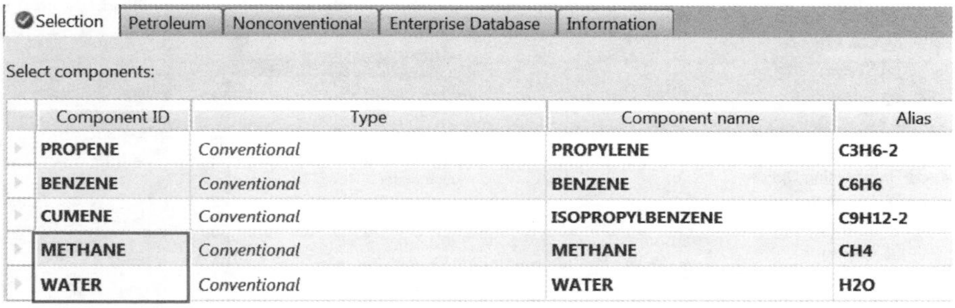

Selection | Petroleum | Nonconventional | Enterprise Database | Information

Select components:

Component ID	Type	Component name	Alias
PROPENE	Conventional	PROPYLENE	C3H6-2
BENZENE	Conventional	BENZENE	C6H6
CUMENE	Conventional	ISOPROPYLBENZENE	C9H12-2
METHANE	Conventional	METHANE	CH4
WATER	Conventional	WATER	H2O

图 12-22 添加干扰组分

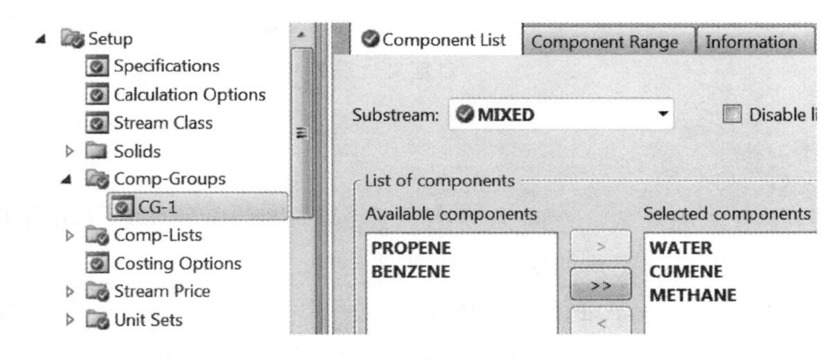

图 12-23 定义组分组

进入 **Convergence** | **Tear** | **Specifications** 页面，在 Component group 一栏选择定义的组分组，如图 12-24 所示，运行模拟，流程收敛。

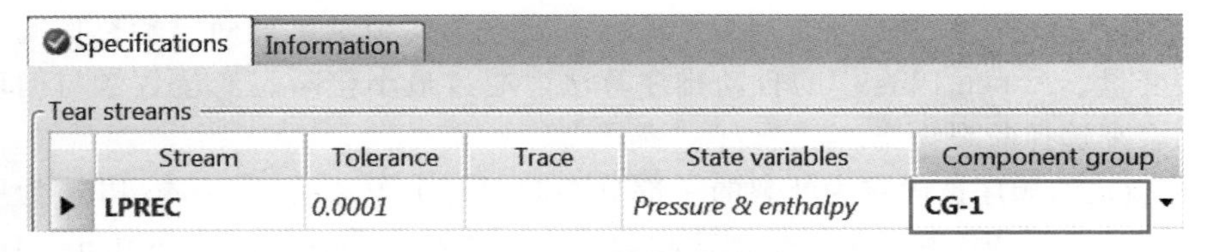

图 12-24 选择组分组

12.1.6 计算顺序

进入 **Convergence** | **Sequence** 页面，用户可以通过为每个计算顺序提供 ID(名称)，定义全部或部分流程的计算顺序，步骤如下：

① 进入 **Convergence** | **Sequence** 页面；

② 点击 **New...** 按钮，出现 **Create New ID** 对话框；

③ 在 **Create New ID** 对话框中输入一个 ID 或接受默认的 ID 并点击 **OK**，进入 **Convergence** | **Sequence** | **SQ-1** | **Specifications** 页面；

④ 在 Loop-return 下拉列表中规定 Begin 或 Return to，在 Block type 下拉列表中规定模块类型，Block 中输入模块的 ID，如图 12-25 所示。

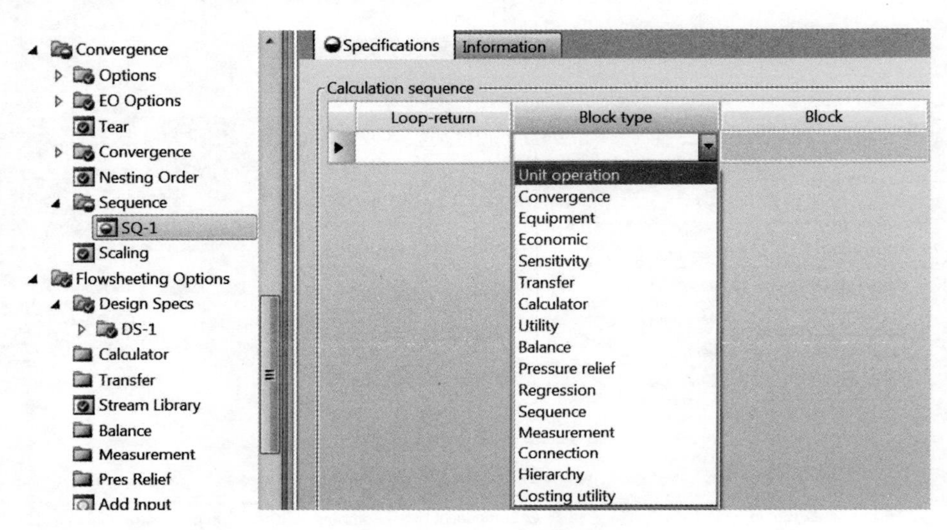

图 12-25 **自定义计算顺序**

12.1.7 流程排序

流程的断裂与排序非常复杂，有时需要用户进行指定。以下有关 Aspen Plus 排序算法的交互信息适用于高级用户，建议初学者采用默认排序。

Aspen Plus 最初以如下顺序进行流程断裂和排序：

① 收集单元模块、计算器、设计规定、约束、优化和成本的相关信息(建立关联矩阵)。

② 检查用户指定的顺序是否需要断裂，并将该顺序用于生成简化的关联矩阵，在简化的关联矩阵中，用户规定的子序列将作为单个模块处理。

③ 将简化的关联矩阵分为可以顺序解出的独立子系统。

④ 考虑用户指定的断裂、断裂变量和收敛规定，为每个子系统确定断裂物流或计算器模块的断裂变量。Aspen Plus 中的自动排序算法，通过最小化断裂变量数量与循环断裂次数的加权组合来选择断裂物流。

⑤ 最初指定的顺序被确定为断裂的一部分。对于每个子系统，Aspen Plus 为用户未指定的设计规定、断裂物流和断裂变量创建收敛模块。进入 **Convergence** | **Options** | **Defaults** | **Sequencing** 页面的 Design spec nesting 设置为 Inside，为所有断裂物流与断裂变量生成一个收敛模块，并为每个设计规定生成单独的设计规定收敛模块。

用户可以通过以下方式影响自动排序算法：

① 进入 **Convergence | Options | Defaults | Sequencing** 页面调整中的变量权重（Variable weight）和回路权重（Loop weight）参数，如图 12-26 所示；

② 指定物流的初值，尽量指定非进料物流的初值。具有初值的物流在排序算法中被加权，它们可优先被选为断裂物流；

③ 进入 **Tear | Specification** 页面直接指定断裂物流，需注意指定的断裂物流数不能大于收敛所需的数量。用户可以指定较少的断裂物流数量，Aspen Plus 将确定所需的额外断裂物流。

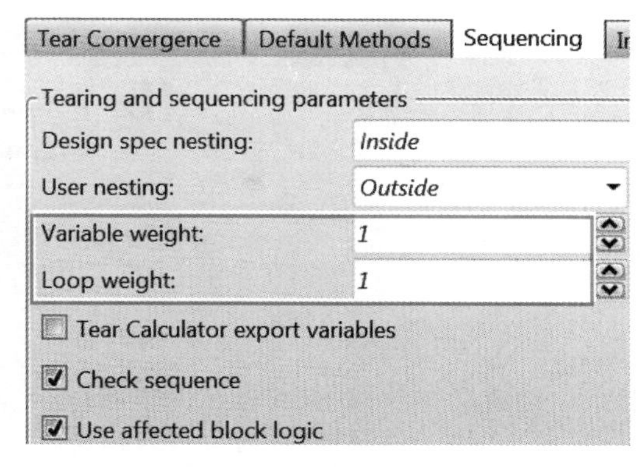

图 12-26　设置变量和回路权重

用户可在控制面板（Control panel）左侧浏览计算顺序，以及定义的收敛模块，如图 12-27 所示。

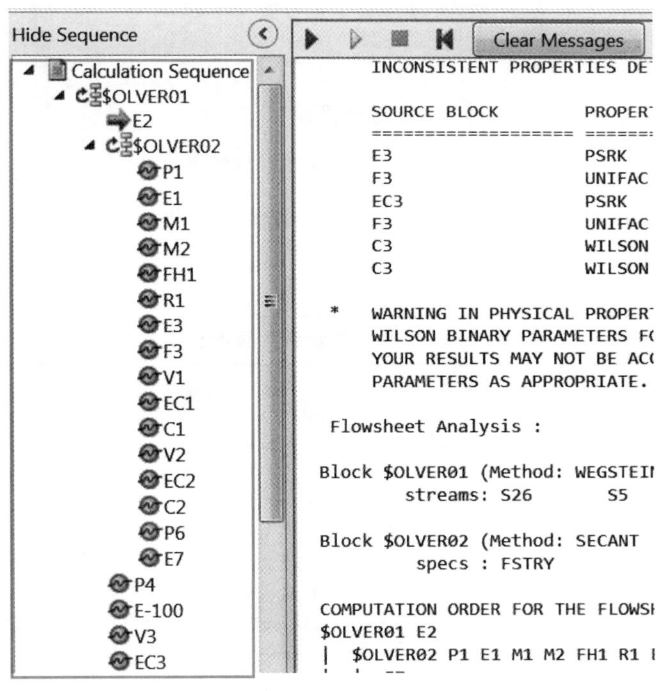

图 12-27　浏览计算顺序

12.1.8　查看结果

模拟完成或暂停时，用户可以查看收敛模块结果以检查状态或诊断收敛问题，步骤如下：

① 如果模拟已暂停，从功能区 Home 选项卡的 Run 组中单击，然后进入 **Options** 页面，点击 **Load** 按钮加载部分结果，如图 12-28 所示。如果模拟已完成。可直接执行步骤②。

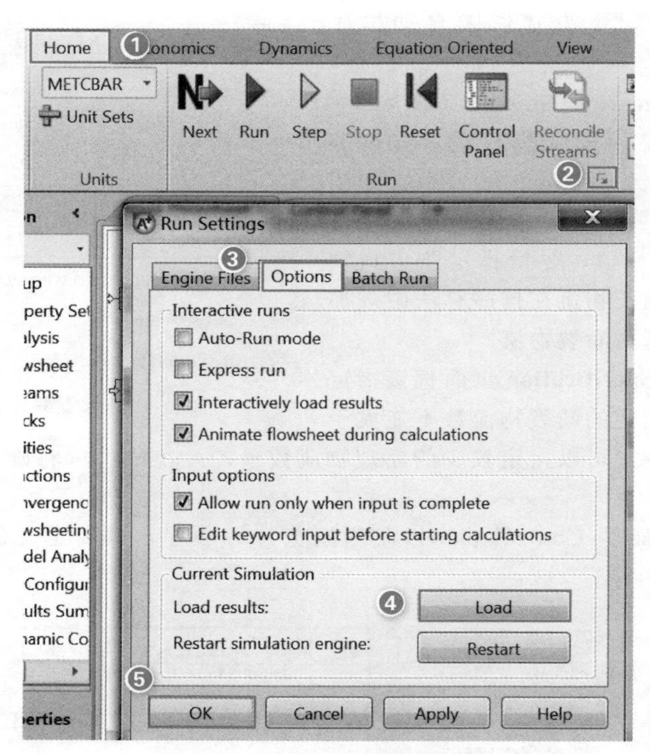

图 12-28 加载收敛模块结果

② 进入 **Convergence** | **Convergence** 页面，选择收敛模块，进入 **Results** 页面，查看结果，不同页面包含了不同信息，具体见表 12-12。

表 12-12 收敛模块结果页面信息

页面	包含信息
Summary	模块收敛的每个变量的最终收敛状态、变量值和 Err/Tol
Tear History	表格包含迭代次数、最大 Err/Tol 以及每次迭代中误差最大的变量 可以生成 Err/To 与迭代次数的关系图
Spec History	表格包含操纵变量值、设计规定误差和迭代次数 可以生成设计规定误差与迭代次数或设计规定误差与操纵变量值的关系图

12.1.9 控制面板信息

用户可以进入 **Setup** | **Specifications** | **Diagnostics** 页面下设置全局诊断水平，如图 12-29 所示，Simulation 选项可以为单元模块和 Calculator 模块设定诊断水平，Convergence 选项可以为收敛模块设定诊断水平。可通过改变诊断水平来改变写入历史文件和控制面板的信息量，不同诊断水平包含的信息如表 12-13 所示。诊断水平也可以进行局部设定，即进入 **Blocks** | **Block Options** | **Diagnostics** 页面为对应模块规定诊断水平。

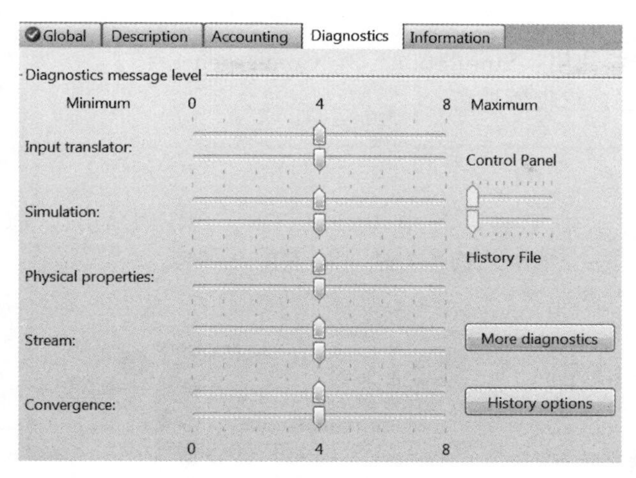

图 12-29 设定全局诊断水平

表 12-13 不同诊断水平包含的信息

诊断水平	包 含 信 息
0	仅列出收敛模块最终错误信息
1	Level0 的信息和收敛模块的严重错误信息
2	Level1 的信息和收敛模块的错误信息
3	Level2 的信息和收敛模块的警告信息
4	Level3 的信息和简要诊断信息
5	Level4 的信息和每次迭代未收敛的变量信息
6	Level4 的信息和每次迭代所有变量信息
7～8	Level6 的信息和用于分析收敛的附加诊断信息（不同的收敛方法显示信息有差异）

控制面板显示每个收敛模块的收敛诊断结果，当 Max Err/Tol<1 时实现收敛。

诊断级别设置为 4 时，收敛模块执行后，在控制面板上创建的信息包含收敛模块、收敛方法、迭代次数、收敛对象、未收敛变量的数目、收敛模块迭代的最大误差/容差（Max Err/Tol）。诊断级别设置为 5 时，Aspen Plus 为所有未收敛单元模块在控制面板中创建一个收敛信息表，如图 12-30 所示。括号中的数字表示变量类型，具体如表 12-14 所示。NEW X 是下一次迭代的变量值，X 是上一次迭代的变量值，G(X)是上一次迭代结束时变量的计算值。当变量收敛时，X 和 G(X)之差应小于容差。

```
> Loop C-1 Method: BROYDEN Iteration 1
Converging tear streams: 4
Converging specs: H2RATE
                        NEW X        G(X)         X            ERR/TOL
TOTAL MOLEFLOW (1) 0.135448E-01 0.135448E-01 0.000000E+00 10000.0
N2 MOLEFLOW    (2) 0.188997E-03 0.188997E-03 0.000000E+00 10000.0
C1 MOLEFLOW    (2) 0.755987E-03 0.755987E-03 0.000000E+00 10000.0
BZ MOLEFLOW    (2) 0.314995E-03 0.314995E-03 0.000000E+00 10000.0
CH MOLEFLOW    (2) 0.122848E-01 0.122848E-01 0.000000E+00 10000.0
PRESSURE       (2) 0.217185E-01 0.217185E-01 0.100000E+36 0.100000E+07
MASS ENTHALPY  (2)-0.137111E-01-0.137111E-01 0.100000E+36 0.100000E+07
TOTAL MOLEFL   (3) 0.377994E-01 0.000000E+00 0.377994E-01 -375.000
8 vars not converged, Max Err/Tol 0.17679E+05
```

图 12-30 查看收敛信息

表 12-14 变量类型描述

变量类型	描 述
1	未被收敛方法更新的断裂变量
2	被收敛方法更新的断裂变量
3	设计规定的操纵变量，由收敛方法更新
4	计算器断裂变量，由收敛方法更新

解决收敛问题推荐使用：Simulation＝3，Convergence＝5。

下面通过例 12.2 介绍收敛技巧。

例 12.2

收敛图 12-31 所示的流程，其中 PREHTER、PREFLASH、COLUMN 分别采用 HeatX、Flash2、RadFrac 模块。物性方法选择 NRTL-RK。

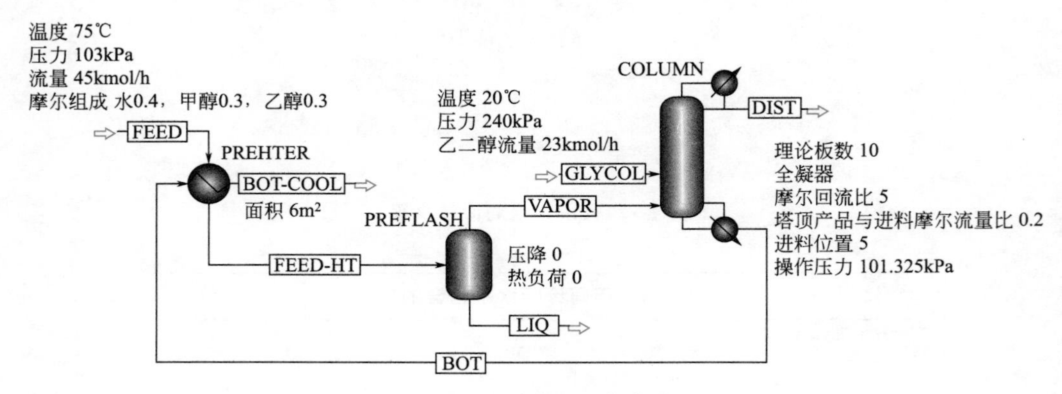

图 12-31 **流程及工艺参数**

本例模拟步骤如下：

启动 Aspen Plus，将文件保存为 Example12.2-Convergence.bkp。创建流程，输入已知条件并运行，然后继续以下工作。

(1)查看默认收敛方法

进入 **Convergence** | **Options** | **Defaults** | **Default Methods** 页面，可以看到系统默认的收敛方法是 Wegstein，如图 12-32 所示。

Tear Convergence | Default Methods | Sequencing

Default convergence methods

Tears:	Wegstein
Single design spec:	Secant
Multiple design specs:	Broyden
Tears & design specs:	Broyden
Optimization:	SQP

图 12-32 **查看默认收敛方法**

(2)查看默认断裂物流

运行模拟，控制面板显示结果有警告，提示某些物流流量为 0，进入 **Convergence** | **Convergence** | **$OLVER01** | **Tear History** 页面，可以看到默认的断裂物流为 FEED-HT，如图 12-33 所示。

Summary | Tear History | Tear Variables | Status

Iteration	Maximum error / Tolerance	Variable Number	Variable	Stream ID / *Tea
1	1e+06	6	PRESSURE	FEED-HT
2	0	2	MOLE-FLOW	FEED-HT

图 12-33 **查看默认断裂物流**

(3)赋予断裂物流初始值

进入 **Streams** | **FEED-HT** | **Input** | **Specifications** 页面，输入温度 110℃，压力 103kPa，总流量 45kmol/h，摩尔分数：水 0.4，甲醇 0.3，乙醇 0.3。初始化后重新运行模拟，模拟结果有错误，流程不收敛。

(4)调整收敛方法

进入 **Convergence** | **Options** | **Defaults** | **Default Methods** 页面，将断裂物流的收敛方法改为 Broyden，如图 12-34 所示。初始化后重新运行模拟，流程收敛，物流 FEED-HT 温度为 76.1℃。

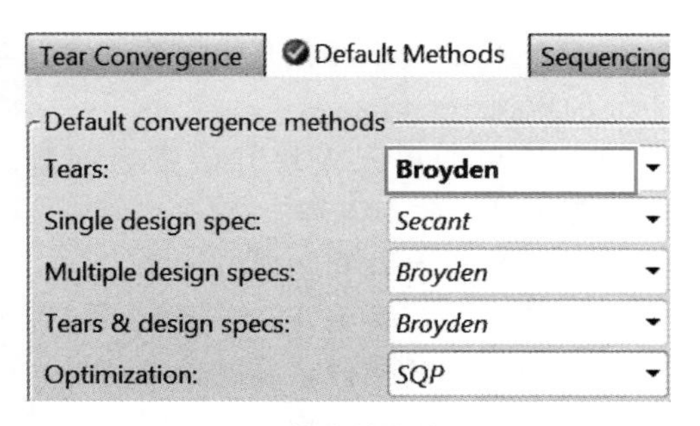

图 12-34 **调整收敛方法为 Broyden**

(5)调整 Wegstein 的 q 参数

对于(3)中出现的不收敛问题，还可以通过调整 Wegstein 的 q 参数来解决。进入 **Convergence** | **Convergence** | **$ OLVERO1** | **Tear History** 页面，绘制断裂物流迭代过程的误差曲线，如图 12-35 所示，发现迭代出现振荡，根据前述，如果迭代出现振荡，可以取 $0<q<1$ 来辅助收敛，因此设置 $0<q<1$，如图 12-36 所示。初始化后重新运行模拟，流程收敛，物流 FEED-HT 温度为 76.1℃。

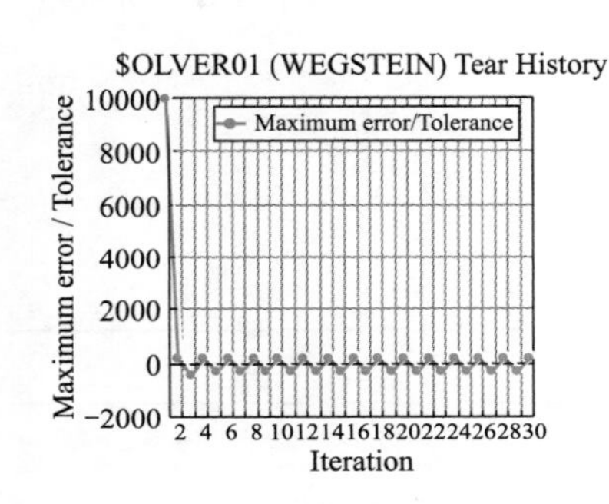

图 12-35 **绘制误差曲线**

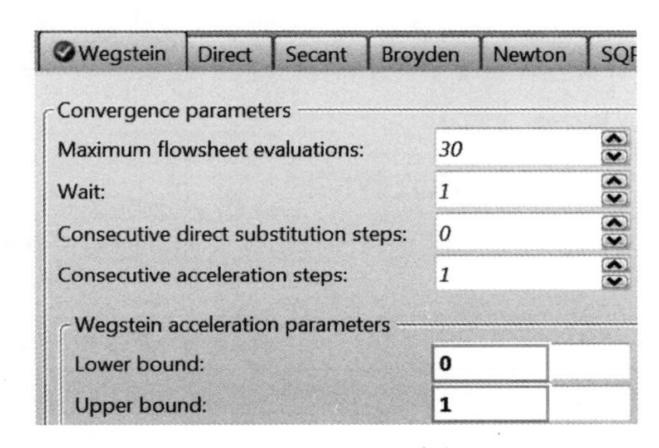

图 12-36 **修改 q 参数**

12.2 流程收敛故障诊断

对于带有循环物流的流程迭代收敛问题不同流程差别很大，有的流程很容易收敛，甚至无需用户指定循环物流初值，仅采用直接迭代法便很快收敛；而有的流程即使用户指定所有循环物流初值，并采用各种加速收敛方法也很难收敛。

12.2.1 影响流程收敛的主要因素

对于绝大多数化工流程，影响迭代收敛的主要因素有两点：

① 循环物流数量。循环物流数量愈多，愈难收敛。

② 循环物流流量与进料流量之比。循环物流流量愈大，则流程愈难收敛，在某些情况下流量对收敛的影响甚至超过循环物流数量的影响，尤其是当循环物流流量大于该流程的进料流量时，迭代计算就变得难收敛了，当循环物流流量超过进料流量的三倍时，迭代收敛将变得十分困难。

12.2.2 流程收敛策略

当带有循环物流的流程不收敛时，通常采用以下策略：

① 从流程的一小部分开始搭建，确保各单元模块按照预期运行，然后将它们逐步合并到更大的模拟中。

② 从简单的单元模块开始搭建流程。例如，在切换到 HeatX 严格计算前，先利用 HeatX 简捷计算收敛流程。

③ 检查物性参数和物性方法。

④ 查看 Warning 和 Error 信息。特别关注单元模块收敛、零流量和温度交叉等问题。

⑤ 提供合理的初值，寻找异常结果、极端温度、塔中的非预期分离等。

⑥ 选择合适的断裂物流。一般选择组成相对恒定的物流或变量较少的物流作为断裂物流。例如，模拟电解质时选择热流或气相物流做断裂物流。

⑦ 增加对模拟的控制，提高稳定性。增加设计规定可以加强设计目标，并确定设备的性能指标。RadFrac 模块的内部设计规定可以提高稳定性；加设一些简单的 Calculator 模块充当前馈控制器，能够提高稳定性。

⑧ 定义单元模块参数时，尽量不规定流量。例如，在定义 FSplit 模块时，规定分率而不规定流量；在定义 RadFrac 模块时，规定塔顶产品与进料流量比（D/F）而不规定塔顶产品流量 D。

12.2.3 断裂物流收敛问题

表 12-15 给出了断裂物流收敛问题的可能原因和解决方法。

表 12-15 断裂物流收敛策略

Err/Tol 与迭代次数曲线	可能原因	解决方法
稳定收敛	—	增大收敛方法的最大迭代计算次数
稳定但收敛速度缓慢	组分累积	保证每个组分至少有一个路径可以离开系统。否则从工程的角度看，这个问题可能是不可行的（也就是说，该问题可能没有稳态解）
	—	考虑增大加速步长，设置 Wegstein 加速参数 q 的下限为较小的负值（例如－20 或－50）
振荡收敛	—	对于 Wegstein 法，设置加速参数 q 上限为 0.5 以抑制振荡 用 Broyden 法代替 Wegstein 法
Err/Tol 降至一阈值，不再下降	嵌套循环或模块的收敛容差太松弛（内层循环和相关模块的收敛容差要小于外层循环）	设置一个较小的内层循环和相关模块的收敛容差 增大外层循环的容差 使用 Broyden 或 Newton 法同时收敛内层循环和外层循环
使用 Broyden 或 Newton 法不收敛	—	将 Wait 值增大为 4 如果在收敛模块中规定了断裂物流和设计规定，可以通过规定断裂物流容差（Tear tolerance）或断裂物流容差比（Tear tolerance ratio）首先求解断裂物流 换用 Wegstein 法

除了以上关于断裂物流的收敛问题及解决方法，还可以通过下面一些策略保证断裂物流的收敛：

① 为断裂物流提供合理的初值；

② 选择变化幅度较小的出口物流作为断裂物流，例如，选择 Heater 模块的出口物流作为断裂物流要比选择 Reactor 模块的出口物流更好；

③ 断开循环物流，取得好的初值，并检查所选断裂物流变化的灵敏度；

④ 简化流程复杂度，例如，增加 Mixer 模块来减少断裂物流数；用 MHeatX 模块代替 HeatX 模块来减少断裂物流数；定义和使用组分组(Component group)来减少变量数；选择组分数量少的断裂物流；

⑤ 初始化模拟，设置 Wegstein 加速参数 $q=0$(上下限均设为 0)来尝试收敛模拟，这相当于直接迭代，通过该方法来查找迭代过程中的组分累积；

⑥ 使用不同的收敛方法进行收敛计算，如 Broyden 或 Newton 法，而不是默认的 Wegstein 法；

⑦ 检查计算顺序的合理性。

12.2.4 设计规定收敛问题

表 12-16 给出了设计规定收敛问题的可能原因和解决方法。

表 12-16 设计规定收敛策略

Err/Tol 与迭代次数曲线	可能原因	解决方法
稳定收敛	—	增大收敛方法的最大迭代计算次数
Err/Tol 不变化	操纵变量对设计规定函数影响不大	检查设计规定函数表达式是否正确 检查使用的操纵变量是否正确 做灵敏度分析确定操纵变量对设计规定函数的影响
	设计规定函数在操纵变量某个范围内变化很平缓	对于割线法，选择 Bracket=Yes，使用二分法
Err/Tol 降至一阈值，不再下降	嵌套循环或模块的收敛容差太松弛(内层循环和相关模块的收敛容差要小于外层循环)	设置一个较小的内层循环和相关模块的收敛容差 增大外层循环的容差 使用 Broyden 或 Newton 方法同时收敛内层循环和外层循环
收敛到变量边界	设计规定函数非单调变化	对于割线法，选择 Bracket=Check bounds 使用灵敏度分析来确定操纵变量对设计规定函数的影响，调整操纵变量边界或选择更好的初值

除了以上关于设计规定的收敛问题及解决方法，还可以通过下面一些策略保证设计规定的收敛：

① 设计规定函数合理，避免产生不连续的情况；

② 要减少设计规定函数相对于采集变量的非线性。例如，当浓度接近零时，设置浓度的对数；

③ 确保上下限合理，尽量避免上下限的跨度大于一个数量级，上下限范围可以通过内嵌的 Fortran 语句计算出来；

④ 利用灵敏度分析验证在操纵变量指定范围内存在可行解；

⑤ 确保容差的合理性。将设计规定的容差与内层循环收敛模块的容差进行比较，避免

容差设置得太大或太小；

⑥ 当要收敛的设计规定与断裂物流无关时，步长最大化容易收敛；

⑦ 检查设计规定的正确性，确保变量访问和拼写无误，检查程序语句是否存在错误。

12.2.5 计算器模块收敛问题

对于 Calculator（计算器）模块收敛的一般策略如下：

① 避免迭代循环导致隐藏的质量平衡问题，如果进入 **Options** | **Defaults** | **Sequencing** 页面勾选 Tear Calculator export variables（断裂计算器输出变量），则排序算法能够检测计算器断裂变量；如果 Calculator 模块使用 Import（输入）和 Export（输出）变量排序，则排序算法可以收敛断裂变量，然后同时求解出断裂变量和断裂物流；

② 检查在 Calculator 模块中的 Fortran 语句或 Excel 公式的正确性；

③ 如果以字母 I 到 N 开头的变量没有声明，它们应该是整型变量；

④ 提高诊断水平，检查在计算中使用的变量值。进入 **Calculator** | **Block options** | **Diagnostics** 页面，将 Calculator defined variables 提高到 5 或 6，该设置可以打印出访问变量的值；

⑤ 在 Fortran 页面写入语句或在 Excel 中写入宏，以显示变量中间值；

⑥ 如果使用 Import（输入）和 Export（输出）变量确定次序，要确保列出所有变量。

12.2.6 优化模块收敛问题

决策变量初值对优化（Optimization）问题的收敛影响较大。对于目标函数，优化算法可能只找到其局部最大值或最小值（很少出现这种情况），此时用户可以改变初值，以求找到目标函数其他最大值或最小值。

对于优化问题收敛的一般策略如下：

① 确保目标函数在决策变量的范围内没有平坦区域；避免使用包含不连续性的目标函数和约束；

② 尽量使约束线性化；

③ 如果误差开始增大，但随后平稳，说明步长对计算的导数影响较大，可以采取如下措施：a. 减小优化收敛回路中单元模块和收敛模块的容差，优化容差应等于模块容差的平方根，例如，如果优化容差为 10^{-3}，则模块容差应为 10^{-6}；b. 调整步长以获得更高的精度，步长应该等于内部容差的平方根；c. 查看并确保决策变量不在其下限或上限；d. 进入优化收敛回路中单元模块的 **Block Options** | **Simulation Options** 页面或者进入 **Setup** | **Calculation Options** | **Calculations** 页面，禁用 Use Results from Previous Convergence Pass 选项；

④ 通过灵敏度分析检查并确保决策变量能对目标函数和约束值产生影响；

⑤ 提供更好的决策变量初值；

⑥ 缩小决策变量的边界或放宽目标函数的容差有助于收敛；

⑦ 修改与优化相关的收敛模块参数（步长，迭代次数等）。

12.2.7 计算顺序和收敛问题

使用下列策略来解决计算顺序和收敛问题：

① 使用由 Aspen Plus 生成的默认计算顺序运行模拟；

② 检查模拟结果，寻找跳过的和未收敛的单元模块，对没有正常完成、有错误或有可能影响循环结果的单元模块，检查其控制面板和结果页，出现这些问题的一些常见原因及修

改建议如表 12-17 所示，当需要改动时，转到步骤⑨；

表 12-17 收敛常见问题及修改建议

问　题	修 改 建 议
不正确的模块规定	改正这些规定
进料条件不合理	给断裂物流和/或设计变量提供更好的初值
收敛规定	尝试不同的规定,不同的收敛方法选项,或增大迭代次数
收敛方法选项	改变选项
迭代计算次数少	增大迭代计算次数

③ 检查容差是否需要调整，如果收敛模块的最大 Err/Tol 迅速减少到 10 左右，此后不断波动，可能需要调节容差，纠正容差问题的另一个办法是用 Broyden 或 Newton 收敛方法去收敛多个设计规定；

④ 如果 Wegstein 法收敛缓慢，可以改变 Wegstein 参数，例如 Wait＝4，Consecutive Direct Substitution Steps＝4，Lower bound＝－50，或者给断裂物流赋予更合适的初值；

⑤ 如果断裂物流收敛模块发生振荡，可以尝试 Direct 法。如果问题仍然存在，则检查流程，确定每个组分都有一个出口，如果振荡依然存在，可能是由断裂物流循环回路里的设计规定不收敛引起的；如果振荡停止，可采用步骤④描述的技巧加速收敛；

⑥ 检查未收敛的设计规定，设计规定不收敛的一些原因如表 12-18 所示；

表 12-18 设计规定收敛问题及修改建议

设计规定问题	修 改 建 议
不能到达变量的限制范围之内	接受所得的解或放宽限制范围
对操纵变量不敏感	选择不同的操纵变量来满足设计规定或删除设计规定
在某一范围内对操纵变量不敏感	提供更好的初始值,改善限制范围或使用 Secant 收敛方法的 Bracket 选项
由于设计规定循环嵌套不合适,因此对操纵变量不敏感	必要时更改计算顺序,具体参见步骤⑦

⑦ 如果必要，使用表 12-19 中的选项之一，改变计算顺序(该步骤要求对模拟的工艺过程有深入了解，仅限高级用户)，进入 **Options** | **Defaults** | **Sequencing** 页面还有其他选项也影响计算顺序，详见 12.1.2.3 计算顺序参数；

表 12-19 改变计算顺序的目的和方法

目　的	方　法
使一个或更多设计规定作为最外面的循环回路	在 **Nesting Order** | **Specifications** 页面规定这些循环回路
改变流程的一小部分嵌套顺序	在 **Sequence** | **Specifications** 页面规定部分顺序
使用规定的断裂物流	在 **Tear** | **Specifications** 页面规定这些物流

⑧ 如果所有的收敛模块都收敛但没有达到总的质量平衡，检查 Calculator 模块，查找可能存在的错误；

⑨ 如果修改了流程，则重新运行模拟，返回到步骤②。

下面通过例 12.3 介绍流程模拟的收敛技巧。

例 12.3

如图 12-37 所示为 BENZENE(苯)做共沸剂生产 IPA(无水异丙醇)流程。流程进料 FEED 温度为 70℃，压力为 180kPa，组分流量：异丙醇 18000kg/h，水 2560kg/h。补充共沸剂 MAKEUP 纯苯温度为 45℃，压力为 110kPa。泵 PUMP 出口压力 130kPa，分相器 DECANT 操作温度 45℃，压力 110kPa。

精馏塔 COLUMN 共 40 块理论板，无冷凝器，进料 FEED 由第 5 块板进料，共沸剂 RECBENZ 由塔顶进入。塔顶温度为 70℃，压力为 120kPa，第二块板的温度为 75℃，塔底温度为 90℃，压力为 150kPa。物性方法选择 UNIQUAC。

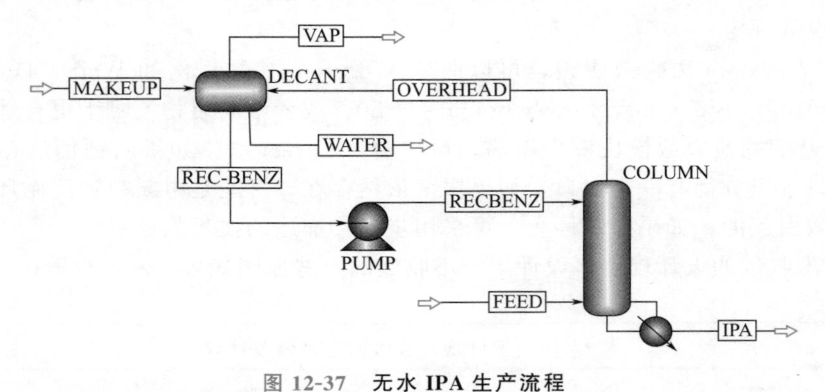

图 12-37　无水 IPA 生产流程

本例模拟步骤如下：

启动 Aspen Plus，选择模板 General with Metric Units，文件保存为 Example12.3-IPAConv.bkp。

建立如图 12-37 所示流程，其中精馏塔 COLUMN 选用 RadFrac 模块，分相器 DECANT 选用 Flash3 模块。由于流程存在分相器，需检查二元交互作用参数来源，本例 BENZENE(苯)与 H2O(水)的二元交互作用参数来源默认为 APV84 LLE-LIT，不做修改。

按照题目要求，输入已知条件，补充共沸剂流量初值取 50kg/h。规定精馏塔 COLUMN 模块参数时，为了使流程更易收敛，规定塔底产品与进料摩尔流量比(B/F)，而不规定塔底产品流量 B，操作规定选择 Bottoms to feed ratio 为 1(基于进料 FEED 中 IPA)，如图 12-38 所示。

点击图 12-38 下方的 **Feed Basis**，进入 Feed basis for distillate/bottoms ratio specification 对话框，选择进料基准及组分基准，如图 12-39 所示。

进入 **Flowsheeting Options | Calculator** 页面，定义 MAKEUP 计算器，采用输入、输出变量定义计算器执行顺序，如图 12-40、图 12-41 所示。Fortran 语句为“MAKEUP＝BZIPA＋BZH2O＋BZVAP”。

点击 N>，运行模拟，流程不收敛。为了使流程收敛，可以做如下工作。

Configuration | Streams | Pressure | Condenser | Reboiler | 3-Phase | Inforr

Setup options

Calculation type: Equilibrium

Number of stages: 40 (Stage Wizar)

Condenser: None

Reboiler: Kettle

Valid phases: Vapor-Liquid

Convergence: Standard

Operating specifications

Bottoms to feed ratio | Mole | 1

Free water reflux ratio: 0 (Feed Basis)

图 12-38　输入模块 COLUMN 参数

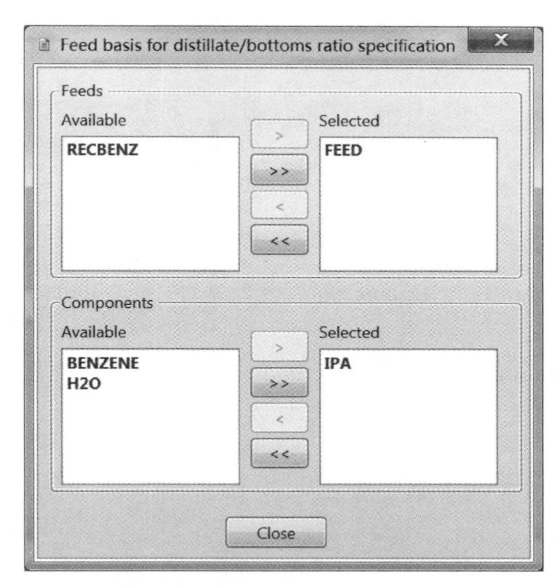

图 12-39　选择进料及组分基准

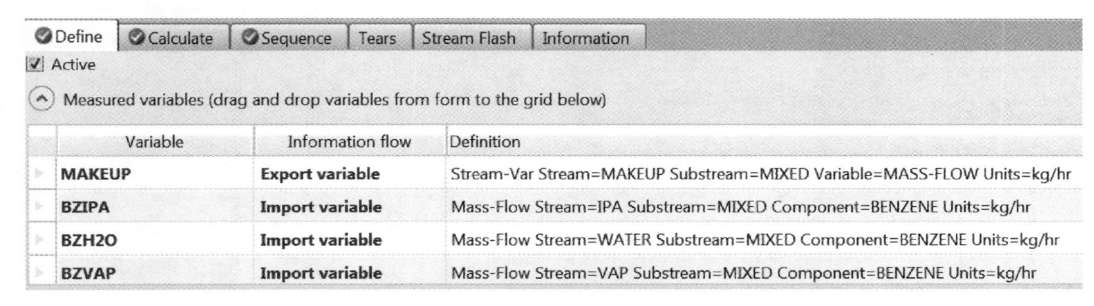

Variable	Information flow	Definition
MAKEUP	Export variable	Stream-Var Stream=MAKEUP Substream=MIXED Variable=MASS-FLOW Units=kg/hr
BZIPA	Import variable	Mass-Flow Stream=IPA Substream=MIXED Component=BENZENE Units=kg/hr
BZH2O	Import variable	Mass-Flow Stream=WATER Substream=MIXED Component=BENZENE Units=kg/hr
BZVAP	Import variable	Mass-Flow Stream=VAP Substream=MIXED Component=BENZENE Units=kg/hr

图 12-40　定义计算器 MAKEUP

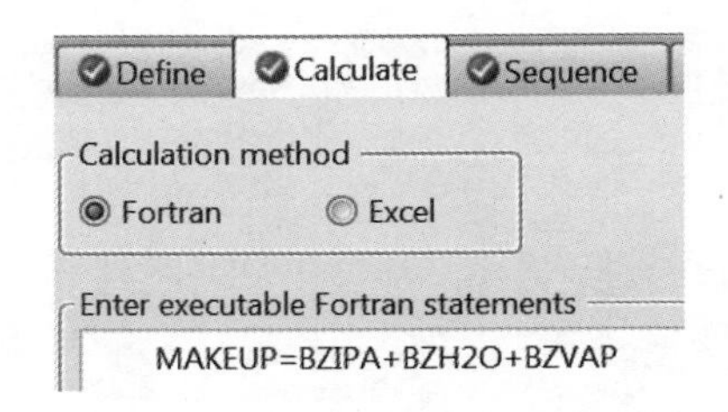

图 12-41　输入 Fortran 语句

① 输入物流 OVERHEAD 初始值，如图 12-42 所示。

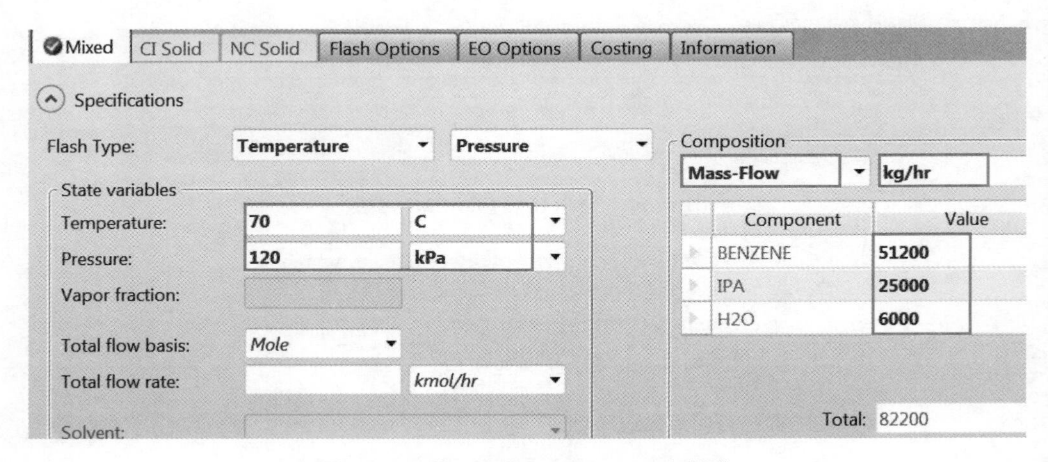

图 12-42　输入物流 OVERHEAD 初始值

② 进入 **Options** | **Defaults** | **Sequencing** 页面勾选 Tear Calculator export variables，如图 12-43 所示。

③ 进入 **Options** | **Defaults** | **Default Methods** 页面将 Tears 的收敛方法由 Wegstein 改为 Broyden，如图 12-44 所示。运行模拟，流程收敛。

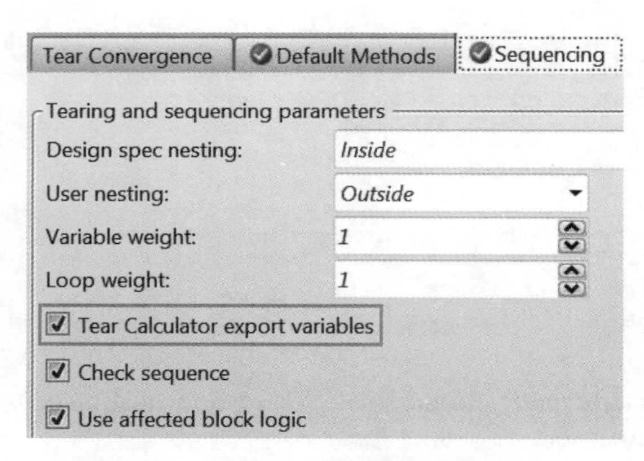

图 12-43　勾选断裂计算器输出变量

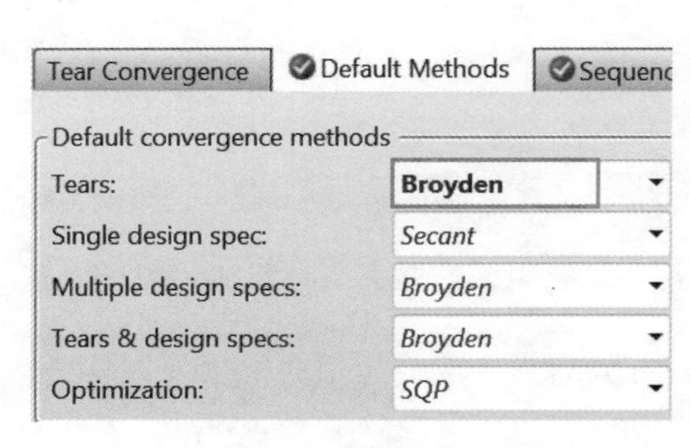

图 12-44　修改收敛方法

12.3 RadFrac 模块收敛

12.3.1 RadFrac 模块求解策略

RadFrac 模块包含两种塔单元求解算法：Inside-out 和 Newton。其中 Standard、Sum-Rates 和 Nonideal 算法是 Inside-out 算法的变形，MultiFrac、PetroFrac 和 Extract 模块也使用该算法。Newton 算法使用经典的 Naphtali-Sandholm 算法。

12.3.1.1 收敛方法

进入 **Blocks** | **RADFRAC** | **Specifications** | **Setup** | **Configuration** 页面，选择 RadFrac 模块的收敛方法，如图 12-45 所示。

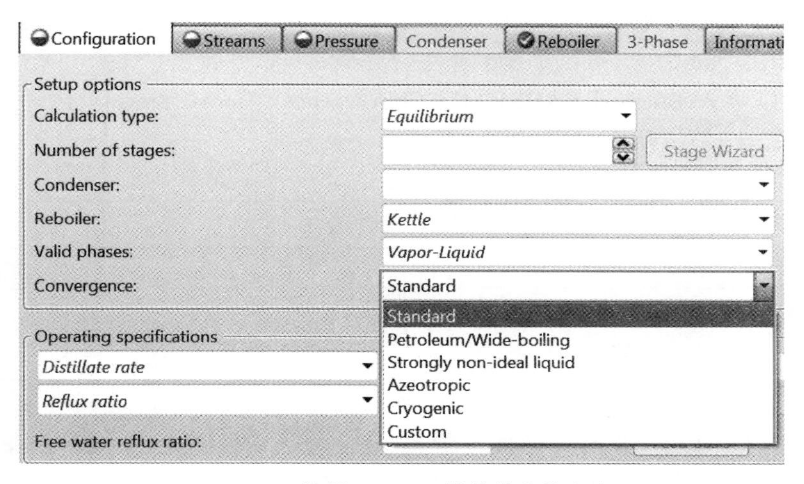

图 12-45 **选择 RadFrac 模块的收敛方法**

RadFrac 模块为求解塔单元提供了多种收敛方法，每个收敛方法包含一种收敛算法和一种初始化方法，可用的收敛方法有六种，分别为标准方法(Standard)、石油/宽沸程物系(Petroleum/Wide-boiling)、强非理想液体(Strongly non-ideal liquid)、共沸物系(Azeotropic)、深冷体系(Cryogenic)、用户自定义(Custom)。表 12-20 列出了每种收敛方法对应的收敛算法和初始化方法。

表 12-20 **RadFrac 模块收敛算法和初始化方法**

收敛方法	适用范围	收敛算法	初始化方法
Standard	适用于大多数的两相和三相塔计算 可以在冷凝器或全塔中进行游离水计算	Standard	Standard
Petroleum/Wide-boiling	适用于包含较多组分或设计规定的宽沸程混合物的石油/石化过程 RadFrac 只能在冷凝器中进行游离水计算	Sum-Rates	Standard

续表

收敛方法	适用范围	收敛算法	初始化方法
Strongly non-ideal liquid	适用于高度非理想体系 使用 Standard 方法收敛缓慢或失败时，可以采用该方法	Nonideal	Standard
Azeotropic	适用于高度非理想共沸体系分离。例如，使用苯作为夹带剂的乙醇脱水过程	Newton	Azeotropic
Cryogenic	适用于低温过程，如空气分离	Standard	Cryogenic
Custom	在 **Convergence**｜**Basic** 页面选择收敛算法和初始化方法	任选其一	任选其一

12.3.1.2 收敛算法

RadFrac 模块提供了四种收敛算法，分别为标准算法(Standard，有 Absorber＝Yes 或 No)，流量加和法(Sum-Rates)，非理想算法(Nonideal)，牛顿法(Newton)，具体描述见表 12-21。用户可以进入 **Blocks**｜**RADFRAC**｜**Convergence**｜**Convergence** 页面，选择算法并指定相关参数，如图 12-46 所示。

表 12-21 收敛算法

收敛算法	描　述
Standard	标准的 Inside-out 算法 推荐用于常见的两相和三相精馏计算
Sum-Rates	Inside-out 算法的变形 推荐用于包含较多组分或设计规定的宽沸程混合物的石油/石化过程；仅用于两相精馏计算，也可以计算冷凝器中的游离水
Nonideal	Inside-out 算法的变形 推荐用于高度非理想的两相和三相精馏计算(尤其当使用 Standard 算法收敛缓慢或失败时)
Newton	推荐用于高度非理想的三相精馏计算，如共沸精馏 收敛速度比 Inside-out 算法慢

12.3.1.3 初始化方法

RadFrac 模块计算得到每块塔板上的温度、压力、汽液相组成、汽液相流量。如果可以，RadFrac 模块使用前一次的计算结果作为本次计算的初值；如果没有之前的计算结果或不允许使用，RadFrac 模块使用用户提供的估计值作为本次计算的初值；如果两者都不可用，RadFrac 模块使用选择的初始化方法来计算初值。

Standard 是 RadFrac 模块的默认初始化方法。该方法对进料进行闪蒸计算以得到平均的汽相和液相组成，假定恒定的组成分布，根据进料的泡点和露点温度估算温度分布。

RadFrac 模块的初始化方法有四种，见表 12-22。

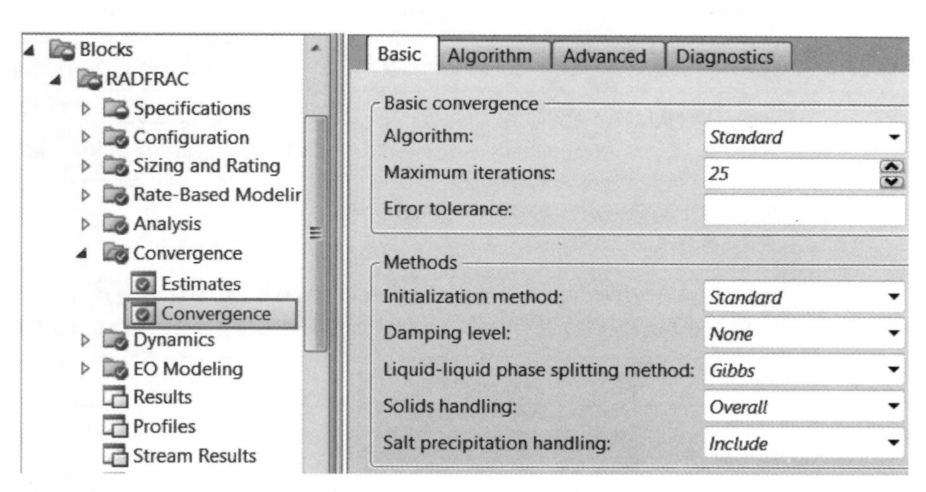

图 12-46 选择收敛算法并指定参数

表 12-22 初始化方法

初始化方法	适用体系/场合
Standard	大多数常见精馏过程
Crude	带有多个侧线采出与宽沸程体系
Chemical	窄沸程与高度非理想的化学体系
Azeotropic	共沸精馏
Cryogenic	低温场合(例如,空气分离)

12.3.1.4 Inside-out 算法

Inside-out 算法由两个嵌套的迭代循环组成，用户规定的 K 值和焓模型仅在外层循环中求取以简化局部模型参数。当 RadFrac 使用 Nonideal 收敛算法时，在局部模型中引入一个组分关联式。局部模型参数是外层循环的迭代变量，当外层循环迭代变量前后两次迭代中的变化充分小时，外层循环收敛。因对所选择的变量使用了限界韦格斯坦法和布洛伊顿拟牛顿法相结合的方法，加快了收敛速度。

在内层循环中，用局部物性模型表述基本描述方程(MESH 方程)。RadFrac 通过求解这些方程以获得最新的温度、组成分布。Aspen Plus 使用参数 Ilmeth(进入 **Blocks** | **RADFRAC** | **Convergence** | **Convergence** | **Advanced** 页面指定)中指定的方法收敛内层循环，详见表 12-23。RadFrac 每次进行外层循环迭代时都调整内层循环收敛容差，随着外层循环收敛，容差变得越来越小。容差及其调整由参数内层循环的初始容差(Tolil0)，内层循环容差与外层循环均方根误差比率(Tolilfac)和内层循环最小容差(Tolilmin)控制。当使用嵌套设计规定收敛方法(进入 **Blocks** | **RADFRAC** | **Convergence** | **Convergence** | **Advanced** 页面，参数 Dsmeth 的下拉列表中，选择 Nested 方法收敛设计规定)时，还有一个收敛设计规定的中间循环。

表 12-23 内层循环收敛方法

收敛方法	描述
Broyden	对于大多数情况收敛快速可靠 默认计算方法(除 Algorithm＝Sum-Rates、反应精馏、非理想的三相精馏和带中段回流流程)
Wegstein	收敛速度一般比 Broyden 慢,但计算所需内存少 如果塔板数超过 500,推荐使用该方法
Newton	具有优异的收敛特性,但通常比其他方法慢,特别是当组分数量超过 15 时 RadFrac 模块使用这种方法,用于涉及反应精馏、非理想三相精馏和带中段回流流程的计算
Schubert	Algorithm＝Sum-Rates 时的默认方法

12.3.1.5 Newton 算法

Newton 算法使用 Naphtali-Sandholm 方程求解精馏塔模型方程组，设计规定既可以与精馏塔模型方程组同时求解，也可以在外层循环中求解。用户可以进入 **Blocks** | **RADFRAC** | **Convergence** | **Convergence** | **Advanced** 页面，在高级收敛参数 Stable-Meth 的下拉列表中，选择 Dogleg strategy 或 Line search 方法来稳定收敛。

12.3.1.6 设计模式收敛

RadFrac 提供了两种处理设计规定收敛的方法：嵌套收敛设计规定(Nested Design Specification Convergence，用于除 Sum-Rates 以外的其他算法)与同时收敛设计规定(Simultaneous Design Specification Convergence，用于 Sum-Rates 和 Newton 算法)。当使用 Newton 算法时，可以进入 **Blocks** | **RADFRAC** | **Convergence** | **Convergence** | **Advanced** 页面，在高级收敛参数 Dsmeth 的下拉列表中，选择 Nested 或 Simult 方法收敛设计规定。

(1) 嵌套收敛设计规定(Nested Design Specification Convergence)

嵌套中间回路(Nested Middle Loop)收敛方法通过求取使加权平方和函数最小化的操纵变量的值来满足设计规定。该算法不依赖于操纵变量与设计规定的匹配，但是用户需谨慎选择操纵变量和设计规定，确保每个操纵变量至少对一个设计规定有较大影响。设计规定的数量必须大于等于操纵变量的数量，若存在设计规定数量大于操纵变量，则为其分配加权因子(Weighting Factor)以反映设计规定的相对重要性，加权因子越大，设计规定越先被满足。采用比例因子(Scale Factor)使误差标准化，以使不同类型设计规定的比较基础一致。加权因子与比例因子可进入 **Blocks** | **RADFRAC** | **Specifications** | **Design Specifications** | **1** | **Options** 页面设置，如图 12-47 所示。当操纵变量达到边界时，该边界被激活，如果没有激活边界并且操纵变量与设计规定数量相同，则当满足所有设计规定时，加权平方和函数值接近于 0(在容差范围内)。若激活了边界或设计规定数量大于操纵变量，则使加权平方和函数值最小，由加权因子确定满足设计规定的相对程度。基于速率的精馏(Rate-Based Distillation)计算不支持此方法。

(2) 同时收敛设计规定(Simultaneous Design Specification Convergence)

同时中间回路(Simultaneous Middle Loop)收敛方法同时求解塔模型方程组和设计规定。因为该方法使用方程组求解方法，所以设计规定和操纵变量数目必须相等，该方法不使用边界和加权因子。一般来说，若所有设计规定都有可行解，采用该方法效果更佳。

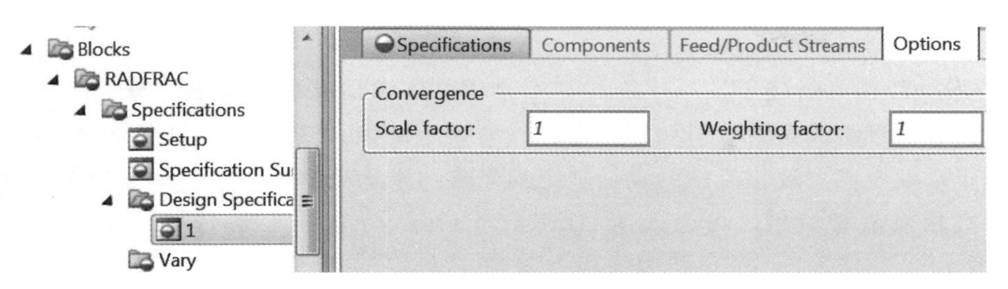

图 12-47　**设置加权因子与比例因子**

12.3.2　RadFrac 模块收敛问题

RadFrac 模块收敛问题总结为三种，分别为操作规定或设计规定不恰当或不可行，物性方法不合适，收敛方法不恰当。

(1)操作规定或设计规定收敛问题

① 违背物料守恒的操作规定。塔单元的操作规定必须保证每个组分都能从塔顶或塔底离开，特别是对有不凝气或难挥发组分的塔，在做操作规定时要仔细考虑是否塔顶采出量和气相分数足够不凝气从塔顶气相馏出，是否塔顶采出量过大，导致难挥发组分不能全部从塔底离开。一般规定塔顶产品与进料流量比(D/F)或塔底产品与进料流量比(B/F)，可获得较好的收敛效果。

② 造成雅可比矩阵奇异的操作规定。带有侧线采出的塔，如果规定侧线采出全部是汽相或液相，很有可能造成雅可比矩阵奇异，如果出现如图 12-48 所示的错误，可以选择一个塔顶规定，一个塔底规定(比如回流比和塔底产品流量)。如果其他时候出现这个错误，检查规定是否有意义。

```
*** SEVERE ERROR WHILE EXECUTING UNIT OPERATIONS BLOCK: "(name)" (MODEL:
    "RADFRAC")                                                (RD3SLV.2)
    JACOBIAN IS NUMERICALLY SINGULAR. CHECK COLUMN/PUMPAROUND
    SPECIFICATIONS. USE ALTERNATE SPECIFICATIONS IF NECESSARY.
```

图 12-48　**错误信息提示雅可比矩阵奇异**

③ 不可行的设计规定。a. 当设计规定与进料不匹配时，造成设计规定不可行，塔不收敛。例如进料为等摩尔的甲烷、乙烷、丙烷和丁烷，如果规定塔顶产品中乙烷的摩尔纯度为95%，明显忽略了甲烷，塔必定不收敛。可以规定塔顶产品中甲烷和乙烷的纯度，或丙烷的纯度；b. 理论板数不足，回流比太小，违背相平衡(例如出现共沸的情况)，也会造成设计规定不可行；c. 设计规定的初值必须是可行的操作点，所以在添加设计规定之前先运行模拟；d. 操纵变量的上下限要合理，不能过窄，以致不包括求解点；e. 如果几个规定的大小在不同的数量级，要恰当选择。

④ 相互矛盾的设计规定。例如，模拟中对一个全凝器的塔做了两个设计规定，分别为塔顶液相流量和冷凝器温度。若规定的温度高于此流量下的泡点温度，这样的两个设计规定便相互矛盾，永远不可能同时满足，故塔计算无法收敛。

⑤ 过于严格的设计规定。某些精馏塔对组分的浓度要求十分严格，如丙烯精馏塔要求丙烯浓度达到 99.6%。若直接规定丙烯浓度为 99.6%，则很可能导致计算不收敛。这种情

况下，可先放宽对组分浓度的要求，求得一个收敛解，然后再调整有关参数，逐步将浓度规定收紧，直至达到要求的浓度。

⑥ 塔内汽液相流量趋于零，导致计算不收敛。许多情况下精馏塔计算无法收敛是由于塔内汽液相流量过小或者为零引起的，而且分离要求的设计规定无法约束塔内汽液相流量，其他任何非直接规定汽液相流量的设计规定均无法约束该流量的大小。如果操作过程确实需要极低的汽相或液相流量，可进入 **RADFRAC** | **Convergence** | **Convergence** | **Advanced** 页面中调整 Fminfac 的值，Fminfac 代表塔板上 V/F 或 L/F 的极限值。

(2)物性方法收敛问题

① 焓值模型(HV)必须与理想气体热容模型(CPIG)一致。如果焓值模型使用 **Tabpoly** 模型，理想气体焓值模型也必须使用 **Tabpoly** 模型，否则会出现塔内干板或外层收敛失败。如果 $H^{\mathrm{V}} \leqslant H^{\mathrm{L}}$，会造成塔内干板。

② 重组分的 K 值不应该很大，重组分 K 值过大会引起重组分进入汽相，或塔的中间温度低于顶部温度，检查不到水相的存在会导致 K 值很大。

③ 在三相计算中，没有预测到两相液体的存在，或者是液-液两相预测错误，均会出现收敛问题。当有可能是三相时，检查第三相是否存在，这有助于收敛，同时也能避免收敛失败。提供初始条件，保证所有分相器中存在两相液体，使用对于两相液体具有预测功能的物性模型(例如，Wilson 物性方法就不能预测两相液体)。对于 NRTL 及其变形方程，如果 Renon C 参数大于 0.4，则会导致液-液计算失败。

④ 如果模型提供的吉布斯自由能曲线不正确(如模型不满足 Gibbs-Duhem 方程)，如图 12-49 所示，就会引起问题，Van Laar 物性方法会发生这种情况。

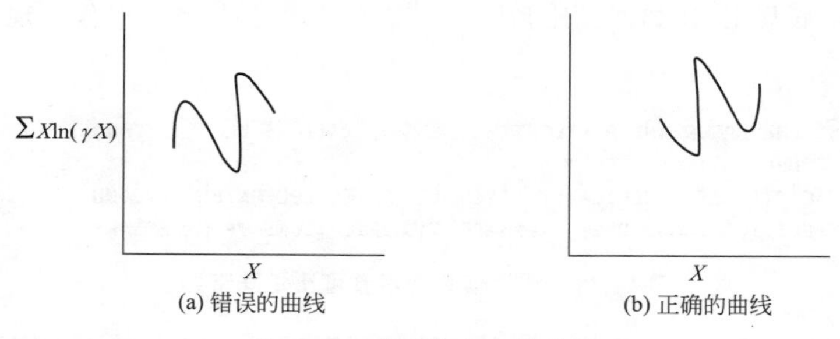

图 12-49　吉布斯自由能曲线

⑤ 对于稀溶液，如果模拟结果与装置实际数据不匹配，检查无限稀释预测数据。即使模型在组分摩尔分数 0.1～0.9 范围内结果很好，预测的无限稀释活度系数也可能与装置数据匹配不佳。使用物性估算可以很容易拟合无限稀释活度系数。

⑥ 确保所选物性方法在精馏操作条件下适用，如高压操作，推荐使用状态方程。

⑦ 高度非理想的塔计算，选择最重要的 5～10 个组分，确保其二元交互作用参数可用。

(3)收敛方法的选择

① 非理想物系。高度非理想物系的 K 值与组成有密切关系，处理这种物系可以选择 Nonideal 算法，也可以尝试 Newton 算法。有时可能需要设置阻尼水平才能收敛。对于存在两相液体的情况，可选择 Strongly non-ideal liquid 收敛方法。这些方法在收敛塔模块时考虑了组分之间的相互作用，但是需要良好的初值，首先指定温度估值，如有必要可以继续指定组分估值。对于特别复杂的塔，首先考虑对其进行简化，如减少组分数、塔板、分离程度

等，以得到收敛结果，用该结果作为更复杂情况的初值。

② 共沸物系。处理共沸精馏要选择 Azeotropic 方法(初始化方法为 Azeotropic，算法为 Newton)。有些共沸精馏存在多解(如以苯为共沸剂的乙醇脱水过程)，收敛结果可能并不是所期望的结果，可以提供初始组成并使用设计规定，保证收敛到期望解。

③ 干塔。像石油炼制装置，会出现近乎干塔的情况，建议使用 Sum-Rates 算法，并提供温度和流量估计值。

④ 存在游离水的塔。处理带有游离水的宽沸程混合物，如果仅冷凝器中有游离水，则选用 Sum-Rates 算法，提供温度和流量的估计值有助于 Sum-Rates 算法的收敛；如果塔板上存在两相液体，则选用 Standard 或 Newton 算法。

⑤ 三相精馏。对于三相精馏，选用 Newton 或 Nonideal 算法，并且提供估计值，确保初始值中存在两相液体，检查每块塔板上是否存在第二液相。

⑥ 存在电解质的塔。将 Kmodel(进入 **Convergence** | **Advanced** 页面，指定局部 *K* 值模型的加权选项)参数设置为 0 或 1，Kmodel 控制 *K* 值局部物性值的温度依赖性。对 Rmsol1 (进入 **Convergence** | **Advanced** 页面，指定外层循环均方根误差的阈值)参数设置一个较大的值(比如 1.0)，提供初始组成，并且用真实组分。

⑦ 吸收塔。a. 使用 Standard 方法时，进入 **RadFrac** | **Convergence** | **Advanced** 页面选择 Absorber=YES，该方法尤其适用于气相在液相中溶解度高和惰性气体流量低的情况，例如，氯化氢吸收过程；b. 吸收体系一般沸程较宽，可以进入 **RadFrac** | **Estimates** | **Temperature** 页面提供塔顶塔底温度估值，将塔顶温度设低几度、塔底温度设高几度效果更好；c. 对于更宽沸程的体系，进入 **RadFrac** | **Setup** | **Basic** 页面选择 Petroleum/Wide-boiling 方法；d. 用户可以提供塔的组成估计值辅助收敛。

⑧ 设计规定。对于高度灵敏的设计规定，或带有三个及以上的设计规定，尝试 Sum-Rates 算法或 Newton 算法(高度非理想体系使用)同时收敛设计规定，该方法要求设计规定的数量等于操纵变量的数量，不使用操纵变量的边界，可以处理高度灵敏的设计规定，并且对设计规定的数量不敏感。同时可以考虑减少操纵变量的步长，减少参数 Rmsol0(进入 **Convergence** | **Advanced** 页面，指定外层循环均方根误差阈值)的值。

⑨ 优化问题。对序贯模块法的优化问题，如果使用 I-O 算法(标准算法、流量加和算法、非理想算法)，内层循环推荐使用牛顿方法(进入 **Convergence** | **Advanced** 页面将 Ilmeth 参数选择为 Newton)，更好的办法是使用联立方程法求解优化问题。

12.3.3 RadFrac 模块收敛故障排除建议

① 阅读错误和警告信息。可以提高诊断水平，进入 **Blocks** | **RADFRAC** | **Specifications** | **Block Options** | **Diagnostics** 页面，如图 12-50 所示，可以将 Simulation 和 On Screen 的水平提高。

② 查看 Err/Tol。如果 Err/Tol 逐渐变小，可能仅需要增加迭代次数。如果 Err/Tol 是发散的，可以尝试下面几种方法：a. 提供初始估计值；b. 检查操作规定或简化操作规定；c. 尝试其他算法或者调整收敛参数；d. 如果存在游离水的计算并且塔内不存在有机相，选择严格三相计算。如果 Err/Tol 是振荡的，考虑提高 Damping Level(阻尼水平)，进入 **Blocks** | **RADFRAC** | **Convergence** | **Convergence** | **Basic** 页面里修改阻尼水平，由于阻尼会使收敛减慢，需要增加迭代次数。

③ 重点查看一开始的信息，因为后来的错误或警告可能由先前的问题造成。

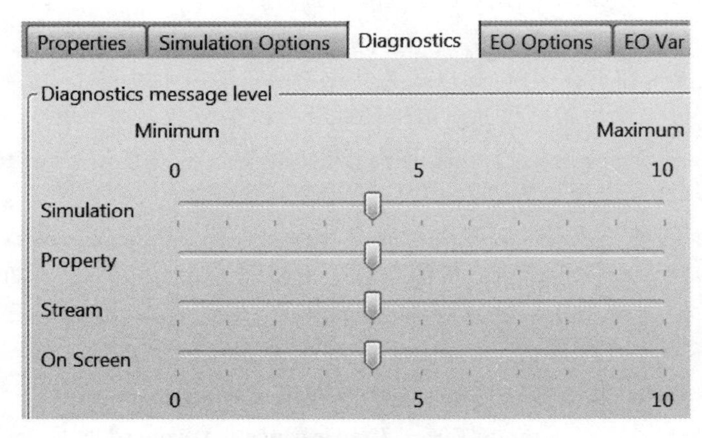

图 12-50　设置 RadFrac 模块诊断水平

④ 查看塔的输入。比如，进料条件输入是否正确。

⑤ 查看不收敛的结果，温度、压力、流量或组成是否合理。

⑥ 选择使计算容易收敛的操作规定。RadFrac 操作规定有十个待选项，具体选择哪个，一般原则是尽量使计算容易收敛。当然，任意选取操作规定并没有错，但是，当收敛出现问题时，要考虑选择使计算容易收敛的规定。a. 指定数量较小的变量作为操作规定。图 12-51 所示为两个操作条件不同的塔，第一个塔回流比较小，选择回流比作为操作规定，计算更容易收敛。第二个塔汽化率较小，选择汽化率作为操作规定，计算更容易收敛；b. 与指定热负荷相比，优先考虑指定流量或流量与进料的比值。因为如果指定热负荷，RadFrac 要估计组成，并计算此组成下的汽化热，进而计算满足此热负荷所需的流量，这使热负荷的规定依赖于好的组成估计值；c. 确定指定的回流比大于最小回流比，不能太接近最小回流比。塔板数过多会产生夹点，如果存在共沸，也会产生组成夹点，这会给收敛造成困难。

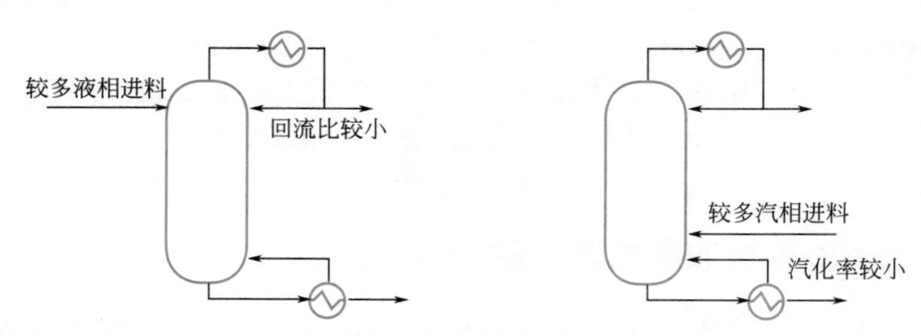

图 12-51　操作条件不同的两个塔

⑦ 简化塔单元的操作条件。比如减少组分数；将中段回流改为在塔板上设置热负荷或者先不用中段回流；减少塔板数；不使用设计规定。

⑧ 初始化，确保所做更改生效。

下面通过例 12.4 说明物性对精馏操作的影响。

例 12.4

如图 12-52 所示为四氢呋喃-正己烷分离塔，已知现场塔底的四氢呋喃摩尔分数为 200ppm。打开 Example12.4-HexaneConv_a.bkp，该文件采用 Aspen Plus 默认二元交互作用参数，运行模拟，流程收敛，计算的塔底四氢呋喃摩尔分数为 43ppm，如图 12-53 所示，与现场数据相差较远，可见结果是错误的。这是因为 NRTL 物性方法计算的无限稀释活度系数不符合实际装置数据，因此需要使用物性估算来拟合 NRTL 二元交互作用参数，使模拟结果与实际装置数据相符。四氢呋喃在正己烷中的无限稀释活度系数列于表 12-24 中。文件保存为 Example12.4-HexaneConv_b.bkp。

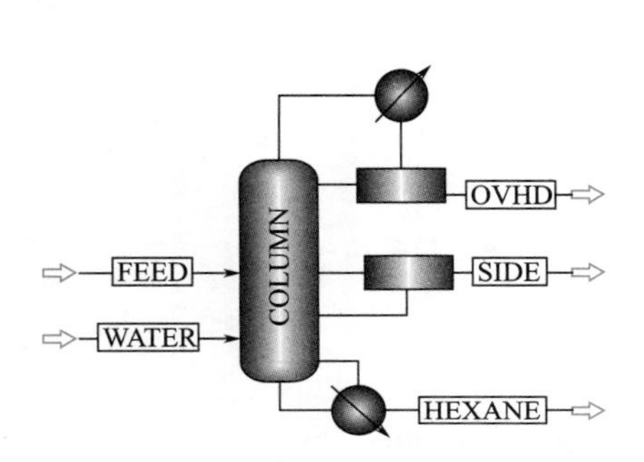

图 12-52　四氢呋喃-正己烷分离塔

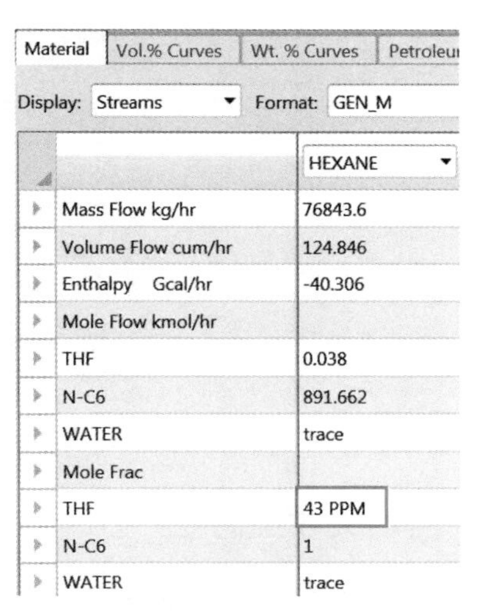

图 12-53　查看默认二元交互作用参数模拟结果

进入 Properties 环境，用表 12-24 中的数据拟合 NRTL 中四氢呋喃-正己烷的二元交互作用参数。进入 Simulation 环境，重新运行，得到正确结果，如图 12-54 所示。注意，此时四氢呋喃-正己烷的二元交互作用参数的来源为 R-PCES，如图 12-55 所示。

表 12-24　四氢呋喃在正己烷中的无限稀释活度系数

温度/℃	四氢呋喃在正己烷中的无限稀释活度系数
49.2	1.59
67.0	1.51

Material | Vol.% Curves | Wt. % Curves | Petroleur

Display: Streams　Format: GEN_M

	HEXANE
Mass Flow kg/hr	76841.7
Volume Flow cum/hr	124.839
Enthalpy Gcal/hr	-40.307
Mole Flow kmol/hr	
THF	0.173
N-C6	891.527
WATER	trace
Mole Frac	
THF	194 PPM
N-C6	1
WATER	trace

图 12-54　查看回归二元交互作用参数模拟结果

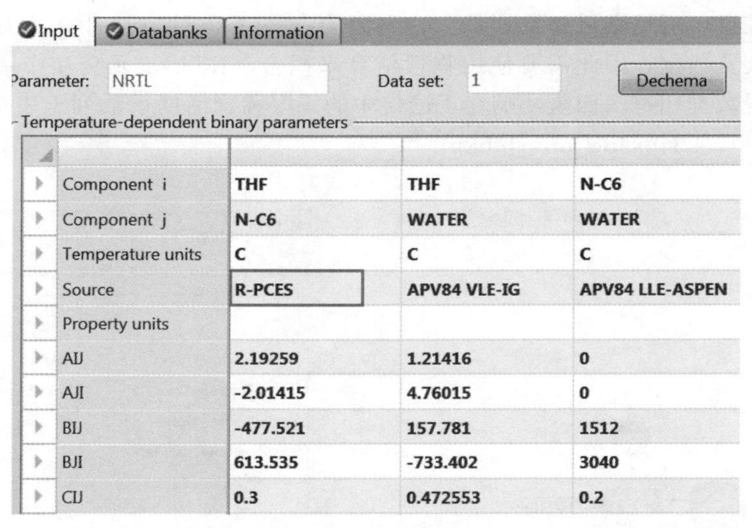

Input | Databanks | Information

Parameter: NRTL　　Data set: 1　　Dechema

Temperature-dependent binary parameters

Component i	THF	THF	N-C6
Component j	N-C6	WATER	WATER
Temperature units	C	C	C
Source	R-PCES	APV84 VLE-IG	APV84 LLE-ASPEN
Property units			
AIJ	2.19259	1.21416	0
AJI	-2.01415	4.76015	0
BIJ	-477.521	157.781	1512
BJI	613.535	-733.402	3040
CIJ	0.3	0.472553	0.2

图 12-55　查看四氢呋喃-正己烷的二元交互作用参数来源

12.3.4　自定义收敛方法

如果自定义收敛方法，进入 **Blocks** | **RADFRAC** | **Specifications** | **Setup** | **Configuration** 页面，Convergence 一栏选择为 Custom，这样即可自由地选择初始化方法和收敛算法。

进入 **Blocks** | **RADFRAC** | **Convergence** | **Convergence** | **Basic** 页面可以选择收敛算法、初始化方法，设置最大迭代计算次数、阻尼水平等，如图 12-56 所示。最大迭代计算次数默认值是 25，对于复杂塔，如组分数较多、带有反应、含电解质或存在液-液平衡的塔，可能需要增大迭代计算次数。一般来讲，如果 Err/Tol 逐渐变小但是计算仍没收敛，就需要增加迭代计算次数。Error Tolerance 指的是外层循环的收敛容差，默认值是 10^{-4}，不能随便增大此值，当需要时，可以减少此值。以下情况需要减少容差值：要得到微量成分的结果；某一液相量很少的液-液平衡；要得到更高精度；RadFrac 模块在循环回路内部。

Basic | Algorithm | Advanced | Diagnostics

Basic convergence
- Algorithm: Standard
- Maximum iterations: 25
- Error tolerance:

Methods
- Initialization method: Standard
- Damping level: None
- Liquid-liquid phase splitting method: Gibbs
- Solids handling: Overall
- Salt precipitation handling: Include

图 12-56　自定义收敛方法

下面通过例 12.5 说明 RadFrac 模块中自定义收敛方法。

例 12.5

应用收敛技巧收敛氯乙烯工厂中的 HCL 塔，流程图及工艺参数见图 12-57，其中进料组成 HCL、VCM 和 EDC 分别代表氯化氢、氯乙烯和二氯乙烷。物性方法选择 NRTL。

本例模拟步骤如下：

启动 Aspen Plus，将文件保存为 Example12.5-RadFracConv.bkp。从创建流程到输入单元模块参数之前的步骤这里不再赘述，仅从输入单元模块参数开始描述。

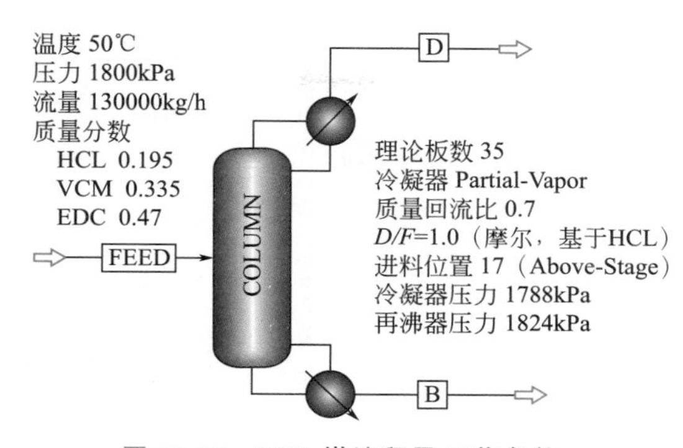

图 12-57　HCL 塔流程及工艺参数

(1)输入单元模块参数

进入 **Blocks** | **COLUMN** | **Specifications** | **Setup** | **Configuration** 页面，输入以下参数，如图 12-58 所示。

理论板数 35，冷凝器形式为 Partial-Vapor，塔顶产品与进料摩尔流量比(D/F)为 1(基于 HCL)，质量回流比为 0.7。点击右下角的 **Feed Basis**，指定 D/F 的基准，如图 12-59 所示。

进入 **Blocks** | **COLUMN** | **Specifications** | **Setup** | **Streams** 页面，输入进料位置，进料物流 FEED 的进料位置为 17，进料方式为 Above-Stage。

进入 **Blocks** | **COLUMN** | **Specifications** | **Setup** | **Pressure** 页面，指定冷凝器压力 1788kPa，再沸器压力 1824kPa。

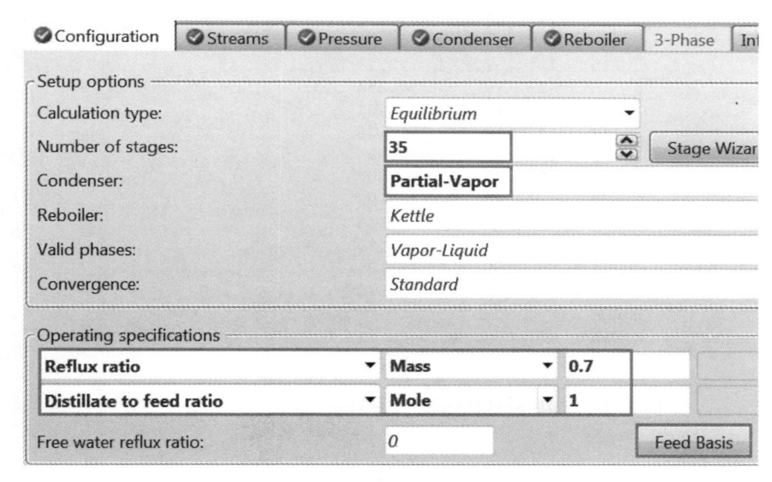

图 12-58　输入精馏塔 COLUMN 参数

(2)运行模拟，查看结果

查看物流结果，可看到 HCL(氯化氢)在塔底产品 B 和 VCM(氯乙烯)在塔顶产品 D 中的质量分数分别为 0.002 和 0.013。

(3)添加设计规定

上述结果中 HCL(氯化氢)和 VCM(氯乙烯)的含量太高。下面做两个设计规定：① 改变回流比，范围为 0.7～1.2，使 HCL(氯化氢)在塔底产品 B 中的质量分数为 0.000005；② 改变塔顶产品与进料摩尔流量比(D/F)，范围为 0.9～1.1，使 VCM(氯乙烯)在塔顶产品 D 中的质量分数为 0.00001。

重新运行，结果有错误，提示 RadFrac 模块进行了 25 次外层循环迭代依然没有收敛，如图 12-60 所示。

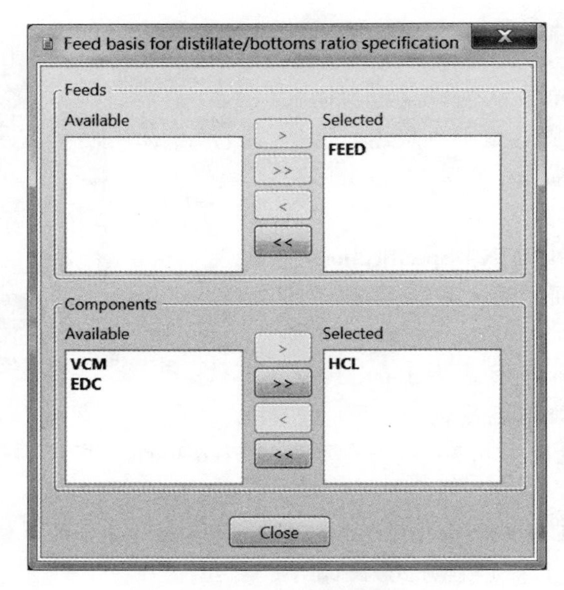

图 12-59 ***D/F* 的基准为 HCL**

```
   12   15  118       58.944
   13   17  105       52.671
   14   15  125       108.83
   15   17  137       112.19
   16    1   10       44.854
   17   15  119       54.991
   18   14  112       95.628
   19   14   97       79.935
   20   15   77       62.397
   21    7   36       107.98
   22    7   42       68.946
   23    1   10       121.14
   24    9   69       48.125
   25    7   40       78.910
** ERROR
   RADFRAC NOT CONVERGED IN  25 OUTSIDE LOOP ITERATIONS.

->Simulation calculations completed ...


 *** No Warnings were issued during Input Translation ***
```

图 12-60 **查看控制面板信息**

(4)调整收敛方法

进入 **Blocks** | **COLUMN** | **Specifications** | **Setup** | **Configuration** 页面，将 Convergence 项由 Standard(默认值)改为 Custom，如图 12-61 所示。

进入 **Block** | **COLUMN** | **Convergence** | **Convergence** | **Basic** 页面，将 Algorithm(算法)改为 Sum-Rates，如图 12-62 所示。

运行模拟，流程收敛。查看物流结果，HCL(氯化氢)在塔底产品 B 和 VCM(氯乙烯)在塔顶产品 D 中的质量分数分别降至 5ppm 和 10ppm，达到设计规定要求。计算得到的回流比为 0.7517，塔顶产品与进料的摩尔流量比(D/F)为 0.999985。

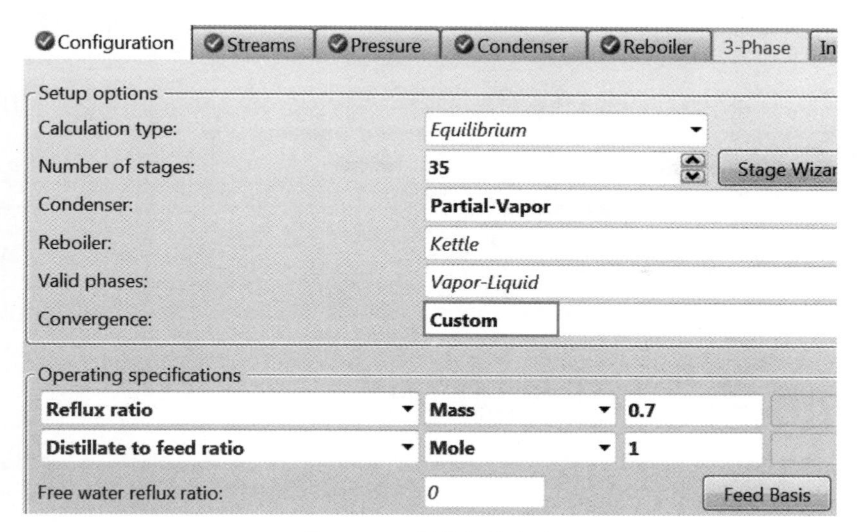

图 12-61 调整收敛方法

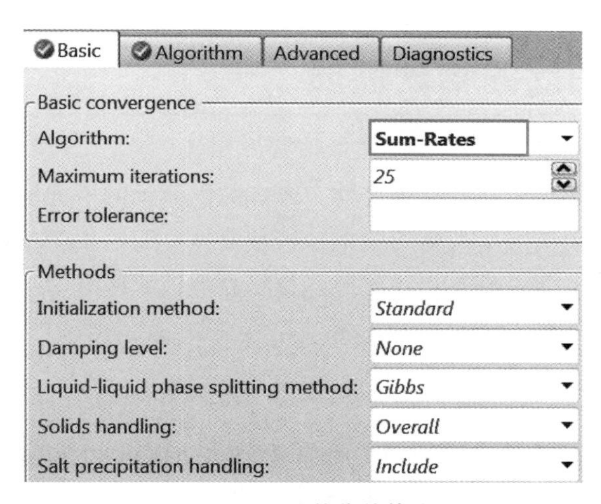

图 12-62 调整收敛算法

第13章

石油蒸馏过程模拟

13.1 石油及油品的物理性质

石油是一种组成极其复杂的烃类混合物，含有数以万计的不同组分，因而对于石油馏分的模拟，不可能按照常规情况定义确切的组分进行分析，实际生产中，也不可能去做油品的全组分分析，因而对于石油体系有一套专门的表征石油性质的方法。本节重点介绍与石油模拟密切相关的物理性质。

13.1.1 密度和 API 重度

油品密度是指单位体积油品的质量，通常用符号 ρ 表示，常用单位 g/cm^3 或 kg/m^3。密度是油品最重要的指标之一，它几乎与所有的油品性质相关。一般密度小的油品运动黏度、凝点或倾点、酸值、硫含量、金属含量等都比较低，轻油收率较高，加工比较容易，而密度大的油品则相反。由于密度与温度相关，通常用 ρ_t 表示温度为 t 时的密度。

油品的相对密度是指其密度与规定温度下水的密度之比，通常用符号 d 表示。中国以及东欧部分地区习惯采用 20℃时油品的密度与 4℃时纯水的密度之比 d_4^{20} 表示油品相对密度。而国际标准规定以 $d_{15.6}^{15.6}$ 表示油品的相对密度。

美国石油协会（American Petroleum Institute）采用 API 重度（API Gravity）表示油品相对密度。API 重度与相对密度 $d_{15.6}^{15.6}$ 的关系式为：

$$\mathrm{API}=\frac{141.5}{\mathrm{d}_{15.6}^{15.6}}-131.5 \tag{13-1}$$

表 13-1 给出了一种按照 API 重度进行的原油分类。

表 13-1　按照 API 重度的原油分类

类　别	API	20℃相对密度
轻质原油	＞31.1	＜0.8661
中质原油	31.1～22.3	0.8661～0.9162
重质原油	22.3～10	0.9162～0.9968
特重原油	＜10	＞0.9968

13.1.2　特性因数

特性因数 K 值(Characterization Factor)又称 Watson K 值或 UOP K 值，它是表示烃类和石油馏分化学性质的一个重要参数，常用来判断油品的化学组成。

$$K=\frac{1.216\sqrt[3]{T}}{d_{15.6}^{15.6}} \tag{13-2}$$

式中，T 为油品平均沸点的热力学温度，K，此处的 T 最早是分子平均沸点，后改用立方平均沸点，现一般使用中平均沸点。当平均沸点相近时，K 值取决于相对密度，相对密度越大，K 值越小。

特性因数分类法多年来为欧美各国普遍采用，它在一定程度上反映了油品的组成特性。但是它也有局限性：①不能表明原油中低沸点馏分和高沸点馏分中烃类的分布规律，因此它不能反映原油中轻、重组分的化学特性；②由于原油的特性因数 K 难以准确求定，用其他参数计算或查特性因数 K 容易造成误差，因此这一方法并不完全符合原油组成的实际情况。

13.1.3　其他性质

(1)闪点

闪点(Flash Point)是表征油品安全性的指标。油品在特定的标准条件下加热至某一温度，令由其表面逸出的蒸汽刚够与周围的空气形成可燃性混合物，当以一标准测试火源与该混合物接触时，即会引致瞬时的闪火，此时油品的温度即定义为其闪点。闪点的标准测定法很多，不同的方法适应不同的要求，通常可粗分为两类，闭口杯法(Closed Cup)及开口杯法(Open Cup)，前者主要用于测定轻质油品的闪点，后者多用于重质油品，但是闭口杯法仅能测闪点，而开口杯法除闪点外尚可测定着火点。

(2)倾点

倾点(Pour Point)是指油品在规定的试验条件下，被冷却的试样能够流动的最低温度。凝点(Condensing Point)指油品在规定的试验条件下，被冷却的试样油面不再移动时的最高温度。两者都以℃表示，用来衡量润滑油等油品的低温流动性能，同一油品的倾点比凝点略高几度，过去常用凝点，现在国际通用倾点。

(3)凝固点

原油由液体经冷却变为固体时的温度称为凝固点(Freeze Point)。原油的凝固点为−50～35℃。凝固点的高低与石油中的组分含量有关，轻质组分含量高，凝固点低；重质组分含量高，尤其是石蜡含量高，凝固点就高。

(4)辛烷值

辛烷值(Octane Number)是衡量汽油在汽缸内抗爆震燃烧能力的一种数字指标，其值高表示抗爆性好。不同化学结构的烃类，具有不同的抗爆震能力。异辛烷(2，2，4-三甲基戊烷)的抗爆性能较好，辛烷值设定为100；正庚烷的抗爆性差，辛烷值设定为0。汽油辛烷值的测定是以异辛烷和正庚烷为标准燃料，按标准条件，在化验室单缸汽油机上用对比法进行的。调节标准燃料组成的比例，使标准燃料产生的爆震强度与试样相同，此时标准燃料中异辛烷所占的体积分数就是试样的辛烷值。依测定条件不同，主要有以下两种辛烷值。①马达法辛烷值(Motor Octane Number)：测定条件较为苛刻，发动机转速为900 r/min，进气温度149℃。它反映汽车在高速、重负荷条件下行驶的汽油抗爆性。② 研究法辛烷值(Research Octane Number)：测定条件缓和，转速为600 r/min，进气为室温。此辛烷值反映汽车在慢速行驶时的汽油抗爆性。对同一种汽油，其研究法辛烷值比马达法辛烷值高出0～15个单位，两者之间的差值，称为敏感性(度)。

(5)黏度

原油黏度(Viscosity)是指原油在流动时所引起的内部摩擦阻力，原油黏度大小取决于温度、压力、溶解气量及其化学组成。温度增高其黏度降低；压力增高，其黏度增大；溶解气量增加，其黏度降低；轻质油组分增加，其黏度降低。原油黏度变化较大；一般在1～100mPa•s之间，黏度大的原油俗称稠油，稠油由于流动性差而开发难度增大。一般来说，黏度大的原油密度也较大。

(6)蜡含量

蜡含量(Paraffin Content)是指在常温常压条件下原油中所含石蜡和地蜡的百分比。石蜡是一种白色或淡黄色固体，由高级烷烃组成，熔点为37～76℃。石蜡在地下以胶体状溶于石油中，当压力和温度降低时，可从石油中析出。地层原油中石蜡开始结晶析出时的温度叫析蜡温度，蜡含量越高，析蜡温度越高。

(7)硫含量

硫含量(Sulfur Content)是指原油中所含硫(硫化物或单质硫分)的百分数。原油中硫含量较小，一般小于1%，但对原油性质的影响很大，对管线有腐蚀作用。根据硫含量不同，可以分为低硫或含硫石油。

(8)胶含量

胶含量(Gel Content)是指原油中所含胶质的百分数。原油的胶含量一般为5%～20%。胶质是指原油中分子量较大(300～1000)的含有氧、氮、硫等元素的多环芳烃化合物，呈半固态分散状溶解于原油中。胶质易溶于石油醚、润滑油、汽油、氯仿等有机溶剂中。

(9)沥青质含量

原油中的沥青质含量(Asphaltene Content)较少，一般小于1%。沥青质是一种高分子量(大于1000)具有多环结构的黑色固体物质，不溶于酒精和石油醚，易溶于苯、氯仿、二硫化碳。沥青质含量增大时，原油质量变差。

13.2 石油蒸馏类型

石油成分复杂、组分多，通常无法得到其详细的化学组成。因此通常采用实验室石油评价数据而不是实际组成来表示石油物流。石油评价数据包括蒸馏曲线和其他相关曲线，如重度、分子量和石油物性曲线。在输入油品评价数据时，用户至少需提供蒸馏曲线和平均重度（或重度曲线）。Aspen 支持五种蒸馏曲线类型，分别为实沸点蒸馏（True Boiling Point）、恩氏蒸馏（ASTM D86）、ASTM D1160 蒸馏、ASTM D2887 蒸馏以及减压蒸馏。

（1）实沸点蒸馏（TBP）

实沸点（True Boiling Point）蒸馏能够很好地表示油品真实组成与温度的关系，它是采用理论板数为 14～18 的填充精馏柱在回流比为 5：1 时对轻、重馏分进行分离的方法，实沸点是指实际沸点。将蒸馏温度对馏出百分数作图，即为实沸点蒸馏曲线。由于分馏柱的板数较多且有较大的回流比，馏出温度和馏出物的沸点十分接近，大致可以反映出馏出的各个组分的真实沸点。通常按照每 3％的质量分数为一组馏分或者每间隔 10℃切取一个窄馏分来计算每组馏分的收率以及总收率。为了保证蒸馏过程中烃类不发生分解，一般不允许蒸馏釜的温度超过 310℃。

实沸点蒸馏耗费时间长，成本也比较高，一般情况下，只有当十分必要时才做实沸点蒸馏分析，实际中实沸点蒸馏曲线经常由其他类型的蒸馏曲线换算得到。

（2）恩氏蒸馏（ASTM D86）

恩氏蒸馏（ASTM D86）是采用渐次汽化的方法测定石油产品馏分组成的经验性标准方法。由于这种蒸馏是渐次汽化，基本不具备精馏作用。

油品在恩氏蒸馏设备中按规定条件加热时，馏出第一滴冷凝液时的气相温度称为初馏点。蒸馏过程中，烃类分子按沸点从低到高的顺序逐渐蒸出，气相温度也逐渐升高，馏出物体积为 10％、20％、50％、90％时的气相温度分别称为 10％点、20％点、50％点、90％点，蒸馏到最后所能达到的最高气相温度称为终馏点或干点。初馏点到干点这一温度范围称馏程或沸程。

由于恩氏蒸馏基本上没有精馏作用，油品中最轻组分的沸点低于初馏点，最重烃组分的沸点高于干点，所以馏程不代表油品的真实沸点范围，但因其简便且具有严格的条件性，普遍用于油品馏程的相对比较或大致判断油品中轻、重组分的相对含量，在炼油工业中也常用作油品质量的重要评价指标。

（3）ASTM D1160 蒸馏

ASTM D1160 蒸馏用于测定高沸点的油品。该过程与恩氏蒸馏类似，由于高沸点油品在常压下会产生裂解，所以需要在减压下进行。通常选择在 10mmHg 或者更低的压力下蒸馏。在 10mmHg 压力下，油品可以被蒸馏到 530℃（换算成 760mmHg 压力下）左右。由于低压下蒸馏过程很接近理想的组分分离过程，故 ASTM D1160 蒸馏数据比较接近实沸点蒸馏数据。

（4）色谱法模拟蒸馏（ASTM D2887）

色谱法模拟蒸馏（ASTM D2887）是一种相对较新的色谱蒸馏方法，此方法采用气相色谱将油品馏分按照挥发度的高低进行分离，可以代替费用较高的实沸点蒸馏。

（5）不同蒸馏曲线的相互转换

石油馏分蒸馏曲线的相互换算在炼油工业中起着重要的作用，它可以为工程人员计算各种油品物性、相平衡关系以及进行油品评价等提供基础数据。蒸馏曲线间的换算方法有半理论法和经验法两类，目前使用的主要是经验法。其中最著名的是 1948 年由 Edmister 提出、后经 Maxwell 和 Hadden 等完善的一套石油三种曲线换算图，现已被国内外石油炼制行业广泛采用。

美国API专门资助了关联ASTM蒸馏曲线和TBP蒸馏曲线的工作，宾夕法尼亚州州立大学Daubert教授于1986年提出了另外一种关联式，该关联式在1987年被美国API技术手册收录，迄今仍被工业界所检索，并作出了不少修改。

应当指出，上述两种关联方法都是近似的，并非准确的方法，但是因为没有更准确的方法，在化工模拟计算中，通常接受上述关联方法，并认为它们是准确的。

13.3 原油评价数据库

原油评价数据库(Assay Library)提供了世界各地194种原油的评价数据，当原油评价数据库中包含模拟所用的原油时，用户可以直接将数据库中的数据导入Aspen Plus中使用。每种原油的评价数据包括蒸馏曲线、相对密度以及各种石油物性(如硫含量、雷氏蒸气压和倾点)曲线。

原油评价数据库中包含了选自菲利普斯石油原油评价数据库(Phillips Petroleum Crude Assay Library)的原油评价数据以及根据世界各地文献汇编整理的原油评价数据。

在**Components** | **Assay/Blend**对象管理页面，点击**Assay Data**，在弹出的**Import Assay Library**对话框中，用户可以查看原油评价数据文件并将相关数据导入Aspen Plus中，文件名称以原油来源地区命名。

13.4 石油馏分物性估算方法

石油馏分物性估算方法是一组模型的集合，用于估算石油馏分物性和物性计算所需的特征参数，可以估算的石油馏分物性包括分子量、临界性质、偏心因子、蒸气压、液相摩尔体积、水溶性、黏度、理想气体热容、汽化焓、标准生成焓和标准生成吉布斯自由能以及状态方程参数。Aspen Plus提供了多种石油馏分物性估算方法，如表13-2所示。

表13-2 Aspen Plus内置石油馏分物性估算方法

方法	说　明
API-METH	其中的模型主要基于API数据手册推荐的程序，适用于炼油过程
COAL-LIQ	采用针对煤液化油应用开发的关联式，开发关联式所采用的数据库中包含大量芳香族化合物数据
ASPEN	采用AspenTech为石油馏分开发的模型和基于API程序的模型，此方法为推荐方法
LK	主要采用Kesler和Lee提出的关联式
API-TWU	基于ASPEN法，采用Twu提出的关联式计算临界性质
EXT-TWU	类似于API-TWU法，采用AspenTech扩展式计算分子量、临界温度、临界压力、临界体积和偏心因子，该扩展式旨在提高关联式在低沸点区和高沸点区的准确性

续表

方法	说　明
EXT-API	类似于 EXT-TWU 法，采用扩展的 API 模型计算分子量，采用扩展的 Lee-Kesler 模型计算偏心因子
EXT-CAV	类似于 EXT-API 法，采用扩展的 Cavett 模型计算临界温度，采用扩展的 Edmister 模型计算临界压力和临界体积

上述方法的开发者并没有给出该方法明确的适用温度范围，研究表明其适用范围与估算的物性有关。前五种方法(API-METH、COAL-LIQ、ASPEN、LK 和 API-TWU)适用于正常沸点高达 427～538℃(800～1000 ℉)的石油馏分。在估算分子量、临界温度、临界压力和偏心因子时，扩展的方法(EXT-TWU、EXT-API 和 EXT-CAV)适用于正常沸点高达 816℃(1500 ℉)的石油馏分。

石油馏分物性估算方法 ASPEN 中各物性采用的模型如表 13-3 所示。

表 13-3　ASPEN 法中各物性采用的模型

物性	模型	物性	模型
分子量	Hariu and Sage-Aspen	水溶性	Aspen
临界温度	Riazi-Daubert	液相黏度	Watson
临界压力	Riazi-Daubert	理想气体热容	Kesler-Lee
临界体积	Riedel	汽化潜热	Vetere
偏心因子	Lee and Kesler，Aspen	标准生成焓	Edmister
蒸气压	BK10	标准生成吉布斯自由能	Edmister
液相摩尔体积	Rackett	RKS 二元交互作用参数	API1987

13.5　石油馏分在模拟中的处理方法

通过对油品的分析可得到相关的物性数据，而完善的石油化工基础物性数据是石化企业进行流程模拟的基础，也是石油加工、石油化工基础研究、工艺研究、设备放大及动力学模型研究所必需的。因为石油及油品成分复杂、组分多，以致无法得到其详细的化学组成。随着计算机的广泛应用，现代石油馏分汽-液平衡和石油精馏的数值计算都是采用虚拟组分的处理方法，即将石油馏分切割成有限数目的窄馏分，每一个窄馏分都视为一个纯组分，称为“虚拟组分”；选择适合各石油馏分的系列关联式计算虚拟组分的物理性质(平均沸点、特性因数、相对密度等)，从而将复杂的石油体系转化为一个由多个虚拟组分构成的混合物体系。

Aspen Plus 中的油品评价数据分析(Assay Data Analysis，ADA)和虚拟组分系统(Pseudocomponent System，PCS)可利用已有的油品评价数据将油品及其馏分进行虚拟组分处理，并按指定的物性方法进行热力学性质参数估算。通常，Aspen Plus 对于石油油品的模拟计算方法有两种：用户逐一定义虚拟组分和通过石油蒸馏曲线生成虚拟组分。

13.5.1 逐一定义虚拟组分

当虚拟组分由用户逐一定义时，则需要该虚拟组分的以下三个物性：平均正常沸点、重度/密度、分子量。上述三个物性至少需提供两个，如仅有两个物性，则第三个可由一定的关联式求出。Aspen 物性系统会根据这三个基础物性估算所需的所有纯组分物性。此外，为更准确地表征虚拟组分，用户也可以提供蒸气压、黏度、水溶性等温度函数性质数据。

13.5.2 通过石油蒸馏曲线生成虚拟组分

蒸馏曲线是描述油品性质最常用的指标，也是实验室对油品的常规分析项目。此外，油品的密度或 API 重度、平均分子量以及轻端组分也都比较容易测定。因此，在模拟计算过程中经常通过这些性质来生成油品的虚拟组分。

对于要分析的油品，Aspen Plus 需要一组至少四个点组成的蒸馏曲线(Dist Curve)和比重(Specific Gravity，SPGR)或者 API 重度作为基础。此外，如果有更多的物性数据，如轻端分析数据(Light Ends)、重度曲线(Gravity 或 UOPK)、分子量曲线(Molecular Wt)或硫含量曲线(SULFUR)、辛烷值曲线(ROC-NO 或 MOC-NO)等附加性质曲线，用户也可以利用这些数据以便更准确地计算油品的性质。图 13-1 给出了将分析得到的蒸馏数据转换为石油组分的过程框图。

(1)将蒸馏数据转换为 760mmHg(101325Pa)下 TBP(实沸点蒸馏实验)数据并进行拟合

虽然 ASTM(馏程试验)蒸馏数据比较容易获得，但是计算机模拟过程中并不能直接使用，必须将其转换成 760mmHg 下的 TBP 蒸馏数据。例如，在 Aspen Plus 中将 ASTM D86 蒸馏数据通过 Edmister 或 Edmister-Okamota 或 PML 等方法转换为 TBP 蒸馏数据。在蒸馏数据有限的情况下，由于所得到的蒸馏数据并不一定与石油馏分的切割点相匹配，因此需要将其拟合成一条连续的曲线。通常根据实际处理中的情况，一般可以采用以下三种方法进行拟合：三次样条插值法、二次方程法、概率密度函数法。Aspen Plus 内置的样条拟合方法包括 Harwell 法、Hermite 法和 Linear 法。

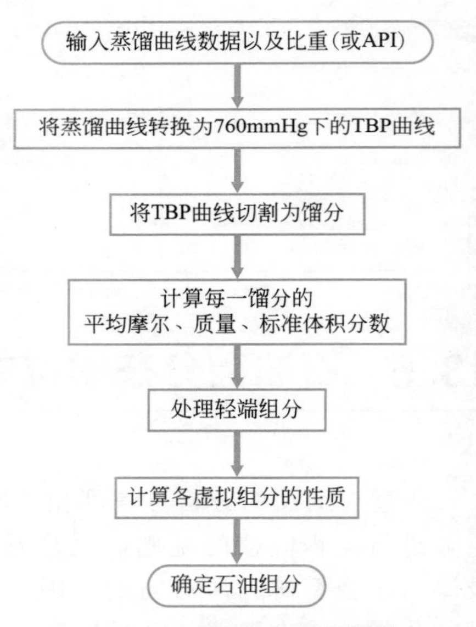

图 13-1 石油组分处理框图

(2)把蒸馏曲线切割为一定数量的馏分

待生成 TBP 曲线之后，依据油样的 TBP 曲线划分虚拟组分，一般在 TBP 曲线上每 10～30℃ 为一个虚拟组分，就足以表示挥发性好的馏分；而对于挥发性不好的馏分可适当增加虚拟组分宽度。为了既减少虚拟组分数目，又保证切割效果，可以对 TBP 曲线的不同温度段采用不同的虚拟组分宽度。

Aspen Plus 会以混合油品的数据为基础(或者直接以单股油品的数据为基础)，生成一系列虚拟组分来表征混合油品(或者单股油品)的性质。缺省时 Aspen Plus 用一套标准切割点集来生成虚拟组分，详见表 13-4。用户也可以自定义切割点集，ADA/PCS 将会根据指定的切割点切割 TBP 曲线，从而确定虚拟组分在油品中的占比。缺省情况下，沸点超出用户

规定的最高切割点温度的物质将被归入最后一个虚拟组分中，沸点低于用户规定的最低切割点温度的物质将被归入第一个虚拟组分中（轻端组分除外），ADA/PCS 不会根据 TBP 曲线数据范围外的切割点生成虚拟组分，除非用户在 **Components** | **PetroCharacterization** | **Generation** | **Cuts** 页面中选择 Pseudocomponent generation option 为 All。

表 13-4 **Aspen Plus 缺省切割点集**

TBP 范围/℃(℉)	切割数量	相邻组分 TBP 增量/℃(℉)
37.78～426.67(100～800)	28	13.89(25)
426.67～648.89(800～1200)	8	27.78(50)
648.89～871.11(1200～1600)	4	55.56(100)

(3)计算每一馏分的平均摩尔、质量、标准体积分数

根据平均重度可以计算每一馏分的分子量、占总油品质量分数和标准体积分数。

(4)处理轻端组分

油品中通常含有一定数量的轻烃，而轻烃的划分界线并无确切的定义，一般多以 C_6 为划分界线。在模拟过程中，为使计算更加准确，一般考虑把轻端组分单独处理，而不是归于某个油品组分中。对于轻端组分的处理有两种方法。

① 轻端组分与 TBP 曲线相匹配。此时将按照给定的轻端组分的组成，调整其总流量的大小，使轻端组分中沸点最高的组分与 TBP 曲线相交。在交点以下的原 TBP 曲线将予以舍弃，采用轻端组分的拟合曲线替代。采用此方法时，轻端组分的流量将由曲线拟合来确定，无需用户指定。

② 指定轻端组分的组成及其总流量占油品总流量的分数。用户可以给定每个轻端组分的流量占油品总流量的分数，也可以给定轻端组分的组成及其总流量占油品总流量的分数。这种处理方法对于指定的轻端组分的流量并不调整到与原 TBP 曲线相匹配。Aspen Plus 即采用该方法处理轻端组分。

(5)计算虚拟组分的性质

一旦确定了蒸馏曲线的切割数量，每一个馏分的平均沸点、相对密度、分子量也就随之而定。其他的诸如临界性质、焓值和熵等可以由相关的关联式和热力学方程进行计算。

(6)初馏点和终馏点的处理

由于实验室蒸馏数据误差、TBP 曲线转换误差以及虚拟组分宽度的影响，通过计算机模拟得到的初馏点和终馏点一般是不准确的。通常以 5%点和 95%点作为分析问题和计算结果的依据。

下面通过例 13.1 介绍轻端组分的处理方法。

例 13.1

一股油品的 ASTM D86 数据和 0～10%（体积分数）馏出物气相色谱分析数据如表 13-5 所示，油品馏分切割要求如表 13-6 所示。绘制油品的 TBP 曲线，并比较考虑与不考虑轻端组分两种情况下曲线的差别。

表 13-5 油品评价数据

ASTM D86 数据				轻端组分	
Liq. Vol/%	温度/℃	Liq. Vol/%	温度/℃	组分	Liq. Vol. Frac
0	32	70	104	乙烷	0.0046
5	48.5	90	120	丙烷	0.0173
10	55	95	125	异丁烷	0.0165
30	73	98	141.5	正丁烷	0.0347
50	89	—	—	异戊烷	0.0115
比重(*SPGR*):0.6942				正戊烷	0.0154

表 13-6 油品馏分切割要求

TBP 温度下限/℃	TBP 温度上限/℃	馏分数
−20	426.67	28
426.67	648.89	8
648.89	871.11	4

本例模拟步骤如下：

(1)输入油品评价数据

启动 Aspen Plus，选择模板 Petroleum with Metric Units，文件保存为 Example13.1-Light Ends.bkp。

进入 **Components** | **Specifications** | **Selection** 页面，输入轻端组分和两股油品 OIL-1、OIL-2，其中两股油品的类型(Type)选择 Assay，如图 13-2 所示。

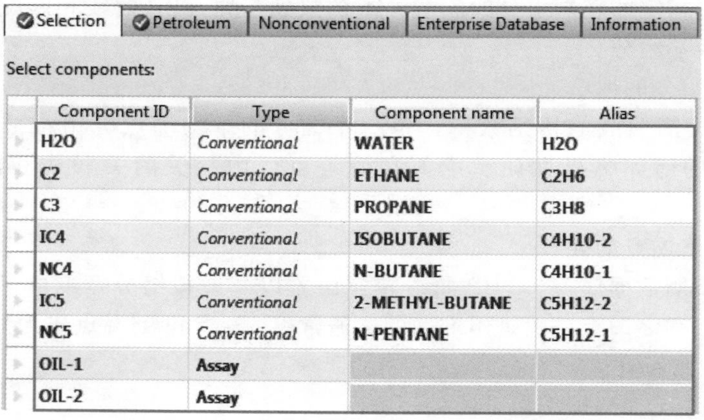

Selection | Petroleum | Nonconventional | Enterprise Database | Information

Select components:

Component ID	Type	Component name	Alias
H2O	Conventional	WATER	H2O
C2	Conventional	ETHANE	C2H6
C3	Conventional	PROPANE	C3H8
IC4	Conventional	ISOBUTANE	C4H10-2
NC4	Conventional	N-BUTANE	C4H10-1
IC5	Conventional	2-METHYL-BUTANE	C5H12-2
NC5	Conventional	N-PENTANE	C5H12-1
OIL-1	Assay		
OIL-2	Assay		

图 13-2 输入组分

点击N→，进入 **Components** | **Assay/Blend** | **OIL-1** | **Basic Data** | **Dist Curve** 页面。Distillation curve type(蒸馏曲线类型)选择 ASTM D86，在 Percent distilled 和 Temperature 两栏里输入 OIL-1 的 D86 蒸馏数据，输入 Specific gravity 值 0.6942，如图 13-3 所示。

点击 **Light-Ends** 标签，进入 **Components** | **Assay/Blend** | **OIL-1** | **Basic Data** | **Light-Ends**

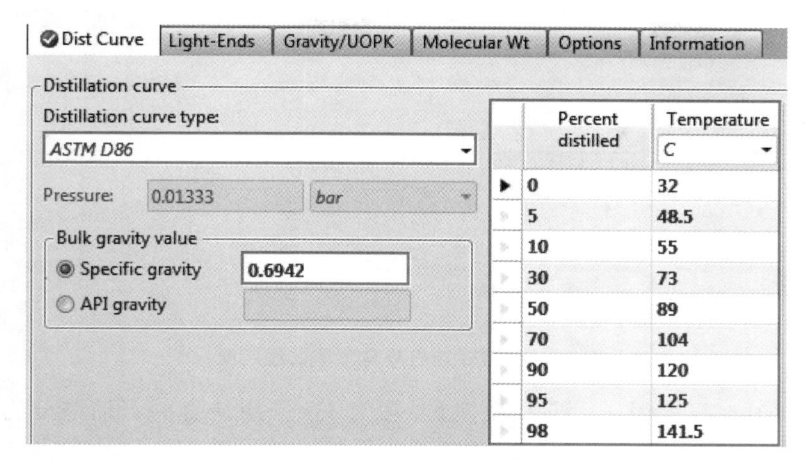

图 13-3　输入蒸馏数据和比重

页面，在 Component 和 Fraction(Stdvol)两栏中输入轻端组分组成数据，在 Light-ends fraction 文本框中输入 0.1(即规定 OIL-1 中轻端组分总体积分数为 0.1，Aspen Plus 会自动对用户输入的轻端组分组成进行归一化。如果用户忽略该文本框，则轻端组分组成数据将被视为每一轻端组分在 OIL-1 中的体积分数)，如图 13-4 所示。

Dist Curve | Light-Ends | Gravity/UOPK | Molecular Wt | Options

Light-ends fraction: 0.1

Light-ends analysis

Component	Fraction (Stdvol)	Gravity	Molecular weight
C2	0.0046		
C3	0.0173		
IC4	0.0165		
NC4	0.0347		
IC5	0.0115		
NC5	0.0154		

图 13-4　输入 OIL-1 的轻端组分数据

点击 **Options** 标签，进入 **Components** | **Assay/Blend** | **OIL-1** | **Basic Data** | **Options** 页面，勾选 Match light-ends with distillation curve，如图 13-5 所示。

点击**N▸**，进入 **Components** | **Assay/Blend** | **OIL-2** | **Basic Data** | **Dist Curve** 页面，根据表 13-5 输入 OIL-2 的 D86 蒸馏数据和比重，不输入轻端组分数据。

(2)设置虚拟组分生成选项

点击**N▸**，出现 **ADA/PCS Input Complete** 对话框，选择 Specify options for generating pseudocomponents，点击 **OK**，进入 **Components** | **Petro Characterization** | **Generation** 页面，本例以两股油品的蒸馏数据为基础生成单一虚拟组分集，用于表征该两股油品。点击 **New…** 按钮，出现 **Create New ID** 对话框，采用缺省虚拟组分集名称 G-1。点击 **OK**，进入 **Components** | **Petro Characterization** | **Generation** | **G-1** | **Specifications** 页面，规定 OIL-1 和 OIL-2

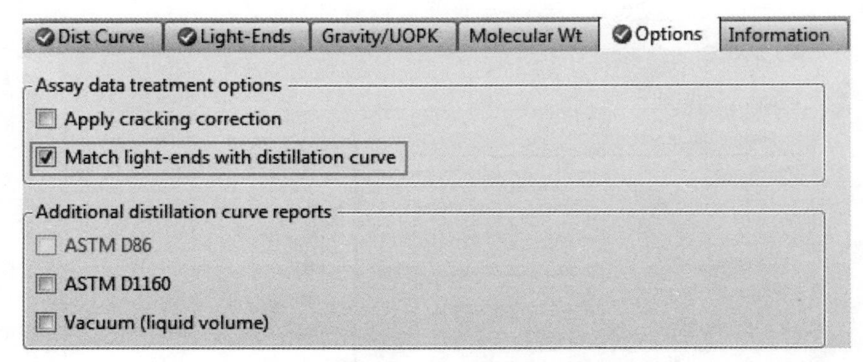

图 13-5　将轻端组分与蒸馏曲线匹配

的 Weighting factor（权重因子，即相对质量）均为 1，采用缺省的石油馏分物性估算方法 ASPEN，如图 13-6 所示。

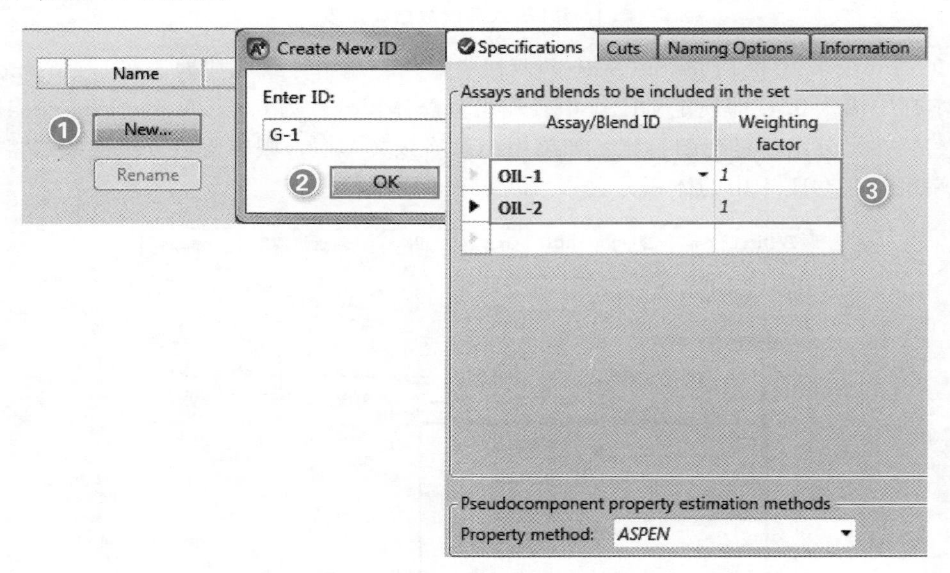

图 13-6　设置虚拟组分生成选项

点击 **Cuts** 标签，进入 **Components** | **Petro Characterization** | **Generation** | **G-1** | **Cuts** 页面，在 Cut points specification option 中选择 Range and increments，输入题目要求的组分切割数据，如图 13-7 所示。

（3）选择物性方法

点击 N▶，出现 **ADA/PCS Input Complete** 对话框，选择默认的 Go to Next required input step，点击 **OK**，进入 **Methods** | **Specifications** | **Global** 页面，选择物性方法为 GRAYSON，如图 13-8 所示。

（4）运行并查看结果

点击 N▶，出现 **Properties Input Complete** 对话框，选择默认的 Run Property Analysis/Setup，点击 **OK**，运行模拟。

进入 **Components** | **Petro Characterization** | **Results** | **Summary** 页面，查看生成的虚拟组分，如图 13-9 所示。

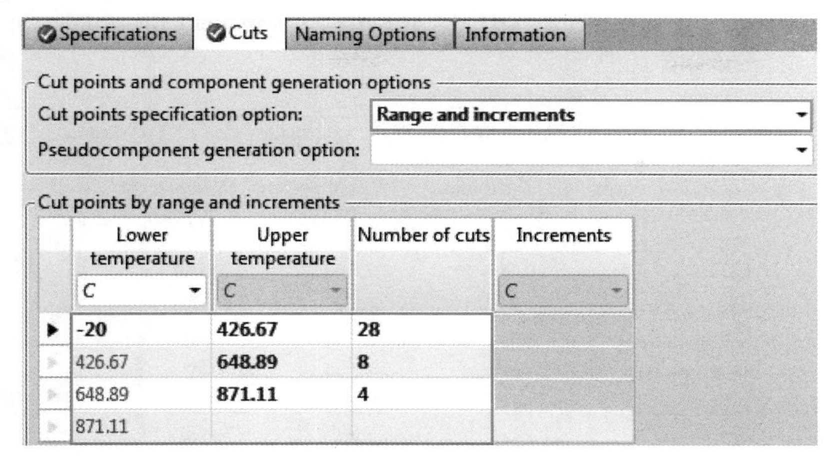

图 13-7　输入油品馏分切割要求

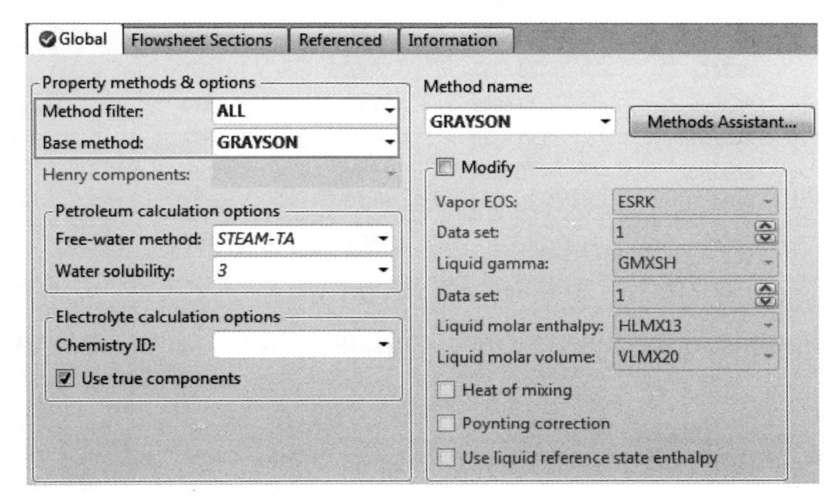

图 13-8　选择物性方法

Summary | Petro Properties | Viscosity | Status

Pseudocomponent	Average NBP	API gravity	Specific gravity	UOPK	Molecular weight	Critical temperature	Critical pressure
	C					C	bar
PC-6C	-6.83908	92.6397	0.631303	12.397	53.6266	159	46.8345
PC4C	4.37952	89.578	0.640046	12.397	58.0204	171.817	43.9526
PC21C	21.2828	85.2637	0.652785	12.397	64.8821	190.848	40.1295
PC37C	37.4594	80.1732	0.668483	12.3236	71.533	209.794	37.4708
PC52C	51.8845	76.9447	0.678837	12.3207	77.8437	225.618	34.9614
PC68C	67.9192	73.6256	0.689821	12.3207	85.1356	242.925	32.464
PC84C	83.8162	70.5343	0.700376	12.3207	92.6582	259.85	30.2657
PC100C	99.6925	67.6249	0.710609	12.3207	105.279	276.534	28.305
PC115C	115.471	64.8927	0.720495	12.3207	113.521	292.912	26.5557
PC129C	129.426	62.5966	0.729018	12.3207	121.235	307.237	25.1521
PC147C	147.458	59.7823	0.739744	12.3207	131.811	325.533	23.5118
PC160C	159.659	57.9678	0.746829	12.3207	139.371	337.783	22.4995

图 13-9　查看生成的虚拟组分

进入 **Components** | **Assay/Blend** | **OIL-1** | **Results** | **Component Breakdown** 页面，查看油品 OIL-1 的组成，如图 13-10 所示。

Light-Ends Analysis | Component Breakdown | Distillation Curves | Status

Component	Volume percent of assay	Weight percent of assay	Mole percent of assay
C2	0.46	0.235801	0.716707
C3	1.73	1.26419	2.6202
IC4	1.65	1.3378	2.10361
NC4	3.47	2.92099	4.59307
IC5	1.15	1.03456	1.31051
NC5	1.54	1.3993	1.77255
PC37C	8.02644	7.77366	9.87502
PC52C	11.9081	11.7117	13.6715
PC68C	12.3193	12.3121	13.1414
PC84C	13.6717	13.8728	13.6051
PC100C	14.9009	15.341	13.2414
PC115C	15.4359	16.113	12.8979
PC129C	7.14119	7.5426	5.65345
PC147C	4.31576	4.62542	3.18872
PC160C	2.28072	2.46777	1.60898

图 13-10　查看油品 OIL-1 组成

进入 **Components** | **Assay/Blend** | **OIL-1** | **Results** | **Distillation Curves** 页面，查看油品 OIL-1 拟合的 TBP 蒸馏数据，如图 13-11 所示。

Light-Ends Analysis | Component Breakdown | Distillation Curves | Status

Specific gravity: 0.6942　Density: 0.692451 gm/cc

API gravity: 72.3317　Molecular wt:

Percent distilled	True boiling pt (liquid volume)	ASTM D86 (liquid volume)
	C	C
Pres: BAR	1.01325	1.01325
0	-88.6	32
5	-7.96922	48.5
10	36.07	55
30	59.8527	73
50	84.9408	89
70	106.769	104
90	127.938	120
95	145.829	125
100	163.719	152.5

图 13-11　查看油品 OIL-1 拟合的 TBP 蒸馏数据

选择菜单栏 **Home** | **Plot** | **Dist Curve**，弹出 **Distillation** 对话框，在 Select display options 中选择 Report，在 Select curve(s) to plot 中勾选 TBP(liquid volume)，如图 13-12 所示，点击 **OK**，进入 **OIL-1 (ASSAY)-Dist Curve-Plot** 页面，双击页面内的 TBP(liquid volume)文本框，出现 **Edit Legend** 对话框，将 OIL-1 实沸点曲线名称改为 TBP for OIL-1，如图 13-13 所示。

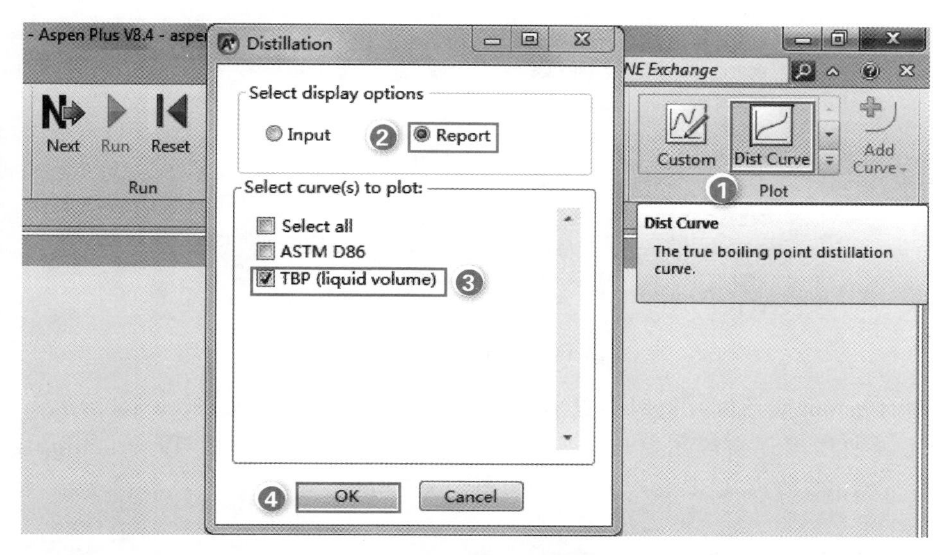

图 13-12　设置绘图选项

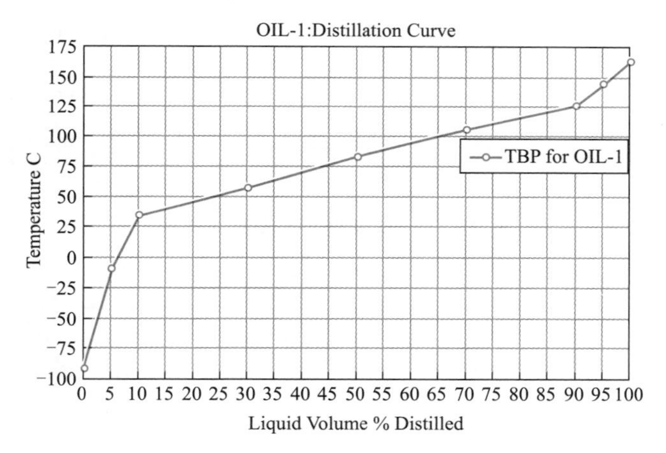

图 13-13　查看 OIL-1 的 TBP 曲线

进入 **Components** | **Assay/Blend** | **OIL-2** | **Results** | **Component Breakdown** 页面，查看油品 OIL-2 的组成，如图 13-14 所示。对比油品 OIL-1 和 OIL-2 的组成可知，由于 OIL-1 单独考虑轻端组分，拟合得到的馏出体积 0～10% 段原 TBP 曲线被舍弃，因此不含虚拟组分 PC-6C、PC4C 和 PC21C。OIL-2 没有单独考虑轻端组分，因此不含轻端组分。

进入 **Components** | **Assay/Blend** | **OIL-2** | **Results** | **Distillation Curves** 页面，查看油品 OIL-2 拟合的 TBP 蒸馏数据。选择菜单栏 **Home** | **Add Curve**，在弹出的列表中，选择 OIL-1(ASSAY)-Dist Curve-Plot，即将 OIL-2 实沸点曲线添加到与 OIL-1 实沸点曲线相同的页

Light-Ends Analysis | Component Breakdown | Distillation Curves | Status

Component	Volume percent of assay	Weight percent of assay	Mole percent of assay
PC-6C	0.840874	0.76033	1.29509
PC4C	2.91016	2.66785	4.20011
PC21C	5.58676	5.22352	7.3539
PC37C	8.68865	8.31909	10.623
PC52C	11.9081	11.5782	13.5862
PC68C	12.3193	12.1718	13.0594
PC84C	13.6717	13.7147	13.5202
PC100C	14.9009	15.1662	13.1588
PC115C	15.4359	15.9293	12.8174
PC129C	7.14119	7.45663	5.61818
PC147C	4.31576	4.5727	3.16883
PC160C	2.28072	2.43965	1.59894

图 13-14 **查看油品 OIL-2 组成**

面内，弹出 **Custom** 对话框，把实沸点蒸馏数据作为 *Y* 轴变量，如图 13-15 所示，点击 **OK** 退出，OIL-2 曲线出现在绘图窗口中，将 OIL-2 实沸点曲线名称由 True boiling pt(liquid volume)C 1.01325 改为 TBP for OIL-2，如图 13-16 所示。

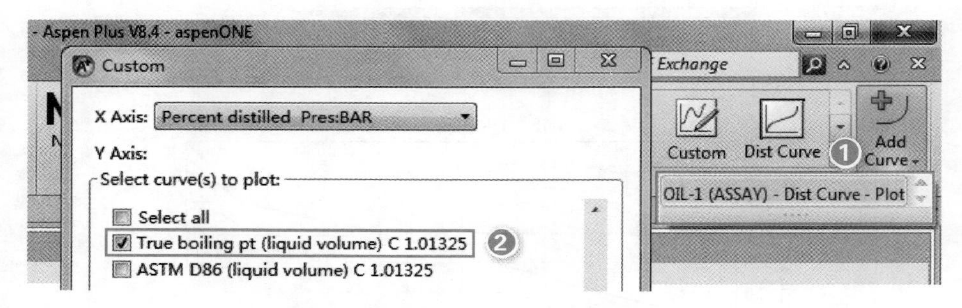

图 13-15 **添加 OIL-2 实沸点曲线**

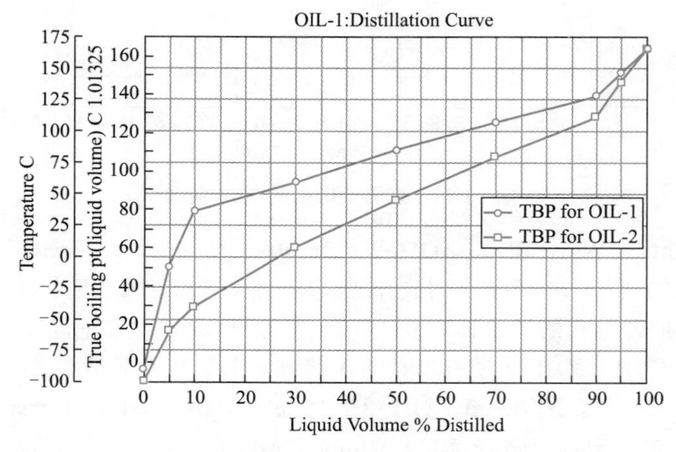

图 13-16 **查看 OIL-1 与 OIL-2 的 TBP 曲线(一)**

图 13-16 中存在两个纵坐标轴，在绘图区点击鼠标右键，在弹出的列表中选择 Y Axis Map，弹出 **Y Axis Ma**p 对话框，点击 Single Y Axis，点击 **OK** 退出，则纵坐标轴即可合二为一，如图 13-17 所示。

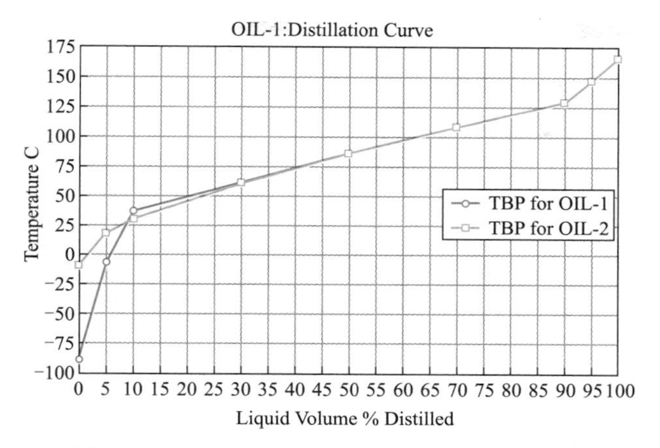

图 13-17 **查看 OIL-1 与 OIL-2 的 TBP 曲线(二)**

对比 OIL-1 和 OIL-2 拟合得到的 TBP 曲线可知，其区别主要在于馏出体积 0～10％处，由于处理油品 OIL-1 时单独考虑轻端组分，而不是将其纳入虚拟组分，因此拟合得到的 TBP 曲线更准确。

13.5.3 石油馏分的混合

当流程中含有多股性质不同的油品进料时，对其处理方法一般有以下两种。

一种是以混合进料的数据为基础生成单一虚拟组分集，每一项物性均由各股油品同一馏分的物性加权平均得到。另一种是对每一股油品建立一个虚拟组分集，各股油品进行单独处理，即存在多重虚拟组分集。第一种处理方法由于只有一组虚拟组分集，流程中要处理的馏分数量不是很多；而第二种处理方法存在多组虚拟组分集，馏分数量急剧增加，导致计算量增大。

Aspen Plus 对油品处理大多采用第一种处理方法，但在某些场合希望将各股油品单独处理，例如当两股油品性质相差很大时，某些馏分虽然会有相同的正常沸点(Normal Boiling Point，NBP)，但是其他性质可能差别较大，采用第二种处理方法可以保留各自物性的差别，使模拟结果更加准确。也有的物流作为流程中循环物流并被赋予一定的初值，由于初值与最终值可能存在较大的偏离，为了使不准确的初值不影响组分的混合性质，需将其剔除在混合油品之外，单独进行处理。

下面通过例 13.2 介绍石油馏分的混合。

例 13.2

将 OIL-1、OIL-2 两股原油按照标准液体体积(Stdvol)比为 2∶8 的比例混合，OIL-1(原油评价数据见表 13-7)的 API 重度为 31.4，OIL-2(原油评价数据见表 13-8)的 API 重度为 34.8，计算混合原油的性质，对生成的 TBP 曲线按照表 13-9 的要求进行切割，并作出 OIL-1、OIL-2 和混合油品的 TBP 曲线。

表 13-7 **OIL-1 性质**

TBP 蒸馏曲线		轻端组分		API 重度曲线	
Liq. Vol/%	温度/℃	组分	Liq. Vol. Frac.	Mid. Vol/%	API 重度
6.8	54.5	甲烷	0.001	5.0	90.0
10.0	82	乙烷	0.0015	10.0	68.0
30.0	214.5	丙烷	0.009	15.0	59.7
50.0	343.5	异丁烷	0.004	20.0	52.0
62.0	427	正丁烷	0.016	30.0	42.0
70.0	484	异戊烷	0.012	40.0	35.0
76.0	538	正戊烷	0.017	45.0	32.0
90.0	679.5	—	—	50.0	28.5
—	—	—	—	60.0	23.0
—	—	—	—	70.0	18.0
—	—	—	—	80.0	13.5

表 13-8 **OIL-2 性质**

TBP 蒸馏曲线		轻端组分		API 重度曲线	
Liq. Vol/%	温度/℃	组分	Liq. Vol. Frac.	Mid. Vol/%	API 重度
6.5	49	水	0.001	2.0	150.0
10.0	94	甲烷	0.002	5.0	95.0
20.0	149	乙烷	0.005	10.0	65.0
30.0	204.5	丙烷	0.005	20.0	45.0
40.0	243	异丁烷	0.01	30.0	40.0
50.0	288	正丁烷	0.01	40.0	38.0
60.0	343	异戊烷	0.005	50.0	33.0
70.0	399	正戊烷	0.025	60.0	30.0
80.0	454.5	—	—	70.0	25.0
90.0	593	—	—	80.0	20.0
95.0	704.5	—	—	90.0	15.0
98.0	802	—	—	95.0	10.0
100.0	910	—	—	98.0	5.0

表 13-9 **原油馏分切割要求**

TBP 温度下限/℃	TBP 温度上限/℃	相邻组分 TBP 增量/℃
40	440	20
440	650	30
650	760	55
760	890	65

本例模拟步骤如下：

(1)输入原油评价数据

启动 Aspen Plus，选择模板 Petroleum with Metric Units，文件保存为 Example13.2-Assay.bkp。

进入 **Components** | **Specifications** | **Selection** 页面，输入轻端组分和两股原油 OIL-1、OIL-2，其中两股原油的类型(Type)选择 Assay，如图 13-18 所示。

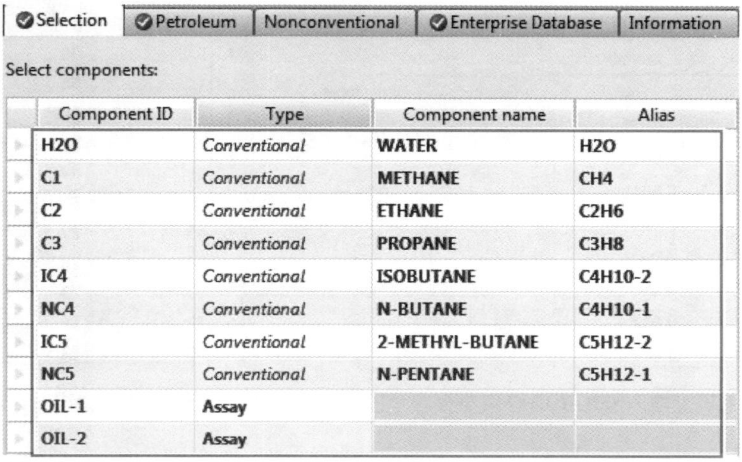

Selection | Petroleum | Nonconventional | Enterprise Database | Information

Select components:

Component ID	Type	Component name	Alias
H2O	Conventional	WATER	H2O
C1	Conventional	METHANE	CH4
C2	Conventional	ETHANE	C2H6
C3	Conventional	PROPANE	C3H8
IC4	Conventional	ISOBUTANE	C4H10-2
NC4	Conventional	N-BUTANE	C4H10-1
IC5	Conventional	2-METHYL-BUTANE	C5H12-2
NC5	Conventional	N-PENTANE	C5H12-1
OIL-1	Assay		
OIL-2	Assay		

图 13-18 输入组分

点击N▸，进入 **Components** | **Assay/Blend** | **OIL-1** | **Basic Data** | **Dist Curve** 页面。Distillation curve type 选择 True boiling point(liquid volume basis)，在 Percent distilled 和 Temperature 两栏里输入 OIL-1 的实沸点蒸馏数据，输入 API gravity 值 31.4，如图 13-19 所示。

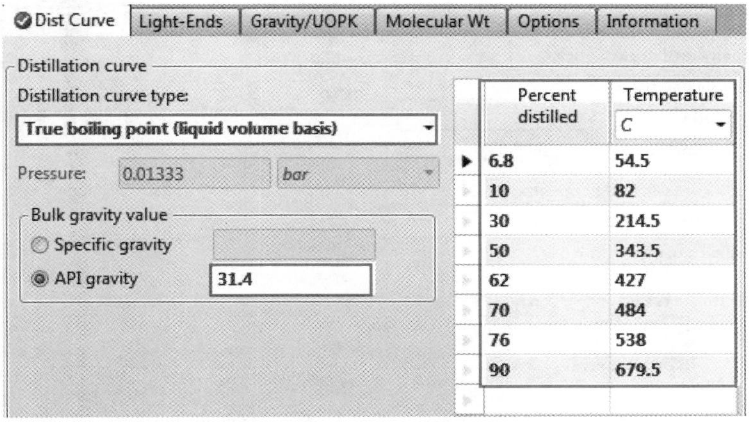

Dist Curve | Light-Ends | Gravity/UOPK | Molecular Wt | Options | Information

Distillation curve

Distillation curve type: True boiling point (liquid volume basis)

Pressure: 0.01333 bar

Bulk gravity value

○ Specific gravity

◉ API gravity 31.4

Percent distilled	Temperature C
6.8	54.5
10	82
30	214.5
50	343.5
62	427
70	484
76	538
90	679.5

图 13-19 输入蒸馏数据和 API 重度

点击 **Light-Ends** 标签，进入 **Components** | **Assay/Blend** | **OIL-1** | **Basic Data** | **Light-Ends** 页面，在 Component 和 Fraction(Stdvol)两栏中输入 OIL-1 轻端组分数据，如图 13-20 所示。

点击 **Gravity/UOPK** 标签，进入 **Components** | **Assay/Blend** | **OIL-1** | **Basic Data** | **Gravity/UOPK** 页面，选择 API gravity 选项，输入 API 重度曲线，如图 13-21 所示。

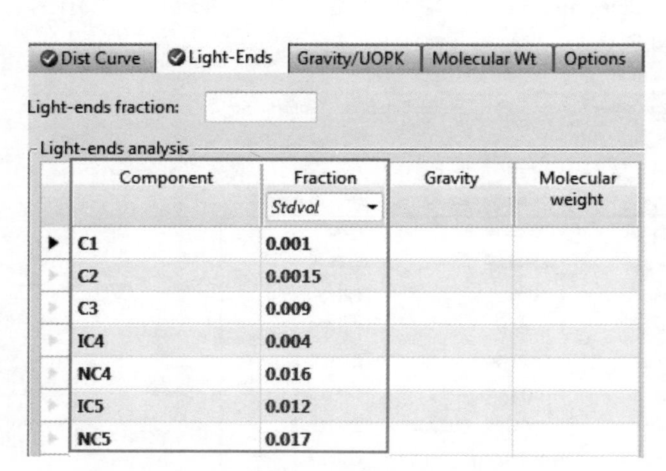

图 13-20　**输入 OIL-1 的轻端组分**

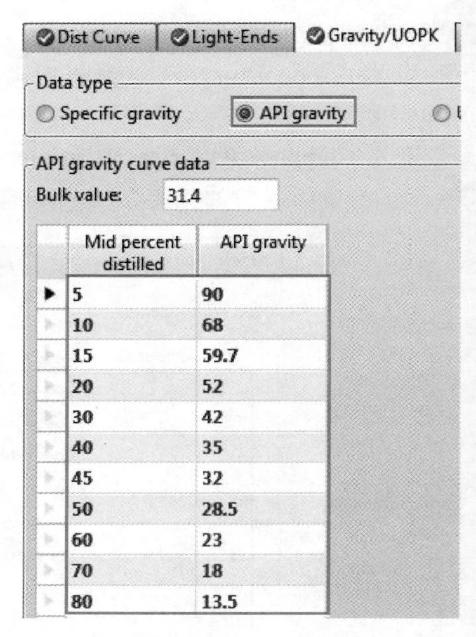

图 13-21　**输入 API 重度曲线**

点击N➡，用同样的方法输入 OIL-2 的原油评价数据。

(2)选择物性方法

点击N➡继续，出现 **ADA/PCS Input Complete** 对话框，选择 Go to Next required input step，点击 **OK**，进入 **Methods**｜**Specifications**｜**Global** 页面，选择物性方法为 BK10，如图 13-22 所示。

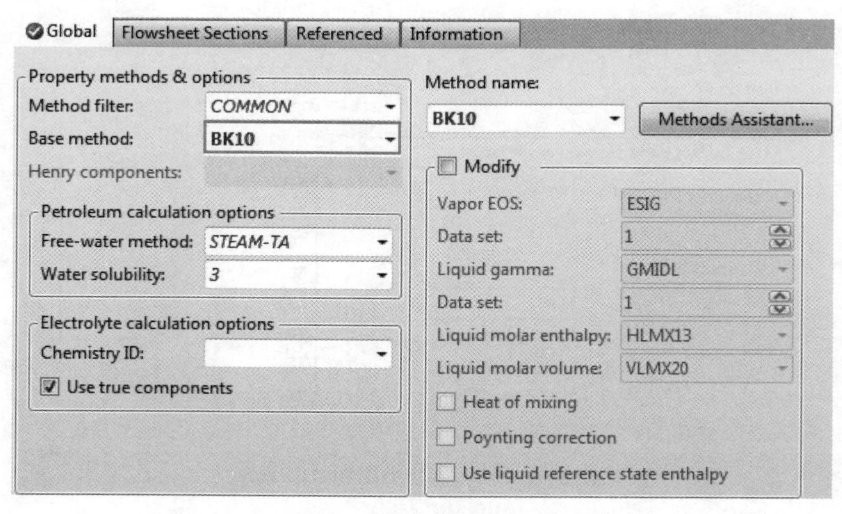

图 13-22　**选择物性方法**

(3)新建一股混合原油

进入 **Components**｜**Assay/Blend** 页面，新建一股混合原油。点击 **New...** 按钮，出现 **Create New ID** 对话框，输入 ID 为 MIXOIL，Select type 选择 BLEND，点击 **OK**，进入

Components | **Assay/Blend** | **MIXOIL** | **Mixture** | **Specifications** 页面，定义混合原油中两股原油的分数，OIL-1 的标准液体体积分数为 0.2，OIL-2 的标准液体体积分数为 0.8，如图 13-23 所示。

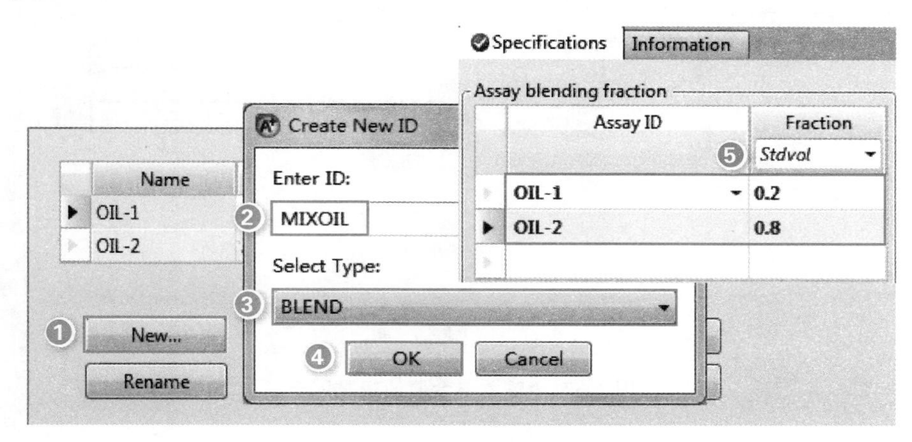

图 13-23　**新建一股混合原油 MIXOIL**

(4)设置虚拟组分生成选项

点击N▶，出现 **ADA/PCS Input Complete** 对话框，选择 Specify options for generating pseudocomponents，点击 **OK**，进入 **Components** | **Petro Characterization** | **Generation** 页面，同时弹出 **Required Properties Input Complete** 对话框，点击 **Cancel**。

Aspen Plus 会自动生成虚拟组分，其方法是以用户提供的所有单股油品和混合油品为基础采用相同的权重因子生成单一虚拟组分集，这时所有的油品都将出现在模拟环境下物流的 **Input** | **Mixed** 组分列表中。这意味着当用户添加新的油品时，即使不指定其流量，Aspen Plus 也会重新生成一个新的虚拟组分集，最终得到不同的模拟结果。为获得准确的模拟结果，在生成虚拟组分时，用户应根据具体情况，指定需要基于的油品并采用合适的权重因子，这样仅用户指定的油品会出现在物流的 **Input** | **Mixed** 组分列表中(参见图 13-31)。本例提供了单股原油 OIL-1 和 OIL-2，并构造了一股混合原油 MIXOIL，由于目的在于计算混合原油的性质，因此仅需以混合原油的数据为基础生成单一虚拟组分集进行模拟计算。点击 **New...** 按钮，出现 **Create New ID** 对话框，在 Enter ID 文本框输入虚拟组分集名称 CRUDE。点击 **OK**，进入 **Components** | **Petro Characterization** | **Generation** | **CRUDE** | **Specifications** 页面，规定 MIXOIL 的权重因子为 1，石油馏分物性估算方法缺省为 ASPEN，不作更改，如图 13-24 所示。

点击 **Cuts** 标签，进入 **Components** | **Petro Characterization** | **Generation** | **CRUDE** | **Cuts** 页面，输入组分切割数据。在 Cut options specification option 中选择 Range and increments，输入题目要求的组分切割数据，如图 13-25 所示。

(5)运行并查看结果

点击N▶，出现 **ADA/PCS Input Complete** 对话框，选择默认的 Go to Next required input step，点击 **OK**，出现 **Required Properties Input Complete** 对话框，选择默认的 Run Property Analysis / Setup，点击 **OK**，运行模拟。

进入 **Components** | **Petro Characterization** | **Results** | **Summary** 页面，查看生成的虚拟组分，如图 13-26 所示。

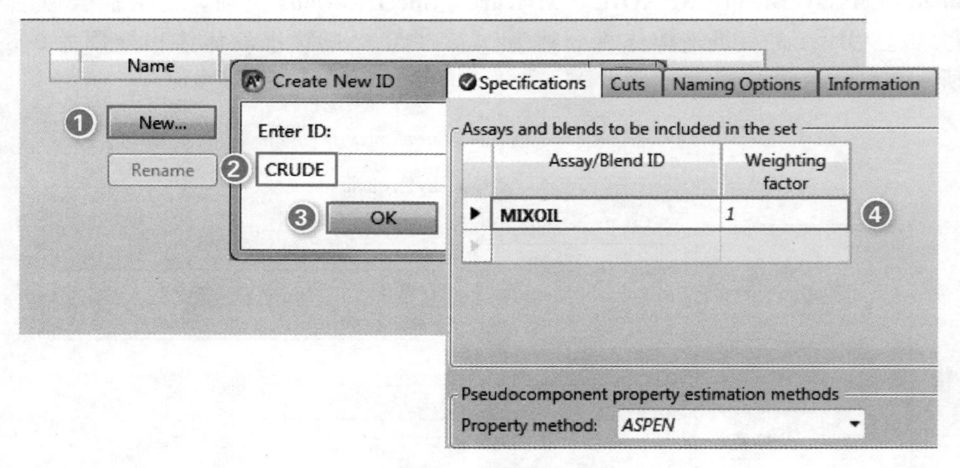

图 13-24　输入混合原油权重因子

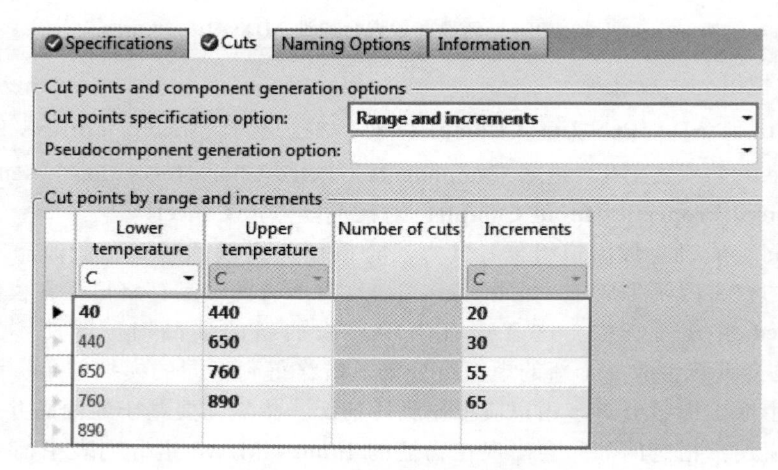

图 13-25　输入原油馏分切割要求

Summary | Petro Properties | Viscosity | Status

Pseudocomponent	Average NBP	API gravity	Specific gravity	UOPK	Molecular weight	Critical temperature	Critical pressure
	C					C	bar
PC53C	53.2381	79.9043	0.669334	12.5129	78.886	224.311	33.5127
PC70C	70.1987	73.0132	0.691887	12.3112	86.1828	245.509	32.1902
PC90C	90.3124	66.1179	0.716028	12.124	95.302	269.835	30.5568
PC111C	110.794	58.9495	0.742979	11.8997	107.597	295.139	29.3278
PC131C	130.521	51.243	0.774312	11.6105	115.353	320.903	28.7462
PC149C	149.462	46.2904	0.795881	11.4698	124.342	343.21	27.5559
PC170C	170.016	43.3273	0.80937	11.4586	136.106	364.521	25.6717
PC190C	190.173	41.6264	0.817322	11.5166	149.263	383.739	23.6937
PC210C	210.452	40.0185	0.824984	11.5738	163.491	402.773	21.9287
PC230C	229.875	38.9832	0.829994	11.6559	178.537	420.126	20.3033
PC250C	249.867	37.4244	0.837653	11.7003	194.505	438.558	18.9531

图 13-26　查看虚拟组分结果

按照例 13.1 所示方法，将 OIL-1 与 OIL-2 以及 MIXOIL 的 TBP 曲线绘于一张图上，如图 13-27 所示。

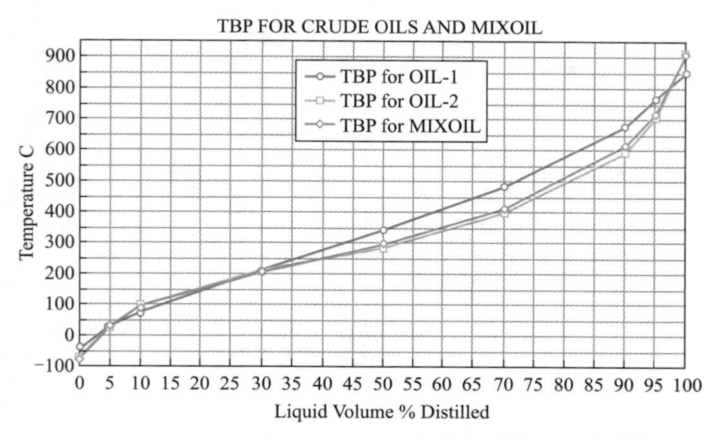

图 13-27 **查看 OIL-1、OIL-2 以及 MIXOIL 的 TBP 曲线**

13.6 石油蒸馏模拟示例

Aspen Plus 中的石油蒸馏模块(PetroFrac)是一个严格的模型，可用于模拟石油炼制工业中所有复杂类型的汽-液分离操作。

PetroFrac 模块可以用来模拟由一个主塔与任何数目的中段回流、侧线汽提塔以及一个加热炉组成的塔结构，PetroFrac 模块可以检测出冷凝器或塔的任何位置的自由水相，它能在任意塔板上倾析出自由水。PetroFrac 模块可以模拟的典型操作包括：预闪蒸塔、常压塔、减压塔、催化裂化主分馏塔、延迟焦化主分馏塔、乙烯装置初馏塔和急冷塔组合等。

典型的 PetroFrac(以常压塔为例)流程如图 13-28 所示，PetroFrac 模块要求至少一股进料，每个汽提塔有一股蒸汽进料(可选)，塔顶产品为一股气相或一股液相或两者都有，以及一股自由水(可选)，一股塔底产品，任意数目的侧线产品，每个侧线汽提塔有一股塔底产品。

下面通过例 13.3 介绍原油蒸馏的模拟过程。

例 13.3

例 13.2 中所述的混合原油 MIXCRUDE 进入如图 13-29 所示装置进行加工，体积流量(Stdvol)15900m^3/d，温度 94℃，压力 0.42MPa 的混合原油 MIXCRUDE 进入闪蒸加热炉，部分汽化后进入预闪蒸塔底部，部分轻组分气体 LIGHTS 和部分石脑油 NAPHTHA 从闪蒸塔顶分离出来。闪底油 CDU-FEED 进入常压炉，部分汽化后进入常压塔内被分离成如下产品：重石脑油 HNAPHTHA、煤油 KEROSENE、柴油 DIESEL、重柴油 AGO、常底油 RED-CRD。

预闪蒸塔采用 10 块理论板，无再沸器，塔顶采用部分冷凝器，冷凝器温度 75℃，压力 0.275MPa，压降 0.014MPa；预闪蒸塔压降 0.021MPa，塔底通汽提蒸汽，预闪蒸塔加热炉出口物流温度 205℃，压力 0.345MPa，塔顶产品 NAPHTHA 体积流量(Stdvol)2385m^3/d。

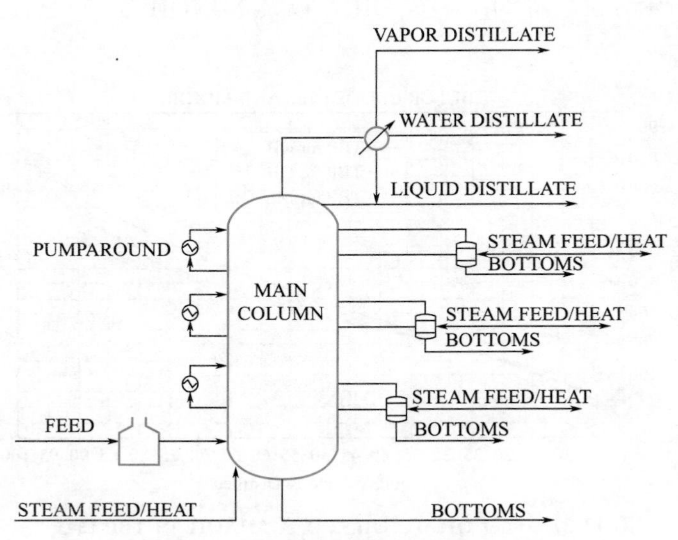

图 13-28 **典型的 PetroFrac 流程**

常压塔采用 25 块理论板，加热炉操作压力 0.167MPa，进料在炉内的过汽化度为 3%（质量分数），加热炉出口物流进入常压塔第 22 块板；重石脑油 HNAPHTHA 流量（Stdvol）大约为 $2070m^3/d$；冷凝器操作压力 0.11MPa，压降 0.035MPa，全塔压降 0.028MPa，其他条件见表 13-10～表 13-12。

表 13-10 **常压塔中段循环参数**

中段循环	流程中的位置	规　　定
1	抽出板 8 返回板 6	流量 $7790m^3/d$ 负荷 −42.2GJ/h
2	抽出板 14 返回板 13	流量 $1750m^3/d$ 负荷 −15.53GJ/h

表 13-11 **各塔汽提蒸汽参数**

项　　目	蒸汽流量/(kg/h)	蒸汽温度/℃	蒸汽压力/MPa
预闪蒸塔	2270	205	0.42
常压塔	5450	205	0.42
煤油汽提塔	1500	205	0.42
柴油汽提塔	455	205	0.42
重柴油汽提塔	365	205	0.42

表 13-12 **常压塔侧线汽提塔参数**

产　　品	抽出返回位置	侧线流量及汽提塔理论板数
煤油 KEROSENE	抽出板 6 气相返回板 5	体积流量(Stdvol)1860m^3/d，4 块理论板
柴油 DIESEL	抽出板 13 气相返回板 12	体积流量(Stdvol)2620m^3/d，3 块理论板
重柴油 AGO	抽出板 18 气相返回板 17	体积流量(Stdvol)1350m^3/d，2 块理论板

产品要求：通过调整预闪蒸塔塔顶馏出率，使石脑油馏分 NAPHTHA 的 ASTM D86 95%温度为 190℃；通过调整常压塔塔顶馏出率，使重石脑油馏分 HNAPHTHA 的 ASTM D86 95%温度为 190℃；通过调整汽提塔 S-2 的塔底产品流量，使柴油的 ASTM D86 95%温度为 340℃。

通过模拟求出预闪蒸塔以及常压塔塔顶馏出率、预闪蒸塔塔顶冷凝器热负荷、常压塔柴油 DIESEL 流量、常压塔加热炉热负荷、预闪蒸塔全塔温度分布图，做出混合原油 MIX-CRUDE、闪底油 CDU-FEED、重石脑油 HNAPHTHA、煤油 KEROSENE、柴油 DIESEL、重柴油 AGO、常底油 RED-CRD 的 TBP 曲线。物性方法选择 BK10。

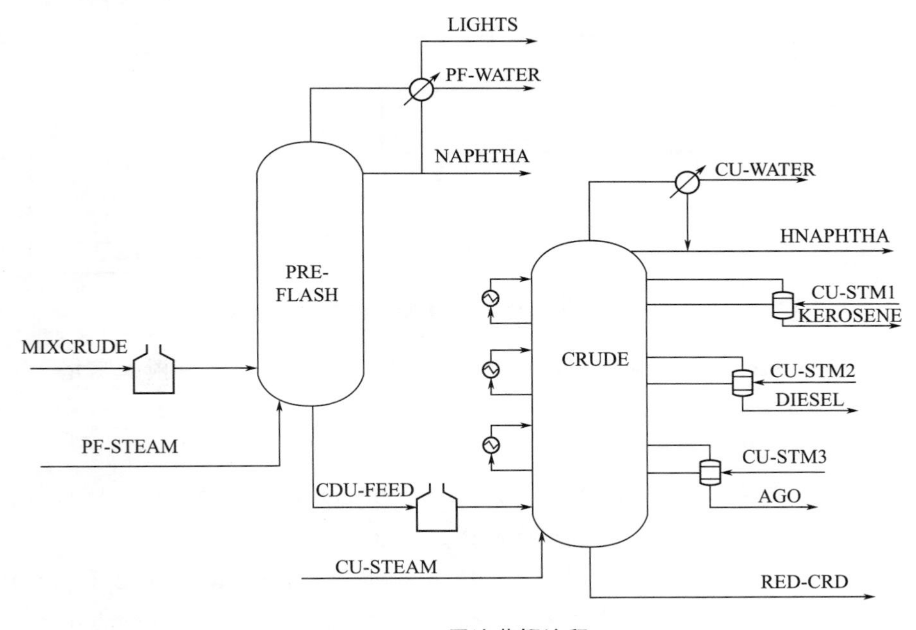

图 13-29 **原油蒸馏流程**

13.6.1 预闪蒸塔设定与模拟

本例(例 13.3)模拟步骤如下：

(1)建立流程

打开 Example13.2-Assay.bkp，将文件另存为 Example13.3a-Preflash.bkp，进入 **Setup** |

Specifications | **Global** 页面，在 Title 框中输入 Petroleum-Simulation2，注意 Free water 选项为 Yes，即允许计算自由水，物性方法采用 BK 10（物性方法 BK10 对于大多数涉及重油、低压操作的炼油过程都适用），不作更改。

点击N→，出现 **Required Properties Input Complete** 对话框，选择 Go to Simulation environment，点击 **OK**，进入模拟环境。建立如图 13-30 所示流程图，其中 PREFLASH 采用模块选项板中的 **Columns** | **PetroFrac** | **PREFL1F** 图标。

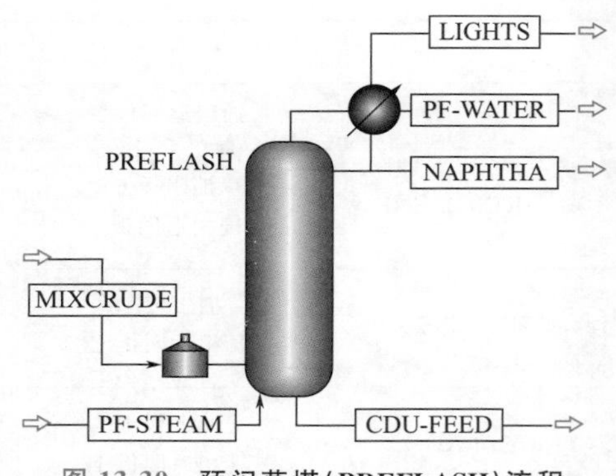

图 13-30　预闪蒸塔(PREFLASH)流程

（2）输入进料条件

点击N→，进入 **Streams** | **MIXCRUDE** | **Input** | **Mixed** 页面，输入混合原油 MIXCRUDE 进料条件，如图 13-31 所示。

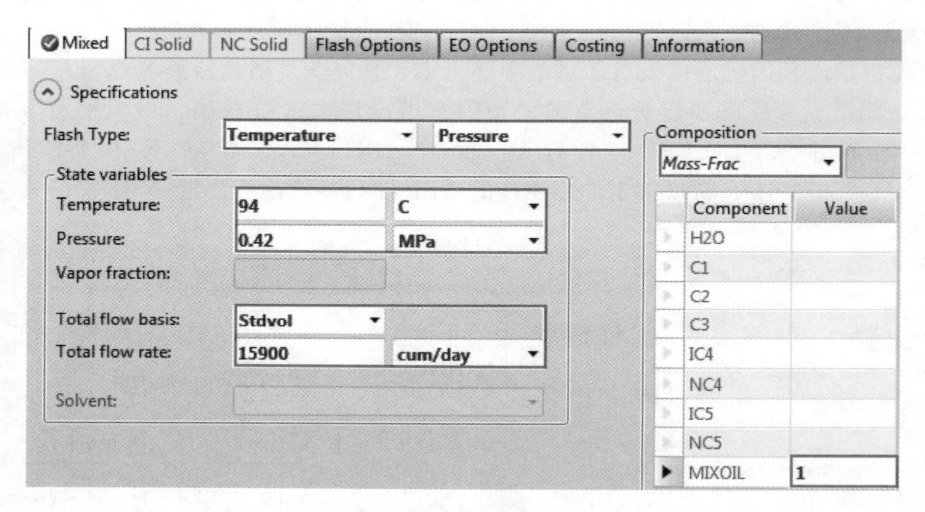

图 13-31　输入混合原油 MIXCRUDE 进料条件

点击N→，进入 **Streams** | **PF-STEAM** | **Input** | **Mixed** 页面，输入预闪蒸塔汽提蒸汽条件，如图 13-32 所示。

（3）输入预闪蒸塔模块参数

点击N→，进入 **Blocks** | **PREFLASH** | **Setup** | **Configuration** 页面，输入塔板数、冷凝器形式、再沸器形式、塔顶产品流量(或者塔底产品流量)。

PetroFrac 提供了六种类型的冷凝器：过冷(Subcooled)，全凝(Total)，仅有气相产品的部分冷凝器(Partial-Vapor)，带有气相和液相产品的部分冷凝器(Partial-Vapor-Liquid)，无冷凝器-顶部有中段回流(None-Top pumparound)，无冷凝器-顶部有一个外部进料(None-Top feed)。

PetroFrac 再沸器包括以下三种：釜式再沸器(Kettle)，无再沸器-底部级有中段回流(None-Bottom pumparound)，无再沸器-底部级有外部进料(None-Bottom feed)。

预闪蒸塔理论板数(Number of stage)为 10，塔顶冷凝器(Condenser)为带有气相和液相馏出物产品的部分冷凝器(Partial-Vapor-Liquid)，塔顶液相产品流量(Distillate rate)为 $2385m^3/d$，其他采用默认设置，如图 13-33 所示。

Mixed
CI Solid
NC Solid
Flash Options
EO Options
Costing
Information
Specifications
Flash Type:
Temperature
Pressure
State variables
Temperature:
205
C
Pressure:
0.42
MPa
Vapor fraction:
Total flow basis:
Mass
Total flow rate:
2270
kg/hr
Solvent:
Composition
Mass-Frac
Component
Value
H2O
1
C1
C2
C3
IC4
NC4
IC5
NC5
MIXOIL

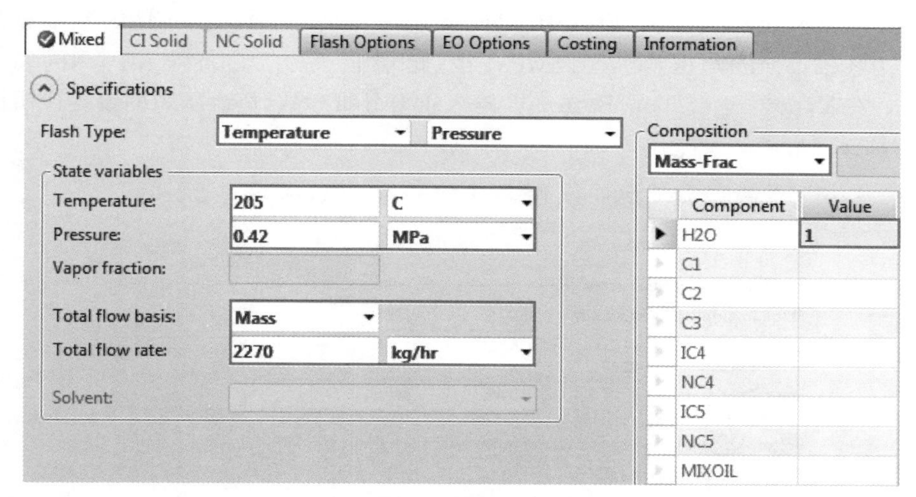

图 13-32　输入预闪蒸塔汽提蒸汽条件

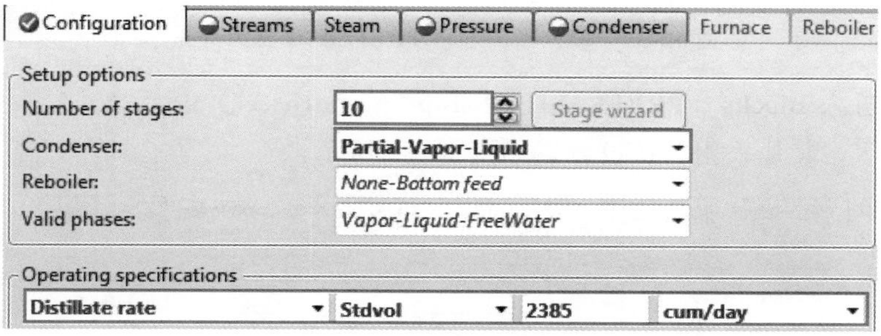

Configuration
Streams
Steam
Pressure
Condenser
Furnace
Reboiler
Setup options
Number of stages:
10
Stage wizard
Condenser:
Partial-Vapor-Liquid
Reboiler:
None-Bottom feed
Valid phases:
Vapor-Liquid-FreeWater
Operating specifications
Distillate rate
Stdvol
2385
cum/day

图 13-33　输入预闪蒸塔 PREFLASH 参数

点击N→，进入 **Blocks** | **PREFLASH** | **Setup** | **Streams** 页面，输入预闪蒸塔进料位置与进料方式。预闪蒸塔汽提蒸汽 PF-STEAM 进料位置为第 10 块板，进料方式为 On-Stage（进料方式设置说明详见第 7 章）；混合油品 MIXCRUDE 进料位置为第 10 块板，进料方式为 Furnace，如图 13-34 所示。

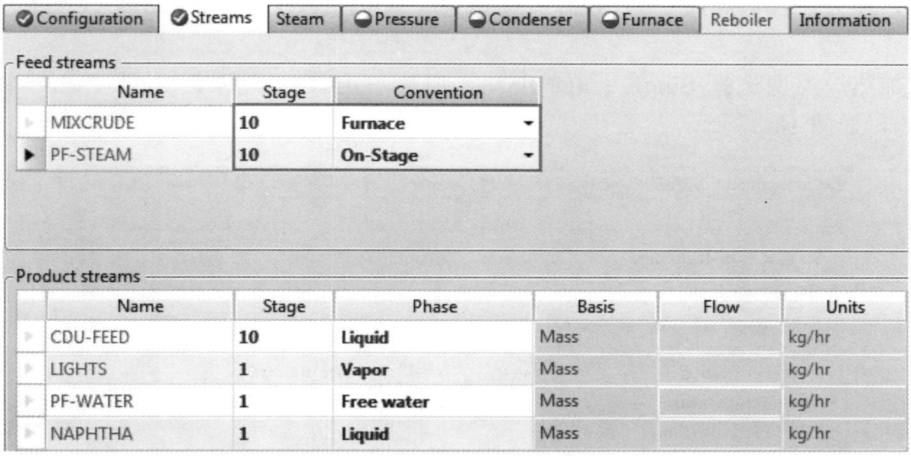

Configuration
Streams
Steam
Pressure
Condenser
Furnace
Reboiler
Information
Feed streams
Name
Stage
Convention
MIXCRUDE
10
Furnace
PF-STEAM
10
On-Stage
Product streams
Name
Stage
Phase
Basis
Flow
Units
CDU-FEED
10
Liquid
Mass
kg/hr
LIGHTS
1
Vapor
Mass
kg/hr
PF-WATER
1
Free water
Mass
kg/hr
NAPHTHA
1
Liquid
Mass
kg/hr

图 13-34　输入预闪蒸塔 PREFLASH 进料位置以及进料方式

点击N▶，进入 **Blocks** | **PREFLASH** | **Setup** | **Pressure** 页面，输入预闪蒸塔压力分布。冷凝器压力 0.275MPa，压降 0.014MPa，因此塔顶压力为 0.289MPa，闪蒸塔压降 0.021MPa，在 View 中选择 Top/Bottom，输入压力分布参数(塔内压力的设置说明详见第7章)，如图 13-35 所示。

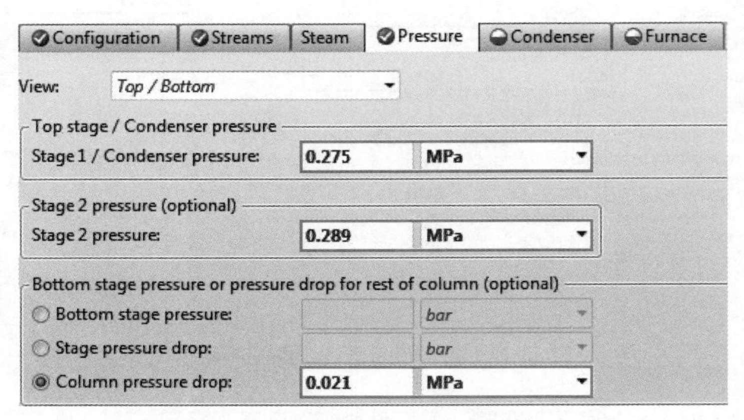

图 13-35　**输入预闪蒸塔 PREFLASH 压力分布**

点击N▶，进入 **Blocks** | **PREFLASH** | **Setup** | **Condenser** 页面，输入冷凝器参数，冷凝器出口温度 75℃，其他采用默认设置，如图 13-36 所示。

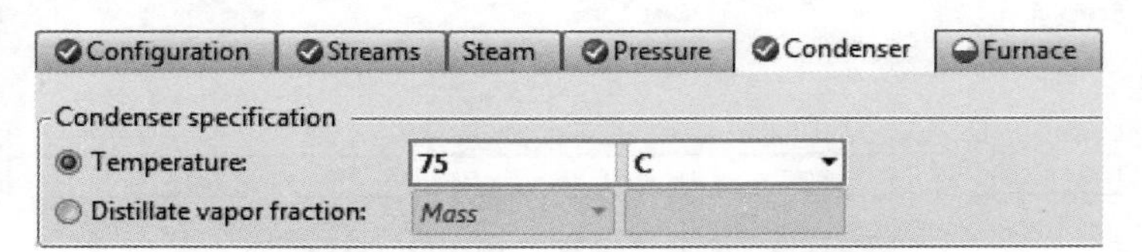

图 13-36　**输入预闪蒸塔 PREFLASH 冷凝器参数**

点击N▶，进入 **Blocks** | **PREFLASH** | **Setup** | **Furnace** 页面，输入加热炉参数。加热炉有三种形式：进料级热负荷(Stage duty on feed stage)、单级闪蒸(Single stage flash)、带有液相回流的单级闪蒸(Single stage flash with liquid runback)。对于加热炉，可以规定下列项目之一：热负荷(Furnace duty)、温度(Furnace temperature)、过汽化度(Fractional overflash)。

本例加热炉类型选择 Single stage flash，加热炉出口物流温度 205℃，出口物流压力 0.345MPa，如图 13-37 所示。

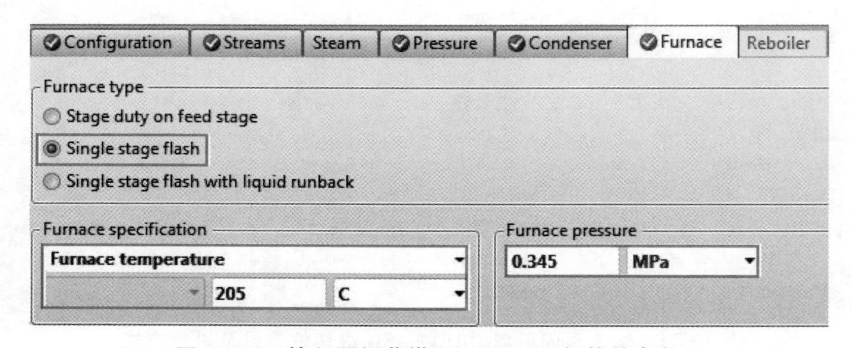

图 13-37　**输入预闪蒸塔 PREFLASH 加热炉参数**

点击，出现 **Required Input Complete** 对话框，点击 **Cancel**。

(4)创建设计规定

创建一个设计规定，通过改变产品流量，使预闪蒸塔顶石脑油馏分 NAPHTHA 的 ASTM D86 95%的温度达到 190℃。

进入 **Blocks** | **PREFLASH** | **Design Specifications** 页面，点击 **New...** 按钮，出现 **Create New ID** 对话框，默认标识为 1，点击 **OK**，进入 **Blocks** | **PREFLASH** | **Design Specifications** | **1** | **Specifications** 页面，输入设计规定条件，如图 13-38 所示。

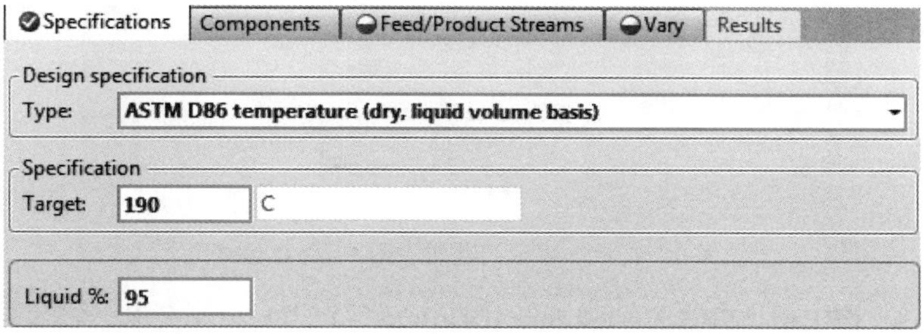

Specifications | Components | Feed/Product Streams | Vary | Results

Design specification

Type: ASTM D86 temperature (dry, liquid volume basis)

Specification

Target: 190 C

Liquid %: 95

图 13-38　定义采集变量与期望值

点击，进入 **Blocks** | **PREFLASH** | **Design Specifications** | **1** | **Feed/Product Streams** 页面，在 Available streams 一栏选中 NAPHTHA，点击 > 将其移动至 Selected Stream 一栏，如图 13-39 所示。

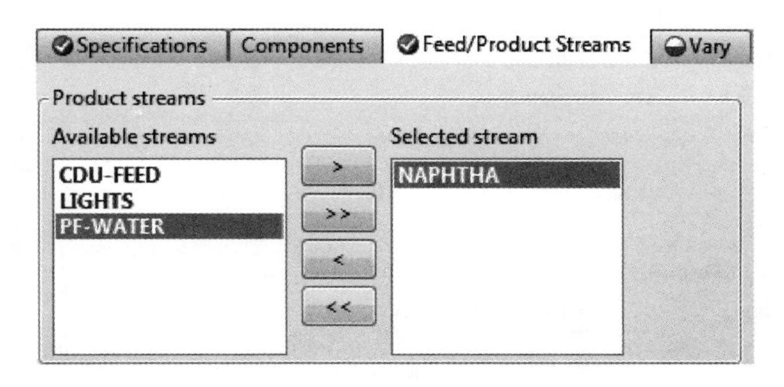

图 13-39　选择物流 NAPHTHA

点击，进入 **Blocks** | **PREFLASH** | **Design Specifications** | **1** | **Vary** 页面，在 Type 中选择 Distillate flow rate，如图 13-40 所示。

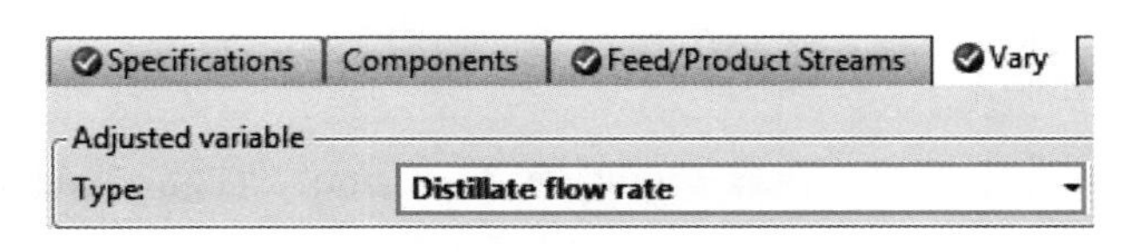

图 13-40　定义调节变量

(5)运行并查看结果

点击N▶，运行模拟，流程收敛。进入 **Blocks** | **PREFLASH** | **Results** | **Summary** 页面，可以看出预闪蒸塔冷凝器负荷为－11836.2kW，塔顶产品流量为 $2475\text{m}^3/\text{d}$，如图 13-41 所示。

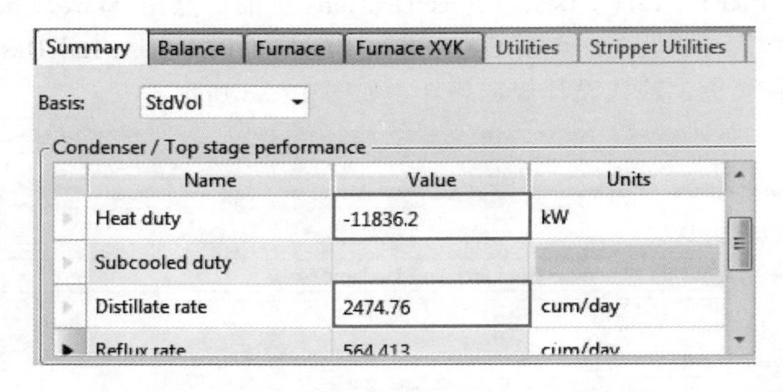

图 13-41 查看预闪蒸塔 PREFLASH 结果

进入 **Blocks** | **PREFLASH** | **Design Specifications** | **1** | **Results** 页面，查看设计规定结果，如图 13-42 所示。当塔顶产品流量为 $2475\text{m}^3/\text{d}$ 时，预闪蒸塔石脑油的 ASTM D86 95%温度为 190℃。

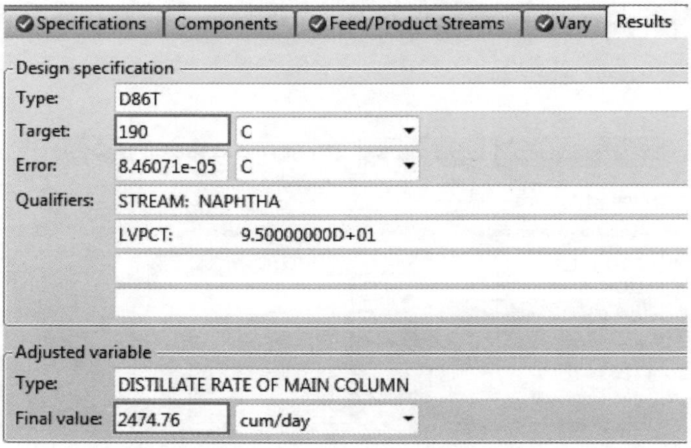

Specifications | Components | Feed/Product Streams | Vary | Results

Design specification

Type: D86T

Target: 190 C

Error: 8.46071e-05 C

Qualifiers: STREAM: NAPHTHA

LVPCT: 9.50000000D+01

Adjusted variable

Type: DISTILLATE RATE OF MAIN COLUMN

Final value: 2474.76 cum/day

图 13-42 查看设计规定结果

进入 **Blocks** | **PREFLASH** | **Profiles** | **TPFQ** 页面，查看温度、压力、流量和热负荷在全塔分布情况，如图 13-43 所示。

进入 **Blocks** | **PREFLASH** | **Stream Results** | **Material** 页面，查看各个流股结果，包括温度、压力、轻端组分、流量、虚拟组分的切割等，如图 13-44 所示。

(6)绘制曲线

对预闪蒸塔的温度分布作图。选择菜单栏 **Home** | **Plot** | **Temperature**，生成预闪蒸塔的温度分布图，如图 13-45 所示。

进入 **Results Summary** | **Streams** | **Vol% Curves** 页面，选择菜单栏 **Home** | **Plot** | **Custom**，以 All streams Volume%为 X 轴变量，以 CDU-FEED 和 MIXCRUDE 的 TBP 数据作为 Y 轴变量作图，并修改曲线名称，如图 13-46 所示。

TPFQ | Compositions | K-Values | Hydraulics | Efficiencies | Properties | Key Components

View: All Basis: StdVol

Stage	Temperature	Pressure	Heat duty	Liquid flow	Vapor flow
	C	MPa	kW	cum/day	cum/day
1	75.0001	0.275	-11836.2	2387.74	651.43
2	162.299	0.289	0	557.973	3080.48
3	179.069	0.291625	0	525.041	3074.04
4	184.214	0.29425	0	496.696	3041.11
5	186.562	0.296875	0	473.116	3012.77
6	188.083	0.2995	0	449.689	2989.19
7	189.451	0.302125	0	419.531	2965.76
8	191.059	0.30475	0	367.58	2935.6
9	193.673	0.307375	0	159.126	2883.65
10	202.007	0.31	0	13438.5	666.629

图 13-43　查看温度、压力、流量和热负荷在全塔分布情况

Material | Heat | Load | Vol.% Curves | Wt. % Curves | Petroleum | Polymers | Solids

Display: Streams Format: PETRO_M Stream Table

	MIXCRUDE	PF-STEAM	CDU-FEED	LIGHTS	PF-WATER	NAPHTHA
Temperature C	94	205	202	75	75	75
Pressure bar	4.2	4.2	3.1	2.8	2.8	2.8
Mass Flow kg/hr	564878	2270	494520	15818.5	1717.9	55091.5
Enthalpy Gcal/hr	-243.2	-7.1	-178.9	-10.1	-6.4	-25.9
Vapor Frac	0.01	1	0	1	0	0
Average MW	201.9	18	251.4	52	18	98.8
Mass Flow kg/hr						
H2O	529.2	2270	248.4	763.9	1717.9	69.1
C1	357.4		0.9	349.6		6.9
C2	1011.7		7	930.4		74.2
C3	1945.2		52.8	1532.5		359.9
IC4	3274.7		193.9	2074.1		1006.7
NC4	4327.1		322.7	2436.4		1568
IC5	2642.5		340.3	1004.6		1297.6
NC5	9758.4		1501.5	3114.4		5142.6
PC53C	4604		945.7	990.5		2667.8
PC70C	7760.7		2064	1059.1		4637.5
PC90C	9146.7		3278.8	648.7		5219.2
PC111C	13246.9		6121.7	432.3		6692.9

图 13-44　查看物流结果

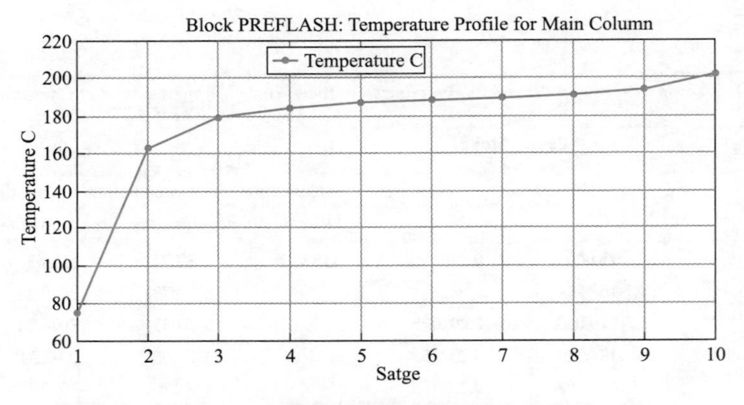

图 13-45　查看预闪蒸塔全塔温度分布曲线

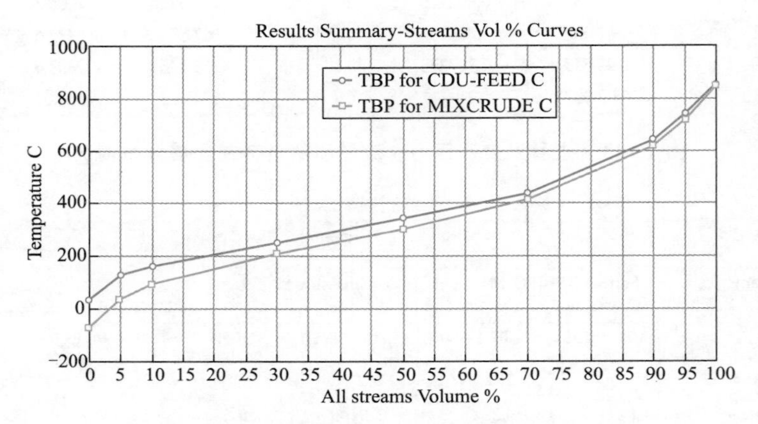

图 13-46　查看混合原油与闪底油的 TBP 曲线

13.6.2　常压塔模拟

13.6.2.1　工艺特点

常压蒸馏是在接近常压的工况下完成原油的分馏，原油被切割成石脑油、溶剂油、煤油、柴油及变压器油料等不同产品。一套完整的原油蒸馏装置在常压蒸馏前设有闪蒸塔或初馏塔，在常压蒸馏后设有减压蒸馏，故常压蒸馏在整个流程起着承前启后的作用，常压蒸馏操作的好坏不但影响常压侧线产品的质量，也会对减压蒸馏操作造成直接影响。

常压蒸馏的主要设备是常压塔，其主要产品是从常压塔获得的。常压塔塔顶可分离出较轻的石脑油组分，塔底生产重质油品(常压重油)，侧线一般生产介于这两者之间的煤油或柴油等组分。常压塔一般设 3～5 个侧线，侧线数的多少主要是根据产品种类的多少来确定的。同时，为了优化取热、均衡常压塔的汽液负荷及塔径，常压塔根据产品数量的不同设置 2～4 个中段回流，以回收全塔的过剩热量，用其加热原油及发生蒸汽。

(1)一次汽化过程

原油中的重质组分在高温时易于发生热裂化。热裂化产生的焦炭易堵塞塔设备，从而引起生产事故。为了减少重质油在塔底的停留时间，原油常压蒸馏和减压蒸馏系统都不采用塔底再沸器而采用加热炉加热一次汽化工艺流程。

为了保证产品的收率，这种一次汽化工艺要求加热炉的出口温度一方面要保证原油热裂化程度极小，不会产生积炭；另一方面还要求原油进入蒸馏塔后的汽化率达到实沸点切割的产品收率，因此常压塔和减压塔的产品方案都是按照常压炉和减压炉的最高不生焦温度制定的。按目前的生产经验，一般常压炉的最高炉出口温度在360～370℃之间，减压炉的最高炉出口温度在410～420℃之间。

(2)多侧线精馏

原油通过常压蒸馏要切割成汽油、煤油、轻柴油、重柴油和重油等四五种以上产品，若采用常规精馏塔构型，分离方案有多种。按照多元精馏原理，要把原料分割成 N 个产品，一般需要 $N-1$ 个精馏塔。具体塔数目取决于原料条件、分离要求、分离体系等多方面因素。

因为对原油蒸馏切割产品的分离精度要求不高，两种产品之间分离所需要的塔板数并不多，因而采用单塔多侧线构型更适于大规模连续生产，技术经济性更好。

(3)汽提段(塔)

常压蒸馏塔的构型为一个仅有精馏段和塔顶冷凝系统的多侧线不完整精馏塔，按照相平衡原理，各侧线产品和塔底重油都会含有相当的轻质馏分油，这些馏分油的存在会增加侧线产品馏分宽度，降低产品质量和产品的收率。同时常压重油中过多的轻质馏分油不仅会降低柴油的收率，而且会加大减压炉和减压塔的负荷，增加减压塔分离难度和抽真空的难度。因此侧线产品质量的控制和重油中轻组分的分离必须考虑相应的措施。

为使侧线和塔底产品质量合格而采取的措施仅仅是对产品分离过程的补充，主要的分离任务应当由蒸馏塔来完成。常压蒸馏塔对侧线分离的补充可以采用简单的水蒸气汽提塔或带再沸器的提馏段。

① 侧线汽提塔　对于侧线产品质量的控制，工业上常常采用侧线汽提方式。在汽提塔底部吹入少量过热水蒸气以降低侧线产品的油气分压，使混入产品中的较轻馏分汽化而返回蒸馏塔内，以达到分离的要求。侧线汽提用的过热水蒸气量通常为侧线产品的2%～3%，汽提塔实际塔板数一般为4～6层左右。

侧线汽提塔的液相产品出装置，而气相则需返回到侧线抽出板的气相空间，这就要求侧线汽提塔的操作压力高于侧线抽出板的压力。而且侧线汽提塔的进料位置和蒸馏塔侧线抽出位置要求有一定的位差，以保证侧线液体自流出蒸馏塔和气相能够顺利返回蒸馏塔，位差的大小取决于侧线馏分油的液体密度。

由于侧线汽提塔的塔板数很少，并且各侧线都需要配备侧线汽提塔，一般各侧线汽提塔常常重叠布置，但相互之间是隔开的。

有时侧线的汽提塔不采用水蒸气汽提，而是采用带再沸器的提馏段，称为再沸汽提塔。再沸器的热源一般采用该侧线以下温度更高的侧线油为加热热源，这种做法是基于以下几点考虑：

a. 侧线油品汽提时，产品中会溶解微量水分，对有些要求具有低凝点或低冰点的产品，如喷气燃料可采用再沸提馏以避免产品中带水。

b. 汽提用水蒸气的质量分数虽小，但由于水的分子量比煤油、柴油低十数倍，因而体积流量相当大，增大了塔内的气相负荷。所以采用再沸汽提代替水蒸气汽提有利于提高常压塔的处理能力。

c. 水蒸气的冷凝潜热很大，采用再沸汽提有利于降低塔顶冷凝器的负荷，节约冷却水，同时也可以减少装置的含油污水量。

d. 对于重质馏分油侧线，由于可能出现热裂化的问题而不宜采用再沸汽提方式。若侧线油品用作二次加工原料或进一步去进行精制处理时，则可不必汽提。

② 塔底汽提段　常压塔进料汽化段中未汽化的油料流向塔底，这部分油料中还含有相当多的小于 350℃轻馏分。为了提高常压塔的拔出率，常压重油也要继续分离，理论上讲也可以采用类似侧线汽提的方式，但在实际生产中，塔底产品汽提和侧线汽提还是不同的。

由于常压重油的流量大，一般占原油的 40％～80％左右，采用侧线汽提塔需要较大的位差和塔径。在这种情况下，常常在常压蒸馏塔底设置汽提段，实际塔板数一般也还是 4～6 层。塔底汽提是在塔底吹入过热水蒸气，使其中的轻馏分汽化后返回精馏段，以达到提高常压塔拔出率和减轻减压塔、减压炉负荷的目的。塔底吹入的过热水蒸气的质量分数一般为塔底重油的 2％～4％。

在常压塔底不能用再沸器代替水蒸气汽提，因为常压塔底温度一般在 350℃左右，如果用再沸器，很难找到合适的热源，再沸器也十分庞大，另一方面会增加重质油热裂化的可能。至于某些塔底温度不高的油品精馏塔(例如稳定塔)则另作别论。

(4)恒摩尔回流假定完全不适用

在二元和多元精馏塔的设计计算中，为了简化计算，对性质及沸点相近的体系做出了恒摩尔流的近似假设，即在无进料和抽出的塔段内，塔内的气、液相的摩尔流量不随塔高而变化，但这个近似假设对原油常压蒸馏塔完全不适用。

原油是复杂混合物，各组分间的性质可以有很大的差别，它们的摩尔汽化潜热可以相差很远，沸点之间的差别甚至可达几百度，例如，常压塔顶和塔底之间的温差就可达 240～250℃左右。显然，以精馏塔上、下部温差不大，塔内各组分的摩尔汽化潜热相近为基础而作出的恒摩尔回流的假设，对常压塔是完全不适用的。实际上，常压塔内回流的摩尔流量沿塔高会有很大的变化。

(5)全塔热平衡

原油常压蒸馏塔由于塔底不用再沸器，塔底和侧线汽提水蒸气(一般约 400℃)虽也带入一些热量，但由于只放出部分显热，而且水蒸气量不大，因而这部分热量是相对很小的。因此，塔的热量来源几乎完全需要由加热炉提供。通过全塔热平衡，引出以下的结论。

① 常压塔进料的汽化率至少应等于塔顶产品和各侧线产品的产率之和，否则不能保证要求的拔出率或轻质油收率。在实际设计和操作中，常压塔精馏段最低一个侧线至进料段之间塔段内的塔板上要有足够的液相回流，以保证最低侧线产品的质量。此外，原料油通过加热炉一次汽化，按照平衡汽化原理，在轻组分汽化的同时，重组分也会发生汽化，这些重组分会造成最下一个侧线产品馏程变重，因此，原料油进塔后的汽化率应比塔上部各种产品的总收率略高一些，高出的部分称为过汽化度。

② 过汽化度越高，侧线产品的质量越好。但常压炉的热负荷就会越大，加工能耗也就越高。实际生产中，只要侧线产品质量能保证，过汽化度低一些是有利的，这不仅可减轻加热炉负荷，而且对于炉出口温度降低、减少油料的裂化是十分有利的。常压塔的适宜过汽化度一般为塔进料的 2％ ～4％。

③ 原油常压蒸馏塔只靠进料供热，在进料状态(温度、汽化率等)已被规定的情况下，塔内的回流实际上就由全塔热平衡确定，变化的余地不大。但原油常压蒸馏塔产品要求的分离精确度不太高，只要塔板数选择适当，在一般情况下，由全塔热平衡所确定的回流比已完全能满足精馏的要求。而且在常压塔的操作中，如果回流比过大，则必然会引起塔的各点温

度下降，馏出产品变轻，拔出率下降。

13.6.2.2　工艺模拟

本例(例 13.3)模拟步骤如下：

(1)建立流程

打开 Example13.3a-Preflash.bkp，将文件另存为 Example13.3b-Crude.bkp，建立如图 13-47 所示的流程图，其中常压塔 CRUDE 选择模块选项板中的 **Columns** | **PetroFrac** | **CDU10F** 图标。

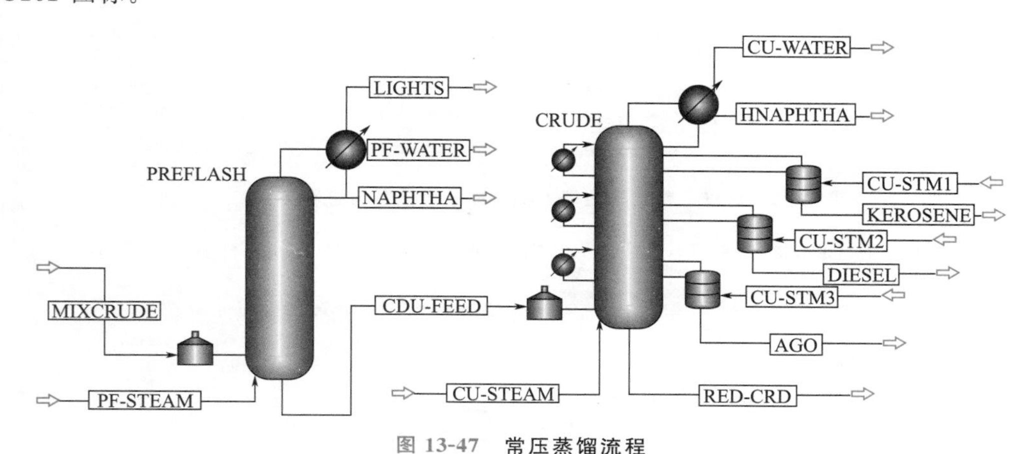

图 13-47　常压蒸馏流程

(2)输入进料条件

点击 N→，进入进料条件输入页面，分别输入常压塔塔底汽提蒸汽 CU-STEAM、侧线汽提蒸汽 CU-STM1、CU-STM2、CU-STM3 等四股物流的条件。

(3)输入常压塔模块参数

点击 N→，进入 **Blocks** | **CRUDE** | **Setup** | **Configuration** 页面，输入常压塔模块参数。常压塔理论板数 25，全凝器，塔顶产品流量(Stdvol)2070m^3/d，其他采用默认设置，如图 13-48 所示。

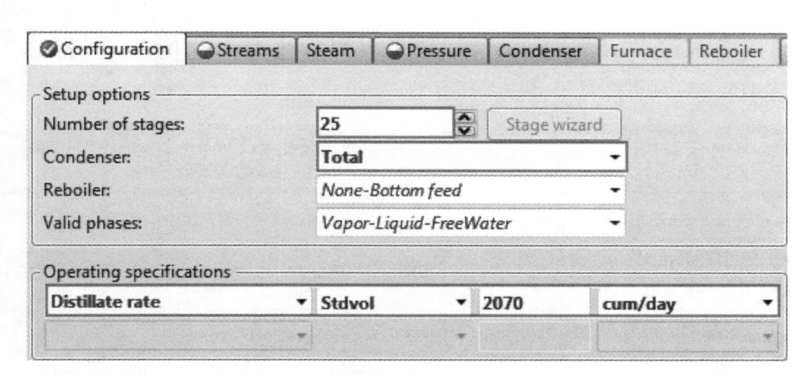

图 13-48　输入常压塔 CRUDE 参数

点击 N→，进入 **Blocks** | **CRUDE** | **Setup** | **Streams** 页面，输入常压塔 CRUDE 进料位置与进料方式。闪底油 CDU-FEED 进料板 22，进料方式 Furnace，塔底汽提蒸汽 CU-STEAM 进料板 25，进料方式 On-Stage，如图 13-49 所示。

点击 N→，进入 **Blocks** | **CRUDE** | **Setup** | **Pressure** 页面，输入全塔压力分布。冷凝器压

Configuration
Streams
Steam
Pressure
Condenser
Furnace
Reboiler
Information
Feed streams
Name
Stage
Convention
CDU-FEED
22
Furnace
CU-STEAM
25
On-Stage
Product streams
Name
Stage
Phase
Basis
Flow
Units
HNAPHTHA
1
Liquid
Mass
kg/hr
CU-WATER
1
Free water
Mass
kg/hr
RED-CRD
25
Liquid
Mass
kg/hr

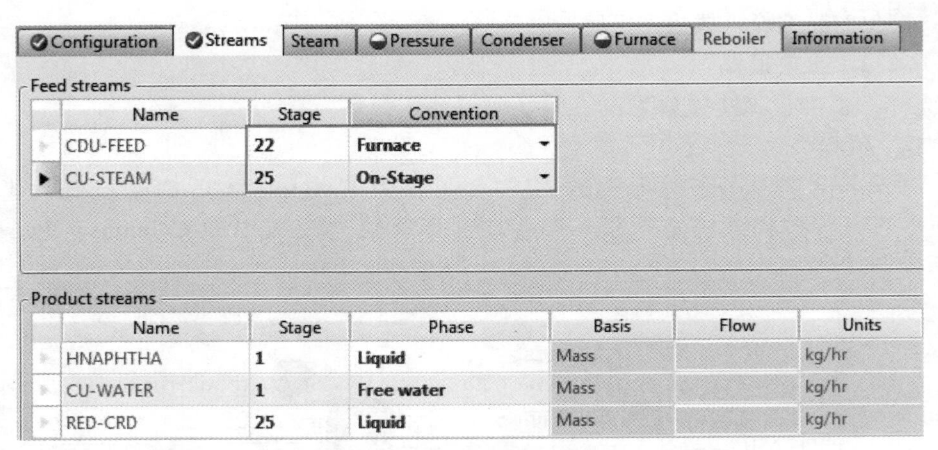

图 13-49　**输入常压塔 CRUDE 进料位置与进料方式**

力为 0.11MPa，塔顶压力为 0.145MPa，全塔压降为 0.028MPa，如图 13-50 所示。

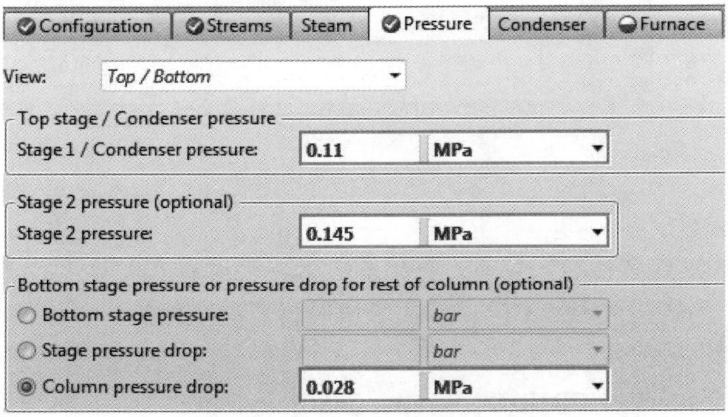

Configuration
Streams
Steam
Pressure
Condenser
Furnace
View:
Top / Bottom
Top stage / Condenser pressure
Stage 1 / Condenser pressure:
0.11
MPa
Stage 2 pressure (optional)
Stage 2 pressure:
0.145
MPa
Bottom stage pressure or pressure drop for rest of column (optional)
Bottom stage pressure:
bar
Stage pressure drop:
bar
Column pressure drop:
0.028
MPa

图 13-50　**输入常压塔 CRUDE 压力分布**

点击N➡，进入 **Blocks** | **CRUDE** | **Setup** | **Furnace** 页面，输入常压塔 CRUDE 加热炉参数，加热炉类型选择 Single stage flash，加热炉出口物流过汽化度 3%，加热炉出口物流压力 0.167MPa，如图 13-51 所示。

Configuration
Streams
Steam
Pressure
Condenser
Furnace
Reboiler
Information
Furnace type
Stage duty on feed stage
Single stage flash
Single stage flash with liquid runback
Furnace specification
Fractional overflash
Mass
0.03
Furnace pressure
0.167
MPa

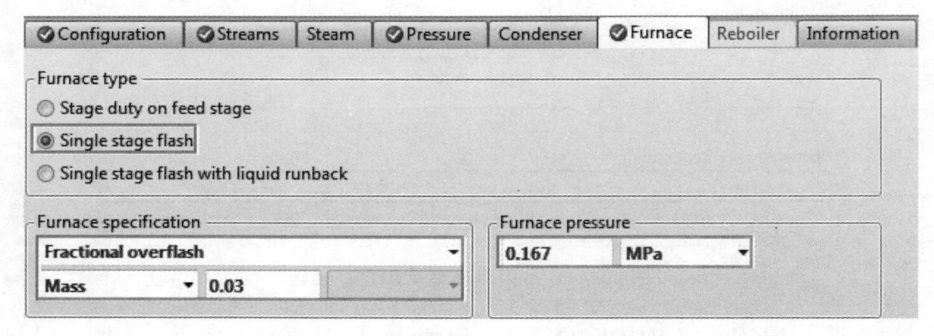

图 13-51　**输入常压塔 CRUDE 加热炉参数**

(4)输入汽提塔参数

点击N➡，进入 **Blocks** | **CRUDE** | **Strippers** | **S-1** | **Setup** | **Configuration** 页面，输入侧线

汽提塔参数。对于汽提塔，需要规定理论板数、侧线产品、汽提塔在主塔上的抽出位置和返回位置。侧线汽提塔可以使用蒸汽汽提或再沸汽提，对于蒸汽汽提，必须输入蒸汽物流条件，对于再沸汽提，需要输入再沸器的热负荷。如果不规定再沸器的负荷、塔底流量和蒸汽进料，汽提塔将使用热流作为负荷规定。本例中汽提塔 S-1 的参数如图 13-52 所示。

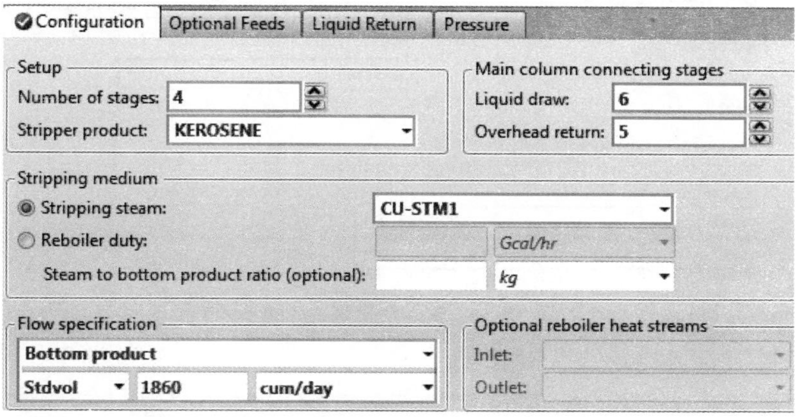

图 13-52　输入汽提塔 S-1 参数

点击N➡，分别输入汽提塔 S-2、S-3 的参数，如图 13-53 和图 13-54 所示。

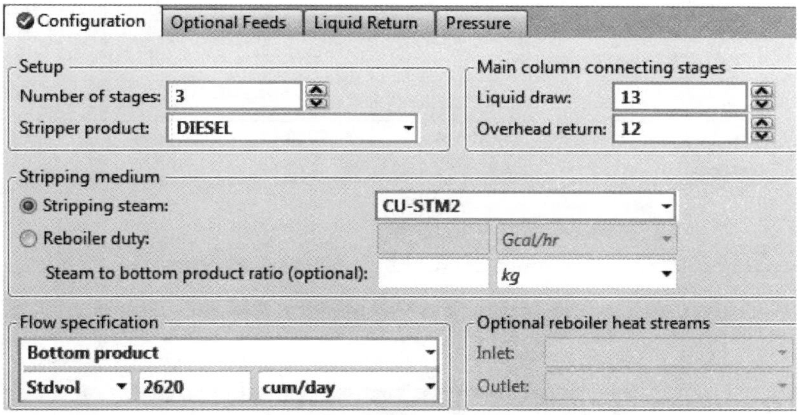

图 13-53　输入汽提塔 S-2 参数

（5）创建中段循环

对于中段循环，需要规定抽出位置（Draw stage）与返回位置（Return stage），液相可以是部分抽出（Partial）或全部抽出（Total）。

对于部分抽出（Partial），需要规定下述中的两项：流量（Flow）、温度（Temperature）、温度变化（Temperature change）、热负荷（Heat duty）。

对于全部抽出（Total），需要规定下述中的一项：温度（Temperature）、温度变化（Temperature change）、热负荷（Heat duty）。

进入 **Blocks** | **CRUDE** | **Pumparounds** 页面，点击 **New...** 按钮，出现 **Create New ID** 对话框，点击 **OK**，采用默认标识 P-1，进入 **Blocks** | **CRUDE** | **Pumparounds** | **P-1** | **Specifications** 页面，输入中段循环 P-1 参数，如图 13-55 所示。

同样的方法创建第二个中段循环 P-2，并输入其参数，如图 13-56 所示。

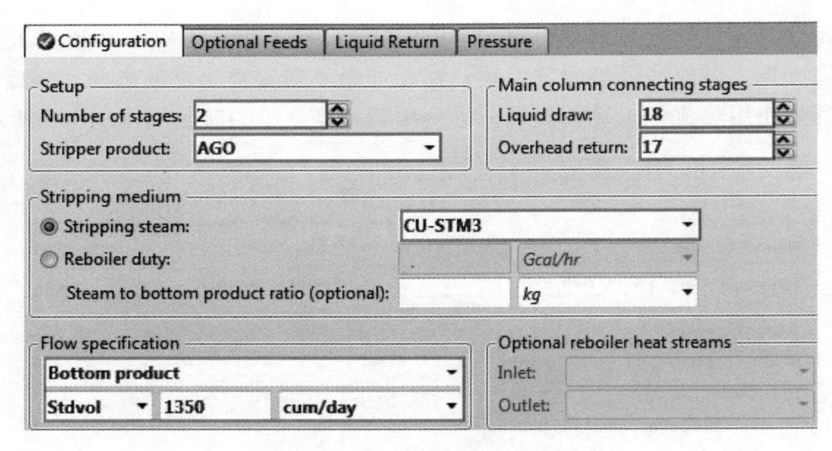

图 13-54　输入汽提塔 S-3 参数

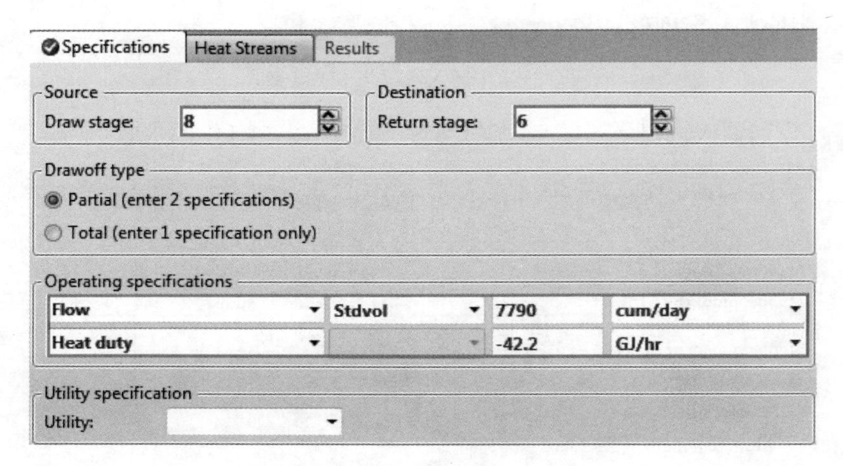

图 13-55　输入中段循环 P-1 参数

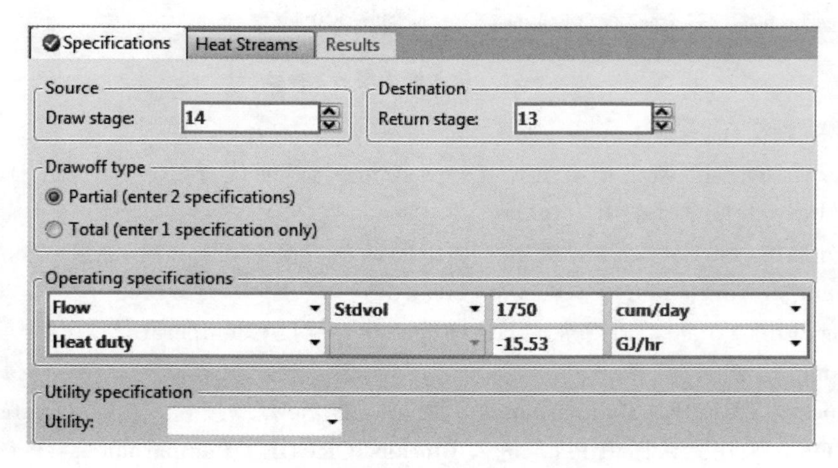

图 13-56　输入中段循环 P-2 参数

(6)创建设计规定

至此，用户已完成所必需的输入，但是在本模拟过程中，用户需要创建两个设计规定，使重石脑油馏分 HNAPHTHA 的 ASTM D86 95%温度以及柴油馏分 DIESEL 的 ASTM D86 95%温度达到要求。

进入 **Blocks** | **CRUDE** | **Design Specifications** 页面，点击 **New**…按钮，出现 **Create New ID** 对话框，点击 **OK**，进入 **Blocks** | **CRUDE** | **Design Specifications** | **1** | **Specifications** 页面，规定重石脑油的 ASTM D86 95%温度为 190℃，如图 13-57 所示。

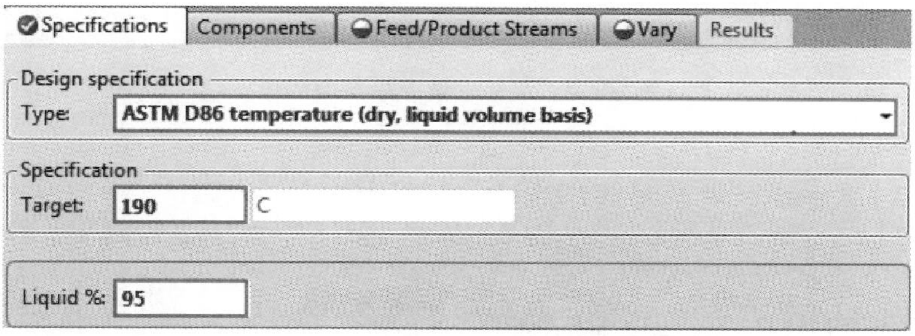

图 13-57　**定义采集变量与期望值**

点击**N▶**，进入 **Blocks** | **CRUDE** | **Design Specifications** | **1** | **Feed/Product Streams** 页面，在 Available streams 一栏选中 HNAPHTHA，点击 > 将其移动至 Selected stream 一栏，如图 13-58 所示。

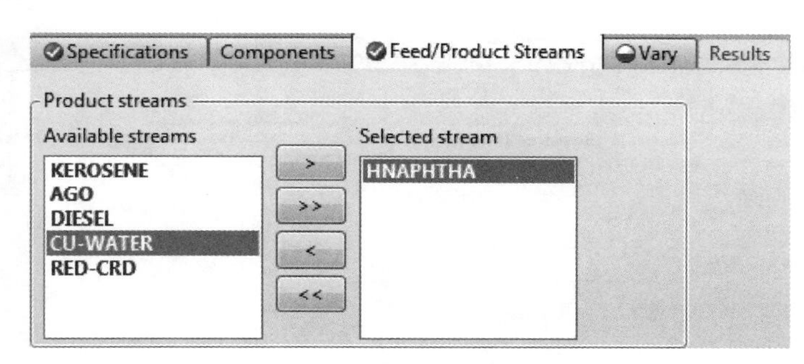

图 13-58　**选择物流 HNAPHTHA**

点击**N▶**，进入 **Blocks** | **CRUDE** | **Design Specifications** | **1** | **Vary** 页面，定义调节变量。规定塔顶产品流量为调节变量，如图 13-59 所示。

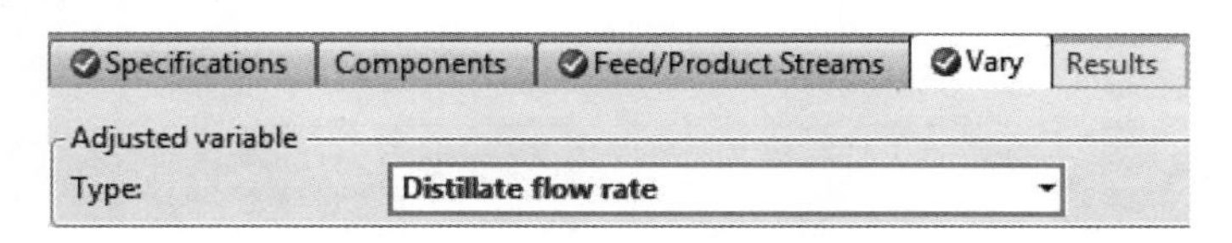

图 13-59　**定义调节变量**

同样的方法创建第二个设计规定，使 DIESEL 的 ASTM D86 95%温度达到 340℃(过程同上)，如图 13-60～图 13-62 所示。

(7)运行并查看结果

点击**N▶**，出现 **Required Input Complete** 对话框，点击 **OK**，运行模拟，流程收敛。进入 **Blocks** | **CRUDE** | **Results** | **Furnace** 页面，查看常压塔加热炉结果，如图 13-63 所示。

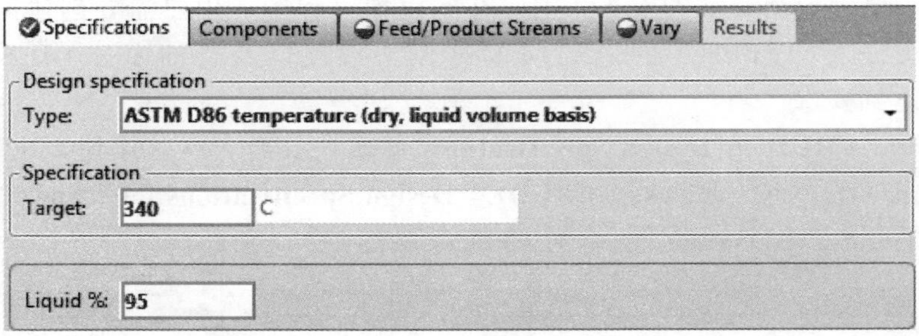

Specifications
Components
Feed/Product Streams
Vary
Results
Design specification
Type:
ASTM D86 temperature (dry, liquid volume basis)
Specification
Target:
340
C
Liquid %:
95

图 13-60　定义采集变量与期望值

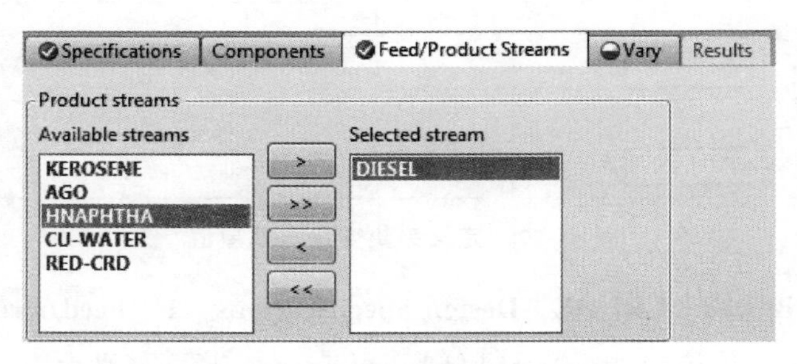

Specifications
Components
Feed/Product Streams
Vary
Results
Product streams
Available streams
KEROSENE
AGO
HNAPHTHA
CU-WATER
RED-CRD
Selected stream
DIESEL

图 13-61　选择物流 DIESEL

Specifications
Components
Feed/Product Streams
Vary
Results
Adjusted variable
Type:
Bottoms flow rate
Qualifiers
Stage:
Stripper name:
S-2
Pumparound name:
Feed stream name:

图 13-62　定义调节变量

Summary
Balance
Furnace
Furnace XYK
Utilities
Stripper Utilities
Stage Utilities
Status
Basis:
StdVol
Furnace summary
Temperature:
352.526
C
Pressure:
0.167
MPa
Heat duty:
70301
kW
Feed flow:
13438.5
cum/day
Vapor flow:
7236.93
cum/day
Liquid flow:
6201.58
cum/day

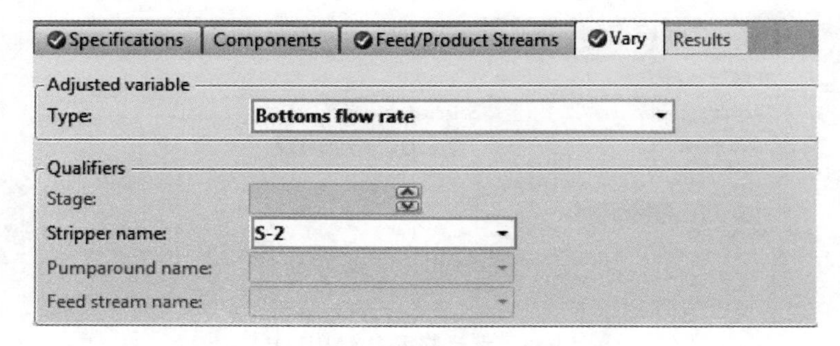

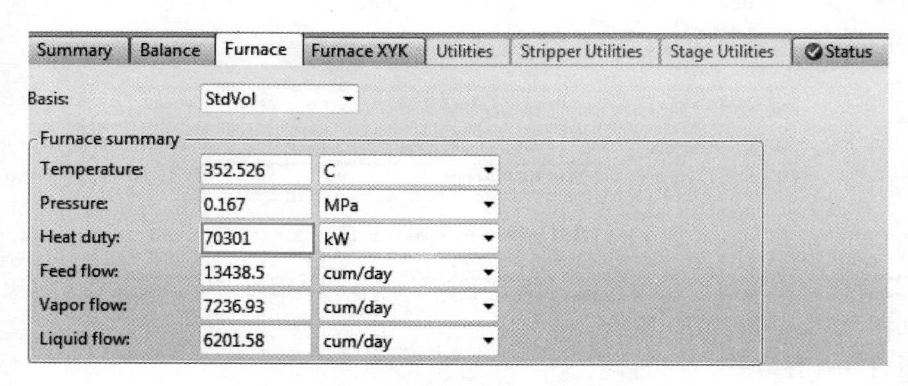

图 13-63　查看常压塔加热炉结果

进入 **Blocks** | **CRUDE** | **Pumparounds** | **Results** 页面，查看中段循环结果。中段循环 P-1 出口温度为 166.4℃，压力为 0.1523MPa；中段循环 P-2 出口温度为 197.5℃，压力为 0.1596MPa，如图 13-64 所示。

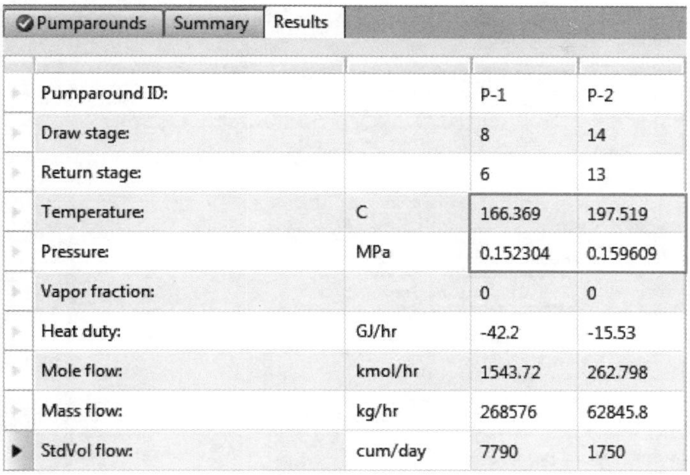

Pumparounds | Summary | Results

Pumparound ID:		P-1	P-2
Draw stage:		8	14
Return stage:		6	13
Temperature:	C	166.369	197.519
Pressure:	MPa	0.152304	0.159609
Vapor fraction:		0	0
Heat duty:	GJ/hr	-42.2	-15.53
Mole flow:	kmol/hr	1543.72	262.798
Mass flow:	kg/hr	268576	62845.8
StdVol flow:	cum/day	7790	1750

图 13-64　查看常压塔中段循环结果

进入 **Blocks** | **CRUDE** | **Design Specifications** | **1** | **Results** 页面，查看第一个设计规定结果。当塔顶产品流量为 1897.68m³/d 时，重石脑油 HNAPHTHA 的 ASTM D86 95%温度为 190℃，如图 13-65 所示。

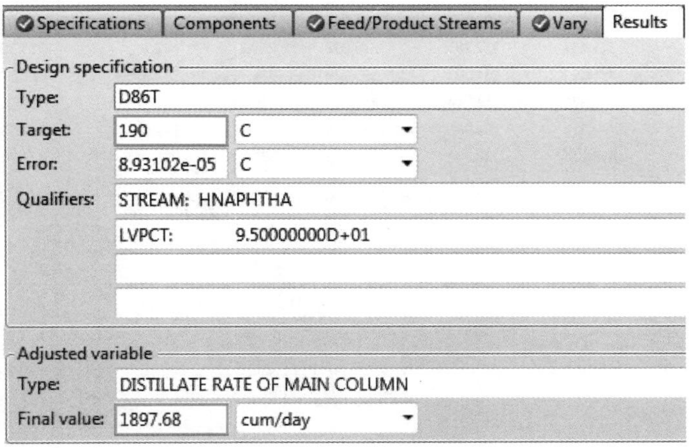

Specifications | Components | Feed/Product Streams | Vary | Results

Design specification

Type:	D86T	
Target:	190	C
Error:	8.93102e-05	C
Qualifiers:	STREAM: HNAPHTHA	
	LVPCT: 9.50000000D+01	

Adjusted variable

Type:	DISTILLATE RATE OF MAIN COLUMN	
Final value:	1897.68	cum/day

图 13-65　查看设计规定 1 结果

进入 **Blocks** | **CRUDE** | **Design Specifications** | **2** | **Results** 页面，查看第二个设计规定结果。当侧线汽提塔 S-2 塔底流量为 2846.05m³/d 时，柴油 DIESEL 的 ASTM D86 95%温度为 340℃，如图 13-66 所示。

(8)绘制曲线

进入 **Blocks** | **CRUDE** | **Stream Results** | **Vol. % Curves** 页面，查看常压塔各出口物流蒸馏数据，如图 13-67 所示。

选择菜单栏 **Home** | **Plot** | **Custom**，弹出 **Custom** 对话框，在 X-Axis 下拉列表中选择 Streams Volume%，在 Y-Axis 列表中勾选重石脑油 HNAPHTHA C、常底油 RED-CRD C、重柴油 AGO C、柴油 DIESEL C、煤油 KEROSENE C 五列，点击 **OK**，生成如图 13-68 所示的曲线。

Specifications | Components | Feed/Product Streams | Vary | Results

Design specification

Type:	D86T	
Target:	340	C
Error:	6.59367e-05	C
Qualifiers:	STREAM: DIESEL	
	LVPCT: 9.50000000D+01	

Adjusted variable

Type:	BOTTOMS RATE FOR S-2	
Final value:	2846.05	cum/day

图 13-66　查看设计规定 2 结果

Material | Heat | Load | Vol.% Curves | Wt. % Curves | Petroleum | Polymers | Solids

Curve view: TBP curve　Pressure:

Streams	CDU-FEED	KEROSENE	AGO	DIESEL	HNAPHTHA	RED-CRD
Volume %	C	C	C	C	C	C
0	36.306	147.554	220.02	177.654	-9.34303	306.648
5	128.535	176.756	292.254	227.895	46.6182	363.01
10	161.724	189.353	318.975	243.232	76.6753	388.248
30	251.951	209.37	356.178	268.991	123.272	442.71
50	341.657	222.285	376.092	289.248	142.71	513.309
70	435.69	234.293	395.929	311.708	162.376	611.588
90	644.871	254.244	417.714	340.186	186.235	763.46
95	742.315	263.901	433.065	352.283	199.611	822.501
100	858.074	280.242	454.003	376.193	215.445	877.705

图 13-67　查看常压塔各出口物流蒸馏数据

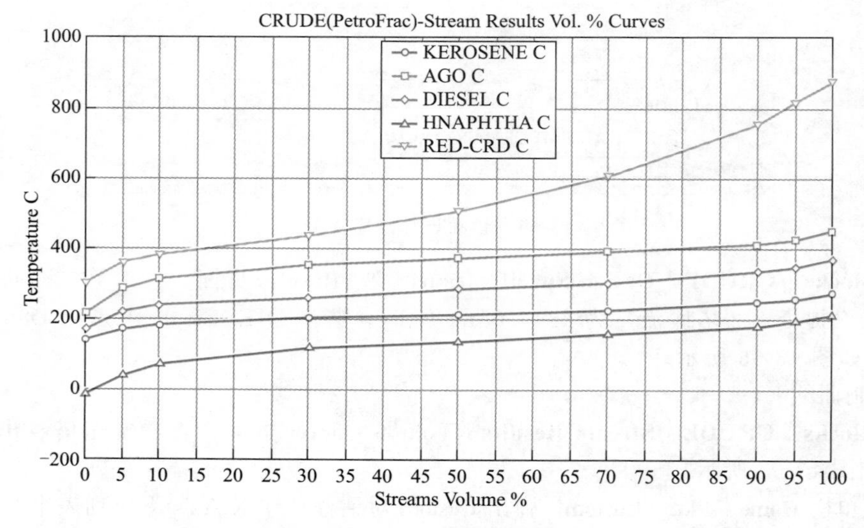

图 13-68　查看各物流 TBP 曲线

习 题

13.1 一原油常压蒸馏流程如附图所示。已知条件：原油温度250℃，压力0.33MPa，流量(Stdvol)7585m^3/d，常压塔理论塔板数为21，进料板位置为21，进料方式Furnace，塔顶冷凝器过冷至45℃，塔底流量(Stdvol)为2910m^3/d，加热炉类型为Single stage flash，加热炉热负荷138GJ/h，压力0.32MPa，其他条件见附表。

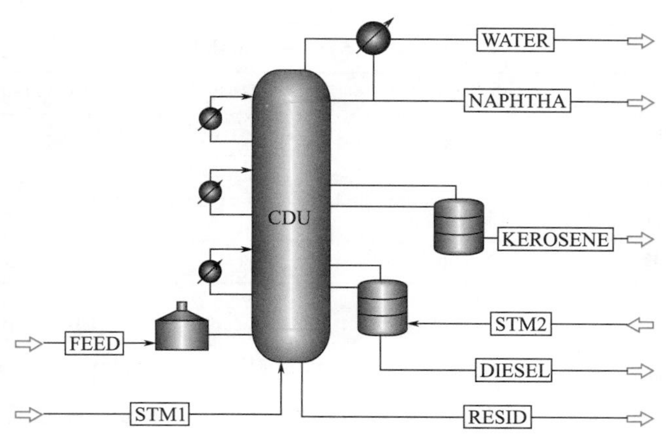

习题13.1附图 常压蒸馏流程

习题13.1附表(1) 原油评价数据

轻端组分数据		TBP蒸馏数据		API重度数据	
组分	Liq. Vol. Frac	Liq. Vol/%	温度/℃	Mid. Vol/%	API重度
C2	0.0005	5.0	50	10	72
C3	0.0025	10.0	85	30	46
NC4	0.0023	30.0	205	50	32
IC4	0.0120	50.0	280	70	23
NC5	0.0130	70.0	440	90	15
—	—	90.0	610	95	12
—	—	95.0	700	—	—

注：Liq. Vol. Frac—该组分体积在原油总体积中所占的分率；Liq. Vol—馏出液的体积分数；Mid. Vol—中百分比馏出液的体积分数。

习题13.1附表(2) 常压塔压力分布参数

塔板数	1	2	21
压力/MPa	0.2	0.28	0.32

习题13.1附表(3) 汽提塔参数

项目	汽提塔S-1	汽提塔S-2
理论板	3	3
液相抽出板	8	17
气相返回板	7	15
塔底流量(Stdvol)/(m^3/h)	34	92
再沸器热负荷/(GJ/h)	0.86	—
汽提蒸汽	无	有

习题 13.1 附表(4)　**汽提蒸汽参数**

项目	流量/(kg/h)	温度/℃	操作压力/MPa
常压塔	2610	255	0.5
汽提塔 S-2	815	255	0.5

习题 13.1 附表(5)　**中段循环参数**

项目	中段循环 P-1	中段循环 P-2	中段循环 P-3
抽出板	3	8	17
返回板	2	7	15
流量(Stdvol)/(m^3/d)	155(估计值)	11950	12
返回温度/℃	90	130	220

要求：

(1)通过改变汽提塔 S-1 的再沸器热负荷，使石脑油 NAPHTHA 的 ASTM D86 95% 温度和煤油 KEROSENE 的 ASTM D86 5%的温度相差 5℃。注意：输入设计规定时，以物流 NAPHTHA 作为基准。

(2)通过改变第二个中段循环的流量，使第三块板的液相流量(Stdvol)为 56m^3/h。注意：此时不使用设计规定功能，而是通过 **Block**｜**CDU**｜**Runback Specs** 进行设定(关于 Runback Specs 功能可寻求 F1 帮助)。

通过模拟求出塔顶冷凝器热负荷、汽提塔 S-1 的再沸器热负荷、中段循环 P-1 的流量。其中塔 CDU 采用模块选项板中的 **Columns**｜**PetroFrac**｜**CDU6F** 图标，物性方法选择 BK10。

第14章

动态模拟入门

14.1 概述

（1）动态模拟简介

在化工生产过程中，装置运行效率、产品产量与质量、生产操作的经济性与安全性均受到诸多因素的影响，这些因素具有很强的不确定性与复杂性。为了减少装置运行故障、维持化工装置正常高效的生产操作，可以通过必要的工具对故障进行预测并解决装置运行过程中各种因素带来的操作问题。动态过程模拟即是解决这些问题的工具之一，其在化工生产操作过程中的作用主要包括以下几点：

① 确保安全操作　在装置设计初级阶段对生产操作过程中可能发生的故障及由此产生的影响进行预测，采取相应措施保障装置投产运行后能够有效抵抗这些因素的干扰，实现安全操作；

② 减少环境污染　确保在装置出现故障时不会因有害物质泄漏而对周边环境造成污染；

③ 提升装置操作性能　保证装置有较强的操作灵活性，在短时间内能够适应不同的操作条件，提高装置生产弹性；

④ 改善开停工过程　降低装置在试运行及开停工过程中发生故障的概率，缩短开停工时间，提高装置总体生产效率；

⑤ 维持产品质量　保证所设计的控制方案能够有效抵抗各种因素的干扰，减少不合格产品的产生；

⑥ 故障模拟　能够对生产过程中可能发生的故障进行模拟，并对故障解决方案的有效性进行测试；

⑦ 优化间歇操作过程　通过分析、优化间歇操作参数，达到减少操作时间、提高产品收率、提高间歇操作生产效率的目的。

（2）Aspen Plus Dynamics 简介

Aspen Plus Dynamics 是一款发展相对成熟的专业动态过程模拟软件。它支持用户同时进行工艺过程设计和控制方案设计来降低建设成本和操作费用，预防控制过程中可能存在的风险，提高装置运行的安全性，其主要应用如下：

1)改进工艺过程设计

传统工艺设计主要侧重于稳态研究，通常在过程设计相对完善时才考虑过程的操作性能和过程控制问题。在 Aspen Plus Dynamics 软件帮助下，用户能够对过程稳态设计和操作问题进行平行研究。例如，对精馏系统进行热集成改造过程中，稳态模拟结果显示改造后的过程能够取得显著的节能效果，但对于过程的可控性、过程在扰动时的响应情况以及在何处设置换热器来保证过程的可操作性等问题，均不能通过稳态过程模拟手段加以解决，因此可以利用 Aspen Plus Dynamics 软件对工艺设计进行完善。

2)解决过程操作问题

即使在过程设计阶段对诸多因素进行了充分的考虑，但在实际运行过程中难免遇到各种操作问题，影响生产效率。Aspen Plus Dynamics 软件能够解决如下操作问题：

① 当设计的控制方案在实际投产过程中控制效果不佳时，可以借助 Aspen Plus Dynamics 软件判断如何进行改善，比如判断是需要改变过程控制策略，还是在进料管线设置缓冲罐来减少进料量扰动对装置运行的干扰。

② 一般来说，不同原料组成对应不同的最佳进料位置，因此在原料发生变化时通常需要切换进料板位置。直接改变原料的进料位置可能导致控制系统失控，此时可以借助 Aspen Plus Dynamics 软件，在对现场过程进行改造之前对切换方案进行预先设计与测试检验。

③ 在进料量发生变化时，工程师和操作人员通常需要十几个小时的调节使产品质量回归设定值。Aspen Plus Dynamics 软件能够协助设计控制策略，实现两个稳态间自动、平稳的过渡。

④ 当微量物质累积导致体系操作性能下降时，工程师和操作人员可以借助 Aspen Plus Dynamics 软件改进工艺过程和控制方案以消除异常操作。

(3) Aspen Plus Dynamics 功能特点

作为协助用户设计高效、经济、安全的工艺过程和控制方案的工具，Aspen Plus Dynamics 软件主要具备如下功能特点：

① 具备三相精馏以及反应精馏模拟能力，允许用户自定义动力学参数；

② 具备板式塔及填料塔的水力学和压降的严格模型；

③ 通过蒸汽滞留模型(Vapor holdup modeling)能够确保高压过程的精确性；

④ 用户可以自主选择流量驱动动态模拟或者压力驱动动态模拟。其中压力驱动动态模拟将物流压力与其连接的操作单元的压力进行关联，计算方法更加严格，这对气体处理过程和压缩机等单元的动态研究至关重要；

⑤ 充分利用 Aspen 物性系统(Aspen properties)进行精确可靠的物性计算，通过多次校正局部物性关联式，在确保模型精确性的同时实现过程的高性能操作；

⑥ 通过与 Polymers Plus 软件联用实现对聚合物系统的动态研究；

⑦ 能够打开 Aspen Custom Modeler 软件建立的模型，针对特定过程可编写用户化模块；

⑧ 提供安全阀、管道及爆破片等泄压单元的计算模型；

⑨ 运用成熟先进的数值方法和隐式积分确保动态仿真的鲁棒性、稳定性；

⑩ 利用动态优化器对常规操作单元和过程进行快速简便的动态优化。

(4)Aspen Plus Dynamics 界面主窗口

打开本书自带的 Example14. 1-RadFrac. dynf 文件，可以看到 Aspen Plus Dynamics 界面主窗口如图 14-1 所示。

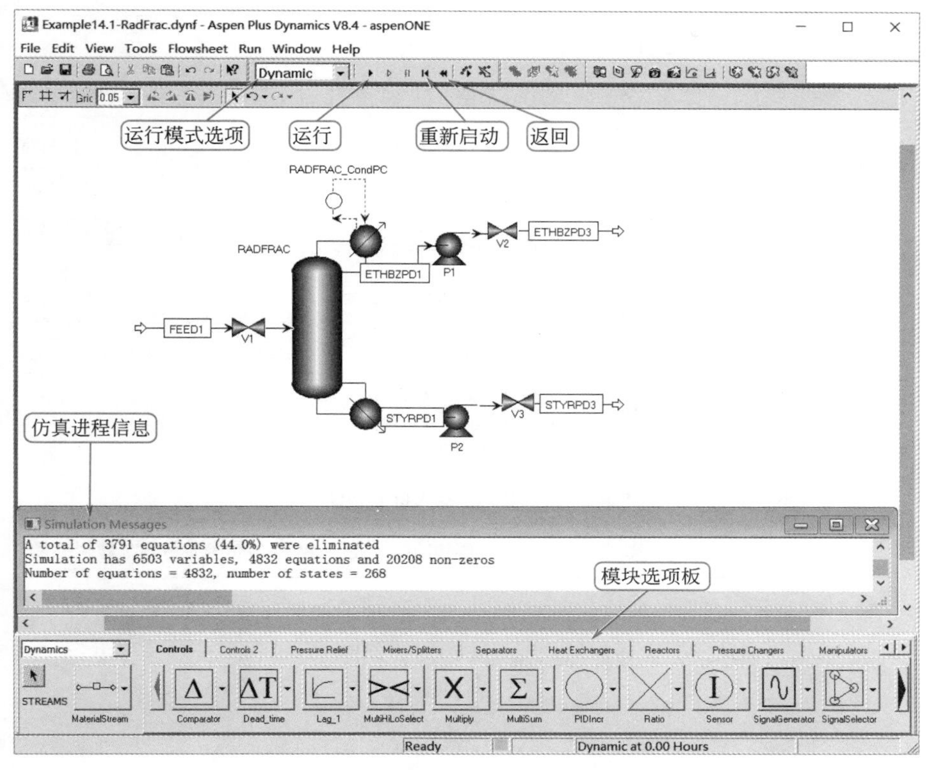

图 14-1 Aspen Plus Dynamics 界面主窗口

在模块选项板 Controls 和 Controls 2 两个标签下是 Aspen Plus Dynamics 中的预定义控制元件(Predefined control elements)，方便用户在建立控制结构时直接调用。表 14-1 给出了预定义控制元件的名称、符号及其功能介绍。

表 14-1 Aspen Plus Dynamics 中的预定义控制元件

名 称	符 号	功 能
Comparator	Δ	计算两个输入信号间的差值
Dead_time	ΔT	将信号延迟一定的时间长度
Discretize		将信号离散化，可用于模拟在线分析器等
FeedForward	FF	采用超前-滞后校正和死区时间校正的前馈控制器
Muli HiLoSelect		从两输入信号中选出较大或较小的一个
IAE	IAE	对测量值与设定值间的误差绝对值进行积分运算
ISE	ISE	对测量值与设定值间的平方差进行积分运算

续表

名 称	符 号	功 能
Lag_1		模拟输入与输出信号间的一阶时滞
Lead_lag		模拟超前-滞后环节
Multiply	X	计算两输入信号的乘积
Noise		产生高斯干扰信号
PIDIncr		模拟增量控制算法的比例-积分-微分控制器
PRBS		产生伪随机二进制信号
Ratio		计算两输入信号的比值
Scale	K	将输入信号转化为介于特定上限和下限间的信号
SplitRange		模拟分程控制器
SteamPtoT	PT	在给定蒸汽压力条件下，计算蒸汽温度
Muli Sum	Σ	计算两个输入信号之和
Transform	f(X)	对输入信号进行对数、指数、平方以及平方根等转化运算

14.2 稳态模型导入动态模拟

化工稳态过程模拟软件 Aspen Plus 与动态模拟软件 Aspen Plus Dynamics 紧密结合，为用户调用稳态模型提供了便利，同时保证了动态运行的初始状态与稳态模拟结果一致。将 Aspen Plus 中的稳态模型导入 Aspen Plus Dynamics 软件前需要进行一系列的前期准备工作。只有满足特定条件的稳态模型才能成功导入 Aspen Plus Dynamics 动态模拟软件中，保证动态过程正常运行。下面根据第 7 章例题中建立的精馏塔稳态模型，介绍将稳态模型导入 Aspen Plus Dynamics 的操作步骤。

例 14.1

将 7.4 节例题 7.3 中乙苯-苯乙烯精馏塔稳态模型导入 Aspen Plus Dynamics。

本例模拟步骤如下：

(1)添加泵和阀门

将 Example7.3a-RadFrac.bkp 另存为 Example14.1-RadFrac.bkp。例 7.3 中的精馏塔所连接的物流上均无泵和阀门，主要是因为 Aspen Plus 中的稳态模型为 Flow Driven(流量驱动)模型，这种模型允许物流从低压单元模块流向高压单元模块。因此在没有特殊要求情况下无需对稳态模型添加泵和阀门，但此模型不能反映实际操作过程。为了实现更为精确的动态仿真，通常选取 Pressure Driven(压力驱动)模型。为了保证压力驱动动态模型的顺利导出，将塔压降由 7.3kPa 改为 17kPa，运行模拟文件。在压力驱动模型中泵、压缩机和阀门至关重要，对例 7.3 中的流程添加必要的泵和阀门，如图 14-2 所示。

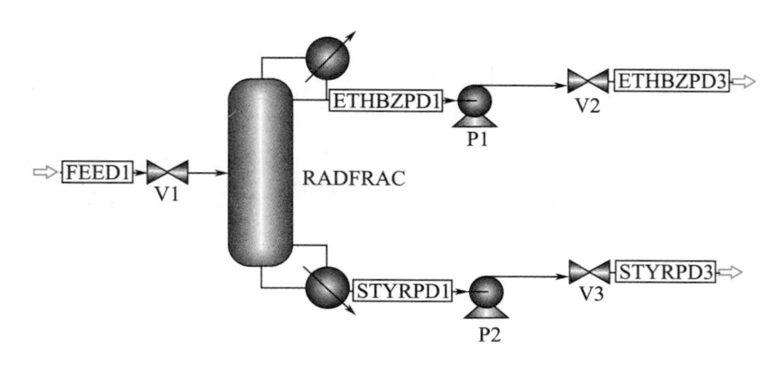

图 14-2 添加泵和阀门后的工艺流程

在设置阀门压降时应当注意，如果阀门开度作为操纵变量，其阀门压降在一定阀门开度(通常为 50%)时的设定值不能过小，以保证阀门开度由 50%过渡到 100%时，管路中能够产生足够的流量变化。为了保证进料物流压力与进料板压力一致，进入 **Blocks**｜**RADFRAC**｜**Profiles**｜**TPFQ** 页面，查看进料板压力，如图 14-3 所示，并将该压力数值复制、粘贴至阀门 V1 Outlet pressure(出口压力)对应文本框中，由于流经三个阀门的流体都是液相，将阀门的 Valid phase(有效相态)均设置为 Liquid-Only，如图 14-4 所示。同时将进料物流 FEED1 压力指定为 401.325kPa，将泵的 Discharge pressure(出口压力)指定为 401.325kPa，将阀门 V2 和 V3 的 Pressure drop(压降)均指定为 300kPa。运行模拟文件。

TPFQ | Compositions | K-Values

View: All　Basis: Mole

Stage	Temperature	Pressure
	C	bar
22	73.484	0.120968
23	74.1656	0.123667
24	74.8295	0.126365
25	75.4774	0.129063
26	76.0249	0.131762
27	76.5669	0.13446
28	77.1042	0.137159

图 14-3 查看进料板压力

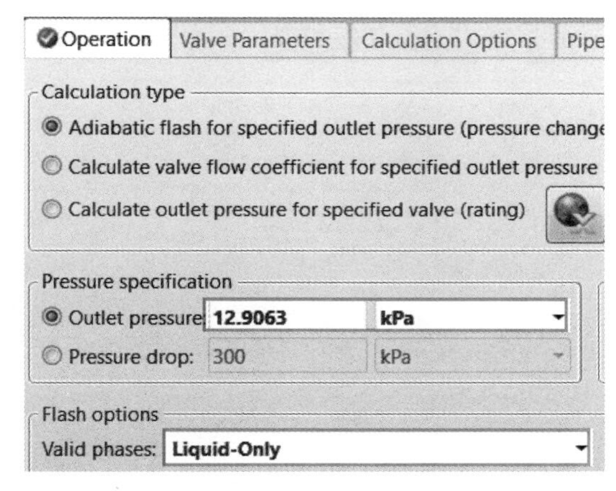

图 14-4 指定阀门 V1 参数

(2)计算设备结构尺寸

计算塔径，进入 **Blocks**｜**RADFRAC**｜**Sizing and Rating**｜**Tray Sizing** 页面，点击 **New…** 按钮，出现 **Create New ID** 对话框，点击 **OK** 按钮，接受默认 ID-1。进入 **Blocks**｜**RADFRAC**｜**Sizing and Rating**｜**Tray Sizing**｜**1**｜**Specifications** 页面，输入起始塔板号 2、终止塔板号 64、塔板类型 Sieve，溢流程数 1，运行模拟文件。进入 **Blocks**｜**RADFRAC**｜**Sizing and Rating**｜**Tray Sizing**｜**1**｜**Results** 页面，查看塔径为 4.17m。

Aspen Plus Dynamics 对流动系统的调节作用与设备体积和物流流量有关，相同流量下，设备体积越小系统响应越快。在泵和阀门参数设定完成后，需要对塔釜液槽和回流罐的尺寸进行计算。计算过程中规定当流体占设备体积 50%时，其停留时间为 5min。这里的流

体是指进入和流出设备单元的流体，对于回流罐是 stage1 的液相负荷，对于塔釜液槽是精馏塔最后一块塔板的液相流量，即 stage64 的液相负荷。进入 **Blocks** | **RADFRAC** | **Profiles** | **Hydraulics** 页面，查看 stage1 的液相负荷为 0.0149m^3/s，如图 14-5 所示；stage64 的液相负荷为 0.0173m^3/s，如图 14-6 所示。由此计算回流罐的体积为 $0.0149\times60\times10=8.94m^3$，塔釜液槽体积为 $0.0173\times60\times10=10.38m^3$。将回流罐与塔釜液槽体积代入如下所示设备尺寸计算公式：

$$V=\frac{\pi D^2}{4}(2D)$$

式中，V 为设备体积，m^3；D 为直径，m。并指定设备长度为其直径的两倍。

根据上述计算方法得到回流罐直径为 1.785m，长度为 3.570m；塔釜液槽直径为 1.877m，高度为 3.754m。

TPFQ | Compositions | K-Values | Hydraulics

Stage	Volume flow liquid from (cum/sec)	Volume flow vapor to (cum/sec)
1	0.014911	48.1059
2	0.0125944	46.663
3	0.0126056	45.0537
4	0.0126152	43.5556
5	0.0126231	42.1575
6	0.0126293	40.8494

图 14-5　查看 Stage1 的液相负荷

TPFQ | Compositions | K-Values | Hydraulics

Stage	Mass flow vapor to (kg/hr)	Volume flow liquid from (cum/sec)
51	46670.1	0.0172572
52	46654.6	0.0172462
53	46644.3	0.0172383
54	46639	0.0172334
55	46638.3	0.0172313
56	46641.8	0.0172317
57	46649	0.0172344
58	46659.4	0.0172392
59	46672.7	0.0172456
60	46688.2	0.0172536
61	46705.7	0.0172628
62	46724.9	0.017273
63	46745.3	0.0172841
64	46763.7	0.0172949
65	0	0.00171114

图 14-6　查看 Stage64 的液相负荷

(3)访问动态数据输入页面

点击 Dynamics 功能区选项卡中的 Dynamic Mode，将稳态数据输入模式切换为动态数据输入模式，此时浏览窗口出现指示符号，点击对应选项可以访问动态数据输入页面。

点击，进入 **Blocks** | **RADFRAC** | **Dynamics** | **Dynamics** | **Reflux Drum** 页面，输入回流罐尺寸，Vessel type 采用缺省的 Vertical，Head type 采用缺省的 Elliptical，如图 14-7 所示；点击，进入 **Blocks** | **RADFRAC** | **Dynamics** | **Dynamics** | **Sump** 页面，输入塔釜液槽尺寸，Head type 采用缺省的 Elliptical，如图 14-8 所示。

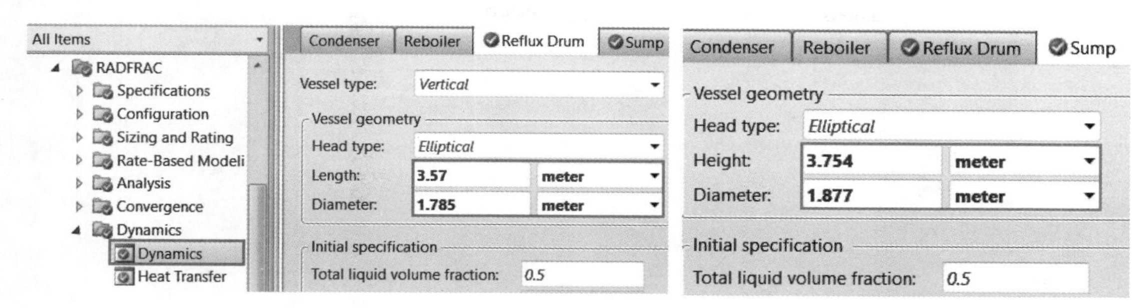

图 14-7　输入回流罐尺寸参数　　　　图 14-8　输入塔釜液槽尺寸参数

(4)设定塔的水力学参数

点击N➡，进入 **Blocks** | **RADFRAC** | **Dynamics** | **Dynamics** | **Hydraulics** 页面，指定塔板结构参数。在起始 Stage1 对应文本框中输入 2，终止塔板 Stage2 对应文本框中输入 64，Diameter(塔径)为 4.17m，其余文本框采用系统缺省数值，如图 14-9 所示，运行模拟文件。

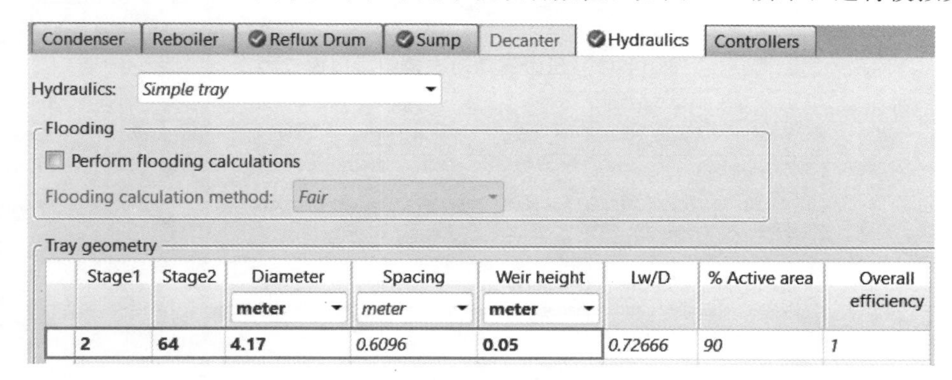

图 14-9　输入塔板结构参数

(5)导出模拟文件

点击 Dynamics 功能区选项卡中的 Dynamic Mode，弹出如图 14-10 所示对话框，表示体系已具备压力驱动动态模型的导出条件。点击 Dynamics 功能区选项卡中的 Pressure Driven，出现如图 14-11 所示窗口。

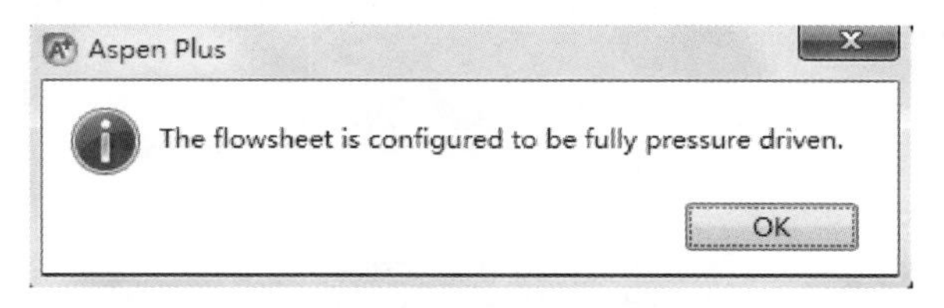

图 14-10　压力检测无误

采用默认文件名，点击“保存”，弹出如图 14-12 所示对话框。该对话框表示在系统默认的溢流堰高度和气相流量下，精馏塔所指定的塔板压降数值过小，动态导出错误。该问题可通过提高已设定的塔压降或者降低溢流堰高度来解决。改变溢流堰高度不会对稳态结果产生影响，本例采用降低溢流堰高度的方法消除错误。返回 **Blocks** | **RADFRAC** | **Dynamics** | **Dynamics** | **Hydraulics** 页面，将 Weir height(溢流堰高度)改为 0.01m，如图 14-13 所示，运行程序。

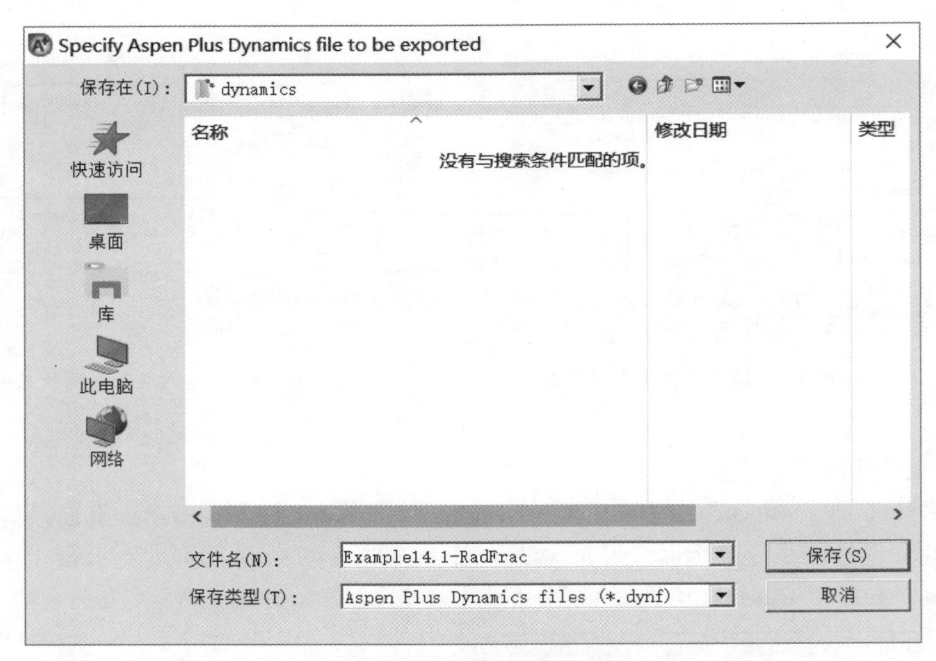

图 14-11　压力驱动动态模型导出窗口

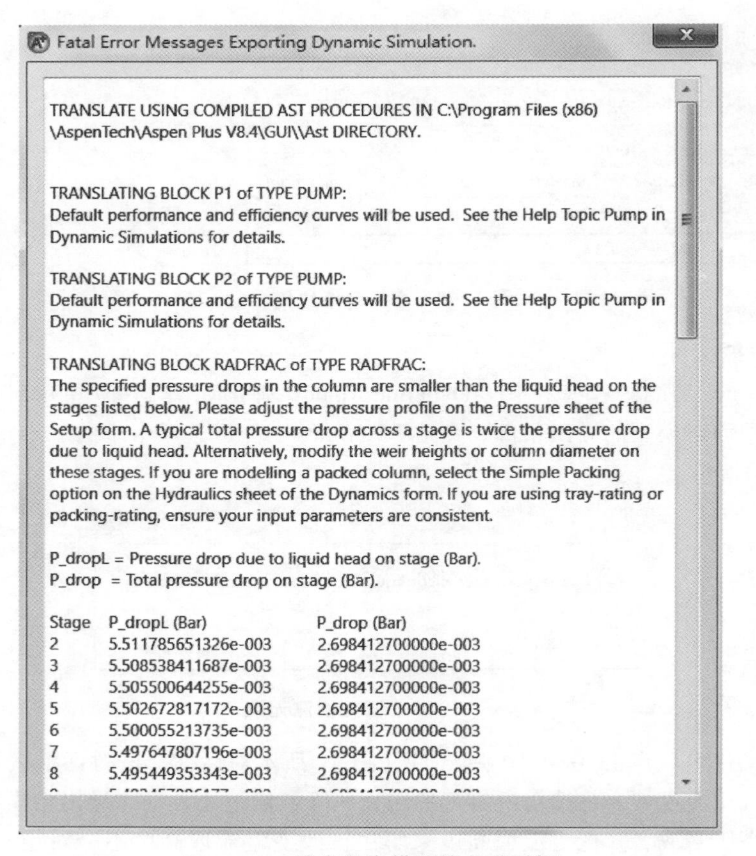

图 14-12　动态导出错误信息对话框

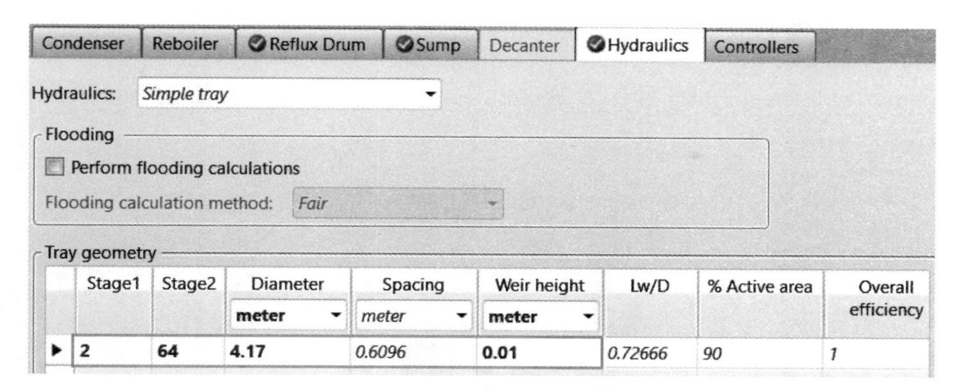

图 14-13　修改溢流堰高度

点击菜单栏 Dynamics 功能区选项卡中的 Pressure Driven，重新导出动态模型，此时弹出的是动态导出警告信息对话框，如图 14-14 所示。对话框中的警告信息表示在利用 Aspen Plus Dynamics 对该流程进行控制研究时需要对精馏塔进行液位控制，同时指出在对泵进行模拟时使用的是典型的泵特性曲线，这些警告信息可以忽略。此时动态模拟文件已成功导出。

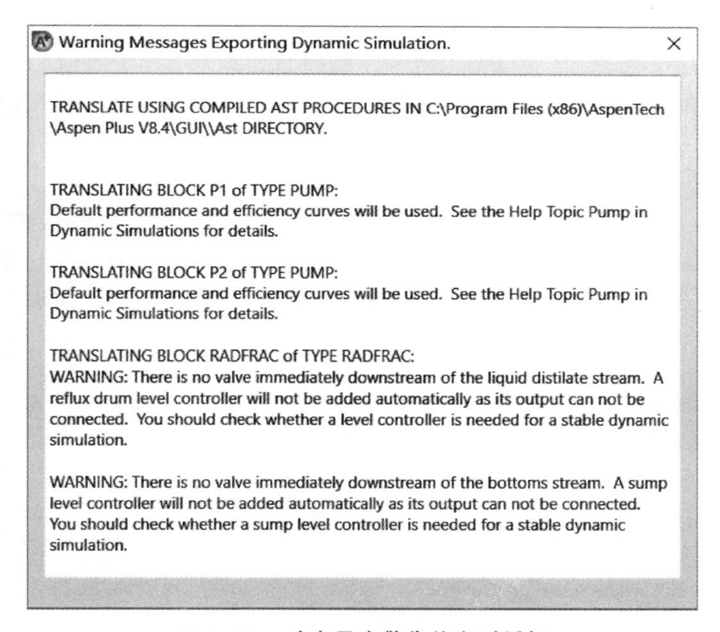

图 14-14　动态导出警告信息对话框

14.3　闪蒸罐动态模拟

下面基于例 4.5，介绍闪蒸罐动态模拟的建立步骤。

例 14.2

对 4.3.1 节例题 4.5 中两相闪蒸器模型建立控制结构。

本例模拟步骤如下：

(1)添加泵和阀门

将 Example4.5-Flash2.bkp 另存为 Example14.2-Flash2.bkp，为稳态模型添加必要的泵和阀门，如图 14-15 所示。

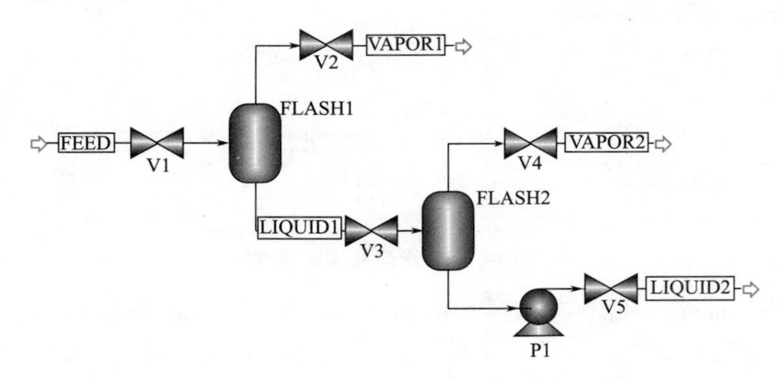

图 14-15 添加泵和阀门后的闪蒸分离工艺流程

本例中将 V1、V2 和 V5 三个 Pressure drop(阀门压降)指定为 0.3MPa，将阀门 V4 的压降指定为 0.06MPa，将阀门 V3 的 Outlet pressure(出口压力)指定为 0.1MPa，将泵 P1 的 Pressure increase(压力增量)指定为 0.3MPa，同时将进料物流 FEED 的压力改为 4.1MPa。此外，将阀门 V2 和 V4 的 Valid phase(有效相态)改为 Vapor-Only，将阀门 V5 的有效相态改为 Liquid-Only。

(2)访问动态数据输入页面

点击 Dynamics 功能区选项卡中的 Dynamic Mode，将稳态数据输入模式切换为动态数据输入模式，系统显示所需输入已完成，此时运行模拟文件。点击菜单栏 Dynamics 功能区选项卡中的 Pressure Checker，弹出压力检测错误对话框，如图 14-16 所示，表明闪蒸罐类型选择不当。

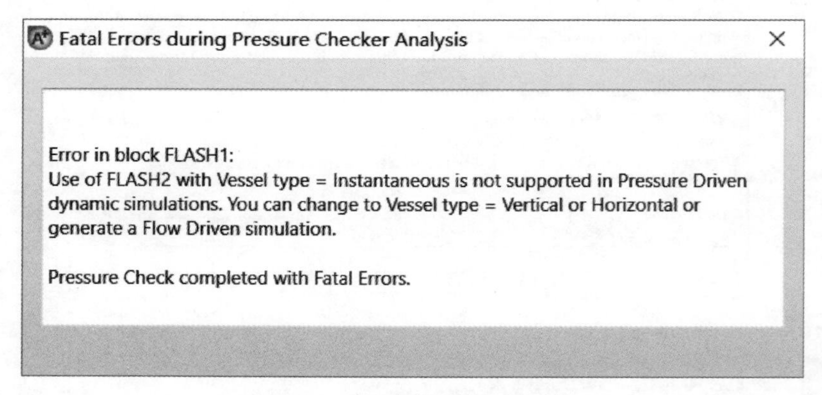

图 14-16 压力检测错误对话框

进入 **Blocks** | **Flash1** | **Dynamic** | **Vessel** 页面，将容器类型由缺省的 Instantaneous 改为 Vertical，此时系统显示输入不完全，需要指定容器结构尺寸，规定流体占设备体积 50%时停留时间为 5min。计算可得 Flash1 直径为 0.741m，长度为 1.482m，将其输入对应文本框，如图 14-17 所示。同样，进入 **Blocks** | **Flash2** | **Dynamic** | **Vessel** 页面，将容器类型由缺省的 Instantaneous 改为 Vertical，计算并输入 Flash2 直径 0.698m，长度 1.396m，如图 14-18 所示。

运行模拟文件。

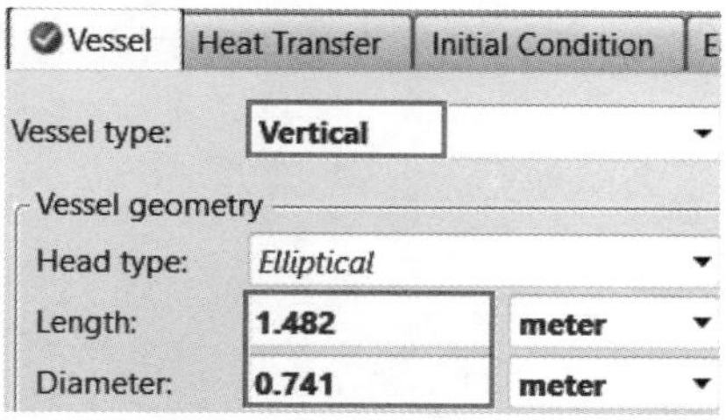

图 14-17　修改闪蒸罐 Flash1 参数

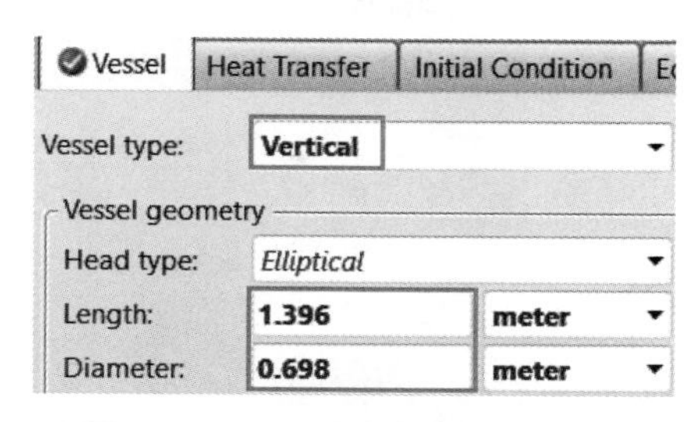

图 14-18　修改闪蒸罐 Flash2 参数

点击 Dynamics 功能区选项卡中的 Pressure Checker，弹出图 14-19 所示对话框，表示压力检测无误。点击 Dynamics 功能区选项卡中的 Pressure Driven 导出动态模型，出现如图 14-20 所示警告信息对话框，该提示信息可以忽略。

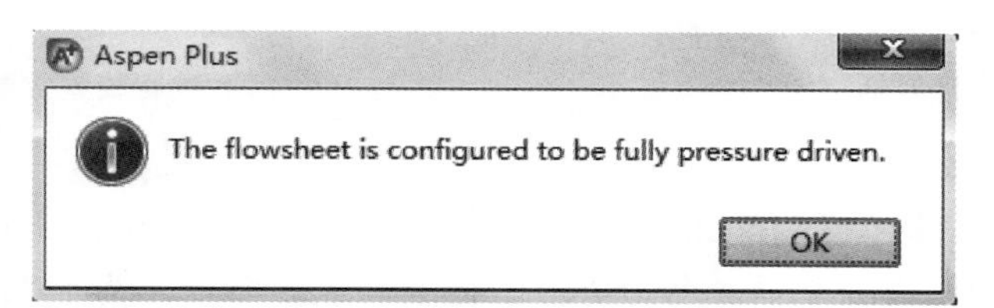

图 14-19　压力检测无误对话框

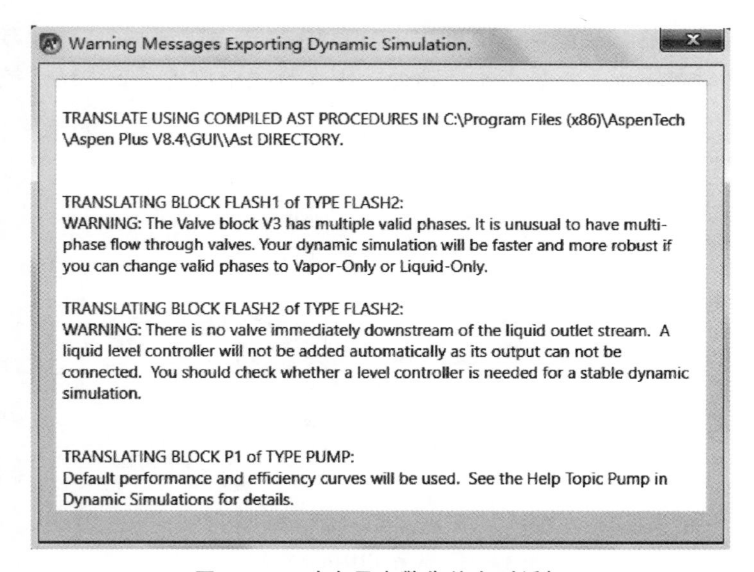

图 14-20　动态导出警告信息对话框

(3)初始化

对于一个新导出的文件，首先需要对其进行“初始化”运行操作。打开导出的 Example14. 2-Flash2. dynf 文件。点击运行模式窗口 Dynamic 下拉菜单，选择 Initialization，点击 ▶ 按钮，运行结束后出现如图 14-21 所示对话框。此时再将运行模式由 Initialization 改为 Dynamic。

(4)搭建控制结构

Aspen Plus Dynamics 软件会为导出的动态模型设置一些缺省的控制器，如图 14-22 所示，该闪蒸过程缺省的控制器为闪蒸罐 Flash1 的压力控制器和液位控制器，以及闪蒸罐 Flash2 的压力控制器。

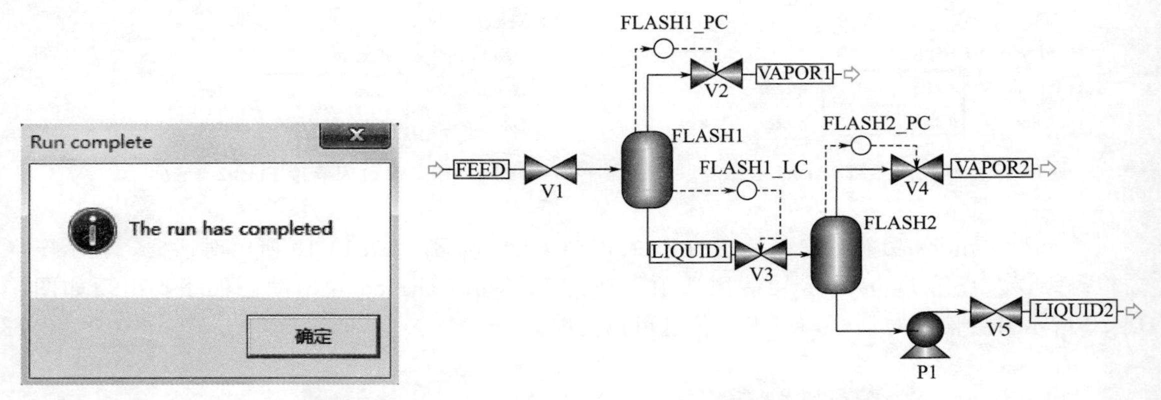

图 14-21　初始化运行成功对话框　　　　图 14-22　闪蒸过程缺省控制器

右键点击控制器图标，在出现的快捷菜单中选择 Rename Block，可以重命名控制器。在本例中将 Flash1 的压力控制器命名为 PC1，将液位控制器命名为 LC1，同时将 Flash2 的压力控制器命名为 PC2。在这些控制回路基础上，还需对该流程添加进料流量控制器以及 Flash2 的液位控制器。

设置进料流量控制器：在模块选项板 Controls 中点击 PIDIncr 图标，移动鼠标至窗口空白适当位置，待光标显示十字形后点击空白处，则在流程中放置了 PIDIncr 控制器，将其重命名为 FC，如图 14-23 所示。

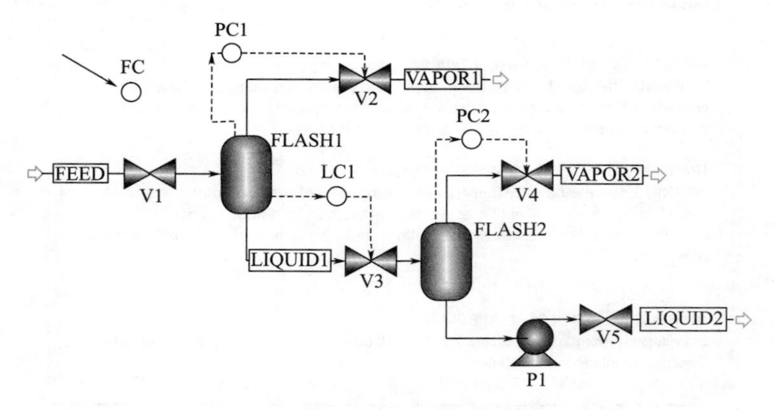

图 14-23　放置 PIDIncr 控制器

控制器放置完成后需要连接控制信号。点击模块选项板 MaterialStream 右侧的下拉箭头，选择 ControlSignal 图标，将鼠标移至窗口空白处，光标变为十字形。此时在单元模块和连接物流上会出现许多蓝色箭头，表示可以连接控制信号的位置。将十字光标放置在物流 FEED 指向外的蓝色箭头上，点击出现如图 14-24 所示窗口，选择其中的 STREAMS ("FEED").F(该选项表示物流的摩尔流量)，点击 **OK** 按钮，将控制信号连接至进料物流。

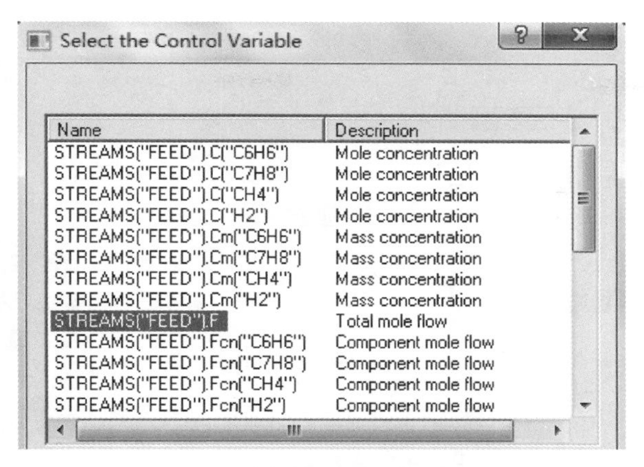

图 14-24　连接控制信号与进料物流

下面将信号另一端连接到流量控制器 FC。点击控制器左边的蓝色箭头，出现如图 14-25 所示窗口，选择其中的 FC. PV（表示输入信号为工艺测量值），点击 **OK** 按钮，完成输入物流与流量控制器的信号连接。

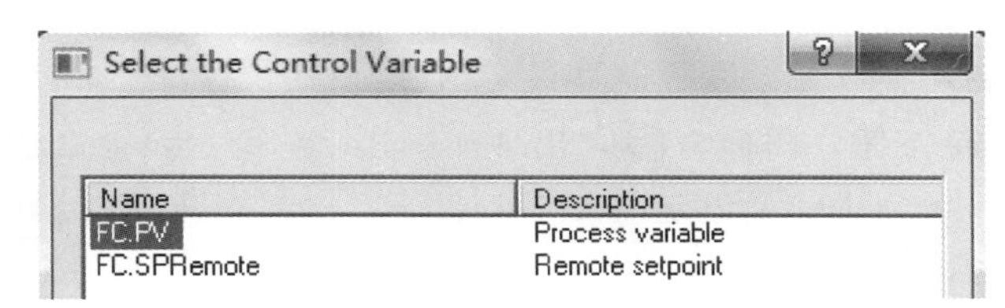

图 14-25　连接控制信号与控制器

点击流量控制器 FC 右侧指向外的蓝色箭头，出现如图 14-26 所示对话框，选择 FC. OP（表示控制器的输出信号），点击 **OK** 按钮，将信号另一端与进料管线阀门上的蓝色箭头相连，完成进料量控制回路的建立。

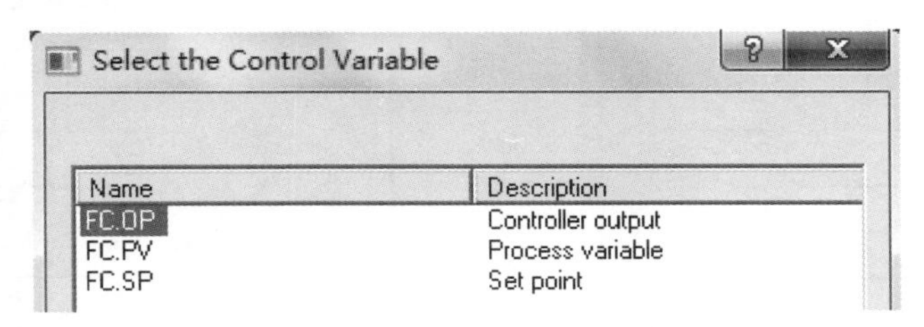

图 14-26　连接控制器输出信号

采用同样的方法建立闪蒸罐 Flash2 的液位控制回路，与流量控制回路不同的是液位控制器的输入信号连接的是闪蒸罐 Flash2 的液位测量值[BLOCK("FLASH2"). level]，如图 14-27 所示。此时，控制结构全部建立完成，如图 14-28 所示。

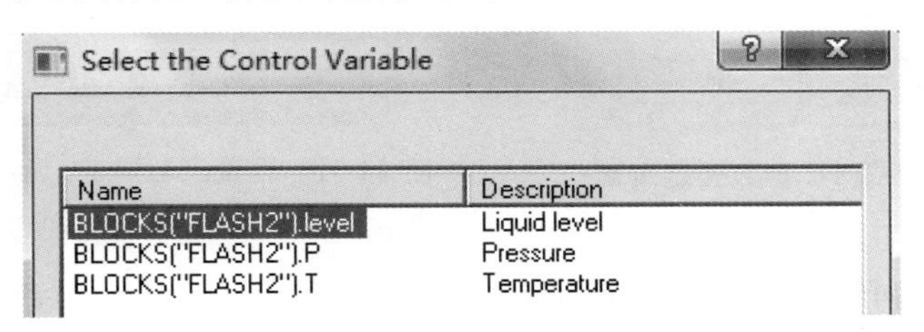

图 14-27　连接控制信号与闪蒸罐 **Flash2** 液位

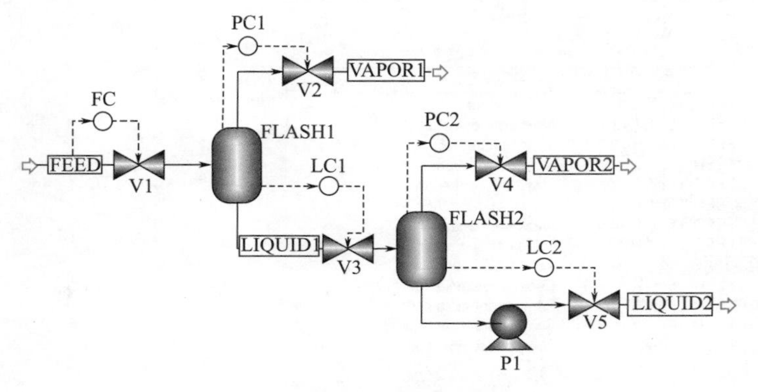

图 14-28 控制结构建成完毕的流程

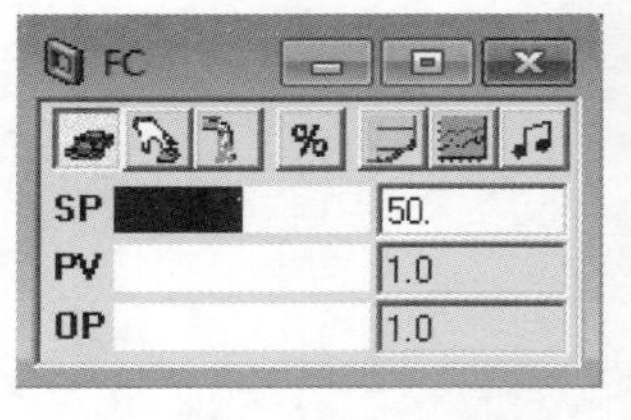

图 14-29 初始控制面板

(5)整定控制器参数

控制回路建立完成后需要整定控制器参数。双击流量控制器 FC 图标，出现其控制面板，如图 14-29 所示。利用控制器面板，用户能够追踪动态模拟进程，设置控制器参数，进行手动与自动控制间的切换以及改变控制器设定值等操作。

首先点击 **Configure** 按钮，图标为▤，出现如图 14-30 所示页面。然后点击窗口下方的 **Initialize Values** 按钮，得到进料量设定值 280kmol/h，控制阀开度 50%。

图 14-30 显示该控制器缺省的 Gain(比例增益)为 1，Integral time(积分时间)为 20min。将其改为常规流量控制器的调谐参数(比例增益为 0.5，积分时间为 0.3min)。由于在流量增大时阀门开度应当减小，因此需要将控制器由缺省的 Direct(正作用)改为 Reverse(反作用)，如图 14-31 所示。

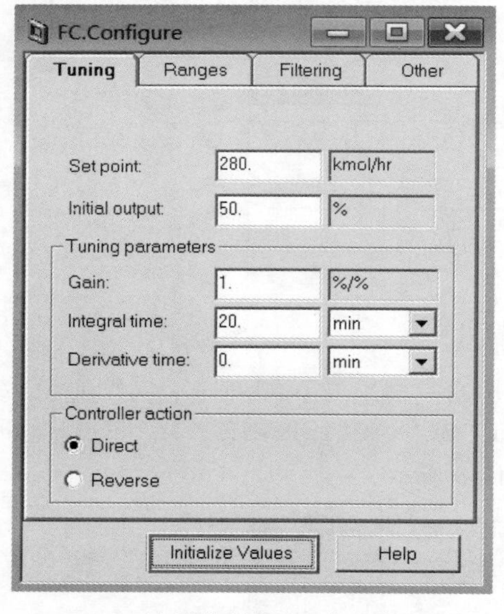

图 14-30 流量控制器 FC 参数整定页面

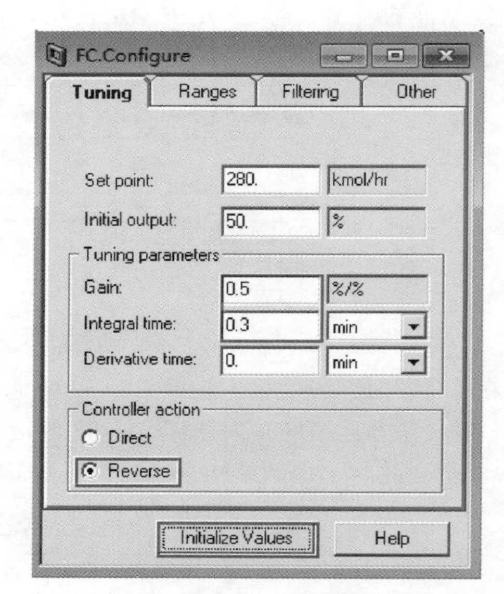

图 14-31 设置控制器 FC 调谐参数和作用方向

采用相同的方法对其他控制器的调谐参数和作用方向进行设置。两个压力控制器 PC1 和 PC2 中缺省的比例增益为 20，积分时间为 12min，此处不作调整。由于压力升高时，气相抽出管线上的阀门开度应当增大，因此压力控制器的作用方向采用缺省的正作用。通常液位控制器仅需要比例控制，因此将液位控制器 LC1 和 LC2 的比例增益设置为 2，积分时间设置为 9999min。当液位升高时，应当增加液相采出管线的阀门开度，因此液位控制器 LC1 和 LC2 的作用方向采用缺省的正作用。

纯比例控制(P)的一个固有缺点是当设定值改变后总是存在一定的余差，故其多用于就地控制以及允许有余差的场合，一般液位或压力控制系统对于参数的要求不严，故可用比例控制。积分会消除余差，所以当比例控制的余差超过限定值时，可使用比例积分控制器(PI)，比如流量或快速压力系统。PI 作用消除了余差，但降低了响应速度，对于多容过程，其响应过程本身就很缓慢，加入 PI 控制器后就更为缓慢，这种情况下加入微分作用，构成比例积分微分(PID)控制，用来补偿对象滞后，提高响应速度。

(6)测试控制效果

完成控制器参数整定后，可以对控制结构的控制效果进行测试，并利用图线反映变量随时间的动态响应。点击窗口上方的 New form ，出现 **New Flowsheet Form** 对话框，选择 Plot，输入图名为 plot1，如图 14-32 所示。点击 **OK** 按钮，生成一个图表窗口。

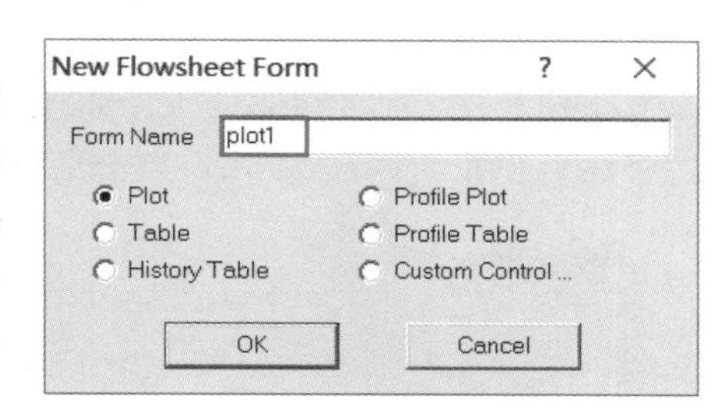

图 14-32　输入图名

将待测变量拖放至图表窗口。右键点击物流 FEED，从快捷菜单中选择 **Forms** | **Results**，打开如图 14-33 所示表格。选中 F(总摩尔流量)并拖拽至图表窗口。对 VAPOR1、VAPOR2 和 LIQUID2 三股物流流量采取同样的操作，得到如图 14-34 所示图表窗口。

FEED.Results Table

	Description	Value	Units
F	Total mole flow	280.0	kmol/hr
Fm	Total mass flow	5070.68	kg/hr
Fv	Total volume flow	188.008	m3/hr
T	Temperature	100.0	C
P	Pressure	41.0	bar
vf	Molar vapor fraction	0.859559	
h	Molar enthalpy	0.298553	kcal/mol
Rho	Molar density	1.4893	kmol/m3
Rhom	Mass density	26.9705	kg/m3
MW	Molar weight	18.1096	gm/mol
zn(*)			
Zn("C6H6")	Mole fraction	0.160714	kmol/kmol
Zn("C7H8")	Mole fraction	0.0178571	kmol/kmol
Zn("CH4")	Mole fraction	0.160714	kmol/kmol
Zn("H2")	Mole fraction	0.660714	kmol/kmol
zmn(*)			
Zmn("C6H6")	Mass fraction	0.693224	kg/kg
Zmn("C7H8")	Mass fraction	0.0908562	kg/kg
Zmn("CH4")	Mass fraction	0.142372	kg/kg
Zmn("H2")	Mass fraction	0.0735479	kg/kg
Fcn(*)			
Fcn("C6H6")	Component mole flow	45.0	kmol/hr
Fcn("C7H8")	Component mole flow	5.0	kmol/hr
Fcn("CH4")	Component mole flow	45.0	kmol/hr

图 14-33　选择绘图变量

在该图表窗口中，四个待测变量共用一个坐标轴。为了更好地显示变量的响应曲线形状，可为每个待测变量创建对应的纵坐标轴。双击图表窗口空白处，在弹出的 Control 属性对话框的 AxisMap 标签下点击 One for Each，点击确定。

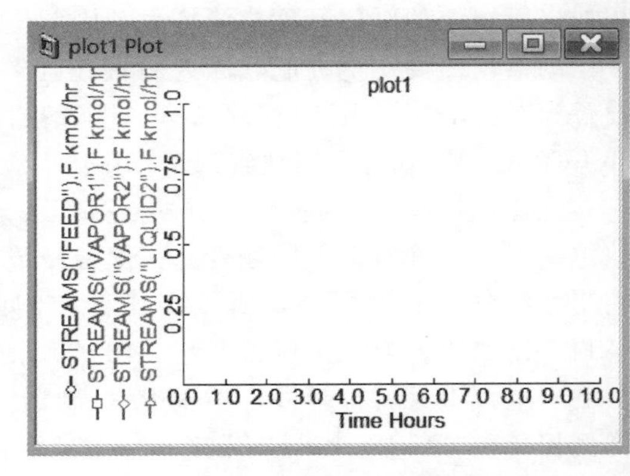

图 14-34　添加变量后的图表窗口

图表窗口设置完成后，点击菜单栏 **Run** | **Pause At**…弹出 **Pause Time** 对话框，在弹出 **Pause Time** 对话框中选择 Pause at time，输入运行中止时间为 1h，如图 14-35 所示，点击 **OK** 按钮。

点击 ▶ 按钮，运行模拟，软件运行 1h 后中止。此时，将进料流量控制器面板中的设定值由 280kmol/h 改为 300kmol/h，如图 14-36 所示。将运行中止时间改为 5h，点击运行按钮，软件在 5h 处中止运行。

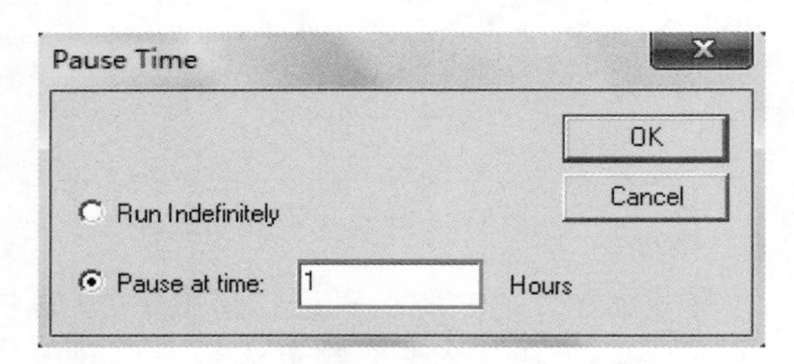

图 14-35　设置运行中止时间

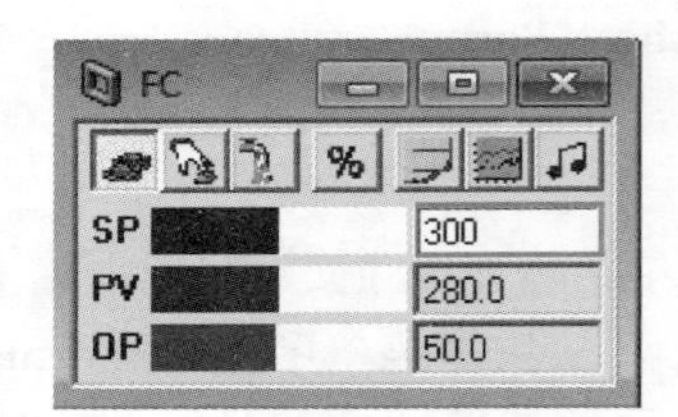

图 14-36　改变进料流量设定值

将进料流量控制器面板中的设定值改回 280kmol/h，将运行中止时间改为 10h，点击运行按钮，最终得到的待测变量响应曲线如图 14-37 所示。可以观察到各气液相产品流量与进料量变化成正相关。

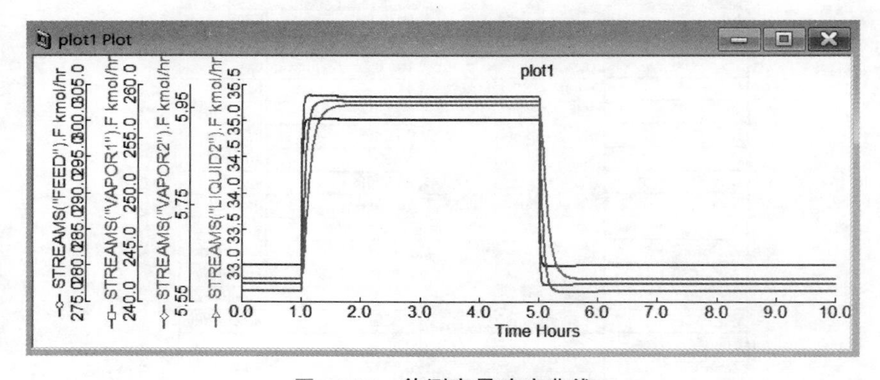

图 14-37　待测变量响应曲线

14.4　反应器动态模拟

在反应器控制过程中，不可逆放热反应的反应器温度控制难度最大，本节以苯胺加氢生产环己胺的不可逆放热反应($C_6H_7N+3H_2 \longrightarrow C_6H_{13}N$)为例，介绍釜式反应器动态模拟的建立步骤。釜式反应器温度的操纵变量有反应器热负荷、加热/冷却介质温度以及加热/冷却介质流量等，下面将分别对其进行介绍。

14.4.1 利用反应器热负荷控制反应温度

例 14.3

对该釜式反应器流程建立控制结构，利用反应器热负荷控制苯胺加氢生产环己胺的反应温度。

本例模拟步骤如下：

(1)导出动态模拟文件

打开本书自带文件 Example14.3-RCSTR.bkp，如图 14-38 所示。进入 **Blocks** | **REACTOR** | **Dynamic** | **Heat Transfer** 页面，Heat transfer option(传热选项)有 Constant duty、Constant temperature 以及 LMTD 等形式，本例选择 Constant duty 选项，如图 14-39 所示。

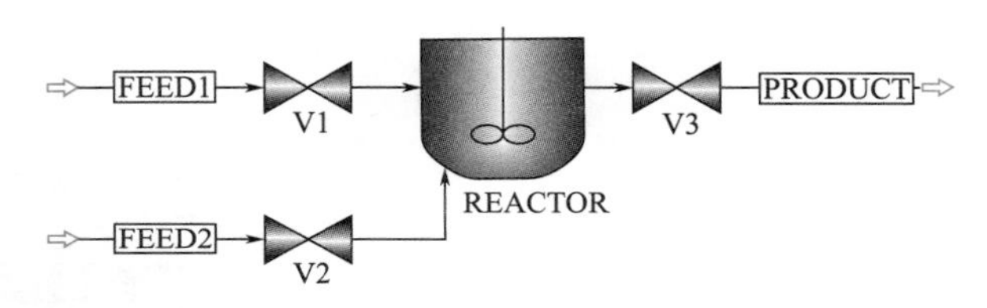

图 14-38 **反应器 RCSTR 流程**

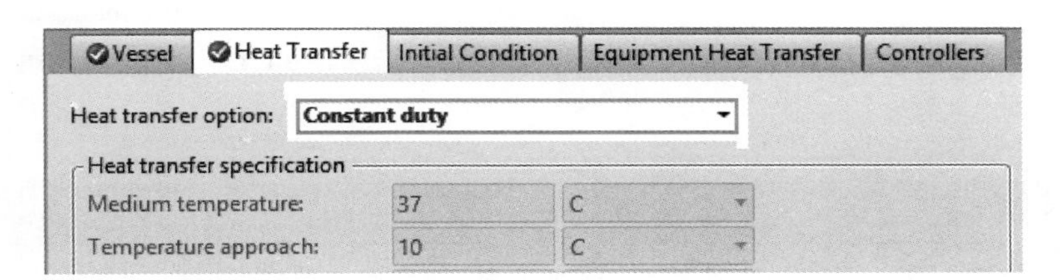

图 14-39 **选择传热方式**

运行模拟，导出 Example14.3-RCSTR.dynf 文件，出现如图 14-40 所示的警告对话框，该警告内容可以忽略。

(2)搭建控制结构

打开生成的动态模拟文件，选择 Initialization(初始化)模式运行模拟文件。可以看到 Aspen Plus Dynamics 中已有缺省反应器液位控制器(REACTOR_LC)以及反应器温度控制器 (REACTOR_TC)，如图 14-41 所示。将反应器液位控制器重命名为 LC，温度控制器重命名为 TC。

(3) 整定控制器参数

双击 LC 控制器，弹出控制面板，如图 14-42 所示，进入 **Configure** | **Tuning** 页面，液位控制器的比例增益为 10，将积分时间改为 9999min，如图 14-43 所示。进入 **Configure** | **Ranges** 页面，将液位过程变量输出范围改为 0 ～9.30139 m，如图 14-44 所示，修改后的液位控制器控制面板如图 14-45 所示。

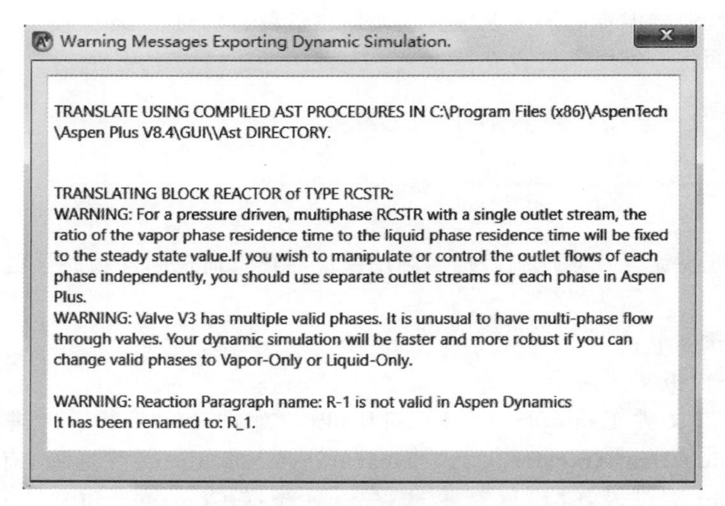

图 14-40　动态导出警告信息对话框

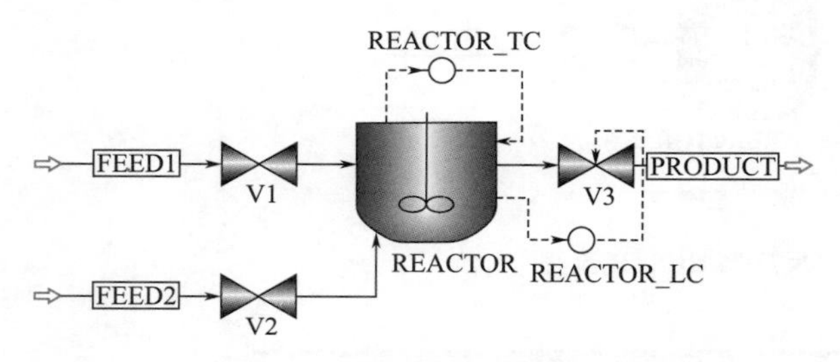

图 14-41　缺省控制器

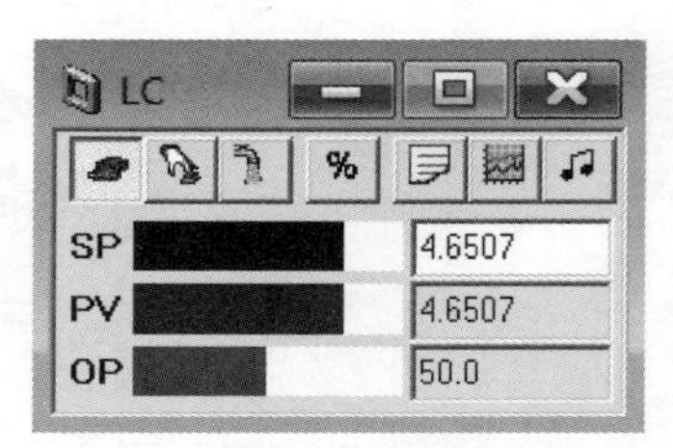

图 14-42　液位控制器控制面板

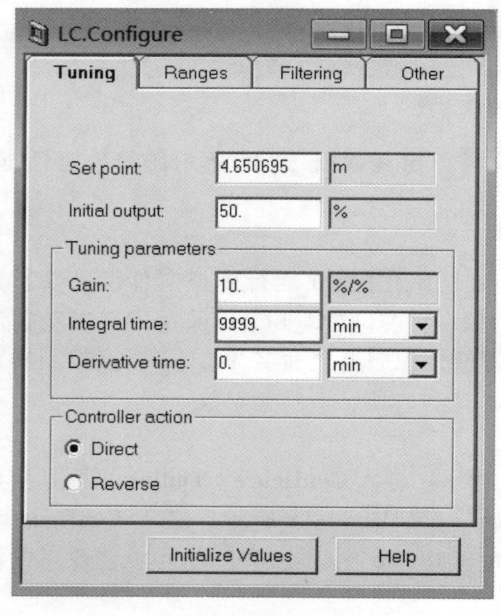

图 14-43　修改液位控制器参数

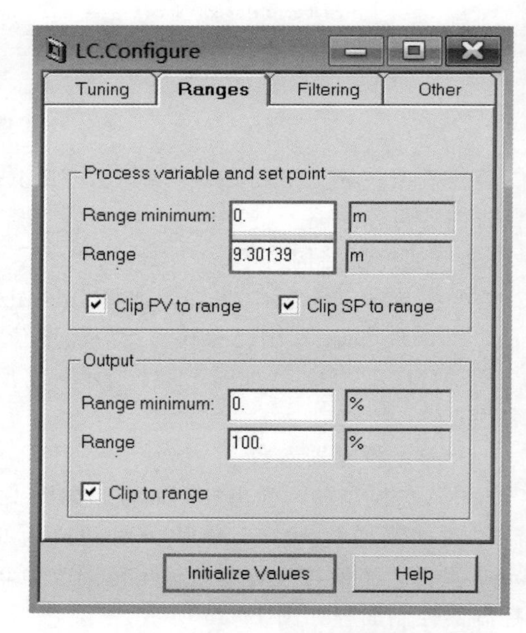

图 14-44　修改液位过程变量输出范围

双击 TC 控制器，进入 **Configure** | **Tuning** 页面，温度控制器的比例增益为 5，积分时间改为 0.5min，如图 14-46 所示；进入 **Configure** | **Ranges** 页面将反应器热负荷输出范围改为-0.995406～0MMkcal/h（$\times 10^6$kcal/h），如图 14-47 所示。点击 **Initialize Values** 按钮进行初始化。

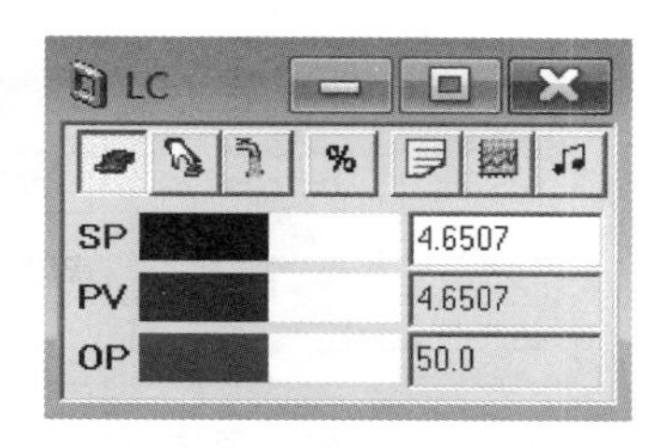

图 14-45 修改后的液位控制器控制面板

对液位以及温度控制器参数整定后，还需对流程设置流量控制器。由于反应过程中反应物的配比对反应影响较大，因此在对反应器进料设置流量控制器时还需要控制两股反应物进料流量比值。

首先在两个进料管线上分别设置流量控制器 FC1 和 FC2。控制器的输入信号为进料的摩尔流量，输出信号为阀门开度。设置两控制器的比例增益为 0.5，积分时间为 0.3min，控制器作用为反作用。

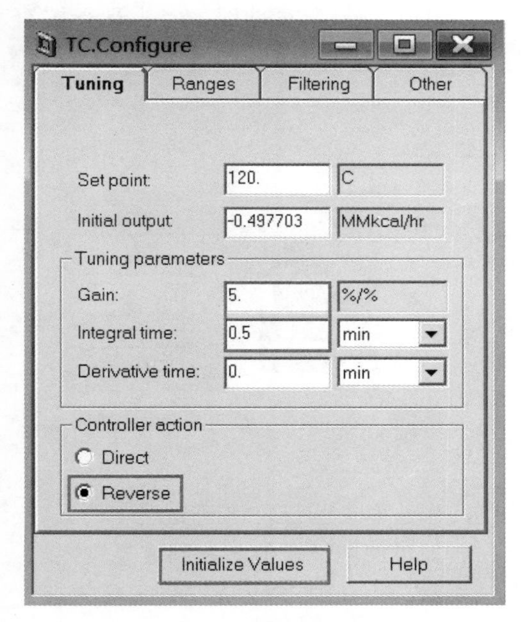

图 14-46 修改温度控制器参数

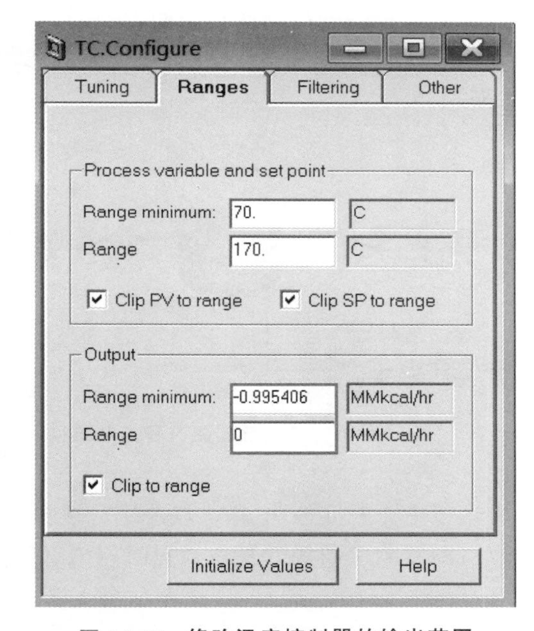

图 14-47 修改温度控制器的输出范围

在两个流量控制器之间设置一个比值控制器，命名为 RATIO。在模块选项板 Controls 中选择 Multiply 图标，将 FEED1 的摩尔流量作为 Input1 连接到比值控制器，将比值控制器的输出信号连接到 FC2 控制器的蓝色箭头上。控制器 FC2 只有 Remote set point（远程设定）信号没有指定，因此比值控制器的默认输出信号为 FC2 控制器的设定值，无需再选择信号类型。右键单击该比值控制器，出现列表选择 **Forms** | **AllVariables**，指定两进料物流流量比值为 4。选择 Initialization 模式运行模拟文件，系统自动更新比值控制器的输入输出信号初值，如图 14-48 所示。

由于控制器 FC2 的设定值为比值控制器的输出值，因此将 FC2 控制器由 Auto（自动）控制改为 Cascade（串级）控制（左数第三个），如图 14-49 所示。

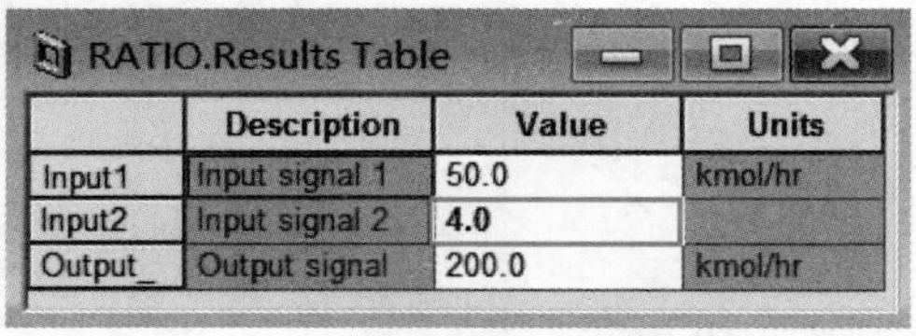

RATIO.Results Table
Description
Value
Units
Input1
Input signal 1
50.0
kmol/hr
Input2
Input signal 2
4.0
Output_
Output signal
200.0
kmol/hr

图 14-48　输入两进料物流流量比值并初始化

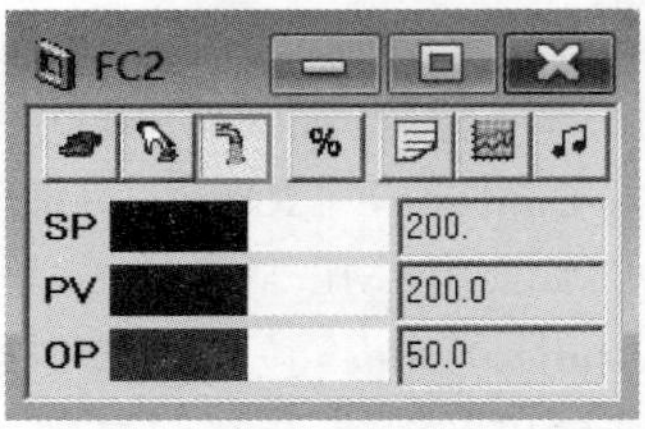

FC2
%
SP
200.
PV
200.0
OP
50.0

图 14-49　将自动控制改为串级控制

至此该釜式反应器流程的控制结构已全部建立完成，如图 14-50 所示。

(4) 测试控制效果

对温度控制器的控制效果进行测试。点击菜单栏 **Run** | **Pause At**…弹出 **Pause Time** 对话框，将运行中止时间设置为 1h。

点击温度控制器控制面板中的 Plot 按钮（图标为▦），记录测试曲线。点击运行按钮，软件在 1h 处中止运行。此时，将温度控制器控制面板中的设定值由 120℃改为 110℃，如图 14-51 所示。

TC
FC1
FEED1
V1
RATI0
FC2
FEED2
V2
REACTOR
V3
PRODUCT
LC

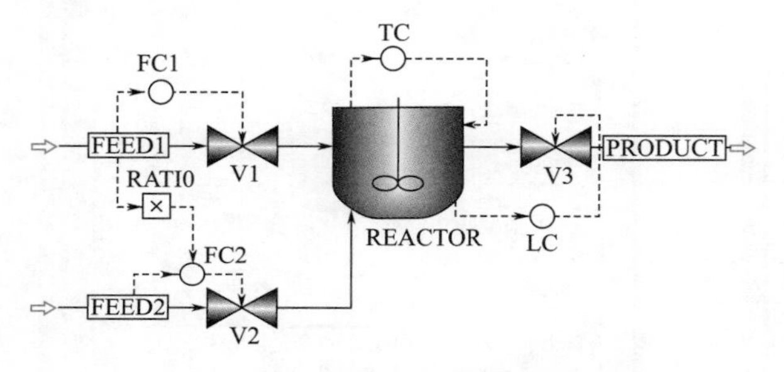

图 14-50　釜式反应器流程控制结构

TC
%
SP
110.
PV
120.0
OP
-0.4977

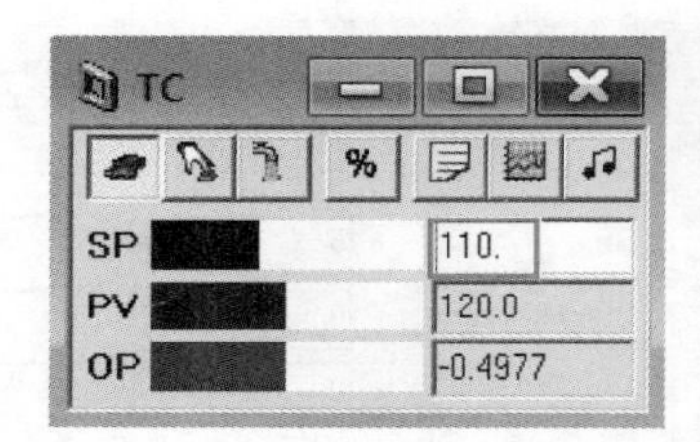

图 14-51　改变温度设定值

将运行中止时间改为 8h，点击运行按钮，软件在 8h 处中止运行，得到如图 14-52 所示的反应器温度响应曲线。其在较短时间内（2.5h）左右即可回归设定值，控制效果较好。

TC.ResultsPlot Plot
Process Variable C
Set Point C
Controller Output MMkcal/hr
100.0 105.0 110.0 115.0 120.0 125.0
-0.75 -0.5 -0.25 0.0
0.0 1.0 2.0 3.0 4.0 5.0 6.0 7.0 8.0
Time Hours

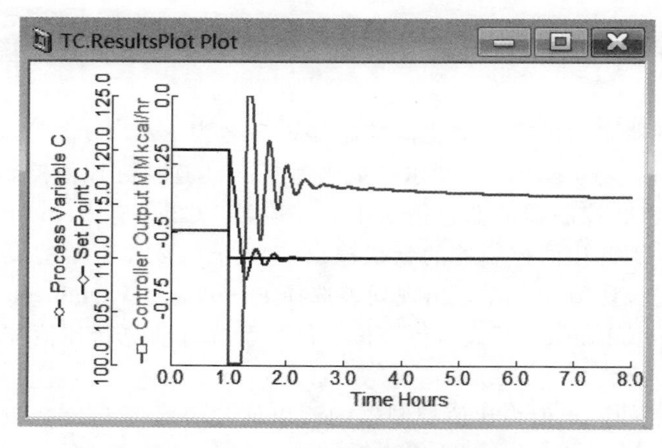

图 14-52　反应器温度响应曲线

14.4.2 利用冷却介质温度控制反应温度

例 14.4

对例 14.3 中的釜式反应器流程建立控制结构，利用冷却介质温度控制反应温度。

本例模拟步骤如下：

将 Example14.3-RCSTR.bkp 另存为 Example14.4-RCSTR.bkp，进入 **Blocks** | **REACTOR** | **Dynamic** | **Heat Transfer** 页面，将传热选项改为 Constant temperature，此时需要输入冷却介质入口温度，本例中冷却介质入口温度设为 65℃，运行模拟文件。

导出动态模拟文件，命名为 Example14.4-RCSTR.dynf。打开该动态模拟文件，选择 Initialization 模式运行模拟文件。可以发现在该动态模拟文件中只有一个缺省液位控制器(REACTOR_LC)，将其重命名为 LC。采用与例 14.3 相同的步骤，液位控制器比例增益为 10，积分时间改为 9999min，液位过程变量范围改为 0～9.30139m。

采用与例 14.3 相同的步骤对该流程建立流量控制回路与流量比值控制回路。

建立反应器温度控制回路，控制器输入信号选择反应器温度 BLOCKS（" REACTOR").T，如图 14-53 所示。

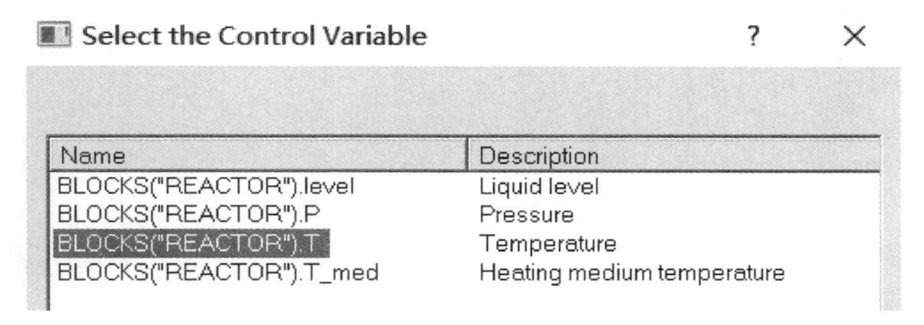

图 14-53 选择温度控制器输入信号

控制器输出信号选择传热介质温度 BLOCKS（" REACTOR").T_med，如图 14-54 所示。

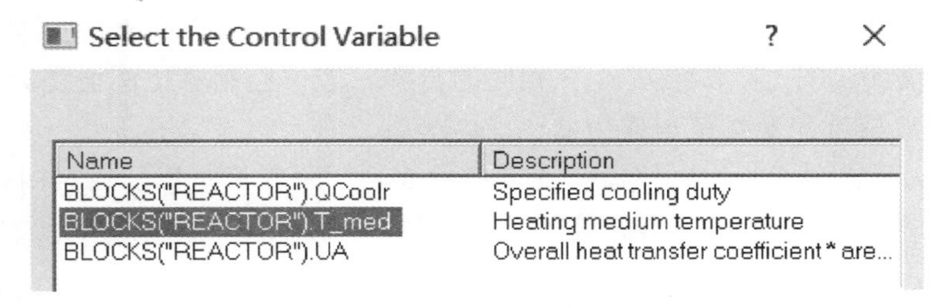

图 14-54 选择温度控制器输出信号

温度控制回路建成后，修改温度控制器参数，设置比例增益为 5，积分时间为 0.5min。当反应器内温度升高时，需要降低传热介质温度，因此将控制器设置为反作用，点击 **Initialize Values** 按钮进行初始化。

对温度控制器的控制效果进行测试。点击菜单栏 **Run** | **Pause At…** 弹出 **Pause Time** 对话框，将运行中止时间设置为 1h。

点击温度控制器面板上的图线(Plot)按钮记录测试曲线。点击运行按钮，软件在1h处中止运行。此时，将温度控制器面板中的设定值由120℃改为110℃，将运行中止时间改为8h。点击运行按钮，软件在8h处中止运行。得到反应器温度响应曲线如图14-55所示。其温度在3.5h左右可稳定至设定值附近。

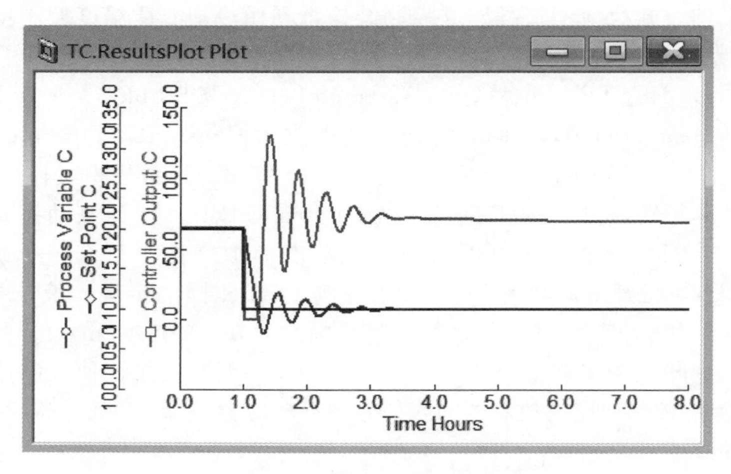

图 14-55 反应器温度响应曲线

14.4.3 利用冷却介质流量控制反应温度

例 14.5

对例14.4中的釜式反应器流程建立控制结构，利用冷却介质流量来控制反应温度。

本例模拟步骤如下：

将Example14.3-RCSTR.bkp另存为Example14.5-RCSTR.bkp，进入**Blocks**｜**REACTOR**｜**Dynamic**｜**Heat Transfer**页面，将传热选项改为LMTD，输入冷却介质入口温度为37℃，冷却介质与反应器内物流温度的对数平均温差为10℃，比热容为1.00315cal/(g•K)。

导出动态模拟文件，命名为Example14.5-RCSTR.dynf。打开该动态模拟文件，选择Initialization模式运行模拟文件。该动态模拟文件只有一个缺省液位控制器(REACTOR_LC)，将其重命名为LC。采用与例14.3相同的步骤，液位控制器比例增益为10，积分时间改为9999min，液位过程变量范围改为0～9.30139m。

采用与例14.3相同的步骤对该流程建立流量控制回路与流量比值控制回路。

添加温度控制器，建立反应器温度控制回路，控制器输入信号选择反应器温度BLOCKS("REACTOR").T，如图14-56所示。

控制器输出信号选择传热介质流量BLOCK("REACTOR").Fl_med，如图14-57所示。

温度控制回路建成后，整定温度控制器参数，设置比例增益为5，积分时间为0.5min。当反应器内温度升高时，需要增加传热介质流量，因此将该温度控制器设置为正作用，点击**Initialize Values**按钮进行初始化。

对温度控制器的控制效果进行测试。在工具栏中选择Run，从快捷菜单中选择Pause At，将运行中止时间设置为1h。

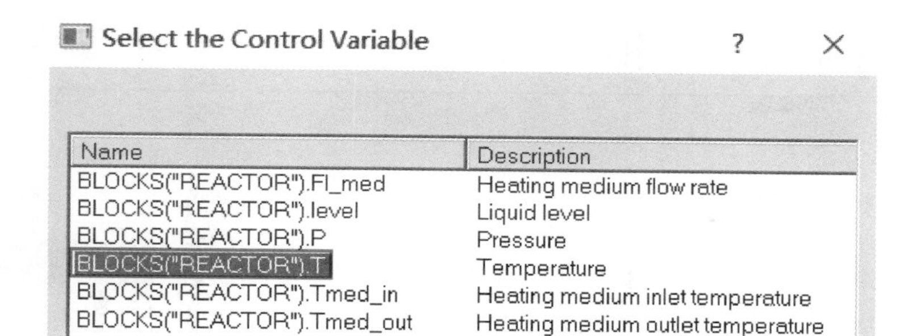

图 14-56　选择温度控制器输入信号

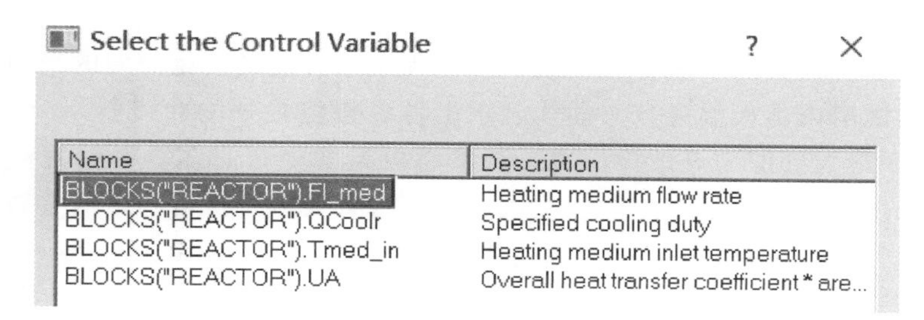

图 14-57　选择温度控制器输出信号

点击温度控制器面板上的图线(Plot)按钮记录测试曲线。点击运行按钮，软件在1h处中止运行。此时，将温度控制器面板中的设定值由120℃改为110℃，将运行中止时间改为8h。点击运行按钮，软件在8h处中止运行。得到反应器温度响应曲线如图14-58所示，该控制方案与前两者相比响应时间较长，约5h可恢复稳定。

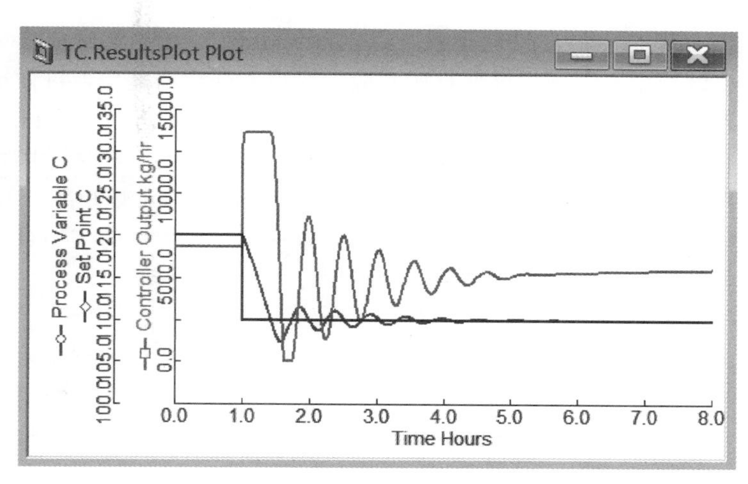

图 14-58　反应器温度响应曲线

在反应器的三种温度控制策略中，前两种控制效果好些，利用冷却介质流量来控制反应温度效果较差，但更接近实际生产操作过程。

14.5 精馏塔动态模拟

14.5.1 温度控制结构

在精馏塔控制过程中，可以通过维持某块塔板温度来控制产品纯度，被选作控制温度的塔板即为灵敏板。在温度控制结构建立前需要选取合适的灵敏板，目前温度灵敏板选择判据均基于稳态信息，可通过 Aspen Plus 等模拟软件获得。常用的灵敏板选择判据可分为以下五种：

(1)斜率判据

选取塔板间温差最大的塔板作为灵敏板。此判据是目前最实用简便的灵敏板判据，其操作方法是：作精馏塔内塔板温度分布曲线，求出各塔板位置处的曲线斜率(可通过塔板间温度差代替)，斜率最大处即为灵敏板位置。若某塔板温度分布曲线斜率较大，说明在该区域存在关键组分浓度的突变，稳定该塔板温度可以较为有效地维持塔内组成分布，减少轻组分流入塔底或重组分混入塔顶。

(2)灵敏度判据

当操纵变量发生变化时，选取温度变化最大的塔板作为灵敏板。操作方法为：操纵变量增加或减少一个微小数值(通常为设定值的 0.1%)，分别记录各塔板温度的变化量；计算塔板温度变化量与操纵变量变化量间的比值，即为塔板温度对操纵变量的开环增益(Open-loop steady-state gain)，开环增益最大的塔板即为温度灵敏板。若某塔板的开环增益较大说明所选取的操纵变量能够较为有效地控制该塔板的温度。

(3)奇异值分解(Singular Value Decomposition，SVD)判据

SVD 判据通常用于两点温度控制体系，以判断灵敏板与操纵变量间的匹配关系。SVD 判据主要基于灵敏度判据。得到操纵变量所对应各塔板的开环增益后，可做出开环增益矩阵 K。该矩阵具有 N_T(塔板数)行和 2(操纵变量数)列。对矩阵 K 进行奇异值分解得到三个矩阵：$K=U\sigma V^T$。其中向量 U 和 V 均为酉矩阵，将矩阵 U 中的两个矢量对塔板位置作图，两曲线峰值即为两操纵变量对应的灵敏板位置；σ 是一个 2×2 的对角矩阵，其中的元素为奇异值，奇异值中较大数值与较小数值间的比值即为条件数，条件数的大小可以判断两点控制的有效性。如果条件数较大，则说明体系控制难度较大。

(4)恒温判据

在塔顶以及塔底产品纯度保持不变的前提下，改变进料组成，找到温度不随进料组成发生变化的塔板即为灵敏板。该方案的难点在于，在某些体系中，不同进料组成发生变化时可能不存在温度恒定的塔板，在某些多组分体系中非关键组分在塔内的分布情况可能会对塔板温度产生非常大的影响。

(5)最小产品纯度变化判据

在选择灵敏板时先确定几个备选塔板，改变进料组成，通过调节一个操纵变量维持其中一块塔板温度恒定，同时保持其他操纵变量恒定，计算产品纯度变化量。采用同样的方法获得其他几块备选塔板所对应的产品纯度变化量，对应产品纯度变化量最小的塔板即为温度灵敏板。该判据由于需要对各备选塔板分别进行计算，其复杂程度明显高于其他四种判据。

需要注意的是以上五种温度灵敏板判据均基于稳态模型，而控制过程各变量均随时间变

化，因此其精确程度有限。在许多体系中这五种判据所确定的灵敏板位置可能会有所差异，温度灵敏板位置的最终选取要以动态测试结果作为判断标准。

例 14.6

对例 14.1 中导出的乙苯-苯乙烯精馏塔模型建立温度控制结构，采用灵敏度判据选取温度灵敏板。

本例模拟步骤如下：

将 Example14.1-RadFrac.bkp 文件另存为 Example14.6-RadFrac.bkp。

(1)选择温度灵敏板

进入 **Blocks** | **RADFRAC** | **Results** 页面中查看精馏塔的再沸器热负荷为 4893.84kW，如图 14-59 所示。

Reboiler / Bottom stage performance

Name	Value	Units
Temperature	97.4281	C
Heat duty	4893.84	kW
Bottoms rate	49.1994	kmol/hr
Boilup rate	448.886	kmol/hr

图 14-59　**查看精馏塔 RADFRAC 再沸器负荷计算结果**

进入 **Blocks** | **RADFRAC** | **Specifications** | **Setup** | **Configuration** 页面，输入再沸器热负荷，如图 14-60 所示，运行模拟，流程收敛。

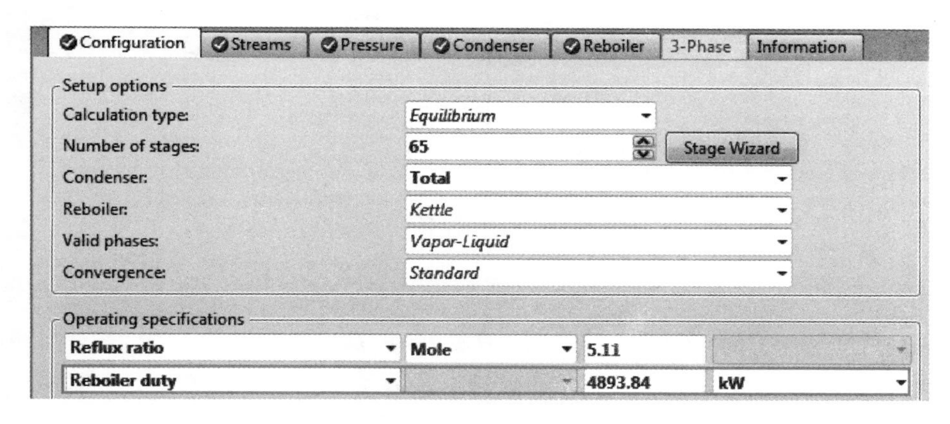

图 14-60　**输入再沸器负荷**

进入 **Blocks** | **RADFRAC** | **Profiles** 页面，查看各塔板温度，将其复制、粘贴至 Excel 文件中。

采用灵敏度判据选择温度灵敏板，将再沸器负荷增加 0.1%，即将其改为 4898.73kW，运行模拟。查看各塔板温度数值，并将其复制、粘贴至 Excel 文件中。计算两种再沸器负荷对应塔板温度的差值，将差值除以再沸器负荷变化量即为各塔板的开环增益，作出开环增益曲线，如图 14-61 所示。曲线的峰值出现在第 46 块塔板处，因此选取第 46 块塔板作为温度灵敏板。

(2)搭建控制结构并整定控制器参数

完成温度灵敏板选择后，对该塔建立控制结构。将Example14.1-RadFrac.dynf 文件另存为 Example14.6-RadFrac.dynf，选择 Initialization 模式运行模拟文件。

该精馏塔需要建立的控制回路有：

① 塔顶压力控制回路；

② 回流罐液位控制回路；

③ 塔底液位控制回路；

④ 进料流量控制回路；

⑤ 回流量与进料量比值控制回路；

⑥ 灵敏板温度控制回路。

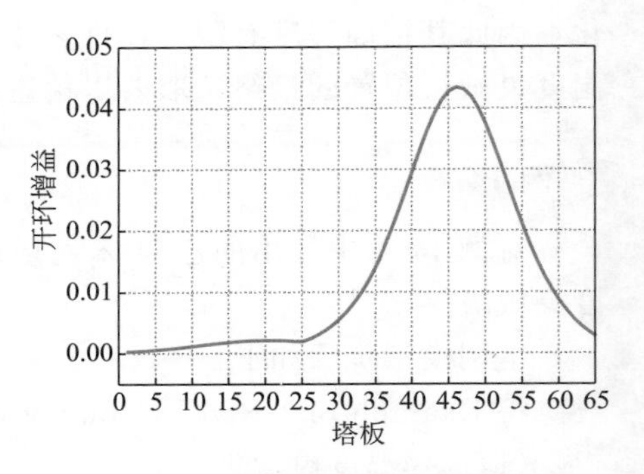

图 14-61 改变再沸器负荷得到的塔板开环增益曲线

Aspen Plus Dynamics 已为该精馏塔建立了塔顶压力控制器，将其重命名为 PC。压力控制器缺省的比例增益为 20，积分时间为 12min，这在一般情况下能够获得较为理想的控制效果，因此无需修改。

建立回流罐液位控制器，命名为 LC1。液位控制器输入信号为回流罐液位，如图 14-62 所示，输出信号为塔顶采出管线上的阀门开度。设置液位控制器比例增益为 2，积分时间为 9999min，作用方向为正作用。

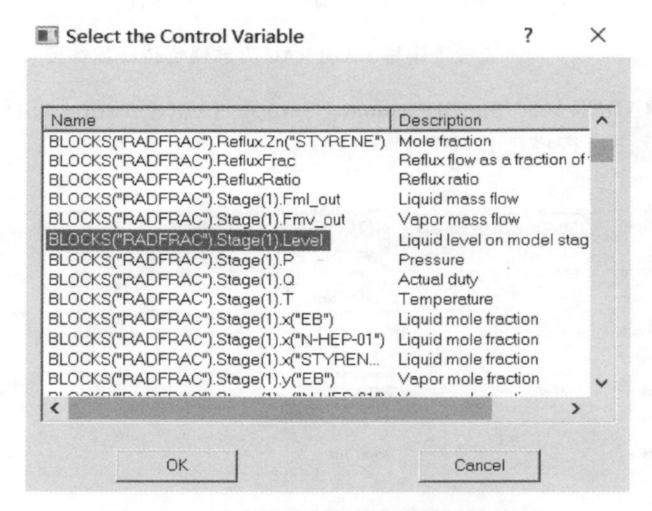

图 14-62 选择回流罐液位控制器输入信号

建立塔底液位控制器，命名为 LC2。液位控制器输入信号为塔底液位，如图 14-63 所示，输出信号为塔底采出管线上的阀门开度。设置液位控制器比例增益为 2，积分时间为 9999min，作用方向为正作用。

建立进料流量控制器，命名为 FC。流量控制器输入信号为进料质量流量，输出信号为进料管线上的阀门开度。设置流量控制器比例增益为 0.5，积分时间为 0.3min，作用方向为反作用。

建立回流量与进料量比值控制器，命名为 R/F。比值控制器的 Input1 为进料质量流量，输出信号为精馏塔质量回流量，如图 14-64 所示。Input2 采用手动输入，其数值为回流量与进料量比值 3.01284。选择 Initialization 模式运行模拟文件，系统自动更新比值控制器的输入输出信号初值，如图 14-65 所示。

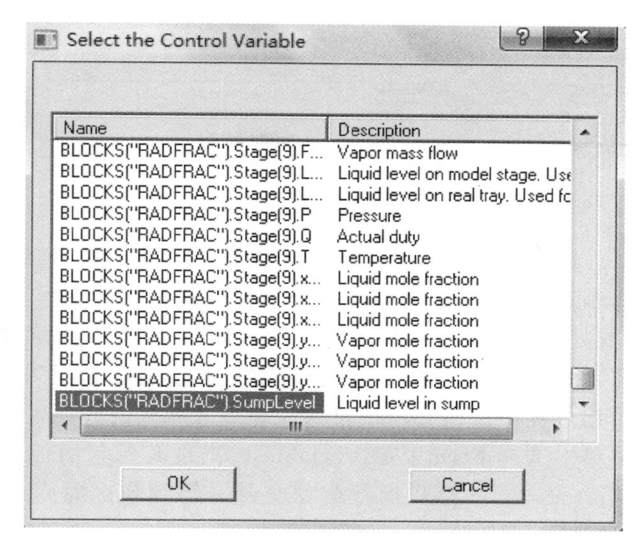

Name	Description
BLOCKS("RADFRAC").Stage(9).F...	Vapor mass flow
BLOCKS("RADFRAC").Stage(9).L...	Liquid level on model stage. Us
BLOCKS("RADFRAC").Stage(9).L...	Liquid level on real tray. Used fc
BLOCKS("RADFRAC").Stage(9).P	Pressure
BLOCKS("RADFRAC").Stage(9).Q	Actual duty
BLOCKS("RADFRAC").Stage(9).T	Temperature
BLOCKS("RADFRAC").Stage(9).x...	Liquid mole fraction
BLOCKS("RADFRAC").Stage(9).x...	Liquid mole fraction
BLOCKS("RADFRAC").Stage(9).x...	Liquid mole fraction
BLOCKS("RADFRAC").Stage(9).y...	Vapor mole fraction
BLOCKS("RADFRAC").Stage(9).y...	Vapor mole fraction
BLOCKS("RADFRAC").Stage(9).y...	Vapor mole fraction
BLOCKS("RADFRAC").SumpLevel	Liquid level in sump

图 14-63 选择塔底液位控制器输入信号

Name	Description
BLOCKS("RADFRAC").QRebR	Specified reboiler duty
BLOCKS("RADFRAC").Reflux.FmR	Specified total mass flow
BLOCKS("RADFRAC").Stage(1).Qr	Specified duty
BLOCKS("RADFRAC").Stage(10).Qr	Specified duty
BLOCKS("RADFRAC").Stage(11).Qr	Specified duty
BLOCKS("RADFRAC").Stage(12).Qr	Specified duty

图 14-64 选择比值控制器输出信号

R/F.Results Table

	Description	Value	Units
Input1	Input signal 1	12500.0	kg/hr
Input2	Input signal 2	3.01284	
Output_	Output signal	37660.5	kg/hr

图 14-65 回流量与进料量比值控制器面板

建立温度控制器，命名为 TC。温度控制器输入信号为第 46 块塔板温度，如图 14-66 所示，输出信号为再沸器热负荷，如图 14-67 所示。进入 **TC** | **Configure** | **Tuning** 页面，设置控制器作用方向为反作用，点击 **Initialize values** 按钮进行初始化，得到输入输出信号初值。

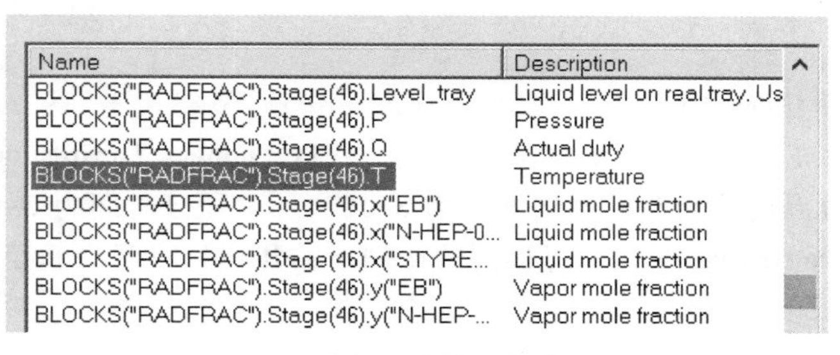

Name	Description
BLOCKS("RADFRAC").Stage(46).Level_tray	Liquid level on real tray. Us
BLOCKS("RADFRAC").Stage(46).P	Pressure
BLOCKS("RADFRAC").Stage(46).Q	Actual duty
BLOCKS("RADFRAC").Stage(46).T	Temperature
BLOCKS("RADFRAC").Stage(46).x("EB")	Liquid mole fraction
BLOCKS("RADFRAC").Stage(46).x("N-HEP-0...	Liquid mole fraction
BLOCKS("RADFRAC").Stage(46).x("STYRE...	Liquid mole fraction
BLOCKS("RADFRAC").Stage(46).y("EB")	Vapor mole fraction
BLOCKS("RADFRAC").Stage(46).y("N-HEP-...	Vapor mole fraction

图 14-66 选择温度控制器输入信号

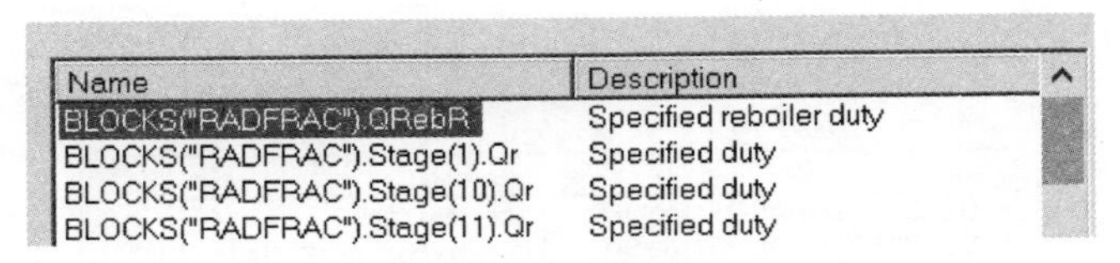

Name	Description
BLOCKS("RADFRAC").QRebR	Specified reboiler duty
BLOCKS("RADFRAC").Stage(1).Qr	Specified duty
BLOCKS("RADFRAC").Stage(10).Qr	Specified duty
BLOCKS("RADFRAC").Stage(11).Qr	Specified duty

图 14-67 **选择温度控制器输出信号**

由于温度控制存在时间滞后的特点，因此在温度控制器输入信号端插入一个 1min 的死区时间元件。死区时间是运输滞后(如物料从一个点行进到另一个点所需的时间)、样本或仪器滞后(如收集，分析或处理测量的 PV 样本花费的时间)以及由于高阶过程的停滞而导致的滞后的总和。死区时间元件之所以不在控制回路建立之初设置，是因为如果一开始即设置死区时间元件，其在初始化过程中往往会出现错误。在插入死区时间元件后，右键点击死区时间元件图标，在快捷菜单中选择 **Form** | **AllVariables**，出现其控制面板。在控制面板中输入滞后时间 1min，选择 Initialization 模式运行模拟文件，得到死区时间元件的输入输出信号初值，如图 14-68 所示。

采用继电-反馈测试整定温度控制器参数。在温度控制器面板点击 **Tune** 按钮(图标为♫)，进入 **TC. Tune** | **Test** 窗口，可以看到软件缺省的继电器输出信号为控制器输出范围的 5%，对于该体系无需修改。而对于非线性强的体系，则需要适当降低。点击运行按钮并保持软件在动态运行状态，在 **TC. Tune** | **Test** 窗口将 Tune method(测试方法)切换为 Closed loop ATV(闭环)，点击 **Start test** 按钮，开始测试并点击 **Plot** 按钮观察测试曲线，运行若干循环(5～6 个为宜)后点击 **Finish test** 按钮，结束测试，测试曲线如图 14-69 所示。

DT.AllVariables Table

	Value	Spec
ComponentList	Type1	
DeadTime	1.0	Fixed
Input_	87.7155	Free
Output_	87.7155	Free
TimeScaler	3600.0	

图 14-68 **死区时间元件控制面板**

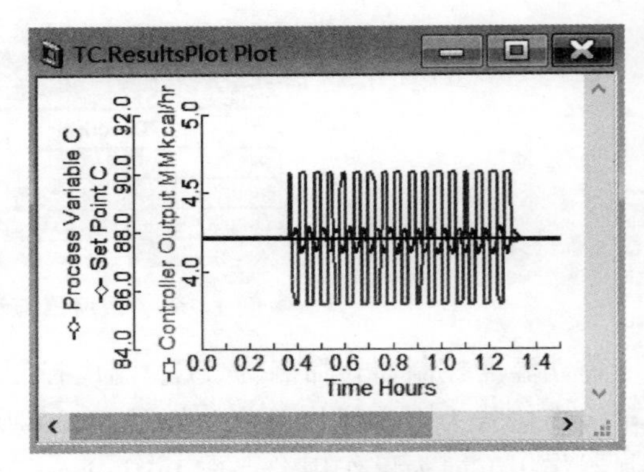

图 14-69 **继电-反馈测试曲线**

此时在 **TC. Tune** | **Test** 窗口可以看到 Ultimate gain(最终增益)为 27.09574，Ultimate period(最终周期)为 3.6min，如图 14-70 所示。在 **TC. Tune** | **Tuning parameters** 页面点击 **Calculate** 按钮，获得温度控制器的比例增益为 8.467418，积分时间为 7.92min，如图 14-71 所示。点击 **Update controller** 按钮，将得到的比例增益和积分时间更新至控制器，温度控制器参数整定完成。

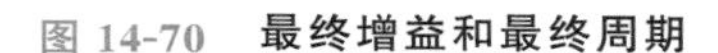

图 14-70 最终增益和最终周期

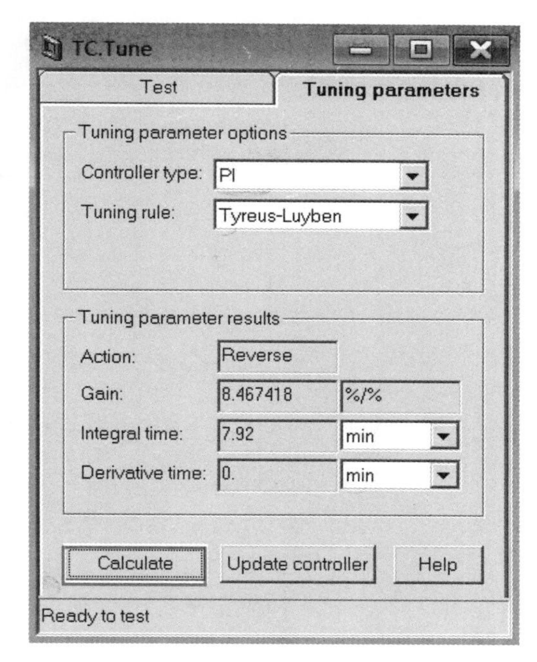

图 14-71 计算比例增益和积分时间

进入 **TC. Tune** | **Test** 页面可以看到，测试方法包括开环测试与闭环测试。对于闭环测试，控制器作为继电控制器(Relay controller)运行，以在过程变量(Process variable，PV)中创建周期长度限制，用于确定过程的最终增益和最终周期，其重要测试规则包括：Ziegler-Nichols、Tyreus-Luyben 等。对于开环测试，控制器设置为手动，输出是步进的，此方法假定该过程近似等于一阶滞后加上死区时间，PV 的响应用于估算过程的开环增益、时间常数和死区时间，其重要测试规则包括：Ziegler-Nichols，Cohen-Coon 等。

在控制回路中建立死区时间元件尤为重要，死区时间元件将在温度控制器调试中引入。只有在控制回路中存在死区时间元件时闭环测试方法才有效；若不考虑环路死区时间，则应使用开环测试方法，对于包含相互作用环的过程，优选开环调节方法。

至此，该精馏过程的控制回路全部建立完成，如图 14-72 所示。

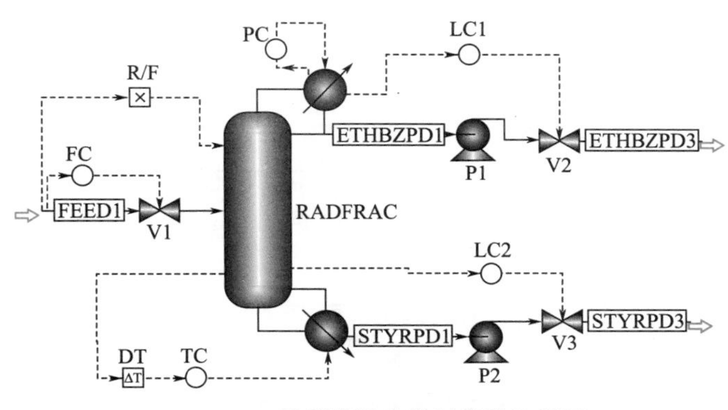

图 14-72 精馏塔温度控制策略流程图

(3)测试控制效果

在运行 0.5h 后引入进料量增加 10％的扰动，记录塔顶馏出液中苯乙烯的质量纯度和塔底采出液中乙苯的质量纯度的响应曲线，如图 14-73 所示。

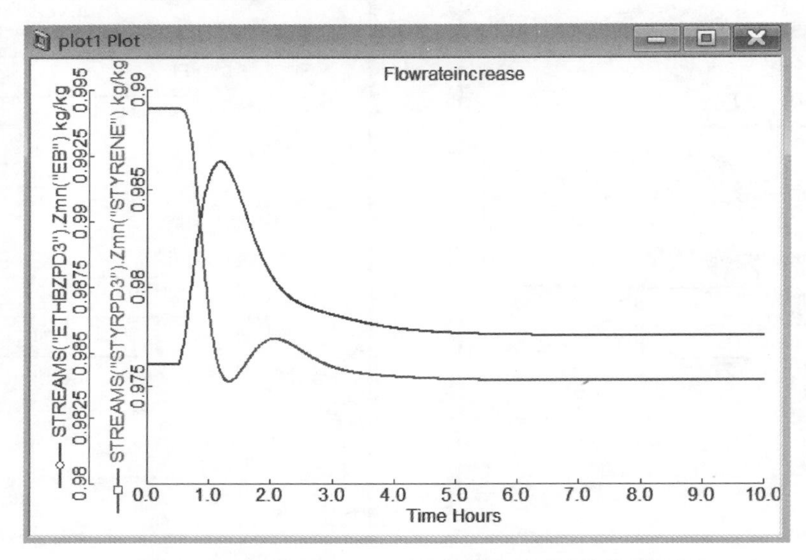

图 14-73　产品纯度在＋10％进料量扰动下的响应曲线

在运行 0.5h 后引入进料组成中苯乙烯增加 10％的扰动。右键点击进料物流，在快捷菜单中选择 **Forms** | **Manipulate**，在进料质量组成处将苯乙烯组成改为 0.4565，乙苯组成改为 0.5435，即完成进料组成扰动设置。记录塔顶馏出液中苯乙烯的质量纯度和塔底采出液中乙苯的质量纯度的响应曲线，如图 14-74 所示。通过动态响应曲线可以看出，在进料量和进料组成的扰动下，建立的温度控制结构能够保证产品纯度接近设定值，并均可在 3h 之内使产品纯度恢复稳定。

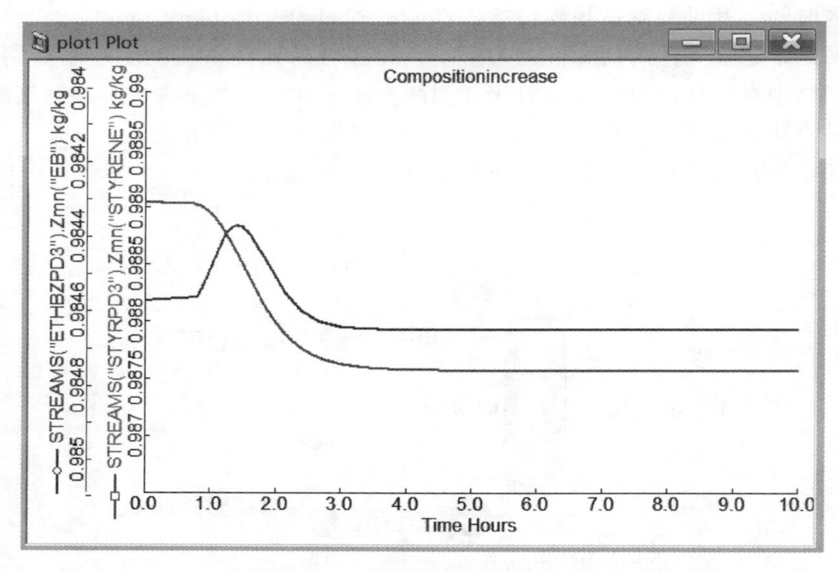

图 14-74　产品纯度在＋10％苯乙烯组成扰动下的响应曲线

14.5.2 浓度控制结构

例 14.7

对例 14.1 中导出的乙苯-苯乙烯精馏塔模型建立浓度控制结构。

本例模拟步骤如下：

(1)搭建控制结构

将 Example14.6-RadFrac.dynf 文件另存为 Example14.7-RadFrac.dynf。将流程中的温度控制回路删除，保留其他控制回路。

设置浓度控制器。控制器输入信号为塔顶采出产品中苯乙烯质量纯度，如图 14-75 所示，输出信号为再沸器负荷，设置控制器作用方向为反作用，点击 **Initialize values** 按钮进行初始化，得到输入输出信号初值。

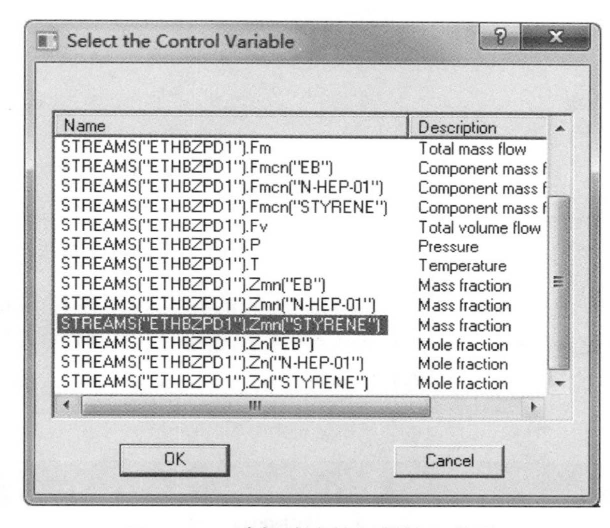

图 14-75 选择浓度控制器输入信号

浓度控制的时间滞后要长于温度控制，因此在浓度控制器的输入信号端插入一个 3min 的死区时间元件。采用继电反馈测试整定浓度控制器参数，得到浓度控制器的比例增益为 0.28，积分时间为 81.8min。

建立完成的浓度控制结构如图 14-76 所示。

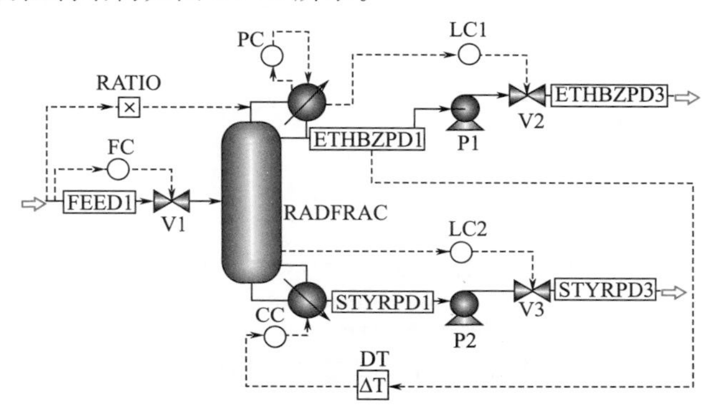

图 14-76 精馏塔浓度控制策略流程图

(2)测试控制效果

在运行 0.5h 后引入进料量增加 10%的扰动，记录塔顶馏出液中苯乙烯的质量纯度和塔底采出液中乙苯的质量纯度的响应曲线，如图 14-77 所示。

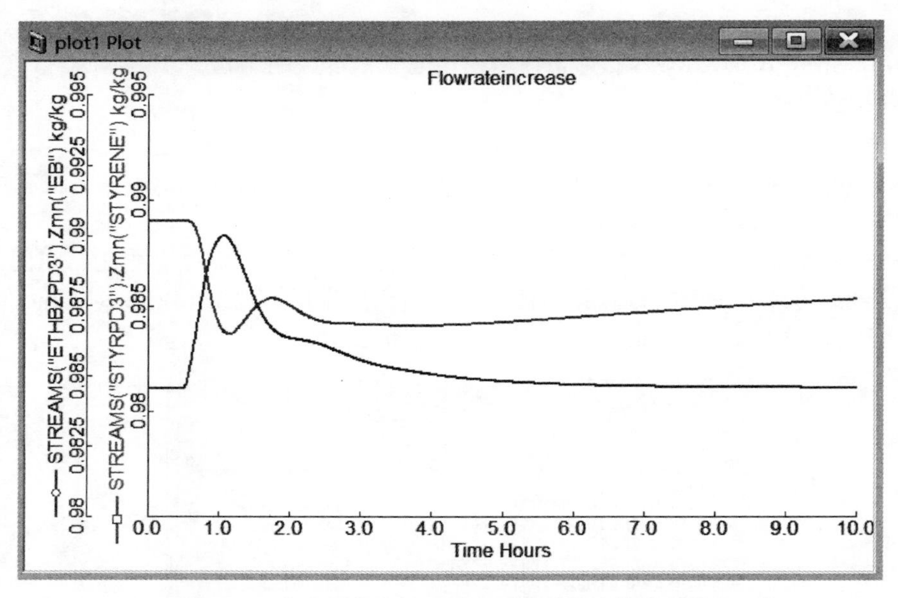

图 14-77 产品纯度在+10%进料量扰动下的响应曲线

在运行 0.5h 后引入进料组成中苯乙烯增加 10%的扰动，记录塔顶馏出液中苯乙烯的质量纯度和塔底采出液中乙苯的质量纯度的响应曲线，如图 14-78 所示。从动态响应曲线可以看出，对于此塔，组成控制结构也可使产品纯度稳定在设定值附近，但其调节时间要长于温度控制结构。

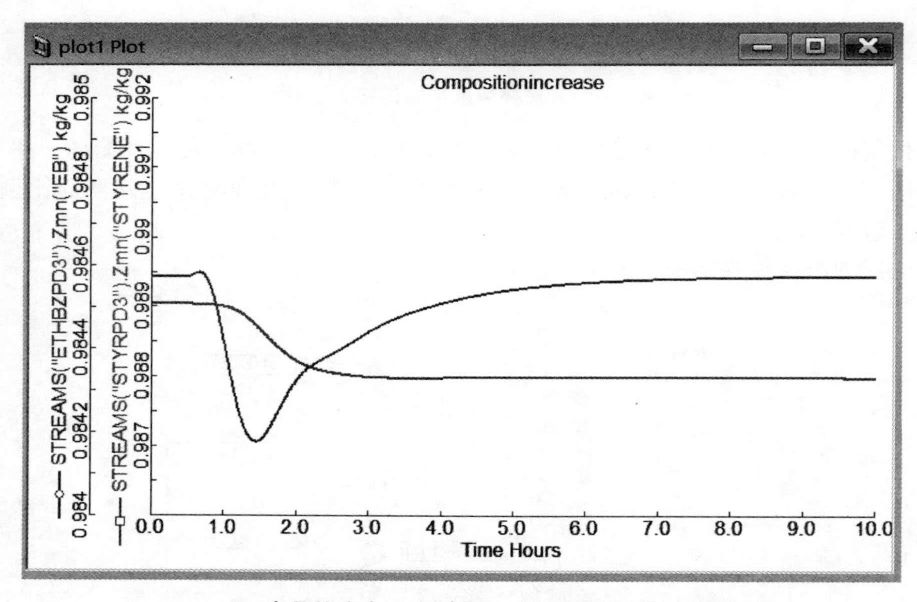

图 14-78 产品纯度在+10%苯乙烯组成扰动下的响应曲线

14.6 隔壁塔动态模拟

隔壁精馏塔(简称隔壁塔)将多组分分离过程集成于单塔中，能够有效降低设备投资、操作费用以及占地面积。然而由于隔壁塔内部变量耦合性强，过程控制存在一定困难，是制约其工业推广的因素之一。本节以隔壁塔分离乙醇、丙醇和正丁醇混合物为例，介绍隔壁塔动态模拟的建立步骤。

例 14.8

隔壁塔分离乙醇、丙醇和正丁醇混合物，饱和液体进料，压力 101.325kPa，进料流量 9kmol/h，乙醇、丙醇和正丁醇的摩尔组成比 1∶3∶1，塔的操作压力 101.325kPa。物性方法选取 WILSON。要求塔顶产品中乙醇质量分数不低于 0.85，侧线产品中丙醇质量分数不低于 0.85，釜液中正丁醇质量分数不低于 0.85。表 14-2 给出了隔壁塔操作参数。为该隔壁塔模型建立控制结构，利用斜率判据选择温度灵敏板。

表 14-2　隔壁塔操作参数

设计参数	预分馏塔	主　塔
理论板数	6	21
进料位置	3	—
隔板上端位置	—	8
隔板下端位置	—	15
侧线采出位置	—	13
塔顶采出量/(kmol/h)	1.647	
侧线采出量/(kmol/h)	5.773	
回流比	5.954	

本例模拟步骤如下：

启动 Aspen Plus，选择 General with Metric Units，文件保存为 Example14.8-DWC.bkp。

根据题中所述条件，建立如图 14-79 所示的隔壁塔模型(读者也可打开本书自带源文件 Example14.8-DWC.bkp)，在动态模式下输入必要的设备尺寸，运行模拟，压力检测无误后导出 Example14.8-DWC.dynf 文件。

(1)搭建控制结构

打开生成的动态模拟文件，选择 Initialization 模式运行模拟文件。右键点击隔壁塔主塔 MAIN，在快捷菜单中选择 **Forms** | **TemperatureProfilePlot**，出现如图 14-80 所示主塔温度剖面图，根据斜率判据，选择第 5、14、20 块塔板作为温度灵敏板。

该隔壁塔需要建立的控制回路有：

① 预分馏塔进料流量控制回路；

② 预分馏塔塔顶压力控制回路：通过调节压缩机功率控制；

③ 预分馏塔塔底液位控制回路：通过调节塔底流出液流量控制；

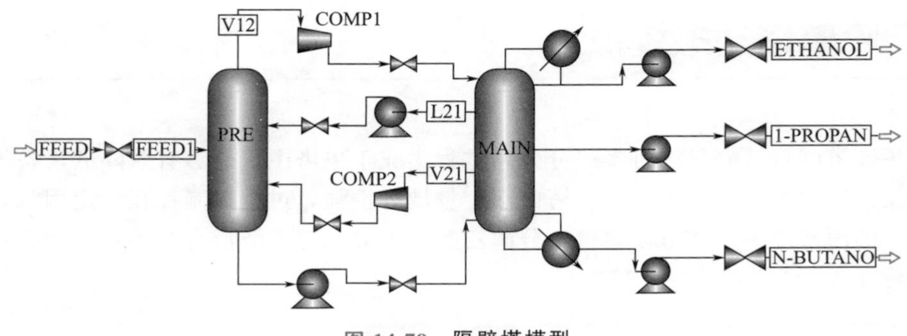

图 14-79 隔壁塔模型

④ 隔板上方液相分离比保持恒定；

⑤ 主塔回流罐液位控制回路：通过调节回流量控制；

⑥ 主塔塔底液位控制回路：通过调节塔底产品采出量控制；

⑦ 主塔第 5 块塔板温度控制回路：通过调节主塔塔顶产品采出量控制；

⑧ 主塔第 14 块塔板温度控制回路：通过调节主塔侧线产品采出量控制；

⑨ 主塔第 20 块塔板温度控制回路：通过调节主塔再沸器负荷控制。

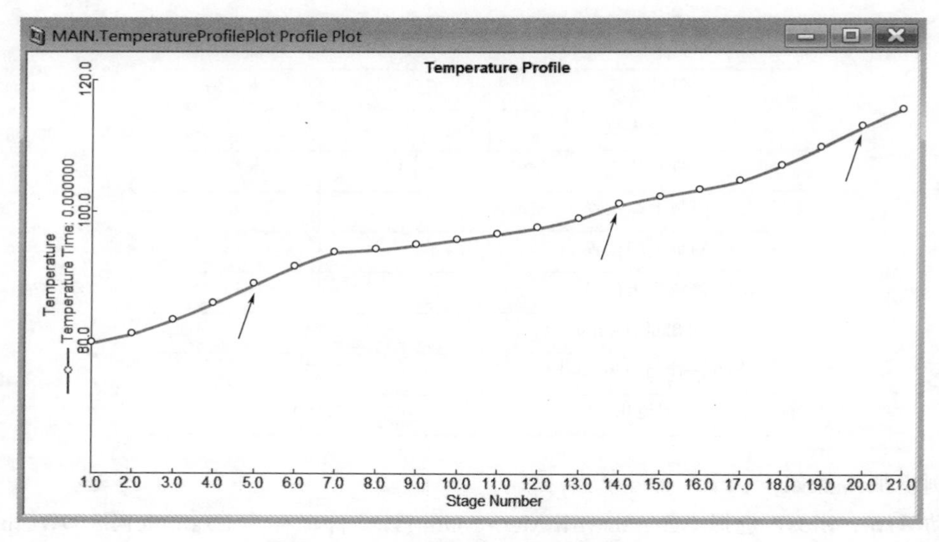

图 14-80 隔壁塔主塔温度剖面图

Aspen Plus Dynamics 已为隔壁塔主塔建立了塔顶压力控制器，将其重命名为 PC2。压力控制器缺省的比例增益为 20，积分时间为 12min，无需修改。

建立预分馏塔进料流量控制器，命名为 FC1；建立预分馏塔塔顶压力控制器(压缩机功率控制，正作用)，命名为 PC1；建立预分馏塔塔底液位控制器，命名为 LC1；建立主塔回流罐与塔底液位控制器，分别命名为 LC2(回流量控制，正作用)、LC3。

建立隔板上方液相分离比控制器，命名为 LSR。对主塔抽出液体物流建立流量控制器，命名为 FC2。首先建立物流 S5 的流量控制，然后添加比值控制器。比值控制器的 Input1 为主塔第 7 块板液体质量流量，如图 14-81 所示，输出信号为主塔抽出液体流量。Input2 采用手动输入，其数值为抽出液体流量与第 7 块板液体流量比值 0.277765。选择 Initialization 模式运行模拟文件，系统自动更新比值控制器的输入输出信号初值，如图 14-82 所示。由于控制器 FC2 的设定值为比值控制器的输出值，因此将 FC2 控制器由 Auto 控制改为 Cascade（串级）控制，如图 14-83 所示。

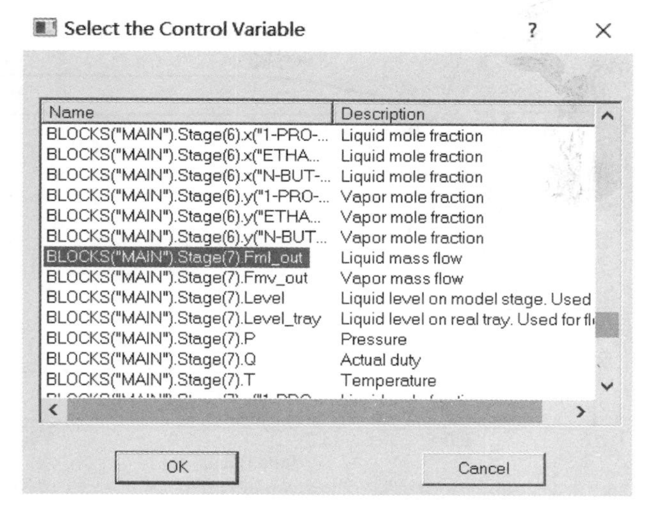

图 14-81　比值控制器输入信号

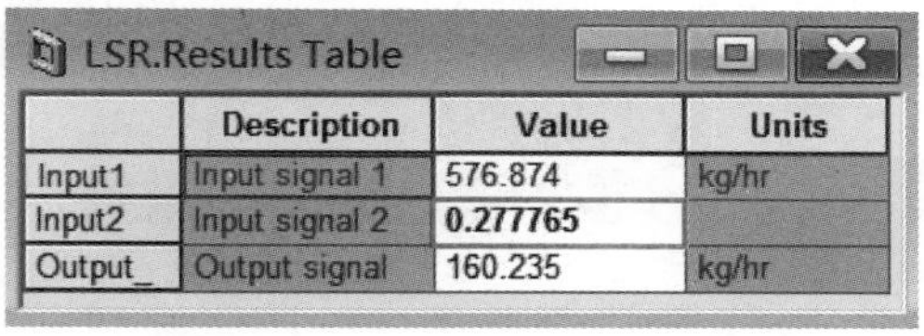

LSR.Results Table

	Description	Value	Units
Input1	Input signal 1	576.874	kg/hr
Input2	Input signal 2	0.277765	
Output_	Output signal	160.235	kg/hr

图 14-82　液相分离比比值控制器面板

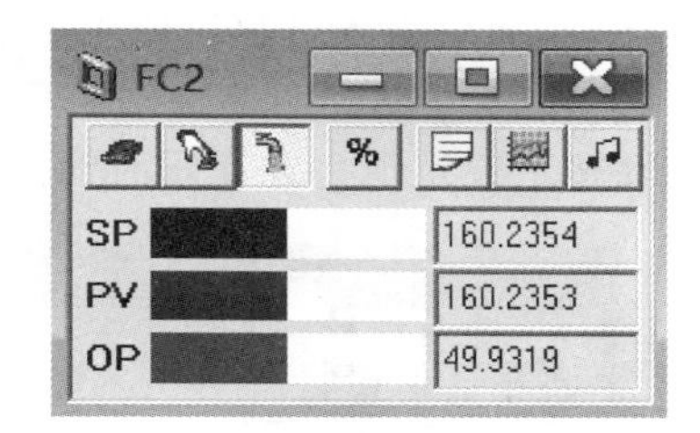

图 14-83　将控制改为串级控制

建立温度控制器 TC5、TC14、TC20。其中，主塔塔顶产品采出量调节第 5 块塔板温度，侧线产品采出量调节第 14 块塔板温度，主塔再沸器负荷调节第 20 块塔板温度。至此，隔壁塔的控制回路全部建立完成，如图 14-84 所示。

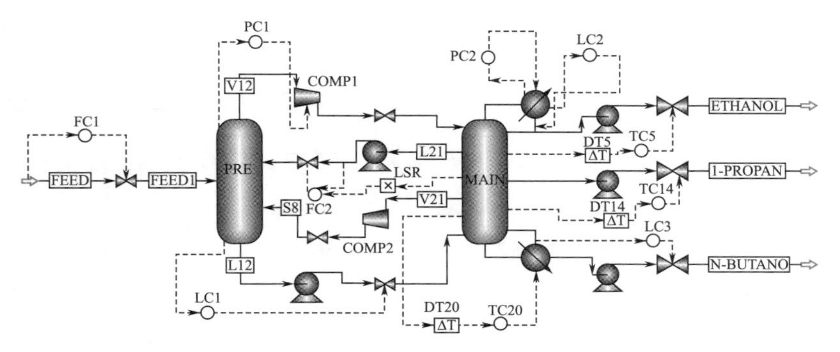

图 14-84　隔壁塔控制结构

(2)测试控制效果

在运行 1h 后引入进料流量减少 10%的扰动，记录各产品的质量纯度的响应曲线，如图 14-85 所示。

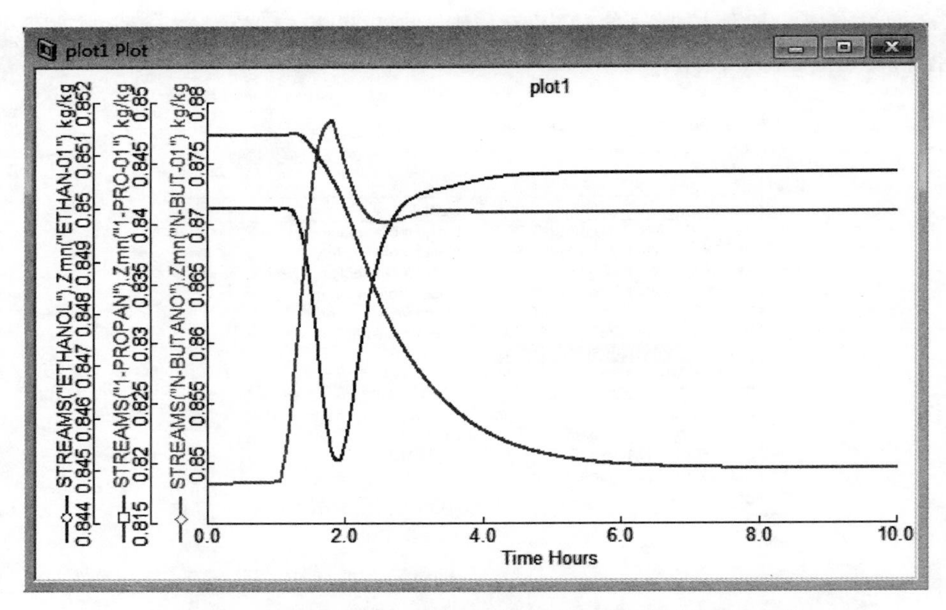

图 14-85 各产品质量纯度在－10%进料流量扰动下的响应曲线

在运行 1h 后引入进料组成中正丁醇减少 10%的扰动，记录各产品的质量纯度的响应曲线，如图 14-86 所示。由测试结果可知，在进料扰动干扰下，建立的温度控制结构能够保证产品纯度接近设定值，并在短时间内使系统恢复稳定。

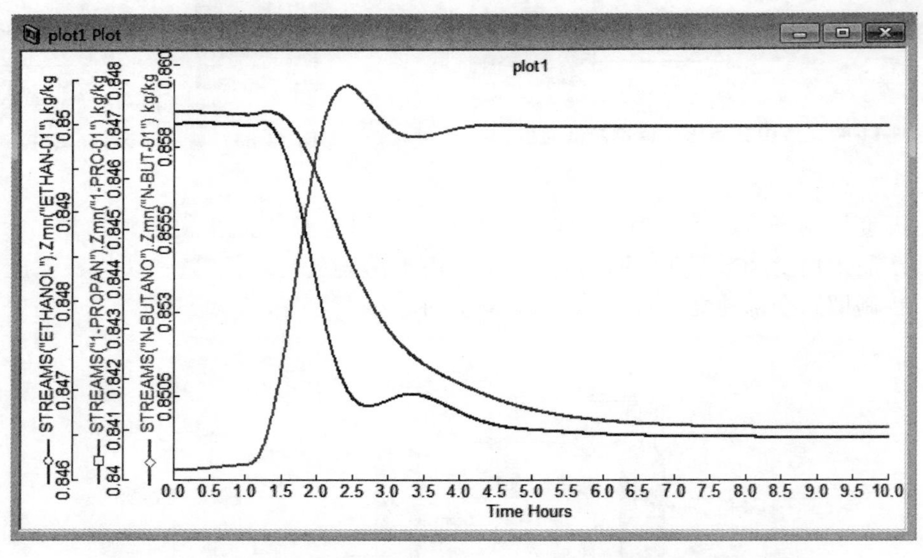

图 14-86 各产品质量纯度在－10%正丁醇组成扰动下的响应曲线

附录

附录 1 Activated Energy Analysis 示例

Activated Energy Analysis 为 Aspen Plus 内置的能量分析工具，用于减少过程能耗和温室气体排放。Activated Energy Analysis 可以生成多种改造方案，不仅能够降低公用工程用量，还可以计算设备投资费用、操作费用和投资回收期等。下面通过一个具体案例介绍 Activated Energy Analysis 的使用。

打开文件 Appendix_1_Activated Energy Analysis.bkp，点击 **Run**，运行模拟，流程收敛。

（1）添加公用工程

进入 **Utilities** 页面，点击 **New...** 按钮，创建一个新的公用工程，默认名称 U-1，公用工程类型为 Cooling Water，如附图 1-1 所示。同理创建公用工程 U-2（HP Steam）。

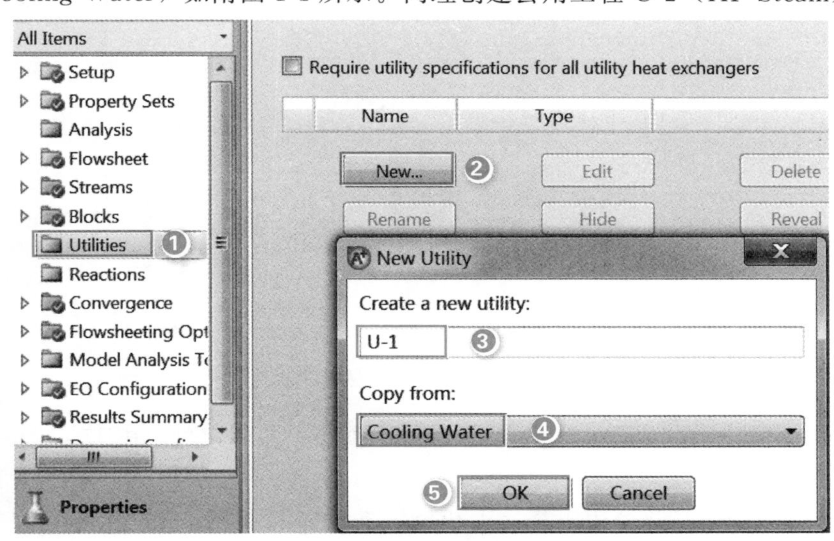

附图 1-1 **创建公用工程 U-1（Cooling Water）**

将定义的两种公用工程分别添加到各台换热器中。以模块 Heater 为例，工艺物流被加热，进入 **Blocks** | **HEATER** | **Input** | **Utility** 页面，在 Utility ID 中添加加热公用工程 U-2，如附图 1-2 所示。同理分别在两台精馏塔的冷凝器中添加公用工程 U-1（Cooling Water），在再沸器中添加公用工程 U-2（HP Steam）。

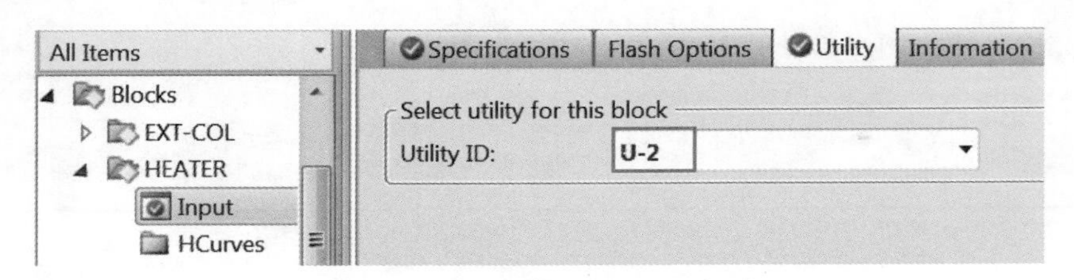

附图 1-2 添加加热公用工程（U-2）

公用工程添加完成后，点击 **Run**，运行模拟，流程收敛。

（2）激活能量分析

点击 Home 功能区选项卡中的 Activated Analysis，同时出现了 Activated Energy Analysis（激活能量分析）、Activated Economics Analysis（激活经济分析）和 Activated Exchanger Analysis（激活换热器分析），如附图 1-3 所示。

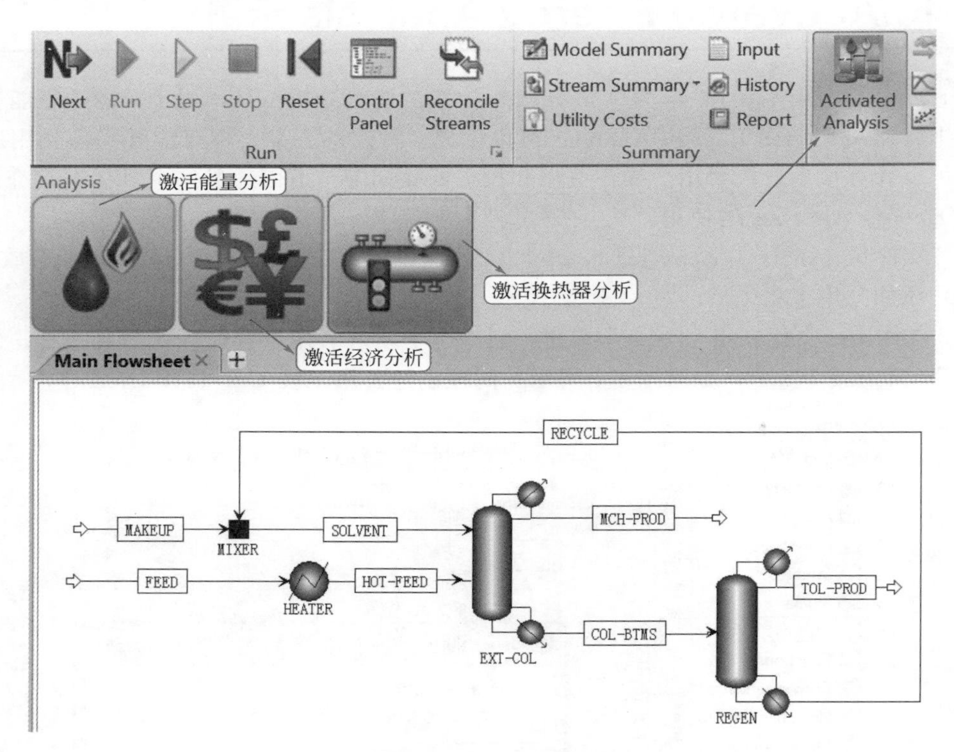

附图 1-3 激活能量分析

点击 **Activated Energy Analysis**，出现能量分析面板，可以看到公用工程费用的节省潜力为 6%，如附图 1-4 所示。

点击[icon]，可以查看加热公用工程、冷却公用工程和温室气体的当前值与目标值，如附图 1-5 所示。

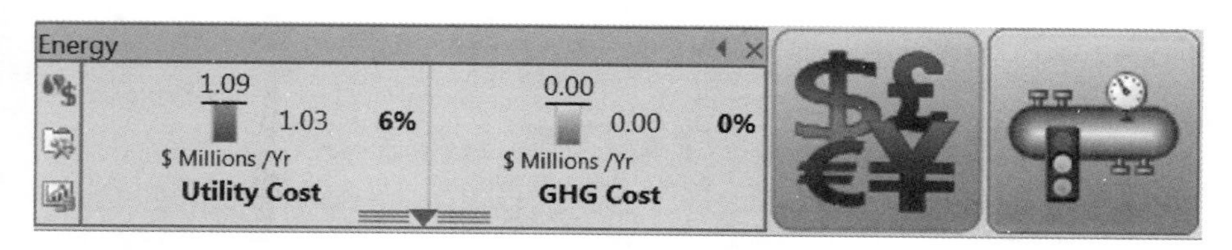

附图 1-4　能量分析面板

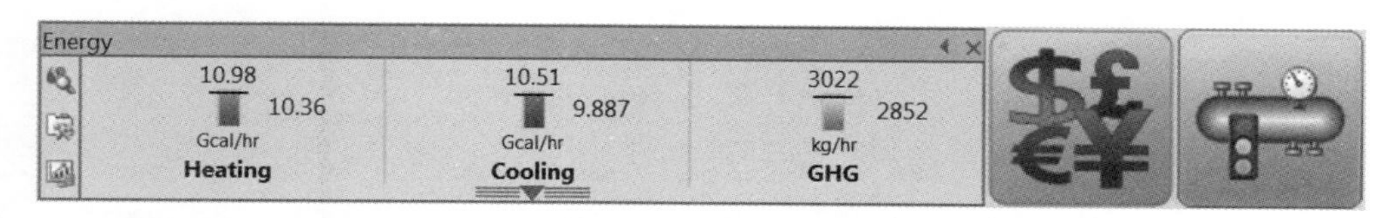

附图 1-5　公用工程和温室气体的当前值与目标值对比图

点击，设置 Process type（工艺类型）、Approach temperature（最小传热温差）以及 Flowsheet Selection（流程选择），此处均为默认选项，如附图 1-6 所示。

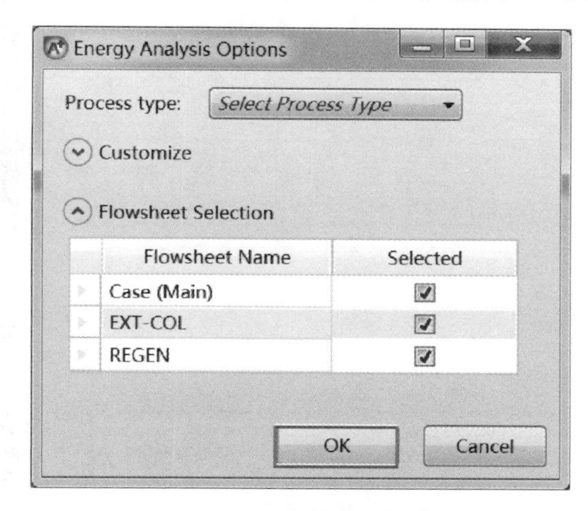

附图 1-6　设置能量分析选项

点击，或者直接点击导航面板中的 **Energy Analysis** 环境按钮，进入 **Energy Analysis** 环境，可以查看节能潜力，如附图 1-7 所示。

（3）生成改造方案

点击导航面板中的 **Simulation** 环境按钮，进入 **Simulation** 环境。点击能量分析面板中的下拉箭头，并点击 **Generate** 按钮，生成三种类型改造方案，分别为 Modify Exchangers（修改换热器）、Add Exchangers（新增换热器）、Relocate Exchangers（重新布置换热器），本例中仅生成两种 Add Exchangers 方案，如附图 1-8 所示。

点击导航面板中的 **Energy Analysis** 环境按钮，进入 **Energy Analysis** 环境。进入 **Project 1｜Scenario 2｜Add E-100** 页面，如附图 1-9 所示。

附图 1-9 的上方表格为基础方案、改造方案及目标方案在公用工程消耗、温室气体排放及操作费用方面的对比。

附图 1-9 的中间表格为 Add Exchangers 方案所提供的两种改造方法，在 Include 栏进行选择。

附图 1-9 的下方表格为不同改造方案下的换热器明细。

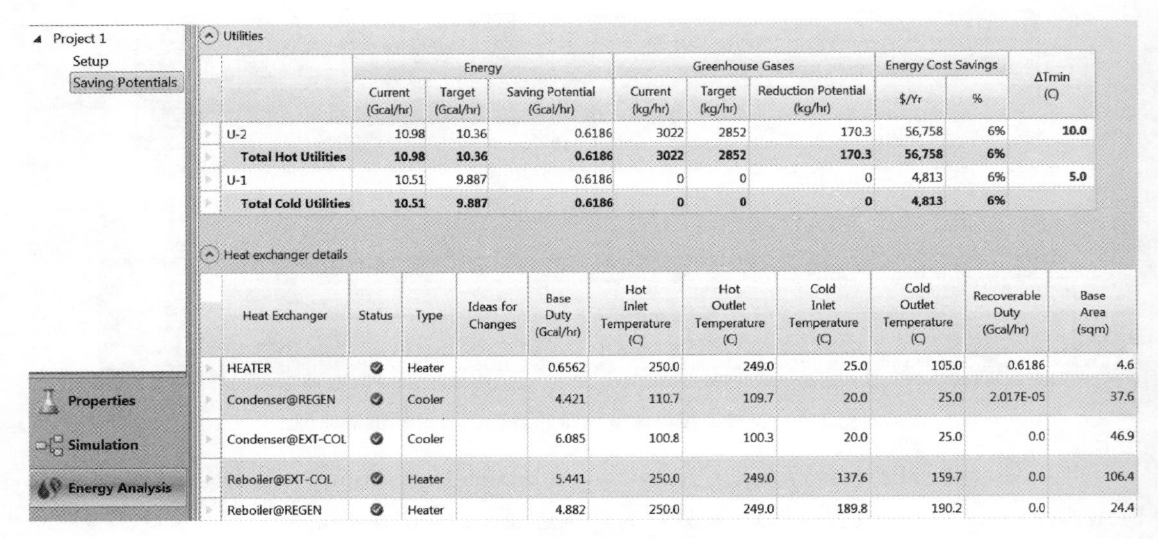

附图 1-7　查看节能潜力

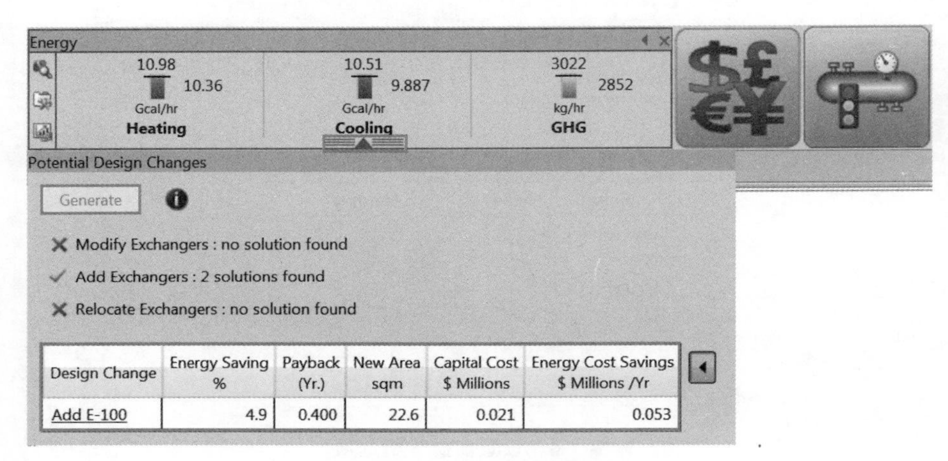

附图 1-8　生成改造方案

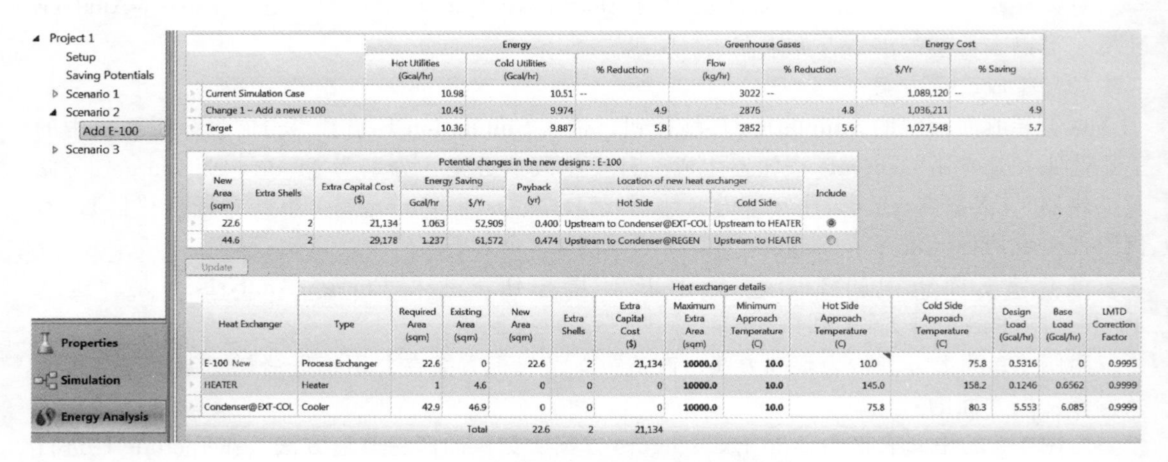

附图 1-9　查看 Add Exchangers 改造方案

（4）多重改造

多重改造指进行三种类型改造方案的组合。比如选中第一种方案 Modify Heat Exchangers，再点击 Home 功能区选项卡中的第二种方案 Add Exchanger，软件自动计算生成新的改造方案，如附图 1-10 所示。

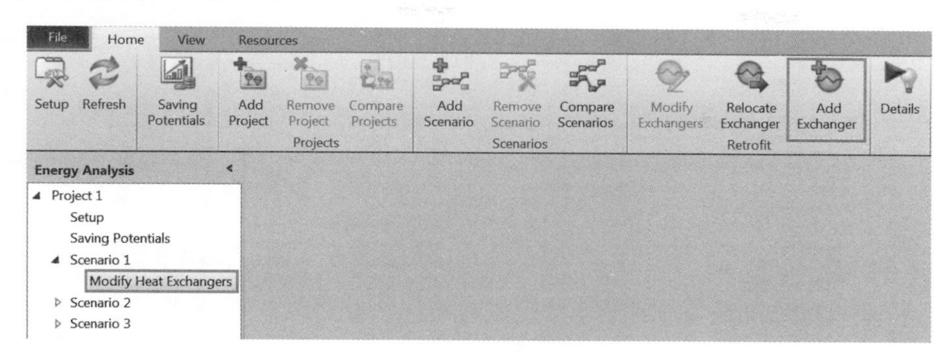

附图 1-10　**多重改造**

（5）方案比较

点击 Home 功能区选项卡中的 Compare Scenarios 进行多种方案比较。

（6）将改造方案应用到流程

将本例中生成的 Add Exchangers 方案 2 应用于流程中。进入 **Project 1** | **Scenario 2** | **Add E-100** 页面，在中间表格中选择第 2 种改造方法，在 Location of new heat exchanger 一栏查看新增换热器 E-100 的位置，如附图 1-11 所示。

Potential changes in the new designs : E-100								
New Area (sqm)	Extra Shells	Extra Capital Cost ($)	Energy Saving		Payback (yr)	Location of new heat exchanger		Include
			Gcal/hr	$/Yr		Hot Side	Cold Side	
22.6	2	21,134	1.063	52,909	0.400	Upstream to Condenser@EXT-COL	Upstream to HEATER	○
44.6	2	29,178	1.237	61,572	0.474	Upstream to Condenser@REGEN	Upstream to HEATER	◉

附图 1-11　**选择应用于流程的改造方案**

在附图 1-9 的下方表格查看新增换热器 E-100 负荷为 0.6186Gcal/h。

点击导航面板中的 **Simulation** 环境按钮，进入 **Simulation** 环境。新增换热器 E-100 选用模块选项板中 **Exchangers** | **HeatX** | **GEN-HS** 图标，冷物流进料为 FEED，热物流进料为模块 REGEN 的冷凝器入口蒸汽，采用来自模块 REGEN 的虚拟物流 HI，如附图 1-12 所示。

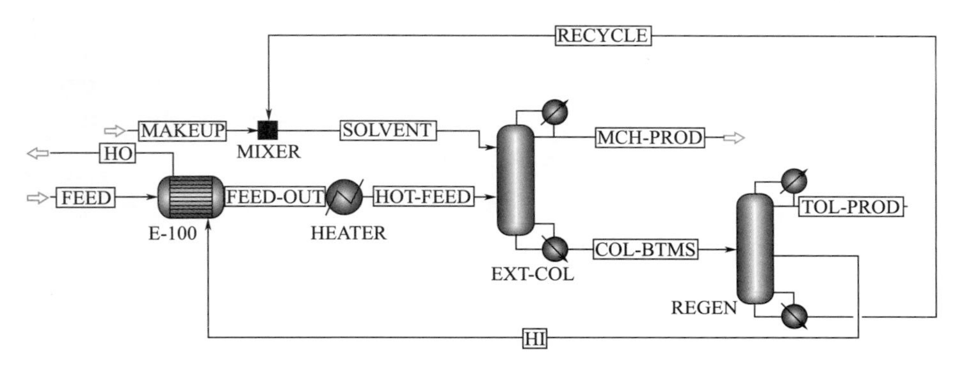

附图 1-12　**新增换热器后的流程图**

进入 **Blocks** | **E-100** | **Specifications** 页面，设置新增换热器 E-100 参数，如附图 1-13 所示。

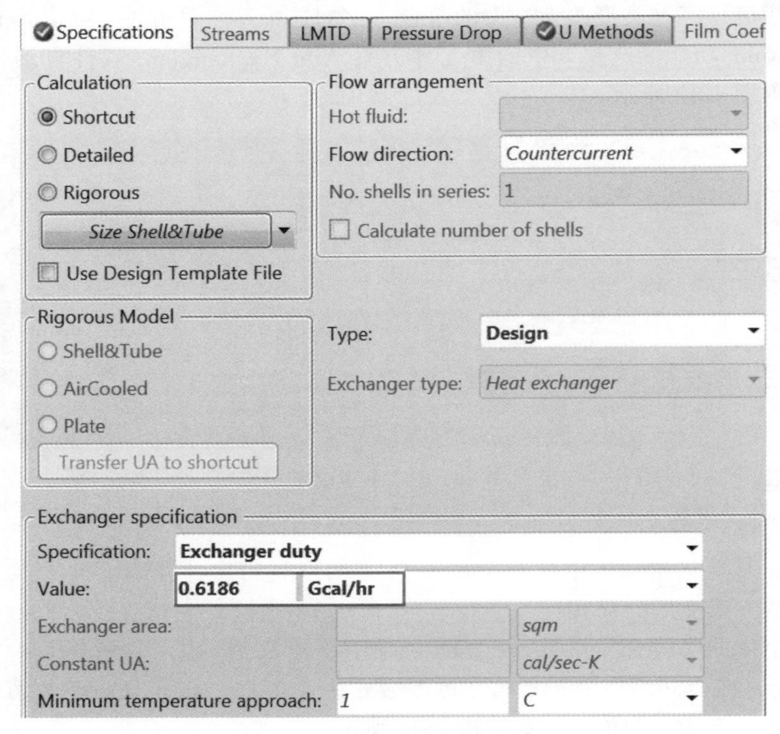

附图 1-13　**设置新增换热器 E-100 参数**

进入 **Blocks** | **REGEN** | **Specifications** | **Setup** | **Streams** 页面，设置虚拟物流参数，如附图 1-14 所示。

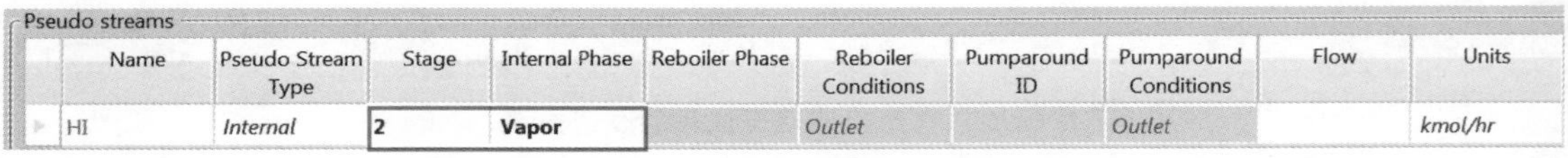

Pseudo streams

Name	Pseudo Stream Type	Stage	Internal Phase	Reboiler Phase	Reboiler Conditions	Pumparound ID	Pumparound Conditions	Flow	Units
HI	Internal	2	Vapor		Outlet		Outlet		kmol/hr

附图 1-14　**设置虚拟物流参数**

点击 **Run** 运行模拟，流程收敛，Activated Energy Analysis 计算结果也一并更新。点击 ，查看能量分析计算结果，如附图 1-15 所示。

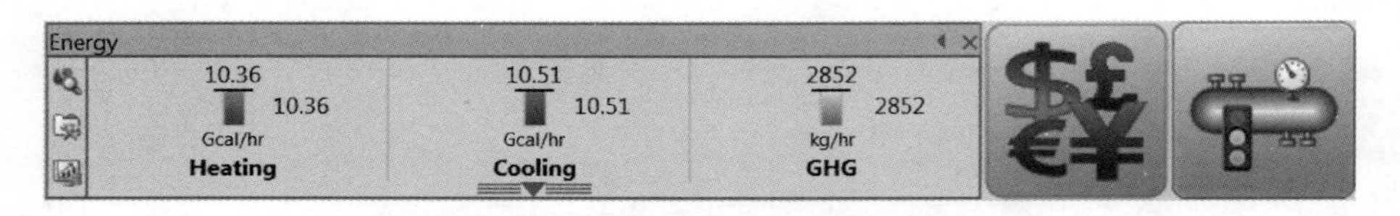

附图 1-15　**改造后能量分析计算结果**

(7) 查看换热网络

点击导航面板中的 **Energy Analysis** 环境按钮，进入 **Energy Analysis** 环境。点击 Home 功能区选项卡中的 Details，弹出 **Energy Analysis** 对话框，点击 **Yes**，打开 Aspen Energy Analyzer 软件。进入 **Scenario1** 页面，查看组合曲线，如附图 1-16 所示。

点击页面下方的 **Targets** 查看 Energy Targets（能量目标）和 Pinch Temperatures（夹点温度），如附图 1-17 所示。

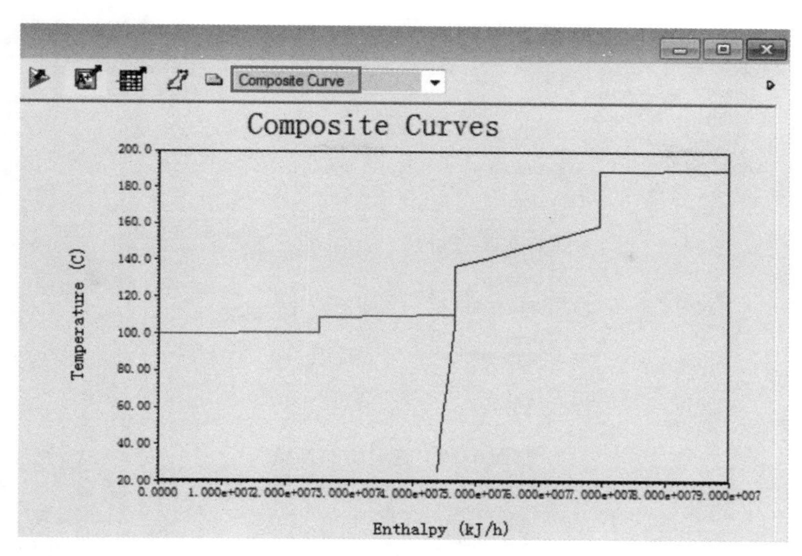

附图 1-16　查看组合曲线

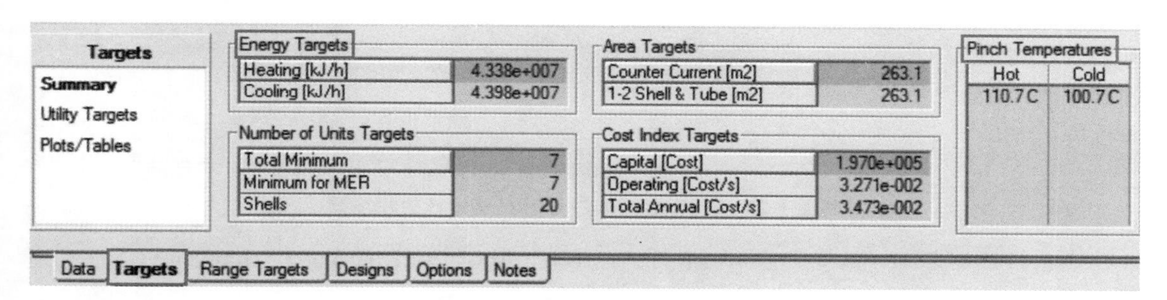

附图 1-17　查看换热网络设计目标汇总

进入 **SimulationBaseCase-1N-2** 页面，查看换热网络栅格图，如附图 1-18 所示。

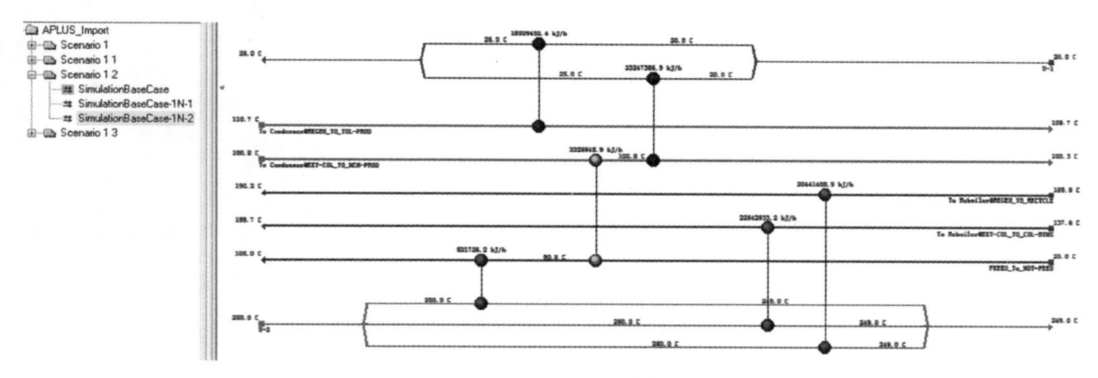

附图 1-18　查看换热网络栅格图

(8) 使用 EDR 计算换热器传热系数

进入附图 1-7 所示页面，Heat exchanger details 中 Overall Heat Trans. Coeff Method 一栏提供了三种传热系数，分别为 Default、Simulation、User，如附图 1-19 所示。

点击导航面板中的 **Simulation** 环境按钮，进入 **Simulation** 环境。点击 Exchanger Design & Rating，出现如附图 1-20 所示窗口。

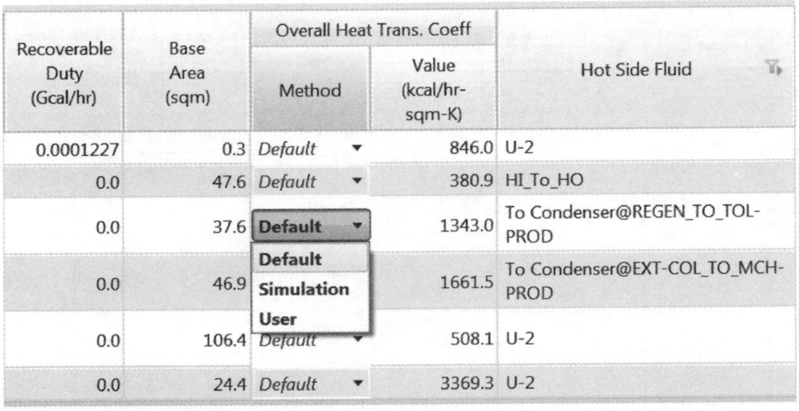

Recoverable Duty (Gcal/hr)	Base Area (sqm)	Overall Heat Trans. Coeff		Hot Side Fluid
		Method	Value (kcal/hr-sqm-K)	
0.0001227	0.3	Default	846.0	U-2
0.0	47.6	Default	380.9	HI_To_HO
0.0	37.6	Default	1343.0	To Condenser@REGEN_TO_TOL-PROD
0.0	46.9	Default Simulation User	1661.5	To Condenser@EXT-COL_TO_MCH-PROD
0.0	106.4	Default	508.1	U-2
0.0	24.4	Default	3369.3	U-2

附图 1-19　查看传热系数

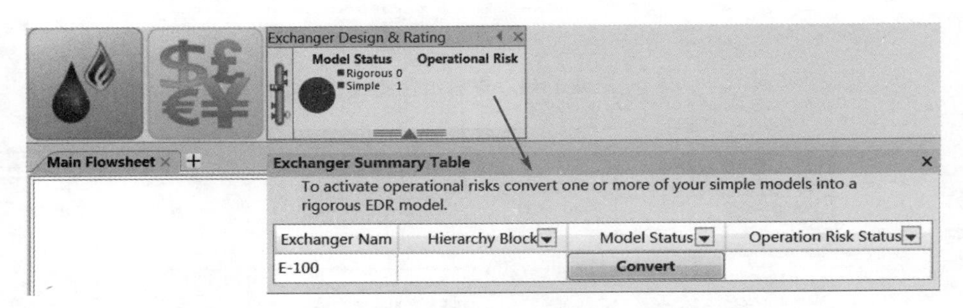

附图 1-20　选择在 EDR 中进行严格设计的换热器

点击换热器 E-100 对应的 **Convert** 按钮，出现 **Convert to Rigorous Exchanger** 对话框，如附图 1-21 所示。

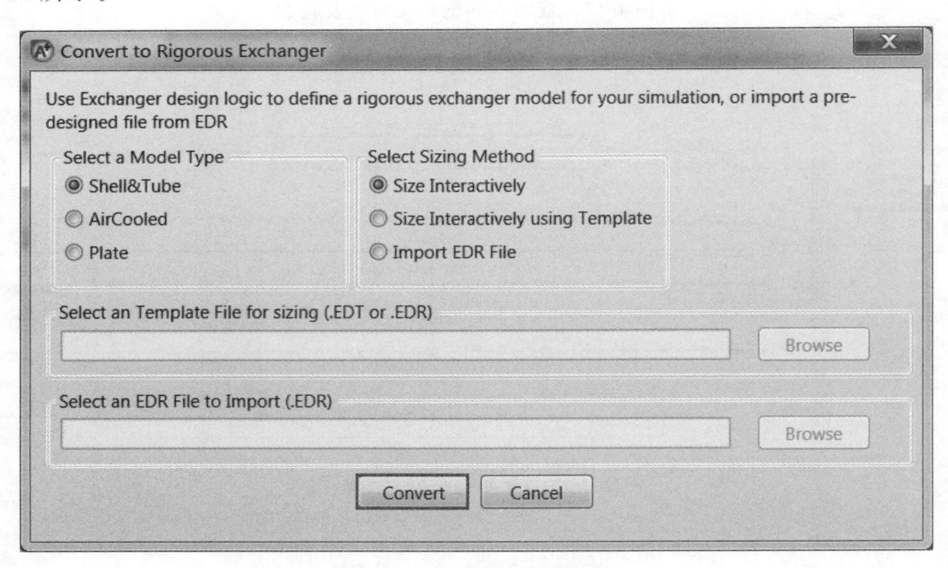

附图 1-21　设置严格设计选项

点击 **Convert** 按钮出现附图 1-22 所示页面，点击 **Size Exchanger** 按钮开始换热器在 EDR 中的严格设计。

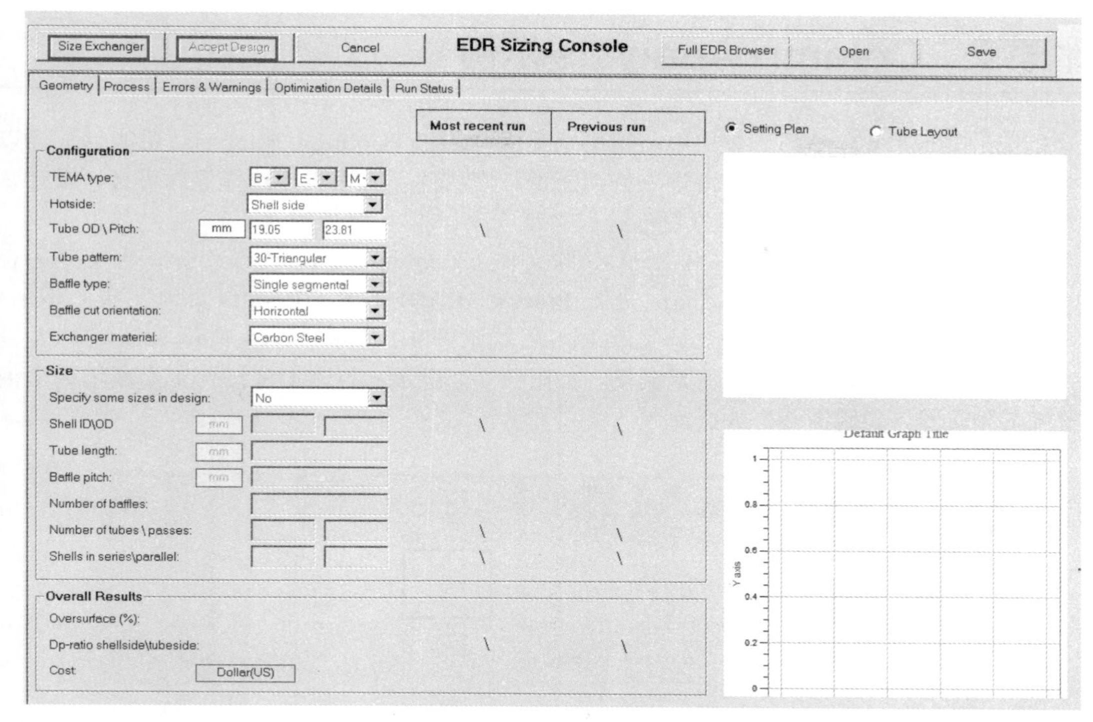

附图 1-22　换热器在 EDR 中的严格设计

计算结束后，点击附图 1-22 中的 **Accept Design** 按钮，接受换热器 E-100 的严格设计结果，如附图 1-23 所示。

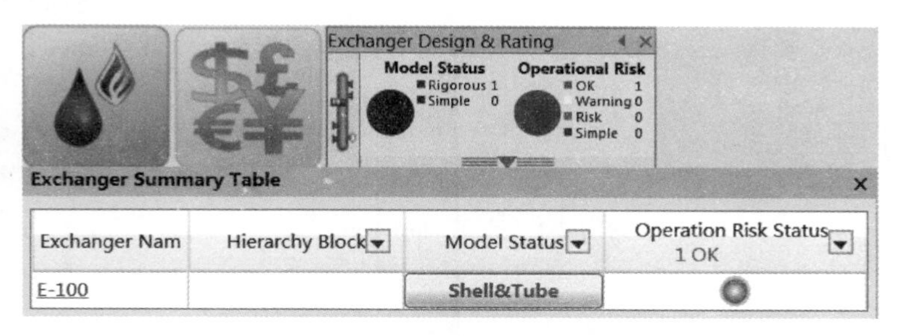

附图 1-23　接受严格设计结果

进入附图 1-19 所示页面，在 Heat exchanger details 中，选择换热器 E-100 的 Overall Heat Trans. Coeff Method 一栏为 Simulation，其传热系数值为严格计算结果。

（9）通过夹点筛选物流

进入附图 1-7 所示页面，点击 Heat exchanger details 最后两列右侧按钮，可以依次查看夹点之上、夹点之下及跨越夹点的物流，如附图 1-24 所示。

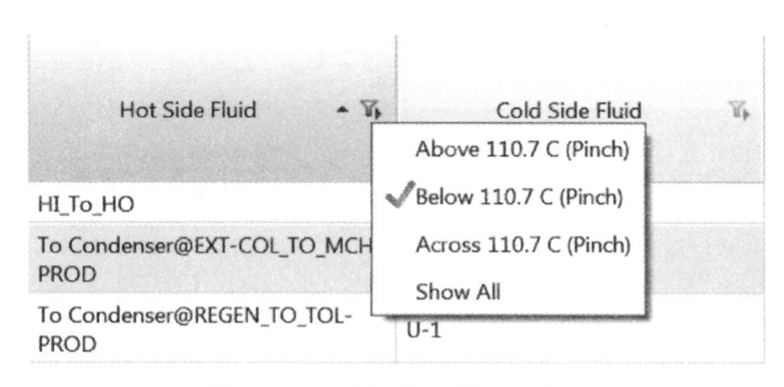

附图 1-24　通过夹点筛选物流

附录 2　Column Analysis 示例

Aspen Plus 9.0 版本的塔模块中新增了塔水力学分析(Column Analysis)功能，下面以本书例 7.3 为例，演示采用塔水力学分析功能设计塔内件，塔板类型选择浮阀塔板，设计基准为最高喷射液泛 85%和最高降液管泡沫层高度 65%，体系因子为 1。

在 Aspen Plus 9.0 中打开本书例 7.3b 源文件 Example7.3b-RadFrac.bkp，将文件另存为 Appendix_3-Column Analysis. bkp。进入 **Blocks** | **RADFRAC** | **Results** 页面，在 Column Design 选项卡的 Plot 组中选择 Flow Rate 图标，如附图 2-1 所示；弹出 **Flow Rate** 窗口，设置气液流量绘图选项，选择气液质量流量，如附图 2-2 所示；点击 **OK** 按钮，生成塔内气液质量流量分布图，如附图 2-3 所示。

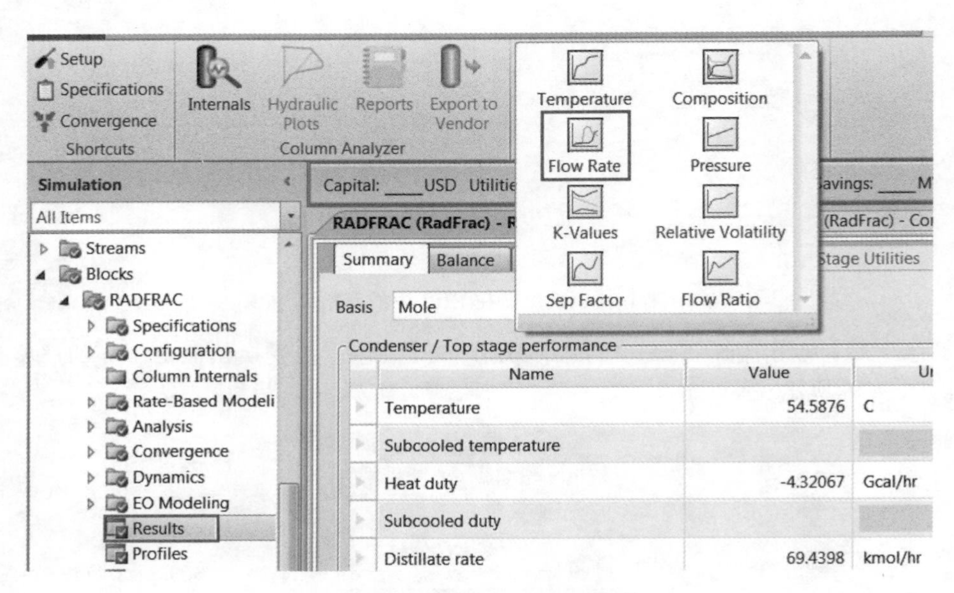

附图 2-1　选择 **Flow Rate** 图标

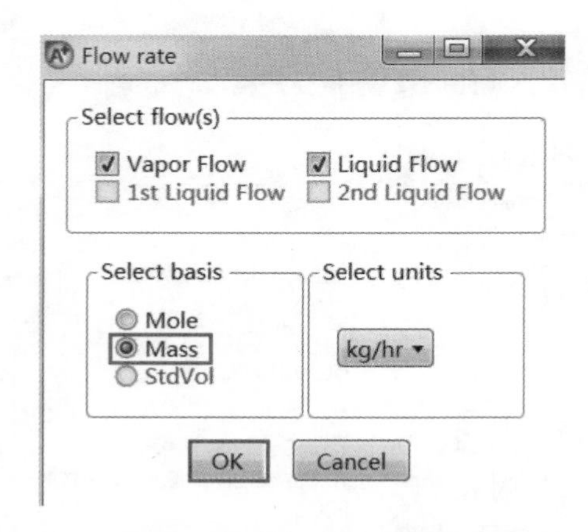

附图 2-2　设置气液流量绘图选项

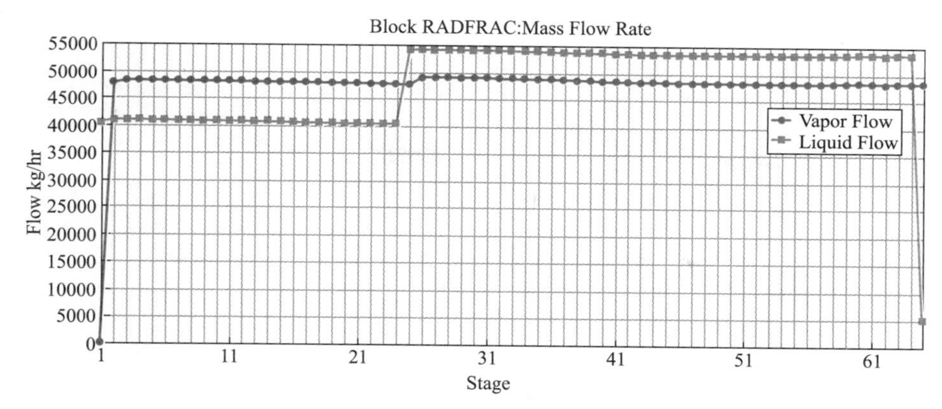

附图 2-3 查看塔内气液质量流量分布

进入 **Blocks** | **RADFRAC** | **Specification** | **Setup** | **Configuration** 页面，点击 **Design and specify column internals** 按钮，弹出 **Missing Hydraulic Data** 对话框；点击 **Generate** 按钮，计算水力学数据，如附图 2-4 所示。

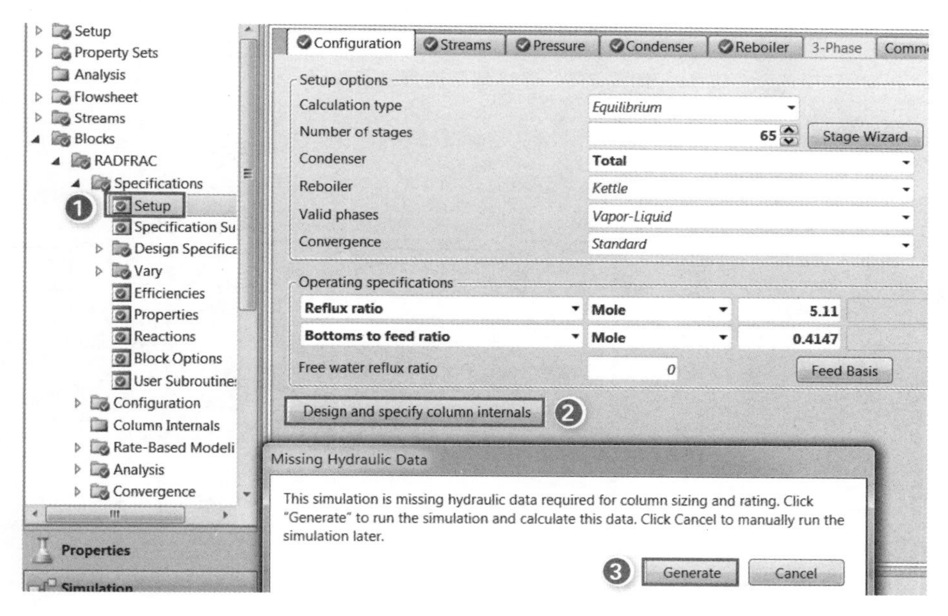

附图 2-4 生成水力学数据

软件计算完成后自动跳转至附图 2-5 所示窗口，在 **Auto Section** 按钮对应下拉列表中选择 Based on Flows。

软件根据流量分布自动将塔分为 CS-1 和 CS-2 两段进行设计，将塔板类型改为浮阀塔板，溢流程数改为 2，结果显示塔段 CS-1 和 CS-2 的塔径分别为 3.94607m 和 3.66951m，如附图 2-6 所示。

点击附图 2-6 中的 **View Hydraulic Plots** 按钮，生成塔的水力学计算结果图，如附图 2-7 所示，可见塔内各塔板操作点均在适宜操作区内。适宜操作区的边界由 **Design Parameters** 页面指定的设计参数限定，边界包括最大喷射液泛百分数线（100% Jet Flood）、最大雾沫夹带百分数线（Maximum Entrainment）、最小溢流强度线（Minimum Weir Load）、100%漏液线（100% Weep）和 0%漏液线（0% Weep）。

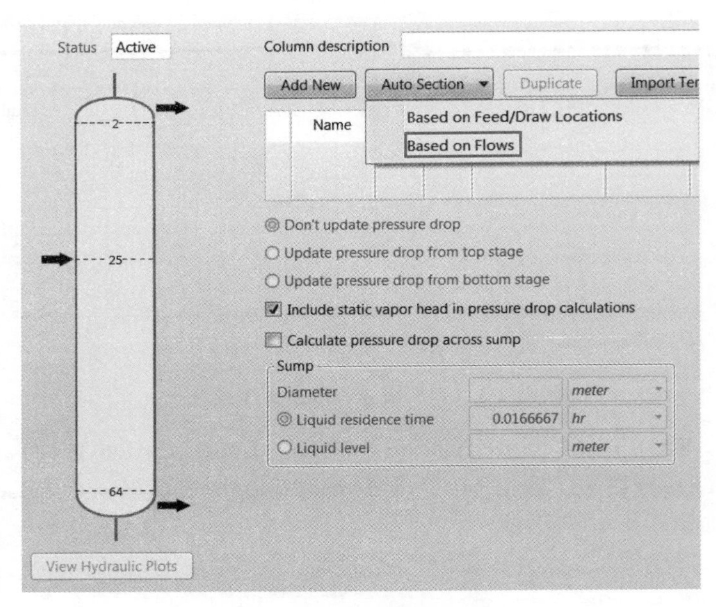

附图 2-5　选择基于流量进行设计

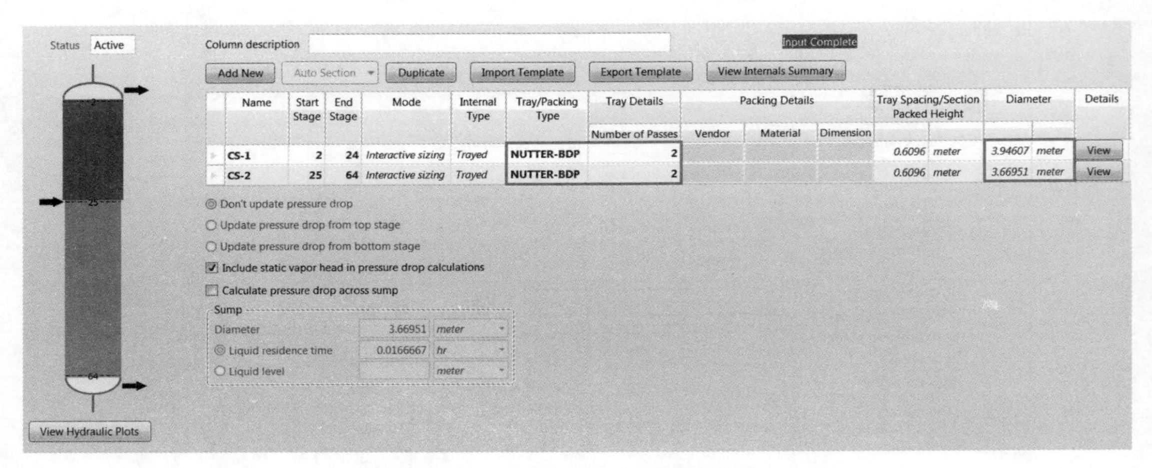

附图 2-6　更改塔板类型及溢流程数

进入 **Blocks** | **RADFRAC** | **Column Internals** | **Sections** | **CS-1** | **Design Parameters** 页面，用户可以定义如下塔板设计参数：①Percent jet flood for de sign，在 **Interactive Sizing**（交互设计模式）下定义喷射液泛限制百分数计算塔径；②Jet flooding limit（for hydraulic targeting)，在塔的水力学分析中定义喷射液泛限制百分数；③Minimum downcomer area/Total tray area，在 **Interactive Sizing**（交互设计模式）下定义降液管面积占塔截面积最小比例；④Maximum acceptable pressure drop，可接受的最大单板压降，缺省为 2500Pa；⑤Maximum percent jet flood，单板上的最大喷射液泛百分数，缺省为 100%，此时气体速度等于液泛速度；jet flood，当气相速度很大，将大量液体带至上层塔板，导致板效率下降，压降急剧增大，此时称为喷射液泛；⑥Maximum percent downcomer backup，最高降液管泡沫层高度百分数，缺省为 100%；⑦Maximum percent liquid entrainment，在上升气相中最大液体夹带百分数（雾沫夹带），缺省为 10%；⑧Minimum weir loading，单位堰长

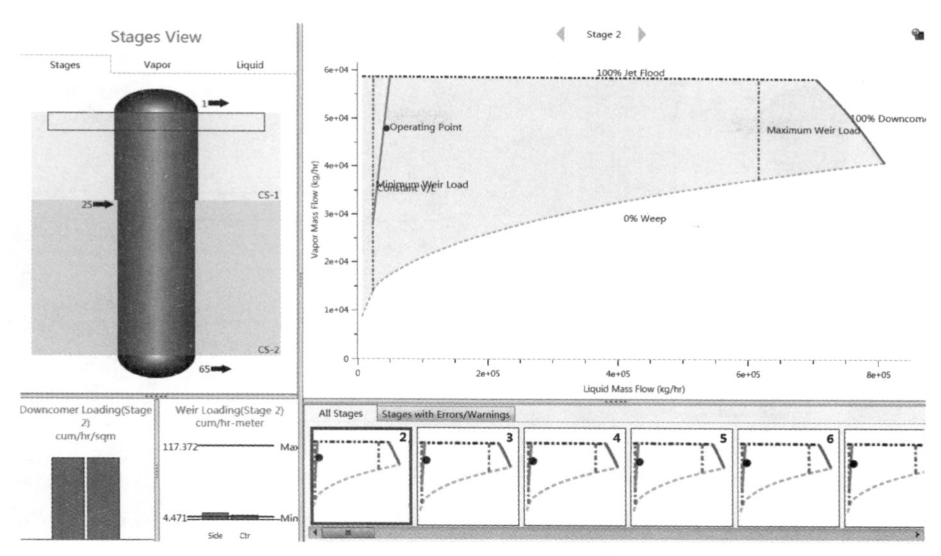

附图 2-7　查看塔水力学计算结果 1

流过的最小液体体积流量（最小溢流强度），缺省为 4.47 cum/hr-meter；⑨Maximum weir loading，单位堰长流过的最大液体体积流量（最大溢流强度），缺省为 117.372cum/hr-meter；⑩Warning status（% to limit）如果操作点接近设置的限制百分数，水力学图中会出现警告；⑪System foaming factor，体系因子，见本书第 7 章表 7-6、表 7-7。

本例中将塔段 CS-1 的 Maximum % jet flood 和 Maximum % downcomer backup 分别设置为 85 和 65，如附图 2-8 所示。同理修改塔段 CS-2 的设计参数，将 Maximum % jet flood 和 Maximum % downcomer backup 分别设置为 85 和 65。

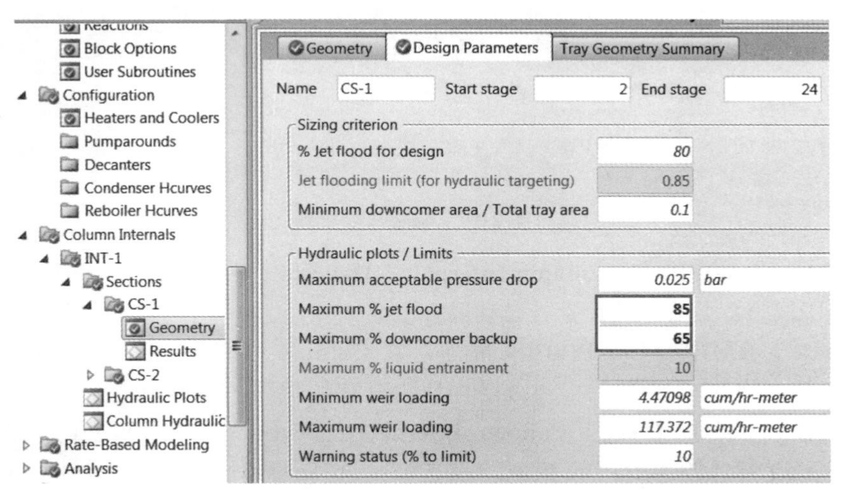

附图 2-8　修改塔设计参数

进入 **Blocks | RADFRAC | Column Internals | Hydraulic Plots** 页面，查看塔的水力学计算结果，如附图 2-9 所示，结果存在警告，原因在于部分塔板的操作点接近 **maximum 85% jet flood limit**。

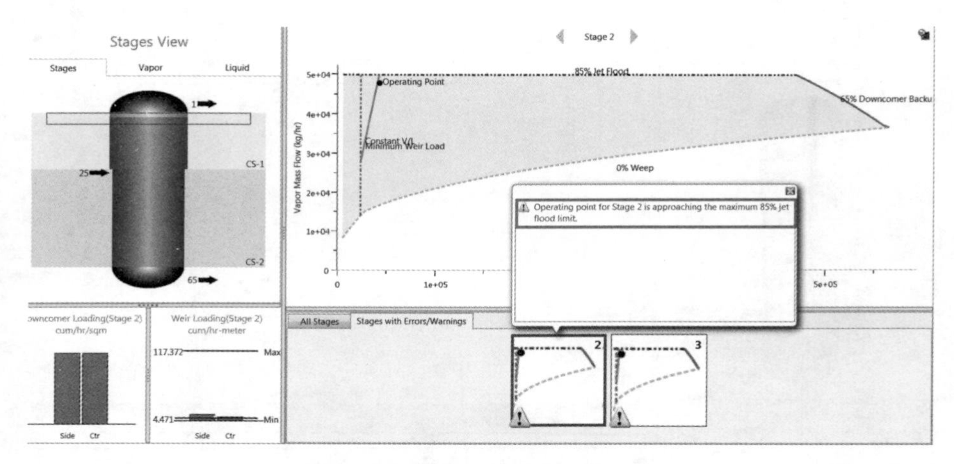

附图 2-9　查看塔水力学计算结果 2

进入 **Blocks** | **RADFRAC** | **Column Internals** | **Sections** 页面，将 CS-1 和 CS-2 的塔径分别调整为 4.0m 和 3.8m，如附图 2-10 所示。

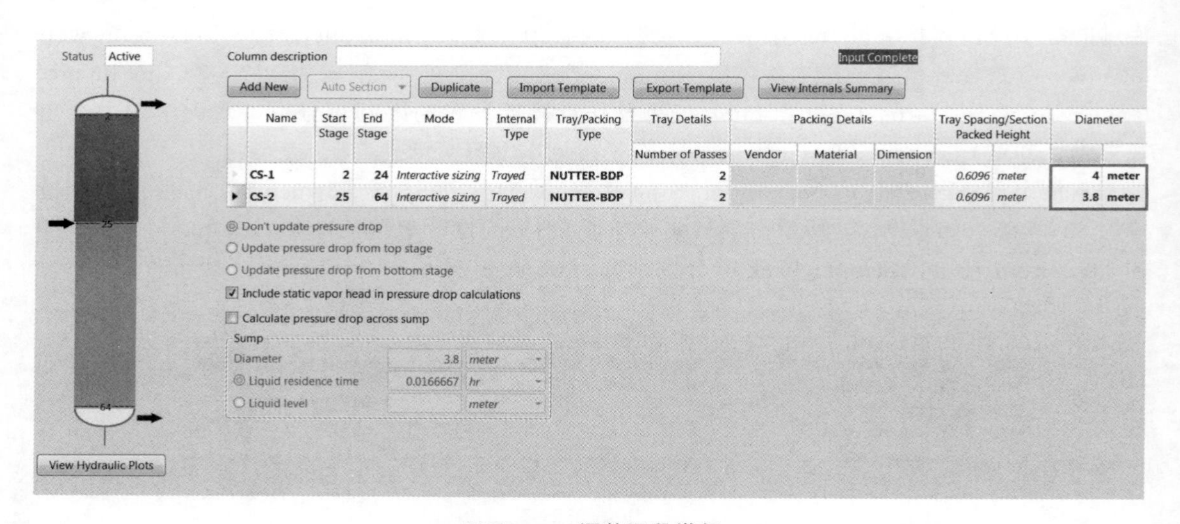

Name	Start Stage	End Stage	Mode	Internal Type	Tray/Packing Type	Tray Details Number of Passes	Packing Details Vendor	Material	Dimension	Tray Spacing/Section Packed Height		Diameter	
CS-1	2	24	Interactive sizing	Trayed	NUTTER-BDP	2				0.6096	meter	4	meter
CS-2	25	64	Interactive sizing	Trayed	NUTTER-BDP	2				0.6096	meter	3.8	meter

附图 2-10　调整两段塔径

进入 **Blocks** | **RADFRAC** | **Column Internals** | **Hydraulic Plots** 页面，查看塔的水力学计算结果，如附图 2-11 所示，所有警告已消除。

进入 **Blocks** | **RADFRAC** | **Profiles** 页面，在 Column Design 选项卡的 Plot 组中选择 Pressure 图标，如附图 2-12 所示；生成塔内压力分布如附图 2-13 所示。

进入 **Blocks** | **RADFRAC** | **Column Internals** | **Sections** 页面，将 CS-1 和 CS-2 从 Interactive Sizing 模式改为 Rating 模式，点选 Update pressure drop from the top stage，如附图 2-14 所示。

采用校核模式时，用户可以在计算物料衡算和能量衡算时选择计算全塔压降，计算类型包括：①**Don't update pressure drop**，RadFrac 模块对所有塔板采用在 **Specifications** | **Setup** | **Pressure** 页面指定的压力，不采用水力学计算的压力；②**Update pressure drop from top stage**，以

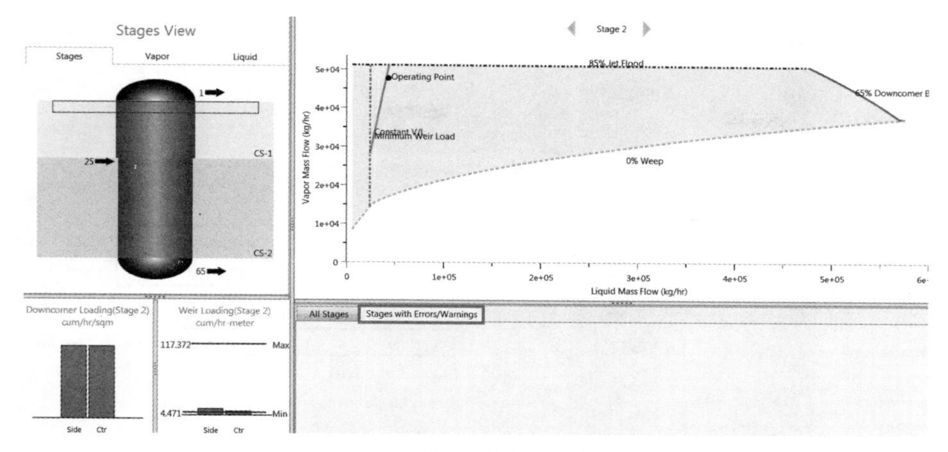

附图 2-11　查看塔水力学计算结果 3

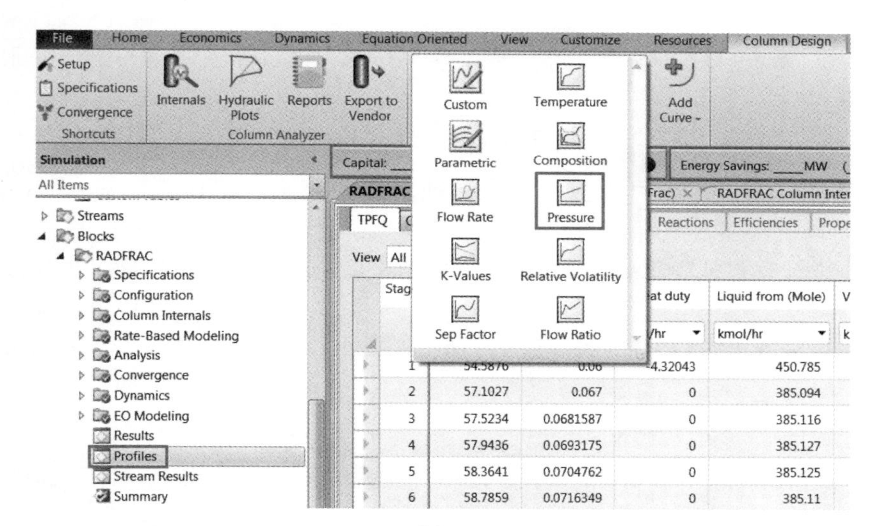

附图 2-12　选择 Pressure 图标

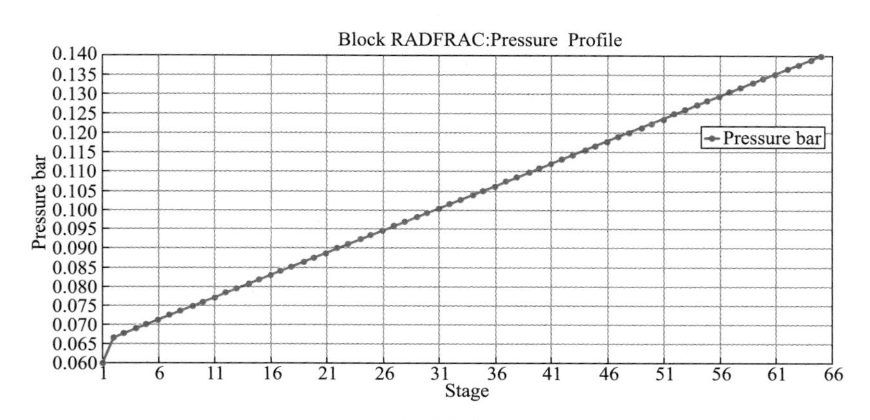

附图 2-13　查看塔内压力分布 1

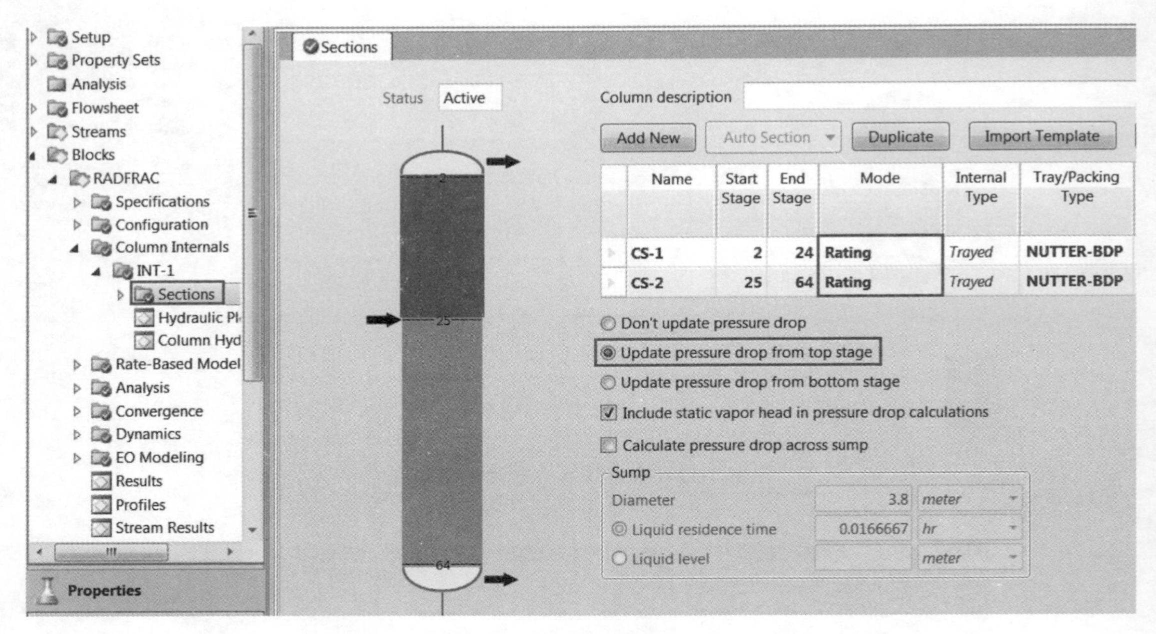

附图 2-14　设置校核模式

冷凝器或顶部塔板指定的压力为基准计算其他塔板的压力；③**Update pressure drop from bottom stage**，以再沸器或底部塔板指定的压力为基准计算其他塔板的压力。缺省情况下，每块塔板的压力计算包括静压头 $\rho_v g h$（ρ_v 为气相密度，g 为重力加速度，h 为板间距或等板高度）。

运行程序，进入 **Blocks** | **RADFRAC** | **Profiles** 页面，作图再次查看塔内压力分布如附图 2-15 所示。

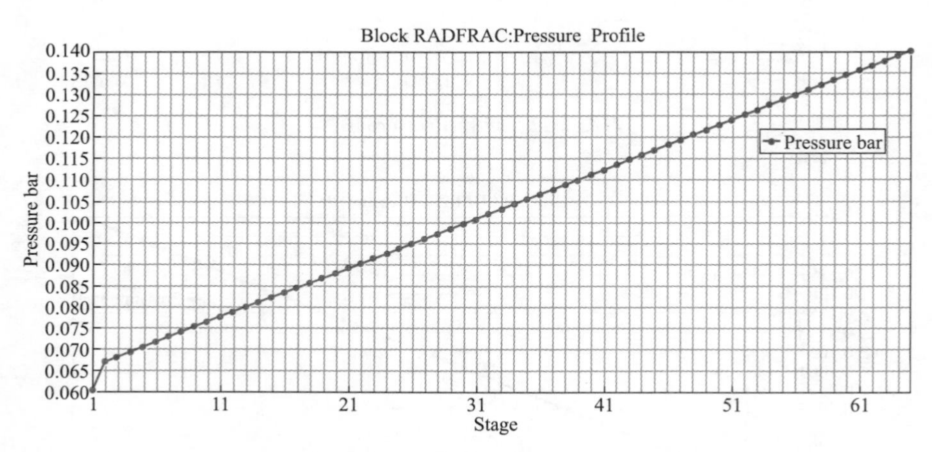

附图 2-15　查看塔内压力分布 2

进入 **Blocks** | **RADFRAC** | **Column Internals** | **Sections** | **Column Hydraulic Results** 页面，查看塔内件水力学结果，全塔压降为 0.414761bar，液泛分率小于 80%，如附图 2-16 所示。

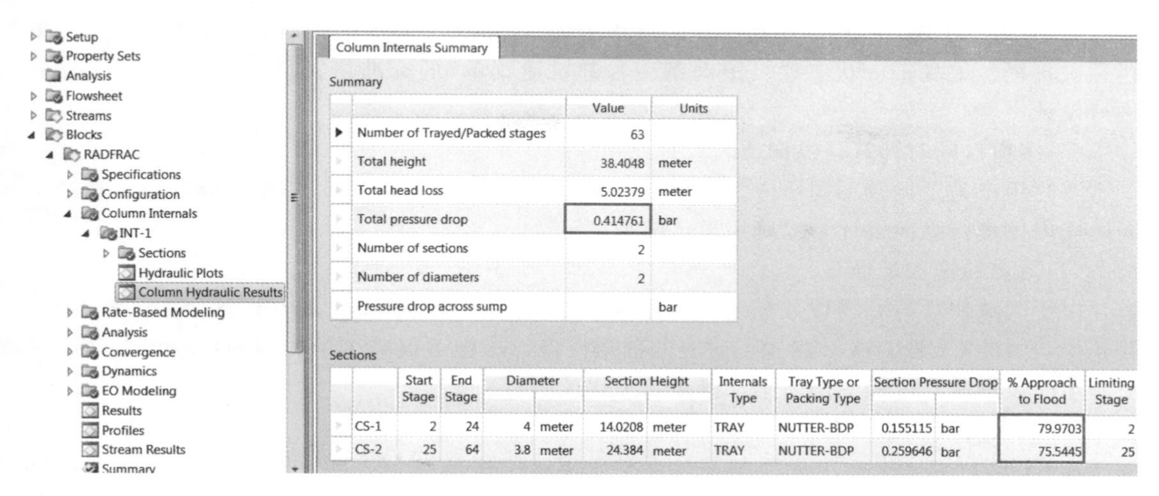

附图 2-16　**查看塔内件水力学结果**

附录 3　CUP-Tower 简介

CUP-Tower 软件是一款综合的塔内件水力学计算软件(附图 3-1)，可用于板式塔、规整填料塔、散装填料塔、筛板萃取塔和填料萃取塔的计算，具有设计和校核功能，大量的工业应用证实了 CUP-Tower 计算结果的可靠性。

1. CUP-Tower 功能

(1)设计新塔

输入塔内气液相负荷和物性数据，并给定某些控制参数，CUP-Tower 便可对塔内件进行设计，输出以下计算结果：①塔板结构参数；②塔板和填料水力学数据；③塔板负荷性能图。

(2)校核旧塔

校核旧塔时，除了需要输入气液相负荷和物性数据以外，还需要输入完整的塔内件结构参数，软件便可计算出详细的水力学结果，绘制负荷性能图。

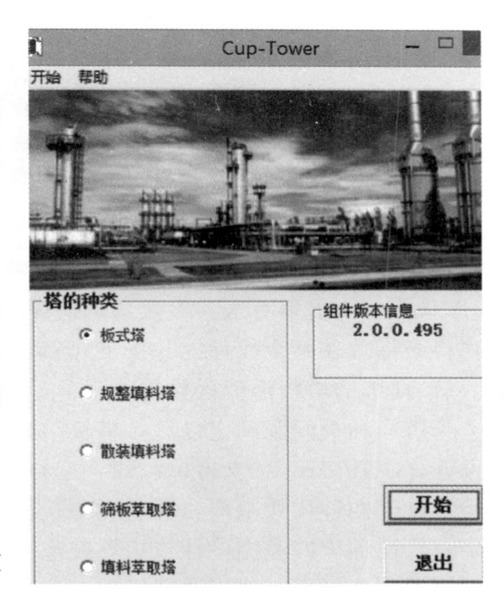

附图 3-1　**CUP-Tower 软件启动界面**

2. CUP-Tower 特点

(1)支持的塔内件种类多，计算模型丰富准确

CUP-Tower 可用于板式塔、规整填料塔、散装填料塔、筛板萃取塔和填料萃取塔的计算，具有设计和校核功能。CUP-Tower 综合了目前各种算法的优点，其数学模型大多数来自于公开发表、广泛使用的经验关联式和图表，融入了软件开发人员多年的研究心得。为了避免查图、查表的误差，对图表进行了数学关联，其关联误差不超过 5.0％。

(2)界面友好，人机对话方便

采用 Visual Basic 作为开发工具，严格遵循 Windows 界面的设计规范，即包含“菜单栏、工具栏、工具箱、状态栏、滚动条、右键快捷菜单”的标准格式，对 CUP-Tower 界面进行设计。

(3)多窗口同时计算，纵向比较设计结果

有时用户为了比较不同塔内件类型或不同工况下塔内件的性能，需要多开窗口、选择不同的塔内件进行纵向设计，以确定最优结果。

(4)简化的输入过程

由于气液相负荷和物性数据通常从流程模拟软件 Aspen Plus、Aspen HYSYS 或 PRO/Ⅱ获得，因此 CUP-Tower 内置了对应的数据接口，这样不仅减少了数据的传输误差，而且使繁琐的数据输入过程变得简单，提高了工作效率。

(5)强大的报表输出

在 CUP-Tower 中，预先编制了计算结果 Excel 和 Word 输出模板。应用 VBA 技术对 Excel 和 Word 应用对象访问，通过对不同类型模板文件的操作，软件可自动将计算结果以报表的形式输出(附图 3-2)。

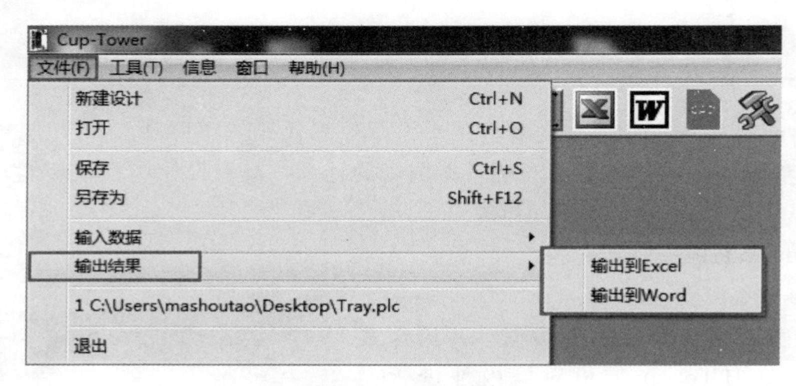

附图 3-2　结果输出

(6)参数提示和上下文帮助

在塔内件设计过程中涉及一些经验参数的选取，如安全因子、降液管底隙速度等，在 CUP-Tower 中提供对这些参数选取的即时提示。另外软件内置了详细的上下文帮助，即当用户将光标放在某个控件上并按 F1 键时，就会显示对应的帮助主题。

(7)详细的塔板溢流区设计

当塔径和板间距确定以后，塔板结构设计的核心在于溢流区和开孔区的设计。对于溢流区设计，CUP-Tower 支持单、双、三和四溢流四种形式，如附图 3-3 所示，弓形降液管的设计提供了四种尺寸基准：堰宽、堰长、堰径比和面积百分比，降液管形式包含直降液管和斜降液管两种。四溢流设计包括等鼓泡面积法和等通道长度法两种设计方法，溢流堰的设计包含平堰、齿形堰、辅堰和栅栏堰四种类型。

(8)绘制负荷性能图

负荷性能图由操作线(0)、液相下限线(1)、液相上限线(2)、5%漏液线(3)、10%漏液线(6)、雾沫夹带线(4)、液泛线(5)组成，其中横坐标为液相流量，单位为 m^3/h，纵坐标为气相流量，单位为 m^3/h，如附图 3-4 所示。这些曲线从水力学角度表示了不同气液负荷条件下，塔板的操作极限，反映了塔板设计与操作是否合理，可用于指导实际的生产操作。

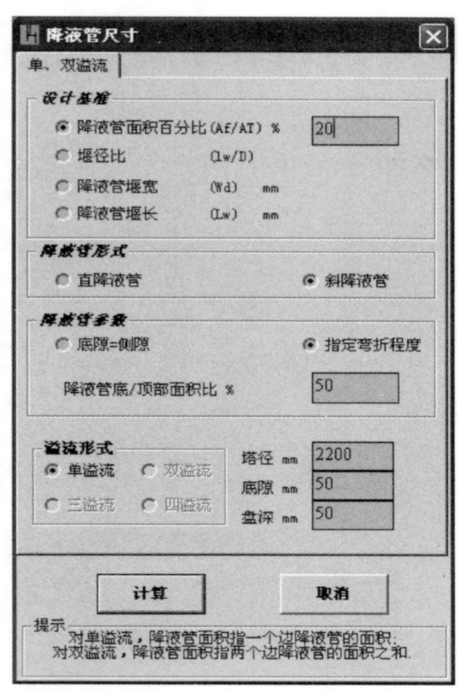

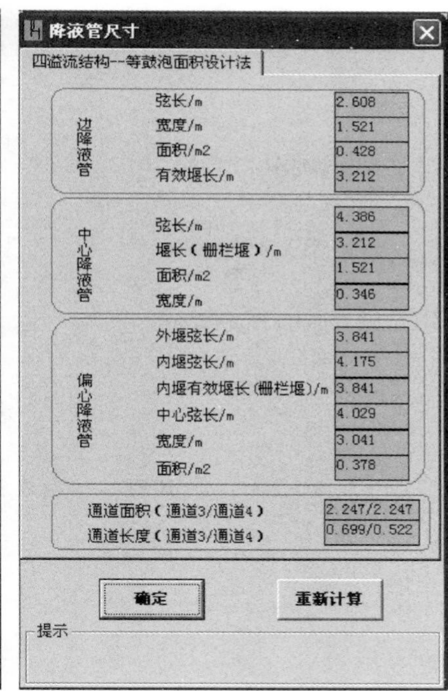

附图 3-3　降液管设计

3. 示例

下面以本书例 7.4 精馏塔为例，演示如何将 Aspen Plus 中的水力学数据传输到 CUP-Tower 中。

(1)打开例 7.4 源文件 Example7.4-Tray.bkp，进入 **Blocks** | **RADFRAC** | **Profiles** | **Hydraulics** 页面，新建 Excel 文件，将水力学数据复制粘贴到 Excel 文件中，注意删掉 Molecular wt liquid from 和 Molecular wt vapor to 两列数据，如附图 3-5 所示，将文件另存为 Tray.xls。

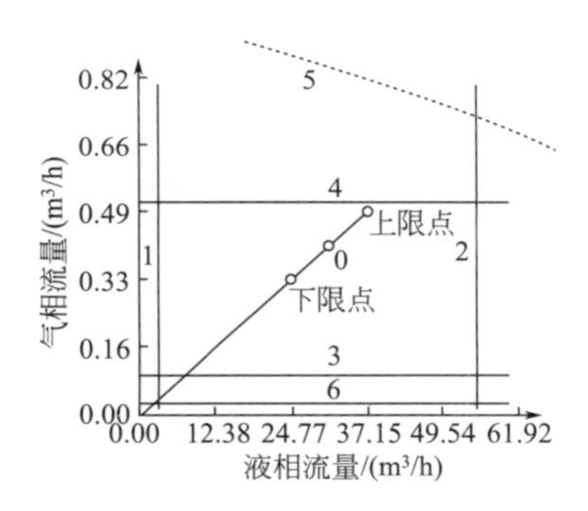

附图 3-4　塔板负荷性能图

> **注：** *如果读者使用的是 Office2007 及 2007 以后的版本，建议将 Excel 另存为低版本 *.xls 格式，然后再导入到 CUP-Tower 中。*

为了保证输入到 CUP-Tower 中的数据安全可靠，建议使用 METCBAR 单位制，如附图 3-6 所示。

质量流量：KG/HR；体积流量：M^3/HR；密度：KG/M^3；表面张力：DYNE/CM；黏度：CP。

(2)打开 CUP-Tower 软件，选择塔的种类为板式塔，并点击“开始”，如附图 3-7 所示。

(3)在 CUP-Tower 界面点击 Aspen Plus 图标，进入 Asepn Plus 数据文件输入窗口，点击“打开(o)”按钮，找到 Excel 文件 Tray. xls。在选择级数单元格中填写需要校核的理论板。理论板选择原则是气液相负荷最大的塔板，本例选择级数为 2，点击“导入”按钮，Aspen Plus 中的水力学数据就导入到 CUP-Tower 中，如附图 3-8 所示。

	A	B	C	D	E	F	G	H	I	J	K	L	M	N	O	P
1	Stage	Temperat	Temperat	Mass flo	Mass flow va	Volume f	Volume f	Density	Density	Viscosit	Viscosit	Surface	Foaming	Flow par	Reduced	Reduced F factor
2		C	C	kg/hr	kg/hr	cum/hr	cum/hr	kg/cum	kg/cum	cP	cP	dyne/cm	dyne/cm		cum/hr	(gm-1)**.5/min
3	1	54.5876	57.1027	47852.1	47852.0727	57.0534	183986	838.725	0.26009	0.45689	0.00715	25.7902		0.01761	3240.41	1563836.54
4	2	57.1027	57.5234	40876.2	48247.0027	48.8596	182584	836.605	0.26425	0.44559	0.00716	25.5253	-0.2649	0.01506	3245.45	1564282.35
5	3	57.5234	57.9436	40874.9	48245.7626	48.8712	179758	836.38	0.26839	0.44384	0.00717	25.4887	-0.0366	0.01518	3220.64	1552110.52
6	4	57.9436	58.3641	40871.9	48242.7414	48.8793	177021	836.181	0.27253	0.44211	0.00717	25.4536	-0.0351	0.01529	3196.31	1540200.9
7	5	58.3641	58.7859	40866.9	48237.7265	48.8833	174369	836.009	0.27664	0.44041	0.00718	25.4202	-0.0334	0.01541	3172.44	1528538.48
8	6	58.7859	59.2099	40859.7	48230.5032	48.883	171797	835.867	0.28074	0.43873	0.00719	25.3885	-0.0317	0.01553	3149	1517109.06
9	7	59.2099	59.6369	40850	48220.8548	48.8778	169301	835.759	0.28482	0.43708	0.0072	25.3587	-0.0298	0.01564	3125.94	1505899.12
10	8	59.6369	60.0679	40837.7	48208.5706	48.8673	166878	835.686	0.28888	0.43545	0.00721	25.3308	-0.0279	0.01575	3103.24	1494895.89
11	9	60.0679	60.5038	40822.6	48193.4579	48.8512	164526	835.652	0.29292	0.43383	0.00722	25.305	-0.0258	0.01586	3080.88	1484087.55
12	10	60.5038	60.9453	40804.5	48175.3554	48.8292	162239	835.659	0.29694	0.43222	0.00723	25.2814	-0.0236	0.01597	3058.82	1473463.42
13	11	60.9453	61.3929	40783.3	48154.1497	48.8009	160017	835.709	0.30093	0.43063	0.00724	25.26	-0.0214	0.01607	3037.04	1463014.17
14	12	61.3929	61.8471	40759	48129.7921	48.7663	157855	835.802	0.3049	0.42905	0.00725	25.2409	-0.0191	0.01617	3015.53	1452732.05
15	13	61.8471	62.3078	40731.5	48102.318	48.7254	155753	835.939	0.30884	0.42748	0.00726	25.224	-0.0169	0.01628	2994.29	1442611.18
16	14	62.3078	62.775	40701.1	48071.9048	48.6786	153706	836.119	0.31275	0.42591	0.00727	25.2094	-0.0147	0.01637	2973.3	1432649.07
17	15	62.775	63.2478	40667.9	48038.6919	48.626	151713	836.34	0.31664	0.42434	0.00728	25.1968	-0.0126	0.01647	2952.56	1422840.89
18	16	63.2478	63.7254	40632.3	48003.0818	48.5685	149773	836.598	0.32051	0.42278	0.00729	25.1861	-0.0107	0.01657	2932.08	1413188.41
19	17	63.7254	64.2062	40594.7	47965.5341	48.5068	147883	836.886	0.32435	0.42122	0.0073	25.177	-0.009	0.01666	2911.89	1403693.76
20	18	64.2062	64.6886	40555.8	47926.6014	48.4422	146041	837.2	0.32817	0.41967	0.0073	25.1693	-0.0077	0.01675	2891.99	1394360.64
21	19	64.6886	65.1704	40516.1	47886.9055	48.3756	144247	837.531	0.33198	0.41812	0.00731	25.1626	-0.0067	0.01684	2872.42	1385193.81
22	20	65.1704	65.6495	40476.3	47847.1058	48.3085	142498	837.87	0.33577	0.41658	0.00732	25.1564	-0.0062	0.01693	2853.19	1376198.55
23	21	65.6495	66.1237	40437	47807.8608	48.2422	140793	838.209	0.33956	0.41505	0.00733	25.1504	-0.006	0.01702	2834.34	1367379.98
24	22	66.1237	66.5908	40398.8	47769.5716	48.1776	139130	838.539	0.34334	0.41354	0.00734	25.1442	-0.0062	0.01711	2815.88	1358736.11
25	23	66.5908	67.0487	40362.2	47733.0486	48.1161	137508	838.851	0.34713	0.41204	0.00735	25.1375	-0.0068	0.0172	2797.83	1350277.51

附图 3-5　生成水力学 Excel 文件

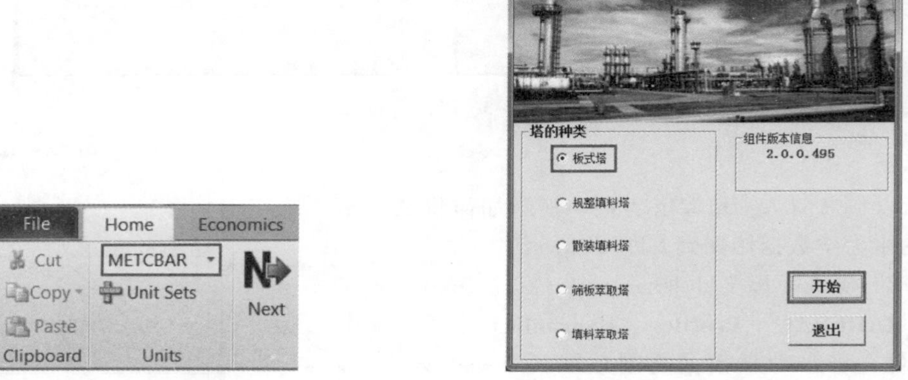

附图 3-6　选择单位制

附图 3-7　打开 CUP-Tower 软件

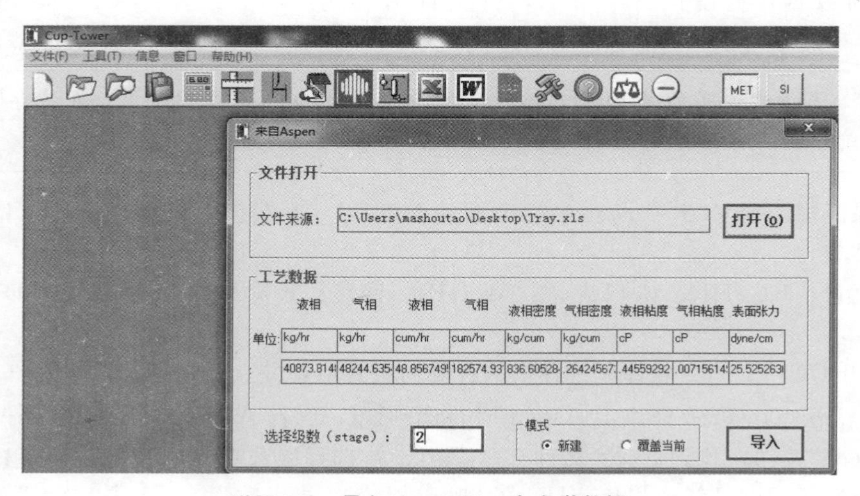

附图 3-8　导入 Aspen Plus 水力学数据

参 考 文 献

[1] Aspen Plus version 8.4，Help.

[2] Ralph Schefflan. Teach Yourself the Basics of Aspen Plus. Hoboken：John Wiley & Sons，2011.

[3] William L Luyben. Distillation Design and Control Using ASPEN™ Simulation. 2nd ed. Hoboken：John Wiley & Sons，2013.

[4] Kamal I M，Al-Mmalan. Aspen Plus：Chemical Engineering Applications. Hoboken：John Wiley & Sons，2016.

[5] Sandler I Sandler. Using Aspen Plus in Thermodynamics Instruction：A Step-by-Step Guide. Hoboken：John Wiley & Sons，2015.

[6] 孙兰义. 化工流程模拟实训——Aspen Plus 教程. 北京：化学工业出版社，2012.

[7] 孙兰义，王志刚，谢崇亮等. 过程模拟实训——PRO/Ⅱ教程. 北京：中国石化出版社，2017.

[8] 孙兰义，张骏驰，石宝明等. 过程模拟实训——Aspen HYSYS 教程. 北京：中国石化出版社，2015.

[9] 孙兰义，马占华，王志刚等. 换热器工艺设计. 北京：中国石化出版社，2015.

[10] 陆恩锡，张慧娟. 化工过程模拟——原理与应用. 北京：化学工业出版社，2011.

[11] 包宗宏，武文良. 化工计算与软件应用. 北京：化学工业出版社，2013.

[12] 熊杰明，李江保. 化工流程模拟 Aspen Plus 实例教程. 第 2 版. 北京：化学工业出版社，2016.

[13] 屈一新. 化工过程数值模拟及软件. 第 2 版. 北京：化学工业出版社，2011.

[14] 方利国. 计算机在化学化工中的应用. 第 3 版. 北京：化学工业出版社，2011.

[15] 傅承碧，徐铁军，沈国良等. 流程模拟软件 ChemCAD 在化工中的应用. 北京：中国石化出版社，2011.

[16] 汪申，邬慧雄，宋静等. ChemCAD 典型应用实例(上)——基础应用与动态控制. 北京：化学工业出版社，2006.

[17] 邬慧雄，汪申，刘劲松等. ChemCAD 典型应用实例(下)——化学工业与炼油工业. 北京：化学工业出版社，2006.

[18] 马沛生. 化工热力学. 第 2 版. 北京：化学工业出版社，2009.

[19] 郭天民. 多元气-液平衡和精馏. 北京：石油工业出版社，2002.

[20] 李志强. 原油蒸馏工艺与工程. 北京：中国石化出版社，2010.

[21] 戴连奎，于玲，田学民等. 过程控制工程. 第 3 版. 北京：化学工业出版社，2012.

[22] 孙兰义，扎寇·奥鲁铁驰. 内部热耦合精馏塔构型研究. 化学工程，2006，34(4)：4-7.

[23] 罗吉安，刘德华，粟好进等. 1,3-丙二醇发酵液蒸发脱水的工艺模拟. 化工进展，2017，36(3)：810-815.